Joerg M. Diehl

Roland Arbinger

Einführung in die Inferenzstatistik

Zweite, durchgesehene Auflage

Die Deutsche Bibliothek - CIP-Einheitsaufnahme

Diehl, Joerg M.:
Einführung in die Inferenzstatistik / Joerg M. Diehl ; Roland Arbinger. - 2. Aufl. - Eschborn bei Frankfurt am Main : Klotz, 1992

ISBN 3-88074-237-5
NE: Arbinger, Roland:

2. Auflage 1992

ISBN 3 - 88074 - 237 - 5

Vorwort

Entsprechend dem didaktischen Konzept des ersten Bandes (Diehl & Kohr: Deskriptive Statistik) bietet dieser zweite Teil eine leicht verständliche Einführung in die Methoden der schließenden Statistik. Das Buch ist aufgrund seiner ausführlichen Darstellungsweise auch für das Selbststudium geeignet. Besondere mathematische Vorkenntnisse sind nicht erforderlich.

Breiter Raum wird der Erörterung der Logik und der Probleme des statistischen Hypothesentestens gewidmet. Neben den parametrischen und nichtparametrischen Verfahren werden folgende Themen in speziellen Kapiteln und Abschnitten eingehend behandelt: Konfidenzintervallbestimmung, Robustheit parametrischer Tests, Maße der praktischen Signifikanz und Kontrolle des Betafehlers. Die Durchführung der statistischen Verfahren wird anhand realistischer Beispiele ausführlich illustriert.

Von der Schwerpunktsetzung her ist das Buch für folgende Interessentenkreise besonders geeignet: Studierende und DozentInnen der Psychologie, der Erziehungs- und der Sozialwissenschaften sowie der Medizin und der Ökotrophologie.

Da die Auswertung von Daten häufig nicht mehr mittels Taschenrechner sondern mit Hilfe der Statistik-Programmpakete SPSS und BMDP erfolgt, wurden alle Beispiele dieses Bandes auch mit den entsprechenden Prozeduren dieser Pakete analysiert. Die Programm-Ausgaben sind in einem Beiheft (gekürzt und bearbeitet) zusammengestellt und ausführlich erläutert. Dieses Beiheft kann von InteressentInnen bei den Autoren angefordert werden.

Folgenden Kollegen möchten wir herzlich für die Bereitstellung von Computerprogrammen und die Hilfe bei der Erstellung der statistischen Tabellen danken: E. Bloh, K. Fiedler, H.U. Kohr, H.T. Kranz, K. Michal, H. Reuschling und W.H. Schreiber.

Gießen und Landau, im März 1991

Joerg M. Diehl
Roland Arbinger

Prof. Dr. Joerg M. Diehl
Fachbereich 06 Psychologie
der Justus-Liebig-Universität Gießen
Otto-Behaghel-Straße 10
W-6300 Gießen

Dr. Roland Arbinger
Zentrum für empirische pädagogische Forschung
der Universität Koblenz-Landau
Im Fort 7
W-6740 Landau

Inhaltsverzeichnis

TABELLEN

Kapitel 1

Einführung in die Fragestellungen der Inferenzstatistik

1.1 Deskriptive Statistik und Inferenzstatistik

Bei den Methoden der *Deskriptiven Statistik* (Diehl & Kohr 1982) ging es darum, die in einer oder mehreren Gruppen anfallenden Meßwerte durch die Darstellung ihrer Verteilung und/oder durch die Bestimmung von zusammenfassenden Kennwerten (wie Mittel und Standardabweichung) zu beschreiben. Sehen wir einmal von der Vorhersage eines (zukünftigen) Kriteriums aufgrund von Prädiktorwerten ab, so wurden bei diesen Methoden keine Aussagen getroffen, die nicht durch die Daten unmittelbar beweisbar waren. Betrachten wir ein Beispiel.

Im Rahmen einer Studie zum Ernährungsverhalten der erwachsenen Bevölkerung wurde in der untersuchten Stichprobe auch das Merkmal *Körperhöhe* erhoben. Bei einem Vergleich der Durchschnittsgröße von Personen mit unterschiedlichem Schulabschluß ergaben sich bei den 647 Männern folgende Gruppenmittelwerte und -standardabweichungen:

Hauptschulabschluß	(n_1 = 222):	M_1 = 175,6	S_1 = 6,9
Mittlere Reife	(n_2 = 149):	M_2 = 177,5	S_2 = 6,8
Abitur	(n_3 = 276):	M_3 = 179,1	S_3 = 6,6

Die in diesen Angaben enthaltenen Aussagen, z.B.:

- die (untersuchten) Männer mit Hauptschulabschluß sind im Durchschnitt 175,6 cm groß,
- die (untersuchten) Männer mit Abitur sind im Durchschnitt größer als die Personen mit mittlerer Reife,
- die Gruppe mit Abitur weist eine geringere Standardabweichung auf als die Gruppe mit Hauptschulabschluß, usf.,

sind nun (wenn man Rechenfehler ausschließt) mit keinerlei Unsicherheit behaftet. Ihre Richtigkeit ist aufgrund der vorliegenden Daten beweisbar, da bei Vorgabe der Rohdaten jederzeit mit demselben Ergebnis berechenbar.

Anders stellt sich die Situation hingegen dar, wenn wir es mit den Methoden und Ergebnissen der *Inferenzstatistik* (auch als *Schließende* oder *Beurteilende Statistik* bezeichnet) zu tun haben. Hier gelangen wir zu Aussagen, die mit einem gewissen (jedoch berechenbaren) Grad der Unsicherheit behaftet sind, bei denen immer die Möglichkeit besteht, daß sie falsch sind. Dies hat seine Ursache darin, daß wir hier unsere Aussagen nicht auf das beschränken, was durch die Daten gegeben ist, sondern darüber hinausgehen und Schlüsse und Aussagen in bezug auf Größen und Sachverhalte vornehmen, zu deren Richtigkeitsbeweis wir mehr Daten zur Verfügung haben müßten, als in unserer Stichprobe vorlagen.

In der Regel bedeutet das Gesagte, daß wir über die Stichprobendaten derart hinausgehen, daß wir aufgrund der Stichprobenergebnisse auf Zustände in der Population von Werten schließen, aus der wir die Stichprobe entnommen haben.

Illustrieren wir dies an unserem obigen Beispiel. Die Aussage, daß die (untersuchten) Männer mit Hauptschulabschluß im Durchschnitt kleiner sind als die Männer mit mittlerer Reife, ist mit 100%iger Sicherheit zu machen, da sie sich auf unsere erhobenen Daten beschränkt. Gehen wir jedoch darüber hinaus zu der Behauptung, daß (zum Untersuchungszeitpunkt) in der Population (Gesamtheit) der westdeutschen Männer mit Hauptschulabschluß die Durchschnittsgröße geringer ist als in der Population der Männer mit mittlerer Reife, so ist diese Aussage mit einem bestimmten Grad der Unsicherheit behaftet; sie kann falsch sein. Zu beweisen (oder zu widerlegen) wäre sie nur, wenn wir in beiden Populationen, aus denen unsere Stichproben stammen, die Körperhöhe erheben und das jeweilige Mittel berechnen könnten.

1.2 Population und Stichprobe

Als *Population* bezeichnen wir eine endliche oder unendliche (Grund)Gesamtheit von Werten (Elementen). Bei einer *Stichprobe* handelt es sich um eine nach einer bestimmten Auswahlmethode gewonnene Teilmenge von Werten (Elementen) aus der Population. Um mittels inferenzstatistischer Verfahren von den Stichprobenergebnissen auf Zustände in der zugehörigen Population schließen zu können, ist es erforderlich, daß die Stichprobe mittels einer Zufallsprozedur aus der Population gewonnen wurde. Wir werden das Vorgehen weiter unten präzisieren.

Wir haben *Population* definiert als eine Gesamtheit von Werten. Einige Beispiele wären:

a. Die Körperhöhenwerte der z.Zt. in der BRD lebenden männlichen Personen mit Hauptschulabschluß.

b. Die Geschlechtswerte (1 = weiblich, 2 = männlich) der an der Uni Gießen im WS 88/89 immatrikulierten Personen.

c. Die Werte der westdeutschen Katzenbesitzerinnen im Persönlichkeitsmerkmal *Gelassenheit* (zum Zeitpunkt t).

d. Die Wertepaare Körpergewicht-Körperhöhe bei "den Menschen".

e. Die Parteipräferenz der (zum Zeitpunkt t) in Hessen wohnhaften 25-35jährigen Männer.

f. Die Ergebnisse (Augenzahlen) aller möglichen Würfe eines sechsseitigen Würfels, etc.

Wir sehen bereits an diesen Beispielen, daß einige Populationen klar zu umreißen sind, derart, daß sich ihre Elemente im Prinzip über Karteien o.ä. erfassen und dann vom ersten bis zum N-ten Wert durchnumerieren ließen (Beispiele a, b und e). In anderen Fällen bereitet die Festlegung der die Population bildenden Werte (Elemente) jedoch Schwierigkeiten, da über die Mitglieder der Population keine Aufstellungen existieren (Beispiel c). Bei beiden Arten von Populationen haben wir es mit realen und endlichen Gesamtheiten zu tun. Demgegenüber stehen reale "unendliche" Populationen (wie Fall d, wo die Gesamtheit aus "allen" Menschen - d.h. toten, lebenden und zukünftigen - besteht) und hypothetische und unendliche Populationen (wie Fall f, wo der Würfelvorgang beliebig lange fortgesetzt werden kann).

Im Laufe unserer Erörterungen zur Inferenzstatistik werden wir erkennen, daß die Populationen, mit denen wir es in der psychologischen Forschung zu tun haben, meist hypothetischer Art sind, während es in der Marktforschung oder in der empirischen Sozialforschung meist um Schlüsse auf Zustände in realen Populationen geht. Im Rahmen der Beispiele des Abschnitts 1.3.2 werden wir diesen Unterschied bereits etwas aufzeigen können.

1.2.1 Populationskennwerte (Parameter) und Stichprobenkennwerte

Wir haben bereits im Rahmen der deskriptiven Statistik darauf hingewiesen, daß einige Kennwerte, wenn sie sich auf Populationen beziehen, mit griechischen Buchstaben symbolisiert werden, während wir sie bei Stichprobendaten grundsätzlich mit lateinischen Buchstaben kennzeichnen. Es existieren allerdings nicht für alle Populationskennwerte (im folgenden auch als *Parameter* bezeichnet) einheitlich verwendete griechische Symbole. Wir werden in diesen Fällen - um anzuzeigen, daß es sich um einen Parameter handelt - die lateinische Kennwertbezeichnung mit dem Index »p« versehen. Tabelle 1.1 enthält eine Zusammenstellung der Symbole einiger Stichproben- und Populationskennwerte.

Da im Laufe unserer Erörterungen weitere griechische Buchstaben Verwendung finden werden, ist das griechische Alphabet im Anhang A wiedergegeben. Bezüglich der Größen V bzw. S und σ^2 bzw. σ ist noch einmal in Erinnerung zu rufen, daß bei der Stichprobenvarianz/-standardabweichung die Summe der quadrierten Abweichungen durch die um Eins verminderte Anzahl der Werte dividiert wird, während bei den Populationsparametern eine Division durch die nichtreduzierte Anzahl erfolgt:

<1.1> $V = [\sum_i^n (X_i - M)^2]/(n-1)$ <1.2> $\sigma^2 = [\sum_i^N (X_i - \mu)^2]/N$

1.2.2 Die Ziehung einer Zufallsstichprobe

Wir wollen in diesem Abschnitt das Vorgehen illustrieren, wie sich mit Hilfe einer Zufallszahlentabelle eine Zufallsstichprobe des Umfangs n aus einer von 1 bis N numerierten Population von N Werten (Elementen) ziehen läßt. Vorab ist jedoch zu definieren, was man unter einer *Zufallsstichprobe* versteht. Hierbei ist wichtig, daß der Sachverhalt, daß es sich um eine derartige Stichprobe handelt, durch die Auswahlmethode bestimmt wird und nicht durch das Ergebnis.

Eine Zufallsstichprobe wird mittels einer Auswahlprozedur gewonnen, die sicherstellt, daß für jedes der N Elemente der Population die gleiche und unab-

TABELLE 1.1 Symbole einiger Stichproben- und Populationskennwerte. Aus drucktechnischen Gründen wird die Stichprobenvarianz mit »V« und nicht mit dem häufiger verwendeten Symbol »S^2« gekennzeichnet. Das Symbol »N« wird später auch für die Gesamtzahl der untersuchten Personen verwendet ($N = \Sigma n_j$).

Kennwert	Stichprobe	Population	Aussprache
Arithmetisches Mittel	M	μ	My
Median	Md	Md_p	
Standardabweichung	S	σ	Sigma
Varianz	V	σ^2	
Schiefe	SCH	SCH_p	
Exzess (Kurtosis)	EXZ	EXZ_p	
Produkt-Moment-Korrelation	r	ρ	Rho
Anteil (relative Häufigkeit)	P	π	Pi
Anzahl (der Werte/Personen)	n	N	

hängige Chance (Wahrscheinlichkeit) besteht, in die Stichprobe aufgenommen zu werden. "Unabhängig" bedeutet hierbei, daß die Ziehung des einen Elements keinen Einfluß auf die Ziehung eines anderen Elements hat. Die Auswahl der Elemente erfolgt voneinander unabhängig. Eine andere Definition von *Zufallsstichprobe* wäre die folgende (vgl. Kellerer 1953, S.13): Es liegt die Methode der Auswahl einer Zufallsstichprobe vor, wenn alle aus der Population der N Werte (Elemente) bildbaren Stichproben von n Werten (Elementen) die gleiche Wahrscheinlichkeit haben, gezogen zu werden. Die beiden Definitionen gelten für die Fälle einer *einfachen* und einer *proportional geschichteten* Zufallsstichprobe. Besprechen wir zuerst die Ziehung einer einfachen Zufallsstichprobe.

Nehmen wir als Beispiel an, wir wären an einer Aussage über das Durchschnittsalter der 19000 Einwohner umfassenden Stadt »A« interessiert. Die Population besteht hier somit aus den N = 19000 Alterswerten der Einwohner (die in der Einwohnerdatei der Stadtverwaltung u.a. festgehalten sind). Da wir nicht alle Personen (bzw. Karten in der Datei) untersuchen wollen, soll eine Zufallsstichprobe von n = 200 Alterswerten gezogen werden, um von dem an dieser Stichprobe ermittelten Durchschnittsalter (M) auf das Altersmittel der Population (μ) zu schließen.

Eine Prozedur, die die Auswahl einer (einfachen) Zufallsstichprobe sicherstellen würde, wäre nun die folgende (analog zur Ziehung der Lottozahlen, d.h. der Ziehung einer Zufallsstichprobe von 6 Werten aus der Population von 49 Werten): Wir erstellen uns 19000 gleich beschaffene Kugeln und versehen diese fortlaufend mit den Zahlen 1 bis 19000. Dann werden die Kugeln in einem Behälter gut durchgemischt und anschließend "blind" 200 Kugeln gezogen. Die Zahlen auf den Kugeln nennen uns die Karten, die wir aus der von 1-19000 numerierten Einwohnerdatei zur Feststellung des Alterswertes der Person ziehen müssen. Für diese 200 Werte bestimmen wir das Durchschnittsalter (M).

Durch die Methode der Auswahl der Stichprobe wäre hier sichergestellt, daß (wie bei der Ziehung der Lottozahlen) jede der Zahlen 1 bis 19000 - und damit jeder der 19000 Alterswerte der Population - die gleiche und unabhängige Chance gehabt hätte, in die Stichprobe zu gelangen. Anders formuliert: Für jede der möglichen Stichproben des Umfangs 200 bestand durch die Auswahlprozedur die gleiche Wahrscheinlichkeit, gezogen zu werden.

Durch das "blinde" Herausnehmen von 200 Kugeln aus dem imaginären Behälter mit 19000 Kugeln haben wir eine Zufallsstichprobe von 200 Zahlen aus dem Bereich 1-19000 gewonnen. Das skizzierte Vorgehen ist allerdings für die meisten praktischen Zwecke zu umständlich. Die Bildung einer Zufallsstichprobe von n Zahlen aus dem Bereich der fortlaufenden Zahlen 1 bis N läßt sich jedoch einfacher mittels einer Tabelle von Zufallszahlen vornehmen. Eine solche Tabelle setzt sich (je nach Länge) aus mehr oder weniger vielen positiven ganzen Zahlen von Null bis Neun zusammen. Die Zahlen treten in zufälliger Abfolge auf. Wir könnten uns eine solche Tabelle herstellen, indem wir längere Zeit mit einem zehnseitigen Würfel (mit den Zahlen 0-9) würfeln und die jeweilige Augenzahl notieren würden. Dies wäre jedoch ein umständlicher Zufallszahlengenerator. Mit Hilfe des Computers läßt sich heute eine solche Tabelle leichter erstellen.

Im Anhang B ist eine Tabelle mit 10032 computererzeugten Zufallszahlen wiedergegeben, angeordnet in 114 Zeilen und 88 Spalten. Es handelt sich hier um Zufallszahlen von Null bis Neun, die so erzeugt wurden, daß sie über das Gesamt der Tabelle der Gleichverteilung bestmöglichst angenähert sind. Mithilfe einer solchen Tabelle gleichwahrscheinlicher, zufällig abfolgender Zahlen läßt sich nun relativ leicht aus einer Population von N Werten (Elementen) eine Zufallsstichprobe des Umfangs n ziehen. Das dazu erforderliche Vorgehen ist bei McGuigan & Diehl (1979, S.292ff.) für eine Tabelle von 15000 Zufallszahlen ausführlich beschrieben. Die Anwendung von Tab. B auf unser Beispiel der Auswahl einer Stichprobe von 200 Alterswerten aus einer Population von 19000 Werten soll deshalb nur kurz skizziert werden.

Die Population ist von 1-19000 durchnumeriert. Wir benötigen somit fünfstellige Zufallszahlen, was bedeutet, daß die Zahlenabfolge in Tab. B in fünfstellige Zahlenblöcke eingeteilt wird (linksstehende Nullen müssen mitberücksichtigt werden). Nehmen wir an, unsere Prozedur der zufälligen Bestimmung eines Startpunktes hätte ergeben, daß wir im Schnittpunkt von Zeile 39 und Spalte 17 beginnen und nach rechts die Zeile fortlaufend ablesen sollen. Dort steht: 1516 5568 2273 4222 0723 7281 1532 8301 1402 3560, usf.

Wir bilden Blöcke zu je fünf Zahlen, die uns angeben, welche Meßwertnummern in die Stichprobe gelangen sollen. Übergangen werden dabei Zahlen, die in der Populationsnumerierung nicht vorkommen. Wenn wir die obigen 40 Zahlen zu fünfstelligen Nummern anordnen, so erhalten wir: 15165 56822 73422 20723 72811 53283 01140 23560. Darunter sind nur zwei Zahlen, die in der Populationsnumerierung vorkommen. Die beiden ersten Elemente unserer Stichprobe wären somit die Personen Nr. 15165 und 1140. Das Ablesen wird beendet, wenn n Nummern (in unserem Fall 200) entnommen sind. Handelt es sich um Stichprobenziehung *ohne*

Zurücklegen der Elemente (näheres dazu in Kapitel 2), dann werden Nummern, die bereits in die Stichprobe gelangt sind, bei nochmaligem Auftauchen übergangen.

Wir haben bisher die Gewinnung einer *einfachen* Zufallsstichprobe erläutert. Dabei wurde die Population als nicht weiter untergliederte Gesamtheit betrachtet (z.B. die 19000 Einwohner unserer Stadt »A«). Gesamtheiten lassen sich jedoch hinsichtlich bestimmter Merkmale gliedern oder *schichten* - z.B. nach dem Geschlecht, dem Einkommen oder der Schulbildung. Die möglichen Schichten weisen in der Population bestimmte Anteile von Elementen auf. Durch die einfache Zufallsauswahl ist nicht sichergestellt, daß die Populationsanteile der Schichten auch in der Stichprobe entsprechend vorhanden sind. Dies ist jedoch u.U. aufgrund der Art der Untersuchungsfrage wünschenswert.

In einem solchen Fall bildet man eine *proportional geschichtete* Zufallsstichprobe. Erläutern wir das Vorgehen an unserem Beispiel. Angenommen sei, daß von den Einwohnern der Stadt »A« 55% weiblichen und 45% männlichen Geschlechts sind, und wir möchten, daß Frauen und Männer in der Stichprobe ebenfalls zu den Anteilen $P_f = 0{,}55$ und $P_m = 0{,}45$ auftreten. Es ist einsichtig, wie sich das erreichen läßt. Wir sortieren die Population nach dem Geschlecht und ziehen dann aus der Subpopulation (Schicht) der Frauen eine Zufallsstichprobe von 110 Alterswerten (= 0,55 von 200) und gleichermaßen eine Zufallsstichprobe von 90 Alterswerten aus der Subpopulation der Männer. Dadurch erhalten wir eine Zufallsstichprobe von 200 Personen, die hinsichtlich des Schichtungsmerkmals Geschlecht die Anteile der Population aufweist.

Die Bildung einer geschichteten Stichprobe ist natürlich nur dann wünschenswert, wenn das Schichtungsmerkmal von der Fragestellung her als bedeutsam - d.h. als im Zusammenhang mit dem Untersuchungsmerkmal stehend - angesehen wird. Dieser Fall ist gegeben, wenn zu erwarten ist, daß die zu bildenden Schichten sich in dem Untersuchungsmerkmal bedeutsam unterscheiden. Auf unser Beispiel bezogen wäre eine Schichtung nach dem Geschlecht somit sinnvoll, wenn bekannt oder zu vermuten ist, daß die männlichen und weiblichen Einwohner der Stadt eine unterschiedliche Altersverteilung aufweisen.

Das beschriebene Vorgehen führte zu einer proportional geschichteten Stichprobe. In manchen Fällen ist man jedoch an einer *disproportional geschichteten* Zufallsstichprobe interessiert. Ein Beispiel wäre das folgende: Man möchte Erkenntnisse über das Ausmaß des Übergewichts bei den erwachsenen Frauen in der BRD gewinnen, wobei als Schichtungsmerkmal der *Schulabschluß* berücksichtigt werden soll. In der Gesamtheit der Frauen seien nun die verschiedenen Schulabschlüsse mit folgenden Anteilen vertreten: Kein Hauptschulabschluß ($\pi_1 = 0{,}02$), Hauptschulabschluß ($\pi_2 = 0{,}58$), Mittlere Reife ($\pi_3 = 0{,}30$) und Abitur ($\pi_4 = 0{,}10$). Für die Stichprobe sollen jedoch aus Gründen der Untersuchungsfrage gleich viele Personen aus den verschiedenen Bildungsschichten herangezogen werden, d.h. der Anteil der vier Schulabschlüsse soll jeweils P = 0,25 betragen.

Man würde somit aus jeder Populationsschicht eine Zufallsstichprobe des Umfangs n/4 ziehen. Die so entstehende Zufallsstichprobe des Umfangs n wäre dann disproportional geschichtet. Sie würde hinsichtlich des Schulabschlusses andere Anteile als die Population aufweisen. Es ist erkennbar, daß für diese Art von Zufallsstichprobe die oben gegebene Definition nicht mehr gilt, wonach jedes Element der Population (hier der Frauen) die *gleiche* Chance haben muß, gezogen zu werden. Im jetzigen Fall ist die Wahrscheinlichkeit, in die Stichprobe zu gelangen, für Frauen mit Abitur z.B. größer als für Frauen mit Hauptschulabschluß. Um auch disproportional geschichtete Stichproben einzuschließen, muß deshalb die Definition der *Zufallsstichprobe* wie folgt geändert (erweitert) werden (vgl. Kellerer 1953, S.13): Eine Zufallsstichprobe liegt vor, wenn durch die Art des Auswahlprozesses für jedes Element (jeden Wert) der Population eine bestimmte, berechenbare (und von Null verschiedene) Wahrscheinlichkeit bestand, in die Stichprobe zu gelangen. In dieser Definition ist die der einfachen Zufallsstichprobe enthalten.

In der psychologischen Forschung haben wir es meist (zumindest vom Konzept her) mit einfachen Zufallsstichproben zu tun. Wir werden deshalb auf Theorie und Technik der inferenzstatistischen Verfahren bei anderen Arten von Zufallsstichproben nicht eingehen. Daran Interessierte seien auf Cochran (1972) verwiesen.

Auf einen bereits erwähnten Aspekt von Zufallsstichproben ist abschließend noch einmal hinzuweisen. Wir haben gesagt, daß eine Zufallsstichprobe durch die Methode, nicht durch das Ergebnis der Auswahl bestimmt wird. Bei der Beschreibung von Stichproben finden wir häufig die Feststellung, daß es sich um eine *repräsentative* Stichprobe (aus einer bestimmten Population) gehandelt habe. Wird diese Bezeichnung als Synonym für Zufallsstichprobe verwendet - was nicht zu empfehlen ist - dann ergeben sich keine begrifflichen Probleme. Meist soll aber mit der Formulierung "repräsentative Stichprobe" ausgedrückt werden, daß die untersuchte Stichprobe hinsichtlich der Verteilung wichtiger Merkmale (wie Geschlecht, Alter, Einkommen) für die Population "repräsentativ", d.h. der Population gleich oder zumindest sehr ähnlich war. Dies (allein) bedeutet jedoch nicht, daß es sich um eine Zufallsstichprobe gehandelt hat.

Eine Zufallsstichprobe kann zu Ergebnissen führen, die den Zuständen in der Population recht ähnlich sind, muß aber nicht. Wie sehr sie der Population ähnelt - wie "repräsentativ" sie im umgangssprachlichen Sinn für die Population ist - bestimmt der Zufall. Sie kann per Zufall auch sehr "atypisch" für die Population sein. Greifen wir zur Illustration auf unser Beispiel der Alterswerte einer Population von 19000 Einwohnern einer Stadt »A« zurück. Wir wollten hier aufgrund einer Zufallsstichprobe von 200 Personen das Durchschnittsalter der Einwohner schätzen. Bei der Ziehung einer einfachen Zufallsstichprobe könnten (per Zufall) nun folgende Fälle eintreten: 90% der gezogenen Personen sind Männer, 80% der Personen haben einen Hochschulabschluß, 75% sind über 80 Jahre alt, usf. Vom Alltagsverständnis her würden wir derartige Stichproben, sofern wir sie erhalten, als "nicht repräsentativ" für die Population bezeichnen (in der Männer, Personen über 80 J., usf. zu ganz anderen Anteilen auftreten). Es sind dennoch - aufgrund der Auswahlmethode - Zufallsstichproben. Die Wahrscheinlichkeit ihres Auftretens wäre allerdings sehr gering.

Konstruieren wir ein Gegenbeispiel: Ein Befragungsinstitut möchte mit einer Stichprobe arbeiten, die hinsichtlich der Schichtungsmerkmale Geschlecht, Alter (4 Stufen) und Schulbildung die gleichen Anteile von Personen aufweist wie die Population, auf die geschlossen werden soll. Bei der Gewinnung der hinsichtlich bestimmter Aspekte zu befragenden Personen geht das Institut nun so vor, daß es dem/der Interviewer/in bestimmte Quoten von zu Befragenden vorgibt (z.B.: 5% der Personen sollen weiblich und über 40 Jahre alt sein und Abitur haben), ihm/ihr es jedoch dann überläßt, wen er/sie innerhalb der vorgegebenen Quoten zur Befragung auswählt.

Diese Stichprobe würde man vom Alltagsverständnis her als repräsentative Stichprobe ansehen, da sie der Population hinsichtlich der Verteilung der Merkmale Geschlecht, Alter und Schulabschluß gleich oder sehr ähnlich ist. Eine derartige *Quotenstichprobe* ist jedoch keine Zufallsstichprobe, da sich für die einzelnen Elemente der Population nicht angeben läßt, welche Chance sie hatten, in die Stichprobe zu gelangen. Die Auswahl der Befragten innerhalb der Quoten war keine Zufallsauswahl aus den entsprechenden Populationsquoten bzw. -schichten. Sie erfolgte vielmehr nach Gutdünken durch den/die Interviewer/in.

Liegt eine Zufallsstichprobe vor, so sind wir berechtigt, die mathematisch-statistische Theorie der Inferenzstatistik und ihre Techniken anzuwenden, um von Befunden an der Stichprobe auf Zustände in der Population zu schließen. Es ist dann angebbar, wie groß die Wahrscheinlichkeit ist, daß wir zu falschen Aussagen gelangen. Theorie und Techniken der Inferenzstatistik sind jedoch nicht verwendbar zum Schluß auf Populationsparameter, wenn Stichproben vorliegen, die nicht durch Zufallsauswahl aus der Population gewonnen wurden. Ein Schluß von der Stichprobe auf die Population kann in solchen Fällen nur nichtstatistisch vorgenommen werden. Das bedeutet: Man hat bestimmte Sachverhalte an einer Stichprobe gefunden und versucht nun plausibel zu machen, warum man der Ansicht ist, daß die Stichprobenergebnisse gut den Zustand in der Population widerspiegeln. Ein Grad der Sicherheit bzw. Unsicherheit für die vorgenommenen Aussagen und Schlüsse läßt sich jedoch bei dieser Art des Schließens nicht angeben, d.h. mathematisch-theoretisch nicht herleiten.

1.3 Beispiele für Fragestellungen und Aussagen der Inferenzstatistik

Die Probleme, mit denen wir es im Rahmen der Inferenzstatistik zu tun haben, lassen sich in zwei Klassen unterteilen: Zum einen geht es um das Testen von statistischen Hypothesen, zum anderen um die Schätzung von Populationsparametern.

1.3.1 Beispiele für das Schätzen von Populationsparametern

Das Problem der Schätzung von Populationskennwerten aufgrund von Stichprobenergebnissen ist uns aus alltäglichen Informationen mehr vertraut als das des statistischen Hypothesentestens. Der uns am häufigsten begegnende Fall dürfte der sein, daß bestimmte Umfrageergebnisse mitgeteilt werden, die die Meinung der Bevölkerung oder bestimmter Untergruppen wiedergeben sollen. Untersucht wurden hier in der Regel die Ansichten in einer Stichprobe von Personen, von denen dann auf bestimmte Weise auf die in der Bevölkerungsgesamtheit existierenden Meinungen geschlossen worden ist.

Beispiel [A]

Die beiden fiktiven Städte Wießen und Getzlar sind von einer fürsorglichen Landesregierung zu einer neuen Stadt namens Gießlar zusammengelegt worden. Davon betroffen sind 180000 wahlberechtigte Personen. Die neue Stadtverwaltung interessiert nun, wieviel Prozent dieser Population für das neue Stadtgebilde sind, wieviel dagegen und wieviel Prozent der Zusammenlegung neutral gegenüberstehen. Vorgelegt werden soll die Frage »Beurteilen Sie die neue Stadt Gießlar positiv, negativ oder weder positiv noch negativ?«. Statt der gesamten Population wird eine Zufallsstichprobe von 500 Wahlberechtigten Gießlars untersucht. Es ergeben sich folgende Prozentsätze bei der Beantwortung Frage: Beurteile Gießlar ... positiv (35%), negativ (45%), weder positiv noch negativ (20%).

Verständlicherweise kann dieses an einer Teilmenge (Stichprobe) aus der Population gewonnene Ergebnis nicht als Zustand für die Population genommen werden. Da wir eine Zufallsstichprobe aus der Population befragt haben, sind mittels inferenzstatistischer Techniken jedoch Aussagen der folgenden Art möglich: "Mit einer Sicherheit von 95% (der Sicherheitsgrad ist wählbar) liegt der Anteil der wahlberechtigten Einwohner Gießlars, die die neue Stadt (gemäß der Frage) positiv beurteilen, zwischen 0,31 und 0,39". Gleichermaßen lassen sich bei den übrigen Antwortalternativen die Grenzen angeben, in denen mit bestimmter Sicherheit der Populationsanteil der Personen liegt, die die jeweilige Alternative wählen würden. Statt der Aussage "Mit einer Sicherheit von 95% liegt ..." verwendet man auch häufig die Formulierung "Mit einer Irrtumswahrscheinlichkeit von 5% liegt ...".

Beispiel [B]

Es interessiert der Geldbetrag, der im SS 89 den an hessischen Universitäten immatrikulierten Personen im Monat Juni im Durchschnitt zur Verfügung gestanden hat. An einer Zufallsstichprobe von 300 Studierenden erfragen wir diesen Betrag und erhalten ein Mittel von M = 630 DM. Auch hier wäre es nicht sinnvoll anzunehmen, daß der Populationsparameter μ den gleichen Wert hat wie das an der Stichprobe gefundene M. Durch die entsprechende inferenzstatistische Technik können wir jedoch zu einer Aussage der folgenden Art gelangen: "Mit einer Sicherheit von (z.B.) 99% liegt das Populationsmittel μ (= durchschnittlicher Geldbetrag im Monat Juni) im Bereich von 615 bis 645 DM".[1)]

---

1) Die Intervallgrenzen stellen keine berechneten sondern zur Illustration eingesetzte Werte dar.

Beispiel [C]

Ein Psychologe fragt sich, wie stark bei Abiturienten des Jahres 1989 der Zusammenhang zwischen dem (durch einen Fragebogen erfaßten) *Interesse an Mathematik* und der Leistung in einem Mathematiktest ist. Als Zusammenhangsmaß verwendet er den Produkt-Moment-Korrelationskoeffizienten r. An einer Zufallsstichprobe von 100 Abiturienten werden nun beide Testwerte erhoben, und es ergibt sich ein Koeffizient von r = 0,40. Mit Hilfe des geeigneten statistischen Verfahrens sind nun Aussagen der folgenden Art möglich: "Mit einer Sicherheit von (z.B.) 95% liegt die Populationskorrelation beider Variablen im Bereich von 0,22 bis 0,55".

Beispiel [D]

Eine Ernährungsforscherin möchte wissen, wie stark sich die mittlere tägliche Kalorienzufuhr von männlichen und weiblichen Studierenden unterscheidet. Sie zieht eine Zufallsstichprobe von 200 Studentinnen und eine weitere Zufallsstichprobe von 200 Studenten. Am Erhebungstag ergibt sich für die beiden Gruppen eine durchschnittliche Energiezufuhr von $M_w = 2020$ und $M_m = 2310$ Kalorien. Der zwischen den Stichproben gefundene Mittelwertsunterschied beträgt somit $M_m\text{-}M_w = 290$. Geschlossen werden soll wieder auf einen Zustand in der bzw. den Populationen, nämlich in welchem Bereich die Differenz der Populationsmittel ($\mu_m\text{-}\mu_w$) mit bestimmter Sicherheit liegt. Die sich ergebende Aussage wäre dann der Art: "Mit einer Sicherheit von (z.B.) 99% lag am Untersuchungstag die Differenz in der mittleren Energiezufuhr von männlichen und weiblichen Studierenden im Bereich von 310 bis 270 Kalorien".[1)]

Bei den vorgestellten Beispielen handelte es sich um eine spezielle Art des Schätzens von Populationsparametern: Ziel war die *Intervallschätzung* von Parametern aufgrund bestimmter Stichprobenbefunde. Es wurde (mittels der geeigneten inferenzstatistischen Verfahren) jeweils das Intervall bestimmt, in dem der interessierende Populationsparameter mit bestimmter Sicherheit liegt.

Neben der Intervallschätzung für einen Parameter gibt es noch die sog. *Punktschätzung*. Wir begegnen ihr häufig bei den in den Medien mitgeteilten Ergebnissen von Meinungsumfragen. Interviewt wurde dabei jeweils eine Stichprobe von Personen, an der man ein bestimmtes Ergebnis erhielt. So sei z.B. angenommen, daß sich in einer Zufallsstichprobe von 1000 Befragten 70% für und 30% gegen die Einführung eines Tempolimits von 130 km/h auf den westdeutschen Autobahnen ausgesprochen hätten. Mit einer Punktschätzung von Parametern (hier von Populationsanteilen) hat man es nun zu tun, wenn die Werte der Stichprobe als die Werte der Population mitgeteilt werden, z.B.: "70% der Deutschen sind für ein Tempolimit von 130 km/h, 30% gegen eine solche Begrenzung".

Die alleinige Mitteilung derartiger Punktschätzungen ist jedoch nicht zu empfehlen, da die angegebenen Werte (mit ziemlicher Sicherheit) falsch sind, denn nur durch Zufall entspricht ein Stichprobenergebnis exakt dem Zustand der Population. Die Angabe einer Punktschätzung (ohne weitere Erläuterungen) suggeriert somit eine Genauigkeit und Sicherheit des Wissens über Populationszustände, die in einem solchen Ausmaß (außer bei sehr großen Stichproben) nicht vorhanden ist. Unproblematisch wäre es hingegen, wenn über die obige Umfrage wie folgt berichtet würde: "Von den 1000 befragten Personen waren 70% für..., 30% gegen ...". Diese Aussage ist natürlich richtig. Sie stellt allerdings auch keine Schätzung von Populationsgrößen dar, sondern beschreibt lediglich den Stichprobenbefund.

1.3.2 Beispiele für das Testen von statistischen Hypothesen

Bei der (Intervall)Schätzung von Populationsparametern wird - wie die Formulierung schon erkennen läßt - immer von einer Stichprobe auf Parameter der Population geschlossen. Beim statistischen Hypothesentest ist dieser Bezug auf einen Parameter hingegen nicht immer vorhanden. Es gibt hier zwei Klassen von statistischen Hypothesen: Hypothesen, die Aussagen über Populationsgrößen/-zustände machen und solche, bei denen dies nicht der Fall ist. Wir wollen zuerst einige Beispiele vorstellen und im Anschluß daran noch einmal auf diese Unterscheidung zurückkommen.

Beispiel [E]

Ein Gesundheitspolitiker gelangt zu der Ansicht, daß unter den neunjährigen Schulkindern in Bayern 35% (nach einem bestimmten Kriterium) übergewichtig sind. Entsprechend dieser Vermutung stellt er folgende - durch eine Untersuchung zu prüfende - (statistische) Hypothese auf: "In der Population ist der Anteil Übergewichtiger (π) gleich 0,35". Er läßt nun eine Zufallsstichprobe von 300 Kindern ziehen und in ihr den Anteil von Übergewichtigen feststellen; es ergibt sich ein Wert von $P = 0{,}40$.

Das Problem ist jetzt - unstatistisch formuliert - ob in Anbetracht des Unterschieds zwischen Stichprobenergebnis und dem in der Hypothese behaupteten Populationswert die Hypothese über π beibehalten oder zurückgewiesen werden sollte. Mittels eines statistischen Tests wird nun die Hypothese (Behauptung) »π=0,35« geprüft.[2] Ihr ist dabei eine sog. *Alternativhypothese* gegenübergestellt, die aussagt, daß π nicht gleich 0,35 ist.[3] Aufgrund des statistischen Tests gelangt man zu einer der beiden folgenden Aussagen: "Die Nullhypothese »π=0,35« wird beibehalten", oder "Die Nullhypothese »π=0,35« wird zurückgewiesen. Der Populationsanteil ist nicht gleich 0,35 (d.h. die Alternativhypothese »$\pi \neq$0,35« gilt); die Irrtumswahrscheinlichkeit bei dieser Aussage ist (z.B.) gleich 0,05".

---

2) Die Hypothese, die durch einen statistischen Test geprüft wird, bezeichnen wir im folgenden als *Nullhypothese*. Die Begründung für den Zusatz "Null" wird in Abschnitt 3.1.1 gegeben.

3) In der Alternativhypothese kann auch eine Richtung der Abweichung von dem in der Nullhypothese behaupteten Parameterwert ausgesagt werden (z.B.: »π>0,35«).

Auch ohne Kenntnis statistischer Schlußweisen läßt sich bereits aufgrund dieses Beispiels vorhersagen, nach welchem Grundprinzip der Hypothesentest wohl ablaufen wird. Bei dem obigen Stichprobenergebnis, das in relativ geringem Ausmaß von dem behaupteten Populationswert abweicht, wären wir wahrscheinlich bereit, weiterhin für möglich zu halten, daß die Nullhypothese »π=0,35« gilt. Hätte sich jedoch ein Stichprobenanteil Übergewichtiger von z.B. P = 0,80 ergeben, würden wir wahrscheinlich vermuten, daß diese Hypothese falsch ist und annehmen, daß $\pi \neq 0{,}35$ bzw. $\pi > 0{,}35$ ist. Die Abweichung des Stichprobenergebnisses von dem in der Nullhypothese behaupteten Populationswert wäre uns wahrscheinlich zu groß, als daß wir hier noch an die Richtigkeit dieser Hypothese zu glauben bereit wären.

Das Verfahren des statistischen Hypothesentestens geht nun nach der gleichen Logik vor. Es stellt uns allerdings exakte, nachprüfbare Techniken zur Verfügung, mit denen bestimmt werden kann, ab wann ein Stichprobenergebnis so stark von dem in der Nullhypothese behaupteten Wert des Parameters abweicht, daß es nicht mehr sinnvoll ist, diesen Wert beizubehalten. Es wird dann die Alternativhypothese angenommen, wobei sich die Wahrscheinlichkeit dafür angeben läßt, daß die in dieser Hypothese formulierte Aussage falsch ist. Wir arbeiten somit mit einer bekannten Irrtumswahrscheinlichkeit. Sie wird mit *Alpha* (α) bezeichnet und im vorhinein vom Untersucher (meist auf den Wert 0,05 oder 0,01) festgesetzt.

Beispiel [F]

Eine Schulpsychologin interessiert, ob die Hauptschulabgänger in Nordrhein-Westfalen in einem Test *Rechnerisches Denken* im Durchschnitt anders abschneiden als die Hauptschulabgänger in Hessen. Im Rahmen des statistischen Testens wird dazu die folgende Nullhypothese aufgestellt: "Das Mittel der Hauptschulabgänger in NRW ist gleich dem Mittel der Abgänger in Hessen ($\mu_1 = \mu_2$)". Dagegen steht die Alternativhypothese: "Die beiden Populationsmittel sind nicht gleich ($\mu_1 \neq \mu_2$)".[4)]

Die Untersucherin zieht nun eine Zufallsstichprobe von jeweils 150 Hessen- und NRW-Schulabgängern und bestimmt die Gruppenmittel im Test *Rechnerisches Denken*. Es ergibt sich M_1 = 85,3 und M_2 = 87,1. Mittels eines statistischen Tests gelangt die Untersucherin nun zu einer der beiden folgenden Aussagen: "Die Nullhypothese »μ_1=μ_2« wird beibehalten", oder "Die Nullhypothese wird zurückgewiesen, die Alternativhypothese ("ungleiche Populationsmittel") gilt; die Irrtumswahrscheinlichkeit α ist bei dieser Aussage (z.B.) gleich 0,01". Auch hier ist wieder das Prinzip beim Entscheid über die Nullhypothese vorhersagbar: Je größer die Differenz zwischen den Stichprobenmitteln ist, um so eher dürfte die Hypothese gleicher Populationsmittel zurückgewiesen werden.

---

4) In der Alternativhypothese kann auch ausgesagt werden, welche Population den höheren Mittelwert hat (z.B.: »μ_1>μ_2«).

Beispiel [G]

Einen Untersucher interessiert, ob bei männlichen Zigarettenrauchern zwischen der Stärke des Zigarettenkonsums und dem (durch einen Persönlichkeitsfragebogen erfaßten) Grad der *Extraversion* eine Beziehung besteht. Als Korrelationsmaß verwendet er den Produkt-Moment-Koeffizienten r. Im Rahmen des statistischen Tests wird dazu die folgende Nullhypothese aufgestellt: "In der Population der männlichen Raucher ist die Korrelation zwischen beiden Variablen gleich Null ($\rho = 0$)". Dagegen steht die Alternativhypothese: "In der Population ist die Korrelation beider Variablen nicht Null ($\rho \neq 0$)".[5)]

Der Untersucher zieht eine Zufallsstichprobe von 400 männlichen Rauchern und erhält für die Korrelation beider Variablen einen Koeffizienten von r = 0,15. Aufgrund eines statistischen Tests wird nun eine der beiden folgenden Aussagen getroffen: "Die Nullhypothese »ρ=0« wird beibehalten", oder "Die Nullhypothese wird (bei einer Irrtumswahrscheinlichkeit von α) zurückgewiesen. In der Population ist die Korrelation zwischen Zigarettenkonsum und Extraversion nicht Null".

Beispiel [H]

Eine Verkehrspsychologin möchte wissen, ob Autofahrerinnen einer bestimmten Altersstufe auf schwarze und rote Fahrzeuge unterschiedlich schnell reagieren. Sie geht zur Untersuchung der Frage wie folgt vor: 100 Autofahrerinnen der gewünschten Altersstufe werden per Zufall auf zwei gleich große Gruppen aufgeteilt. Die eine Gruppe hat im Fahrsimulator auf einen roten PKW zu reagieren, die andere auf einen schwarzen PKW des gleichen Typs. Es ergeben sich in den beiden Gruppen für die Schnelligkeit der Reaktion die folgenden Durchschnittswerte (je kleiner der Wert, um so schneller wird reagiert): M_1(schwarz) = 50, M_2(rot) = 35.

Wir wollen annehmen, daß die Untersucherin zur Prüfung dieser Mittelwertsdifferenz einen *parametrischen* Test durchführen will. Dann formuliert sie folgende Nullhypothese: "Die beiden Stichproben von Reaktionswerten entstammen Populationen, die gleiche Mittelwerte aufweisen ($\mu_1 = \mu_2$)". Dagegen steht die Alternativhypothese: "Die beiden Stichproben von Reaktionswerten entstammen Populationen, deren Mittel nicht gleich sind ($\mu_1 \neq \mu_2$)".[4)]

Wir sehen, daß wir es bei den hier aufgestellten Hypothesen mit hypothetischen Populationen zu tun haben, nämlich mit der Vorstellung einer Population von Reaktionswerten auf einen schwarzen PKW (mit dem Mittel μ_1) und einer Population von Reaktionswerten auf einen roten PKW (mit dem Mittel μ_2). Aufgrund des statistischen Hypothesentests wird nun eine der folgenden Aussagen getroffen: "Die Nullhypothese »μ_1=μ_2« wird beibehalten", oder "Die Nullhypothese wird zurückgewiesen, es gilt (mit einer Irrtumswahrscheinlichkeit von α) die Alternativhypothese »$\mu_1 \neq \mu_2$«".

---

5) In der Alternativhypothese kann auch eine Richtung der Abweichung von Null formuliert werden (z.B.: »ρ>0«).

Da eine Ergebnisformulierung mit Bezugnahme auf hypothetische Populationen relativ unanschaulich ist, würde man das Resultat des statistischen Tests der Mittelwertsdifferenz hier wie folgt (oder ähnlich) mitteilen: Bei den untersuchten Autofahrerinnen ergab sich ein auf dem 5%-Niveau signifikanter Unterschied in der durchschnittlichen Reaktionszeit auf einen roten und einen schwarzen PKW. Auf den roten PKW wurde im Durchschnitt signifikant schneller reagiert als auf das schwarze Fahrzeug.

Beispiel [I]

Ein Sportlehrer hat eine neue Kugelstoßtechnik entwickelt und möchte überprüfen, ob sie der herkömmlichen Technik überlegen ist. Zu diesem Zweck teilt er die 12 Jungen der Klasse, die mit dem Kugelstoßtraining beginnen soll, per Zufall in zwei gleich große Gruppen ein. Die eine Gruppe wird von einem Kollegen sechs Monate lang nach der herkömmlichen, die andere während des gleichen Zeitraums nach der neuen Technik trainiert. Danach führt der Lehrer an einem Tag mit den beiden Gruppen jeweils drei Teststöße pro Person durch; der weiteste Stoß jeder Person wird gewertet. Es ergeben sich für die beiden Gruppen folgende durchschnittliche Stoßweiten: M_1(neu) = 7,30 m; M_2(alt) = 6,75 m.

Wir wollen nun annehmen, daß der Sportlehrer einen *nichtparametrischen* Test dieser Mittelwertsdifferenz durchführen möchte. Dann stellt er die folgende Nullhypothese auf: "Die Differenz M_1-M_2 ist durch Zufall entstanden". Dagegen steht die Alternativhypothese: "Der vorliegende Mittelwertsunterschied ist nicht (allein) durch Zufall entstanden".[6] Mittels des geeigneten statistischen Tests gelangt er dann zu einer der beiden folgenden Aussagen: "Die Differenz M_1-M_2 ist durch Zufall entstanden", oder "Die Nullhypothese wird (bei einer Irrtumswahrscheinlichkeit von α) zurückgewiesen. Die Differenz zwischen den Mitteln ist Ausdruck eines Faktors, der in beiden Gruppen unterschiedlich wirkte".

Aufgrund des statistischen Tests wird hier also u.U. geschlossen, daß der zwischen den Stichprobenmitteln aufgetretene Unterschied nicht mehr (allein) dem Zufall zuzuschreiben ist. Man gelangt vielmehr zu der Ansicht, daß in der Differenz M_1-M_2 die Wirkung eines beide Gruppen unterschiedlich beeinflussenden Faktors zum Ausdruck kommt. Ob es sich dabei (in unserem Fall) tatsächlich um die (unterschiedliche) Trainingsmethode handelt, ist mit der statistischen Schlußfolgerung allerdings nicht ausgesagt und nicht bestimmbar.

Kommt man zu dem Schluß, daß ein systematischer Faktor die Stoßweiten beider Gruppen unterschiedlich beeinflußt hat, so kann die Begründung, daß dies die Stoßtechnik gewesen sein muß (die in beiden Gruppen verschieden war), nicht mit statistischen Methoden gegeben werden. Der Nachweis muß vielmehr durch den Aufbau des Experiments erbracht werden, d.h. die Untersuchung muß so angelegt gewesen sein, daß sich (nachvollziehbar) mit einiger Sicherheit ausschließen

---

6) In der Alternativhypothese kann auch aus- bzw. vorhergesagt werden, welches Gruppenmittel größer sein wird.

TABELLE 1.2 Beispieldaten für den Zusammenhang zwischen Geschlecht und Rauchgewohnheit.

	Frauen	Männer		Frauen	Männer	
Raucher	13 (43%)	15 (50%)	28	4 (13%)	20 (67%)	24
Nichtraucher	17 (57%)	15 (50%)	32	26 (87%)	10 (33%)	36
	30 (100%)	30 (100%)	60	30 (100%)	30 (100%)	60

läßt, daß andere Faktoren als die Trainingsmethode die Gruppen unterschiedlich beeinflussen konnten.

Beispiel [J]

Es soll untersucht werden, ob bei den Studierenden eines Fachbereichs ein "statistisch signifikanter" Zusammenhang zwischen Rauchgewohnheit (Raucher/ Nichtraucher) und dem Geschlecht besteht. An einer Zufallsstichprobe von 30 weiblichen und 30 männlichen Studierenden werden die diesbezüglichen Daten erhoben. Im linken Teil von Tab. 1.2. sind die Häufigkeiten wiedergegeben, mit denen bei den Geschlechtern Raucher und Nichtraucher vorkamen.

Wenn kein Zusammenhang zwischen Rauchen und Geschlecht besteht, dann müßte bei den Studentinnen der Anteil der Raucher der gleiche sein wie bei den Studenten. Dies wäre die *Erwartung*, die man hätte, wenn die (Null)Hypothese "Zwischen Rauchen und Geschlecht besteht (bei den Studierenden des Fachbereichs) kein Zusammenhang" richtig wäre. Natürlich können trotz Gültigkeit der Nullhypothese in Stichproben per Zufall mehr oder weniger große Abweichungen von dieser Erwartung auftreten. Mittels des geeigneten statistischen Tests wird nun bei Häufigkeitsdaten der obigen Art bestimmt, ob diese Abweichungen so groß sind, daß man die Nullhypothese "Zwischen den Variablen besteht kein Zusammenhang" zurückweisen und die Alternativhypothese "Die Abweichungen von der Erwartung sind nicht zufallsbedingt, sondern Ausdruck eines Zusammenhangs zwischen beiden Variablen" annehmen möchte - wiederum unter Existenz einer (vorher festgesetzten) Irrtumswahrscheinlichkeit von α.

Aufgrund einer Inspektion der Häufigkeiten würde man wahrscheinlich intuitiv die Nullhypothese beibehalten, da die Abweichung von der Erwartung gleicher Raucheranteile bei Studentinnen und Studenten nicht sehr groß ist. Unsere intuitive Entscheidung sähe wahrscheinlich anders aus, wenn sich an der Stichprobe die im rechten Teil von Tab. 1.2 angeführten Daten ergeben hätten. Hier ist der Unterschied im Anteil der Raucher zwischen den Geschlechtern deutlich größer. Durch einen Test würde man nun bestimmen, ob der Zusammenhang zwischen beiden Variablen "statistisch signifikant" ist.

Beispiel [K]

Beim vorangegangenen Beispiel hatte sich die erwartete Häufigkeitsverteilung aus den Daten ergeben. Im nachfolgenden Fall leiten sich die zu erwartenden (absoluten) Häufigkeiten aus theoretischen Überlegungen ab. Ein Ehepaar bestimmt jeden Abend durch das Werfen jeweils derselben Münze, wer das Geschirr spülen muß, wobei *Zahl* immer bedeutet, daß die Frau spült und *Wappen*, daß der Mann zu spülen hat. Sich die Ergebnisse der zurückliegenden Wurfperiode in Erinnerung rufend hat die Frau das Gefühl, daß das Spüllos sie deutlich häufiger getroffen habe als ihren Mann. Sie besteht - da sie die Münze immer selbst geworfen hat - auf einem Test, ob die Münze "in Ordnung" ist.

Die beiden sind sich einig, daß - wenn eine Münze "in Ordnung" ist - bei unendlich vielen Würfen *Zahl* und *Wappen* gleich häufig auftreten und somit beide Ereignisse bei einem Wurf die gleiche Auftretenswahrscheinlichkeit besitzen müßten. Man beschließt zur Prüfung der Münze die Durchführung von 200 Würfen, was der Entnahme einer Zufallsstichprobe von n = 200 aus der (unendlichen) Population der möglichen Würfe entspricht. Bei dieser Anzahl von Würfen wäre die Erwartung, daß *Zahl* und *Wappen* je 100mal auftreten. Das 200malige Werfen der Münze erbringt 160mal *Zahl* und 40mal *Wappen*.

Mittels eines statistischen Tests wird nun entschieden, ob die Nullhypothese "Die Abweichung der beobachteten Häufigkeiten von den erwarteten ist zufällig" beibehalten wird, oder zurückzuweisen ist und die Alternativhypothese "Die Abweichung der beobachteten von den erwarteten Häufigkeiten ist nicht (allein) zufallsbedingt" mit der vorher festgesetzten Irrtumswahrscheinlichkeit α angenommen wird. Die Annahme der Alternativhypothese würde hier bedeuten, daß man der Ansicht ist, daß die Stichprobe von 200 Würfen nicht einer Population von Würfen entstammt, in der *Zahl* und *Wappen* mit gleicher Häufigkeit auftreten. Intuitiv würde man aufgrund der beobachteten Häufigkeiten wohl zu dem Schluß gelangen (was die Frau auch tut), daß die Münze "nicht ganz in Ordnung ist" und sich "unerwartet" verhält, derart, daß sie für eine "anständige Münze" zu häufig das Ereignis *Zahl* produziert. M.a.W.: Bei dieser Münze ist die Auftretenswahrscheinlichkeit von *Zahl* vermutlich größer als die von *Wappen*.

Beispiel [L]

Die Mitglieder eines Sportvereins möchten wissen, ob sich mit den Laufschuhen der Marken »A« und »B« unterschiedliche Waldlaufleistungen ergeben. Sie teilen für ihre Untersuchung die 14 männlichen Läufer der Altersgruppe 25-30 Jahre per Zufall auf zwei gleich große Gruppen auf. Beide Gruppen durchlaufen am Untersuchungstag unter Wettkampfinstruktion die Waldstrecke; die eine mit den Schuhen »A«, die andere mit dem Laufwerk »B«. Auf dem Hinweg durch den Wald werden die Teilnehmer leider ausgeraubt und damit ihrer sämtlichen Uhren ledig. Die Laufleistungen der Gruppen müssen deshalb auf ordinalem Niveau erhoben werden, d.h. man registriert, wer als Erster, Zweiter, usf. ins Ziel kommt. Als Daten sind somit die Gruppenzugehörigkeit (Schuhmarke) und die zugeordneten Ränge 1 (= schnellster Läufer) bis 14 gegeben. Das Ergebnis des Laufs war wie folgt:

Einlaufposition	1.	2.	3.	4.	5.	6.	7.	8.	9.	10.	11.	12.	13.	14.
Schuhmarke	A	A	B	A	B	A	A	A	B	B	B	B	A	B

Die Gruppe mit dem Schuhwerk »A« hat einen durchschnittlichen Rang von MR_a = 5,6, bei Gruppe »B« ist MR_b = 9,1. Auch für derartige Rangdaten existieren nun spezielle statistische Tests, mit denen geprüft werden kann, ob sich die Rangwerte der beiden Bedingungen (wahrscheinlich) nur zufällig unterscheiden, oder ob der zwischen den Gruppen bestehende Unterschied in der zentralen Tendenz (bei dem gewählten α) statistisch signifikant ist. In unserem Fall würde somit geprüft, ob die Läufer der einen Marke in der Tendenz signifikant "bessere" (niedrigere) Ränge aufweisen -, d.h. in der Tendenz eher ins Ziel gekommen sind - als die mit den anderen Schuhen ausgerüsteten Teilnehmer.

Beispiel [M]

An einem sog. Zweihandprüfgerät müssen die Versuchspersonen mittels zweier Kurbeln einen Stift so über eine Platte steuern, daß er innerhalb der Grenzen einer eingezeichneten kurvigen Linie bleibt. Registriert wird u.a. die *Anzahl der Abweichungen* von der Linie. Die Versuchspersonen haben in mehreren Durchgängen die Linie nachzufahren. Im Rahmen einer Untersuchung interessiert nun, ob zwischen erstem und letztem Durchgang ein signifikanter Unterschied in der Varianz der *Anzahl der Abweichungen* auftritt. An einer Stichprobe von 50 Personen ergeben sich folgende Varianzen: V_1(erster Durchg.) = 42,7; V_2(letzter Durchg.) = 10,5.

Im Rahmen des statistischen Tests wird nun folgende Nullhypothese aufgestellt: "Die beiden Stichproben von Werten entstammen Populationen mit gleicher Varianz ($\sigma_1^2 = \sigma_2^2$)". Dagegen steht die Alternativhypothese: "Die beiden Stichproben entstammen Populationen mit ungleicher Varianz.[7] Aufgrund des Tests wird nun entweder die Nullhypothese beibehalten oder die Behauptung »$\sigma_1^2=\sigma_2^2$« zurückgewiesen und die Alternativhypothese (mit einer Irrtumswahrscheinlichkeit von α) angenommen. Wie wir sehen, haben wir es im vorliegenden Fall wieder mit einem Schluß auf Zustände in hypothetischen Populationen zu tun.

Beispiel [N]

In einer 1974 durchgeführten Untersuchung hatte sich gezeigt, daß die Werte eines Tests zur Erfassung von Ernährungswissen in der erwachsenen Bevölkerung normalverteilt waren. Mittels einer neuen Untersuchung soll nun festgestellt werden, ob auch heute noch von einer Normalverteilung der Testwerte in der Allgemeinbevölkerung ausgegangen werden kann. Im Rahmen des entsprechenden statistischen Tests wird dabei die folgende Nullhypothese geprüft: "In der Population sind die Testwerte normalverteilt". Dagegen steht die Alternativhypothese: "In der Population weicht die Verteilung der Testwerte von der Normalform ab".

An einer Zufallsstichprobe von 500 Personen werden die Werte in dem Wissenstest erhoben. Aufgrund ihrer Verteilung wird durch den statistischen Test nun entweder die Nullhypothese "Die Population ist normalverteilt" beibehalten oder zurückgewiesen und die Aussage der Alternativhypothese "Keine Normalverteilung in der Population" (mit der Irrtumswahrscheinlichkeit von α) als rich-

---

7) In der Alternativhypothese kann auch ausgesagt werden, welche Population die größere Varianz hat (z.B.: »$\sigma_1^2>\sigma_2^2$«).

tig angenommen. Sofern in der Stichprobe eine signifikante Abweichung von der Normalverteilung vorliegt, gestattet die Art der Abweichung (z.B. starke Linksschiefe) weiterhin einen Schluß auf die Art der Abweichung in der Population.

1.4 Statistische und wissenschaftliche Hypothesen

In den Beispielen des vorangegangenen Abschnitts haben wir eine Reihe von statistischen Hypothesen kennengelernt, die mit den entsprechenden statistischen Tests zu prüfen waren. Am Ende jedes statistischen Tests steht eine Entscheidung: Es wird entschieden, ob die in der Nullhypothese formulierte Aussage beibehalten wird, oder ob man die Nullhypothese zurückweist und die Alternativhypothese (mit einer vorher festgesetzten Irrtumswahrscheinlichkeit von α) annimmt. Bei den vorgestellten statistischen Hypothesen lassen sich - darauf wurde bereits in Abschnitt 1.3.2 hingewiesen - zwei Klassen ausmachen:

- Statistische Hypothesen, bei denen für einen oder mehrere Populationsparameter ein bestimmter Wert behauptet wird, z.B.: $\mu = 105$; $\pi = 0{,}35$; $\rho = 0$; $\mu_1 = \mu_2$; $\sigma_1^2 = \sigma_2^2$;.
- Statistische Hypothesen, in denen keine (expliziten) Aussagen über Zustände in einer oder mehreren Populationen gemacht werden, z.B.: Die Mittelwertsdifferenz M_1-M_2 ist durch Zufall entstanden; der Unterschied in den mittleren Rängen beider Gruppen ist zufallsbedingt; die Abweichung der beobachteten von den erwarteten Häufigkeiten ist durch Zufall entstanden.

Bei den in die erste Klasse fallenden Aussagen besteht noch die weitere Unterscheidungsmöglichkeit in solche statistische Hypothesen, die sich auf reale Populationen beziehen (Beispiele E, F, G, N) und solche, bei denen etwas über den Zustand in hypothetischen Populationen ausgesagt wird (Beispiele H, M). Diese Unterscheidung hat, wie wir sehen werden, weniger Konsequenzen für die statistische Behandlung der Daten als für die sich dem statistischen Test anschließenden weiteren Schlußfolgerungen im Rahmen der Untersuchungsfrage.

In diesem Buch werden wir uns ausführlich mit der Theorie und Technik von statistischen Schlüssen auf die Parameter von Populationen beschäftigen. Im Zusammenhang mit den dabei auftretenden parametrischen Hypothesen (jedoch auch generell im Zusammenhang mit jeder Art von statistischer Hypothese) soll abschließend zu diesem Kapitel noch auf den wichtigen Unterschied zwischen statistischen und wissenschaftlichen (empirischen) Hypothesen eingegangen werden.

Statistische Tests prüfen statistische Hypothesen. Im parametrischen Fall wird in der statistischen Hypothese etwas über den oder die Parameter von einer oder mehreren Populationen ausgesagt, z.B. »$\mu_1=\mu_2$« ("Die Mittelwerte von Population 1 und 2 sind gleich"). Statistische Tests werden im Rahmen von Untersuchungen bestimmter Fragestellungen eingesetzt. Bei einigen Untersuchungen bzw. Fragestellungen ist das, was interessiert, unmittelbar in einer statistischen Hypothese formulierbar, d.h. etwas, das durch eine bestimmte statistische Hypothese exakt ausgedrückt wird.

Die Beispiele E und F sind Illustrationen derartiger Fälle. Die Untersuchungsfrage bzw. -hypothese bezog sich direkt auf die Werte von Populationsparametern. Im Beispiel E war es von Interesse zu wissen, ob der Populationsanteil π (wahrscheinlich) einen bestimmten Wert hat oder nicht, und im Beispiel F interessierte den Untersucher, ob die Mittel zweier Populationen gleich waren oder nicht. In beiden Fällen beinhaltete das Ergebnis des statistischen Tests - aufgrund der Stichprobenergebnisse wird entweder die Nullhypothese beibehalten, oder sie wird zurückgewiesen und die Alternativhypothese (mit einer Irrtumswahrscheinlichkeit von α) angenommen - genau das, was der Untersucher wissen wollte. In derartigen Situationen ist die Untersuchungsfrage (die "wissenschaftliche Hypothese") direkt als statistische Hypothese formuliert. Eine Entscheidung über die statistische Hypothese ist damit zugleich eine Entscheidung über die wissenschaftliche Hypothese.

Wissenschaftliche Hypothesen sind jedoch nicht immer mit der statistischen Hypothese identisch, in der psychologischen Forschung ist dies vielmehr die Ausnahme. In solchen Fällen ergeben sich dann bestimmte Transformationsprobleme, und das um so mehr, je "weiter" die ursprüngliche wissenschaftliche Hypothese von der statistischen "entfernt ist". Wir wollen das Problem an einem Beispiel illustrieren. Ein Untersucher stellt die folgende wissenschaftliche Hypothese auf: "Frustrierende Ereignisse führen zu gereizter Stimmung". Diese wissenschaftliche Hypothese (ein theoretischer, u.U. aus einer übergeordneten Theorie abgeleiteter Satz) ist nun noch sehr weit von einer statistischen Aussage (Hypothese), die mittels eines statistischen Tests geprüft werden kann, entfernt.

Im Rahmen seiner weiteren Überlegungen zur Prüfung der wissenschaftlichen Hypothese gelangt der Untersucher nun zu folgendem Versuchsplan: Er bildet aus den zur Verfügung stehenden Personen zwei gleich große Gruppen. Beide führen im Experiment eine bestimmte Tätigkeit aus. Bei einer Gruppe (der "Experimentalgruppe") treten während dieser Tätigkeit frustrierende Ereignisse ein, während dies bei der anderen (der "Kontrollgruppe") nicht der Fall ist. Am Ende der Tätigkeitsperiode wird mittels eines Fragebogens die Stimmung erfaßt. Vorhersagegemäß weist die Experimentalgruppe einen höheren Durchschnittswert in dem Maß für gereizte Stimmung auf als die Kontrollgruppe ($M_1 > M_2$).

Mit Hilfe eines parametrischen Tests prüft der Untersucher nun die statistische (Null)Hypothese »$\mu_1=\mu_2$« gegen die Alternativhypothese »$\mu_1>\mu_2$«; als Irrtumswahrscheinlichkeit wählt er $\alpha = 0{,}05$. Nehmen wir an, daß dabei die Nullhypothese zurückgewiesen und die Alternativhypothese angenommen wird. Der statistische Test führt somit (unter Berücksichtigung der Irrtumswahrscheinlichkeit α) zu der Aussage: Stichprobe 1 entstammt einer Population, deren Mittel größer ist als das Mittel der Population, der die Stichprobe 2 entstammt. Der Untersucher würde das Ergebnis wahrscheinlich (auf die Stichprobenmittel bezogen) wie folgt o.ä. formulieren: Das Mittel der Experimentalgruppe war bei α = 0 05 (statistisch) signifikant höher als das der Kontrollgruppe.

Bedeutet die Annahme der statistischen (Alternativ)Hypothese »$\mu_1>\mu_2$« nun auch eine Annahme der wissenschaftlichen Hypothese »Frustrierende Ereignisse führen zu gereizter Stimmung«? Sicherlich nicht; mehrere Gründe sind dafür unmittelbar einsichtig:

- Die wissenschaftliche Hypothese sagt aus, daß die Beziehung für jede Person gilt, die mit dem Test geprüfte statistische Hypothese ist jedoch eine Aussage über den Unterschied zwischen zwei Durchschnittswerten. Die in den Gruppenmitteln zum Ausdruck kommende Wirkung eines Faktors (z.B. des Frustrationsgrades) bedeutet nicht notwendigerweise, daß der Faktor bei allen Personen einer Gruppe in der Richtung und Ausprägung gewirkt hat, wie sie der Mittelwertsunterschied anzeigt. Es ist sehr wohl möglich, daß die Wirkung bei einzelnen Gruppenmitgliedern Null war oder entgegengesetzt.
- Die statistische Hypothese bezieht sich auf Zahlen und deren arithmetisches Mittel. Der statistische Test hat geprüft, ob sich Zahlenmittel "signifikant" unterscheiden - und nicht, ob ein signifikanter Unterschied in der durchschnittlichen *gereizten Stimmung* beider Gruppen bestand. Wenn der Stimmungsfragebogen nicht valide war (und somit nicht erfassen konnte, ob gereizte Stimmung vorlag), dann sind die Daten beider Gruppen gar keine Evidenz für oder gegen die wissenschaftliche Hypothese. Dem statistischen Test bzw. der statistischen Hypothese ist dies jedoch "gleichgültig". Die Validität des *statistischen* Schlusses (»$\mu_1=\mu_2$« oder »$\mu_1>\mu_2$«) bleibt davon unberührt.
- Da mit der statistischen Hypothese Aussagen über Zahlen getestet werden, bedeutet der Befund, daß das Mittel der Experimentalgruppe signifikant höher ist als das der Kontrollgruppe, nicht, daß die Ursache dafür "frustrierende Ereignisse" waren. Ob in der Experimentalgruppe Frustration stattgefunden hat (und in der Kontrollgruppe nicht), ist für den Test der statistischen (Null)Hypothese völlig unerheblich und kann mit einem statistischen Test auch nicht geprüft werden. Dies ist ein Problem des Untersuchenden bzw. der Untersuchungsanlage.
- Aus dem Gesagten ist ersichtlich, daß die im Rahmen des statistischen Hypothesentestens gewählten Irrtumswahrscheinlichkeiten sich nur auf die Unsicherheit des statistischen Schlusses beziehen können. Wenn die statistische Aussage z.B. mit einer Irrtumswahrscheinlichkeit von 5% gemacht wird, dann hat dieser Wert keinen Hinweischarakter für die Sicherheit (oder Unsicherheit), mit der die wissenschaftliche Hypothese richtig oder falsch ist - ausgenommen die geschilderten Fälle, in denen die wissenschaftliche Hypothese gleich der statistischen war.

Das angeführte Beispiel sollte uns die Bedeutsamkeit der Unterscheidung zwischen wissenschaftlicher und statistischer Hypothese gezeigt haben. In der psychologischen Forschung, wo die wissenschaftliche Hypothese selten bereits einer statistischen Hypothese entspricht, werden in der Regel im Rahmen der Prüfung von wissenschaftlichen Hypothesen aus diesen bestimmte statistische Hypothesen abgeleitet, von denen dann die jeweilige Nullhypothese einem statistischen Test unterzogen wird. Wieweit hierbei die Bestätigung (Beibehaltung) oder Zurückweisung der statistischen (Null)Hypothese eine Bestätigung oder Zurückweisung der wissenschaftlichen Hypothese darstellt, ist ein Problem, das sich nicht mit statistischen Methoden lösen läßt. D.h.: Der Übergang von der Aussage einer (aufgrund eines Tests akzeptierten) statistischen Hypothese zu Aussagen über die Gültigkeit der aufgestellten wissenschaftlichen Hypothese liegt außerhalb der mathematisch-statistischen Theorien und ihrer Schlußtechniken.

Auf die Unterscheidung in wissenschaftliche und statistische Hypothesen konnte in diesem Abschnitt nur kurz eingegangen werden. Für die konkrete Anwendung statistischer Prüfverfahren zur Entscheidung über wissenschaftliche Hypothesen und Theorien ist jedoch ein tieferes Einarbeiten in die Beziehungen zwischen beiden Hypothesenarten unbedingt erforderlich. Dazu sei u.a. auf die Arbeiten von Bolles (1962), Hager & Westermann (1983) und Westermann & Hager (1982) verwiesen. Deren Lektüre empfiehlt sich allerdings erst nach dem Studium eines Buches über Inferenzstatistik.

Kapitel 2

Das Konzept der Stichprobenverteilung

Wie wir im letzten Kapitel gesehen haben, geht es im parametrischen Fall eines inferenzstatistischen Problems darum, aufgrund der Befunde an einer oder mehreren Stichproben Schlüsse auf Zustände in einer oder mehreren Populationen (denen die Stichproben entstammen) vorzunehmen. Um diese Schlüsse auf eine begründete Basis zu stellen, benötigen wir exakte Kenntnisse darüber, in welcher Beziehung die Kennwerte von Stichproben (wie M, V, S) zu den Kennwerten bzw. Zuständen in der zugehörigen Population stehen.

Nehmen wir als Beispiel an, wir hätten die Hypothese, daß der mittlere Intelligenzquotient (μ_{IQ}) in einer Population von N = 15000 Personen (IQ-Werten) gleich 110 sei. Wir ziehen eine Zufallsstichprobe von n = 100 Personen und erhalten bei diesen ein IQ-Mittel von M_{IQ} = 115. Um nun, ausgehend von diesem Stichprobenergebnis, etwas über unsere Hypothese (den Zustand in der Population) begründet aussagen zu können, müssen wir wissen, wie wahrscheinlich ein Stichprobenmittel von M = 115 (bzw. eine Differenz von $M\text{-}\mu$ = 115-110 = 5) ist, wenn wir eine Stichprobe des Umfangs 100 aus einer Population mit dem Mittel μ = 110 (und einer bestimmten Varianz σ^2) ziehen. Mit anderen Worten: Uns interessiert die Auftretenswahrscheinlichkeit von bestimmten Stichprobenergebnissen bei einem bestimmten Populationszustand. Betrachten wir es - umgekehrt - von den Stichprobenergebnissen aus, so interessiert uns, wie wahrscheinlich ein (angenommener) Populationszustand bei einem bestimmten Stichprobenergebnis ist.

Um die Beziehungen zwischen Populationszuständen und der Wahrscheinlichkeit bestimmter Stichprobenergebnisse abzuleiten, gehen wir in den Erörterungen dieses Kapitels jeweils von gegebenen Wertepopulationen aus und untersuchen, wie sich die Ergebnisse (z.B. Kennwerte wie M und V) der möglichen Stichproben des Umfangs n verteilen. Die so gefundenen regelmäßigen Beziehungen zwischen Stichprobenergebnissen und Populationszuständen werden dann später für den umgekehrten Fall verwendet, daß wir von den Befunden an einer Stichprobe Schlüsse auf die Population vornehmen, aus der die Stichprobe gezogen wurde.

2.1 Stichprobenziehung mit/ohne Zurücklegen und mit/ohne Berücksichtigung der Anordnung der Stichprobenelemente

Für unsere theoretischen Überlegungen müssen wir zwischen zwei Arten der Ziehung von Zufallsstichproben unterscheiden: dem Fall mit und dem Fall ohne Zurücklegen eines entnommenen Populationselements. Die Ziehung ohne Zurücklegen ist zwar die in der statistischen Praxis übliche Vorgehensweise; für die theoretischen Ableitungen ist es jedoch einfacher, wenn wir von einer Ziehung mit

Zurücklegen ausgehen. Außerdem werden wir später sehen, daß die für die Ziehung mit Zurücklegen erarbeiteten Beziehungen (zwischen Populationszustand und Stichprobenergebnissen) bis auf einen speziellen Fall gleichermaßen Gültigkeit haben für die in der Praxis anzutreffende Ziehung ohne Zurücklegen. Worin unterscheiden sich nun die beiden Arten der Stichprobenziehung? Entnommen werden soll jeweils eine Stichprobe des Umfangs n aus einer Population von N Werten.

Zufallsziehung mit Zurücklegen

Der Population wird per Zufall ein Element entnommen. Von diesem Element wird der Wert in der interessierenden Variablen X registriert. Dann erfolgt Zurücklegung des Elements in die Population, erneutes zufälliges Ziehen eines weiteren Elements, Registrierung seines Wertes, Zurücklegen, usf., bis die Werte von n zufällig gezogenen Elementen registriert sind. Durch das Zurücklegen des jeweils gezogenen Elements hat die Population bei jeder Ziehung eines Elements den Umfang N. Hervorzuheben ist beim Fall mit Zurücklegen, daß dasselbe Element mehr als einmal (maximal n-mal) in die Stichprobe gelangen kann.

Zufallsziehung ohne Zurücklegen

In diesem Fall werden die jeweils per Zufall gezogenen Elemente nicht in die Population zurückgelegt. Die Population hat hier beim ersten Zug N Elemente, beim zweiten Zug N-1 Elemente, usf.; sie ist nach dem n-ten Zug um n Elemente kleiner. Unerheblich (für die Unterscheidung in »mit« und »ohne Zurücklegen«) ist, ob die Stichprobe der n Werte dann wieder zurückgelegt wird oder nicht. Bedeutsam ist hier, daß jedes Element der Population nur einmal in die Stichprobe gelangen kann. Bei der Ziehung der Lottozahlen - aus einer Population von N = 49 Werten wird eine Stichprobe von n = 6 Werten entnommen - haben wir es mit einer Ziehung ohne Zurücklegen zu tun. Würde hier die Methode mit Zurücklegen angewendet, dann kämen die einzelnen Kugeln nach der Entnahme jeweils in den Mischbehälter zurück und unter den Lottozahlen könnte dieselbe Zahl mehrmals auftauchen.

Das Beispiel der Ziehung der Lottozahlen gestattet uns auch die Illustration einer weiteren Unterscheidung bei den Stichproben, die sich aus einer Population ziehen lassen. Bei den möglichen oder erhaltenen Stichproben kann nämlich die Anordnung (Reihenfolge) der gezogenen Elemente (Werte) entweder berücksichtigt werden oder unberücksichtigt bleiben. Beim Zahlenlotto ist letzteres der Fall. Sechs Richtige hat z.B., wer die sechs Zahlen, die gezogen wurden, angekreuzt hat. Die Reihenfolge ihrer Ziehung braucht hingegen nicht vorhergesagt zu werden. Dies bedeutet, daß z.B. die Zahlenfolge {1-3-7-6-43-27} gleich behandelt wird wie die Folge {3-7-1-43-6-27}. Man betrachtet beide Ausgänge der Ziehung als eine Stichprobe von n = 6 aus N = 49 Werten. Wird die Anordnung der Elemente hingegen berücksichtigt, so würde der obige Fall zwei verschiedene Stichproben von 6 aus 49 Werten darstellen.

Die Möglichkeiten der Stichprobenziehung »Mit/Ohne Zurücklegen« und »Mit/Ohne Berücksichtigung der Anordnung« sind nun miteinander kombinierbar, wie das Beispiel des Zahlenlottos zeigt: Es handelt sich hier um eine Ziehung ohne Zurücklegen und ohne Berücksichtigung der Anordnung der Stichprobenelemente. Die hauptsächlichen theoretischen Ableitungen werden wir im folgenden hingegen am Fall mit Zurücklegen, mit Berücksichtigung der Anordnung vornehmen.

2.2 Die Stichprobenverteilung als Ergebnis der Befunde an der Gesamtheit der möglichen Stichproben

Wenn wir wissen wollen, "wie wahrscheinlich" ein bestimmtes Stichprobenergebnis ist (z.B. M = 120), wenn in der Population ein bestimmter Zustand herrscht (z.B. μ = 100), ist Kenntnis darüber erforderlich, welche Stichprobenergebnisse überhaupt möglich sind, wenn die Population (z.B.) einen Mittelwert von 100 hat. Ein Vergleich des erhaltenen Stichprobenkennwertes mit der Verteilung der möglichen Stichprobenkennwerte gestattet uns dann Aussagen über die Wahrscheinlichkeit des Auftretens des gefundenen Stichprobenwertes. Wir werden im nachfolgenden deshalb folgenden Fragen nachgehen:

- Gegeben ist eine Population von N Werten. Wir möchten daraus Zufallsstichproben des Umfangs n ziehen. Wie viele verschiedene Stichproben lassen sich hier ziehen, d.h. sind hier möglich?
- Wie verteilen sich die Ergebnisse der möglichen Stichproben? Z.B.: Wie verteilen sich die Mittelwerte der Gesamtheit aller möglichen Stichproben, wie verteilen sich die Varianzen der möglichen Stichproben, usf.?
- In welcher Beziehung stehen die Kennwerte der Verteilungen der Stichprobenergebnisse (z.B. der Verteilung der Stichprobenmittel) zu den Kennwerten der Populationsverteilung?

Wir wollen diese Verteilungen und Beziehungen am Beispiel einer sehr kleinen Wertepopulation untersuchen. Gegeben ist uns die folgende Population von N = 6 Werten (Elementen):

1	3	5	5*	7	9	
i=1	i=2	i=3	i=4	i=5	i=6	<i = 1...N>

Da die Elemente #3 und #4 beide den Wert 5 haben, ist, um bei den nachfolgenden Erörterungen kenntlich zu machen, von welchem Element die »5« stammt, der Wert des Elements #4 jeweils mit einem Stern versehen.

Es sollen nun aus dieser Population Zufallsstichproben von n = 2 Werten entnommen werden. Betrachten wir die beiden im jetzigen Zusammenhang interessierenden Fälle der »Ziehung mit Zurücklegen, mit Berücksichtigung der Anordnung« und der »Ziehung ohne Zurücklegen, ohne Berücksichtigung der Anordnung«, so stellt sich als erstes die Frage, wie viele verschiedene Stichproben des Umfangs n = 2 sich jeweils aus der Population von N = 6 Werten ziehen lassen. Die Anzahl der möglichen Stichproben bezeichnen wir im folgenden mit »m_s«. Die sich für die beiden Arten der Ziehung ergebenden Gesamtheiten möglicher Stichproben sind in Tab. 2.1 (neben weiteren Ergebnissen) zusammengestellt. Im Augenblick sind die Spalten »X_1« und »X_2« von Interesse, die die beiden Werte der m_s Stichproben jeweils in der Reihenfolge ihrer Ziehung wiedergeben.

TABELLE 2.1 Die m_s = 36 möglichen Zufallsstichproben von n = 2 Werten aus der Population {1-3-5-5*-7-9} bei »Ziehung mit Zurücklegen, mit Berücksichtigung der Anordnung«. Die 15 möglichen Stichproben bei Ziehung ohne »Zurücklegen, ohne Berücksichtigung der Anordnung« (kenntlich gemacht durch eingeklammerte Mittelwerte). Weiterhin verschiedene Stichprobenkennwerte; Index: i = 1...m_s.

1. Wert X_1	2. X_2	Mittel M_i	SAQ n-1 V_i	SAQ n V_{ni}	1. Wert X_1	2. X_2	Mittel M_i	SAQ n-1 V_i	SAQ n V_{ni}
1	1	1	0	0	5*	1	3	8	4
1	3	<2>	2	1	5*	3	4	2	1
1	5	<3>	8	4	5*	5	5	0	0
1	5*	<3>	8	4	5*	5*	5	0	0
1	7	<4>	18	9	5*	7	<6>	2	1
1	9	<5>	32	16	5*	9	<7>	8	4
3	1	2	2	1	7	1	4	18	9
3	3	3	0	0	7	3	5	8	4
3	5	<4>	2	1	7	5	6	2	1
3	5*	<4>	2	1	7	5*	6	2	1
3	7	<5>	8	4	7	7	7	0	0
3	9	<6>	18	9	7	9	<8>	2	1
5	1	3	8	4	9	1	5	32	16
5	3	4	2	1	9	3	6	18	9
5	5	5	0	0	9	5	7	8	4
5	5*	<5>	0	0	9	5*	7	8	4
5	7	<6>	2	1	9	7	8	2	1
5	9	<7>	8	4	9	9	9	0	0

Ziehung mit Zurücklegen, mit Berücksichtigung der Anordnung

Bei dieser Art der Ziehung kann jedes Populationselement zweimal in einer Stichprobe auftauchen (z.B. Stichprobe {1-1}, {5-5}, usf.). Außerdem wird die Reihenfolge (Anordnung) der Elemente berücksichtigt. Die Stichprobe {1-7} ist dadurch eine andere Stichprobe als {7-1}, da im ersten Fall das Element mit dem Wert 1 zuerst gezogen wurde, im zweiten Fall jedoch das Element mit dem Wert 7. Die Anzahl der möglichen Stichproben läßt sich wie folgt bestimmen (Yamane 1976, S.132):

<2.1> $m_s = N^n$

Dies ergibt für unser Beispiel $m_s = 6^2 = 36$. Wichtig ist, daß es sich bei den m_s = 36 möglichen Stichproben um eine Gesamtheit (Population) handelt. Dies ist von Bedeutung, wenn wir für die Verteilung der 36 Stichprobenergebnisse (z.B. der 36 Stichprobenmittel) Kenngrößen wie Mittel oder Varianz berechnen; diese Kennwerte werden wie Parameter behandelt und symbolisiert. Wir haben es somit mit einer Population von N (=6) Werten und einer Population von m_s (=36) möglichen Stichprobenergebnissen zu tun.

Ziehung ohne Zurücklegen, ohne Berücksichtigung der Anordnung

Hier können die Elemente der Population nicht mehrmals in einer Stichprobe auftauchen, und es wird nur berücksichtigt, welche Elemente in der Stichprobe sind, nicht jedoch die Reihenfolge ihrer Ziehung. Die Anzahl möglicher Stichproben berechnet sich dann wie folgt (Kellerer 1953, S.24):

<2.2> $m_s = N!/[n!\cdot(N-n)!]$

Dies ergibt für unser Beispiel: $m_s = 6!/(2!\cdot 4!) = (1\cdot 2\cdot 3\cdot 4\cdot 5\cdot 6)/(1\cdot 2\cdot 1\cdot 2\cdot 3\cdot 4) = 15$. Es sind hier somit 15 Stichproben möglich. Diese sind in Tab. 2.1 durch eingeklammerte M_i-Werte kenntlich gemacht.

Wir wollen nun die in Tab. 2.1 zusammengestellten Befunde an den 36 bei »Ziehung mit Zurücklegen, mit Berücksichtigung der Anordnung« möglichen Stichproben eingehender betrachten. Untersuchen wir zunächst einige Fragen zur Wahrscheinlichkeit, mit der die einzelnen Stichprobenergebnisse auftreten.

Wie groß ist die Wahrscheinlichkeit, daß z.B. die Stichprobe mit der Wertefolge {7-3} gezogen wird? Wir fragen somit nach der Auftretenswahrscheinlichkeit des Ereignisses »Stichprobe mit den Werten 7-3«. Dazu stellen wir fest, wie häufig das Ereignis »Stichprobe 7-3« in der Gesamtheit möglicher Ereignisse (= Stichproben) auftritt und dividieren diese Auftretenswahrscheinlichkeit durch die Anzahl möglicher Ereignisse. Dies ist die gesuchte Wahrscheinlichkeit.[1] Es ergibt sich:

$$P(7\text{-}3) = \frac{\text{Auftretenshäufigkeit des Ereign. »Stichprobe 7-3«}}{\text{Gesamtzahl der möglichen Ereignisse (Stichproben)}} = \frac{1}{m_s} = \frac{1}{36} = 0{,}0278$$

Diese Art der Wahrscheinlichkeitsbestimmung ist möglich, weil jede der m_s möglichen Stichproben aufgrund des Auswahlprozesses die gleiche Wahrscheinlichkeit hat, gezogen zu werden.

Die Wahrscheinlichkeit des Ereignisses »Stichprobe 7-3« läßt sich auch auf die nachfolgende Art bestimmen. Die Wahrscheinlichkeit, daß der Wert 7 beim ersten Zug gezogen wird, ist gleich 1/6. Die Wahrscheinlichkeit, daß beim zweiten Zug der Wert 3 gezogen wird, ist ebenfalls gleich 1/6. Die Ziehung des ersten Elements ist unabhängig von der Ziehung des zweiten Elements. Dann ist die Wahrscheinlichkeit des Ereignisses »Ziehung von 7 beim ersten Zug und von 3 beim zweiten Zug« gleich dem Produkt der Wahrscheinlichkeiten: P(7 beim 1. Zug)·P(3 beim 2. Zug) = (1/6)·(1/6) = 1/36.[2] Erwartungsgemäß ergibt sich auf diese Art die gleiche Auftretenswahrscheinlichkeit für das Ereignis »Stichprobe 7-3«.

1) Dieses Vorgehen entspricht der folgenden allgemeinen Definition der Wahrscheinlichkeit, daß ein Ereignis A auftreten wird: Gegeben ist eine Population möglicher Ereignisse, wobei jedes Ereignis die gleiche Auftretenswahrscheinlichkeit hat. Dann ist die Wahrscheinlichkeit P(A), daß das Ereignis A bei einem einzelnen Versuch auftritt, gleich der Häufigkeit des Ereignisses A, dividiert durch die Gesamtzahl der möglichen Ereignisse.

TABELLE 2.2 Die Stichprobenverteilung des Mittels bei der Ziehung von [n=2]-Zufallsstichproben (mit Zurücklegen, mit Berücksichtigung der Anordnung) aus der Population {1-3-5-5-7-9}; Daten aus Spalte »M_i« von Tabelle 2.1.

M	f	f/m_s	Mittel, Varianz und Standardabweichung
1	1	0,0278	
2	2	0,0556	$\mu_m = (\Sigma M_i)/m_s = 5{,}000$ <$i = 1 \ldots m_s$>
3	5	0,1389	
4	6	0,1667	
5	8	0,2222	$\sigma_m^2 = [\Sigma(M_i-\mu_m)^2]/m_s = 3{,}333$
6	6	0,1667	
7	5	0,1389	
8	2	0,0556	$\sigma_m = \sqrt{\sigma_m^2} = 1{,}826$ $m_s = 36$
9	1	0,0278	

Wir sehen, daß jede der 36 möglichen Stichproben die Auftretenswahrscheinlichkeit 1/36 hat, da jede Stichprobe nur einmal in der Gesamtheit vorkommt. Es soll nun aber nicht mehr nach der Wahrscheinlichkeit des Auftretens der einzelnen Stichproben, sondern nach der Auftretenswahrscheinlichkeit für Stichproben mit bestimmten Mittelwerten gefragt werden. In Spalte »M_i« von Tab. 2.1 sind die Mittelwerte der 36 Stichproben wiedergegeben. Diese "Urliste" der Mittel stellt somit die Gesamtheit der möglichen Stichprobenmittel dar. Wir sehen, daß hier verschiedene Mittelwerte mehrmals auftreten. Wie groß ist nun z.B. die Wahrscheinlichkeit, daß bei der Ziehung einer Zufallsstichprobe des Umfangs n = 2 aus unserer Population das Ereignis »Stichprobe mit dem Mittelwert 4« auftritt. Das Ereignis »M = 4« kommt in der Gesamtheit der Ereignisse sechsmal vor, so daß P(M = 4) = 6/36 = 0,1667 ist.

Um die Autretenshäufigkeit (-wahrscheinlichkeit) der verschiedenen Stichprobenmittel besser erkennen zu können, ordnen wir die 36 Mittelwerte in Spalte »M_i« aus Tab. 2.1 in Form einer primären Häufigkeitsverteilung an. Dies ist im linken Teil von Tab. 2.2 geschehen. Die Spalte »f« enthält hier die absoluten Häufigkeiten der einzelnen M-Werte, Spalte »f/m_s« die relativen Häufigkeiten. Diese relativen Häufigkeiten sind gleich den Wahrscheinlichkeiten für das Auf-

---

2) Nach der *Multiplikationsregel* für die Kombination von Wahrscheinlichkeiten: Die Wahrscheinlichkeit des Ereignisses A ist bei einem einzelnen Versuch gleich P(A), die des Ereignisses B gleich P(B). Dann ist die Wahrscheinlichkeit, daß bei zwei unabhängigen Versuchen A *und* B auftreten, gleich dem Produkt der Einzelwahrscheinlichkeiten, d.h. P(A und B) = P(A)•P(B).

3) Nach der *Additionsregel* für die Kombination von Wahrscheinlichkeiten. Sie lautet allgemein: Wenn die Ereignisse A und B sich gegenseitig ausschließen, dann ist die Wahrscheinlichkeit, daß bei einem einzelnen Versuch A *oder* B kommt, gleich der Summe der Auftretenswahrscheinlichkeiten von A und B, d.h. P(A oder B) = P(A) + P(B).

treten der einzelnen Mittelwerte bei der Ziehung einer Zufallsstichprobe des Umfangs n = 2. Wir sehen hier z.B.:

- Die Wahrscheinlichkeit, daß bei Ziehung einer [n=2]-Zufallsstichprobe aus der Population der N = 6 Werte eine Stichprobe mit einem Mittelwert von 8 auftritt, ist P(M = 8) = 0,0556.
- Die Wahrscheinlichkeit, daß bei Zufallsziehung von zwei Werten eine Stichprobe mit einem Mittelwert von 3 oder kleiner auftritt, ist $P(M \leq 3) = P(M = 3) + P(M = 2) + P(M = 1) = 0{,}1389 + 0{,}0556 + 0{,}0278 = 0{,}2223$.[3)]
- Die Wahrscheinlichkeit, daß bei Zufallsentnahme von zwei Werten eine Stichprobe mit einem Mittel auftritt, das um drei oder mehr Einheiten vom Mittelwert der Verteilung aller möglichen Mittel abweicht, ist $P(8 \leq M \leq 2) = P(M = 2) + P(M = 1) + P(M = 8) + P(M = 9) = 0{,}0556 + 0{,}0278 + 0{,}0556 + 0{,}0278 = 0{,}1668$.

Wir sehen, daß sich dieser relativen Häufigkeitsverteilung (= Wahrscheinlichkeitsverteilung) der m_s (=36) Stichprobenmittel interessante Informationen darüber entnehmen lassen, mit welcher Wahrscheinlichkeit bei der Ziehung einer Zufallsstichprobe des Umfangs n (=2) das Stichprobenmittel einen bestimmten Wert haben bzw. in einem bestimmten Bereich liegen wird.

Diese Art der Verteilung nennt man die (Zufalls)Stichprobenverteilung des Mittels. Definieren wir sie noch einmal explizit: Die *Stichprobenverteilung des Mittels* ist die relative Häufigkeitsverteilung der an der Gesamtheit der möglichen Zufallsstichproben (des Umfangs n) erhaltenen Mittelwerte.

Es soll gleich an dieser Stelle hervorgehoben werden, daß das Konzept der Stichprobenverteilung nicht beschränkt ist auf die Verteilung der möglichen Stichprobenmittel. Eine Stichprobenverteilung ist vielmehr für alle Kenngrößen von Stichproben denk- und herstellbar, so z.B. für die Stichprobenvarianz. In Spalte »V_i« von Tab. 2.1 sind die Varianzwerte der 36 (bei Ziehung mit Zurücklegen, mit Berücksichtigung der Anordnung) möglichen Stichproben aufgeführt. Wir stellen diese V-Werte wieder in Form einer relativen Häufigkeitsverteilung dar und erhalten damit - für dieses Beispiel - die Stichprobenverteilung der Varianz (Tab. 2.3.A).

Da sich das Konzept der Stichprobenverteilung auf jede Kenngröße von Stichproben bezieht, kann sie allgemein wie folgt definiert werden: Die *Stichprobenverteilung einer Kenngröße K* (wie M, V, S, Md, r) ist die relative Häufigkeitsverteilung der an der Gesamtheit der möglichen Zufallsstichproben (des Umfangs n) erhaltenen Werte von K.

Zur Veranschaulichung sind die beiden bisher kennengelernten Stichprobenverteilungen (des Mittels und der Varianz) in Abb. 2.1 noch einmal grafisch dargestellt. Für die vergleichende Betrachtung ist ihnen dabei die Verteilung der sechs Populationswerte gegenübergestellt. Im nächsten Abschnitt soll nun untersucht werden, wieweit sich unseren Beispielen allgemein gültige Beziehungen zwischen der Populationsverteilung der Variablen X und den Stichprobenverteilungen bestimmter Kennwerte entnehmen lassen.

ABBILDUNG 2.1 Die Stichprobenverteilung des Mittels [B] und der Varianz [C] bei Ziehung von [n=2]-Zufallsstichproben (mit Zurücklegen, mit Berücksichtigung der Anordnung) aus der [N=6]-Population {1-3-5-5-7-9} [A]. [B] und [C]: Grafische Darstellung der Daten von Tabelle 2.2 und 2.3.A.

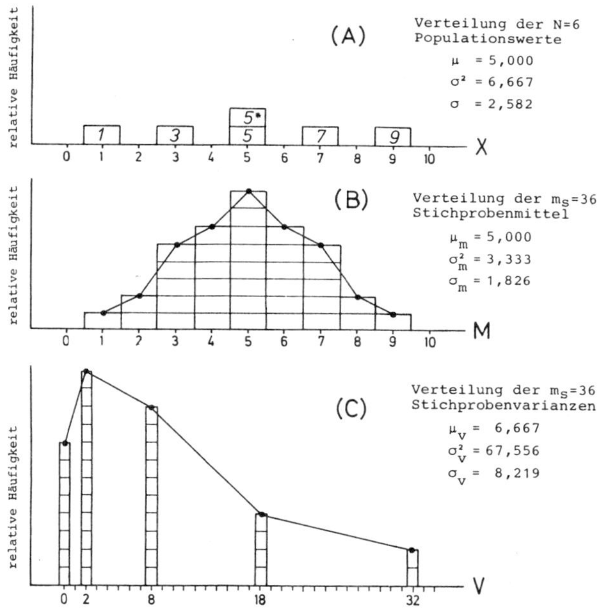

2.3 Demonstration einiger Beziehungen zwischen Populationsparametern und Parametern der Stichprobenverteilungen von Mittel und Varianz

Wir wollen für unsere Überlegungen von der in Tab. 2.1 und Abb. 2.1.B dargestellten Stichprobenverteilung des Mittels ausgehen (Stichprobenziehung mit Zurücklegen, mit Berücksichtigung der Anordnung). Es wurde bereits darauf hingewiesen, daß es sich bei ihren m_S = 36 M-Werten um eine Population handelt, nämlich um die Gesamtheit aller möglichen Mittelwerte. Für diese Verteilung der möglichen Mittel (= Stichprobenverteilung) können wir nun (neben anderen Kenngrößen) den Mittelwert, die Varianz und die Standardabweichung berechnen. Da eine Gesamtheit von Werten vorliegt, sehen wir die berechneten Größen als Parameter an und symbolisieren sie mit griechischen Buchstaben. Bei der Bestimmung von Varianz und Standardabweichung impliziert der Sachverhalt, daß sie für eine Population (von M-Werten) berechnet werden, daß die Summe der Abweichungsquadrate [$\Sigma(M-\mu_m)^2$] durch die (unverminderte) Anzahl der Werte (= m_S) dividiert werden muß.

TABELLE 2.3 Die Stichprobenverteilungen der Varianz V und der Größe V_n bei Ziehung von [n=2]-Zufallsstichproben (mit Zurücklegen, mit Berücksichtigung der Anordnung) aus der Population {1-3-5-5-7-9}. Daten aus Tabelle 2.1 (Spalten »V_i« und »V_{ni}«). Index: i = 1...m_s (1...36).

V	f	f/m_s	[A] $V = SAQ/(n-1)$
0	8	0,2222	$\mu_v = (\Sigma V_i)/m_s = 6{,}667$
2	12	0,3333	
8	10	0,2778	$\sigma_v^2 = [\Sigma(V_i-\mu_v)^2]/m_s = 67{,}556$
18	4	0,1111	
32	2	0,0556	$\sigma_v = \sqrt{\sigma_v^2} = 8{,}219$
V_n	f	f/m_s	[B] $V_n = SAQ/n$
0	8	0,2222	$\mu_{vn} = (\Sigma V_{ni})/m_s = 3{,}333$
1	12	0,3333	
4	10	0,2778	$\sigma_{vn}^2 = [\Sigma(V_{ni}-\mu_{vn})^2]/m_s = 16{,}889$
9	4	0,1111	
16	2	0,0556	$\sigma_{vn} = \sqrt{\sigma_{vn}^2} = 4{,}11$

Wir bezeichnen das Mittel der Stichprobenverteilung von M mit »μ_m«, die Varianz dieser Verteilung mit »σ_m^2« und die Standardabweichung mit »σ_m«. Die Berechnungsformeln für diese Parameter sind im rechten Teil von Tab. 2.2 wiedergegeben. Haben wir es mit den Parametern der Populationsverteilung der X-Werte zu tun, aus der die Zufallsstichprobe(n) gezogen wurde(n), dann werden Mittel, Varianz und Standardabweichung mit »μ«, »σ^2« und »σ« bezeichnet. Analog zur Stichprobenverteilung des Mittels erhalten bei der Stichprobenverteilung der Varianz die Parametersymbole den Index »v« - es sind dann: Mittel = μ_v, Varianz = σ_v^2 und Standardabweichung = σ_v (vgl. Tab. 2.3.A und Abb. 2.1.C).

Uns interessiert nun, ob zwischen den Parametern der Stichprobenverteilungen und den Parametern der Population, aus der die Stichproben gezogen wurden, regelhafte Beziehungen bestehen. Betrachten wir die in Abb. 2.1 aufgeführten Werte der Parameter. Es fällt auf, daß das Mittel der Stichprobenverteilung von M gleich dem Populationsmittel ist: $\mu_m = \mu = 5$. Weiterhin ist festzustellen, daß das Mittel der Stichprobenverteilung der Varianz gleich der Populationsvarianz ist: $\mu_v = \sigma^2 = 6{,}667$.

Bei der Berechnung der Stichprobenvarianz haben wir entsprechend ihrer Definition (Diehl & Kohr 1982, Kap. 6.3) die Summe der quadrierten Abweichungen jeweils durch die um Eins verminderte Anzahl der Abweichungswerte dividiert. Im Rahmen der deskriptiven Statistik war nicht recht einsichtig, warum es sinnvoll ist, mit dem Nenner »n-1« zu arbeiten. Plausibler schien eine Division der SAQ durch »n« zu sein (um die "durchschnittliche quadrierte Abweichung" zu erhalten). Wir wollen deshalb einmal die Stichprobenverteilung der Größe »V_n« betrachten, bei der der Zählerausdruck $SAQ = \Sigma(X-M)^2$ jeweils durch n dividiert wurde (Tab. 2.3.B).

TABELLE 2.4 Die Stichprobenverteilung des Mittels bei Ziehung von Zufallsstichproben des Umfangs n = 2 (ohne Zurücklegen, ohne Berücksichtigung der Anordnung) aus der Population {1-3-5-5-7-9}; Daten aus Spalte »M_i« (eingeklammerte Werte) von Tabelle 2.1.

M	f	f/m_s	Mittel, Varianz und Standardabweichung
2	1	0,0667	
3	2	0,1333	$\mu_m = (\Sigma M_i)/m_s = 5{,}000$ $\langle i = 1 \ldots m_s \rangle$
4	3	0,2000	
5	3	0,2000	$\sigma_m^2 = [\Sigma(M_i - \mu_m)^2]/m_s = 2{,}667$
6	3	0,2000	
7	2	0,1333	$\sigma_m = \sqrt{\sigma_m^2} = 1{,}633$ $m_s = 15$
8	1	0,0667	

Es zeigt sich, daß das Mittel dieser Stichprobenverteilung nicht gleich der Varianz der Populationswerte ist: $(\mu_{vn} = 3{,}333) \neq (\sigma^2 = 6{,}667)$. Dagegen hatte bei der Varianz V die Beziehung »$\mu_V = \sigma^2 = 6{,}667$« gegolten. Wenn man also möchte, daß das Mittel der Stichprobenverteilung des verwendeten Streuungsmaßes gleich der Populationsvarianz σ^2 ist, dann muß man die SAQ der Stichprobe durch n-1 dividieren. Und wir werden später sehen, daß diese Eigenschaft der Varianz - $\mu_V = \sigma^2$ - eine (unter Statistikern) erwünschte Eigenschaft ist. Die Varianz ist dadurch eine *erwartungstreue* Schätzgröße.

In Tab. 2.1 sind die $m_s = 15$ möglichen Mittelwerte, die sich bei »Stichprobenziehung ohne Zurücklegen, ohne Berücksichtigung der Anordnung« ergeben, durch eckige Klammern kenntlich gemacht. Die Stichprobenverteilung des Mittels für diesen Fall enthält Tab. 2.4. Auch hier ist festzustellen, daß das Mittel der Stichprobenverteilung von M gleich dem Mittel der Populationswerte ist, d.h.: $\mu_m = \mu$.

Neben den Parametern der Stichprobenverteilungen ist natürlich im weiteren deren Verteilungsform von großem Interesse. Diesbezüglich lassen sich unserem Beispiel - aufgrund der geringen Populations- und Stichprobenumfänge - allerdings nur Hinweise entnehmen. Es deutet sich jedoch an, daß die Stichprobenverteilung des Mittels zu einer Normalverteilung tendiert (Abb. 2.1.B), während dies bei der Stichprobenverteilung der Varianz nicht der Fall zu sein scheint. Letztere weist eine merkliche positive Schiefe auf (Abb. 2.1.C). Auffällig ist an unserem Beispiel weiterhin, daß die Form der Stichprobenverteilung des Mittels deutlich mehr einer Normalverteilung ähnelt als die Form der Populationsverteilung der X-Werte.

2.4 Formeln für die Beziehungen zwischen μ und σ^2 und Mittel und Varianz der Stichprobenverteilungen von M und V

In diesem Abschnitt werden Formeln vorgestellt, die die Beziehungen zwischen den Parametern der Population (μ, σ^2, σ) und den Parametern der Stichprobenverteilungen von M und V wiedergeben. Auf die allgemeine Herleitung dieser Beziehungen wird dabei aus Platzgründen verzichtet. Wir werden die Richtigkeit der Formeln jedoch zumindest dadurch "nachweisen" können, indem wir zeigen, daß sie auf unser Zahlenbeispiel zutreffen.

2.4.1 Mittel und Varianz der Stichprobenverteilung von M bei Ziehung mit Zurücklegen

Zieht man (mit Zurücklegen, mit Berücksichtigung der Anordnung) aus einer Population mit dem Mittel μ und der Varianz σ^2 alle möglichen Stichproben des Umfangs n und berechnet jeweils das Stichprobenmittel, dann gelten bezüglich der Parameter der Stichprobenverteilung von M die nachfolgenden Beziehungen (Beweis siehe Glass & Stanley 1970, S.248ff).

Das Mittel der Stichprobenverteilung von M ist gleich dem Populationsmittel:

<2.3> $\mu_m = \mu$

Die Varianz der Stichprobenverteilung von M ist gleich der durch den Stichprobenumfang dividierten Populationsvarianz. Man bezeichnet σ_m^2 als den *Varianzfehler des Mittels*:

<2.4> $\sigma_m^2 = \sigma^2/n$

Die Standardabweichung der Stichprobenverteilung von M ist gleich der Populationsstandardabweichung, dividiert durch die Wurzel aus dem Stichprobenumfang. Man nennt σ_m den *Standardfehler des Mittels*:

<2.5> $\sigma_m = \sigma/\sqrt{n}$

Wir wollen die in den Formeln ausgedrückten Beziehungen zwischen den Parametern der Population und denen der Stichprobenverteilung von M anhand unseres Beispiels überprüfen. Es war $\mu = 5$; $\sigma^2 = 6{,}667$; $\sigma = 2{,}582$; $\mu_m = 5$; $\sigma_m^2 = 3{,}333$; $\sigma_m = 1{,}826$; n = 2 (vgl. Tab. 2.2). Und bei Bestimmung über die Formeln <2.3> bis <2.5> ergibt sich für die Parameter der Stichprobenverteilung: $\mu_m = \mu = 5$; $\sigma_m^2 = \sigma^2/n = 6{,}667/2 = 3{,}335$; $\sigma_m = \sigma/\sqrt{n} = 2{,}582/\sqrt{2} = 1{,}826$. Bis auf rundungsbedingte Abweichungen führen die Formeln somit zum gleichen Ergebnis wie die Berechnungen, bei denen von den $m_s = 36$ M-Werten der Stichprobenverteilung ausgegangen wurde.

2.4.2 Mittel und Varianz der Stichprobenverteilung von M bei Ziehung ohne Zurücklegen

Zieht man (ohne Zurücklegen, ohne Berücksichtigung der Anordnung) aus einer Population mit dem Mittel μ, der Varianz σ^2 und der Größe N alle möglichen Stichproben des Umfangs n und berechnet jeweils das Stichprobenmittel, dann gelten bezüglich der Parameter der Stichprobenverteilung von M die nachfolgenden Beziehungen (Beweis siehe Kellerer 1953, S.44ff).

Das Mittel der Stichprobenverteilung von M ist gleich dem Populationsmittel:

<2.6> $\mu_m = \mu$

Die Varianz der Stichprobenverteilung von M ist gleich der durch den Stichprobenumfang dividierten Populationsvarianz mal dem aus dem Populations- und Stichprobenumfang gebildeten Quotienten (N-n)/(N-1). Man bezeichnet ihn als *Endlichkeitsfaktor* oder *Endlichkeitskorrektur* und σ_m^2 wieder als den *Varianzfehler des Mittels*:

<2.7> $\sigma_m^2 = [\sigma^2/n] \cdot [(N-n)/(N-1)]$

Die Wurzel aus <2.7> ergibt die Standardabweichung der Stichprobenverteilung von M. Man bezeichnet sie wieder als den *Standardfehler des Mittels*:

<2.8> $\sigma_m = \sqrt{\sigma_m^2}$

Überprüfen wir die in den Formeln ausgedrückten Beziehungen an unserem Beispiel. Es war: $\mu = 5$; $\sigma^2 = 6{,}667$; $\sigma = 2{,}582$; $N = 6$; $\mu_m = 5$; $\sigma_m^2 = 2{,}667$; $\sigma_m = 1{,}633$; $n = 2$ (vgl. Tab. 2.4). Und bei Bestimmung über die Formeln <2.6> bis <2.8> erhält man für die Parameter der Stichprobenverteilung des Mittels: $\mu_m = 5$; $\sigma_m^2 = [6{,}667/2] \cdot [(6-2)/(6-1)] = 2{,}667$; $\sigma_m = \sqrt{2{,}667} = 1{,}633$. Die Formeln führen somit zum gleichen Ergebnis wie die Berechnungen, bei denen von den $m_s = 15$ M-Werten der Stichprobenverteilung ausgegangen wurde.

2.4.3 Mittel und Varianz der Stichprobenverteilung von V bei Ziehung mit Zurücklegen

Von den nachfolgenden Formeln für die Stichprobenverteilung der Varianz werden wir - im Gegensatz zu den Formeln für die Stichprobenverteilung des Mittels - relativ wenig Gebrauch machen. Wir führen sie jedoch zum einen an, um zu zeigen, daß nicht nur bei der Stichprobenverteilung des Mittels regelmäßige Beziehungen zwischen den Parametern der Populations- und der Stichprobenverteilung bestehen, und zum anderen, um deutlich zu machen, daß diese Beziehungen nicht immer der einfachen Art sind, wie wir sie beim Mittel und seiner Stichprobenverteilung kennengelernt haben.

Zieht man (mit Zurücklegen, mit Berücksichtigung der Anordnung) aus einer Population mit dem Mittel μ, der Varianz σ^2, der Größe N und mit dem Exzess EXZ_p alle möglichen Stichproben des Umfangs n und berechnet jeweils die Varianz, dann ist das Mittel der Stichprobenverteilung von V gleich der Populationsvarianz (Beweis siehe Edwards 1971, S.64):

<2.9> $\mu_v = \sigma^2$

Bezüglich der Varianz der Stichprobenverteilung von V gilt folgende Beziehung (Johnson & Jackson 1959, S.74):

<2.10> $\sigma_v^2 = \frac{2 \cdot \sigma^4}{n-1} \cdot [1 + EXZ_p \cdot (n-1)/(2 \cdot n)]$ $\qquad EXZ_p = [\sum_i^N (X_i - \mu)^4]/(N \cdot \sigma^4) - 3$

Sind die X-Werte in der Population normalverteilt, ist $EXZ_p = 0$. Formel <2.10> vereinfacht sich dann zu

<2.11> $\sigma_v^2 = (2 \cdot \sigma^4)/(n-1)$

Wir sehen an Formel <2.10>, daß sich, sofern keine normalverteilte Population vorliegt, die Varianz der Stichprobenverteilung von V nur unter Einbeziehung des Wertes von EXZ_p formelmäßig bestimmen läßt. In Erinnerung ist hierbei zu rufen, daß bei einem positiven EXZESS-Wert die Populationsverteilung steilgipfliger, bei einem negativen EXZESS-Wert flachgipfliger ist als eine Normalverteilung. Die Größe σ_v^2 bezeichnet man als den *Varianzfehler der Stichprobenvarianz*. Der *Standardfehler der Varianz* bestimmt sich wie folgt:

<2.12> $\sigma_v = [(\sigma^2 \cdot \sqrt{2})/\sqrt{(n-1)}] \cdot \sqrt{[1 + EXZ_p \cdot (n-1)/(2 \cdot n)]}$

Bei normalverteilter Population entfällt der zweite Faktor wieder, sodaß

<2.13> $\sigma_v = (\sigma^2 \cdot \sqrt{2})/\sqrt{(n-1)}$

Überprüfen wir die in den Formeln ausgedrückten Beziehungen zwischen den Parametern der Population und denen der Stichprobenverteilung von V anhand unseres Beispiels (Abb. 2.1, A+C). Es ist in der Population: $\mu = 5$; $\sigma^2 = 6{,}667$; $N = 6$; $EXZ_p = [544/(6 \cdot 44{,}44)] - 3 = -0{,}96$; und in der Stichprobenverteilung: $\mu_v = 6{,}667$; $\sigma_v^2 = 67{,}556$, $\sigma_v = 8{,}21$; $n = 2$. Über die Formeln ergibt sich für die Parameter der Stichprobenverteilung: $\mu_v = 6{,}667$; $\sigma_v^2 = 2 \cdot 44{,}44 \cdot (1 - 0{,}96/4) = 67{,}556$ <2.10>; $\sigma_v = \sqrt{67{,}556} = 8{,}219$. Die Formeln führen erwartungsgemäß zu dem gleichen Ergebnis wie die Berechnungen, bei denen von den $m_s = 36$ V-Werten der Stichprobenverteilung ausgegangen wurde.

2.4.4 Vergleich der Parameter der Stichprobenverteilung von M bei Ziehung mit und Ziehung ohne Zurücklegen

Wir haben anhand der Daten von Tab. 2.1 die »Ziehung mit Zurücklegen, mit Berücksichtigung der Anordnung« und die »Ziehung ohne Zurücklegen, ohne Berücksichtigung der Anordnung« untersucht. Da wir es im Rahmen unserer Erörterungen nur mit diesen beiden Arten der Stichprobenentnahme zu tun haben, können wir sie im folgenden - ohne mißverständlich zu sein - der Kürze halber mit »Ziehung mit Zurücklegen« und »Ziehung ohne Zurücklegen« kennzeichnen. Damit soll dann immer ausgedrückt sein, daß beim Fall des Zurücklegens auch die Anordnung der Stichprobenelemente Berücksichtigung fand, bei der Entnahme ohne Zurücklegen hingegen nicht.

Hinsichtlich der Parameter der Stichprobenverteilungen von M hatten sich zwischen beiden Arten der Ziehung sowohl Übereinstimmungen als auch Unterschiede ergeben. In beiden Fällen war das Mittel der Stichprobenverteilung gleich dem Populationsmittel, es galt unabhängig von der Art der Ziehung: $\mu_m = \mu$. Als verschieden erwiesen sich hingegen die Formeln für den Varianz- bzw. Standardfehler des Mittels. Es war der Varianzfehler bei

Ziehung mit Zurücklegen: $\sigma_m^2 = [\sigma^2/n]$

Ziehung ohne Zurücklegen: $\sigma_m^2 = [\sigma^2/n]\cdot[(N-n)/(N-1)]$

Ein Vergleich beider Formeln läßt nun (u.a.) folgendes deutlich werden:

- Der Endlichkeitsfaktor ist immer kleiner als 1 (sofern n>1).
- Der Varianz- bzw. Standardfehler ist somit im Fall ohne Zurücklegen immer kleiner als bei Ziehung mit Zurücklegen.
- Bei beiden Arten der Ziehung sind Varianz und Standardabweichung der m_s Stichprobenmittel immer kleiner als die Varianz bzw. die Standardabweichung der N Werte in der Population.
- Wenn der Stichprobenumfang n klein ist im Vergleich zum Populationsumfang N, dann ist der Einfluß des Endlichkeitsfaktors auf den Wert des Varianz- oder Standardfehlers vernachlässigbar. Nehmen wir z.B. an, wir ziehen (ohne Zurücklegen) aus einer Population mit der Varianz $\sigma^2 = 40$ und dem Umfang N = 10000 alle möglichen Stichproben des Umfangs n = 50. Dann hat der Endlichkeitsfaktor den Wert 9950/9999 = 0,9951. Für den Varianzfehler ergibt sich $\sigma_m^2 = 0{,}796$, für den Standardfehler $\sigma_m = 0{,}892$. Der Wert des Varianzfehlers von 0,796 kann hier für praktische Zwecke als gleich dem Wert des Varianzfehlers betrachtet werden, der sich bei Ziehung mit Zurücklegen ergeben hätte (0,8). Gleiches gilt für den Wert des Standardfehlers von 0,892 (Ziehung ohne Zurücklegen), er ist praktisch gleich dem Wert im Fall mit Zurücklegen (0,894).
- Haben wir es vom Konzept her mit einer sehr großen (genauer: unendlich großen) Population zu tun (und mit üblichen Stichprobenumfängen), dann gehen die Formeln des Varianz- und Standardfehlers der Ziehung ohne Zurücklegen in die des Varianz- bzw. Standardfehlers beim Fall mit Zurücklegen über.
- Da die Verwendung des Endlichkeitsfaktors den Wert von σ^2/n immer verkleinert, machen wir im Fall, daß wir bei Ziehung ohne Zurücklegen den Endlichkeitsfaktor bei der Berechnung des Varianz- oder Standardfehlers nicht berücksichtigen, lediglich den (zu präferierenden) Fehler, daß wir den Varianzfehler etwas überschätzen. Dies würde bedeuten, daß unsere Aussagen, die wir unter Verwendung des Varianz- oder Standardfehlers machen, etwas vorsichtiger (konservativer) als notwendig ausfallen.

In der psychologischen Forschung ist der übliche Fall der, daß wir es vom Konzept her mit sehr großen bzw. unendlich großen Populationen zu tun haben, aus denen im Vergleich dazu "winzige" Stichproben gezogen werden. Auch in der übrigen sozialwissenschaftlichen Forschung ist es der Regelfall, daß die Stichprobe im Vergleich zur Population sehr klein ist. Aufgrund dieses Sachverhalts können wir für unsere weiteren theoretischen Erörterungen die Unterscheidung in die Fälle »Ziehung mit Zurücklegen« und »Ziehung ohne Zurücklegen« aufgeben und für beide Situationen davon ausgehen, daß das Mittel der

Stichprobenverteilung von M gleich dem Populationsmittel ist und daß in beiden Fällen die Stichprobenverteilung den Varianzfehler $\sigma_m^2 = \sigma^2/n$ und den Standardfehler $\sigma_m = \sigma/\sqrt{n}$ hat. Dies ist von großem Vorteil, da dadurch die für die Ziehung mit Zurücklegen abgeleiteten Beziehungen und Erkenntnisse - die für diesen Fall leichter vorzunehmen sind - gleichermaßen Gültigkeit haben für die in der praktischen Anwendung der Inferenzstatistik in der Regel anzutreffende Ziehung ohne Zurücklegen.

Trifft man in der Praxis hingegen (bei Ziehung ohne Zurücklegen) auf eine Situation, in der der Stichprobenumfang n relativ groß ist im Vergleich zum Populationsumfang N, so wirft es dann ja keine weiteren Probleme auf, den Varianz- oder Standardfehler des Mittels unter Berücksichtigung des Endlichkeitsfaktors zu bestimmen.

2.5 Die Stichprobenverteilung als Ergebnis der Ziehung von unendlich vielen Stichproben

Bei dem bisherigen Vorgehen zur Erstellung der Stichprobenverteilung für eine Stichprobenkenngröße K haben wir immer alle m_s Stichproben des Umfangs n gebildet, die bei einer Population von N Werten möglich waren. Die Stichprobenverteilung war dann gleich der relativen Häufigkeitsverteilung der an dieser Gesamtheit der möglichen Stichproben erhaltenen Werte der Größe K. An dieser Stichprobenverteilung ließ sich ablesen, mit welcher Wahrscheinlichkeit (relativen Häufigkeit) bestimmte Werte von K bei der Ziehung von Zufallsstichproben des Umfangs n aus der Population vom Umfang N zu erwarten waren. Diese Information war und ist für uns der Grund, nach der Stichprobenverteilung einer Kenngröße zu fragen.

Nun ist leicht einzusehen, daß das bisherige Vorgehen nur für so kleine Populationen und Stichproben praktikabel ist, wie wir sie bei dem Beispiel von Tab. 2.1 verwendet haben. Steigt der Umfang der Population an, so sind sehr schnell enorm viele verschiedene Stichproben des Umfangs n möglich. Nehmen wir an, wir wollten Stichproben des Umfangs n = 5 aus einer N = 100 Werte umfassenden Population ziehen. Dann sind (im Fall mit Zurücklegen) $m_s = N^n = 100^5 =$ 10 Milliarden Stichproben möglich. Bei n = 50 und N = 10000 sind es noch einige mehr. Das bisher zur Einführung in das Konzept der Stichprobenverteilung und zur Ableitung wichtiger Beziehungen angewandte Vorgehen ist somit zwar theoretisch von großem Wert, jedoch für die praktische Erstellung von Stichprobenverteilungen einer Kenngröße K in der Regel nicht anwendbar.

Die Stichprobenverteilung einer Stichprobengröße K läßt sich jedoch auch auf andere Art definieren. Wir wollen dies zuerst wieder für das Mittel tun und dann die Definition auf den allgemeinen Fall erweitern. Gegeben ist eine Population vom Umfang N, aus der Zufallsstichproben von n Werten gezogen werden. Die Stichprobenverteilung des Mittels ist dann die relative Häufigkeitsverteilung der Stichprobenmittelwerte, die sich bei unendlich vielen Ziehungen von Stichproben des Umfangs n ergibt. Dieses Vorgehen führt zur gleichen Stichprobenverteilung wie die Methode der Bildung aller m_s möglichen Stichproben.

Wir machen hier (in Gedanken) also folgendes: Aus der Population von N Werten wird (auf eine Art der Ziehung) eine Zufallsstichprobe des Umfangs n entnommen. Bei dieser wird das Mittel M_1 bestimmt. Nach Zurücklegen der Stichprobe erfolgt, unabhängig davon, die Ziehung einer zweiten Zufallsstichprobe des Umfangs n, Errechnung des Mittels M_2, Zurücklegen, usf. Dieser Prozeß wird unendlich oft durchgeführt. Die relative Häufigkeitsverteilung der so gewonnenen unendlich vielen Mittelwerte ist die Stichprobenverteilung von M.

Allgemein definiert sich die Stichprobenverteilung einer Stichprobenkenngröße K wie folgt: Die Stichprobenverteilung der Kenngröße K ist die relative Häufigkeitsverteilung der Werte von K, die sich bei unendlich vielen Ziehungen von Zufallsstichproben des Umfangs n aus der Population des Umfangs N ergibt.

Es läßt sich einwenden, daß dieses Vorgehen der Erstellung einer Stichprobenverteilung gleichermaßen nur von theoretischem Wert ist, da unendlich viele Ziehungen praktisch nicht durchführbar sind. Das ist richtig. Aufgrund dieser Definition der Stichprobenverteilung läßt sich jedoch bei gegebener Population und festgelegtem Stichprobenumfang n die Stichprobenverteilung einer Kenngröße K empirisch leichter approximieren. Man kann nämlich mit einiger Berechtigung erwarten, daß man, wenn man mittels Computer sehr oft (z.B. 5000mal) Zufallsstichproben des Umfangs n aus einer Population zieht, jeweils den Stichprobenkennwert K berechnet und abschliessend die relative Häufigkeitsverteilung von K erstellt, eine Verteilung erhält, die der exakten relativen Häufigkeitsverteilung von K (bei unendlich vielen Ziehungen) recht gut angenähert ist - und zwar um so mehr, je größer die Anzahl der gezogenen Stichproben ist.[4)]

2.6 Die Form der Stichprobenverteilung des Mittels

Wir haben bisher aufgezeigt, daß die Stichprobenverteilung des Mittels die Parameter $\mu_m = \mu$ und $\sigma_m^2 = \sigma^2/n$ hat. Um im allgemeinen Fall die Auftretenswahrscheinlichkeit bestimmter Stichprobenmittel bei gegebenen Populationsparametern bestimmen zu können, benötigen wir jedoch noch Information über die *Form* der Stichprobenverteilung von M. Diesbezüglich gilt: Wenn die X-Werte in der Population normalverteilt sind, dann folgt auch die Stichprobenverteilung des Mittels der Normalform.

Wir wollen uns diesen Sachverhalt anhand des Beispiels von Tab. 2.1 verdeutlichen. Hier läßt sich feststellen, daß die Gesamtheit der an erster Stelle gezogenen Elemente (Werte der Variablen »X_1«) die gleiche relative Häufigkeitsverteilung aufweist wie die X-Werte der Population. Dies gilt gleichermaßen für die m_s Werte von »X_2« und (im allgemeinen Fall) für die Werte von »X_3« bis »X_n«. Daraus können wir ableiten: Wenn in der Population eine Normalverteilung vorliegt, dann verteilt sich auch die Gesamtheiten der an erster bis

4) Mit dieser "Monte-Carlo-Methode" wurden z.B. die in Abb. 16.1 wiedergegebenen Stichprobenverteilungen des Produkt-Moment-Korrelationskoeffizienten erstellt.

n-ter Stelle gezogenen Elemente jeweils normal. Mit anderen Worten: Bei Normalverteilung der Variablen X in der Population weisen die Variablen $X_1 \ldots X_n$ gleichfalls normalverteilte Werte auf.

Bezüglich der Normalverteilung gilt nun folgender Additionssatz (Fisz 1971, S.181): Gegeben sind n voneinander unabhängige Variablen, die sich jeweils normalverteilen. Bildet man aus diesen Variablen durch Summation eine neue Variable - z.B. aus den drei normalverteilten Variablen X, Y und Z die Variable W = X+Y+Z - dann ist diese neue Variable ebenfalls normalverteilt. Für uns hat dieser Satz wichtige Konsequenzen für die Stichprobenverteilung von M.

Da die voneinander unabhängigen (= paarweise zu Null korrelierenden) Variablen $X_1 \ldots X_n$ bei normalverteilter Population gleichfalls normalverteilt sind, muß sich nach dem Additionssatz die Variable M (das Stichprobenmittel) ebenfalls normalverteilen. Denn M ist eine Summe aus n voneinander unabhängigen, normalverteilten Variablen: $M = (X_1+X_2+\ldots+X_n)/n$. Die Division durch n ist dabei unerheblich, da sie eine lineare Transformation der Variablen »$X_1+X_2+\ldots+X_n$« darstellt und somit die Form der Verteilung dieser Summenvariablen nicht beeinflußt.

Bei normalverteilter Population ist die Stichprobenverteilung von M somit normal mit dem Mittel μ_m und der Standardabweichung σ_m. Von besonderem Interesse ist nun weiterhin, welche Form die Stichprobenverteilung von M hat, wenn die Populationsverteilung mehr oder minder stark von der Normalform abweicht. Diese Situation stellt bei der Anwendung der Statistik auf empirische Wertepopulationen und -stichproben den üblichen Fall dar, da derartige Meßwertverteilungen niemals exakt normal sind. Im günstigen Fall weichen sie nur geringfügig von einer Normalverteilung ab, in der Regel jedoch relativ deutlich.

Der zentrale Grenzwertsatz

Im Fall nichtnormaler Populationen gilt bezüglich der Stichprobenverteilung des Mittels der *zentrale Grenzwertsatz* (Diem & Lentner 1977, S.167). Dieser sagt im Hinblick auf die Form der Verteilung folgendes aus: Die Stichprobenverteilung des Mittels strebt zur Normalform - gleichgültig, auf welche Art und wie stark die Werteverteilung in der Population von dieser Form abweicht. Die Näherung der Stichprobenverteilung an eine Normalverteilung wird dabei mit zunehmendem Stichprobenumfang n immer enger.

Befunde aus Monte-Carlo-Studien von Bradley (1971, 1973) machen allerdings deutlich, daß die "normalisierende Kraft" des zentralen Grenzwerteffekts bei Vorliegen von schiefen Populationsverteilungen nicht überschätzt werden darf. So konnte er zeigen, daß bei (stark) L-förmigen Verteilungen es sehr großer Stichprobenumfänge bedarf, bevor die Stichprobenverteilung von M der Normalform hinreichend angenähert ist. Bei den in der psychologischen Forschung üblichen Stichprobenumfängen sollte man deshalb nur bei schwächeren Abweichungen der Populationsverteilung von der Symmetrie (voll) auf den Grenzwerteffekt vertrauen. Als relativ unproblematisch erwies sich dagegen sowohl bei Bradley als auch in einer eigenen Simulationsstudie der Fall von nichtnormalen, aber (annähernd) symmetrischen Populationsverteilungen. Hier folgt die Stichprobenverteilung des Mittels bereits bei n = 20 in guter Näherung der Normalform.

2.7 Die Stichprobenverteilung des Medians

Wenn auch im überwiegenden Teil der Fälle, in denen Meßwerte vorliegen, die (zumindest) intervallskaliert sind oder die man als solche behandeln möchte, als Maß für die zentrale Tendenz das arithmetische Mittel berechnet wird, so gibt es doch Datenkonstellationen, bei denen man aus bestimmten Gründen den Median als Lokationsmaß verwenden möchte. In diesem Abschnitt soll deshalb untersucht werden, welche Eigenschaften die Stichprobenverteilung des Medians (Md) aufweist. Die Frage lautet speziell: Was gilt bezüglich Mittel (μ_{md}), Varianz (σ^2_{md}), Standardabweichung (σ_{md}) und Form der Stichprobenverteilung des Medians?

Bei der Frage nach den Parametern der Stichprobenverteilung des Medians ist zum einen zu unterscheiden in symmetrische und nichtsymmetrische Populationsverteilungen und zum anderen bei den symmetrischen Populationsverteilungen in normale und nichtnormale (vgl. Walker & Lev 1953, S.414f).

Symmetrische Populationen

Bei symmetrischen Populationen ist der Median gleich dem Mittel, d.h. $Md_p = \mu$. Das Mittel der Stichprobenverteilung des Medians ist in diesen Fällen gleich dem Populationsmedian (und damit gleich dem Populationsmittel):

<2.15> $\mu_{md} = Md_p = \mu$

Die Standardabweichung der Stichprobenverteilung berechnet sich gemäß <2.17>. Die Form der Stichprobenverteilung ist bei großen Stichproben annähernd normal.

Nichtsymmetrische Populationen

Bei großen Stichproben verteilt sich hier der Median annähernd normal, mit dem Mittel

<2.16> $\mu_{md} = Md_p$ und der Standardabweichung

<2.17> $\sigma_{md} = 1/(2 \cdot U_{md} \cdot \sqrt{n})$

Hierbei ist U_{md} die Höhe der Ordinate der Populationsverteilung beim Medianpunkt.

Normalverteilte Populationen

Dies ist der für den Statistiker günstigste Fall. Das Mittel der Stichprobenverteilung des Medians ist hier wieder, da die Normalverteilung symmetrisch ist, gleich dem Populationsmedian und -mittel:

<2.18> $\mu_{md} = Md_p = \mu$

Da bei einer Normalverteilung U_{md}, die Höhe der Ordinate im Punkt $Md_p = \mu$, gleich $1/[\sigma\cdot\surd(2\pi)]$ ist, vereinfacht sich Formel <2.17> zu

$$\sigma_{md} = \frac{1}{2\cdot U_{md}\cdot\surd n} = \frac{1}{[2\cdot\surd n]/[\sigma\cdot\surd(2\pi)]} = \sigma\cdot\surd(\pi/2n)$$

Da $\surd(\pi/2) = \surd(3{,}14/2) = \surd 1{,}57 = 1{,}25$ ist, ergibt sich für den *Standardfehler des Medians*

<2.19> $\sigma_{md} = 1{,}25\cdot(\sigma/\surd n) = 1{,}25\cdot\sigma_m$

Der Standardfehler des Medians ist somit bei normalverteilter Population 1,25mal so groß wie der Standardfehler des Mittels. Für den *Varianzfehler des Medians* ergibt sich entsprechend <2.19>:

<2.20> $\sigma^2_{md} = 1{,}57\cdot(\sigma^2/n) = 1{,}57\cdot\sigma^2_m$

Hervorzuheben ist noch einmal, daß die relativ einfache Berechnung des Varianz- und Standardfehlers des Medians über die Formeln <2.20> und <2.19> nur möglich ist, wenn in der Population normalverteilte Werte vorliegen.

2.8 Die Stichprobenverteilungen von Varianz und Standardabweichung

Im Abschnitt 2.4.3 haben wir bereits die Formeln für Mittel (μ_V) und Varianz (σ^2_V) der Stichprobenverteilung von V kennengelernt. Hervorgehoben wurde, daß das Mittel der Stichprobenverteilung von V, unabhängig von der Form der Populationsverteilung, immer gleich der Populationsvarianz ist: $\mu_V = \sigma^2$.

Wir haben weiterhin darauf hingewiesen, daß das Mittel der Stichprobenverteilung der Varianz nur dann gleich σ^2 ist, wenn die Summe der quadrierten Abweichungen durch die um Eins verminderte Anzahl der Abweichungswerte dividiert wird. Würde man, was intuitiv plausibler scheinen mag, durch n dividieren, d.h. die Größe $V_n = [\Sigma(X_i-M)^2]/n$ als Variationsmaß berechnen, dann wäre das Mittel der Stichprobenverteilung dieser Größe nicht gleich der Populationsvarianz $\sigma^2 = [\Sigma(X_i-\mu)^2]/N$. Es hat vielmehr den Wert $\mu_{Vn} = [(n-1)/n]\cdot\sigma^2$. Der Faktor »(n-1)/n« geht allerdings mit zunehmendem Stichprobenumfang immer mehr gegen 1 und wird damit in seiner den Wert von σ^2 reduzierenden Wirkung zunehmend geringer. Während er z.B. bei n = 4 noch einen Wert von 0,8 hat, ist er bei n = 100 mit 0,99 praktisch gleich 1, sodaß bei großen Stichproben die Unterscheidung in »n« und »n-1« nur noch theoretisch interessant ist. Bedeutsam ist der Unterschied jedoch bei Stichprobenumfängen in der Größenordnung, wie sie in der Psychologie meist vorliegen (Bereich: n = 5...30).

Die Form der Stichprobenverteilung der Varianz folgt erst bei großen Stichproben in hinreichender Annäherung der Normalverteilung. Im Bereich kleiner und mittlerer n ist sie durch die Normalverteilung hingegen nicht beschreibbar. Wir werden in Kapitel 15 eine theoretische Verteilung kennenlernen (die Chi²-Verteilung), die sich im Fall, daß die Ziehung der Zufallsstichproben aus normalverteilter Population erfolgte, als Modell für die Stichprobenverteilung von V über den gesamten Bereich von n heranziehen läßt. Wir werden dort auch sehen, daß die Chi^2-Verteilung bei großem n in die Normalverteilung übergeht.

Was gilt nun bezüglich des Mittels (μ_s), der Varianz (σ_s^2) und der Standardabweichung (σ_s) der Stichprobenverteilung der Standardabweichung? Es liegt nahe zu erwarten, daß das Mittel der Stichprobenverteilung von S (analog zur Varianz) gleich der Populationsstandardabweichung σ ist. Dies ist jedoch nicht der Fall, es ist $\mu_s \neq \sigma$. Wie stark μ_s von σ abweicht, hängt von der Form der Populationsverteilung ab. Zur formelmäßigen Bestimmung von μ_s bei gegebenem Wert der Populationsstandardabweichung ist σ (in Abhängigkeit von der Form der Populationsverteilung) mit einem bestimmten Korrekturfaktor zu multiplizieren. Wir wollen auf diesen Faktor allerdings nur für den Fall einer normalverteilten Population eingehen.

Da die exakte Bestimmung des Korrekturfaktors $1/C_n$, mit dem σ zu multiplizieren ist, um μ_s zu erhalten, relativ aufwendig ist (siehe Holtzman 1950; Cureton 1968a; Gurland & Tripathi 1971), verwendet man für C_n eine leichter zu bestimmende Approximation (C_n^*), die zudem noch sehr gut ist, wie Gurland & Tripathi zeigen. Das Mittel der Stichprobenverteilung von S ist danach

<2.21> $\mu_s = (1/C_n^*) \cdot \sigma$ wobei: $1/C_n^* = (4n-4)/(4n-3)$

Aus der Definition des Faktors $1/C_n^*$ ist ersichtlich, daß sein den Wert von σ verkleinernder Einfluß mit steigendem n schnell unbedeutend wird. Die nachfolgenden Beispiele der Werte von $1/C_n^*$ für verschiedene n zeigen dies. Es ist: $1/C_n^* = 0{,}9412$ (bei n = 5), $1/C_n^* = 0{,}9730$ (n = 10), $1/C_n^* = 0{,}9824$ (n = 15) und $1/C_n^* = 0{,}9870$ (n = 20). Für praktische Zwecke kann man somit davon ausgehen - sofern n nicht sehr klein ist - daß das Mittel der Stichprobenverteilung von S gleich σ ist. Auf die theoretische Bedeutung des (exakten) Sachverhalts $\mu_s \neq \sigma$ kommen wir im Abschnitt 2.9.1 noch einmal zurück.

Um für die Stichprobenverteilung der Standardabweichung den Varianzfehler (σ_s^2) oder den Standardfehler (σ_s) berechnen zu können, benötigt man den Exzess-Wert der Population. Es gilt:

<2.22> $\sigma_s^2 = \dfrac{\sigma^2}{2 \cdot n} \cdot (1 + EXZ_p/2)$ <2.23> $\sigma_s = \dfrac{\sigma}{\sqrt{(2 \cdot n)}} \cdot \sqrt{(1 + EXZ_p/2)}$

Ist die Population normalverteilt (und damit $EXZ_p = 0$), dann vereinfachen sich die Formeln zu

<2.24> $\sigma_s^2 = \sigma^2/(2 \cdot n)$ <2.25> $\sigma_s = \sigma/\sqrt{(2 \cdot n)}$

Wir werden allerdings im Rahmen unserer Erörterungen mit der Stichprobenverteilung der Standardabweichung relativ wenig zu tun haben, mehr hingegen mit der Stichprobenverteilung der Varianz.

2.9 Eigenschaften von Schätzgrößen

In Situationen, in denen wir in der Inferenzstatistik Schlüsse auf bestimmte Populationsparameter vornehmen wollen, berechnen wir an den gezogenen Zufallsstichproben die entsprechenden Kenngrößen, um deren Werte als Schätzungen für den Wert des Populationsparameters zu verwenden. Wenn wir z.B. wissen möchten, welchen Wert der Parameter μ einer Population hat und uns eine Zufallsstichprobe von n Werten aus dieser Population vorliegt, dann scheint es unmittelbar plausibel, das Stichprobenmitel M als Schätzgröße für μ zu verwenden. Gleichermaßen scheint es einleuchtend, im Fall, daß die Populationsvarianz σ^2 unbekannt ist und nur die Daten einer Zufallsstichprobe gegeben sind, den Wert der Stichprobenvarianz V als Schätzung für σ^2 heranzuziehen.

Wir wollen nun in diesem Abschnitt untersuchen, ob ein derartiges Vorgehen - Verwendung von z.B. M und V als Schätzungen für die Werte von μ und σ^2 - auch als sinnvoll belegbar ist, ob (z.B.) M und V "gute" Schätzgrößen (Schätzer) für die entsprechenden Populationsparameter darstellen. Dazu müssen wir uns fragen, was die Eigenschaften eines "guten" Schätzers sein sollen, was wir (bzw. der Statistiker) von einer derartigen Schätzgröße erwarten. Es kann sicherlich nicht verlangt werden, daß der Wert einer Schätzgröße immer gleich dem Wert des geschätzten Parameters ist. Die bisher besprochenen Stichprobenverteilungen von M, V usw. haben uns ja gezeigt, daß die möglichen Stichprobenergebnisse immer in bestimmtem Ausmaß um den Wert des Parameters streuen.

Der Statistiker erwartet statt dessen von einem guten Schätzer einmal, daß sein Wert im Durchschnitt aller möglichen Stichprobenausgänge gleich dem Wert des geschätzten Parameters ist und zum weiteren, daß er von Stichprobe zu Stichprobe möglichst wenig um den Wert des Parameters streut. Wir wollen diese Eigenschaften (sowie zwei weitere) nun genauer betrachten und definieren.

2.9.1 Erwartungstreue (Unverzerrtheit)

Eine Schätzgröße ist dann unverzerrt als Schätzung eines Parameters, wenn das Mittel ihrer Stichprobenverteilung gleich dem Wert des geschätzten Parameters ist. Beurteilen wir aufgrund dieser Definition das Stichprobenmittel M, wenn wir es als Schätzung für μ verwenden. Das Mittel ist dann offensichtlich ein unverzerrter Schätzer, da der Mittelwert seiner Stichprobenverteilung gleich dem geschätzten Populationsmittel ist: $\mu_m = \mu$.

Wir können die Eigenschaft der Erwartungstreue auch auf eine andere Art definieren, wenn wir den Begriff des Erwartungswertes einführen. Unter dem *Erwartungswert* einer (Zufalls)Variablen X versteht man nichts anderes als das Mittel ihrer Stichprobenverteilung, d.h. den Durchschnittswert, der sich aufgrund der Ergebnisse aller m_s möglichen Stichproben bzw. der Ergebnisse der Ziehung von unendlich vielen Stichproben ergibt. Man symbolisiert ihn mit E(X) - sprich »E von X«.

Das Mittel M ist nun, wenn wir alle m_s möglichen Zufallsstichproben des Umfangs n betrachten, eine solche Zufallsvariable. Sein Erwartungswert E(M) ist dann das Mittel der aus den m_s möglichen M-Werten bestehenden Stichprobenverteilung und somit gleich dem Populationsmittel. Wir können also schreiben:

$E(M) = \mu$ [bei jeder Form der Populationsverteilung]

In Erwartungswert-Termini läßt sich die Eigenschaft der Erwartungstreue wie folgt definieren: Ein Schätzer ist dann unverzerrt, wenn sein Erwartungswert gleich dem Wert des geschätzten Parameters ist.

Betrachten wir nun die anderen Stichprobenkennwerte, von denen wir die Merkmale der Stichprobenverteilungen besprochen haben. Dies waren Median, Varianz und Standardabweichung. Gemäß Formel <2.15> ist bei symmetrischer Population das Mittel der Stichprobenverteilung des Medians gleich dem Populationsmedian (und damit gleich dem Populationsmittel):

$E(Md) = Md_p = \mu$ [bei symmetrischer Populationsverteilung]

Der Median ist in diesem Fall eine unverzerrte Schätzung für den Populationsmedian und für das Populationsmittel. Er ist jedoch bei schiefen Populationsverteilungen (bei denen $Md_p \neq \mu$ ist) kein erwartungstreuer Schätzer mehr für μ. Die Beziehung $E(Md) = \mu$ gilt somit nicht immer, sondern nur für symmetrische Populationen.

Das Mittel der Stichprobenverteilung der Varianz ist immer, unabhängig von der Art der Populationsverteilung, gleich der Populationsvarianz. Somit können wir schreiben:

$E(V) = \sigma^2$ [bei jeder Form der Populationsverteilung]

Die Stichprobenvarianz V ist eine unverzerrte Schätzung für die Populationsvarianz σ^2.

Bei der Größe $V_n = SAQ/n$ haben wir nicht wie bei der Varianz durch n-1 sondern durch die unverminderte Anzahl der Fälle dividiert und festgestellt, daß das Mittel ihrer Stichprobenverteilung $\mu_{vn} = E(V_n) = [(n-1)/n]\cdot\sigma^2$ ist. Würden wir V_n als Schätzung für σ^2 verwenden, dann wäre dieser Schätzer nicht erwartungstreu, da $E(V_n) \neq \sigma^2$ ist. Diese Ungleichung geht allerdings in eine Gleichung über, wenn n gegen Unendlich ansteigt. Das Ausmaß der Verzerrung wird mit zunehmendem Stichprobenumfang immer geringer. Man spricht hier deshalb auch von einer »asymptotisch unverzerrten« Schätzgröße.

Bei der Stichprobenverteilung der Standardabweichung hatten wir erfahren, daß sie im Fall normalverteilter Population das Mittel $\mu_S = E(S) = \sigma/C_n$ hat. Da $E(S) \neq \sigma$, ist die Standardabweichung S somit keine unverzerrte Schätzung der Populationsstandardabweichung σ. Das Ausmaß der Verzerrung ist jedoch, wie wir gesehen haben, schon bei kleinen Stichprobenumfängen relativ gering und wird mit zunehmendem n schnell sehr klein, so daß es für praktische Zwecke nicht problematisch ist, wenn wir S als Schätzung für σ verwenden, obwohl dieser Schätzer nicht erwartungstreu ist. Von der Theorie her betrachtet ist S allerdings so lange verzerrt, so lange $n \neq \infty$ ist.

Im Fall normalverteilter Ausgangspopulation gilt $\mu_S = \sigma/C_n$. Wissen wir oder dürfen wir berechtigt annehmen, daß eine Population derartig verteilt ist, dann können wir diese Beziehung verwenden, um eine erwartungstreue Schätzung von σ zu bilden. Wenn wir in der Stichprobenverteilung von S jeden der m_S möglichen Standardabweichungswerte mit der Konstanten C_n multiplizieren, dann hat die sich ergebende Stichprobenverteilung einen Mittelwert von $\mu_S \cdot C_n = \sigma$. Das bedeutet: $E(C_n \cdot S) = \sigma$. Haben wir also im konkreten Fall die Stichprobenstandardabweichung berechnet, so erhalten wir eine erwartungstreue Schätzung für σ wie folgt:

<2.26> $C_n^* \cdot S = [(4n-3)/(4n-4)] \cdot S$ [bei normalverteilter Population]

Da C_n^* eine sehr gute Approximation für den eigentlich zu verwendenden Faktor C_n darstellt (vgl. Gurland & Tripathi 1971), kann für praktische Zwecke $C_n^* = C_n$ gelten und $C_n^* \cdot S$ ohne einschränkenden Zusatz als »unverzerrte Schätzung für σ« bezeichnet werden. Formel <2.26> führt allerdings, das darf nicht vergessen werden, nur bei normalverteilter Population zu einer erwartungstreuen Schätzung von σ.

Es soll an dieser Stelle auch bereits erwähnt werden - die ausführliche Behandlung erfolgt im Kapitel 16 - daß der Produkt-Moment-Korrelationskoeffizient r als Schätzung für ρ nur im Fall »ρ=0« erwartungstreu ist. Sofern $\rho \neq 0$ ist, ist $E(r) \neq 0$ und r somit eine verzerrte Schätzung für ρ.

Bei einem nichterwartungstreuen Schätzer kann man in eine positive und eine negative Verzerrung unterscheiden. Man spricht von *positiver Verzerrung*, wenn E(Schätzer) > (geschätzter Parameter), und von einer *negativen Verzerrung*, wenn E(Schätzer) < (geschätzter Parameter). Danach weist die Schätzgröße S eine negative Verzerrung auf, da $E(S) < \sigma$ ist.

Bezüglich der Unverzerrtheit eines Schätzers soll noch einmal hervorgehoben werden, daß hier zum einen Größen existieren, die unabhängig von der Form der Populationsverteilung erwartungstreu sind, und zum anderen solche, die diese Eigenschaft nur bei bestimmtem Populationszustand aufweisen. So gilt immer, wie wir gesehen haben, daß $E(M) = \mu$ und $E(V) = \sigma^2$ ist; M und S sind immer erwartungstreue Schätzgrößen für μ und σ^2. Dagegen gilt $E(Md) = \mu$ nur für symmetrische Populationen, so daß der Median nur hier eine erwartungstreue Schätzung für μ ist. Gleichermaßen gilt $E(r) = \rho$ nur für den Fall »ρ=0«, sodaß r nur dann eine unverzerrte Schätzung für ρ ist, wenn der Korrelationskoeffizient in der Population den Wert Null hat.

2.9.2 Relative Effizienz

Die Effizienz betrifft die Genauigkeit, mit der eine Schätzgröße einen Parameter schätzt. Die Genauigkeit der Schätzung wird ausgedrückt im Varianzfehler des Schätzers. Es ist unmittelbar einsichtig: Hat eine Schätzgröße einen kleinen Varianzfehler, dann streuen ihre Werte von Stichprobe zu Stichprobe nur in geringem Ausmaß um den geschätzten Parameter, d.h. sie liegen meist nahe bei dessen Wert. Der Schätzer gibt dann, über die Gesamtheit der möglichen Stichprobenausgänge betrachtet, ein recht präzises Bild vom Wert des Parameters.

Die Effizienz einer Schätzgröße läßt sich allerdings nur relativ beurteilen. Betrachten wir das Stichprobenmittel. Die Genauigkeit, mit der es den Parameter μ schätzt, läßt sich im Varianzfehler $\sigma_m^2 = \sigma^2/n$ ausdrücken. Allerdings kann bei Betrachtung des Varianzfehlers nun nicht entschieden werden, ob die "Effizienz", d.h. die Genauigkeit von M als Schätzung für μ, "groß", "mittel" oder "gering" ist. Beurteilbar ist die Effizienz hingegen, wenn man sie als *relative* Effizienz darstellt, als Effizienz eines Schätzers im Vergleich zur Effizienz eines anderen Schätzers. Dies geht allerdings nur, wenn beide Größen denselben Parameter schätzen.

Beim Stichprobenmittel und -median ist diese Situation unter bestimmten Bedingungen gegeben, nämlich im Fall normalverteilter Population. Dann sind sowohl M als auch Md erwartungstreue Schätzungen für μ (= Md_p). Man könnte also hier zur Schätzung von μ sowohl das Mittel M als auch den Median Md heranziehen. Im Vergleich zum Median streut das Mittel von Stichprobe zu Stichprobe jedoch weniger um den Wert von μ, denn bezüglich der Varianzfehler beider Größen gilt (bei normalverteilter Population): $\sigma_{md}^2 = 1{,}57 \cdot \sigma_m^2$. Der Varianzfehler des Medians ist somit 1,6mal so groß wie der des Mittels.

Verständlicherweise wird man sich für den Schätzer entscheiden, der den kleinsten Varianzfehler hat, der in geringerem Ausmaß um den Wert des Parameters streut. Den Vergleich der Effizienz zweier Schätzgrößen (die den gleichen Parameter schätzen) nimmt man in Form eines Quotienten vor, der sog. *Relativen Effizienz (RE)*. Hierbei wird das Verhältnis der Varianzfehler gebildet, wobei der Varianzfehler der effizienteren Schätzgröße in den Zähler gesetzt wird:

$$\langle 2.27\rangle \quad RE = \frac{\text{Varianzfehler des effizienteren Schätzers}}{\text{Varianzfehler des weniger effizienten Schätzers}}$$

Danach ergibt sich bezüglich der relativen Effizienz des Stichprobenmittels zum -median (bei normalverteilter Population): $RE = \sigma_m^2/(1{,}57 \cdot \sigma_m^2) = 0{,}637$. Das heißt: Der Median ist nur etwa 2/3 so effizient wie das arithmetische Mittel, unabhängig von der Stichprobengröße.

Eine andere Interpretation des Quotienten wäre die folgende: Wenn wir eine Stichprobe von n = 100 Werten vorliegen haben und den Median dieser Stichprobe verwenden, um μ zu schätzen, dann könnten wir den gleichen Grad der Präzision der Schätzung erzielen, wenn wir statt dessen nur eine Stichprobe von n = 64 Werten heranziehen und das Mittel als Schätzung für μ berechnen würden. Mit anderen Worten: Für einen bestimmten Grad der Präzision der Schätzung von μ - wobei sich der Grad der Präzision in der Größe des Varianzfehlers ausdrückt - benötigen wir bei Verwendung der Schätzgröße M nur eine Zufallsstichprobe mit 64% der Fälle, die bei Heranziehung des Medians erforderlich wären. Die Varianz des Mittels ist bei n = 64 (etwa) so groß wie die Varianz des Medians bei Ziehung von Stichproben des Umfangs n = 100.

Es wäre also sicherlich nicht sinnvoll, im Fall, daß man (bei normalverteilter Population) μ schätzen möchte, statt des Mittels den Median als Schätzer heranzuziehen. Das umgekehrte Vorgehen könnte allerdings einen Sinn machen, wenn man den Median der Population zu schätzen beabsichtigt. Weiß man, daß die Population normalverteilt ist, dann wäre es denkbar, als Schätzer für Md_p nicht den Stichprobenmedian, sondern das Stichprobenmittel zu verwenden, da hier beide erwartungstreue Schätzungen von Md_p sind, das Mittel jedoch die effizientere Schätzgröße darstellt. Da man jedoch im konkreten Fall meist nicht mit genügender Sicherheit annehmen kann, daß die Population (exakt) normalverteilt ist, wird man in der Regel zur Schätzung von Md_p auch den Stichprobenmedian Md heranziehen müssen.

Zur Schätzung des Populationsmittels μ gibt es, das dürften unsere Ausführungen gezeigt haben, im Hinblick auf Erwartungstreue und Effizienz keine (echte) Alternative für das Stichprobenmittel M. Es ist die beste Schätzgröße für μ. Gleichermaßen stellt die Stichprobenvarianz V die beste Schätzung für die Populationsvarianz σ^2 dar. Beide Schätzgrößen sind unter allen Bedingungen der Populationsverteilung erwartungstreu und haben im Vergleich zu möglichen Konkurrenten bei der Schätzung von μ und σ^2 den geringsten Varianzfehler, d.h. die größte (relative) Effizienz.

2.9.3 Konsistenz

Eine Schätzgröße ist dann konsistent, wenn sie sich mit steigendem Stichprobenumfang n immer mehr dem Wert des geschätzten Parameters nähert. Auf die Varianz bzw. Standardabweichung der Stichprobenverteilung bezogen heißt dies, daß der Varianz- bzw. Standardfehler des Schätzers immer kleiner wird, je größer der Stichprobenumfang n ist. Wenn wir einen beliebig kleinen Betrag »e« der Abweichung des Wertes des Schätzers vom Wert des Parameters definieren (e = |Parameter-Schätzwert|), dann geht bei einer konsistenten Schätzgröße die Wahrscheinlichkeit, daß sie in einer Zufallsstichprobe um einen Betrag $\leq e$ vom Wert des Parameters abweicht, gegen Eins, wenn n gegen Unendlich geht. Man spricht in diesem Zusammenhang auch vom *Gesetz der großen Zahlen* (Chao 1969, S.138; Idele 1979).

Die von uns verwendeten Schätzgrößen wie M, V, S oder Md weisen alle die Eigenschaft der Konsistenz auf. Ihre Varianz- bzw. Standardfehler werden mit zunehmendem n immer kleiner, die Schätzwerte weichen immer weniger vom geschätzten Parameter ab. Die Eigenschaft der Konsistenz ist im übrigen unabhängig von dem Sachverhalt, ob ein Schätzer erwartungstreu ist oder nicht. So sind das Mittel M und die Varianz V erwartungstreue und konsistente Schätzer, während es sich bei der Standardabweichung S um eine konsistente, aber verzerrte Schätzgröße handelt.

2.9.4 Suffizienz

Eine Schätzer ist dann suffizient, wenn er sämtliche Information ausnutzt, die eine Stichprobe von Werten über den zu schätzenden Parameter enthält. Beim Stichprobenmittel M als Schätzung für das Populationsmittel μ und bei der Varianz V als Schätzung für σ^2 handelt es sich um suffiziente Schätzgrößen, da jeder der n Werte der Stichprobe in seiner exakten Ausprägung in die Berechnung der Größen eingeht.

Hingegen wäre der Median, wenn wir ihn (bei normalverteilter Population) als Schätzung für μ verwenden, kein suffizienter Schätzer, da von jedem der n Meßwerte der Stichprobe nur eingeht, ob er zu den unteren oder den oberen 50% der Werte gehört. Die Information »Abstände zwischen den Werten« wird hingegen für die Schätzung von μ nicht ausgenutzt.

Aufgrund der vorgestellten Kriterien für Schätzgrößen läßt sich nun einsehen, warum für die Schätzung der Parameter μ und σ^2 praktisch ausschließlich die Größen M und V verwendet werden. Sie sind die besten Schätzungen für die Parameter, denn sie sind erwartungstreu (unabhängig von der Populationsverteilung), weisen die größte relative Effizienz auf und sind konsistent sowie suffizient.

Kapitel 3

Test der Hypothese, daß ein Populationsmittel den Wert »a« hat: Verwendung der Standardnormalverteilung

In diesem Kapitel sollen einführend die Prinzipien besprochen werden, nach denen statistische Hypothesen getestet werden. Dies geschieht am Beispiel des Tests der Hypothese, daß ein Populationsmittel μ den Wert »a« hat. Dabei werden wir die Logik des Hypothesentestens zuerst für den Fall einführen, daß uns der Wert der Populationsvarianz bzw. -standardabweichung bekannt ist. Durch diese Annahme wird die Darstellung des Prinzips des Hypothesentestens erleichtert. Im Anschluß daran werden wir zeigen, daß in die Prozedur des Hypothesentests eine für praktische Zwecke vernachlässigbare Ungenauigkeit hineinkommt, wenn wir bei *großen* Stichproben (im Fall, daß σ unbekannt ist) als Schätzung für σ den an unserer Stichprobe erhaltenen Wert der Standardabweichung S heranziehen.

Die Verwendung dieser Schätzung ist jedoch nur tolerabel, wenn n groß ist; auf die Bedeutung von "groß" wird noch einzugehen sein. Ist hingegen der Wert von σ nicht bekannt und die Stichprobe klein, dann kann die Standardnormalverteilung beim Test der Hypothese »μ=a« nicht als Modell für die Stichprobenverteilung von M verwendet werden. Es muß dann die im nächsten Kapitel einzuführende *T-Verteilung* herangezogen werden.

3.1 Test der Hypothese »μ=a«: Die Populationsvarianz ist bekannt

Wir wollen in diesem Abschnitt das Prinzip kennenlernen, nach dem über die statistische Hypothese »μ=a« entschieden wird, d.h. über die Aussage, daß das Mittel der interessierenden Population den Wert »a« hat. Die Logik des Vorgehens hat dabei allgemeine Gültigkeit für jede Art von Test einer statistischen Hypothese, nur daß neben einzelnen Mittelwerten auch andere Größen geprüft werden und teilweise entweder andere theoretische Verteilungen als Modell für die Stichprobenverteilung der interessierenden Größe herangezogen werden oder die Prüfung der Hypothese über eine speziell für die Datenkonstellation erstellte Stichprobenverteilung erfolgt.

Bei der Darstellung des Tests der Hypothese »μ=a« gehen wir in diesem Abschnitt von dem (etwas unwahrscheinlichen) Fall aus, daß uns die Populationsvarianz bekannt ist. Durch diese Annahme ist das Grundprinzip des Hypothesentestens leichter darstellbar, weil die uns wohlvertraute Standardnormalverteilung als Modell für die Stichprobenverteilung von M dienen kann. In der praktischen Forschung ist es allerdings die Regel, daß neben μ auch σ^2 unbekannt ist. Das Vorgehen zum Test der Hypothese »μ=a« für diese (realistischere) Situation werden wir im Abschnitt 3.3 sowie im nächsten Kapitel besprechen.

3.1.1 Nullhypothese und Alternativhypothese

Als Beispiel zur Illustration des Vorgehens beim Test der Hypothese »μ=a« sei das folgende konstruiert: 1970 wurde mit allen Abiturienten eines Bundeslandes ein Intelligenztest durchgeführt. Es ergaben sich gut normalverteilte Testwerte mit einem Mittel von μ = 109 und einer Standardabweichung von σ = 13. Das Forscherquartett A, B, C und D gerät in einen Disput über dieses Ergebnis und diskutiert, ob der Durchschnittswert von 109 noch Gültigkeit für die Abiturienten des Jahres 1990 habe. Forscher A behauptet: In der Gesamtheit der Abiturienten des Jahres 1990 ist das Mittel gleich 109. Forscher B behauptet, dieses Mittel sei nicht 109, während Forscher C die Ansicht äußert, es liege über 109 und Forscher D, daß es kleiner als 109 sei. Diese wissenschaftlichen Aussagen (Hypothesen) sind in diesem Fall zugleich auch statistische Hypothesen. Sie lauten formal: μ = 109 (A), $\mu \neq$ 109 (B), μ > 109 (C) und μ < 109 (D).

Da das Forscherteam nicht in der Lage ist, die Gesamtheit der 1990-Abiturienten des interessierenden Bundeslandes zu untersuchen, beschließt es, aus dieser Population eine Zufallsstichprobe des Umfangs n = 200 zu ziehen, die den Intelligenztest zu bearbeiten hat. Ausgehend vom Mittelwert dieser Stichprobe sollen dann Aussagen über die aufgestellten Hypothesen gemacht werden. Die Untersuchung wird durchgeführt, es ergibt sich für die Stichprobe ein Mittel von M = 111,1 (und eine Standardabweichung von S = 12,8).

Betrachten wir die Hypothesen der vier Forscher. Die erste sagt aus, daß der Parameter einen bestimmten Wert hat (μ = 109), während die anderen Hypothesen Wertebereiche für den Parameter behaupten: $\mu \neq$ 109, μ > 109 und μ < 109. Wichtig ist nun: Getestet werden können nur solche statistischen Hypothesen, die aussagen, daß der Parameter einen bestimmten Wert a hat. Dies ist in unserem Fall die Hypothese »μ=109«. Diese Hypothese wird aufgrund des Testergebnisses beibehalten oder zurückgewiesen.

Die Hypothese, die getestet wird, bezeichnet man als »Nullhypothese« und symbolisiert sie mit »H_0« (»H-Null«). Die uns im Augenblick interessierende Nullhypothese bezüglich eines Populationsmittels stellt sich formal dann wie folgt dar:

H_0: μ = a *Nullhypothese*

Es ist hier die Frage berechtigt, warum man diese Hypothese mit dem Zusatz »Null« kennzeichnet. Dies wird einsichtiger, wenn man H_0:μ=a umformt und wie folgt schreibt:

H_0: μ - a = 0 *Nullhypothese*

Es wird also in der Nullhypothese ausgesagt, daß die Abweichung des Populationsmittels vom Wert a gleich Null ist.

Der Nullhypothese wird eine sog. »Alternativhypothese« gegenübergestellt. Man symbolisiert sie mit »H_A« oder »H_1«; wir verwenden die Bezeichnung »H_1«. Die Alternativhypothese kann *gerichtet* oder *ungerichtet* sein. Bei einer ungerichteten Alternativhypothese wird nur ausgesagt, daß das Populationsmittel von dem in der Nullhypothese behaupteten Wert a abweicht, nicht jedoch, in welcher Richtung. Sie lautet formal wie folgt:

H_1: $\mu \neq a$ bzw. H_1: $\mu - a \neq 0$ *ungerichtete Alternativhypothese*

Bei einer gerichteten Alternativhypothese wird dagegen ausgesagt, in welcher Richtung das Populationsmittel vom in der Nullhypothese behaupteten Wert a abweicht. Man stellt hier H_0 eine der beiden folgenden Hypothesen gegenüber:

H_1: $\mu > a$ bzw. H_1: $\mu - a > 0$
H_1: $\mu < a$ bzw. H_1: $\mu - a < 0$ *gerichtete Alternativhypothese*

Auf die Vor- und Nachteile von gerichteten und ungerichteten Alternativhypothesen wird noch einzugehen sein. Wir werden bei unserem Beispiel zuerst nur mit einer ungerichteten Alternativhypothese arbeiten.

Halten wir noch einmal fest: Man stellt im Rahmen des statistischen Hypothesentests eine Nullhypothese auf, die behauptet, daß der Parameter μ den Wert a hat. Dagegen steht die (ungerichtete) Alternativhypothese, die aussagt, daß μ nicht gleich a ist. Aufgrund des statistischen Tests wird dann die Nullhypothese $H_0{:}\mu{=}a$ entweder *beibehalten* oder sie wird *zurückgewiesen (verworfen)* und die Alternativhypothese $H_1{:}\mu{\neq}a$ (im ungerichteten Fall) *angenommen*. Auf die bei dieser Entscheidung möglichen Fehler und ihre Auftretenswahrscheinlichkeiten werden wir weiter unten eingehen.

Für unser Beispiel wollen wir annehmen, daß das Forscherteam folgende Null- und Alternativhypothese bezüglich des Intelligenztestmittels der 1990-Abiturientenpopulation aufgestellt hat: $H_0{:}\mu{=}109$ und $H_1{:}\mu{\neq}109$. Es ist nun zu diskutieren, nach welcher Regel über diese Hypothesen aufgrund der Stichprobenergebnisse entschieden wird.

3.1.2 Die Regel für die Entscheidung über die Nullhypothese

Wir haben in unserem Beispiel aus der Population der 1990-Abiturienten eine Zufallsstichprobe des Umfangs n = 200 gezogen, und es hatte sich ein Mittel von M = 111,1 (und S = 12,8) ergeben. Durch Inspektion stellen wir fest, daß sich die 200 Stichprobenwerte gut normalverteilen, so daß die Annahme berechtigt ist, daß auch in der Population in guter Näherung normalverteilte Werte vorliegen. Weiterhin wollen wir davon ausgehen, daß die Populationsstandardabweichung noch den 1970 festgestellten Wert von $\sigma = 13$ hat.

Beim Test der (Null)Hypothese »μ=a« besteht der erste Schritt nun darin, die Stichprobenverteilung des Mittels für den Fall »μ=a«, »σ« und »n« zu erstellen. Mit anderen Worten, man fragt: Wenn $\mu = a$ ist, die Populationsstandardabweichung gleich σ und der Stichprobenumfang gleich n, welche Form und Parameter hat dann die Stichprobenverteilung des Mittels? Normalverteilte Populationswerte vorausgesetzt können wir die Frage wie folgt beantworten: Die Stichprobenverteilung von M ist normal mit dem (in der Nullhypothese behaupteten) Mittelwert $\mu_m = \mu = a$ und der Standardabweichung $\sigma_m = \sigma/\sqrt{n}$. Diese Verteilung nennt man die »Stichprobenverteilung des Mittels, wenn H_0 gilt« oder kürzer

ABBILDUNG 3.1 Bestimmung der Auftretenswahrscheinlichkeit eines Mittels, das um 2,1 Einheiten oder mehr vom (in H_0 behaupteten) Populationsmittel μ_0 = 109 abweicht.

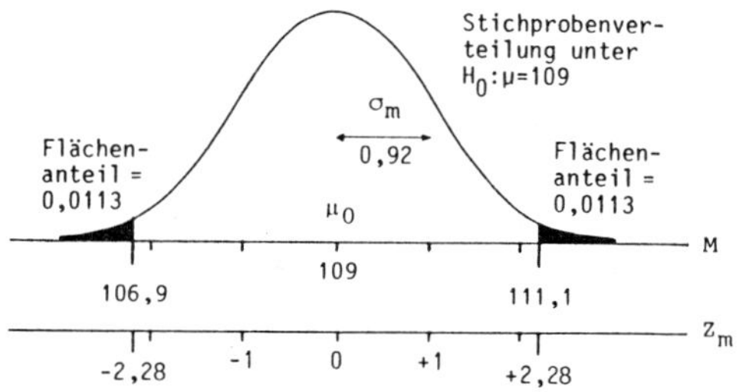

»Stichprobenverteilung unter H_0«. Deren Mittel μ_m = a werden wir häufig auch als »μ_0« (»μ-Null«) bezeichnen, um auszudrücken, daß sein Wert durch die Behauptung in der Nullhypothese zustande gekommen ist.

Für unser Beispiel ist die Stichprobenverteilung unter H_0 - d.h. die Stichprobenverteilung des Mittels für den Fall der Population $N(\mu_0=109;\ \sigma=13)$[1] und n = 200 - eine Normalverteilung mit den Parametern $\mu_m = \mu_0 = 109$ und $\sigma_m = \sigma/\sqrt{n} = 13/\sqrt{200} = 0{,}92$. Bevor wir zum Test von H_0 übergehen, wollen wir folgende Frage beantworten: Wie groß ist, wenn $H_0{:}\mu=109$ gilt, die Wahrscheinlichkeit, daß wir bei Ziehung einer [n=200]-Zufallsstichprobe ein Mittel erhalten, das wie unser M von 111,1 um 2,1 oder mehr Einheiten von dem in der Nullhypothese behaupteten Populationsmittelwert abweicht. Abb. 3.1 verdeutlicht das Problem. Gesucht ist der schwarze Flächenanteil in der Stichprobenverteilung (unter H_0); er entspricht $P(|M-\mu_0| \geq 2{,}1)$[2]. Wir transformieren die vorliegende Stichprobenverteilung N(109; 0,92) in die Standardnormalverteilung und damit die Punkte $\mu_0 \pm 2{,}1$ (d.h. 109 + 2,1 = 111,1 und 109 - 2,1 = 106,9) in Z-Werte. Da die Normalverteilung symmetrisch ist und die beiden Werte 106,9 und 111,1 gleichabständig vom Mittel μ_0, unterscheiden sich die beiden Z-Werte nur im Vorzeichen. Es ist:

$$|Z| = |M - \mu_0|/\sigma_m = |111{,}1 - 109|/0{,}92 = |106{,}9 - 109|/0{,}92 = 2{,}28$$

In Tab. C stellen wir fest, daß außerhalb der Z-Werte ±2,28 ein Flächenanteil von 0,0113 + 0,0113 = 0,0226 liegt. Dies ist die Auftretenswahrscheinlichkeit für ein $|Z| \geq 2{,}28$ und damit zugleich die Wahrscheinlichkeit, daß in der

---

1) Mit der Notation »$N(\mu;\sigma)$« machen wir kenntlich, daß es sich um eine Normalverteilung mit den Parametern μ und σ handelt. »N(109; 13)« steht somit für »Normalverteilung mit dem Mittel 109 und der Standardabweichung 13«. N(0;1) wäre dann die Kurzbezeichnung für die Standardnormalverteilung.

Stichprobenverteilung unter H_0 ein Mittel auftritt, das um 2,1 oder mehr Einheiten von μ_0 = 109 abweicht; es ist somit $P(|M-109| \geq 2,1) = 0,0226$.[2)]

Man kann aufgrund dieses Ergebnisses sicherlich sagen, daß in unserer Stichprobe eine Abweichung »$M-\mu_0$« aufgetreten ist, die bei Gültigkeit von $H_0:\mu=109$ nur mit geringer Wahrscheinlichkeit zu erwarten war. Eine so starke (oder noch größere) Abweichung des Stichprobenmittels vom Populationsmittel tritt bei Ziehung von Stichproben des Umfangs n = 200 aus der Population N(109; 13) nur relativ selten auf, nämlich lediglich in 2,3% der Fälle.

Ein Stichprobenmittel, das stark von dem in der Nullhypothese behaupteten Populationsmittelwert abweicht - d.h. eine extreme Abweichung mit geringer Auftretenswahrscheinlichkeit - kann nun zwei Ursachen haben: (a) H_0 ist richtig und eine geringwahrscheinliche extreme Abweichung »$M-\mu_0$« ist per Zufall aufgetreten; (b) der Grund dafür, daß das Stichprobenmittel so stark von dem in der Nullhypothese angenommenen μ_0 abweicht, liegt darin, daß H_0 falsch ist und bezüglich des Populationsmittels die Alternativhypothese $H_1:\mu \neq a$ (im ungerichteten Fall) gilt.

Auf unser Beispiel bezogen müßten wir uns angesichts dieser Erklärungsmöglichkeiten fragen: Wollen wir weiterhin davon ausgehen, daß $H_0:\mu=109$ gilt, und daß mit der Abweichung $M-\mu_0$ = 111,1 - 109 = 2,1 nur zufällig eine extreme Abweichung von sehr geringer Wahrscheinlichkeit aufgetreten ist, oder wollen wir die Nullhypothese verwerfen, weil wir nicht bereit sind anzunehmen, daß ausgerechnet bei uns ein seltenes Ereignis eingetreten ist, sondern der Ansicht sind, daß unser M deshalb so viel größer als μ_0 ausgefallen ist, weil das Populationsmittel über dem in H_0 angenommenen Wert von 109 liegt. Wir würden wahrscheinlich zur zweiten Erklärung neigen.

Das, was wir intuitiv angesichts einer starken (geringwahrscheinlichen) Abweichung des Stichprobenmittels M von dem in H_0 behaupteten Wert μ_0 machen würden - Verwerfung von H_0 und Annahme von H_1 - macht man auch allgemein beim statistischen Hypothesentesten. Der wichtige Unterschied zum bisherigen Vorgehen an unserem Beispiel besteht jedoch darin, daß man im vorhinein festlegen muß, welchen Anteil der in der Stichprobenverteilung unter H_0 möglichen extremen Abweichungen $M-\mu_0$ man als so "unwahrscheinlich" ansieht, daß man im Fall des Auftretens einer Abweichung aus diesem Bereich nicht mehr bereit ist, H_0 weiterhin für richtig zu halten.

Explizieren wir die Schritte beim Test der Hypothese »$\mu=a$« und die Regel für die Entscheidung über die Nullhypothese:

---

2) Von der Theorie her sind »M« und »Z« kontinuierliche Variablen, bei denen bestimmte Punkte (wie 2,1 bzw. 2,28) keine Ausdehnung und damit eine Auftretenswahrscheinlichkeit von Null haben. Dadurch ist $P(|M-\mu_0| > 2,1) = P(|M-\mu_0| \geq 2,1)$ und $P(|Z| > 2,28) = P(|Z| \geq 2,28)$ [Neter u.a. 1978, S.107, 148]. Der über Tab. C für unser Beispiel bestimmte Flächenateil von 0,0226 steht somit sowohl für $P(|M-109| \geq 2,1)$ als auch für $P(|M-109| > 2,1)$.

- Man formuliert die Null- und die Alternativhypothese (wir betrachten im Augenblick nur den Fall einer ungerichteten H_1): H_0: $\mu = a$; H_1: $\mu \neq a$.

- Man konstruiert die Stichprobenverteilung von M für den Fall, daß H_0 gilt. Diese Stichprobenverteilung ist (bei normalverteilter Population) normal mit den Parametern $\mu_m = \mu_0 = a$ und $\sigma_m = \sigma/\sqrt{n}$.

- In dieser Stichprobenverteilung definiert man durch Festsetzung eines Wertes α (z.B. auf 0,05) an den Enden einen Anteil extremer Abweichungen »$M-\mu_0$«. Dieser Anteil - d.h. der Wert von α - ist vom Untersucher im Prinzip frei wählbar. Aus Konvention entscheidet man sich in der Regel jedoch für die Werte $\alpha = 0{,}05$ oder 0,01. Wichtig ist dabei, daß α vor der Untersuchung oder zumindest vor Kenntnis der Untersuchungsergebnisse festgesetzt werden muß.

- Durch die Setzung des Anteils α wird an den Enden der Stichprobenverteilung von M (unter H_0) ein bestimmter Wertebereich festgelegt. In diesen Bereich extremer Abweichungen »$M-\mu_0$« fällt (bei Gültigkeit von H_0) das Stichprobenmittel mit einer Wahrscheinlichkeit von α. Diese Bereiche sind in Abb. 3.2 für $\alpha = 0{,}05$ und 0,01 dargestellt.

  Betrachten wir Diagramm [A]. Die Wahrscheinlichkeit, daß ein Mittel in den Bereich unterhalb M_{ku} fällt, ist $P(M < M_{ku}) = \alpha/2 = 0{,}05/2 = 0{,}025$. Gleichermaßen ist $P(M > M_{ko}) = \alpha/2 = 0{,}025$ und $P(M_{ku} > M > M_{ko}) = \alpha = 0{,}05$. Es ist einsichtig, daß die Lage der (von μ_0 gleichabständigen) *kritischen* Punkte M_{ku} und M_{ko} davon abhängt, welcher Wert für α gesetzt wird.

  Den Wertebereich $M_{ku} \leq M \leq M_{ko}$ nennen wir den »Bereich der Beibehaltung (von H_0)«, den Wertebereich außerhalb der kritischen Punkte ($M_{ku} > M > M_{ko}$) den »Bereich der Zurückweisung/Verwerfung (von H_0)«.

- Über die Nullhypothese wird nach folgender Regel entschieden: Fällt das Stichprobenmittel in den Bereich der Beibehaltung der Stichprobenverteilung unter H_0, dann wird $H_0{:}\mu{=}a$ beibehalten. Fällt das Mittel in den Bereich der Zurückweisung - d.h. tritt eine extreme Abweichung »$M-\mu_0$« ein, deren Auftretenswahrscheinlichkeit (bei Gültigkeit von H_0) $\leq\alpha$ ist - dann wird die Nullhypothese zurückgewiesen und die Alternativhypothese $H_1{:}\mu{\neq}a$ angenommen. Denn bei einem M in diesem (äußeren) Bereich ist man nicht mehr bereit zu glauben, daß eine unter H_0 geringwahrscheinliche Abweichung zufällig eingetreten ist. Man hält es vielmehr für sinnvoller anzunehmen, daß das Mittel deshalb so stark von dem in der Nullhypothese behaupteten Wert a abweicht, weil in der Population, der die Stichprobe entstammt, $H_1{:}\mu{\neq}a$ gilt.

Wenn wir nach dem beschriebenen Prinzip vorgehen - durch Festsetzung von α definieren wir einen Bereich bzw. einen Anteil extremer Ausgänge unter H_0 und weisen H_0 zurück, wenn das Stichprobenmittel in diesen Bereich fällt - dann ist (bei Gültigkeit von H_0) die Wahrscheinlichkeit, einen falschen Schluß vorzunehmen - d.h.: H_0 fälschlicherweise zurückzuweisen und damit H_1 fälschlicherweise anzunehmen - gleich dem gesetzten Wert von α. Denn mit der Wahrscheinlichkeit von α fällt ein Stichprobenmittel in den Bereich der Zurückwei-

ABBILDUNG 3.2 Die Stichprobenverteilung von »M« und »Z_m« unter H_0:μ=109 mit den kritischen M- und Z-Werten, die bei α = 0,05 und 0,01 den Bereich der Beibehaltung von H_0 vom Bereich der Zurückweisung trennen. Die Alternativhypothese ist ungerichtet (H_1:$\mu \neq 109$). Es sind σ = 13 (in der normalverteilten Population), n = 200 und σ_m = 13/$\sqrt{200}$ = 0,92.

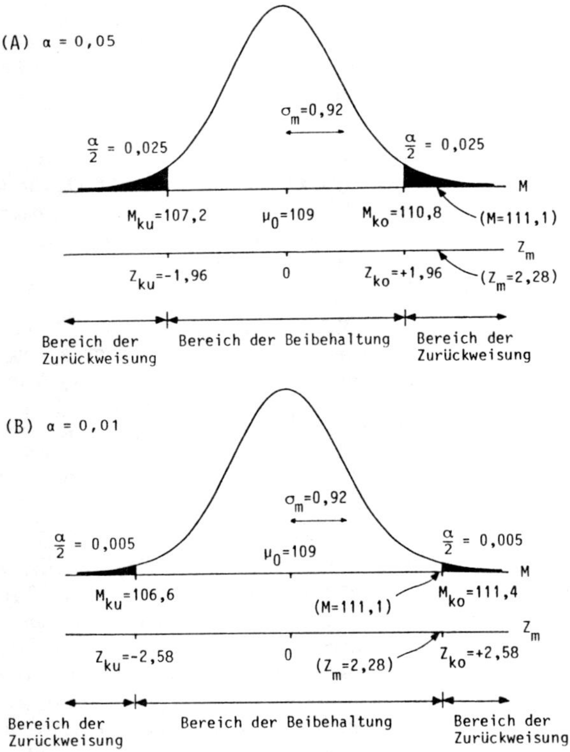

sung - was zur fälschlichen Annahme von H_1 führt. Beim statistischen Hypothesentesten wird somit durch die Setzung von α der Bereich der Zurückweisung in der Stichprobenverteilung unter H_0 festgelegt und zugleich die Wahrscheinlichkeit einer bestimmten Fehlentscheidung, nämlich der fälschlichen Zurückweisung der Nullhypothese.

3.1.3 Das Signifikanzniveau Alpha

Durch die Wahl eines Wertes für Alpha wird das »Signifikanzniveau« eines statistischen Tests festgelegt. Wir haben darauf hingewiesen, daß die gebräuchlichen Werte hier $\alpha = 0{,}05$ und 0,01 sind. Es ist die Frage berechtigt, warum gerade diese Werte genommen werden, warum nicht z.B. $\alpha = 0{,}04$ oder 0,08 (um bei "geraden" Werten zu bleiben). Wir werden auf das Problem der Setzung des Signifikanzniveaus α zu einem späteren Zeitpunkt noch einzugehen haben. Es kann aber an dieser Stelle bereits gesagt werden, daß es für die häufige Wahl von $\alpha = 0{,}05$ und 0,01 nur die Begründung "Konvention" oder "das ist so üblich" gibt. Man kann zwar begründen, warum es sinnvoller ist, ein Signifikanzniveau von 0,01 statt 0,4 zu wählen, aber es läßt sich außer mit "Konvention" (und einer "Vorliebe für »runde« Zahlen") nicht begründen, warum $\alpha = 0{,}05$ statt z.B. 0,045 und $\alpha = 0{,}01$ statt z.B. 0,0095 "üblicherweise" verwendet wird (vgl. Cowles & Davis 1982; Franks & Huck 1986; Labovitz 1968; Skipper et al. 1967).

Insofern ist der Statistik-Anwender, wenn er von den konventionellen Signifikanzniveaus 0,05 oder 0,01 aus bestimmten Gründen abweichen möchte, berechtigt, dies zu tun. Wichtig ist allerdings bei jeder Festsetzung von α, daß dies vor der Untersuchung bzw. vor Kenntnis der Ergebnisse (speziell des Wertes des Stichprobenmittels) geschieht.

Da der Untersucher vor der Auswertung der Daten zumindest zwischen den Werten $\alpha = 0{,}05$ und 0,01 eine Entscheidung treffen muß, kann der Fall eintreten, daß er sich für 0,01 entschieden hat und bei diesem Signifikanzniveau das Stichprobenmittel im Bereich der Beibehaltung der Stichprobenverteilung unter H_0 liegt - während es im Bereich der Zurückweisung läge, wenn vorab $\alpha = 0{,}05$ gewählt worden wäre. Wir werden dies weiter unten an unserem Beispiel demonstrieren. Ein nachträgliches "Umschwenken" von $\alpha = 0{,}01$ auf 0,05 ist hier jedoch nicht statthaft. Wenn man der Ansicht ist, daß H_0 erst dann zurückgewiesen werden sollte, wenn die Abweichung des Stichprobenmittels von μ_0 unter die 1% extremsten Ausgänge der Stichprobenverteilung unter H_0 fällt, dann darf man sich durch die erhaltenen Daten nicht dazu "überreden" lassen, daß es zur Zurückweisung eigentlich auch reicht, wenn das beobachtete Mittel nur unter den 5% extremsten Ausgängen zu finden ist.

3.1.4 Der Test von $H_0{:}\mu=a$ über die Standardnormalverteilung

Wir haben die Nullhypothese $H_0{:}\mu=a$ aufgestellt; dagegen steht (im ungerichteten Fall) die Alternativhypothese $H_1{:}\mu\neq a$. Aus der interessierenden (normalverteilten) Population ziehen wir eine Zufallsstichprobe des Umfangs n und erhalten an ihr das Stichprobenmittel M. Dieses weicht in bestimmtem Ausmaß von μ_0 ab. Aufgrund der Größe der Abweichung »$M-\mu_0$« soll über die Gültigkeit von H_0 entschieden werden. Da uns der Wert der Populationsstandardabweichung σ bekannt ist, kennen wir auch die Parameter der Stichprobenverteilung des Mittels unter H_0: sie ist normalverteilt mit dem Mittel μ_0 und der Standardabweichung $\sigma_m = \sigma/\sqrt{n}$. Durch die Festsetzung des Signifikanzniveaus auf den Wert α definieren wir die Größe des Bereichs der Zurückweisung in der Stichprobenverteilung $N(\mu_0; \sigma_m)$. Es sind die $100 \cdot (\alpha/2)\%$ größten negativen und die $100 \cdot (\alpha/2)\%$ größten positiven Abweichungen »$M-\mu_0$«.

Es gilt nun die kritischen Punkte M_{ku} und M_{ko} zu finden, die in dieser Stichprobenverteilung unter H_0 den Bereich der Beibehaltung vom Bereich der Zurückweisung an beiden Enden abtrennen. Dies ist in Abb. 3.2 für $\alpha = 0,05$ und 0,01 illustriert. Ist unser erhaltenes Stichprobenmittel kleiner als M_{ku} oder größer als M_{ko}, so liegt es im Bereich der Zurückweisung, d.h. in dem Bereich extremer Abweichungen von μ_0, in den ein Mittel bei Gültigkeit von H_0 nur mit der geringen Wahrscheinlichkeit α fällt.

Zur Prüfung, ob unser Mittel im Bereich der Zurückweisung liegt, gibt es zwei Möglichkeiten; bei beiden wird die Standardnormalverteilung herangezogen. Denn bei N(0;1) ist uns bekannt, welche kritischen Werte Z_{ku} und Z_{ko} bei gegebenem α am unteren Ende die $100 \cdot (\alpha/2)\%$ größten negativen und am oberen Ende die $100 \cdot (\alpha/2)\%$ größten positiven Z-Werte abtrennen. Dies sind z.B. bei $\alpha = 0,05$ die Werte $Z_{ku} = -1,96$ und $Z_{ko} = +1,96$ (vgl. Tab. C und D). Wollen wir die Stichprobenverteilung unter H_0, die ja eine Normalverteilung ist, in die Standardnormalverteilung transformieren, so kann dies nach der allgemeinen Formel *Z = (Wert - Mittel)/S* geschehen. Auf den Fall der Stichprobenverteilung unter H_0 übertragen, berechnet sich der Z-Wert für einen gegebenen Wert der Variablen M wie folgt:

<3.1> $$Z_m = \frac{\text{Mittelwert - Mittel der Stichprobenverteilung}}{\text{Standardabweichung der Stichprobenverteilung}} = \frac{M - \mu_0}{\sigma_m} = \frac{M - \mu_0}{\sigma/\sqrt{n}}$$

Die beiden Möglichkeiten festzustellen, ob unser erhaltenes Stichprobenmittel im Bereich der Zurückweisung der Stichprobenverteilung unter H_0 liegt, sind nun die folgenden:

- Man transformiert den gefundenen Mittelwert M in den Wert Z_m und stellt fest, ob Z_m kleiner als Z_{ku} oder größer als Z_{ko} ist, d.h. ob Z_m in den Bereich der Zurückweisung bei der Standardnormalverteilung fällt.
- Man transformiert die kritischen Z-Werte, d.h. Z_{ku} und Z_{ko}, in die kritischen M-Werte der Stichprobenverteilung unter H_0. Dies geschieht nach den Formeln $M_{ku} = \mu_0 - Z_{ku} \cdot \sigma_m$ und $M_{ko} = \mu_0 + Z_{ko} \cdot \sigma_m$. Dann stellt man fest, ob das gefundene Stichprobenmittel im Bereich der Zurückweisung bei $N(\mu_0; \sigma_m)$ liegt, d.h. ob M kleiner als M_{ku} oder größer als M_{ko} ist.

Wir werden beim Hypothesentest immer den ersten Weg beschreiten. Stellen wir nun die hierzu erforderlichen Schritte zusammen.

- Formulierung von Null- und Alternativhypothese, Festsetzung des Signifikanzniveaus α: H_0: $\mu = a$; H_1: $\mu \neq a$ (ungerichtet).
- Ziehung einer Zufallsstichprobe des Umfangs n. Berechnung des Stichprobenmittels M (und der Standardabweichung S). Falls M = a ist, sind keine weiteren Berechnungen erforderlich; die Nullhypothese wird dann beibehalten.

- Die Stichprobenverteilung des Mittels unter H_0 ist (hinreichende Normalverteilung in der Population vorausgesetzt) normal mit dem Mittel μ_0 und der Standardabweichung $\sigma_m = \sigma/\sqrt{n}$; σ ist bekannt. Berechnung von σ_m.
- Bestimmung der kritischen Werte Z_{ku} und Z_{ko}, die in der Standardnormalverteilung am unteren und am oberen Ende jeweils einen Flächenanteil von $\alpha/2$ abtrennen. Dazu lesen wir in Tab. D (»Zweiseitiger Fall«) ausgehend von »α« den Wert Z_k ab. Es ist $-Z_k = Z_{ku}$ und $+Z_k = Z_{ko}$.
- Bestimmung der Position des Stichprobenmittels in der in die Standardnormalverteilung überführten Stichprobenverteilung unter H_0, d.h. Berechnung (des Betrages) von Z_m.

<3.2> $|Z_m| = |M - \mu_0|/\sigma_m = |M - \mu_0|/(\sigma/\sqrt{n})$

- Entscheidung über die Nullhypothese: Ist $|Z_m| \leq Z_k$, Beibehaltung von H_0. Ist $|Z_m| > Z_k$, Zurückweisung von $H_0{:}\mu{=}a$ und Annahme von $H_1{:}\mu{\neq}a$. Die "Irrtumswahrscheinlichkeit", d.h. die Wahrscheinlichkeit, daß H_0 im Fall ihrer Gültigkeit (fälschlicherweise) zurückgewiesen wird, ist hierbei gleich α.

Bei unserem Beispiel waren $H_0{:}\mu{=}109$, $H_1{:}\mu{\neq}109$, $\sigma = 13$, $n = 200$ und $M = 111{,}1$. Als Prüfwert ergibt sich: $|Z_m| = |111{,}1 - 109|/(13/\sqrt{200}) = 2{,}284$. Für $\alpha = 0{,}05$ ist $Z_k = 1{,}960$ (Tab. D). Auf diesen Signifikanzniveau wird die Nullhypothese zurückgewiesen. Wir gelangen zu dem Schluß, daß das Populationsmittel nicht 109 ist. Bei $\alpha = 0{,}01$ müßte man H_0 hingegen beibehalten, da $|Z_m|$ kleiner als $Z_k = 2{,}576$ ist.

Im konkreten Fall hätten wir natürlich die Nullhypothese nur auf einem (vorher festgelegten) Signifikanzniveau α getestet. Wir haben bereits hervorgehoben, daß ein nachträgliches Verändern von α aufgrund der Untersuchungsergebnisse nicht statthaft ist. Denn durch α legt man im vorhinein fest, wie groß die Wahrscheinlichkeit (Gefahr) sein darf, im Fall der Richtigkeit von H_0 fälschlicherweise auf die Gültigkeit von H_1 zu schließen. Und das Risiko, das man einzugehen bereit ist, eine derartige Fehlentscheidung zu treffen, muß man unabhängig vom Ausgang der Untersuchung definieren. Hält man $\alpha = 0{,}05$ für ein zu großes Risiko und wählt 0,01, dann hat ein Mittel, das bei $\alpha = 0{,}05$ in den Bereich der Zurückweisung fällt, bei 0,01 jedoch nicht, eben nicht genügend Beweiskraft für die Ungültigkeit der Nullhypothese. Ist man hingegen (aufgrund vorheriger Festlegung) bereit, die (Irrtums-) Wahrscheinlichkeit von $\alpha = 0{,}05$ zu akzeptieren, daß man H_1 fälschlicherweise annimmt, dann ist man berechtigt, aufgrund eines solchen Mittels H_0 zurückzuweisen.

Wichtig ist bei der Entscheidung für eine der beiden Hypothesen die unterschiedliche Formulierung der Entscheidung. Die Nullhypothese wird *beibehalten* (nicht "angenommen"), während die Alternativhypothese *angenommen* wird (mit dem Bewußtsein, daß dabei eine Irrtumswahrscheinlichkeit von α besteht). Wenn man die Alternativhypothese annimmt, so bedeutet dies, daß man (unter Berücksichtigung der Irrtumswahrscheinlichkeit α) davon überzeugt ist, daß sie wahr ist. Behält man hingegen - aufgrund der nicht hinreichend extremen Abweichung $M - \mu_0$ - die Nullhypothese bei, so bedeutet dies, daß man es für möglich hält, daß sie wahr ist. Oder anders: Die Daten haben nicht genügend Beweis erbracht, um sie zurückweisen zu können. Man behält H_0 bei, weil man sie nicht widerlegen konnte.

3.1.5 Gerichtete und ungerichtete Alternativhypothesen

Der im letzten Abschnitt besprochene Hypothesentest prüfte die Nullhypothese H_0:μ=a gegen die ungerichtete Alternativhypothese H_1:$\mu \neq$a. Das bedeutete: Sowohl extrem positive als auch extrem negative Abweichungen M-μ_0 (M-a) führten zur Zurückweisung von H_0. Die Alternativhypothese sagte hier nicht aus, in welcher Richtung das Populationsmittel von a abweicht, sondern nur, daß das Populationsmittel nicht diesen Wert hat. Wir haben jedoch bereits früher ausgeführt, daß auch eine gerichtete Formulierung der Alternativhypothese möglich ist, nämlich entweder *H_1:μ>a* oder *H_1:μ<a*.

Haben wir es mit einer ungerichteten Alternativhypothese zu tun, dann stehen sich die beiden Aussagen *H_0:μ=a* und *H_1:$\mu \neq$a* gegenüber. Diese beiden Aussagen umfassen die Gesamtheit der möglichen Zustände bezüglich des Populationsmittels, denn μ ist entweder gleich a oder es hat nicht diesen Wert. Wenn wir die Regel aufstellen, daß in den sich gegenüberstehenden Aussagen H_0 und H_1 alle möglichen Populations(mittelwerts)zustände enthalten sein sollen, dann müssen wir im Fall einer gerichteten Alternativhypothese wie folgt formulieren:

- H_0:$\mu \leq$a und H_1:μ>a. D.h.: μ ist entweder größer als a (Aussage in H_1) oder nicht größer als a (Aussage in H_0).
- H_0:$\mu \geq$a und H_1:μ<a. D.h.: μ ist entweder kleiner als a (Aussage in H_1) oder nicht kleiner als a (Aussage in H_0).

Eine statistische Hypothese, in der nur ein einziger Parameterwert spezifiziert wird, bezeichnet man als *einfache* Hypothese (z.B. H_0:μ=a). Wird hingegen ein Wertebereich für einen Parameter spezifiziert (z.B. $\mu \neq$ a oder μ > a), dann spricht man von einer *zusammengesetzten* Hypothese. Die Nullhypothese ist im Fall einer gerichteten Alternativhypothese somit eine zusammengesetzte Hypothese (»$\mu \leq$a« oder »$\mu \geq$a«). Wir haben jedoch bereits früher darauf hingewiesen, daß mit einem statistischen Test nur einfache Hypothesen geprüft werden können. Dies ist einleuchtend, denn wir können eine Stichprobenverteilung, in der ein Bereich der Zurückweisung definiert werden soll, nur erstellen, wenn wir von einen einzelnen Parameterwert ausgehen. Es gibt nur *die* Stichprobenverteilung unter H_0, wenn für μ_0 ein bestimmter Wert a spezifiziert wird. Behaupten wir in H_0 hingegen einen Wertebereich - z.B. den Bereich »$\mu \leq$a« - dann lassen sich so viele Stichprobenverteilungen konzipieren, wie es Werte »$\mu \leq$a« gibt.

Bei einer gerichteten Alternativhypothese erstellt man jedoch - wie im Fall einer ungerichteten H_1 - zum Test der Nullhypothese nur eine einzige Stichprobenverteilung, nämlich die Stichprobenverteilung unter der Annahme H_0:μ=a, und prüft, ob das erhaltene Mittel bei dieser Verteilung in den Bereich der Zurückweisung fällt (vgl. Gaito 1977). Wir werden deshalb bei Vorliegen einer gerichteten Alternativhypothese die Nullhypothese immer auf die gleiche Art formulieren wie im Fall einer ungerichteten H_1.

Die Vorgehensweise zum Test von H_0 ist bei einer gerichteten Alternativhypothese die gleiche wie im ungerichteten Fall. Durch die Festlegung des Signifikanzniveaus α wird ein Bereich der Zurückweisung definiert, und H_0 wird zurückgewiesen, wenn die vorgefundene Abweichung $M-\mu_0$ unter die $100 \cdot \alpha\%$ extremen Abweichungen dieses Bereichs fällt. Der einzige, aber wichtige Unterschied zwischen beiden Fällen besteht in der *Lage* des Bereichs der Zurückweisung. Bei ungerichteter H_1 wird an beiden Enden der Stichprobenverteilung jeweils ein Anteil von $\alpha/2$ extremer Abweichungen spezifiziert. Bei einer gerichteten H_1 liegt im Gegensatz dazu der Bereich der Zurückweisung nur an einem Ende der Stichprobenverteilung. Sagt die Alternativhypothese eine positive Abweichung μ-a aus, dann stellen die $100 \cdot \alpha\%$ extremsten positiven Abweichungen $M-\mu_0$ (M-a) den Bereich der Zurückweisung dar. Lautet die Alternativhypothese hingegen H_1:μ<a, dann bilden die $100 \cdot \alpha\%$ extremsten negativen Abweichungen $M-\mu_0$ den Bereich der Zurückweisung. Wichtig ist also: Bei einer gerichteten Alternativhypothese ändert sich im Vergleich zum ungerichteten Fall nicht die Größe des Bereichs der Zurückweisung - beide Male sind es die $100 \cdot \alpha\%$ extremsten Abweichunen unter H_0 - sondern nur dessen Lage.

In Abb. 3.3.A ist das Vorgehen des Tests von H_0:μ=109 für den Fall H_1:μ>109 und α = 0,05 demonstriert. Die Alternativhypothese sagt eine positive Abweichung »μ-109« und »M-109« aus bzw. vorher, so daß der Bereich der Zurückweisung am oberen Ende der Stichprobenverteilung liegt. Somit können nur Mittelwerte, die über μ_0 = 109 liegen, überhaupt zur Zurückweisung der Nullhypothese führen. Hingegen muß H_0 bei einer negativen Abweichung M-109 immer beibehalten werden, gleichgültig, wie groß diese ist. Ein solcher Fall - extreme Abweichung des Stichprobenmittels von μ_0 entgegengesetzt der in H_1 behaupteten Richtung - ist in Diagramm [B] für α = 0,05 und H_1:μ<109 illustriert. Die Mittelwertsabweichung 111,1 - 109 = +2,1 läge bei α = 0,05 und einer ungerichteten H_1 im Bereich der Zurückweisung (vgl. Abb. 3.2.A), nicht jedoch in dieser Situation, wo H_1 eine negative Abweichung M-109 vorhergesagt hat.

Stellen wir die Schritte für das Testen von H_0:μ=a bei Vorliegen einer gerichteten Alternativhypothese zusammen.

- Formulierung von Null- und Alternativhypothese, Festsetzung von α:

  H_1:μ>a: Die Nullhypothese, die die übrigen Populationszustände einschließt, ist H_0:$\mu \leq$a. Die Erstellung der Stichprobenverteilung erfolgt für die Bedingung H_0:μ=a.

  H_1:μ<a: Die die übrigen Populationszustände einschließende Nullhypothese ist H_0:$\mu \geq$a; die Erstellung der Stichprobenverteilung erfolgt für H_0:μ=a.

- Ziehung einer Zufallsstichprobe des Umfangs n. Berechnung des Stichprobenmittels M (und der Standardabweichung S). Möglicherweise bereits Entscheidung über H_0. H_1:μ>a: Ist M $\leq$ a, dann wird die Nullhypothese beibehalten. Ist M > a, weiter mit dem nächsten Schritt. H_1:μ<a: Ist M $\geq$ a, dann wird die

Nullhypothese beibehalten. Ist M < a, weiter mit dem nächsten Schritt.

- Die Stichprobenverteilung des Mittels unter $H_0{:}\mu=a$ folgt - normalverteilte Populationswerte vorausgesetzt - der Normalverteilung $N(\mu_0; \sigma_m)$. Der Wert von σ ist bekannt; Berechnung von $\sigma_m = \sigma/\sqrt{n}$.
- Bestimmung des Z-Wertes (Betrag), der in der Standardnormalverteilung an den Enden jeweils einen Flächenanteil von α abtrennt. Dazu lesen wir in Tab. D (»Einseitiger Fall«) ausgehend von »α« den Wert Z_k ab.
- Bestimmung der Position des Stichprobenmittels in der in die Z-Verteilung überführten Stichprobenverteilung unter $H_0{:}\mu=a$, d.h. Berechnung von Z_m:

  <3.2> $|Z_m| = |M - \mu_0|/\sigma_m = |M - \mu_0|/(\sigma/\sqrt{n})$

- Entscheidung über die Nullhypothese. Ist $|Z_m| \leq Z_k$, Beibehaltung von H_0. Ist $|Z_m| > Z_k$, Zurückweisung von $H_0{:}\mu=a$ und Annahme der aufgestellten Alternativhypothese ($H_1{:}\mu>a$ oder $H_1{:}\mu<a$) mit der Irrtumswahrscheinlichkeit α.

Bei unserem Beispiel waren $H_0{:}\mu=109$, $\sigma = 13$, $n = 200$ und $M = 111{,}1$. Wir wollen H_0 als erstes gegen $H_1{:}\mu>109$ ($H_1{:}\mu-109>0$) testen (vgl. Abb. 3.3.A). Vor der Berechnung von $|Z_m|$ ist zu prüfen, ob das Stichprobenmittel in der gemäß H_1 erwarteten Richtung von $\mu_0 = 109$ abweicht, d.h. ob das in H_1 für die Differenz »μ-109« behauptete Vorzeichen dem Vorzeichen der Differenz »M-109« entspricht. Dies ist der Fall. Für den Prüfwert ergibt sich $|Z_m| = |111{,}1 - 109|/(13/\sqrt{200}) = 2{,}284$. Für $\alpha = 0{,}05$ lesen wir in Tab. D als kritischen Wert $Z_k = 1{,}645$ ab. Wir weisen H_0 zurück und gelangen zu dem Schluß, daß das Intelligenztestmittel der Abiturientenpopulation über 109 liegt.

Hätten wir $H_0{:}\mu=109$ die Alternativhypothese $H_1{:}\mu<109$ ($H_1{:}\mu-109<0$) gegenübergestellt, wäre die Situation eingetreten, daß das Stichprobenmittel bedeutsam in der unerwarteten Richtung von μ_0 abweicht (vgl. Abb. 3.3.B). Hier würde die Festellung, daß in H_1 für »μ-109« ein negatives Vorzeichen behauptet wird, die Differenz »M-109« aber positiv ist, ausreichen, um die Entscheidung der Beibehaltung von H_0 fällen zu können. Eine Berechnung des Prüfwertes wäre nicht erforderlich. Die deutliche Abweichung $M-\mu_0$ in der nicht erwarteten Richtung dürfte hier allerdings Anlaß sein für eine weitere Untersuchung der Fragestellung unter Verwendung eines zweiseitigen Tests von H_0.

Wir haben vom Test der Nullhypothese im Fall einer ungerichteten und einer gerichteten Alternativhypothese gesprochen. Liegt eine ungerichtete H_1 vor, dann sagt man auch, daß ein »zweiseitiger« Test von H_0 durchführt wird. Im Gegensatz dazu spricht man von einem »einseitigen« Test von H_0, wenn die Alternativhypothese gerichtet ist. Diese Formulierungen leiten sich daraus ab, daß bei ungerichteter H_1 der Bereich der Zurückweisung an beiden Enden (Seiten) der Stichprobenverteilung unter H_0 liegt. Somit kann zur Zurückweisung von H_0 das Mittel M nach zwei Seiten von μ_0 abweichen. Bei einer gerichteten Alternativhypothese können hingegen nur Abweichungen nach einer bestimmten Seite zur Zurückweisung von H_0 führen. Der Bereich der Zurückweisung liegt an einem Ende der Stichprobenverteilung.

ABBILDUNG 3.3 Die Stichprobenverteilung von »M« und »Z_m« unter H_0:μ=109 mit den kritischen M- und Z-Werten, die bei α = 0,05 den Bereich der Beibehaltung von H_0 vom Bereich der Zurückweisung trennen. Die Alternativhypothese ist gerichtet. Es sind σ = 13 (in der normalverteilten Population), n = 200 und σ_m = 13/$\sqrt{200}$ = 0,92.

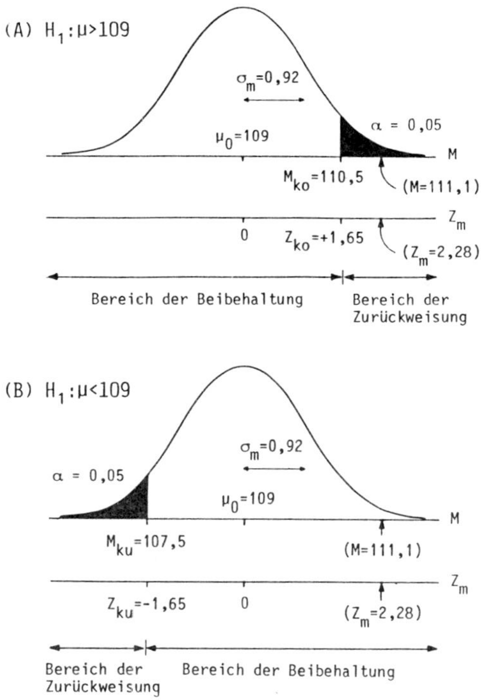

Die Bezeichnung *einseitiger* und *zweiseitiger* Test von H_0 machen im Fall der Verwendung der Standardnormalverteilung als Modell für die Stichprobenverteilung unter H_0 einen Sinn, da hier gerichtete H_1 mit Betrachtung nur einer Seite der Verteilung und ungerichtete H_1 mit Betrachtung beider Seiten (Enden) der Verteilung einhergehen. Das gleiche gilt für die Situationen, in denen die T-Verteilung als Modell für die Stichprobenverteilung herangezogen wird. Es gibt jedoch auch Tests von statistischen Hypothesen, bei denen eine ungerichtete Alternativhypothese formuliert und trotzdem nur ein Ende der Stichprobenverteilung betrachtet wird. Beispiele sind die statistische Prüfung von Mittelwertsunterschieden über die F-Verteilung via Varianzanalyse (die Alternativhypothese ist ungerichtet und der Bereich der Zurückweisung liegt nur am oberen Ende der F-Verteilung) und die Heranziehung der Chi^2-Verteilung.

Die Unterscheidung beim statistischen Hypothesentesten in die Situation mit gerichteter und ungerichteter Alternativhypothese ist somit universell anwendbar. Bei bestimmten Stichprobenverteilungen drückt die Unterscheidung in einseitigen und zweiseitigen Test von H_0 das gleiche aus. Wir werden deshalb im Rahmen des Hypothesentestens über die Standardnormal- und die T-Verteilung wegen der Anschaulichkeit der Formulierung häufig von ein- oder zweiseitigem Test sprechen, um den Fall des Vorliegens einer gerichteten bzw. ungerichteten Alternativhypothese zu kennzeichnen.

Die Vorgehensweise zum Test der Nullhypothese bei gerichteter und ungerichteter Alternativhypothese haben wir beschrieben. Es soll nun überlegt werden, welche Vor- und Nachteile das einseitige gegenüber dem zweiseitigen Testen besitzt, und in welchen Situationen eine gerichtete H_1 und damit ein einseitiger Test angemessen ist. Formal gesehen bringt ein einseitiger Test - wenn in der Alternativhypothese die Richtung der Abweichung »μ-a« korrekt ausgesagt wurde - den Vorteil, daß in der in H_1 vorhergesagten Richtung bei festgehaltenem Signifikanzniveau α eine geringere Abweichung M-a (M-μ_0) ausreicht, um H_0 zurückzuweisen, als sie in derselben Richtung im Falle eines zweiseitigen Tests erforderlich wäre. Die nachfolgende Zeichnung illustriert dies. Die Nullhypothese lautet H_0:μ=a, die Alternativhypothese zum einen (ungerichtet) H_1:$\mu \neq$a, zum anderen (gerichtet) H_1:μ>a; es sei α = 0,05.

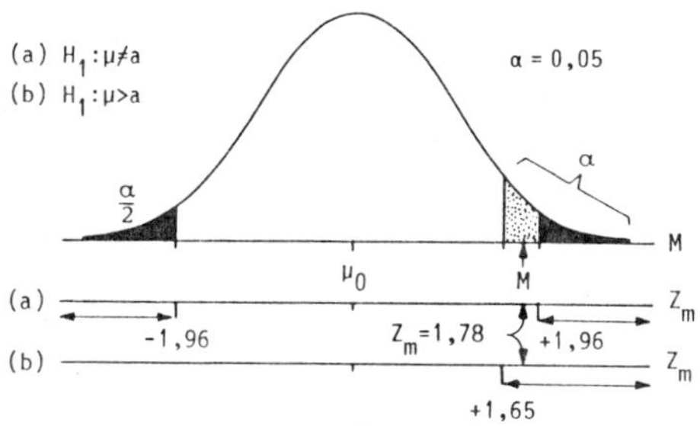

Wir erhalten an unserer Stichprobe, so wollen wir annehmen, ein Mittel, das in Z-Form transformiert einen Wert (Betrag) von $|Z_m|$ = 1,78 ergibt. Beim zweiseitigen Test fällt dieser Wert nicht in den Bereich der Zurückweisung (der aus den Werten oberhalb Z_k = 1,96 besteht), so daß H_0 beibehalten wird. Im Fall der gerichteten Alternativhypothese H_1:μ>a wird jedoch der gesamte Bereich der Zurückweisung an das obere Ende der Stichprobenverteilung gelegt. Der Bereich ist (an diesem Ende der Verteilung) somit größer als im zweiseitigen Fall und beginnt jetzt bereits bei Z_k = 1,65. Unser Mittel M (bzw. Z_m) liegt nun im Bereich der Zurückweisung($|Z_m|$ > Z_k). Wir weisen H_0 zurück und nehmen H_1:μ>a (mit einer Irrtumswahrscheinlichkeit von α) an.

Wenn man also an der Zurückweisung von H_0 interessiert ist und in H_1 die Richtung der Abweichung »μ-a« angeben kann, dann läßt sich beim einseitigen Test die Nullhypothese "früher", d.h. mit grösserer Wahrscheinlichkeit zurückweisen als im zweiseitigen Fall. Die Wahrscheinlichkeit, H_0 fälschlicherweise zurückzuweisen, ist in beiden Fällen gleich dem gesetzten α. Der Vorteil auf der einen Seite der Stichprobenverteilung schlägt jedoch in einen schwerwiegenden Nachteil um, wenn in der gerichteten Alternativhypothese die falsche Richtung der Abweichung »μ-a« ausgesagt wurde - wenn z.B. der Fall eintritt, daß H_1:μ>a lautete und in der Stichprobe M < a ist. Eine noch so extreme Abweichung M-a (M-μ_0) in der "falschen" Richtung kann nicht zur Zurückweisung von H_0 führen. Man muß somit in solchen Situationen trotz deutlicher Hinweise auf die Ungültigkeit der Nullhypothese weiterhin an ihr festhalten. Erst in einer weiteren Untersuchung könnte man - sofern die erwartungswidrige Abweichung vom Forscher für wissenschaftlich interessant gehalten wird - dann eine Alternativhypothese formulieren, die eine Zurückweisung von H_0 auch bei Abweichungen in dieser Richtung gestattet.

Statistisch gesehen sind die Vor- und Nachteile des einseitigen vs. zweiseitigen Testens von H_0 relativ leicht klärbar. Schwieriger wird die Abwägung der Vor- und Nachteile bei der praktischen Anwendung in der Forschung (vgl. Goldfried 1959; Kimmel 1957). Zu fragen ist hier, ob eine "Gewißheit" bezüglich der möglichen Abweichungsrichtung oder das Interesse an nur einer Richtung der Abweichung μ-a automatisch einen entsprechenden einseitigen Test nach sich ziehen sollte. Illustrieren wir das Problem an zwei fiktiven Beispielen.

Das Gesundheitsministerium eines Industrielandes möchte Aufklärungsmaßnahmen für eine richtige Ernährungsweise starten, wenn das Durchschnittsgewicht in der Population der Kinder einer bestimmten Altersstufe einen Normwert a überschreitet. Für die Einleitung von Maßnahmen (gegen das Übergewicht) sind somit nur positive Abweichungen von a relevant. Liegt das Populationsmittel hingegen unter dem Wert a, soll nichts geschehen. Mit einem Durchschnittsgewicht bedeutsam niedriger als a wird im übrigen von den Untersuchern nicht gerechnet. Mit anderen Worten: Für die Situationen »μ=a« und »μ<a« sind die Konsequenzen dieselben, nämlich »keine Maßnahmen«.

Es wird aus der Kinderpopulation eine Zufallsstichprobe des Umfangs n = 400 gezogen und an dieser das Durchschnittsgewicht bestimmt. Ob nun ein einseitiger Test mit dem Hypothesenpaar H_0:μ=a und H_1:μ>a angemessen ist (bei der der gesamte Bereich der Zurückweisung am oberen Ende der Stichprobenverteilung läge), hängt davon ab, ob man bereit wäre, eine noch so extreme negative Abweichung M-a als uninteressant und folgenlos für weiteres Handeln abzutun. Denn es wäre hier im Rahmen des statistischen Tests nicht möglich, bei einer negativen Abweichung die Nullhypothese zurückzuweisen - was man im zweiseitigen Fall hingegen mit geringer Irrtumswahrscheinlichkeit (so wollen wir annehmen) tun könnte.

Ein Forscher stellt die (wissenschaftliche) Hypothese auf, daß in der heutigen Zeit die Studenten in einem Test zu Erfassung manifester Angst einen höheren Durchschnittswert aufweisen als dies vor 15 Jahren der Fall war. Zum damaligen Zeitpunkt war für die Studenten einer Universität A ein durchschnittlicher Testwert von 95 ermittelt worden. Aufgrund seiner theoretischen Überlegungen (sowie empirischer Befunde) hat der Forscher die feste Erwartung abgeleitet, daß der Angstmittelwert der heutigen Studentenpopulation dieser Uni höher sein muß (»μ>95«). Er zieht für seine Untersuchung eine Zufallsstichprobe von 150 Studenten und führt mit diesen den Test durch.

Ob nun seine gerichtete (wissenschaftliche) Hypothese bzw. Behauptung auch einen entsprechenden einseitigen Test mit dem Hypothesenpaar $H_0{:}\mu=95$ und $H_1{:}\mu>95$ nach sich ziehen sollte, hängt davon ab, wie der Forscher eine etwaige extreme Abweichung in der nicht erwarteten Richtung behandeln möchte. Er muß sich fragen, ob es für seine Theorie dasselbe bedeutet, wenn die Stichprobendaten entweder darauf hinweisen, daß keine Veränderung des durchschnittlichen Angstniveaus stattgefunden hat, oder anzeigen, daß entgegen seiner Erwartung ein deutlicher Rückgang der durchschnittlichen Angst in der Studentenpopulation zu vermuten ist.

Kann der Forscher diese Frage ehrlich bejahen, dann ist ein einseitiger Test der Nullhypothese (in der behaupteten Richtung) die angemessene Vorgehensweise. Hegt er jedoch Zweifel daran, daß für ihn eine erwartungswidrige extreme Abweichung M-a die gleiche Bedeutung hat wie das Ergebnis, daß sich das mittlere Angstniveau der Population (wahrscheinlich) nicht nennenswert verändert hat, dann sind auch Zweifel angebracht, ob ein einseitiger Test angemessen ist.

Um dem Problem der Entscheidung zwischen den Vor- und Nachteilen des ein- und zweiseitigen Testens zu entgehen, könnte die verwerfliche Idee aufkommen, bei einer gerichteten (wissenschaftlichen) Hypothese mit der entsprechenden H_1 einseitig in der behaupteten Richtung zu testen, sofern das Stichprobenmittel in dieser Richtung von μ_0 abweicht - jedoch auf zweiseitig "umzuschwenken", wenn M in der entgegengesetzten Richtung liegt. Dieser Gedanke darf jedoch nicht in die Tat umgesetzt werden, denn ein derartiges Vorgehen verändert unser vorher festgesetztes Signifikanzniveau α, d.h. die Wahrscheinlichkeit, die Nullhypothese fälschlicherweise zurückzuweisen. Wir wollen uns dies verdeutlichen.

In der Population gilt die Nullhypothese. Gegen $H_0{:}\mu=a$ stellen wir die Alternativhypothese $H_1{:}\mu>a$ und setzen α = 0,05. Bei korrekter Vorgehensweise bilden jetzt die rechten 5% extrem von a (=μ_0) abweichenden Mittel in der Stichprobenverteilung unter H_0 den Bereich der Zurückweisung (Bereich unter der schwarzen Fläche in der nebenstehenden Zeichnung).

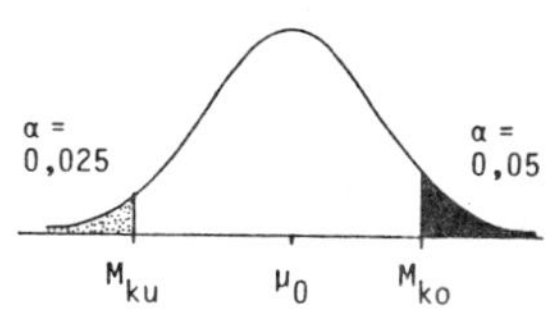

Die Wahrscheinlichkeit, daß ein Mittel in diesen Bereich fällt, ist gleich α. Gehen wir jedoch nicht korrekt vor, sondern sind bereit, im Fall eines Stichprobenmittels M < μ_0 auf einen zweiseitigen Test überzugehen, dann richten wir zusätzlich einen Bereich der Zurückweisung am anderen Ende der Verteilung ein, der aus den 100·(α/2)% extremsten negativen Abweichungen M-μ_0 besteht (punktierte Fläche in der Zeichnung). Wir weisen somit H_0 zurück, wenn das beobachtete Mittel entweder in den Bereich unter der schwarzen Fläche oder in den Bereich unter der punktierten Fläche fällt.

Für unser Beispiel von einem gesetzten α = 0,05 ergeben beide Flächen zusammen einen Anteil von 0,05 + 0,025 = 0,075. Das bedeutet: Die Wahrscheinlichkeit, ein Mittel zu erhalten, das zur Zurückweisung von H_0 führt, ist gleich 0,075 (= Wahrscheinlichkeit, H_0 fälschlicherweise zurückzuweisen, da ja die Nullhypothese gilt). Ein Untersucher, der nach diesem Prinzip vorgeht, testet somit H_0 in Wirklichkeit auf einem Signifikanzniveau von 0,075 statt auf dem vermeintlich gesetzten α von 0,05. Teilt er in seinem Untersuchungsbericht zudem seine Vorgehensweise nicht mit, sondern tut so, als hätte er von Anfang an entweder einseitig oder zweiseitig testen wollen, dann führt er den Leser mit der Angabe des "gesetzten" Signifikanzniveaus im Hinblick auf die Wahrscheinlichkeit der fälschlichen Zurückweisung von H_0 in die Irre, da diese in Wirklichkeit $\alpha + \alpha/2 = 1{,}5 \cdot \alpha$ betrug.

Aus den gleichen Gründen unzulässig ist die Verwendung des einseitigen Testens derart, daß man α festsetzt und den gesamten Bereich der Zurückweisung immer an das Ende der Stichprobenverteilung legt, in dessen Richtung das gefundene Mittel M von μ_0 abweicht. Die nachfolgende Zeichnung zeigt, daß der Bereich der Zurückweisung von H_0 bei einem derartigen Vorgehen (z.B.) nicht nur aus den $100 \cdot \alpha\% = 5\%$ extremsten positiven Abweichungen $M-\mu_0$ besteht (Bereich unter der schwarzen Fläche), sondern zusätzlich noch aus den $100 \cdot \alpha\%$ extremsten negativen Abweichungen (Bereich unter der punktierten Fläche).

Die Wahrscheinlichkeit, bei dieser Art des Vorgehens ein Mittel zu erhalten, das zur (fälschlichen) Zurückweisung von H_0 führt, ist somit doppelt so groß wie das gesetzte α. Auch hier wird der Leser bezüglich des wirklichen Signifikanzniveaus irregeführt, wenn im Untersuchungsbericht der Wert von α angegeben und so getan wird, als hätte man von Anfang an einseitig in der Richtung testen wollen, in der M von μ_0 abweicht.

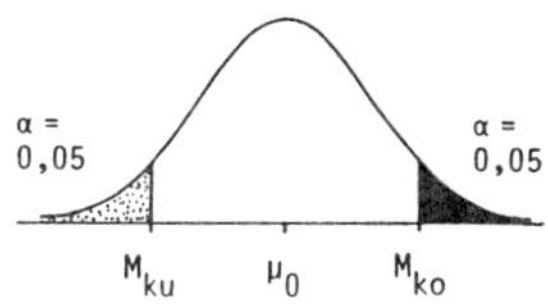

Die Beschreibung dieser nicht statthaften Vorgehensweisen weist auf ein weiteres Problem des einseitigen Testens hin: auf das menschliche. Meist ist der Untersucher an der Zurückweisung der Nullhypothese interessiert, da er seine (wissenschaftliche) Erwartung in H_1 formuliert hat. Läßt sich von der Theorie her zwingend nur eine Richtung der Abweichung von μ_0 (=a) ableiten, dann braucht der Verwendung eines einseitigen Tests durch einen Untersucher in der Regel keine Skepsis entgegengebracht zu werden. Trotzdem läßt sich natürlich nicht zweifelsfrei feststellen, ob der Untersucher korrekterweise beim einseitigen Test geblieben wäre, wenn sich (völlig) erwartungswidrig eine extreme Abweichung in der nicht vorhergesagten Richtung ergeben hätte.

Mißtrauen ist hingegen angebracht, wenn von der wissenschaftlichen Theorie her Abweichungen von μ_0 in beiden Richtungen (wenn auch vielleicht mit unterschiedlicher Wahrscheinlichkeit) möglich wären, die Zurückweisung von H_0 im Interesse des Untersuchers lag, der Autor einseitig getestet hat und die gefundene Abweichung $M-\mu_0$ nur dann im Bereich der Zurückweisung liegt, wenn in der Richtung einseitig getestet wird, in der M von μ_0 abweicht, während sie beim zweiseitigen Test in den Bereich der Beibehaltung fällt. Da hier die Richtung der Abweichung $M-\mu_0$ nicht zwingend vorhersagbar war, ließe sich der Verdacht - auch bei gegenteiligen Beteuerungen des Autors - nicht ausräumen, daß nur deshalb einseitig getestet wurde, um H_0 (wunschgemäß) zurückweisen zu können.

Abschließend soll noch einmal auf die Formulierung der Nullhypothese beim einseitigen Test eingegangen werden. Wir nehmen als Beispiel den Fall der Alternativhypothese $H_1:\mu>a$. Die Nullhypothese, die die übrigen Populationszustände einschließt, lautet dann $H_0:\mu\leq a$. Wir erstellen jedoch in dieser Situation nur *eine* Stichprobenverteilung, nämlich die Stichprobenverteilung für die Bedingung $H_0:\mu=a$. Es läßt sich jedoch leicht zeigen, daß bei Zurückweisung von $H_0:\mu=a$ (auf dem Signifikanzniveau α) automatisch auch die umfassendere Nullhypothese $H_0:\mu\leq a$ zurückgewiesen ist. Die nachfolgende Zeichnung verdeutlicht dies.

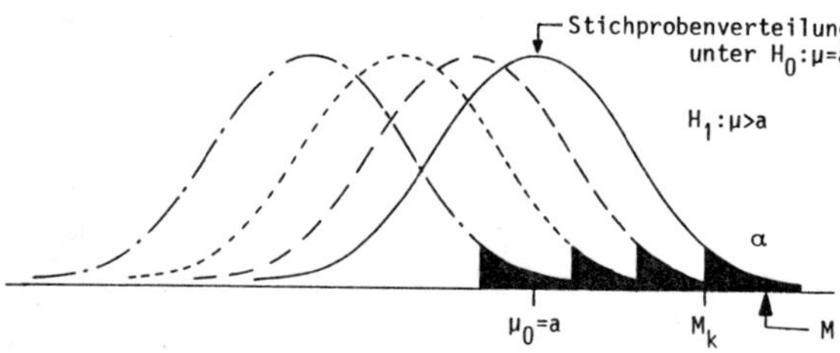

Die durchgezogene Verteilung gilt für den Fall $H_0:\mu=a$. Die übrigen Verteilungen wurden für verschiedene Werte des Bereichs $\mu < a$ erstellt. Fällt nun ein Stichprobenmittel bei der Verteilung unter $H_0:\mu=a$ in den Bereich der Zurückweisung (d.h. in den Bereich oberhalb M_k), dann ist eine extreme Abweichung M-a eingetreten, die unter H_0 nur die geringe Auftretenswahrscheinlichkeit von $\leq\alpha$ hat. Dieses Stichprobenmittel weicht von den Mittelwerten der übrigen möglichen Stichprobenverteilungen des Bereichs $\mu < a$ jedoch noch weiter ab als von $\mu = a$. Ausgehend von diesen Stichprobenverteilungen ist deshalb die Auftretenswahrscheinlichkeit des vorgefundenen Mittels noch geringer als unter $H_0:\mu=a$. Mit anderen Worten: Wird die Nullhypothese bei $H_0:\mu=a$ mit einer Irrtumswahrscheinlichkeit von α zurückgewiesen, dann kann man alle anderen Nullhypothesen, bei denen μ_0 kleiner als a ist, ebenfalls (zumindest) bei $\alpha = 0{,}05$ zurückweisen. Insofern genügt zur "Widerlegung" von $H_0:\mu\leq a$ die Zurückweisung der Hypothese $H_0:\mu=a$.

3.2 Die beim Hypothesentesten möglichen Fehlentscheidungen

Es sollen in diesem Abschnitt die beim statistischen Hypothesentesten möglichen Fehlentscheidungen (Fehler) und ihre Begehungswahrscheinlichkeiten besprochen werden. Dabei wird zuerst auf den Alpha- und den Betafehler einzugehen sein; dies sind die üblicherweise vorgestellten Fehlerarten. Daran anschließen wird sich die Erörterung eines seltener erwähnten, aber unter bestimmten Bedingungen möglichen Fehlers, des sog. Gammafehlers.

3.2.1 Fehler I. und II. Art (Alpha- und Betafehler)

Für unsere Erörterungen gehen wir von der Nullhypothese H_0:μ=a und der ungerichteten Alternativhypothese H_1:$\mu \neq$a aus. In der Population, auf die sich unsere Hypothesen beziehen (und aus der wir unsere Stichprobe gezogen haben), sind nun hinsichtlich des Mittelwertes zwei Zustände möglich - nämlich die, die wir durch die Null- und die Alternativhypothese ausgedrückt haben: Das Mittel der Population ist entweder gleich »a« (d.h. H_0 gilt), oder es ist nicht gleich »a« (d.h. H_1 gilt). Aufgrund unseres Tests der Hypothese H_0:μ=a fällen wir eine Entscheidung über den (Mittelwerts)Zustand in der Population: Wir behalten entweder die Aussage »μ=a« bei - d.h. wir gehen weiterhin davon aus, daß H_0 gilt - oder wir gelangen zu dem Schluß, daß $\mu \neq$ a ist und damit H_1 gilt. Welche richtigen und welche falschen Entscheidungen bei dieser Art von Hypothesentesten möglich sind, zeigt die Vierfeldertafel von Tab. 3.1, in der die möglichen Populationszustände mit den möglichen Entscheidungen kombiniert sind. Dem Diagramm lassen sich die beiden folgenden Fehler entnehmen:

- Fehler I. Art (α-Fehler): Die Nullhypothese (H_0:μ=a) wird zurückgewiesen, obwohl sie in Wirklichkeit gilt. H_0 wird somit fälschlicherweise zurückgewiesen.
- Fehler II. Art (β-Fehler): Die Nullhypothese (H_0:μ=a) wird beibehalten, obwohl sie in Wirklichkeit falsch ist und die Alternativhypothese (H_1:$\mu \neq$a) gilt. H_0 wird somit fälschlicherweise beibehalten.

Wichtig ist hierbei, daß man den α-Fehler nur begehen kann, wenn H_0 gilt und den β-Fehler nur dann, wenn H_0 falsch ist und H_1 gilt. Betrachten wir die Möglichkeiten beider Fehler von unserer getroffenen Entscheidung her, so können wir den α-Fehler nur begangen haben, wenn H_0 zurückgewiesen wurde und den β-Fehler nur dann, wenn wir H_0 beibehalten haben.

Wir wollen nun überlegen, wie groß (im Fall der Gültigkeit von H_0) die Wahrscheinlichkeit ist, daß wir einen Fehler I. Art begehen werden, wenn wir nach der bisher beschriebenen Prozedur über die Nullhypothese entscheiden, und wie groß (im Fall, daß H_0 falsch ist und H_1 gilt) die Wahrscheinlichkeit ist, daß wir einen Fehler II. Art begehen. Die Wahrscheinlichkeit für den Fehler I. Art bezeichnet man mit »α«, die Wahrscheinlichkeit für den Fehler II. Art mit »β«. Danach können wir formal wie folgt schreiben:

TABELLE 3.1 Die möglichen richtigen und falschen Entscheidungen beim zweiseitigen Test von $H_0{:}\mu{=}a$ und dem Schluß »$\mu \neq a$« im Fall der Zurückweisung von H_0.

		Mittelwertszustand in der Population: $H_0{:}\mu{=}a$ gilt	$H_1{:}\mu \neq a$ gilt
Entscheidung über den Populationszustand aufgrund des statistischen Test	$H_0{:}\mu{=}a$ wird beibehalten	Richtige Entscheidung $P = 1 - \alpha$	Falsche Entscheidung FEHLER II. ART $P = \beta$
	$H_0{:}\mu{=}a$ wird zurückgewiesen, Annahme von $H_1{:}\mu \neq a$	Falsche Entscheidung FEHLER I. ART $P = \alpha$	Richtige Entscheidung $P = 1 - \beta$
		$\Sigma P = 1$	$\Sigma P = 1$

α = P(Fehler I. Art) = P(Zurückweisung von $H_0{:}\mu{=}a \mid H_0$ gilt)

β = P(Fehler II. Art) = P(Beibehaltung von $H_0{:}\mu{=}a \mid H_1{:}\mu \neq a$ gilt).

Der senkrechte Strich ist zu lesen "unter der Bedingung, daß". Alpha und Beta sind somit bedingte Auftretenswahrscheinlichkeiten, sie bestehen unter der Bedingung, daß H_0 bzw. H_1 gilt. Die Bezeichnung der Auftretenswahrscheinlichkeit des Fehlers I. Art mit α deutet bereits an, daß diese gleich dem von uns gesetzten Signifikanzniveau α ist.[3] Es läßt sich leicht aufzeigen, daß dem so sein muß. Bevor wir dies tun, sei neben der bisher verwendeten Bezeichnung »μ_0« (»μ-Null«) noch die Bezeichnung »μ_w« (»μ-wahr«) eingeführt. Mit μ_0 haben wir den Wert des Populationsmittels bezeichnet, der in der Nullhypothese ausgesagt (behauptet) wird, z.B: $\mu_0 = 109$. Davon abheben wollen wir den tatsächlichen Wert des Populationsmittels (μ_w). Wenn wir in der Nullhypothese behaupten, daß das Populationsmittel gleich 109 sei, und es ist in Wirklichkeit 112, dann ist $\mu_0 = 109$ und $\mu_w = 112$. Natürlich kann μ_0 auch gleich μ_w sein; dies ist der Fall, wenn die Nullhypothese gilt.

Zur Bestimmung der Wahrscheinlichkeit des Fehlers I. Art müssen wir von dieser Bedingung ausgehen: $H_0{:}\mu{=}a$ gilt, es ist $\mu_0 = \mu_w$. Zum (zweiseitigen) Hypothesentest errichten wir an den Enden der Stichprobenverteilung unter H_0, d.h. in der Verteilung $N(\mu_0; \sigma_m)$, den Bereich der Zurückweisung (BdZ), der rechts und links jeweils aus den $100 \cdot (\alpha/2)\%$ extremsten Abweichungen $M - \mu_0$ besteht (siehe nachfolgende Zeichnung). Die Wahrscheinlichkeit, daß das Mittel unserer Stichprobe in den BdZ fällt, ist gleich dem gesetzten Signifikanzniveau α. Liegt

---

3) Auf den Fehler der fälschlichen Zurückweisung von H_0 und seiner Begehungswahrscheinlichkeit α sind wir in diesem Kapitel bereits eingegangen. Er soll hier trotzdem noch einmal im Zusammenhang mit den anderen möglichen Fehlern behandelt werden.

das Mittel in diesem Bereich, dann entscheiden wir »H_0:μ=a ist falsch, H_1:$\mu \neq$a gilt«. Dies ist jedoch eine Fehlentscheidung, da ja H_0 richtig ist. Somit ist bei Gültigkeit von H_0 die Wahrscheinlichkeit, einen Fehler I. Art zu begehen, gleich der Wahrscheinlichkeit, eine extreme Abweichung M-μ_0 zu erhalten, die in den Bereich der Zurückweisung fällt - d.h. gleich dem Wert des Signifikanzniveaus α.

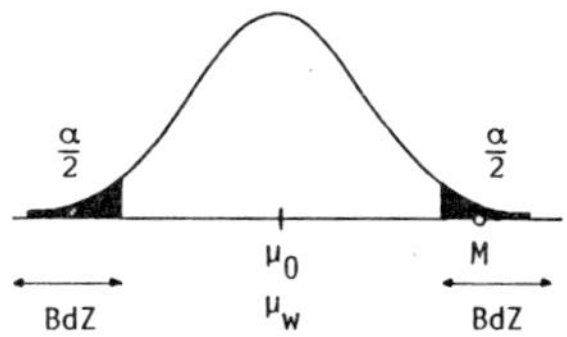

Die Wahrscheinlichkeit des Fehlers I. Art ist somit für den Untersucher gut kontrollierbar, da sie durch das Signifikanzniveau festgesetzt wird. Durch die Wahl des Wertes von α bestimmt man, wie groß beim Test der Hypothese H_0:μ=a das Risiko sein darf, einen Fehler I. Art zu begehen (sofern H_0 gilt). Es wäre nun schön, wenn sich β, die Begehungswahrscheinlichkeit für den Fehler II. Art (im Fall, daß H_0 falsch ist), ebenso einfach wie α kontrollieren ließe. Dies ist leider nicht der Fall, wie wir im Laufe unserer weiteren Erörterungen sehen werden.

Veranschaulichen wir uns jedoch zuerst die Wahrscheinlichkeit des Fehlers II. Art anhand der entsprechenden Stichprobenverteilung. Den β-Fehler können wir nur begehen, wenn H_0 falsch ist und in der Population H_1 gilt, d.h. wenn $\mu_0 \neq \mu_w$ ist. Nehmen wir an, die Nullhypothese habe ausgesagt, daß μ = 109 sei, das Mittel der (normalverteilten) Population hat jedoch in Wirklichkeit den Wert μ_w = 112. Das bedeutet: Jede Stichprobe, die wir ziehen können, stammt aus der Population mit dem Mittel μ_w = 112 (und der Standardabweichung σ). Ziehen wir alle möglichen Stichproben des Umfangs n aus dieser Population und stellen deren Mittelwerte als relative Häufigkeitsverteilung dar, dann erhalten wir die Stichprobenverteilung N(μ_w=112; σ_m). Für den Test von H_0:μ=a ziehen wir jedoch die Stichprobenverteilung unter H_0 heran, d.h. N(μ_0=109; σ_m). Dies ist in Abb. 3.4 für zwei Werte von μ_w dargestellt.

Betrachten wir zuerst Fall [A]. Nach unserer Entscheidungsregel weisen wir H_0 zurück, wenn das gefundene Stichprobenmittel in den Bereich der Zurückweisung fällt (M-Wertebereich unter den schwarzen Flächen). In diesen Fällen ist unsere Entscheidung gegen H_0 und für H_1:$\mu \neq$109 richtig. Liegt das Stichprobenmittel hingegen im Bereich der Beibehaltung - d.h. zwischen M_{ku} und M_{ko} - dann behalten wir H_0:μ=109 bei. Dies ist jedoch eine falsche Entscheidung, wir begehen den Fehler II. Art, den der fälschlichen Beibehaltung von H_0. Die Wahrscheinlichkeit des Fehlers II. Art, d.h. die Wahrscheinlichkeit, daß unser Stichprobenmittel in den Bereich zwischen M_{ku} und M_{ko} fällt, läßt sich nun durch den Flächenanteil repräsentieren, der bei der »wahren« Stichprobenverteilung - der Stichprobenverteilung unter μ_w = 112 - zwischen den Punkten M_{ku} und M_{ko} liegt; dies ist in der Abbildung die punktierte Fläche. Ließe sich dieser Flächenanteil bestimmen, dann würde uns dessen Wert angeben, mit welcher Wahrscheinlichkeit wir unter den vorliegenden Bedingungen - μ_w = 112, Prüfung über die Stichprobenverteilung N(μ_0=109; σ_m) - einen β-Fehler begehen werden.

ABBILDUNG 3.4 Veranschaulichung der Wahrscheinlichkeit des Fehlers II. Art (β) für zwei Situationen, in denen das "wahre" Populationsmittel μ_w unterschiedlich stark von dem in H_0 behaupteten Wert μ_0 abweicht. Es ist $H_1{:}\mu \neq 109$. Die Entscheidung über die Nullhypothese erfolgt anhand der Stichprobenverteilung unter H_0.

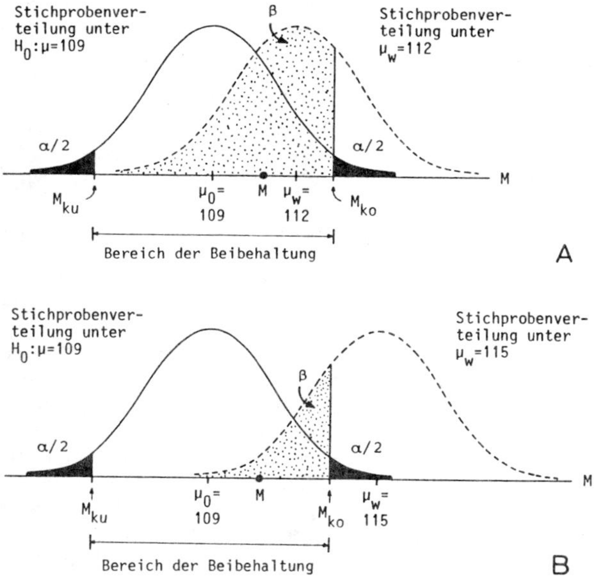

In Abb. 3.4.B ist die Wahrscheinlichkeit des β-Fehlers für eine Situation dargestellt, in der das wahre Populationsmittel stärker als bei [A] von dem in der Nullhypothese behaupteten Wert abweicht. Ein Vergleich der punktierten Flächen von [A] und [B] zeigt uns, daß die Wahrscheinlichkeit des Betafehlers abnimmt, wenn die Differenz $\mu_w - \mu_0$ größer wird.

Aus Abb. 3.4 lassen sich bereits einige wichtige Aussagen bezüglich des Fehlers II. Art und seiner Begehungswahrscheinlichkeit β ableiten:

- Die Bestimmung des (punktierten) Flächenanteils, der in der »wahren« Stichprobenverteilung die Wahrscheinlichkeit des β-Fehlers repräsentiert, ist nur möglich, wenn für μ_w ein bestimmter Wert gegeben ist. Mit anderen Worten: Wenn wir sagen können "μ_0 ist gleich a und μ_w ist gleich b", dann läßt sich β für diese Situation bestimmen; wie, werden wir weiter unten sowie in Kapitel 29 sehen.
- Die Wahrscheinlichkeit des Fehlers II. Art gilt somit immer für einen bestimmten Wert μ_w = b. Das bedeutet: Die Wahrscheinlichkeit des β-Fehlers

kann nur bestimmt werden, wenn sowohl H_0 als auch H_1 *einfache* Hypothesen bzw. Aussagen sind, z.B (wie in Abb. 3.4) $H_0{:}\mu=109$, $H_1{:}\mu=112$ oder $H_0{:}\mu=109$, $H_1{:}\mu=115$.

- Bei feststehender Nullhypothese $H_0{:}\mu=a$ ist der Wert von β jeweils ein anderer für unterschiedliche Werte von μ_w. Beta wird kleiner, je größer der Abstand $\mu_0-\mu_w$ ist.
- Für das Hypothesenpaar $H_0{:}\mu=a$ und $H_1{:}\mu\neq a$ läßt sich zwar die Wahrscheinlichkeit des Fehlers I. Art angeben (=α), nicht jedoch die Begehungswahrscheinlichkeit des Fehlers II. Art, da H_1 hier eine zusammengesetzte Hypothese ist und sich somit keine Stichprobenverteilung unter μ_w erstellen läßt (und damit auch nicht der β entsprechende Flächenanteil).

In Abb. 3.4 haben wir die Wahrscheinlichkeit des β-Fehlers grafisch dargestellt. Wir wollen nun für den Fall »$\mu_0=109$, $\mu_w=110$« die Berechnung des β repräsentierenden Flächenanteils in der Stichprobenverteilung unter $\mu_w = 110$ vornehmen (Abb. 3.5). Es gilt hier die einfache Hypothese $H_1{:}\mu=110$; die wahre Verteilung aller möglichen Stichprobenmittel ist somit gleich der gestrichelten Verteilung $N(\mu_w=110;\ \sigma_m)$. Der Test von H_0 erfolgt über die Verteilung $N(\mu_0=109;\ \sigma_m)$. Es sei in der (normalverteilten) Population $\sigma = 13$, der Stichprobenumfang $n = 200$; dann ist $\sigma_m = 13/\sqrt{200} = 0{,}92$. Die Wahrscheinlichkeit der Begehung eines Fehlers II. Art ist uns gegeben, wenn wir den punktierten Flächenanteil in der Verteilung N(110; 0,92) bestimmen können, d.h. den Anteil zwischen den Punkten M_{ku} und M_{ko}. Denn Mittel in diesem Bereich führen aufgrund unserer Entscheidungsregel über H_0 zur fälschlichen Beibehaltung der Nullhypothese. Zur Berechnung des gesuchten Anteils müssen wir wissen, welche Werte Z_{ku} und Z_{ko} wir für M_{ku} und M_{ko} erhalten, wenn wir N(110; 0,92) in die Standardnormalverteilung überführen.

Die Wahrscheinlichkeit des Fehlers I. Art sei auf $\alpha = 0{,}05$ gesetzt. Dann sind die kritischen Z-Werte der in die Standardnormalverteilung überführten Verteilung N(109; 0,92) gleich $Z_{ku} = -1{,}96$ und $Z_{ko} = +1{,}96$ (siehe Skala $Z_m[\mu_0]$ in Abb. 3.5). Wir wissen somit, daß die kritischen Punkte M_{ku} und M_{ko} um $\pm 1{,}96$ Z-Einheiten von μ_0 abweichen. Zu bestimmen ist nun, um wieviele Z-Einheiten M_{ku} und M_{ko} von μ_w abweichen. Dazu drücken wir als erstes die Abweichung $\mu_w-\mu_0$ als Z-Wert (d.h. in σ_m-Einheiten) aus: $(\mu_w-\mu_0)/\sigma_m = (110-109)/0{,}92 = 1{,}09$.

Auf der Z-Skala unter H_0 - d.h. bei $Z_m[\mu_0]$ - hat somit das Mittel $\mu_w = 110$ die Position $Z = +1{,}09$. Von diesem Punkt weicht $Z_{ko} = +1{,}96$ um $1{,}96-1{,}09 = 0{,}87$ Einheiten nach oben und $Z_{ku} = -1{,}96$ um $1{,}96 + 1{,}09 = 3{,}05$ Einheiten nach unten ab. In der in die Standardnormalverteilung überführten Stichprobenverteilung unter μ_w - d.h. bei der Skala $Z_m[\mu_w]$ - hat nun das Mittel $\mu_w = 110$ die Position 0 (und $\mu_0 = 109$ entspricht ein Z-Wert von -1,09). Die M_{ku} und M_{ko} entsprechenden Z-Werte sind hier dann $Z_u = -3{,}05$ und $Z_o = 0{,}87$, da sie ja um so viele Z-Einheiten unter bzw. über dem μ_w entsprechenden Z-Wert (von 0) liegen.

Wir bestimmen nun den Flächenanteil, der bei der Standardnormalverteilung zwischen -3,05 und +0,87 liegt. Es ergibt sich ein Anteil von 0,81. Dies ist zugleich die gesuchte Wahrscheinlichkeit für den Fehler II. Art. Für den Fall,

ABBILDUNG 3.5 Demonstration der Bestimmung von β (Wahrscheinlichkeit des Fehlers II. Art) für die Situation, daß in der Nullhypothese μ_0 = 109 behauptet wird und das Populationsmittel in Wirklichkeit den Wert μ_w = 110 hat. Es sind σ = 13 (in der normalverteilten Population), n = 200 und σ_m = 0,92.

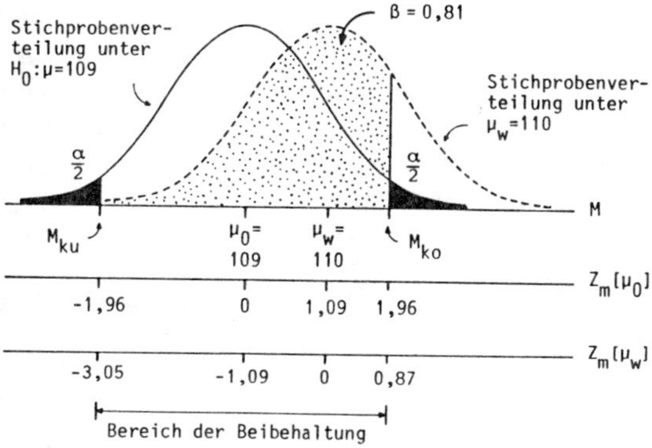

daß α = 0,05 und μ_w = 110 sind und wir die Nullhypothese H_0:μ=109 prüfen, ist somit die Wahrscheinlichkeit β, den Fehler II. Art zu begehen, gleich 0,81. Der hohe Wert von β zeigt, daß in dieser Situation das Risiko sehr groß ist, H_0 fälschlicherweise beizubehalten.

Da das gezeigte Vorgehen zur Bestimmung von β davon ausging, daß der wahre Wert des Populationsmittels (μ_w) bekannt ist, mag das Verfahren von eher theoretischem Wert erscheinen, da man im konkreten Fall den Wert von μ_w nicht kennt und somit β auch nicht bestimmen kann. Man will ja vielmehr erst zu Schlüssen auf den Mittelwertszustand in der Population gelangen. Dieser Einwand ist nicht ohne Berechtigung. Trotzdem ist die geschilderte Vorgehensweise der Bestimmung von β von großem Nutzen - wenn man nämlich das Problem wie folgt stellt:

Getestet werden soll (z.B.) die Hypothese H_0:μ=109; α wird auf 0,05 gesetzt. Gefragt wird nun, wie groß die Wahrscheinlichkeit der fälschlichen Beibehaltung von H_0 ist, *wenn* das Populationsmittel (z.B.) um eine Einheit (oder mehr) von μ_0 abweicht, d.h. wenn $\mu_w \geq 110$ oder ≤ 108 ist.[4]) Dann würden wir mittels des obigen Vorgehens feststellen können, daß bei μ_w = 110 oder μ_w = 108 diese Wahrscheinlichkeit noch sehr groß ist - nämlich β = 0,81. Zum Ver-

---

4) Die Festsetzung dieser Punkte bzw. des interessierenden Abstandes μ_w-μ_0 erfolgt, wie wir später sehen werden, aus inhaltlichen Gesichtspunkten - aus der Überlegung heraus, welche Diskrepanz man für so bedeutsam hält, daß man im Falle ihres Vorliegens nur ein bestimmtes Risiko (β) einzugehen bereit ist, H_0 fälschlicherweise beizubehalten.

gleich: Das Risiko für den Fehler I. Art haben wir auf den in Relation dazu "winzigen" Wert von $\alpha = 0{,}05$ gesetzt. Ist uns in diesem Fall die Wahrscheinlichkeit der fälschlichen Beibehaltung von H_0 zu groß (sofern $|\mu_w - \mu_o| \geq 1$ gilt), dann müssen wir Maßnahmen ergreifen, die eine Verringerung von β bewirken. Wir werden in Kapitel 29 sehen, daß sich das am günstigsten durch eine entsprechende Vergrößerung des Stichprobenumfangs erreichen läßt.

Im Vordergrund unserer momentanen Betrachtungen stehen die beim statistischen Hypothesentesten möglichen Fehler, deren Begehungswahrscheinlichkeiten wir mit α und β bezeichnet haben. Die Untersuchung dieser Fehlerwahrscheinlichkeiten hängt natürlich unmittelbar mit der Frage nach der Sicherheit zusammen, mit der wir beim Test von H_0 eine *richtige Entscheidung* fällen werden. Tabelle 3.1 läßt sich diesbezüglich folgendes entnehmen:

- Wenn H_0 gilt, dann ist die Wahrscheinlichkeit, daß eine richtige Entscheidung troffen (d.h. H_0 beibehalten) wird, gleich $1-\alpha$.
- Wenn H_0 falsch ist (und H_1:μ=b gilt), dann ist die Wahrscheinlichkeit, eine korrekte Entscheidung zu treffen, d.h. zu dem Schluß »$\mu \neq$a« zu gelangen, gleich $1-\beta$.

Die Wahrscheinlichkeit $1-\beta$, mit der bei einem Test die Nullhypothese berechtigterweise zurückgewiesen wird, bezeichnet man im Englischen (und zunehmend auch im Deutschen) als *Power* (eines Tests). Im Deutschen sind dafür weiterhin die Bezeichnungen *Teststärke*, *Testschärfe*, *Trennschärfe*, *Güte* und *Macht* verbreitet (Fricke 1977; Rasch 1988). Wir werden überwiegend den englischen Begriff verwenden und von *Power* sprechen. Definieren wir sie noch einmal explizit; es ist:

Power = $1-\beta$ = P(Zurückweisung von H_0:μ=a | H_1:μ=b gilt).

Da die Power die Komplementärwahrscheinlichkeit zu β (der Begehungswahrscheinlichkeit des Fehlers II. Art) ist, bewirken alle Maßnahmen, die man zur Reduzierung von Beta vornimmt (vgl. Kap. 29), eine entsprechende Erhöhung der Power des Tests.

3.2.2 Der Fehler III. Art (Gammafehler)

Es ist das Verdienst von Kaiser (1960), das Konzept des Fehlers III. Art deutlich herausgearbeitet zu haben. Die Möglichkeit dieses »Gammafehlers« ist gegeben, wenn bei einem zweiseitigen Test die Nullhypothese zurückgewiesen wird und man auf eine Richtung der Abweichung des Populationsmittels von dem in der H_0 behaupteten Wert μ_0 schließt - entsprechend der Richtung, in der das Stichprobenmittel von μ_0 abweicht.

Beim Test von H_0 gegen eine ungerichtete Alternativhypothese hatten wir das Hypothesenpaar H_0:μ=a und H_1:$\mu \neq$a formuliert. Fiel unser Stichprobenmittel in den Bereich der Zurückweisung, dann wurde H_0 verworfen und die Alternativhypothese H_1:$\mu \neq$a (mit einer Irrtumswahrscheinlichkeit von α) angenommen. Wir gelangten somit zu der Aussage, daß das Mittel der Population nicht den Wert a

TABELLE 3.2 Die möglichen richtigen und falschen Entscheidungen beim zweiseitigen Test von $H_0:\mu=a$ und einem gerichteten Schluß (»$\mu>a$« oder »$\mu<a$«) im Fall der Zurückweisung von H_0.

		Mittelwertszustand in der Population $H_0:\mu=a$ gilt	 $H_2:\mu>a$ gilt	 $H_3:\mu<a$ gilt
Entscheidung über den Populationszustand aufgrund des statistischen Tests	$H_0:\mu=a$ wird beibehalten	Richtige Entscheidung $P = 1 - \alpha$	Falsche Entscheidung FEHLER II. ART $P = \beta$	Falsche Entscheidung FEHLER II. ART $P = \beta$
	Zurückweisung von H_0, Annahme von $H_2:\mu>a$	Falsche Entscheidung FEHLER I. ART $P = \alpha/2$	Richtige Entscheidung $P = 1 - \beta - \gamma$	Falsche Entscheidung FEHLER III. ART $P < \alpha/2$
	Zurückweisung von H_0, Annahme von $H_3:\mu<a$	Falsche Entscheidung FEHLER I. ART $P = \alpha/2$	Falsche Entscheidung FEHLER III. ART $P < \alpha/2$	Richtige Entscheidung $P = 1 - \beta - \gamma$
		$\Sigma P = 1$	$\Sigma P = 1$	$\Sigma P = 1$

habe. Wichtig ist hierbei, daß aufgrund der Richtung der Abweichung $M-\mu_0$ (M-a) keine Richtung der Abweichung in der Population - z.B. »$\mu>a$« oder »$\mu<a$« - gefolgert wurde. Bei dieser Art des Vorgehens und Schlußfolgerns waren nur der α- oder der β-Fehler möglich. Veranschaulichen wir uns dies noch einmal an Abb. 3.4.A. Die Nullhypothese $H_0:\mu=109$ ist hier falsch, es gilt »$\mu_w=112$«. Im Rahmen des Hypothesentests über die Stichprobenverteilung unter H_0 sind nun zwei Entscheidungen möglich:

- Fällt ein Mittel in den Bereich $M_{ku} \leq M \leq M_{ko}$, wird H_0 fälschlicherweise beibehalten. Die Wahrscheinlichkeit, daß dies eintritt, ist gleich β (punktierte Fläche der Stichprobenverteilung unter $\mu_w = 112$).
- Ist unser Stichprobenmittel größer als M_{ko} oder kleiner als M_{ku}, dann weisen wir H_0 korrekterweise zurück und nehmen die Aussage »$\mu\neq109$« (mit der Irrtumswahrscheinlichkeit α) an. Die Wahrscheinlichkeit, daß dies eintritt, ist gleich $1-\beta$.

Bleiben wir bei dieser Art des Vorgehens, dann können wir (wenn H_0 falsch ist) nur den β-Fehler begehen, der γ-Fehler ist hier nicht möglich. Bei der Anwendung statistischer Tests im Rahmen der Prüfung wissenschaftlicher Hypothesen wird jedoch in der Regel das zuletzt geschilderte Vorgehen modifiziert, indem man im Fall der Zurückweisung von H_0 einen Schluß auf die Richtung vornimmt, in der μ_w von μ_0 abweicht:

- Ist die Abweichung $M-\mu_0$ positiv - d.h.: liegt M im oberen Bereich der Zurückweisung - dann schließt man, daß $\mu_w > \mu_0$ ($\mu > a$) ist.

- Ist die Abweichung $M-\mu_0$ negativ - d.h.: liegt M im unteren Bereich der Zurückweisung - dann schließt man, daß $\mu_w < \mu_0$ ($\mu < a$) ist.

Durch diese Art von Schlüssen bei der Zurückweisung von H_0 sind nun hinsichtlich des Populationsmittels drei Zustände und drei Entscheidungen möglich - im Gegensatz zu unserem bisherigen Vorgehen, bei dem in Bezug auf μ nur zwei Zustände (»μ=a« oder »$\mu \neq$a«) und zwei Schlußfolgerungen (»μ=a« oder »$\mu \neq$a«) zu unterscheiden waren. Deren Kombination in einer Vierfeldertafel haben wir in Tab. 3.1 dargestellt. Schließen wir jedoch aufgrund der Richtung der Abweichung $M-\mu_0$ auf eine Richtung der Abweichung des Populationsmittels von μ_0(=a), dann sind die in Tab. 3.2 dargestellten neun Kombinationen der drei Populationszustände mit den drei Entscheidungen möglich. Die erste Spalte bringt im Prinzip Bekanntes: Gilt die Nullhypothese, dann behält man sie mit der Wahrscheinlichkeit $1-\alpha$ korrekterweise bei, oder man weist sie mit der Wahrscheinlichkeit $\alpha/2 + \alpha/2 = \alpha$ fälschlicherweise zurück.

Etwas Neues, nämlich der angekündigte γ-Fehler, findet sich hingegen in der zweiten und dritten Spalte. Zum leichteren Verständnis ist die in der zweiten Spalte dargestellte Situation - die möglichen Entscheidungen und ihre Wahrscheinlichkeiten für den Fall, daß in der Population H_2:μ>a gilt - in Abb. 3.6 grafisch veranschaulicht.[5] Da die Nullhypothese H_0:μ=50 (μ=a) falsch ist (und »μ=55« bzw. »μ>a« gilt), sind nur die folgenden Entscheidungen möglich:

- Das Stichprobenmittel fällt in den Bereich $M_{ku} \leq M \leq M_{ko}$: H_0 wird fälschlicherweise beibehalten, wir begehen den β-Fehler.
- Das Stichprobenmittel fällt in den Bereich oberhalb M_{ko} (oberer Bereich der Zurückweisung): Wir weisen H_0 zurück (richtige Entscheidung) und schließen »H_2:μ>a gilt«. Die zweite Entscheidung ist gleichfalls richtig und damit die Gesamtentscheidung »H_0 ist falsch und H_2:μ>a gilt«.
- Das Stichprobenmittel fällt in den Bereich unterhalb M_{ku} (unterer Bereich der Zurückweisung): Wir weisen H_0 zurück (richtige Entscheidung) und schließen »H_3:μ<a gilt«. Die zweite Entscheidung ist hier falsch, so daß auch die Gesamtentscheidung »H_0 ist falsch und H_3:μ<a gilt« falsch ist.

Die Wahrscheinlichkeiten der drei Entscheidungen müssen sich zu Eins summieren, da wir ja im Fall H_2:μ>a mit Sicherheit eine dieser Entscheidungen treffen; d.h. es ist $\beta + \gamma$ + P(richtige Entscheidung) = 1.

Der Fehler III. Art läßt sich nun wie folgt definieren: Aufgrund eines zweiseitigen Tests wird die Nullhypothese korrekterweise zurückgewiesen, aber man schlußfolgert die falsche Richtung der Abweichung μ-a ($\mu_w-\mu_0$). Man nimmt die falsche Alternativhypothese an: H_2:μ>a statt der in Wirklichkeit gültigen H_3:μ<a, oder umgekehrt. Formal können wir wie folgt schreiben:

---

5) Da das, was wir für »H_2:μ>a gilt« diskutieren, analog Gültigkeit hat für den in der dritten Spalte dargestellten Fall »H_3:μ<a gilt«, werden wir auf diesen nicht gesondert eingehen.

ABBILDUNG 3.6 Veranschaulichung der Wahrscheinlichkeit des Fehlers III. Art (γ). Es erfolgt ein zweiseitiger Test der Nullhypothese. Im Fall der Zurückweisung von H_0 wird bei M > 50 der korrekte gerichtete Schluß »μ>50« vorgenommen und bei M < 50 mit dem Schluß »μ<50« der γ-Fehler begangen.

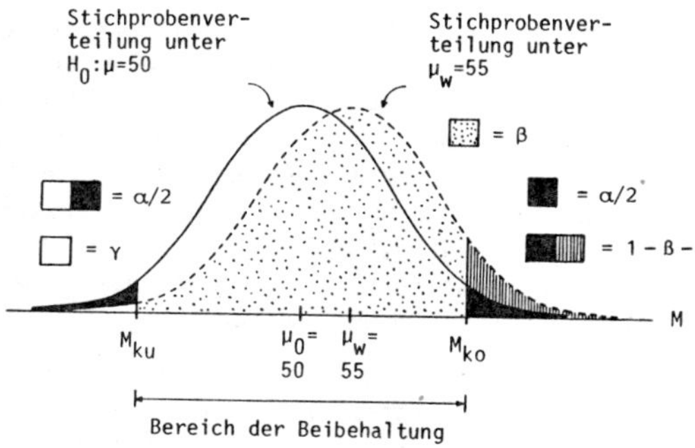

Beim zweiseitigen Test von H_0:μ=a ist *P(Fehler III. Art)* =

γ = P(Zurückweisung von H_0 und Annahme von H_2:μ>a | H_3:μ<a gilt),
γ = P(Zurückweisung von H_0 und Annahme von H_3:μ<a | H_2:μ>a gilt).

Wie groß ist nun die Wahrscheinlichkeit für den γ-Fehler im Fall, daß H_0 falsch ist? Dies läßt sich an Abb. 3.6 leicht veranschaulichen. Die gesuchte Wahrscheinlichkeit γ ist repräsentiert durch die weiße Fläche unter der Kurve »μ_w« links von M_{ku}. Es läßt sich unmittelbar ersehen, daß γ immer kleiner als $\alpha/2$ sein muß. Der Wert von γ nähert sich $\alpha/2$ mit Verringerung des Abstandes μ_w-μ_0. Ist $\mu_w = \mu_0$ (d.h. gilt H_0), dann können wir den γ-Fehler nicht mehr begehen, sondern nur noch den α-Fehler. Gamma kann somit nicht gleich $\alpha/2$ werden. Die Wahrscheinlichkeit des Fehlers II. Art ist durch die punktierte Fläche unter der Verteilung »μ_w« repräsentiert (Fläche zwischen den Punkten M_{ku} und M_{ko}). Die Wahrscheinlichkeit für die richtige Entscheidung »H_0 ist falsch, H_2:μ>a gilt« entspricht der Fläche oberhalb des Punktes M_{ko}.

Für das in Abb. 3.5 angeführte Beispiel hatten wir - ausgehend von dem gegebenen Wert μ_w - die Wahrscheinlichkeit für den β-Fehler berechnet, indem wir in der »Stichprobenverteilung unter μ_w« den gestrichelten Anteil der Fläche zwischen den Punkten M_{ku} und M_{ko} bestimmt haben. Nach dem gleichen Prinzip könnten wir, wenn uns der Wert von μ_w gegeben ist oder wenn wir einen bestimmten Wert für μ_w annehmen, die Begehungswahrscheinlichkeit des Fehlers III. Art berechnen. Veranschaulicht würde das bedeuten, daß wir in Abb. 3.6 in der Verteilung »μ_w« den weißen Flächenanteil links von M_{ku} bestimmen müssen. Dazu wäre es als erstes wieder erforderlich festzustellen, welchem Z-Wert der Punkt M_{ku} in der in die Standardnormalverteilung überführten Verteilung N(μ_w=55; σ_m) entspricht, um dann in Tab. C abzulesen, welcher Flächenanteil (=γ) links von diesem Z-Wert liegt.

Auf die exakte Berechnung von γ kann jedoch in der Regel verzichtet werden, da man die obere Grenze von γ kennt. Die Wahrscheinlichkeit des γ-Fehlers ist, wie wir gesehen haben, immer kleiner als $\alpha/2$. Dieser Grad des Wissens über die Begehungswahrscheinlichkeit des Fehlers III. Art kann für praktische Zwecke als ausreichend angesehen werden, zumal es im konkreten Fall für die Bestimmung des exakten Wertes von γ erforderlich wäre, einen Wert »b« für μ_W anzunehmen (da man μ_W in der Praxis nicht kennt), so daß der für γ berechnete Wert ohnehin nur unter der Bedingung gelten würde, daß μ_W in dem angenommenen Ausmaß von μ_0 abweicht. Eine solche Annahme muß man zwar auch bei der Bestimmung von β machen. Hier ist die rechnerische Ermittlung - auch wenn sie nur unter der Annahme »$\mu \geq b$« gilt - jedoch sinnvoller und notwendiger, da durch den für α festgesetzten Wert nichts über den Wert von β ausgesagt ist - während bezüglich γ die Beziehung $\gamma < \alpha/2$ gilt.

Den bisherigen Ausführungen läßt sich entnehmen, welche Konsequenzen es hat, wenn man beim zweiseitigen Test im Fall der Zurückweisung von H_0:μ=a nicht nur schließt, daß H_1:$\mu \neq$a gilt, sondern (aufgrund der Richtung der Stichprobenabweichung M-a) zu einem gerichteten Schluß - »μ>a« oder »μ<a« - gelangt: Die Wahrscheinlichkeit einer richtigen Entscheidung ist geringer (wenn H_0 falsch ist). In der in Tab. 3.1 dargestellten Situation zweier möglicher Populationszustände und zweier möglicher Entscheidungen war die Wahrscheinlichkeit, im Fall der Ungültigkeit von H_0 eine richtige Entscheidung zu treffen, gleich 1-β. Bei der in Tab. 3.2 und Abb. 3.6 wiedergegebenen Situation ist die Wahrscheinlichkeit einer richtigen Entscheidung bei Ungültigkeit der Nullhypothese hingegen um den Wert von γ vermindert, also gleich 1-β-γ.

Beim einseitigen Test kommt man dagegen im Hinblick auf die Wahrscheinlichkeit, im Fall »$\mu_0 \neq \mu_W$« die Richtung der Abweichung μ_W-μ_0 korrekt zu schlußfolgern, ohne das Konzept des Gammafehlers aus.[6] Abbildung 3.7 illustriert dies. Unter [A] ist die Situation dargestellt, daß in H_1:μ>50 die Richtung der Abweichung von μ_0 = 50 korrekt ausgesagt wurde. Die beiden folgenden Entscheidungen sind möglich: Die Nullhypothese wird fälschlicherweise beibehalten (Wahrscheinlichkeit = β), oder man gelangt zu dem korrekten Schluß »μ>50« (Wahrscheinlichkeit = 1-β). Im Fall [B] ist die Situation wiedergegeben, daß in der Alternativhypothese die falsche Richtung der Abweichung μ_W-μ_0 behauptet wurde. Hier sind dann nur falsche Schlüsse möglich. Ist M $\leq$ M_{K0}, wird H_0 fälschlicherweise beibehalten, während man bei M > M_{K0} die falsche (gerichtete) Entscheidung »μ>50« trifft; die Wahrscheinlichkeit, letzteres zu tun, ist dabei kleiner als α. Der korrekte gerichtete Schluß »μ<50« ist dagegen in Fall [B] nicht möglich.

---

6) Der Unterschied zwischen ein- und zweiseitigem Testen - wie er sich jetzt, nach der in diesem Abschnitt eingeführten Modifikation des zweiseitigen Tests, darstellt - soll noch einmal hervorgehoben werden: In beiden Fällen gelangt man bei Zurückweisung von H_0 zwar zu einem gerichteten Schluß, beim zweiseitigen Test wird jedoch *vorher* in der Alternativhypothese (H_1:$\mu \neq$a) keine Aussage darüber gemacht, in welcher Richtung μ von a abweicht.

ABBILDUNG 3.7 Einseitiger Test von H_0:μ=50 gegen H_1:μ>50. Im Fall [A] ist der "wahre" Wert des Populationsmittels gleich 55, bei [B] ist μ_w = 45. Die Wahrscheinlichkeit des korrekten gerichteten Schlusses »μ > 50« ist im Fall [A] gleich 1-β, während bei [B] die Wahrscheinlichkeit des korrekten gerichteten Schlusses »μ < 50« gleich Null ist.

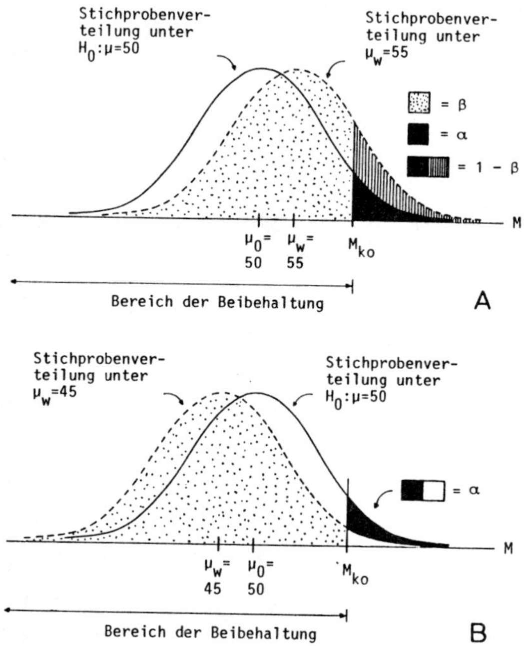

Bei einer gerichteten Alternativhypothese ist somit die Wahrscheinlichkeit, im Fall »$\mu_0 \neq \mu_w$« eine korrekte gerichtete Entscheidung zu treffen, entweder gleich Null oder durch 1-β gegeben, während die Wahrscheinlichkeit für einen falschen gerichteten Schluß entweder Null oder kleiner als der Wert von α ist.

3.2.3 Abschließende Bemerkungen zu den möglichen falschen und richtigen Entscheidungen beim Hypothesentesten

Bezüglich der möglichen richtigen und falschen Entscheidungen beim statistischen Hypothesentesten ist es sinnvoll zu unterscheiden zwischen der Situation, bevor man den Test durchführt und der Situation nach der Durchführung, wenn man die Entscheidung getroffen hat. Gehen wir vom zweiseitigen Test der Nullhypothese H_0:μ=a aus, bei dem im Fall der Zurückweisung von H_0 lediglich eine ungerichtete Aussage (»$\mu \neq$a«) angenommen wird.

Versetzen wir uns in die Situation vor der Durchführung des Tests von $H_0:\mu=a$ (gegen $H_1:\mu\neq a$). Wir wissen natürlich nicht, ob H_0 oder H_1 in der Population gilt. Die Aussagen, die wir bezüglich der möglichen richtigen und falschen Entscheidungen und ihrer Wahrscheinlichkeiten treffen können, sind deshalb bedingte Aussagen. Aufgrund unserer Verfahrensweise beim statistischen Hypothesentesten können wir wie folgt formulieren:

- Wenn H_0 gilt, dann ist die Wahrscheinlichkeit, daß wir die Nullhypothese korrekterweise beibehalten werden, gleich $1-\alpha$, und die Wahrscheinlichkeit, daß wir H_0 fälschlicherweise zurückweisen (d.h. den Fehler I. Art begehen) werden, gleich α.
- Wenn H_0 falsch ist (und H_1 gilt), dann ist die Wahrscheinlichkeit, daß wir H_0 korrekterweise zurückweisen werden, gleich $1-\beta$, und die Wahrscheinlichkeit, daß wir H_0 fälschlicherweise beibehalten (d.h. den Fehler II. Art begehen) werden, gleich β. Den Wert von β kennen wir natürlich nur, wenn wir durch geeignete Maßnahmen seine Bestimmung ermöglicht haben.

Wichtig ist bei den Formulierungen, daß von der Wahrscheinlichkeit gesprochen wird, daß wir (unter der Bedingung der Gültigkeit von H_0 bzw. H_1) eine bestimmte Entscheidung treffen *werden*. Auf diesen Aspekt wird gleich zurückzukommen sein.

Gehen wir nun zu der Situation über, daß wir den Test durchgeführt und eine Entscheidung getroffen haben. Wir haben dann entweder $H_0:\mu=a$ zurückgewiesen und $H_1:\mu\neq a$ mit einer Irrtumswahrscheinlichkeit von α angenommen, oder entschieden, daß $H_0:\mu=a$ beibehalten wird. Betrachten wir die beiden Fälle.

$H_0:\mu=a$ wird zurückgewiesen und $H_1:\mu\neq a$ angenommen

Wir haben in diesem Fall immer formuliert, daß die Alternativhypothese "mit einer Irrtumswahrscheinlichkeit von α" angenommen wird. Die Verwendung des Begriffs der Wahrscheinlichkeit in diesem Zusammenhang (d.h. nach getroffener Entscheidung) bedarf jedoch warnender Worte, da sie einen "liberalen" Einsatz des Begriffs darstellt. Wir wollen dies ausgehend vom Beispiel eines Münzwurfs erläutern.

Bevor wir eine Münze werfen, ist es korrekt zu sagen, daß das Ereignis »Zahl« mit einer Wahrscheinlichkeit von $P = 0{,}5$ auftreten *wird*. Ist die Münze hingegen geworfen, und wir haben das Ergebnis des Wurfs durch eine Blende abgedeckt, dann ist es nicht mehr sinnvoll zu sagen, die Wahrscheinlichkeit, daß die Münze »Zahl« zeigt, sei $P = 0{,}5$. Denn die Zahl liegt nun entweder oben oder nicht; die Wahrscheinlichkeit von »Zahl« ist jetzt entweder $P = 0$ oder $P = 1$ (wir wissen es nur nicht, da die Münze verdeckt ist).

Die Situation ist beim Hypothesentest ähnlich. Vor dem Test lassen sich die Wahrscheinlichkeiten dafür angeben, daß bestimmte (bedingte) Ereignisse eintreten *werden* (z.B. fälschliche Zurückweisung von H_0). Nach dem Test (d.h. nach getroffener Entscheidung) ist jedoch die Angabe eines zwischen Null und Eins liegenden Wahrscheinlichkeitswertes - wie bei der Münze nach dem Wurf -

im strengen Sinne nicht mehr sinnvoll. Wenn wir - wovon wir im Moment ausgehen - $H_0{:}\mu{=}a$ zurückgewiesen und $H_1{:}\mu{\neq}a$ angenommen haben, dann können wir (von beiden Fehlern) nur den der fälschlichen Zurückweisung von H_0 begangen haben. Nur: Wir haben diesen Fehler I. Art entweder begangen oder nicht begangen. Seine Wahrscheinlichkeit ist damit entweder Null oder Eins. Welchen dieser Werte sie hat, wissen wir jedoch nicht, da wir das Populationsmittel μ nicht kennen. Eine Wahrscheinlichkeit von α, den Fehler I. Art begangen zu *haben*, wenn H_0 zurückgewiesen wurde, gibt es somit genau genommen nicht. Trotzdem verwendet man im Fall der Zurückweisung von H_0 Formulierungen der Art "Die Wahrscheinlichkeit, daß H_0 fälschlicherweise zurückgewiesen wurde, ist gleich α" oder "H_1 wird mit einer Irrtumswahrscheinlichkeit von α angenommen".

Auch wir brauchen derartige Formulierungen nicht zu meiden, wenn wir dabei nur im Auge behalten, daß der Wahrscheinlichkeitsbegriff hier nicht in seinem strengen Sinn verwendet wird und durch diese Art der Formulierung im Grunde nur in kurzer Form ausgesagt werden soll, daß wir einen statistischen Test von H_0 durchgeführt haben, bei dem der Bereich der Zurückweisung in der Stichprobenverteilung unter H_0 aus den $100{\cdot}\alpha\%$ extremsten Abweichungen $M{-}\mu_0$ bestand und unser Stichprobenmittel in diesen Bereich fiel. Mit anderen Worten: Diese Formulierungen sagen aus, daß wir im vorhinein das Risiko, im Fall der Gültigkeit von H_0 einen Fehler I. Art zu begehen, auf den Wert α gesetzt haben.

Wir haben das Ergebnis des statistischen Tests bei Zurückweisung von H_0 meist derart ausgedrückt, daß wir sagten: "H_0 wird zurückgewiesen und H_1 mit einer Irrtumswahrscheinlichkeit von α angenommen". Das Ergebnis eines statistischen Tests, der zur Zurückweisung von H_0 geführt hat, läßt sich natürlich auch anders formulieren; nachfolgend drei Möglichkeiten:

- H_0 wird (wurde) auf dem 0,01-(Signifikanz)Niveau zurückgewiesen,
- H_0 wird (wurde) bei $\alpha = 0{,}01$ zurückgewiesen,
- H_0 wird (wurde) auf dem 1%-(Signifikanz)Niveau zurückgewiesen.

Diese und ähnliche Formulierungen sagen alle dasselbe aus. Sie geben in Kurzform wieder, daß die Stichprobenverteilung unter H_0 erstellt wurde, in der der Bereich der Zurückweisung aus den $100{\cdot}\alpha\%$ extremsten Abweichungen bestand und daß das Stichprobenmittel in diesen Bereich fiel, d.h. daß eine extreme Abweichung $M{-}\mu_0$ aufgetreten ist, die bei Gültigkeit von H_0 nur mit einer Wahrscheinlichkeit von $P \leq \alpha$ zu erwarten war. Neben dem gewählten Signifikanzniveau (Fehler-I-Risiko) muß allerdings im weiteren jeweils mitgeteilt werden, ob ein ein- oder zweiseitiger Test von H_0 durchgeführt wurde.

$H_0{:}\mu{=}a$ wird beibehalten

In diesem Fall können wir von beiden Fehlern nur den der fälschlichen Beibehaltung von H_0 begangen haben. Ob dies geschehen ist, entzieht sich jedoch unserer Kenntnis. Hätten wir im vorhinein durch entsprechende Maßnahmen die Wahrscheinlichkeit des Fehlers II. Art (für bestimmte Bedingungen) festgelegt, dann könnten wir im Fall der Nicht-Zurückweisung von H_0 die Nullhypothese mit der Irrtumswahrscheinlichkeit β annehmen. Bezüglich der Verwendung der Formulierung "Irrtumswahrscheinlichkeit β" (nach der Entscheidung über H_0) gelten analog die Anmerkungen, die wir im letzten Abschnitt zum Begriff der "Irrtumswahrscheinlichkeit α" gemacht haben.

In vielen Fällen der Anwendung des statistischen Hypothesentestens wird jedoch die Wahrscheinlichkeit des Fehlers II. Art nicht unter Kontrolle gebracht. In solchen Situationen kann die Nullhypothese im Fall der Nicht-Zurückweisung nicht "angenommen" werden, da man das Risiko nicht kennt, H_0 fälschlicherweise anzunehmen. Mit anderen Worten: Im Fall der "Annahme" von H_0 läßt sich hier keine Irrtumswahrscheinlichkeit β angeben, es läßt sich nicht sagen, mit welcher "Wahrscheinlichkeit" dies eine falsche Entscheidung ist. Wir haben deshalb immer davon gesprochen, daß H_0 "beibehalten" wird. Mit dieser Formulierung wollen wir ausdrücken, daß die Daten nicht genügend Beweis für die Ungültigkeit von H_0 erbracht haben. Die Beibehaltung von H_0 bedeutet jedoch nicht, daß wir der Ansicht sind, daß H_0 richtig ist. Sie bedeutet nur, daß H_0 richtig sein kann.

Daß es nicht sinnvoll ist, im Fall der Beibehaltung von H_0 (ohne Kenntnis von β) von der Richtigkeit der Nullhypothese "überzeugt" zu sein, läßt sich leicht an einem Beispiel demonstrieren. Nehmen wir an, unsere (zweiseitig zu testende) Nullhypothese habe $H_0{:}\mu=110$ gelautet, und wir erhalten ein Stichprobenmittel von M = 102,5, das in den Bereich der Beibehaltung von H_0 fällt, wie die nachfolgende Zeichnung zeigt (durchgezogene Stichprobenverteilung). Nach unserer Entscheidungsregel "widerspricht" das gefundene Mittel nicht der Hypothese $H_0{:}\mu=110$. Der Mittelwert von 102,5 widerspricht jedoch auch vielen anderen (Null)Hypothesen nicht. So ist er z.B., wie sich den beiden gestrichelten Stichprobenverteilungen entnehmen läßt, im Rahmen unseres Entscheidungsprinzips beim Hypothesentest auch "verträglich" mit den (Null)Hypothesen $H_0{:}\mu=100$ und $H_0{:}\mu=115$. Die von uns aufgestellte und beibehaltene Nullhypothese formuliert somit nur eine Möglichkeit des Populationsmittelwertszustandes. Wir sind aufgrund unseres Stichprobenergebnisses M jedoch durchaus der Ansicht, daß das Populationsmittel auch einen anderen als den mit H_0 beibehaltenen Wert haben kann.

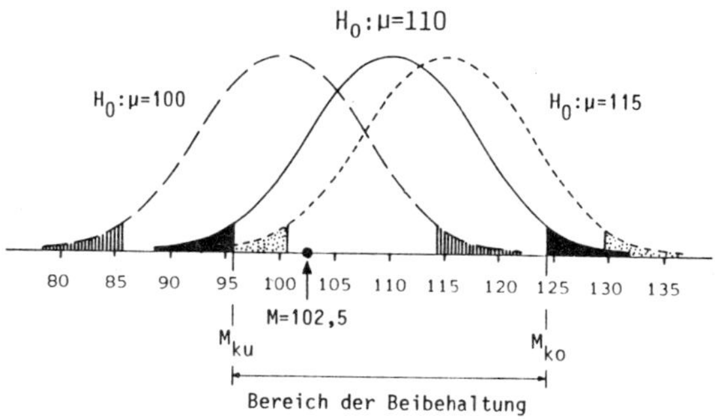

Die Erörterungen dieses Abschnitts bezogen sich bisher auf Situationen, in denen die Nullhypothese $H_0:\mu=a$ gegen die Alternativhypothese $H_1:\mu\neq a$ getestet und im Fall der Zurückweisung von H_0 nur ein ungerichteter Schluß vorgenommen wird. Das zu den dabei möglichen richtigen und falschen Entscheidungen und ihren Wahrscheinlichkeiten Gesagte hat jedoch gleichermaßen Gültigkeit für das Vorgehen, bei dem wir zweiseitig testen, aber im Fall der Zurückweisung von $H_0:\mu=a$ einen gerichteten Schluß vornehmen - und somit den Fehler III. Art möglich machen. Vor der Durchführung des Tests ist hier die Formulierung von Wahrscheinlichkeiten (mit einem Wert im Bereich zwischen Null und Eins) auch im strengen Sinn korrekt:

- Wenn H_0 gilt, dann ist die Wahrscheinlichkeit, daß wir den Fehler I. Art begehen werden, gleich α.
- Wenn H_0 falsch ist, dann ist die Wahrscheinlichkeit, daß wir die Nullhypothese fälschlicherweise beibehalten werden, gleich β, und die Wahrscheinlichkeit, daß H_0 korrekterweise zurückgewiesen, aber (ausgehend von der Abweichung $M-\mu_0$) die falsche Richtung der Abweichung $\mu_w-\mu_0$ gefolgert wird, gleich γ (wobei $\gamma < \alpha/2$ ist).

Nach der Entscheidung verwenden wir den Begriff der (Irrtums-) Wahrscheinlichkeit wieder im "liberalen" Sinn, um in kurzer Form auszudrücken, auf welche Werte wir die Risiken der verschiedenen Fehlentscheidungen vor der Durchführung des Hypothesentests gesetzt haben. Wird H_0 beibehalten, dann können wir (von den möglichen Fehlern) nur den Fehler II. Art begangen haben. Dessen Wahrscheinlichkeit β kennen wir nur, wenn er durch entsprechende Maßnahmen unter Kontrolle war. Wird H_0 zurückgewiesen (und eine Richtung der Abweichung $\mu_w-\mu_0$ geschlußfolgert), dann bestehen zwei Fehlermöglichkeiten: Entweder wurde H_0 fälschlicherweise zurückgewiesen (Fehler I. Art, Begehungswahrscheinlichkeit gleich α), oder H_0 wurde korrekterweise zurückgewiesen, aber die falsche Richtung der Populationsabweichung geschlußfolgert (Fehler III. Art, die "Wahrscheinlichkeit γ, ihn begangen zu haben", ist kleiner als $\alpha/2$).

Wie formulieren wir nun das Ergebnis des zweiseitigen Tests, bei dem wir H_0 zurückgewiesen und - ausgehend von der Abweichung $M-\mu_0$ - eine Entscheidung über die Richtung der Abweichung $\mu_w-\mu_0$ getroffen haben? Da wir nicht wissen, ob $H_0:\mu=a$ oder $H_1:\mu\neq a$ gilt - und somit auch nicht wissen, ob wir den α- oder den γ-Fehler überhaupt begehen können - müssen die Fehlermöglichkeiten bedingt betrachtet werden. Wir können sagen: $H_0:\mu=a$ wird mit einer Irrtumswahrscheinlichkeit von α zurückgewiesen. Sollte dies eine richtige Entscheidung sein, dann erfolgt der gerichtete Schluß »$\mu>a$« (bei $M > \mu_0$) oder »$\mu<a$« (bei $M < \mu_0$) mit einer Irrtumswahrscheinlichkeit von γ (wobei $\gamma < \alpha/2$ ist). Die Irrtumswahrscheinlichkeit γ besteht somit unter der Bedingung, daß H_0 berechtigterweise zurückgewiesen wurde.

3.3 Test der Hypothese »μ=a«: Die Populationsvarianz ist nicht bekannt

Bei der Prüfung der Hypothese H_0:μ=a sind wir im Rahmen unserer bisherigen Überlegungen davon ausgegangen, daß der Wert der Populationsstandardabweichung σ bekannt ist. Dadurch war uns die Standardabweichung der Stichprobenverteilung des Mittels (σ_m) gegeben. Bezüglich dieser Verteilung aller möglichen Mittel beim Stichprobenumfang n haben wir festgestellt, daß sie im Fall normalverteilter Populationswerte ebenfalls normal ist mit dem Mittel $\mu_m = \mu$ und der Standardabweichung $\sigma_m = \sigma/\sqrt{n}$. Mit anderen Worten: Die Variable M verteilt sich nach N(μ; σ_m). Wenn wir nun jeden der möglichen Mittelwerte gemäß Formel <3.1> nach Z transformieren - d.h. die Variable $Z_m = (M-\mu_o)/\sigma_m$ bilden - dann muß sich diese Variable gleichfalls normalverteilen. Ihre Stichprobenverteilung folgt N(0;1), der Standardnormalverteilung. Daß dies der Fall ist, läßt sich leicht einsehen, denn die Transformation der Variablen M in die Variable Z_m stellt sich wie folgt dar:

$$Z_m = \frac{M - \mu_o}{\sigma_m} = \frac{\text{Normalverteilte Variable - Konstante}}{\text{Konstante}} = \text{Normalverteilte Variable}$$

Wir haben es hier mit einer linearen Transformation zu tun, die die Form der Verteilung einer Variablen (hier: normal) nicht beeinflußt. Verändert werden nur der Nullpunkt und die Einheit der Skala. Der Nullpunkt wird in den Mittelpunkt gelegt, und die Abweichungen der Werte vom Mittelpunkt werden in Standardabweichungseinheiten ausgedrückt. Die Variable Z_m ist damit standardnormalverteilt. Wir sind deshalb berechtigt, den beim Hypothesentesten an unserer Stichprobe berechneten Wert Z_m als Wert ("Realisation") einer normalverteilten Variablen zu behandeln, da das gefundene Stichprobenmittel M eine Realisation einer normalverteilten Variablen darstellt. Die Beurteilung des an unserer Stichprobe berechneten Wertes $Z_m = (M-\mu_o)/\sigma_m$ hinsichtlich seiner Auftretenswahrscheinlichkeit unter H_o über die (tabellierte) Standardnormalverteilung war somit gerechtfertigt, da Z_m eine nach N(0;1) verteilte Variable ist.

Das für praktische Zwecke große Problem unseres bisherigen Vorgehens beim Test der Hypothese H_0:μ=a bestand jedoch in der Notwendigkeit der Kenntnis von σ (um $\sigma_m = \sigma/\sqrt{n}$ berechnen zu können), denn der Wert von σ ist uns normalerweise nicht bekannt. Zum Test der Hypothese H_0:μ=a stehen uns in der Regel nur die Werte von M, S und n zur Verfügung.

Da wir keine über die Stichprobenstandardabweichung hinausgehende Information bezüglich des Wertes der Populationsgröße σ haben, bietet es sich an, im Rahmen des Hypothesentests über die Standardnormalverteilung den Wert von S als Schätzung für σ zu verwenden. Dies ist unter bestimmten Bedingungen auch zulässig. Im nachfolgenden soll deshalb untersucht werden, in welchen Situationen die Verwendung dieser Schätzgröße tolerabel ist. Denn es ist unmittelbar einsichtig: Wenn wir für die Berechnung des exakten Wertes des Standardfehlers von M den Parameter σ benötigen, dann muß die Verwendung der Schätzung S - die immer mehr oder weniger stark von σ abweicht - einen Fehler, eine Ungenauigkeit in das Verfahren bringen.

Den Standardfehler des Mittels hatten wir wie folgt definiert:

$\sigma_m = \sigma/\sqrt{n}$ *Standardfehler von M*

Verwenden wir unsere Stichprobenstandardabweichung S als Schätzung für σ, dann symbolisieren wir den so erhaltenen Standardfehler des Mittels mit einem lateinischen Buchstaben:

<3.3> $S_m = S/\sqrt{n}$ *Schätzung des Standardfehlers von M*

Im Rahmen unserer Prozedur des Tests der Hypothese $H_0{:}\mu{=}a$ müßten wir dann bei Heranziehung der Schätzung für σ die folgende Größe berechnen:

<3.4> $Z_m^* = (M - \mu_0)/S_m = (M - \mu_0)/(S/\sqrt{n})$

Durch den Stern machen wir hier kenntlich, daß bei der Berechnung des Prüfwertes Z_m^* (im Gegensatz zu Z_m) die Stichprobenstandardabweichung S statt des Parameters σ verwendet wird. Die Beurteilung des an unserer Stichprobe gefundenen Wertes Z_m^* anhand der tabellierten Standardnormalverteilung ist allerdings nur dann sinnvoll, wenn sich die Variable Z_m^* unter H_0 überhaupt (hinreichend gut) nach N(0;1) verteilt.

Stellen wir uns noch einmal die Stichprobenverteilung von M vor - die Verteilung der Mittel aller möglichen Stichproben des Umfangs n aus der Population mit dem Mittel μ_0. Wenn wir jeden dieser möglichen Mittelwerte nach der Formel $Z_m^* = (M-\mu_0)/(S/\sqrt{n})$ transformieren - d.h. den Zählerausdruck jedesmal durch die durch $\sqrt{n}$ geteilte Stichprobenstandardabweichung dividieren - dann ist zu fragen, ob die so gebildete Variable Z_m^* sich nach N(0;1) verteilt. Die Transformation stellt sich wie folgt dar:

$$Z_m^* = \frac{M - \mu_0}{S/\sqrt{n}} = \frac{M - \mu_0}{S_m} = \frac{\text{Normalverteilte Variable - Konstante}}{\text{Variable}}$$

Im Gegensatz zu Z_m steht nun im Nenner des Quotienten eine Variable (statt der Konstanten σ_m). Die Variable S_m hat (wie M) bei jeder der möglichen Stichproben einen bestimmten, meist unterschiedlichen Wert. Diese Transformation ist somit keine (lineare) Z-Transformation, die die Normalverteilung der Variablen M in die Standardnormalverteilung N(0;1) überführt. Wir können somit in diesem Fall aufgrund der Art der Transformation nicht schlußfolgern, daß Z_m^* (standard)normalverteilt sein muß, wenn M normalverteilt ist.

Die Stichprobenverteilung von $Z_m^* = (M-\mu_0)/S_m$

Um die Größe $Z_m^* = (M-\mu_0)/S_m$ beim Test von $H_0{:}\mu{=}a$ heranziehen zu können, müssen wir wissen, welche Form die Stichprobenverteilung von Z_m^* unter H_0 hat. Da $Z_m = (M-\mu_0)/\sigma_m$ standardnormalverteilt war, liegt es nahe zu prüfen, unter welchen Bedingungen N(0;1) auch als Modell für die Stichprobenverteilung von Z_m^* dienen kann. Zu diesem Zweck wurden mittels Computer für verschiedene n-Werte approximative Stichprobenverteilungen von Z_m^* erstellt (Ziehung von jeweils 5000 Stichproben aus einer normalverteilten Population). Dabei zeigte sich:

Bei Stichprobengrößen von n = 5 und 10 weicht die Stichprobenverteilung von Z_m^* noch erheblich von N(0;1) ab. Eine deutliche Verbesserung der Anpassung ist bei n = 20 zu beobachten. Von einer hinreichend guten Annäherung der Stichprobenverteilung von Z_m^* an die Standardnormalverteilung kann ab n = 50 gesprochen werden. Bei $n \geq 50$ (und normalverteilten Populationswerten) ist es somit zulässig, die Hypothese $H_0{:}\mu{=}a$ im Fall, daß σ nicht bekannt ist, auch über die Prüfgröße $Z_m^* = (M-\mu_0)/(S/\sqrt{n})$ zu testen, d.h. in der Prüfprozedur S als Schätzung für σ zu verwenden.

Die Schritte beim Test von $H_0{:}\mu{=}a$

Stellen wir nun die Schritte für das Testen der Hypothese $H_0{:}\mu{=}a$ unter Verwendung der Prüfgröße Z_m^* übersichtlich zusammen.

- Test: *Ein-Stichproben Z-Test*
- Zweck: Prüfung, ob ein Populationsmittel den Wert »a« hat (Prüfung, ob das Mittel einer Stichprobe "statistisch signifikant" vom Wert »a« abweicht)
- Voraussetzungen: Normalverteilte Population, Umfang der Stichprobe $n \geq 50$. Zu den Folgen einer Verletzung der Normalitätsbedingung siehe Abschnitt 4.5.
- H_0: $\mu = a$ H_1: $\mu \neq a$ *Zweiseitiger Test*
H_0: $\mu = a$ H_1: $\mu > a$ oder H_1: $\mu < a$ *Einseitiger Test*
- Festsetzung von α. Berechnung von Stichprobenmittel und -standardabweichung. Beim einseitigen Test ist die Bestimmung der Prüfgröße $|Z_m^*|$ nur erforderlich, wenn das Vorzeichen der Differenz *M-a* dem in H_1 für *μ-a* behaupteten Vorzeichen entspricht. Anderenfalls wird H_0 beibehalten.

  Prüfung: Widerspricht die Verteilung der Stichprobenwerte der Annahme, daß die Population normalverteilt ist?
- Berechnung der Prüfgröße:

  <3.5> $$|Z_m^*| = \frac{|M - \mu_0|}{S/\sqrt{n}}$$ $\mu_0(=a)$: Der in H_0 behauptete Wert des Populationsmittels
- Entscheidung über die Nullhypothese: Zurückweisung von H_0, wenn $|Z_m^*| > Z_k$ ist. Der »α« zugehörige Wert von Z_k wird beim zweiseitigen Test Teil [A], beim einseitigen Test Teil [B] von Tab. D entnommen.

  Schließt man (beim zweiseitigen Test) bei Zurückweisung von H_0 aufgrund des Vorzeichens der Differenz $M-\mu_0$, daß das Populationsmittel größer bzw. kleiner als μ_0 sei, dann ist zu berücksichtigen, daß dabei der γ-Fehler begangen werden kann.

Die Berechnungen wollen wir an dem in Abschnitt 3.2.1 vorgestellten Beispiel durchführen. Die Nullhypothese sagte hierbei aus, daß der durchschnittliche Intelligenztestwert der 1990-Abiturientenpopulation $\mu_0 = a = 109$ sei. Wir wollen diese Hypothese zu Demonstrationszwecken sowohl zwei- als auch einseitig (bei α = 0,05 und 0,01) testen. Es sei angenommen, daß eine Inspektion der

Verteilung der Daten keine Bedenken gegen die Annahme normalverteilter Populationswerte ergeben habe. Als Prüfwert erhalten wir gemäß <3.5>:

$|Z_m^*| = |111,1 - 109,0|/(12,8/\sqrt{200}) = 2,320$

Bei $\alpha = 0,05$ (zweiseitig) ist $Z_k = 1,960$ (Tab. D). Da der errechnete Prüfwert größer ist, wird H_0:μ=109 zurückgewiesen und H_1:$\mu \neq 109$ angenommen. Man würde somit (unter Berücksichtigung der Irrtumswahrscheinlichkeit α) zu dem Schluß gelangen: Der durchschnittliche Intelligenztestwert der 1990-Abiturientenpopulation ist nicht 109. Ist man bereit, die Möglichkeit des γ-Fehlers in Kauf zu nehmen - Begehungswahrscheinlichkeit < $\alpha/2$, falls H_0 berechtigterweise zurückgewiesen wurde - könnte man auch weitergehend schlußfolgern, daß das Intelligenztestmittel der Abiturienten über 109 liegt (da M > 109 ist).

Auf dem Signifikanziveau von $\alpha = 0,01$ müßte die Nullhypothese (beim zweiseitigen Test) beibehalten werden, da $|Z_m^*|$ kleiner als $Z_k = 2,576$ ist. Auf diesem Niveau könnte somit die Behauptung von H_0, daß das Mittel der Abiturienten 109 sei, nicht zurückgewiesen ("widerlegt") werden.

Bei einem einseitigen Test von H_0 gegen H_1:μ>109 kann die Nullhypothese zurückgewiesen werden, da *M-109* das gleiche Vorzeichen (+) aufweist wie das in H_1 für μ_o*-109* behauptete und $|Z_m^*|$ größer als $Z_k = 1,645$ ist. Man würde somit (unter Berücksichtigung der Irrtumswahrscheinlichkeit α) zu dem Schluß gelangen, daß das Intelligenztestmitel der Abiturientenpopulation über 109 liegt.

In einem Test von H_0 gegen H_1:μ>109 auf dem 1%-Niveau müßte die Nullhypothese dagegen wieder beibehalten werden, da $|Z_m^*| = 2,320$ kleiner als $Z_k = 2,326$ ist. Die "statistische Signifikanz" wird hier allerdings nur knapp verfehlt. Es wäre deshalb legitim und sinnvoll, im Untersuchungsbericht auf die "Fast-Signifikanz" des Befundes hinzuweisen.

Kapitel 4

Test der Hypothese, daß ein Populationsmittel den Wert »a« hat: Verwendung der T-Verteilung

Die bisher vorgestellten Methoden gestatteten es uns nicht, bei unbekannter Populationsstandardabweichung und kleinen Stichproben die Hypothese »μ=a« zu testen, da sich die Prüfgröße $(M-\mu_o)/S_m$ in diesem Fall nicht standardnormal verteilt. Im folgenden soll nun eine weitere theoretische Verteilung - die T-Verteilung - eingeführt werden.[1] Wie zu zeigen sein wird, ist sie (bei normalverteilten Populationswerten) das exakte Modell für die Stichprobenverteilung von $(M-\mu_o)/S_m$, unabhängig davon, wie groß der Stichprobenumfang n ist. Bevor wir die Eigenschaften der T-Verteilung besprechen, müssen wir auf das Konzept der »Freiheitsgrade« eingehen, da die Anzahl der Freiheitsgrade der Parameter ist, von dem die T-Verteilung abhängt.

4.1 Das Konzept der Freiheitsgrade

Wenn uns eine Stichprobe von n Werten gegeben ist, dann läßt sich bestimmen, wieviele Freiheitsgrade (FG) dieser Satz von Werten hat, indem man analysiert, ob alle n Werte frei wählbar sind oder ob dem Wertesatz bestimmte Restriktionen auferliegen, die dazu führen, daß nicht alle n Werte frei variieren können. Betrachten wir als erstes Beispiel die in der Stichprobenvarianz V enthaltenen Größen. Es ist: $V = [\Sigma(X_i-M)^2]/(n-1) = SAQ/(n-1)$.

Von Interesse sind im Augenblick die n Abweichungsquadrate $(X_i-M)^2$, die im Zähler zur SAQ addiert werden. In dieser Stichprobe von n Werten sind nicht alle $(X_i-M)^2$-Werte frei wählbar, weil der Größe $\Sigma(X_i-M)^2$ die Restriktion auferliegt, daß $\Sigma(X_i-M) = 0$ sein muß (Beweis siehe Diehl & Kohr 1982, S.73).

Nehmen wir an, uns sei eine Stichprobe von n = 6 Werten gegeben. Dann existieren auch sechs Abweichungswerte X_i-M. Wir haben nun völlige Freiheit, n-1 = 5 dieser Abweichungen einen Wert zuzuweisen. Haben wir das getan, dann liegt der Wert der sechsten Abweichung jedoch fest. Es muß der Abweichungswert sein, der addiert zu den frei gewählten Werten eine Summe von Null ergibt. Beispiel:

$X_1 - M = +3$	Die Werte der Abweichungen i = 1...5 sind beliebig
$X_2 - M = -1$	wählbar; d.h. fünf Werte können frei variieren. Der
$X_3 - M = +4$	sechste Abweichungswert liegt dagegen fest. Er muß
$X_4 - M = +1$	den Wert $0 - \Sigma_i^5(X_i-M) = -6$ haben.
$X_5 - M = -1$	
$X_6 - M = -6$	$\Sigma_i^n(X_i - M) = 0$

Es gibt somit in einer Stichprobe von n Meßwerten nur n-1 unabhängige Abweichungen X_i-M und damit auch nur n-1 unabhängige Abweichungsquadrate $(X_i-M)^2$.

Der n-te Wert ist dagegen von den ersten n-1 Werten abhängig. Er bringt keine neue Information, da er aufgrund der Beziehung $\Sigma(X_i-M) = 0$ bei Kenntnis der ersten n-1 Abweichungswerte berechenbar ist. Die für die Daten bestehende Restriktion $\Sigma(X_i-M) = 0$ führt somit dazu, daß in einer Stichprobe von n Werten die Anzahl unabhängiger Abweichungswerte X_i-M um Eins vermindert ist.

Aufgrund des gegebenen Beispiels läßt sich der Begriff der Freiheitsgrade leicht definieren: Die Anzahl der Freiheitsgrade (FG) einer Stichprobe von n Werten ist gleich der Anzahl dieser Werte, die frei variieren können, d.h. frei wählbar ("unabhängig") sind. Wieviele Freiheitsgrade eine Stichprobengröße hat, hängt davon ab, wie groß die Anzahl der Restriktionen ist, die dem Wertesatz bei der Bestimmung der Größe auferlegt sind. Durch jede Restriktion geht ein Freiheitsgrad verloren.

Bei der Größe $\Sigma(X_i-M)$ besteht die (eine) Restriktion, daß sie den Wert Null ergeben muß. Also ist die Anzahl der Freiheitsgrade von $\Sigma(X_i-M)$ - und damit auch von $\Sigma(X_i-M)^2$ - gleich n-1. Betrachten wir unter diesem Gesichtspunkt die Formel für die Stichprobenvarianz, so erkennen wir, daß hier die Summe der Abweichungsquadrate durch die Anzahl ihrer Freiheitsgrade dividiert wird.

Überlegen wir nun, wodurch bei der Größe $\Sigma(X_i-M)$ die für die Daten bestehende Restriktion zustande kommt. Wir berechnen die Stichprobenvarianz V, um deren Wert als Schätzung für den Wert der Populationsvarianz σ^2 zu verwenden. Die Formel von V zeigt uns, daß hier für den unbekannten Parameter μ der Schätzwert M verwendet wird. Und durch Heranziehung dieser Schätzung wird den n Abweichungswerten X_i-M bzw. den Abweichungsquadraten $(X_i-M)^2$ die Restriktion $\Sigma(X_i-M) = 0$ auferlegt; es geht ein Freiheitsgrad verloren. Es stehen uns somit zur Schätzung von σ^2 mittels V nicht n unabhängige Abweichungsquadrate $(X_i-M)^2$ zur Verfügung, sondern nur FG = n-1. Der letzte (n-te) Wert bringt keine neue Information.

Müßten wir hingegen das Populationsmittel nicht durch M schätzen, sondern könnten statt dessen μ heranziehen und somit die Größe $\Sigma(X_i-\mu)^2$ bestimmen, dann würde für die n Werte $X_i-\mu$ bzw. $(X_i-\mu)^2$ keine Restriktion bestehen, da $\Sigma(X_i-\mu)$ bei den Stichprobendaten nicht den Wert Null ergeben muß. Wir können also festhalten: Wird bei einer Stichprobengröße für einen Populationsparameter eine Schätzung verwendet (z.B. M für μ), dann geht ein Freiheitsgrad verloren.

Wir haben bisher die Summe der Abweichungsquadrate betrachtet, die den Zähler der Stichprobenvarianz bildet; sie hat n-1 Freiheitsgrade. Was gilt nun bezüglich der Anzahl der Freiheitsgrade für die Summe der Werte einer Stichprobe, die den Zähler des Stichprobenmittels bildet (ΣX_i)? Diese Summe hat n Frei-

---

1) Diese Verteilung als auch die verschiedenen *T-Tests* werden üblicherweise mit einem kleinen »t« symbolisiert. Wir verwenden aus drucktechnischen Gründen (wie im Fall von »Z«) den Großbuchstaben »T«, da dieser sich von den Indices besser abhebt.

heitsgrade, denn bei ΣX_i geht keine Schätzung eines Parameters ein und somit sind dieser Summe keine Restriktionen auferlegt. Es besteht keine Regel, daß ΣX_i immer einen bestimmten Wert ergeben muß. Alle n Werte X_i sind frei wählbar (unabhängig). Wenn wir n-1 der X_i-Werte gewählt haben, dann ist aus deren Kenntnis der n-te Wert nicht bestimmbar. Unter Heranziehung des Konzepts der Freiheitsgrade können wir deshalb die Definition des arithmetischen Mittels auch wie folgt sehen: $M = (\Sigma X_i)/n$ = (SUMME DER WERTE)/(FG der Summe).

Zum Schluß dieses Abschnitts noch ein Wort zur Symbolisierung der Freiheitsgrade. Wir werden durchgängig die Bezeichnung »FG« verwenden. Relativ häufig findet man (im Englischen und Deutschen) die Symbolisierung mit dem griechischen Buchstaben »ν« (Ny) und (im Englischen) die Abkürzung »df« (für »degrees of freedom«). Manche Statistikautoren kennzeichnen die Freiheitsgrade mit dem lateinischen Buchstaben »n« (was dann bei der Lektüre nicht mit dem von uns so bezeichneten Stichprobenumfang verwechselt werden darf). Auch weitere Abkürzungen sind üblich.

4.2 Die T-Verteilung von Student

Bei der bisher als Prüfverteilung herangezogenen Standardnormalverteilung N(0;1) handelt es sich um eine einzige Verteilung mit der Dichtefunktion (vgl. Diehl & Kohr 1982, S.124):

$$\langle 4.1\rangle \quad f(Z) = \frac{1}{\sqrt{(2\cdot\pi)}} \cdot e^{-Z^2/2} \qquad f(Z) = \text{Ordinate der Kurve beim Wert } Z$$

Die einzige Variable in dieser Formel ist Z (sie nimmt Werte zwischen $-\infty$ und $+\infty$ an). Die Größen e und π sind hingegen Konstanten. Die Höhe der Ordinate hängt also nur von Z ab.

Im Gegensatz dazu handelt es sich bei der T-Verteilung um eine *Familie* von Verteilungen. Es gibt so viele T-Verteilungen, wie es Werte von Freiheitsgraden gibt. Die T-Verteilung wurde von Gosset entwickelt, der jedoch seine Arbeiten unter dem Pseudonym »Student« veröffentlichte (Student 1908). Daher spricht man von der *T-Verteilung von Student*. Sie besitzt folgende Dichtefunktion (wobei: f(T) = Ordinate der Kurve beim Wert T; FG = Freiheitsgrade):

$$\langle 4.2\rangle \quad f(T) = \frac{\Gamma(K/2)}{\sqrt{(FG\cdot\pi)}\cdot\Gamma(FG/2)} \cdot \frac{1}{1 + (T^2/FG)^{K/2}} \qquad K = FG + 1$$

Die Formel braucht uns nicht weiter zu erschrecken, da wir im Rahmen unserer statistischen Operationen nicht auf sie zurückgreifen müssen. Zur Berechnung der Höhe der Ordinate im Punkt T muß, wie das Symbol »Γ« zeigt, die Gammafunktion herangezogen werden; genaueres dazu siehe z.B. Kreyszig (1974, S.161f). Uns soll die Formel jedoch nur zur Demonstration des Sachverhalts dienen, daß die T-Verteilung die Anzahl der Freiheitsgrade als Parameter hat (zugleich auch als einzigen). Die Höhe der Ordinate im Punkt T hängt also nicht nur von T, sondern auch von der Anzahl der Freiheitsgrade ab. Die anderen Größen in

ABBILDUNG 4.1 Die T-Verteilungen für die Freiheitsgrade »3«, »10« und »∞«. Bei unendlichen vielen Freiheitsgraden ist die T-Verteilung gleich der Standardnormalverteilung N(0;1).

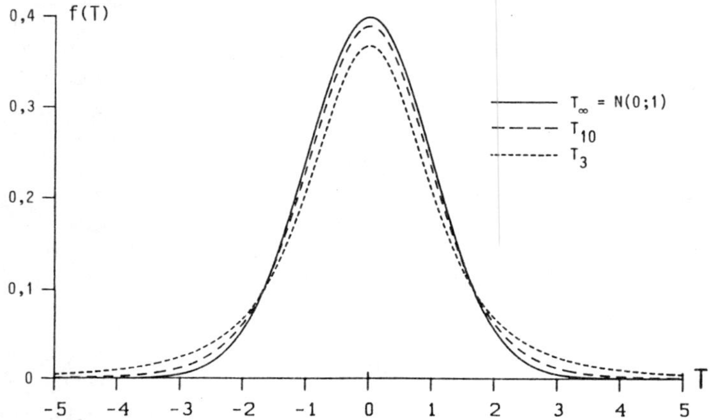

Formel <4.2> sind Konstanten. Mit anderen Worten: Für jeden denkbaren FG-Wert existiert eine spezielle T-Verteilung.

Welche Form hat nun die T-Verteilung in Abhängigkeit von der Anzahl der Freiheitsgrade? In Abb. 4.1 sind die T-Verteilungen für die Freiheitsgrade 3, 10 und ∞ dargestellt. Die T-Verteilung ist im Fall FG = ∞ mit der Standardnormalverteilung identisch. Mit abnehmender Anzahl der Freiheitsgrade entfernt sie sich zunehmend von N(0;1) - im Bereich großer FG-Werte nur sehr geringfügig, im Bereich kleiner und kleiner werdender FG-Werte immer mehr. In Tab. 4.1 ist zusammengestellt, worin die T-Verteilungen mit der Standardnormalverteilung übereinstimmen und worin sie sich unterscheiden. Heben wir ihre wichtigsten Parameter noch einmal hervor. Bei der T-Verteilung für FG Freiheitsgrade sind:

<4.3> $\mu_t = 0$ <4.4> $\sigma_t^2 = FG/(FG-2)$ <4.5> $\sigma_t = \sqrt{[FG/(FG-2)]}$

<4.6> SCHIEFE = 0 <4.7> EXZESS > 0

Formel <4.5> zeigt, daß die Standardabweichung der T-Verteilung immer größer als Eins ist (sofern FG < ∞). Der Wert von σ_t nähert sich jedoch mit steigender Anzahl der Freiheitsgrade relativ schnell dem Wert 1. Eine Bestimmung von σ_t^2 oder σ_t über <4.4> bzw. <4.5> ist im übrigen nur möglich, wenn FG $\geq$ 3 ist.

Bei der Standardnormalverteilung war eine sehr ausführliche Tabellierung möglich, da es hier ja nur eine einzige Verteilung gibt. Für sehr kleine Abstufungen von Z ließ sich hier bestimmen, welcher Flächenanteil links von, rechts von oder zwischen bestimmten Z-Werten liegt (Tab. C). Auf den Fall des Hypothesentestens bezogen waren hier sehr viele Stufen des Signifikanzniveaus, d.h. sehr viele mögliche Werte von α wählbar.

TABELLE 4.1 Übereinstimmungen und Unterschiede zwischen der Standardnormalverteilung und den T-Verteilungen.

Merkmale, die die T-Verteilungen mit der Standardnormalverteilung N(0;1) gemeinsam haben	Merkmale, hinsichtlich derer sich die T-Verteilungen (im Fall FG<∞) von N(0;1) unterscheiden
Die T-Verteilungen ...	
▪ haben ein Mittel von $\mu_t = 0$ ▪ sind unimodal ▪ sind symmetrisch um $\mu_t = 0$ (SCHIEFE = 0) ▪ reichen von $-\infty$ bis $+\infty$ ▪ sind kontinuierliche, theoretische Verteilungen	▪ haben eine Standardabweichung $\sigma_t > 1$ (d.h. größer als $\sigma_z = 1$) ▪ sind leptokurtisch (EXZESS > 0) ▪ haben als definierenden Parameter die Anzahl der Freiheitsgrade (FG)

Eine ähnlich ausführliche Tabellierung ist für die T-Verteilung verständlicherweise nicht möglich, da es ja so viele T-Verteilungen wie denkbare Freiheitsgrade gibt. Man muß sich deshalb auf bestimmte T-Werte beschränken, die an einem oder an beiden Ende(n) der T-Verteilung für die entsprechenden Freiheitsgrade die Flächenanteile abtrennen, die durch die üblicherweise verwendeten Signifikanzniveaus α definiert werden. Tab. E des Anhangs stellt eine solche Tabelle dar.

Kopf- und Fußzeile von Tab. E sind mit »Einseitiger« und »Zweiseitiger Fall« überschrieben. Die darin enthaltenen Werte sind Flächenanteile bzw. α-Werte. Möchte man an einem Ende der T-Verteilung einen Flächenanteil von α abtrennen, dann geht man von der Fußzeile (»Einseitiger Fall«) aus. Soll an beiden Enden insgesamt ein Anteil von α abgetrennt werden, sucht man den α-Wert in der Kopfzeile (»Zweiseitiger Fall«) auf.

Die Spalte am linken Rand der Tabelle enthält Freiheitsgrade aus dem Bereich FG = 1...1000. In der Tabelle selbst sind die T-Werte enthalten, die bei den jeweiligen Freiheitsgraden und dem gewählten Anteilswert α an einer oder an beiden Seiten einen Flächenanteil von α abtrennen. Es sind nur die Beträge der T-Werte angeführt, da die T-Verteilungen um den Mittelwert $\mu_t = 0$ symmetrisch sind. Sucht man einen T-Wert, der am rechten Ende der Verteilung einen Flächenanteil von α abtrennt (T_{ko}), dann ist der abgelesene Tafelwert mit einem positiven Vorzeichen zu versehen. Benötigt man den Wert, der den Anteil α am linken Ende der Verteilung abtrennt (T_{ku}), dann erhält der Tafelwert ein negatives Vorzeichen. Geht es um die (von $\mu_t = 0$ gleichabständigen) kritischen T-Werte, außerhalb derer ein Werte- bzw. Flächenanteil von α liegt (T_{ku} und T_{ko}), dann ist der abgelesene Tafelwert einmal mit positivem und einmal mit negativem Vorzeichen zu versehen.

4.3 Test der Hypothese »μ=a« über die T-Verteilung

In Abschnitt 3.3 haben wir festgestellt, daß sich die Hypothese H_0:μ=a bei großen Stichproben (n $\geq$ 50) und normalverteilten Populationswerten trotz Unkenntnis von σ über die Standardnormalverteilung prüfen läßt, da hier die Stichprobenverteilung der Größe $Z_m^* = (M-\mu_0)/S_m$ unter H_0 hinreichend standardnormal ist. Bei kleinen Stichproben war dies hingegen nicht der Fall.

Wir benötigen deshalb eine theoretische Verteilung, die bei kleinen Stichproben als Modell für die Stichprobenverteilung von $(M-\mu_0)/S_m$ dienen kann. Diese gesuchte Verteilung ist die T-Verteilung. Student (1908) konnte zeigen, daß bei normalverteilten Populationswerten die Stichprobenverteilung der Größe

<4.8> $T_m = (M - \mu_0)/S_m = (M - \mu_0)/(S/\sqrt{n})$ $\quad$ *[μ_0 = a]*

unter H_0 eine T-Verteilung mit n-1 Freiheitsgraden ist.[2] Die T-Verteilung ist dabei bei jedem Stichprobenumfang das exakte Modell für die Stichprobenverteilung von $(M-\mu_0)/S_m$, d.h. sowohl bei kleinen als auch bei großem n. Mit anderen Worten: Wenn wir aus einer normalverteilten Population, deren Mittel μ_0(=a) ist, unendlich viele Stichproben des Umfangs n ziehen und für jede Stichprobe die Größe T_m nach Formel <4.8> berechnen, dann ist die relative Häufigkeitsverteilung dieser unendlichen vielen T-Werte eine T-Verteilung mit n-1 Freiheitsgraden. Sie hat das Mittel $\mu_t = 0$ und die Varianz σ_t^2 = FG/(FG-2).

Die Logik des Tests der Hypothese H_0:μ=a über die T-Verteilung sowie die Testprozedur sind die gleichen wie beim Test dieser Hypothese über die Standardnormalverteilung mittels der Prüfgrößen Z_m oder Z_m^*, nur daß diesmal die den Freiheitsgraden entsprechende T-Verteilung zur Prüfung heranzuziehen ist. In dieser T-Verteilung für n-1 Freiheitsgrade, die die Stichprobenverteilung unter H_0 darstellt, wird an einem Ende (gerichtete Alternativhypothese) oder an beiden Enden (ungerichtete H_1) durch das festgesetzte Signifikanzniveau α ein Bereich extremer Ausgänge (T-Werte) definiert. Dies ist der Bereich der Zurückweisung von H_0, dem der Bereich der Beibehaltung von H_0 gegenübersteht (vgl. Abb. 4.2). Fällt unser berechnetes $T_m = (M-\mu_0)/S_m$ in den Bereich der Zurückweisung, dann weisen wir H_0:μ=a zurück und nehmen die Alternativhypothese mit einer Irrtumswahrscheinlichkeit von α an. Die Wahrscheinlichkeit, daß bei Gültigkeit von H_0 ein T-Wert in den Bereich der Zurückweisung fällt, d.h. daß wir einen Fehler I. Art begehen, ist wieder gleich dem gesetzten Signifikanzniveau α.

---

2) Die unterschiedliche Bezeichnung der Größe »$(M-\mu_0)/S_m$« einmal mit »Z_m^*« und nun mit »T_m« soll kenntlich machen, über welche theoretische Verteilung die Prüfung erfolgt. Verwenden wir die Bezeichnung »Z_m^*«, so bedeutet dies immer, daß wir den Fall großer Stichproben im Auge haben und über die Standardnormalverteilung prüfen. Bei Heranziehung der T-Verteilung bezeichnen wir die Größe hingegen mit »T_m«.

ABBILDUNG 4.2 Die Stichprobenverteilung von »T_m« unter H_0:μ=100 (T-Verteilung für 24 Freiheitsgrade) und die kritischen T-Werte, die bei α = 0,05 und 0,01 den Bereich der Beibehaltung von H_0 vom Bereich der Zurückweisung (BdZ) trennen. Ungerichtete Alternativhypothese bei [A], gerichtete H_1 bei [B]. Es ist M = 105, S = 11, n = 25.

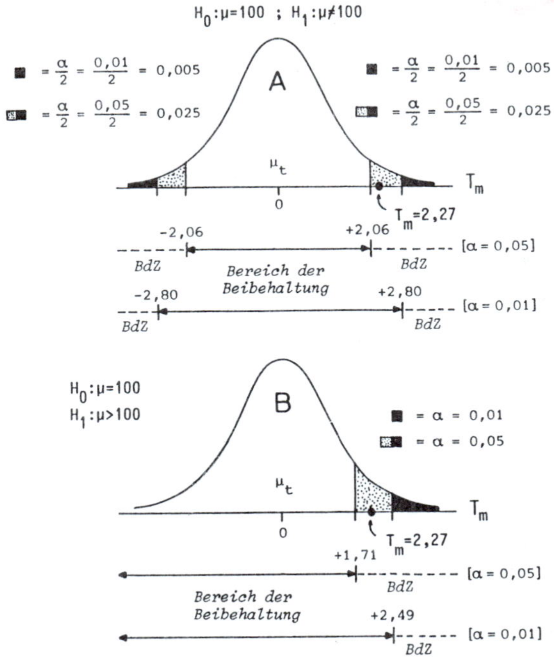

Die Schritte beim Test von H_0:μ=a

- Test: *Ein-Stichproben T-Test*
- Zweck: Prüfung, ob ein Populationsmittel den Wert »a« hat (Prüfung, ob das Mittel einer Stichprobe "statistisch signifikant" vom Wert »a« abweicht)
- Voraussetzung: Normalverteilte Werte in der Population
- H_0: μ = a $\quad$ H_1: $\mu \neq$ a $\quad$ *Zweiseitiger Test*
  H_0: μ = a $\quad$ H_1: μ > a oder H_1: μ < a $\quad$ *Einseitiger Test*
- Festsetzung von α. Berechnung von Stichprobenmittel und -standardabweichung. Beim einseitigen Test ist die Bestimmung der Prüfgröße $|T_m|$ nur erforderlich, wenn das Vorzeichen der Differenz *M-a* dem in H_1 für μ-*a* behaupteten Vorzeichen entspricht. Anderenfalls wird H_0 beibehalten.

Prüfung: Widerspricht die Verteilung der Stichprobenwerte der Annahme, daß die Population normalverteilt ist?

- Berechnung der Prüfgröße:

<4.9> $$|T_m| = \frac{|M - \mu_0|}{S/\sqrt{n}} \qquad FG = n-1$$

μ_0(=a): der in H_0 behauptete Wert des Populationsmittels

- Entscheidung über die Nullhypothese: Zurückweisung von H_0, wenn $|T_m| > T_k$ ist. Beim zweiseitigen (einseitigen) Test wird zur Bestimmung von T_k in Tab. E in der Kopfzeile (Fußzeile) vom gewählten »α« ausgegangen. Im Schnittpunkt dieser Spalte mit der Zeile »FG« steht der gesuchte Wert.

Als Zahlenbeispiel sei folgendes angenommen: Der Leiter einer Volkshochschule (VHS) fragt sich, ob die Gesamtheit der in einem Semester an den Kursen teilnehmenden Erwachsenen den gleichen mittleren Intelligenztestwert von 100 hat, wie er für die Allgemeinbevölkerung festgestellt wurde. Seine Nullhypothese lautet: Der mittlere Intelligenztestwert der VHS-Teilnehmer ist gleich 100 (H_0:μ=100). Dagegen wollen wir (übungshalber) die drei möglichen Alternativhypothesen stellen: H_1:$\mu \neq 100$, H_1:$\mu > 100$ und H_1:$\mu < 100$. Im konkreten Fall müßte sich natürlich vorab für eine dieser Hypothesen entschieden werden.

Er zieht aus der Population der VHS-Teilnehmer eine Zufallsstichprobe von 25 Personen und führt mit diesen den Intelligenztest durch. Für Mittel und Standardabweichung ergibt sich M = 105 und S = 11. Die Verteilung der 25 Stichprobenwerte spricht nicht gegen die Annahme, daß die Intelligenztestwerte der VHS-Teilnehmer (hinreichend) normalverteilt sind. Hinzu kommt das Wissen (aus dem Testmanual), daß sich die Intelligenzwerte der Allgemeinbevölkerung gut normalverteilen.

Wir wollen die Nullhypothese als erstes zweiseitig auf dem 5%-Niveau testen; das Vorgehen ist in Abb. 4.3.A illustriert. Bei FG = 24 ist hier T_k = 2,064. Als Prüfwert ergibt sich gemäß <4.9>: $|T_m| = |105 - 100|/(11/\sqrt{25}) = 2{,}273$. Die Nullhypothese wird zurückgewiesen. Man würde somit (unter Berücksichtigung der Irrtumswahrscheinlichkeit α) zu dem Schluß gelangen, daß der durchschnittliche Intelligenztestwert der Population der VHS-Teilnehmer nicht gleich 100 ist. Ist man bereit, die Möglichkeit des γ-Fehlers in Kauf zu nehmen (Begehungswahrscheinlichkeit kleiner als $\alpha/2$, falls H_0 berechtigterweise zurückgewiesen wurde), könnte man auch weitergehend schlußfolgern, daß das Mittel der VHS-Teilnehmer über 100 liegt (da M > 100 ist).

Bei einer zweiseitigen Prüfung auf dem 1%-Niveau ist $|T_m| < T_k = 2{,}797$. Die Nullhypothese wird deshalb beibehalten. Bei α = 0,01 könnte somit die Behauptung von H_0, daß der mittlere Intelligenztestwert der VHS-Teilnehmer gleich 100 ist, nicht zurückgewiesen ("widerlegt") werden.

Bei einem einseitigen Test von H_0 gegen H_1:$\mu > 100$ auf dem 5%-Niveau kann die Nullhypothese zurückgewiesen werden, da M > 100 ist und $|T_m|$ den kritischen Wert von T_k = 1,711 übersteigt (vgl. Abb. 4.3.B). Man würde somit (unter Berücksichtigung des gewählten Fehler-I-Risikos) zu dem Schluß gelangen, daß das

Intelligenztestmittel der VHS-Population über 100 liegt. Bei $\alpha = 0{,}01$ müßte dagegen H_0 beibehalten werden, da $|T_m| < 2{,}492$ ist. Auf diesem Signifikanzniveau ergäben sich somit keine Hinweise, daß das Intelligenztestmittel der VHS-Teilnehmer höher als das der Gesamtbevölkerung ist.

Bei einem einseitigen Test von H_0 gegen $H_1{:}\mu<100$ könnte die Nullhypothese bereits aufgrund des Sachverhalts beibehalten werden, daß $M > 100$ ist, da ein Mittelwert über 100 nicht in den Bereich der Zurückweisung fallen kann. Die deutliche Abweichung $M-\mu_0$ in der nicht erwarteten Richtung dürfte allerdings Anlaß sein für eine weitere Untersuchung der Fragestellung unter Verwendung eines zweiseitigen Tests von H_0.

4.4 Der Unterschied zwischen Standardnormal- und T-Verteilung in Abhängigkeit von der Anzahl der Freiheitsgrade

Es war gesagt worden, daß sich die T-Verteilung mit zunehmender Anzahl der Freiheitsgrade immer mehr der Standardnormalverteilung annähert; bei $FG = \infty$ ist sie mit ihr identisch. Wir wollen im nachfolgenden durch einen Vergleich von kritischen Z- und T-Werten für bestimmte Signifikanzniveaus α prüfen, wie schnell sich die T-Verteilung mit steigender Anzahl der Freiheitsgrade der Verteilung N(0;1) nähert. Dazu betrachten wir zum einen die Darstellung der drei T-Verteilungen in Abb. 4.1 und zum anderen die in Tab. 4.2 wiedergegebenen kritischen T-Werte für verschiedene Werte von »FG« und »α«. Vergleichen wir die drei Prüfgrößen $Z_m = (M-\mu_0)/\sigma_m$, $Z_m^* = (M-\mu_0)/S_m$ und $T_m = (M-\mu_0)/S_m$.

Bei einer geringen Anzahl von Freiheitsgraden (d.h. bei kleinen Stichprobenumfängen) weicht in der T-Verteilung ein deutlich größerer Anteil von Werten um z.B. mehr als +3 vom Mittel Null ab, als dies bei der Z-Verteilung der Fall ist. Anders betrachtet (vgl. Tab. 4.2): Der T-Wert, der am rechten Ende der Verteilung für z.B. vier Freiheitsgrade die 1% extremsten Werte abtrennt, ist mit 3,747 deutlich größer, d.h. deutlich entfernter vom Mittel Null als der Z-Wert, oberhalb dessen der gleiche Anteil von Z-Werten liegt (2,326). Bei der T-Verteilung treten in stärkerem Ausmaß große Abweichungen vom Mittel auf. Sie ist, wie wir gesehen haben, leptokurtisch - das bedeutet u.a. eine größere Ansammlung von Werten an den Enden der Verteilung als bei N(0;1) - und hat eine Varianz größer als Eins, wobei diese Unterschiede zur Standardnormalverteilung bei wenigen Freiheitsgraden sehr deutlich sind.

Für ein gegebenes Signifikanzniveau α kann somit $H_0{:}\mu=a$ bei der Prüfung über die Standardnormalverteilung bei kleineren Z_m-Werten zurückgewiesen werden als bei Heranziehung von T_m und der Prüfung über die T-Verteilung. Mit anderen Worten: Die zur Zurückweisung von H_0 zu erreichenden kritischen T-Werte weichen stärker von $\mu_t = 0$ ab als die entsprechenden kritischen Z-Werte von $\mu_z = 0$. Gehen wir einmal von dem Fall aus, daß (in einer Stichprobe) der Schätzwert des Standardfehlers von M (S_m) gleich dem Wert des Parameters σ_m ist. Dann bedeutet das Gesagte, daß zur Zurückweisung von H_0 das Stichprobenmittel bei Prüfung über T_m stärker vom "erwarteten" Wert μ_0 abweichen muß als bei Prüfung über Z_m.

TABELLE 4.2 Demonstration der Annäherung der kritischen (absoluten) T-Werte an die entsprechenden kritischen Werte der Standardnormalverteilung (∞) mit zunehmender Anzahl der Freiheitsgrade (FG).

FG	α (ein-/zweiseitig) 0,005 / 0,010	0,010 / 0,020	0,025 / 0,050	0,050 / 0,100
4	4,604	3,747	2,776	2,132
9	3,250	2,821	2,262	1,833
14	2,977	2,624	2,145	1,761
19	2,861	2,539	2,093	1,729
24	2,797	2,492	2,064	1,711
29	2,756	2,462	2,045	1,699

FG	α (ein-/zweiseitig) 0,005 / 0,010	0,010 / 0,020	0,025 / 0,050	0,050 / 0,100
34	2,728	2,441	2,032	1,691
39	2,708	2,426	2,023	1,685
49	2,680	2,405	2,010	1,677
99	2,626	2,365	1,984	1,660
499	2,586	2,334	1,965	1,648
∞	2,576	2,326	1,960	1,645

Das frühere Zurückweisenkönnen von H_0 bei Z_m ist der "Lohn" für die Kenntnis des Wertes von σ (und damit von σ_m). Durch die Verwendung des konstanten Wertes σ_m in der Variablen Z_m hat deren Stichprobenverteilung eine geringere Varianz als die Stichprobenverteilung von T_m, bei der eine größere ("zusätzliche") Varianz aufgrund der Heranziehung einer selbst von Stichprobe zu Stichprobe variierenden Schätzgröße (S_m) entsteht. Diese zusätzliche Varianz ist um so größer, je kleiner die Stichproben sind, da $S_m = S/\sqrt{n}$ dann um so stärker streut. Kennt man σ, so wäre es deshalb nicht sinnvoll, über die T-Verteilung unter Verwendung von S_m zu prüfen, da dann die Wahrscheinlichkeit, H_0 (im Fall daß sie falsch ist) zurückzuweisen, geringer wäre als bei Prüfung mittels Z_m über die Standardnormalverteilung. Die Wahrscheinlichkeit des Fehlers II. Art (β) wäre bei T_m größer als bei Z_m.

Tabelle 4.2 zeigt uns aber auch, daß ab 50 Freiheitsgraden - u.U. auch früher, je nachdem wie "tolerant" man gegenüber Abweichungen ist - die kritischen T-Werte, die bestimmte Anteile α an den Enden der T-Verteilungen abtrennen, den kritischen Z-Werten für das gleiche α schon recht ähnlich sind. Ab 100 Freiheitsgraden sind die Werte von T und Z kaum noch zu unterscheiden. Dieser Sachverhalt bestätigt unsere im letzten Kapitel eingeführte Praxis, bei Stichprobenumfängen über 50 (und normalverteilter Population) die Größe Z_m^* über die Standardnormalverteilung zu prüfen. Die Verteilung N(0;1) ist in diesem Fall zwar nicht das exakte Modell für die Stichprobenverteilung von Z_m^* unter H_0 - das wäre die T-Verteilung mit n-1 Freiheitsgraden - die Abweichung der Standardnormalverteilung vom exakten T-Modell ist jedoch bereits so geringfügig, daß sie in der Regel vernachlässigbar ist.

Zu fragen ist nun, welches Vorgehen man im Fall »großer« Stichproben und dem Nicht-Bekanntsein von σ wählen soll - die Prüfung von $(M-\mu_0)/S_m$ über N(0;1) oder über die entsprechende T-Verteilung. Wir können es uns hier der Einfachheit halber zur Regel machen, auch in diesen Fällen - und damit "immer" - die T-Verteilung heranzuziehen, sofern die in Tab. E aufgeführten α- und T-Werte für die Fragestellung ausreichen. Benötigt man hingegen eine "genauere" Tabellierung von kritischen Werten - z.B. kritische Werte für Signifikanzniveaus, die in Tab. E nicht enthalten sind - dann können diese bei Stichprobenumfängen $n \geq 50$ (und normalverteilter Population) ohne Bedenken der Z-Verteilung (Tab. C und D) entnommen werden.

Abschließend noch zwei Anmerkungen zu den Freiheitsgraden der bisher kennengelernten Prüfgröße $T_m = (M-\mu_0)/S_m$. Sie hat n-1 Freiheitsgrade, d.h. ein Freiheitsgrad geht von der Gesamtzahl der möglichen verloren. Dies hat seinen Grund darin, daß in der Größe T_m der Parameter σ durch S geschätzt werden muß. Durch die Verwendung von $S = \surd[\Sigma(X_i-M)^2/(n-1)]$ besteht bei den Abweichungswerten die (eine) Restriktion, daß $\Sigma(X_i-M) = 0$ sein muß. Deshalb existieren nur n-1 unabhängige (frei wählbare) Abweichungswerte. Die der Standardabweichung zugehörige Anzahl von Freiheitsgraden beträgt somit n-1, und mit der Verwendung von S in der T_m-Formel geht die mit der Standardabweichung verbundene Anzahl von Restriktionen bzw. Freiheitsgraden mit ein.

Tabelle E enthält ab 100 Freiheitsgraden nur noch ausgewählte FG-Werte. Falls nun FG = n-1 im konkreten Fall einen Wert ergibt, der nicht in der Tabelle enthalten ist, dann ist zum Test von $H_0:\mu=a$ meist folgendes Vorgehen möglich:

- Man prüft auf den unmittelbar *unterhalb* von n-1 angeführten Freiheitsgraden. Kann H_0 hier zurückgewiesen werden, dann ist eine Zurückweisung von H_0 bei FG = n-1 natürlich gleichfalls möglich, da die kritischen T-Werte mit zunehmender Anzahl der Freiheitsgrade kleiner werden.
- Man prüft auf den unmittelbar *oberhalb* von n-1 angeführten Freiheitsgraden. Kann hier H_0 nicht zurückgewiesen werden, dann ist eine Zurückweisung von H_0 bei FG = n-1 ebenfalls nicht möglich.

Falls im Bereich von FG = 101-200 dennoch ein T-Wert für bestimmte (in Tab. E nicht enthaltene) Freiheitsgrade benötigt wird, sei auf Diem & Lentner (1977, S.34f) verwiesen. Die dortige Tabelle enthält zudem die T-Werte mit vier Nachkommastellen sowie eine größere Anzahl von Signifikanzniveaus als Tab. E.

4.5 Die Robustheit des Ein-Stichproben T-Tests

Die bisher vorgestellten Verfahren zur Prüfung der Hypothese »μ=a« setzten alle voraus, daß die Werte der Population normalverteilt sind. Nur unter dieser Bedingung sind die Stichprobenverteilungen von $Z_m = (M-a)/\sigma_m$ und $T_m = (M-a)/S_m$ unter H_0 exakt standardnormal bzw. T-verteilt. Bei der Anwendung des Ein-Stichproben Z- oder T-Tests in der Forschungspraxis muß jedoch davon ausgegangen werden, daß eine "wirklich" normalverteilte Population niemals vorliegt. Empirische Werteverteilungen weichen immer mehr oder minder stark von $N(\mu;\sigma)$ ab.

Für den Einsatz von statistischen Tests, deren Ableitungen auf Normalitätsannahmen basieren, ist es desahalb von außerordentlicher Bedeutung zu wissen, welches Vertrauen man in die gewählten Fehler-I-Wahrscheinlichkeiten haben kann, wenn die Verteilung der Populationswerte auf bestimmte Art und in bestimmtem Ausmaß von der Normalform abweicht. Im jetzigen Zusammenhang ist zu

ABBILDUNG 4.3 Veränderung des Fehler-I-Risikos bei Verletzung der Normalitätsbedingung. Die Prüfung von H_0:μ=a erfolgt über die (für normalverteilte Populationen gültige) T-Verteilung [A]. Die tatsächliche Stichprobenverteilung von T_m = (M-a)/S_m ist jedoch die unter [B] dargestellte. Die Anteile von T_m-Werten links (a_l) und rechts (a_r) von den kritischen Punkten ±2,85, ±2,09 und ±1,73 differieren deutlich von den nominellen Anteilen (jeweils α/2).

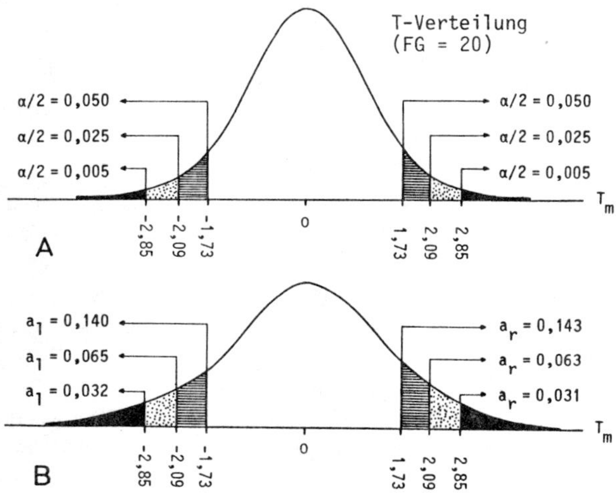

fragen, wie (empfindlich) die vorgestellten Ein-Stichproben-Tests auf das Vorliegen von Nichtnormalität reagieren. Es geht mit dieser Frage um die sog. »Robustheit« von Tests. wir wollen uns dieses Konzept an Hand von Abb. 4.3 veranschaulichen.

Nehmen wir an, das Mittel einer *normalverteilten* Population habe den Wert »a« und es soll die Hypothese H_0:μ=a mittels T-Test und einer Stichprobe von n = 21 geprüft werden. Wenn wir nun alle möglichen (oder unendlich viele) Stichproben des Umfangs n aus dieser Population ziehen, dann ist die resultierende Stichprobenverteilung der Größe T_m = (M-a)/S_m eine T-Verteilung mit n-1 = 20 Freiheitsgraden [A]. In dieser Verteilung liegen z.B. 5% der T_m-Werte z.B. außerhalb der Punkte ±2,09 und 0,5% oberhalb von 2,85. Die Wahrscheinlichkeit, beim zweiseitigen Test auf dem 5%-Niveau die Nullhypothese fälschlicherweise zurückzuweisen, ist dann exakt gleich 0,05, usf.

Das Fehler-I-Risiko, daß wir mit »α« wählen, bezeichnen wir im folgenden als das *nominelle α (α_n)*. Die unter den gegebenen Populationsbedingungen faktisch bestehende Wahrscheinlichkeit, einen Fehler I. Art zu begehen, nennen wir das *tatsächliche α (α_t)*. Wenn eine normalverteilte Population vorliegt, dann ist die tatsächliche Fehler-I-Wahrscheinlichkeit gleich dem gewählten α-Wert, d.h. α_t und α_n sind identisch. Abbildung [A] illustriert diesen Fall.

Nehmen wir nun an, daß die unter Betrachtung stehende Population mit dem Mittel μ = a nicht normalverteilt ist und dies dazu führt, daß die Stichprobenverteilung von T_m die unter [B] dargestellte Form aufweist. Diese unterscheidet sich deutlich von der für die Normalitätsbedingung gültigen T-Verteilung. Außerhalb der kritischen Punkte ±2,85, ±2,09 und ±1,73 liegen jetzt ganz andere Anteile von T_m-Werten. Wenn wir nun beim zweiseitigen Test von $H_0:\mu=a$ und α_n = 0,01 die Nullhypothese jeweils zurückweisen, wenn $|T_m|$ größer als T_k = 2,85 ist, dann begehen wir in 6,3% der Fälle einen α-Fehler. Das tatsächliche Fehler-I-Risiko ist somit beträchtlich größer als das nominelle α, das Risiko, "mit dem man rechnet".

Das Konzept der *Robustheit* läßt sich nun wie folgt definieren: Ein statistischer Test ist um so robuster, je weniger bei Verletzung(en) seiner Voraussetzung(en) die tatsächliche Stichprobenverteilung der Prüfgröße von der nominellen (theoretischen) Stichprobenverteilung abweicht. Anders formuliert: Ein Test ist dann robust, wenn trotz Verletzung seiner Annahme(n) die α_t-Werte auf den verschiedenen Signifikanzniveaus nur wenig von den α_n-Werten differieren.

Im vorliegenden Fall ist nun konkret zu fragen, wie robust Ein-Stichproben Z- und T-Test sind, wenn die Population nicht normalverteilt ist. Diese (klare) Frage ist allerdings gar nicht so einfach (und klar) beantwortbar. Denn es fehlt ein allgemein akzeptiertes Robustheitskriterium. Dieses müßte der Art sein, daß gesagt werden kann: Ab einer einer bestimmten Diskrepanz $|\alpha_t-\alpha_n|$ bzw. einem bestimmten Verhältnis α_t/α_n gilt der Test nicht mehr als ausreichend robust gegenüber Verletzungen seiner Annahme(n). Wie Bradley (1978) illustriert, hat u.a. das Fehlen einer quantitativen Definition der Robustheit dazu geführt, daß zumindest bis zur Mitte der 70er Jahre die auf der Normalverteilungsbedingung basierenden parametrischen Tests zur Prüfung von Mittelwertshypothesen von den meisten (Lehrbuch)Autoren als ausgesprochen unempfindlich gegenüber auch starken Abweichungen von der Normalverteilung angesehen wurden.

Diese Attitüde, daß die Normalitätsvoraussetzung keiner besonderen Beachtung und Überprüfung bedarf, ist jedoch aufgrund der Ergebnisse neuerer Monte-Carlo-Studien und der Reinterpretation früherer Befunde auch in Bezug auf den Ein-Stichproben Z- und T-Test nicht mehr gerechtfertigt (Bradley 1978, 1980ab; Cressie et al. 1984; Lee & Gurland 1977; Pearson & Please 1975; Subrahmaniam et al. 1975). So kann bei (sehr) schiefen Populationsverteilungen und speziell bei kleinen Stichprobenumfängen das tatsächliche Fehler-I-Risiko das nominelle um ein Vielfaches übersteigen.

Welche Konsequenzen haben nun diese Befunde für die praktische Anwendung der Tests zur Prüfung von $H_0:\mu=a$. Gewisse Voreinschätzungen der Robustheit des T-Tests (und damit auch des Z-Tests im Fall großer Stichproben) sind möglich, wenn halbwegs zuverlässige Informationen über Schiefe und Exzess der Population vorliegen (Cressie et al. 1984; Pearson & Please 1975). Einer wahrscheinlich geringen Robustheit des Tests kann dann u.a. durch Erhöhung des Stichprobenumfangs begegnet werden. In den meisten Forschungssituationen dürften jedoch vor der Datenerhebung kaum hinreichende Kenntnisse über die SCH_p- und

EXZ_p-Werte vorliegen, so daß sich bestenfalls im nachhinein über die Diagramme dieser Autoren feststellen läßt, wie weit tatsächliches und nominelles Fehler-I-Risiko wahrscheinlich auseinanderliegen.

Für den "Normalfall", daß vor Durchführung der Untersuchung wenig oder nichts über die Verteilung in der Population bekannt ist, empfiehlt sich aufgrund der Ergebnisse der Simulationsstudien die Berücksichtigung folgender Aspekte:

- In der Regel tritt bei Verletzung der Normalitätsvoraussetzung der (ungünstigere) Fall ein, daß α_t größer als α_n ist.
- Je stärker die Populationsverteilung von der Normalform abweicht, um so mehr differieren tatsächliches und nominelles Fehler-I-Risiko.
- Abweichungen von der Symmetrie (schiefe Populationsverteilungen) stellen das Hauptproblem dar.
- Je größer der Stichprobenumfang, um so größer ist in der Regel die Robustheit des Tests.
- Bei zweiseitiger Prüfung auf dem 5%-Niveau sind die Tests meist robuster als bei der Wahl von niedrigeren α_n-Werten.
- Der Test von $H_0:\mu=a$ über $Z_m = (M-a)/(\sigma/\sqrt{n})$ erweist sich durchgehend als robust. Dieser Befund liefert allerdings relativ wenig Trost, da σ in der Regel nicht bekannt ist.

Die (sehr verkürzt) wiedergegebenen Befunde der Monte-Carlo-Studien machen folgendes deutlich:

- Von der Verwendung kleiner Stichproben ist dringend abzuraten. Sie provozieren zum einen die Gefahr extremer Nichtrobustheit und gestatten auch im nachhinein keine Abschätzung, wie groß die Diskrepanz zwischen α_t und α_n sein könnte. Das tatsächliche Fehler-I-Risiko kann bei kleinem n sowohl nahe beim gewünschten Wert liegen, es kann aber auch extrem hoch sein.
- Große Stichproben "härten" dagegen die Tests gegen Verletzungen der Normalitätsbedingung. Und sie gestatten im nachhinein durch eine Inspektion der Wertverteilung in der Stichprobe ein (zumindest vages) Urteil über die Populationsverteilung und damit über den möglichen Grad der Nichtrobustheit.
- Weisen in einer großen Stichprobe die Daten auf eine wahrscheinlich (deutlich) schiefe Populationsverteilung hin, empfiehlt es sich, die Nullhypothese auf einem strengeren Signifikanzniveau zu testen (z.B. 0,01 statt 0,05). Dieser Weg besteht zwar auch bei kleinen Stichproben, man müßte ihn dann aber der Vorsicht halber immer beschreiten, da hier keine Möglichkeit besteht festzustellen, ob die Populationsverteilung nicht doch eine ausreichend normale oder zumindest symmetrische Form aufweist.

Kapitel 5

Test der Hypothese, daß die Mittel von zwei unabhängigen Populationen den gleichen Wert haben: Verwendung der Standardnormalverteilung

Bisher wurde - ausgehend von den Befunden an einer Stichprobe - auf den Mittelwertszustand in einer Population geschlossen: Wir behielten aufgrund des statistischen Tests entweder die (Null)Hypothese bei, daß der Wert des Populationsmittels gleich »a« ist, oder wir verwarfen wegen der extremen Abweichung des Stichprobenmittels von dem in H_0 behaupteten Wert $\mu_0(=a)$ diese Hypothese und nahmen die Alternativhypothese mit einer Irrtumswahrscheinlichkeit von α an. Im folgenden haben wir es nun mit zwei Populationen bzw. deren Mittelwerten zu tun. Wir stellen in unseren (statistischen) Hypothesen - der Null- und der Alternativhypothese - gegensätzliche Aussagen über die Differenz zwischen den beiden Populationsmitteln auf und treffen dann wieder, ausgehend von den Stichprobenergebnissen, entweder die Entscheidung, die Nullhypothese beizubehalten oder gelangen zu dem Entschluß, sie zurückzuweisen und die Alternativhypothese mit einer Irrtumswahrscheinlichkeit von α anzunehmen.

Bezüglich der nun unter Betrachtung stehenden Populationen und Stichproben wollen wir folgende Bezeichnungen für die Kennwerte vereinbaren:

Population 1 (»POP_1«): μ_1, σ_1^2, σ_1, N_1 Stichprobe 1: M_1, V_1, S_1, n_1

Population 2 (»POP_1«): μ_2, σ_2^2, σ_2, N_2 Stichprobe 2: M_2, V_2, S_2, n_2

In diesem Kapitel werden wir in den Test der statistischen Hypothese $H_0:\mu_1=\mu_2$ (bei unabhängigen Stichproben) einführen, d.h. es wird die Aussage getestet, daß die Mittel zweier unabhängiger Populationen gleich sind. Dagegen steht eine der folgenden Alternativhypothesen:

- Ungerichtete Alternativhypothese: $H_1:\mu_1\neq\mu_2$, d.h. die Aussage, daß die Mittelwerte der beiden Populationen nicht gleich sind.
- Gerichtete Alternativhypothese: $H_1:\mu_1>\mu_2$ oder $H_1:\mu_1<\mu_2$, d.h. die Aussage, daß das Mittel von POP_1 größer (kleiner) ist als das Mittel von POP_2.

Die Bezeichnung »Null«-Hypothese wird wieder verständlicher, wenn wir sie wie folgt formulieren: $H_0:\mu_1-\mu_2=0$. Entsprechend würden die Alternativhypothesen lauten können: $H_1:\mu_1-\mu_2\neq0$ im ungerichteten und $H_1:\mu_1-\mu_2>0$ bzw. $H_1:\mu_1-\mu_2<0$ im gerichteten Fall.

Das in diesem Kapitel zuerst vorzustellende Verfahren zum Test der Hypothese $H_0:\mu_1=\mu_2$ setzt voraus, daß die Populationsvarianzen σ_1^2 und σ_2^2 bekannt sind. Im Anschluß daran werden wir sehen, daß bei großen Stichproben in die Prozedur des Hypothesentests eine für praktische Zwecke vernachlässigbare Ungenauigkeit hineinkommt, wenn wir im Fall des Nicht-Bekanntseins der Parameter σ_1^2 und σ_2^2

für diese die an den beiden Stichproben gewonnenen Schätzungen V_1 und V_2 verwenden. Liegen hingegen kleine Stichproben vor und sind σ_1^2 und σ_2^2 unbekannt, dann kann der Test der Nullhypothese nicht über die Standardnormalverteilung erfolgen. Es ist dann wieder die T-Verteilung als Prüfverteilung heranzuziehen (Kapitel 6).

5.1 Zwei Beispiele für das Vorgehen beim Test der Hypothese »$\mu_1=\mu_2$« (unabhängige Stichproben)

Bei den beiden folgenden Beispielen haben wir es mit sog. »unabhängigen« Populationen bzw. Stichproben zu tun. Was diesen Fall von dem »abhängiger« Populationen und Stichproben unterscheidet, werden wir im nächsten Abschnitt sowie später eingehender behandeln.

Beispiel [1]

Im Rahmen eines Forschungsprojekts taucht die Frage auf, ob sich der Durchschnittswert der Psychologiestudenten (zu Studienbeginn) in einem Test zur Erfassung des *Rechnerischen Denkens* vom Durchschnittswert der Studienanfänger in Betriebswirtschaftslehre (BWL) unterscheidet. Unter Betrachtung stehe das Gesamt der Studienanfänger in Psychologie und BWL in den Jahren 1986-90. Es ist sich dabei vorzustellen, daß jedes Mitglied dieser Gesamtheiten einen Wert *Rechnerisches Denken* besitzt (der durch den entsprechenden Test potentiell erfaßbar ist). Es geht hier somit um eine Frage bzw. Aussage über den Unterschied zwischen den Mitteln der Populationen »Werte der Psychologieanfänger im Test Rechnerisches Denken« und »Werte der BWL-Anfänger im Test RD«. Bei diesen Populationen handelt es sich um *reale* Gesamtheiten, denn die Psychologie- und BWL-Anfänger des unter Betrachtung stehenden Zeitraums, deren Anzahl N_1 bzw. N_2 ist, existieren als Subpopulationen in der BRD-Gesamtbevölkerung des Betrachtungszeitraums. Ihre Mitglieder könnte man im Prinzip von $i = 1...N_1$ und $i = 1...N_2$ durchnumerieren.

Die gestellte Frage ließe sich nun zum einen dadurch beantworten, daß man alle Mitglieder beider Populationen testet und deren Mittelwerte vergleicht. Dies ist jedoch zu aufwendig. Man kann vielmehr jeweils nur eine Stichprobe von Studenten aus der entsprechenden Population untersuchen. Aufgrund der Stichprobenergebnisse soll dann auf die Differenz der Mittel beider Populationen geschlossen werden. Für den statistischen Test wird die (wissenschaftliche) Frage oder Hypothese als erstes in statistische Hypothesen übersetzt. Es sind die Null- und die Alternativhypothese zu formulieren. Für den Fall einer ungerichteten Alternativhypothese lauten diese wie folgt:

H_0: $\mu_{psy} = \mu_{bwl}$ $(H_0{:}\mu_1=\mu_2)$ bzw. H_0: $\mu_{psy}-\mu_{bwl} = 0$ $(H_0{:}\mu_1-\mu_2=0)$

H_1: $\mu_{psy} \neq \mu_{bwl}$ $(H_1{:}\mu_1\neq\mu_2)$ bzw. H_1: $\mu_{psy}-\mu_{bwl} \neq 0$ $(H_1{:}\mu_1-\mu_2\neq 0)$

Es wird nun aus der Population der Psychologieanfänger eine Zufallsstichprobe des Umfangs n_1 gezogen und - davon "unabhängig" - eine Zufallsstichprobe des

Umfangs n_2 aus der Population der BWL-Anfänger; natürlich kann $n_1 = n_2 = n$ sein. Bei diesen Personen werden die Werte im Test *Rechnerisches Denken* erhoben und anschließend die Gruppenmittel M_1 und M_2 (sowie S_1 und S_2) berechnet. Aufgrund der Größe der Differenz »M_1-M_2« wird dann entschieden, ob H_0 beizubehalten oder zurückzuweisen und H_1 anzunehmen ist. Es ist hierbei unmittelbar einsichtig: Je größer die Differenz M_1-M_2 ist, um so eher würde man geneigt sein, $H_0{:}\mu_1-\mu_2=0$ zurückzuweisen.

Nehmen wir an, in unseren beiden Stichproben hätten sich folgende Mittelwerte ergeben: $M_{psy} = 109{,}2$, $M_{bwl} = 111{,}3$. Es ist somit $M_1-M_2 = 109{,}2-111{,}3 = -2{,}1$. Zu beurteilen ist nun, wieweit eine Differenz der Stichprobenmittel von -2,1 mit der Nullhypothese $H_0{:}\mu_1-\mu_2=0$ "verträglich" ist. Um das beurteilen zu können, müssen wir folgendes wissen: Wenn die Nullhypothese $H_0{:}\mu_1-\mu_2=0$ gilt, und wir ziehen aus POP_1 (mit der Standardabweichung σ_1) eine Zufallsstichprobe des Umfangs n_1 und aus POP_2 (mit σ_2) eine Zufallsstichprobe des Umfangs n_2, wie groß ist dann die Wahrscheinlichkeit, daß eine Mittelwertsdifferenz so groß wie die beobachtete oder eine noch größere auftritt?

Dazu müssen wir die »Stichprobenverteilung der Mittelwertsdifferenz unter H_0« kennen, da wir an dieser feststellen können, mit welcher Wahrscheinlichkeit bestimmte (M_1-M_2)-Werte bei Gültigkeit von H_0 zu erwarten ist. Die Prozedur der Entscheidung über die Nullhypothese entspricht dann dem in den Kapiteln 3 und 4 kennengelernten Vorgehen. Ist die Wahrscheinlichkeit, daß unter H_0 eine Mittelwertsdifferenz wie die gefundene (oder eine noch größere) auftritt, kleiner/gleich dem gesetzten Signifikanzniveau α, dann wird H_0 zurückgewiesen und H_1 mit einer Irrtumswahrscheinlichkeit von α angenommen.

Beispiel [2]

In einer Studie soll der Frage nachgegangen werden, ob die morgendliche Gabe eines Multivitaminpräparats (über einen Zeitraum von drei Monaten) einen Einfluß auf die Leistung in einem Intelligenztest hat. Es lassen sich folgende (wissenschaftliche) Hypothesen formulieren:

- Die Vitamingabe hat keinen Einfluß auf die Intelligenztestleistung.
- Die Vitamingabe hat (im Vergleich zur Bedingung »Kein Vitaminzusatz«) einen Einfluß auf die Testleistung. Vom Untersucher erwartet wird eine positive ("intelligenzsteigernde") Wirkung.

Dem Untersucher steht eine Gruppe von n_g Studierenden zur Verfügung, die sich freiwillig gemeldet haben (50% davon weiblich). Er teilt die n_g Personen per Zufall auf zwei Gruppen des Umfangs $n_1 = n_2 = n$ auf und zwar so, daß auch in diesen Subgruppen jeweils die Hälfte Frauen sind. Stichprobe 1 nimmt drei Monate lang morgens ein Multivitaminpräparat ein, Stichprobe 2 während dieses Zeitraums ein gleich aussehendes und schmeckendes Placebo. Alle Versuchsteilnehmer sind aufgrund der Mitteilung des Untersuchers der Ansicht, ein Multivitaminpräparat zu erhalten. Nach drei Monaten wird an den Teilnehmern der Intelligenztestwert erhoben. Den Personen der Placebogruppe wird danach mitgeteilt, daß sie nur ein Placebo erhalten haben. Sie bekommen deshalb, sofern sie es wünschen, eine für drei Monate reichende Packung des Vitaminpräparats mit nach Hause.

Aus den oben formulierten Hypothesen leitet der Untersucher für die Differenz der Populations- bzw. Stichprobenmittel folgende Aussagen ab:

- Nullhypothese: Eine von Null verschiedene Mittelwertsdifferenz M_1-M_2 ist durch Zufall entstanden. Es gilt $H_0:\mu_1-\mu_2=0$.
- Alternativhypothese: Eine von Null verschiedene Mittelwertsdifferenz ist »statistisch signifikant«; sie ist nicht (allein) durch Zufall entstanden. Stichprobe 1 entstammt einer Population, die nicht den gleichen Mittelwert hat wie die Population, der Stichprobe 2 entstammt. Es gilt $H_1:\mu_1-\mu_2\neq 0$.[1)]

Wir wollen annehmen, daß sich in den beiden Stichproben die folgenden durchschnittlichen Intelligenztestwerte ergeben haben: M_1(Vitamingabe) = 110,1; M_2(Placebo) = 108,7. Somit ist M_1-M_2 = 110,1-108,7 = 1,4. Die vom Untersucher (in der wissenschaftlichen Hypothese) erwartete Richtung des Mittelwertsunterschieds ist damit eingetreten (höhere Testleistung in der Vitamingruppe). Die Frage ist nun, ob die gefundene Differenz von +1,4 *statistisch signifikant* ist, oder ob es sinnvoller ist davon auszugehen, daß sie *durch Zufall* entstanden ist und die Stichproben mittelwertsgleichen Populationen entstammen.

In der Null- und der Alternativhypothese ($H_0:\mu_1-\mu_2=0$ und H_1: $\mu_1\mu_2\neq 0$) werden Aussagen über die Mittel zweier Populationen gemacht. Wenn wir uns das skizzierte Beispiel betrachten, dann ist die Frage berechtigt, "Wer und wo hier die Populationen sind", denen die Stichproben entstammen. Das Konzept einer Population von Werten ist hier unanschaulicher als bei Beispiel [1], wo es zwei reale (durchnumerierbare) Populationen gab. Eine derartige Durchnumerierung war auch erforderlich, um Zufallsstichproben von n_1 und n_2 Elementen ziehen zu können.

Bei dem Vitaminexperiment stellt sich der Fall hingegen anders dar. Die Gesamtstichprobe des Umfangs n_g besteht aus studentischen Freiwilligen, die nicht per Zufall aus einer eindeutig definierten Studentengesamtheit gezogen wurden. Insofern läßt sich auch die Population nicht exakt umgrenzen (und durchnumerieren), der die Gesamtstichprobe entstammt. Bekannt ist lediglich, daß die Mitglieder dieser Population Studierende sind.[2)] Man behilft sich deshalb mit der Vorstellung, daß es sich bei den n_g Personen um eine Zufallsstichprobe aus einer nicht exakt beschreibbaren Population handelt.

---

1) Da die wissenschaftliche Hypothese eine Richtung der Vitaminwirkung behauptet (»Steigerung der Intelligenz«), wäre hier auch die Formulierung einer gerichteten Alternativhypothese möglich: $H_1:\mu_v>\mu_p$. Damit würde man sich allerdings der Möglichkeit begeben, H_0 zurückweisen zu können, wenn die Vitamingruppe (unerwartet) deutlich schlechter im Intelligenztest abschneidet als die Placebogruppe.

Einen sehr wichtigen Vorgang stellt nun die Zufallsaufteilung der Gesamtstichprobe auf die Untersuchungsgruppen des Umfangs n_1 und n_2 dar. Gruppe 1 ist damit eine Zufallsstichprobe aus einer nicht exakt beschreibbaren POP_1 (mit den Parametern μ_1 und σ_1) und Gruppe 2 ist eine von Gruppe 1 unabhängige Zufallsstichprobe aus der nicht exakt beschreibbaren POP_2 (mit μ_2 und σ_2). Dabei kann man sich - bezogen auf unser Beispiel - zur Veranschaulichung vorstellen, daß POP_1 eine Gesamtheit von Personen ist, die das Multivitaminpräparat erhalten haben, während POP_2 eine von POP_1 unabhängige Gesamtheit von Placebo-Empfängern darstellt. Dies sind natürlich *hypothetische* Populationen, die nicht irgendwo real ausmachbar sind. Unsere beiden Gruppen von Meßwerten sind dann Zufallsstichproben aus diesen hypothetischen Populationen: Stichprobe 1 stammt aus der Population der Vitamin-, Stichprobe 2 aus der Population der Placebo-Empfänger. Diese hypothetischen Populationen mit ihren Parametern μ_1, μ_2 und σ_1, σ_2 werden somit "erzeugt" durch die Art der experimentellen Behandlungen (hier: Ausmaß der Vitaminzugabe).

Betrachten wir nun den Fall, daß das Multivitaminpräparat keinen Einfluß auf die Leistung in einem Intelligenztest hat - eine bei normalernährten Personen berechtigte Annahme. Dann muß die in unserer Untersuchung auftretende Differenz zwischen den Intelligenztestmitteln (M_1-M_2) durch Zufall entstanden sein - nämlich bei der Aufteilung der (einer bestimmten Population entstammenden) Gesamtstichprobe n_g auf die Untersuchungsgruppen n_1 und n_2. Die hypothetische Population der mit dem Vitaminpräparat Behandelten hat dann in dieser Situation der Gültigkeit von H_0:μ_1=μ_2 den gleichen Mittelwert wie die hypothetische Population der Personen, die das Placebo erhalten haben. Anders formuliert: Die Stichproben entstammen Populationen mit dem gleichen durchschnittlichen Intelligenztestwert.

Um die Nullhypothese testen zu können, müssen wir folgende Frage beantworten: Gegeben sind zwei unabhängige (hypothetische) Populationen mit den Standardabweichungen σ_1 und σ_2 und den (gleichen) Mitteln $\mu_1 = \mu_2$. Wir ziehen aus diesen Populationen zwei unabhängige Stichproben des Umfangs n_1 und n_2. Wie groß ist

---

2) Natürlich hätte man auch eine Zufallsstichprobe des Umfangs n_g aus einer vorher definierten Studentenpopulation ziehen und diese Personen dann bitten können, an dem Experiment teilzunehmen. Das wäre mathematisch-statistisch befriedigender, wird aber in der Regel in Experimenten nicht gemacht. Dies hat u.a. zwei Gründe: Zum einen ist es häufig technisch schwierig (und damit teuer), aus bestimmten Populationen Zufallsstichproben zu ziehen. Und zum anderen haben wir es nur dann mit einer Zufallsstichprobe aus der definierten Population zu tun, wenn alle Personen, die per Zufall bestimmt wurden, auch an dem Experiment teilnehmen. Sobald ein (bedeutsamer) Anteil von Verweigerern oder Abbrechern besteht, ist der verbleibende mehr oder minder große Rest von Personen keine Zufallsstichprobe mehr aus der vorab definierten Population. Die Stichprobe repräsentiert dann nur noch den Anteil der Personen in der Population, die bereit sind, an einem solchen Experiment teilzunehmen.

dann die Wahrscheinlichkeit, daß eine Mittelwertsdifferenz auftritt, die so groß wie die beobachtete oder noch größer ist? Zur Feststellung dieser Wahrscheinlichkeit müssen wir die Stichprobenverteilung der Mittelwertsdifferenz unter H_0 bestimmen - die relative Häufigkeitsverteilung der unter den gegebenen Bedingungen möglichen $[M_1-M_2]$-Werte. Zeigt sich hier, daß die Auftretenswahrscheinlichkeit der beobachteten Differenz unter H_0 kleiner/gleich α ist, dann wird die Nullhypothese zurückgewiesen und H_1 mit einer Irrtumswahrscheinlichkeit von α angenommen. Man glaubt dann nicht mehr, daß $H_0{:}\mu_1-\mu_2=0$ richtig ist, sondern schließt, daß die Stichproben mittelwertsungleichen Populationen entstammen, d.h. daß $H_1{:}\mu_1-\mu_2\neq0$ (im ungerichteten Fall) gilt.

Da es relativ unanschaulich ist, wenn man als Ergebnis des statistischen Tests formuliert, "daß die hypothetische Population 1 (Vitaminpräparat) einen anderen (höheren) Mittelwert hat als die hypothetische Population 2 (Placebo)", empfiehlt es sich, das Ergebnis des statistischen Tests von H_0 wie folgt oder ähnlich wiederzugeben (α = 0,05):

- $H_0{:}\mu_1=\mu_2$ wird beibehalten: "Der Unterschied zwischen den Gruppenmitteln ist statistisch insignifikant (α = 0,05; zweiseitiger Test)"; oder: "Der Mittelwertsunterschied erweist sich bei zweiseitiger Prüfung auf dem 5%-Niveau als nicht signifikant"; bzw.: "Der Mittelwert von Gruppe 1 ist nicht signifikant höher (niedriger) als der von Gruppe 2 (α = 0,05; einseitig)".
- $H_0{:}\mu_1=\mu_2$ wird zurückgewiesen und die Alternativhypothese angenommen: "Zwischen den Gruppenmitteln besteht ein statistisch signifikanter Unterschied (α = 0,05; zweiseitiger Test); oder: "Der Mittelwertsunterschied ist auf dem 5%-Niveau statistisch signifikant (zweiseitiger Test)"; bzw.: "Der Mittelwert von Gruppe 1 ist statistisch signifikant höher (niedriger) als der von Gruppe 2 (α = 0,05-einseitig).

Die Formulierungen bei der Annahme der Alternativhypothese zeigen, daß der statistische Test im Rahmen von Versuchsplänen, bei denen eine Gesamtgruppe per Zufall auf zwei Untergruppen aufgeteilt wird und diese Gruppen unterschiedlich behandelt werden, nur den Schluß erbringen kann, daß die Mittel dieser Gruppen sich statistisch signifikant unterscheiden bzw. daß das Mittel der einen Gruppe signifikant höher ist als das der anderen. Ob der gefundene signifikante Unterschied auch Ausdruck der vorgenommenen (unterschiedlichen) Behandlung beider Gruppen ist, läßt sich mit einem statistischen Test dagegen nicht feststellen.

Mit einem statistischen Test wird nur entschieden, ob die H_0-Behauptung beibehalten wird, daß die Stichproben mittelwertsgleichen Populationen entstammen, oder ob die Aussage von H_1 angenommen wird, daß die Mittel der hypothetischen Populationen, denen die Stichproben entstammen, unterschiedliche Werte haben ($\mu_1\neq\mu_2$ oder $\mu_1>\mu_2$ bzw. $\mu_1<\mu_2$). Der statistische Test kann keine Auskunft darüber geben, warum (bei Gültigkeit von H_1) die Populations- oder Stichprobenmittel unterschiedlich sind. Die Zurückführung einer statistisch signifikanten Mittelwertsdifferenz auf die unterschiedliche Behandlung der Versuchsgruppen kann nur dadurch vorgenommen werden, daß man überzeugend aufzeigt, daß außer den verschiedenen Treatments - in unserem Beispiel: Höhe der Vitamingabe - kein anderer Faktor die Gruppen unterschiedlich beeinflussen konnte.

Wir können also aus den Erörterungen dieses Abschnitts festhalten: Bei realen Populationen wie Psychologie- und BWL-Studenten beinhalten die in den statistischen Hypothesen $H_0:\mu_1=\mu_2$ und (z.B.) $H_1:\mu_1\neq\mu_2$ auftretenden Populationsmittel etwas Vorstellbares und tatsächlich Vorhandenes - die Mittelwerte dieser definierten Populationen in der unter Betrachtung stehenden Variablen. Die Entscheidung für die Null- oder die Alternativhypothese kann dann auch anschaulich in Termini der Populationsdifferenz »$\mu_1-\mu_2$« formuliert werden.

Wird hingegen im Rahmen einer experimentellen Frage eine (wie immer gewonnene) Gesamtgruppe auf zwei Versuchsgruppen per Zufall aufgeteilt, dann werden mit dem statistischen Test zwar formal die gleichen Hypothesen getestet ($H_0:\mu_1=\mu_2$ gegen z.B. $H_1:\mu_1\neq\mu_2$), es handelt sich bei den Populationen, auf die sich »μ_1« und »μ_2« beziehen, jedoch nicht um real existierende Gesamtheiten. Das Ergebnis des statistischen Tests wird im Untersuchungsbericht dann besser nicht in Termini von »$\mu_1-\mu_2$« formuliert. Man sollte dann von (auf einem bestimmten Niveau) *statistisch signifikanten* oder *statistisch insignifikanten* Mittelwertsunterschieden sprechen. Worauf eine signifikante Mittelwertsdifferenz allerdings zurückgeht - speziell: ob sie auf die unterschiedliche Ausprägung des Treatments zurückgeführt werden kann - sagt der statistische Test nicht aus.

5.2 Unabhängige und abhängige Populationen und Stichproben

Ein wichtiger Aspekt beim Testen von Hypothesen über die Differenz der Mittel zweier Populationen ist die Frage, ob man es mit *unabhängigen* oder mit *abhängigen* Stichproben bzw. Gesamtheiten von Werten zu tun hat. Bei der Bildung unabhängiger Stichproben hat die Auswahl der Elemente für die eine Stichprobe keinen Einfluß auf die Auswahl der Elemente für die andere Stichprobe. Die Ziehung der Stichproben erfolgt unabhängig voneinander, zwischen den Wertereihen der beiden Stichproben besteht keine Beziehung. Bei abhängigen Stichproben ist dies hingegen der Fall. Erläutern wir den Unterschied an Beispielen.

Unabhängige Stichproben

Beispiele für unabhängige Stichproben haben wir im letzten Abschnitt kennengelernt. Im ersten Fall - Vergleich von Psychologie- und BWL-Anfängern in einem Test *Rechnerisches Denken* - hatten wir zwei voneinander unabhängige Populationen vorliegen: Die Gesamtheit der (potentiell erhebbaren) Testwerte der Psychologen und die Population der Testwerte der Betriebswirte. Wenn wir nun die beliebig angeordneten Werte der Psychologenpopulation von $1...N_1$ und die beliebig angeordneten Werte der Betriebswirte von $1...N_2$ durchnumerieren, dann besteht zwischen diesen Wertereihen keine (nicht durch Zufall bedingte) korrelative Beziehung. Der erste Wert von POP_1 (X_{11}) steht in keinem Zusammenhang mit dem ersten Wert von POP_2 (X_{12}), usf. Es war in jeder Population beliebig, welchen Wert wir in der ersten Stelle anordneten, um ihn mit »Nr. 1« zu kennzeichen. Aufgrund der Beliebigkeit der Anordnung der Elemente bei der Durchnumerierung in den Populationen wäre es deshalb hier nicht sinnvoll, nach der Korrelation zwischen den Wertereihen der Populationen zu fragen.

Wenn wir nun (z.B. mittels Zufallszahlentabelle) aus der Population der Psychologen eine Zufallsstichprobe des Umfangs n_1 ziehen und "unbeeinflußt" davon (wieder mittels Zufallszahlentabelle) eine Zufallsstichprobe des Umfangs n_2 aus der Population der Betriebswirte, dann sind diese Stichproben voneinander unabhängig. Die Auswahl der Elemente aus der Psychologenpopulation hatte keinen Einfluß darauf, welche Elemente aus der Population der Betriebswirte ausgewählt wurden. Die (beliebig angeordneten) Werte beider Stichproben werden nun von $1 \ldots n_1$ (Psychologen) und von $1 \ldots n_2$ (Betriebswirte) durchnumeriert. Auch hier ist es dann nicht sinnvoll, nach der Korrelation zwischen den beiden Wertereihen zu fragen, da die Anordnung der Werte zur Durchnumerierung ja beliebig war und der erste Wert von Stichprobe 1 (X_{11}) mit dem ersten Wert von Stichprobe 2 (X_{12}) - usf. - nicht in Beziehung steht.

Wir können also festhalten: Wenn zwei unabhängige Populationen von Werten vorliegen, und wir ziehen aus POP_1 eine Zufallsstichprobe des Umfangs n_1 und aus POP_2 eine Zufallsstichprobe vom Umfang n_2 - und zwar so, daß die Auswahl der n_1 Elemente aus POP_1 keinen Einfluß darauf hat, welche Elemente aus POP_2 in die Gruppe n_2 gelangen - dann haben wir zwei unabhängige Zufallsstichproben vorliegen.

Zwei unabhängige Zufallsstichproben sind auch dann gegeben, wenn eine Gesamtstichprobe von n_g Personen per Zufall auf zwei Gruppen des Umfangs n_1 und n_2 aufgeteilt wird. Auch hier ist es nicht sinnvoll, nach einem korrelativen Zusammenhang zwischen den (beliebig angeordneten) Wertereihen der Stichproben zu fragen, da dieser nur zufallsbedingt sein kann. Einen derartigen Fall unabhängiger Zufallsstichproben hatten wir im zweiten Beispiel von Abschnitt 5.1 vorliegen (Vitamin- vs. Placebogruppe).

Abhängige Stichproben

Im Fall von zwei abhängigen Stichproben haben wir es sowohl bei den Populationen als auch bei den Stichproben immer mit *Paaren* von Werten zu tun. Die Wertereihen beider Populationen bzw. Stichproben stehen miteinander in mehr oder minder starker korrelativer Beziehung. Die Ziehung der $n_2 = n$ Elemente aus POP_2 ist abhängig von der Auswahl der $n_1 = n$ Elemente aus POP_1.

---

3) Sofern es sich bei dem Beispiel um ein Experiment handelt, werden wir diese Variable auch als *abhängige* Variable bezeichnen, weil ihre Werte abhängig sind von der experimentellen Behandlung, von der Ausprägung in der *unabhängigen* Variablen. Der Begriff »abhängige« Variable hat jedoch nichts mit dem Begriff »abhängige« Stichproben zu tun. In jedem Zweigruppen-Experiment gibt es (zumindest) eine abhängige Variable, gleichgültig, ob es sich bei den Versuchspersonen um abhängige oder unabhängige Stichproben handelt.

Zwei abhängige Stichproben sind zum Einen dann gegeben, wenn an denselben Personen zweimal die Werte in einer Variablen X erhoben werden.[3] Betrachten wir zwei Beispiele. Eine Untersucherin interessiert, ob bei Frauen vom Alter 25 auf 30 Jahre das Ausmaß des Übergewichts zunimmt. Sie zieht eine Zufallsstichprobe von n Frauen der Altersstufe 25 Jahre und stellt bei diesen das Ausmaß des Übergewichts fest (t_1). Fünf Jahre später wird an diesen Personen die Gewichtsmessung wiederholt (t_2).[4] Es ist unmittelbar einsichtig, daß sowohl zwischen beiden Wertepopulationen als auch zwischen den beiden Stichproben von Gewichtswerten eine Abhängigkeit besteht, da es dieselben Personen sind, die zum Zeitpunkt t_1 und t_2 untersucht werden. Die Auswahl der n Frauen aus der Population der 25jährigen bestimmt, wer fünf Jahre später aus der Population der 30jährigen Frauen in die Stichprobe gelangt. Wir haben es hier mit einer Gesamtheit von Wertepaaren zu tun, der erste Gewichtswert von POP_1 (X_{11}) stammt von derselben Frau wie der erste Gewichtswert von POP_2 (X_{12}), usf. Diese Situation ist im rechten Teil von Abb. 5.1 allgemein dargestellt. Der linke Teil gibt den Fall unabhängiger Populationen und Stichproben wieder.

Bei zwei abhängigen Populationen besteht zwischen den Wertereihen beider Populationen eine Korrelation $\rho_{12} \neq 0$. Deshalb spricht man in diesem Fall auch von »korrelierenden« Populationen/Stichproben. Für unser Beispiel bedeutet dies, daß das Ausmaß des Übergewichts 25jähriger Frauen mehr oder minder stark mit dem Ausmaß ihres Übergewichts im Alter von 30 Jahren korreliert. Zu erwarten ist eine positive Korrelation, d.h. die Frauen, die mit 25 Jahren ein hohes Übergewicht aufweisen, sind (in der Tendenz) auch mit 30 im oberen Bereich des Übergewichts zu finden, die mit 25 Jahren Normalgewichtigen liegen in mehr oder weniger deutlicher Tendenz auch mit 30 Jahren im Bereich des Normalgewichts, usf.

Wenn wir bei zwei abhängigen Populationen per Zufall aus POP_1 ein Element (Meßwert) X_{i1} ziehen, dann ist damit zugleich das dem Paar zugehörige Element X_{i2} aus POP_2 gezogen. Bei zwei durch eine solche Ziehung von n Paaren gewonnenen abhängigen Stichproben darf die Anordnung der Werte nur paarweise - d.h. nicht in jeder Gruppe für sich - vertauscht werden. Die Wertepaare $X_{i1};X_{i2}$ dürfen bei Veränderung der Anordnung nicht getrennt werden. Bei unabhängigen Stichproben kann hingegen die Anordnung der Werte in jeder Stichprobe für sich erfolgen, ohne Rücksicht auf die Anordnung in der anderen Stichprobe. Bei abhängigen Populationen besteht zwischen den Wertereihen beider Populationen eine Korrelation $\rho_{12} \neq 0$. Entsprechend müssen wir bei zwei abhängigen Stichproben die Korrelation der Wertereihen beider Stichproben - hier mit r_{12} bezeichnet - berücksichtigen, wie wir weiter unten sehen werden.

Wir können den Fall zweier abhängiger Populationen/Stichproben bzw. den Fall einer Population/Stichprobe von Wertepaaren auch umwandeln in den einer Population oder Stichprobe von Differenzwerten. Denn wenn wir bei allen N Werte-

4) Der Einfachheit halber wollen wir annehmen, daß alle Frauen bei der Wiederholungsmessung erreichbar waren und sich wiegen ließen.

ABBILDUNG 5.1 Veranschaulichung des Unterschieds zwischen dem Fall unabhängiger und dem abhängiger Populationen und Stichproben.

2 UNABHÄNGIGE POPULATIONEN

[1]	[2]
X_{11}	X_{12}
X_{21}	X_{22}
:	:
X_{i1}	X_{i2}
:	:
$X_{N1;1}$	$X_{N2;2}$
μ_1	μ_2
σ_1	σ_2
N_1	N_2

2 ABHÄNGIGE POPULATIONEN = 1 Populat. von Wertepaaren — **1 POPULATION von Differenzwerten $D_i = X_{i1}-X_{i2}$**

[1]		[2]		
X_{11}	-	X_{12}	=	D_1
X_{21}	-	X_{22}	=	D_2
:		:		:
X_{i1}	-	X_{i2}	=	D_i
:		:		:
$X_{N;1}$	-	$X_{N;2}$	=	D_N
μ_1	-	μ_2	=	μ_D
σ_1		σ_2		σ_D
N		N		N
	ρ_{12}			

Zufallsauswahl von n_1 Werten aus POP_1, n_2 Werten aus POP_2

Zufallsauswahl von n Wertepaaren $X_{i1};X_{i2}$ = *Zufallsauswahl von n Differenzwerten D_i*

2 UNABHÄNGIGE STICHPROBEN

[1]	[2]
X_{11}	X_{12}
X_{21}	X_{22}
:	:
X_{i1}	X_{i2}
:	:
$X_{n1;1}$	$X_{n2;2}$
M_1	M_2
S_1	S_2
n_1	n_2

2 ABHÄNGIGE STICHPROBEN = 1 Stichpr. von Wertepaaren — **1 STICHPROBE von Differenzwerten $D_i = X_{i1}-X_{i2}$**

[1]		[2]		
X_{11}	-	X_{12}	=	D_1
X_{21}	-	X_{22}	=	D_2
:		:		:
X_{i1}	-	X_{i2}	=	D_i
:		:		:
$X_{n;1}$	-	$X_{n;2}$	=	D_n
M_1	-	M_2	=	M_D
S_1		S_2		S_D
n		n		n
	r_{12}			

paaren der Population die Differenz $D_i = X_{i1}-X_{i2}$ bilden, dann haben wir *eine* Population von D_i-Werten des Umfangs N vorliegen, aus der *eine* Zufallsstichprobe von n Werten gezogen wird (vgl. Abb. 5.1).

Bei dem Beispiel der Erfassung des Übergewichts mit 25 und 30 Jahren handelte es sich um abhängige (Zufalls)Stichproben von Gewichtswerten aus real existierenden Wertepopulationen. Abhängige Stichproben liegen aber auch dann vor, wenn eine *Gelegenheitsstichprobe* von Freiwilligen zweimal in einer Variablen X untersucht wird. Beispiel: Eine Gruppe von n Personen hat einmal unter normaler Zimmertemperatur (22 Grad C) und einmal unter erhöhter Raumtemperatur (30 Grad C) einen Konzentrationstest zu bearbeiten. Es besteht hier eine (wahrscheinlich direkte) Korrelation zwischen den Testwerten der Personen unter Bedingung 1 und ihren Testwerten unter Bedingung 2, unabhängig davon, wie weit die Temperatur die Konzentrationsleistung beeinflußt. Personen mit hoher Konzentrationsfähigkeit werden unter beiden Bedingungen in der Tendenz besser abschneiden als Personen mit mittlerer oder geringer Konzentrationsfähigkeit. Mit anderen Worten: Bei jedem Testwertpaar hängt die Ausprägung des Wertes unter Bedingung 2 zum Teil ab von der Ausprägung des Wertes unter Bedingung 1. Die hier vorliegenden abhängigen Stichproben betrachten wir wiederum als Stichproben aus zwei hypothetischen (abhängigen) Populationen, deren Mittelwerte entweder gleich (bei Gültigkeit von $H_0{:}\mu_1=\mu_2$) oder ungleich sind (im Fall der Gültigkeit von $H_1{:}\mu_1\neq\mu_2$).

Abhängige Stichproben von Meßwerten liegen weiterhin bei »parallelisierten« oder »gematchten« Gruppen vor.[5] Hier werden vor der Untersuchung der experimentell interessierenden Variablen an den Versuchspersonen die Werte in einer Matching- oder Parallelisierungvariablen erhoben und dann Paare von in der Matchingvariablen möglichst ähnlichen Personen gebildet. Anschließend wird bei jedem Paar per Zufall entschieden, wer welcher Versuchsbedingung ausgesetzt wird. Wir werden in Kapitel 7 auf den Fall parallelisierter Stichproben zurückkommen und ihn dort auch an Beispielen erläutern. Im Augenblick ist für uns von Bedeutung, daß parallelisierte Gruppen abhängige Stichproben darstellen. Wir haben es auch hier, wie bei wiederholter Messung an denselben Personen, sowohl bei den Populationen als auch bei den Stichproben mit Paaren von Werten zu tun. Es gilt deshalb für parallelisierte Stichproben der im rechten Teil von Abb. 5.1 dargestellte Fall.

5.3 Die Stichprobenverteilung der Mittelwertsdifferenz bei zwei unabhängigen Stichproben

Wenn wir die Differenz zwischen den Mitteln zweier unabhängiger Stichproben berechnet haben und feststellen wollen, wie weit die vorgefundene (von Null verschiedene) Differenz M_1-M_2 mit der Nullhypothese $H_0{:}\mu_1-\mu_2=0$ "verträglich" ist, dann müssen wir wissen, welche Mittelwertsdifferenzen unter H_0 zu erwarten sind, d.h. wir benötigen wieder die Stichprobenverteilung der interessierenden Größe bei Gültigkeit der Nullhypothese. Es ist also folgendes zu fragen und zu beantworten: Gegeben sind zwei normalverteilte unabhängige Populationen

5) *Matchen, gematchte Gruppen:* Eindeutschung des englischen *matching, matched groups* = parallelisierte Gruppen.

mit den Mitteln $\mu_1 = \mu_2$ und den Varianzen σ_1^2 und σ_2^2. Wenn nun aus POP_1 eine Zufallsstichprobe des Umfangs n_1 und (davon "unbeeinflußt") aus POP_2 eine Zufallsstichprobe des Umfangs n_2 gezogen wird, wie groß ist dann die Wahrscheinlichkeit, daß eine Mittelwertsdifferenz so groß wie die beobachtete oder eine noch größere auftritt. Die Antwort wäre die Auftretenswahrscheinlichkeit unter $H_0{:}\mu_1=\mu_2$, d.h. für den Fall, daß die Mittel beider Populationen gleich sind. Wir wollen die Frage nach der Auftretenswahrscheinlichkeit bestimmter Mittelwertsdifferenzen und damit nach der Stichprobenverteilung der Größe »M_1-M_2« jedoch vorab für den allgemeinen Fall untersuchen, daß μ_1 und μ_2 beliebige Werte haben - und nicht wie unter $H_0{:}\mu_1=\mu_2$ als gleich angenommen werden.

Die »Stichprobenverteilung von M_1-M_2« läßt sich wieder auf zwei Arten gewinnen. Man erstellt entweder die relative Häufigkeitsverteilung der an der Gesamtheit der möglichen Stichproben gefundenen Mittelwertsdifferenzen oder man zieht unendlich oft aus POP_1 und POP_2 voneinander unabhängige Stichproben, berechnet jeweils die Mittelwertsdifferenz und ordnet die unendlich vielen [M_1-M_2]-Werte in Form einer relativen Häufigkeitsverteilung an. Betrachten wir als erstes den Fall der Ziehung aller möglichen Stichprobenpaare $n_1;n_2$.

Gegeben sind die (voneinander unabhängigen) Populationen POP_1 und POP_2 mit den Mitteln μ_1 und μ_2, den Varianzen σ_1^2 und σ_2^2 und den Umfängen N_1 und N_2. Wir ziehen aus POP_1 eine Zufallsstichprobe vom Umfang n_1 und davon unabhängig aus POP_2 eine Zufallsstichprobe des Umfangs n_2. Berechnet wird für jedes Stichprobenpaar $n_1;n_2$ die Mittelwertsdifferenz M_1-M_2. Wie viele Stichprobenpaare - und damit: welche Differenzen M_1-M_2 - sind möglich?

Ziehung mit Zurücklegen, mit Berücksichtigung der Anordnung

Aus POP_1 lassen sich gemäß Formel <2.1> $m_1 = N_1^{n1}$ Stichproben des Umfangs n_1 ziehen, aus POP_2 sind es $m_2 = N_2^{n2}$ mögliche Stichproben des Umfangs n_2. Es kann nun jede der m_1 Stichproben mit jeder der m_2 Stichproben gepaart werden, so daß sich für die Anzahl der möglichen Stichprobenpaare ergibt:

<5.1> $m_s = m_1 \cdot m_2 = N_1^{n1} \cdot N_2^{n2}$

Aus <5.1> ist ersichtlich, daß der Wert von m_s schnell sehr groß wird. So ergeben sich z.B. bei $N_1 = N_2 = 5$ und $n_1 = n_2 = 3$ bereits $m_s = 125 \cdot 125 = 15625$ mögliche Stichprobenpaare. Wir gehen deshalb zur Erstellung einer Stichprobenverteilung von M_1-M_2 von noch kleineren Populationen und Stichproben aus. Es bestehe POP_1 aus den Werten {4-6-8} und POP_2 aus den Werten {1-2-3}. Wir ziehen nun aus beiden Populationen jeweils Zufallsstichproben von zwei Werten. Damit sind $m_s = 3^2 \cdot 3^2 = 81$ Stichprobenpaare »$n_1;n_2$« bzw. Mittelwertsdifferenzen »M_1-M_2« möglich. Diese Stichproben(differenzen) sind im unteren Teil von Tab. 5.1 wiedergegeben; der obere Teil enthält hier die bei POP_1 und POP_2 möglichen [n=2]-Stichproben(mittel). Stellen wir die in den Spalten »M_1-M_2« angeführten Mittelwertsdifferenzen in Form einer relativen Häufigkeitsverteilung dar, so erhalten wir die Stichprobenverteilung der Mittelwertsdifferenz für die vorliegende Situation; dies ist in Tab. 5.2 geschehen.

TABELLE 5.1 Die möglichen Stichproben und Mittelwerte bei Zufallsziehung von $n_1 = 2$ Elementen aus POP_1 und $n_2 = 2$ Werten aus POP_2 (oberer Teil) sowie die möglichen Stichprobenpaare »$n_1;n_2$« und die sich dabei ergebenden Mittelwertsdifferenzen »M_1-M_2« (unterer Teil). Alle Datenzeilen: Ziehung mit Zurücklegen; mit einem Stern gekennzeichnete Zeilen: Ziehung ohne Zurücklegen.

ZIEHUNG AUS POPULATION 1 {4-6-8}				ZIEHUNG AUS POPULATION 2 {1-2-3}			
Mögl. Mittel			$\mu_1 = 6$ $\sigma_1^2 = 2,67$	Mögl. Mittel			$\mu_2 = 2$ $\sigma_2^2 = 0,67$
X_{11}	X_{21}	M_1		X_{12}	X_{22}	M_2	
4	4	4	Mit Zurücklegen	1	1	1,0	Mit Zurücklegen
4	6	5*	$\mu_{m1} = 6$	1	2	1,5*	$\mu_{m2} = 2$
4	8	6*		1	3	2,0*	
6	4	5	$\sigma_{m1}^2 = 1,33$	2	1	1,5	$\sigma_{m2}^2 = 0,33$
8	4	6		3	1	2,0	
6	6	6	Ohne Zurücklegen	2	2	2,0	Ohne Zurücklegen
6	8	7*	$\mu_{m1} = 6$	2	3	2,5*	$\mu_{m2} = 2$
8	6	7		3	2	2,5	
8	8	8	$\sigma_{m1}^2 = 0,67$	3	3	3,0	$\sigma_{m2}^2 = 0,17$

MÖGLICHE MITTELWERTSDIFFERENZEN

M_1	M_2	M_1-M_2	M_1	M_2	M_1-M_2	M_1	M_2	M_1-M_2	M_1	M_2	M_1-M_2	M_1	M_2	M_1-M_2
4	1,0	3,0	5	2,5	2,5	5	2,0	3,0	6	1,5	4,5	7	1,5	5,5
4	1,5	2,5	5	3,0	2,0	5	2,5	2,5	6	2,0	4,0	7	2,0	5,0
4	2,0	2,0	6	1,0	5,0	5	2,5	2,5	6	2,0	4,0	7	1,5	5,5
4	1,5	2,5	6	1,5	4,5*	5	3,0	2,0	6	2,5	3,5	7	2,0	5,0
4	2,0	2,0	6	2,0	4,0*	6	1,0	5,0	6	2,5	3,5	7	2,0	5,0
4	2,0	2,0	6	1,5	4,5	6	1,5	4,5	6	3,0	3,0	7	2,5	4,5
4	2,5	1,5	6	2,0	4,0	6	2,0	4,0	7	1,0	6,0	7	2,5	4,5
4	2,5	1,5	6	2,0	4,0	6	1,5	4,5	7	1,5	5,5*	7	3,0	4,0
4	3,0	1,0	6	2,5	3,5*	6	2,0	4,0	7	2,0	5,0*	8	1,0	7,0
5	1,0	4,0	6	2,5	3,5	6	2,0	4,0	7	1,5	5,5	8	1,5	6,5
5	1,5	3,5*	6	3,0	3,0	6	2,5	3,5	7	2,0	5,0	8	2,0	6,0
5	2,0	3,0*	5	1,0	4,0	6	2,5	3,5	7	2,0	5,0	8	1,5	6,5
5	1,5	3,5	5	1,5	3,5	6	3,0	3,0	7	2,5	4,5*	8	2,0	6,0
5	2,0	3,0	5	2,0	3,0	6	1,0	5,0	7	2,5	4,5	8	2,0	6,0
5	2,0	3,0	5	1,5	3,5	6	1,5	4,5	7	3,0	4,0	8	2,5	5,5
5	2,5	2,5*	5	2,0	3,0	6	2,0	4,0	7	1,0	6,0	8	2,5	5,5
												8	3,0	5,0

Für uns ist nun wichtig zu wissen, welches Mittel (μ_{um}) und welche Varianz (σ_{um}^2) bzw. Standardabweichung (σ_{um}) die Stichprobenverteilung von M_1-M_2 hat.[6] Wir wollen dies zuerst allgemein ableiten und dann an unserem Beispiel zeigen.

6) Wir versehen hier - wie im folgenden - die Symbole mit dem Index »um«, um kenntlich zu machen, daß unabhängige Mittel« bzw. Stichproben vorliegen. Im Fall abhängiger Mittel wird dann der Index »am« verwendet werden.

TABELLE 5.2 Die Stichprobenverteilung der Mittelwertsdifferenz bei Ziehung von unabhängigen Zufallsstichproben des Umfangs $n_1 = 2$ und $n_2 = 2$ aus den Populationen {4-6-8} und {1-2-3}; Daten aus den Spalten »M_1-M_2« von Tab. 5.1.

Mit Zurücklegen D	f	f/m_s	Ohne Zurücklegen D	f	f/m_s	Mittel, Varianz + Standardabweichung von $D = M_1-M_2$
1,0	1	0,0123	2,5	1	0,1111	
1,5	2	0,0247	3,0	1	0,1111	$\mu_{um} = (\Sigma D_i)/m_s$ <i = 1...m_s>
2,0	5	0,0617	3,5	2	0,2222	
2,5	6	0,0741	4,0	1	0,1111	$\sigma^2_{um} = [\Sigma(D_i-\mu_{um})^2]/m_s$
3,0	10	0,1235	4,5	2	0,2222	
3,5	10	0,1235	5,0	1	0,1111	$\sigma_{um} = \surd\sigma^2_{um}$
4,0	13	0,1605	5,5	1	0,1111	
4,5	10	0,1235				
5,0	10	0,1235	Ziehung mit Zurücklegen			$\mu_{um} = 4$ $\sigma^2_{um} = 1,67$ $\sigma_{um} = 1,29$ $m_s = 81$
5,5	6	0,0741				
6,0	5	0,0617				
6,5	2	0,0247	Ziehung ohne Zurücklegen			$\mu_{um} = 4$ $\sigma^2_{um} = 0,83$ $\sigma_{um} = 0,91$ $m_s = 9$
7,0	1	0,0123				

Beim Mittelwert der Stichprobenverteilung von M_1-M_2 fragen wir nach $E(M_1-M_2)$, dem Erwartungswert einer Differenz. Nach den Rechenregeln für Erwartungswerte ergibt sich (Hays 1973, S.873, Regel 4):

$$E(M_1-M_2) = E(M_1) - E(M_2) = \mu_{m1} - \mu_{m2} = \mu_1 - \mu_2 = \mu_{um}$$

Das Mittel der Stichprobenverteilung der Mittelwertsdifferenz ist somit gleich der Differenz der Populationsmittel:

<5.2> $\mu_{um} = \mu_1 - \mu_2$

Für die Stichprobenverteilung der Mittelwertsdifferenz unter $H_0: \mu_1-\mu_2=0$ bedeutet dies, daß dann $\mu_{um} = 0$ ist.

Bei der Varianz der Stichprobenverteilung von M_1-M_2 wird nach der Varianz einer Differenz gefragt. Die Formel dafür ist bei Diehl & Kohr (1982, S.423) abgeleitet. Danach ist

<5.3> $\sigma^2_{um} = \sigma^2_{m1} + \sigma^2_{m2} - 2 \cdot \rho_{m1m2} \cdot \sigma_{m1} \cdot \sigma_{m2}$

Da die Ziehung der n_1 Elemente aus POP_1 jeweils unabhängig von der Ziehung der n_2 Elemente aus POP_2 erfolgte, sind die Variablen M_1 und M_2 voneinander unabhängig. Sie korrelieren deshalb zu Null, so daß in <5.3> $\rho_{m1m2} = 0$ ist. Dies läßt sich an unserem Beispiel leicht überprüfen: In Tab. 5.1 (unterer Teil) ist die Produkt-Moment-Korrelation der Mittelwertsreihen der Spalten »M_1« und »M_2« gleich Null. Es ergibt sich dann für die Varianz und die Standardabweichung der Stichprobenverteilung von M_1-M_2:

<5.4> $\sigma^2_{um} = \sigma^2_{m1} + \sigma^2_{m2} = \sigma^2_1/n_1 + \sigma^2_2/n_2$ *Varianzfehler*

<5.5> $\sigma_{um} = \sqrt{\sigma^2_{um}}$ *Standardfehler von M_1-M_2*

Die Varianz der Stichprobenverteilung der Mittelwertsdifferenz ist somit gleich der Summe der Varianzen der Stichprobenverteilungen von M_1 und M_2 (d.h. der Größen, die die Differenzvariable bilden). Mit anderen Worten: Der Varianzfehler der Mittelwertsdifferenz M_1-M_2 ist gleich der Summe der Varianzfehler von M_1 und M_2.

Wir wollen nun die in den Formeln <5.2>, <5.4> und <5.5> zum Ausdruck kommenden Beziehungen zwischen den Parametern von POP_1 und POP_2 und den Parametern der Stichprobenverteilung von M_1-M_2 an unserem Beispiel überprüfen. Berechnen wir für die [M_1-M_2]-Werte der Stichprobenverteilung von Tab. 5.2 (Fall »Mit Zurücklegen«) Mittel, Varianz und Standardabweichung, so ergibt sich $\mu_{um} = 4$, $\sigma^2_{um} = 1{,}67$, und $\sigma_{um} = 1{,}29$. Diese Werte erhalten wir auch, wenn wir die im oberen Teil von Tab. 5.1 wiedergegebenen Populationsparameter in die Formeln einsetzen: $\mu_{um} = \mu_1 - \mu_2 = 6 - 2 = 4$; $\sigma^2_{um} = \sigma^2_1/n_1 + \sigma^2_2/n_2 = 2{,}67/2 + 0{,}67/2 = 1{,}67$; $\sigma_{um} = \sqrt{1{,}67} = 1{,}29$.

Die in diesem Abschnitt abgeleiteten Formeln für das Mittel und den Varianz- und Standardfehler von M_1-M_2 gelten für die *Ziehung mit Zurücklegen*. Aus den Erörterungen in Abschnitt 2.4.4 zum Fall einer Stichprobe ist jedoch unmittelbar auf die jetzige Situation zweier unabhängiger Zufallsstichproben übertragbar, daß bei *Ziehung ohne Zurücklegen* der Varianz- und Standardfehler gleichfalls nach den Formeln <5.4> bzw. <5.5> berechnet werden kann, sofern die Populationsumfänge N_1 und N_2 im Verhältnis zu den Stichprobenumfängen n_1 und n_2 sehr groß sind.

Dies ist in der psychologischen Forschung fast immer der Fall. Die (meist hypothetischen) Populationen sind unendlich groß bzw. "riesig" im Vergleich zu den Stichprobenumfängen n_1 und n_2. Lediglich in dem (seltenen) Fall, daß die Stichprobenumfänge n_1 und n_2 im Verhältnis zu den Populationsumfängen relativ groß sind, muß bei Ziehung ohne Zurücklegen der Varianz- oder Standardfehler nach <5.8> bzw. <5.9> berechnet werden.

Ziehung ohne Zurücklegen, ohne Berücksichtigung der Anordnung

Die Anzahl der möglichen Stichprobenpaare »$n_1;n_2$« berechnet sich im Fall ohne Zurücklegen - ausgehend von Formel <2.2> - wie folgt:

<5.6> $$m_s = m_{s1} \cdot m_{s2} = \frac{N_1!}{n_1! \cdot (N_1-n_1)!} \cdot \frac{N_2!}{n_2! \cdot (N_2-n_2)!}$$

Bei unserem Beispiel ist somit: $m_s = [(1 \cdot 2 \cdot 3)/(1 \cdot 2 \cdot 1)] \cdot [(1 \cdot 2 \cdot 3)/(1 \cdot 2 \cdot 1)] = 9$. Die (bei Ziehung ohne Zurücklegen) möglichen Stichproben bzw. Stichprobenpaare und deren Mittelwertsdifferenzen sind in Tab. 5.1 zusammengestellt. Die relative Häufigkeitsverteilung der neun [M_1-M_2]-Werte enthält Tab. 5.2.

Welches Mittel und welche Varianz bzw. Standardabweichung hat nun die Stichprobenverteilung von M_1-M_2 im Fall ohne Zurücklegen? Für das Mittel ergibt sich wieder:

<5.7> $\mu_{um} = E(M_1-M_2) = E(M_1) - E(M_2) = \mu_1 - \mu_2$

Die Varianz der Stichprobenverteilung ist wieder die Varianz einer Differenz, wobei die Variablen M_1 und M_2 voneinander unabhängig sind, d.h. zu Null korrelieren, wie sich in Tab. 5.1 leicht nachprüfen läßt. Unter Heranziehung des Endlichkeitsfaktors (vgl. Formel <2.7>) ergibt sich für den *Varianz-* und den *Standardfehler* der Mittelwertsdifferenz bei zwei unabhängigen Stichproben

<5.8> $$\sigma^2_{um} = \sigma^2_{m1} + \sigma^2_{m2} = \frac{\sigma^2_1 \cdot (N_1-n_1)}{n_1 \cdot (N_1-1)} + \frac{\sigma^2_2 \cdot (N_2-n_2)}{n_2 \cdot (N_2-1)}$$ <5.9> $$\sigma_{um} = \sqrt{\sigma^2_{um}}$$

In Tab. 5.2 ist demonstriert, daß die in den Formeln <5.7-5.9> ausgedrückten Beziehungen auch für unser Zahlenbeispiel zutreffen.

Bisher haben wir die Stichprobenverteilung von M_1-M_2 als Ergebnis der Befunde an der Gesamtheit der möglichen Stichprobenpaare betrachtet. Wie ausgeführt läßt sie sich - zumindest in Gedanken - auch wie folgt gewinnen: Aus POP_1 wird eine Zufallsstichprobe des Umfangs n_1 und davon unabhängig eine Zufallsstichprobe des Umfangs n_2 aus POP_2 gezogen und die Differenz der Stichprobenmittel berechnet. Nach Zurücklegen der Stichproben wird ein zweites Paar von unabhängigen Zufallsstichproben gezogen und wiederum M_1-M_2 berechnet. Diesen Prozess wiederholen wir (in Gedanken) unendlich oft und erhalten dadurch unendlich viele Differenzen M_1-M_2. Eine Anordnung dieser Differenzwerte als relative Häufigkeitsverteilung ergibt dann die Stichprobenverteilung von M_1-M_2. Sie ist identisch mit der, die wir nach der im letzten Abschnitt beschriebenen Prozedur - Bestimmung der möglichen Differenzen, usf. - erhalten würden.

Wir haben aufgezeigt, daß die Stichprobenverteilung von M_1-M_2 das Mittel μ_{um} und die Standardabweichung σ_{um} hat. Im weiteren ist nun zu fragen, welche Form diese Verteilung aufweist. Für den Fall normalverteilter Werte in POP_1 und POP_2 läßt sich aufgrund des in Abschnitt 2.6 genannten Additionssatzes ableiten, daß die Differenzvariable $D = M_1-M_2$ ebenfalls normalverteilt sein muß, da sie sich aus zwei voneinander unabhängigen und jeweils normalverteilten Variablen zusammesetzt. Im Fall der Populationen $N(\mu_1; \sigma_1)$ und $N(\mu_2; \sigma_2)$ verteilt sich M_1-M_2 somit nach $N(\mu_{um}; \sigma_{um})$.

Weicht dagegen die Verteilung der Werte in einer oder beiden Populationen von der Normalform ab, dann ist auch bei der Stichprobenverteilung von M_1-M_2 der im *zentralen Grenzwertsatz* für die Stichprobenverteilung von M ausgesagte Effekt zu beobachten (vgl. Abschnitt 2.6): Die Stichprobenverteilung der Mittelwertsdifferenz strebt zur Normalform - gleichgültig, auf welche Art und wie stark die Werteverteilung in POP_1 und/oder POP_2 von dieser Form abweicht. Die Näherung an die Normalverteilung wird dabei mit steigenden Stichprobenumfängen $n_1;n_2$ immer enger.

5.4 Test der Hypothese »$\mu_1=\mu_2$«: Die Populationsvarianzen sind bekannt

Über die Mittel von zwei unabhängigen Populationen wird in der Nullhypothese $H_0:\mu_1=\mu_2$ bzw. $H_0:\mu_1-\mu_2=0$ die Aussage gemacht, daß sie den gleichen Wert haben und ihre Differenz damit gleich Null ist. Man zieht aus POP_1 eine Zufallsstichprobe des Umfangs n_1 und aus POP_2 (davon unbeeinflußt) eine Stichprobe des Umfangs n_2. Es ergibt sich eine Mittelwertsdifferenz von $M_1-M_2 \neq 0$. Über die Nullhypothese wird nun nach bekannter Regel entschieden: Ist die Wahrscheinlichkeit, daß bei Gültigkeit von H_0 eine so große Mittelwertsdifferenz wie die gefundene oder eine noch größere auftritt, gleich oder kleiner als der durch das Signifikanzniveau festgesetzte Wert α, dann wird die Nullhypothese zurückgewiesen und die Alternativhypothese mit einer Irrtumswahrscheinlichkeit von α angenommen. Die Differenz $M_1-M_2 \neq 0$ weicht dann so stark von dem unter H_0 "erwarteten" Wert von $\mu_1-\mu_2 = 0$ ab, daß man nicht mehr bereit ist zu glauben, daß ein unter H_0 nur mit geringer Wahrscheinlichkeit zu erwartendes extremes Ereignis eingetreten ist. Man hält es dann vielmehr für sinnvoller, die Nullhypothese zurückzuweisen und anzunehmen, daß die beiden Stichproben Populationen entstammen, deren Mittel nicht gleich sind.

Die Regel für die Entscheidung über die Nullhypothese können wir auch wie folgt formulieren: Es wird in der »Stichprobenverteilung von M_1-M_2 unter H_0« an einem oder an beiden Enden ein Anteil von α extremen Mittelwertsdifferenzen definiert. Dies ist der »Bereich der Zurückweisung/Verwerfung« von H_0. Fällt die beobachtete Mittelwertsdifferenz unter die $100\cdot\alpha\%$ extremen $[M_1-M_2]$-Werte, d.h. in den Bereich der Zurückweisung, dann wird H_0 zurückgewiesen und die Alternativhypothese (mit einer Irrtumswahrscheinlichkeit von α) angenommen. Fällt die beobachtete Differenz M_1-M_2 hingegen nicht unter diese extremen Werte, sondern in den »Bereich der Beibehaltung«, dann wird die Nullhypothese beibehalten.

Die Stichprobenverteilung von M_1-M_2 ist (bei normalverteilten Populationen) eine Normalverteilung mit dem Mittel $\mu_{um} = \mu_1-\mu_2$ und der Standardabweichung σ_{um}. In unserer (Null)Hypothese behaupten wir für die Differenz der Populationsmittel einen bestimmten Wert. Dies ist in der Regel der Wert Null, was aber nicht notwendigerweise so sein muß. Es läßt sich mit unserer Prozedur gleichermaßen die Hypothese testen, daß die Populationsdifferenz einen bestimmten (von Null verschiedenen) Wert hat, z.B. $H_0:\mu_1-\mu_2=7$. Von der wissenschaftlichen Frage her entstehen jedoch nur selten derartige Hypothesen. Die in der (Null) Hypothese behauptete Differenz bezeichnen wir mit »$(\mu_1-\mu_2)_0$«. Dies wird auch häufig die Bezeichnung für das Mittel der Stichprobenverteilung von M_1-M_2 unter H_0 sein; damit drücken wir aus, daß der Wert von μ_{um} durch die Behauptung in der Nullhypothese "zustande gekommen" ist.

Getestet werden soll die Nullhypothese $H_0:\mu_1=\mu_2$ entweder gegen die ungerichtete Alternativhypothese $H_1:\mu_1\neq\mu_2$ oder gegen die gerichtete Alternativhypothese $H_1:\mu_1>\mu_2$ bzw. $H_1:\mu_1<\mu_2$. Wir wollen das Vorgehen an Hand eines Zahlenbeispiels erläutern. Die normalverteilte POP_1 habe eine Varianz von $\sigma_1^2 = 49$, bei der normalverteilten POP_2 ist $\sigma_2^2 = 81$. Wir ziehen aus POP_1 eine Zufallsstichprobe

ABBILDUNG 5.2 Die Stichprobenverteilung von »M_1-M_2« und »Z_{um}« unter H_0:μ_1=μ_2 (H_0:μ_1-μ_2=0) und die kritischen M_1-M_2- und Z-Werte, die bei α = 0,01 den Bereich der Beibehaltung vom Bereich der Zurückweisung (BdZ) trennen. [A] Ungerichtete, [B] gerichtete H_1. Es ist σ_1 = 7, σ_2 = 9 und n_1 = n_2 = 30.

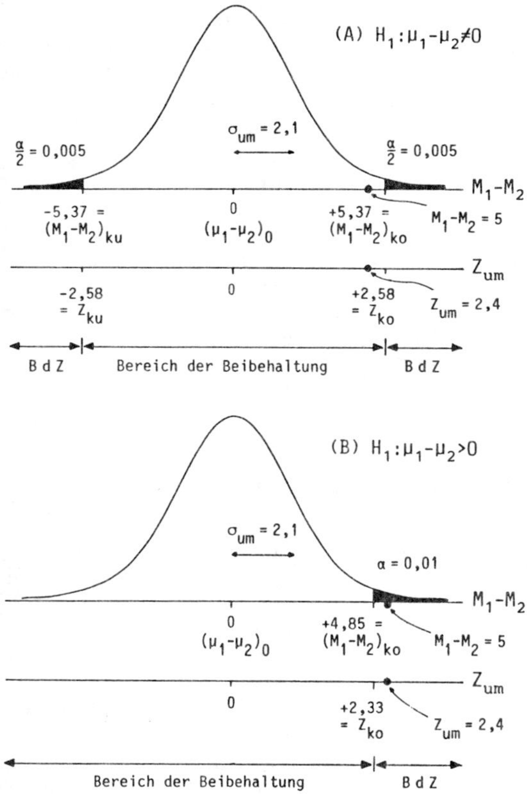

von n_1 = 30 und aus POP_2 ebenfalls eine Stichprobe von n_2 = 30 Werten (Elementen). Wir berechnen die Mittel beider Stichproben; es ergibt sich eine Differenz von M_1-M_2 = 65-60 = 5.

Die Stichprobenverteilung der Mittelwertsdifferenzen hat (bei Gültigkeit von H_0) ein Mittel von μ_{um} = (μ_1-μ_2)$_0$ = 0 und gemäß <5.5> eine Standardabweichung von σ_{um} = $\sqrt{(49/30 + 81/30)}$ = 2,08. Da die Stichprobenverteilung von M_1-M_2 im Fall normalverteilter Populationen ebenfalls normal ist, haben wir es hier mit der Verteilung N(0; 2,08) zu tun; sie ist in Abb. 5.2 dargestellt. In dieser Stichprobenverteilung ist durch die Setzung des Signifikanzniveaus α ein bestimmter Anteil extrem von der "Erwartung" - d.h. vom Mittel der Verteilung - abweichender Mittelwertsdifferenzen definiert, der den Bereich der Zurückweisung bildet (Wertebereich unter den schwarzen Flächenanteilen). Die Lage des Bereichs hängt wieder von der Art der Alternativhypothese ab. Diagramm [A] stellt für α = 0,01 den Fall der ungerichteten $H_1{:}\mu_1{\neq}\mu_2$ dar, Diagramm [B] den einer gerichteten Alternativhypothese. Die dem Betrag nach gleichen kritischen Mittelwertsdifferenzen $(M_1\text{-}M_2)_{ku}$ und $(M_1\text{-}M_2)_{ko}$ trennen im ungerichteten Fall (zweiseitiger Test von H_0) den unteren und oberen Bereich der Zurückweisung vom mittleren Bereich der Beibehaltung in der Stichprobenverteilung. Beim einseitigen Test teilt entweder $(M_1\text{-}M_2)_{ku}$ oder $(M_1\text{-}M_2)_{ko}$ den Bereich der Zurückweisung ab.

Um beim zweiseitigen Test festzustellen, ob die gefundene Mittelwertsdifferenz in den Bereich der Zurückweisung fällt, müssen wir prüfen, ob sie größer als $(M_1\text{-}M_2)_{ko}$ oder kleiner als $(M_1\text{-}M_2)_{ku}$ ist. Beim einseitigen Test ist als erstes zu prüfen, ob die Differenz der Stichprobenmittel das in der gerichteten H_1 für die Differenz der Populationsmittel behauptete Vorzeichen aufweist. Ist dies der Fall, dann ist zur Feststellung, ob sie im Bereich der Zurückweisung liegt, zu prüfen, ob sie stärker von Null abweicht als der Wert der kritischen Differenz.

Um festzustellen, ob die erhaltene Differenz $M_1\text{-}M_2$ bei der Stichprobenverteilung unter H_0 in den Bereich der Zurückweisung fällt, bedienen wir uns wieder der Standardnormalverteilung N(0;1), da wir dort für gegebene Werte von α die kritischen Werte Z_{ku} und/oder Z_{ko} kennen, die an beiden Enden insgesamt bzw. nur an einem Ende einen Werteanteil von α abtrennen. Das Vorgehen zum Test der Nullhypothese kann dabei wieder auf zwei Arten erfolgen:

- Wir transformieren die Stichprobenverteilung $N[(\mu_1\text{-}\mu_2)_0;\ \sigma_{um}]$ in die Standardnormalverteilung, womit die gefundene Mittelwertsdifferenz $M_1\text{-}M_2$ in einen Z-Wert transformiert wird und wir dann feststellen können, ob dieser bei N(0;1) in den Bereich der Zurückweisung fällt.
- Wir transformieren die Standardnormalverteilung N(0;1) in die Normalverteilung $N[(\mu_1\text{-}\mu_2)_0;\ \sigma_{um}]$, womit die kritischen Z-Werte in die kritischen Mittelwertsdifferenzen transformiert werden und wir dann feststellen können, ob die gefundene Mittelwertsdifferenz in der Stichprobenverteilung unter H_0 in den Bereich der Zurückweisung fällt.

Wollen wir $N[(\mu_1\text{-}\mu_2)_0;\ \sigma_{um}]$, die Stichprobenverteilung der Mittelwertsdifferenz unter H_0, in die Standardnormalverteilung transformieren, so kann dies nach der allgemeinen Formel $Z = (X\text{-}M)/S$ geschehen. Auf den Fall der Stichprobenverteilung unter H_0 übertragen, berechnet sich der Z-Wert für einen gegebenen Wert der Variablen $M_1\text{-}M_2$ wie folgt:

<5.9> $$Z_{um} = \frac{M_1\text{-}M_2 - (\mu_1\text{-}\mu_2)_0}{\sigma_{um}}$$

$(\mu_1\text{-}\mu_2)_0$: Die in H_0 behauptete Differenz der Populationsmittel

In der Regel behauptet die Nullhypothese, daß die Differenz der Populationsmittel gleich Null ist; Formel <5.10> vereinfacht sich bei $H_0{:}\mu_1\text{-}\mu_2{=}0$ dann zu

<5.10> $Z_{um} = (M_1 - M_2 - 0)/\sigma_{um} = (M_1 - M_2)/\surd(\sigma_1^2/n_1 + \sigma_2^2/n_2)$

Zur Feststellung, ob unsere Mittelwertsdifferenz in den Bereich der Zurückweisung der Stichprobenverteilung unter H_0 fällt, überführen wir die erhaltene Differenz M_1-M_2 nach Formel <5.10> in den Wert Z_{um} und prüfen dann, ob (im Fall des zweiseitigen Tests) Z_{um} kleiner als Z_{ku} oder größer als Z_{ko} ist, d.h. ob die nach Z transformierte Differenz bei N(0;1) in den Bereich der Zurückweisung fällt.

Wie oben skizziert können wir auch das umgekehrte Vorgehen wählen. Man transformiert hierbei die durch α definierten kritischen Z-Werte Z_{ku} und/oder Z_{ko} wie folgt in die kritischen Werte $(M_1-M_2)_{ku}$ und/oder $(M_1-M_2)_{ko}$ der Stichprobenverteilung von M_1-M_2 unter H_0:

<5.11> $(M_1-M_2)_{ku} = (\mu_1-\mu_2)_0 + Z_{ku} \cdot \sigma_{um}$ $\quad$ $(M_1-M_2)_{ko} = (\mu_1-\mu_2)_0 + Z_{ko} \cdot \sigma_{um}$

Bei $H_0: \mu_1 = \mu_2$ vereinfacht sich <5.12> zu $(M_1-M_2)_{ku} = Z_{ku} \cdot \sigma_{um}$ und $(M_1-M_2)_{ko} = Z_{ko} \cdot \sigma_{um}$. Man stellt nun fest, ob die gefundene Differenz M_1-M_2 in den Bereich der Zurückweisung bei N(0; σ_{um}) fällt, d.h. ob sie kleiner als $(M_1-M_2)_{ku}$ oder größer als $(M_1-M_2)_{ko}$ ist.

Die beiden möglichen Vorgehensweisen lassen sich anhand von Abb. 5.3 leicht nachvollziehen. Wir werden zum Test der Hypothese »$\mu_1=\mu_2$« immer den zuerst geschilderten Weg beschreiten, indem wir die gefundene Mittelwertsdifferenz M_1-M_2 nach Z_{um} transformieren und mit den kritischen Z-Werten vergleichen.

Wir wollen nun zur Demonstration für das oben genannte Zahlenbeispiel die Nullhypothese sowohl zwei- als auch einseitig unter Verwendung von α = 0,05 und 0,01 prüfen. Es sei als erstes H_0 auf dem 5%-Niveau gegen die ungerichtete $H_1: \mu_1 \neq \mu_2$ getestet. Die Berechnung der Prüfgröße gemäß <5.10> ergibt:

$|Z_{um}| = |65 - 60|/\surd(49/30 + 81/30) = 2{,}402$

Da $|Z_{um}|$ größer ist als der in Teil [A] von Tab. D angeführte kritische Wert $Z_k = Z_{ko} = |Z_{ku}| = 1{,}960$, wird H_0 zurückgewiesen. Man würde somit (unter Berücksichtigung des gewählten Fehler-I-Risikos) zu dem Schluß gelangen: »Die Populationsmittel haben nicht den gleichen Wert« bzw. »Die Stichprobenmittel unterscheiden sich statistisch signifikant«. Ist man bereit, die Möglichkeit des Gammafehlers in Kauf zu nehmen (Begehungswahrscheinlichkeit kleiner als $\alpha/2$, falls H_0 berechtigterweise zurückgewiesen wurde), könnte man auch weitergehend schlußfolgern, daß POP_1 das höhere Mittel hat (da $M_1 > M_2$ ist).

Bei (zweiseitiger) Prüfung von H_0 auf dem 1%-Niveau müßte die Nullhypothese beibehalten werden, da $|Z_{um}|$ kleiner als $Z_k = 2{,}576$ ist (vgl. Abb. 5.2.A). Der Test von H_0 gegen die gerichtete $H_1: \mu_1-\mu_2>0$ bei α = 0,01 führt dagegen zur Zurückweisung von H_0, da das Vorzeichen der Differenz M_1-M_2 dem in H_1 für $\mu_1-\mu_2$ behaupteten entspricht und $|Z_{um}|$ den kritischen Wert $Z_k = 2{,}326$ übersteigt (vgl. Abb. B). Man würde somit (unter Berücksichtigung des gewählten α) zu dem Schluß gelangen, daß das Mittel von POP_1 höher ist als das von POP_2. Bei einem eiseitigen Test von H_0 gegen $H_1: \mu_1-\mu_2<0$ könnte die Nullhypothese hingegen bereits aufgrund des Sachverhalts beibehalten werden, daß M_1-M_2 > 0 ist, da eine positive Mittelwertsdifferenz nicht in den Bereich der Zurückweisung fallen kann.

Wie die bisherigen Ausführungen gezeigt haben, folgt das Vorgehen beim Test von $H_0:\mu_1=\mu_2$ der gleichen Logik wie im früheren Fall einer Stichprobe und der Hypothese $H_0:\mu=a$. Der einzige Unterschied besteht darin, daß wir es jetzt mit der Mittelwertsdifferenz zweier (unabhängiger) Stichproben bzw. Populationen und damit mit einer Stichprobenverteilung von Mittelwertsdifferenzen zu tun haben. Alles in Kapitel 3 zu den Problemen von ein- und zweiseitigem Testen sowie den beim Test statistischer Hypothesen möglichen Fehlern und ihren Begehungswahrscheinlichkeiten Ausgeführte hat somit für die Prüfung von $H_0:\mu_1=\mu_2$ gleichermaßen Gültigkeit.

5.5 Test der Hypothese »$\mu_1=\mu_2$«: Die Populationsvarianzen sind nicht bekannt

Der Test von $H_0:\mu_1$-μ_2 erfolgte bisher gemäß <5.10> über die Prüfgröße

$$Z_{um} = (M_1 - M_2)/\sigma_{um} = (M_1 - M_2)/[\surd(\sigma_1^2/n_1 + \sigma_2^2/n_2)]$$

Die Variable M_1-M_2 stellt - normale Populationsverteilungen vorausgesetzt - eine normalverteilte Variable dar. Somit ist Z_{um} eine standardnormalverteilte Variable, da sie durch Z-Transformation aus der Variablen M_1-M_2 hervorgeht. Das bedeutet: Z_{um} verteilt sich unter H_0 nach N(0;1).

Da die Werte der Populationsvarianzen σ_1^2 und σ_2^2 in der Regel nicht bekannt sind, bietet es sich an, für diese Parameter die an den Stichproben erhaltenen Schätzungen V_1 und V_2 einzusetzen. Dadurch erhalten wir eine *Schätzung für den Standardfehler der Mittelwertsdifferenz* (die wir wieder mit einem lateinischen Buchstaben symbolisieren):

<5.12> $$S_{um} = \surd(V_1/n_1 + V_2/n_2)$$

Zum Test der Hypothese $H_0:\mu_1=\mu_2$ bilden wir dann die folgende Prüfgröße (wobei wir durch den Stern kenntlich machen, daß für den Standardfehler von M_1-M_2 eine Schätzung verwendet wird):

<5.13> $$Z^*_{um} = (M_1 - M_2)/S_{um} = (M_1 - M_2)/\surd(V_1/n_1 + V_2/n_2)$$

Da im Nenner des Quotienten von Z^*_{um} im Gegensatz zu Z_{um} eine Variable steht - der Wert von S_{um} variiert von Stichprobenpaar zu Stichprobenpaar - haben wir es bei Z^*_{um} nicht mehr mit einer (linearen) Z-Transformation der normalverteilten Variablen M_1-M_2 zu tun. Es ist somit zu fragen, unter welchen Bedingungen die Stichprobenverteilung von Z^*_{um} unter $H_0:\mu_1=\mu_2$ (hinreichend) der Standardnormalverteilung folgt. Auch hier zeigen eigene Simulationsdaten, daß im Fall normalverteilter Populationen ab Stichprobenumfängen von n_1 = 50 und n_2 = 50 die Verteilung von Z^*_{um} unter H_0 nur noch so geringfügig von N(0;1) abweicht, daß dies für praktische Zwecke vernachlässigbar ist. Bei »großen« Stichproben ist somit $H_0:\mu_1=\mu_2$ auch dann hinreichend valide über die Standardnormalverteilung prüfbar, wenn wir die Populationsvarianzen nicht kennen und auf die an unseren Stichproben gewonnenen Schätzungen V_1 und V_2 zurückgreifen müssen.

Die Schritte beim Test von $H_0:\mu_1=\mu_2$

- Test: *Z-Test für unabhängige Stichproben*
- Zweck: Prüfung, ob sich die Mittelwerte von zwei unabhängigen Stichproben statistisch signifikant unterscheiden.
- Voraussetzungen: Normalverteilte Werte in POP_1 und POP_2; $n_1 \geq 50$, $n_2 \geq 50$; unabhängige Stichproben. Zu den Folgen einer Verletzung der Normalitätsbedingung siehe Abschnitt 6.5.
- H_0: $\mu_1 = \mu_2$ $\quad$ H_1: $\mu_1 \neq \mu_2$ $\quad$ *Zweiseitiger Test*
  H_0: $\mu_1 = \mu_2$ $\quad$ H_1: $\mu_1 < \mu_2$ oder H_1: $\mu_1 > \mu_2$ $\quad$ *Einseitiger Test* [7)]
- Festsetzung von α. Berechnung der Stichprobenmittel und -varianzen. Beim einseitigen Test ist die Berechnung der Prüfgröße $|Z^*_{üm}|$ nur erforderlich, wenn das Vorzeichen der Differenz M_1-M_2 dem in H_1 für $\mu_1-\mu_2$ behaupteten Vorzeichen entspricht. Anderenfalls wird H_0 beibehalten.

  Prüfung: Widersprechen die Werteverteilungen in den Stichproben der Annahme, daß POP_1 und POP_2 normalverteilt sind?
- Berechnung der Prüfgröße:

<5.14> $$|Z^*_{üm}| = \frac{|M_1 - M_2|}{\sqrt{[(V_1 + V_2)/n]}}$$ *Gleiche Stichprobenumfänge ($n_1=n_2=n$)*

<5.15> $$|Z^*_{üm}| = \frac{|M_1 - M_2|}{\sqrt{(V_1/n_1 + V_2/n_2)}}$$ *Ungleiche Stichprobenumfänge ($n_1 \neq n_2$)*

- Entscheidung über die Nullhypothese: Zurückweisung von H_0, wenn $|Z^*_{üm}| > Z_k$ ist. Der »α« zugehörige Wert von Z_k wird beim zweiseitigen Test Teil [A], beim einseitigen Test Teil [B] von Tab. D entnommen.

---

7) Wenn wir - gemäß unseren Ausführungen in Abschnitt 3.1.5 - auch im Fall einer gerichteten H_1 das Hypothesenpaar $H_0;H_1$ so formulieren wollen, daß in den sich gegenüberstehenden Aussagen alle möglichen Zustände bezüglich der Populationsdifferenz $\mu_1-\mu_2$ enthalten sind, dann würden die Hypothesen wie folgt lauten: $H_0:\mu_1-\mu_2\leq 0$ gegen $H_1:\mu_1-\mu_2>0$ oder $H_0:\mu_1-\mu_2\geq 0$ gegen $H_1:\mu_1-\mu_2<0$. Da jedoch auch beim einseitigen Test die Hypothesenprüfung über die Stichprobenverteilung unter $H_0:\mu_1-\mu_2=0$ erfolgt, formulieren wir auch die Nullhypothese immer entsprechend als $H_0:\mu_1-\mu_2=0$. Analog zu unseren früheren Ausführungen gilt weiterhin: Wenn (z.B.) im Fall $H_1:\mu_1-\mu_2>0$ die Hypothese $H_0:\mu_1-\mu_2=0$ auf dem Signifikanzniveau α zurückgewiesen werden kann, dann sind damit auch die (möglichen) Nullhypothesen, die eine Differenz $\mu_1-\mu_2<0$ behaupten, (zumindest) auf dem Signifikanzniveau α zurückgewiesen.

TABELLE 5.3 Daten zur Leistung von Jungen und Mädchen aus der Mittel- und Arbeiterschicht in einem Rechtschreibtest für 3. Klassen (Müller 1966).

Jungen		Mädchen	
Arbeiterschicht	Mittelschicht	Arbeiterschicht	Mittelschicht
M = 17,16	M = 12,78	M = 14,70	M = 10,20
S = 8,15	S = 8,89	S = 9,12	S = 8,37
n = 445	n = 184	n = 443	n = 205

Schließt man beim zweiseitigen Test von H_0 aufgrund des Vorzeichens der Differenz M_1-M_2, daß das Mittel der einen Population höher ist als das der anderen, dann ist zu berücksichtigen, daß dabei der Gammafehler begangen werden kann.

Z-Test für unabhängige Stichproben: Beispiel

Mit dem von Müller (1966) konstruierten Test »DRT3« kann die Rechtschreibleistung von Schülern der 3. Klasse erfaßt werden. In einem nach Diktat von den Schülern geschriebenen Text werden dazu 44 kritische Wörter auf korrekte Schreibweise hin ausgewertet. Der Testwert weist somit einen Range von 0-44 (Fehlern) auf. Im Testmanual werden u.a. die durchschnittlichen Fehlerzahlen (Testwerte) für Jungen und Mädchen aus der Arbeiter- und der Mittelschicht mitgeteilt. Sie sind in Tab. 5.3 mit den Standardabweichungen und Gruppenumfängen wiedergegeben.

Diese vier Gruppen stellen jeweils Zufallsstichproben aus den entsprechenden Populationen dar. Anhand der Daten von Tab. 5.3 sollen drei Fragen untersucht werden. Da es sich eindeutig um *große* Stichproben handelt, ist diese Voraussetzung für die Anwendung des Z-Tests erfüllt. Verletzt ist hingegen die Annahme, daß die Stichproben normalverteilten Populationen entstammen. Abbildung 6 im Manual des DRT3 zeigt, daß die Testwertverteilung in der Gesamtstichprobe von 1277 Schülern eine positive Schiefe aufweist (hohe Fehlerzahlen kommen seltener vor als niedrige). Es muß deshalb davon ausgegangen werden, daß die Verteilung in den Untergruppen von Tab. 5.3 ebenfalls mehr oder minder schief ist. Aufgrund der Umfänge der untersuchten Stichproben (alle $n \geq 184$) ist jedoch gleichzeitig mit dem im zentralen Grenzwertsatz ausgesagten Effekt zu rechnen, daß die Stichprobenverteilung von Z^*_{um} (hinreichend) standardnormal ist trotz nichtnormaler Populationen.

[1] Unterscheiden sich Arbeiterschicht- und Mittelschicht-Jungen in ihrer durchschnittlichen Leistung im DRT3?

Wir prüfen hier die Nullhypothese, daß die beiden Stichproben mittelwertsgleichen Populationen entstammen, gegen die ungerichtete $H_1{:}\mu_{ms} \neq \mu_{as}$. Für diesen zweiseitigen Test wählen wir $\alpha = 0{,}01$, weil wir das Risiko gering halten wollen, fälschlicherweise auf einen Unterschied in den durchschnittlichen Rechtschreibleistungen der Populationen zu schließen. Die Berechnung des Prüfwertes gemäß <5.15> ergibt:

$|Z^*_{um}| = |17{,}16 - 12{,}78|/\surd(66{,}42/445 + 79{,}03/184) = 5{,}757$

Der kritische Wert ist $Z_k = 2{,}576$ (Tab. D); H_0 wird zurückgewiesen. Ausgehend von der Art des Unterschiedes bei den Stichprobenmitteln ($M_{as} > M_{ms}$) nehmen wir einen gerichteten Schluß vor: "Jungen aus der Mittelschicht machen im DRT3 im Durchschnitt weniger Rechtschreibfehler als Jungen aus der Arbeiterschicht (α = 0,01-zs)".[8] Bei dieser Formulierung beziehen wir uns auf die Differenz der Populationsmittel. Lassen wir hingegen die Differenz der Stichprobenmittel in die Aussage eingehen, dann würden wir wie folgt formulieren: "Die (untersuchten) MS-Jungen machten im Durchschnitt (statistisch) signifikant weniger Rechtschreibfehler als die AS-Jungen (α = 0,01-zs)". Eine ungerichtete Schlußfolgerung würde lauten: "AS- und MS-Jungen unterscheiden sich in ihrer durchschnittlichen Rechtschreibeleistung (α = 0,01-zs)". Oder: "Der Unterschied in der durchschnittlichen DRT3-Leistung von MS- und AS-Jungen erwies sich auf den 1%-Niveau (zs) als statistisch signifikant". Bei einem gerichteten Schluß muß berücksichtigt werden, daß das Risiko des Fehlers III. Art besteht. Es ist jedoch im vorliegenden Fall kleiner als $\alpha/2 = 0{,}005$.

[2] Ist die durchschnittliche DRT3-Rechtschreibleistung der Jungen von der der Mädchen verschieden?

Da eventuelle Geschlechtsunterschiede in beiden Richtungen interessieren, wählen wir den zweiseitigen Test und $\alpha = 0{,}01$ (weil wir das Risko gering halten wollen, fälschlicherweise auf unterschiedliche Rechtschreibleistungen von Jungen und Mädchen zu schließen). Bevor wir den Prüfwert berechnen können, müssen wir aus den nach der Sozialschicht untergliederten Daten von Tab. 5.3 die Gesamtmittel und -varianzen für Jungen und Mädchen bestimmen. Wir ziehen dazu die Formeln [13] und [32] von Diehl & Kohr (1982) heran und erhalten:

$M_j = (445 \cdot 17{,}16 + 184 \cdot 12{,}78)/(445 + 184) = 15{,}88$
$M_m = (443 \cdot 14{,}70 + 205 \cdot 10{,}20)/(443 + 205) = 13{,}28$
$V_j = [444 \cdot 66{,}42 + 183 \cdot 79{,}03 + 445 \cdot (1{,}28)^2 + 184 \cdot (-3{,}10)^2]/628 = 73{,}97$
$V_m = [442 \cdot 83{,}17 + 204 \cdot 70{,}06 + 443 \cdot (1{,}42)^2 + 205 \cdot (-3{,}08)^2]/647 = 83{,}29$

Die Berechnung des Prüfwertes gemäß <5.15> ergibt dann:

$|Z^*_{um}| = |15{,}88 - 13{,}28|/\surd(73{,}97/629 + 83{,}29/648) = 5{,}241$

Der kritische Wert ist $Z_k = 2{,}576$ (Tab. D); H_0 wird zurückgewiesen. Aufgrund der Art des Unterschiedes bei den Stichprobenmitteln ($M_j > M_m$) gelangen wir zu folgendem gerichteten Schluß: "Mädchen machen im DRT3 im Durchschnitt weniger Fehler als Jungen (α = 0,01-zs)". Oder: "Die untersuchten Mädchen machten im

---

8) Durch die Anfügung »zs« beim Wert von α machen wir hier und im folgenden in kurzer Form kenntlich, daß ein <u>z</u>wei<u>s</u>eitiger Test von H_0 durchgeführt wurde. Beim <u>e</u>in<u>s</u>eitigen Test wird die Abkürzung »es« verwendet.

Durchschnitt (statistisch) signifikant weniger Rechtschreibfehler als die Jungen (α = 0,01-zs)". Eine ungerichtete Schlußfolgerung würde nur aussagen, daß die durchschnittliche Rechtschreibleistung von Jungen und Mädchen im DRT3 unterschiedlich ist.

Beim zweiseitigen Test der Nullhypothese und einem gerichteten Schluß im Fall ihrer Zurückweisung wird häufig nicht in gesonderter Formulierung auf das dabei bestehende Risiko des Fehlers III. Art hingewiesen. Das bedeutet jedoch nicht, daß es unberücksichtigt geblieben ist. Man betrachtet es nur als mitgenannt durch die Angabe von α, da $\gamma < \alpha/2$ ist.

[3] Schneiden Mittelschicht-Mädchen im DRT3 (im Durchschnitt) besser ab als Mädchen aus der Arbeiterschicht?

Die Formulierung der Frage zeigt, daß nur von Interesse ist, ob $\mu_{ms} < \mu_{as}$ ist oder nicht. Es ist deshalb ein einseitiger Test von H_0 sinnvoll. Als erstes stellen wir fest, ob die MS-Mädchen im Durchschnitt weniger Fehler gemacht haben als die AS-Mädchen; dies ist der Fall (10,20 < 14,70). Nun ist zu prüfen, ob dieser Unterschied statistisch signifikant ist. Wir wählen α = 0,01. Es ist gemäß Formel <5.15>:

$$|Z^*_{um}| = |14{,}70 - 10{,}20| / \surd(83{,}17/443 + 70{,}06/205) = 6{,}184$$

Der kritische Wert ist Z_k = 2,326; H_0 wird zurückgewiesen und die gerichtete H_1 angenommen. Schlußfolgerung: "MS-Mädchen machen im DRT3 im Durchschnitt weniger Fehler als AS-Mädchen (α = 0,01-es)". Oder: Die (untersuchten) MS-Mädchen machten im DRT3 im Durchschnitt signifikant weniger Rechtschreibfehler als die AS-Mädchen (α = 0,01-es)".

5.6 Die Beurteilung der statistischen Signifikanz anhand von P-Werten

Bei einem statistischen Test definieren wir durch α im vorhinein einen Anteil extremer Ausgänge an einem oder an beiden Enden der Stichprobenverteilung unter H_0. Als Ergebnis unseres Signifikanztests - d.h. der Prüfung der Nullhypothese - haben wir dann bisher immer mitgeteilt, ob der an unseren Stichprobendaten erhaltene Prüfwert unter diesen $\alpha \cdot 100\%$ extremen Ausgängen lag (Zurückweisung von H_0) oder nicht (Beibehaltung von H_0). Dadurch war dem Leser unseres Berichts mitgeteilt, daß die Auftretenswahrscheinlichkeit unseres Prüfwertes (oder eines noch größeren) bei Gültigkeit der Nullhypothese $\leq \alpha$ war.

Diese Art der Ergebniswiedergabe eines Signifikanztests hat jedoch den Nachteil, daß ein Leser nicht unmittelbar in der Lage ist festzustellen, ob man auch auf einem (numerisch) niedrigeren als dem von uns gewählten Signifikanzniveau die Nullhypothese hätte zurückweisen können. So läßt sich z.B. der Angabe, daß ein Prüfwert bei α = 0,05 statistisch signifikant ist, nicht entnehmen, ob er es auch bei α = 0,01 wäre.

Aus diesem Grund wird als Ergebnis eines statistischen Tests häufig ein P-Wert mitgeteilt, der die Wahrscheinlichkeit angibt, mit der ein Prüfwert so groß (extrem) wie der beobachtete oder ein noch größerer (extremerer) bei Gültigkeit der Nullhypothese auftritt. Dies ist insbesondere bei den Ergebnisausdrucken von Computerprogrammen der Fall. Einem solchen Ausdruck kann man dann z.B. entnehmen, daß dem bei einem (zweiseitigen) Z-Test erhaltenen Wert von $|Z^*_{\text{üm}}| = 2{,}41$ ein P = 0,016 zugehört (vgl. Tab. C). Das bedeutet: Unter H_0 ist die Wahrscheinlichkeit, daß ein $|Z^*_{\text{üm}}|$-Wert von 2,41 oder größer auftritt, gleich 0,016: $P(|Z^*_{\text{üm}}| \geq 2{,}41) = 0{,}016$.

Diesem P-Wert kann nun ein Leser, der die Nullhypothese auf dem 5%-Niveau testen würde, entnehmen, daß H_0 zurückzuweisen ist, da der Prüfwert unter die 5% extremsten Ausgänge unter H_0 fällt. Und ein anderer Leser, der das Risiko des Fehlers I. Art auf $\alpha = 0{,}01$ setzen möchte, erkennt, daß dann H_0 beibehalten werden muß, da der Prüfwert nicht unter den 1% größten $|Z^*_{\text{üm}}|$-Werten in der Stichprobenverteilung unter H_0 liegt.

Die Angabe eines P-Wertes als Ergebnis des Tests der Nullhypothese ist somit informativer als die Aussage, daß die Auftretenswahrscheinlichkeit des erhaltenen Prüfwertes unter H_0 kleiner oder größer als das gesetzte α war. Aus diesem Grund wird die Mitteilung von P-Werten allgemein empfohlen (vgl. Eysenck 1960; Franks & Huck 1986; Gibbons & Pratt 1975; De Soete 1982).

Die Bestimmung bzw. Angabe von P-Werten bei Signifikanztests ändert jedoch nichts an der Regel, daß das Risiko des Fehlers I. Art im vorhinein - d.h. zumindest vor Kenntnis der Befunde - festgelegt werden muß. Die Nullhypothese wird dann zurückgewiesen, wenn P(Prüfwert) $\leq \alpha$ ist. Die Angabe des P-Wertes hat lediglich den Zweck, anderen Personen die Möglichkeit zu geben, bei der vorliegenden Frage H_0 auf einem anderen - auch vorher festgesetzten - Signifikanzniveau zu testen.

Bei Computerprogrammen werden meist die exakten P-Werte für den festgestellten Prüfwert angegeben. So genau ist dies bei Berechnungen "von Hand" und der Verwendung von Tabellen normalerweise nicht möglich. Es lassen sich jedoch häufig Annäherungen an die exakten P-Werte bestimmen und das um so besser, je genauer die Tabellen sind. So haben wir im letzten Abschnitt beim Vergleich der DRT3-Mittel von Jungen und Mädchen ein $|Z^*_{\text{üm}}| = 5{,}757$ erhalten (und lediglich geprüft, ob die Wahrscheinlichkeit eines solchen oder größeren Z-Wertes $\leq 0{,}01$ ist). Tab. C können wir jedoch weiterhin entnehmen, daß $P(|Z| \geq 5{,}757)$ kleiner als 0,0004 sein muß. Diese Information könnte nun einem Leser helfen, der unsere H_0 bei $\alpha = 0{,}001$-zs testen möchte. Die Nullhypothese würde auch in diesem Fall zurückgewiesen, da P = 0,0004 kleiner als $\alpha = 0{,}001$ ist.

5.7 Die Wahl des Verhältnisses der Stichprobenumfänge (n_1:n_2)

Es soll die $H_0{:}\mu_1=\mu_2$ gegen $H_1{:}\mu_1\neq\mu_2$ getestet werden. Uns ist bekannt, daß die Standardabweichungen der beiden normalverteilten Populationen den Wert $\sigma_1 = \sigma_2 = 7$ haben. Das Gesamt der in unserer Untersuchung heranzuziehenden Fälle soll $n_1+n_2 = n_g = 200$ betragen. Zu fragen ist nun, welches Verhältnis die Stichprobenumfänge n_1 und n_2 bei festgelegtem Wert von n_g haben sollen. Wir würden uns hier wahrscheinlich unmittelbar für gleich große Stichproben entscheiden, d.h. für $n_1:n_2 = 1:1$. Dies ist für den vorliegenden Fall gleicher Populationsstandardabweichungen auch die beste Wahl, da sie zum kleinstmöglichen Wert für den Standardfehler der Mittelwertsdifferenz führt (sofern wir nur die Variation des Verhältnisses der Stichprobenumfänge betrachten). Dies sei an einigen möglichen Verhältnissen $n_1:n_2$ für unser Zahlenbeispiel gezeigt. Der Standardfehler von M_1-M_2 ist: $\sigma_{um} = \surd(\sigma_1^2/n_1 + \sigma_2^2/n_2) = \surd(49/n_1 + 49/n_2)$. Wir teilen das Gesamt von 200 Fällen unterschiedlich auf n_1 und n_2 auf:

$\sigma_{um} = \surd(49/100 + 49/100)$	= 0,989949 »Min«	$= \surd(49/110 + 49/90)$	= 0,994937
$= \surd(49/101 + 49/99)$	= 0,989999	$= \surd(49/150 + 49/50)$	= 1,143095
$= \surd(49/102 + 49/98)$	= 0,990147	$= \surd(49/190 + 49/10)$	= 2,271000

Erwartungsgemäß ergibt sich im Fall $n_1 = n_2 = n_g/2 = 100$ der kleinste Wert für σ_{um}. Wenn wir somit bei varianzgleichen Populationen mit gleichen Stichprobenumfängen arbeiten, dann nimmt der Standardfehler der Mittelwertsdifferenz seinen minimalen Wert an, was bedeutet, daß die Stichprobenverteilung von M_1-M_2 die kleinstmögliche Standardabweichung aufweist. Dies ist wünschenswert für den Fall, daß die Nullhypothese falsch ist. Denn je kleiner der Wert von σ_{um} ist, um so geringer ist β, die Wahrscheinlichkeit, den Fehler II. Art zu begehen (vgl. Abschnitt 29.1.4).

Wie stellt sich nun die Situation bezüglich des optimalen Verhältnisses der Stichprobenumfänge dar, wenn die Populationen nicht die gleiche Standardabweichung aufweisen? In diesem Fall hat der Standardfehler σ_{um} seinen minimalen Wert nicht unter der Bedingung $n_1 = n_2$, sondern dann, wenn mit $n_1:n_2 = \sigma_1:\sigma_2$ das Verhältnis der Stichprobenumfänge gleich dem Verhältnis der Populationsstandardabweichungen ist. Aus dieser Beziehung ist auch die bisher gemachte Aussage ableitbar, daß im Fall $\sigma_1 = \sigma_2$ die Stichprobenumfänge gleich sein sollten. Wenn $\sigma_1 \neq \sigma_2$ ist, dann läßt sich bei gegebener Gesamtzahl der Fälle der Umfang von Stichprobe 1 wie folgt bestimmen:

<5.16> $n_1 = (n_g \cdot \sigma_1)/(\sigma_1 + \sigma_2)$ $\qquad n_g = n_1 + n_2$

Das bedeutet: Der Standardfehler hat bei gegebenen Populationsstandardabweichungen sein Minimum, wenn wir aus POP_1 eine Zufallsstichprobe des nach <5.16> bestimmten Umfangs n_1 ziehen und aus POP_2 eine Zufallsstichprobe des Umfangs $n_2 = n_g - n_1$.

Illustrieren wir dies an einem Beispiel. Die Standardabweichungen zweier unabhängiger Populationen seien $\sigma_1 = 8$ und $\sigma_2 = 5$. Es sollen $n_g = 200$ Fälle untersucht werden. Wie sind n_1 und n_2 zu wählen, damit σ_{um} seinen kleinsten Wert hat? Es ergibt sich nach <5.16>: $n_1 = (200 \cdot 8)/(8+5) = 123,1$. Da wir nur ganze Fälle untersuchen können, wird n_1 auf- bzw. abgerundet. Dies ergibt $n_1 = 123$ und damit $n_2 = 200 - 123 = 77$. Entsprechend der Beziehung $n_1/n_2 = \sigma_1/\sigma_2$ ist $123/77 = 1,6$ und $8/5 = 1,6$. Bei $\sigma_1 = 8$, $\sigma_2 = 5$ und $n_g = 200$ hat σ_{um} somit sein Minimum, wenn wir aus POP_1 eine Stichprobe von 123 und auch POP_2 eine Stichprobe von 77 Elementen ziehen.

Unsere bisherigen Berechnungen des optimalen Verhältnisses der Stichprobenumfänge galten für die Prüfung von $H_0{:}\mu_1=\mu_2$ im Fall, daß die Populationsvarianzen bekannt sind und σ_{um} berechnet werden kann. Welchen Nutzen hat jedoch Formel <5.16>, wenn wir mit großen Stichproben arbeiten wollen, aber σ_1^2 und σ_2^2 nicht kennen und somit zum Hypothesentest den Standardfehler σ_{um} aufgrund der Stichprobendaten durch $S_{um} = \sqrt{(V_1/n_1 + V_2/n_2)}$ schätzen müssen. Auch hier ist es natürlich am günstigsten, wenn man das Verhältnis der Stichprobenumfänge entsprechend dem Verhältnis $\sigma_1{:}\sigma_2$ wählen kann. Wenn sich jedoch (vor der Untersuchungsdurchführung) keine ausreichend sicheren Schätzungen für σ_1^2 und σ_2^2 abgeben lassen, dann ist es am sinnvollsten, mit gleichen Stichprobenumfängen zu arbeiten. Ist hingegen relativ zuverlässig bekannt, daß die eine Standardabweichung um einen bestimmten Faktor größer ist als die andere - d.h. können wir eine mehr oder minder sichere Vermutung über das Verhältnis $\sigma_1{:}\sigma_2$ äußern - dann läßt sich über Formel <5.16> eine Empfehlung über die Größe von n_1 und n_2 ableiten.

Liegen für die Werte der Populationsstandardabweichungen direkte Schätzungen vor - z.B. "σ_1 ist etwa 9, σ_2 etwa 4" - dann lassen sich diese Werte unmittelbar in <5.16> einsetzen. Bestehen die "Kenntnisse" über die Populationsstandardabweichungen hingegen in einer Schätzung über das Verhältnis ihrer Werte - z.B. "σ_1 ist etwa doppelt so groß wie σ_2" - dann ist zur Bestimmung von n_1 Formel <5.17> geeigneter. Der Einfachheit halber indizieren wir hier die Population mit der größeren Standardabweichung mit 1. Damit ist n_1 der Umfang der größeren Stichprobe.

<5.17> $n_1 = (c \cdot n_g)/(c + 1) \qquad c = \sigma_1/\sigma_2$

Gehen wir zur Illustration von dem oben gewählten Beispiel aus und nehmen wir an, es bestünde die Vermutung, daß σ_1 etwa 1,6mal so groß sei wie σ_2; somit ist c = 1,6. Es sollen n_g = 200 Fälle herangezogen werden. Welche Stichprobenumfänge sind die günstigsten? Nach <5.17> ist $n_1 = 1{,}6 \cdot 200/2{,}6 = 123$ (gerundet) und somit $n_2 = 77$ - wie im obigen Fall, da $\sigma_1/\sigma_2 = 8/5 = 1{,}6$ war.

Im konkreten Fall sollte man allerdings, sofern man die Größe Z^*_{um} zur Prüfung von $H_0{:}\mu_1=\mu_2$ heranziehen möchte (muß), nur dann von der Verwendung gleicher Stichprobenumfänge abweichen und das "optimale" Verhältnis $n_1{:}n_2$ bestimmen, wenn relativ sichere Informationen darüber vorliegen, daß die eine Populationsstandardabweichung deutlich größer ist als die andere. Bei einem vermuteten geringen Unterschied zwischen σ_1 und σ_2 ist eine Bestimmung des "optimalen" n_1 über Formel <5.16> bzw. <5.17> nicht empfehlenswert, da sich im Vergleich zur Verwendung gleicher Stichprobenumfänge nur unbedeutende Verringerungen des Standardfehlers erzielen lassen - und man zudem nicht sicher sein kann, daß die angenommene Ungleichheit von σ_1 und σ_2 auch tatsächlich zutrifft. Das Risiko einer falschen Vermutung über das Verhältnis $\sigma_1{:}\sigma_2$ sollte man nur dann eingehen, wenn ein großer Unterschied zwischen beiden Standardabweichungen anzunehmen und damit der durch ein optimales Verhältnis $n_1{:}n_2$ erzielbare Gewinn groß ist.

Kapitel 6

Test der Hypothese, daß die Mittel von zwei unabhängigen Populationen den gleichen Wert haben: Verwendung der T-Verteilung

Sind die Varianzen der interessierenden (normalverteilten) Populationen bekannt, dann läßt sich die Hypothese H_0:μ_1-μ_2=0 über die Berechnung von Z_{um} = $(M_1-M_2)/\sigma_{um}$ prüfen, da die Stichprobenverteilung dieser Größe unter H_0 exakt standardnormal ist. Kennt man σ_1^2 und σ_2^2 nicht, dann ist bei Vorliegen großer Stichproben gleichfalls eine Hypothesenprüfung über N(0;1) möglich, da in diesem Fall $S_{um} = \surd(V_1/n_1 + V_2/n_2)$ eine gute Schätzung für σ_{um} darstellt und die Verteilung von $Z^*_{um} = (M_1-M_2)/S_{um}$ dadurch hinreichend standardnormal ist.

In diesem Kapitel wird nun zu untersuchen sein, wie ein Test von H_0:μ_1=μ_2 möglich ist, wenn die Populationsvarianzen unbekannt sind und *kleine* Stichproben vorliegen. Es wäre wünschenswert, daß sich die Situation als analog zum Ein-Stichproben-Fall darstellt. Dort hatte sich $(M-\mu_0)/S_m$ bei großen Stichproben standardnormal und bei kleinen Stichproben nach T mit FG = n-1 verteilt. Ein entsprechendes Verhalten ist jedoch bei der zum Test von H_0:μ_1=μ_2 bisher berechneten Größe $(M_1-M_2)/\surd(V_1/n_1 + V_2/n_2)$ nicht festzustellen. Sie verteilt sich bei kleinen Stichproben nicht nach T mit $(n_1-1)+(n_2-1)$ Freiheitsgraden.

Beim Vergleich der Mittelwerte von zwei unabhängigen Gruppen muß unterschieden werden zwischen dem Fall, daß die Populationen, denen die Stichproben entstammen, die gleiche Varianz aufweisen und der Bedingung, daß die Werte von σ_1^2 und σ_2^2 verschieden sind. Für die Situation der *Varianzhomogenität* ($\sigma_1^2 = \sigma_2^2 = \sigma_I^2$) hat Fisher (1925) eine Prüfgröße abgeleitet, die - normalverteilte Populationen vorausgesetzt - unter H_0 exakt einer T-Verteilung mit $(n_1-1)+(n_2-1)$ Freiheitsgraden folgt. Dies ist der "klassische" *T-Test* zum Vergleich der Mittel von zwei unabhängigen Stichproben. Der Fall der Varianzheterogenität erweist sich hingegen als problematischer. Auch hierfür liegen zwar Prüfgrößen vor, deren exakte Stichprobenverteilung bekannt ist - die entsprechenden Tabellen sind allerdings weniger ausführlich und weniger komfortabel zu handhaben als z.B. die T-Tabelle. Wir werden jedoch im Abschnitt 6.2 sehen, daß hier für die praktische Durchführung des Tests von H_0:μ_1=μ_2 auf ein einfacheres approximatives Verfahren zurückgegriffen werden kann.

6.1 Test der Hypothese »μ_1=μ_2« im Fall varianzhomogener Populationen

Für unsere Überlegungen gehen wir davon aus, daß zwei normalverteilte Populationen vorliegen, die die gleiche Varianz haben. Unter der H_0-Bedingung sind weiterhin ihre Mittel gleich. Die Stichprobenverteilung von M_1-M_2 weist dann die Standardabweichung $\sigma_{um} = \surd(\sigma_1^2/n_1 + \sigma_2^2/n_2)$ auf. Da $\sigma_1^2 = \sigma_2^2 = \sigma_I^2$ ist, vereinfacht sich σ_{um} zu

<6.1> $\sigma_{um} = \sqrt{[\sigma_I^2 \cdot (1/n_1 + 1/n_2)]}$

Die Stichprobenverteilung von $Z_{um} = (M_1-M_2)/\sigma_{um}$ folgt unter $H_0:\mu_1=\mu_2$ exakt der Standardnormalverteilung, da Z_{um} eine Z-Transformation der normalen Differenzvariablen M_1-M_2 ist. Von einer N(0;1) hinreichend angenäherten Stichprobenverteilung kann bei großen Stichproben auch dann ausgegangen werden, wenn σ_I^2 (und damit σ_{um}) durch die Stichprobendaten geschätzt werden muß. Bei kleinen Stichproben ist N(0;1) hingegen kein geeignetes Verteilungsmodell. Die beste Schätzung für σ_I^2 (die Varianz innerhalb der Populationen) ist die durchschnittliche Varianz innerhalb der Stichproben. Sie wird im Fall $n_1 \neq n_2$ wie folgt bestimmt (vgl. Diehl & Kohr 1982, S.107):

<6.2> $$V_I = \frac{V_1 \cdot (n_1-1) + V_2 \cdot (n_2-1)}{n_1 + n_2 - 2} = \frac{\Sigma(X_{i1} - M_1)^2 + \Sigma(X_{i2} - M_2)^2}{N - 2}$$

Es wird hier die Summe der $n_1 + n_2 = N$ quadrierten Abweichungen von den Gruppenmitteln durch die Anzahl der Freiheitsgrade dieses Wertesatzes dividiert. Zwei Freiheitsgrade gehen verloren, da den N Abweichungswerten zwei Restriktionen auferliegen: es müssen sowohl $\Sigma(X_{i1}-M_1)$ als auch $\Sigma(X_{i2}-M_1)$ den Wert Null ergeben.

Fisher (1925) konnte nun zeigen, daß die Stichprobenverteilung der Größe

<6.3> $T_{um} = (M_1 - M_2)/S_{um} = (M_1 - M_2)/\sqrt{[V_I \cdot (1/n_1 + 1/n_2)]}$

unter $H_0:\mu_1=\mu_2$ eine T-Verteilung mit N-2 Freiheitsgraden ist. Damit wurde auch für den Fall kleiner Stichproben (bei varianzhomogenen Populationen) ein Test von $H_0:\mu_1=\mu_2$ möglich. Denn es kann nun über die entsprechende T-Verteilung bestimmt werden, wie groß unter H_0 die Wahrscheinlichkeit ist, daß ein $|T_{um}|$-Wert so groß wie der beobachtete oder ein noch größerer auftritt. Ist dieses $P(|T| \geq |T_{um}|) \leq \alpha$, dann wird die Nullhypothese zurückgewiesen. Der erhaltene Prüfwert fällt dann unter die $100 \cdot \alpha\%$ extremsten T-Werte unter H_0 und damit in den Bereich der Zurückweisung.

6.1.1 Die Schritte beim T-Test für unabhängige Stichproben

- Test: *T-Test für unabhängige Stichproben*
- Zweck: Prüfung, ob sich die Mittelwerte von zwei unabhängigen Stichproben statistisch signifikant unterscheiden.
- Voraussetzungen: Normalverteilte Werte in POP_1 und POP_2, gleiche Populationsvarianzen ($\sigma_1^2 = \sigma_2^2 = \sigma_I^2$), unabhängige Stichproben.
- H_0: $\mu_1 = \mu_2$ H_1: $\mu_1 \neq \mu_2$ *Zweiseitiger Test*
  H_0: $\mu_1 = \mu_2$ H_1: $\mu_1 < \mu_2$ oder H_1: $\mu_1 > \mu_2$ *Einseitiger Test*
- Festsetzung von α. Berechnung der Stichprobenmittel und -varianzen. Falls die Formel für Rohwerte verwendet werden soll: Bestimmung der Summe der (quadrierten) Werte pro Gruppe. Beim einseitigen Test ist die Berechnung der

Prüfgröße $|T_{um}|$ nur erforderlich, wenn das Vorzeichen der Differenz M_1-M_2 dem in H_1 für μ_1-μ_2 behaupteten Vorzeichen entspricht. Anderenfalls wird H_0 beibehalten.

Prüfung: (1) Widersprechen die Werteverteilungen in den Stichproben der Annahme, daß POP_1 und POP_2 normalverteilt sind? (2) Ist die Annahme berechtigt, daß die Varianzen der beiden Populationen den gleichen Wert haben?

- Berechnung der Prüfgröße:

Ungleiche Stichprobenumfänge ($n_1 \neq n_2$)

<6.4> $$|T_{um}| = \frac{|M_1 - M_2|}{\sqrt{[V_I \cdot (1/n_1 + 1/n_2)]}} \qquad FG = n_1 + n_2 - 2$$

$$V_I = \frac{V_1 \cdot (n_1 - 1) + V_2 \cdot (n_2 - 1)}{n_1 + n_2 - 2}$$ *Formel für Varianzen*

$$V_I = \frac{B_1 + B_2 - A_1^2/n_1 - A_2^2/n_2}{n_1 + n_2 - 2}$$ *Formel für Rohwerte*

Gleiche Stichprobenumfänge ($n_1 = n_2 = n$)

<6.5> $$|T_{um}| = \frac{|M_1 - M_2|}{\sqrt{(2 \cdot V_I/n)}} \qquad FG = 2 \cdot n - 2$$

$$2 \cdot V_I/n = (V_1 + V_2)/n$$ *Formel für Varianzen*

$$2 \cdot V_I/n = \frac{B_1 + B_2 - (A_1^2 + A_2^2)/n}{2 \cdot n - 2}$$ *Formel für Rohwerte*

In den Rohwertformeln bedeuten:

$A_1 = \Sigma X_{i1}$ $A_2 = \Sigma X_{i2}$: Summe der Werte in Gruppe 1 und 2

$B_1 = \Sigma X_{i1}^2$ $B_2 = \Sigma X_{i2}^2$: Summe der quadrierten Werte in Gruppe 1 und 2

- Entscheidung über die Nullhypothese: Zurückweisung von H_0, wenn $|T_{um}| > T_k$ ist. Beim zweiseitigen (einseitigen) Test wird zur Bestimmung von T_k in Tab. E in der Kopfzeile (Fußzeile) vom gewählten »α« ausgegangen. Im Schnittpunkt dieser Spalte mit der Zeile »FG« steht der gesuchte Wert.

6.1.2 T-Test für unabhängige Stichproben: Zwei Beispiele

Bei der Erfassung von Persönlichkeitsmerkmalen mittels entsprechender Fragebögen (Inventare) geht man davon aus, daß die Testperson die Fragen ehrlich und ohne sich zu verstellen beantwortet. Diese Annahme ist in der Regel berechtigt, wenn die Erfassung anonym erfolgt und/oder das Testergebnis keine Konsequenzen für die Person hat. Mit Verfälschungstendenzen muß hingegen gerechnet werden, wenn die Person weiß, daß der Testbefund zu Entscheidungen über sie verwendet wird, wie z.B. in Bewerbungssituationen, in denen zur Auswahl der Kandidaten (auch) Persönlichkeitsmaße herangezogen werden. Die Frage, wieweit bestimmte Persönlichkeitstests anders (als "normal") beantwortet werden, wenn für die Befragten ein Grund besteht, sich in einem guten (oder schlechten) Licht darzustellen, ist bereits häufig untersucht worden, so z.B. von Hampel & Klinkhammer (1978), die die Kurzform des Freiburger Persönlichkeitsinventars (FPI-K) einer diesbezüglichen Analyse unterzogen.

Eine ähnliche Fragestellung hatte eine von uns zur Gewinnung von Übungsdaten im Rahmen einer Veranstaltung durchgeführten Studie. Auch hier wurde das FPI-K von Fahrenberg et al. (1978) verwendet. Es sollte untersucht werden, wie sich Psychologiestudent(inn)en hinsichtlich der von diesem Fragebogen erfaßten Persönlichkeitsmerkmale (anders) darstellen, wenn sie aufgefordert sind, den Fragebogen so auszufüllen, daß sie ein für die Einstellung als Schulpsychologe "günstiges" Bild abgeben. Als Vergleich dienten unter der Standard-Instruktion des FPI erhobene Testwerte. Standard -und "Bewerbungs"-Instruktion sind im unteren Teil von Tab. 6.1 wiedergegeben.

Für beide Instruktionsarten wurden jeweils 40 Fragebögen erstellt und das Gesamt der 80 Exemplare in eine zufällige Abfolge gebracht. In dieser Reihung erfolgte dann die Ausgabe der Fragebögen an die Teilnehmer(innen) einer Psychologie-Veranstaltung des ersten Studienabschnitts. Dadurch wurde eine Zufallszuordnung der zur Verfügung stehenden Probanden zu den beiden Instruktionsbedingungen erreicht. Wir haben es deshalb mit unabhängigen Stichproben zu tun. Für einen Mittelwertsvergleich greifen wir von den neun Standardskalen des FPI das Merkmal *Spontane Aggressivität* heraus.

Es soll nun mittels T-Test untersucht werden, ob sich das unter der Bewerbungs-Instruktion geäußerte durchschnittliche Ausmaß an *Spontaner Aggressivität* statistisch signifikant vom Mittelwert unter der Standard-Instruktion unterscheidet. Die für beide Instruktionsbedingungen erhaltenen Aggressivitätsscores sind in Tab. 6.1 links oben wiedergegeben. Der mittlere Wert ist bei der Bewerbungs-Instruktion mit $M_2 = 3,6$ niedriger als unter der Standard-Instruktion ($M_1 = 7,2$). Bevor die Differenz von M_1-$M_2 = 3,5$ mittels T-Test auf Signifikanz untersucht werden kann, ist zu prüfen, ob die Normalitäts- und Homogenitätsvoraussetzungen des Verfahrens (hinreichend) gegeben sind.

Die Frage, welche Form die Verteilungen der (hypothetischen) Populationen aufweisen, muß aufgrund einer Inspektion der Werteverteilungen in den Versuchsgruppen entschieden werden, da statistische Tests zur Prüfung der Güte der Anpassung einer empirischen Verteilung an (z.B.) die Normalverteilung bei so kleinen Stichprobenumfängen wie den vorliegenden noch nicht sinnvoll einsetzbar sind.

Untersuchungen zur Validität des T-Tests bei nichtnormalen Populationen haben gezeigt, daß sich Probleme hauptsächlich bei (sehr) schiefen Verteilungen ergeben, während der Sachverhalt, daß eine Populationsverteilung platy- oder lektokurtischer als die Normalverteilung ist, die Fehler-I-Wahrscheinlichkeiten nur wenig beeinflußt (vgl. Abschnitt 6.5). Insofern ist bei den Verteilun-

TABELLE 6.1 Beispiel für den T-Test für unabhängige Stichproben: Werte in der Skala *Spontane Aggressivität* von zwei Gruppen von Studierenden, denen das Freiburger Persönlichkeitsinventar (Fahrenberg et al. 1978) mit unterschiedlicher Instruktion vorgelegt wurde. Verwendet wurde das FPI-K mit einem vierstufigen Antwortmodus; bei der Standardform können die Items nur mit *stimmt* oder *stimmt nicht* beantwortet werden.

Standard-Instrukt.			Bewerb.-Instrukt.			X	Standard-Instrukt.	Bewerbungs-Instruktion	Standard-Instrukt.	Bewerb.-Instrukt.
7	6	6	4	3	3	0		XXX		
5	10	3	0	0	3	1	X	XXXX	$A_1 = 251$	$A_2 = 116$
7	9	10	4	4	3	2	X	XX		
3	13	6	4	5	1	3	XXXX	XXXXXXXXXX	$B_1 = 2109$	$B_2 = 662$
1	9	6	5	0	1	4	X	XXXXXX		
3	8	9	3	3	2	5	X	XX	$M_1 = 7{,}171$	$M_2 = 3{,}625$
8	7	9	1	1	8	6	XXXXXX	X		
3	8	9	3	4	11	7	XXXX	X	$S_1 = 3{,}015$	$S_1 = 2{,}791$
6	9	4	3	7		8	XXXXX	X		
8	6	8	4	3		9	XXXXXX		$V_1 = 9{,}087$	$V_2 = 7{,}790$
7	12	2	2	12		10	XXX			
14	10		3	6		11		X	$n_1 = 35$	$n_2 = 32$
						12	X	X		
Möglicher Werte-						13	X			
bereich: 0-21						14	X [1]	[2]		

Hoher Testwert: Person ist spontan aggressiv, emotional unreif
Niedriger Testwert: Person ist nicht aggressiv, beherrscht

ANWEISUNG ZUR BEARBEITUNG DES FRAGEBOGENS: Sie werden auf den folgenden Seiten eine Reihe von Aussagen über bestimmte Verhaltensweisen, Einstellungen und Interessen finden. Sie können jede entweder mit *stimmt, stimmt überwiegend, stimmt überwiegend nicht* oder mit *stimmt nicht* beantworten.

[1] *Standard-Instruktion*: Es gibt keine richtigen und falschen Antworten, weil jeder Mensch das Recht zu eigenen Anschauungen hat. Antworten Sie bitte so, wie es für Sie zutrifft. ...

[2] *Bewerbungs-Instruktion*: Sie sollen diese Aussagen jedoch nicht so beantworten, wie es für Sie "ehrlicherweise" gilt. Stellen Sie sich bitte vielmehr vor, sie hätten sich um eine Stelle als Schulpsychologe beworben, und Ihre Absicht wäre es, in diesem Test ein für die Einstellung günstiges Bild von sich zu geben. Beantworten Sie die Fragen bitte so, wie sie meinen, daß es für die Erhöhung Ihrer Einstellungschancen günstig ist.

gen der Stichproben primär zu untersuchen, ob sie (zu) stark von der Symmetrie abweichen. Das ist bei unseren Daten nicht der Fall; die leichte Schiefe der Werteverteilung bei der Bewerbungs-Instruktion ist tolerierbar.

Es ist nun zu prüfen, ob der Unterschied zwischen den Stichprobenvarianzen ($V_1 = 9{,}1$; $V_2 = 7{,}8$) noch als zufallsbedingt anzusehen ist und nicht der Annahme widerspricht, daß die Varianzen der (hypothetischen) Populationen gleich sind. Wenn nicht mit ausreichender Sicherheit davon ausgangen werden kann, daß die Verteilungen von POP_1 und POP_2 gut normalverteilt (und nicht nur symmetrisch) sind, dann ist das geeignetste Verfahren zur Prüfung von $H_0:\sigma_1^2=\sigma_2^2$ ein von Brown & Forsythe (1974c) vorgestellter Test. Dessen Durchführung ist in Abschnitt 15.4 an den vorliegenden Daten demonstriert. Es zeigt sich, daß selbst bei $\alpha = 0,20$ die Nullhypothese beibehalten werden kann. Wir dürfen deshalb davon ausgehen, daß die Voraussetzung gleicher Populationsvarianzen erfüllt ist.

Bei der nachfolgenden Bestimmung der Prüfgröße T_{um} erfolgt die Berechnung von V_I (zur Demonstration) sowohl nach der Varianz- als auch nach der Rohwert-Formel. Wenn - wie in unserem Fall - die Summen der (quadrierten) Meßwerte pro Gruppe gegeben sind, ist allerdings die Rohwert-Formel vorzuziehen, da bei der Varianz-Formel gewisse Ungenauigkeiten durch die Rückrechnung der Abweichungsquadratsummen aus den Varianzen entstehen. Um bei der Berechnung von T_{um} eine Kumulierung von Rundungsungenauigkeiten zu vermeiden, sollten die in die Formel eingehenden Mittel- und Varianzwerte drei oder mehr Nachkommastellen aufweisen.

Da unsere Untersuchungsfrage lautet, ob die mittleren Aggressivitätswerte beider Instruktionsbedingungen signifikant verschieden sind, ist ein zweiseitiger Test durchzuführen. Wir setzen das Risiko der fälschlichen Zurückweisung der Nullhypothese auf $\alpha = 0,05$. Gemäß Formel <6.4> ergibt sich als Prüfwert:

$$|T_{um}| = |7,171 - 3,625| / \sqrt{[8,469 \cdot (1/35 + 1/32)]} = 4,982$$

$$V_I = [9,087 \cdot (35-1) + 7,790 \cdot (32-1)]/(35 + 32 - 2) = 8,468 \qquad \textit{Varianzformel}$$

$$V_I = (2109 + 662 - 251^2/35 - 116^2/32)/(35 + 32 - 2) = 8,469 \qquad \textit{Rohwertformel}$$

Für FG = 65 und $\alpha = 0,05$-zs ist $T_k = 1,997$. Tabelle E läßt sich weiterhin entnehmen, daß $P(|T| \geq 4,982)$ kleiner als 0,001 sein muß, denn der errechnete Wert überschreitet auch 3,447, den kritischen Wert für FG = 65 und $\alpha = 0,001$-zs. Da $|T_{um}| > T_k$ ist, wird die Nullhypothese zurückgewiesen. Die Befragten mit der Bewerbungs-Instruktion haben sich im Durchschnitt signifikant weniger aggressiv dargestellt als die Personen, die den Persönlichkeitsfragebogen unter Standard-Instruktion zu beantworten hatten.

Penfield & McSweeney (1968) berichten von einem Experiment, in dem der Effekt der Itemabfolge auf die Leistung in einem Statistik-Kenntnistest untersucht wurde. Die Teilnehmer eines Statistik-Kurses wurden nach Zufall auf zwei Gruppen aufgeteilt. Die eine Stichprobe erhielt die 20 Statistik-Aufgaben in zufälliger Folge dargeboten, während die Aufgaben in der anderen Gruppe entsprechend der Abfolge der Inhalte in der Veranstaltung angeordnet waren. Von den Untersuchern wurde erwartet, daß bei "inhaltlicher" Itemanordnung ein höherer durchschnittlicher Kenntniswert auftreten würde.

Die unter beiden Bedingungen erhaltenen Daten sind in Tab. 6.2 wiedergegeben. Entsprechend der wissenschaftlichen Hypothese der Untersucher wollen wir einen einseitigen Test von $H_0:\mu_1=\mu_2$ durchführen. Damit begibt man sich allerdings der Möglichkeit, bei einem "bedeutsamen" Mittelwertsunterschied in der nicht erwarteten Richtung H_0 zurückweisen zu können. Das Fehler-I-Risiko setzen wir auf $\alpha = 0,05$. Da wir einseitig testen, ist als erstes zu prüfen, ob entspre-

TABELLE 6.2 Beispiel für den T-Test für unabhängige Stichproben: Werte in einem Statistik-Kenntnistest von zwei studentischen Gruppen, denen die Aufgaben in unterschiedlicher Abfolge vorgelegt wurden (Penfield & McSweeney 1968).

Inhaltl. Abfolge	Zufäll. Abfolge	X	Inhaltl. Abfolge	Zufäll. Abfolge	Inhaltliche Abfolge	Zufällige Abfolge
15	3	3		X		
10	11	4			A_1 = 134	A_2 = 102
7	11	5				
9	13	6		X	B_1 = 1768	B_2 = 1164
11	15	7	X			
19	8	8		X	M_1 = 12,182	M_2 = 10,200
9	13	9	XX	X		
12	6	10	X		S_1 = 3,683	S_2 = 3,706
14	13	11	XX	XX		
11	9	12	X		V_1 = 13,564	V_2 = 13,733
17		13		XXX		
		14	X		n_1 = 11	n_2 = 10
Möglicher Werte-		15	X	X		
bereich: 0-20		16				
Hoher Wert =		17	X			
Gute Kenntnisse		18				
		19	X [1]	[2]		

chend der Untersuchungshypothese die durchschnittliche Leistung bei inhaltlicher Itemabfolge besser ist als bei der Zufallsanordnung. Dies ist der Fall (M_1 = 12,2 > M_2 = 10,2). Wäre M_1 kleiner als M_2, hätte H_0 bereits an dieser Stelle (ohne weitere statistische Berechnungen) beibehalten werden können.

Da die Stichprobenvarianzen mit V_1 = 13,6 und V_2 = 13,7 praktisch gleich sind, erübrigt sich ein Homogenitätstest. Die Verteilungen der (wenigen) Werte innerhalb der Gruppen ergeben keine Hinweise, daß die Normalitäts- bzw. Symmetrieannahme hinsichtlich der Populationsverteilungen verletzt ist. Die Bedingungen des T-Tests sind deshalb hinreichend erfüllt. Wir berechnen die Prüfgröße nach <6.4> unter Verwendung der Rohwertformel für V_I:

$$|T_{um}| = |12{,}182 - 10{,}200|/\sqrt{[13{,}644\cdot(1/11 + 1/10)]} = 1{,}228$$

$$V_I = (1768 + 1164 - 134^2/11 - 102^2/10)/(11 + 10 - 2) = 13{,}644$$

Für α = 0,05-es und FG = 19 ist T_k = 1,729 (Tab. E). Da der errechnete T-Wert kleiner ist, wird die Nullhypothese beibehalten. Die durchschnittlichen Statistikkenntnisse bei der inhaltlichen Itemanordnung unterscheiden sich nicht (statistisch) signifikant vom Mittel der Gruppe mit der zufälligen Abfolge.

6.2 Test der Hypothese »μ_1=μ_2« Im Fall varianzheterogener Populationen

Die Frage, wie die Hypothese H_0:μ_1=μ_2 getestet werden kann, wenn die Populationsvarianzen nicht gleich sind, wird in der Literatur meist unter der Bezeichnung *Behrens-Fisher-Problem* behandelt (vgl. Scheffé 1970). Ist $\sigma_1^2 \neq \sigma_2^2$, dann bestimmt sich der Standardfehler von M_1-M_2 nach $\sigma_{um} = \surd(\sigma_1^2/n_1 + \sigma_2^2/n_2)$, und seine Schätzung ist $S_{um} = \surd(V_1/n_1 + V_2/n_2)$. Wie bereits erwähnt folgt die Stichprobenverteilung der naheliegenden Prüfgröße $(M_1-M_2)/\surd(V_1/n_1 + V_2/n_2)$ leider nicht einer T-Verteilung mit den S_{um} zugehörigen Freiheitsgraden von $(n_1-1)+(n_2-1)$. Die exakte Prüfverteilung für diese Größe wurde von Welch und Aspin entwickelt. Die darauf basierenden Tabellen sind jedoch relativ aufwendig zu handhaben und bieten bei weitem nicht die große Anzahl von α- und FG-Werten wie die T- oder F-Tabelle (Aspin 1949; Trickett et al. 1956).

Welch konnte jedoch gleichzeitig zeigen, daß sich die exakte Stichprobenverteilung von $(M_1-M_2)/\surd(V_1/n_1 + V_2/n_2)$ unter $H_0:\mu_1=\mu_2$ auf zwei Arten durch eine T-Verteilung approximieren läßt. Im einen Fall werden die Freiheitsgrade wie folgt bestimmt (Welch 1947):

$$\text{<6.6>} \quad FG = \frac{(V_1/n_1 + V_2/n_2)^2}{(V_1/n_1)^2/(n_1+1) + (V_2/n_2)^2/(n_2+1)} - 2$$

Dieses Verfahren findet allerdings seltener Anwendung (z.B. Hays 1973, S.410). Meist erfolgt die Bestimmung der Freiheitsgrade entsprechend Welch (1949):

$$\text{<6.7>} \quad FG = \frac{(n_1-1)\cdot(n_2-1)}{C^2\cdot(n_2-1) + (1-C)^2\cdot(n_1-1)} \qquad C = \frac{V_1/n_1}{V_1/n_1 + V_2/n_2}$$

Durch Einsetzen und Umformen ergibt sich daraus Formel <6.9> (Brownlee 1960, S.236). Die über <6.6> und <6.7> berechneten Freiheitsgrade (und damit die als Approximation herangezogenen T-Verteilungen) unterscheiden sich nur geringfügig, so daß beide Verfahren als äquivalent angesehen werden können. Auch wir werden mit der häufiger verwendeten zweiten Version arbeiten. Diesen Test bezeichnen wir im folgenden als *Welch-Test* oder *W-Test* und symbolisieren die Prüfgröße mit »W«. Vergleiche dieses Tests mit dem exakten Test von Aspin und Welch haben durchgehend gezeigt, daß mit der Heranziehung der T-Verteilung eine sehr gute Approximation erreicht wird, so daß der W-Test generell angewendet werden kann, sobald Anzeichen bestehen, daß die Populationsvarianzen nicht gleich sind (Cressie & Whitford 1986; Hager et al. 1983; Wang 1971). Approximativer und exakter Test setzten jedoch wie der T-Test normalverteilte Populationen voraus.

6.2.1 Die Schritte beim Welch-Test für zwei unabhängige Stichproben

- Test: *Welch-Test für zwei unabhängige Stichproben (W-Test)*
- Zweck: Prüfung, ob sich die Mittelwerte von zwei unabhängigen Stichproben statistisch signifikant unterscheiden.
- Voraussetzungen: Normalverteilte Werte in POP_1 und POP_2, unabhängige Stichproben.
- H_0: $\mu_1 = \mu_2$ $\quad H_1$: $\mu_1 \neq \mu_2$ *Zweiseitiger Test*
  H_0: $\mu_1 = \mu_2$ $\quad H_1$: $\mu_1 < \mu_2$ oder H_1: $\mu_1 > \mu_2$ *Einseitiger Test*

- Festsetzung von α. Berechnung der Stichprobenmittel und -varianzen. Beim einseitigen Test ist die Berechnung der Prüfgröße $|W|$ nur erforderlich, wenn das Vorzeichen der Differenz M_1-M_2 dem in H_1 für μ_1-μ_2 behaupteten Vorzeichen entspricht. Anderenfalls wird H_0 beibehalten.

  Prüfung: Widersprechen die Werteverteilungen in den Stichproben der Annahme, daß POP_1 und POP_2 normalverteilt sind?

- Berechnung der Prüfgröße:

  Ungleiche Stichprobenumfänge ($n_1 \neq n_2$)

$$\langle 6.8 \rangle \quad |W| = \frac{|M_1 - M_2|}{\sqrt{(V_1/n_1 + V_2/n_2)}}$$

$$\langle 6.9 \rangle \quad FG = \frac{(V_1/n_1 + V_2/n_2)^2}{(V_1/n_1)^2/(n_1-1) + (V_2/n_2)^2/(n_2-1)}$$

  Bei der Berechnung empfiehlt es sich, als erstes $D_1 = V_1/n_1$ und $D_2 = V_2/n_2$ zu bestimmen und in die nachfolgenden Formeln einzusetzen:

$$\langle 6.10 \rangle \quad |W| = \frac{|M_1 - M_2|}{\sqrt{(D_1 + D_2)}} \qquad \langle 6.11 \rangle \quad FG = \frac{(D_1 + D_2)^2}{D_1^2/(n_1-1) + D_2^2/(n_2-1)}$$

  Gleiche Stichprobenumfänge ($n_1 = n_2 = n$)

$$\langle 6.12 \rangle \quad |W| = \frac{|M_1 - M_2|}{\sqrt{[(V_1 + V_2)/n]}} \qquad \langle 6.13 \rangle \quad FG = \frac{(V_1 + V_2)^2 \cdot (n-1)}{V_1^2 + V_2^2}$$

  Zum Aufsuchen von T_k wird ein nicht-ganzzahliger FG-Wert abgerundet.

- Entscheidung über die Nullhypothese: Zurückweisung von H_0, wenn $|W| > T_k$ ist. Beim zweiseitigen (einseitigen) Test wird zur Bestimmung von T_k in Tab. E in der Kopfzeile (Fußzeile) vom gewählten »α« ausgegangen. Im Schnittpunkt dieser Spalte mit der Zeile »FG« steht der gesuchte Wert.

6.2.2 Welch-Test für zwei unabhängige Stichproben: Beispiel

Zur Durchführung des W-Tests greifen wir aus dem in Abschnitt 6.1.2 beschriebenen Beispiel zum Effekt einer Bewerbungs-Instruktion auf die Skalenwerte des FPI-K die Daten der weiblichen Befragten für das Merkmal *Gelassenheit* heraus. Die unter den beiden Instruktionen erhaltenen Werte sind in Tab. 6.3 wiedergegeben. Zwischen den Varianzen der Gruppen besteht mit $V_1 = 20{,}8$ gegenüber $V_2 = 7{,}0$ ein deutlicher Unterschied, der sich bei Prüfung mittels Levene-Test bei $\alpha = 0{,}20$-zs auch als statistisch signifikant erweist. Eine Besprechung des Verfahrens von Levene erfolgt in Abschnitt 15.3.

Die Verteilung der Skalenwerte in den Gruppen läßt keine bedeutsamen Abweichungen von der Symmetrie erkennen (bzw. in den Populationen vermuten), so daß

TABELLE 6.3 Beispiel für den Welch-Test: Werte in der Skala *Gelassenheit* von zwei (unabhängigen) Gruppen von Studentinnen, denen das FPI-K mit unterschiedlicher Instruktion vorgelegt wurde (vgl. Tab. 6.1).

Stand. Instr.	Bewerb. Instr.	X	Stand. Instr.	Bewerb. Instr.	Standard-Instruktion	Bewerbungs-Instruktion
1	12	1	X			
9	19	2			A_1 = 151	A_2 = 272
14	16	3	X			
9	10	4	X		B_1 = 1737	B_2 = 4230
15	13	5				
12	11	6	X		M_1 = 9,438	M_2 = 15,111
17	16	7				
15	17	8	XX		S_1 = 4,560	S_2 = 2,654
9	13	9	XXXX			
3	15	10		X	V_1 = 20,796	V_2 = 7,046
8	15	11		X		
8	17	12	XX	X	n_1 = 16	n_2 = 18
4	14	13		XX		
9	18	14	X	XX	Hoher Wert: Person ist gelassen,	
12	14	15	XX	XXX	zuversichtlich, tatkräftig.	
6	15	16		XX	Niedriger Wert: Person ist	
	18	17	X	XX	irritierbar, besorgt, zögernd.	
	19	18		XX	Möglicher Wertebereich: 0-21	
		19	[1]	XX [2]		

wir berechtigt sind, den Welch-Test zur Prüfung der Frage heranzuziehen, ob sich die durchschnittlichen Gelassenheits-Werte der beiden Instruktionsbedingungen signifikant unterscheiden. Wir führen einen zweiseitigen Test auf dem 5%-Niveau durch. Es ist (Berechnungen über Formeln <6.10> und <6.11>):

$$|W| = |9{,}438 - 15{,}111| / \sqrt{(1{,}300 + 0{,}391)} = 4{,}363$$

$$FG = (1{,}300 + 0{,}391)^2 / (1{,}300^2/15 + 0{,}391^2/17) = 23{,}504$$

$$D_1 = 20{,}796/16 = 1{,}300 \qquad D_2 = 7{,}046/18 = 0{,}391$$

Bei α = 0,05-zs und FG = 23 ist T_k = 2,069. Tabelle E läßt sich weiterhin entnehmen, daß $P(|T| \geq 4{,}364)$ kleiner als 0,001 ist. Da $|W| > T_k$ ist, wird die Nullhypothese zurückgewiesen. Die Frauen, die instruiert waren, ein günstiges Bild von sich zu geben, stellten sich im Vergleich zu den standard-instruierten Personen im Durchschnitt als signifikant *gelassener* dar.

6.3 Vergleich der Prüfgrößen zum Test von $H_0{:}\mu_1=\mu_2$ bei unabhängigen Stichproben

Für eine vergleichende Betrachtung der bisher zum Test von $H_0{:}\mu_1=\mu_2$ (bei unabhängigen Stichproben) herangezogenen Teststatistiken sind diese in Tab. 6.4 noch einmal zusammengestellt. Als erstes soll auf den Fall eingegangen werden, daß die Populationsvarianzen σ_1^2 und σ_2^2 nicht bekannt sind [B-D]. Auffällig ist, daß Z-, T- und W-Test bei $n_1=n_2=n$ mit der gleichen Prüfgröße arbeiten.

TABELLE 6.4 Zusammenstellung der Prüfgrößen zum Test von $H_0{:}\mu_1=\mu_2$ bei unabhängigen Stichproben. Links die Formeln für ungleiche Gruppenumfänge, rechts für den Fall $n_1=n_2=n$.

[A]	$Z_{um} = \dfrac{M_1 - M_2}{\sqrt{(\sigma_1^2/n_1 + \sigma_2^2/n_2)}}$	$Z_{um} = \dfrac{M_1 - M_2}{\sqrt{[(\sigma_1^2 + \sigma_2^2)/n]}}$
[B]	$Z^*_{um} = \dfrac{M_1 - M_2}{\sqrt{(V_1/n_1 + V_2/n_2)}}$	$Z^*_{um} = \dfrac{M_1 - M_2}{\sqrt{[(V_1 + V_2)/n]}}$
[C]	$T_{um} = \dfrac{M_1 - M_2}{\sqrt{[V_I\cdot(1/n_1 + 1/n_2)]}}$	$T_{um} = \dfrac{M_1 - M_2}{\sqrt{[(V_1 + V_2)/n]}}$
	$FG = n_1 + n_2 - 2$	$FG = 2\cdot n - 2$
	$V_I = [V_1\cdot(n_1-1) + V_2\cdot(n_2-1)]/[n_1+n_2-2]$	
[D]	$W = \dfrac{M_1 - M_2}{\sqrt{(V_1/n_1 + V_2/n_2)}}$	$W = \dfrac{M_1 - M_2}{\sqrt{[(V_1 + V_2)/n]}}$
	$FG = \dfrac{(V_1/n_1 + V_2/n_2)^2}{(V_1/n_1)^2/(n_1-1) + (V_2/n_2)^2/(n_2-1)}$	$FG = \dfrac{(V_1 + V_2)^2\cdot(n-1)}{V_1^2 + V_2^2}$

Verschieden sind jedoch die (Stichproben)Verteilungen, die zum Test von H_0: $\mu_1=\mu_2$ herangezogen werden. Beim Z-Test ist es die Standardnormalverteilung, beim T- und W-Test sind es unterschiedliche T-Verteilungen, sofern nicht der Sonderfall gleicher FG-Werte vorliegt.

Beim T-Test hängt die Anzahl der Freiheitsgrade nur von den Stichprobenumfängen ab, während sie beim W-Test durch die Stichprobenvarianzen mitbestimmt ist. Brownlee (1960, S.235ff.) hat gezeigt, daß beim W-Test die nach <6.7> berechneten Freiheitsgrade maximal den Wert $(n_1-1)+(n_2-1)$ annehmen können; in diesem Fall entsprechen sie den Freiheitsgraden des T-Tests. Der Maximalwert wird erreicht, wenn $V_1/[n_1\cdot(n_1-1)] = V_2/[n_2\cdot(n_2-1)]$ ist. Dies ist bei $n_1=n_2=n$ der Fall, wenn die Stichprobenvarianzen gleich sind. In dieser Situation arbeiten T- und W-Test mit der gleichen Prüfgröße *und* der gleichen Anzahl von Freiheitsgraden, d.h. T_{um} und W werden dann über dieselbe T-Verteilung (mit $FG = 2\cdot n - 2$) geprüft.

Daraus läßt sich ableiten, daß bei (annähernd) gleichen Stichprobenumfängen und ähnlichen Varianzen beide Tests zu mehr oder minder ähnlichen Ergebnissen führen. Die Daten von Tab. 6.2 sind dafür ein Beispiel. Beim T-Test waren $T_{um} = 1{,}228$ und $FG = 19$. Führt man den W-Test durch, so erhält man $W = 1{,}228$ und $FG = 18{,}8$. Umgekehrt gilt: Je unterschiedlicher die Stichprobenumfänge und

-varianzen ausfallen, um so mehr differieren die FG-Werte und die Prüfgrößen T_{um} und W. Beim Welch-Test ist das Minimum für die Freiheitsgrade der kleinere Wert von n_1-1 und n_2-1. Diesem Wert nähern sich die Freiheitsgrade um so mehr, je stärker sich die Quotienten V_1/n_1 und V_2/n_2 unterscheiden (Brownlee 1960).

Die Entscheidung zwischen Z-, T- und W-Test bereitet in der Praxis keine Schwierigkeiten. Alle drei Verfahren setzten normalverteilte Populationen voraus. Sie "arbeiten" jedoch praktisch gleich gut, wenn die Populationen zumindest (ausreichend) symmetrisch sind. Liegen große Stichproben vor, kann generell der Z-Test verwendet werden. Der W-Test, der mit der gleichen Prüfgröße arbeitet, ist hier keine echte Alternative, da im Fall großer n_1- und n_2-Werte eine hohe Anzahl von Freiheitsgraden gegeben ist, bei der die T-Verteilung mit der Standardnormalverteilung eng übereinstimmt oder sogar (praktisch) identisch ist. Wenn beide Stichproben z.B. aus je 50 Probanden bestehen, dann liegen beim W-Test minimal 49 (und maximal 98) Freiheitsgrade vor. Wie Tab. 4.2 zeigt, stimmen selbst bei dieser (relativ geringen) Anzahl von Freiheitsgraden die kritischen Werte von T-Verteilung und Standardnormalverteilung eng überein. Der W-Test erbringt somit bei großen Stichproben (praktisch) die gleichen Befunde wie der Z-Test, er ist jedoch aufwendiger in der Durchführung aufgrund der Notwendigkeit der (umständlichen) Berechnung der Freiheitsgrade. Gegenüber dem T-Test hat der Z-Test den Vorteil, keine varianzhomogenen Populationen vorauszusetzen, da er wie der W-Test die Populationsvarianzen separat schätzt.

Bei kleinen Stichproben sollte bereits bei schwachen Hinweisen auf ungleiche Populationsvarianzen der Welch-Test Anwendung finden. Damit solche Hinweise nicht "übersehen" werden, ist bei statistischen Tests zur Prüfung der Varianzhomogenität ein hohes Fehler-I-Risiko zu wählen ($\alpha \geq 0{,}20$). Wird hier die Nullhypothese (immer) noch beibehalten, dann kann man mit einiger Gewißheit davon ausgehen, daß ein möglicherweise dennoch vorhandener Unterschied zwischen den Populationsvarianzen so gering ist, daß die Validität des aufgrund der (fälschlichen) Beibehaltung von $H_0{:}\sigma_1^2{=}\sigma_2^2$ durchgeführten T-Tests dadurch nicht gefährdet ist.

Es sind Überlegungen dazu angebracht, was es in der Forschungspraxis bedeutet, wenn man (für einen statistischen Test) annimmt, daß zwei Populationen die gleiche Varianz haben. Für diese Betrachtungen ist es wieder sinnvoll, zwischen realen und hypothetischen Populationen zu unterscheiden (vgl. Abschnitt 5.1). Im Fall realer Gesamtheiten kann eigentlich immer davon ausgegangen werden, daß die Bedingung $\sigma_1^2 = \sigma_2^2$ nicht gilt. Die Werte der Varianzen zweier derartiger Populationen mögen sich mehr oder minder ähnlich sein - (exakt) gleich sind sie mit Sicherheit nicht.

Die Frage, ob die Homogenitätsannahme für die Anwendung des T-Tests erfüllt ist, stellt sich jedoch bei der Prüfung von Hypothesen über die Mittel zweier realer Populationen meist gar nicht, da Studien, die Aussagen über die Durchschnittswerte solcher Gesamtheiten machen wollen, in der Regel mit (sehr) großen Stichproben arbeiten, bei denen der Z-Test Anwendung finden kann. So wird man, wenn man z.B. wissen möchte, wie weit bei Personen über 70 Jahren Geschlechtsunterschiede in der mittleren Intelligenztestleistung bestehen, nicht

10 Männer und 10 Frauen dieser Altersgruppe miteinander vergleichen, sondern mit Stichprobenumfängen deutlich über 100 arbeiten. Sollten im konkreten Fall die Stichproben (aus realen Populationen) dennoch so klein sein, daß der Z-Test nicht angemessen ist, dann empfiehlt sich aus der Überlegung heraus, daß die Bedingung $\sigma_1^2 = \sigma_2^2$ bei derartigen Gesamtheiten nie (exakt) erfüllt sein dürfte, die Verwendung des Welch-Tests.

Im Rahmen psychologischer Untersuchungen haben wir es jedoch überwiegend mit hypothetischen Populationen und (teilweise sehr) kleinen Stichproben zu tun. Im Fall unabhängiger Stichproben wird hier eine Gesamtgruppe nach Zufall auf zwei Gruppen der Umfänge n_1 und n_2 aufgeteilt. Durch die unterschiedliche experimentelle Behandlung werden diese zu Stichproben aus hypothetischen Populationen. Mit einem statistischen Test wollen wir prüfen, ob zwischen den Gruppenmitteln ein signifikanter Unterschied besteht - von dem wir (bei Zurückweisung von $H_0{:}\mu_1=\mu_2$) dann annehmen, daß er (in bestimmtem Ausmaß) auf die verschiedenartige Behandlung zurückgeht.

Wenn wir nun beim T-Test von der Bedingung ausgehen, daß die Varianzen der hypothetischen Populationen gleich sind, dann bedeutet dies die Annahme, daß der Unterschied zwischen den Stichprobenvarianzen durch Zufall entstanden ist und daß die experimentellen Behandlungen nicht unterschiedlich auf die Variation der Werte gewirkt haben. Damit wird das statistische Problem der Varianzhomogenität auch zu einer Frage, die im Rahmen der empirischen Hypothese zu diskutieren ist. Bevor man Zwei-Stichproben-Daten "automatisch" mit einem entsprechenden Test auf Varianzhomogenität prüft (und bei "Insignifikanz" den T-Test zur Entscheidung über die Mittelwertshypothese anschließt), sollte deshalb überlegt werden, wie weit es plausibel ist anzunehmen, daß sich die Wirkung der Behandlungen nur in der Mittelwertsdifferenz und nicht (auch) in unterschiedlichen Varianzen niederschlagen kann. Hält man letzteres für möglich, sollte insbesondere bei sehr kleinen Stichproben der W-Test präferiert werden, da in dieser Situation die Power aller statistischen Tests gering ist und damit auch die Sicherheit, im Fall der Ungültigkeit von $H_0{:}\sigma_1^2=\sigma_2^2$ mittels eines der in Kapitel 15 vorgestellten Verfahren auf heterogene Populationsvarianzen zu schließen.

Beim Z-, T- und W-Test handelt es sich um Verfahren zur Prüfung der Hypothese $H_0{:}\mu_1=\mu_2$ für den (in der Praxis üblicherweise vorliegenden) Fall, daß die Populationsvarianzen nicht bekannt sind. Durch die Notwendigkeit, dann Schätzungen für σ_1^2 und σ_2^2 bzw. den Standardfehler σ_{um} heranziehen zu müssen, verlieren jedoch insbesondere die bei kleinen Stichproben zu verwendenden Prüfgrößen T_{um} und W gegenüber Z_{um} an konzeptioneller Klarheit.

Bei der Teststatistik $Z_{um} = (M_1-M_2)/\sigma_{um}$ wird allein aufgrund des Unterschiedes zwischen den Stichprobenmitteln darüber entschieden, ob die Differenz der Populationsmittel Null ist oder nicht: Übersteigt $|M_1-M_2|$ einen bestimmten kritischen Betrag, dann erfolgt Zurückweisung von $H_0{:}\mu_1-\mu_2=0$; bei kleineren Mittelwertsdifferenzen wird die Nullhypothese hingegen beibehalten. Da bei Z_{um} eine Konstante im Nenner steht, ist die Wahrscheinlichkeit, daß unter H_0 ein

$|Z_{um}|$-Wert gleich dem beobachteten oder ein größerer auftritt, gleich der Wahrscheinlichkeit, unter H_0 eine Mittelwertsdifferenz so groß wie die beobachtete oder eine größere zu erhalten. Ein extremer Z_{um}-Wert ist deshalb immer Ausdruck eines extremen $[M_1-M_2]$-Wertes.

Im Gegensatz dazu bedeutet ein großer T_{um}- oder W-Wert, daß die Differenz der Stichprobenmittel groß ist im Verhältnis zu S_{um}, der Schätzung des Standardfehlers. Bei diesen Prüfgrößen wird somit nicht allein aufgrund von M_1-M_2 über die Hypothese »$\mu_1-\mu_2=0$« entschieden. Die Aussage über die Differenz der Populationsmittel hängt vielmehr auch vom Wert der in S_{um} eingehenden Stichprobenvarianzen ab. Extreme T_{um}- und W-Werte können entstehen, ohne daß eine große, unter $H_0:\mu_1-\mu_2=0$ geringwahrscheinliche Mittelwertsdifferenz vorliegt, wenn nur der Wert der Nennervariablen (S_{um}) zufällig sehr klein ausfällt. Auf der anderen Seite stellt auch eine extreme Differenz M_1-M_2 nicht sicher, daß der Prüfwert groß ausfällt und zur Zurückweisung der Nullhypothese führt.

Dieses Verhalten der Prüfgrößen T_{um} und W wird von Bradley (1963, zitiert nach Gocka 1973) als konzeptioneller Nachteil kritisiert. Eine Teststatistik zur Prüfung von Mittelwertshypothesen sollte wie Z_{um} (nur) zur Zurückweisung von $H_0:\mu_1=\mu_2$ führen, wenn ein extremer Unterschied zwischen den Stichprobenmitteln auftritt. T_{um} und W reagieren jedoch auch mit Zurückweisung von H_0, wenn zufallsbedingt extrem kleine Stichprobenvarianzen vorliegen. In einem solchen Fall spricht Bradley von einem »irrelevanten T«. Denn die Entscheidung, daß $\mu_1-\mu_2 \neq 0$ ist, erfolgt dann nicht, weil die für die Entscheidung eigentlich relevante Größe M_1-M_2 extrem von Null abweicht, sondern aufgrund des Sachverhalts, daß die Varianzen V_1 und V_2 per Zufall wesentlich kleiner als σ_1^2 und σ_2^2 ausgefallen sind. Die (Zufalls)Abweichungen $V_1-\sigma_1^2$ und $V_2-\sigma_2^2$ stehen jedoch in keinem sinnvollen Bezug zur Differenz der Populationsmittel. Insofern wird über $H_0:\mu_1=\mu_2$ aufgrund einer irrelevanten Größe bzw. Abweichung entschieden. Mit irrelevanten T_{um}- und W-Werten muß besonders bei kleinen Stichproben gerechnet werden, da hier die Wahrscheinlichkeit deutlicher Abweichungen $V_1-\sigma_1^2$, $V_2-\sigma_2^2$ und damit $S_{um}-\sigma_{um}$ höher ist als bei großen Stichprobenumfängen.

Die Prüfgröße des Z-Tests ist zwar gleichartig konzipiert wie T_{um} und W, das Problem eines irrelevanten Z^*_{um}-Wertes stellt sich jedoch mit geringerer Wahrscheinlichkeit. Denn bei großen Stichproben, dem Einsatzbereich des Z-Tests, weicht die im Nenner verwendete Schätzung S_{um} nur selten deutlich von σ_{um} ab. Insofern ist ein extremer Z^*_{um}-Wert in der Regel (wie im Fall von Z_{um}) auch Ausdruck einer extremen, unter $H_0:\mu_1-\mu_2=0$ geringwahrscheinlichen Differenz der Stichprobenmittel. Beim Z-Test wird somit über die Aussage »$\mu_1-\mu_2=0$« meist aufgrund der "relevanten" Größe M_1-M_2 entschieden.

Mit der Gefahr irrelevanter T_{um}- oder W-Werte im Fall kleiner Stichproben müssen wir allerdings leben, da die Populationsvarianzen in der Regel unbekannt sind, so daß nicht auf die "Wunsch"-Prüfgröße Z_{um} zurückgegriffen werden kann. Die Ausführungen sollten jedoch Anlaß sein, den beim T- oder W-Test berechneten Prüfwert hinsichtlich seines Zähler- und Nennerwertes zu inspizieren. U.U. ergeben sich dabei Hinweise, daß eine festgestellte statistische Signifikanz durch "atypisch" kleine Werte von V_1 und V_2 bedingt sein könnte, oder daß für mangelnde Signifikanz möglicherweise zufallsbedingt "übergroße" Stichprobenvarianzen verantwortlich sind. Solche Verdachtsmomente könnten dann Anlaß für eine erneute Untersuchung der Fragestellung (mit größeren Stichproben) sein.

In Abschnitt 5.7 haben wir im Zusammenhang mit dem Test von $H_0:\mu_1=\mu_2$ über die Standardnormalverteilung empfohlen, möglichst mit gleichen Stichprobenumfängen zu arbeiten. Dies gilt aus den dort diskutierten Gründen auch für den T- und W-Test. Außerdem vereinfachen sich bei $n_1=n_2=n$ die Berechnungen und der T-Test wird robuster gegenüber Verletzungen der Varianzhomogenitätsannahme.

6.4 Der Effekt von Meßwert-Transformationen auf die Ergebnisse von Z-, T- und Welch-Test

Viele Merkmale in der Psychologie sind mittels einer Skala gemessen, bei der die Einheit und meist auch der Nullpunkt willkürlich sind. Die in Tab. 6.1 angeführte Skala *Spontane Aggressivität* ist dafür ein Beispiel. Daß hier der Bereich möglicher Ausprägungen aus den ganzzahligen Werten 0 bis 21 besteht, ist durch den Sachverhalt bestimmt, daß den 4 Item-Antwortstufen bei der Bildung des individuellen Skalenwertes (= Summe der Antworten auf die sieben Items) die Zahlen 0, 1, 2 und 3 zugewiesen wurden. Dadurch bedeutet ein Skalenwert von Null, daß die Person alle sieben Aggressivitätsaussagen mit *stimmt nicht* beantwortet hat. Wären hingegen die Antwortstufen mit 1, 2, 3 und 4 kodiert worden, dann würde der Bereich möglicher Skalenausprägungen aus den ganzzahligen Werten 7 bis 28 bestehen und der Skalenwert 7 bedeuten, daß alle Items mit *stimmt nicht* beantwortet wurden.

Die zweite Aggressivitätsskala (Range: 7-28) unterscheidet sich von der ersten (Range: 0-21) dadurch, daß zu allen Werten die Konstante a=7 addiert wurde. Untersucht werden soll nun, welchen Einfluß es auf die Ergebnisse der bisher vorgestellten Tests zum Vergleich zweier Mittelwerte hat, wenn mit den Daten bestimmte Transformationen (wie Addition einer Konstanten, usf.) durchgeführt werden. Hierbei ist zwischen linearen und nichtlinearen Transformationen zu unterscheiden. Lineare Transformationen sind von der Art $X' = b \cdot X + a$, d.h. alle X-Werte werden mit einer Konstanten b multipliziert und/oder zu allen Werten wird eine Konstante a addiert.

Es läßt sich leicht zeigen, daß lineare Transformationen die Prüfwerte der Tests als auch die Freiheitsgrade beim W-Test nicht verändern. Greifen wir zum Beweis die Prüfgrößen für gleiche Stichprobenumfänge heraus. In diesem Fall ist $Z^*_{um} = T_{um} = W = (M_1-M_2)/\surd[(V_1+V_2)/n]$. Addition einer Konstanten a verändert die Varianz einer Gruppe von Werten nicht, das neue Mittel ist hingegen M+a. Bei Multiplikation mit einer Konstanten b ist das neue Mittel $b \cdot M$ und die neue Varianz $b^2 \cdot V$ (Diehl & Kohr 1982, S.73f, 103f). Dementsprechend ergibt sich für W nach der linearen Transformation $X' = b \cdot X + a$:

$$W = \frac{(b \cdot M_1 + a) - (b \cdot M_2 + a)}{\surd[(b^2 \cdot V_1 + b^2 \cdot V_2)/n]} = \frac{b \cdot (M_1 - M_2)}{\surd[b^2 \cdot (V_1 + V_2)/n]} = \frac{M_1 - M_2}{\surd[(V_1 + V_2)/n]}$$

Die Freiheitsgrade des W-Tests sind $FG = [(V_1+V_2)^2 \cdot (n-1)]/(V_1^2+V_2^2)$. Auch sie werden durch lineare Transformationen nicht verändert:

$$FG = \frac{(b^2 \cdot V_1 + b^2 \cdot V_2)^2 \cdot (n-1)}{b^4 \cdot V_1^2 + b^4 \cdot V_2^2} = \frac{b^4 \cdot (V_1 + V_2)^2 \cdot (n-1)}{b^4 \cdot (V_1^2 + V_2^2)} = \frac{(V_1 + V_2)^2 \cdot (n-1)}{V_1^2 + V_2^2}$$

Diese Invarianz der Ergebnisse gegenüber linearen Transformationen gilt nicht nur für die bisher vorgestellten Verfahren sondern generell für parametrische Tests. Eine mehr oder minder starke Veränderung der Prüfgrößen tritt hingegen ein, wenn mit den Daten eine nichtlineare Transformation durchgeführt wird. Die Gründe für derartige Transformationen können verschiedener Art sein (vgl. Lienert 1962). Von einigen Autoren werden bestimmte nichtlineare Transformationen als Möglichkeit genannt, nichtnormale oder varianzinhomogene Stichprobendaten so zu verändern, daß sie den Voraussetzungen des geplanten parametrischen Verfahrens besser gerecht werden (z.B. Kirk 1982, Kap. 2.6; Lienert 1962; Winer 1971, S.397ff). So kann z.B. im Fall, daß die Varianzen eine Funktion der Gruppenmittel sind (je höher M, um so höher V), versucht werden, durch die Quadratwurzel-Transformation ($X' = \sqrt{X}$) oder die logarithmische Transformation ($X' = \lg X$) eine Homogenisierung der Gruppenvarianzen zu erreichen.

Wir wollen an einem (fiktiven) Zahlenbeispiel zeigen, daß derartige nichtlineare Datenmodifikationen auch die Prüfwerte des Z-, T- und W-Tests sowie die Freiheitsgrade beim W-Test verändern. Nehmen wir an, daß eine Gesamtgruppe von 24 Personen per Zufall auf zwei Gruppen des Umfangs $n_1 = n_2 = 12$ aufgeteilt wurde. Gruppe 1 bearbeitete einen Satz von Problemaufgaben bei geschlossenen Fenstern (kein zusätzlicher Straßenlärm), während Gruppe 2 die Aufgaben im gleichen Raum bei geöffneten Fenstern zu lösen hatte. Abhängige Variable war die zur Lösung der Aufgaben benötigte Zeit (in Minuten). Tabelle 6.5 gibt diese Minuten-Werte (X) sowie die wurzel- und lg-transformierten Werte wieder, desgleichen die Ergebnisse von T- und W-Test für die X-, $\sqrt{X}$- und lgX-Daten.

Bei den X-Werten ist die Varianz unter der Lärmbedingung [2] fast doppelt so groß wie in Gruppe [1]. Wir sehen, daß die Wurzel-Transformation zur Gleichheit der Gruppenvarianzen geführt hat, während bei den log-transformierten Werten lediglich eine Umkehrung des Varianzunterschiedes festzustellen ist. Erwartungsgemäß unterscheiden sich die T_{um}- bzw. W-Werte der $\sqrt{X}$- und lgX-Daten vom Prüfwert bei den Ausgangsdaten. Gleichermaßen ergeben sich unterschiedliche Freiheitsgrade für den W-Test.

Führt man mit Meßwerten eine nichtlineare Transformation durch, dann muß (neben der grundsätzlichen Problematik derartiger Transformationen) berücksichtigt werden, daß sich die Aussagen der Signifikanztests auf die modifizierten Daten beziehen (vgl. Games & Lucas 1966). So wäre mittels des T-Tests bei den $\sqrt{X}$-Daten gezeigt worden, daß die mittlere *Wurzel der Lösungszeit* beim Arbeiten unter Straßenlärm höher ist als bei Aufgabenlösung ohne diesen Lärm. Gleichermaßen müßte man bei den lgX-Daten die Aussagen auf die durchschnittliche *logarithmierte Lösungszeit* der Gruppen beziehen.

TABELLE 6.5 Beispiel zur Demonstration, daß nichtlineare Datenmodifikationen wie die Quadratwurzel- oder die logarithmische Transformation die Ergebnisse parametrischer Tests verändern. Die Berechnung des T- und W-Tests erfolgte mittels SPSS. Dabei wiesen die vom Programm erzeugten $\sqrt{X}$- und lgX-Werte mehr Dezimalstellen auf als die nachfolgend angeführten.

[1] Straßenlärm			[2] Kein Str.Lärm		
X	$\sqrt{X}$	lgX	X	$\sqrt{X}$	lgX
33	5,74	1,519	21	4,58	1,322
26	5,10	1,415	12	3,46	1,079
30	5,48	1,477	14	3,74	1,146
28	5,29	1,447	16	4,00	1,204
21	4,58	1,322	10	3,16	1,000
22	4,69	1,342	11	3,32	1,041
27	5,20	1,431	14	3,74	1,146
24	4,90	1,380	15	3,87	1,176
33	5,74	1,519	17	4,12	1,230
23	4,80	1,362	12	3,46	1,079
29	5,39	1,462	14	3,74	1,146
28	5,29	1,447	15	3,87	1,176

X	M_1 = 27,000	M_2 = 14,250
	V_1 = 15,817	V_2 = 8,750
	T = 8,91	FG = 22
	W = 8,91	FG = 20,32
$\sqrt{X}$	M_1 = 5,183	M_2 = 3,757
	V_1 = 0,147	V_2 = 0,147
	T = 9,10	FG = 22
	W = 9,10	FG = 22,00
lgX	M_1 = 1,143	M_2 = 1,146
	V_1 = 0,004	V_2 = 0,008
	T = 8,94	FG = 22
	W = 8,94	FG = 20,24

6.5 Die Robustheit von Z-, T- und Welch-Test

Zur Robustheit der parametrischen Tests zur Prüfung der Hypothese $H_0: \mu_1 = \mu_2$ liegt inzwischen eine große Anzahl von Untersuchungen vor. Bei den meisten handelt es sich um Monte-Carlo-Studien, in denen analysiert wurde, wie der "klassische" T-Test auf Verletzungen der Varianzhomogenitäts- und/oder Normalitätsbedingung reagiert (Boneau 1960; Bradley 1980bc, 1984; Cressie & Whitford 1986; Glass et al. 1972; Hager et al. 1983; Havlicek & Peterson 1974; Hübner & Hager 1984; Pearson & Please 1975; Posten 1978; Posten et al. 1982; Ramsey 1980; Tan 1982). Dabei zeigte sich u.a. folgendes:

- Bei gleichen Stichprobenumfängen und normalverteilten Populationen ist der T-Test sehr robust gegenüber heterogenen Populationsvarianzen.
- Bei ungleichem n reagiert der T-Test dagegen äußerst empfindlich auf das Nichtvorliegen von Varianzhomogenität. Tatsächliches und nominelles α differieren dann z.T. erheblich.
- Bei gleichen Populationsvarianzen und (annähernd gleichen) Stichprobenumfängen ist der T-Test relativ robust gegenüber (mäßig) schiefen Populationsverteilungen. Nichtnormale, aber symmetrische Verteilungen sind relativ unproblematisch.
- Das Vorliegen von sowohl ungleichen Populationsvarianzen als auch schiefen Populationsverteilungen führt (speziell bei kleinen Stichproben) zu teilweise extremer Nichtrobustheit des Tests.

Aus diesen Punkten läßt sich folgendes ableiten: Liegen keine Informationen über die Populationsverteilungen vor, dann ist der Einsatz des T-Tests bei kleinen Stichproben - selbst im Fall $n_1=n_2$ - nicht ohne Risiko, da man auch an Hand der erhobenen Daten kaum feststellen kann, ob nicht beide Voraussetzungen des Verfahrens verletzt waren und deshalb mit einem (u.U. extrem) erhöhten Fehler-I-Risiko gearbeitet wurde.

Das Robustheitsproblem bei der parametrischen Prüfung von $H_0:\mu_1=\mu_2$ entspannt sich jedoch z.T. erheblich, wenn man - wie bereits empfohlen - im Fall kleiner Stichproben den vorwiegenden Einsatz des Welch-Tests ins Auge faßt und bei großen Stichproben den Z-Test heranzieht. Da diese Verfahren "lediglich" von normalverteilten Populationen ausgehen, sind sie schon vom Prinzip her robuster. Man sollte deshalb den T-Test grundsätzlich nur bei gleichen Stichprobenumfängen anwenden und seinen Einsatz auf Situationen beschränken, in denen man mit hinreichender Sicherheit annehmen kann, daß nicht Normalitäts- *und* Homogenitätsbedingung verletzt sind. Greift man in den übrigen Fällen auf den Welch-Test (und bei großen Stichproben auf den Z-Test) zurück, dann sind bei ihrem Einsatz aufgrund der genannten Robustheitsstudien folgende Aspekte und Empfehlungen zu berücksichtigen:

- Abweichungen von der Normalität sind unbedenklich, solange (annähernd) symmetrische Populationsverteilungen vorliegen. Schiefe Verteilungen stellen das Hauptproblem dar.
- Je mehr die Populationsverteilungen von der Symmetrie abweichen, um so geringer ist die Robustheit der Tests.
- Die Robustheit nimmt mit steigendem Stichprobenumfang zu. Bei kleinen Stichproben und sehr schiefen Populationsverteilungen kann das tatsächliche Fehler-I-Risiko erheblich über dem nominellen α liegen.
- Bei (zweiseitiger) Prüfung auf dem 5%-Niveau sind die Verfahren meist robuster als beim Test von H_0 mit einem $\alpha < 0,05$.
- Beim einseitigen Test kann die Diskrepanz zwischen tatsächlichem und nominellem α davon abhängen, welche der gerichteten Alternativhypothesen aufgestellt wird.
- Die Verwendung von gleichen Stichprobenumfängen bringt Robustheitsvorteile.
- Weisen bei großen Stichproben die Daten auf wahrscheinlich (deutlich) schiefe Populationsverteilungen hin, empfiehlt es sich, die Nullhypothese auf einem strengeren Signifikanzniveau zu testen (z.B. 0,01 statt 0,05). Bei kleinen Stichproben müßte dieser Weg vorsichtshalber immer beschritten werden, da hier keine Möglichkeit besteht festzustellen, ob nicht doch annähernd normale oder zumindest symmetrische Populationsverteilungen vorliegen.

Es gilt somit auch für die Verfahren zur Prüfung von $H_0:\mu_1=\mu_2$ bei kleinen Stichproben (T- und W-Test), daß sie einen hohen Grad von Nichtrobustheit aufweisen können und es nicht gerechtfertigt ist, die bei der Ableitung der Verfahren angenommenen Populationsbedingungen als von lediglich theoretischem Interesse anzusehen. Um die Gefahr mangelnder Robustheit gering zu halten, sei als Empfehlung wieder ausgesprochen: Verwendung von großen Stichproben gleichen Umfangs. In solchen Fällen kann der Z-Test zum Einsatz kommen, der leicht zu berechnen ist, lediglich normalverteilte Populationen voraussetzt, aufgrund der großen Stichproben jedoch recht robust ist gegenüber (mäßig) asymmetrischen Populationsverteilungen. Außerdem kann hier wieder aufgrund der Verteilungen in den Stichproben halbwegs zuverlässig abgeschätzt werden, ob überhaupt bedeutsam schiefe Populationen vorliegen und Robustheitsprobleme zu befürchten sind.

Bei kleinen Stichproben (wo weder vor noch nach der Datenerhebung zuverlässige Aussagen über die Verteilungen der Populationen gemacht werden können), haben wir die bevorzugte Verwendung des Welch-Tests (mit gleichem n) angeraten. Sind die Stichprobenumfänge "genügend" klein, empfiehlt sich weiterhin die (zusätzliche oder alleinige) Prüfung des Mittelwertsunterschieds via Fishers Randomisationstest (Abschnitt 23.1). Dieses Verfahren vereint die Vorteile der parametrischen Tests (Ausschöpfung der "Intervallinformation" der Meßwerte) mit denen der nichtparametrischen Tests (weniger Annahmen bezüglich der Populationsverteilungen).

Als weitere Möglichkeit zur Prüfung des Unterschieds zwischen den Gruppenmitteln wird von einigen Autoren der in Abschnitt 23.2 vorgestellte Wilcoxon-Rangsummentest empfohlen (z.B. Blair 1981; Blair et al. 1980). Wie Untersuchungen gezeigt haben, ist dieses Verfahren jedoch im Fall schiefer Populationen und heterogener Populationsvarianzen weniger robust als der Test von Welch. Der Wilcoxon-Test wäre somit lediglich eine Alternative zu dem dann noch weniger robusten T-Test (vgl. Hager et al. 1983; Hübner & Hager 1984; Zimmerman 1987).

Die vorangehende Zusammenstellung der zur Robustheit von T- und Welch-Test vorliegenden Befunde konnte diese natürlich nur sehr verkürzt wiedergeben. Für ein vertiefendes Studium seien hier die Arbeiten von Hager et al. (1983) und Hübner & Hager (1984) empfohlen.

Kapitel 7

Test der Hypothese, daß die Mittel von zwei abhängigen Populationen den gleichen Wert haben

Abhängige Stichproben bzw. Populationen liegen zum einen vor, wenn an den selben Personen zweimal die Werte in einer abhängigen Variablen erhoben worden sind (Meßwiederholung), und zum anderen, wenn bei zwei Gruppen eine Parallelisierung hinsichtlich einer Matching-Variablen erfolgt ist. In diesem Kapitel soll nun untersucht werden, wie bei abhängigen Stichproben die Hypothese $H_0{:}\mu_1-\mu_2=0$ über die Standardnormal- und die T-Verteilung geprüft wird. Dabei gehen wir zur Ableitung der Parameter der Stichprobenverteilung von M_1-M_2 zuerst wieder davon aus, daß bestimmte Populationsparameter bekannt sind.

7.1 Die Stichprobenverteilung der Mittelwertsdifferenz

Wie mit Abb. 5.1 gezeigt wurde, haben wir es bei zwei abhängigen Populationen und Stichproben mit N bzw. n Wertepaaren zu tun, wobei zwischen den Wertereihen beider Populationen/Stichproben jeweils eine Korrelation besteht (ρ_{12} bzw. r_{12}). Dies ist in Tab. 7.1 an konkreten Zahlen noch einmal verdeutlicht. An Hand dieses Beispiels (zweier sehr kleiner Populationen) soll demonstriert werden, welche Parameter die Stichprobenverteilung von M_1-M_2 hat. Diese Verteilung erhält man, indem man aus zwei abhängigen Populationen mit den Parametern μ_1 und μ_2, σ_1^2 und σ_2^2 sowie ρ_{12} alle möglichen Stichprobenpaare »n;n« zieht und die Gesamtheit der daran berechneten $[M_1-M_2]$-Werte als relative Häufigkeitsverteilung anordnet.

Wenn wir per Zufall aus Population 1 (»POP_1«) ein Element entnehmen, dann liegt damit fest, welches Element aus Population 2 (»POP_2«) gezogen wird, da die Meßwerte beider Populationen gepaart sind. Bei diesen Wertepaaren läßt sich nun jeweils die Differenz $D_i = X_{i1}-X_{i2}$ bilden. Dadurch wird der Fall zweier Populationen von X_{i1}- und X_{i2}-Werten auf den Fall einer Population von D_i-Werten (»POP_D«) reduziert. Die Zufallsentnahme von n Differenzwerten aus dieser Population entspricht damit einer Zufallsziehung von n gepaarten Werten »$X_{i1};X_{i2}$« aus POP_1 und POP_2.

Mittelwert (μ_D) und Varianz (σ_D^2) von POP_D stehen in bestimmter Beziehung zu den Parametern von POP_1 und POP_2. Es ist $\mu_D = (\Sigma D_i)/N = [\Sigma(X_{i1}-X_{i2})]/N$. Da die Summe einer Differenz gleich der Differenz der getrennt summierten Werte ist, ergibt sich: $\mu_D = (\Sigma X_{i1} - \Sigma X_{i2})/N = (\Sigma X_{i1})/N - (\Sigma X_{i2})/N$. Somit ist:

<7.1> $\mu_D = \mu_1 - \mu_2$ *Population* <7.2> $M_D = M_1 - M_2$ *Stichprobe*

TABELLE 7.1 Zahlenbeispiel für den Fall zweier abhängiger [N=4]-Populationen (= einer Population von N = 4 Differenzwerten). Rechts eine der N^n = 125 möglichen Stichproben von n = 3 Wertepaaren bzw. Differenzwerten.

Population					Stichprobe				
[1] X_{i1}	-	[2] X_{i2}	=	[D] D_i	[1] X_{i1}	-	[2] X_{i2}	=	[D] D_i
3		0		3	3		0		3
2		3		-1					
6		5		1	6		5		1
9		6		3	9		6		3
μ_1 = 5,00		μ_2 = 3,50		μ_D = 1,50	M_1 = 6,00		M_2 = 3,67		M_D = 2,33
σ_1^2 = 7,50		σ_2^2 = 5,25		σ_D^2 = 2,75	V_1 = 9,00		V_2 = 10,30		V_D = 1,33
ρ_{12} = 0,7968					r_{12} = 0,9333				

Für die Varianz einer Differenz gilt (Diehl & Kohr 1982, S.423):

<7.3> $\sigma_D^2 = \sigma_1^2 + \sigma_2^2 - 2 \cdot \rho_{12} \cdot \sigma_1 \cdot \sigma_2$ *Population*

<7.4> $V_D = V_1 + V_2 - 2 \cdot r_{12} \cdot S_1 \cdot S_2$ *Stichprobe*

Diesen allgemeinen Beziehungen kann auch unser Beispiel von Tab. 7.1 nicht widerstehen. Es ist bei den Populationsdaten: μ_D = 5,0 - 3,5 = 1,5 und σ_D^2 = 7,50 + 5,25 - 2·0,7968·2,739·2,291 = 2,75.

Die Beziehung $\mu_D = \mu_1 - \mu_2$ ist bedeutsam für den Test von $H_0:\mu_1-\mu_2=0$. Denn dadurch formuliert diese Hypothese den gleichen Sachverhalt wie $H_0:\mu_D=0$. Eine Entscheidung über $H_0:\mu_D=0$ bzw. $H_0:\mu_D=a$ ist damit zugleich eine Entscheidung über $H_0:\mu_1-\mu_2=0$ bzw. $H_0:\mu_1-\mu_2=a$. Dies hat den Vorteil, daß die Ausführungen von Kapitel 2 und das in den Kapiteln 3 und 4 beschriebene Vorgehen zum Test von $H_0:\mu=a$ auf den jetzigen Fall der Prüfung von $H_0:\mu_1-\mu_2=0$ bei zwei abhängigen Stichproben übertragen werden können.

Wir stellen deshalb jetzt die folgende Frage: Gegeben ist eine Population von N Differenzwerten D_i mit dem Mittel μ_D und der Varianz σ_D^2. Wir ziehen (mit Zurücklegen) alle $m_s = N^n$ möglichen Stichproben des Umfangs n, berechnen jeweils das Mittel M_D und ordnen die so erhaltenen M_D-Werte in Form einer relativen Häufigkeitsverteilung an. Was gilt dann bezüglich Mittel (μ_{am}), Varianz (σ_{am}^2) und Standardabweichung (σ_{am}) dieser Stichprobenverteilung von M_D, die zugleich die Stichprobenverteilung von M_1-M_2 ist (da $M_D = M_1-M_2$)? Gemäß den Beziehungen <2.3>, <2.4> und <2.5> ergibt sich:

<7.5> $\mu_{am} = \mu_D$ <7.6> $\sigma_{am}^2 = \sigma_D^2/n$

<7.7> $\sigma_{am} = \sigma_D/\sqrt{n}$ *Standardfehler von M_D*

Setzen wir für μ_D und σ_D^2 gemäß <7.1> und <7.3> ein, erhalten wir Mittel und Standardabweichung der Stichprobenverteilung von M_1-M_2 in Termini der Parameter von POP_1 und POP_2:

<7.8> $\mu_{am} = \mu_1 - \mu_2$

<7.9> $\sigma_{am} = \sqrt{[(\sigma_1^2 + \sigma_2^2 - 2 \cdot \rho_{12} \cdot \sigma_1 \cdot \sigma_2)/n]}$ *Standardfehler von M_1-M_2*

Mit dem Index »am« machen wir kenntlich, daß wir es mit »abhängigen Mittelwerten« zu tun haben, im Gegensatz zum bisherigen Index »um« für den Fall unabhängiger Stichproben bzw. Mittelwerte.

Bezüglich der Form der Stichprobenverteilung von M_D bzw. M_1-M_2 gelten die Ausführungen von Abschnitt 2.6 analog. Liegt in der Population der Differenzwerte eine Normalverteilung vor, dann verteilt sich M_D bzw. M_1-M_2 nach $N(\mu_{am}; \sigma_{am})$. Ist POP_D nicht normalverteilt, dann strebt die Stichprobenverteilung von $M_D = M_1$-M_2 gemäß dem zentralen Grenzwertsatz um so stärker gegen die Normalform, je größer der Stichprobenumfang n ist.

Die Formeln <7.7> und <7.9> gelten für die Stichprobenziehung mit Zurücklegen (mit Berücksichtigung der Anordnung). Gemäß den Ausführungen von Abschnitt 2.4.4 haben sie jedoch auch Gültigkeit für die in der Praxis übliche Ziehung ohne Zurücklegen, sofern N, die Anzahl der Populationselemente, sehr groß ist im Verhältnis zum Stichprobenumfang n. Sollte der seltene Fall vorliegen, daß diese Bedingung nicht erfüllt ist und n einen relativ großen Anteil von N ausmacht, dann ist der Standardfehler von $M_D = M_1$-M_2 entsprechend <2.8> wie folgt zu berechnen:

<7.10> $\sigma_{am} = \sqrt{\{[\sigma_D^2/n] \cdot [(N-n)/(N-1)]\}}$

7.2 Test der Hypothese »$\mu_1=\mu_2$« im Fall großer Stichproben

Es soll aufgrund eines an zwei abhängigen Stichproben bestimmten $[M_1$-$M_2]$- bzw. M_D-Wertes entschieden werden, ob $H_0: \mu_1 - \mu_2 = 0$ beizubehalten oder zurückzuweisen ist. Dazu muß (im Fall einer ungerichteten H_1) wieder festgestellt werden, mit welcher Wahrscheinlichkeit bei Gültigkeit der Nullhypothese ein Wert $\geq |M_D|$ bzw. $\geq |M_1$-$M_2|$ auftritt. Ist diese Wahrscheinlichkeit $P \leq \alpha$, dann wird H_0 zurückgewiesen. Bei normalverteilter POP_D verteilt sich die Größe $M_D = M_1$-M_2 nach $N(\mu_{am}; \sigma_{am})$. Durch Z-Transformation wird diese Stichprobenverteilung in die Standardnormalverteilung überführt $[(\mu_D)_0 = (\mu_1 - \mu_2)_0$: In H_0 behauptetes Mittel von $POP_D]$:

<7.11> $$Z_{am} = \frac{M_D - \mu_{am}}{\sigma_{am}} = \frac{M_D - (\mu_D)_0}{\sigma_D/\sqrt{n}}$$

<7.12> $$Z_{am} = \frac{(M_1 - M_2) - \mu_{am}}{\sigma_{am}} = \frac{(M_1 - M_2) - (\mu_1 - \mu_2)_0}{\sqrt{[(\sigma_1^2 + \sigma_2^2 - 2 \cdot \rho_{12} \cdot \sigma_1 \cdot \sigma_2)/n]}}$$

Da die Nullhypothese üblicherweise aussagt, daß $\mu_D = \mu_1 - \mu_2$ gleich Null ist, vereinfachen sich die Formeln zu

<7.13> $Z_{am} = \frac{M_D}{\sigma_D / \sqrt{n}}$ <7.14> $Z_{am} = \frac{M_1 - M_2}{\sqrt{[(\sigma_1^2 + \sigma_2^2 - 2 \cdot \rho_{12} \cdot \sigma_1 \cdot \sigma_2)/n]}}$

Der für einen errechneten Z_{am}-Wert in Tab. C abzulesende Anteil entspricht dann der gesuchten Wahrscheinlichkeit, daß unter $H_0: \mu_1 - \mu_2 = 0$ ein Wert so groß wie $M_D = M_1 - M_2$ (oder noch extremer) auftritt.

Da die in den Standardfehler eingehenden Populationsparameter in der Regel nicht bekannt sind, müssen sie durch die entsprechenden Stichprobengrößen geschätzt werden. Als Schätzung für σ_{am} ergibt sich dann:

<7.15> $S_{am} = S_D / \sqrt{n}$ *D-Werte*

<7.16> $S_{am} = \sqrt{[(V_1 + V_2 - 2 \cdot r_{12} \cdot S_1 \cdot S_2)/n]}$ *X-Werte*

Unter Verwendung dieser Größen verändern sich <7.13> und <7.14> zu

<7.17> $Z^*_{am} = \frac{M_D}{S_D / \sqrt{n}}$ <7.18> $Z^*_{am} = \frac{M_1 - M_2}{\sqrt{[(V_1 + V_2 - 2 \cdot r_{12} \cdot S_1 \cdot S_2)/n]}}$

Die Stichprobenverteilung von Z^*_{am} ist jedoch nur bei großen Stichproben hinreichend standardnormal. Bei kleinen Stichproben muß die Prüfung von $H_0: \mu_1 = \mu_2$ hingegen über die T-Verteilung erfolgen.

7.2.1 Die Schritte beim Z-Test für abhängige Stichproben

- Test: *Z-Test für abhängige Stichproben*
- Zweck: Prüfung, ob sich die Mittelwerte von zwei abhängigen Stichproben statistisch signifikant unterscheiden.
- Voraussetzungen: Abhängige Stichproben, Normalverteilung in der Population der Differenzwerte (POP_D), Anzahl der Wertepaare $n \geq 50$.
- $H_0: \mu_1 = \mu_2$ $H_1: \mu_1 \neq \mu_2$ *Zweiseitiger Test*
$H_0: \mu_1 = \mu_2$ $H_1: \mu_1 < \mu_2$ oder $H_1: \mu_1 > \mu_2$ *Einseitiger Test*
- Festsetzung von α. Beim einseitigen Test ist die Berechnung der Prüfgröße $|Z^*_{am}|$ nur erforderlich, wenn das Vorzeichen der Differenz $M_1 - M_2$ dem in H_1 für $\mu_1 - \mu_2$ behaupteten Vorzeichen entspricht. Anderenfalls wird die Nullhypothese beibehalten. Zur Bestimmung von $|Z^*_{am}|$ kann sowohl von den X- als auch den D-Werten ausgegangen werden. Vorzuziehen ist allerdings der erste Weg, da die hierbei zu berechnende Korrelation r_{12} wichtige Informationen liefert (vgl. Abschnitt 7.5).

  Entweder: Berechnung der Mittel, -varianzen und -standardabweichungen sowie der Korrelation der Werte beider Stichproben. Bestimmung der D-Werte (zur Prüfung der Verteilungsannahme). Oder: Berechnung von Mittel und Standardabweichung der D-Werte.

Prüfung: Widerspricht die Verteilung der D-Werte der Annahme, daß die Differenzwerte in POP_D normalverteilt sind?

- Berechnung der Prüfgröße:

<7.19> $$|Z^*_{am}| = \frac{|M_1 - M_2|}{\sqrt{[(V_1 + V_2 - 2 \cdot r_{12} \cdot S_1 \cdot S_2)/n]}}$$ *X-Werte*

<7.20> $$|Z^*_{am}| = \frac{|M_D|}{S_D/\sqrt{n}} = \frac{|M_D| \cdot \sqrt{n}}{S_D}$$ *D-Werte*

- Entscheidung über die Nullhypothese: Zurückweisung von H_0, wenn $|Z^*_{am}| > Z_k$ ist. Der »α« zugehörige Wert von Z_k wird beim zweiseitigen Test Teil [A], beim einseitigen Test Teil [B] von Tab. D entnommen.

7.2.2 Z-Test für abhängige Stichproben: Beispiel

In einer Untersuchung zur kurzfristigen Wirkung von Fernseh-Nahrungsmittelwerbung wurden 644 Schülern (Alter: 12-20 Jahre) jeweils vier TV-Spots vorgeführt (Diehl 1985). Es handelte sich hierbei um Werbung für ein Pizza-Gebäck, ein Creme-Dessert, einen Frischkäse und einen Schoko-Riegel. Mittels einer aus Items wie *beeinflussend*, *interessant* und *verlockend* bestehenden Skala wurde im Anschluß an jeden Spot das Ausmaß seiner anziehenden Wirkung (»Attraktion«) erhoben. Es soll nun mittels Z-Test untersucht werden, ob sich die durchschnittliche (Attraktions)-Einstufung des Frischkäse-Spots von der mittleren Beurteilung der Werbung für das Creme-Dessert signifikant unterscheidet. Abb. 7.1 gibt die Verteilungen der 644 Skalenwerte für beide Spots wieder sowie die Verteilung der Differenzwerte (D_i = Beurteilung Creme-Dessert- minus Beurteilung Frischkäse-Werbung bei Person i).

Die Voraussetzungen des Z-Tests sind erfüllt. Die Anzahl der Meßwertpaare ist mit n = 644 sehr groß, und die D_i-Werte verteilen sich für empirische Daten fast perfekt normal (SCHIEFE = 0,001, EXZESS = 0,2). Interessant ist, daß die Verteilungen der X-Werte beider Bedingungen dagegen relativ deutlich von der Normalform abweichen. Dies zeigt, daß zur Prüfung der Verteilungsannahme des Z-Tests die D-Werte gebildet und inspiziert werden müssen, da über die Berechtigung dieser Annahme nicht aufgrund der X_{i1}- und X_{i2}-Verteilung entschieden werden kann. In unserem Fall würden allerdings selbst deutlich schief verteilte Differenzwerte keine Gefahr für die Validität des Z-Tests bedeuten, da bei n = 644 die Stichprobenverteilung von Z^*_{am} aufgrund des zentralen Grenzwerteffekts in der Regel hinreichend N(0;1) folgt.

Es ist gefragt, ob sich die Attraktions-Mittel der Werbefilme signifikant unterscheiden. Wir testen deshalb zweiseitig und setzen das Fehler-I-Risiko auf 0,01. Die Berechnung der Prüfgröße aufgrund der X-Werte über <7.19> ergibt:

$$|Z^*_{am}| = \frac{|37,477 - 31,778|}{\sqrt{[(454,859 + 443,697 - 2 \cdot 0,2923 \cdot 21,327 \cdot 21.064)/644]}} = 5,735$$

ABBILDUNG 7.1 Beispiel für den Z-Test für abhängige Stichproben: Beurteilung der anziehenden Wirkung (»Attraktion«) von zwei TV-Werbespots durch 644 Jugendliche. Werteverteilungen, Mittel, Varianzen und Standardabweichungen sowie Korrelation der Beurteilungen beider Spots.

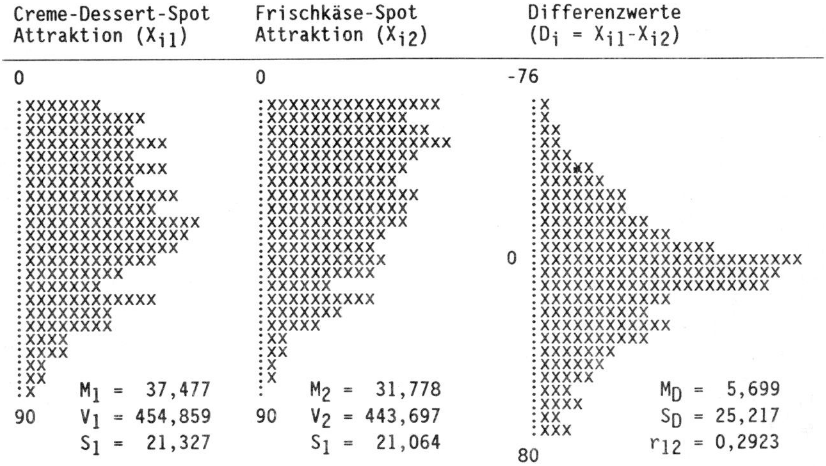

Hoher X-Wert: Indikator für eine anziehende Wirkung des Spots; der Spot wird positiv beurteilt. Niedriger Wert: Indikator für geringe bzw. keine anziehende Wirkung des Spots; der Spot wird nicht positiv beurteilt.

Den gleichen Wert erhält man, wenn die Berechnungen aufgrund der Differenzwerte über <7.20> durchgeführt werden: $|Z^*_{am}| = (|5{,}699| \cdot \sqrt{644})/25{,}217 = 5{,}735$

Dieser Prüfwert überschreitet deutlich $Z_k = 2{,}576$, den kritischen Wert für $\alpha = 0{,}01$-zs (vgl. Tab. D). Wir gelangen somit zu dem Schluß, daß die Werbung für das Creme-Dessert im Durchschnitt signifikant anziehender wirkte als der Frischkäse-Spot.

7.3 Test der Hypothese »$\mu_1=\mu_2$« im Fall kleiner Stichproben

Entsprechend den Ausführungen in Abschnitt 4.3 ist die Stichprobenverteilung von $M_D/(S_D/\sqrt{n})$ unter $H_0{:}\mu_1=\mu_2$ bei kleinen Stichprobenumfängen nicht mehr standardnormal. Sie entspricht dann vielmehr einer T-Verteilung mit n-1 Freiheitsgraden (normalverteilte Population der Differenzwerte vorausgesetzt). Bei abhängigen Stichproben unterscheiden sich die bei großen und kleinen Stichproben zu berechnenden Teststatistiken somit nicht. Es müssen zur Beurteilung der Auftretenswahrscheinlichkeit bestimmter Werte unter H_0 lediglich unterschiedliche theoretische Verteilungen herangezogen werden.

Zum Test von $H_0:\mu_1=\mu_2$ wird bei kleinen Stichproben somit eine der beiden folgenden Größen bestimmt:

<7.21> $T_{am} = M_D/(S_D/\sqrt{n})$ FG = n-1 *D-Werte*

<7.22> $T_{am} = (M_1 - M_2)/\sqrt{[(V_1 + V_2 - 2 \cdot r_{12} \cdot S_1 \cdot S_2)/n]}$ *X-Werte*

7.3.1 Die Schritte beim T-Test für abhängige Stichproben

- Test: *T-Test für abhängige Stichproben*
- Zweck: Prüfung, ob sich die Mittelwerte von zwei abhängigen Stichproben statistisch signifikant unterscheiden.
- Voraussetzungen: Abhängige Stichproben, Normalverteilung in der Population der Differenzwerte (POP_D).
- H_0: $\mu_1 = \mu_2$ H_1: $\mu_1 \neq \mu_2$ *Zweiseitiger Test*
  H_0: $\mu_1 = \mu_2$ H_1: $\mu_1 < \mu_2$ oder H_1: $\mu_1 > \mu_2$ *Einseitiger Test*
- Festsetzung von α. Beim einseitigen Test ist die Berechnung der Prüfgröße $|T_{am}|$ nur erforderlich, wenn das Vorzeichen der Differenz M_1-M_2 dem in H_1 für μ_1-μ_2 behaupteten Vorzeichen entspricht. Anderenfalls wird die Nullhypothese beibehalten. Zur Bestimmung von $|T_{am}|$ kann sowohl von den X- als auch den D-Werten ausgegangen werden. Vorzuziehen ist allerdings der erste Weg, da die hierbei zu berechnende Korrelation r_{12} wichtige Informationen liefert (vgl. Abschnitt 7.5).

  Entweder: Berechnung der Mittel, -varianzen und -standardabweichungen sowie der Korrelation der Werte beider Stichproben. Bestimmung der D-Werte (zur Prüfung der Verteilungsannahme). Oder: Berechnung von Mittel und Standardabweichung der D-Werte.

  Prüfung: Widerspricht die Verteilung der D-Werte der Annahme, daß die Differenzwerte in POP_D normalverteilt sind?
- Berechnung der Prüfgröße: (n = Anzahl der Wertepaare)

<7.23> $$|T_{am}| = \frac{|M_1 - M_2|}{\sqrt{[(V_1 + V_2 - 2 \cdot r_{12} \cdot S_1 \cdot S_2)/n]}}$$ *X-Werte*

<7.24> $$|T_{am}| = \frac{|M_D|}{S_D/\sqrt{n}} = \frac{|M_D| \cdot \sqrt{n}}{S_D}$$ FG = n-1 *D-Werte*

- Entscheidung über die Nullhypothese: Zurückweisung von H_0, wenn $|T_{am}| > T_k$ ist. Beim zweiseitigen (einseitigen) Test wird zur Bestimmung von T_k in Tab. E in der Kopfzeile (Fußzeile) vom gewählten »α« ausgegangen. Im Schnittpunkt dieser Spalte mit der Zeile »FG« steht der gesuchte Wert.

TABELLE 7.2 Beispiel für den T-Test für abhängige Stichproben (Meßwiederholung): Werte in der FPI-Skala *Gehemmtheit* einer Grupppe von Studierenden, denen das Persönlichkeitsinventar zuerst unter der Standard-Anweisung und anschließend mit einer Bewerbungs-Instruktion vorgelegt wurde.

Sta Ins X_{i1}	Bew Ins X_{i2}	Diff Werte D_i	X	Stand Instr [1]	Bewerb Instr [2]	D	Diff Werte	StandInstr BewerbInstr DiffWerte
7	3	+ 4	0	X	XXXX	- 3	X	
9	7	+ 2	1		XXX	- 2		M_1 = 9,000
10	0	+10	2		XXXXX	- 1	X	
8	5	+ 3	3	X	XX	0	XXX	S_1 = 4,578
14	7	+ 7	4	XXX	X	+ 1	X	
20	3	+17	5	X	X	+ 2	X	V_1 = 20,957
8	1	+ 7	6			+ 3	XXX	
11	12	- 1	7	XX	XXX	+ 4	XXXX	
11	14	- 3	8	XXXX	X	+ 5	XX	M_2 = 4,333
10	2	+ 8	9	X		+ 6		
15	10	+ 5	10	XXX	X	+ 7	XX	S_2 = 4,188
0	0	0	11	XXX	X	+ 8	XX	
4	0	+ 4	12		X	+ 9	X	V_2 = 17,536
10	2	+ 8	13	X		+10	X	
11	11	0	14	X	X	+11		
8	4	+ 4	15	X		+12	X	M_D = 4,667
13	1	+12	16	X		+13		
4	1	+ 3	17			+14		S_D = 4,536
7	2	+ 5	18			+15		
5	2	+ 3	19			+16		
4	0	+ 4	20	X	n = 24	+17	X	r_{12} = 0,467
8	8	0						
3	2	+ 1						
16	7	+ 9						

Hoher X-Wert: gehemmt, gespannt. Niedriger X-Wert: ungezwungen, kontaktfähig. X-Wertebereich: 0-21.

7.3.2 T-Test für abhängige Stichproben: Zwei Beispiele

In Abschnitt 6.1.2 haben wir ein Beispiel kennengelernt, bei dem aus den Teilnehmern einer Psychologieveranstaltung durch Zufallsaufteilung zwei unabhängige Stichproben gebildet wurden, wobei die eine Gruppe das Freiburger Persönlichkeitsinventar mit der Standard-Instruktion erhielt, während der anderen Gruppe das FPI mit einer Bewerbungs-Instruktion vorgelegt wurde (vgl. Tab. 6.1). Die gleiche Fragestellung wurde nun - wiederum zur Gewinnung von Übungsdaten - an den Teilnehmern einer anderen Psychologieveranstaltung mittels Meßwiederholung untersucht. Die anwesenden 24 Personen bearbeiteten zu Beginn der Veranstaltung das FPI unter Standard-Instruktion und am Ende der Sitzung nochmals mit der Anweisung, sich in einem für eine Bewerbung als Schulpsychologe günstigen Licht darzustellen.

In Tab. 7.2 sind die für das Merkmal *Gehemmtheit* erhaltenen Werte wiedergebenen. Es soll geprüft werden, ob sich die durchschnittlichen Skalenwerte beider

Instruktionsbedingungen signifikant unterscheiden. Wir führen deshalb einen zweiseitigen Test durch und setzen $\alpha = 0{,}01$. Die Normalverteilungsvoraussetzung des T-Tests kann dahingehend "abgemildert" werden, daß die Populationsverteilung der Differenzwerte zumindest hinreichend symmetrisch sein sollte. Davon können wir in unserem Fall ausgehen, da die Verteilung der D-Werte keine bedeutsame Schiefe erkennen läßt.

Die Berechnung der Prüfgröße sollte im konkreten Fall aus den in Abschnitt 7.6 genannten Gründen aufgrund der X-Werte erfolgen. Demonstrationshalber wird nachfolgend $|T_{am}|$ jedoch auch über die Differenzwerte errechnet. Es ist gemäß <7.23> und <7.24> (Werte aus Tab. 7.2):

$$|T_{am}| = \frac{|9{,}000 - 4{,}333|}{\sqrt{[(20{,}957 + 17{,}536 - 2 \cdot 0{,}4672 \cdot 4{,}578 \cdot 4{,}188)/24]}} = 5{,}040$$

$$|T_{am}| = (|4{,}667| \cdot \sqrt{24})/4{,}536 = 5{,}040$$

Der Prüfwert von 5,040 übersteigt $T_k = 2{,}807$, den kritischen Wert für FG = 23 und $\alpha = 0{,}01$-zs (vgl. Tab. E). Die Befragten stellen sich somit unter der Bewerbungsbedingung im Durchschnitt als signifikant weniger gehemmt und als ungezwungener und kontaktfreudiger dar, als sie sich "normalerweise" (unter Standard-Instruktion) sehen und beschreiben.

Bei dem nachfolgenden Beispiel einer Studie mit hinsichtlich der Intellligenz parallelisierten (gematchten) Gruppen handelt es sich um fiktive Daten. Im Rahmen eines Projekts zur Ernährungsaufklärung von Jugendlichen wurden zwei Kurz-Kurse über eine vernünftige Ernährungsweise erstellt. Im einen Fall werden die Lerninhalte einer Gruppe von Teilnehmern in einem anderthalbstündigen Diavortrag vermittelt, während im anderen Fall den Interessenten (einzeln oder als Gruppe) ein 90minütiger Videofilm über vernünftige Ernährung vorgeführt wird. Es sollte nun untersucht werden, welche dieser beiden Darbietungsformen (kurzfristig) mehr Ernährungswissen vermitteln kann. Zur Erfassung der im Vortrag/Film vermittelten Kenntnisse stand ein 60-Item Multiple-Choice-Test zur Verfügung.

Da zu vermuten war, daß der Lernerfolg in derartigen Kursen in bedeutsamen Ausmaß von der Intelligenz der Teilnehmer abhängig ist, wurde dieses Merkmal als Matching-Variable herangezogen. Für den Vergleich der Effektivität beider Kurstypen standen 30 weibliche Jugendliche zur Verfügung (eine Untersuchung männlicher Personen sollte zu einem späteren Zeitpunkt erfolgen). Bei diesen wurde mittels des IST-70 (Amthauer 1973) der Gesamt-Standardwert (GSW) als Maß der Intelligenz erhoben. Es ergaben sich (absteigend) die folgenden Werte (Matching-Variable Y):

| 116 115 | 114 112 | 110 108 | ... | 98 97 | 97 97 | 91 91 |.

Aus den 30 Werten wurden nun möglichst ähnliche Paare gebildet (wie durch die Striche kenntlich gemacht). Bei jedem dieser Personenpaare erfolgte dann eine Zufallszuordnung zu den Bedingungen »Dia-Vortrag« und »Film«. Dadurch entstanden zwei Gruppen, die sich in ihrer Intelligenz praktisch nicht unterschieden

TABELLE 7.3 Beispiel für den T-Test für abhängige Stichproben (Parallelisierte Gruppen): Werte in einem Ernährungs-Wissenstest (X) von zwei nach der Intelligenz (Y) gematchten Gruppen, die auf unterschiedliche Art (Dia-Vortrag vs. Videofilm) über *Vernünftige Ernährung* aufgeklärt wurden.

MatchVar Y_{i1}	Y_{i2}	Dias X_{i1}	Film X_{i2}	Diff D_i	X	Dias [1]	Film [2]	Diff D		Dias / Film DiffWerte
115	116	43	51	- 8	51		X			
112	114	40	49	- 9	50					M_1 = 36,133
108	110	41	42	- 1	49		X			
108	108	41	47	- 6	48			-12	X	S_1 = 4,291
106	107	42	45	- 3	47		XX	-11		
104	104	34	46	-12	46		X	-10	XX	V_1 = 18,410
104	104	37	47	-10	45		X	- 9	X	
104	104	35	38	- 3	44			- 8	XX	
103	103	31	41	-10	43	X		- 7	X	M_2 = 41,467
102	102	32	39	- 7	42	X	X	- 6	X	
101	101	34	38	- 4	41	XX	X	- 5		S_2 = 5,963
99	99	32	40	- 8	40	X	X	- 4	X	
98	97	34	33	+ 1	39		X	- 3	XX	V_2 = 35,522
97	97	36	35	+ 1	38		XX	- 2		
91	91	30	31	- 1	37	X		- 1	XX	
					36	X		0		M_D = -5,333
					35	X	X	+ 1	XX	
		r_{12} = 0,7066			34	XXX				S_D = 4,220
					33		X			
					32	XX				
					31	X	X			n = 15
					30	X				

(vgl. die Y-Werte in Tab. 7.3). Gruppe [1] wurde nun der Dia-Vortrag, Gruppe [2] der Videofilm dargeboten. Im Anschluß daran war jeweils der Ernährungs-Kenntnistest zu bearbeiten. Sein möglicher Wertebereich ist 0-60, wobei ein hoher Wert bedeutet, daß viel der dargebotenen Ernährungsinformation behalten worden ist.

Die Kenntniswerte beider Gruppen (X_{i1}; X_{i2}) sind in Tab. 7.3 wiedergegeben. Durch die Parallelisierung haben wir es auch hier mit Wertepaaren und damit mit abhängigen Stichproben zu tun, bei denen die Korrelation zwischen den Meßwertreihen von Bedeutung ist. Die Verteilung der Differenzwerte weicht nicht bedeutsam von der Symmetrie ab, so daß der Mittelwertsunterschied mittels T-Test auf statistische Signifikanz geprüft werden kann. Wir wählen α = 0,01-zs und berechnen demonstrationshalber die Prüfgröße sowohl aufgrund der X- als auch der D-Werte. Es ist gemäß <7.23> und <7.24> (Daten aus Tab. 7.3):

$$|T_{am}| = \frac{|36,133 - 41,467|}{\sqrt{[(18,410 + 35,552 - 2 \cdot 0,7066 \cdot 4,291 \cdot 5,963)/15]}} = 4,896$$

$$|T_{am}| = (|5,333| \cdot \sqrt{15})/4,220 = 4,894$$

Der Prüfwert von 4,896 übersteigt $T_k = 2{,}977$, den kritischen Wert bei FG = 14 und α = 0,01-zs (Tab. E). Wir gelangen somit zu dem Schluß, daß die durchschnittlichen Ernährungskenntnisse nach dem Videofilm signifikant besser waren als nach der Wissensvermittlung durch den Dia-Vortrag.

7.4 Vergleich von Z- und T-Test für abhängige Stichproben

Im Fall kleiner Stichproben stellt sich die Frage nicht, ob $H_0{:}\mu_1=\mu_2$ mittels T- oder Z-Test zu prüfen ist, da hier nur der T-Test Anwendung finden darf. Bei großen Stichproben kann hingegen zwischen beiden Verfahren gewählt werden, wobei die Entscheidung keine schwierigen Abwägungen erfordert.

Beide Tests arbeiten mit der Prüfgröße $M_D/(S_D/\sqrt{n})$ und basieren auf der Voraussetzung, daß die Population der D-Werte normalverteilt ist. Je größer die Anzahl der Meßwertpaare (bzw. der Freiheitsgrade) ist, um so enger stimmt die Prüfverteilung des T-Tests mit der des Z-Tests überein. Bei sehr großen Stichproben sind Z- und T-Test praktisch identisch. Da die T-Verteilung (mit FG = n-1) das exakte Modell für die Stichprobenverteilung von $M_D/(S_D/\sqrt{n})$ unter H_0: $\mu_1=\mu_2$ darstellt, und diese Verteilung mit zunehmendem n recht bald in N(0;1) übergeht, ist es das bequemste (und in jedem Fall korrekte) Vorgehen, bei allen Stichprobenumfängen den T-Test durchzuführen.

Bei abhängigen Stichproben bringt der Z-Test gegenüber dem T-Test praktisch keine Vorteile mit sich - im Gegensatz zur Situation unabhängiger Gruppen, wo der T-Test auf der Voraussetzung gleicher Populationsvarianzen basierte, der Z-Test hingegen nicht. Lediglich in dem Fall, daß bei großen Stichproben ein Signifikanzniveau benötigt wird, das in Tab. E nicht enthalten ist, bietet die Prüfung von $M_D/(S_D/\sqrt{n})$ über Tab. C bzw. D mehr Möglichkeiten. Dieser Vorteil gilt allerdings nur für Berechnungen mittels Taschenrechner, da bei der Verwendung von EDV-Programmen der für »T« ausgegebene P-Wert eine Prüfung auf jedem gewünschten Signifikanzniveau ermöglicht.

7.5 Vergleich der Prüfgrößen für unabhängige und abhängige Stichproben

Bei vielen Fragestellungen, in denen es um den Vergleich (der Mittel) von zwei Bedingungen geht, besteht die Möglichkeit, die Untersuchung sowohl mit unabhängigen als auch mit abhängigen Stichproben durchzuführen. Nehmen wir unser FPI-Beispiel. Zum einen waren durch Zufallsaufteilung zwei unabhängige Stichproben gebildet worden, denen das FPI-K mit unterschiedlichen Instruktionen vorgeben wurde (Abschnitt 6.1.2). Im anderen Fall handelte es sich um Meßwiederholung. Dieselben Personen hatten das FPI erst unter Normal- und dann mit einer Bewerbungs-Instruktion zu beantworten (Abschnitt 7.3.2).

Als dritter Weg wäre (zumindest für die Untersuchung eines einzelnen FPI-Merkmals) ein Plan parallelisierter Gruppen möglich gewesen. Nehmen wir an, es hätte lediglich interessiert, wieweit die Selbstbeschreibung auf der Skala *Geselligkeit* durch eine Bewerbungs-Instruktion verändert wird. Man hätte dann bei den zur Verfügung stehenden Personen unter Standard-Instruktion die Werte in dieser Skala erheben und danach möglichst gleiche Paare bilden können. Anschließend wäre bei jedem Paar per Zufall entschieden worden, wem die Items *Geselligkeit* erneut mit der Standard-Instruktion vorgelegt werden und wer sie unter der Bewerbungs-Instruktion zu beantworten hat. In diesem Fall wäre die Matching-Variable mit der abhängigen Variablen identisch gewesen.

Da häufig die Möglichkeit besteht, eine Fragestellung mittels unterschiedlicher Versuchsanlagen zu untersuchen, ist von Interesse, welche Gesichtspunkte bei der Entscheidung für einen der Pläne zu berücksichtigen sind, welche Vor- und Nachteile unabhängige und abhängige Gruppen (Meßwiederholung/Matching) aufweisen. Wir werden uns bei den nachfolgenden Überlegungen allerdings auf den statistischen Aspekt konzentrieren.

Meßwiederholungs- als auch Matching-Pläne (sofern die Matchingvariable mit der abhängigen identisch ist) bringen es mit sich, daß ein Merkmal zweimal an denselben Personen erhoben werden muß. Dabei können Übertragungseffekte auftreten, die im Nachhinein vielleicht feststellbar, aber nicht korrigierbar sind. Unabhängig davon bedeutet die zweimalige Datenerhebung (und dies gilt dann für alle Matching-Pläne) an denselben Personen häufig einen deutlich höheren Organisationsaufwand, verbunden mit der Gefahr, daß insbesondere schwach motivierte Versuchspersonen nach der ersten Datenerhebung abbrechen.

Da Meßwiederholung und Matching erhebliche Nachteile mit sich bringen können, ist zu fragen, welchen Vorteil diese Pläne haben. Dies soll anhand der Größen Z_{um} und Z_{am} erläutert werden. Die hieran gewonnenen Erkenntnisse gelten jedoch analog für die übrigen bei unabhängigen und abhängigen Stichproben zum Test von $H_0{:}\mu_1=\mu_2$ verwendbaren Prüfgrößen (Z^*_{um}, Z^*_{am}, usf.).

Greifen wir das in Abschnitt 5.2 genannte Beispiel auf. Es interessiert, ob die heute 25jährigen Frauen in der BRD im Alter von 30 Jahren ein anderes durchschnittliches Körpergewicht aufweisen. Gewichtsmittel, -varianz und -standardabweichung der 25jährigen seien μ_1, σ_1^2 und σ_1, die entsprechenden Parameter der 30jährigen sind μ_2, σ_2^2 und σ_2. Da es sich um dieselbe Population handelt, deren Mittelwertsveränderung in der Zeit interessiert, besteht zwischen den Gewichtswerten der 25- und 30jährigen eine Korrelation ρ_{12}.

Die Hypothese $H_0{:}\mu_1=\mu_2$ ließe sich nun sowohl mittels unabhängiger als auch abhängiger Stichproben untersuchen. Im unabhängigen Fall würde aus den 25jährigen eine Zufallsstichprobe des Umfangs n_1 gezogen (und deren Mittel M_1 berechnet) werden und davon unabhängig - fünf Jahre später - eine Zufallsstichprobe n_2 aus der Gesamtheit der 30jährigen (mit Berechnung von M_2). Zu abhängigen Gruppen würde man gelangen, wenn aus den 25jährigen eine Zufallsstichprobe von n Frauen gezogen würde (Berechnung von M_1) und dieselben Personen im Alter von 30 Jahren erneut gewogen würden (Berechnung von M_2). Die Stichprobenverteilung von M_1-M_2 weist im Fall unabhängiger bzw. abhängiger Stichproben folgende Standardabweichungen (-fehler) auf ($n_1=n_2=n$):

$\sigma_{um} = \sqrt{[(\sigma_1^2 + \sigma_2^2)/n]}$

$\sigma_{am} = \sqrt{[(\sigma_1^2 + \sigma_2^2 - 2\cdot\rho_{12}\cdot\sigma_1\cdot\sigma_2)/n]} = \sqrt{[(\sigma_1^2 + \sigma_2^2)/n - 2\cdot\rho_{12}\cdot\sigma_1\cdot\sigma_2/n]}$

Der erste Teil von σ_{am} entspricht dem Standardfehler im unabhängigen Fall. Der Standardfehler bei abhängigen Stichproben fällt jedoch um so kleiner gegenüber σ_{um} aus, je größer die Korrelation $+\rho_{12}$ ist, da dann ein um so größerer Betrag von $(\sigma_1^2+\sigma_2^2)/n$ abgezogen wird. Und ein möglichst kleiner Standardfehler von M_1-M_2 ist erstrebenswert, weil bei Ungültigkeit von H_0 die Wahrscheinlichkeit β, die Nullhypothese fälschlicherweise beizubehalten, um so geringer ist, je weniger die $[M_1-M_2]$-Werte um $(\mu_1-\mu_2)_w$ streuen (vgl. Abschnitt 29.1.5).

Im Fall der Prüfung von $H_0:\mu_1=\mu_2$ mittels Z_{um}; Z_{am} oder Z^*_{um}; Z^*_{am} ist die Verwendung abhängiger Stichproben statistisch gesehen (bei $\rho_{12} > 0$) immer günstiger, wenn auch der Gewinn an *Power* bei schwacher Korrelation natürlich gering ausfällt. Bei kleinen Stichproben, bei denen der T-Test Anwendung finden muß, sollte die Korrelation ρ_{12} jedoch "substantiell" sein, damit der durch die Verwendung abhängiger Stichproben bewirkte Vorteil (Verringerung des Standardfehlers) den im folgenden zu diskutierenden statistischen Nachteil abhängiger Gruppen wettmacht. Betrachten wir die Prüfgrößen für unabhängige und für abhängige Stichproben ($n_1=n_2=n$):

$T_{um} = (M_1 - M_2)/\sqrt{[(V_1 + V_2)/n]}$ $\quad FG = 2\cdot(n-1)$

$T_{am} = (M_1 - M_2)/\sqrt{[(V_1 + V_2)/n - 2\cdot r_{12}\cdot S_1\cdot S_2/n]}$ $\quad FG = n-1$

Beim T-Test für abhängige Stichproben steht uns im Vergleich zu T_{um} nur die Hälfte der Freiheitsgrade zur Verfügung, obwohl die gleiche Anzahl von Meßwerten vorliegt (n in jeder Gruppe). Dies hat zur Folge, daß im Fall ρ_{12} gleich (oder nahe) Null die Wahrscheinlichkeit, H_0 (wenn H_1 gilt) zurückzuweisen, bei Verwendung abhängiger Stichproben geringer ist als bei unabhängigen Gruppen.

Wenn die wahre Differenz der Populationsmitte z.B. $(\mu_1-\mu_2)_w = 3$ beträgt, dann ist die Stichprobenverteilung von T_{um} unter $H_0:\mu_1-\mu_2=0$ entsprechend Formel <4.3> und <4.5> eine T-Verteilung mit dem Mittel $\mu_{t0} = 0$ und der Standardabweichung $\sigma_t = \sqrt{[FG/(FG-2)]} = \sqrt{[(n-1)/(n-2)]}$. Die Stichprobenverteilung von T_{um} unter $(\mu_1-\mu_2)_w = 3$ ist von der Form her ebenfalls eine T-Verteilung mit σ_t, ihr Mittel liegt jedoch um den Betrag e über $\mu_{t0} = 0$ (d.h. $\mu_{tw} = e$). Die entsprechenden Stichprobenverteilungen von T_{am} sind nun gleichfalls T-Verteilungen mit $\mu_{t0} = 0$ und $\mu_{tw} = e$, ihre Standardabweichungen sind jedoch größer; es ist jeweils $\sigma_t = \sqrt{[(n-1)/(n-3)]}$. Dadurch überschneiden sich die Verteilungen stärker, was im Vergleich zu den T_{um}-Verteilungen zu einem größeren β-Flächenanteil führt.

Wenn die Korrelation ρ_{12} nun von Null ansteigt, dann behalten die Standardabweichungen der Stichprobenverteilungen unter $(\mu_1-\mu_2)_0 = 0$ und $(\mu_1-\mu_2)_w = 3$ bei T_{um} und T_{am} zwar jeweils ihren durch die Anzahl der Freiheitsgrade festgelegten Wert, die Verteilungen (und ihre Mittel μ_{t0} und μ_{tw}) liegen jetzt im Fall abhängiger Stichproben jedoch zunehmend weiter auseinander als bei T_{um}, wodurch der β repräsentierende Flächenanteil immer kleiner wird. Dies hat zur

Folge, daß ab einem bestimmten Wert $+\rho_{12}$ der bei abhängigen Stichproben durch den kleineren Standardfehler erzielbare Gewinn an Power größer ist als der durch die geringere Anzahl von Freiheitsgraden bedingte Teststärkeverlust.

Über das Ausmaß des Gewinns an Power, den die Verwendung abhängiger Stichproben erbringt, entscheidet somit die Höhe der Populationskorrelation ρ_{12}. Daß diese "ausreichend" hoch ist, kann jedoch zum Zeitpunkt der Entscheidung über die Anlage der Untersuchung meist nur angenommen oder gehofft werden. Selbst wenn aus früheren Studien Schätzungen über die Höhe dieser Korrelation vorliegen, ist nicht sicher, daß sie auch für die eigene Untersuchung Gültigkeit haben werden.

Ob ein Plan mit abhängigen Stichproben im Vergleich zu zwei unabhängigen Gruppen (statistisch) "lohnend" war, läßt sich in der Regel erst nachträglich anhand der an den eigenen Daten berechneten Korrelation r_{12} beurteilen. Minimalforderung ist hier die "statistische Signifikanz" des (positiven) Koeffizienten, damit wir (im Rahmen des gesetzten α) davon ausgehen können, daß $\rho_{12} > 0$ ist. Bei kleinen Stichproben, die die Anwendung des T-Tests erfordern, sollte jedoch die Höhe von $+r_{12}$ weiterhin anzeigen, daß ρ_{12} "deutlich" über Null liegt, damit der durch die geringere Anzahl von Freiheitsgraden bedingte Verlust an Power wettgemacht wird.

Die nachträgliche Prüfung, ob ein Plan mit abhängigen Gruppen vorteilhaft war gegenüber einer Untersuchung mit unabhängigen Stichproben ist allerdings bei Beibehaltung von H_0 wichtiger als im Fall der Zurückweisung der Nullhypothese. Denn die ungünstige Verwendung abhängiger Stichproben erhöht die Wahrscheinlichkeit (des Fehlers II. Art), H_0 fälschlicherweise beizubehalten. Wurde die Nullhypothese zurückgewiesen, dann können wir diesen Fehler aber nicht begangen haben und die Frage, ob durch die Wahl des Versuchsplans seine Begehungswahrscheinlichkeit besonders hoch war, ist mehr von akademischem Interesse. Mußte H_0 hingegen beibehalten werden, dann ist es für den Untersucher, der dadurch seine empirische Hypothese nicht bestätigen konnte, natürlich wichtig zu erfahren, ob auch der Versuchsplan gewählt wurde, der im Fall »$\mu_1 \neq \mu_2$« die größte Wahrscheinlichkeit bot, die Nullhypothese zurückzuweisen.

Wir wollen nun unsere Beispiele anhand r_{12} daraufhin untersuchen, wieweit es günstig gewesen ist, mit abhängigen Gruppen zu arbeiten. Als erstes soll auf den Meßwiederholungsfall eingegangen werden. Bei unserer Untersuchung der Wirkung einer Bewerbungs-Instruktion (im Vergleich zur Standard-Anweisung) war den Befragten das gesamte FPI-K vorgelegt worden. Die bisher mitgeteilten Ergebnisse bezogen sich jedoch nur auf einen Teil der Merkmale. In Tab. 7.4 sind deshalb die an den unabhängigen und abhängigen Stichproben erhaltenen T-Testbefunde für alle neun Standardskalen des FPI wiedergegeben (T_{um}-, T_{am}- und zugehörige P-Werte). Bei beiden Untersuchungsanlagen unterscheiden sich die Mittel der Instruktionsbedingungen auf sämtlichen Skalen zumindest auf dem 1%-Niveau ($P \leq 0{,}01$).

Im jetzigen Zusammenhang interessieren jedoch besonders die bei den abhängigen Stichproben für die einzelnen Skalen ermittelten Korrelationen r_{12}. Setzen wir

TABELLE 7.4 Wirkung einer Bewerbungs-Instruktion auf die Beantwortung des FPI-K: Ergebnisse der Signifikanzprüfungen für alle neun Standardskalen. T- und P-Werte aus der Untersuchung mit unabhängigen Stichproben [a] und der Meßwiederholungsstudie [b]. Werte von r_{12} zur nachträglichen Evaluation des Plans mit abhängigen Stichproben [c]. Zum Vergleich die Retest-Korrelationen der FPI-Langskalen (r_{tt}).

FPI-Skala	$\|T_{um}\|$	P	$\|T_{am}\|$	P	r_{12}	P	r_{tt}
1 Nervosität	5,16	0,00	5,67	0,00	0,68	0,00	0,83
2 Spontane Aggress.	4,98	0,00	4,25	0,00	0,06	0,77	0,79
3 Depressivität	5,29	0,00	5,96	0,00	0,28	0,19	0,82
4 Erregbarkeit	6,46	0,00	4,98	0,00	0,23	0,28	0,82
5 Geselligkeit	6,36	0,00	5,11	0,00	0,18	0,41	0,86
6 Gelassenheit	5,64	0,00	4,22	0,00	0,18	0,40	0,76
7 Reaktive Aggress.	2,94	0,01	5,60	0,00	0,47	0,03	0,76
8 Gehemmtheit	7,91	0,00	5,04	0,00	0,47	0,03	0,81
9 Offenheit	5,63	0,00	6,06	0,00	0,34	0,11	0,73
FG = 65[a]; 23[b]	[a]		[b]		[c]		

α = 0,05, dann erweisen sich die Koeffizienten nur in drei Fällen als signifikant. Bei den anderen Skalen muß dagegen davon ausgegangen werden, daß r_{12} nur zufallsbedingt von Null abweicht. In sechs der neun Analysen stellt sich also im nachhinein heraus, daß die Untersuchung mittels Meßwiederholung keinen statistischen Vorteil mit sich gebracht hat. Da jedoch bei allen FPI-Merkmalen $H_0:\mu_1=\mu_2$ zurückgewiesen wurde, haben sich aus der Entscheidung für eine Untersuchung mittels Meßwiederholung auch keine (statistischen) Nachteile ergeben.

Wenn man eine zuverlässige (reliable) Variable in bestimmtem zeitlichen Abstand an denselben Personen zweimal erhebt, dann ist damit zu rechnen, daß die Korrelation der Wertereihen beider Zeitpunkte hoch ist (Retest-Reliabilität, Stabilität). Dies gilt auch für die Merkmale des FPI. Die letzte Spalte von Tab. 7.4 enthält die aus mehreren Studien gemittelten Retest-Korrelationen der FPI-Langskalen (Fahrenberg et. al. 1978, Tab. 12a). Stabilitätskoeffizienten für die Kurzskalen liegen nicht vor. Aus den Werten für die Langskalen ist jedoch der Schluß zulässig, daß sich bei zweimaliger Vorgabe der von uns verwendeten Skalen gleichfalls hohe Korrelationen ergeben würden.

Aufgrund derartiger Retest-Koeffizienten für bestimmte Merkmale mag die Vermutung plausibel erscheinen, daß in Untersuchungen, bei denen an denselben Personen zweimal Werte von diesen Variablen erhoben werden, die Korrelation r_{12} durchgehend hoch sein wird. Unsere Daten zeigen jedoch, daß diese Annahme nicht berechtigt ist. Bei Stabilitätskoeffizienten wie in der letzten Spalte von Tab. 7.4 erfolgte erste und zweite Messung unter ähnlichen Bedingungen, die dazwischenliegende Zeit enthielt keine Einflußgrößen, die zu einer bedeutsamen Veränderung der Rangfolge bzw. der relativen Positionen der Untersuchten hätten führen können.

Anders stellt sich die Situation bei Untersuchungen dar, in denen dieselben Probanden zwei mit Absicht sehr unterschiedlichen Bedingungen ausgesetzt werden (deren Effekt anhand der beide male erhobenen abhängigen Variablen X erfaßt wird). Hier muß damit gerechnet werden, daß die eine Behandlung (im Vergleich zur anderen) nicht nur das Niveau, sondern auch die Rangfolge der Personen in der abhängigen Variablen deutlich verändern kann, wodurch die Korrelation r_{12} einen niedrigen Wert annimmt. Dies war bei unserem Beispiel offensichtlich der Fall: Die Instruktion, sich für eine Bewerbung in einem günstigen Licht darzustellen, veränderte bei den meisten FPI-Skalen im zweiten Durchgang nicht nur den Durchschnittswert in bedeutsamem Ausmaß, sondern auch die relativen Positionen der Befragten.

Bei einem Meßwiederholungsplan hat der Untersucher keinen Einfluß auf die Höhe der Korrelation ρ_{12}. Dies ist im Fall parallelisierter Gruppen anders. Dort wird der Wert von ρ_{12} größtenteils durch die ausgewählte Matching-Variable (Y) erzeugt. Die Variable, nach der die Gruppen parallelisiert werden, sollte möglichst hoch mit der abhängigen Variablen (X) korrelieren. Dadurch wird die Voraussetzung geschaffen, daß auch die X-Wertereihen der gematchen Populationen bzw. Stichproben hoch miteinander korrelieren (können). Wir wollen uns dies an den Daten von Tab. 7.3 veranschaulichen.

Es sei dafür zuerst angenommen, daß Dia-Vortrag und Videofilm keinen unterschiedlichen Lernerfolg (Ausmaß des Ernährungswissens »nachher«) bewirken. Stellen wir uns weiterhin vor, daß die Matching-Variable Intelligenz (Y) sehr hoch mit dem Lernerfolg (X) korreliert. Wir bilden nun Personenpaare mit gleichen oder sehr ähnlichen Y-Werten. Da Y und X hoch miteinander korrelieren, werden die Mitglieder von Paaren, die (auf die Stichprobe bezogen) hohe [Y;Y]-Werte haben, auch in ihrer Gruppe jeweils einen hohen X-Wert aufweisen. Gleichermaßen werden die Mitglieder von Paaren mit niedrigen Werten in der Matching-Variablen beide (in ihrer Gruppe) jeweils relativ niedrige Werte in der abhängigen Variablen haben, usf. Da Y und X in enger Beziehung stehen, bewirkt somit die durch die Paarung erzeugte hohe Korrelation von Y_1 und Y_2 eine hohe Korrelation zwischen X_1 und X_2 (=r_{12}). Korrelieren Matching- und abhängige Variable hingegen nur schwach miteinander, dann wird mit der Paarung von Personen nach Y nicht erreicht, daß die Elemente der Paare genügend häufig auch gleichgerichtete relative Positionen in X_1 und X_2 einnehmen; r_{12} fällt dadurch niedrig aus.

Das Ziel beim Parallelisieren ist, eine möglichst hohe Korrelation ρ_{12} bzw. r_{12} zu erzeugen. Dies versucht man durch die Verwendung einer Matching-Variablen zu erreichen, die hoch mit der abhängigen Variablen korreliert. Günstig ist es hier natürlich, wenn letztere selbst (aufgrund einer Vormessung) zur Parallelisierung herangezogen werden kann. Dabei muß allerdings überlegt werden, wieweit durch die Meßwiederholung die Möglichkeit von Übertragungseffekten geschaffen wird. Liegt keine Matching-Variable vor, von der bekannt oder zumindest relativ sicher anzunehmen ist, daß sie hoch mit der abhängigen Variablen korreliert, dann kann die Fragestellung nicht mittels eines Plans parallelisierter Gruppen untersucht werden.

Wie bei Meßwiederholung läßt sich auch bei einem Matching-Plan erst wieder im nachhinein anhand von r_{12} festellen, ob das aufwendigere Vorgehen gegenüber der Verwendung unabhängiger Stichproben wirklich lohnend gewesen ist. Ein (sehr) hoher r_{12}-Wert (als Indikator eines gleichfalls hohen ρ_{12}) zeigt dabei relativ eindeutig an, daß eine "gute" Matching-Variable herangezogen wurde. Eine niedrige Korrelation zwischen den Gruppen in der abhängigen Variablen kann dagegen zweierlei ausdrücken: (a) Die Matching-Variable war "schlecht" in dem Sinne, daß sie im vorliegenden Fall zu wenig mit der abhängigen Variablen korrelierte (was der häufigere Grund für einen niedrigen r_{12}-Wert ist); und (b) die Matching Variable war zwar gut gewählt, die eine Behandlung hat jedoch (im Vergleich zur anderen) die Rangfolge der Paar-Elemente stark verändert.

Wir wollen die Möglichkeiten zur nachträglichen Untersuchung der Frage, ob ein Matching-Plan (im Vergleich zur Verwendung unabhängiger Gruppen) statistisch günstig gewesen ist, anhand der (konstruierten) Daten von Tab. 7.3 demonstrieren. Erstes Ziel der vorgenommenen Paarbildung sind Gruppen mit möglichst ähnlichen Mitteln und Standardabweichungen in der Matching-Variablen und eine sehr hohe Korrelation zwischen den Y-Wertereihen der Stichproben. Dies ist bei unserem Beispiel der Fall. Es sind: M_{y1} = 103,5; M_{y2} = 103,8; S_{y1} = 6,0; S_{y2} = 6,6; und r_{yy} = 0,996.

Die Prüfung der Korrelation zwischen Matching- und abhängiger Variablen erfolgt durch die Berechnung der entsprechenden Koeffizienten innerhalb der Gruppen. Diese Untersuchung ist allerdings von geringerer Bedeutung, wenn aufgrund einer Vormessung nach der abhängigen Variablen selbst gematcht werden konnte, da hier generell mit hohen r_{yx}-Werten zu rechnen ist. Für unsere Daten ergibt sich: $r_{yx}[1]$ = 0,80 und $r_{yx}[2]$ = 0,89. Die Höhe der Koeffizienten zeigt, daß der hier verwendete Intelligenztest eine gute Matching-Variable war, da die Testwerte bei beiden Formen der Wissensvermittlung eine deutliche direkte Beziehung zum Lernerfolg aufweisen.

Die Werte von $r_{yx}[1]$ und $r_{yx}[2]$ sollten von ähnlicher Größenordnung sein. Ein deutlicher Unterschied zwischen beiden Koeffizienten kann als Hinweis genommen werden, daß eine Bedingung (im Vergleich zur anderen) die Rangfolge der Personen in der abhängigen Variablen mehr oder minder stark verändert hat. Dies ist dann möglichweise die Erklärung für einen niedrigen r_{12}-Wert (trotz teilweise hoher Korrelation zwischen Matching- und abhängiger Variablen). Enthält die Untersuchung eine Kontroll- oder Standardbedingung, mit der die Wirkung einer bestimmten Behandlung verglichen wird - z.B. Lernleistung unter Lärm versus "normalem" Geräuschpegel - und unterscheiden sich die beiden r_{yx}-Werte deutlich, dann ist der in der Standard- oder Normal-Bedingung bestimmte Koeffizient der geeignetere für die Abschätzung der "normalen" Korrelation zwischen Matching- und abhängiger Variablen.

Die über die Güte des Matching-Plans letztlich entscheidende Korrelation ist jedoch r_{12} bzw. ρ_{12}. Der an unseren Daten ermittelte Wert von r_{12} = 0,71 erweist sich bei α = 0,05-zs als statistisch signifikant (kritischer Wert für FG = 13: r_k = 0,514, vgl. Tab. L). Aufgrund dieses Befundes und des insgesamt hohen Wertes von r_{12} können wir davon ausgehen, daß ρ_{12} so weit über Null liegt, daß es statistisch gesehen vorteilhaft war, die Fragestellung mit nach der Intelligenz parallelisierten Gruppen zu untersuchen.

Bei der Erörterung der Vor- und Nachteile abhängiger Stichproben gingen wir immer davon aus, daß $\rho_{12} \geq 0$ ist. Wenn mit Meßwiederholung oder mit Parallelisierung nach einer mit der abhängigen Variablen (üblicherweise) in enger Beziehung stehenden Matching-Variablen gearbeitet wird, dann ist es sicherlich der Regelfall, daß eine positive Korrelation besteht bzw. erzeugt wird. Es kann jedoch nicht ausgeschlossen werden, daß auch der (seltene) Fall eines negativen ρ_{12}-Wertes eintreten kann, nachträglich angezeigt durch einen signifikanten negativen Koeffizienten r_{12}. In einer solchen Situation ist eine Untersuchung mit abhängigen Stichproben natürlich auch statistisch gesehen nachteilig. Der Standardfehler fällt dann bei allen abhängigen Prüfgrößen (Z_{am}, Z^*_{am}, T_{am}) größer aus als im unabhängigen Fall, wodurch die Wahrscheinlichkeit, die Nullhypothese berechtigterweise zurückzuweisen, geringer ist.

Erweist sich ein negatives r_{12} als statistisch signifikant und konnte $H_0: \mu_1 = \mu_2$ dennoch zurückgewiesen werden, dann ist man, trotz ungünstiger Wahl des Versuchsplans, noch einmal "davongekommen", da man dann den Betafehler - so erhöht seine Begehenswahrscheinlichkeit gewesen sein mag - dennoch nicht begangen hat. Muß H_0 hingegen beibehalten werden, dann kann die Ursache dafür in der negativen Korrelation ρ_{12} liegen. Als Lösung bleibt dann nur die erneute Untersuchung der Fragestellung mittels eines geeigneteren Vorgehens. Dies kann, wenn man bei Parallelisierung bleiben will, die Verwendung einer (vermutlich) besseren Matching-Variablen sein, oder das Umschwenken auf einen Plan mit unabhängigen Untersuchungsgruppen.

Die Erörterungen dieses Abschnitts haben gezeigt, daß die Korrelation r_{12} wichtige Informationen für die nachträgliche Beurteilung eines Plans mit abhängigen Gruppen liefert, insbesondere dann, wenn die Nullhypothese beibehalten werden mußte. Da r_{12} immer inspiziert werden sollte, empfiehlt es sich, die Prüfgrößen des Z- und T-Tests für abhängige Stichproben grundsätzlich mittels der Formel für X-Werte zu berechnen - wodurch der Wert von r_{12} "automatisch" anfällt. Die Bestimmung von Z^*_{am} und T_{am} über die Formel für Differenzwerte bringt aufgrund der heute zur Verfügung stehenden Rechengeräte keine Vorteile mehr, birgt jedoch die Gefahr, daß auf eine Evaluation des Versuchsplans anhand von r_{12} verzichtet wird. Hinzu kommt, daß die Verwendung der Differenzformel die Berechnung der Mittel und Standardabweichungen für die beiden Bedingungen bzw. Gruppen nicht erspart, da diese zur Deskription der Befunde benötigt werden.

7.6 Die Robustheit des Z- und T-Tests für abhängige Stichproben

Wir haben gezeigt, daß Z- und T-Test für abhängige Stichproben einem Ein-Stichproben Z- bzw. T-Test entsprechen, der auf die D_i-Werte angewendet wird. Aus diesem Grund sind die in Abschnitt 4.5 zusammengestellten Robustheitsbefunde und Empfehlungen uneingeschränkt auf den Test von $H_0: \mu_D = 0$ mittels der Prüfgrößen Z^*_{am} und T_{am} übertragbar.

Dort war u.a. von der Verwendung kleiner Stichproben abgeraten worden, da in einem solchen Fall nicht festgestellt werden kann, ob und wie stark die Populationsverteilung der Differenzwerte von der Normalform (speziell von der Symmetrie) abweicht. Ist man dennoch zur Verwendung kleiner (oder sehr kleiner) Stichproben gezwungen, sollte man - wenn irgend möglich - den Unterschied zwischen den Gruppenmitteln (zusätzlich) mit dem in Abschnitt 25.3 vorgestellten Randomisationstest von Fisher auf Signifikanz prüfen. Sind die Stichproben für dessen Durchführung zu groß, empfiehlt sich die (zusätzliche) Heranziehung des Wilcoxon Vorzeichen-Rangtests (Abschnitt 25.4). Wie Blair & Higgins (1985) zeigen, steht dieses Verfahren speziell bei nichtnormaler POP_D dem T-Test an Power keinesfalls nach.

Wenn man die Gruppenunterschiede mit mehr als einem Test prüft, muß allerdings vorher festgelegt werden, welche Ergebniskonstellation zur Zurückweisung der H_0 führen soll, daß die Unterschiede zwischen den Gruppenmitteln durch Zufall entstanden sind. Sinnvollerweise wird man festlegen, diese Nullhypothese nur dann zurückzuweisen, wenn alle Tests auf dem festgesetzten α statistische Signifikanz anzeigen. Im Fall nichteinheitlicher Befunde empfiehlt sich eine Wiederholung der Studie mit größeren Stichproben. Auf keinen Fall darf die Durchführung von zwei oder mehr Tests dazu verleiten, das Ergebnis herauszugreifen (und zu publizieren), das die in der wissenschaftlichen Hypothese geäußerte Erwartung am besten stützt.

Kapitel 8

Konfidenzintervalle für das Mittel einer Population und die Differenz der Mittelwerte zweier Populationen

Bei den bisher kennengelernten statistischen Tests war es erforderlich, in der Nullhypothese für die unter Betrachtung stehenden Populationsparameter bestimmte Werte zu spezifizieren. So haben wir im Ein-Stichproben-Fall in H_0 ausgesagt, daß das Mittel der Population den Wert »a« bzw. »μ_0« habe, während beim Vergleich zweier Stichproben bezüglich der Differenz der Mittel der zugehörigen Populationen behauptet wurde, daß sie gleich Null sei. Um derartige (parametrische) Hypothesen aufstellen zu können, bedarf es einer begründeten Vermutung über den Wert von μ_0 oder $(\mu_1-\mu_2)_0$. Die Aussagen in H_0 und H_1 werden aus inhaltlichen Überlegungen abgeleitet. So entsteht das meist aufgestellte Hypothesenpaar H_0:$\mu_1=\mu_2$ vs. H_1:$\mu_1\neq\mu_2$ aufgrund der Absicht, die Behauptung zu widerlegen, daß zwei Behandlungen/Bedingungen die gleiche (durchschnittliche) Wirkung haben bzw. daß der (durch die Differenz der Mittel erfaßte) Effekt der unabhängigen Variablen gleich Null ist ($\mu_1-\mu_2 = 0$).

Im Ein-Stichproben-Fall wird im Rahmen des Hypothesentests die Frage gestellt: "Hat das Populationsmittel den Wert a?", während bei der Prüfung von H_0:$\mu_1=\mu_2$ die Frage lautet: "Ist die Differenz der Populationsmittel gleich Null?". Neben dieser Art von Problemen gibt es nun eine weitere Klasse, bei der wir im vorhinein keine Behauptung über den Wert bestimmter Parameter aufstellen (können oder wollen), sondern fragen: "Welchen Wert hat das Mittel dieser Population?" bzw. "Wie groß ist die Differenz der Mittel von POP_1 und POP_2?". Hierbei geht es somit um die Schätzung von Parametern.

Nehmen wir als Beispiel an, uns interessiere der durchschnittliche Intelligenztestwert der im Sommersemester 1989 in der BRD eingeschriebenen Psychologiestudenten. In diesem Fall wäre die Aufstellung und Prüfung "irgendeiner" Hypothese nicht sinnvoll, da wir keine hinreichende Begründung dafür hätten, aus dem Bereich von z.B. 105 bis 115 (in dem wir den Parameter vielleicht vermuten) einen bestimmten Wert zum Test in H_0:μ=a einzusetzen. Wir möchten statt dessen schätzen, welchen Wert μ hat. Dazu ziehen wir eine Zufallsstichprobe von n Psychologiestudenten und bestimmten Mittel und Standardabweichung ihrer Intelligenztestwerte. Ausgehend von M (und S) sind nun zwei Arten der Parameterschätzung möglich: Bei der *Punktschätzung* behaupten wir für μ den Wert, den wir für das Stichprobenmittel errechnet haben, während wir im Rahmen der *Intervallschätzung* zu der Aussage gelangen, daß das Populationsmittel mit einer Sicherheit von C in einem von UG bis OG reichenden Intervall liegt.

Die Punktschätzung von μ (wie von anderen Parametern) ist allerdings nur in bestimmten Fällen angebracht. So haben wir sie verwendet, wenn σ unbekannt war und dafür $S = \sqrt{[\Sigma(X-M)^2/(n-1)]}$ herangezogen werden mußte. Hier war S eine

Punktschätzung für σ bzw. M eine Punktschätzung für μ. Bei der Frage "Welchen Wert hat ein Populationsmittel" ist hingegen die Punktschätzung "μ ist gleich M" (alleine) nicht zu empfehlen, da diese Aussage praktisch immer falsch ist - nur "zufällig" ergibt ein Stichprobenmittel den Wert des Parameters μ - aber den Eindruck erweckt, als könnten wir aufgrund von n Werten das Populationsmittel derartig präzise bestimmen. Wir verwenden deshalb in solchen Fällen die Intervallschätzung für μ. Deren Logik soll im nachfolgenden erläutert werden, wobei wir zuerst wieder davon ausgehen, daß uns die Populationsstandardabweichung σ bekannt ist.

8.1 Konfidenzintervall für das Mittel einer Population

Gegeben sei eine normalverteilte Population mit dem Mittel μ und der Standardabweichung σ. Wir ziehen daraus alle möglichen Stichproben des Umfangs n und berechnen jeweils das Mittel M. Die relative Häufigkeitsverteilung dieser Mittelwerte (Stichprobenverteilung von M) gibt Abb. 8.1 wieder. Sie ist normal mit dem Mittel $\mu_m = \mu$ und der Standardabweichung $\sigma_m = \sigma/\sqrt{n}$. Außerhalb der Punkte M_u und M_o liegen 5%, innerhalb dieser Werte 95% der (möglichen) Mittel. Zur Bestimmung von M_u und M_o gehen wir von der Standardnormalverteilung aus, von der wir wissen, daß außerhalb ±1,96 fünf Prozent der Z-Werte liegen. Lösen wir die Gleichung $Z_m = (M-\mu)/\sigma_m$ nach M auf, dann ergibt sich $M_o = \mu + 1{,}96 \cdot \sigma_m$ und $M_u = \mu - 1{,}96 \cdot \sigma_m$. Die Strecke zwischen M_o und μ bzw. M_u und μ beträgt somit jeweils $1{,}96 \cdot \sigma_m$.

Betrachten wir nun die (95% der) Mittel, die im Bereich von M_u bis M_o liegen. Wenn wir hier bei jedem Mittelwert nach links und rechts die Strecke $1{,}96 \cdot \sigma_m$ abtragen, dann enthalten die so gebildeten Intervalle $M \pm 1{,}96 \cdot \sigma_m$ jeweils das Populationsmittel μ (vgl. das Beispielintervall um M_a). Tragen wir hingegen bei den (5%) außerhalb der Punkte M_u und M_o liegenden Mitteln auf die gleiche Art die Strecke $1{,}96 \cdot \sigma_m$ jeweils nach links und rechts ab, dann enthalten die so gebildeten Intervalle nicht den Wert von μ (vgl. das Intervall um M_b).

Wir können also festhalten: Wird bei allen möglichen Mittelwerten das Intervall $M \pm 1{,}96 \cdot \sigma_m$ gebildet, dann ist in 95% der Intervalle der Parameter μ enthalten und in 5% von ihnen nicht. Wenn wir nun bei allen Intervallen die Aussage treffen »Das Intervall enthält den Wert von μ«, dann ist diese Behauptung in 95% der Fälle richtig (und bei 5% der Intervalle falsch). Daraus läßt sich ableiten: Errichten wir um ein gegebenes (mögliches) Mittel das Intervall $M \pm 1{,}96 \cdot \sigma_m$, dann wird dieses Intervall mit einer Wahrscheinlichkeit von C = 0,95 den Wert von μ einschließen. Entsprechend ist die Aussage »Das Intervall wird μ enthalten« mit 95%iger Wahrscheinlichkeitkeit richtig; umgekehrt formuliert: es besteht bei dieser Aussage eine Irrtumswahrscheinlichkeit von 5%.

Durch die Z-Werte ±1,96 wurde der Anteil der Mittel definiert, bei dem das Intervall den Parameter enthält. Durch die Wahl von Z läßt sich somit festlegen, wie groß die Wahrscheinlichkeit sein soll, daß ein um ein beobachtetes Mittel zu errichtendes Intervall $M \pm Z_k \cdot \sigma_m$ das Populationsmittel enthalten wird. Das so gebildete Intervall bezeichnet man als *Vertrauens-* oder *Konfidenzintervall*

ABBILDUNG 8.1 Stichprobenverteilung von M bei Ziehung von Zufallsstichproben des Umfangs n aus der Population $N(\mu;\sigma)$. Bei den 95% der (möglichen) Stichproben, deren Mittelwerte im Bereich von $M_u = \mu - 1{,}96 \cdot \sigma_m$ bis $M_o = \mu + 1{,}96 \cdot \sigma_m$ liegen, enthält das Intervall $M \pm 1{,}96 \cdot \sigma_m$ das Populationsmittel μ.

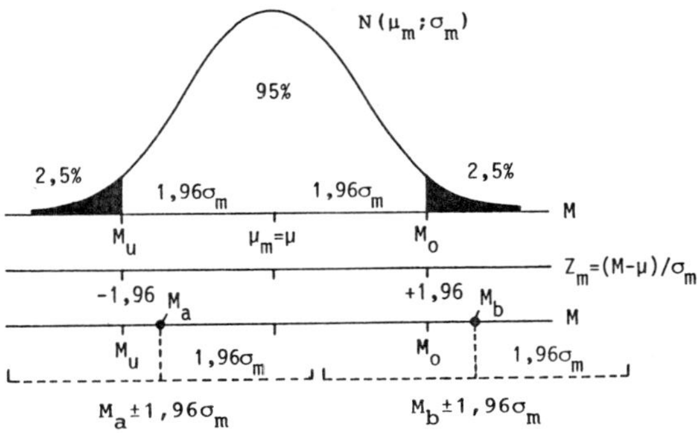

für μ (Neyman 1935). Es hat die *Konfidenzgrenzen* UG und OG ("Untere/Obere Grenze"). Die (wählbare) Wahrscheinlichkeit, daß es μ enthalten wird, gibt der *Konfidenzkoeffizient* C wieder, während α die Irrtumswahrscheinlichkeit bei der Aussage »Das Intervall $M \pm Z_k \cdot \sigma_m$ wird der Wert von μ enthalten« ist. Da die Beziehung $C = 1-\alpha$ gilt, können wir im Rahmen der Errichtung eines Konfidenzintervalles für das Mittel einer Population auch das vom Hypothesentest her bekannte α festsetzen.

8.1.1 Konfidenzintervall für μ bei großen Stichproben

Zur Ableitung der Logik des Konfidenzintervalls war es einfacher, den Wert von σ als bekannt anzunehmen, da dadurch N(0;1) als Modell für die Stichprobenverteilung von $Z_m = (M-\mu)/\sigma_m$ herangezogen werden konnte. Wie beim Test der Hypothese $H_0{:}\mu=a$ ist es jedoch im Fall großer Stichproben zulässig, den (unbekannten Parameter) σ durch die an der Stichprobe errechnete Standardabweichung zu schätzen. Das Intervall bestimmt sich dann wie folgt:

<8.1> $M \pm Z_k \cdot S_m \qquad S_m = S/\sqrt{n}$

Bildet man ein Intervall entsprechend der Regel <8.1>, dann erhält man ein *zweiseitiges* Konfidenzintervall für μ, bei dem die Grenzpunkte UG und OG den gleichen Abstand von M aufweisen. Falls es die Fragestellung erfordert, läßt sich auch ein *einseitiges* Konfidenzintervall für μ errichten. Berechnet man z.B. $UG = M - 1{,}645 \cdot S_m$, dann ermöglichst dies die Aussage, daß das Populationsmittel mit einer Sicherheit von 95% größer/gleich UG ist. Soll hingegen der Wert bestimmt werden, den μ mit 99%iger Sicherheit nicht überschreitet, dann wäre $OG = M + 2{,}326 \cdot S_m$ zu berechnen.

Schritte zur Errichtung eines Konfidenzintervalls für μ

Gegeben ist eine Zufallsstichprobe des Umfangs n aus der Population, deren Mittel μ geschätzt werden soll.

- Voraussetzungen: Normalverteilte Population, $n \geq 50$.
- Wahl der Wahrscheinlichkeit, mit der das Intervall den Mittelwert der Population enthalten soll (Konfidenzkoeffizient C). Da $C = 1-\alpha$ ist, kann statt dessen auch das Risiko α festgesetzt werden, daß der Wert von μ nicht in dem Intervall liegen wird ("Irrtumswahrscheinlichkeit").
- Berechnung von M und S. Prüfung: Widerspricht die Verteilung der n Werte der Annahme, daß die Population normalverteilt ist?
- *Zweiseitiges Konfidenzintervall (Grenzen UG und OG):*

  <8.1> $M \pm Z_k \cdot S/\sqrt{n}$ $UG = M - Z_k \cdot S/\sqrt{n}$ $OG = M + Z_k \cdot S/\sqrt{n}$

  Einseitiges Konfidenzintervall (Berechnung von UG oder OG):

  <8.2> $UG = M - Z_k \cdot S/\sqrt{n}$ <8.3> $OG = M + Z_k \cdot S/\sqrt{n}$

  Der »α« zugehörige Wert von Z_k wird im zweiseitigen Fall Teil [A], im einseitigen Fall Teil [B] von Tab. D entnommen.
- Formulierung des Ergebnisses. *Zweiseitiges Intervall*: "Mit einer Sicherheit von C liegt der Wert des Populationsmittels zwischen UG und OG". Kurzformulierung: $C(UG \leq \mu \leq OG) = 1-\alpha$. *Einseitiges Intervall*: "Mit einer Sicherheit von C ist das Populationsmittel größer/gleich UG (bzw. kleiner/gleich OG)". Oder: "Mit einer Sicherheit von C ist μ nicht kleiner als UG (bzw. nicht größer als OG)". Kurzformulierung: $C(\mu \geq UG) = 1-\alpha$ bzw. $C(\mu \leq OG) = 1-\alpha$.

Als Beispiel zur Bestimmung eines zweiseitigen Konfidenzintervalls greifen wir auf Daten zum Intelligenztest von Amthauer (1973, Abb. 17) zurück. An einer Stichprobe von n = 956 Personen mit Universitäts-/Hochschulabschluß ergab sich ein durchschnittlicher Gesamt-Rohwert von M = 123; es war S = 17. Berechnet werden soll das 99%-Konfidenzintervall für das Mittel der Population, der die Stichprobe entstammt (Personen in der Bevölkerung mit Uni-Abschluß). Dem Testmanual läßt sich entnehmen, daß die Verteilung der Test-Rohwerte sich gut der Normalform annähert. Es ist $Z_k = 2{,}576$ (Tab. D). Dann ergibt sich gemäß <8.1>: $UG = 123 - 2{,}576 \cdot 17/\sqrt{956} = 121{,}58$ und $OG = 123 + 2{,}576 \cdot 17/\sqrt{956} = 124{,}42$. Mit einer Sicherheit von 99% liegt das Intelligenztestmittel von Personen mit Uni-Abschluß im Bereich von 121,6 bis 124,4. Kurz: $C(121{,}6 \leq \mu \leq 124{,}4) = 0{,}99$.

8.1.2 Konfidenzintervall für μ bei kleinen Stichproben

Bei kleinen Stichproben folgt die Stichprobenverteilung von $(M-\mu)/S_m$ nicht mehr N(0;1), sondern einer T-Verteilung mit n-1 Freiheitsgraden. Gehen wir für unsere Überlegungen wieder von einer normalverteilten Population mit dem Mittel μ und der Standardabweichung σ aus. Wir ziehen daraus alle möglichen

ABBILDUNG 8.2 Stichprobenverteilung von $T = (M-\mu)/S_m$ bei Ziehung von Zufallsstichproben des Umfangs n = 11 aus der Population $N(\mu;\sigma)$. Bei den 95% der (möglichen) Stichproben, deren Mittelwerte im Bereich von $T_u = -2{,}228$ bis $T_o = +2{,}228$ liegen, enthält das Intervall $M \pm 2{,}228 \cdot S_m$ das Populationsmittel μ.

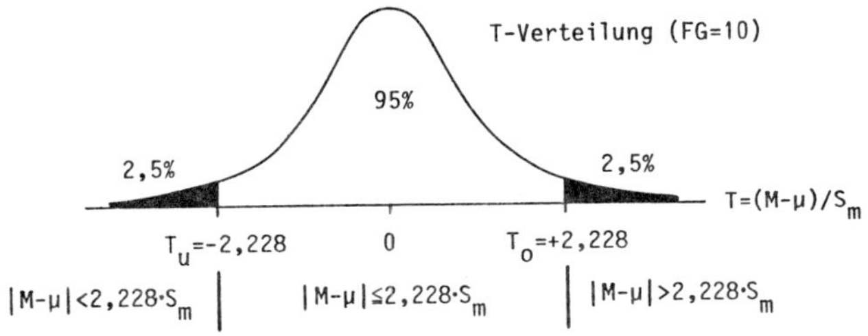

Stichproben des Umfangs n = 11, berechnen jeweils $T = (M-\mu)/S_m$ und ordnen die T-Werte als relative Häufigkeitsverteilung an. Diese entspricht der in Abb. 8.2 dargestellten T-Verteilung mit FG = 10.

Zwischen den Punkten $T_u = -2{,}228$ und $T_o = +2{,}228$ liegen 95% der (möglichen) T-Werte, außerhalb ein Anteil von 5% (vgl. Tab. E). Bei T_o und T_u ist $|M-\mu|/S_m = 2{,}228$ und damit der Abstand des Stichprobenmittels vom Populationsmittelwert gleich 2,228mal der an der Stichprobe gewonnenen Schätzung des Standardfehlers ($|M-\mu| = 2{,}228 \cdot S_m$). Außerhalb von T_o und T_u ist $|T| > 2{,}228$ und damit $|M-\mu| > 2{,}228 \cdot S_m$, während im Bereich zwischen beiden Punkten $|T| < 2{,}228$ und damit $|M-\mu| < 2{,}228 \cdot S_m$ ist. Das bedeutet: Bei 95% der möglichen Stichproben ist der Abstand des Mittelwertes vom Populationsmittel kleiner als $2{,}228 \cdot S_m$, bei 5% ist er größer als der Wert dieses Produkts. Wenn wir nun bei allen (möglichen) Stichproben das Intervall $M \pm 2{,}228 \cdot S_m$ bilden, dann enthalten 95% der Intervalle den Parameter μ, während er bei 5% der Intervalle außerhalb der Konfidenzgrenzen liegt. Auf ein gegebenes (mögliches) Mittel bezogen bedeutet dies: Mit einer Wahrscheinlichkeit von $C = 1-\alpha$ wird das Intervall $M \pm T_k \cdot S_m$ das Populationsmittel μ enthalten.

Die Errichtung eines Konfidenzintervalls des Typs $M \pm T_k \cdot S_m$ basiert somit auf der gleichen Logik wie die Bildung eines Intervalls bei bekannter Populationsstandardabweichung. In beiden Fällen enthält ein durch C festgesetzter Anteil der (möglichen) Intervalle den Parameter μ. Während jedoch die Intervalle $M \pm Z_k \cdot \sigma_m$ bei gegebenem n alle die gleiche Breite aufweisen, da $\sigma_m = \sigma/\sqrt{n}$ eine Konstante ist, fallen die Intervalle $M \pm T_k \cdot S_m$ in Abhängigkeit vom Stichprobenwert der Variablen $S_m = S/\sqrt{n}$ unterschiedlich groß aus.

Bestimmt man bei Stichprobenmitteln, die "weit" vom Populationsmittelwert abweichen, den Bereich $M \pm Z_k \cdot \sigma_m$, dann enthalten diese Intervalle auch nicht den Wert von μ, während Intervalle um M-Werte "nahe" am Populationsmittel den Parameter jeweils einschließen. Bei der (ohne Kenntnis von σ bei kleinen Stichproben notwendigen) Bildung eines Intervalls des Typs $M \pm T_k \cdot S_m$ kann es hingegen vorkommen, daß Intervalle, die um "nahe" an μ liegende Stichprobenmittel errichtet werden, den Parameter dennoch nicht enthalten, weil S bzw. S_m zufällig sehr viel kleiner als σ bzw. σ_m ausgefallen ist. Umgekehrt können Intervalle um von μ stark abweichende Mittel aufgrund eines zufällig sehr großen S_m-Wertes den Parameter wiederum enthalten. Derartiges ist zwar auch im Fall großer Stichproben möglich, wenn das Intervall $M \pm Z_k \cdot S_m$ gebildet wird. Aufgrund des hohen n ist hier jedoch die Wahrscheinlichkeit wesentlich geringer, daß S_m stark von σ_m abweicht.

Schritte zur Errichtung eines Konfidenzintervalls für μ

Gegeben ist eine Zufallsstichprobe des Umfangs n aus der Population, deren Mittel μ geschätzt werden soll.

- Voraussetzung: Normalverteilte Population.
- Wahl der Wahrscheinlichkeit, mit der das Intervall den Mittelwert der Population enthalten soll (Konfidenzkoeffizient C). Da $C = 1\text{-}\alpha$ ist, kann statt dessen auch das Risiko α festgesetzt werden, daß der Wert von μ nicht in dem Intervall liegen wird ("Irrtumswahrscheinlichkeit").
- Berechnung von M und S. Prüfung: Widerspricht die Verteilung der n Werte der Annahme, daß die Population normalverteilt ist?
- *Zweiseitiges Konfidenzintervall (Grenzen UG und OG):*

  <8.4> $M \pm T_k \cdot S/\sqrt{n}$ $\quad UG = M - T_k \cdot S/\sqrt{n}$ $\quad OG = M + T_k \cdot S/\sqrt{n}$ $\quad FG = n\text{-}1$

  Einseitiges Konfidenzintervall (Berechnung von UG oder OG):

  <8.5> $UG = M - T_k \cdot S/\sqrt{n}$ $\quad$ <8.6> $OG = M + T_k \cdot S/\sqrt{n}$ $\quad FG = n\text{-}1$

  Im zweiseitigen (einseitigen) Fall wird zur Bestimmung von T_k in Tab. E in der Kopfzeile (Fußzeile) vom gewählten »α« ausgegangen. Im Schnittpunkt dieser Spalte mit der Zeile »FG« steht der gesuchte Wert.
- Formulierung des Ergebnisses: *Zweiseitiges Intervall*: "Mit einer Sicherheit von C liegt der Wert des Populationsmittels zwischen UG und OG". Kurzformulierung: $C(UG \leq \mu \leq OG) = 1\text{-}\alpha$. *Einseitiges Intervall*: "Mit einer Sicherheit von C ist das Populationsmittel größer/gleich UG (bzw. kleiner/gleich OG)". Oder: "Mit einer Sicherheit von C ist μ nicht kleiner als UG (bzw. nicht größer als OG)". Kurzformulierung: $C(\mu \geq UG) = 1\text{-}\alpha$ bzw. $C(\mu \leq OG) = 1\text{-}\alpha$.

Zur Berechnung eines Konfidenzintervalls wollen wir Daten zum *Grundintelligenztest CFT3* heranziehen (Weiß 1971, Tab. 22). Dieser Test kann als Speed- und als Power-Test durchgeführt werden. Bei der Power-Version steht der Testperson die doppelte Bearbeitungszeit zur Verfügung. An einer Stichprobe von n = 37 Realschülern der 10. Klasse ergab sich für die Power-Rohwerte ein Mittel von M = 24,4 und eine Standardabweichung von S = 5,0. Die Verteilung der Werte ließ keine bedeutsame Abweichung von der Normalform erkennen. Bestimmt werden soll das 95%-Konfidenzintervall für das Mittel der Population, der die

Stichprobe entstammt. Bei FG = 36 ist $T_k = 2{,}028$ (Tab. E). Somit ergibt sich gemäß <8.4>: $UG = 24{,}4 - 2{,}028 \cdot 5/\sqrt{37} = 22{,}73$ und $OG = 24{,}4 + 2{,}028 \cdot 5/\sqrt{37} = 26{,}06$. Mit einer Sicherheit von 95% liegt das CFT3-Mittel von 10.-Klässlern der Realschule im Bereich von 22,7 bis 26,1. Kurz: $C(22{,}7 \leq \mu \leq 26{,}1) = 0{,}95$.

8.2 Konfidenzintervall für die Differenz der Mittel zweier Populationen

Die Errichtung eines Konfidenzintervalls, das mit einer Sicherheit von $C = 1-\alpha$ den Wert von »$\mu_1-\mu_2$« enthalten soll, erfolgt nach dem gleichen Prinzip wie die Intervallbildung für μ, nämlich gemäß der Regel:

[OG; UG] = [Punktschätzung des interessierenden Parameters] ±
[Z_k; T_k]·[(Schätzung für) Standardfehler der Schätzgröße]

Hierbei werden Z_k bzw. T_k wieder durch den Wert des Konfidenzkoeffizienten C definiert. Sind die entsprechenden Populationsparameter bekannt, dann erfolgt die Bestimmung des zweiseitigen Konfidenzintervalls für $\mu_1-\mu_2$ (unter der Voraussetzung normalverteilter Werte in POP_1 und POP_2 bzw. in POP_D) bei unabhängigen Stichproben nach <8.7> und bei abhängigen Stichproben gemäß <8.8> oder <8.9>. Der Wert von Z_k wird der Standardnormalverteilung entnommen (Tab. D).

<8.7>	$M_1-M_2 \pm Z_k \cdot \sigma_{um}$	$\sigma_{um} = \sqrt{(\sigma_1^2/n_1 + \sigma_2^2/n_2)}$	
<8.8>	$M_1-M_2 \pm Z_k \cdot \sigma_{am}$	$\sigma_{am} = \sqrt{[(\sigma_1^2 + \sigma_2^2 - 2 \cdot \rho_{12} \cdot \sigma_1 \cdot \sigma_2)/n]}$	*X-Werte*
<8.9>	$M_D \pm Z_k \cdot \sigma_{am}$	$\sigma_{am} = \sigma_D/\sqrt{n}$	*D-Werte*

8.2.1 Konfidenzintervall für $\mu_1-\mu_2$ bei großen Stichproben

Sind die für <8.7-8.9> benötigten Parameter nicht bekannt, dann können bei großen Stichproben σ_{um} und σ_{am} durch die Schätzungen S_{um} und S_{am} ersetzt werden, da in diesem Fall die Stichprobenverteilungen von $[(M_1-M_2)-(\mu_1-\mu_2)]/S_{um}$ und $[((M_1-M_2)-(\mu_1-\mu_2)]/S_{am}$ hinreichend N(0;1) folgen.

Schritte zur Errichtung eines Konfidenzintervalls für $\mu_1-\mu_2$

Gegeben sind entweder zwei unabhängige Stichproben des Umfangs n_1 und n_2 oder zwei abhängige Stichproben (n Meßwertpaare). Es soll bestimmt werden, in welchem Bereich die Differenz der Mittel von POP_1 und POP_2 mit einer Sicherheit von C liegt.

- Voraussetzungen. *Unabhängige Stichproben*: Normalverteilte Werte in POP_1 und POP_2, $n_1 \geq 50$, $n_2 \geq 50$. *Abhängige Stichproben*: Normalverteilte Differenzwerte in POP_D, $n \geq 50$.
- Wahl der Wahrscheinlichkeit, mit der das Intervall die Differenz der Populationsmittel enthalten soll (Konfidenzkoeffizient C). Da $C = 1-\alpha$ ist, kann statt dessen auch das Risiko α festgesetzt werden, daß der Wert von $\mu_1-\mu_2$ nicht in dem Intervall liegen wird ("Irrtumswahrscheinlichkeit").

■ *Unabhängige Stichproben*. Berechnung von M_1-M_2, V_1 und V_2. Prüfung: Widersprechen die Werteverteilungen in den Stichproben der Annahme, daß POP_1 und POP_2 normalverteilt sind?

Abhängige Stichproben. Berechnung von M_1-M_2, V_1, V_2 und r_{12}. Statt dessen können auch M_D und S_D bestimmt werden. Vorzuziehen ist allerdings der erste Weg, da die hierbei errechnete Korrelation wichtige Informationen liefert. Prüfung: Widerspricht die Verteilung der D-Werte der Annahme, daß die Differenzwerte in POP_D normalverteilt sind?

■ Bestimmung von S_{um} bzw. S_{am}:

Unabhängige Stichproben ($n_1 \neq n_2$ bzw. $n_1=n_2=n$)

<8.10> $S_{um} = \surd(V_1/n_1 + V_2/n_2)$ <8.11> $S_{um} = \surd[(V_1 + V_2)/n]$

Abhängige Stichproben (X-Werte bzw. D-Werte)

<8.12> $S_{am} = \surd[(V_1 + V_2 - 2 \cdot r_{12} \cdot S_1 \cdot S_2)/n]$ <8.13> $S_{am} = S_D/\surd n$

■ *Zweiseitiges Konfidenzintervall (Grenzen UG und OG):*

<8.14> M_1-$M_2 \pm Z_k \cdot S_{um}$ Unabhängige Stichproben

<8.15> M_1-$M_2 \pm Z_k \cdot S_{am}$ *X-Werte* Abhängige Stichproben

<8.16> $M_D \pm Z_k \cdot S_{am}$ *D-Werte*

Einseitiges Konfidenzintervall (Berechnung von UG oder OG):

<8.17> $UG = M_1$-$M_2 - Z_k \cdot S_{um}$ Unabhängige Stichproben

<8.18> $OG = M_1$-$M_2 + Z_k \cdot S_{um}$

<8.19> $UG = M_1$-$M_2 - Z_k \cdot S_{am}$ *X-Werte* Abhängige Stichproben

<8.20> $OG = M_1$-$M_2 + Z_k \cdot S_{am}$

<8.21> $UG = M_D - Z_k \cdot S_{am}$ *D-Werte*

<8.22> $OG = M_D + Z_k \cdot S_{am}$

Der »α« zugehörige Wert von Z_k wird im zweiseitigen Fall Teil [A], im einseitigen Fall Teil [B] von Tab. D entnommen.

■ Formulierung des Ergebnisses. *Zweiseitiges Intervall*: "Mit einer Sicherheit von C hat die Differenz der Mittel von POP_1 und POP_2 einen Wert zwischen UG und OG". Kurzformulierung: $C(UG \leq \mu_1-\mu_2 \leq OG) = 1-\alpha$. *Einseitiges Intervall*: "Mit einer Sicherheit von C ist die Differenz der Mittel von POP_1 und POP_2 größer/ gleich UG (bzw. kleiner/gleich OG)". Oder: "Mit einer Sicherheit von C ist $\mu_1-\mu_2$ nicht kleiner als UG (bzw. nicht größer als OG)". Kurzformulierung: $C(\mu_1-\mu_2 \geq UG) = 1-\alpha$ bzw. $C(\mu_1-\mu_2 \leq OG) = 1-\alpha$.

Als Beispiel zur Berechnung eines Konfidenzintervalls für die Differenz der Mittel von zwei unabhängigen Populationen greifen wir wieder auf die in Abschnitt 8.1.1 herangezogenen Daten zum Intelligenz-Struktur-Test von Amthauer (1973, Abb. 17) zurück. Bei den Gesamt-Rohwerten einer Stichprobe von n_1 = 956 Personen mit Hochschulabschluß waren M_1 = 123 und S_1 = 17, während sich für eine Stichprobe von n_2 = 1959 Personen mit Abitur als höchstem Schulabschluß M_1 = 116 und S_2 = 18 ergeben hatten. Die Verteilungen innerhalb der Stichproben ließen keine bedeutsamen Abweichungen von der Normalform erkennen. Wir wollen das zweiseitige 99%-Konfidenzintervall für μ_1-μ_2 bestimmen. Es ist: M_1-M_2 = 7, Z_k = 2,576 und S_{um} = $\surd(17^2/956 + 18^2/1959)$ = 0,684. Als Grenzen des Konfidenzintervalls ergeben sich gemäß <8.14>: OG = 7 + 2,576·0,684 = 8,76 und UG = 7 - 2,576·0,684 = 5,24. Wir gelangen somit zu dem Schluß, daß der durchschnittliche Intelligenztestwert von Hochschulabsolventen mit einer Sicherheit von 99% um 5,2 bis 8,8 Punkte (Einheiten) über dem Mittel von Personen mit Abitur liegt. Kurz: C(5,2 $\leq \mu_1$-$\mu_2 \leq$ 8,8) = 0,99.

Ein Zahlenbeispiel zur Bestimmung eines Konfidenzintervalls für die Differenz der Mittel von zwei abhängigen Populationen läßt sich gleichfalls Amthauer (1973, S.33) entnehmen. Zur Prüfung der Frage, wieweit bei den durch die Subtests des I-S-T erfaßten Intelligenzbereichen Geschlechtsunterschiede bestehen, wurden 300 weiblichen Probanden 300 männliche so zugeordnet, daß jeweils ein Paar den gleichen Gesamt-Rohwert aufwies. Durch diese Parallelisierung nach der Gesamt-Intelligenz haben wir es mit zwei abhängigen Stichproben zu tun. Im Untertest *ME* zur Erfassung der *Merkfähigkeit* war der Durchschnittswert der Frauen M_1 = 12,79, während das Mittel der Männer M_2 = 10,84 betrug. Hinweise zur Verteilung der Differenzwerte lassen sich dem Testmanual nicht entnehmen. Bei einer Stichprobe von 300 Wertepaaren kann jedoch aufgrund des zentralen Grenzwerteffekts davon ausgegangen werden, daß die der Konfidenzintervallbestimmung zugrunde liegende Stichprobenverteilung von $(M_D$-$\mu_D)/S_{am}$ auch bei nichtnormaler POP_D hinreichend standardnormal ist.

Da im Manual nur der Wert von S_{am} = 0,32 angegeben ist, nicht jedoch r_{12}, bestimmen wir das zweiseitige 95%-Konfidenzintervall für μ_1-μ_2 = μ_D über <8.16>. Es ist: n = 300; M_D = M_1-M_2 = 1,95; Z_k = 1,960. Als Grenzen des Intervalls ergeben sich OG = 1,95 + 1,96·0,32 = 2,56 und UG = 1,95 - 1,96·0,32 = 1,32. Wir schließen somit, daß der durchschnittliche ME-Wert von Frauen mit einer Sicherheit von 95% um 1,3 bis 2,6 Punkte (Einheiten) über dem ME-Mittel der Männer liegt. Kurz: C(1,3 $\leq \mu_1$-$\mu_2 \leq$ 2,6] = 0,95.

8.2.2 Konfidenzintervall für μ_1-μ_2 bei kleinen Stichproben

Sind die für <8.7-8.9> benötigten Parameter nicht bekannt, dann muß bei Vorliegen kleiner Stichproben die Bestimmung eines Konfidenzintervalls für μ_1-μ_2 unter Heranziehung der T-Verteilung erfolgen. Wie beim Test von H_0:μ_1=μ_2 (Kapitel 6) ist dabei im Fall unabhängiger Stichproben zu berücksichtigen, ob sie aus varianzhomogenen oder varianzheterogenen Populationen stammen.

Schritte zur Errichtung eines Konfidenzintervalls für μ_1-μ_2

Gegeben sind entweder zwei unabhängige Stichproben des Umfangs n_1 und n_2 oder zwei abhängige Stichproben (n Meßwertpaare). Es soll bestimmt werden, in welchem Bereich die Differenz der Mittel von POP_1 und POP_2 mit einer Sicherheit von C liegt.

- Voraussetzungen. *Unabhängige Stichproben*: [A] Gleiche Populationsvarianzen, Normalverteilung in POP_1 und POP_2. [B] Normalverteilung in POP_1 und POP_2. *Abhängige Stichproben*: Normalverteilte Differenzwerte in POP_D.
- Wahl der Wahrscheinlichkeit, mit der das Intervall die Differenz der Populationsmittel enthalten soll (Konfidenzkoeffizient C). Da C = 1-α ist, kann statt dessen auch das Risiko α festgesetzt werden, daß der Wert von μ_1-μ_2 nicht in dem Intervall liegen wird ("Irrtumswahrscheinlichkeit").
- *Unabhängige Stichproben*. Berechnung von M_1-M_2, V_1 und V_2. Prüfung: Widersprechen die Verteilungen in den Stichproben der Annahme, daß POP_1 und POP_2 normalverteilt sind? Prüfung: Ist die Annahme berechtigt, daß die Varianzen von POP_1 und POP_2 den gleichen Wert haben?

  Abhängige Stichproben. Berechnung von M_1-M_2, V_1, V_2 und r_{12}. Statt dessen können auch M_D und S_D bestimmt werden. Vorzuziehen ist allerdings der erste Weg, da die hierbei errechnete Korrelation wichtige Informationen liefert. Prüfung: Widerspricht die Verteilung der D-Werte der Annahme, daß die Differenzwerte in POP_D normalverteilt sind?
- Bestimmung von S_{um} bzw. S_{am} und FG:

  Unabhängige Stichproben: Hat die Prüfung der Hypothese $H_0:\sigma_1^2=\sigma_2^2$ keine Hinweise auf eine Verletzung der Varianzhomogenitätsannahme ergeben, dann können S_{um} und FG nach [A] berechnet werden. Bei Vermutung heterogener Populationsvarianzen werden diese Größen nach [B] bestimmt.

  [A] Gleiche Populationsvarianzen

  <8.23> $S_{um} = \sqrt{V_{um}}$ $\qquad$ $FG = n_1 + n_2 - 2$

  $$V_{um} = \frac{[V_1\cdot(n_1-1) + V_2\cdot(n_2-1)]\cdot[1/n_1 + 1/n_2]}{n_1 + n_2 - 2} \qquad n_1 \neq n_2$$

  <8.24> $S_{um} = \sqrt{[(V_1 + V_2)/n]}$ $\qquad$ $FG = 2\cdot n - 2$ $\qquad$ $n_1=n_2=n$

  [B] Ungleiche Populationsvarianzen

  <8.25> $S_{um} = \sqrt{(V_1/n_1 + V_2/n_2)}$ $\qquad$ FG = <6.9> $\qquad$ $n_1 \neq n_2$

  <8.26> $S_{um} = \sqrt{[(V_1 + V_2)/n]}$ $\qquad$ FG = <6.13> $\qquad$ $n_1=n_2=n$

  Für das Aufsuchen von T_k in Tab. E wird ein nicht-ganzzahliger FG-Wert abgerundet.

Abhängige Stichproben

<8.27> $S_{am} = \sqrt{[(V_1 + V_2 - 2 \cdot r_{12} \cdot S_1 \cdot S_2)/n]}$ *X-Werte*

<8.28> $S_{am} = S_D/\sqrt{n}$ FG = n-1 *D-Werte*

- *Zweiseitiges Konfidenzintervall (Grenzen UG und OG):*

  <8.29> $M_1-M_2 \pm T_k \cdot S_{um}$ Unabhängige Stichproben

  <8.30> $M_1-M_2 \pm T_k \cdot S_{am}$ *X-Werte* Abhängige Stichproben

  <8.31> $M_D \pm T_k \cdot S_{am}$ *D-Werte*

  Einseitiges Konfidenzintervall (Berechnung von UG oder OG):

  <8.32> $UG = M_1-M_2 - T_k \cdot S_{um}$ Unabhängige Stichproben

  <8.33> $OG = M_1-M_2 + T_k \cdot S_{um}$

  <8.34> $UG = M_1-M_2 - T_k \cdot S_{am}$ *X-Werte* Abhängige Stichproben

  <8.35> $OG = M_1-M_2 + T_k \cdot S_{am}$

  <8.36> $UG = M_D - T_k \cdot S_{am}$ *D-Werte*

  <8.37> $UG = M_D + T_k \cdot S_{am}$

  Im zweiseitigen (einseitigen) Fall wird zur Bestimmung von T_k in Tab. E in der Kopfzeile (Fußzeile) vom gewählten »α« ausgegangen. Im Schnittpunkt dieser Spalte mit der Zeile »FG« steht der gesuchte Wert.

- Formulierung des Ergebnisses. *Zweiseitiges Intervall*: "Mit einer Sicherheit von C hat die Differenz der Mittel von POP_1 und POP_2 einen Wert zwischen UG und OG". Kurzformulierung: $C(UG \leq \mu_1-\mu_2 \leq OG) = 1-\alpha$. *Einseitiges Intervall*: "Mit einer Sicherheit von C ist die Differenz der Mittel von POP_1 und POP_2 größer/ gleich UG (bzw. kleiner/gleich OG)". Oder: "Mit einer Sicherheit von C ist $\mu_1-\mu_2$ nicht kleiner als UG (bzw. nicht größer als OG)". Kurzformulierung: $C(\mu_1-\mu_2 \geq UG) = 1-\alpha$ bzw. $C(\mu_1-\mu_2 \leq OG) = 1-\alpha$.

Zur Berechnung eines Konfidenzintervalls für die Differenz der Mittel zweier unabhängiger Populationen, deren Varianzen als homogen angenommen werden können, greifen wir auf das Beispiel von Tab. 6.2 zurück. Verglichen wurden hier die durchschnittlichen Statistikkenntnisse bei inhaltlicher und zufälliger Abfolge der Testitems. Es soll das zweiseitige 95%-Konfidenzintervall für $\mu_1-\mu_2$ bestimmt werden. Da die Annahme gleicher Populationsvarianzen gerechtfertigt ist, bestimmen wir S_{um} und FG nach <8.23>:

$V_{um} = [(13{,}564 \cdot 10 + 13{,}733 \cdot 9) \cdot (1/11 + 1/10)]/[11 + 10 - 2] = 2{,}605$
$S_{um} = \sqrt{2{,}605} = 1{,}614$ FG = 21-2 = 19 $T_k = 2{,}093$

Durch Einsetzen von S_{um}, $M_1-M_2 = 12{,}182 - 10{,}200 = 1{,}982$ und T_k in <8.29> erhalten wir: $UG = 1{,}982 - 2{,}093 \cdot 1{,}614 = -1{,}40$ und $OG = 1{,}982 + 2{,}093 \cdot 1{,}614 =$

5,36. Mit einer Sicherheit von 95% liegt die Differenz der Mittel von POP_1 und POP_2 im Bereich von -1,4 bis 5,4. Kurz: $C(-1{,}4 \leq \mu_1-\mu_2 \leq 5{,}4) = 0{,}95$. Bei dem gewählten Sicherheitsgrad kann somit das Mittel der hypothetischen POP_1 um bis zu 1,4 Einheiten kleiner, aber auch um bis zu 5,4 Punkte größer sein als das Mittel der hypothetischen POP_2. Dazwischen liegt die Möglichkeit, daß die Differenz der Populationsmittel Null ist und damit der Zustand gilt, den wir beim Hypothesentest in der Nullhypothese behaupten. Auf diesen Aspekt wird in Abschnitt 8.4 noch einzugehen sein.

Da es sich bei POP_1 und POP_2 um hypothetische Populationen handelt, die durch die experimentellen Bedingungen "erzeugt" werden, ist allerdings die Aussage, daß $\mu_1-\mu_2$ im Bereich von -1,4 bis 5,4 liegt, wenig anschaulich. Man kann sich ein solches Ergebnis besser verdeutlichen, wenn man den Unterschied zwischen den Mitteln der Versuchsbedingungen als (auf die unabhängige Variable zurückgehenden) *Effekt* betrachtet und das Ziel der Intervallbildung darin sieht, Richtung und Stärke dieses Effekts zu schätzen. Aus dieser Betrachtungsweise zeigt uns das Intervall von -1,4 bis 5,4, daß die durchgeführte Untersuchung nicht zu hinreichend präzisen Kenntnissen über Art und Stärke des Effekts der Itemabfolge (auf die durchschnittlich reproduzierten Statistikkenntnisse) geführt hat. Auf dem gewählten Sicherheitsgrad können wir weder ausschließen, daß kein Effekt existiert noch angeben - falls ein Effekt vorhanden sein sollte - welche der Itemanordnungen zu besseren durchschnittlichen Reproduktionsleistungen führt.

Zur Bestimmung eines zweiseitigen 95%-Konfidenzintervalls für die Differenz zweier unabhängiger Populationen, deren Varianzen nicht als homogen angenommen werden können, ziehen wir das Beispiel von Tab. 6.3 heran. Es ist gemäß Formel <8.25>: $S_{um} = \surd(20{,}796/16 + 7{,}046/18) = 1{,}30$ und FG = 23,504 (berechnet in Abschnitt 6.2.2). Wir setzen S_{um}, $M_1-M_2 = 9{,}438 - 15{,}111 = -5{,}673$ und $T_k = 2{,}069$ (FG = 23) in <8.29> ein und erhalten $UG = -5{,}673 - 2{,}069 \cdot 1{,}30 = -8{,}36$ und $OG = -5{,}673 + 2{,}069 \cdot 1{,}30 = -2{,}98$. Mit einer Sicherheit von 95% ist das Mittel von POP_1 zwischen 3,0 bis 8,4 Einheiten kleiner als das Mittel von POP_2. Kurz: $C(-8{,}4 \leq \mu_1-\mu_2 \leq -3{,}0] = 0{,}95$. Wenn wir uns das Ergebnis wieder in Termini eines *Effekts* veranschaulichen, dann können wir dem Intervall (unter Berücksichtigung des gewählten Sicherheitsgrades) entnehmen, daß die Bedingung »Bewerbungs-Instruktion« den durchschnittlichen Gelassenheits-Wert - im Vergleich zur »Standard-Instruktion« - erhöht, wobei wir den Umfang dieser Erhöhung im Bereich von 3,0 bis 8,4 Punkten vermuten.

Die Bestimmung eines zweiseitigen 99%-Konfidenzintervalls für die Differenz der Mittel zweier abhängiger Populationen wollen wir anhand der Daten des Meßwiederholungsbeispiels von Tab. 7.2 vornehmen. Für S_{am} und FG ergibt sich gemäß <8.27>: $S_{am} = \surd[(20{,}957 + 17{,}536 - 2 \cdot 0{,}4672 \cdot 4{,}578 \cdot 4{,}188)/24] = 0{,}926$ und FG = 23. Durch Einsetzen von $M_1-M_2 = 9{,}0 - 4{,}333 = 4{,}667$ und $T_k = 2{,}807$ in <8.30> erhalten wir als Konfidenzgrenzen $UG = 4{,}667 - 2{,}807 \cdot 0{,}926 = 2{,}07$ und $OG = 4{,}667 + 2{,}807 \cdot 0{,}926 = 7{,}27$. Mit einer Sicherheit von 99% ist das Mittel von POP_2 um 2,1 bis 7,3 Einheiten kleiner als das Mittel von POP_1. Kurz: $C(2{,}1 \leq \mu_1-\mu_2 \leq 7{,}3) = 0{,}99$. Wir gelangen somit (unter Berücksichtigung des gewählten Sicherheitsgrades) zu dem Schluß, daß sich Personen in einer Bewerbungssituation im Durchschnitt als weniger *gehemmt* darstellen als unter Normalbedingungen, wobei wir das Ausmaß dieser Abschwächungstendenz auf 2,1 bis 7,3 Testpunkte schätzen.

8.3 Diskussion einiger Aspekte der Konfidenzintervallbestimmung

Die Errichtung eines (zweiseitigen) Konfidenzintervalls für das Mittel einer Population erfolgte nach einer der folgenden Formeln:

<8.38> $M \pm Z_k \cdot \sigma/\sqrt{n}$ <8.39> $M \pm Z_k \cdot S/\sqrt{n}$ <8.40> $M \pm T_k \cdot S/\sqrt{n}$

Wir wollen uns hieran verdeutlichen, daß die Breite eines Konfidenzintervalls für μ zum einen vom Stichprobenumfang n und zum anderen vom gewählten Sicherheitsgrad C abhängig ist. Dies ist in Tab. 8.1 an einem Zahlenbeispiel demonstriert. Ziel sei eine Intervallschätzung der durchschnittlichen Körperhöhe der erwachsenen Männer in der Bundesrepublik. Gehen wir als erstes davon aus, daß die Standardabweichung der (normalverteilten) Populationswerte bekannt ist, so daß das Konfidenzintervall nach <8.38> bestimmt werden kann. Es sei $\sigma = 6{,}7$ und $M = 177{,}2$ cm die an der Stichprobe des Umfangs n ermittelte Durchschnittsgröße.

Eine Vergrößerung der Stichprobe führt nun zu einer Verringerung des Wertes von $\sigma_m = \sigma/\sqrt{n}$ (vgl. Spalte 9), wodurch das Konfidenzintervall für μ kleiner wird (vgl. Spalte 2 und 3). Wir sehen, daß sich bei kleinen Stichproben sehr breite (und damit wenig informative) Intervalle ergeben, während aufgrund großer Stichproben der Wert der durchschnittlichen Körperhöhe eng eingegrenzt werden kann. So beträgt der Bereich, in dem μ mit einer Sicherheit von 99% liegt, bei n = 1000 nur einen Zentimeter, während das Intervall bei n = 30 noch mehr als sechsmal so groß ist. Der Effekt einer Verringerung der Intervallbreite mit zunehmendem Stichprobenumfang ist bei jeder Art von Konfidenzintervall festzustellen, da eine Vergrößerung von n jeweils zu einer Verkleinerung des das Intervall mitbestimmenden Standardfehlers führt.

Bei der Errichtung eines Konfidenzintervalls für μ nach <8.38> gilt: Ziehen wir aus der (normalverteilten) Population zwei Zufallsstichproben unterschiedlichen Umfangs, dann ergibt sich bei der größeren Stichprobe jeweils ein kleineres Intervall, da σ eine Konstante ist. Ist die Populationsstandardabweichung hingegen unbekannt, dann muß das Konfidenzintervall nach <8.39> oder <8.40> bestimmt werden. Da S hier eine Variable ist, kann der Fall eintreten, daß sich bei zwei Stichproben unterschiedlichen Umfangs in der größeren ein breiteres Intervall ergibt. Es gilt bei der Verwendung von S_m jedoch folgende Beziehung zwischen Stichprobengröße und Intervallbreite: Zieht man alle möglichen Stichproben des Umfangs n_a und alle möglichen Stichproben des Umfangs n_b - wobei $n_a > n_b$ - dann ist im Fall n_a die Intervallbreite im Durchschnitt (aller Stichproben) kleiner als im Fall n_b.

TABELLE 8.1 Die Breite der Konfidenzintervalle $M \pm Z_k \cdot \sigma/\sqrt{n}$ und $M \pm T_k \cdot S/\sqrt{n}$ in Abhängigkeit von Stichprobenumfang und gewähltem Sicherheitsgrad, gezeigt am Beispiel der Bestimmung des Bereichs, in dem die Durchschnittsgröße der Männer in der BRD mit einer Sicherheit von C = 0,95 (oberer Teil) bzw. C = 0,99 (unterer Teil) liegt. Es sind jeweils M = 177,2 und σ bzw. S gleich 6,7 cm; IB = Intervallbreite.

n	$M \pm Z_k \cdot \sigma/\sqrt{n}$	IB	Z_k	$M \pm T_k \cdot S/\sqrt{n}$	IB	T_k	FG	$\sigma/\sqrt{n}$
5	171,3 - 183,1	11,8	1,960	168,9 - 185,5	16,6	2,776	4	2,996
10	173,0 - 181,4	8,4	1,960	172,4 - 182,0	9,6	2,262	9	2,119
20	174,3 - 180,1	5,8	1,960	174,1 - 180,3	6,2	2,093	19	1,498
30	174,8 - 179,6	4,8	1,960	174,7 - 179,7	5,0	2,045	29	1,223
50	175,3 - 179,1	3,8	1,960	175,3 - 179,1	3,8	2,010	49	0,948
100	175,9 - 178,5	2,6	1,960	175,9 - 178,5	2,6	1,984	99	0,670
200	176,3 - 178,1	1,8	1,960	176,3 - 178,1	1,8	1,972	199	0,474
500	176,6 - 177,8	1,2	1,960	176,6 - 177,8	1,2	1,965	499	0,300
1000	176,8 - 177,6	0,8	1,960	176,8 - 177,6	0,8	1,962	999	0,212
5	169,5 - 184,9	15,4	2,576	163,4 - 191,0	27,6	4,604	4	2,996
10	171,7 - 182,7	11,0	2,576	170,3 - 184,1	13,8	3,250	9	2,119
20	173,3 - 181,1	7,8	2,576	172,9 - 181,5	8,6	2,861	19	1,498
30	174,0 - 180,4	6,4	2,576	173,8 - 180,6	6,8	2,756	29	1,223
50	174,8 - 179,6	4,8	2,576	174,7 - 179,7	5,0	2,680	49	0,948
100	175,5 - 178,9	3,4	2,576	175,4 - 179,0	3,6	2,626	99	0,670
200	176,0 - 178,4	2,4	2,576	176,0 - 178,4	2,4	2,601	199	0,474
500	176,4 - 178,0	1,6	2,576	176,4 - 178,0	1,6	2,586	499	0,300
1000	176,7 - 177,7	1,0	2,576	176,7 - 177,7	1,0	2,581	999	0,212
1	*2*	*3*	*4*	*5*	*6*	*7*	*8*	*9*

In Spalte 5 und 6 von Tab. 8.1 ist demonstriert, wie enorm breit Konfidenzintervalle ausfallen, wenn sie - bei Unkenntnis von σ - aufgrund kleiner Stichproben bestimmt werden. Hierbei wurde zum besseren Vergleich für S jeweils der auch für σ angenommene Wert von 6,7 eingesetzt. So ergibt sich bei n = 5 (und M = 177,2), daß die durchschnittliche Körperhöhe der Männer (mit einer Sicherheit von 99%) im Bereich von 1,63 bis 1,91 m liegt. Eine derartige Information ist natürlich fast ohne Wert, denn wir wüßten aufgrund der Intervallbestimmung jetzt lediglich, daß die Durchschnittsgröße "irgendwo" zwischen Minderwuchs und Korbballspieler-Format läge.

Wir können deshalb festhalten: Für die hinreichend präzise Intervallschätzung von Populationskennwerten (wie μ, μ_1-μ_2, usf.) ist es unerläßlich, mit (ausreichend) großen Stichproben zu arbeiten. Untersuchungen mit kleinen Stichproben stellen hier im Grunde nur eine Verschwendung von Zeit und Geld dar. Große Stichproben haben den weiteren Vorteil, daß die Voraussetzung normalverteilter Populationswerte aufgrund des zentralen Grenzwerteffekts an Bedeutung verliert. Im Fall zweier unabhängiger Stichproben entfällt bei großen $n_1;n_2$ zudem das Problem, entscheiden zu müssen, ob die Populationsvarianzen gleich sind. Das (zweiseitige) Intervall kann dann immer gemäß <8.14> über die Standardnormalverteilung bestimmt werden. Auch hier sollte man im übrigen - wie beim Hypothesentesten - mit (möglichst) gleichen Stichprobenumfängen arbeiten.

Der zweite Faktor, der die Breite eines Konfidenzintervalls beeinflußt, ist der gewählte Sicherheitsgrad $C = 1-\alpha$. Alle vorgestellten Formeln zur Bestimmung von Konfidenzintervallen lassen erkennen: Je größer die Wahrscheinlichkeit sein soll, daß das zu errichtende Intervall den Parameter enthalten wird, um so breiter fällt das Intervall aus, da mit zunehmenden Werten von C (bzw. abnehmender Irrtumswahrscheinlichkeit α) die kritischen Z_k- und T_k-Werte größer werden. Dies ist in Tab. 8.1 für unser Zahlenbeispiel demonstriert. Der obere Teil enthält die Konfidenzintervalle für μ bei $C = 0{,}95$, der untere Teil die Intervalle für $C = 0{,}99$.

Der Einfluß von Stichprobenumfang und Sicherheitsgrad auf die Breite des Konfidenzintervalls gilt sowohl für den Ein- als auch für den Zwei-Stichproben-Fall: Je größer n (bzw. $n_1;n_2$), um so kleiner das Intervall; je größer C, um so breiter das Intervall. Bei der Intervallschätzung von $\mu_1-\mu_2$ kann die Breite des Intervalls weiterhin durch den Sachverhalt beeinflußt werden, ob mit unabhängigen oder abhängigen Stichproben gearbeitet wird - sofern eine Wahl zwischen beiden Vorgehensweisen möglich ist. Gemäß den Ausführungen in Abschnitt 7.6 fällt der Standardfehler der Mittelwertsdifferenz bei abhängigen Stichproben kleiner aus als im unabhängigen Fall, wenn die Populationskorrelation ρ_{12} bedeutsam größer als Null ist. Wenn es somit gelingt, durch die Verwendung abhängiger Stichproben zu erreichen, daß $\sigma_{am} < \sigma_{um}$ bzw. S_{am} (signifikant) kleiner als S_{um} ist, dann führt dies gemäß der Formeln <8.7 vs. 8.8> bzw. <8.14 vs. 8.15> zu einem kleineren Konfidenzintervall für $\mu_1-\mu_2$ als bei Heranziehung unabhängiger Gruppen. Der günstige Effekt von Matching oder Meßwiederholung ist dabei wieder um so größer, je höher die Korrelation ρ_{12} ausfällt.

Im Rahmen der Intervallschätzungen für μ oder $\mu_1-\mu_2$ haben wir folgende Formulierungen verwendet: "Das (zu errichtende) Konfidenzintervall wird mit einer *Wahrscheinlichkeit* von C das Populationsmittel (bzw. $\mu_1-\mu_2$) enthalten", und: "Das (errichtete) Intervall enthält μ (bzw. $\mu_1-\mu_2$) mit einer *Sicherheit* von C"; dabei hatte C meist den Wert 0,95 oder 0,99. Wie wir bereits in Abschnitt 3.2.3 ausgeführt haben, ist es korrekt zu sagen, daß ein Ereignis (»μ liegt im Intervall«) mit einer Wahrscheinlichkeit von z.B. 0,95 eintreten *wird*.

Haben wir hingegen das Intervall für μ bzw. $\mu_1-\mu_2$ bestimmt, dann ist die Formulierung, daß das Intervall den Parameter mit einer Wahrscheinlichkeit von 0,95 enthält, (streng genommen) nicht mehr sinnvoll. Denn der Wert von μ bzw. $\mu_1-\mu_2$ liegt nun entweder in dem Intervall oder nicht, d.h. die Wahrscheinlichkeit ist jetzt gleich Null oder Eins. Was von beidem gilt, wissen wir natürlich nicht. Um die problematische Verwendung des Wahrscheinlichkeitsbegriffs nach der Errichtung des Intervalls zu vermeiden, sprechen wir deshalb von der Sicherheit C, mit der der Wert des Parameters im Intervall enthalten ist. Wir drücken damit den Grad des Vertrauens (der "Konfidenz") in die Richtigkeit der Behauptung »$UG \leq \mu \leq OG$« bzw. »$UG \leq \mu_1-\mu_2 \leq OG$« aus, wobei unser Vertrauen um so größer ist, je höher die im vorhinein gewählte Wahrscheinlichkeit C war, daß das Intervall den Parameter enthalten wird.

ABBILDUNG 8.3 Illustration der Beziehungen zwischen Konfidenzintervall und Hypothesentest. Das um M = 70 errichtete 95%-Konfidenzintervall 70 ± $1{,}96 \cdot \sigma_m$ reicht von 43 bis 95. Alle Hypothesen $H_0{:}\mu{=}a$, bei denen $43 \leq a \leq 95$ ist, würden bei einem Test auf dem Signifikanzniveau $\alpha = 0{,}05$ beibehalten werden (Beispiel: $H_0{:}\mu{=}76$). Bei einem Wert von a unter 43 und über 95 wird $H_0{:}\mu{=}a$ hingegen zurückgewiesen (Beispiel: $H_0{:}\mu{=}29$).

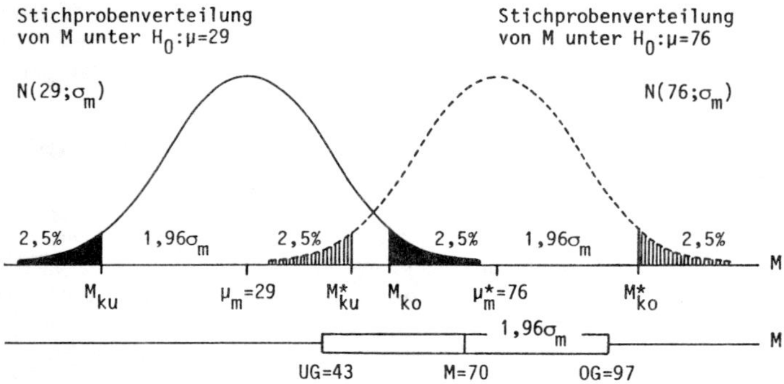

8.4 Beziehungen zwischen Konfidenzintervall und Hypothesentest

Konfidenzintervalle werden berechnet, um festzustellen, in welchem Bereich der Wert eines Parameters (mit einer bestimmten Sicherheit) liegt. Ihnen läßt sich jedoch weiterhin entnehmen, welches Ergebnis der Test bestimmter Hypothesen bezüglich dieses Parameters erbracht hätte. Wir wollen dies am Beispiel eines Konfidenzintervalls für μ und dem Test von $H_0{:}\mu{=}a$ erläutern; σ sei als bekannt angenommen. In unserer Stichprobe habe sich ein Mittel von M = 70 ergeben. Wir errichten das 95%-Intervall für μ und erhalten UG = 70 - $1{,}96 \cdot \sigma_m$ = 43 und OG = 70 + $1{,}96 \cdot \sigma_m$ = 97. Dieses Intervall ist in Abb. 8.3 eingezeichnet. Es gilt nun folgendes: Für alle Werte a, die im Intervall enthalten sind, würde der (bei $\alpha = 0{,}05$ durchgeführte) zweiseitige Test von $H_0{:}\mu{=}a$ zur Beibehaltung der Nullhypothese führen. Bei Werten außerhalb des Intervalls (a < UG und a > OG) würde H_0 hingegen zurückgewiesen und $H_1{:}\mu{\neq}a$ angenommen werden.

Dies ist in Abb. 8.3 für die Fälle $H_0{:}\mu{=}29$ und $H_0{:}\mu{=}76$ demonstriert. Der in der ersten Hypothese für das Populationsmittel behauptete Wert von 29 liegt außerhalb des Intervalls. Wenn wir nun in der Stichprobenverteilung unter $H_0{:}\mu{=}29$ die kritischen M-Werte bestimmen, die für α = 0,05-zs den Bereich der Beibehaltung vom Bereich der Zurückweisung trennen, dann erhalten wir M_{ku} = 29 - $1{,}96 \cdot \sigma_m$ = 2 und M_{ko} = 29 + $1{,}96 \cdot \sigma_m$ = 56. Das Stichprobenmittel M = 70 fällt somit in den Bereich der Zurückweisung von $H_0{:}\mu{=}29$. Im Fall der Hypothese $H_0{:}\mu{=}76$ wird für den Parameter hingegen ein Wert behauptet, der im Intervall $C(43 \leq \mu \leq 97) = 0{,}95$ enthalten ist. Entsprechend zeigt sich, daß das

Stichprobenmittel von M = 70 in den Bereich der Beibehaltung bei der Stichprobenverteilung unter H_0:μ=76 fällt.

Die Beziehung zwischen Konfidenzintervall und Hypothesentest, die wir hier für den Ein-Stichproben-Fall demonstriert haben, gilt auch für den Fall eines Konfidenzintervalls für μ_1-μ_2 und den Test von H_0:μ_1-μ_2=b. Ist der Wert von b in den [C=1-α]-Intervall enthalten, dann würde beim Hypothesentest (mit einem Fehler-I-Risiko von α) die Nullhypothese jeweils beibehalten werden. Dies gilt sowohl bei einseitigem als auch bei zweiseitigem Intervall/Test. Da bei Versuchsanlagen mit zwei Stichproben in der Regel die Hypothese H_0:μ_1-μ_2=0 getestet wird, kann die Beziehung wie folgt formuliert werden: Ist der Wert Null in dem [C=1-α]-Intervall enthalten, dann würde bei einem (auf dem Signifikanzniveau α durchgeführten) Hypothesentest H_0:μ_1-μ_2=0 beibehalten. Schließt das Intervall Null hingegen nicht ein, dann würde H_0 auf dem Signifikanzniveau α zurückgewiesen.

Vergleichen wir das Testen statistischer Hypothesen bezüglich der Parameter μ und μ_1-μ_2 - wie wir es bisher kennengelernt haben - mit der Bestimmung der entsprechenden Konfidenzintervalle, so können wir feststellen, daß die Intervallbildung wesentlich mehr Information liefert. Einem [C=1-α]-Intervall für μ bzw. μ_1-μ_2 lassen sich zum einen die Ergebnisse für alle interessierenden Tests von H_0:μ=a bzw. H_0:μ_1-μ_2=b (auf dem Signifikianzniveau α) entnehmen. Zum anderen liefert uns ein Intervall jedoch auch Informationen über den Wert von μ bzw. die Größe des *Effekts* »μ_1-μ_2«. Haben wir beim (zweiseitigen) Hypothesentest H_0:μ=a zurückgewiesen und H_1:$\mu \neq$a angenommen, dann "wissen" wir lediglich (unter Berücksichtigung der gesetzten Irrtumswahrscheinlichkeit), daß das Populationsmittel nicht gleich a ist. Ein Konfidenzintervall grenzt uns dagegen - in Abhängigkeit vom Stichprobenumfang - den Wert des Parameters mehr oder minder eng ein.

Gleichermaßen erfahren wir bei der Zurückweisung der Hypothese H_0:μ_1-μ_2=0 und der Annahme von H_1:μ_1-$\mu_2 \neq$0 nur, daß die Populationsdifferenz bzw. der *Effekt* nicht gleich Null ist. Eine Informationsüberflutung stellt diese Mitteilung nicht gerade dar. Die im Rahmen einer Untersuchung eigentlich zentrale Frage nach der Größe der Differenz μ_1-μ_2 bzw. der *Stärke des Effekts* (einer unabhängigen Variablen) beantwortet die bisher beschriebene Testprozedur jedoch nicht. Bei der Bestimmung eines Konfidenzintervalls für μ_1-μ_2 ist dies hingegen der Fall, wobei der Wert von μ_1-μ_2 um so enger eingegrenzt werden kann, je größer die herangezogenen Stichproben sind.

Konfidenzintervalle besitzen gegenüber dem bisher besprochenen Vorgehen beim Hypothesentest somit zwei entscheidende Vorteile:

- Es wird der Wert der Parameter μ bzw. μ_1-μ_2 geschätzt und nicht nur entschieden, ob der Parameter einen behaupteten Wert hat oder nicht.
- Die (durch den Stichprobenumfang bedingte) Breite des Intervalls macht deutlich, wie präzise das Wissen über die Parameter μ bzw. μ_1-μ_2 ist. Dadurch wird insbesondere der (relativ) geringe Wert der Untersuchung kleiner Stichproben erkennbar.

Aufgrund dieser Vorteile wird von einer Reihe von Autoren gefordert, den (alleinigen) Hypothesentest verstärkt durch die Bestimmung von Konfidenzintervallen zu ersetzen (vgl. Gardner & Altman 1986; Mix 1986; Natrella 1960; Rozeboom 1960). Diese Forderung ist sicherlich zu unterstützen. Allerdings bezieht sich die Kritik insbesondere auf die Vorgehensweise beim "klassischen Hypothesentest" (Mix), bei dem (im Zwei-Gruppen-Fall) im vorhinein mit α lediglich das Fehler-I-Risiko spezifiziert und nach dem Test kein Maß der Effektstärke bestimmt wird. Auch wir sind bisher so vorgegangen. Die Testprozedur wird jedoch in den Kapiteln 28 und 29 noch durch wesentliche Schritte erweitert werden (Bestimmung von Maßen der Effektstärke, Kontrolle des Fehler-II-Risikos).

Auf einen Unterschied zwischen Hypothesentest und Konfidenzintervallbestimmung sei abschließend noch hingewiesen. Beim Hypothesentest müssen zwei Fehlermöglichkeiten berücksichtigt (und kontrolliert) werden. Wenn die Nullhypothese gilt, können wir den Alphafehler begehen, wenn H_0 falsch ist, besteht das Betarisiko. Bei der Errichtung eines Konfidenzintervalls haben wir es hingegen nur mit einem Risiko zu tun - der Möglichkeit, daß das Intervall den Parameter nicht enthalten wird. Die Wahrscheinlichkeit dieses (unerfreulichen) Ereignisses ist gleich dem über den Konfidenzkoeffizienten definierten Wert von α.

8.5 Robustheitsaspekte bei der Konfidenzintervallbestimmung

Im Ein-Stichproben-Fall wird bei der Bestimmung eines Konfidenzintervalls für μ die Annahme gemacht, daß die Stichprobe einer normalverteilten Population entstammt. Bei der Errichtung eines Intervalls für μ_1-μ_2 werden normalverteilte Werte in POP_1 und POP_2 bzw. in POP_D vorausgesetzt, und es wird im Fall unabhängiger Gruppen bei Heranziehung der T-Verteilung mit N-2 Freiheitsgraden angenommen, daß die Varianzen von POP_1 und POP_2 gleich sind. Die Vorausetzungen bei der Konfidenzintervallbestimmung sind somit die gleichen wie bei den entsprechenden Hypothesentests. Dadurch ergeben sich auch die in den Abschnitten 4.5, 6.5 und 7.6 dargestellten Robustheitsprobleme und Lösungswege.

Wenn die bei der Errichtung eines Konfidenzintervalls herangezogene (tatsächliche) Stichprobenverteilung aufgrund einer Verletzung der Annahme(n) von der nominellen (theoretischen) Verteilung abweicht, dann hat dies zur Folge, daß der tatsächliche Sicherheitsgrad, mit dem das Intervall den interessierenden Parameter enthält, ein anderer ist als der durch den nominellen Wert von $C = 1-\alpha$ angezeigte. In der Regel führen Verletzungen der Annahme(n) dazu, daß die tatsächliche Sicherheit geringer ist als angenommen.

Die Gefahr extremer Unterschiede zwischen tatsächlichem und nominellem Sicherheitsgrad dürfte allerdings bei der Bestimmung von Konfidenzintervallen seltener gegeben sein, da hier - im Gegensatz zum Hypothesentest - in der Regel mit großen Stichproben gearbeitet wird. Wie in den oben genannten Abschnitten gezeigt wurde, sind in diesem Fall die Stichprobenverteilungen der verwendeten Größen bereits relativ robust gegen (nicht zu starke) Verletzungen der Bedingung normaler (oder zumindest symmetrischer) Populationsverteilungen. Außerdem kann dann bei der Errichtung eines Konfidenzintervalls für die Differenz der

Mittel zweier unabhängiger Populationen der Weg über die Standardnormalverteilung gewählt werden, der keine aufwendige Berechnung von Freiheitsgraden erfordert und insbesondere nicht voraussetzt, daß homogene Populationsvarianzen vorliegen.

Kapitel 9

Test der Hypothese, daß die Mittel von drei oder mehr unabhängigen, varianzhomogenen Populationen den gleichen Wert haben

In diesem Kapitel wird die einfaktorielle Varianzanalyse vorgestellt, mit der geprüft werden kann, ob zwischen den Mittelwerten von drei oder mehr unabhängigen Gruppen statistisch signifikante Unterschiede bestehen. Die Bezeichnung *einfaktoriell* zeigt dabei an, daß der Einfluß *eines Faktors*, der in J Stufen oder Kategorien vorliegt, auf eine abhängige Variable untersucht wird. Bei Versuchsanordnungen, mit denen der (gemeinsame) Effekt von zwei oder mehr unabhängigen Variablen analysiert wird, kommt dann im Rahmen der statistischen Auswertung die zwei- oder mehrfaktorielle Varianzanalyse zum Einsatz (vgl. Kapitel 12).

Die in diesem Kapitel behandelte Varianzanalyse bezieht sich auf das Modell »fester« oder »fixierter Effekte«. Dieser Fall ist immer dann gegeben, wenn die J Stufen/Kategorien der unabhängigen Variablen vom Untersucher gezielt aus der Anzahl der möglichen Abstufungen ausgewählt (festgesetzt) wurden, weil er (nur) an der Wirkung dieser speziellen Stufen interessiert ist. Von einem Modell »zufälliger Effekte« spricht man dagegen, wenn die Faktorstufen eine Zufallsauswahl aus einer (definierten) Gesamtheit von Abstufungen darstellen, während »gemischte Effekte« (bei mehrfaktoriellen) Plänen vorliegen, wenn ein (Teil der) Faktor(en) fixierte, der andere zufällig bestimmte Abstufungen aufweist.

Illustrieren wir den Unterschied zwischen festen und zufälligen Effekten an einem Beispiel. Es soll der Einfluß der Raumtemperatur im Bereich 10-35 Grad C auf die Konzentrationsleistung untersucht werden. Mit fixierten Faktorstufen haben wir es dann zu tun, wenn der Untersucher - um den interessierenden Temperaturbereich gleichmäßig in seimem Experiment zu repräsentieren - speziell die J = 6 Stufen 10, 15, ..., 30, 35 Grad auswählt. Zufallseffekte lägen hingegen vor, wenn statt dessen aus der (definierten) Gesamtheit der 26 Temperaturstufen 10, 11, 12, ..., 35 Grad per Zufall J = 6 Temperaturgrade gezogen würden, um deren Einfluß im Experiment zu untersuchen. Da derartige Zufallsbestimmungen der Faktorstufen in der Forschungspraxis jedoch relativ selten erfolgen - aus Gründen, die z.B. McGuigan & Diehl (1979, S.256ff) und Keppel (1973, S.333ff) diskutieren - wird in diesem Kapitel nur die Varianzanalyse für feste Effekte vorgestellt. Eine Behandlung des Verfahrens für Zufallseffekte findet sich z.B. bei Diehl (1978, Kap. 8).

Die »klassische« einfaktorielle Varianzanalyse macht (u.a.) die Annahme, daß die J Populationen, denen die Stichproben entstammen, die gleiche Varianz haben. Möglichkeiten des Vorgehens für den Fall, daß diese Voraussetzung nicht erfüllt ist, werden in Kapitel 10 besprochen.

ABBILDUNG 9.1 Einfaktorielle Varianzanalyse (J = 3): [A] Populationszustände bei Gültigkeit der Nullhypothese (»Alle μ_j sind gleich«) und für einen Fall, in dem H_0 falsch und die Alternativhypothese (»Die μ_j sind nicht alle gleich«) gilt [B]. Es ist $\mu = (\Sigma_j^J \mu_j)/J$.

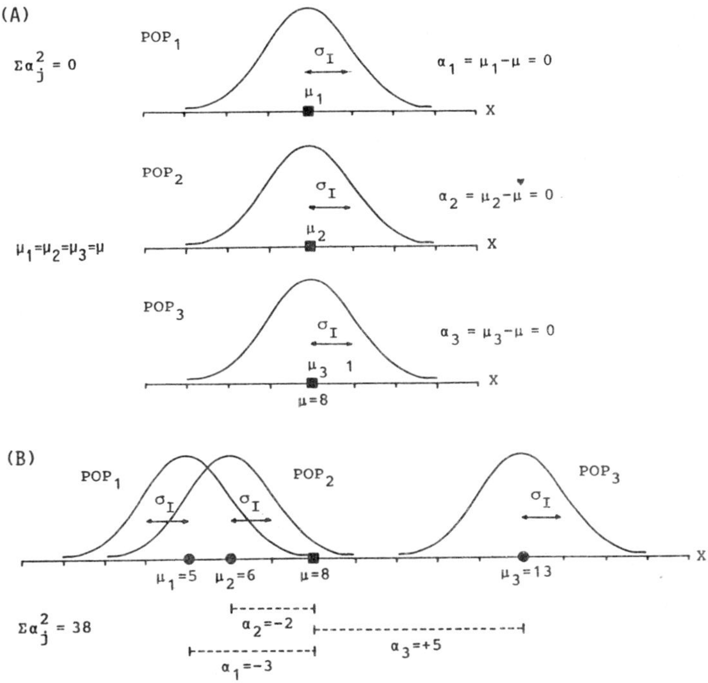

9.1 Null- und Alternativhypothese bei der einfaktoriellen Varianzanalyse

Der Name *Varianzanalyse* mag insofern etwas irreführend sein, als er den Eindruck erwecken kann, daß mit diesem Verfahren Hypothesen über (Populations) Varianzen geprüft werden. Dies ist jedoch nicht der Fall. Die Varianzanalyse testet vielmehr eine Aussage über die Mittelwerte von J unabhängigen Populationen. Sie führt zu einer Entscheidung über die Hypothese $H_0{:}\mu_1=\mu_2=\ldots=\mu_J$, d.h. über die Behauptung, daß die Mittel der unter Betrachtung stehenden J Populationen den gleichen Wert haben. Der Name des Verfahrens - Varianzanalyse = Varianzzerlegung - geht darauf zurück, daß im Rahmen des Tests von H_0 die Gesamtvarianz in der abhängigen Variablen in (zwei) Komponenten zerlegt wird.

Der in der varianzanalytischen Nullhypothese behauptete bzw. angenommene Zustand der Populationen ist im oberen Teil von Abb. 9.1 für den Fall J = 3 dargestellt. Unter H_0 geht man somit davon aus, daß die zur Untersuchung vorliegenden Stichproben n_1, n_2 und n_3 normalverteilten Populationen entstammen, die neben gleichen Varianzen ($\sigma_1^2 = \sigma_2^2 = \sigma_3^2 = \sigma_I^2$) auch gleiche Mittelwerte aufweisen. Letzteres bedeutet, daß μ_1, μ_2 und μ_3, die Mittelwerte der Einzelpopulationen, alle gleich dem aus ihnen gebildeten Gesamtmittel μ sind. Bei den J Populationen kann es sich wie beim Zwei-Stichproben-Fall sowohl um reale als auch um hypothetische Gesamtheiten handeln.

Die Abweichung des Mittels der Population j vom Gesamtmittel μ bezeichnen wir mit α_j. Dann ist: $\alpha_1 = \mu_1-\mu$, $\alpha_2 = \mu_2-\mu$ und $\alpha_3 = \mu_3-\mu$. Bei Gültigkeit der Nullhypothese $H_0:\mu_1=\mu_2=...=\mu_J=\mu$ haben alle α_j den Wert Null, da alle μ_j gleich μ sind. Wenn die Nullhypothese hingegen nicht gilt, dann weichen die J Populationsmittel mehr oder minder stark vom Gesamtmittel μ ab und die α_j-Werte sind (zumindest teilweise) ungleich Null. Ein derartiger Fall ist im unteren Teil von Abb. 9.1 dargestellt.

Null- und Alternativhypothese lassen sich nun in Termini einer Summe formulieren, die auf den α_j-Werten basiert. Da jedoch sowohl bei gleichen als auch bei (teilweise) ungleichen Populationsmitteln immer $\Sigma\alpha_j = 0$ ist, bilden wir die Summe der quadrierten α_j-Werte. Es ist dann

H_0: $\Sigma\alpha_j^2 = 0$ bzw. H_0: $\Sigma(\mu_j - \mu)^2 = 0$ *Nullhypothese* <j = 1...J>

H_1: $\Sigma\alpha_j^2 > 0$ bzw. H_1: $\Sigma(\mu_j - \mu)^2 > 0$ *Alternativhypothese*

Die Nullhypothese behauptet somit, daß alle Populationsmittel gleich sind ($H_0:\mu_1=\mu_2=...=\mu_J$), während die Alternativhypothese aussagt, daß die Mittel der J Populationen nicht alle den gleichen Wert haben. Im Falle der Zurückweisung von H_0 und der Annahme von H_1 "weiß" man somit nur, *daß* Unterschiede zwischen den Populationsmitteln bestehen, jedoch nicht, welche μ_j voneinander differieren. Um dies in Erfahrung zu bringen, bedarf es weiterer Analysen, die in Kapitel 11 besprochen werden.

9.2 Zwei Beispiele für die Anwendung der Varianzanalyse

Im Abschnitt 1.1 wurde die durchschnittliche Körperhöhe von erwachsenen Männern mit *Hauptschulabschluß* (M_1 = 175,4 cm), *Mittlerer Reife* (M_2 = 177,5) und *Abitur* (M_3 = 179,0) wiedergegeben. Die n_1 = 216 Personen können dabei als Zufallsstichprobe aus den westdeutschen Männern mit Hauptschulabschluß angesehen werden, während die n_2 = 147 und n_3 = 264 Männer den entsprechenden Populationen mit mittlerer Reife und Abitur entstammen.

Zur Beantwortung der Frage, ob ein Zusammenhang zwischen dem Faktor *Schulbildung* und der *Körperhöhe* besteht, soll nun aufgrund der Unterschiede zwischen den Stichprobenmitteln entschieden werden, ob die J = 3 Populationen die gleiche Durchschnittsgröße haben oder nicht. Da hier reale Gesamtheiten vorliegen, können Null- und Alternativhypothese anschaulich in Termini der μ_j formuliert werden. Nach H_0 haben damit Männer mit Hauptschulabschluß, mittlerer Reife und

TABELLE 9.1 Beispiel für die einfaktorielle Varianzanalyse: J = 3 unabhängige Stichproben aus realen Populationen; ungleiche Gruppenumfänge. Verteilung der Körperhöhenwerte (cm) bei N = 627 Männern mit unterschiedlicher Schulbildung.

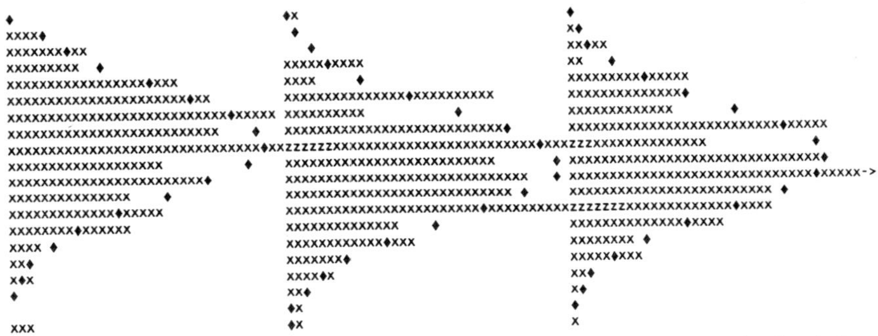

Hauptschulabschluß	Mittlere Reife	Abitur (und mehr)
M_1 = 175,398 cm	M_2 = 177,524 cm	M_3 = 179,023 cm
A_1 = 37886	A_2 = 26096	A_3 = 47262
B_1 = 6654978	B_2 = 4639430	B_3 = 8472198
V_1 = 45,785	V_2 = 46,361	V_3 = 42,684
S_1 = 6,766 cm	S_2 = 6,809 cm	S_3 = 6,533 cm
n_1 = 216	n_2 = 147	n_3 = 264
SCH = 0,42	SCH = 0,05	SCH = 0,04
EXZ = 0,13 [1]	EXZ = -0,16 [2]	EXZ = -0,07 [3]

Abitur die gleiche Durchschnittsgröße, während H_1 aussagt, daß Unterschiede zwischen den Mitteln dieser Populationen bestehen. Die für die Durchführung der Varianzanalyse benötigten Daten sind in Tab. 9.1 zusammengestellt.

Als Beispiel für eine Studie, bei der wir es mit hypothetischen Populationen zu tun haben, sei angenommen, daß die Frage untersucht werden soll, ob die Höhe einer in Aussicht gestellten Belohnung einen Einfluß auf die Schnelligkeit hat, mit der eine Reihe von Problemaufgaben gelöst wird. Für das Experiment werden die in Tab. 9.2 beschriebenen J = 4 Belohnungsbedingungen ausgewählt. Unsere unabhängige Variable (unser *Faktor*) ist somit die *Belohnungshöhe*. Als abhängige Variable verwenden wir die für die Aufgaben benötigte *Lösungszeit*.

Uns stehen N = 48 Probanden zur Verfügung, die nach Zufall zu je n = 12 Personen auf die vier Versuchsbedingungen aufgeteilt werden. Aufgrund dieser Randomisierung haben wir es mit unabhängigen Zufallsstichproben zu tun. Wir führen das Experiment durch und erhalten die in Tab. 9.2 wiedergegeben Daten.

TABELLE 9.2 Beispiel für die einfaktorielle Varianzanalyse (fiktive Daten): J = 4 unabhängige Stichproben aus hypothetischen Populationen; gleiche Gruppenumfänge (n = 12). Zur Aufgabenlösung benötigte Zeiten (min) von vier Gruppen, die unterschiedlichen Belohnungsbedingungen ausgesetzt waren.

00 DM	10 DM	20 DM	30 DM
23	19	10	3
14	12	7	8
16	16	9	7
18	14	8	5
12	7	15	6
13	8	3	10
16	13	8	12
17	10	9	4
19	19	11	7
14	9	9	6
16	15	5	5
17	14	17	15
[1]	[2]	[3]	[4]

Abhängige Variable (X): Lösungszeit in Minuten

Unabhängige Variable: Höhe der Belohnung

X.	00 DM	10 DM	20 DM	30 DM
23	X			
22				
21				
20				
19	X	XX		
18	X			
17	XX		X	
16	+ XXX	X		
15		X	X	X
14	XX	XX		
13	X	+ X		
12	X	X		X
11			X	
10		X	X	X
9		X	+ XXX	
8		X	XX	X
7		X	X	+ XX
6				XX
5			X	XX
4				X
3			X	X

+ *Gruppenmittel*

A_1 = 195	B_1 = 3265	M_1 = 16,250	V_1 = 8,750	S_1 = 2,958
A_2 = 156	B_2 = 2202	M_2 = 13,000	V_2 = 15,818	S_2 = 3,977
A_3 = 111	B_3 = 1189	M_3 = 9,250	V_3 = 14,750	S_3 = 3,841
A_4 = 88	B_4 = 778	M_4 = 7,333	V_4 = 12,061	S_4 = 3,473

Belohnungsbedingungen: [1] Die Versuchspersonen erhielten die Instruktion, die gestellten Aufgaben so schnell wie möglich zu lösen (Keine Belohnung). [2] Die Versuchspersonen erhielten ebenfalls die Instruktion, die Aufgaben so schnell wie möglich zu lösen. Es wurde jedoch demjenigen, der als erster fertig ist, 10 DM Belohnung versprochen. [3] Wie Bedingung 2, jedoch 20 DM Belohnung. [4] Wie Bedingung 2, jedoch 30 DM Belohnung.

Mittels der Varianzanalyse soll nun über die Nullhypothese $H_0:\mu_1=\mu_2=\mu_3=\mu_4$ entschieden werden. Da es sich bei den Populationen, auf die sich die μ_j beziehen, jedoch nicht um real vorhandene Gesamtheiten handelt, ist es anschaulicher, den Zweck der Varianzanalyse hier wie folgt zu sehen: Es soll entschieden werden, ob zwischen den Stichprobenmitteln *statistisch signifikante* Unterschiede vorliegen. Dementsprechend würde die Nullhypothese lauten: "Die Unterschiede zwischen den Gruppenmitteln sind durch Zufall entstanden". Dagegen steht die Aussage der Alternativhypothese : "Die Mittelwertsdifferenzen sind nicht alle zufallsbedingt".

9.3 Das Datenmodell der einfaktoriellen Varianzanalyse

Die Varianzanalyse setzt zum einen voraus, daß J *unabhängige* Stichproben vorliegen, die ***normalverteilten, varianzhomogenen Populationen*** entstammen. Darüberhinaus macht das Verfahren die Annahme, daß sich der Meßwert des Probanden i aus der Population (Bedingung) j gemäß folgendem linearen Modell zusammensetzt:

<9.1> $X_{ij} = \mu + \alpha_j + e_{ij}$

Hierbei sind μ und $\alpha_j = \mu_j - \mu$ uns bereits bekannte Größen, während $e_{ij} = X_{ij} - \mu_j$ die Abweichung des Probanden i vom Mittel der Population ist, der er angehört. Setzen wir in <9.1> ein, so ergibt sich

<9.2> $X_{ij} = \mu + (\mu_j - \mu) + (X_{ij} - \mu_j)$

Der Parameter μ ist eine Konstante für alle Personen (Meßwerte) der J Populationen. Von besonderem Interesse in dem Modell ist die Größe $\alpha_j = \mu_j - \mu$. Sie hat einen konstanten Wert für alle Personen, die der Population j angehören bzw. der Behandlung j ausgesetzt wurden und gibt den *Effekt* der Bedingung j wieder. Der Wert von α_j zeigt, wie stark die Bedingung/Behandlung j die (Werte der) Population j vom Gesamtmittel weggeschoben hat.

Die Größe $e_{ij} = X_{ij} - \mu_j$ stellt dagegen die Fehlerkomponente in dem Modell dar. Sie gibt den Anteil an dem individuellen Meßwert wieder, der durch den unter Betrachtung stehenden Faktor (dessen Wirkung α_j anzeigt) nicht erklärbar ist. Dies wird deutlicher, wenn wir in <9.2> den individuellen Meßwert als Abweichung vom Gesamtmittel ausdrücken:

<9.3> $X_{ij} - \mu = (\mu_j - \mu) + (X_{ij} - \mu_j)$

Die Abweichung des Meßwertes X_{ij} vom Gesamtmittel μ geht danach zum einen auf den Effekt der unabhängigen Variablen (α_j) und zum anderen auf den Einfluß weiterer, unbekannter Faktoren (e_{ij}) zurück. Der Fehlerterm e_{ij} drückt den *Rest* aus, der bleibt, wenn wir die uns bekannten Einflüsse (Effekte) in Abzug gebracht haben. Dies ist leicht erkennbar, wenn wir <9.3> nach e_{ij} auflösen:

<9.4> $e_{ij} = X_{ij} - \mu_j = (X_{ij} - \mu) - (\mu_j - \mu)$

Bei den im Modell der einfaktoriellen Varianzanalyse auftretenden Größen μ und μ_j handelt es sich um Populationsparameter, deren Werte nicht bekannt sind. Das Endziel unserer statistischen Untersuchungen besteht in der möglichst genauen Schätzung der Effekte α_j. Durch die Varianzanalyse tun wir allerdings nur einen Schritt in diese Richtung. Wir entscheiden lediglich, ob überhaupt ein Effekt des unter Betrachtungen stehenden Faktors vorhanden ist, d.h. ob die α_j alle den Wert Null haben oder nicht.

9.4 Die Zerlegung der Variation in der abhängigen Variablen

Mittels der Varianzanalyse soll geprüft werden, ob zwischen den Mittelwerten von J Gruppen (M_1, M_2 ... M_J) statistisch signifikante Unterschiede bestehen. Die Anzahl der Personen (Werte) in Stichprobe j ist n_j. Fassen wir die J Gruppen zu einer zusammen, dann hat diese den Umfang $N = \Sigma n_j$, das Mittel M und die Varianz V_G. Damit sich die nachfolgenden Ableitungen übersichtlicher gestalten, gehen wir von gleichen Stichprobenumfängen aus (alle $n_j = n$).

Die Varianzanalyse basiert auf einer Zerlegung der Streuung der N Werte um ihr Mittel M. Diese Variation kommt in der im Zähler von V_G enthaltenen *Summe der Abweichungsquadrate (Gesamt)* zum Ausdruck:

<9.5> $V_G = SAQ_G/(N-1)$ wobei

<9.6> $SAQ_G = \sum_i^N (X_i - M)^2 = \sum_{ji}^{Jn}\sum (X_{ij} - M)^2$ <9.7> $M = (\sum_i^N X_i)/N = (\sum_{ji}^{Jn}\sum X_{ij})/N$

Zur Zerlegung der SAQ_G in zwei additive Komponenten gehen wir von der nachfolgenden Beziehung aus:

<9.8> $X_{ij} - M = (M_j - M) + (X_{ij} - M_j)$

Diese Gleichung erhalten wir, wenn wir die Parameter des Modells von <9.3> durch die an den Stichprobendaten gewonnenen Schätzungen ersetzen. Die Abweichung des Meßwertes des Probanden i in der Stichprobe j vom Gesamtmittel der N Werte setzt sich somit aus zwei dem Populationsmodell analogen Komponenten zusammen. Sie ist gleich der Abweichung des Probanden ij vom Mittel seiner Gruppe plus der Abweichung dieses Gruppenmittels vom Gesamtmittel. Quadriert man <9.8> auf beiden Seiten und löst auf, so ergibt sich:

<9.9> $(X_{ij} - M)^2 = [(M_j - M) + (X_{ij} - M_j)]^2$

<9.10> $(X_{ij} - M)^2 = (M_j - M)^2 + 2\cdot(M_j - M)\cdot(X_{ij} - M_j) + (X_{ij} - M_j)^2$

Summiert man zunächst innerhalb der J Gruppen jeweils die n Abweichungsquadrate $(X_{ij}-M)^2$, dann ergibt sich aus <9.10> für Stichprobe j (nach einigen Umformungen gemäß den Regeln für das Rechnen mit dem Summenzeichen):

<9.11> $\sum_i^n (X_{ij} - M)^2 = n\cdot(M_j - M)^2 + 2\cdot(M_j - M)\cdot\sum_i^n (X_{ij} - M_j) + \sum_i^n (X_{ij} - M_j)^2$

Das mittlere Glied fällt weg, da $\Sigma(X_{ij}-M_j)$, die Summe der Abweichungen der Meßwerte von ihrem Gruppenmittel, gleich Null ist. Bisher wurden nur die Summen der Abweichungsquadrate innerhalb der Gruppen gebildet. Addiert man nun diese J Summen, dann ergibt sich:

<9.12> $\sum_{ji}^{Jn}\sum (X_{ij} - M)^2 = n\cdot\sum_j^J (M_j - M)^2 + \sum_{ji}^{Jn}\sum (X_{ij} - M_j)^2$

<9.13> <9.14> <9.15>

Diese Gleichung gibt die gewünschte Zerlegung der Variation in der abhängigen Variablen wieder. Die einzelnen Glieder werden wie folgt bezeichnet:

<9.13> $SAQ_G = \sum_{j}^{J}\sum_{i}^{n}(X_{ij} - M)^2$ *Summe der Abweichungsquadrate (GESAMT)*

Diese Summe resultiert aus den quadrierten Abweichungen aller Meßwerte X_{ij} vom Gesamtmittel M. Sie erfaßt die Gesamtvariation in der abhängigen Variablen. Die Anzahl ihrer Freiheitsgrade ist $FG_G = N-1$, da den N Abweichungen die Restriktion auferliegt, daß $\sum\sum(X_{ij}-M) = 0$ sein muß.

<9.14> $SAQ_Z = n \cdot \sum_{j}^{J}(M_j - M)^2$ *Summe der Abweichungsquadrate (ZWISCHEN den Bedingungen)*

Diese Summe erfaßt die Variation, die sich aus den Abweichungen der Gruppenmittel vom Gesamtmittel ergibt. Sie hat $FG_Z = J-1$ Freiheitsgrade, da für die J Abweichungen die Restriktion besteht, daß $\sum(M_j-M) = 0$ sein muß.

<9.15> $SAQ_I = \sum_{j}^{J}\sum_{i}^{n}(X_{ij} - M_j)^2$ *Summe der Abweichungsquadrate (INNERHALB der Bedingungen)*

Diese Summe resultiert aus den quadrierten Abweichungen der X_{ij}-Werte vom jeweiligen Gruppenmittel. Sie reflektiert die Variation innerhalb der Gruppen (Bedingungen). Da $\sum(X_{i1}-M_1)$ ... $\sum(X_{iJ}-M_J)$ jeweils gleich Null sein müssen, gibt es hier $J\cdot(n-1)$ voneinander unabhängige Abweichungswerte. Die Anzahl der Freiheitsgrade ist deshalb $FG_I = N-J$.

Nach <9.12> gelten somit zwischen den Abweichungsquadratsummen folgende Beziehungen: $SAQ_G = SAQ_Z + SAQ_I$; $SAQ_I = SAQ_G - SAQ_Z$; $SAQ_Z = SAQ_G - SAQ_I$. Entsprechende additive Beziehungen bestehen zwischen den Freiheitsgraden der SAQ, z.B.: $(FG_G = FG_Z + FG_I) = (N-1 = J-1 + N-J)$.

9.5 Die Schätzung der Populationsvarianz σ_I^2

Für die nachfolgenden Überlegungen gehen wir als erstes davon aus, daß die Nullhypothese gilt. In diesem Fall ist jede der J Populationen nach $N(\mu; \sigma_I)$ verteilt (vgl. Abb. 9.1.A). Man kann die Situation unter H_0 auch so sehen, daß dann die J Stichproben *einer* Population entstammen, die normalverteilt ist mit dem Mittel μ und der Varianz σ_I^2. Diese Sichtweise entspricht speziell dem in der psychologischen Forschung meist vorliegenden Fall, daß eine Gesamtgruppe nach Zufall auf J Gruppen des Umfangs n aufgeteilt wird. Die n_G Personen stellen hier eine Zufallsstichprobe aus einer (nicht näher definierten) Population dar, und die Randomisierung führt dann zu J Zufallsstichproben aus dieser Population.

Wenn nun die J Stichproben alle aus der (einen) Population $N(\mu; \sigma_I)$ stammen, dann lassen sich aus den Stichprobendaten zwei voneinander unabhängige Schätzungen der Populationsvarianz σ_I^2 gewinnen. Die eine Möglichkeit ist dabei die Bestimmung der durchschnittlichen Varianz innerhalb der J Gruppen (V_I). Da jede der J Stichprobenvarianzen eine Schätzung für den Parameter σ_I^2 ist, erhöhen wir die Zuverlässigkeit unserer Schätzung, wenn wir die Daten der J Stichproben zusammenfassen und den Durchschnitt aus den V_j-Werten als Schätzgröße für σ_I^2 verwenden. Bei gleichen Stichprobenumfängen ist (Diehl & Kohr 1982, S.106):

$$\text{<9.16>} \quad V_I = \frac{\sum_j^J V_j}{J} = \frac{\sum_j^J[\sum_i^n (X_{ij} - M_j)^2/(n-1)]}{J} = \frac{\sum\sum_{ji}^{Jn}(X_{ij} - M_j)^2}{J\cdot(n-1)}$$

Dies ist aber gleich SAQ_I/FG_I. Wir erhalten somit eine Schätzung der Populationsvarianz σ_I^2, wenn wir die SAQ_I durch die Anzahl ihrer Freiheitsgrade dividieren. Diese Größe bezeichnet man als das *Mittlere Quadrat (Innerhalb)*:

$$\text{<9.17>} \quad MQ_I = SAQ_I/[J\cdot(n-1)] = SAQ_I/(N-J)$$

Daß MQ_I eine Schätzung für σ_I^2 darstellt, können wir auch in der Erwartungswert-Schreibweise ausdrücken:

$$\text{<9.18>} \quad E(MQ_I) = \sigma_I^2$$

Veranschaulichen wir uns, was diese Formulierung aussagt. Es gibt m_j Möglichkeiten, aus der Population $N(\mu;\sigma_I)$ Sätze von je J Stichproben des Umfangs n zu ziehen. Dabei ist m_j eine sehr große aber endliche Zahl (sofern die Population aus einer endlichen Anzahl von Elementen besteht). Wenn wir nun alle diese möglichen Sätze ziehen und jeweils MQ_I berechnen, dann ist das Mittel der m_j MQ_I-Werte gleich σ_I^2.

Neben der Schätzung von σ_I^2 durch V_I bzw. MQ_I gibt es bei Gültigkeit der Nullhypothese nun eine weitere Möglichkeit. Wenn H_0 richtig ist, dann haben wir es - wie oben ausgeführt - im Grunde mit *einer* (normalverteilten) Population zu tun, deren Mittel und Varianz μ und σ_I^2 sind. Zieht man nun alle m_s möglichen Stichproben des Umfangs n aus dieser Population und berechnet jeweils das Stichprobenmittel, dann ist die Varianz der so erhaltenen Gesamtheit von m_s M-Werten (vgl. Abschnitt 2.4.1):

$$\text{<9.19>} \quad \sigma_m^2 = [\Sigma(M_i - \mu)^2]/m_s = \sigma_I^2/n \qquad \text{<}i = 1\ldots m_s\text{>}$$

Diese Varianz der m_s möglichen Mittel läßt sich nun durch die Varianz unserer J Stichprobenmittel schätzen, denn diese stellen eine Zufallsstichprobe des Umfangs J aus der Gesamtheit der M-Werte dar. Die Varianz der J Stichprobenmittel ist

$$\text{<9.20>} \quad V_m = [\sum_j^J(M_j - M)^2]/(J-1) \qquad \text{und ihr Erwartungswert}$$

$$\text{<9.21>} \quad E(V_m) = \sigma_m^2 = \sigma_I^2/n$$

Um eine Schätzung für σ_I^2 zu erhalten, müssen wir beide Seiten von <9.21> mit n multiplizieren. Dann ist

$$\text{<9.22>} \quad E(n\cdot V_m) = \sigma_I^2$$

Nun ist aber $n \cdot V_m$ gleich der durch ihre Freiheitsgrade dividierten SAQ_Z (vgl. <9.14; 9.20>). Diese Größe bezeichnet man als das *Mittlere Quadrat (Zwischen)*:

<9.23> $MQ_Z = SAQ_Z/(J-1)$

Bei Gültigkeit von H_0 können wir somit σ_I^2 auch durch MQ_Z schätzen, da

<9.24> $E(MQ_Z) = \sigma_I^2$

Wir haben ausgeführt, daß MQ_I und MQ_Z bei Gültigkeit der Nullhypothese zwei voneinander ***unabhängige*** Schätzungen der Populationsvarianz sind. Das bedeutet: Wenn wir alle m_j möglichen Sätze von J Stichproben des Umfangs n ziehen und bei jedem Satz MQ_Z und MQ_I berechnen, dann korrelieren die m_j $[MQ_Z;MQ_I]$-Paare zu Null miteinander. Die Kennntnis des Wertes von MQ_Z ermöglicht keine Vorhersage des Wertes von MQ_I.

Zu fragen ist nun, welche Erwartungswerte MQ_Z und MQ_I haben, wenn die Nullhypothese falsch ist und $H_1{:}\Sigma\alpha_j^2>0$ gilt. In diesem Fall ist der Erwartungswert von MQ_I weiterhin σ_I^2, während MQ_Z eine Größe schätzt, die außer σ_I^2 einen weiteren Anteil enthält (Beweis siehe Kirk 1982, S.66ff.):

<9.25> $E(MQ_I) = \sigma_I^2$

<9.26> $E(MQ_Z) = \sigma_I^2 + n\cdot[\sum_j^J(\mu_j - \mu)^2]/(J-1) = \sigma_I^2 + n\cdot[\sum_j^J\alpha_j^2]/(J-1)$

Wir sehen, daß der zweite Summand in <9.26> aus den Abweichungen der J Populationsmittel vom Gesamtmittel resultiert. Der Wert dieser Komponente ist um so höher, je größer die Unterschiede zwischen den Populationsmitteln sind. Sie hat dagegen den Wert Null, wenn H_0 gilt. Dann ist (wie ausgeführt) der Erwartungswert von MQ_Z gleich σ_I^2.

9.6 Die Prüfung der Nullhypothese über die F-Verteilung

Bei Gültigkeit von H_0 ist $E(MQ_Z) = E(MQ_I) = \sigma_I^2$. Man würde somit in diesem Fall erwarten, daß die Werte von MQ_Z und MQ_I nicht zu unterschiedlich ausfallen, da beide Größen denselben Parameter schätzen. Wenn nun in einer Stichprobe MQ_Z einen wesentlich höheren Wert als MQ_I aufweist, dann kann dies zwei Ursachen haben. (A) H_0 gilt, und MQ_Z übersteigt durch Zufall MQ_I so stark. (B) MQ_Z fällt deshalb so viel größer als MQ_I aus, weil H_0 falsch (d.h. $\Sigma\alpha_j^2 > 0$) ist und MQ_Z somit noch durch die Variation der Populationsmittel beeinflußt ist (MQ_I hingegen nicht).

Nehmen wir einmal an, an J = 4 Stichproben des Umfangs n = 12 habe sich ein MQ_Z-Wert ergeben, der dreimal so groß ist wie MQ_I. Um nun entscheiden zu können, ob wir weiterhin zur Erklärung (A) neigen sollen oder ob es sinnvoller ist anzunehmen, daß der hohe MQ_Z-Wert Ausdruck der Gültigkeit von H_1 ist, müssen wir wissen, mit welcher Wahrscheinlichkeit der Fall $MQ_Z = 3\cdot MQ_I$ (oder ein noch extremerer) auftritt, wenn die Nullhypothese gilt.

ABBILDUNG 9.2 F-Verteilungen für den Fall von J = 4 Gruppen (FG_1 = 3) und verschiedene Stichprobenumfänge bzw. FG_2-Werte.

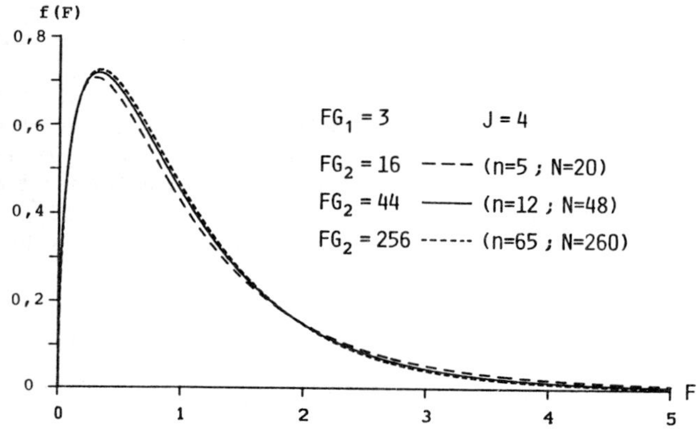

Dazu benötigen wir die *Stichprobenverteilung von MQ_Z/MQ_I unter H_0*. Diese läßt sich (zumindest in Gedanken) auf zwei Arten erstellen: (1) Aus der Population $N(\mu; \sigma_I)$ ziehen wir alle m_j möglichen Sätze von J = 4 Stichproben des Umfangs n = 12 und berechnen für jeden Satz den Quotienten $F_Z = MQ_Z/MQ_I$. Die relative Häufigkeitsverteilung der m_j F_Z-Werte ist dann die gesuchte Stichprobenverteilung. (2) Wir ziehen aus der Population $N(\mu; \sigma_I)$ unendlich oft J = 4 Stichproben des Umfangs n = 12 und berechnen jedesmal F_Z. Die relative Häufigkeitsverteilung der unendlich vielen F_Z-Werte ergibt dann gleichfalls die Stichprobenverteilung von MQ_Z/MQ_I.

Im konkreten Fall müssen wir allerdings auf keine der beiden Prozeduren zurückgreifen. Denn R.A. Fisher konnte zeigen, daß die Stichprobenverteilung von F_Z unter H_0 einer bestimmten theoretischen Verteilung folgt. Ihm zu Ehren wurde diese dann später als *F-Verteilung* bezeichnet. Die F-Verteilung ist eine Familie von Verteilungen. Ihre Dichtefunktion ist relativ kompliziert (vgl. Diem & Lentner 1977, S.169). Sie zeigt, daß f(F), die Höhe der Ordinate im Punkt F, von den Freiheitsgraden FG_1 und FG_2 abhängt. Im jetzigen Fall ist $FG_1 = FG_Z$ und $FG_2 = FG_I$. Es gibt somit so viele F-Verteilungen wie es Kombinationen der Werte von FG_1 und FG_2 gibt. Die F-Verteilung ist eine stetige, unsymmetrische Verteilung (positive Schiefe) mit einem Variationsbereich von Null bis Unendlich.

Die durchgezogene Kurve in Abb. 9.2 gibt die F-Verteilung für FG_1 = 3 und FG_2 = 44 wieder. Sie wäre damit das Modell für die Stichprobenverteilung, die bei der Auswertung des Belohnungsexperiments von Abschnitt 9.3 herangezogen werden müßte, um die Auftretenswahrscheinlichkeit von $F_Z = MQ_Z/MQ_I$ unter H_0 zu bestimmen; denn hier sind J = 4, n = 12 und damit N = 48.

ABBILDUNG 9.3 Beispiel für den Bereich der Zurückweisung bei der Stichprobenverteilung von $F_Z = MQ_Z/MQ_I$ unter H_0.

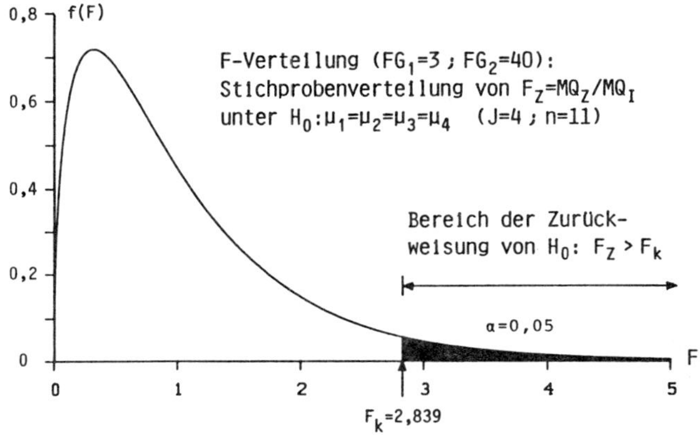

Die auf der Abszissenachse abgetragenen Werte 2, 3, 4 usf. drücken (im jetzigen Fall) aus, daß MQ_Z zwei-, drei- oder viermal so groß wie MQ_I. Wir sehen, daß es unter H_0 sehr wohl möglich ist, daß MQ_Z den vierfachen Wert von MQ_I hat. Die Auftretenswahrscheinlichkeit dieses (oder eines noch extremeren) Falles ist allerdings sehr gering. Sie ist repräsentiert durch die Fläche unterhalb der F-Kurve rechts von F = 4.

Die unterbrochenen Kurven zeigen zum einen die F-Verteilung für die Situation von J = 4 Gruppen, wo nur n = 5 Werte pro Stichprobe vorliegen und zum anderen für den Fall von J = 4 und deutlich größeren Stichproben (n = 65). Wir sehen, daß sich die F-Verteilung mit zunehmenden Stichprobenumfängen (bzw. Freiheitsgraden FG_2) relativ wenig verändert.

Bei einer F-Verteilung mit FG_1 = J-1 und FG_2= = N-J Freiheitsgraden bestimmen sich Mittel (μ_F) und Modalwert (Mo_F) wie folgt:

<9.27> $\mu_F = E(F) = FG_2/(FG_2 - 2)$ *für* $FG_2 > 2$

<9.28> $Mo_F = (FG_1 \cdot FG_2 - 2 \cdot FG_2)/(FG_1 \cdot FG_2 + 2 \cdot FG_1)$

Bezüglich der Varianz der F-Verteilung siehe Diem & Lentner (1977, S.169). Bei der durchgezogenen Verteilung von Abb. 9.2 sind μ_F = 1,05 und Mo_F = 0,32.

Das Vorgehen zum Test von H_0:μ_1=μ_2=...=μ_J folgt nun dem bisher kennengelernten Prinzip. In der Stichprobenverteilung der Größe $F_Z = MQ_Z/MQ_I$ unter H_0 wird ein durch das Signifikanzniveau festgesetzter Anteil extremer Ausgänge definiert. Bei z.B. α = 0,05 sind dies die 5% größten F-Werte. Fällt der an den Stichprobendaten berechnete Quotient F_Z in diesen Wertebereich, dann wird H_0 zurückgewiesen und H_1 mit einer Irrtumswahrscheinlichkeit von α angenommen.

Abbildung 9.3 illustriert das Vorgehen. Es handelt sich hier um die F-Verteilung für $FG_1 = 3$ und $FG_2 = 40$. Dies entspricht der Situation von J = 4 Gruppen zu je n = 11 Probanden (FG_Z = 4-1 und FG_I = 44-4). Bei $\alpha = 0{,}05$ ist der kritische F-Wert, der den Bereich der Beibehaltung vom Bereich der Zurückweisung von H_0 trennt, $F_k = 2{,}839$. Die Nullhypothese wird zurückgewiesen, wenn $F_Z > F_k$ ist; bei $F_Z \leq F_k$ wird H_0 beibehalten. Die kritischen F-Werte können Tab. F bzw. G entnommen werden.

9.7 Die Schritte beim Test von $H_0{:}\mu_1=\mu_2=\ldots=\mu_J$

Nachfolgend sind die Schritte zur Durchführung der einfaktoriellen Varianzanalyse zusammengestellt. Die dabei für SAQ_G, SAQ_Z und SAQ_I verwendeten Rechenformeln lassen sich aus den SAQ-Definitionsformeln algebraisch ableiten (vgl. Abschnitt 9.13).

- Test: *Varianzanalyse für unabhängige Stichproben*
- Zweck: Prüfung, ob zwischen den Mittelwerten von drei oder mehr unabhängigen Stichproben statistisch signifikante Unterschiede bestehen.
- Voraussetzungen: Normalverteilte Werte in $POP_1 \ldots POP_J$, gleiche Populationsvarianzen ($\sigma_1^2 = \sigma_2^2 = \ldots = \sigma_J^2$), unabhängige Stichproben, feste Effekte. Zu den Folgen einer Verletzung der Normalitäts- und Varianzhomogenitätsbedingung siehe Abschnitt 10.4.
- H_0: Zwischen den Stichprobenmitteln bestehen keine statistisch signifikanten Unterschiede (H_0: $\mu_1 = \mu_2 = \ldots = \mu_J$).

  H_1: Es bestehen statistische signifikante Unterschiede zwischen den Stichprobenmitteln (H_1: Die μ_j sind nicht alle gleich).
- Festsetzung von α. Berechnung für jede der J Gruppen ($i = 1 \ldots n_j$): Summe der Werte ($A_j = \Sigma_i X_{ij}$), Summe der quadrierten Werte ($B_j = \Sigma_i X_{ij}^2$), Mittel (M_j), Varianz (V_j), Standardabweichung (S_j), Anzahl der Werte (n_j).

  Prüfung: (1) Widersprechen die Verteilungen der Werte in den Stichproben der Annahme, daß $POP_1 \ldots POP_J$ normalverteilt sind? (2) Ist die Annahme berechtigt, daß die Varianzen von $POP_1 \ldots POP_J$ den gleichen Wert haben?
- Berechnung der Abweichungsquadratsummen. Die nachfolgend mitangeführte SAQ_G wird für den Test von H_0 nicht benötigt. Sie kann jedoch (u.a) zu Kontrollzwecken bestimmt werden, da $SAQ_G = SAQ_Z + SAQ_I$ sein muß. Es ist $N = \Sigma n_j$.

  Gleiche Stichprobenumfänge (alle n_j=n)

  <9.29> $SAQ_Z = (\Sigma A_j^2)/n - (\Sigma A_j)^2/N$ <j = 1...J>

  <9.30> $SAQ_I = \Sigma B_j - (\Sigma A_j^2)/n$

  <9.31> $SAQ_G = \Sigma B_j - (\Sigma A_j)^2/N$

TABELLE 9.3 Ergebnisdarstellung bei der einfaktoriellen Varianzanalyse

Quelle der Variation	S A Q	F G	M Q	Prüfwert	Ergebnis der Signifikanzprüfung / des Tests von H_0
Zwischen den Gruppen / Bedingungen	SAQ_Z	J-1	MQ_Z	F_Z	Angabe: Zurückweisung von H_0 (Statistische Signifikanz von F_Z) bei α? *Ja/Nein*
Innerhalb der Gruppen	SAQ_I	N-J	MQ_I		oder
Gesamt	SAQ_G	N-1			Angabe: $P(F \geq F_Z)$ unter H_0

Ungleiche Stichprobenumfänge

<9.32> $SAQ_Z = \Sigma A_j^2/n_j - (\Sigma A_j)^2/N$

<9.33> $SAQ_I = \Sigma B_j - \Sigma A_j^2/n_j$

<9.34> $SAQ_G = \Sigma B_j - (\Sigma A_j)^2/N$

- Berechnung der Prüfgröße:

  <9.35> $MQ_Z = SAQ_Z/(J-1)$

  <9.36> $MQ_I = SAQ_I/(N-J)$

  <9.37> $F_Z = MQ_Z/MQ_I \qquad FG_1 = J-1 \quad FG_2 = N-J$

- Entscheidung über die Nullhypothese: Zurückweisung von H_0, wenn $F_Z > F_k$ ist. Der Wert von F_k wird (im Fall $FG_1 \leq 15$) Tab. F entnommen. Er befindet sich im Schnittpunkt von Spalte »FG_1« und der durch die Werte von »FG_2« und »α« definierten Zeile.
- Darstellung der Ergebnisse: Die im Rahmen der Varianzanalyse bestimmten Werte werden häufig in der in Tab. 9.3 gezeigten Form zusammengestellt.

9.8 Varianzanalytische Berechnungen für die Beispiele von Abschnitt 9.2

Als erstes wollen wir die in Tab. 9.1 wiedergegebenen Daten zum Zusammenhang zwischen Schulbildung und Körperhöhe analysieren. Sowohl die Histogramme als auch die SCHIEFE- und EXZESS-Werte zeigen, daß sich die Verteilungen in den Gruppen gut der Normalform annähern. Es kann somit davon ausgegangen werden, daß auch in den drei Populationen, denen die Stichproben entstammen, die Körperhöhenwerte (ausreichend) normalverteilt sind. Die Gruppenvarianzen bzw. -standardabweichungen weisen sehr ähnliche Werte auf. Auf ihre Homogenitätsprüfung durch entsprechende Tests werden wir in Kapitel 15 eingehen. Die Ergebnisse dieser Tests bestätigen jedoch den durch Augenschein gewonnenen Eindruck, daß die für die Varianzanalyse erforderliche Voraussetzung gleicher Populationsvarianzen als erfüllt gelten kann.

TABELLE 9.4 Ergebnisse der Varianzanalyse mit den Daten von Tabelle 9.1.

Quelle	SAQ	FG	MQ	F	P(F)
Schulbildung	1562,708	2	781,354	17,514*	< 0,001
Innerhalb	27838,289	624	44,613		
Gesamt	29400,998	626		* = *signif. bei* α*=0,01*	

Das Fehler-I-Risiko setzen wir auf $\alpha = 0{,}01$. Die Schritte zur Berechnung des Prüfwertes F_Z ergeben im einzelnen ($N = 627$):

$$SAQ_Z = 37886^2/216 + 26096^2/147 + 47262^2/264 - (37886 + 26096 + 47262)^2/627 = 1562{,}708 \quad \langle 9.32\rangle$$

$$SAQ_I = 6654978 + 4639430 + 8472198 - 37886^2/216 - 26096^2/147 - 47262^2/264 = 27838{,}289 \quad \langle 9.33\rangle$$

Kontrolle: Ist $SAQ_G = 1562{,}708 + 27838{,}289 = 29400{,}997$?

$$SAQ_G = 6654978 + 4639430 + 8472198 - (37886 + 26096 + 47262)^2/627 = 29400{,}998 \quad \langle 9.34\rangle$$

$$MQ_Z = 1562{,}708/2 = 781{,}354 \quad \langle 9.35\rangle$$

$$MQ_I = 27838{,}289/624 = 44{,}613 \quad \langle 9.36\rangle$$

$$F_Z = 781{,}354/44{,}613 = 17{,}514 \qquad FG_1 = 2 \qquad FG_2 = 624 \quad \langle 9.37\rangle$$

Da Tab. F den Wert $FG_2 = 624$ nicht enthält, prüfen wir auf den darunter angeführten Freiheitsgraden $FG_2 = 500$. Kann hier H_0 zurückgewiesen werden, dann ist dies erst recht bei dem höheren FG_2-Wert möglich, da die kritischen F-Werte mit zunehmenden Freiheitsgraden kleiner werden. Für $FG_1 = 2$, $FG_2 = 500$ und $\alpha = 0{,}01$ ist $F_k = 4{,}648$. Da $F_Z > F_k$ ist, weisen wir H_0 zurück. Tabelle F läßt sich weiterhin entnehmen, daß $P(F \geq F_Z)$ kleiner als 0,001 sein muß, da F_Z auch den kritischen Wert für $\alpha = 0{,}001$ deutlich übersteigt. Wir gelangen somit zu dem Schluß, daß zwischen Männern mit Hauptschulabschluß, mittlerer Reife und Abitur Unterschiede in der durchschnittlichen Körperhöhe bestehen. Mit einem Verfahren für multiple Vergleiche wird dann in Kapitel 11 zu prüfen sein, welche der Populationen sich in ihren Mittelwerten voneinander unterscheiden. Die Ergebnisse der varianzanalytischen Berechnungen sind in Tab. 9.4 zusammengestellt.

Bei den in Tab. 9.2 wiedergegebenen (fiktiven) Daten zum Zusammenhang zwischen Belohnungshöhe und Lösungsgeschwindigkeit ergeben sich keine Hinweise, daß die Normalitätsannahme der Varianzanalyse verletzt sein könnte. Allerdings ist eine statistische Normalitätsprüfung bei Verteilungen, die aus nur 12 Werten bestehen, praktisch nicht möglich. Es muß deshalb aufgrund des visuellen Eindrucks der Verteilungen entschieden werden, wobei speziell auf Anzeichen für eine (deutliche) Schiefe der Populationsverteilungen zu achten ist. Relativ wenig Probleme ergeben sich hingegen für die Validität des varianzanalytischen Tests, wenn die Verteilungen der Stichproben annähernd symmetrisch sind.

TABELLE 9.5 Ergebnisse der Varianzanalyse mit den Daten von Tabelle 9.2.

Quelle	SAQ	FG	MQ	F	P(F)
Belohnungshöhe	566,750	3	188,917	14,707	< 0,001
Innerhalb	565,167	44	12,845		
Gesamt	1131,917	47			

Die Unterschiede zwischen den Varianzen der Gruppen erweisen sich als statistisch insignifikant; die Behandlung der entsprechenden Homogenitätstests erfolgt in Kapitel 15. Es kann somit davon ausgegangen werden, daß die vier Stichproben varianzhomogenen (hypothetischen) Populationen entstammen.

Das Fehler-I-Risiko setzen wir auf $\alpha = 0{,}05$. Die Schritte zur Berechnung des Prüfwertes F_Z ergeben im einzelnen ($N = 48$):

$$SAQ_Z = (195^2 + 156^2 + 111^2 + 88^2)/12 - (195 + 156 + 111 + 88)^2/48$$
$$= 566{,}750 \quad \langle 9.29 \rangle$$

$$SAQ_I = (3265 + 2202 + 1189 + 778) - (195^2 + 156^2 + 111^2 + 88^2)/12$$
$$= 565{,}167 \quad \langle 9.30 \rangle$$

Kontrolle: Ist $SAQ_G = 566{,}750 + 565{,}167 = 1131{,}917$?

$$SAQ_G = (3265 + 2202 + 1189 + 778) - (195 + 156 + 111 + 88)^2/48$$
$$= 1131{,}917 \quad \langle 9.31 \rangle$$

$$MQ_Z = 566{,}750/3 = 188{,}917 \quad \langle 9.35 \rangle$$
$$MQ_I = 565{,}167/44 = 12{,}845 \quad \langle 9.36 \rangle$$
$$F_Z = 188{,}917/12{,}845 = 14{,}707 \qquad FG_1 = 3 \quad FG_2 = 44 \quad \langle 9.37 \rangle$$

Da $FG_2 = 44$ in Tab. F nicht enthalten ist, prüfen wir bei $FG_2 = 40$. Für $\alpha = 0{,}05$ ist hier der kritische Wert $F_k = 2{,}839$. Da $F_Z > F_k$ ist, weisen wir H_0 zurück. Tab. F läßt sich weiterhin entnehmen, daß $P(F \geq F_Z)$ kleiner als 0,001 sein muß, da F_Z auch den kritischen Wert für $\alpha = 0{,}001$ deutlich übersteigt. Wir gelangen somit zu dem Schluß, daß zwischen den unter den Belohnungsbedingungen erzielten durchschnittlichen Lösungszeiten statistisch signifikante Unterschiede bestehen. Auch hier wird in Kapitel 11 im weiteren zu prüfen sein, zwischen welchen der Mittel bedeutsame Differenzen vorliegen. Die Ergebnisse der varianzanalytischen Berechnungen sind in Tab. 9.5 zusammengestellt.

9.9 Berechnung des F-Wertes aufgrund der Gruppenmittel und -varianzen

Es kann der Fall eintreten, daß man die in einer Publikation wiedergegebenen Mittelwerte von J Gruppen nachträglich varianzanalytisch auf statistisch signifikante Unterschiede prüfen möchte. Sofern zusätzlich die Varianzen (bzw. Standardabweichungen) und Umfänge der Stichproben angegeben sind, kann dies mittels spezieller Formeln erfolgen, ohne daß ein Rückgriff auf die (nicht zur Verfügung stehenden) X-Werte der untersuchten Personen erforderlich ist.

Beginnen wir mit der Ableitung von Formeln für SAQ_I und MQ_I, in die nur die Mittel, Varianzen und Umfänge der J Stichproben eingehen. In Abschnitt 9.5 haben wir gezeigt, daß $MQ_I = V_I = SAQ_I/(N\text{-}J)$ ist. Für V_I haben wir in der deskriptiven Statistik jedoch bereits eine Formel kennengelernt, die unsere Anforderungen erfüllt (vgl. Diehl & Kohr 1982, S.107):

<9.38> $V_I = MQ_I = [\Sigma V_j \cdot (n_j - 1)]/(N\text{-}J)$ <j = 1...J>

Da $SAQ_I = MQ_I \cdot (N\text{-}J)$ ist, ergibt sich:

<9.39> $SAQ_I = \Sigma V_j \cdot (n_j - 1)$

Zur Entwicklung einer entsprechenden Formel für SAQ_Z gehen wir von <9.29> aus und setzen für die Meßwertsummen der J Gruppen $n_j \cdot M_j$ ein (abgeleitet aus $M_j = (\Sigma X_j)/n_j$):

<9.40> $SAQ_Z = \Sigma[(n_j \cdot M_j)^2/n_j] - (\Sigma n_j \cdot M_j)^2/N$ <j = 1...J>

Dies vereinfacht sich zu:

<9.41> $SAQ_Z = \Sigma n_j \cdot M_j^2 - (\Sigma n_j \cdot M_j)^2/N$

Wir wollen zur Illustration für das Beispiel von Tab. 9.1 SAQ_I und SAQ_Z gemäß der Formeln <9.39> und <9.41> berechnen. Es ist (N = 627):

$SAQ_I = 45{,}785 \cdot 215 + 46{,}361 \cdot 146 + 42{,}684 \cdot 263 = 27838{,}373$

$SAQ_Z = 215 \cdot 175{,}398^2 + 147 \cdot 177{,}524^2 + 264 \cdot 179{,}023^2 -$
$(216 \cdot 175{,}398 + 147 \cdot 177{,}524 + 264 \cdot 179{,}023)^2/627 = 1563{,}075$

Die Werte stimmen mit den aufgrund der Rohdaten berechneten eng überein (vgl. Tab. 9.4).

Die Formeln <9.38> und <9.41> können zur Berechnung von SAQ_I und SAQ_Z herangezogen werden, wenn ungleiche Stichprobenumfänge vorliegen. Für den Fall gleich großer Gruppen (alle n_j=n) lassen sich die Formeln hingegen etwas vereinfachen. Dann ist

<9.42> $SAQ_I = (n-1) \cdot \Sigma V_j$ <j = 1...J>

<9.43> $MQ_I = (\Sigma V_j)/J$

<9.44> $SAQ_Z = n \cdot [\Sigma M_j^2 - (\Sigma M_j)^2/J] = n \cdot V_m \cdot (J-1)$

$V_m = \Sigma(M_j - M)^2/(J-1)$ = Varianz der J Mittelwerte

<9.45> $MQ_Z = SAQ_Z/(J-1) = n \cdot V_m$

<9.46> $F_Z = MQ_Z/MQ_I = (J \cdot n \cdot V_m)/\Sigma V_j$

Führen wir die Berechnungen für das Beispiel von Tab. 9.2 durch:

$SAQ_I = 11 \cdot (8{,}750 + 15{,}818 + 14{,}750 + 12{,}061) = 565{,}169$

$MQ_I = (8{,}750 + 15{,}818 + 14{,}750 + 12{,}061)/4 = 12{,}845$

$SAQ_Z = 12 \cdot 15{,}744 \cdot 3 = 566{,}784$ $V_m = 15{,}744$

$MQ_Z = 12 \cdot 15{,}744 = 188{,}928$ $F_Z = (4 \cdot 12 \cdot 15{,}744)/(51{,}379) = 14{,}709$

Auch hier stimmen die Werte mit den aufgrund der Rohdaten berechneten eng überein (vgl. Tab. 9.5).

Die Genauigkeit der Berechnung eines varianzanalytischen F-Wertes aufgrund der Stichprobenmittel und -varianzen hängt natürlich davon ab, wieviele Nachkommastellen bei den Kennwerten angeführt sind. Die in diesem Abschnitt vorgestellten Formeln sollten deshalb nur verwendet werden, wenn kein Zugang mehr zu den X-Werten bzw. zu den Gruppensummen A_j und B_j besteht.

9.10 Die Beziehung zwischen T-Test und Varianzanalyse im Fall J = 2

Wir haben die Varianzanalyse als ein Verfahren kennengelernt, mit dem die Unterschiede zwischen den Mittelwerten von J unabhängigen Stichproben auf statistische Signifikanz geprüft werden können. Im Fall zweier Stichproben wären nun sowohl der T-Test als auch die Varianzanalyse geeignete Verfahren, da hier beide (im ungerichteten Fall) die Hypothese $H_0{:}\mu_1=\mu_2$ gegen $H_1{:}\mu_1\neq\mu_2$ prüfen und dabei auch die gleichen Annahmen machen (varianzhomogene, normalverteilte Populationen). Zu fragen ist deshalb, ob beide Tests auch zu einer gleichartigen "Signifikanzentscheidung" über eine gefundene Mittelwertdifferenz M_1-M_2 führen. Dies läß sich beantworten, indem wir untersuchen, wie im Fall von J = 2 und Stichproben der Umfänge n_1 und n_2 die Prüfgrößen T_{um} und F_Z zusammenhängen. Das Ergebnis sei vorweggenommen. Es gilt die Beziehung:

<9.47> $F_Z = T_{um}^2$ bzw. $T_{um} = \sqrt{F_Z}$

Dies soll im nachfolgenden bewiesen werden. Wir gehen dazu von Formel <6.4> aus, wobei wir V_I durch MQ_I ersetzen (da $V_I = MQ_I$); es ist $N = n_1 + n_2$. Für das Quadrat von T_{um} ergibt sich dann:

<9.48> $$T_{um}^2 = \frac{(M_1 - M_2)^2}{MQ_I\cdot(1/n_1 + 1/n_2)} = \frac{(M_1 - M_2)^2}{MQ_I\cdot[N/(n_1\cdot n_2)]}$$

<9.49> $$T_{um}^2 = \frac{(n_1\cdot n_2/N)\cdot(M_1 - M_2)^2}{MQ_I}$$

Wenn wir beweisen können, daß der Zähler von <9.49> gleich MQ_Z ist, dann wäre die Gültigkeit der Beziehung $T_{um}^2 = F_Z$ gezeigt, da $F_Z = MQ_Z/MQ_I$ ist. Gemäß der Formeln <9.14> und <9.23> ist MQ_Z im Fall zweier Stichproben ($n_1\neq n_2$):

<9.50> $$MQ_Z = SAQ_Z/(J-1) = SAQ_Z = n_1\cdot(M_1 - M)^2 + n_2\cdot(M_1 - M)^2$$

Hierbei läßt sich das Gesamtmittel wie folgt bestimmen:

<9.51> $$M = (n_1\cdot M_1 + n_2\cdot M_2)/N = n_1\cdot M_1/N + n_2\cdot M_2/N$$

Dies setzen wir in <9.50> für M jeweils ein; dann ist:

$$MQ_Z = n_1\cdot(M_1 - n_1\cdot M_1/N - n_2\cdot M_2/N)^2 + n_2\cdot(M_2 - n_1\cdot M_1/N - n_2\cdot M_2/N)^2$$

$$= n_1\cdot[(M_1\cdot N - n_1\cdot M_1 - n_2\cdot M_2)/N]^2 + n_2\cdot[(M_2\cdot N - n_1\cdot M_1 - n_2\cdot M_2)/N]^2$$

$$MQ_Z = n_1 \cdot [(M_1 \cdot \{N - n_1\} - n_2 \cdot M_2)/N]^2 + n_2 \cdot [M_2 \cdot \{N - n_2\} - n_1 \cdot M_1)/N]^2$$

$$= n_1 \cdot [n_2 \cdot (M_1 - M_2)/N]^2 + n_2 \cdot [n_1 \cdot (M_2 - M_1)/N]^2$$

$$= (n_1 \cdot n_2^2/N^2) \cdot (M_1 - M_2)^2 + (n_2 \cdot n_1^2/N^2) \cdot (M_2 - M_1)^2$$

$$= [n_1 \cdot n_2^2 + n_2 \cdot n_1^2] \cdot [(M_1 - M_2)^2/N^2]$$

$$= [n_1 \cdot n_2 \cdot (n_2 + n_1)/N^2] \cdot [M_1 - M_2]^2$$ Das ergibt, da $n_1 + n_2 = N$:

<9.52> $MQ_Z = (n_1 \cdot n_2/N) \cdot (M_1 - M_2)^2$

Dies ist jedoch der Zählerausdruck von <9.49>, so daß die aufgestellte Beziehung $T_{um}^2 = MQ_Z/MQ_I = F_Z$ bewiesen ist.

Als Konsequenz dieser Beziehung ergibt sich: Die Größe $T_{um} = \surd(MQ_Z/MQ_I)$ verteilt sich unter H_0 nach T mit FG = N-2, während die Stichprobenverteilung des Quadrats dieser Größe unter H_0 einer F-Verteilung mit $FG_1 = 1$ und $FG_2 = N-2$ Freiheitsgraden folgt. Da F_Z eine monotone Transformation von T_{um} ist, wird die Rangfolge (Prozentrangposition) der Werte nicht verändert; unter $H_0{:}\mu_1{=}\mu_2$ gilt deshalb:

<9.53> $P(|T| > T_{um}) = P(T^2 > T_{um}^2) = P(F > F_Z)$.

Dies zeigt sich erwartungsgemäß auch in den kritischen Werten der Tabellen E und F. Es sei $n_1 = 17$, $n_2 = 15$ und $\alpha = 0{,}05$. Dann ist $T_k = 2{,}0423$ (FG = 30; vierstelliger T-Wert aus Diem & Lentner 1977, S.32) und $F_k = 2{,}0423^2 = 4{,}171$ ($FG_1 = 1$; $FG_2 = 30$). Unter H_0 liegen 5% der $[T_{um}{=}\surd(MQ_Z/MQ_I)]$-Werte oberhalb 2,0423 und ebenfalls 5% der $[F_Z{=}MQ_Z/MQ_I]$-Quotienten oberhalb 4,171. Die Feststellung der Auftretenswahrscheinlichkeit des Wertes von MQ_Z/MQ_I unter H_0 kann somit sowohl über die T-Verteilung mit FG = N-2 als auch über die F-Verteilung mit $FG_1 = 1$ und $FG_2 = N-2$ Freiheitsgraden erfolgen. Damit sind T-Test und einfaktorielle Varianzanalyse im Fall J = 2 hinsichtlich der Prüfung der Hypothese $H_0{:}\mu_1{=}\mu_2$ identisch.

9.11 Gerichtete Hypothesen bei der Varianzanalyse

Bei der Besprechung des Z-, T- und Welch-Tests wurde jeweils darauf hingewiesen, daß neben der Formulierung einer ungerichteten Alternativhypothese (H_1: $\mu_1 \neq \mu_2$) auch die Aufstellung einer gerichteten H_1 ($\mu_1 > \mu_2$ oder $\mu_1 < \mu_2$) möglich ist. Nehmen wir z.B. an, ein Untersucher habe die Hypothese aufgestellt, daß Männer mit Abitur (»a«) im Durchschnitt größer sind als Männer mit darunter liegenden Schulabschlüssen (»ka«). Dann kann er - sofern er einen entgegengesetzten Befund für nicht möglich oder für uninteressant hält - die Nullhypothese $H_0{:}\mu_a{=}\mu_{ka}$ gegen die gerichtete $H_1{:}\mu_a{>}\mu_{ka}$ mittels der obengenannten Tests prüfen.

Wir haben für diesen Fall auch die Formulierung verwendet, daß ein *einseitiger* Test von H_0 durchgeführt wird - im Gegensatz zu einem *zweiseitigen* Test, wenn H_1 ungerichtet ist. Die Kennzeichnung einseitig vs. zweiseitig war hier sehr anschaulich, da man bei einer ungerichteten H_1 an beiden Seiten der Stichprobenverteilung unter H_0 einen Bereich der Zurückweisung definierte, während bei gerichteter H_1 diese Bereich nur an einer Seite dieser Verteilung lag.

Der Vorteil der in unserem Beispiel aufgestellten $H_1{:}\mu_a > \mu_{ka}$ gegenüber einer ungerichteten Alternativhypothese wäre, daß im Fall $(\mu_a - \mu_{ka})_w > 0$ die Wahrscheinlichkeit der fälschlichen Beibehaltung von H_0 $(=\beta)$ geringer wäre, während bei Gültigkeit der Nullhypothese das Risiko ihrer fälschlichen Zurückweisung $(=\alpha)$ das gleiche wäre wie bei Formulierung einer ungerichteten H_1. Man wird somit für die Aufstellung einer (korrekten) Hypothese über das Vorzeichen der Differenz $\mu_1 - \mu_2$ durch ein geringeres Fehler-II-Risiko "belohnt" (vgl. Abschnitt 29.1.3).

Wie stellt sich nun das Problem gerichteter Hypothesen über die Differen(zen) der Populationsmittel bei der einfaktoriellen Varianzanalyse dar? Null- und Alternativhypothese waren hier wie folgt formuliert worden (Abschnitt 9.1):

$H_0{:}\ \Sigma(\mu_j - \mu)^2 = 0 \qquad H_1{:}\ \Sigma(\mu_j - \mu)^2 > 0 \qquad \langle j = 1...J \rangle$

Wir sehen, daß die Alternativhypothese ungerichtet ist, aus der Summe der quadrierten Abweichungen $(\mu_j - \mu)^2$ läßt sich (im nachhinein) nicht entnehmen, welche Größe und welches Vorzeichen die J Differenzen $\mu_1 - \mu$ haben. Mit dieser *ungerichteten* H_1 geht nun jedoch die Betrachtung von nur *einer Seite* der F-Verteilung einher, denn der Bereich der Zurückweisung von H_0 wird am rechten Ende dieser Stichprobenverteilung errichtet. Die Äquivalenz der Formulierungen "gerichtete-ungerichtete H_1" und "einseitiger-zweiseitiger Test" gilt somit bei der varianzanalytischen Prüfung über die F-Verteilung nicht mehr.

Der Sachverhalt, daß bei der Varianzanalyse immer eine ungerichtete H_1 der Nullhypothese gegenübergestellt wird, bedeutet natürlich nicht, daß aus der empirischen Fragestellung keine gerichteten Aussagen über die Unterschiede zwischen den J Mittelwerten abgeleitet werden können oder dürfen. Das Problem liegt lediglich darin, daß die Varianzanalyse im Fall $J > 2$ kein spezielles Vorgehen ermöglicht, das wie in der Zwei-Gruppen-Situation die Aufstellung einer (korrekten) gerichteten H_1 mit einer Verringerung des Fehler-II-Risikos "belohnt".

Betrachten wir als erstes den Fall zweier Stichproben. Hier sind T-Test und Varianzanalyse hinsichtlich der Prüfung von H_0 identisch, wie wir im letzten Abschnitt gezeigt haben. Wollte man z.B. die obige $H_0{:}\mu_a = \mu_{ka}$ gegen $H_1{:}\mu_a > \mu_{ka}$ bei $\alpha = 0{,}05$ testen, dann müßte bei $M_a \leq M_{ka}$ die Nullhypothese beibehalten und im Fall $M_a > M_{ka}$ der errechnete F_Z-Wert mit F_k für $\alpha = 0{,}10$ verglichen werden. Beispiel: Für FG = 45 und $\alpha = 0{,}05$-es ist $T_k = 1{,}6794$ (vgl. Tab. E bzw. Diem & Lentner 1977, S.32). Entsprechend ergibt sich bei der F-Verteilung für $\alpha = 0{,}10$ und $FG_1 = 1$, $FG_2 = 45$ ein kritischer Wert von $F_k = 1{,}6794^2 = 2{,}820$ (Tab. F). Bei Vorliegen von zwei Gruppen empfiehlt sich allerdings generell die Verwendung des T- oder W-Tests, da hier die Hypothesenprüfung im Fall einer gerichteten H_1 anschaulicher ist.

Gerichtete Aussagen lassen sich jedoch auch bezüglich der Mittel von mehr als zwei (realen oder hypothetischen) Populationen machen. Betrachten wir dazu die Beispiele von Tab. 9.1 und 9.2. Im Fall des Zusammenhangs zwischen Schulbildung und (durchschnittlicher) Körperhöhe könnte man im vorhinein die Hypothese aufstellen, daß die Durchschnittsgröße mit der Schulbildung zunimmt. Statistisch formuliert würde die Hypothese dann $H{:}\mu_{HS}<\mu_{MR}<\mu_{AB}$ lauten. Gleichermaßen ließe sich bezüglich der Beziehung zwischen Belohnung und Lösungsgeschwindigkeit behaupten, daß die durchschnittliche Lösungszeit um so geringer ist, je mehr Belohnung in Aussicht gestellt wird. Es wäre dann (bezogen auf die festgesetzten Belohnungsstufen) $H{:}\mu_0>\mu_{10}>\mu_{20}>\mu_{30}$.

Beide Aussagen können jedoch nicht als varianzanalytische Alternativhypothesen aufgestellt werden. So würde man beim ersten Beispiel im Fall $M_{HS} < M_{MR} < M_{AB}$ und der Zurückweisung von $H_0{:}\mu_{HS}=\mu_{MR}=\mu_{AB}$ *nicht* zu dem Schluß gelangen, daß $H{:}\mu_{HS}<\mu_{MR}<\mu_{AB}$ gilt. Man könnte vielmehr nur die Aussage annehmen (unter Berücksichtigung von α), *daß* zwischen den Populationsmitteln Unterschiede bestehen. Ob die Behauptung über die Größenabfolge der drei Mittel dagegen korrekt ist, läßt sich erst nach Durchführung paarweiser Mittelwertsvergleiche sagen.

Bei mehr als zwei Stichproben kann somit aufgrund der Varianzanalyse allein nicht entschieden werden, ob eine gerichtete Hypothese (wahrscheinlich) richtig ist. Die Ableitung einer derartigen Aussage mag von der wissenschaftlichen Hypothese her zwingend sein, sie führt jedoch bei der varianzanalytischen Prüfung von $H_0{:}\mu_1=\mu_2=\ldots=\mu_J$ nicht - wie im Zwei-Gruppen-Fall - zu einer Verringerung des kritischen Wertes.

9.12 Ableitung der SAQ-Rechenformeln

Bei den Ableitungen der SAQ-Rechenformeln <9.29-9.34> aus den Definitionsformeln <9.13-9.15> machen wir von folgenden Beziehungen Gebrauch ($i = 1\ldots n_j$): $A_j = \Sigma_i X_{ij}$, $B_j = \Sigma_i X_{ij}^2$; $M_j = A_j/n_j$ und damit $A_j = n_j \cdot M_j$ sowie $M = (\Sigma A_j)/N$, wobei $N = \Sigma n_j$.

Die SAQ_Z-Definitionsformel <9.14> lautet im Fall ungleicher Stichprobenumfänge:

<9.54> $$SAQ_Z = \Sigma n_j \cdot (M_j - M)^2 \qquad \langle j = 1\ldots J\rangle$$

Wir lösen die Klammer auf und erhalten durch Einsetzen und Umformen:

$$\begin{aligned}
SAQ_Z &= \Sigma(n_j \cdot M_j^2 - 2 \cdot n_j \cdot M_j \cdot M + n_j \cdot M^2) \\
&= \Sigma n_j \cdot M_j^2 - 2 \cdot M \cdot \Sigma n_j \cdot M_j + M^2 \cdot \Sigma n_j \\
&= \Sigma n_j \cdot A_j^2/n_j^2 - 2 \cdot [(\Sigma A_j)/N] \cdot \Sigma A_j + [(\Sigma A_j)^2/N^2] \cdot N \\
&= \Sigma A_j^2/n_j - 2 \cdot (\Sigma A_j)^2/N + (\Sigma A_j)^2/N \\
&= \Sigma A_j^2/n_j - (\Sigma A_j)^2/N \quad = \langle 9.32\rangle \\
&= (\Sigma A_j^2)/n - (\Sigma A_j)^2/N = \langle 9.29\rangle \quad \textit{[wenn alle } n_j{=}n\textit{]}
\end{aligned}$$

Die SAQ_I-Formel <9.15> lautet im Fall ungleicher Stichprobenumfänge:

<9.55> $SAQ_I = \Sigma_j\Sigma_i(X_{ij} - M_j)^2$ <j = 1...J ; i = 1...n_j>

Wir lösen wieder die Klammer auf und erhalten durch Einsetzen und Umformen:

$$
\begin{aligned}
SAQ_I &= \Sigma_j\Sigma_i(X_{ij}^2 - 2\cdot X_{ij}\cdot M_j + M_j^2) \\
&= \Sigma_j(\Sigma_i X_{ij}^2 - 2\cdot M_j\cdot\Sigma_i X_{ij} + n_j\cdot M_j^2) \\
&= \Sigma_j[B_j - 2\cdot(A_j/n_j)\cdot A_j + n_j\cdot A_j^2/n_j^2] \\
&= \Sigma_j[B_j - 2\cdot A_j^2/n_j + A_j^2/n_j] \\
&= \Sigma B_j - \Sigma A_j^2/n_j = \text{<9.33>} \\
&= \Sigma B_j - (\Sigma A_j^2)/n = \text{<9.30>} \quad \textit{[wenn alle } n_j\textit{=n]}
\end{aligned}
$$

Die Rechenformel für SAQ_G erhalten wir, indem wir gemäß der Beziehung SAQ_G = SAQ_I + SAQ_Z addieren:

$SAQ_G = \Sigma B_j - \Sigma A_j^2/n_j + \Sigma A_j^2/n_j - (\Sigma A_j)^2/N = \Sigma B_j - (\Sigma A_j)^2/N$ = <9.34>

Kapitel 10

Test der Hypothese, daß die Mittel von drei oder mehr unabhängigen, varianzheterogenen Populationen den gleichen Wert haben

Die einfaktorielle Varianzanalyse machte beim Test von $H_0:\mu_1=\mu_2=...=\mu_J$ die Annahme, daß die Populationen, denen die J Stichproben entstammen, die gleiche Varianz haben (alle $\sigma_j^2 = \sigma_I^2$). In vielen Fällen empirischer Forschung ergeben sich jedoch aufgrund der Stichprobendaten mehr oder minder deutliche Hinweise, daß diese Voraussetzung nicht erfüllt ist. In solchen Situationen müssen dann Verfahren herangezogen werden, die eine Entscheidung über H_0 ohne die Annahme varianzhomogener Populationen ermöglichen.

Für diesen Zweck ist eine Reihe von Tests entwickelt worden (vgl. Reed & Stark 1988). Am gebräuchlichsten und am eingehendsten (auf ihre "Güte" hin) untersucht sind dabei die Verfahren von Welch (1951) und Brown & Forsythe (1974a). Ihre Durchführung soll in diesem Kapitel besprochen werden. Sie setzen wie die einfaktorielle Varianzanalyse voraus, daß die J Stichproben normalverteilten Populationen entstammen. Die Prüfgrößen beider Tests verteilen sich unter H_0 approximativ nach F mit $FG_1 = J-1$ und FG_2 entsprechend <10.2> bzw. <10.8>.

10.1 Ein Beispiel für Stichproben aus varianzheterogenen Populationen

Nehmen wir an, eine Untersucherin möchte der Frage nachgehen, wieweit bestimmte Hintergrundmusik bei weiblichen Jugendlichen das Erlernen von Vokabeln einer Fremdsprache beeinflußt. Verglichen werden sollen die Bedingungen »Pop-Musik« und »Klassische Musik« (im Hintergrund) mit dem Lernen bei normalen Zimmergeräuschen (»Keine Musik«). Es stehen 66 weibliche Jugendliche zur Verfügung; per Zufall werden den Treatments jeweils 22 Personen zugeordnet.

Zum Erlernen von 100 türkischen Vokabeln wird den Teilnehmerinnen eine Stunde Zeit gegeben. Danach wird geprüft, wie viele Wörter behalten worden sind. Die Anzahl der korrekt reproduzierten Vokabeln ist somit der Wert in der abhängigen Variablen. Die AV-Werte der drei Gruppen enthält Tab. 10.1. Eliminiert wurden dabei nachträglich die Daten von Probandinnen, die die zu Beginn der Untersuchung gestellte Frage "Kennen Sie ein türkisches Wort" bejaht hatten.

Eine Inspektion der Daten läßt erkennen, daß die Varianz der Behaltenswerte unter der Bedingung »Pop-Musik« deutlich größer ist als in den Fällen, wo während der Lernphase klassische Musik bzw. keine Musik abgespielt wurde. Auch der in Abschnitt 15.4.2 durchgeführte Test zeigt an, daß signifikante Varianzunterschiede vorliegen. Als angemessene Verfahren zur Prüfung der Mittelwertsunterschiede auf statistische Signifikanz bieten sich deshalb die Tests von Welch und Brown & Forsythe an.

TABELLE 10.1 Beispiel für den Welch-JM- und den Brown-Forsythe-JM-Test (fiktive Daten): J = 3 unabhängige Stichproben aus varianzheterogenen (hypothetischen) Populationen. Anzahl der in einer Stunde gelernten türkischen Vokabeln von drei Gruppen, die unterschiedlicher Hintergrundmusik ausgesetzt waren.

Keine Musik		Pop-Musik		Klass. Musik	
28	31	22	32	24	25
33	32	26	24	31	25
36	34	38	14	24	22
29	37	28	24	23	21
30	28	17	30	26	28
26	29	15	23	27	25
31	32	35	23	24	33
31	30	33	25	22	26
34	24	21	30	19	20
27	31	12	24	29	23
		15	20	28	
[1]		[2]		[3]	

Unabhängige Variable: Art der Hintergrundmusik
Abhängige Variable: Anzahl der in einer Stunde gelernten türkischen Vokabeln

$n_1 = 20$	$n_2 = 22$	$n_3 = 21$
$M_1 = 30{,}7$	$M_2 = 24{,}1$	$M_3 = 25{,}0$
$V_1 = 10{,}6$	$V_2 = 49{,}6$	$V_3 = 12{,}3$
$S_1 = 3{,}2$	$S_2 = 7{,}0$	$S_3 = 3{,}5$

X	Keine Musik	Pop-Musik	Klassische Musik
38		X	
37	X		
36	X		
35		X	
34	XX		
33	X	X	X
32	XX	X	
31	+ XXXX		X
30	XX	XX	
29	XX		X
28	XX	X	XX
27	X		X
26	X	X	XX
25		X	+ XXX
24	X	+ XXX	XXX
23		XX	XX
22		X	XX
21		X	X
20		X	X
19			X
18			
17		X	
16			
15		XX	
14		X	
13			
12		X	

\+ *Gruppenmittel*

10.2 Der Test von Welch

Das Verfahren von Welch (1951) stellt eine Erweiterung des im Abschnitt 6.2 vorgestellten Tests auf den Fall von drei oder mehr unabhängigen Stichproben dar. Zur Unterscheidung bezeichnen wir die jetzige Methode als »Welch-JM-Test« und seine Prüfgröße mit »W_J«. Im Fall J = 2 sind beide Tests hinsichtlich der Prüfung von $H_0{:}\mu_1=\mu_2$ identisch. Analog zum Zusammenhang zwischen T-Test und Varianzanalyse im Zwei-Stichproben-Fall gilt dann die Beziehung $W_J = W^2$ bzw. $W = \sqrt{W_J}$. Die Schritte zum Test von $H_0{:}\mu_1=\mu_2=\ldots=\mu_J$ sind im einzelnen:

- Test: *Welch-JM-Test* (JM = Vergleich von J Mittelwerten)
- Zweck: Prüfung, ob zwischen den Mittelwerten von drei oder mehr unabhängigen Stichproben statistisch signifikante Unterschiede bestehen.

TABELLE 10.2 Rechenschema für den Welch-JM-Test im Fall ungleicher Stichprobenumfänge. Analyse der Daten von Tabelle 10.1.

	n_j	M_j	V_j	$b_j = \frac{n_j}{V_j}$	$B_j = \frac{b_j}{G}$	$B_j \cdot M_j$	$b_j(M_j-E)^2$	$\frac{(1-B_j)^2}{n_j-1}$
[1]	20	30,65000	10,55526	1,894790	0,468302	14,353456	18,195554	0,014879
[2]	22	24,13636	49,55195	0,443978	0,109730	2,648483	5,177101	0,037742
[3]	21	25,00000	12,30000	1,707317	0,421968	10,549200	11,111749	0,016706
Σ				G = 4,046085		E = 27,551139	34,484404	0,069327

- Voraussetzungen: Normalverteilte Werte in $POP_1 \ldots POP_2$, unabhängige Stichproben, feste Effekte.
- H_0: Zwischen den Stichprobenmitteln bestehen keine statistisch signifikanten Unterschiede (H_0: $\mu_1 = \mu_2 = \ldots = \mu_J$).

  H_1: Es bestehen statistisch signifikante Unterschiede zwischen den Stichprobenmitteln (H_1: Die μ_j sind nicht alle gleich).
- Festsetzung von α. Berechnung für jede der J Gruppen: Mittel (M_j), Varianz (V_j), Standardabweichung (S_j); Anzahl der Werte (n_j). Prüfung: Widersprechen die Verteilungen der Werte in den Stichproben der Annahme, daß $POP_1 \ldots POP_J$ normalverteilt sind?
- Berechnung der Prüfgröße und der Freiheitsgrade. Hierbei empfiehlt es sich, entsprechend dem Schema von Tab. 10.2 bzw. Tab. 10.3 vorzugehen.

Ungleiche Stichprobenumfänge <j = 1...J>

<10.1> $$W_J = \frac{[\Sigma b_j \cdot (M_j - E)^2]/(J-1)}{1 + [2 \cdot (J-2) \cdot \Sigma(1 - B_j)^2/(n_j - 1)]/(J^2 - 1)}$$ $b_j = n_j/V_j$, $B_j = b_j/G$

<10.2> $$FG_2 = \frac{J^2 - 1}{3 \cdot \Sigma(1 - B_j)^2/(n_j - 1)} \qquad FG_1 = J-1$$ $G = \Sigma b_j$, $E = \Sigma B_j \cdot M_j$

Gleiche Stichprobenumfänge (alle n_j=n)

<10.3> $$W_J = \frac{n \cdot [\Sigma(M_j - E)^2/V_j]/(J-1)}{1 + [2 \cdot (J-2) \cdot \Sigma(1 - B_j)^2]/[(J^2 - 1) \cdot (n-1)]}$$ $B_j = 1/(K \cdot V_j)$

<10.4> $$FG_2 = \frac{(J^2 - 1) \cdot (n-1)}{3 \cdot \Sigma(1 - B_j)^2} \qquad FG_1 = J-1$$ $K = \Sigma(1/V_j)$, $E = \Sigma B_j \cdot M_j$

TABELLE 10.3 Rechenschema für den Welch-JM-Test im Fall gleicher Stichprobenumfänge. Analyse der Daten von Tabelle 9.2.

	M_j	V_j	$1/V_j$	$B_j = \frac{1}{K \cdot V_j}$	$B_j \cdot M_j$	$(1-B_j)^2$	$\frac{(M_j-E)^2}{V_j}$
[1]	16,25000	8,75000	0,114286	0,348203	5,658299	0,424839	2,137288
[2]	13,00000	15,81818	0,063218	0,192612	2,503956	0,651869	0,072988
[3]	9,25000	14,75000	0,067797	0,206561	1,910689	0,629545	0,485310
[4]	7,33333	12,06061	0,082915	0,252622	1,852560	0,558574	1,748507
Σ			K = 0,328216		E = 11,925504	2,264827	4,444093

- Entscheidung über die Nullhypothese: Zurückweisung von H_0, wenn $W_J > F_k$ ist. Der Wert von F_k wird (im Fall $FG_1 \leq 16$) Tab. F entnommen. Er befindet sich im Schnittpunkt von Spalte »FG_1« und der durch »FG_2« und »α« definierten Zeile. Zum Aufsuchen von F_k wird ein nicht-ganzzahliger FG_2-Wert abgerundet.

Berechnung des Welch-JM-Tests für die Beispiele von Tabelle 10.1 und 9.2

Da bei dem Beispiel von Tab. 10.1 unterschiedliche Stichprobenumfänge vorliegen, berechnen wir die Prüfgröße und Freiheitsgrade nach <10.1> und (10.2>. Das Rechenschema von Tab. 10.2 zeigt die Bestimmung der für W_J und FG_2 benötigten Summen. Bei deren Berechnung sollte - wie in der Tabelle demonstriert - mit möglichst vielen Nachkommastellen gearbeitet werden. Es ist:

W_J = (34,484404/2)/(1 + 2·1·0,069327/8) = 16,948 <10.1>

FG_2 = 8/(3·0,069327) = 38,5 <10.2>

Das Fehler-I-Risiko setzen wir auf α = 0,05. Da der Wert FG_2 = 38 in Tab. F nicht enthalten ist, ziehen wir den kritischen F-Wert für FG_1 = 2 und FG_2 = 35 heran (F_k = 3,267). Da $W_J > F_k$ ist, wird H_0 zurückgewiesen. Tabelle F läßt sich weiterhin entnehmen, daß $P(W_J \geq 16{,}851)$ kleiner als 0,001 sein muß. Wir gelangen somit zu dem Schluß, daß zwischen den durchschnittlichen Lernleistungen bei den drei Bedingungen von Hintergrundmusik (statistisch) signifikante Unterschiede bestehen. Durch paarweise Mittelwertsvergleiche mit einem der Verfahren von Kapitel 11 wird zu klären sein, zwischen welchen der Bedingungen bedeutsame Unterschiede vorliegen.

Zur Demonstration der Berechnungen für den Welch-JM-Test bei gleichen Stichprobenumfängen ziehen wir das Beispiel von Tab. 9.2 heran. Bei diesen Daten müßte allerdings im konkreten Fall nicht auf die Prüfung von H_0 über W_J zurückgegriffen werden, da die (geringen) Unterschiede zwischen den V_j-Werten der varianzanalytischen Homogenitätsannahme nicht widersprechen. Die Bestimmung der für <10.3> und <10.4> benötigten Summen zeigt das Rechenschema von Tab. 10.3. Es ergibt sich:

$W_J = (12 \cdot 4{,}444093/3)/[1 + 2 \cdot 2 \cdot 2{,}264827/(15 \cdot 11)] = 16{,}851$ <10.3>

$FG_2 = 15 \cdot 11/(3 \cdot 2{,}264827) = 24{,}3$ <10.4>

Wir setzen $\alpha = 0{,}01$. Für $FG_1 = 3$ und $FG_2 = 24$ ist $F_k = 4{,}718$ (Tab. F). Da $W_J > F_k$ ist, weisen wir H_0 zurück. Tabelle F läßt sich weiterhin entnehmen, daß $P(W_J \geq 16{,}851)$ kleiner als 0,001 sein muß.

10.3 Der Test von Brown & Forsythe

Beim Test von Brown & Forsythe (1974a) wird folgende Prüfgröße bestimmt:

$$\langle 10.5\rangle \quad F^+ = \frac{\Sigma n_j \cdot (M_j - M)^2}{\Sigma(1 - n_j/N) \cdot V_j} \qquad \langle j = 1 \ldots J\rangle$$

Der Zählerausdruck entspricht dabei der bei der einfaktoriellen Varianzanalyse bestimmten SAQ_Z, wie Formel <9.14> zeigt. Wenn gleiche Stichprobenumfänge vorliegen (alle $n_j=n$), dann ist die Prüfgröße F^+ mit $F_Z = MQ_Z/MQ_I$ identisch. Dies läßt sich leicht zeigen. Bei gleichem n gilt gemäß <9.44>: $SAQ_Z = n \cdot V_m \cdot (J-1)$. Dies und $n \cdot J = N$ setzen wir in <10.5> ein.

$$\langle 10.6\rangle \quad F^+ = \frac{n \cdot V_m \cdot (J-1)}{[1 - n/(n \cdot J)] \cdot \Sigma V_j} = \frac{n \cdot V_m \cdot (J-1)}{[(J-1)/J] \cdot \Sigma V_j} = \frac{J \cdot n \cdot V_m}{\Sigma V_j}$$

Dies ist aber gleich F_Z, wie wir im Abschnitt 9.9 mit Formel <9.46> gezeigt haben. Bei gleichen Stichprobenumfängen kann der Prüfwert F^+ somit auch über die varianzanalytischen Formeln berechnet werden.

Im Fall von zwei Gruppen sind Welch- und Brown-Forsythe-JM-Test identisch und damit beide gleich dem in Abschnitt 6.2 besprochenen W-Test. Es gilt somit bei J=2: $F^+ = W_J$ und $F^+ = W^2$ bzw. $W = \sqrt{F^+}$.

Die Schritte beim Test von $H_0: \mu_1 = \mu_2 = \ldots = \mu_J$

- Test: *Brown-Forsythe-JM-Test* (JM = Vergleich von J Mittelwerten)
- Zweck: Prüfung, ob zwischen den Mittelwerten von drei oder mehr unabhängigen Stichproben statistisch signifikante Unterschiede bestehen.
- Voraussetzungen: Normalverteilte Werte in $POP_1 \ldots POP_2$, unabhängige Stichproben, feste Effekte.
- H_0: Zwischen den Stichprobenmitteln bestehen keine statistisch signifikanten Unterschiede ($H_0 : \mu_1 = \mu_2 = \ldots = \mu_J$).

  H_1: Es bestehen statistisch signifikante Unterschiede zwischen den Stichprobenmitteln (H_1: Die μ_j sind nicht alle gleich).
- Festsetzung von α. Berechnung für jede der J Gruppen ($i = 1 \ldots n_j$): Summe der Werte ($A_j = \Sigma_i X_{ij}$), Mittel (M_j), Varianz (V_j), Standardabweichung (S_j); Anzahl der Werte (n_j). Prüfung: Widersprechen die Verteilungen der Werte in den Stichproben der Annahme, daß $POP_1 \ldots POP_J$ normalverteilt sind?

- Berechnung der Prüfgröße und der Freiheitsgrade. Bei ungleichem n empfiehlt es sich, entsprechend dem Rechenschema von Tab. 10.4 vorzugehen.

Ungleiche Stichprobenumfänge $\langle j = 1 \ldots J \rangle$

<10.7> $$F^{+} = \frac{\Sigma A_j^2/n_j - (\Sigma A_j)^2/N}{\Sigma G_j \cdot V_j}$$

$N = \Sigma n_j$

$G_j = 1 - n_j/N$

<10.8> $$FG_2 = \frac{1}{\Sigma C_j^2/(n_j - 1)} \qquad FG_1 = J-1$$

$C_j = (G_j \cdot V_j)/(\Sigma G_j \cdot V_j)$

Gleiche Stichprobenumfänge (alle n_j=n)

<10.9> $$F^{+} = \frac{J \cdot n \cdot V_m}{\Sigma V_j} \qquad V_m = \Sigma(M_j - M)^2/(J-1) = \text{Varianz der J Mittelwerte}$$

$M = (\Sigma M_j)/J$

<10.10> $$FG_2 = \frac{(n-1) \cdot (\Sigma V_j)^2}{\Sigma V_j^2} \qquad FG_1 = J-1$$

Da bei gleichen Stichprobenumfängen $F^{+} = F_Z$ ist, kann der Prüfwert auch über die Formeln <9.35> bis <9.37> bestimmt werden. Unter Verwendung von SAQ_I gemäß <9.33> berechnen sich die Nenner-Freiheitsgrade dann wie folgt:

<10.11> $$FG_2 = SAQ_I^2/[(n-1) \cdot \Sigma V_j^2]$$

- Entscheidung über die Nullhypothese: Zurückweisung von H_0, wenn $F^{+} > F_k$ ist. Der Wert von F_k wird (im Fall $FG_1 \leq 16$) Tab. F entnommen. Er befindet sich im Schnittpunkt von Spalte »FG_1« und der durch »FG_2« und »α« definierten Zeile. Zum Aufsuchen von F_k wird ein nicht-ganzzahliger FG_2-Wert abgerundet.

Berechnung des Brown-Forsythe-JM-Tests für die Beispiele von Tab. 10.1 und 9.2

Für das Beispiel von Tab. 10.1 (ungleiche Stichprobenumfänge) berechnen wir die Prüfgröße und Freiheitsgrade nach <10.7> und <10.8>. Das Schema von Tab. 10.4 zeigt die Bestimmung der für F^{+} und FG_2 benötigten Summen. Wir setzen diese in die Formeln ein und erhalten:

$$F^{+} = (613^2/20 + 531^2/22 + 525^2/21 - 1669^2/63)/47{,}652503 = 10{,}799 \qquad \text{<10.7>}$$

$$FG_2 = 1/0{,}024492 = 40{,}8 \qquad \text{<10.8>}$$

Das Fehler-I-Risiko setzen wir auf α = 0,05. Zur Prüfung von H_0 ziehen wir den (in Tab. F enthaltenen) kritischen Wert für $FG_1 = 2$ und $FG_2 = 40$ heran (F_k = 3,232). Da $F^{+} > F_k$ ist, wird H_0 zurückgewiesen. Tabelle F läßt sich weiterhin entnehmen, daß $P(F^{+} \geq 10{,}799)$ kleiner als 0,001 sein muß. Wir gelangen somit aufgrund des Brown-Forsythe-JM-Tests wie beim Welch-JM-Test in Abschnitt 10.2 zu dem Schluß, daß zwischen den durchschnittlichen Lernleistungen bei den drei Bedingungen von Hintergrundmusik signifikante Unterschiede bestehen.

TABELLE 10.4 Rechenschema für den Brown-Forsythe-JM-Test im Fall ungleicher Stichprobenumfänge. Analyse der Daten von Tabelle 10.1.

	n_j	A_j	$G_j = 1 - \frac{n_j}{N}$	V_j	$G_j \cdot V_j$	$\frac{c_j^2}{n_j-1}$
[1]	20	613	0,682540	10,55526	7,204387	0,001203
[2]	22	531	0,650794	49,55195	32,248112	0,021808
[3]	21	525	0,666667	12,30000	8,200004	0,001481
Σ	N=63	1669			47,652503	0,024492

Zur Demonstration der Durchführung des Brown-Forsythe-JM-Tests bei gleichen Stichprobenumfängen ziehen wir wieder das Beispiel von Tab. 9.2 heran. Die Berechnung der für F^+ und FG_2 benötigten Größen nehmen wir aufgrund der Mittel- und Varianzwerte von Tab. 9.7 vor. Es ergibt sich gemäß <10.9> und <10.10>:

$F^+ = 4 \cdot 12 \cdot 15{,}74315/51{,}37880 = 14{,}708 \qquad FG_2 = 11 \cdot 51{,}37880^2/689{,}79852 = 42{,}1$

Wir setzen $\alpha = 0{,}01$ und ziehen zur Prüfung von H_0 den (in Tab. F enthaltenen) kritischen Wert für $FG_1 = 3$ und $FG_2 = 40$ heran ($F_k = 4{,}313$). Da $F^+ > F_k$ ist, wird die Nullhypothese zurückgewiesen. Tabelle F läßt sich weiterhin entnehmen, daß $P(F^+ \geq 14{,}708)$ kleiner als 0,001 sein muß.

10.4 Kriterien für die Entscheidung: Varianzanalyse, Brown-Forsythe-JM- oder Welch-JM-Test?

Die in Kapitel 9 vorgestellte Varianzanalyse setzt voraus, daß die J Stichproben normalverteilten und varianzhomogenen Populationen entstammen. In einer Reihe von Studien ist nun untersucht worden, wie robust das Verfahren ist, wenn eine dieser Bedingungen oder beide nicht gegeben sind (Boehnke 1984; Bradley 1980bc, 1984; Brown & Forsythe 1974a; Donaldson 1968; Feir-Walsh & Toothaker 1974; Games & Lucas 1966; Glass et al. 1972; Kanji 1976; Kohr & Games 1974; Levy 1978; Rogan & Keselman 1977; Subrahmaniam et al. 1975; Tan 1982; Wike & Church 1982a). Die Befunde lassen sich wie folgt zusammenfassen:

- Die Robustheit der Varianzanalyse ist größer (bzw. ihre Empfindlichkeit geringer), wenn alle $n_j = n$ sind.
- Im Fall normalverteilter Populationen und gleichen Stichprobenumfängen ist die Varianzanalyse relativ robust gegenüber mäßigen Unterschieden zwischen den Populationsvarianzen. Sie reagiert jedoch sehr empfindlich auf Varianzheterogenität, wenn die Stichproben nicht gleich groß sind.
- Im Fall varianzhomogener Populationen ist die Varianzanalyse (speziell wenn alle $n_j = n$ sind) relativ robust gegenüber mäßig schiefen Populationsverteilungen. Nichtnormale, aber (annähernd) symmetrische Populationen stellen (wie im Zwei-Stichproben-Fall) kein Problem dar.

- Die bei Verletzung von nur einer Bedingung teilweise noch zu beobachtende Robustheit geht völlig verloren, wenn beide Voraussetzungen verletzt sind. Im Fall schiefer und varianzheterogener Populationen kann (speziell im Fall kleiner Stichproben) das tatsächliche Fehler-I-Risiko erheblich über dem nominellen α liegen.

Die mit der Varianzanalyse verbundenen Robustheitsprobleme lassen sich jedoch stark vermindern, wenn auf die in diesem Kapitel vorgestellten Verfahren zurückgegriffen wird, sobald heterogene Populationsvarianzen zu vermuten sind oder - im Fall kleiner Stichproben - nicht ausgeschlossen werden können. Denn in mehreren Studien hat sich gezeigt, daß die Tests von Welch und Brown & Forsythe der Varianzanalyse bei Vorliegen heterogener Populationsvarianzen deutlich überlegen sind, besonders dann, wenn mit kleinen und ungleichen Stichprobenumfängen gearbeitet wird und die Populationsverteilungen zusätzlich mehr oder minder asymmetrisch sind. (Brown & Forsythe 1974a; Ekbohm 1976; Kohr & Games 1974; Levy 1978; Reed & Stark 1988; Tan & Tabatabai 1986; Wike & Church 1982b; Wilcox 1987). Die Untersuchungen zu den drei Verfahren zur Prüfung von $H_0:\mu_1=\mu_2=...=\mu_J$ legen insgesamt folgende Empfehlungen nahe:

- Wenn eine Auswertung der Daten mittels Varianzanalyse geplant ist, sollte unbedingt mit großen Stichproben gleichen Umfangs gearbeitet werden. Ein tatsächlicher Einsatz des Verfahrens empfiehlt sich jedoch nur, wenn die Daten anzeigen, daß die Bedingung homogener Populationsvarianzen wahrscheinlich erfüllt ist, während bereits schwache Hinweise auf mögliche Inhomogenität Anlaß sein sollten, die Nullhypothese mit dem Test von Welch oder Brown & Forsythe zu prüfen.

- Die Anwendung der Varianzanalyse bei kleinen und ungleich großen Stichproben ist äußerst problematisch. Denn hier läßt sich aufgrund der wenigen Werte pro Gruppe kaum etwas über die Populationsverteilungen aussagen, so daß man auch nicht den ungünstigsten Fall ausschließen kann, daß in den Populationen ungleiche Varianzen und schiefe Verteilungen vorliegen.

- Bei kleinen Stichproben sollte deshalb der Welch- oder der Brown-Forsythe-Test zum Einsatz kommen, wobei es auch bei diesen Verfahren günstiger ist, wenn alle $n_j = n$ sind.

- Die Leistungsunterschiede beider Tests sind meist so gering, daß es für praktische Zwecke gleichgültig ist, mit welchem Verfahren H_0 geprüft wird. Aus diesem Grund kann im Fall, daß für die Datenanalyse kein EDV-Programm zur Verfügung steht, problemlos dem Brown-Forsythe-Test wegen seiner einfacheren Rechenoperationen der Vorzug gegeben werden.

- Beide Tests sind relativ robust gegenüber mäßigen Schiefegraden bei den Populationsverteilungen, sofern ausreichend große Stichprobenumfänge vorliegen. Bei starker Asymmetrie der Populationsverteilungen (und kleinen Stichproben) kann dagegen das tatsächliche Signifikanzniveau deutlich über dem nominellen α liegen. Auch bei diesen Verfahren darf deshalb die Normalitätsvoraussetzung nicht als praktisch unbedeutend abgetan werden.

- Bei Prüfung auf dem 5%-Niveau sind die Verfahren meist robuster als beim Test von H_0 mit einem $\alpha < 0{,}05$.
- Große Stichproben haben beim Welch- und Brown-Forsythe-Test einen zweifachen Vorteil: Die F-Verteilung (mit $FG_1 = J-1$ und dem jeweiligen FG_2-Wert) stellt dann eine besonders gute Approximation an die Stichprobenverteilungen der Prüfgrößen F^+ und W_J dar, und die Verfahren sind robuster gegenüber Verletzungen der Bedingung normalverteilter Populationen.
- Weisen bei großen Stichproben die Daten auf wahrscheinlich (deutlich) schiefe Populationsverteilungen hin, empfiehlt es sich, die Nullhypothese auf einem strengeren Signifikanzniveau zu testen (z.B. 0,01 statt 0,05). Bei kleinen Stichproben müßte dieser Weg vorsichtshalber immer beschritten werden, da hier keine Möglichkeit besteht festzustellen, ob nicht doch annähernd normale oder zumindest symmetrische Populationsverteilungen vorliegen.

Der in Abschnitt 24.1 vorgestellte H-Test von Kruskal & Wallis stellt ein nichtparametrisches Verfahren zur Prüfung von Gruppenunterschieden in der zentralen Tendenz dar. Der häufig ausgesprochenen Empfehlung, diesen Test heranzuziehen, wenn die Voraussetzungen der parametrischen Verfahren nicht gegeben (oder im Fall kleiner Stichproben nicht prüfbar) sind, scheint es jedoch an Berechtigung zu mangeln. Denn im Fall varianzheterogener und schiefer Populationen ist er den Varianzanalyse keineswegs an Robustheit überlegen, während er hinsichtlich der Fehler-I-Kontrolle deutlich schlechter abschneidet als der Test von Brown & Forsythe (Boehnke 1984; Feir-Walsh & Toothaker 1974; Wike & Church 1982b).

Kapitel 11

Multiple Mittelwertsvergleiche bei drei oder mehr unabhängigen Stichproben

11.1 Einführung in das Problem

Mit den Verfahren von Kapitel 9 und 10 wurde geprüft, ob zwischen den Mittelwerten von drei oder mehr unabhängigen Stichproben statistisch signifikante Unterschiede bestehen. Der Nullhypothese $H_0: \mu_1 = \mu_2 = \ldots = \mu_J$ stand hier jeweils in der Alternativhypothese die Aussage gegenüber, daß die J Populationsmittel nicht alle den gleichen Wert haben. Die Verfahren konnten somit im Fall der Zurückweisung von H_0 nur zu der Erkenntnis führen, *daß* signifikante Unterschiede zwischen den J Stichprobenmitteln vorliegen. Welche Mittel dabei bedeutsam voneinander differieren, war dagegen mit der Varianzanalyse oder mit den Tests von Welch und Brown & Forsythe nicht feststellbar.

Ziehen wir zur Illustration das Beispiel von Tab. 9.2 heran. Hier nahm die zur Aufgabenlösung benötigte Zeit mit zunehmender Belohnungshöhe ab. Die varianzanalytische Nullhypothese, daß die Unterschiede zwischen den J Mitteln durch Zufall enstanden sind, konnte auf dem 5%-Niveau zurückgewiesen werden. Dadurch wissen wir jedoch lediglich, daß sich (zumindest) die am weitesten auseinanderliegenden Mittelwerte signifikant unterscheiden (M_1 = 16,3 und M_4 = 7,3). Für die vollständige Beantwortung der experimentellen Frage ist jedoch eine Signifikanzentscheidung bezüglich aller zwischen den Einzelmitteln bestehenden Unterschiede erforderlich. Wir möchten z.B. wissen, ob sich M_1 = 16,3 von M_2 = 13,0, M_3 = 9,3 von M_4 = 7,3, usf. bedeutsam unterscheiden.

Es läge nahe, die interessierenden Mittelwertsdifferenzen jeweils mit dem in Abschnitt 6.1 vorgestellten T-Test für unabhängige Stichproben zu untersuchen. Eine unmodifizierte Anwendung dieses Prüfverfahrens in der jetzigen Situation vieler (multipler) Mittelwertsvergleiche brächte jedoch Probleme bei der Kontrolle eines bestimmten Fehlerrisikos mit sich. Es sind deshalb spezielle statistische Verfahren zur Beantwortung der Frage erforderlich, zwischen welchen von J Stichprobenmitteln signifikante Unterschiede bestehen. Sie sollen in diesem Kapitel besprochen werden.

11.2 Orthogonale und nichtorthogonale Vergleiche

Wenn uns mehr als zwei Mittelwerte gegeben sind, dann bezeichen wir den Betrag der Differenzen M_1-M_2, M_3-M_4, usf. jeweils als »Vergleich« oder »Kontrast«. Dabei können einmal einfache (paarweise) Vergleiche von jeweils zwei Mittelwerten (M_j-$M_{j'}$) als auch komplexere Kontraste wie $|(M_1+M_2+M_3)/3 - M_4|$ unter Betrachtung stehen. Vergleiche der letzteren Art sind jedoch relativ selten von Interesse. Meist will der Untersucher lediglich feststellen, zwischen welchen der J Gruppen statistisch bedeutsame Mittelwertsunterschiede vorliegen. Bei diesem Problem geht es somit um den paarweisen Vergleich sämtlicher Mittel. Die Anzahl möglicher Paare (Vergleiche) ist dabei $K = J \cdot (J-1)/2$.

Die beim Beispiel von Tab. 9.2 möglichen $4(4-1)/2 = 6$ paarweisen Mittelwertsvergleiche sind in Tab. 11.1 zusammengestellt. Mitangeführt ist jeweils die dazugehörige Nullhypothese. Wenn die umfassende $H_0: \mu_1 = \mu_2 = \ldots = \mu_J$ gilt, dann sind auch sämtliche auf die paarweisen Vergleiche bezogenen Nullhypothesen richtig. Die Alternativhypothesen sind jeweils ungerichtet formuliert.

Bei der Untersuchung eines Satzes von K Vergleichen ist nun der Sachverhalt von Bedeutung, ob es sich um orthogonale (unabhängige) Kontraste handelt oder ob ein bestimmter Anteil der Vergleiche nicht voneinander unabhängig ist. Betrachten wir zur Illustration den Fall von J = 3 Bedingungen, bei dem alle paarweisen Vergleiche zwischen den Mittelwerten durchgeführt werden. Die möglichen Kontraste sind dann: K_1: $M_1-M_2 = A$; K_2: $M_1-M_3 = B$; K_3: $M_2-M_3 = C$.

Diese Vergleiche sind nun nicht voneinander unabhängig, da wir den Wert eines Kontrasts berechnen können, wenn wir die Werte der beiden anderen Mittelwertsdifferenzen kennen. Wir lösen dazu die erste Gleichung nach M_1 auf: $M_1 = A+M_2$. Dies setzen wir beim zweiten Vergleich ein: $(A+M_2) - M_3 = B$. Durch Umstellung erhalten wir: $M_2-M_3 = B-A = C$. Bei Kenntnis der Ergebnisse der beiden ersten Kontraste können wir somit den Wert des dritten Vergleichs berechnen. Die drei Vergleiche sind nicht orthogonal; sie enthalten so weit überlappende Information, daß der Wert eines Kontrasts jeweils vollständig vom Wert der beiden anderen Vergleiche abhängig ist.

Wenn wir nur paarweise Kontraste vorliegen haben, läßt sich leicht durch Inspektion feststellen, ob es sich um einen Satz von orthogonalen Vergleichen handelt (der keine überlappende Information enthält), denn jedes Mittel darf dann nur in einem Kontrast auftauchen. So wären bei den folgenden Sätzen von zwei Kontrasten die Vergleiche jeweils orthogonal:

K_1: M_1-M_2 K_2: M_3-M_4 | K_1: M_4-M_1 K_2: M_3-M_2 | K_1: M_3-M_1 K_2: M_4-M_2

Dagegen läge bei dem Paar K_1:M_1-M_2 und K_2:M_2-M_4 kein Satz von unabhängigen Vergleichen vor. Sollen auch komplexere als paarweise Kontraste Berücksichtigung finden, dann muß die Prüfung auf Orthogonalität meist rechnerisch erfolgen; das Vorgehen ist bei Kirk (1982, S.92ff) beschrieben.

In der Forschungspraxis sind allerdings Fälle, in denen sich Fragen (nur) auf orthogonale Kontraste beziehen, relativ selten. Meist soll vielmehr untersucht werden, welche von J Mittelwerten sich statistisch signifikant unterscheiden, wobei das Interesse (wie in Tab. 11.1) meist noch auf paarweise Vergleiche beschränkt ist. Der zu analysierende Satz von Kontrasten besteht dann aus den $K = J \cdot (J-1)/2$ möglichen paarweisen Mittelwertsdifferenzen - und ein derartiger Satz enthält immer neben orthogonalen Vergleichen auch einen bestimmten Anteil von Kontrasten, die nicht unabhängig voneinander sind.

TABELLE 11.1 Die möglichen paarweisen Vergleiche zwischen den sechs Mittelwerten des Beispiels von Tabelle 9.2. Ergebnisse der Signifikanzprüfungen der Kontraste mittels Tukey-Test (α_F = 0,05).

Kontrast (Vergleich)	H_0	H_1	Signifikant?
K_1: $\|M_1-M_2\|$ = $\|16,250 - 13,000\|$ = 3,250	$\mu_1=\mu_2$	$\mu_1\neq\mu_2$	Nein
K_2: $\|M_2-M_3\|$ = $\|13,000 - 9,250\|$ = 3,750	$\mu_2=\mu_3$	$\mu_2\neq\mu_3$	Nein
K_3: $\|M_3-M_4\|$ = $\|9,250 - 7,333\|$ = 1,917	$\mu_3=\mu_4$	$\mu_3\neq\mu_4$	Nein
K_4: $\|M_1-M_3\|$ = $\|16,250 - 9,250\|$ = 7,000	$\mu_1=\mu_3$	$\mu_1\neq\mu_3$	Ja
K_5: $\|M_2-M_4\|$ = $\|13,000 - 7,333\|$ = 5,667	$\mu_2=\mu_4$	$\mu_2\neq\mu_4$	Ja
K_6: $\|M_1-M_4\|$ = $\|16,250 - 7,333\|$ = 8,917	$\mu_1=\mu_4$	$\mu_1\neq\mu_4$	Ja

11.3 Fehler-I-Risiko pro Vergleich und pro Familie von Vergleichen

Gegeben sei uns der folgende Satz von fünf orthogonalen Kontrasten (darunter die zugehörigen Nullhypothesen):

K_1: M_1-M_2	K_2: M_3-M_4	K_3: M_4-M_5	K_4: M_6-M_7	K_5: M_8-M_9
H_0: $\mu_1=\mu_2$	H_0: $\mu_3=\mu_4$	H_0: $\mu_4=\mu_5$	H_0: $\mu_6=\mu_7$	H_0: $\mu_8=\mu_9$

Wir prüfen nun die fünf Nullhypothesen jeweils mit einem T-Test für unabhängige Stichproben (α = 0,05). Wenn die umfassende Nullhypothese H_0:$\mu_1=\mu_2=...=\mu_9$ gilt, dann ist die Wahrscheinlichkeit, beim ersten Kontrast H_0:$\mu_1=\mu_2$ fälschlicherweise zurückzuweisen, gleich dem gesetzten α von 0,05. Auch bei den übrigen vier Kontrasten beträgt das Risiko für den Fehler I. Art jeweils 0,05. Für jeden einzelnen Vergleich läßt sich somit durch die Angabe des Signifikanzniveaus die Frage beantworten, wie groß die Begehungswahrscheinlichkeit für den α-Fehler ist. Diese auf den einzelnen Kontrast bezogene Irrtumswahrscheinlichkeit bezeichnen wir im folgenden mit »Fehler-I-Risiko pro Vergleich« und dem Symbol »α_V«. Die Kontrolle dieser Risikos bereitet keine Schwierigkeiten, da α_V unserer bisher mit α bezeichneten Wahrscheinlichkeit entspricht und auf einen der üblichen Werte wie 0,05 oder 0,01 gesetzt werden kann.

Bei der Untersuchung eines Satzes von Vergleichen möchte man jedoch nicht nur α_V kontrollieren, sondern auch noch folgende Frage beantworten können: Wenn die umfassende H_0:$\mu_1=\mu_2=...=\mu_J$ gilt, und ich prüfe bei K (paarweisen) Kontrasten jeweils die entsprechende H_0:$\mu_j=\mu_{j'}$, wie groß ist dann die Wahrscheinlichkeit, daß bei einem oder mehreren der Vergleiche die Nullhypothese fälschlicherweise zurückgewiesen wird? Das Risiko, einen α-Fehler zu begehen, bezieht sich hier somit auf einen *Satz* oder eine *Familie* von Vergleichen. Entsprechend bezeichnen wir diese neue Fehlerwahrscheinlichkeit mit »Fehler-I-Risiko pro Familie von Vergleichen« und symbolisieren sie mit »α_F«.

Wenn es sich um einen Satz von K *unabhängigen* Kontrasten handelt, dann besteht zwischen α_V und α_F folgende Beziehung:

<11.1> $\alpha_F = 1 - (1 - \alpha_V)^K$

Wenn wir also im oben skizzierten Fall von fünf unabhängigen Vergleichen fünf T-Tests mit jeweils $\alpha_V = 0{,}05$ durchführen, dann ist (bei Gültigkeit von $H_0{:}\mu_1=\mu_2=\ldots=\mu_g$) das Risiko α_F, bei einem oder mehreren der Tests die Nullhypothese fälschlicherweise zurückzuweisen gleich $1-(1-0{,}05)^5 = 0{,}226$. Wir sehen hieran: Wenn wir bei multiplen Vergleichen das Fehler-I-Risiko für den einzelnen Vergleich gemäß unseren bisherigen Gewohnheiten bei der Wahl des Signifikanzniveaus auf z.B. 0,05 setzen, dann arbeiten wir - in Abhängigkeit davon, aus wievielen Vergleichen die Familie besteht - mit einem z.T. sehr hohen Risiko, zumindest bei einem der Kontraste einen α-Fehler zu begehen.

Der über <11.1> bestimmte Wert von α_F läßt sich meist relativ gut durch folgende einfache Formel approximieren:

<11.2> $\alpha_F \approx K \cdot \alpha_V$

Danach ergibt sich für unser Beispiel: $\alpha_F \approx 5 \cdot 0{,}05 = 0{,}25$; dies kommt dem exakten Wert von 0,23 recht nahe.

Die Beziehung <11.1> kann verwendet werden, um zu bestimmen, auf welchem α_V der einzelne Vergleich zu prüfen ist, damit das auf die Gesamtheit (Familie) der unabhängigen Vergleiche bezogene α_F einen bestimmten Wert nicht überschreitet. Wir lösen dazu nach α_V auf:

<11.3> $\alpha_V = 1 - (1 - \alpha_F)^{1/K}$

Möchte man z.B. mit einem α_F von 0,05 arbeiten, dann müssen wir bei den K = 5 Vergleichen unseres Beispiels $H_0{:}\mu_j=\mu_{j'}$ jeweils auf $\alpha_V = 1 - (1 - 0{,}05)^{1/5} = 0{,}0102$ prüfen. Ausgehend von der Beziehung <11.4> läßt sich α_V auch wie folgt approximieren:

<11.4> $\alpha_V \approx \alpha_F/K$

Dies ergibt in unserem Fall: $\alpha_V \approx 0{,}05/5 = 0{,}01$. Die Approximation von <11.3> durch <11.4> ist sowohl im vorliegenden Beispiel als auch allgemein recht gut, wie sich einer Tabelle von Lunney (1969) entnehmen läßt.

Die in den Formeln <11.1> und <11.3> zum Ausdruck kommenden Beziehungen zwischen dem auf den Einzelvergleich und dem auf den Satz von Vergleichen bezogenen Fehler-I-Risiko gelten jedoch nur für den Fall von K orthogonalen Kontrasten. Sind dagegen nicht alle Vergleiche voneinander unabhängig, dann läßt sich α_F aus α_V (bzw. α_V aus α_F) in der Regel nicht exakt berechnen. Die Grenzen von α_F sind jedoch bekannt (Cross & Chaffin 1982; Gaito 1978): Die Wahrscheinlichkeit, bei Gültigkeit der umfassenden $H_0{:}\mu_1=\mu_2=\ldots=\mu_J$ zumindest bei einem Kontrast einen α-Fehler zu begehen, liegt zwischen α_V und $1-(1-\alpha_V)^K$, wobei K wieder die Anzahl der Vergleiche ist. Damit läßt sich über Formel <11.1>

der Wert bestimmen, den α_F im im Fall von nichtorthogonalen Vergleichen bei einem gewählten α_V maximal annehmen kann. Entsprechend kann über Formel <11.3> bzw. <11.4> der Wert von α_F festgesetzt und das beim Einzelvergleich zu wählende α_V bestimmt werden.

Verfahren für multiple Mittelwertsvergleiche

Für die Prüfung eines Satzes von z.T. nichtorthogonalen Vergleichen auf statistische Signifikanz liegt inzwischen eine große Anzahl von Verfahren vor (vgl. Davis & Gaito 1984; Games 1971, 1978; Games et al. 1983; Kirk 1982, Kap. 3). Sie dienen alle dem Ziel, das Fehler-I-Risiko pro Familie von Vergleichen (α_F) auf einen vertretbaren Wert zu beschränken. Dies wird jeweils durch eine entsprechende Absenkung des Fehler-I-Risikos pro Vergleich (α_V) erreicht. Ein anderer Weg bietet sich auch nicht an, da es aufgrund der zwischen α_F und α_V bestehenden Beziehungen nicht möglich ist, beide Risiken zugleich auf den Wert von z.B. 0,05 zu setzen.

Für den Statistik-Anwender stellt sich das Problem, aus der Vielzahl der für multiple Mittelwertsvergleiche entwickelten Tests - die sich z.T. nur marginal voneinander unterscheiden - ein für den konkreten Fall geeignetes Verfahren auszuwählen. Aufgrund der Befunde umfänglicher Simulationsstudien ist es inzwischen jedoch möglich, für den Zweck des paarweisen Vergleichs von J Mittelwerten aus der Gesamtzahl der Tests drei Verfahren herauszugreifen und für die generelle Anwendung zu empfehlen. Welches dieser Verfahren bei einem vorliegenden Datensatz zum Einsatz kommen sollte, hängt davon ab, ob gleiche oder ungleiche Stichprobenumfänge vorliegen und ob die Annahme homogener Populationsvarianzen haltbar ist oder nicht. Alle drei Tests machen jedoch die Annahme, daß die J Stichproben normalverteilten Populationen entstammen.

11.4 Varianzhomogene Populationen, gleiche Stichprobenumfänge: Der Tukey-Test

Mit dem von Tukey (1953) entwickelten Verfahren können J Mittelwerte paarweise verglichen werden, wenn die Stichproben gleichen Umfang haben und varianzhomogenen, normalverteilten Populationen entstammen. Untersuchungen haben gezeigt, daß unter diesen Bedingungen der *Tukey-Test* die beste α_F- und Powerkontrolle bietet (Jaccard et al. 1984; Stoline 1981). Das Verfahren wird teilweise auch als *WSD-* (wholly significant difference) oder *HSD-Test* (honestly significant difference) bezeichnet; der Name *T-Methode* ist gleichfalls gebräuchlich.

Beim Tukey-Test wird das auf die Familie von paarweisen Vergleichen bezogene Fehler-I-Risiko kontrolliert (festgesetzt), die Wahrscheinlichkeit α_F, bei einem oder mehreren der $K = J\cdot(J-1)/2$ paarweisen Mittelwertsvergleiche $H_0{:}\mu_j{=}\mu_{j'}$ fälschlicherweise zurückzuweisen. Zum Test der K Nullhypothesen wird bei jedem Kontrast folgende Prüfgröße bestimmt:

<11.5> $$Q = \frac{|M_j - M_{j'}|}{\sqrt{(MQ_I/n)}} \qquad FG = J\cdot(n-1)$$

M_j ; $M_{j'}$: Die den Kontrast bildenden Mittel der Gruppen j und j'
MQ_I : Mittleres Quadrat Innerhalb gemäß <9.30>;<9.36>
$J \cdot (n-1)$: Freiheitsgrade von MQ_I
J ; n : Anzahl der Gruppen; Anzahl der Fälle pro Gruppe.

Der errechnete Wert von Q wird über die Verteilung des »studentisierten Range« geprüft. Hierbei handelt es sich wieder um eine Familie von Verteilungen. Die auf den Kontrast bezogene Nullhypothese wird zurückgewiesen (und $H_1{:}\mu_j \neq \mu_{j'}$ angenommen), wenn $Q > Q_k$ ist. Im Fall von $Q \leq Q_k$ wird $H_0{:}\mu_j = \mu_{j'}$ beibehalten. Der kritische Wert Q_k läßt sich dem durch »α_F« definierten Teil von Tab. H entnehmen. Er befindet sich dort im Schnittpunkt von Spalte »J« und Zeile »FG«.

Bei der für den Tukey-Test zu berechnenden Größe Q fallen Gemeinsamkeiten mit dem Prüfwert des T-Tests für unabhängige Stichproben auf. Betrachten wir als erstes den Fall von J = 2 Gruppen. Dann lautet die T-Formel gemäß <6.5>:

<11.6> $$T_{um} = \frac{|M_1 - M_2|}{\surd(2 \cdot V_I/n)} = \frac{|M_1 - M_2|}{\surd(2 \cdot MQ_I/n)} = \frac{|M_1 - M_2|}{\surd 2 \cdot \surd(MQ_I/n)} \qquad FG = 2 \cdot (n-1)$$

Vergleichen wir <11.6> mit <11.5>, so erkennen wir folgende Beziehung zwischen T_{um} und Q:

<11.7> $$T_{um} = Q/\surd 2 \quad \text{bzw.} \quad Q = T_{um} \cdot \surd 2$$

Die Freiheitsgrade von T_{um} und Q betragen jeweils $2 \cdot (n-1)$. Im Zwei-Gruppen-Fall sind somit T-Test und Tukey-Test hinsichtlich der Prüfung von $H_0{:}\mu_1 = \mu_2$ (gegen $H_1{:}\mu_1 \neq \mu_2$) identisch. Die Verteilung des studentisierten Range ist bei J = 2 eine lineare Transformation der T-Verteilung. Dies zeigt auch ein Vergleich der entsprechenden kritischen Werte von Tab. E und H. So ist z.B. für $\alpha = 0{,}05$ und 10 Freiheitsgrade $T_k(zs) = 2{,}228$ und $Q_k = 2{,}228 \cdot \surd 2 = 3{,}151$.

Betrachten wir den Fall von mehr als zwei Gruppen, d.h. die Situation, in der es um $J \cdot (J-1)/2$ paarweise Kontraste geht. Würden wir hier mittels T-Test jeden der Vergleiche $|M_j - M_{j'}|$ bei z.B. $\alpha = 0{,}05$ unter Verwendung von Formel <11.6> auf statistische Signifikanz prüfen, dann ergeben sich zwei Unterschiede zur Prüfung der Kontraste mittels Tukey-Test bei $\alpha_F = 0{,}05$. Der erste ist für unsere Überlegungen von relativ geringer Bedeutung. Beim Tukey-Test würde das in <11.5> eingehende MQ_I aufgrund der Gesamtdaten der J Stichproben berechnet, während beim T-Test in $MQ_I = V_I$ jeweils nur die Werte des unter Betrachtung stehenden Stichprobenpaares »j;j'« eingingen. Im Prinzip wäres es aber auch möglich, bei den paarweisen T-Tests mit dem an den Gesamtdaten berechneten MQ_I zu arbeiten. Dies hätte sogar den Vorteil, daß MQ_I als Schätzung für σ_I^2 auf wesentlich mehr Werten basieren würde und damit statt $FG = 2 \cdot (n-1)$ die höhere Anzahl von $J \cdot (n-1)$ Freiheitsgraden zur Verfügung stände.

Der wichtigere Unterschied zwischen paarweisen T-Tests und Tukey-Test besteht dagegen in den kritischen Werten, die zur Prüfung der $J \cdot (J-1)/2$ Vergleiche herangezogen werden. Illustrieren wir das am Beispiel von J = 4 Gruppen mit je n = 7 Personen, $\alpha = 0{,}05$ (T-Tests) und $\alpha_F = 0{,}05$ (Tukey-Test); die Freiheitsgrade für das an den Gesamtdaten berechnete MQ_I sind dann $4 \cdot (7-1) = 24$.

Beim Tukey-Test müßte nun der für den einzelnen Kontrast berechnete Q-Wert zur Zurückweisung von H_0:μ_j=$\mu_{j'}$ den kritischen Wert Q_k = 3,901 überschreiten (vgl. Tab. H). Bei paarweisen T-Tests (unter Verwendung von MQ_I mit FG = 24) würde es dagegen beim einzelnen Kontrast zur Zurückweisung von H_0 bereits ausreichen, daß gemäß der Beziehung <11.7> der Wert von $T_{um}\cdot\sqrt{2}$ größer als Q_k = 2,919 (der kritische Wert für J = 2) ist. Natürlich wäre bei den paarweisen T-Tests (auf $\alpha = \alpha_V$ = 0,05) der Wert von α_F entsprechend der Beziehung zwischen α_V und α_F dann wesentlich höher als der beim Tukey-Test gesetzte Wert von 0,05.

Der Vergleich des Vorgehens beim Tukey-Test mit der Durchführung von paarweisen T-Tests zur Prüfung der J•(J-1)/2 Kontraste sollte zeigen, daß zwischen beiden Prozeduren deutliche Gemeinsamkeiten bestehen. Sie basieren auf der gleichen bzw. einer sehr ähnlichen Prüfgröße. Unterschiedlich ist dagegen die Fehlerwahrscheinlichkeit α_F, mit der gearbeitet wird.

Bei einer Durchführung von multiplen T-Tests würde α_V festgesetzt und α_F stiege an in Abhängigkeit von J, der Anzahl der Gruppen (Mittelwerte). Beim Tukey-Test wird dagegen α_F auf einen bestimmten Wert gesetzt und das Fehler-I-Risiko pro Vergleich (α_V) in dem dafür erforderlichen Umfang vermindert. Aufgrund der zwischen α_V und α_F bestehenden Beziehung muß die Reduzierung von α_V dabei um so stärker sein, je mehr Gruppen vorliegen, was sich darin zeigt, daß der kritische Q-Wert, der bei einem Kontrast zur Zurückweisung von H_0:μ_j=$\mu_{j'}$ überschritten werden muß, mit steigendem J immer größer wird. Nehmen wir als Beispiel den Fall von n = 4 und α_F = 0,05. Es ergeben sich dann gemäß Tab. H für J = 3, 4 und 5 Gruppen die folgenden kritischen Werte: Q_k(J=3;FG=9) = 3,949; Q_k(J=4; FG=12) = 4,199; und Q_k(J=5;FG=15) = 4,367.

Die für den Tukey-Test erforderlichen Berechnungen lassen sich zum einen über Formel <11.5> vornehmen. Es ist dann für jeden Kontrast der Wert von Q zu berechnen und mit dem kritischen Wert Q_k zu vergleichen. Durch Einsetzen von Q_k in <11.5> und Auflösen nach M_j-$M_{j'}$ ergibt sich ein weiterer Weg zur Durchführung des Tukey-Tests. Man berechnet die »Kritische Differenz (KD)«, die der Wert des Kontrasts $|M_j-M_{j'}|$ zur Zurückweisung von H_0:μ_j=$\mu_{j'}$ überschreiten muß:

<11.8> $KD = Q_k\cdot\sqrt{(MQ_I/n)}$

Hierbei ist Q_k der kritische Wert für α_F, J und FG = J•(n-1) aus Tab. H. Die Nullhhypothese H_0:μ_j=$\mu_{j'}$ wird beibehalten, wenn $|M_j-M_{j'}| \leq KD$ ist. Die zur Prüfung der J•(J-1)/2 Kontraste erforderlichen Berechnungen vereinfachen sich beim Vorgehen gemäß <11.8> etwas, da nur ein Prüfwert (KD) zu berechnen ist, mit dem die Beträge der bereits vorliegenden Mittelwertsdifferenzen dann zu vergleichen sind.

Neben der Prüfung der paarweisen Kontraste auf statistische Signifikanz läßt sich mit der Methode von Tukey für die J•(n-1)/2 Mittelwertsdifferenzen ein Satz *simultaner Konfidenzintervalle* erstellen. Das [C=1-α_F]-Konfidenzintervall für μ_j-$\mu_{j'}$ wird wie folgt berechnet:

<11.9> $M_j - M_{j'} \pm Q_k\cdot\sqrt{(MQ_I/n)}$ $[= M_j - M_{j'} \pm KD]$

TABELLE 11.2 Signifikanzprüfung der Kontraste von Tabelle 11.1 mittels Tukey-Test: Darstellung der Ergebnisse in Matrixform (* = Differenz signifikant bei α_F = 0,05).

Bedingung Mittel	[A] 00 DM 16,25	[B] 10 DM 13,00	[C] 20 DM 9,25	[D] 30 DM 7,33
[A] 00 DM: 16,25	-			
[B] 10 DM: 13,00	3,25	-		
[C] 20 DM: 9,25	7,00*	3,75	-	
[D] 30 DM: 7,33	8,92*	5,67*	1,92	-

Hierbei ist Q_k der kritische Wert für α_F, J und FG = J·(n-1) aus Tab. H. Wenn z.B. α_F = 0,05 gesetzt und bei jeder der J·(J-1)/2 Mittelwertsdifferenzen das Intervall entsprechend <11.9> berechnet wird, dann besteht eine Sicherheit von 95%, daß sämtliche Intervalle den Wert der Populationsdifferenz $\mu_j-\mu_{j'}$ enthalten. Anders formuliert: Mit einer "Wahrscheinlichkeit" (Sicherheit) von 5% liegt bei einem oder mehreren der Intervalle der Wert der entsprechenden Differenz $\mu_j-\mu_{j'}$ nicht im angegebenen Bereich.

Entsprechend dem in Abschnitt 8.5 aufgezeigten Zusammenhang zwischen Konfidenzintervall und Hypothesentest liefern die nach <11.8> bestimmten [1-α_F]-Intervalle für $\mu_j-\mu_{j'}$ gleichzeitig Informationen über den Ausgang etwaiger multipler Mittelwertsvergleiche auf dem Signifikanzniveau α_F: Bei den Intervallen, die den Wert Null in ihren Grenzen einschließen, würde die Nullhypothese $H_0:\mu_j=\mu_{j'}$ beibehalten. In den Fällen, in denen der Wert Null außerhalb des Intervalls liegt, würde H_0 dagegen zurückgewiesen und die Alternativhypothese $H_1:\mu_j\neq\mu_{j'}$ angenommen werden.

11.5 Berechnung des Tukey-Tests für das Beispiel von Tabelle 9.2

Die Daten des Beispiels von Tab. 9.2 zum Zusammenhang zwischen Belohnungshöhe und Lösungsgeschwindigkeit erfüllen hinreichend die Voraussetzungen des Tukey-Tests: Die Stichprobenumfänge sind gleich, und die Unterschiede zwischen den Stichprobenvarianzen sowie die Verteilungen in den Gruppen widersprechen nicht der Annahme varianzhomogener, normalverteilter Populationen. Es soll nun geprüft werden, zwischen welchen der vier Mittelwerte statistisch signifikante Unterschiede vorliegen. Entsprechend dem in Abschnitt 9.8 bei der Varianzanalyse gewählten Fehler-I-Risiko von 0,05 setzen wir beim Tukey-Test α_F = 0,05.

Für das *Mittlere Quadrat Innerhalb* hatten wir einen Wert von MQ_I = 12,845 berechnet (Tab. 9.5). Dann ergibt sich für die in Formel <11.5> benötigte Nennergröße $\sqrt{(MQ_I/n)} = \sqrt{(12,845/12)}$ = 1,035. Dies setzen wir in die Prüfgröße bei den einzelnen Kontrasten ein und erhalten gemäß <11.5>:

K_1: Q_1 = 3,250/1,035 = 3,140	K_4: Q_4 = 7,000/1,035 = 6,763
K_2: Q_2 = 3,750/1,035 = 3,623	K_5: Q_5 = 5,667/1,035 = 5,475
K_3: Q_3 = 1,917/1,035 = 1,852	K_6: Q_6 = 8,917/1,035 = 8,615

Zum Test der Nullhypothesen benötigen wir den kritischen Wert für α_F = 0,05, J = 4 und FG = 4·(12-1) = 44. Da der Wert für 44 Freiheitsgrade in Tab. H nicht aufgeführt ist, prüfen wir bei FG = 40; hier ist Q_k = 3,791. Da Q_4, Q_5 und Q_5 jeweils größer als Q_k sind, werden die Nullhypothesen bei den Kontrasten K_4, K_5 und K_6 zurückgewiesen. Die Unterschiede zwischen den Mitteln M_1 und M_3, M_2 und M_4 sowie M_1 und M_4 sind somit statistisch signifikant.

Die Darstellung der Ergebnisse von multiplen Mittelwertsvergleichen erfolgt im Fall J $\geq$ 4 am übersichtlichsten in Form einer Matrix wie in Tab. 11.2. Bei Mittelwerten, zwischen denen ein bedeutsamer Unterschied besteht, wird dies durch einen Stern o.ä. kenntlich gemacht. Auch auf die nachfolgende Art können die Befunde paarweiser Tests wiedergegeben werden:

Bedingung:	00 DM [A]	10 DM [B]	20 DM [C]	30 DM [D]
Mittel :	16,3 c	13,0 d	9,3	7,3 a

Durch die entsprechenden Buchstaben hinter den Mittelwerten wird hierbei angezeigt, von welchen anderen Gruppenmitteln sich diese signifikant unterscheiden. Diese Darstellungsform ist platzsparend und deshalb besonders geeignet, wenn bei mehreren abhängigen Variablen jeweils multiple Vergleiche zwischen den Mitteln durchgeführt wurden.

Der Test der K = 6 Nullhypothesen hätte sich auch über die Berechnung der kritischen Differenz nach <11.8> durchführen lassen. Es ergäbe sich dann (unter Verwendung von Q_k für FG = 40): KD = 3,791·$\sqrt{}$(12,845/12) = 3,922. Erwartungsgemäß übersteigen bei den Kontrasten K_4, K_5 und K_6 die Beträge der Mittelwertsdifferenzen den Wert von KD. Die Nullhypothese wird deshalb in diesen Fällen zurückgewiesen.

Die Berechnung von Konfidenzintervallen für die J·(J-1)/2 Populationsdifferenzen $\mu_j-\mu_{j'}$ ist zwar relativ selten von Interesse, sie soll jedoch übungshalber durchgeführt werden. Wir setzen C = 1-α_F = 0,95; als Q_k wird wieder der Wert für FG = 40 herangezogen. Durch die Verwendung von Q_k für 40 (statt 44) Freiheitsgrade ist die Wahrscheinlichkeit, daß sämtliche Intervalle den Wert der entsprechenden Populationsdifferenz enthalten werden, geringfügig größer als 95%. Es ist Q_k·$\sqrt{}$(MQ_I/n) = 3,791·$\sqrt{}$(12,845/12) = 3,922. Dies setzen wir jeweils in <11.8> ein und erhalten folgende Konfidenzintervalle:

K_1: 3,250 ± 3,922 = -0,7 bis 7,2 (Intervall für $\mu_1-\mu_2$)
K_2: 3,750 ± 3,922 = -0,2 bis 7,7 (Intervall für $\mu_2-\mu_3$)
K_3: 1,917 ± 3,922 = -2,0 bis 5,8 (Intervall für $\mu_3-\mu_4$)
K_4: 7,000 ± 3,922 = 3,1 bis 10,9 (Intervall für $\mu_1-\mu_3$)
K_5: 5,667 ± 3,922 = 1,7 bis 9,6 (Intervall für $\mu_2-\mu_4$)
K_6: 8,917 ± 3,922 = 5,0 bis 12,8 (Intervall für $\mu_1-\mu_4$)

Mit einer Sicherheit von 95% liegen die Werte der sechs Populationsdifferenzen $\mu_j-\mu_{j'}$ in den errechneten Bereichen. Erwartungsgemäß schließen die Intervalle bei den Kontrasten K_1, K_2 und K_3, die sich beim Hypothesentest (mit $\alpha_F = 0,05$) als nicht signifikant erwiesen haben, den Wert Null in ihren Grenzen ein.

11.6 Varianzhomoge Populationen, ungleiche Stichprobenumfänge: Der Tukey-Kramer-Test

Zur Durchführung von J·(J-1)/2 paarweisen Mittelwertsvergleichen im Fall ungleicher Stichprobenumfänge hat Kramer (1956) eine Modifikation des Tukey-Tests entwickelt, bei der in der nach Formel <11.5> bestimmten Prüfgröße $Q = |M_j-M_{j'}|/\sqrt{(MQ_I/n)}$ der Stichprobenumfang n bei den einzelnen Kontrasten jeweils durch das harmonische Mittel aus den in den Vergleich eingehenden Stichprobenumfängen n_j und $n_{j'}$ ersetzt wird. Das so entstandene Verfahren wird meist als *Tukey-Kramer-Test* bezeichnet. Es hat sich hinsichtlich der α_F- und Powerkontrolle gegenüber konkurrierenden Tests als überlegen erwiesen - sofern die Voraussetzungen erfüllt sind, daß die J Stichproben normalverteilten und insbesondere varianzhomogenen Populationen entstammen (Jaccard et al. 1984; Stoline 1981; Wilcox 1987). Sollte dagegen die Berechtigung der Annahme »$\sigma_1^2 = \sigma_2^2 = \ldots = \sigma_J^2$« zweifelhaft sein, dann ist der in Abschnitt 11.8 behandelte Test von Games & Howell (1976) heranzuziehen.

Das harmonische Mittel der Stichprobenumfänge n_j und $n_{j'}$ berechnet sich wie folgt (vgl. Diehl & Kohr 1982, S.85):

<11.10> $HM = 2/(1/n_j + 1/n_{j'})$

Diesen Wert setzen wir in Formel <11.5> ein und bezeichnen die so entstehende Prüfgröße des Tukey-Kramer-Tests mit »Q*«:

<11.11> $$Q^* = \frac{|M_j - M_{j'}|}{\sqrt{[MQ_I \cdot (1/n_j + 1/n_{j'})/2]}} \qquad FG = N-J$$

M_j ; $M_{j'}$: Die den Kontrast bildenden Mittel der Gruppen j und j'
n_j ; $n_{j'}$: Umfänge der Gruppen j und j'
MQ_I : Mittleres Quadrat Innerhalb gemäß <9.33>;<9.36>
J ; N : Anzahl der Gruppen; Gesamtzahl der Werte (Σn_j)
N-J : Freiheitsgrade von MQ_I.

Der errechnete Wert von Q* wird wieder über die Verteilung des *studentisierten Range* geprüft. Die auf den Kontrast bezogene Nullhypothese wird dabei zurückgewiesen (und $H_1:\mu_j \neq \mu_{j'}$ angenommen), wenn $Q^* > Q_k$ ist. Im Fall von $Q^* \leq Q_k$ wird dagegen $H_0:\mu_j=\mu_{j'}$ beibehalten. Der kritische Wert Q_k läßt sich dem durch »α_F« definierten Teil von Tab. H entnehmen. Er befindet sich dort im Schnittpunkt von Spalte »J« und Zeile »FG«.

Im Fall gleicher Stichprobenumfänge ist die Prüfgröße des Tukey-Kramer-Tests mit der des Tukey-Tests identisch:

$$\langle 11.12\rangle \quad Q^* = \frac{|M_j - M_{j'}|}{\sqrt{[MQ_I \cdot (1/n + 1/n)/2]}} = \frac{|M_j - M_{j'}|}{\sqrt{(MQ_I/n)}} = Q \qquad n_j = n_{j'} = n$$

Auch beim Tukey-Kramer-Test werden die $J \cdot (J-1)/2$ paarweisen Vergleiche im Prinzip mit einer uns bekannten Prüfgröße durchgeführt. Betrachten wir als erstes wieder den Fall von $J = 2$ (ungleich großen) Stichproben ($n_j = n_1$; $n_{j'} = n_2$). Zum Vergleich der Mittel hatten wir im Rahmen des T-Tests für unabhängige Stichproben gemäß <6.4> folgende Prüfgröße bestimmt:

$$\langle 11.13\rangle \quad T_{um} = \frac{|M_1 - M_2|}{\sqrt{[V_I \cdot (1/n_1 + 1/n_2)]}} = \frac{|M_1 - M_2|}{\sqrt{[MQ_I \cdot (1/n_1 + 1/n_2)]}}$$

Wenn wir nun die in <11.11> bestimmte Größe Q^* etwas umschreiben,

$$\langle 11.14\rangle \quad Q^* = \frac{|M_1 - M_2|}{(1/\sqrt{2}) \cdot \sqrt{[MQ_I \cdot (1/n_1 + 1/n_2)]}} = \frac{|M_1 - M_2| \cdot \sqrt{2}}{\sqrt{[MQ_I \cdot (1/n_1 + 1/n_2)]}}$$

so erkennen wir, daß zwischen Q^* und T_{um} folgende Beziehung besteht:

$$\langle 11.15\rangle \quad Q^* = T_{um} \cdot \sqrt{2} \quad \text{bzw.} \quad T_{um} = Q^*/\sqrt{2}$$

Die Freiheitsgrade von T_{um} und Q^* betragen jeweils $(n_1-1) \cdot (n_2-1) = N-2$. Im Zwei-Gruppen-Fall ist somit der Tukey-Kramer-Test mit dem T-Test für unabhängige (ungleich große) Stichproben hinsichtlich der Prüfung von $H_0{:}\mu_1 = \mu_2$ (gegen $H_1{:}\mu_1 \neq \mu_2$) identisch. Dieser Sachverhalt ist analog zu der in Abschnitt 11.4 bei gleichen Stichprobenumfängen festgestellten Beziehung zwischen Tukey-Test und T-Test, so daß die dortigen Ausführungen auf den jetzigen Fall übertragbar sind.

Auch das Tukey-Kramer-Verfahren besteht somit im Prinzip aus multiplen paarweisen Vergleichen mittels der beim T-Test verwendeten Prüfgröße. Von der Durchführung $J \cdot (J-1)/2$ paarweiser T-Tests gemäß <11.13> unterscheidet es sich jedoch hinsichtlich zweier Aspekte: (1) Beim Tukey-Kramer-Test wird bei allen Kontrasten mit dem an den Gesamtdaten berechneten MQ_I (mit FG = N-J) gearbeitet, während bei den paarweisen T-Tests MQ_I jeweils aufgrund der $n_j + n_{j'}$ Werte berechnet würde. Im Prinzip könnte man hier jedoch auch das aufgrund der N Werte bestimmte MQ_I verwenden. (2) Beim Tukey-Kramer-Test wird α_F auf einen relativ niedrigen Wert von z.B. 0,05 oder 0,01 gesetzt und das auf den Einzelvergleich bezogene Fehler-I-Risiko α_V entsprechend vermindert, und zwar um so mehr, je größer J, die Anzahl der Mittelwerte (Gruppen) ist. Bei der Durchführung von $J \cdot (J-1)/2$ paarweisen T-Tests (auf den üblichen Signifikanzniveaus wie 0,05 oder 0,01) würde dagegen (primär) α_V festgesetzt, während das auf die Gesamtheit der Vergleiche bezogene Fehler-I-Risiko nicht exakt kontrolliert ist und mit zunehmender Anzahl der Gruppen auf ein Niveau steigt, das weit über dem beim Tukey-Kramer-Test üblicherweise tolerierten α_F-Risiko liegt.

Neben der Prüfung der Mittelwertsdifferenzen durch einen Vergleich von Q^* mit Q_k besteht auch beim Tukey-Kramer-Test die alternative Möglichkeit, für die $J \cdot (J-1)/2$ Kontraste eine *kritische Differenz (KD)* zu berechnen, die der Betrag von M_j-$M_{j'}$ zur Zurückweisung von H_0:μ_j=$\mu_{j'}$ jeweils überschreiten muß. Sie wird wie folgt bestimmt:

<11.16> $KD = Q_k \cdot \sqrt{[MQ_I \cdot (1/n_j + 1/n_{j'})/2]}$

Hierbei ist Q_k der kritische Wert für α_F, J und FG = N-J aus Tab. H. Die Nullhypothese wird beibehalten, wenn $|M_j - M_{j'}| \leq KD$ ist.

Die Tukey-Kramer-Methode ermöglicht weiterhin die Errichtung von *simultanen Konfidenzintervallen* für die J·(J-1)/2 Populationsdifferenzen. Das [1-α_F]-Vertrauensintervall für μ_j-$\mu_{j'}$ wird dabei wie folgt bestimmt:

<11.17> $M_j - M_{j'} \pm Q_k \cdot \sqrt{[MQ_I \cdot (1/n_j + 1/n_{j'})/2]}$ $\qquad [= M_j - M_{j'} \pm KD]$

Hierbei ist Q_k der kritische Wert für α_F, J und FG = N-J aus Tab. H. Mit einer Sicherheit von 1-α_F enthalten sämtliche Intervalle den Wert der entsprechenden Populationsdifferenz μ_j-$\mu_{j'}$. Im Gegensatz zu den Intervallen im Fall gleicher Stichproben sind die nach <11.17> errichteten Vertrauensbereiche (z.T.) unterschiedlich groß.

Bei der von Kramer (1956) am Tukey-Test vorgenommenen Modifikation wird in der Prüfgröße $Q = |M_j - M_{j'}|/\sqrt{(MQ_I/n)}$ der Stichprobenumfang n jeweils durch das harmonische Mittel aus n_j und $n_{j'}$ ersetzt. Dieser Tukey-Kramer-Test darf nun nicht mit einem Verfahren verwechselt werden, bei dem für n das harmonische Mittel aus sämtlichen J Stichprobenumfängen ($n_1, n_2, \ldots, n_J$) eingesetzt wird (z.B. Winer 1971, S.216). Diese auch als *Harmonic Mean Procedure* bezeichnete Methode (Keselman & Rogan 1977) - die im übrigen nur für Fälle empfohlen wird, bei denen die Stichprobenumfänge nicht zu stark differieren - ist jedoch dem Tukey-Kramer-Test generell unterlegen und sollte deshalb nicht zur Prüfung der J·(J-1)/2 Kontraste herangezogen werden.

11.7 Berechnung des Tukey-Kramer-Tests für das Beispiel von Tabelle 9.1

Bei den Daten des Beispiels von Tab. 9.1 zum Zusammenhang zwischen Schulbildung und Körperhöhe sind die Voraussetzungen des Tukey-Kramer-Tests hinreichend erfüllt: Die Unterschiede zwischen den Stichprobenvarianzen sowie die Verteilungen in den Gruppen widersprechen nicht der Annahme varianzhomogener, normalverteilter Populationen. Es soll nun geprüft werden, zwischen welchen der Schulbildungsgruppen statistisch bedeutsame Unterschiede in der durchschnittlichen Körperhöhe bestehen. Entsprechend dem in Abschnitt 9.8 bei der Varianzanalyse gewählten Fehler-I-Risiko von α = 0,01 setzen wir beim Tukey-Kramer-Test α_F = 0,01.

Für das Mittlere Quadrat Innerhalb (MQ_I) hatten wir einen Wert von 44,613 berechnet (Tab. 9.4). Für die drei möglichen Kontraste erhalten wir dann durch Einsetzen in <11.11> folgende Prüfwerte:

$$K_1 \ (|M_1 - M_2| = 2{,}126): \quad Q^*_1 = \frac{|175{,}398 - 177{,}524|}{\sqrt{[44{,}613 \cdot (1/216 + 1/147)/2]}} = 4{,}210$$

$$K_2\ (|M_1-M_3| = 3{,}625):\quad Q^*_2 = \frac{|175{,}398 - 179{,}023|}{\sqrt{[44{,}613\cdot(1/216 + 1/264)/2]}} = 8{,}366$$

$$K_3\ (|M_2-M_3| = 1{,}499):\quad Q^*_3 = \frac{|177{,}524 - 179{,}023|}{\sqrt{[44{,}613\cdot(1/147 + 1/264)/2]}} = 3{,}084$$

Zum Test der Nullhypothesen benötigen wir den kritischen Wert für $\alpha_F = 0{,}01$, $J = 3$ und $FG = N-J = 627-3 = 624$. Da 624 Freiheitsgrade in Tab. H nicht angeführt sind, prüfen wir bei FG = 120; hier ist $Q_k = 4{,}200$. Da Q^*_1 und Q^*_2 jeweils größer als Q_k sind, wird H_0 bei diesen Kontrasten zurückgewiesen. Die Ergebnisse des Tukey-Kramer-Tests können wie folgt dargestellt werden:

Bildungsgruppe:	Hauptschule [A]	Mittlere Reife [B]	Abitur [C]
Mittel :	175,4	177,5 a	179,0 a

Die Personen mit *Hauptschulabschluß* sind im Durchschnitt signifikant kleiner als die Personen mit den Abschlüssen *Mittlere Reife* und *Abitur*. Die beiden oberen Bildungsgruppen unterscheiden sich dagegen bei ($\alpha_F = 0{,}05$) in ihrer durchschnittlichen Körperhöhe nicht bedeutsam.

Eine Prüfung der drei Nullhypothesen hätte auch durch einen Vergleich der Kontraste mit den nach <11.16> bestimmten kritischen Differenzen erfolgen können. Es ist (bei FG = 120):

$$KD_1 = 4{,}20\cdot\sqrt{[44{,}613\cdot(1/216 + 1/147)/2]} = 2{,}121 < |M_1-M_2| = 2{,}126^*$$
$$KD_2 = 4{,}20\cdot\sqrt{[44{,}613\cdot(1/216 + 1/264)/2]} = 1{,}820 < |M_1-M_3| = 3{,}625^*$$
$$KD_3 = 4{,}20\cdot\sqrt{[44{,}613\cdot(1/147 + 1/264)/2]} = 2{,}041 > |M_2-M_3| = 1{,}499$$

Da bei den Kontrasten K_1 und K_2 die Beträge der Mittelwertsunterschiede größer sind als die kritischen Differenzen, wird hier $H_0{:}\mu_1=\mu_2$ bzw. $H_0{:}\mu_1=\mu_3$ zurückgewiesen.

Die Berechnung der 99%-Konfidenzintervalle für die drei (paarweisen) Populationsdifferenzen $\mu_j-\mu_{j'}$ gemäß Formel <11.17> ergibt folgende Grenzen (Q_k für FG = 120; Intervall: $M_j-M_{j'} \pm KD$):

K_1: 2,126 ± 2,121 = 0,01 bis 4,2 (Intervall für $\mu_1-\mu_2$)
K_2: 3,625 ± 1,820 = 1,8 bis 5,4 (Intervall für $\mu_1-\mu_3$)
K_3: 1,499 ± 2,041 = -0,5 bis 3,5 (Intervall für $\mu_2-\mu_3$)

Erwartungsgemäß schließt das 99%-Intervall beim Kontrast K_3, der sich beim Hypothesentest (mit $\alpha_F = 0{,}01$) als nicht signifikant erwiesen hat, den Wert Null in seinen Grenzen ein.

11.8 Varianzheterogene Populationen: Der Games-Howell-Test

Für die Durchführung von $J\cdot(J-1)/2$ paarweisen Mittelwertsvergleichen im Fall ungleicher Populationsvarianzen steht ein Test von Games & Howell (1976) zur Verfügung, der seine Eignung in mehreren Simulationsstudien unter Beweis gestellt hat und allgemein (neben anderen Verfahren) empfohlen wird (Jaccard et al. 1984; Keselman & Rogan 1977, 1978; Keselman et al. 1979; Stoline 1981;

Tamhane 1979). Er ist eine Modifikation des Tukey-Tests, so daß die Beurteilung der errechneten Prüfwerte wieder über die Verteilung des *studentisierten Range* erfolgt. Das Verfahren setzt voraus, daß die Stichproben normalverteilten Populationen entstammen. Zur Entscheidung über $H_0{:}\mu_j=\mu_{j'}$ wird folgende Größe bestimmt:

<11.18> $$Q^+ = \frac{|M_j - M_{j'}|\cdot\sqrt{2}}{\sqrt{(V_j/n_j + V_{j'}/n_{j'})}}$$ mit den Freiheitsgraden:

<11.19> $$FG = \frac{(V_j/n_j + V_{j'}/n_{j'})^2}{(V_j/n_j)^2/(n_j - 1) + (V_{j'}/n_{j'})^2/(n_{j'} - 1)}$$

M_j ; $M_{j'}$: Die den Kontrast bildenden Mittel der Gruppen j und j'
V_j ; V_j : Varianzen der Gruppen j und j'
n_j ; $n_{j'}$: Umfänge der Gruppen j und j'

Für die Berechnung empfiehlt es sich, als erstes jeweils die Größen $D_j = V_j/n_j$ und $D_{j'} = V_{j'}/n_{j'}$ zu bestimmen und in die nachfolgenden Formeln einzusetzen:

<11.20> $$Q^+ = \frac{|M_j - M_{j'}|\cdot\sqrt{2}}{\sqrt{(D_j + D_{j'})}}$$ <11.21> $$FG = \frac{(D_j + D_{j'})^2}{D_j^2/(n_j - 1) + D_{j'}^2/(n_{j'} - 1)}$$

Wenn die Gruppenumfänge gleich sind ($n_j = n_{j'} = n$), dann vereinfachen sich <11.18> und <11.19> zu

<11.22> $$Q^+ = \frac{|M_j - M_{j'}|\cdot\sqrt{2}}{\sqrt{[(V_j + V_{j'})/n]}}$$ <11.23> $$FG = \frac{(V_j + V_{j'})^2\cdot(n-1)}{V_j^2 + V_{j'}^2}$$

Die auf den Kontrast M_j-$M_{j'}$ bezogene Nullhypothese wird zurückgewiesen (und $H_1{:}\mu_j\neq\mu_{j'}$ angenommen), wenn $Q^+ > Q_k$ ist. Im Fall von $Q^+ \leq Q_k$ wird dagegen H_0: $\mu_j=\mu_{j'}$ beibehalten. Der kritische Wert Q_k läßt sich dem durch »α_F« definierten Teil von Tab. H entnehmen. Er befindet sich dort im Schnittpunkt von Spalte »J« (Anzahl der Gruppen) und Zeile »FG«. Für das Aufsuchen von Q_k wird ein über <11.21> bzw. <11.23> bestimmter FG-Wert abgerundet.

Wenn wir die beim Games-Howell-Test zu bestimmende Größen Q^+ und FG mit dem in Abschnitt 6.2 besprochenen Welch-Test vergleichen, dann erkennen wir bei einer Gegenüberstellung von <6.10> mit <11.19> und <6.9> mit <11.18>, daß die Anzahl der Freiheitsgrade identisch ist und zwischen den Prüfgrößen beider Verfahren folgende Beziehung besteht:

<11.24> $Q^+ = W\cdot\sqrt{2}$ bzw. $W = Q^+/\sqrt{2}$

Der Unterschied zwischen der Prüfung der $J\cdot(J-1)/2$ Kontraste mittels Games-Howell-Test und der Durchführung sämtlicher paarweiser W-Tests ist nun wieder der gleichen Art wie bei den in Abschnitt 11.4 und 11.6 vorgenommenen Gegenüberstellungen des Tukey- und Tukey-Kramer-Tests mit den jeweiligen T-Test-Entsprechungen. Beim Verfahren von Games & Howell wird das Fehler-I-Risiko für die Gesamtheit ("Familie") der Vergleiche auf einen Wert von α_F = a gesetzt (und α_V entsprechend gesenkt), während bei multiplen W-Tests α_V = a wäre und α_F einen um so höheren (und nicht exakt bestimmbaren) Wert annehmen würde, je größer die Anzahl der Gruppen ist. Beim Games-Howell-Test werden somit die zur Zurückweisung von $H_0:\mu_j=\mu_{j'}$ zu überschreitenden kritischen Werte mit zunehmender Gruppenzahl J immer größer, während bei den multiplen W-Tests das errechnete W unabhängig von der Anzahl der Kontraste jeweils an Hand von $Q_k/\surd 2$ für J = 2 (bzw. an Hand von T_k) beurteilt würde.

Statt der Prüfung der Mittelwertsdifferenzen durch einen Vergleich von Q^+ mit Q_k ist es auch möglich, für die $J\cdot(J-1)/2$ Kontraste eine *Kritische Differenz (KD)* zu berechnen, die der Betrag von $M_j-M_{j'}$ zur Zurückweisung von $H_0:\mu_j=\mu_{j'}$ jeweils überschreiten muß. Sie wird wie folgt bestimmt:

<11.25> $KD = Q_k\cdot\surd[(V_j/n_j + V_{j'}/n_{j'})/2]$

Hierbei ist Q_k der kritische Wert für α_F, J und FG = <11.19> bzw. <11.23> aus Tab. H. Die Nullhypothese wird beibehalten, wenn $|M_j-M_{j'}| \leq KD$ ist.

Die Games-Howell-Methode ermöglicht weiterhin die Errichtung von *simultanen Konfidenzintervallen* für die $J\cdot(J-1)/2$ Populationsdifferenzen. Das $[1-\alpha_F]$-Konfidenzintervall für $\mu_j-\mu_{j'}$ wird wie folgt bestimmt:

<11.26> $M_j - M_{j'} \pm Q_k\cdot\surd[(V_j/n_j + V_{j'}/n_{j'})/2]$ $[= M_j - M_{j'} \pm KD]$

Hierbei ist Q_k der kritische Wert für α_F, J und FG = <11.19> bzw. <11.23> aus Tab. H. Mit einer Sicherheit von $C = 1-\alpha_F$ enthalten sämtliche Intervalle den Wert der entsprechenden Populationsdifferenz $\mu_j-\mu_{j'}$.

11.9 Berechnung des Games-Howell-Tests für das Beispiel von Tabelle 10.1

Die Daten des Beispiels von Tab. 10.1 zum Zusammenhang zwischen Hintergrundmusik und Lernleistung ergaben keine Hinweise, daß die Annahme normalverteilter Populationen verletzt sein könnte. Da zwischen den Stichprobenvarianzen bedeutsame Unterschiede bestehen, ist der Test von Games & Howell das geeignete Verfahren zur Feststellung, welche der Gruppenmittel signifikant voneinander differieren. Entsprechend dem beim Brown-Forsythe- und Welch-JM-Test gewählten Fehler-I-Risiko von α = 0,05 setzen wir α_F ebenfalls auf 0,05. Bei den Berechnungen gehen wir von den Werten von Tab. 10.2 aus. Für die Kontraste und die in <11.20> und <11.21> benötigten Größen D_j und $D_{j'}$ ergeben sich die folgenden Werte:

K_1: |30,6500 - 24,1364| = 6,5136 D_1 = 10,5553/20 = 0,5278
K_2: |30,6500 - 25,0000| = 5,6500 D_2 = 49,5520/22 = 2,2524
K_3: |24,1364 - 25,0000| = 0,8636 D_3 = 12,3000/21 = 0,5857

Die Prüfung des Kontrasts $K_1:M_1-M_2$ (Keine Musik vs. Popmusik) ergibt dann:

$Q_1^+ = (6{,}5136\cdot\surd 2)/\surd(0{,}5278 + 2{,}2524) = 5{,}525$
$FG_1 = (0{,}5278 + 2{,}2524)^2/(0{,}5278^2/19 + 2{,}2524^2/21) = 30{,}164$

Zum Test von $H_0:\mu_1=\mu_2$ vergleichen wir Q_1^+ mit $Q_k = 3,486$ (kritischer Wert für $\alpha_F = 0,05$, $J = 3$ und $FG = 30$). Da $Q_1^+ > Q_k$ ist, wird die Nullhypothese zurückgewiesen.

Die Prüfung des Kontrasts $K_2:M_1-M_3$ (Keine Musik vs. Klassik) ergibt:

$Q_2^+ = (5,6500 \cdot \sqrt{2})/\sqrt{(0,5278 + 0,5857)} = 7,572$

$FG_2 = (0,5278 + 0,5857)^2/(0,5278^2/19 + 0,5857^2/20) = 38,973$

Da in Tab. H der kritische Wert für FG = 38 nicht enthalten ist, vergleichen wir Q_2^+ ebenfalls mit $Q_k = 3,486$ (FG = 30). Es ist $Q_2^+ > Q_k$; $H_0:\mu_1=\mu_3$ wird deshalb zurückgewiesen.

Die Analyse des Kontrasts $K_3:M_2-M_3$ (Popmusik vs. Klassik) ergibt:

$Q_3^+ = (0,8636 \cdot \sqrt{2}/\sqrt{(2,2524 + 0,5857)} = 0,725$

$FG_3 = (2,2524 + 0,5857)^2/(2,2524^2/21 + 0,5857^2/20) = 31,131$

Da 31 Freiheitsgrade in Tab. H nicht angeführt sind, ziehen wir den kritischen Wert für $\alpha_F = 0,05$, $J = 3$ und $FG = 40$ heran. Es ist $Q_3^+ < Q_k = 3,442$. Da H_0: $\mu_2=\mu_3$ bei diesem (höheren) FG-Wert beibehalten werden muß, wäre eine Zurückweisung bei FG = 31 erst recht nicht möglich. Die Ergebnisse der multiplen Mittelwertsvergleiche lassen sich wie folgt darstellen:

Bedingung:	Keine Musik [A]	Popmusik [B]	Klassik [C]
Mittel :	30,7	24,1 a	25,0 a

Bei beiden Arten von Musik ist die durchschnittliche Lernleistung signifikant schlechter als unter der Bedingung ohne Hintergrundmusik. Die mittleren Lernleistungen unter Pop-Musik und Klassik sind dagegen (bei $\alpha_F = 0,05$) nicht bedeutsam verschieden.

Die Prüfung der Kontraste hätte sich auch über einen Vergleich mit den kritischen Differenzen vornehmen lassen. Unter Verwendung von $FG_1 = 30$, $FG_2 = 30$ und $FG_3 = 40$ ergeben sich folgende KD-Werte:

$KD_1 = 3,486 \cdot \sqrt{[(0,5278 + 0,5857)/2]} = 2,601 < |M_1-M_2| = 6,514$
$KD_2 = 3,486 \cdot \sqrt{[(0,5278 + 2,2524)/2]} = 4,110 < |M_1-M_3| = 5,650$
$KD_3 = 3,442 \cdot \sqrt{[(2,2524 + 0,5857)/2]} = 4,100 > |M_2-M_3| = 0,864$

Da bei den Kontrasten K_1 und K_2 die Beträge der Mittelwertsunterschiede größer sind als die kritischen Differenzen, wird hier $H_0:\mu_1=\mu_2$ bzw. $H_0:\mu_1=\mu_3$ zurückgewiesen.

Die Berechnung der 95%-Konfidenzintervalle für die drei (paarweisen) Populationsdifferenzen gemäß Formel <11.26> ergibt bei Verwendung von $FG_1 = 30$, $FG_2 = 40$ und $FG_3 = 30$ folgende Grenzen:

K_1: $6,514 \pm 3,486 \cdot \sqrt{(1,1135/2)}$ = 3,9 bis 9,1 (Intervall für $\mu_1-\mu_2$)
K_2: $5,650 \pm 3,442 \cdot \sqrt{(2,7802/2)}$ = 1,6 bis 9,7 (Intervall für $\mu_1-\mu_3$)
K_3: $0,864 \pm 3,486 \cdot \sqrt{(2,8381/2)}$ = -3,3 bis 5,0 (Intervall für $\mu_2-\mu_3$).

11.10 Vergleich des Tukey-(Kramer-)Tests mit anderen Verfahren für multiple Mittelwertsvergleiche

Es sind in diesem Kapitel drei Verfahren vorgestellt worden, mit denen sich sämtliche paarweisen Mittelwertsvergleiche durchführen lassen. Die Auswahl des geeigneten Tests erfolgte dabei in Abhängigkeit davon, ob gleiche oder ungleiche Stichprobenumfänge vorliegen und ob die Annahme homogener Populationsvarianzen gerechtfertigt ist oder nicht. Wir haben jedoch zu Beginn des Kapitels darauf hingewiesen, daß inzwischen eine sehr große Anzahl von Verfahren für multiple Mittelwertsvergleiche zu Verfügung steht. Dies gilt insbesondere für den Fall varianzhomogener Populationen (und gleicher Stichprobenumfänge). Für diese Situation haben wir den Tukey-Test (bzw. seine von Kramer für ungleiches n vorgenommene Modifikation) empfohlen.

Da jedoch in Publikationen eine Reihe weiterer Tests häufige Erwähnung findet und die meisten Statistik-Programmpakete auch mehrere Verfahren zum paarweisen Vergleich sämtlicher Mittelwerte anbieten, sollen im nachfolgenden einige Tests mit der Methode von Tukey (-Kramer) verglichen und hinsichtlich ihrer konzeptionellen Unterschiede diskutiert werden. Dabei greifen wir die sechs Verfahren heraus, die mit der SPSS-Prozedur ONEWAY (neben dem Tukey/Kramer-Test) durchgeführt werden können (Schubö & Uehlinger 1984, S. 315ff; SPSS Inc. 1986, Kap. 27). Sie stellen eine recht vollständige Auswahl der in der Forschung verwendeten Tests dar (vgl. Davis & Gaito 1984, Tab. 1).

Um die Untersuchung der Methoden anschaulich zu gestalten, gehen wir von dem im unteren Teil von Tab. 11.3 angeführten Zahlenbeispiel aus. Es sind hier J = 5 Gruppen zu je n = 4 Werten gegeben. Die Unterschiede zwischen den Stichprobenvarianzen erweisen sich als insignifikant. Die Varianzanalyse zeigt mit einem auf dem 5%-Niveau signifikanten F-Wert an, daß statistisch bedeutsame Unterschiede zwischen den Gruppenmitteln bestehen. Mit der SPSS-Prozedur ONEWAY wurden nun mit sämtlichen der angebotenen Verfahren jeweils $J \cdot (J-1)/2 = 10$ paarweise Mittelwertvergleiche bei Alpha = 0,05 durchgeführt. Die Ergebnisse sind im oberen Teil von Tab. 11.3 wiedergegeben. Mit der Bezeichnung »Alpha« (statt »α«) machen wir im folgenden kenntlich, daß es sich um den beim Programm ONEWAY als »Signifikanzniveau« gewählten Wert handelt.

Die Anzahl der von den sieben Verfahren bei Alpha = 0,05 als signifikant erklärten Kontraste erweist sich dabei z.T. als sehr unterschiedlich; sie schwankt zwischen sechs und zwei. Um dies erklären zu können, bedarf es einiger Erläuterungen zu den einzelnen Methoden. Gemeinsam ist ihnen die Annahme varianzhomogener Populationen und die (im Fall gleicher bzw. ungleicher Stichprobenumfänge) zum Test von $H_0: \mu_j = \mu_{j'}$ zu berechnende Prüfgröße (»PG«):

<11.28> $$PG = \frac{|M_j - M_{j'}|}{\sqrt{(MQ_I/n)}} = T_{um} \cdot \sqrt{2} = \text{<11.5>} \qquad FG = N-J$$

<11.29> $$PG = \frac{|M_j - M_{j'}|}{\sqrt{[MQ_I \cdot (1/n_j + 1/n_{j'})/2]}} = T_{um} \cdot \sqrt{2} = \text{<11.11>}$$

TABELLE 11.3 Ergebnisse von sieben Verfahren zur Durchführung sämtlicher paarweiser Mittelwertsvergleiche (■ = signifikanter Kontrast). Ausgabe des SPSS-Programms ONEWAY für das im unteren Teil angeführte Zahlenbeispiel; Signifikanzniveau jeweils Alpha = 0,05.

Mittel	2,0	3,5	4,3	4,8	SPSS-Testbezeichnung / Kritische Werte
3,5	-				[1] LSD: Least significant difference
4,3	■	-			
4,8	■	-	-		
6,8	■	■	■	■	$3,01^{<2>}$ $3,01^{<3>}$ $3,01^{<4>}$ $3,01^{<5>}$
3,5	-				[2] DUNCAN: Duncan's multiple range test
4,3	■	-			
4,8	■	-	-		
6,8	■	■	■	■	$3,01^{<2>}$ $3,16^{<3>}$ $3,26^{<4>}$ $3,31^{<5>}$
3,5	-				[3] SNK: Student-Newman-Keuls
4,3	■	-			
4,8	■	-	-		
6,8	■	■	■	■	$3,02^{<2>}$ $3,67^{<3>}$ $4,07^{<4>}$ $4,37^{<5>}$
3,5	-				[4] TUKEYB: Tukey's alternate procedure
4,3	-	-			
4,8	■	-	-		
6,8	■	■	■	-	$3,69^{<2>}$ $4,02^{<3>}$ $4,22^{<4>}$ $4,37^{<5>}$
3,5	-				[5] TUKEY: Honestly significant difference
4,3	-	-			
4,8	■	-	-		
6,8	■	■	■	-	$4,37^{<2>}$ $4,37^{<3>}$ $4,37^{<4>}$ $4,37^{<5>}$
3,5	-				[6] LSDMOD: Modified LSD
4,3	-	-			
4,8	■	-	-		
6,8	■	■	-	-	$4,65^{<2>}$ $4,65^{<3>}$ $4,65^{<4>}$ $4,65^{<5>}$
3,5	-				[7] SCHEFFE: Scheffé's test
4,3	-	-			
4,8	-	-	-		
6,8	■	■	-	-	$4,94^{<2>}$ $4,94^{<3>}$ $4,94^{<4>}$ $4,94^{<5>}$

Gruppe	[A]	[B]	[C]	[D]	[E]	Varianzanal.
Werte	1-2-2-3	2-3-4-5	3-4-4-6	4-4-5-6	5-7-7-8	MQ_I = 1,283
M	2,000	3,500	4,250	4,750	6,750	
V	0,667	1,667	1,583	0,917	1,583	F = 9,448
n	4	4	4	4	4	P(F) < 0,001

Wie wir sehen, handelt es sich hierbei um die Prüfgrößen des Tukey- bzw. des Tukey-Kramer-Tests. Unterschiedlich sind dagegen die kritischen Werte (»KW«), die zur Zurückweisung von $H_0:\mu_j=\mu_{j'}$ von einem Kontrast $|M_j-M_{j'}|$ überschritten werden müssen. Dabei ist zu unterscheiden zwischen Tests, bei denen alle K = $J\cdot(J-1)/2$ Kontraste mit einem einzigen kritischen Wert verglichen werden und Verfahren, bei denen die Höhe des kritischen Wertes davon abhängt, wie weit die den Vergleich bildenden Mittel M_j und $M_{j'}$ in dem der Größe nach geordneten Satz der J Mittel auseinanderliegen.

Betrachten wir dazu die Mittel der Gruppen [A] bis [E] im unteren Teil von Tab. 11.3; sie sind bereits der Größe nach geordnet. Bei dem unter [5] wiedergegebenen Tukey-Test ist es nun gleichgültig, ob der Kontrast $|M_A-M_C|$ oder der Vergleich $|M_A-M_E|$ geprüft wird, denn es ist jeweils KW = Q = 4,37 (FG = 15; J = 3; α_F = 0,05). Bei anderen Verfahren, wie dem häufig verwendeten Duncan-Test [2], werden diese Kontraste dagegen nicht gleichbehandelt.

Beim Vergleich $|M_A-M_E|$ muß hier berücksichtigt werden, daß M_A und M_E die Extreme eines Satzes von *fünf* (geordneten) Mittelwerten sind. Es ist deshalb der mit dem (hochgestellten) Index <5> versehene kritische Wert heranzuziehen. Beim Kontrast $|M_A-M_C|$ werden dagegen die Extreme eines Satzes von *drei* (geordneten) Mitteln betrachtet und der Prüfwert muß den mit <3> gekennzeichneten kritischen Wert überschreiten. Bei Vergleichen wie $|M_A-M_B|$, $|M_C-M_D|$ usf. steht hingegen jeweils ein Satz von *zwei* Mitteln unter Betrachtung, und $KW^{<2>}$ ist zum Test von $H_0:\mu_j=\mu_{j'}$ heranzuziehen. Für alle Verfahren, die mit unterschiedlichen kritischen Werten arbeiten, gilt, daß KW um so höher ausfällt, je weiter die Mittel des Kontrasts $|M_j-M_{j'}|$ auseinanderliegen.

Verfahren zur Prüfung aller paarweisen Mittelwertsdifferenzen werden in der Forschungspraxis meist nur dann eingesetzt, wenn in einem zuvor durchgeführten Test (z.B. der Varianzanalyse) die umfassende Hypothese $H_0:\mu_1=\mu_2=\ldots=\mu_J$ bei α zurückgewiesen wurde. Auch wir haben die drei Tests dieses Kapitels (zumindest implizit) als Teil einer derartigen zweistufigen Prozedur vorgestellt. Ein solches Vorgehen ist auch legitim.

Es muß jedoch betont werden, daß das Konzept der meisten Verfahren für multiple Vergleiche diesen Zweistufen-Prozeß nicht zum Bestandteil hat. So wird bei den in Tab. 11.3 angeführten Tests nur bei der LSD-Methode [1] die Durchführung der multiplen Mittelwertsvergleiche davon abhängig gemacht, daß sich in einer Varianzanalyse ein bei α signifikanter F-Wert ergeben hat. Mit den übrigen Methoden können dagegen die paarweisen Vergleiche vorgenommen werden, ohne daß vorher in einer Varianzanalyse die umfassende Hypothese $H_0:\mu_1=\mu_2=\ldots=\mu_J$ geprüft (und zurückgewiesen) worden ist.

Dieser Sachverhalt ist von Bedeutung, wenn es um die Betrachtung des α_F-Risikos geht, mit dem bei den einzelnen Verfahren gearbeitet wird. Hier setzt eine Bestimmung des Wertes von α_F voraus, daß nicht zuvor durch eine Varianzanalyse entschieden wird, ob multiple Mittelwertsvergleiche durchgeführt werden oder nicht.

[1] Least-Significant-Difference-Test (LSD-Test)

Hierbei handelt es sich um paarweise T-Tests, die auf dem gewählten Signifikanzniveau Alpha durchgeführt werden, wenn die vorausgehende Varianzanalyse einen bei Alpha signifikanten F-Wert ergeben hat (vgl. Kirk 1982, S.115f). Als Schätzung für σ_I^2 wird dabei entsprechend <11.28> bei jedem Vergleich das auf den Gesamtdaten beruhende $MQ_I = V_I$ mit N-J Freiheitsgraden verwendet. Für den vom Programm ausgegebenen kritischen Wert gilt: $KW = T_k(\text{Alpha-zs}) \cdot \sqrt{2}$. In unserem Fall von FG = 15 und Alpha = 0,05 ist somit $KW = 2{,}131 \cdot \sqrt{2} = 3{,}01$. Konzeptionell entspricht der beim Programm ONEWAY für die LSD-Methode gewählte Wert von Alpha dem Fehler-I-Risiko pro Vergleich (d.h.: Alpha = α_V).

Würde die Durchführung der $K = J \cdot (J-1)/2$ paarweisen T-Tests nicht von einem signifikanten F-Wert abhängig gemacht, dann wäre die Obergrenze für das auf die Gesamtheit der Vergleiche bezogene Fehler-I-Risiko α_F gleich $1-(1-\text{Alpha})^K$. Da in unserem Fall K = 10 ist, ergäbe sich $\alpha_F = 1-(1-0{,}05)^{10} = 0{,}40$. Mit einem derartig hohen Risiko wird bei der LSD-Methode jedoch nicht gearbeitet, da hier die Vorschaltung einer Varianzanalyse - zur Senkung des α_F-Risikos - ein Bestandteil der Prozedur ist.

[2] Duncan-Test

Die Durchführung dieses Verfahrens ist z.B. bei Diehl (1978, Kap. 3.4) und Kirk (1982, S.125f) beschrieben. Der Duncan-Test für sich genommen - d.h. ohne den "Filter" einer vorherigen Varianzanalyse - arbeitet bei Gültigkeit von $H_0: \mu_1 = \mu_2 = \ldots = \mu_J$ mit einem relativ hohen Risiko, zumindest bei einem der paarweisen Vergleiche $H_0: \mu_j = \mu_{j'}$ fälschlichweise zurückzuweisen. Es ist nämlich:

<11.30> $\alpha_F = 1 - (1 - \text{Alpha})^{J-1}$

Für unseren Fall von J = 5 und einem für ONEWAY gewählten Alpha von 0,05 ergibt dies $\alpha_F = 1-(1-0{,}05)^4 = 0{,}19$.

Die Beziehung <11.30> gilt es zu berücksichtigen, wenn es um die Wahl und Beurteilung des Wertes von Alpha geht. Beim Duncan-Test läßt sich zwar das α_F-Risiko über <11.30> bestimmen, der für Computer-Programme als auch für die Testdurchführung "per Hand" zu wählende Wert von Alpha gibt jedoch weder α_V noch α_F wieder. Gleiche Alpha-Werte bedeuten in Abhängigkeit von den Anzahl der Gruppen (J) unterschiedliche α_F-Niveaus. Ausgehend von Formel <11.30> ließe sich zwar ausrechnen, wie Alpha gewählt werden müßte, um mit einem bestimmten α_F-Risiko zu arbeiten. Für die praktische Anwendung hat dies jedoch keine Bedeutung, da die zum Duncan-Test existierenden Tabellen als auch Computer-Programme wie ONEWAY nur die Wahl "üblicher" Alpha-Werte (wie 0,05; 0,01; usf.) zulassen.

[3] Newman-Keuls-Test

Die Durchführung des Newman-Keuls-Test ist z.B. bei Diehl (1978, Kap. 3.3) und Kirk (1982, S.123f) beschrieben. Bei diesem Verfahren wird mit der Wahl von Alpha der Wert von α_F festgesetzt. Beim Vergleich der am weitesten auseinanderliegenden Mittelwerte - wenn also der Gesamtsatz der J geordneten Mittel unter Betrachtung steht - wird der gleiche kritische Wert wie beim Tukey-Test [5] herangezogen. Die übrigen kritischen Werte fallen dagegen um so niedriger aus, je näher die den Vergleich bildenden Mittel beieinanderliegen. In unserem Beispiel ist $4{,}37^{<5>}$ der kritische Wert aus Tab. H für J = 5 (α_F = 0,05; FG = 15), während KW = $4{,}07^{<4>}$, $3{,}67^{<3>}$ und $3{,}02^{<2>}$ die Tafelwerte für J = 4, 3 und 2 sind.

[4] Tukey-B-Test

Diese (alternative) Methode von Tukey ist z.B. bei Winer (1971, S.198f) beschrieben. Bei ihr wird ebenfalls zum Vergleich der am weitesten auseinanderliegenden Mittel der kritische Wert des Tukey-Tests [5] herangezogen. Die übrigen kritischen Werte verringern sich jedoch mit Anzahl der unter Betrachtung stehenden Mittel (J-1; J-2; usf.) nicht so stark wie beim Newman-Keuls-Test. Die kritischen Werte der Tukey-B-Methode sind jeweils das Mittel aus den entsprechenden kritischen Werten von Newman-Keuls-Test [3] und Tukey-Test [5], z.B.: $4{,}02^{<3>} = (4{,}37^{<3>} + 3{,}67^{<3>})/2$.

[5] Tukey-(Kramer)-Test

Der Tukey-Test arbeitet wie die Verfahren [3] und [4] mit einem Fehler-I-Risiko von α_F = Alpha. Die Wahrscheinlichkeit, im Fall der Gültigkeit von H_0: $\mu_1 = \mu_2 = \ldots = \mu_J$ bei einem oder mehreren der $K = J \cdot (J-1)/2$ Kontraste $H_0: \mu_j = \mu_{j'}$ fälschlicherweise zurückzuweisen, ist somit bei diesen drei Tests gleich. Berücksichtigt man jedoch nicht nur, ob bei den K Vergleichen ein Fehler I. Art begangen wird oder nicht, sondern auch noch deren Anzahl, dann ist beim Tukey-Test mit weniger derartigen Fehlentscheidungen zu rechnen als bei [4] und [3], da beim Tukey-Test die kritischen Werte konstant (hoch) bleiben, während sie bei der Tukey-B-Methode und beim Newman-Keuls-Test um so niedriger ausfallen, je näher die den Vergleich bildenden Mittel M_j und $M_{j'}$ beieinander liegen.

[6] Modifizierter LSD-Test

Dieses Verfahren wird auch als *Dunn-Test* oder *Bonferroni-T-Test* bezeichnet (vgl. Kirk 1982, S.106f). Wie bei der unter [1] beschriebenen Methode werden hier $K = J \cdot (J-1)/2$ paarweise T-Tests durchgeführt. Die Prüfung der T-Werte erfolgt beim modifizierten LSD-Test jedoch auf dem Signifikanzniveau Alpha/K. Dieses Vorgehen gründet auf dem in Abschnitt 11.3 festgestellten Sachverhalt, daß α_F bei der Durchführung von K Vergleichen (auf dem Signifikanzniveau α_V) maximal den Wert $1-(1-\alpha_V)^K \approx K \cdot \alpha_V$ annimmt. Dadurch weist bei K paarweisen T-Tests mit $\alpha_V = \alpha_F/K$ das auf die Gesamtheit der Vergleiche bezogene Fehler-I-Risiko höchstens den Wert α_F auf.

Beim modifizierten LSD-Test wird somit durch das gewählte Alpha der Maximalwert für α_F festgesetzt. In unserem Beispiel war Alpha = 0,05. Damit nun $\alpha_F \leq$ 0,05 ist, müssen die K = 10 paarweisen T-Test jeweils mit α_V = 0,005 durchgeführt werden. Der kritische T-Wert für Alpha = 0,005-zs und FG = 15 ist T_k = 3,286 (Tab. E). Den vom Programm ONEWAY ausgegebenen kritischen Wert, den die gemäß <11.28> berechnete Prüfgröße zur Zurückweisung von H_0 überschreiten muß, erhalten wir dann wieder über die Beziehung KW = $T_k \cdot \sqrt{2}$; in unserem Fall ist KW = $3{,}286 \cdot \sqrt{2} = 4{,}65$.

Die Durchführung des modifizierten LSD-Tests gestaltet sich in unserem Beispiel relativ einfach, da $\alpha_V = \alpha_F/K = 0{,}05/10 = 0{,}005$ einen ("glatten") Wert annimmt, der in Tab. E enthalten ist. Wenn dies nicht der Fall ist - z.B. bei $\alpha_F = 0{,}05$ und J = 3, wo sich ein α_V von $0{,}05/3 = 0{,}017$ ergibt - dann muß auf Spezialtabellen zurückgegriffen werden (Bailey 1977; Kirk 1982, Tab. E.16).

[7] Scheffé-Test

Das Verfahren von Scheffé ermöglicht neben der Prüfung aller paarweisen Kontraste auch die Durchführung von komplexeren Vergleichen wie

K_A: $(M_1 + M_2)/2 - (M_3 + M_4)/2$ K_B: $M_2 - (M_3 + M_4 + M_5)/3$ usf.

Der Wert, den die Prüfgröße zur Zurückweisung von H_0 überschreiten muß, ist KW = $\sqrt{[F_k \cdot 2 \cdot (J-1)]}$; F_k wird Tab. F entnommen (FG_1 = J-1; FG_2 = N-J). Für unser Beispiel ergibt dies (Alpha = 0,05; FG_1 = 4; FG_2 = 15): $\sqrt{(3{,}056 \cdot 2 \cdot 4)} = 4{,}94$.

Beim Scheffé-Test wird mit Alpha der Wert von α_F festgesetzt. Die Gesamtheit der Vergleiche, auf die sich das Fehler-I-Risiko bezieht, besteht hier allerdings aus sämtlichen paarweisen Kontrasten *plus* den möglichen Vergleichen komplexerer Art, unabhängig davon, wieviele der letztgenannten Kontraste inhaltlich sinnvoll oder von Interesse sind. So steht z.B. bei J = 4 beim Scheffé-Test ein Satz von K = 25 möglichen Vergleichen unter Betrachtung - gegenüber K = 6 paarweisen Kontrasten beim Tukey-Test (Davis & Gaito 1984, Tab. 2). Beim Scheffé-Test gibt α_F (im Fall J = 4) somit das Risiko wieder, bei einem oder mehreren der 25 Vergleiche einen Fehler I.. Art zu begehen, während es beim Tukey-Test die Wahrscheinlichkeit angibt, zumindest bei einem der sechs Kontraste H_0 fälschlicherweise zurückzuweisen.

Damit das auf die Gesamtheit der Kontraste bezogene Fehler-I-Risiko den Wert von Alpha = α_F nicht überschreitet, muß beim Scheffé-Test das auf den Einzelvergleich bezogene α_V-Risiko aufgrund der Beziehung $\alpha_F(\max) = 1-(1-\alpha_V)^K$ stärker abgesenkt werden als (z.B.) beim Tukey-Test, der nur die paarweisen Kontraste zu berücksichtigen hat. Nehmen wir als Beispiel den Fall J = 4 und $\alpha_F = 0{,}05$. Der Scheffé-Test arbeitet dann beim einzelnen Kontrast mit einem α_V von 0,005, während beim Tukey-Test das α_V-Risko 0,01 beträgt. Sind nun ausschließlich die K = $J \cdot (J-1)/2$ paarweisen Kontraste von Interesse, dann hat das auf diese K Vergleiche bezogene α_F-Risiko beim Tukey-Test den mit Alpha gewählten Wert von 0,05; beim Scheffé-Test ist es dagegen mit $\alpha_F = 0{,}032$ deutlich geringer (Keselman, Games & Rogan 1980, Tab. 1).

Der Scheffé-Test sollte deshalb nur herangezogen werden, wenn es (auch) um die Untersuchung komplexerer Vergleiche geht. Sind dagegen ausschließlich paarweise Kontraste von Interesse, dann ist der Tukey-Test vorzuziehen, da bei ihm das auf den Satz der paarweisen Vergleiche bezogene Fehler-I-Risiko den mit Alpha gewählten Wert aufweist.

Betrachten wir nun die in Tab. 11.3 zusammengestellten Verfahren noch einmal im Gesamt, wobei wir uns zum einen auf den Aspekt der paarweisen Mittelwertsvergleiche beschränken und zum anderen davon ausgehen wollen, daß die Tests - wie in der Praxis üblich - nur dann durchgeführt werden, wenn sich in einer Varianzanalyse ein bei Alpha signifikanter F-Wert ergeben hat. Es sind dann bei der Anwendung der Verfahren zwei Situationen zu unterscheiden: (a) Die umfassende $H_0:\mu_1=\mu_2=...=\mu_J$ wurde in der Varianzanalyse fälschlicherweise zurückgewiesen, und (b) die Zurückweisung von H_0 war eine korrekte Entscheidung, da die J Populationsmittel nicht alle den gleichen Wert haben.

Wenn wir nun im Fall (a) paarweise Mittelwertsvergleiche (auf dem Signifikanzniveau Alpha) durchführen, dann stellt jede Zurückweisung von $H_0:\mu_j=\mu_{j'}$ einen Fehler I. Art dar. Maximal sind bei den Verfahren jeweils $K = J\cdot(J-1)/2$ solcher Fehlentscheidungen möglich. Ein Vergleich der kritischen Werte in Tab. 11.3 macht nun deutlich, daß die Wahrscheinlichkeit, derartige Fehler zu begehen, von Methode [1] bis [7] fortlaufend abnimmt, denn je niedriger ein kritischer Wert ist, um so größer ist die Gefahr, daß er per Zufall überschritten wird. Wenn $H_0:\mu_1=\mu_2=...=\mu_J$ gilt, in der Varianzanalyse aber fälschlicherweise zurückgewiesen wurde, dann ist der Scheffé-Test offensichtlich das beste Verfahren, da bei ihm aufgrund der hohen kritischen Werte die Gefahr von fälschlichen Zurückweisungen bei den K Hypothesen $H_0:\mu_j=\mu_{j'}$ am geringsten ist; am ungünstigsten stellt sich dagegen (mit seinen niedrigen kritischen Werten) der LSD-Test dar.

Die Kontrolle des Fehler-I-Risikos ist jedoch nicht das alleinige Ziel beim statistischen Hypothesentesten, denn es geht ja auch darum, im Fall von Unterschieden zwischen den Populationsmitteln diese (möglichst sicher) zu "entdekken". Wir wünschen uns deshalb bei einem statistischen Test neben dem Schutz vor Fehlern I. Art auch eine möglichst hohe Power, d.h. einen bestimmten Schutz vor Fehlern II. Art. Betrachten wir deshalb das "Verhalten" der Tests auch unter diesem Aspekt. Dazu müssen wir davon ausgehen, daß Situation (b) gilt, daß $H_0:\mu_1=\mu_2=...=\mu_J$ in der Varianzanalyse berechtigterweise zurückgewiesen wurde. Der Anschaulichkeit halber sei weiterhin angenommen, daß sämtliche J Populationsmittel voneinander verschieden und damit alle $K = J\cdot(J-1)/2$ Nullhypothesen $H_0:\mu_j=\mu_{j'}$ falsch sind.

In diesem Fall wäre dann der LSD-Test das beste Verfahren, da hier aufgrund der niedrigen kritischen Werte die Chance am größten ist, viele der paarweisen (falschen) Nullhypothesen zurückzuweisen. Das stetige Ansteigen der kritischen Werte von Methode [1] bis [7] läßt dann entsprechend erwarten, daß die Chancen, möglichst viele der K Populationsdifferenzen zu "entdecken", zunehmend geringer wird.

Die in Tab. 11.3 von Methode [1] bis Methode [7] zunehmende Anzahl signifikanter Mittelwertsunterschiede spiegelt somit den Sachverhalt wieder, daß bei den Verfahren (im Fall der Gültigkeit von $H_0:\mu_1=\mu_2=...=\mu_J$) das Fehler-I-Risiko von [1] nach [7] abnimmt und im Fall der Ungültigkeit dieser H_0 das Fehler-II-Risiko von [1] bis [7] ansteigt. Eine Entscheidung für einen Test zum paarweisen Vergleich sämtlicher J Mittelwerte ist somit letztlich (nur) eine Entscheidung darüber, wie man das Risiko I. und II. Art gewichten will. Wünscht man ein Verfahren mit hoher Power, dann muß man auch ein hohes Fehler-I-Risiko in Kauf nehmen. Möchte man dagegen den Fehler I. Art möglichst vermeiden, dann bleibt nur die Entscheidung für einen Test mit geringer Power. Eine Methode, die beide Risiken minimal hält, kann es nicht geben.

Die Position des Tukey-Tests in der Abfolge der Verfahren [1] bis [7] zeigt an, daß bei ihm die Kontrolle des Fehler-I-Risikos ein stärkeres Gewicht hat, zugleich jedoch eine (in der Regel) ausreichende Wahrscheinlichkeit (Power) gegeben ist, im Fall von Unterschieden zwischen den Populationsmitteln die entsprechenden Nullhypothesen zurückzuweisen.

Die Ausführungen dieses Abschnitts dürften deutlich gemacht haben, daß bei paarweisen Mittelwertsvergleichen die Anzahl der für signifikant erklärten Kontraste zu einem mehr oder minder großen Teil vom verwendeten Testverfahren abhängt. Wie wir gesehen haben, geht dies darauf zurück, daß die einzelnen Verfahren mit z.T. deutlich verschiedenen α_V- und α_F-Risiken arbeiten.

Diese Unterschiede werden leider etwas durch den Sachverhalt verdeckt, daß in den für die Tests benötigten Tabellen als auch bei den Anweisungen für Computerprogramme wie ONEWAY meist nur die Bezeichnung »α« bzw. »Alpha« Anwendung findet. Die Wahl des gleichen »Alpha« für zwei Verfahren kann dann jedoch sehr unterschiedliche α_F-Risiken implizieren. So bedeutet eben im Fall von J = 10 die Wahl »Alpha = 0,05« beim Tukey-Test ein α_F-Risiko von 0,05, während dieses Risiko beim Duncan-Test gemäß der Beziehung <11.30> einen Wert von 0,37 aufweisen würde. Daß dann beide Test u.U. keine übereinstimmenden Ergebnisse liefern, ist nicht weiter verwunderlich.

Es genügt deshalb bei der Auswahl eines Verfahrens für multiple Vergleiche nicht, »Alpha« festzusetzen und dann irgendeinen der Tests heranzuziehen. Es ist im vorhinein vielmehr festzulegen, ob mehr ein Schutz vor Fehlern I. Art oder eine größere Power gewünscht wird und dann zu entscheiden, welchen Wert α_F maximal annehmen darf. Diese Überlegungen dürften in den meisten Fällen zur Anwendung des Tukey-(Kramer)-Tests führen, der einen guten Kompromiß zwischen den sich ausschließenden Zielen darstellt, bei großer Teststärke gleichzeitig in hohem Maß gegen Fehler I. Art geschützt zu sein.

11.11 Spezielle Aspekte bei der Anwendung von Tukey-(Kramer-) und Games-Howell-Test

Im letzten Abschnitt war bereits die Frage aufgeworfen worden, ob Verfahren für multiple Mittelwertsvergleiche im Rahmen einer zweistufigen Prozedur zum Einsatz kommen sollen, d.h., ob es sinnvoll ist, sie nur dann durchzuführen, wenn sich in einem vorgeschalteten Omnibus-Test wie der Varianzanalyse statistische Signifikanz ergeben hat. Wir wollen diesen Aspekt im Hinblick auf die von uns empfohlenen drei Verfahren diskutieren, bei denen mit der Wahl von »Alpha« jeweils das α_F-Risiko festgesetzt wird.

Im Fall varianzhomogener Populationen bieten sich zur Untersuchung der paarweisen Mittelwertsunterschiede zwei Strategien an: [A] Prüfung der Hypothese $H_0:\mu_1=\mu_2=...=\mu_J$ mittels Varianzanalyse auf dem Signifikanzniveau α und Durchführung des Tukey/Kramer-Tests (mit $\alpha_F = \alpha$) nur bei signifikantem F-Wert. [B] Multiple Vergleiche mittels Tukey/Kramer-Test in jedem Fall, ohne vorherige Varianzanalyse. In der Situation heterogener Populationsvarianzen sind die entsprechenden zwei Möglichkeiten: [A] Games-Howell-Test nur dann, wenn sich im Brown-Forsythe- oder Welch-JM-Test statistische Signifikanz ergeben hat, und: [B] Durchführung des Games-Howell-Tests in jedem Fall, ohne vorherige Prüfung von $H_0:\mu_1=\mu_2=...=\mu_J$.

In der Forschungspraxis wird eindeutig der Weg [A] präferiert; auch unsere Darstellungen in den Kapiteln 9-11 mögen ein derartiges Vorgehen nahelegen. Es muß jedoch betont werden, daß beide Wege legitim sind, wobei das Vorgehen nach [B] die Theorie und damit die Puristen auf seiner Seite hat (vgl. Wilcox 1987; Zwick & Marascuilo 1984). Denn sowohl der Tukey/Kramer- als auch der Games-Howell-Test sind Verfahren sui generis. Das Konzept ihrer α_F-Kontrolle enthält keinen vorgeschalteten Omnibus-Test wie Varianzanalyse, Brown-Forsythe- oder Welch-JM-Test.

Unabhängig von diesen theoretischen Gesichtspunkten ist für die praktische Anwendung zu fragen, wieweit es "einen Unterschied macht", ob gemäß Teststrategie [A] oder [B] vorgegangen wird. Eine Äquivalenz beider Prozeduren wäre z.B. im Fall homogener Populationsvarianzen gegeben, wenn die Ergebnisse von Varianzanalyse und Tukey/Kramer-Test durchgehend wie folgt übereinstimmen würden: Jedesmal, wenn die Varianzanalyse einen bei α signifikanten F-Wert ergibt, erweist sich auch im Tukey/Kramer-Test bei $\alpha_F = \alpha$ zumindest der größte Kontrast als statistisch signifikant - und umgekehrt: bei Insignifikanz in der Varianzanalyse übersteigt auch beim Tukey/Kramer-Test keiner der Kontraste die kritische Differenz.

Eine derartige vollständige Übereinstimmung der Befunde von Varianzanalyse und Tukey/Kramer-Test besteht jedoch nicht. Es kann vielmehr zum einen vorkommen, daß sich trotz signifikantem F-Wert beim Tukey/Kramer-Test keiner der Kontraste als signifikant erweist (Beispiel siehe Swaminathan & DeFriesse 1979), und zum anderen ist es möglich, daß trotz Insignifikanz in der Varianzanalyse beim Tukey/Kramer-Test der größte Kontrast die kritische Differenz übersteigt (Beispiel siehe Winer 1971, S.186).

Solche Diskrepanzen in den Ergebnissen von Teststrategie [A] und [B] sind jedoch äußerst selten, wie eine Untersuchung von Keselman & Murray (1974) zeigt. Es kann deshalb in der Regel davon ausgegangen werden, daß sich bei Signifikanz in der Varianzanalyse im anschließenden Tukey/Kramer-Test zumindest der größte Kontrast als statistisch signifikant erweist. Mit anderen Worten: Für die praktische Anwendung führen die Teststrategien [A] und [B] zu hinreichend übereinstimmenden Ergebnissen.

Daraus kann zugleich abgeleitet werden, daß bei der Analyse von paarweisen Mittelwertsdifferenzen auf vorgeschaltete Omnibus-Tests verzichtet werden und ein unmittelbarer Einsatz des Tukey/ Kramer- bzw. des Games-Howell-Tests erfolgen kann. Diese Möglichkeit ist insbesondere attraktiv, wenn die Tests ohne Computerhilfe durchgeführt werden müssen, da weniger Berechnungen anfallen. Eher akademisch ist die Frage nach der besseren Teststrategie hingegen, wenn EDV-Programme wie ONEWAY zum Einsatz kommen, bei denen durch kurze Anweisungen sowohl die Ergebnisse der Varianzanalyse als auch die Befunde der multiplen Mittelwertsvergleiche erhältlich sind.

Wie wir gesehen haben, bedeutet die Durchführung von (sämtlichen) paarweisen Mittelwertsvergleichen die Prüfung von $K = J\cdot(J-1)/2$ Nullhypothesen der Art $H_0{:}\mu_j=\mu_{j'}$. Es wird hier bei jedem Kontrast entschieden, ob die Werte zweier Populationsmittel (noch) als gleich oder als unterschiedlich anzusehen sind. Neben der Darstellung der Ergebnisse aus den K Signifikanztests auf die von uns vorgeschlagenen Arten (wie der Matrixform von Tab. 11.2) empfiehlt es sich nun, die über die Unterschiede zwischen den Populationsmitteln getroffenen Entscheidungen auf ihre logische Übereinstimmung hin zu prüfen. Dabei ist eine grafische Skizzierung der Gleich/Ungleich-Aussagen über die μ-Werte hilfreich.

In Teil [A] von Abb. 11.1 ist dies für die Tukey-Test-Ergebnisse von Tab. 11.2 geschehen; [B] gibt die Befunde des Tukey-Kramer-Tests von Abschnitt 11.7 wieder. Die Populationsmittel sind hier so dargestellt, daß μ-Werte, die aufgrund der Zurückweisung der entsprechenden $H_0{:}\mu_j=\mu_{j'}$ für ungleich erklärt wurden, auf verschiedenen Ebenen liegen, wobei die Größer/ Kleiner-Relationen zwischen den (signifikant verschiedenen) Stichprobenmitteln auf die Relationen zwischen den entsprechenden Populationsmitteln übertragen wurden. Kontraste, bei denen der Test von H_0 zur Annahme von $H_1{:}\mu_j\neq\mu_{j'}$ geführt hat, sind durch gestrichelte Linien kenntlich gemacht.

Betrachten wir Diagramm [A]. Wenn wir davon ausgehen, daß bei den drei Zurückweisungen von $H_0{:}\mu_j=\mu_{j'}$ kein Fehler I. Art gemacht wurde, dann ist das Gesamt der Befunde nicht widerspruchsfrei; es fehlt die Zurückweisung von $H_0{:}\mu_2=\mu_3$. Wenn die Entscheidungen »$\mu_1>\mu_3$«, »$\mu_1>\mu_4$« und »$\mu_2>\mu_4$« korrekt sind, dann haben wir (zumindest) mit der Beibehaltung von $H_0{:}\mu_2=\mu_3$ einen Fehler II. Art begangen. Natürlich können wir nicht ausschließen, eine oder mehrere der Nullhypothesen fälschlicherweise zurückgewiesen zu haben. Falls dies geschehen ist, könnte die Beibehaltung von $H_0{:}\mu_2=\mu_3$ wiederum eine richtige Entscheidung sein.

Die vorgenommene Prüfung der Behauptungen über die Gleich-/Ungleich-Relationen zwischen den Populationsmitteln auf ihre Widerspruchsfreiheit hin zeigt uns im Fall [A] somit an, *daß* wir einen der beiden Fehler begangen haben müssen. Sie kann natürlich keine Entscheidung darüber ermöglichen, welche(r) Fehler gemacht wurde(n). In Teil [B] von Abb. 11.1 stellen sich die Aussagen, die aufgrund der paarweisen Tests über die Unterschiede zwischen den Populationsmitteln getroffen wurden, dagegen als widerspruchsfrei dar.

Ein häufiger Befund von multiplen Mittelwertsvergleichen ist die Feststellung, daß lediglich die am weitesten auseinanderliegenden Mittel M_u und M_o, "signifikant verschieden" sind. Es wird damit behauptet, daß $\mu_u\neq\mu_o$ ist. Wenn diese Aussage richtig ist, dann läßt sich jedoch ableiten, daß weitere Differenzen

ABBILDUNG 11.1 Darstellung der Aussagen, die bei den Beispielen von Tabelle 9.2 [A] und Tabelle 9.1 [B] aufgrund des Tukey/Kramer-Tests über die Unterschiede zwischen den J Populationsmitteln getroffen wurden.

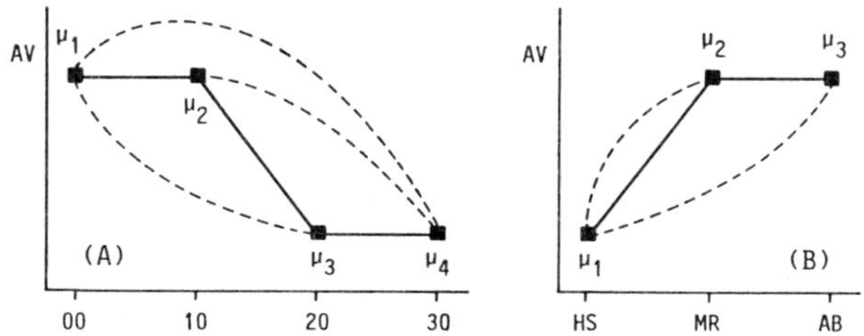

μ_j-$\mu_{j'}$ ungleich Null sein müssen. Im "einfachsten" Fall der Ungültigkeit von H_0:μ_1=μ_2=...=μ_J haben nämlich J-1 Populationsmittel den gleichen Wert und ein μ weicht davon ab, wodurch in J-1 Fällen $\mu_j \neq \mu_{j'}$ ist. Wenn Unterschiede zwischen den Populationsmitteln bestehen, dann müssen sich somit zumindest J-1 Kontraste als signifikant erweisen. Eine geringere Anzahl von Zurückweisungen von H_0:μ_j=$\mu_{j'}$ zeigt deshalb an - sofern kein Fehler I. Art begangen wurde - daß ein Teil der zwischen den Populationsmitteln bestehenden Unterschiede nicht "entdeckt" worden ist.

Der im Abschnitt 11.10 vorgenommene Vergleich einiger Verfahren zur Prüfung von paarweisen Mittelwertsunterschieden hat gezeigt, daß die einzelnen Methoden hinsichtlich der (statistischen) Signifikanz eines bestimmten Kontrasts M_a-M_b keineswegs zur gleichen Entscheidung führen (müssen), da sie mit z.T. sehr unterschiedlichen Fehler-I-Risiken arbeiten. Aber auch bei der Anwendung desselben Verfahrens (z.B. des Tukey-Tests) kann die Entscheidung über die Signifikanz einer bestimmten Differenz trotz gleichem α_F-Niveau unterschiedlich ausfallen.

Nehmen wir zur Illustration an, zur Vermittlung eines bestimmten Fachgebietes ständen insgesamt sechs Lehrmethoden zur Verfügung. Untersucher A vergleicht nun in einer Studie alle sechs Methoden hinsichtlich ihrer Effektivität (AV = Lernerfolg bei den Schülern), während Untersucher B in einer anderen Studie (unter Heranziehung der gleichen AV) die Methoden 1, 3 und 5 analysiert. Zur paarweisen Prüfung der Mittelwertsunterschiede verwenden beide den Tukey-Test mit α_F = 0,05; der Umfang der Gruppen ist jeweils n = 11.

Einen Forscher C interessiert nun (lediglich), ob sich die Lehrmethoden 1 und 3 in ihrer Effektivität bedeutsam unterscheiden. Er zieht dazu die Befunde beider Untersuchungen heran und muß feststellen, daß der Kontrast M_1-M_3 in Studie B die kritische Differenz überschritten hat, während er sich in Studie A als insignifikant erwies - obwohl in beiden Fällen der Mittelwertsunterschied (ungefähr) 15 betrug und auch die MQ_I-Werte in beiden Studien fast identisch waren.

Dieses widersprüchliche Ergebnis findet seine Erklärung darin, daß in Studie A die Anzahl der zu berücksichtigenden Mittel bzw. Kontraste größer war als in Studie B und beim Tukey-Test die kritischen Werte (und damit die kritischen Differenzen) um so höher ausfallen, je mehr Mittelwerte miteinander verglichen werden. Dies ist bedingt durch den Sachverhalt, daß zur Einhaltung eines bestimmten α_F-Wertes das α_V-Niveau bei J = 6 Mitteln stärker abgesenkt werden muß als im Fall von J = 3.

Der Kontrast M_1-M_3 *alleine* betrachtet wurde somit in den beiden Studien auf einem unterschiedlichen Signifikanzniveau getestet, was natürlich auch zu unterschiedlichen Ergebnissen führen kann. So mußte der Kontrast M_1-M_3 = 15 in Studie A (J = 6; FG = 60) bei α_F = 0,05 gemäß <11.8> eine kritische Differenz von $KD_A = 4{,}163 \cdot \surd(MQ_I/11)$ überschreiten, bei Studie B (J = 3; FG = 30) hingegen nur einen Wert von $KD_B = 3{,}486 \cdot \surd(MQ_I/11)$.

Für die direkte Vergleichbarkeit der Befunde von verschiedenen Studien zu bestimmten Kontrasten ist es deshalb nicht nur erforderlich, daß die paarweisen Tests mit demselben Verfahren durchgeführt wurden, es muß vielmehr auch die gleiche Anzahl von Mittelwerten unter Betrachtung gestanden haben.

11.12 Die Robustheit von Tukey-(Kramer-) und Games-Howell-Test

Wenn an Hand der Kriterien von Abschnitt 10.4 entschieden worden ist, mit welchem Test $H_0:\mu_1=\mu_2=....\mu_J$ geprüft werden soll, so ist damit zugleich festgelegt, ob die anschließenden paarweisen Vergleiche mit dem Tukey-(Kramer-) oder dem Games-Howell-Test durchgeführt werden. Eine Entscheidung für die Varianzanalyse bedeutet immer, daß man eine Verletzung der Varianzhomogenitätsannahme für unwahrscheinlich hält. In diesem Fall ist es auch gerechtfertigt, die paarweisen Kontraste mit dem Tukey-Test zu untersuchen. Wurde dagegen über $H_0:\mu_1=\mu_2=...\mu_J$ mittels Brown-Forsythe- oder Welch-JM-Test entschieden, dann muß dies bei den multiplen Vergleichen den Games-Howell-Test nach sich ziehen.

Die Frage nach der Robustheit der vorgestellten Verfahren für multiple Vergleiche kann deshalb auf den Aspekt eingeschränkt werden, wie empfindlich sie auf das Vorliegen von nichtnormalen Populationen reagieren. Untersuchungen zeigen hier, daß die in Abschnitt 10.4 zur Varianzanlyse und den Tests von Welch und Brown & Forsythe berichteten Befunde im großen und ganzen übertragbar sind (Brown 1974; Jaccard et al. 1984; Keselman & Rogan 1978; Keselman & Toothaker 1974; Petrinovich & Hardyck 1969; Ramseyer & Tcheng 1973).

Nichtnormale, aber (annähernd) symmetrische Populationen stellen kein Problem dar. Die Gefahr bedeutsamer Unterschiede zwischen tatsächlichem und nominellem Fehler-I-Risiko besteht in der Regel nur bei schiefen Populationsverteilungen. Hier erweisen sich jedoch der Tukey-(Kramer-) und der Games-Howell-Test als relativ robust gegenüber mäßigen Abweichungen von der Symmetrie. Im Fall sehr schiefer Populationsverteilungen (und kleinen Stichproben) muß dagegen - wie bei der Varianzanalyse und den Tests von Welch und Brown & Forsythe - mit teilweise erheblichen Diskrepanzen zwischen α_t und α_n gerechnet werden.

Kapitel 12

Auswertung von zweifaktoriellen Plänen mit unabhängigen Stichproben: Gleiche Zellenbesetzungen

Bei den bisher vorgestellten Versuchsplänen mit zwei oder mehr Gruppen wurde jeweils der Effekt *einer* unabhängigen Variablen auf eine bestimmte abhängige Variable untersucht. Die unabhängige Variable hatten wir dabei auch als *Faktor* bezeichnet. Wies dieser Faktor zwei Stufen oder Kategorien auf, erfolgte der Mittelwertsvergleich (bei unabhängigen Stichproben) via T- oder W-Test. Lagen dagegen drei oder mehr Stufen/Kategorien vor, so wurde der Effekt der unabhängigen Variablen auf die abhängige u.a. mittels der *einfaktoriellen* Varianzanalyse geprüft.

Die in diesem Kapitel zu besprechenden Verfahren dienen nun der statistischen Auswertung von Versuchsplänen, bei denen untersucht wird, welchen Effekt *zwei* Faktoren allein sowie in Kombination auf eine bestimmte abhängige Variable ausüben. Die beiden unabhängigen Variablen haben dabei zwei oder mehr Stufen bzw. Kategorien. Eine solche Versuchsanordnung bezeichnet man als *zweifaktoriellen* Plan. Damit er mit der in den nächsten Abschnitten vorgestellten zweifaktoriellen Varianzanalyse oder dem später angeführten Verfahren von Brown & Forsythe ausgewertet werden kann, müssen u.a. folgende Bedingungen erfüllt sein:

- Feste Effekte bei beiden Faktoren, d.h. die Stufen wurden jeweils gezielt (und nicht per Zufall) ausgewählt.
- Die Faktoren sind vollständig gekreuzt, d.h. der Plan enthält alle möglichen Kombinationen der Stufen der beiden unabhängigen Variablen. Wenn der eine Faktor J, der andere K Stufen aufweist, dann liegen somit sämtliche J·K Kombinationen (Bedingungen) vor.
- Die Stichproben der J·K Bedingungen ("Zellen") sind unabhängig.
- Die J·K (Zellen)Stichproben haben den gleichen Umfang.

Die letzte Bedingung mag als Voraussetzung für ein statistisches Verfahren ungewöhnlich erscheinen, da es bei den bisher kennengelernten Tests im Grunde unerheblich war, ob gleiche oder ungleiche Stichprobenumfänge vorlagen. Gleiches n in den Gruppen führte lediglich zu gewissen Vereinfachungen in den Rechenformeln. Bei zwei- oder mehrfaktoriellen Versuchsplänen stellt sich die Situation jedoch anders dar. Wie wir im nächsten Kapitel sehen werden, bringen hier ungleiche Zellenbesetzungen meist erhebliche Probleme sowohl bei der Interpretation der Daten als auch bei der rechnerischen Durchführung der statistischen Verfahren mit sich.

TABELLE 12.1 Beispiel für die zweifaktorielle Varianzanalyse (fiktive Daten): JxK = 2x3 unabhängige Stichproben; gleiche Zellenbesetzungen (n = 15). Werte in einem Kenntnistest ***Multivariate Statistik*** in Abhängigkeit von den Faktoren *Leistungsniveau (J)* und *Lehrmethode (K)*.

Faktor [2] *Lehrmethode*		Lehrbuch (LB): Konventionell			LB: Linear programmiert			LB: Verzweigt programmiert		
		41	39	37	43	41	39	40	38	37
	Note	37	35	33	38	38	37	35	34	34
Faktor [1]	1+2	33	32	31	35	34	34	33	33	32
	Hoch	31	31	29	34	33	31	30	30	30
Leistungs-niveau		29	27	26	31	30	28	28	27	25
		31	29	29	34	32	30	39	37	35
Note im	Note	28	25	25	29	29	28	35	33	32
Vordiplom	3+4	24	23	23	27	27	27	32	32	31
	Niedrig	23	21	19	26	26	24	30	30	30
		18	18	16	22	22	18	28	25	24

12.1 Beispiel für einen zweifaktoriellen Versuchsplan

Wir wollen annehmen, daß im Rahmen eines hochschuldidaktischen Projekts drei Methoden entwickelt worden sind, nach denen in einem einsemestrigen Kurs Psychologiestudent(inn)en nach dem Vordiplom eine Einführung in die multivariate Statistik gegeben werden kann. Es soll nun untersucht werden, welche dieser Methoden die effektivste zur Vermittlung der Lerninhalte ist, wobei die Effektivität an der Leistung der Kursteilnehmer in einem Multiple-Choice-Test am Kursende gemessen wird. Diese erste unabhängige Variable, deren Einfluß untersucht werden soll, bezeichnen wir als *Lehrmethode*. Die Methoden (Faktorstufen) sind im einzelnen:[1]

[1] *Konventionelles Lehrbuch:* Zum Erlernen des Stoffes steht ein konventionelles Lehrbuch über multivariate Statistik zur Verfügung. [2] *Linear programmiertes Lehrbuch:* Hier lernen die Teilnehmer nach einem linear programmierten Lehrbuch. Derartig programmiertes Material wird von allen Lernenden in der gleichen Weise und Schrittabfolge durchgearbeitet. [3] *Verzweigt programmiertes Lehrbuch:* Dieses Lehrbuch ist aufwendiger programmiert als das lineare. Wenn der Lernende Schwierigkeiten bei bestimmten Problemen hat, dann sind hier statt des linearen Weiterarbeitens Verzweigungen (andere Wege) möglich, die ein langsameres Erarbeiten des Stoffes oder das Füllen von Kenntnislücken ermöglichen. Gleichermaßen können bei gutem Stoffverständnis schnellere Wege zum Erlernen des Materials gewählt werden. Im Gegensatz zum linear programmierten Buch arbeiten somit nicht alle Personen dieselben Probleme in der gleichen Reihenfolge durch.

TABELLE 12.2 Mittelwerte, Varianzen und Standardabweichungen der 2x3 Zellenstichproben von Tabelle 12.1 sowie Zeilen-, Spalten- und Gesamtmittel.

		Lehrmethode (Lehrbuch)		
	Konventionell	Linear progr.	Verzw. progr.	
Leistungsniveau: Hoch	M_{11} = 32,733 n = 15 V_{11} = 18,924 S_{11} = 4,350	M_{12} = 35,067 n = 15 V_{12} = 17,924 S_{12} = 4,234	M_{13} = 32,400 n = 15 V_{13} = 17,400 S_{13} = 4,171	$M_{1.}$ = 33,400 $n_{1.}$ = 45
Leistungsniveau: Niedrig	M_{21} = 23,467 n = 15 V_{21} = 20,410 S_{21} = 4,518	M_{22} = 26,733 n = 15 V_{22} = 16,638 S_{22} = 4,079	M_{23} = 31,533 n = 15 V_{23} = 16,552 S_{23} = 4,068	$M_{2.}$ = 27,244 $n_{2.}$ = 45
	$M_{.1}$ = 28,100 $n_{.1}$ = 30	$M_{.2}$ = 30,900 $n_{.2}$ = 30	$M_{.3}$ = 31,967 $n_{.3}$ = 30	$M_{..}$ = 30,322 $n_{..}$ = N = 90

Der Stoff *Multivariate Statistik* wird dabei von den Teilnehmern zu Hause anhand des jeweiligen Lernmaterials selbständig erarbeitet und anschließend in der gemeinsamen wöchentlichen Sitzung mit dem Dozenten besprochen. Bei der Erstellung der Lehrbücher wurde darauf geachtet, daß bezüglich der multivariaten Statistik der gleiche Stoff vermittelt wird und daß seine Darstellung - abgesehen vom unterschiedlichen Programmierungsgrad - hinsichtlich Stil, Veranschaulichung usf. möglichst ähnlich ist.

Da Anlaß zu der Vermutung besteht, daß der Lernerfolg in einem Kurs wie *Multivariate Statistik* auch vom allgemeinen Leistungs- und Fähigkeitsniveau der Teilnehmer(innen) abhängig ist, soll dieses Merkmal als zweiter Faktor in die Versuchanlage aufgenommen werden. Als Indikator des Leistungsniveaus dient die Note im Vordiplom, bei der die folgenden zwei Klassen gebildet werden: [1] Leistungsniveau »Hoch«: Vordiplomnote 1 und 2; [2] Leistungsniveau »Niedrig«: Vordiplomnote 3 und 4.

Eine vollständige Kreuzung der Faktoren *Leistungsniveau* (zwei Stufen) und *Lehrmethode* (drei Arten) ergibt dann einen Versuchsplan mit sechs Kombinationen/Bedingungen oder "Zellen". Die Stichproben für diese Zellen werden aus den zur Verfügung stehenden Freiwilligen wie folgt gebildet: (a) Zufallsauswahl von 27 Studentinnen und 18 Studenten mit der Vordiplomnote 1 oder 2 und Zufallszuweisung von je 9 Frauen und 6 Männern zu den drei Lehrbedingungen; (b) Zufallsauswahl von 27 weiblichen und 18 männlichen Studierenden mit der Note 3 oder 4 und wiederum Zufallszuweisung von 9 und 6 Frauen bzw. Männern auf die

1) Der Einfachheit halber sprechen wir im folgenden auch dann von den »Stufen« eines Faktors, wenn es sich wie bei diesem Beispiel um eine kategoriale (unabhängige) Variable handelt.

Lehrmethoden. Aufgrund dieser Art der Probandenauswahl und -aufteilung haben wir es mit einem zweifaktoriellen Plan mit sechs unabhängigen Stichproben gleichen Umfangs zu tun, bei dem das Merkmal Geschlecht kontrolliert (balanziert) ist, da jede der Zellen 9 Frauen und 6 Männer enthält.

Der Kurs *Multivariate Statistik* wird nun auf die drei Arten mit den entsprechenden Gruppen durchgeführt und am Ende des Semesters allen 90 Teilnehmern der Abschlußtest vorgegeben. Dieser besteht aus 45 Aufgaben, wobei jede richtige Lösung mit einem Punkt bewertet wird. Der mögliche Wertebereich der abhängigen Variablen ist somit 0-45. Die für die 90 Personen erhaltenen Testwerte sind in Tab. 12.1 nach den experimentellen Bedingungen geordnet wiedergegeben. Bei einer derartigen Darstellung der Daten ist es dem Untersucher freigestellt, welchen Faktor er in den Spalten und welchen er in den Zeilen anordnet. Hier sollte die Lösung gewählt werden, die der Präsentation der Befunde am dienlichsten ist. Die spaltenweise angeordnete unabhängige Variable bezeichnen wir im folgenden auch als *Spaltenfaktor* und die andere UV dann entsprechend als *Zeilenfaktor*.

Der Zeilenfaktor hat J Stufen. Zur Kennzeichnung der Stufen verwenden wir den Index $j = 1...J$. Der Spaltenfaktor weist K Stufen auf (Index: $k = 1...K$). In unserem Beispiel ist das Leistungsniveau der Zeilenfaktor, mit den $J = 2$ Stufen J_1 und J_2, während der Spaltenfaktor Lehrmethode in den $K = 3$ Stufen K_1, K_2 und K_3 auftritt. Unsere Versuchsanlage würde man als *2x3-faktoriellen Plan* bezeichnen. Hierbei sagt die Anzahl der Zahlen, wieviele unabhängige Variablen vorhanden sind und die jeweilige Zahl, in wievielen Stufen oder Kategorien der Faktor auftritt.

Als erster Schritt der Datenanalyse werden die in Tab. 12.2 wiedergegebenen Kennwerte M, V und S berechnet. Die dabei "anfallenden" Größen $A = \Sigma X$ und $B = \Sigma X^2$ sollten entsprechend dem Schema von Tab. 12.7 notiert werden, da sie die spätere Basis für die varianzanalytischen Berechnungen bilden. Durch die Indices j und k lassen sich die einzelnen Zellen des Plans kennzeichnen. Die $J \cdot K$ Zellenumfänge benötigen keine Indizierung, da alle $n_{jk} = n$ sind. Bei den Spaltenkennwerten wird der Index j durch einen Punkt ersetzt. Dies zeigt an, daß jeweils über die Zeilen summiert wurde. Entsprechend steht bei den Zeilengrößen für den Index k ein Punkt, da hier jeweils eine Summierung über die Spalten erfolgt ist. Zwei Indizierungpunkte machen deutlich, daß über Zeilen *und* Spalten summiert wurde.

Mit der zweifaktoriellen Varianzanalyse und dem in Abschnitt 12.8 vorgestellten Verfahren von Brown & Forsythe werden nun folgende Fragen untersucht:

- Bestehen zwischen den J Zeilenmitteln statistisch signifikante Unterschiede? Hat der Zeilenfaktor - allein betrachtet - einen bedeutsamen Effekt auf die abhängige Variable?
- Bestehen zwischen den K Spaltenmitteln statistisch signifikante Unterschiede? Hat der Spaltenfaktor - allein betrachtet - einen bedeutsamen Effekt auf die abhängige Variable?

ABBILDUNG 12.1 Verteilung der Werte in den 2x3 Zellen von Tabelle 12.1.

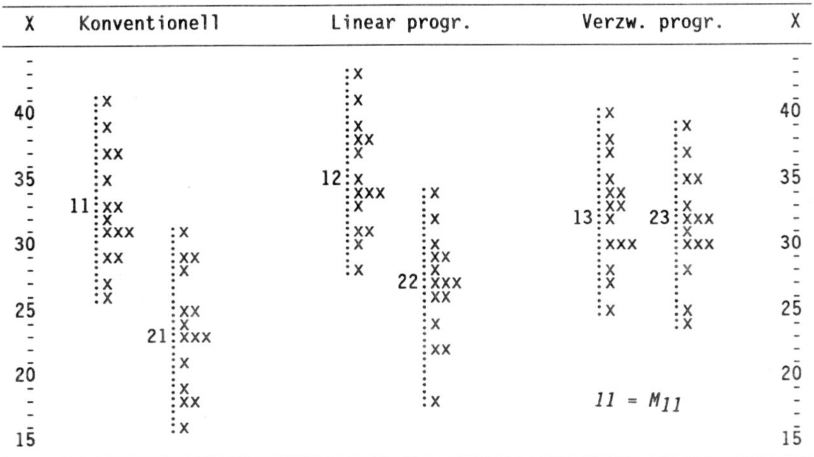

- Stehen Zeilen- und Spaltenfaktor in Interaktion (Wechselwirkung) hinsichtlich ihres Einflusses auf die abhängige Variable?

Während uns die beiden ersten Fragen im Prinzip von der einfaktoriellen Varianzanalyse her vertraut sind, bezieht sich die dritte auf einen neuartigen Wirkungsaspekt, der dadurch möglich ist, daß nun zwei Faktoren auch in ihrem Zusammenwirken betrachtet werden. Auf dieses neue Konzept der Interaktion werden wir in Abschnitt 12.3 ausführlicher eingehen.

Die zweifaktorielle Varianzanalyse macht die Annahme, daß die Populationen, denen die J·K Zellenstichproben entstammen, normalverteilt sind und die gleiche Varianz σ_I^2 haben; zu den Folgen des Nichtvorliegens dieser Voraussetzungen siehe Abschnitt 13.9. Eine Inspektion der Zellenvarianzen ergibt in unserem Fall keine Hinweise auf eine Verletzung der Varianzhomogenitätsbedingung. Die sechs V_{jk}-Werte erweisen sich als sehr ähnlich. In Abb. 12.1 sind die in den Zellen vorliegenden Werteverteilungen dargestellt. Sie widersprechen nicht der Annahme normalverteilter (oder zumindest symmetrischer) Populationen.

12.2 Grundlagen der zweifaktoriellen Varianzanalyse

Bei der zweifaktoriellen Varianzanalyse weist der Zeilenfaktor J und der Spaltenfaktor K Stufen auf. Die bei dem Verfahren unter Betrachtung stehenden Zellen- sowie Zeilen- und Spalten(populations)mittel sind in Tab. 12.3 zusammengestellt. Analog zur einfaktoriellen Varianzanalyse bezeichnen wir die Abweichung des Zeilenmittels j vom Gesamtmittel als α_j und die Abweichung des Spaltenmittels k vom Gesamtmittel als β_k. Somit ist:

<12.1> $\alpha_j = \mu_{j*} - \mu_{**}$ und $\beta_k = \mu_{*k} - \mu_{**}$

Die Größen α_j und β_k geben damit den (alleine betrachteten) Effekt der Bedingungen j und k wieder.

12.2.1 Das Datenmodell

Bei der zweifaktoriellen Varianzanalyse wird die Annahme gemacht, daß sich der Meßwert des Probanden i aus der Population (Bedingung) jk gemäß folgendem linearen Modell zusammensetzt:

<12.2> $X_{ijk} = \mu_{**} + \alpha_j + \beta_k + \alpha\beta_{jk} + e_{ijk}$ Hierbei sind:

μ_{**} Mittelwert der J·K Zellenpopulationsmittel. Konstante für alle Personen (Meßwerte) der J·K Populationen (Bedingungen).

α_j Effekt der Stufe j des Zeilenfaktors. Konstante für alle Personen, die der Zeilenpopulation j angehören bzw. der Behandlung j ausgesetzt waren.

β_k Effekt der Stufe k des Spaltenfaktors. Konstante für alle Personen, die der Spaltenpopulation k angehören bzw. der Behandlung k ausgesetzt waren.

$\alpha\beta_{jk}$ Wechselwirkungs- oder Interaktionseffekt, der durch das Zusammenwirken von Stufe j (Zeilenfaktor) und Stufe k (Spaltenfaktor) entsteht. Konstante für alle Personen, die der Zellenpopulation jk angehören bzw. der Behandlungskombination jk ausgesetzt waren.

e_{ijk} Fehlerkomponente des Modells. Abweichung des Meßwertes i vom Zellenpopulationsmittel ($e_{ijk} = X_{ijk} - \mu_{jk}$). Gibt den Anteil am individuellen Meßwert wieder, der durch die Wirkung der beiden Faktoren nicht erklärbar ist.

Wenn wir - ausgehend von Gleichung <12.2> - das Mittel der Werte in der (Zellen)Population jk bilden, dann ergibt sich:

<12.3> $\mu_{jk} = \mu_{**} + \alpha_j + \beta_k + \alpha\beta_{jk}$

Die Fehlerkomponente fällt hierbei weg, da in Population jk die Summe der Abweichungen vom Mittel gleich Null ist. Subtrahieren wir auf beiden Seiten das Gesamtmittel, dann stellt sich der Effekt der (Behandlungs)Kombination jk wie folgt dar:

<12.4> $\mu_{jk} - \mu_{**} = \alpha_j + \beta_k + \alpha\beta_{jk}$

Wenn keine Interaktion zwischen den Faktoren vorliegt, hat die Größe $\alpha\beta_{jk}$ in allen J·K Fällen den Wert Null. Der Effekt der Kombination jk ergibt sich dann jeweils als die Summe aus den Effekten von Zeile j und Spalte k. Die Kenntnis dieser beiden Effekte reicht hingegen zur Erklärung der Abweichung des Zellenmittels vom Gesamtmittel nicht aus, wenn der Interaktionsterm größer als Null ist.

TABELLE 12.3 Zusammenstellung der Populationsmittel, auf die sich die Aussagen der varianzanalytischen Null- und Alternativhypothesen beziehen.

		Spaltenfaktor 1	2	...	k	...	K	
Zeilenfaktor	1	μ_{11}	μ_{12}	...	μ_{1k}	...	μ_{1K}	μ_{1*}
	2	μ_{21}	μ_{22}	...	μ_{2k}	...	μ_{2K}	μ_{2*}
	:	:	:	.:.	:	.:.	:	:
	j	μ_{j1}	μ_{j2}	...	μ_{jk}	...	μ_{jK}	μ_{j*}
	:	:	:	.:.	:	.:.	:	:
	J	μ_{J1}	μ_{J2}	...	μ_{Jk}	...	μ_{JK}	μ_{J*}
		μ_{*1}	μ_{*2}	...	μ_{*k}	...	μ_{*K}	μ_{**}

$$\mu_{j*} = (\Sigma_k \mu_{jk})/K$$

$$\mu_{*k} = (\Sigma_j \mu_{jk})/J$$

$$\mu_{**} = (\Sigma_j \mu_{j*})/J = (\Sigma_k \mu_{*k})/K = (\Sigma_j \Sigma_k \mu_{jk})/(J \cdot K)$$

Wenn wir in Gleichung <12.4> für α_j und β_k gemäß <12.1> einsetzen und nach $\alpha\beta_{jk}$ auflösen, dann ergibt sich für den speziellen Interaktionseffekt von Bedingung j und k:

<12.5> $\alpha\beta_{jk} = (\mu_{jk} - \mu_{**}) - (\mu_{j*} - \mu_{**}) - (\mu_{*k} - \mu_{**}) = \mu_{jk} - \mu_{j*} - \mu_{*k} + \mu_{**}$

Subtrahieren wir in Gleichung <12.2> auf beiden Seiten das Gesamtmittel und setzen für die einzelnen Terme ein, dann stellt sich die Abweichung des Meßwertes i in Population/Bedingung ij vom Gesamtmittel als eine Summe aus vier Komponenten dar:

<12.6> $X_{ijk} - \mu_{**} = (\mu_{j*} - \mu_{**}) + (\mu_{*k} - \mu_{**}) + (\mu_{jk} - \mu_{j*} - \mu_{*k} + \mu_{**}) + (X_{ijk} - \mu_{jk})$

Wenn wir für die Populationsmittel nun als Schätzungen die entsprechenden Stichprobenmittelwerte einsetzen, dann zeigt sich, daß die Abweichung des Meßwertes i in Zelle ij vom Stichprobengesamtmittel aus den folgenden vier additiven Komponenten besteht:

<12.7> $X_{ijk} - M_{..} = (M_{j.} - M_{..}) + (M_{.k} - M_{..}) + (M_{jk} - M_{j.} - M_{.k} + M_{..}) + (X_{ijk} - M_{jk})$

Wir können hier statt der *ungewichteten* Mittelwerte M_{**}, M_{j*} und M_{*k} die *gewichteten* Mittel $M_{..}$, $M_{j.}$ und $M_{.k}$ heranziehen, da im Fall gleicher Zellenbesetzungen (alle $n_{jk} = n$) beide Arten der Durchschnittsbildung zum gleichen Ergebnis führen [z.B.: $M_{**} = (\Sigma\Sigma M_{jk})/(J \cdot K) = (\Sigma\Sigma\Sigma X_{ijk})/(J \cdot K \cdot n) = M_{..}$]. In Abschnitt 12.2.4 werden wir sehen, daß bei der im Rahmen der zweifaktoriellen Varianzanalyse vorgenommenen Zerlegung der Gesamtvariation in X von Gleichung <12.7> ausgegangen wird.

12.2.2 Das Konzept der Interaktion zweier Faktoren

Für die nachfolgenden Erörterungen zur Wechselwirkung zweier Faktoren gehen wir von den in Tab. 12.3 dargestellten Populationsmitteln aus, da sich die mit der Varianzanalyse oder dem Brown-Forsythe-JKM-Test geprüfte Interaktionshypothese auf diese Parameter bezieht. Der Anschaulichkeit halber reduzieren wir den allgemeinen JxK-faktoriellen Fall dabei auf einen unserem Beispiel entsprechenden 2x3-faktoriellen Plan.

In Tab. 12.4 sind Zahlenbeispiele für fünf verschiedene Populationszustände wiedergegeben. Zur Analyse der Interaktionseffekte empfiehlt es sich, die J•K Mittelwerte auch grafisch darzustellen. Dies ist in Abb. 12.2 geschehen. Wie wir sehen, lassen sich (bei einem zweifaktoriellen Plan) zwei Arten von Interaktionsdiagrammen erstellen. Bei dem einen werden die Stufen des Spaltenfaktors auf der waagerechten Achse abgetragen und jeweils die Mittelwerte der Zeilenbedingungen J_1, J_2, usf. miteinander verbunden. Im anderen Fall trägt man den Zeilenfaktor auf der Waagerechten ab und verbindet jeweils die Mittel der Spaltenbedingungen K_1 bis K_K.

Die Linien zwischen bestimmten Mittelwerten haben dabei lediglich den Zweck, die verschiedenen Stufen eines Faktors anschaulich zu kennzeichnen. Sie drükken *nicht* aus, daß es sich bei dem auf der Waagerechten abgetragenen Faktor um eine kontinuierliche Variable handelt oder daß zumindest Größer/Kleiner-Relationen zwischen den Faktorstufen bestehen. Man wählt die in Abb. 12.2 gezeigte Darstellung also auch, wenn einer oder (wie in unserem Fall) beide Faktoren kategoriale Variablen sind.

Wir wollen als erstes den Fall betrachten, daß zwischen den Faktoren J und K *keine* Wechselwirkung in Hinblick auf die abhängige Variable besteht. Die Mittelwerte von Tab. 12.4.A sind dafür ein Beispiel. Formal gesehen liegt keine Interaktion vor, wenn in allen J•K Fällen der Zelleneffekt die Summe aus den jeweiligen Zeilen- und Spalteneffekten ist, d.h.:

<12.8> $\mu_{jk} - \mu_{**} = (\mu_{j*} - \mu_{**}) + (\mu_{*k} - \mu_{**})$ *für alle jk*

Dies impliziert, daß Gleichung <12.5> bei jeder der J•K Kombinationen den Wert Null ergibt:

<12.9> $\alpha\beta_{jk} = \mu_{jk} - \mu_{j*} - \mu_{*k} + \mu_{**} = 0$ *für alle jk*

Die Bedingung <12.8> ist im Fall [A] in allen sechs Zellen erfüllt, wie sich rechnerisch leicht prüfen läßt:

$\mu_{11} - \mu_{**} = 30{,}0 - 31{,}8 = (33{,}3 - 31{,}8) + (28{,}5 - 31{,}8) = -1{,}8$
$\mu_{12} - \mu_{**} = 32{,}0 - 31{,}8 = (33{,}3 - 31{,}8) + (30{,}5 - 31{,}8) = 0{,}2$ usf.

Bei der grafischen Darstellung zeigt sich das Nichtvorliegen einer Interaktion darin, daß die Linien (exakt) parallel verlaufen. Die inhaltliche Bedeutung des Fehlens bzw. des Vorliegens einer Wechselwirkung zweier Faktoren wird jedoch deutlicher, wenn wir von der folgenden Definition ausgehen: Die unabhän-

TABELLE 12.4 Beispiel(e) für die verschiedenen Arten der Wechselwirkung zweier Faktoren [B-E] sowie für einen Fall, in dem die Faktoren J und K nicht in Interaktion stehen [A].

[A] Keine Interaktion

	K_1	K_2	K_3	
J_1	30	32	38	33,3
J_2	27	29	35	30,3
	28,5	30,5	36,5	31,8

Anordnung der Mittel

	K_1	K_2	K_3	
J_1	μ_{11}	μ_{12}	μ_{13}	μ_{1*}
J_2	μ_{21}	μ_{22}	μ_{23}	μ_{2*}
	μ_{*1}	μ_{*2}	μ_{*3}	μ_{**}

[B] Ordinale Interaktion

	K_1	K_2	K_3	
J_1	34	35	38	35,7
J_2	27	31	33	30,3
	30,5	33,0	35,5	33,0

[C] Disordinale Interaktion

	K_1	K_2	K_3	
J_1	34	32	28	31,3
J_2	29	31	35	31,7
	31,5	31,5	31,5	31,5

[D] Hybride Interaktion

	K_1	K_2	K_3	
J_1	33	37	35	35,0
J_2	28	30	33	30,3
	30,5	33,5	34,0	32,7

[E] Hybride Interaktion

	K_1	K_2	K_3	
J_1	38	30	28	32,0
J_2	34	32	30	32,0
	36,0	31,0	29,0	32,0

gigen Variablen J und K stehen *nicht* in Interaktion, wenn der Effekt des einen Faktors auf allen Stufen des anderen Faktors der gleiche ist. Beispiel [A] macht dies deutlich. Auf den Stufen K_1, K_2 und K_3 hat Faktor J jeweils die gleiche Wirkung; das J_1-Mittel liegt bei allen Stufen von K um drei Einheiten über dem J_2-Mittel. Und umgekehrt gilt: Auf allen Stufen von J liegt K_2 um zwei Einheiten über K_1 und K_3 um sechs Einheiten über K_2.

Wenn keine Interaktion zwischen den Faktoren besteht, dann lassen sich Aussagen zur Wirkung des einen Faktors machen, ohne auf die andere unabhängige Variable Bezug nehmen zu müssen. Der Effekt von Faktor J gilt dann unabhängig davon, in welcher Ausprägung Faktor K vorliegt und umgekehrt. Durch das Zusammenauftreten von J und K sind keine speziellen Effekte entstanden, so daß bei der Beschreibung der Wirkung des einen Faktors die andere unabhängige Variable außer Betracht bleiben kann.

Anders stellt sich die Situation hingegen dar, wenn eine Wechselwirkung beider Faktoren besteht. Formal gesehen gelten dann die Beziehungen <12.8> bzw. <12.9> nicht für alle J·K Zellen. Greifen wir zur Demonstration das Beispiel [B] von Tab. 12.4 heraus. Hier ist $\alpha\beta_{11} = 34{,}0 - 30{,}5 - 35{,}7 + 33{,}0 = 0{,}8$ und damit Bedingung <12.9> nicht erfüllt. Eine Inspektion des Diagramms [B] von

ABBILDUNG 12.2 Grafische Darstellung der Interaktionsdaten von Tabelle 12.4.

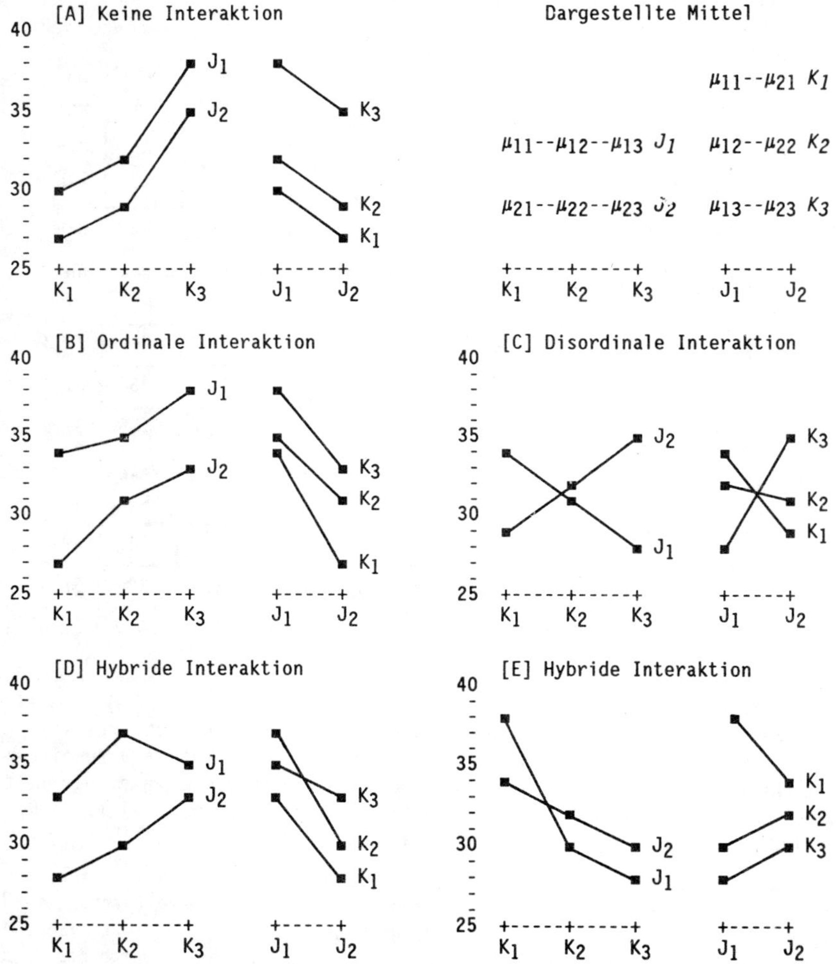

Abb. 12.2 zeigt zudem, daß die Mittelwertlinien nicht parallel verlaufen. Der Zeilenfaktor hat hier nicht auf allen Stufen des Spaltenfaktors die gleiche Wirkung. Bei K_1 liegt das J_1-Mittel um 7, bei K_2 um 4 und bei K_3 um 5 Einheiten über dem J_2-Mittelwert. Und umgekehrt betrachtet: Bei J_1 sind die Unterschiede zwischen den Mitteln K_1-K_2 = 3 und K_2-K_3 = 1, gegenüber 2 und 4 Einheiten auf der Stufe J_2.

Bei den Beispielen [C] bis [E] besteht gleichfalls eine Interaktion zwischen den Faktoren J und K. Wie hier die unterschiedlichen Bezeichnungen andeuten, lassen sich drei Arten von Wechselwirkung definieren. Bei einer *ordinalen* Interaktion wie im Beispiel [B] ist die Abfolge (Ordnung) der Mittel von J auf allen Stufen von K die gleiche, und umgekehrt haben auf allen Stufen von J die Mittel von K die gleiche Rangfolge. So liegt in unserem Beispiel bei allen drei Stufen von K das Mittel der Bedingung J_1 jeweils über dem von J_2. Und sowohl bei J_1 als auch bei J_2 ist die Größenabfolge der Mittel des Spaltenfaktors $K_3 > K_2 > K_1$.

Bei einer *disordinalen* Wechselwirkung wie im Fall [C] ist dagegen die Rangordnung der Mittel von J nicht auf allen Stufen des Faktors K die gleiche, und es unterscheidet sich auch die Abfolge der Mittel von K auf den Stufen von J. Wir sehen, daß bei K_1 das Mittel von J_1 über dem von J_2 liegt, während es auf Stufe K_2 umgekehrt ist ($J_2 > J_1$). Und auf der Stufe J_1 ist die Abfolge der Mittelwerte des Spaltenfaktors $K_1 > K_2 > K_3$, gegenüber der Reihung $K_3 > K_2 > K_1$ auf Stufe J_2.

Ob eine ordinale oder disordinale Interaktion vorliegt ist von Bedeutung, wenn man die Effekte der Faktoren J und K beschreiben möchte. Im ordinalen Fall sind noch Aussagen zur Wirkung von J oder K möglich, ohne auf den jeweils anderen Faktor Bezug nehmen zu müssen. Konstruieren wir ein Beispiel. Faktor K sei die Alkoholdosis ($K_1 = 0$, $K_2 = 2$, $K_3 = 4$ Flaschen Bier) und Faktor J das Geschlecht (J_1 = Männer, J_2 = Frauen). Abhängige Variable ist die mittels eines Fragebogens erfaßte Tendenz zur *Aggressivität*.

Bei einer ordinalen Interaktion wie im Fall [B] könnte man dann zur Wirkung des Alkohols noch die allgemeine Aussage "Je höher die Alkoholdosis, um so höher die durchschnittliche Aggressivität" treffen. Und gleichermaßen wäre bezüglich des Zusammenhangs zwischen abhängiger Variable und Geschlecht die allgemeine Feststellung "Männer sind im Durchschnitt aggressiver als Frauen" möglich. Die Wirkungen von Alkohol und Geschlecht auf die Tendenz zur Aggressivität sind somit noch separat beschreibbar, da sie jeweils für sämtliche Stufen des anderen Faktors zutreffen. Dies gilt allerdings nur, wenn hinsichtlich der Effekte der unabhängigen Variablen über Mehr/Weniger-Aussagen nicht hinausgegangen wird ("Frauen sind weniger aggressiv als Männer", usf.). Will man hingegen die Effekte beider Faktoren exakt beschreiben, dann bedarf es der Berücksichtigung der Wechselwirkung von J und K, wie sie in den Unterschieden zwischen den Zellenmitteln zum Ausdruck kommt.

Bei einer disordinalen Interaktion läßt sich die Wirkung des einen Faktors nicht mehr (hinreichend) ohne Heranziehung der anderen unabhängigen Variablen beschreiben. Wenden wir zur Illustration unser Geschlecht/Alkohol-Beispiel auf Fall [C] an. Männer (J_1) wären danach nur in nüchternem Zustand aggressiver als Frauen, während bei der höchsten Alkoholdosis die Frauen eine größere (durchschnittliche) Aggressivität aufweisen. Nach den Daten von [C] geht bei den Männern die Aggressivität mit zunehmendem Alkoholkonsum zurück, während sie bei den Frauen mit der Anzahl der konsumierten Flaschen Bier zunimmt. Eine (sinnvolle) Aussage zur Wirkung des Alkohols ist somit ohne Berücksichtigung des Geschlechts nicht möglich, und gleichermaßen läßt sich über die Beziehung zwischen Aggressivität und Geschlecht nichts (hinreichend Gültiges) aussagen, ohne den Alkoholisierungsgrad zu berücksichtigen.

Die Mittelwerte des Beispiels [C] belegen weiterhin den Sachverhalt, daß bei Vorliegen einer (disordinalen) Interaktion die Frage nach den Einzel- oder Haupteffekten der Faktoren J und K häufig in den Hintergrund tritt und sogar zu falschen Schlüssen bezüglich der Wirkung eines Faktors führen kann. Würde man hier den Spaltenfaktor alleine betrachten, müßte man zu dem Schluß gelangen, daß er die abhängige Variable nicht beeinflußt, da die Mittel der Spaltenpopulationen gleich sind. Bei der (notwendigen) Berücksichtigung des zweiten Faktors wird jedoch deutlich, daß sehr wohl eine Beziehung zwischen der abhängigen Variablen und K besteht. Ihre Art und Stärke hängt jedoch von der Ausprägung des Zeilenfaktors ab. Ähnlich stellt sich die Situation beim Beispiel [E] dar. In diesem Fall scheint der Zeilenfaktor ohne Einfluß auf die abhängige Variable zu sein, wenn man den Spaltenfaktor unberücksichtigt läßt. Auch hier besteht in Wirklichkeit eine deutliche Beziehung zwischen Zeilenfaktor und abhängiger Variable, die jedoch auf den einzelnen Stufen von K zum Teil gegenläufig ist.

Die Beispiele [D] und [E] zeigen, daß bei der Interaktion zweier Faktoren auch Mischfälle möglich sind. Bredenkamp (1982) spricht hier von *semidisordinaler* Wechselwirkung, während Bortz (1985, S.364) und Leigh & Kinnear (1980) die auch von uns verwendete Bezeichnung *hybride* Interaktion vorschlagen. Bei einer derartigen Wechselwirkung sind jeweils nur bei einem Faktor (allgemeine) Aussagen zur Wirkung möglich, ohne auf den anderen Faktor Bezug zu nehmen. So könnte man aufgrund der Daten von Beispiel [D] sagen, daß Männer (J_1) im Durchschnitt aggressiver als Frauen sind. Bei der Beschreibung der Wirkung des Alkohols auf die Aggressivität muß jedoch auf das Geschlecht Bezug genommen werden. Umgekehrt stellt sich die Situation im Fall [E] dar. Hier erweist sich kein Geschlecht als generell aggressiver. Dafür ist die Aussage möglich, daß die durchschnittliche Aggressivität mit zunehmender Alkoholdosis zurückgeht (da diese Beziehung bei beiden Geschlechtern festzustellen ist).

Auf zwei Aspekte der Interaktion zweier Faktoren sei abschliessend noch einmal hingewiesen:

- Bei den Erörterungen zur Wechselwirkung gingen wir in diesem Abschnitt immer von Populationsmittelwerten aus. Dadurch konnte anhand der Werte der Zellenmittel jeweils unmittelbar entschieden werden, ob eine Interaktion vorliegt und von welcher Art sie ist. Die Analyse der Wechselwirkung zweier Faktoren kompliziert sich jedoch, wenn aufgrund von Stichprobendaten über das Vorliegen und die Art einer Populationsinteraktion entschieden werden muß (vgl. Abschnitt 12.5.4).
- Welcher Typ von Wechselwirkung vorliegt, kann nur festgestellt werden, wenn man - wie in Tab. 12.4 bzw. Abb. 12.2 geschehen - die Zellenmittel auf beide möglichen Arten darstellt, d.h. zum einen die Stufen von K und zum anderen die Stufen J auf der waagerechten Achse anordnet. In diesem Fall läßt sich

der grafischen Darstellung der Populationsmittel auch unmittelbar entnehmen, welcher Art die Wechselwirkung ist: Kreuzen sich die Linien beide Male nicht, dann handelt es sich um eine ordinale Interaktion, während eine disordinale Interaktion vorliegt, wenn sich in beiden Fällen Linien überkreuzen. Mit einer hybriden Wechselwirkung hat man es dagegen zu tun, wenn nur bei einer Art der Darstellung eine Kreuzung von Mittelwertslinien auftritt.

12.2.3 Null- und Alternativhypothesen

Die Null- und Alternativhypothesen der zweifaktoriellen Varianzanalyse und des Brown-Forsythe-JKM-Tests von Abschnitt 12.8 werden in Termini der Zeilen-, Spalten- und Zellen(populations)mittel von Tab. 12.3 formuliert. Die erste Frage lautet, ob zwischen den Mittelwerten der J Zeilen statistisch signifikante Unterschiede bestehen. Bei dieser Analyse des Effekts des Zeilenfaktors bleibt der Spaltenfaktor außer Betracht. Dieses Vorgehen ist zulässig, da der Spaltenfaktor hierbei kontrolliert (balanziert) ist. Auf allen Stufen von J sind aufgrund der gleichen Zellfrequenzen jeweils n Personen den Bedingungen $K_1 \ldots K_K$ ausgesetzt.

Beim Vergleich der Zeilenmittel liegt somit eine Fragestellung wie bei der einfaktoriellen Varianzanalyse vor. Entsprechend werden auch die Null- und die Alternativhypothese formuliert:

<12.10> $H_0\colon \sum_j^J \alpha_j^2 = 0 \qquad H_1\colon \sum_j^J \alpha_j^2 > 0$

Die Nullhypothese behauptet somit, daß die J Zeilenpopulationsmittel gleich sind ($H_0\colon \mu_{1*} = \mu_{2*} = \ldots = \mu_{J*}$), während die Alternativhypothese aussagt, daß diese Mittel nicht alle den gleichen Wert haben. Im Fall der Zurückweisung von H_0 und der Annahme von H_1 "weiß" man somit nur (sofern $J > 2$), *daß* signifikante Unterschiede zwischen den Zeilenmitteln bestehen, jedoch nicht, welche Mittelwerte bedeutsam voneinander differieren.

Bei der zweiten Frage der Zweifaktor-Varianzanalyse wird geprüft, ob zwischen den Mittelwerten der K Spalten statistisch signifikante Unterschiede bestehen. Hierbei bleibt der (aufgrund der gleichen Zellfrequenzen ebenfalls kontrollierte) Zeilenfaktor außer Betracht. Null- und Alternativhypothese lauten:

<12.11> $H_0\colon \sum_k^K \beta_k^2 = 0 \qquad H_1\colon \sum_k^K \beta_k^2 > 0$

Hier behauptet die Nullhypothese, daß die K Spaltenpopulationsmittel gleich sind ($H_0\colon \mu_{*1} = \mu_{*2} = \ldots = \mu_{*K}$), während H_1 aussagt, daß sie nicht alle den gleichen Wert haben.

Bei der Prüfung des Interaktionseffekts von Zeilen- und Spaltenfaktor wird folgende Null- und Alternativhypothese aufgestellt:

<12.12> $H_0\colon \sum_{jk}^{JK}\sum \alpha\beta_{jk}^2 = 0 \qquad H_1\colon \sum_{jk}^{JK}\sum \alpha\beta_{jk}^2 > 0$

Die Größe $\alpha\beta_{jk}$ haben wir in Gleichung <12.9> definiert. Veranschaulicht bedeutet hier die Beibehaltung bzw. Aussage von H_0, daß bei einer grafischen Darstellung der Populationsmittel μ_{jk} wie in Abb. 12.2 die Verbindungslinien parallel zueinander verlaufen, während man mit der Annahme von H_1 zu der Ansicht gelangt, daß diese nicht parallel sind. Mit der Prüfung auf Interaktion wird somit untersucht, ob die Verbindungslinien, die sich bei einer Darstellung der Stichprobenmittel M_{jk} einzeichnen lassen (vgl. Abb. 12.4), statistisch signifikant von der Parallelität abweichen. Durch den Test von $H_0{:}\Sigma\Sigma\alpha\beta^2_{jk}=0$ ist allerdings nur eine Entscheidung darüber möglich, ob eine Populationsinteraktion vorliegt oder nicht. Er gestattet (allein genommen) keine Aussage über den Typ der Wechselwirkung (vgl. Abschnitt 12.5.4).

12.2.4 Die Zerlegung der Variation in der abhängigen Variablen

Bei der zweifaktoriellen Varianzanalyse wird die Gesamtvariation in der abhängigen Variablen in vier Komponenten zerlegt:

- Vom Zeilenfaktor bedingte Variation;
- vom Spaltenfaktor bedingte Variation;
- durch die Interaktion von Zeilen- und Spaltenfaktor bedingte Variation;
- Variation, die *innerhalb* der Zellen existiert.

Zur Zerlegung der Gesamtvariation geht man von Gleichung <12.7> aus, wonach sich die Abweichung des Meßwertes X_{ijk} vom Gesamtmittel $M_{..}$ aus vier additiven Komponenten zusammensetzt. Wird bei <12.7> auf beiden Seiten quadriert und über alle $N = J{\cdot}K{\cdot}n$ Werte summiert, dann ergibt sich (nach einer Reihe von Schritten) die gewünschte Zerlegung der Variation in der abhängigen Variablen:

<12.13> $SAQ_G = SAQ_J + SAQ_K + SAQ_{JK} + SAQ_I$

Die Glieder dieser Gleichung sind wie folgt definiert:

<12.14> $SAQ_G = \sum\sum\sum_{jki}^{JKn}(X_{ijk} - M_{..})^2$ *Summe der Abweichungsquadrate GESAMT*

Diese Summe resultiert aus den Abweichungen der X-Werte vom Gesamtmittel. Sie gibt die Gesamtvariation in der abhängigen Variablen wieder. Die Anzahl ihrer Freiheitsgrade ist $FG_G = N-1$.

<12.15> $SAQ_J = n{\cdot}K{\cdot}\sum_j^J(M_{j.} - M_{..})^2$ *Summe der Abweichungsquadrate ZEILEN*

Diese Summe erfaßt die Variation, die sich aus den Abweichungen der J Zeilenmittel vom Gesamtmittel ergibt. Sie hat $FG_J = J-1$ Freiheitsgrade.

<12.16> $SAQ_K = n{\cdot}J{\cdot}\sum_k^K(M_{.k} - M_{..})^2$ *Summe der Abweichungsquadrate SPALTEN*

Diese Summe erfaßt die Variation, die sich aus den Abweichungen der K Spaltenmittel vom Gesamtmittel ergibt. Sie hat $FG_K = K-1$ Freiheitsgrade.

<12.17> $SAQ_{JK} = n \cdot \sum_{jk}^{JK}\sum (M_{jk} - M_{j.} - M_{.k} + M_{..})^2$ *Summe der Abweichungsquadrate INTERAKTION*

Diese Summe resultiert aus den Abweichungen der J•K Zellenmittel vom Gesamtmittel, die jeweils verbleiben, wenn die zugehörigen Zeilen- und Spalteneffekte abgezogen sind. Sie erfaßt die auf die Wechselwirkung von Zeilen- und Spaltenfaktor zurückgehende Variation. Die Anzahl ihrer Freiheitsgrade ist $FG_{JK} = (J-1) \cdot (K-1)$.

<12.18> $SAQ_I = \sum_{jki}^{JKn}\sum\sum (X_{ijk} - M_{jk})^2$ *Summe der Abweichungsquadrate INNERHALB*

Diese Summe resultiert aus den Abweichungen der X-Werte vom jeweiligen Zellenmittel. Sie gibt die Variation innerhalb der Zellen wieder. Sie hat $J \cdot K \cdot (n-1) = N - J \cdot K$ Freiheitsgrade.

Nach Gleichung <12.13> ergibt die Summe der einzelnen SAQs die Summe der Abweichungsquadrate (Gesamt). Eine entsprechende Additivität besteht auch bei den Freiheitsgraden:

<12.19> $$\begin{array}{ccccccccc} N-1 & = & (J-1) & + & (K-1) & + & (J-1)\cdot(K-1) & + & J\cdot K\cdot(n-1) \\ FG_G & = & FG_J & + & FG_K & + & FG_{JK} & + & FG_I \end{array}$$

12.2.5 Die Schätzung der Populationsvarianz σ_I^2

Analog zum einfaktoriellen Fall gibt es auch bei der zweifaktoriellen Varianzanalyse zu jeder SAQ ein *Mittleres Quadrat (MQ)*. Hierbei wird die jeweilige Abweichungsquadratsumme durch die Anzahl ihrer Freiheitsgrade dividiert:

<12.20> $MQ_J = SAQ_J/(J-1)$ *Mittleres Quadrat ZEILEN*

<12.21> $MQ_K = SAQ_K/(K-1)$ *Mittleres Quadrat SPALTEN*

<12.22> $MQ_{JK} = SAQ_{JK}/[(J-1)\cdot(K-1)]$ *Mittleres Quadrat INTERAKTION*

<12.23> $MQ_I = SAQ_I/[J\cdot K\cdot(n-1)]$ *Mittleres Quadrat INNERHALB*

Von Bedeutung ist nun, welche Erwartungswerte die einzelnen Mittleren Quadrate in Abhängigkeit davon haben, ob die entsprechende Nullhypothese gilt oder nicht. Dies ist in Tab. 12.5 zusammengestellt. Wir sehen, daß das Mittlere Quadrat *Innerhalb* (= Durchschnitt der J•K Zellenvarianzen) immer eine Schätzung für die gemeinsame Varianz in den J•K (Zellen)Populationen darstellt, unabhängig davon, ob die Nullhypothesen bezüglich der Effekte der Faktoren zutreffen oder nicht. Weiterhin zeigt sich, daß die übrigen Mittleren Quadrate ebenfalls Schätzungen dieser Populationsvarianz σ_I^2 sind, wenn die entsprechende Nullhypothese gilt. Die Erwartungswerte von MQ_J, MQ_K und MQ_{JK} fallen dagegen größer aus, sofern die entsprechende H_0 falsch ist. Sie reflektieren dann eine weitere Komponente, die durch das Ausmaß der einzelnen Faktoreffekte bzw. deren Interaktionseffekt bestimmt ist.

TABELLE 12.5 Erwartungswerte der Mittleren Quadrate bei der zweifaktoriellen Varianzanalyse in Abhängigkeit vom Populationszustand (H_0 gilt - H_1 gilt).

Mittleres Quadrat		E(MQ) wenn H_0 gilt	E(MQ) wenn die entsprechende H_0 nicht gilt
MQ_J	*Zeilen*	σ_I^2	$\sigma_I^2 + (n \cdot K \cdot \sum_j^J \alpha_j^2)/(J-1)$
MQ_K	*Spalten*	σ_I^2	$\sigma_I^2 + (n \cdot J \cdot \sum_k^K \beta_k^2)/(K-1)$
MQ_{JK}	*Interaktion*	σ_I^2	$\sigma_I^2 + (n \cdot \sum\sum_{jk}^{JK} \alpha\beta_{jk}^2)/[(J-1) \cdot (K-1)]$
MQ_I	*Innerhalb*	σ_I^2	σ_I^2

12.2.6 Die Prüfung der verschiedenen Nullhypothesen über die F-Verteilung

Die Zusammenstellung der Erwartungswerte der Mittleren Quadrate in Tab. 12.5 zeigt bereits den Weg auf, den wir zum Testen der Nullhypothesen bezüglich der einzelnen Effekte einschlagen müssen. Betrachten wir z.B. das Mittlere Quadrat für den Zeilenfaktor (MQ_J) sowie das Mittlere Quadrat *Innerhalb* (MQ_I). Bei Gültigkeit von $H_0: \mu_{1*} = \mu_{2*} = .. = \mu_{J*}$ sind dies zwei voneinander unabhängige Schätzungen derselben Populationsgröße (σ_I^2). Wir würden deshalb erwarten, daß sich die beiden MQ-Werte nur unbedeutsam (zufällig) unterscheiden. Mit größeren Unterschieden ist hingegen zu rechnen, wenn H_0 falsch ist und H_1 gilt. In diesem Fall wird MQ_J von einer weiteren Komponente beeinflußt und müßte deshalb bei wiederholter Stichprobenziehung im Durchschnitt größere Werte als MQ_I aufweisen.

Zum Test der Nullhypothese bezüglich des Zeilenfaktors wird nun - analog zum Vorgehen bei der einfaktoriellen Varianzanalyse - ein Quotient aus beiden Mittleren Quadraten gebildet, wobei MQ_I wieder im Nenner steht. Nehmen wir an, aufgrund unserer Daten hätte sich für MQ_J/MQ_I ein Wert von 3 ergeben. Es muß dann folgende Frage beantwortet werden: Wie groß ist die Wahrscheinlichkeit, daß bei Gültigkeit der Nullhypothese - wo MQ_J und MQ_I dasselbe schätzen - ein Quotient von 3 (oder noch größer) auftritt. Dazu müssen wir die Stichprobenverteilung von MQ_J/MQ_I unter H_0 kennen. Wir werden sehen, daß dafür wieder eine F-Verteilung als Modell dienen kann.

Ergibt sich hier für den vorgefundenen Quotienten eine Auftretenswahrscheinlichkeit unter H_0, die gleich oder kleiner ist als das festgesetzte Signifikanzniveau α, dann wird die Nullhypothese zurückgewiesen. Man ist dann nicht mehr bereit zu glauben, daß die beiden Mittleren Quadrate dasselbe schätzen. Man nimmt dann vielmehr an, daß MQ_J nicht durch Zufall x-mal größer ausfiel als MQ_I, sondern deshalb, weil die Stichproben Populationen mit (zum Teil) ungleichen Mittelwerten entstammen, wodurch in MQ_J eine zusätzliche -den Effekt des Zeilenfaktors reflektierende - Komponente enthalten ist.

Nach dem gleichen Prinzip verläuft der Test der Nullhypothesen bezüglich des Spaltenfaktors sowie des Interaktionseffekts. MQ_K und MQ_{JK} wird jeweils zu MQ_I ins Verhältnis gesetzt und die Auftretenswahrscheinlichkeit dieser Quotienten unter H_0 über die F-Verteilung bestimmt. Welche F-Verteilungen dabei heranzuziehen sind, wird durch die Freiheitsgrade von MQ-Zähler und MQ_I bestimmt. Die zum Test der drei Nullhypothesen zu berechnenden Quotienten sind somit die folgenden:

- Prüfung von H_0: $\mu_{1*} = \mu_{2*} = \ldots = \mu_{J*}$ (Zeilenfaktor)

  <12.24> $F_J = MQ_J/MQ_I$ $\quad FG_1 = J-1 \quad FG_2 = J \cdot K \cdot (n-1)$

- Prüfung von H_0: $\mu_{*1} = \mu_{*2} = \ldots = \mu_{*K}$ (Spaltenfaktor)

  <12.25> $F_K = MQ_K/MQ_I$ $\quad FG_1 = K-1 \quad FG_2 = J \cdot K \cdot (n-1)$

- Prüfung von H_0: $\Sigma\Sigma\alpha\beta^2 = 0$ (Interaktion)

  <12.26> $F_{JK} = MQ_{JK}/MQ_I$ $\quad FG_1 = (J-1) \cdot (K-1) \quad FG_2 = J \cdot K \cdot (n-1)$

Die jeweilige Nullhypothese wird zurückgewiesen, wenn der errechnete F-Wert größer als der kritische Wert F_c ist.[2] Letzterer wird (im Fall $FG_1 \leq 15$) Tab. F entnommen. Er befindet sich dort im Schnittpunkt von Spalte »FG_1« und der durch die Werte von »FG_2« und »α« definierten Zeile.

12.3 Rechnerische Durchführung der zweifaktoriellen Varianzanalyse

Mit den in Abschnitt 12.2.4 vorgestellten SAQ-Formeln sollte gezeigt werden, wie die einzelnen Variationskomponenten definiert sind. Zur konkreten Berechnung der Abweichungsquadratsummen sind sie jedoch weniger geeignet. Dazu kann auf die (aus ihnen algebraisch ableitbaren) Rechenformeln <12.33> bis <12.37> zurückgegriffen werden. Für deren Anwendung sind als erstes die folgenden Größen zu bestimmen:

<12.27> $A_{jk} = \sum_i^n X_{ijk}$ *Summe der Werte in Zelle jk*

<12.28> $B_{jk} = \sum_i^n X_{ijk}^2$ *Summe der quadrierten Werte in Zelle jk*

<12.29> $A_{j.} = \sum_k^K A_{jk}$ *Summe der Werte in Zeile j*

---

2) Den kritischen F-Wert bezeichnen wir im folgenden mit »F_c« (statt wie bisher mit dem Index »k«), um möglichen Verwechselungen mit dem gemäß <12.25> für den Spaltenfaktor bestimmten Prüfwert »F_K« vorzubeugen.

<12.30> $A_{.k} = \sum_{j}^{J} A_{jk}$ *Summe der Werte in Spalte k*

<12.31> $A_{..} = \sum\sum_{jk}^{JK} A_{jk}$ *Gesamtsumme der N Meßwerte*

<12.32> $B_{..} = \sum\sum_{jk}^{JK} B_{jk}$ *Gesamtsumme der quadrierten Werte*

Zur besseren Übersicht empfiehlt sich eine Anordnung der bei <12.27> bis <12.32> berechneten Werte entsprechend dem Schema von Tab. 12.7. Davon ausgehend bestimmen sie die verschiedenen Abweichungsquadratsummen wie folgt:

<12.33> $SAQ_J = (\sum_{j}^{J} A_{j.}^2)/(n \cdot K) - A_{..}^2/N$ *Zeilenfaktor*

<12.34> $SAQ_K = (\sum_{k}^{K} A_{.k}^2)/(n \cdot J) - A_{..}^2/N$ *Spaltenfaktor*

<12.35> $SAQ_{JK} = (\sum\sum_{jk}^{JK} A_{jk}^2)/n - A_{..}^2/N - SAQ_J - SAQ_K$ *Interaktion*

<12.36> $SAQ_I = B_{..} - (\sum\sum_{jk}^{JK} A_{jk}^2)/n$ *Innerhalb*

<12.37> $SAQ_G = B_{..} - A_{..}^2/N$ *Gesamt*

Für die Prüfung der einzelnen Nullhypothesen wird die *SAQ Gesamt* allerdings nicht benötigt. Sie kann jedoch aufgrund der Beziehung <12.13> zur Kontrolle der Berechnungen herangezogen werden. Die Bestimmung der Mittleren Quadrate sowie der drei F-Quotienten erfolgt gemäß den Formeln <12.20> bis <12.26>. Es empfiehlt sich, die Ergebnisse der varianzanalytischen Berechnungen sowie der Prüfung der verschiedenen Nullhypothesen in Form einer Tafel wie in Tab. 12.6 zusammenzustellen.

12.4 Varianzanalytische Berechnungen für das Beispiel von Abschnitt 12.1

Eine Inspektion der J·K Zellenvarianzen in Tab. 12.2 sowie der Werteverteilungen in diesen Zellen (Abb. 12.1) hatte keine Hinweise darauf ergeben, daß die für die Gültigkeit des Verfahrens erforderliche Voraussetzung varianzhomogener und normalverteilter (oder zumindest symmetrischer) Populationen verletzt sein könnte. Ersteres wird auch durch den in Abschnitt 15.7 durchgeführten Test der Hypothese »Alle $\sigma_{jk}^2 = \sigma_I^2$« bestätigt.

In Tab. 12.7 sind die für die SAQ-Berechnungen benötigten Summengrößen zusammengestellt. Sie wurden - ausgehend von den Daten von Tab. 12.1 - gemäß der Formeln <12.27> bis <12.32> berechnet. Durch Einsetzen erhalten wir für die verschiedenen Abweichungsquadratsummen:

TABELLE 12.6 Schema für die Darstellung der Ergebnisse der zweifaktoriellen Varianzanalyse.

Quelle der Variation	S A Q	F G	M Q	Prüf-wert	Ergebnis des Tests von H_0
Zeilenfaktor J	SAQ_J	J-1	MQ_J	F_J	$P(F \geq F_J)$ s?
Spaltenfaktor K	SAQ_K	K-1	MQ_K	F_K	$P(F \geq F_K)$ s?
Interaktion JxK	SAQ_{JK}	(J-1)•(K-1)	MQ_{JK}	F_{JK}	$P(F \geq F_{JK})$ s?
Innerhalb (Rest)	SAQ_I	J•K•(n-1)	MQ_I		
Gesamt	SAQ_G	N-1			*s? = signifikant bei α?*

$SAQ_J = (1503^2 + 1226^2)/(15 \cdot 3) - 2729^2/90 = 852,544$ <12.33>

$SAQ_K = (843^2 + 927^2 + 959^2)/(15 \cdot 2) - 2729^2/90 = 239,289$ <12.34>

$SAQ_{JK} = (491^2 + 526^2 + 486^2 + 352^2 + 401^2 + 473^2)/15$ <12.35>
$\quad - 2729^2/90 - 852,554 - 239,289 = 317,956$

$SAQ_I = 85669 - 1262387/15 = 1509,867$ <12.36>

$SAQ_G = 85669 - 2729^2/90 = 2919,656$ <12.37>

Entsprechend der Beziehung <12.13> muß die Summe der einzelnen Abweichungsquadratsummen den Wert von SAQ_G ergeben. Dies ist bei uns der Fall:

$SAQ_G = 852,544 + 239,289 + 317,956 + 1509,867 = 2919,656$

Für die Mittleren Quadrate ergeben sich die folgenden Werte:

$MQ_J = 852,544/(2-1) = 852,544$ <12.20>

$MQ_K = 239,289/(3-1) = 119,645$ <12.21>

$MQ_{JK} = 317,956/[(2-1) \cdot (3-1)] = 158,978$ <12.22>

$MQ_I = 1509,867/[2 \cdot 3 \cdot (15-1)] = 17,975$ <12.23>

Bei der Prüfung der drei Nullhypothesen wählen wir jeweils ein Fehler-I-Risiko von $\alpha = 0,05$. Für die F-Quotienten ergeben sich folgende Werte:

$F_J = 852,544/17,975 = 47,429$ $\quad FG_1 = 1$ $\quad F_c(1;\ 80) = 3,960$ <12.24>

$F_K = 119,645/17,975 = 6,656$ $\quad FG_1 = 2$ $\quad F_c(2;\ 80) = 3,111$ <12.25>

$F_{JK} = 158,978/17,975 = 8,844$ $\quad FG_1 = 2$ $\quad F_c(2;\ 80) = 3,111$ <12.26>

Da in unserer F-Tabelle $FG_2 = 84$ nicht enthalten ist, prüfen wir auf dem darunter vorhandenen FG_2-Wert von 80. In allen drei Fällen übersteigt der errechnete F-Quotient den kritischen Wert F_c deutlich, so daß die Nullhypothese jeweils zurückgewiesen wird. Tab. F läßt sich weiterhin entnehmen, daß die Wahrscheinlichkeiten $P(F \geq F_J)$, $P(F \geq F_K)$ und $P(F \geq F_{JK})$ kleiner als 0,001 sein müssen. Die Ergebnisse unserer varianzanalytischen Berechnungen und Signifikanztests sind in Tab. 12.8 noch einmal zusammengestellt. Aufgrund der Varianzanalyse gelangen wir somit zu folgenden Schlüssen:

TABELLE 12.7 Zusammenstellung der für die Durchführung der Varianzanalyse benötigten Zellen-, Zeilen-, Spalten- und Gesamtsummen. Daten von Tabelle 12.1. Es ist: n = 15, N = 90, J = 2, K = 3.

	Lehrmethode (Lehrbuch) Konventionell	Linear progr.	Verzw. progr.	$B_{..} = 85669$
Leistniv. Hoch	$A_{11} = 491$ $B_{11} = 16337$	$A_{12} = 526$ $B_{12} = 18696$	$A_{13} = 486$ $B_{13} = 15990$	$A_{1.} = 1503$
Leistniv. Niedrig	$A_{21} = 352$ $B_{21} = 8546$	$A_{22} = 401$ $B_{22} = 10953$	$A_{23} = 473$ $B_{23} = 15147$	$A_{2.} = 1226$
	$A_{.1} = 843$	$A_{.2} = 927$	$A_{.3} = 959$	$A_{..} = 2729$

- Es besteht ein statistisch bedeutsamer Effekt des (Zeilen)Faktors *Leistungsniveau*. Die Personen mit der Vordiplomnote 1 und 2 (Gruppe »Hoch«) haben im Test *Multivariate Statistik* eine signifikant bessere Durchschnittsleistung erzielt als die Personen mit der Note 3 oder 4 (Gruppe »Niedrig«).
- Es besteht ein statistisch bedeutsamer Effekt des (Spalten) Faktors *Lehrmethode*. Zumindest die Durchschnittswerte der Bedingungen »konventionelles« und »verzweigt programmiertes Lehrbuch« sind signifikant verschieden.
- *Leistungsniveau* und *Lehrmethode* stehen in statistisch signifikanter Interaktion hinsichtlich ihres Einflusses auf die Leistung im Test *Multivariate Statistik*.

12.5 Das weitere Vorgehen im Anschluß an die Varianzanalyse

Mit den varianzanalytischen Signifikanztests ist meist nur ein Teil der Fragen beantwortet, die man bezüglich der Wirkung der untersuchten Faktoren hat, es sei denn, sämtliche Nullhypothesen mußten beibehalten werden. In unserem Beispiel war jedoch das Gegenteil der Fall, es erwiesen sich sowohl die Einzeleffekte als auch die Wechselwirkung der Faktoren als statistisch signifikant.

Den (Einzel)Effekt, den ein Faktor aufweist, wenn der andere außer Betracht bleibt, bezeichnen wir im folgenden als »Haupteffekt«. Bei der Analyse des Haupteffekts des Zeilenfaktors möchte man wissen, ob zwischen den J Zeilenbedingungen statistisch signifikante Mittelwertsunterschiede bestehen. Sofern hier mehr als zwei Stufen vorliegen, ist weiterhin von Interesse, welche der Zeilenmittel sich bedeutsam voneinander unterscheiden. Analog stellen sich die Fragen bezüglich des Haupteffekts des Spaltenfaktors.

Mit der zweifaktoriellen Varianzanalyse wird nun durch die Prüfung von F_J und F_K lediglich untersucht, ob bedeutsame Haupteffekte der Faktoren vorliegen. Ergibt sich statistische Signifikanz, dann ist damit im Fall $J > 2$ bzw. $K > 2$ jedoch noch nicht festgestellt, welche der J Zeilen- bzw. K Spaltenmittel sich

TABELLE 12.8 Ergebnisse der zweifaktoriellen Varianzanalyse mit den Daten von Tabelle 12.1.

Quelle	S A Q	FG	M Q	F	P(F)
Leistungsniveau	852,544	1	852,544	47,429	< 0,001 s
Lehrmethode	239,289	2	119,645	6,656	< 0,01 s
Interaktion	317,956	2	158,978	8,844	< 0,001 s
Innerhalb	1509,867	84	17,975		
Gesamt	2919,656	89			

s = signifikant bei α*=0,05*

voneinander unterscheiden. Dazu bedarf es weiterer Analysen. So würde man bei unserem Beispiel (durch multiple paarweise Vergleiche) untersuchen wollen, bei welchen Lehrmethoden sich die durchschnittlichen Lernleistungen signifikant voneinander unterscheiden.

Die Aussagekraft der Analysen zu den Haupteffekten von Zeilen- und Spaltenfaktor hängt jedoch wesentlich davon ab, ob eine (signifikante) Wechselwirkung beider Faktoren besteht. Wenn dies (wie in unserem Beispiel) der Fall ist, muß vorab die Art der Interaktion bei den Stichprobendaten untersucht werden, um zu entscheiden, wie weit es sinnvoll ist, den Effekt eines Faktors separat - d.h. unter Außerachtlassung der anderen unabhängigen Variablen - zu betrachten. Denn eine signifikante Interaktion bedeutet ja, daß zur vollständigen Beschreibung der Effekte von Zeilen- und Spaltenfaktor ihr Zusammenwirken berücksichtigt werden muß.

Zur Untersuchung der Wechselwirkung beider Faktoren empfiehlt sich u.a. eine Darstellung der J·K Zellenmittel wie in Abb. 12.3. Wir sehen hier, daß *bei den Stichprobendaten* eine hybride Interaktion vorliegt. Das linke Diagramm zeigt, daß die Frage nach dem Haupteffekt des *Leistungsniveaus* (noch) sinnvoll ist, da die durchschnittliche Lernleistung der Personen mit den Vordiplomnoten 1 und 2 unter allen Lehrmethoden höher ist als die der Personen mit den Noten 3 und 4. Dagegen wäre die (alleinige) Analyse des Haupteffekts der *Lehrmethode* weniger fruchtbringend, da die Wirksamkeitsabfolge der drei Methoden auf den beiden Leistungsstufen verschieden ist.

Bereits unser Beispiel macht somit deutlich, daß bei Vorliegen einer signifikanten Interaktion die Analyse der Haupteffekte teilweise oder gänzlich an Bedeutung verlieren kann. Je "disordinaler" sich die Wechselwirkung bei den Stichprobendaten darstellt, um so mehr ist es erforderlich, die Wirkung eines Faktors separat auf den einzelnen Stufen der anderen unabhängigen Variablen zu untersuchen (vgl. Abschnitt 12.5.2 und 12.5.3).

Im nächsten Abschnitt wird gezeigt, wie im Fall J (bzw. K) > 2 mittels Tukey-Test festgestellt werden kann, welche der J Zeilen- bzw. K Spaltenmittel sich signifikant voneinander unterscheiden. Der dabei durchgeführte Vergleich der drei Lehrmethoden (Spaltenmittel) soll allerdings nur der Demonstration der

ABBILDUNG 12.3 Darstellung der Interaktion bei den Daten von Tabelle 12.2: Konstellation der 2x3 Zellenmittelwerte.

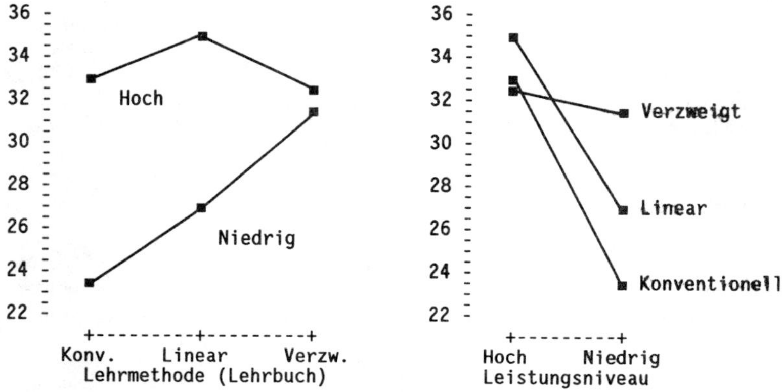

Berechnungen dienen. Denn wie ausgeführt wurde, ist aufgrund der Art der bei unseren Daten vorliegenden Wechselwirkung die (weitere) Analyse des Haupteffekts des Spaltenfaktors weniger sinnvoll.

12.5.1 Weitere Analyse der Haupteffekte von Zeilen- und Spaltenfaktor

Mit Hilfe des in Abschnitt 11.4 vorgestellten Tukey-Tests kann untersucht werden, welche der J Zeilenmittel sich signifikant voneinander unterscheiden. Zur Prüfung der Differenz der Mittel von Zeile j und j′ wird folgende Größe berechnet (MQ_I aus Tab. 12.6):

<12.38> $$Q = \frac{|M_{j.} - M_{j'.}|}{\sqrt{[MQ_I/(n \cdot K)]}} \qquad FG = J \cdot K \cdot (n-1)$$

Die auf den Kontrast bezogene Nullhypothese wird zurückgewiesen, wenn $Q > Q_C$ ist. Der kritische Wert Q_C läßt sich dem durch »α_F« definierten Teil von Tab. H entnehmen (Schnittpunkt von Spalte »J« und Zeile »FG«).

Um festzustellen, ob sich die Mittel von Spalte k und k′ signifikant unterscheiden, wird folgende Prüfgröße bestimmt (MQ_I aus Tab. 12.6):

<12.39> $$Q = \frac{|M_{.k} - M_{.k'}|}{\sqrt{[MQ_I/(n \cdot J)]}} \qquad FG = J \cdot K \cdot (n-1)$$

Die auf den Kontrast bezogene Nullhypothese wird zurückgewiesen, wenn $Q > Q_C$ ist. Der kritische Wert Q_C läßt sich dem durch »α_F« definierten Teil von Tab. H entnehmen (Schnittpunkt von Spalte »J=K« und Zeile »FG«).

Bei einem paarweisen Vergleich der Spaltenmittel von Tab. 12.2 ergeben sich die folgenden Q-Werte (MQ_I aus Tab. 12.8):

[1] $|M_{.1} - M_{.2}|$: $Q_1 = |28{,}100 - 30{,}900|/\sqrt{(17{,}975/30)} = 3{,}617$

[2] $|M_{.1} - M_{.3}|$: $Q_2 = |28{,}100 - 31{,}967|/\sqrt{(17{,}975/30)} = 4{,}996$

[3] $|M_{.2} - M_{.3}|$: $Q_3 = |30{,}900 - 31{,}967|/\sqrt{(17{,}975/30)} = 1{,}378$

Da 84 Freiheitsgrade in Tab. H nicht enthalten sind, prüfen wir auf dem darunter angeführten Wert von FG = 60. Das Fehler-I-Risiko α_F setzen wir auf den bei der Varianzanalyse gewählten Alphawert von 0,05. Für J = 3 ist dann Q_C = 3,399. Dieser Wert wird bei den Kontrasten [1] und [2] überschritten. Beim konventionellen Lehrbuch ist somit die durchschnittliche Lernleistung signifikant schlechter als bei den programmierten Lehrbüchern.

12.5.2 Analyse der einfachen Haupteffekte des Zeilenfaktors

Bei den »einfachen Haupteffekten« des Zeilenfaktors handelt es sich um die Wirkung dieser unabhängigen Variablen auf den einzelnen Stufen des Spaltenfaktors. Man untersucht hier somit bei den Bedingungen K_1 bis K_K jeweils die Unterschiede zwischen den J Zellenmitteln. Denn durch eine statistisch signifikante Wechselwirkung ist ja angezeigt, daß der Effekt des Zeilenfaktors nicht auf allen Stufen von K der gleiche ist.

Diesen Sachverhalt illustriert das für unser Beispiel angefertigte Interaktionsdiagramm (Abb. 12.3). Der Unterschied zwischen den Mitteln der Leistungsgruppen »Hoch« und »Niedrig« stellt sich beim konventionellen Lehrbuch deutlich größer dar als beim verzweigt programmierten Lehrmaterial. Mit der Analyse der einfachen Haupteffekte des Faktors *Leistungsniveau* soll nun bei den einzelnen Lehrmethoden untersucht werden, ob der jeweilige Unterschied zwischen den Mitteln der Leistungsgruppen statistisch signifikant ist. M.a.W: Es wird geprüft, bei welchen der drei Lehrbedingungen das *Leistungsniveau* einen bedeutsamen Effekt aufweist.

Zur Untersuchung der Frage, ob bei Bedingung k des Spaltenfaktors zwischen den J Zellenmitteln signifikante Unterschiede bestehen (»Einfacher Haupteffekt von J in Spalte k«), ist als erstes die *SAQ Zeilen (Spalte k)* zu bestimmen:

<12.40> $$SAQ_{J(k)} = (\sum_j^J A_{jk}^2)/n - A_{.k}^2/(n \cdot J)$$

Zur Berechnung der einzelnen SAQ-Werte greifen wir auf die für die Varianzanalyse angelegte Tafel der Zeilen-, Spalten- und Zellensummen zurück (Tab. 12.7). Für jede Stufe von K ist somit eine Abweichungsquadratsumme zu bestimmen. Bei unseren Daten ergeben sich folgende Werte:

$SAQ_{J(1)} = (491^2 + 352^2)/15 - 843^2/(15 \cdot 2) = 644{,}033$

$SAQ_{J(2)} = (526^2 + 401^2)/15 - 927^2/(15 \cdot 2) = 520{,}833$

$SAQ_{J(3)} = (486^2 + 473^2)/15 - 959^2/(15 \cdot 2) = 5{,}633$

Bezüglich der Summe der SAQ-Werte muß folgende Beziehung gelten:

<12.41> $\sum_{k}^{K} SAQ_{J(k)} = SAQ_J + SAQ_{JK}$

Dies ist bei uns der Fall (SAQ_J und SAQ_{JK} aus Tab. 12.8):

$SAQ_J + SAQ_{JK} = 852{,}544 + 317{,}956 = 1170{,}500$ und

$\Sigma SAQ_{J(k)} = 644{,}033 + 520{,}833 + 5{,}633 = 1170{,}499 = 1170{,}499$

Es wird nun für jede Stufe des Spaltenfaktors das *Mittlere Quadrat Zeilen (Spalte k)* berechnet:

<12.42> $MQ_{J(k)} = SAQ_{J(k)}/(J-1)$

In unserem Fall von J = 2 weisen die Mittleren Quadrate jeweils die gleichen Werte auf wie die Summen der Abweichungsquadrate:

$MQ_{J(1)} = 644{,}033/(2-1) = 644{,}033$; $MQ_{J(2)} = 520{,}833/(2-1) = 520{,}833$
$MQ_{j(3)} = 5{,}633/(2-1) = 5{,}633$

Zur Prüfung der K Nullhypothesen $H_0{:}\mu_{1k}=\mu_{2k}=\ldots=\mu_{Jk}$ wird für jede Stufe des Spaltenfaktors der Quotient *F Zeilen (Spalte k)* berechnet. Hierbei ist MQ_I das Mittlere Quadrat *Innerhalb* aus der Varianzanalyse.

<12.43> $F_{J(k)} = MQ_{J(k)}/MQ_I \qquad FG_1 = J-1 \qquad FG_2 = J\cdot K\cdot(n-1)$

Die entsprechende H_0 wird zurückgewiesen, wenn $F_{J(k)} > F_c$ ist.

Für unser Beispiel ergibt sich (MQ_I aus Tab. 12.8):

$F_{J(1)} = 644{,}033/17{,}975 = 35{,}829$; $F_{J(2)} = 520{,}833/17{,}975 = 28{,}975$
$F_{J(3)} = 5{,}633/17{,}975 = 0{,}313$; $FG_1 = 1$; $FG_2 = 84$

Wir ersehen aus den vorgenommenen Berechnungen, daß wir im Grunde nichts anderes gemacht haben, als in jeder der K Spalten eine einfaktorielle Varianzanalyse zum Vergleich der J Zellenmittel durchzuführen. Dabei wurde allerdings das auf den Gesamtdaten basierende MQ_I herangezogen, welches (aufgrund der Kmal größeren Stichprobe) eine präzisere Schätzung für σ_I^2 darstellt als ein in jeder Spalte separat berechnetes Mittleres Quadrat *Innerhalb*, in das jeweils nur n·J Werte eingehen würden.

Bei der Prüfung der einfachen Haupteffekte des Zeilenfaktors werden K Mittelwertsvergleiche durchgeführt. Wenn man sicherstellen möchte, daß das Risiko, bei diesen K Vergleichen einen (oder mehrere) Fehler I. Art zu begehen, einen bestimmten Wert α nicht übersteigt, dann müssen die einfachen Haupteffekte gemäß Beziehung <11.4> jeweils auf dem Signifikanzniveau α/K geprüft werden. Hierbei wird für α der Wert eingesetzt, mit dem man in der Varianzanalyse beim Test des Haupteffekts (des Zeilenfaktors) gearbeitet hat.

Bei unserem Beispiel müßten wir somit die einfachen Haupteffekte auf einem Signifikanzniveau von $\alpha/K = 0{,}05/3 = 0{,}017$ prüfen. Da dieser Wert in Tab. F nicht enthalten ist, wählen wir ein Alpha von 0,01. Der kritische Wert für

$FG_1 = 1$ und $FG_2 = 80$ (statt $FG_2 = 84$) ist dann $F_c = 6{,}963$. Dieser Wert wird von $F_{J(1)}$ und $F_{J(2)}$ überschritten, so daß wir in diesen Fällen die Nullhypothese zurückweisen. Beim konventionellen sowie beim linear programmierten Lehrbuch ist die durchschnittliche Lernleistung der Personen mit der Vordiplomnote 1 oder 2 jeweils bedeutsam höher als die der Personen mit den Noten 3 und 4. Der geringfügige Mittelwertsunterschied beim verzweigt programmierten Lehrmaterial ist dagegen (erwartungsgemäß) statistisch insignifikant. Die Ergebnisse der Berechnungen und Prüfungen zu den einfachen Haupteffekten des Zeilenfaktors sind in Tab. 12.9 noch einmal zusammengestellt.

Wenn der Zeilenfaktor mehr als zwei Stufen aufweist, dann muß bei den Fällen, in denen sich der einfache Haupteffekt als signifikant erwiesen hat, noch mittels Tukey-Test geprüft werden, welche der J Zellenmittel sich in dieser Spalte bedeutsam voneinander unterscheiden. Hierbei ist α_F gleich dem Signifikanzniveau, auf dem der vorangegangene Test des einfachen Haupteffekts durchgeführt wurde (meist α/K).

Zum Vergleich der Zellenmittel M_{jk} und $M_{j'k}$ in Spalte k wird folgende Prüfgröße bestimmt (MQ_I aus Tab. 12.6):

<12.44> $$Q = \frac{|M_{jk} - M_{j'k}|}{\sqrt{(MQ_I/n)}} \qquad FG = J \cdot K \cdot (n-1)$$

Die auf den Kontrast bezogene Nullhypothese wird zurückgewiesen, wenn $Q > Q_c$ ist. Der kritische Wert Q_c läßt sich dem durch »α_F« definierten Teil von Tab. H entnehmen (Schnittpunkt von Spalte »J« und Zeile »FG«).

12.5.3 Analyse der einfachen Haupteffekte des Spaltenfaktors

Bei den »einfachen Haupteffekten« des Spaltenfaktors geht es um die Wirkung dieser unabhängigen Variablen auf den einzelnen Stufen des Zeilenfaktors. Man untersucht hier bei den Bedingungen J_1 bis J_J jeweils die Unterschiede zwischen den K Zellenmitteln. Auf unser Beispiel bezogen wird somit geprüft, wie weit der Faktor *Lehrmethode* bei den einzelnen Leistungsgruppen einen bedeutsamen Effekt aufweist.

Zur Untersuchung der Frage, ob bei Bedingung j des Zeilenfaktors zwischen den K Zellenmitteln signifikante Unterschiede bestehen (»Einfacher Haupteffekt von K in Zeile j«) ist als erstes die *SAQ Spalten (Zeile j)* zu bestimmen:

<12.45> $$SAQ_{K(j)} = (\sum_k^K A_{jk}^2)/n - A_{j.}^2/(n \cdot K)$$

Zur Berechnung der SAQ-Werte greifen wir wieder auf Tab. 12.7 zurück. Für jede Stufe von J ist eine Abweichungsquadratsumme zu bestimmen. Bei unseren Daten ergeben sich folgende Werte:

$SAQ_{K(1)} = (491^2 + 526^2 + 486^2)/15 - 1503^2/(15 \cdot 3) = 63{,}333$

$SAQ_{K(2)} = (352^2 + 401^2 + 473^2)/15 - 1226^2/(15 \cdot 3) = 493{,}911$

TABELLE 12.9 Ergebnisse der Varianzanalyse mit den Daten von Tabelle 12.1, einschließlich der Befunde zu den einfachen Haupteffekten der beiden Faktoren.

Quelle der Variation	S A Q	FG	M Q	F	P(F)
Leistungsniveau	852,544	1	852,544	47,429	< 0,001
" bei Konvent. Lehrbuch	644,033	1	644,033	35,829	< 0,001
" bei Linear prog. Buch	520,833	1	520,833	28,975	< 0,001
" bei Verzw. prog. Buch	5,633	1	5,633	0,313	> 0,05
Lehrmethode (Buch)	239,289	2	119,645	6,656	< 0,01
" bei Leistniv. hoch	63,333	2	31,667	1,762	> 0,05
" bei Leistniv. niedrig	493,911	2	246,956	13,739	< 0,001
Interaktion	317,956	2	158,978	8,844	< 0,001
Innerhalb	1509,867	84	17,975		
Gesamt	2919,656	89			

Bezüglich der Summe der SAQ-Werte muß folgende Beziehung gelten:

<12.46> $\sum_{j}^{J} SAQ_{K(j)} = SAQ_K + SAQ_{JK}$

Dies ist bei uns der Fall (SAQ_K und SAQ_{JK} aus Tab. 12.8):

$SAQ_K + SAQ_{JK} = 239{,}289 + 317{,}956 = 557{,}245$ und

$\sum SAQ_{K(j)} = 63{,}333 + 493{,}911 = 557{,}244$

Es wird nun für jede Stufe des Zeilenfaktors das *Mittlere Quadrat Spalten (Zeile j)* berechnet:

<12.47> $MQ_{K(j)} = SAQ_{K(j)}/(K-1)$

Für unser Beispiel ergibt sich:

$MQ_{K(1)} = 63{,}333/(3-1) = 31{,}667$; $MQ_{K(2)} = 493{,}911/(3-1) = 246{,}956$

Zur Prüfung der J Nullhypothesen $H_0{:}\mu_{j1}=\mu_{j2}=\ldots=\mu_{jK}$ wird für jede Stufe des Zeilenfaktors der Quotient *F Spalten (Zeile j)* berechnet. Hierbei ist MQ_I das Mittlere Quadrat *Innerhalb* aus der Varianzanalyse.

<12.48> $F_{K(j)} = MQ_{K(j)}/MQ_I$ $\quad FG_1 = K-1 \quad FG_2 = J \cdot K \cdot (n-1)$

Die entsprechende H_0 wird zurückgewiesen, wenn $F_{K(j)} > F_c$ ist.

Für unser Beispiel ergibt sich (MQ_I aus Tab. 12.8): $FG_1 = 2$; $FG_2 = 84$

$F_{K(1)} = 31{,}667/17{,}975 = 1{,}762$; $F_{K(2)} = 246{,}956/17{,}975 = 13{,}739$

Wir sehen, daß wir mit den vorgenommenen Berechnungen nichts anderes gemacht haben, als in jeder der J Zeilen eine einfaktorielle Varianzanalyse zum Vergleich der K Zellenmittel durchzuführen. Hierbei wurde wieder das auf den Gesamtdaten basierende MQ_I herangezogen.

Damit das Riskio, bei den J zeilenweisen Mittelwertsvergleichen einen (oder mehrere) Fehler I. Art zu begehen, den Wert α nicht übersteigt, prüfen wir die einfachen Haupteffekte jeweils auf $\alpha/J = 0{,}05/2 = 0{,}025$. Der kritische Wert für $FG_1 = 2$ und $FG_2 = 80$ (statt $FG_2 = 84$) ist hier $F_c = 3{,}864$ (Tab. F). Dieser Wert wird nur von $F_{K(2)}$ überschritten. Der Quotient $F_{K(1)}$ wäre auch bei den exakten Nennerfreiheitsgraden von 84 nicht signifikant, da er selbst bei $FG_2 = 90$ kleiner als der kritische Wert ist.

Der durch die signifikante Interaktion angezeigte Sachverhalt, daß der Spaltenfaktor auf den einzelnen Stufen von J unterschiedlich wirkt, stellt sich somit wie folgt dar: Bei den Personen mit der Vordiplomnote 1 und 2 führen die drei Lehrmethoden nicht zu (signifikant) unterschiedlichen mittleren Lernwerten. In der unteren Leistungsgruppe (Noten 3 und 4) hat die Lehrmethode dagegen einen statistisch bedeutsamen Effekt. Es muß nun geprüft werden, welche der Mittel sich hier signifikant voneinander unterscheiden. Dazu kann wieder der Tukey-Test herangezogen werden. Hierbei ist α_F gleich dem Signifikanzniveau, auf dem der Test der einfachen Haupteffekte durchgeführt wurde (meist α/J).

Zum Vergleich der Zellenmittel M_{jk} und $M_{jk'}$ in Zeile j wird folgende Prüfgröße bestimmt (MQ_I aus Tab. 12.6):

$$\text{<12.49>} \quad Q = \frac{|M_{jk} - M_{jk'}|}{\sqrt{(MQ_I/n)}} \qquad FG = J \cdot K \cdot (n-1)$$

Die auf den Kontrast bezogene Nullhypothese wird zurückgewiesen, wenn $Q > Q_c$ ist. Der kritische Wert Q_c läßt sich dem durch »α_F« definierten Teil von Tab. H entnehmen (Schnittpunkt von Spalte »J=K« und Zeile »FG«).

Bei einem paarweisen Vergleich der Mittel in der niedrigen Leistungsgruppe (Tab. 12.2) ergeben sich die folgenden Q-Werte (MQ_I aus Tab. 12.8):

[1] $|M_{21} - M_{22}|$: $Q_1 = |23{,}467 - 26{,}733|/\sqrt{(17{,}975/15)} = 2{,}983$

[2] $|M_{21} - M_{23}|$: $Q_2 = |23{,}467 - 31{,}533|/\sqrt{(17{,}975/15)} = 7{,}368$

[3] $|M_{22} - M_{23}|$: $Q_3 = |26{,}733 - 31{,}533|/\sqrt{(17{,}975/15)} = 4{,}385$

Da 84 Freiheitsgrade in Tab. H nicht enthalten sind, prüfen wir bei FG = 60. Für $\alpha_F = 0{,}025$ und K = 3 zu vergleichende Mittel ist hier $Q_c = 3{,}798$. Dieser Wert wird bei den Kontrasten [2] und [3] überschritten. Beim verzweigt programmierten Lehrbuch ist somit die durchschnittliche Lernleistung signifikant besser als bei den beiden anderen Lehrmaterialien. Der Unterschied zwischen den Mitteln der Bedingungen »konventionelles« und »linear programmiertes Buch« wäre dagegen auch bei den exakten Freiheitsgraden von 84 nicht signifikant, da Q_1 selbst bei FG = 120 kleiner als der kritische Wert ist.

Das Gesamt der varianzanalytischen Befunde zu den Haupt- und Interaktionseffekten der Faktoren sowie ihren einfachen Haupteffekten sollte zum Abschluß noch einmal in einer Übersicht nach dem Muster von Tab. 12.9 zusammengestellt werden.

12.5.4 Stichprobeninteraktion versus Populationsinteraktion

Eine eingehende inhaltliche Diskussion der Ergebnisse unserer varianzanalytischen Prüfungen ist natürlich wenig sinnvoll, da es sich bei dem Beispiel ja um fiktive (konstruierte) Daten gehandelt hat. Einige allgemeine Aspekte können jedoch auch anhand dieser fiktiven Befunde erörtert werden.

Es dürfte deutlich geworden sein, daß durch das Vorliegen einer signifikanten Interaktion die Interpretationsmöglichkeiten der Haupteffekte von Zeilen- und Spaltenfaktor teilweise stark eingeschränkt sind. Bei alleiniger Betrachtung der Haupteffekte ergibt sich dann häufig ein falsches oder verzerrtes Bild der Wirkung der einzelnen Faktoren auf die abhängige Variable. So haben wir bei der Analyse des Haupteffekts der Lehrmethode festgestellt, daß das verzweigt programmierte Material zu besseren Lernleistungen geführt hat als das konventionelle Lehrbuch. Die Untersuchung der einfachen Haupteffekte des Faktors Lehrmethode zeigte jedoch, daß die Überlegenheit des verzweigt programmierten Buches nur bei den Personen der niedrigen Leistungsgruppe zu beobachten ist, während die unter beiden Methoden erzielten mittleren Lernscores in der höheren Leistungsgruppe praktisch gleich sind.

Wie weit bei Vorliegen einer signifikanten Wechselwirkung die Haupteffekte noch sinnvoll interpretierbar sind, hängt wesentlich von der Art der Interaktion ab. Wir haben in Abschnitt 12.2.2 drei Wechselwirkungstypen definiert, wobei wir von der Konstellation der J·K Populationsmittel ausgegangen sind. Bei Betrachtung dieser Parameter kann in jedem Fall entschieden werden, ob eine ordinale, disordinale oder eine hybride Interaktion vorliegt. Denn hier bedeutet jede noch so geringe Abweichung der Linien von der Parallelität das "reale" Vorhandensein einer Wechselwirkung beider Faktoren und jedes Kreuzen dieser Linien, daß die Interaktion hybrid bzw. disordinal ist.

Weniger eindeutig stellt sich die Situation dagegen in der Regel dar, wenn wir von Stichprobenmitteln ausgehen (müssen). Sofern man dabei seine Aussage nur auf die Stichprobendaten bezieht, läßt sich natürlich auch hier immer entscheiden, von welchem Typ eine Interaktion ist. So besteht bei unserem Beispiel - wenn wir uns auf die Betrachtung der M_{jk}-Werte beschränken - eine hybride Wechselwirkung zwischen Lehrmethode und Leistungsniveau. Die entscheidende Frage ist jedoch, ob wir aufgrund der Konstellation der J·K Stichprobenmittel schlußfolgern können, daß auch die Populationsinteraktion von dieser hybriden Art ist.

Der varianzanalytische Test der Interaktion gibt darüber keine Auskunft. Er gestattet - bei Zurückweisung der Nullhypothese - nur die Feststellung, *daß* die Faktoren in der Population in Wechselwirkung stehen. Wieweit es aufgrund der Stichprobendaten möglich ist, die Konfiguration der μ_{jk}-Werte und damit die Art der Populationsinteraktion zu schlußfolgern, muß durch weitere Analyse geprüft werden (vgl. Bredenkamp 1982).

In manchen Fällen sind die Unterschiede zwischen den J·K Stichprobenmitteln und die Ergebnisse der im Anschluß an die Varianzanalyse durchgeführten Tests so eindeutig, daß mit relativ hoher Sicherheit entschieden werden kann, ob die Wechselwirkung in der Population ordinal, disordinal oder hybrid ist. Dies ist einsichtigerweise um so eher möglich, je größer die Anzahl der Werte pro Zelle ist. Relativ häufig dürfte sich jedoch die Populationsinteraktion aufgrund der Stichprobenbefunde nicht eindeutig klassifizieren lassen. Unsere Daten sind ein Beispiel dafür.

Wir haben z.B. beim Lernen nach dem verzweigt programmierten Lehrbuch keinen signifikanten Unterschied zwischen den beiden Leistungsgruppen feststellen können (vgl. Tab. 12.2 und Abb. 12.3). Die Beibehaltung der Nullhypothese bedeutet hier jedoch nicht, daß wir ausreichend sicher sein können, daß tatsächlich $\mu_{13} = \mu_{23}$ ist. Zur typmäßigen Einordung der Populationsinteraktion müßten wir jedoch u.a. "wissen", ob $\mu_{13} = \mu_{23}$, $\mu_{13} > \mu_{23}$ oder $\mu_{13} < \mu_{23}$ ist. Dies ist aber aufgrund unserer Stichprobendaten nicht mit der nötigen Sicherheit entscheidbar.

Man sollte deshalb im allgemeinen zurückhaltend mit der Aussage sein, daß die Wechselwirkung zweier Faktoren (in der Population) ordinal, disordinal oder hybrid ist. Sofern die Stichprobendaten nicht mit ausreichender Deutlichkeit eine bestimmte Konfiguration der Populationsmittel anzeigen, ist es sinnvoller, auf eine Einordnung der Interaktion (in eine der drei Klassen) zu verzichten und es bei der Beschreibung der Prüfungen zu den einfachen Haupteffekten zu belassen. Wird eine Benennung vorgenommen, dann muß aber auf jeden Fall deutlich werden, ob die Aussage sich auf die Wechselwirkung bei den Stichprobendaten oder auf die Populationsinteraktion bezieht.

Die Hauptfrage unserer fiktiven Untersuchung hatte gelautet, wie weit die drei Lehrmethoden zu unterschiedlichen Lernleistungen bei den Kursteilnehmern führen. Außerdem sollte anhand der empirischen Befunde entschieden werden, welche Methode zur weiteren Anwendung empfohlen werden kann. Aufgrund unserer Analysen wäre hier die beste Wahl wohl das verzweigt programmierte Lehrbuch (vgl. die Veranschaulichung der Befunde in Abb. 12.3). Es ist bei den Personen des niedrigen Leistungsniveaus den anderen Lehrmaterialien deutlich überlegen, während es bei den Personen des höheren Leistungsniveaus nicht zu (signifikant) schlechteren durchschnittlichen Lernscores führt als das konventionelle und das linear programmierte Lehrbuch.

12.6 Berechnung der F-Werte aufgrund der Zellenmittel und -varianzen

Wie im einfaktoriellen Fall lassen sich auch bei der zweifaktoriellen Varianzanalyse die SAQ-, MQ- und F-Werte ohne Rückgriff auf die X-Werte der Probanden berechnen, sofern die Mittelwerte und Varianzen der J·K Zellen vorliegen. Eine solche Möglichkeit ist von Nutzen, wenn man bei Daten, die lediglich in Form dieser Kennwerte gegeben sind, nachträglich die Effekte der untersuchten unabhängigen Variablen varianzanalytisch prüfen möchte.

Die für die Berechnungen benötigten Formeln lassen sich relativ leicht aus den SAQ-Definitionen <12.14-18> und <12.33-36> ableiten. Das Mittlere Quadrat

Innerhalb ist analog zum einfaktoriellen Fall der Durchschnitt aus den J·K Zellenvarianzen. Entsprechend kann die Berechnung von SAQ_I und MQ_I nach den folgenden Formeln erfolgen:

<12.50> $SAQ_I = (n-1)\cdot\sum_{jk}^{JK}\sum V_{jk}$

<12.51> $MQ_I = SAQ_I/[J\cdot K\cdot(n-1)] = (\sum_{jk}^{JK}\sum V_{jk})/(J\cdot K)$

Wir wollen die Bestimmung der varianzanalytischen Größen anhand der in Tab. 12.2 wiedergegebenen Zellenmittel und -varianzen demonstrieren. Dann ist:

$SAQ_I = (15-1)\cdot(18{,}924 + 17{,}924 +\ldots+ 16{,}552) = 14\cdot 107{,}848 = 1509{,}872$
$MQ_I = 107{,}848/(2\cdot 3) = 17{,}975$

Die zur Prüfung des Haupteffekts des Zeilenfaktors J benötigten Größen werden wie folgt bestimmt (wobei: V_{mJ} = Varianz der J Zeilenmittelwerte):

<12.52> $SAQ_J = n\cdot K\cdot[\sum_j^J M_{j.}^2 - (\sum_j^J M_{j.})^2/J] = n\cdot K\cdot V_{mJ}\cdot(J-1)$

<12.53> $MQ_J = SAQ_J/(J-1) = n\cdot K\cdot V_{mJ}$

<12.54> $F_J = MQ_J/MQ_I = n\cdot J\cdot K^2\cdot V_{mJ}/\sum_{jk}^{JK}\sum V_{jk}$

Für unser Beispiel ergibt sich:

$V_{mJ} = 18{,}948$; $SAQ_J = 15\cdot 3\cdot 18{,}948\cdot 1 = 852{,}660$
$MQ_J = 15\cdot 3\cdot 18{,}948 = 852{,}660$; $F_J = 15\cdot 2\cdot 3^2\cdot 18{,}948/107{,}848 = 47{,}437$.

Die für die Prüfung des Haupteffekts des Spaltenfaktors K erforderlichen Größen lassen sich wie folgt bestimmen (V_{mK} = Varianz der K Spaltenmittelwerte):

<12.55> $SAQ_K = n\cdot J\cdot[\sum_k^K M_{.k}^2 - (\sum_k^K M_{.k})^2/K] = n\cdot J\cdot V_{mK}\cdot(K-1)$

<12.56> $MQ_K = SAQ_K/(K-1) = n\cdot J\cdot V_{mK}$

<12.57> $F_K = MQ_K/MQ_I = n\cdot J^2\cdot K\cdot V_{mK}/\sum_{jk}^{JK}\sum V_{jk}$

Für unser Beispiel ergibt sich: $V_{mK} = 3{,}989$; $SAQ_K = 15\cdot 2\cdot 3{,}989\cdot 2 = 239{,}340$; $MQ_K = 15\cdot 2\cdot 3{,}989 = 119{,}670$; $F_K = 15\cdot 2^2\cdot 3\cdot 3{,}989/107{,}848 = 6{,}658$.

Die zur Prüfung des Interaktionseffekts von J und K benötigten Größen werden wie folgt bestimmt (V_{mJK} = Varianz der J·K Zellenmittelwerte):

<12.58> $SAQ_{JK} = n\cdot[\sum_{jk}^{JK}\sum M_{jk}^2 - (\sum_{jk}^{JK}\sum M_{jk})^2/(J\cdot K)] - SAQ_J - SAQ_K$

$= n\cdot V_{mJK}\cdot(J\cdot K - 1) - SAQ_J - SAQ_K$

<12.59> $MQ_{JK} = SAQ_{JK}/(J-1)\cdot(K-1)$

<12.60> $F_{JK} = MQ_{JK}/MQ_I$

Für unser Beispiel erhalten wir :

$V_{mJK} = 18{,}797$; $SAQ_{JK} = 15\cdot 18{,}797\cdot 5 - 852{,}660 - 239{,}340 = 317{,}775$
$MQ_{JK} = 317{,}775/2 = 158{,}888$; $F_{JK} = 158{,}888/17{,}975 = 8{,}839$.

Die über die Zellenmittel und -varianzen erhaltenen SAQ-, MQ- und F-Werte stimmen mit den aufgrund der Rohdaten berechneten eng überein (vgl. Tab. 12.8). Für die weitere Analyse signifikanter Haupteffekte mittels Tukey-Test sind keine speziellen Formeln erforderlich. Die Prüfwerte können gemäß <12.38> bzw. <12.39> berechnet werden.

Die zur Prüfung der einfachen Haupteffekte des Zeilenfaktors benötigten Größen werden wie folgt bestimmt ($V_{mJ(k)}$ = Varianz der J Zellenmittel in Spalte k):

<12.61> $SAQ_{J(k)} = n\cdot[\sum_j^J M_{jk}^2 - (\sum_j^J M_{jk})^2/J] = n\cdot V_{mJ(k)}\cdot(J-1)$

<12.62> $MQ_{J(k)} = SAQ_{J(k)}/(J-1) = n\cdot V_{mJ(k)}$

<12.63> $F_{J(k)} = MQ_{J(k)}/MQ_I$

Bezüglich des einfachen Haupteffekts von J in Spalte 1 ergibt sich bei unseren Daten:

$V_{mJ(1)} = 42{,}929$; $SAQ_{J(1)} = 15\cdot 42{,}929\cdot 1 = 643{,}935$
$MQ_{J(1)} = 15\cdot 42{,}929 = 643{,}935$; $F_{J(1)} = 643{,}935/17{,}975 = 35{,}824$.

Diese Werte stimmen mit unseren Berechnungen in Abschnitt 12.5.2 eng überein (vgl. auch Tab. 12.9).

Die zur Prüfung der einfachen Haupteffekte des Spaltenfaktors benötigten Größen lassen sich wie folgt bestimmen ($V_{mK(j)}$ = Varianz der K Zellenmittelwerte in Zeile j):

<12.64> $SAQ_{K(j)} = n\cdot[\sum_k^K M_{jk}^2 - (\sum_k^K M_{jk})^2/K] = n\cdot V_{mK(j)}\cdot(K-1)$

<12.65> $MQ_{K(j)} = SAQ_{K(j)}/(K-1) = n\cdot V_{mK(j)}$

<12.66> $F_{K(j)} = MQ_{K(j)}/MQ_I$

Bei unseren Daten ergibt sich für den einfachen Haupteffekt von K in Zeile 2:

$V_{mK(2)} = 16{,}461$; $SAQ_{K(2)} = 15\cdot 16{,}461\cdot 2 = 493{,}830$
$MQ_{K(2)} = 15\cdot 16{,}461 = 246{,}915$; $F_{K(2)} = 246{,}915/17{,}975 = 13{,}737$.

Die Werte stimmen mit unseren Berechnungen in Abschnitt 12.5.3 eng überein (vgl. auch Tab. 12.9). Für die multiplen Mittelwertsvergleiche bei den einfachen Haupteffekten werden keine speziellen Formeln benötigt. Die Bestimmung der Prüfgrößen kann hier gemäß <12.44> und <12.49> erfolgen.

TABELLE 12.10 Ergebnisse einfaktorieller Varianzanalysen mit den Daten von Tabelle 12.1. Im oberen Fall blieb der Faktor *Lehrmethode* außer Betracht, im unteren Fall das *Leistungsniveau*.

Quelle der Variation	S A Q	FG	M Q	F	P(F)
Leistungsniveau	852,544	1	852,544	36,294	< 0,001
Innerhalb der Zeilen	2067,111	88	23,490		
Gesamt	2919,656	89			
Lehrmethode	239,289	2	119,644	3,883	< 0,05
Innerhalb der Spalten	2680,367	87	30,809		
Gesamt	2919,656	89			

12.7 Unterschied zwischen ein- und zweifaktorieller Prüfung der Haupteffekte von Zeilen- und Spaltenfaktor

Bei der Prüfung des Haupteffekts des Zeilenfaktors mittels zweifaktorieller Varianzanalyse wird untersucht, ob zwischen den J Zeilenmitteln signifikante Unterschiede bestehen. Die hierbei getestete Nullhypothese $H_0: \mu_{1.} = \mu_{2.} = \ldots = \mu_{J.}$ ist vom gleichen Typ wie wir sie im einfaktoriellen Fall aufgestellt haben. Es ist deshalb die Frage berechtigt, welche Befunde sich bezüglich des (Haupt)-Effekts des Zeilenfaktors ergeben, wenn die weitere Aufgliederung der Daten nach dem Spaltenfaktor außer Betracht gelassen und lediglich eine einfaktorielle Varianzanalyse mit den J Zeilenmitteln durchgeführt wird. Analog ließe sich nach dem (Haupt)Effekt des Spaltenfaktors fragen, wenn die Untergliederung nach dem Zeilenfaktor unberücksichtigt bleibt und die K Spaltenmittel mit einer einfaktoriellen Varianzanalyse verglichen werden.

Die an den Daten von Tab. 12.1 erhaltenen (einfaktoriellen) Ergebnisse sind in Tab. 12.10 zusammengstellt. Vergleichen wir diese mit den Befunden der zweifaktoriellen Varianzanalyse in Tab. 12.8. Die Gesamtvariation, wie sie in der SAQ_G zum Ausdruck kommt, ist in allen drei Fällen gleich. Die für die Haupteffekte von *Leistungsniveau* und *Lehrmethode* erhaltenen SAQ- und MQ-Werte sind im ein- und zweifaktoriellen Fall ebenfalls identisch. Unterschiede ergeben sich dagegen bei der Summe der Abweichungsquadrate *Innerhalb* bzw. bei MQ_I. Deren Werte fallen bei den einfaktoriellen Analysen größer aus als bei zweifaktorieller Auswertung der Daten, da im einfaktoriellen Fall in der Variation *Innerhalb* - der nichtaufgeklärten "Restvariation" - jeweils noch die SAQ des nicht berücksichtigten zweiten Faktors sowie die durch die Interaktion bedingte Variation enthalten ist.

Bei der zweifaktoriellen Varianzanalyse wird somit durch die Kenntnis weiterer Variationsquellen mehr von der Restvariation abgespalten. Dies hat eine Verringerung des MQ_I-Wertes und damit eine Erhöhung der F-Quotienten bei der Prüfung der Haupteffekte zur Folge, wie unser Beispiel anschaulich zeigt. Trotz der etwas geringeren Anzahl von MQ_I-Freiheitsgraden erweist sich dadurch der Haupteffekt von J oder K im zweifaktoriellen Fall "eher" als signifikant.

Die Untersuchung einer unabhängigen Variablen J im Rahmen eines zweifaktoriellen Plans - mit der zusätzlichen Variablen K - ist somit auch dann interessant, wenn die Frage nach der Interaktion von J und K von untergeordneter Bedeutung ist. Denn durch die zweifaktorielle Auswertung besteht hier - sofern der zusätzlich berücksichtigte Faktor K einen bedeutsamen Haupteffekt aufweist und/oder in Interaktion mit J steht - eine größere Wahrscheinlichkeit (Power), bei Ungültigkeit von $H_0{:}\mu_{1.}=\mu_{2.}=\ldots=\mu_{J.}$ den Haupteffekt von J für signifikant zu erklären.

Keine Vorteile bringt dagegen die Hereinnahme eines Faktors K, der weder allein noch in Interaktion mit J einen Einfluß auf die abhängige Variable ausübt. Das Modell der zweifaktoriellen Varianzanalyse vereinfacht sich dann durch den Wegfall der Terme β_j und $\alpha\beta_{jk}$ zu dem des einfaktoriellen Falls (vgl. <12.2> und <9.1>). Zum Nachteil wird die zweifaktorielle Analyse dann sogar durch den Sachverhalt, daß bei SAQ_J bzw. MQ_J (etwas) weniger Freiheitsgrade zur Verfügung stehen.

12.8 Auswertung eines zweifaktoriellen Plans im Fall heterogener Populationsvarianzen

Die vorgestellte zweifaktorielle Varianzanalyse setzt u.a. voraus, daß die Populationen, denen die J•K Zellenstichproben entstammen, die gleiche Varianz haben (alle $\sigma^2_{jk} = \sigma^2_I$). Falls diese Homogenitätsvoraussetzung (vermutlich) nicht erfüllt ist, können die Nullhypothesen bezüglich der Haupt- und Interaktionseffekte mit einem Verfahren von Brown & Forsythe (1974b) geprüft werden. Auch dieser Test setzt voraus, daß die J•K Populationen normalverteilt sind.[3] Wir bezeichnen ihn im folgenden als *Brown-Forsythe-JKM-Test*. Durch den Zusatz »JKM« machen wir kenntlich, daß es um die Prüfung von Mittelwertsunterschieden in einen JxK-faktoriellen Plan geht.

12.8.1 Durchführung des Brown-Forsythe-JKM-Tests

Die beim Brown-Forsythe-JKM-Test bestimmten Prüfgrößen sind im Fall gleicher Stichprobenumfänge (alle $n_{jk} = n$) mit den F-Werten der zweifaktoriellen Varianzanalyse identisch. Wir kennzeichnen die Quotienten jedoch zur Abhebung mit einem »+« (F^+_J; F^+_K; F^+_{JK}), da sie unter H_0 eine andere Stichprobenverteilung aufweisen als F_J, F_K und F_{JK}. Während ihre Zählerfreiheitsgrade FG_1 die gleichen sind wie bei der Varianzanalyse, ergeben sich bei den mit dem *Mittleren Quadrat Innerhalb* verbundenen Freiheitsgraden FG_2 Unterschiede. Deren Anzahl ist abhängig von den Werten der Zellenvarianzen V_{jk}.

---

3) Zu den Folgen einer Verletzung dieser Bedingung siehe Abschnitt 13.9.

Die Prüfgrößen des Brown-Forsythe-JKM-Tests verteilen sich bei Gültigkeit der jeweiligen H_0 nach F-Verteilungen mit den folgenden Freiheitsgraden:

<12.67> $F_J^+ = MQ_J/MQ_I \quad FG_1 = J-1 \; ; \; FG_2$ *Zeilenfaktor J*

<12.68> $F_K^+ = MQ_K/MQ_I \quad FG_1 = K-1 \; ; \; FG_2$ *Spaltenfaktor K*

<12.69> $F_{JK}^+ = MQ_{JK}/MQ_I \quad FG_1 = (J-1)\cdot(K-1) \; ; \; FG_2$ *Interaktion JxK*

Die Nennerfreiheitsgrade FG_2 werden dabei wie folgt bestimmt:

<12.70> $$FG_2 = [(n-1)\cdot(\sum_{jk}^{JK}\sum V_{jk})^2]/\sum_{jk}^{JK}\sum V_{jk}^2$$

Für das Aufsuchen des kritischen F-Wertes in Tab. F wird ein nicht-ganzzahliger FG_2-Wert abgerundet.

Zur Demonstration der Berechnung von FG_2 ziehen wir unser bisheriges Beispiel heran (Tab. 12.2). Hier ist: $FG_2 = 14\cdot 107{,}848^2/1949{,}507 = 83{,}5$.

Der FG_2-Wert unterscheidet sich kaum von den 84 Nennerfreiheitsgraden bei der Varianzanalyse (Tab. 12.8). Dies geht auf den Sachverhalt zurück, daß in unserem Beispiel die J·K Stichprobenvarianzen sehr ähnliche Werte aufweisen - wodurch im konkreten Fall eine Heranziehung des Brown-Forsythe-JKM-Tests auch nicht erforderlich gewesen wäre. Bei (tatsächlich) varianzheterogenen Populationen ist dagegen mit FG_2-Werten zu rechnen, die mehr oder minder deutlich unter den Freiheitsgraden liegen, die bei der zweifaktoriellen Varianzanalyse mit MQ_I verbunden sind.

12.8.2 Weitere Analyse der Haupteffekte von Zeilen- und Spaltenfaktor

Sollen bei Vorliegen eines signifikanten Haupteffekts des Zeilenfaktors sämtliche paarweisen Vergleiche zwischen den J Zeilenmitteln durchgeführt werden, so kann dies mit Hilfe des in Abschnitt 11.8 vorgestellten Tests von Games & Howell erfolgen. Zur Prüfung der Differenz der Mittel von Zeile j und j' werden folgende Größen berechnet:

<12.71> $$Q^+ = \frac{|M_{j.} - M_{j'.}|\cdot\sqrt{2}}{\sqrt{[(\Sigma V_{jk} + \Sigma V_{j'k})/(n\cdot K^2)]}}$$ <k = 1...K>

<12.72> $$FG = \frac{(n-1)\cdot(\Sigma V_{jk} + \Sigma V_{j'k})^2}{\Sigma V_{jk}^2 + \Sigma V_{j'k}^2}$$

Ein nicht-ganzzahliger FG-Wert wird abgerundet. Die auf den Kontrast bezogene Nullhypothese wird zurückgewiesen, wenn $Q^+ > Q_c$ ist. Der kritische Wert Q_c läßt sich dem durch »α_F« definierten Teil von Tab. H entnehmen (Schnittpunkt von Spalte »J« und Zeile »FG«).

Wenn man nur die beiden Zeilen j und j′ betrachtet und für diese 2xK-Daten einen Brown-Forsythe-JKM-Test berechnet, dann gelten folgende Beziehungen:

<12.73> $Q^+ = \sqrt{(2 \cdot F_J^+)}$ bzw. $F_J^+ = [Q^+]^2/2$

Da in unserem Fall J = 2 ist, muß diese Beziehung für die Daten von Tab. 12.2 gelten. Es ist $Q^+ = [|33{,}400 - 27{,}244| \cdot \sqrt{2}]/\sqrt{[107{,}848/(15 \cdot 3^2)]} = 9{,}74$; und dies ist gleich $\sqrt{(2 \cdot F_J^+)} = \sqrt{(2 \cdot 47{,}429)} = 9{,}74$ (F_J^+-Wert aus Tab. 12.8).

Zur Prüfung der Differenz der Mittel von Spalte k und k′ werden folgende Größen bestimmt:

<12.74> $$Q^+ = \frac{|M_{.k} - M_{.k'}| \cdot \sqrt{2}}{\sqrt{[(\Sigma V_{jk} + \Sigma V_{jk'})/(n \cdot J^2)]}}$$ <j = 1...J>

<12.75> $$FG = \frac{(n-1) \cdot (\Sigma V_{jk} + \Sigma V_{jk'})^2}{\Sigma V_{jk}^2 + \Sigma V_{jk'}^2}$$

Ein nicht-ganzzahliger FG-Wert wird abgerundet. Die auf den Kontrast bezogene Nullhypothese wird zurückgewiesen, wenn $Q^+ > Q_C$ ist. Der kritische Wert Q_C läßt sich dem durch »α_F« definierten Teil von Tab. H entnehmen (Schnittpunkt von Spalte »J=K« und Zeile »FG«).

Analog zu <12.73> gelten bei Betrachtung der Spalten k und k′ die Beziehungen $Q^+ = \sqrt{(2 \cdot F_K^+)}$ und $F_K^+ = [Q^+]^2/2$.

Wir wollen zur Demonstration der Berechnungen prüfen, ob die Mittelwerte von Spalte k = 1 und k′ = 3 signifikant verschieden sind. Es ist dann nach <12.74> und <12.75>:

$$Q^+ = \frac{|28{,}100 - 31{,}967| \cdot \sqrt{2}}{\sqrt{[(18{,}924 + 20{,}410 + 17{,}400 + 16{,}552)/(15 \cdot 2^2)]}} = \frac{3{,}867 \cdot \sqrt{2}}{\sqrt{(73{,}286/60)}} = 4{,}948$$

$$FG = 14 \cdot 73{,}286^2/(18{,}924^2 + 20{,}410^2 + 17{,}400^2 + 16{,}552^2) = 55{,}6$$

Da 55 Freiheitsgrade in Tab. H nicht enthalten sind, prüfen wir auf dem darunter angeführten Wert von FG = 40. Für K = 3 (»J=3« in Tab. H) und $\alpha_F = 0{,}05$ ist hier $Q_C = 3{,}442$. Die Nullhypothese wird zurückgewiesen, die beiden Mittel unterscheiden sich statistisch signifikant.

12.8.3 Analyse der einfachen Haupteffekte des Zeilenfaktors

Bei der Analyse des einfachen Haupteffekts des Zeilenfaktors in Spalte k wird untersucht, wieweit zwischen den Zellenmitteln in dieser Spalte statistisch signifikante Unterschiede bestehen. Dazu ist als erstes zu prüfen, ob die J Zellenstichproben dieser Spalte varianzhomogenen Populationen entstammen. Erweist sich diese Annahme als nicht haltbar, wird mit den n·J Meßwerten von Spalte k der in Abschnitt 10.3 beschriebene Brown-Forsythe-JM-Test durchgeführt. Dabei sollte wieder mit einem Signifikanzniveau von α/K gearbeitet werden. Ergibt sich ein bedeutsamer F^+-Wert, kann im weiteren mittels Games-Howell-Test untersucht werden, welche der J Mittel sich signifikant voneinander unterscheiden. Es ist allerdings auch legitim, auf die Vorschaltung des Brown-Forsythe-JM-Tests zu verzichten und in Spalte k direkt mit multiplen Mittelwertsvergleichen zu beginnen (vgl. Abschnitt 11.12).

Zur Prüfung von $H_0:\mu_{1k}=\mu_{2k}=\ldots=\mu_{Jk}$ in Spalte k werden folgende Größen bestimmt ($V_{mJ(k)}$ = Varianz der J Zellenmittelwerte in Spalte k):

<12.76> $$F^+_{J(k)} = [J\cdot n\cdot V_{mJ(k)}]/\sum_j^J V_{jk} \qquad FG_1 = J-1$$

<12.77> $$FG_2 = [(n-1)\cdot(\sum_j^J V_{jk})^2]/\sum_j^J V^2_{jk}$$

Wir wollen zur Demonstration den Brown-Forsythe-JM-Test bei der Bedingung »Konventionelles Lehrbuch« durchführen (Tab. 12.2; Spalte 1). Es ergibt sich:

$V_{mJ(1)} = 42{,}929$; $F^+_{J(1)} = 2\cdot 15\cdot 42{,}929/(18{,}924 + 20{,}410) = 32{,}742$
$FG_2 = 14\cdot 39{,}334^2/(18{,}924^2 + 20{,}410^2) = 28{,}0.$

Statt $\alpha/K = 0{,}05/3 = 0{,}017$ wählen wir das in unserer Tabelle vorhandene Signifikanzniveau von 0,01. Der errechnete F^+-Quotient überschreitet hier den kritischen Wert von $F_c = 7{,}636$ ($FG_1 = 1$; $FG_2 = 28$). $H_0:\mu_{11}=\mu_{21}$ wird deshalb zurückgewiesen; die Mittelwerte unterscheiden sich statistisch signifikant.

Die im Fall $J > 2$ eventuell anschließende Prüfung paarweiser Kontraste erfolgt mittels Games-Howell-Test (bei $\alpha_F = \alpha/K$). Zum Vergleich der Zellenmittel M_{jk} und $M_{j'k}$ in Spalte k werden folgende Größen berechnet:

<12.78> $$Q^+ = \frac{|M_{jk} - M_{j'k}|\cdot\sqrt{2}}{\sqrt{[(V_{jk} + V_{j'k})/n]}}$$ <12.79> $$FG = \frac{(V_{jk} + V_{j'k})^2\cdot(n-1)}{V^2_{jk} + V^2_{j'k}}$$

Ein nicht-ganzzahliger FG-Wert wird abgerundet. Die auf den Kontrast bezogene Nullhypothese wird zurückgewiesen, wenn $Q^+ > Q_c$ ist. Der kritische Wert Q_c läßt sich dem durch »α_F« definierten Teil von Tab. H entnehmen (Schnittpunkt von Spalte »J« und Zeile »FG«).

Falls die Prüfung auf Varianzhomogenität ergibt, daß die J Zellenstichproben in Spalte k (wahrscheinlich) Populationen mit gleicher Varianz entstammen, kann mit den n·J Werten dieser Spalte auch eine "normale" einfaktorielle Varianzanalyse durchgeführt werden. Im Gegensatz zu dem in Abschnitt 12.5.2 beschriebenen Vorgehen, bei dem MQ_I auf den Gesamtdaten basierte, wird hierbei das Mittlere Quadrat *Innerhalb* nur aufgrund der Werte von Spalte k berechnet.

Die *SAQ Zeilen (Spalte k)* läßt sich gemäß <12.40> bestimmen, während man die *SAQ Innerhalb (Spalte k)* wie folgt erhält (Übertragung von <9.30> auf den jetzigen Fall zweier Indices):

<12.80> $SAQ_{I(k)} = \sum_j^J B_{jk} - (\sum_j^J A_{jk}^2)/n$

Der zu bildende F-Quotient ist dann:

<12.81> $F_{J(k)} = \frac{SAQ_{J(k)}/(J-1)}{SAQ_{I(k)}/[J\cdot(n-1)]} = \frac{MQ_{J(k)}}{MQ_{I(k)}}$ $\quad FG_1 = J-1 \quad FG_2 = J\cdot(n-1)$

Die Prüfung des F-Wertes erfolgt dabei wieder bei α/K. Ergibt sich statistische Signifikanz, dann lassen sich etwaige multiple Mittelwertsvergleiche mit dem Tukey-Test durchführen. Hierzu wird im Nenner von <12.44> die Größe MQ_I durch $MQ_{I(k)}$ ersetzt. Die Freiheitsgrade ändern sich entsprechend in $J\cdot(n-1)$.

12.8.4 Analyse der einfachen Haupteffekte des Spaltenfaktors

Bei der Analyse der einfachen Haupteffekte des Spaltenfaktors in Zeile j ist wieder als erstes zu prüfen, ob die K Zellenstichproben dieser Zeile varianzhomogenen Populationen entstammen. Erweist sich diese Annahme als nicht gerechtfertigt, wird mit den n·K Meßwerten von Zeile j ein Brown-Forsythe-JM-Test durchgeführt, wobei mit einem Signifikanzniveau von α/J gearbeitet werden sollte. Für den Test von $H_0: \mu_{j1} = \mu_{j2} = \ldots = \mu_{jK}$ in Zeile j werden folgende Größen bestimmt ($V_{mK(j)}$ = Varianz der K Zellenmittelwerte in Zeile j):

<12.82> $F^+_{K(j)} = [K\cdot n\cdot V_{mK(j)}]/\sum_k^K V_{jk}$ $\quad FG_1 = K-1$

<12.83> $FG_2 = [(n-1)\cdot(\sum_k^K V_{jk})^2]/\sum_k^K V_{jk}^2$

Wir wollen den Test zur Demonstration bei den Personen der unteren Leistungsgruppe durchführen (Tab. 12.2; Zeile 2). Es ergibt sich:

$V_{mK(2)} = 16{,}461$; $F^+_{K(2)} = 3\cdot 15\cdot 16{,}461/(20{,}410 + 16{,}638 + 16{,}552) = 13{,}820$
$FG_2 = 14\cdot 53{,}6^2/(20{,}410^2 + 16{,}638^2 + 16{,}552^2) = 41{,}58$.

Wir prüfen auf dem Signifikanzniveau $\alpha/J = 0{,}05/2 = 0{,}025$. Bei $FG_1 = 2$ und $FG_2 = 40$ ist hier $F_c = 4{,}051$. Die Nullhypothese wird zurückgewiesen.

Die eventuelle Prüfung paarweiser Kontraste erfolgt wieder mittels Games-Howell-Test. Zum Vergleich der Zellenmittel M_{jk} und $M_{jk'}$ in Zeile j werden folgende Größen berechnet:

<12.84> $Q^+ = \frac{|M_{jk} - M_{jk'}|\cdot\sqrt{2}}{\sqrt{[(V_{jk} + V_{jk'})/n]}}$ $\qquad$ <12.85> $FG = \frac{(V_{jk} + V_{jk'})^2\cdot(n-1)}{V_{jk}^2 + V_{jk'}^2}$

Ein nicht-ganzzahliger FG-Wert wird abgerundet. Die auf den Kontrast bezogene Nullhypothese wird zurückgewiesen, wenn $Q^+ > Q_c$ ist. Der kritische Wert Q_c läßt sich dem durch »α_F« definierten Teil von Tab. H entnehmen (Schnittpunkt von Spalte »J=K« und Zeile »FG«).

Wir wollen zur Demonstration prüfen, ob sich in der unteren Leistungsgruppe die Mittelwerte der Bedingungen »konventionelles« und »verzweigt programmiertes Lehrbuch« signifikant unterscheiden. Es ist:

$Q^+ = (|23{,}467 - 31{,}533| \cdot \sqrt{2})/\sqrt{[(20{,}410 + 16{,}638)/15]} = 7{,}258$

$FG = (20{,}410 + 16{,}552)^2 \cdot 14/(20{,}410^2 + 16{,}552^2) = 27{,}7.$

Dieser Q^+-Wert ist bei $\alpha_F = 0{,}025$, $K = 3$ (»J=3« in Tab. H) und $FG = 24$ statistisch signifikant ($Q_C = 3{,}983$).

Falls die Prüfung auf Varianzhomogenität ergibt, daß die K Zellenstichproben in Zeile j Populationen mit gleicher Varianz entstammen, kann mit den n•K Werten dieser Zeile auch eine "normale" einfaktorielle Varianzanalyse durchgeführt werden. Dabei wird die *SAQ Spalten (Zeile j)* gemäß <12.45> bestimmt, während man die *SAQ Innerhalb (Zeile j)* wie folgt erhält:

<12.87> $$SAQ_{I(j)} = \sum_k^K B_{jk} - (\sum_k^K A_{jk}^2)/n$$

Der zu bildende F-Quotient ist dann:

<12.88> $$F_{K(j)} = \frac{SAQ_{K(j)}/(K-1)}{SAQ_{I(j)}/[K \cdot (n-1)]} = \frac{MQ_{K(j)}}{MQ_{I(j)}} \qquad FG_1 = K-1 \qquad FG_2 = K \cdot (n-1)$$

Die Prüfung des F-Wertes erfolgt bei α/J. Ergibt sich statistische Signifikanz, dann lassen sich etwaige multiple Mittelwertsvergleiche mit dem Tukey-Test durchführen. Hierzu wird im Nenner von <12.49> die Größe MQ_I durch $MQ_{I(j)}$ ersetzt. Die Freiheitsgrade ändern sich entsprechend in $K \cdot (n-1)$.

Kapitel 13

Auswertung von zweifaktoriellen Plänen mit unabhängigen Stichproben: Ungleiche Zellenbesetzungen

13.1 Einführung in das Problem

Bei gleichen Zellenbesetzungen in einem zweifaktoriellen Plan sind die Haupt- und Interaktionseffekte voneinander unabhängig. In den Abweichungsquadratsummen SAQ_J und SAQ_K kommt hier lediglich die (Haupt)Wirkung des Zeilen- bzw. des Spaltenfaktors zum Ausdruck, während SAQ_{JK} die "reine" - über die Haupteffekte von J und K hinausgehende - Wechselwirkung der Faktoren wiedergibt. Bei ungleichen Zellenbesetzungen ist dies hingegen nicht der Fall. Hier sind die Haupteffekte und Wechselwirkungen im allgemeinen voneinander abhängig.

Dies hat in der Regel zur Folge, daß z.B. die Unterschiede zwischen den Zeilenmitteln nicht nur Ausdruck der (Haupt)Wirkung des Faktors J sind, sondern in mehr oder minder großem Umfang auch auf den (Haupt)Effekt des Spaltenfaktors zurückgehen. Darüberhinaus sind die Unterschiede zwischen den Zeilen- bzw. den Spaltenmitteln - die bei gleichen Umfängen der Zellenstichproben ausschließlich die Haupteffekte von J und K reflektierten - meist von der Interaktion der Faktoren beeinflußt.

Das Ziel der varianzanalytischen Auswertung der Daten ist jedoch, die reinen Haupt- und Interaktionseffekte (und nicht irgendwelche Mischungen dieser Einflüsse) auf statistische Signifikanz zu prüfen. Dazu müssen die zur Beurteilung der Effekte bestimmten Abweichungsquadratsummen hinsichtlich der unerwünschten Einflüsse bereinigt (»adjustiert«) werden. Die Adjustierung kann allerdings auf verschiedene Arten (und damit auch mit unterschiedlichen Ergebnissen) vorgenommen werden. Dieses Bestehen verschiedener Möglichkeiten (mit bestimmten Vor- und Nachteilen) hat dazu geführt, daß seit etwa 20 Jahren unter den Statistikern teilweise heftig diskutiert wird, welchem Verfahren (in der Regel) der Vorzug zu geben sei (vgl. Appelbaum & Cramer 1974; Cramer & Appelbaum 1980; Hamer & Hosking 1977; Herr & Gaebelein 1978; Howell & McConaughy 1982; Overall et al. 1975, 1981; Spector 1980; Spector et al. 1981; Speed et al. 1978).

Ausgangspunkt der Debatte war in der Hauptsache ein Artikel von Overall & Spiegel (1969). Sie unterschieden drei Vorgehensweisen bei der Adjustierung und gaben ihnen die einprägsamen Namen »Methode 1«, »2« und »3«. Bezüglich dieser sog. *Least-Squares-Methoden* gilt u.a. folgendes:

- Sie setzen voraus, daß die J·K Populationen normalverteilt sind und die gleiche Varianz haben.

- Bei gleichen Zellenbesetzungen führen sie alle zu dem Ergebnis, wie es sich über die Formeln von Kapitel 12 errechnen läßt.
- Bei ungleichen Umfängen der Zellenstichproben stimmen die Methoden nur hinsichtlich der Werte für die (adjustierte) SAQ_{JK} und der SAQ_I überein. Bei den Abweichungsquadratsummen für die Haupteffekte (SAQ_J und SAQ_K) ergeben sich dagegen mehr oder minder deutliche Unterschiede.
- Bei disproportionalen Zellenbesetzungen sind die Berechnungen so aufwendig, daß eine Durchführung "per Hand" nicht mehr sinnvoll ist. Es muß deshalb auf Computerprogramme zurückgegriffen werden.
- Es handelt sich um *exakte* Methoden. Die gebildeten Prüfgrößen verteilen sich - sofern die Voraussetzung normalverteilter, varianzhomogener Populationen erfüllt ist - exakt nach den durch die Freiheitsgrade definierten F-Verteilungen.
- Die gebräuchlichen Statistik-Programmpakete (wie SPSS, BMDP, SAS) führen die Analysen ausschließlich mittels dieser exakten Methoden durch (vgl. Milligan et al. 1987, Tab. 1).

Von den drei Analysemöglichkeiten werden wir aus den in Abschnitt 13.3 genannten Gründen die »Methode 1« besprechen. Bezüglich einer Darstellung des Gesamts der Verfahren sei auf Kirk (1982, Abschnitt 18.3) verwiesen. Neben den exakten Least-Squares-Methoden gibt es zur Auswertung von faktoriellen Plänen mit ungleichen Zellenbesetzungen eine Reihe *approximativer* Verfahren (vgl. Knoke 1985; Speed & Monlezun 1979; Steinhorst & Miller 1969; Williams 1972). Sie wurden (vor einiger Zeit) entwickelt, um den beim Least-Squares-Ansatz erforderlichen Rechenaufwand zu umgehen. Ihnen gemeinsam ist jedoch der Nachteil, daß ihre Prüfwerte (in der Regel) nicht exakt nach F verteilt sind. Das bekannteste Verfahren ist die *Analyse der ungewichteten Mittelwerte* (beschrieben z. B. bei Bortz 1985, Kap. 8.3; Diehl 1978, Kap. 5). Da jedoch heute durch den leichten Zugang zu komfortablen Statistik-Programmpaketen das Argument eines zu hohen Rechenaufwandes praktisch bedeutungslos geworden ist, wird auf die Darstellung dieser (oder einer anderen) approximativen Methode verzichtet.

13.2 Beispiele für zweifaktorielle Pläne mit ungleichen Zellenbesetzungen

Die Situation ungleicher Zellenbesetzungen wollen wir an einem konstruierten Beispiel sowie an einem Fall mit realen Daten besprechen. Nehmen wir als erstes an, es solle untersucht werden, wie weit die Höhe des Bierkonsums bei Frauen und Männern einen Einfluß auf die Leistung in einem Fahrsimulator hat. Die beiden Faktoren dieses Plans sind somit *Alkohol(dosis)* und *Geschlecht*. Die unabhängige Variable *Alkohol* wird dabei in K = 3 Abstufungen vorgegeben: [1] Kein Bier, [2] 1/2 Liter Bier und [3]) 1 Liter Bier. Eine Gruppe von Frauen [1] wird per Zufall auf die drei Alkolbedingungen aufgeteilt, desgleichen eine Gruppe von Männern [2]. Abhängige Variable ist die *Anzahl der Fehler*, die im Fahrsimulator gemacht werden.

TABELLE 13.1 Beispiele für einen 2x3-faktoriellen Plan mit gleichen, proportionalen und disproportionalen Zellenbesetzungen (fiktive Daten). Anzahl der *Fehler* in einem Fahrsimulator in Abhängigkeit von den Faktoren *Geschlecht* und *Alkoholdosis* (0, 1/2 und 1 Liter Bier).

[A] Gleiche Stichprobenumfänge

	0 Liter	½ Liter	1 Liter
Frauen	2 2	4 4	8 8
	4 4	8 8	9 9
	6 6	8 8	11 11
	6 6	9 9	13 13
	7 7	11 11	13 13
	8 8	11 11	15 15
	8 8	11 11	15 15
	10 10	13 13	16 16
	13 13	16 16	18 18
	14 14	17 17	21 21
Männer	2 2	2 2	4 4
	4 4	4 4	7 7
	6 6	4 4	7 7
	6 6	5 5	9 9
	8 8	7 7	11 11
	8 8	7 7	11 11
	9 9	7 7	11 11
	9 9	9 9	12 12
	12 12	11 11	15 15
	15 15	14 14	16 16

[C] Proportionale Umfänge

	0 Liter	½ Liter	1 Liter
Frauen	2 2	4	8
	4 4	8	9
	6 6	8	11
	6 6	9	13
	7 7	11	13
	8 8	11	15
	8 8	11	15
	10 10	13	16
	13 13	16	18
	14 14	17	21
Männer	2 2 2 2	2 2	4 4
	4 4 4 4	4 4	7 7
	6 6 6 6	4 4	7 7
	6 6 6 6	5 5	9 9
	8 8 8 8	7 7	11 11
	8 8 8 8	7 7	11 11
	9 9 9 9	7 7	11 11
	9 9 9 9	9 9	12 12
	12 12 12 12	11 11	15 15
	15 15 15 15	14 14	16 16

[B] Proportionale Umfänge

	0 Liter	½ Liter	1 Liter
Frauen	2	4	8
	4	8	9
	6	8	11
	6	9	13
	7	11	13
	8	11	15
	8	11	15
	10	13	16
	13	16	18
	14	17	21
Männer	2 2 2	2 2 2	4 4 4
	4 4 4	4 4 4	7 7 7
	6 6 6	4 4 4	7 7 7
	6 6 6	5 5 5	9 9 9
	8 8 8	7 7 7	11 11 11
	8 8 8	7 7 7	11 11 11
	9 9 9	7 7 7	11 11 11
	9 9 9	9 9 9	12 12 12
	12 12 12	11 11 11	15 15 15
	15 15 15	14 14 14	16 16 16

[D] Disproportionale Umfänge

	0 Liter	½ Lit	1 Lit
Frauen	2 2 2	4	8 8
	4 4 4	8	9 9
	6 6 6	8	11 11
	6 6 6	9	13 13
	7 7 7	11	13 13
	8 8 8	11	15 15
	8 8 8	11	15 15
	10 10 10	13	16 16
	13 13 13	16	18 18
	14 14 14	17	21 21
Männer	2 2 2	2 2	4
	4 4 4	4 4	7
	6 6 6	4 4	7
	6 6 6	5 5	9
	8 8 8	7 7	11
	8 8 8	7 7	11
	9 9 9	7 7	11
	9 9 9	9 9	12
	12 12 12	11 11	15
	15 15 15	14 14	16

In den Tabellen 13.1 und 13.2 sind verschiedene Möglichkeiten konstruiert, wie eine Gesamtzahl von N = 120 Frauen und Männern auf die 2x3 Zellen aufgeteilt werden kann. Plan [A] stellt (zum Vergleich) den Fall gleich großer Zellenstichproben dar, während bei den übrigen Anordnungen ungleiche Zellenbesetzungen vorliegen.

Bei ungleichen Zellenbesetzungen unterscbeidet man zwischen *proportionalen* und *disproportionalen* Stichprobenumfängen. In einem JxK-faktoriellen Plan liegt Proportionalität vor, wenn für die Umfänge aller J·K Zellen die folgene Beziehung gilt:

<13.1> $n_{jk} = (n_{j.} \cdot n_{.k})/N$

Dies trifft für sämtliche Zellen der Pläne [B] und [C] zu. Greifen wir zwei Zellen als Beispiele heraus. Es ist bei [B]: $n_{22} = 90 \cdot 40/120 = 30$; und bei [C]: $n_{13} = 40 \cdot 30/120 = 10$. Bei der Anordnung [D] ist Bedingung <13.1> hingegen nicht erfüllt. Hier ergibt sich z.B. für die zweite Zelle bei den Frauen statt $n_{12} = 10$ ein Wert von $60 \cdot 30/120 = 15$.

In den meisten Fällen ist es allerdings nicht notwendig, zur Prüfung auf Proportionalität für sämtliche J·K Zellen eine Berechnung gemäß <13.1> vorzunehmen, da eine Inspektion der Zellenbesetzungen in der Regel unmittelbar erkennen läßt, ob Bedingung <13.1> erfüllt ist. Denn es müssen dazu in jeder der J Zeilen die K Zellenumfänge im gleichen Verhältnis zueinander stehen. Analoges gilt für das Verhältnis der J Zellenfrequenzen in den K Spalten. So ist bei Plan [B] in jeder Zeile das Verhältnis der Stichprobenumfänge 1:1:1 und in jeder Spalte 1:3, während bei Plan [C] das Verhältnis der Zellenumfänge in allen Zeilen 2:1:1 und in allen Spalten 1:2 beträgt. Im Fall [D] liegt dagegen keine Proportionalität vor, da in Zeile 1 das Verhältnis der Zellenfrequenzen 3:1:2, in Zeile 2 dagegen 3:2:1 ist.

Die Beispiele von Tab. 13.1 wurden konstruiert, um das Analysevorgehen bei Vorliegen ungleicher Zellenbesetzungen zu demonstrieren. Sie sollen jedoch nicht den Eindruck erwecken, daß es im konkreten Fall gleichgültig wäre, mit welcher (der) Probandenaufteilung(en) man arbeiten würde. Bei einer Untersuchungsanlage wie dieser, wo der Untersucher die (leichte) Möglichkeit hat zu bestimmen, wie viele Frauen und Männer unter den einzelnen (Alkohol)Bedingungen untersucht werden sollen, spricht eigentlich alles für eine Versuchsanordnung mit gleichen Zellenbesetzungen (Plan [A]). Eine Aufteilung gemäß Plan [B] - unterschiedlich viele Frauen und Männer, bei diesen jedoch jeweils gleiche Stichprobenumfänge unter den Alkoholbedingungen - könnte noch sinnvoll sein, wenn die Rekrutierung von Probanden des einen Geschlechts besondere Schwierigkeiten bereitet oder besonders leicht möglich ist. Ein ähnliches Argument ließe sich auch bei Plan [C] anführen: Es war leichter, Männer für die Untersuchung zu gewinnen sowie untersuchungstechnisch einfach, von relativ vielen Personen Daten unter der Kontrollbedingung (Kein Alkohol) zu erheben.

Nicht zu rechtfertigen wäre dagegen im konkreten Fall, geplant mit einer disproportionalen Probandenaufteilung wie in der Anordnung [D] zu arbeiten. Man handelt sich damit nur Nachteile ein. Disproportionale Zellenbesetzungen sind

TABELLE 13.2 Zellenmittelwerte, -umfänge und -varianzen der Anordnungen von Tabelle 13.1 sowie gewichtete und ungewichtete Zeilen-und Spaltenmittel.

		0 Lit Bier	1/2 Lit Bier	1 Lit Bier	
[A] Gleiche Zellen-beset-zungen	Fr	M_{11} = 7,800 n_{11} = 20 V_{11} = 13,221	M_{12} = 10,800 n_{12} = 20 V_{13} = 14,274	M_{13} = 13,900 n_{13} = 20 V_{13} = 15,042	$M_{1.}$ = 10,833 $n_{1.}$ = 60 M_{1*} = 10,833
	Mä	M_{21} = 7,900 n_{21} = 20 V_{21} = 13,358	M_{22} = 7,000 n_{22} = 20 V_{22} = 12,211	M_{23} = 10,300 n_{23} = 20 V_{23} = 12,853	$M_{2.}$ = 8,400 $n_{2.}$ = 60 M_{2*} = 8,400
		$M_{.1}$ = 7,850 $n_{.1}$ = 40 M_{*1} = 7,850	$M_{.2}$ = 8,900 $n_{.2}$ = 40 M_{*2} = 8,900	$M_{.3}$ = 12,100 $n_{.3}$ = 40 M_{*3} = 12,100	N = 120

[B] Propor-tionale Zellen-beset-zungen	Fr	M_{11} = 7,800 n_{11} = 10 V_{11} = 13,956	M_{12} = 10,800 n_{12} = 10 V_{13} = 15,067	M_{13} = 13,900 n_{13} = 10 V_{13} = 15,878	$M_{1.}$ = 10,833 $n_{1.}$ = 30 M_{1*} = 10,833
	Mä	M_{21} = 7,900 n_{21} = 30 V_{21} = 13,128	M_{22} = 7,000 n_{22} = 30 V_{22} = 12,000	M_{23} = 10,300 n_{23} = 30 V_{23} = 12,631	$M_{2.}$ = 8,400 $n_{2.}$ = 90 M_{2*} = 8,400
		$M_{.1}$ = 7,875 $n_{.1}$ = 40 M_{*1} = 7,850	$M_{.2}$ = 7,950 $n_{.2}$ = 40 M_{*2} = 8,900	$M_{.3}$ = 11,200 $n_{.3}$ = 40 M_{*3} = 12,100	N = 120

[C] Propor-tionale Zellen-beset-zungen	Fr	M_{11} = 7,800 n_{11} = 20 V_{11} = 13,221	M_{12} = 10,800 n_{12} = 10 V_{13} = 15,067	M_{13} = 13,900 n_{13} = 10 V_{13} = 15,878	$M_{1.}$ = 10,075 $n_{1.}$ = 40 M_{1*} = 10,833
	Mä	M_{21} = 7,900 n_{21} = 40 V_{21} = 13,015	M_{22} = 7,000 n_{22} = 20 V_{22} = 12,211	M_{23} = 10,300 n_{23} = 20 V_{23} = 12,853	$M_{2.}$ = 8,275 $n_{2.}$ = 80 M_{2*} = 8,400
		$M_{.1}$ = 7,867 $n_{.1}$ = 60 M_{*1} = 7,850	$M_{.2}$ = 8,267 $n_{.2}$ = 30 M_{*2} = 8,900	$M_{.3}$ = 11,500 $n_{.3}$ = 30 M_{*3} = 12,100	N = 120

[D] Dispro-portio-nale Zellen-beset-zungen	Fr	M_{11} = 7,800 n_{11} = 30 V_{11} = 12,993	M_{12} = 10,800 n_{12} = 10 V_{13} = 15,067	M_{13} = 13,900 n_{13} = 20 V_{13} = 15,042	$M_{1.}$ = 10,333 $n_{1.}$ = 60 M_{1*} = 10,833
	Mä	M_{21} = 7,900 n_{21} = 30 V_{21} = 13,128	M_{22} = 7,000 n_{22} = 20 V_{22} = 12,211	M_{23} = 10,300 n_{23} = 10 V_{23} = 13,567	$M_{2.}$ = 8,000 $n_{2.}$ = 60 M_{2*} = 8,400
		$M_{.1}$ = 7,850 $n_{.1}$ = 60 M_{*1} = 7,850	$M_{.2}$ = 8,267 $n_{.2}$ = 30 M_{*2} = 8,900	$M_{.3}$ = 12,700 $n_{.3}$ = 30 M_{*3} = 12,100	N = 120

ABBILDUNG 13.1 Verteilung der Werte in den 2x3 Zellen der Anordnungen von Tabelle 13.1.

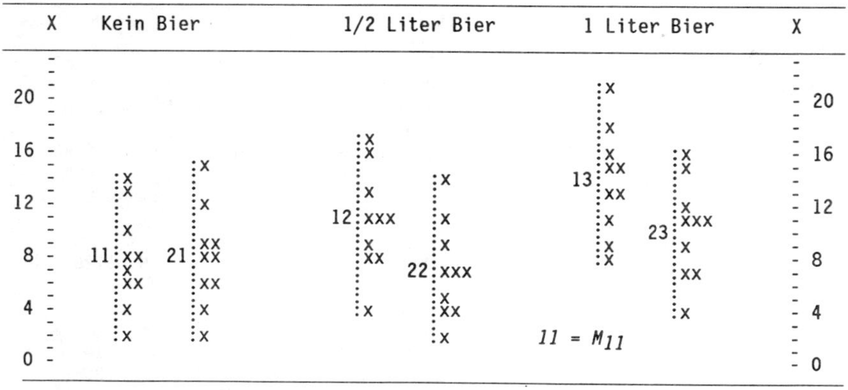

(vernünftigerweise) niemals mit Absicht eingeführt. Sie können jedoch in zwei Situationen (nachträglich) entstehen:

- Bei einem mit gleichen (oder zumindest proportionalen) Zellenbesetzungen angelegten Experiment treten Versuchpersonenausfälle oder Datenverluste auf, die zu Disproportionalität führen.
- Im "Feld" erhobene Daten werden (nachträglich) hinsichtlich unterschiedlicher Aspekte faktoriell analysiert. Das noch zu besprechende Beispiel von Tab. 13.3 stellt einen solchen Fall dar.

Es war im letzten Abschnitt ausgeführt worden, daß bei einem Plan mit ungleichen Zellenbesetzungen die Haupt- und Interaktionseffekte (teilweise) voneinander abhängig sind. Dies läßt sich an den Beispielen von Tab. 13.2 verdeutlichen. Wie Tab. 13.1 zeigt, wurden die Datenanordnungen (durch Vervielfachung eines Satzes von 10 Werten) so konstruiert, daß die relativen Häufigkeitsverteilungen innerhalb der 2x3 Zellen bei den Plänen [A-D] jeweils gleich sind. In allen vier Fällen verteilen sich die Daten gemäß der in Abb. 13.1 dargestellten Form. Dadurch weisen auch die 2x3 Zellenmittel bei allen Plänen die gleichen Werte auf (vgl. Tab. 13.2). Ihre (einheitliche) Konstellation ist im Interaktionsdiagramm von Abb. 13.2 dargestellt.

Trotz der gleichen Zellenmittelwerte treten bei den einzelnen Plänen jedoch mehr oder minder unterschiedliche Haupteffekte der Faktoren auf, wie eine Inspektion der Differenzen zwischen den Zeilen- bzw. den Spaltenmitteln ($M_{j.}$ und $M_{.k}$) zeigt. Dies geht darauf zurück, daß bei ungleichen Zellenfrequenzen Haupt- und Interaktionseffekte (teilweise) konfundiert sind. Vergleichen wir als erstes den disproportionalen Fall [D] mit der Bedingung gleicher Stichprobenumfänge [A]. Wenn wir bei [A] die Mittelwerte von Frauen und Männern mit-

ABBILDUNG 13.2 Grafische Darstellung der Interaktion bei den Anordnungen von Tabelle 13.2: Konstellation der 2x3 Zellenmittelwerte.

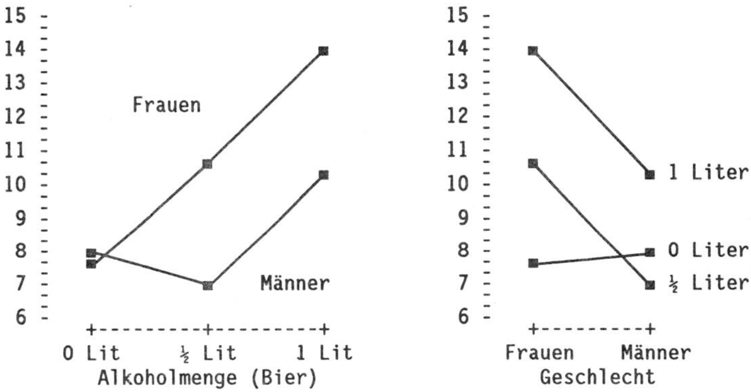

einander vergleichen ($M_{1.}$ vs. $M_{2.}$), dann ist der Faktor *Alkohol* kontrolliert, da bei beiden Geschlechtern jeweils ein Drittel der Personen den unterschiedlichen Alkoholdosierungen ausgesetzt war. Der Haupteffekt des Faktors *Geschlecht* - wie er in der Differenz $M_{1.}$-$M_{2.}$ zum Ausdruck kommt - ist somit unbeeinflußt von der anderen unabhängigen Variablen. Analoges gilt bezüglich des Haupteffekts des Spaltenfaktors, wie er sich in den Unterschieden zwischen den Spaltenmitteln $M_{.1}$, $M_{.2}$ und $M_{.3}$ ausdrückt. Hier ist der Faktor *Geschlecht* kontrolliert, da unter jeder Alkoholbedingung jeweils die Hälfte der Personen Frauen (bzw. Männer) sind.

Bei einem Plan mit disproportionalen Zellenbesetzungen sind dagegen in den Unterschieden zwischen den Zeilen- bzw. den Spaltenmitteln die Haupteffekte beider Faktoren vermischt. So kann die Differenz zwischen den Zeilenmitteln $M_{1.}$ und $M_{2.}$ einmal durch den Effekt des Faktors *Geschlecht*, zum anderen aber auch durch die Höhe des Alkoholkonsums (mit)bedingt sein, da bei den Frauen 1/3 der Probanden einen Liter Bier getrunken haben, während es bei den Männern nur 1/6 der Personen waren. Im weiteren können hier die Haupteffekte (Differenzen zwischen den Zeilen- bzw. den Spaltenmitteln) durch die Wechselwirkung beider Faktoren beeinflußt sein.

Wenn man bei einem Plan mit disproportionalen Umfängen den nur durch den Zeilenfaktor bedingten (Haupt)Effekt beurteilen möchte, dann muß eine Abweichungsquadratsumme gebildet werden, die hinsichtlich des (Haupt)Effekts des Spaltenfaktors sowie des Interaktionseffekts beider Faktoren bereinigt ist. Analoges gilt für die SAQ zur Prüfung des allein auf den Spaltenfaktor zurückgehenden (Haupt)Effekts.

Ein Plan mit proportionalen Zellenbesetzungen unterscheidet sich vom disproportionalen Fall dadurch, daß die Unterschiede zwischen den Zeilen- bzw. den Spaltenmitteln außer durch den (Haupt)Effekt des "zugehörigen" Faktors nur

TABELLE 13.3 Beispiel für einen 2x3-faktoriellen Plan mit disproportionalen Zellenbesetzungen. Durchschnittswerte in einem Test *Ernährungswissen* in Abhängigkeit von den Faktoren *Geschlecht* und *Schulbildung*.

	Hauptschule	Mittl. Reife	Abitur	
Frauen	M_{11} = 34,022 n_{11} = 93 V_{11} = 51,565	M_{12} = 36,530 n_{12} = 132 V_{13} = 45,900	M_{13} = 38,338 n_{13} = 130 V_{13} = 33,714	$M_{1.}$ = 36,535 $n_{1.}$ = 355 M_{1*} = 36,2968
Männer	M_{21} = 30,093 n_{21} = 54 V_{21} = 55,331	M_{22} = 34,732 n_{22} = 41 V_{22} = 59,951	M_{23} = 35,301 n_{23} = 133 V_{23} = 48,409	$M_{2.}$ = 33,965 $n_{2.}$ = 228 M_{2*} = 33,3750
	$M_{.1}$ = 32,578 $n_{.1}$ = 147 M_{*1} = 32,0570	$M_{.2}$ = 36,104 $n_{.2}$ = 173 M_{*2} = 35,6310	$M_{.3}$ = 36,802 $n_{.3}$ = 263 M_{*3} = 36,8196	N = 583

noch vom Interaktionseffekt beider Faktoren beeinflußt sein können, jedoch nicht durch den (Haupt)Effekt der jeweils anderen unabhängigen Variablen. Die Pläne [B] und [D] machen Letzteres deutlich. Bei einem Vergleich der Zeilenmittel $M_{1.}$ und $M_{2.}$ ist der Faktor *Alkohol* kontrolliert, da die Anteile der Personen, die in Zeile 1 den drei Alkoholbedingungen ausgesetzt waren, die gleichen sind wie in Zeile 2. Gleichermaßen ist bei einem Vergleich der Spaltenmittel (Haupteffekt von Faktor K) der Zeilenfaktor J hinsichtlich seines Haupteffekts kontrolliert, da das Zahlenverhältnis von Frauen und Männern unter allen Alkoholbedingungen das gleiche ist. Bei Vorliegen proportionaler Zellenbesetzungen müssen die Abweichungsquadratsummen für die "reinen" Haupteffekte somit nur jeweils hinsichtlich des Interaktionseffekts beider Faktoren adjustiert werden.

Aus diesem Grund ist einem Plan mit proportionalen Zellenbesetzungen der Vorzug gegenüber einer Anordnung mit disproportionalen Umfängen zu geben. Hinzu kommt ein (u.U.) gewichtiger weiterer Vorteil: Wie in Abschnitt 13.4 gezeigt wird, können die varianzanalytischen Berechnungen bei proportionalen Zellenbesetzungen noch bequem mit einem Taschenrechner durchgeführt werden, während die Auswertung einer disproportionalen Anordnung (wie bereits ausgeführt) ohne Computerhilfe praktisch nicht möglich ist.

Tabelle 13.3 gibt einen Fall wieder, bei dem ein im Feld erhobener Datensatz hinsichtlich der Frage untersucht wird, wie weit das Ausmaß an Ernährungswissen von den Faktoren *Geschlecht* und *Schulbildung* abhängig ist. Die Erfassung des Ernährungswissens erfolgte mittels eines 60-Item Multiple-Choice-Tests. Jede richtig beantwortete Frage ergab einen Punkt. Der mögliche Wertebereich der abhängigen Variablen beträgt damit 0-60. Der Fragebogen wurde an Personen über 18 Jahre ausgeteilt, die bereit waren, die Wissensitems (anonym) zu beantworten.

TABELLE 13.4 Zusammenstellung der SPSS- und BMDP-Programme zur Durchführung zweifaktorieller Varianzanalysen. [A] Schubö & Uehlinger (1984); [B] SPSS Inc. (1986); [C] Bollinger et al. (1983); [D] Dixon et al. (1985).

Programm	»Methode 1« bei	Programmbeschreibung	
SPSS-ANOVA	OPTIONS 9	[A] Kap. 11.2	[B] Kap. 26
SPSS-MANOVA	METHOD = SSTYPE(UNIQUE)	[A] Kap. 11.15	[B] Kap. 28
BMDP-P7D	Voreinstellung	[C] Kap. 5.7	[D] Kap. 9.2
BMDP-P2V	Voreinstellung	[C] Kap. 5.37	[D] Kap. 15.2
BMDP-P4V	WEIGHTS BETWEEN ARE EQUAL	[C] Kap. 5.39	[D] Kap. 15.3

Eine spezielle Quotierung der Stichprobe nach Geschlecht und Schulabschluß zur Erreichung von gleichen Zellenbesetzungen war nicht praktikabel. Sie hätte zum einen sehr enge Vorgaben bei der Austeilung des Fragebögen erfordert ("1/6 an Frauen mit Hauptschulabschluß", usf.) und zum anderen ein vorheriges Abfragen der Schulbildung notwendig gemacht. Hinzu kommt, daß neben der zweifaktoriellen Auswertung nach Geschlecht und Schulbildung eine Reihe weiterer Analysen der Daten beabsichtigt war, wie die Untersuchung der Fragen, in welchem Ausmaß das Ernährungswissen bei Frauen und Männern vom Lebensalter abhängig ist oder mit dem Grad des Übergewichts in Zusammenhang steht. Aus diesen Gründen wurden die Fragebögen ohne bestimmte Geschlechts- und Schulbildungsquotierungen ausgegeben, wodurch sich das Auftreten von disproportionalen Zellenbesetzungen bei der späteren faktoriellen Auswertung der Daten (nach Geschlecht x Schulbildung oder Geschlecht x Alter) praktisch nicht vermeiden ließ.

13.3 Die varianzanalytische Auswertung von zweifaktoriellen Plänen mit ungleichen Zellenbesetzungen nach »Methode 1«

Trotz der noch andauernden Diskussion über die sinnvollste varianzanalytische Strategie bei der Auswertung von *nichtorthogonalen* oder *unbalanzierten* faktoriellen Plänen - wie der Fall ungleicher Umfänge bei den Zellenstichproben auch genannt wird - läßt sich allerdings eine der Methoden herausgreifen und zur Anwendung im Normalfall empfehlen. Dies ist die »Methode 1«, die bereits von Yates (1934a) unter der Bezeichnung *Method of Weighted Squares of Means* beschrieben wurde. Als entscheidender Vorteil dieses Verfahrens gilt, daß die gleichen Nullhypothesen wie im orthogonalen Fall (alle $n_{jk} = n$) geprüft werden (vgl. Herr & Gaebelein 1978; Howell & McConaughy 1982; Overall et al. 1975, 1981; Speed et al. 1978). Diese Hypothesen lauten in Termini der in Tab. 12.3 zusammengestellten Populationsmittel:

<13.2> H_0 (Zeilenfaktor) : $\mu_{1*} = \mu_{2*} = \ldots = \mu_{J*}$

<13.3> H_0 (Spaltenfaktor): $\mu_{*1} = \mu_{*2} = \ldots = \mu_{*K}$

<13.4> H_0 (Interaktion) : $\mu_{jk} - \mu_{j*} - \mu_{*k} + \mu_{**} = 0$ [für alle jk]

TABELLE 13.5 Zusammenstellung der Zellen-, Zeilen-, Spalten- und Gesamtsummen für die Anordnungen von Tabelle 13.1.

[A]		0 L	½ L	1 L	
Fr	A	156	216	278	650
	B	1468	2604	4150	
Mä	A	158	140	206	504
	B	1502	1212	2366	
	A	314	356	484	1154
				B..=	13302

[C]		0 L	½ L	1 L	
Fr	A	156	108	139	403
	B	1468	1302	2075	
Mä	A	316	140	206	662
	B	3004	1212	2366	
	A	472	248	345	1065
				B..=	11427

[B]		0 L	½ L	1 L	
Fr	A	78	108	139	325
	B	734	1302	2075	
Mä	A	237	210	309	756
	B	2253	1818	3549	
	A	315	318	448	1081
				B..=	11731

[D]		0 L	½ L	1 L	
Fr	A	234	108	278	620
	B	2202	1302	4150	
Mä	A	237	140	103	480
	B	2253	1212	1183	
	A	471	248	381	1100
				B..=	12302

Durch Methode 1 werden somit Hypothesen geprüft, die *nicht* von den in der Studie vorliegenden Zellenbesetzungen beeinflußt sind. Bei Methode 2 und 3 gehen die untersuchungsspezifischen n_{jk}-Werte dagegen in die auf die Haupteffekte bezogenen Nullhypothesen ein, was in der Regel zu Aussagen führt, die nicht denen entsprechen, die der Untersucher eigentlich testen möchte (vgl. Howell & McConaughy 1982; Speed et al. 1978; Kirk 1982, S.412ff). Auf die Beispiele von Tab. 13.2 bezogen bedeutet dies, daß Methode 1 in allen vier Fällen die Hypothesen <13.2> bis <13.4> prüft. Bei Methode 2 als auch Methode 3 würden dagegen die Nullhypothesen zum Zeilenfaktor von [A] bis [D] jeweils verschieden sein, da die vier Anordnungen unterschiedliche $n_{1k}:n_{2k}$-Verhältnisse in den Spalten aufweisen. Analoges gilt für die Nullhypothesen bezüglich des Spaltenfaktors.

Bei Methode 1 beziehen sich die Prüfungen zu den Haupteffekten auf die *ungewichteten* Zeilen- und Spaltenmittel gemäß <13.14> und <13.15>. In diese M_{j*}- und M_{*k}-Werte gehen die Zellenmittel jeweils gleichgewichtig ein. Es bleibt bei dieser Art der Durchschnittsbildung unberücksichtigt, auf wie vielen Meßwerten die einzelnen M_{jk} beruhen. In den *gewichteten* Zeilen- und Spaltenmitteln $M_{j.}$ und $M_{.k}$ sind dagegen die Meßwerte der J•K Zellen entsprechend ihrer Anzahl enthalten (gewichtet). Je größer n_{jk} ist, um so stärker ist das Gewicht dieser Zelle, um so mehr wird das Zeilen- und das Spaltenmittel von den Zellendaten beeinflußt. Bei gleichen Umfängen der Zellenstichproben sind jeweils $M_{j.} = M_{j*}$ und $M_{.k} = M_{*k}$.

TABELLE 13.6 Ergebnisse der Varianzanalyse mit den Daten von Anordnung [A], Tabelle 13.1 (alle $n_{jk} = n$). Ausgabe des BMDP-Programms P2V.

SOURCE	SUM OF SQUARES	DEGREES OF FREEDOM	MEAN SQUARE	F	TAIL PROB.
MEAN	11097.63333	1	11097.63333	822.47	.0000
GESCHLE	177.63333	1	177.63333	13.16	.0004
ALKOHOL	392.06667	2	196.03333	14.53	.0000
GA	96.46667	2	48.23333	3.57	.0312
ERROR	1538.20000	114	13.49298		

Durch Methode 1 wird bei der Frage nach den Haupteffekten geprüft, ob zwischen den ungewichteten Zeilen- bzw. den ungewichteten Spaltenmitteln statistisch signifikante Unterschiede bestehen. Da unser Beispiel so konstruiert wurde, daß alle Anordnungen die gleichen Zellenmittelwerte aufweisen, ergeben sich für [A] bis [D] auch jeweils die gleichen Differenzen zwischen den ungewichteten Mitteln der Zeilen und der Spalten. Dadurch werden mittels Methode 1 auch bei allen Beispielen die gleichen Effekte - wie sie in den Unterschieden zwischen den M_{j*}- bzw. M_{*k}-Werten zum Ausdruck kommen - geprüft. Die getesteten (Haupt)Effekte sind somit unabhängig von den jeweiligen Verhältnissen der Zellenumfänge in den Zeilen und Spalten des Plans.

Da bei den in der Praxis auftretenden Fällen ungleicher Zellenbesetzungen meist Disproportionalität vorliegt - was zur Auswertung die Heranziehung von Statistik-Programmen erforderlich macht - werden wir in diesem Kapitel die entsprechenden SPSS- und BMDP-Prozeduren nicht wie bisher im Beiheft besprechen (Diehl & Arbinger 1989), sondern bereits zur varianzanalytischen Untersuchung der Beispiele (ergänzend oder ausschließlich) einsetzen. Die Programme, deren Ergebnisausgaben gezeigt werden, sind in Tab. 13.4 zusammengestellt. Hervorzuheben ist hier, daß bei den SPSS-Prozeduren Methode 2 (ANOVA) bzw. Methode 3 (MANOVA) voreingestellt ist. Die informativste Ausgabe liefert das BMDP-Programm P7D. Es führt auch als einziges Verfahren durch, die keine Homogenität der Populationsvarianzen voraussetzen. Bei gleichen Zellenbesetzungen (alle $n_{jk} = n$) sind die Voreinstellungen der Programme nicht von Bedeutung, da dann die Methoden 1 bis 3 zum gleichen Ergebnis führen.

Die für die varianzanalytische Auswertung der Pläne von Tab. 13.2 benötigten Zellen-, Zeilen- und Spaltensummen sind in Tab. 13.5 zusammengestellt. Die Auswertung (des zum Vergleich angeführten) Beispiels [A] wurde mittels des BMDP-Programms P2V vorgenommen. Das Ergebnis ist in Tab. 13.6 wiedergegeben. Der für »Mean« von der Prozedur (mit)durchgeführte Test kann außer Betracht bleiben. Hier wird die inhaltlich nicht interessierende Hypothese $H_0: \mu_{**}=0$ geprüft. Die Interaktion der Faktoren Geschlecht und Alkohol ist mit deren Anfangsbuchstaben »GA« gekennzeichnet.

13.4 Varianzanalyse bei proportionalen Zellenbesetzungen

Bei Vorliegen von proportionalen Stichprobenumfängen wie in den Beispielen [B] und [C] von Tab. 13.2 läßt sich eine Varianzanalyse nach »Methode 1« noch gut mittels eines (einfachen) Taschenrechners durchführen. Für die Bestimmung der Abweichungsquadratsummen werden folgende Größen benötigt:

<13.5> $A_{jk} = \Sigma X_{ijk}$ *Summe der Werte in Zelle jk* $\langle i = 1 \ldots n_{jk} \rangle$

<13.6> $B_{jk} = \Sigma X^2_{ijk}$ *Summe der quadrierten Werte in Zelle jk*

<13.7> $A_{j.} = \sum_k^K A_{jk}$ *Summe der Werte in Zeile j*

<13.8> $A_{.k} = \sum_j^J A_{jk}$ *Summe der Werte in Spalte k*

<13.9> $A_{..} = \sum\sum_{jk}^{JK} A_{jk}$ *Gesamtsumme der N Meßwerte*

<13.10> $B_{..} = \sum\sum_{jk}^{JK} B_{jk}$ *Gesamtsumme der quadrierten Werte*

<13.11> $n_{j.} = \sum_k^K n_{jk}$ *Anzahl der Werte in Zeile j*

<13.12> $n_{.k} = \sum_j^J n_{jk}$ *Anzahl der Werte in Spalte k*

<13.13> $N = \sum\sum_{jk}^{JK} n_{jk}$ *Gesamtzahl der Werte*

<13.14> $M_{j*} = (\sum_k^K M_{jk})/K$ *Ungewichtetes Mittel der K Zellenmittelwerte in Zeile j*

<13.15> $M_{*k} = (\sum_j^J M_{jk})/J$ *Ungewichtetes Mittel der J Zellenmittelwerte in Spalte k*

<13.16> $D_j = K^2/\sum_k^K (1/n_{jk})$

<13.17> $E_k = J^2/\sum_j^J (1/n_{jk})$

<13.18> $MJ = (\sum_j^J D_j \cdot M_{j*})/\sum_j^J D_j$

<13.19> $MK = (\sum_k^K E_k \cdot M_{*k})/\sum_k^K E_k$

Die Abweichungsquadratsummen berechnen sich dann wie folgt:

<13.20> $SAQ_J = \sum_j^J [D_j \cdot (M_{j*} - MJ)^2]$

<13.21> $SAQ_K = \sum_k^K [E_k \cdot (M_{*k} - MK)^2]$

<13.22> $SAQ_{JK} = \sum\sum_{jk}^{JK} A_{jk}^2/n_{jk} + A_{..}^2/N - \sum_j^J A_{j.}^2/n_{j.} - \sum_k^K A_{.k}^2/n_{.k}$

<13.23> $SAQ_I = B_{..} - \sum\sum_{jk}^{JK} A_{jk}^2/n_{jk}$

<13.24> $SAQ_G = B_{..} - A_{..}^2/N$

Bei den Mittleren Quadraten wird wieder die entsprechende SAQ durch die zugehörige Anzahl der Freiheitsgrade dividiert:

<13.25> $MQ_J = SAQ_J/(J-1)$

<13.26> $MQ_K = SAQ_K/(K-1)$

<13.27> $MQ_{JK} = SAQ_{JK}/[(J-1) \cdot (K-1)]$

<13.28> $MQ_I = SAQ_I/(N-J \cdot K)$

Zur Prüfung der Nullhypothesen werden die folgenden F-Quotienten gebildet:

<13.29> $F_J = MQ_J/MQ_I$ $FG_1 = J-1$ $FG_2 = N - J \cdot K$

<13.30> $F_K = MQ_K/MQ_I$ $FG_1 = K-1$ $FG_2 = N - J \cdot K$

<13.31> $F_{JK} = MQ_{JK}/MQ_I$ $FG_1 = (J-1) \cdot (K-1)$ $FG_2 = N - J \cdot K$

Die jeweilige Nullhypothese wird zurückgewiesen, wenn der errechnete F-Wert größer als der kritische Wert F_c aus Tab. F (bzw. G) ist.

Die varianzanalytischen Berechnungen für das Beispiel [B] von Tab. 13.1 wurden mittels der SPSS-Prozedur ANOVA (Options 9) vorgenommen. Das Ergebnis enthält Tab. 13.7. Ausführliche Erläuterungen zur ANOVA-Ausgabe enthält das Beiheft unter "Kapitel 12" (Diehl & Arbinger 1989). Anzumerken ist im jetzigen Zusammenhang, daß bei Methode 1 (im Fall ungleicher Zellenbesetzungen) die Summe der einzelnen SAQ-Werte *nicht* die Gesamt-SAQ ergibt. Es ist $SAQ_J + SAQ_K + SAQ_{JK} + SAQ_I = 1998{,}725$, während SAQ_G einen Wert von 1992,992 aufweist. Der Wert für »SAQ-Explained« ergibt sich bei ungleicher Zellenbesetzung als $SAQ_G - SAQ_I = 1992{,}992 - 1499{,}100 = 493{,}892$.

Wir wollen die Durchführung der Varianzanalyse bei proportionalen Stichprobenumfängen für das Beispiel [C] demonstrieren. Dazu gehen wir von den Werten in Tab. 13.2 und 13.3 aus. Eine Inspektion der Varianzen und der Werteverteilungen in den Zellen (Abb. 13.1) ergibt keine Hinweise, daß die Voraussetzung varianzhomogener, normalverteilter Populationen verletzt sein könnte. Gemäß der Formeln <13.16> bis <13.19> erhalten wir:

TABELLE 13.7 Ergebnisse der Varianzanalyse mit den Daten von Anordnung [B], Tabelle 13.1 (proportionale n_{jk}). Ausgabe des SPSS-Programms ANOVA.

SOURCE OF VARIATION	SUM OF SQUARES	DF	MEAN SQUARE	F	SIGNIF OF F
MAIN EFFECTS	427.275	3	142.425	10.831	.000
GESCHLE	133.225	1	133.225	10.131	.002
ALKOHOL	294.050	2	147.025	11.181	.000
2-WAY INTERACTIONS	72.350	2	36.175	2.751	.068
GESCHLE ALKOHOL	72.350	2	36.175	2.751	.068
EXPLAINED	493.892	5	98.778	7.512	.000
RESIDUAL	1499.100	114	13.150		
TOTAL	1992.992	119	16.748		

$D_1 = 3^2/(1/20 + 1/10 + 1/10) = 36$

$D_2 = 3^2/(1/40 + 1/20 + 1/20) = 72 \qquad \Sigma D_j = 108$

$E_1 = 2^2/(1/20 + 1/40) = 53{,}3333$

$E_2 = 2^2/(1/10 + 1/20) = 26{,}6667$

$E_3 = 2^2/(1/10 + 1/20) = 26{,}6667 \qquad \Sigma E_k = 106{,}6667$

$MJ = (36 \cdot 10{,}8333 + 72 \cdot 8{,}4000)/108 = 9{,}2111$

$MK = (53{,}3333 \cdot 7{,}8500 + 26{,}6667 \cdot 8{,}9000 + 26{,}6667 \cdot 12{,}1000)/106{,}6667 = 9{,}1750$

Für die Abweichungsquadratsummen ergibt sich gemäß <13.20> bis <13.24>:

$SAQ_J = 36 \cdot (10{,}8333 - 9{,}2111)^2 + 72 \cdot (8{,}4000 - 9{,}2111)^2 = 142{,}103$

$SAQ_K = 53{,}3333 \cdot (7{,}850 - 9{,}1750)^2 + 26{,}6667 \cdot (8{,}9000 - 9{,}1750)^2 + 26{,}6667 \cdot (12{,}1000 - 9{,}1750)^2 = 323{,}800$

$SAQ_{JK} = (156^2/20 + 108^2/10 + 139^2/10 + 316^2/40 + 140^2/20 + 206^2/20) + (1065^2/120) - (403^2/40 + 662^2/80) - (472^2/60 + 248^2/30 + 345^2/30) = 96{,}400$

$SAQ_I = 11427 - (156^2/20 + 108^2/10 + 139^2/10 + 316^2/40 + 140^2/20 + 206^2/20) = 1513{,}500$

$SAQ_G = 11427 - 1065^2/120 = 1975{,}125$

Für die Mittleren Quadrate und die F-Quotienten erhalten wir gemäß <13.25> bis <13.31>:

$MQ_J = 142{,}103/1 = 142{,}103 \; ; \; MQ_K = 323{,}800/2 = 161{,}900$

$MQ_{JK} = 96{,}400/2 = 48{,}200 \; ; \; MQ_I = 1513{,}500/114 = 13{,}276$

$F_J = 142{,}103/13{,}276 = 10{,}704 \qquad FG_1 = 1 \quad FG_2 = 114$

$F_K = 161{,}900/13{,}276 = 12{,}195 \qquad FG_1 = 2 \quad FG_2 = 114$

$F_{JK} = 48{,}200/13{,}276 = 3{,}631 \qquad FG_1 = 2 \quad FG_2 = 114$

TABELLE 13.8 Ergebnisse der Varianzanalyse mit den Daten von Anordnung [C], Tabelle 13.1 (proportionale n_{jk}). Ausgabe des BMDP-Programms P4V.

EFFECT VARIATE	STATISTIC		F	DF	P
OVALL; GRAND MEAN	SS =	8878.106667			
	MS =	8878.106667	668.72	1, 114	0.0000
G; GESCHLE	SS =	142.106667			
	MS =	142.106667	10.70	1, 114	0.0014
A; ALKOHOL	SS =	323.800000			
	MS =	161.900000	12.19	2, 114	0.0000
GA *(Interaktion)*	SS =	96.400000			
	MS =	48.200000	3.63	2, 114	0.0296
ERROR	SS =	1513.50000000			
	MS =	13.27631579			

Wir prüfen bei α = 0,05 und den in Tab. F enthaltenen Freiheitsgraden FG_2 = 100. Hier ist $F_c(1;100)$ = 3,936 und $F_c(2;100)$ = 3,087. Wir weisen in allen drei Fällen die Nullhypothese zurück. Sowohl die Haupteffekte als auch die Wechselwirkung von *Geschlecht* und *Alkohol* sind statistisch signifikant.

Die Analyse der Daten mittels des BMDP-Programms P4V ergab die in Tab. 13.8 zusammengestellten Werte. Unsere Ergebnisse stimmen damit eng überein. Auch diese Prozedur prüft (wie BMDP-P2V) die in der Regel nicht interessierende Hypothese $H_0{:}\mu_{**}=0$ automatisch mit. Die Werte für »Grand Mean« können deshalb außer Acht gelassen werden. Zur Beschreibung der Daten liefert das Programm u.a. die Mittelwerte und Standardabweichungen der J·K Zellen sowie die gewichteten Zeilen- und Spaltenmittel.

13.5 Varianzanalyse bei disproportionalen Zellenbesetzungen

Bei disproportionalen Zellenbesetzungen kann die Abweichungsquadratsumme für die Interaktion (SAQ_{JK}) nicht nach Formel <13.22> bestimmt werden. Die statt dessen erforderlichen (aufwendigen) Berechnungen sind z.B. bei Kirk (1982, S. 412ff) beschrieben. Die Bestimmung von SAQ_J, SAQ_K, SAQ_I und SAQ_G ist dagegen weiterhin über die bei <13.20> bis <13.24> angeführten Formeln möglich.

Die varianzanalytischen Berechnungen für das Beispiel [D] von Tab. 13.1, bei dem Disproportionalität vorliegt, wurden mittels der BMDP-Prozedur P7D durchgeführt. Wie die in Tab. 13.9 wiedergegebenen Befunde zeigen, sind bei α = 0,05 sowohl die Haupteffekte von *Geschlecht* und *Alkohol* als auch deren Wechselwirkung statistisch signifikant. Eine Besprechung der P7D-Ausgabe findet sich im Beiheft unter "Kapitel 12" (Diehl & Arbinger 1989). Auf die im unteren Teil von Tab. 13.9 (ausschnittsweise) angeführten Ergebnisse der paarweisen T-Tests zwischen den J·K Zellenmitteln werden wir in Abschnitt 13.7.3 eingehen.

TABELLE 13.9 Ergebnisse der Varianzanalyse mit den Daten von Anordnung [D], Tabelle 13.1 (disproportionale n_{jk}). Ausgabe des BMDP-Programms P7D.

ANALYSIS OF VARIANCE

SOURCE	SUM OF SQUARES	DF	MEAN SQUARE	F VALUE	TAIL PROBAB
GESCHLE	145.3364	1	145.3364	10.81	0.0013
ALKOHOL	334.8157	2	167.4078	12.45	0.0000
INTERACTION	102.0627	2	51.0314	3.79	0.0254
ERROR	1533.0000	114	13.4474		

ANALYSIS OF VARIANCE; VARIANCES ARE NOT ASSUMED TO BE EQUAL

		DF	F VALUE	TAIL PROBAB
BROWN-FORSYTHE	GESCHLE	1, 53	10.90	0.0017
	ALKOHOL	2, 52	12.14	0.0000
	INTERACTION	2, 52	2.88	0.0652

		DF	F VALUE	TAIL PROBAB
LEVENE'S TEST FOR EQUALITY OF VARIANCES	GESCHLE	1, 114	0.18	0.6738
	ALKOHOL	2, 114	0.10	0.9043
	INTERACTION	2, 114	0.02	0.9803

PAIRWISE T-TEST OF FEZAHL GROUPED BY GESCHLE AND ALKOHOL

GESCHLE GROUP	ALKOHOL , GROUP	SEPARATE VARIANCE T-VAL	DF	P-VAL	POOLED VARIANCE T-VAL	DF	P-VAL
FRAUEN	,KEINBIER VS.						
FRAUEN	,HALBLITR	-2.15	14	0.0485	-2.24	114	0.0270
FRAUEN	,EINLITR	-5.60	38	0.0000	-5.76	114	0.0000
MAENNER	,KEINBIER	-0.11	57	0.9150	-0.11	114	0.9161
FRAUEN	,HALBLITR VS.						
FRAUEN	,EINLITR	-2.06	18	0.0538	-2.18	114	0.0311
MAENNER	,HALBLITR	2.61	16	0.0186	2.68	114	0.0086
FRAUEN	,EINLITR VS.						
MAENNER	,EINLITR	2.48	18	0.0227	2.53	114	0.0126

Die Daten des Beispiels von Tab. 13.3 wurden mit der SPSS-Prozedur MANOVA ausgewertet. Die Ergebnisse enthält Tab. 13.10. Das Programm gibt auf Wunsch neben den varianzanalytischen Befunden u.a. die Zellenmittel und -standardabweichungen sowie die gewichteten und ungewichteten Zeilen- und Spaltenmittel aus. Außerdem führt es Tests zur Prüfung der Varianzhomogenität durch (vgl. Tab. 13.10). Deren Ergebnisse wie auch eine Inspektion der V_{jk}-Werte in Tab. 13.3 zeigen an, daß die Annahme gleicher Varianz in den J•K Populationen haltbar ist. Die zur Prüfung der Normalitätsannahme benötigten Verteilungen der Werte in den Zellen sind in Abb. 13.3 dargestellt. Aufgrund der relativ großen Stichprobenumfänge sind die zu beobachtenden Abweichungen von der Normalverteilung (bzw. der Symmetrie) tolerierbar.

Auch MANOVA prüft die in der Regel irrelevante Hypothese $H_0{:}\mu_{**}=0$ automatisch mit. Die für »Constant« angeführten Werte können deshalb außer Acht gelassen werden. Die Haupteffekte von *Geschlecht* und *Schulbildung* erweisen sich bei α = 0,05 als statistisch bedeutsam. Insignifikant ist dagegen die Wechselwirkung

TABELLE 13.10 Varianzanalyse mit den Daten des Beispiels von Tabelle 13.3 (disproportionale Zellenbesetzungen). Ausgabe des SPSS-Programms MANOVA.

TESTS OF SIGNIFICANCE FOR EWISSEN USING UNIQUE SUMS OF SQUARES

SOURCE OF VARIATION	SUM OF SQUARES	DF	MEAN SQUARE	F	SIG. OF F
WITHIN CELLS	26826.49921	577	46.49307		
CONSTANT	571463.29447	1	571463.29447	12291.36602	.000
GESCHLE	1004.98031	1	1004.98031	21.61570	.000
SCHULE	2058.08673	2	1029.04337	22.13327	.000
GESCHLE BY SCHULE	74.63903	2	37.31952	.80269	.449

UNIVARIATE HOMOGENEITY OF VARIANCE TESTS
COCHRANS C(96,6) = .20331, P = 1.000 (APPROX.)
BARTLETT-BOX F(5,272927) = 1.76977, P = .116

beider Faktoren. Dies macht auch die grafische Darstellung der Zellenmittelwerte in Abb. 13.4 deutlich. Die Verbindungslinien weichen nur in relativ geringem Ausmaß von der Parallelität ab. Wir gelangen somit zum einen zu dem Schluß, daß die befragten Frauen im Durchschnitt signifikant mehr über Ernährung wissen als die Männer und zum anderen, daß zwischen Schulbildung und Ernährungskenntnissen eine bedeutsame Beziehung besteht. Die ungewichteten Spaltenmittel von Tab. 13.3 legen hier die (durch multiple Vergleiche noch zu prüfende) Vermutung nahe, daß das (durchschnittliche) Wissen der Personen mit Hauptschulabschluß signifikant niedriger ist als das der Befragten mit mittlerer Reife und Abitur.

13.6 Auswertung von zweifaktoriellen Plänen mit ungleichen Zellenbesetzungen bei heterogenen Populationsvarianzen

Wenn nicht davon ausgegangen werden kann, daß die J·K Zellenstichproben Populationen mit gleicher Varianz entstammen, dann müssen die Prüfungen der Nullhypothesen durch ein Verfahren erfolgen, das ohne diese Voraussetzung arbeitet. Ein solches ist von Brown & Forsythe (1974b) entwickelt worden. Die statistische Prüfung der Haupt- und Interaktionseffekte nach dieser Methode ist allerdings nur mit der BMDP-Prozedur P7D möglich (vgl. Tab. 13.9), was insofern von Nachteil ist, als mit diesem (sehr guten Programm) keine drei- oder mehrfaktoriellen Pläne ausgewertet werden können.

Das (wahrscheinliche) Vorliegen heterogener Populationsvarianzen ist im weiteren zu berücksichtigen, wenn im Anschluß an den Test der Haupt- und Interaktionseffekte Analysen zu den einfachen Haupteffekten des Zeilen- und Spaltenfaktors durchgeführt werden sollen (vgl. Abschnitt 13.7.2).

ABBILDUNG 13.3 Verteilung der Werte in den 2x3 Zellen von Tabelle 13.3. In Klammern jeweils die *Schiefe* der Verteilung.

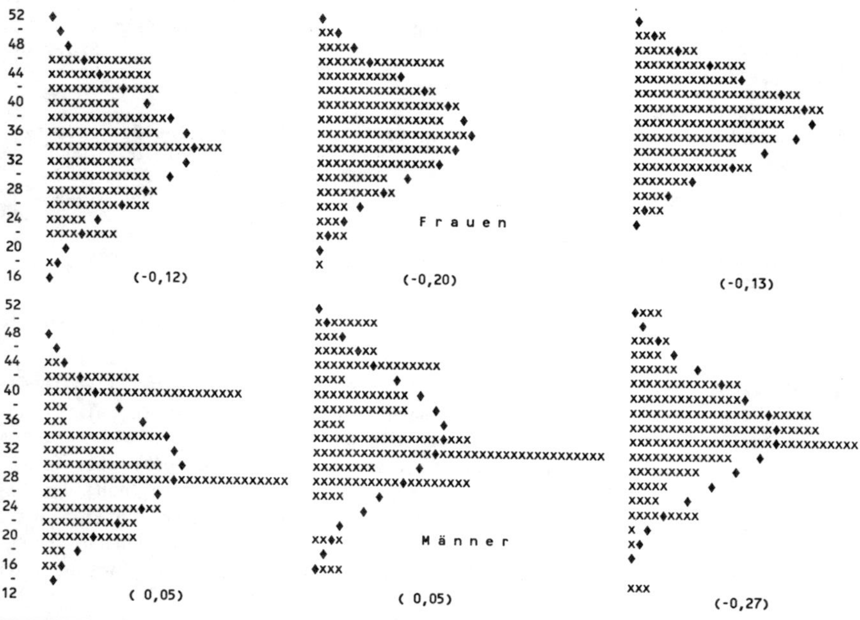

13.7 Das weitere Vorgehen im Anschluß an die Prüfung der Haupt- und Interaktionseffekte

In diesem Abschnitt soll die (eventuelle) weitere Untersuchung der Haupteffekte sowie der einfachen Haupteffekte von Zeilen- und Spaltenfaktor erläutert werden. Da Zweck und Durchführung dieser Analysen in Abschnitt 12.5 (für Pläne mit gleichen Stichprobenumfängen) ausführlich besprochen wurden, kann die folgende Darstellung der Auswertungen bei ungleichen Zellenbesetzungen knapper ausfallen. Skizziert wird dabei das Vorgehen sowohl für den varianzhomogenen als auch den varianzheterogenen Fall.

13.7.1 Weitere Analysen der Haupteffekte von Zeilen- und Spaltenfaktor

Zur Untersuchung der Frage, welche der ungewichteten Zeilen- bzw. Spaltenmittelwerte sich jeweils signifikant voneinander unterscheiden, können die in Kapitel 11 für den Tukey-Kramer- und den Games-Howell-Test vorgestellten Formeln nicht herangezogen werden, da bei einer Prüfung der Kontraste mittels dieser

ABBILDUNG 13.4 Grafische Darstellung der Interaktion bei den Daten von Tabelle 13.3: Konstellation der 2x3 Zellenmittelwerte.

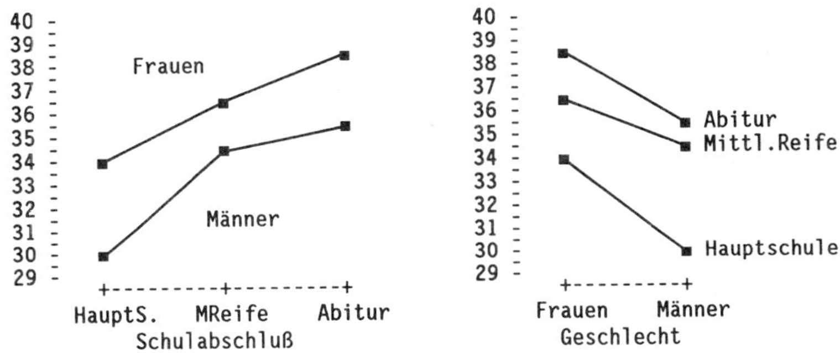

Größen das Problem der Vermischung von Haupt- und Interaktionseffekten keine Berücksichtigung fände. Die paarweisen Mittelwertsvergleiche lassen sich jedoch relativ leicht gemäß der in Abschnitt 11.11.6 beschriebenen *Bonferroni*-Prozedur durchführen.

Gleiche Populationsvarianzen (alle $\sigma^2_{jk} = \sigma^2_I$)

Im Fall homogener Populationsvarianzen wird zur Prüfung der Differenz der ungewichteten Mittel von Zeile j und j' folgende Größe bestimmt:

<13.32> $F_{jj'} = SAQ_{jj'}/MQ_I \qquad FG_1 = 1 \qquad FG_2 = N - J \cdot K$

Hierbei ist MQ_I das gemäß <13.28> an sämtlichen J•K Zellen bestimmte Mittlere Quadrat *Innerhalb*. Die Abweichungsquadratsumme $SAQ_{jj'}$ wird dagegen bei jedem Kontrast separat aufgrund der gerade unter Betrachtung stehenden 2•K Zellen berechnet. Dies kann gemäß Formel <13.20> oder leichter natürlich durch eines der vorgestellten SPSS- oder BMDP-Programme erfolgen.

Bei J Zeilen sind $C_J = J \cdot (J-1)/2$ paarweise Kontraste $|M_{j*} - M_{j'*}|$ möglich. Damit nun das auf die Familie der Vergleiche bezogene Fehler-I-Risiko einen Wert von α_F nicht überschreitet, muß der einzelne Kontrast entsprechend der Beziehung <11.4> bei $\alpha_V = \alpha_F/C_J$ getestet werden.

Zur Prüfung der Differenz der ungewichteten Mittel von Spalte k und k' wird analog zu <13.32> folgende Größe bestimmt:

<13.33> $F_{kk'} = SAQ_{kk'}/MQ_I \qquad FG_1 = 1 \qquad FG_2 = N - J \cdot K$

Hierbei ist $SAQ_{kk'}$ jeweils gemäß Formel <13.21> aufgrund der bei dem Kontrast $|M_{*k} - M_{*k'}|$ unter Betrachtung stehenden 2•J Zellen zu berechnen. Die Prüfung der einzelnen Differenzen erfolgt auf einem Signifikanzniveau von $\alpha_V = \alpha_F/C_K$, wobei $C_K = K \cdot (K-1)/2$ ist.

TABELLE 13.11 Zusammenstellung der Zellen-, Zeilen-, Spalten- und Gesamtsummen für das Beispiel von Tabelle 13.3.

		Haupts.	MReife	Abitur		
Frauen	A	3164	4822	4984	12970	
	B	112388	182162	195428		
Männer	A	1625	1424	4695	7744	
	B	51833	51856	172127		
	A	4789	6246	9679	20714	B..= 765797

Wir wollen die Berechnungen gemäß <13.33> an den Daten des Beispiels von Tab. 13.3 demonstrieren. Die weitere Analyse des Haupteffekts der *Schulbildung* ist hier sinnvoll, da keine bedeutsame Wechselwirkung der beiden unabhängigen Variablen vorliegt. Es kann (noch) nach dem Einfluß der *Schulbildung* gefragt werden, ohne den Faktor *Geschlecht* zu berücksichtigen, da die Beziehung zwischen Bildungsniveau und Ernährungswissen bei Frauen und Männern relativ ähnlich verläuft (vgl. Abb. 13.4).

Die für die Berechnungen per Hand benötigten Zellen-, Zeilen- und Spaltensummen enthält Tab. 13.11. Wir haben die $SAQ_{kk'}$-Werte allerdings mittels der SPSS-Prozedur ANOVA bestimmt. Für die $C_K = 3$ Vergleiche zwischen den gewichteten Spaltenmitteln ergibt sich dann (H = Hauptschulabschluß, M = Mittlere Reife, A = Abitur; MQ_I aus Tab. 13.10):

$SAQ_{HM} = 834{,}340$ $\quad F_{HM} = 834{,}340/46{,}493 = 17{,}945$

$SAQ_{HA} = 2039{,}638$ $\quad F_{HA} = 2039{,}638/46{,}493 \doteq 43{,}870$

$SAQ_{MA} = 119{,}785$ $\quad F_{MA} = 119{,}785/46{,}493 = 2{,}576$

Entsprechend dem in der Varianzanalyse bei der Prüfung der Haupteffekte gewählten Fehler-I-Risiko setzen wir $\alpha_F = 0{,}05$. Dann muß der einzelne Kontrast auf $\alpha_V = 0{,}05/3 = 0{,}017$ geprüft werden, Wir wählen den in Tab. F vorhandenen Wert von 0,01. Für $FG_1 = 1$ und $FG_2 = 500$ (statt $FG_2 = 577$) ist $F_c = 6{,}686$. Wie wir bei der Inspektion der ungewichteten Spaltenmittel von Tab. 13.3 bereits vermutet haben, ist das durchschnittliche Ernährungswissen der Personen mit mittlerer Reife und Abitur signifikant größer als das der Befragten mit Hauptschulabschluß. Zwischen den Gruppen »M« und »A« besteht dagegen kein bedeutsamer Unterschied. Die hier zu beobachtende geringe Mittelwertsdifferenz von 1,2 erweist sich auch bei $\alpha_V = 0{,}05$ und $FG_2 = 1000$ als insignifikant.

Ungleiche Populationsvarianzen

Im Fall heterogener Populationsvarianzen muß für multiple (paarweise) Vergleiche zwischen den ungewichteten Zeilen- bzw. Spaltenmitteln die BMDP-Prozedur P7D herangezogen werden. Zur Prüfung der Differenz der Mittelwerte von Zeile j und j' wird mit den Daten der 2·K Zellen dieser Zeilen ein Brown-Forsythe-JKM-

Test durchgeführt. Die Hypothese $H_0:\mu_{j*}=\mu_{j'*}$ wird zurückgewiesen, wenn die für den Zeilenfaktor ausgegebene Wahrscheinlichkeit $P(F_{jj'}) \leq \alpha_F/[J\cdot(J-1)/2]$ ist. Ein analoges Vorgehen erfordert die Prüfung der Differenz der ungewichteten Mittelwerte von Spalte k und k'. Hier wird $H_0:\mu_{*k}=\mu_{*k'}$ zurückgewiesen, wenn $P(F_{kk'}) \leq \alpha_F/[K\cdot(K-1)/2]$ ist.

13.7.2 Analyse der einfachen Haupteffekte des Zeilenfaktors

Zur Untersuchung der Frage, ob bei Bedingung k des Spaltenfaktors zwischen den J Zellenmitteln signifikante Unterschiede bestehen (»Einfacher Haupteffekt von J in Spalte k«) ist als erstes die *SAQ Zeilen (Spalte k)* zu bestimmen. Dazu kann auf Formel <9.32> zurückgegriffen werden. Sie lautet auf den jetzigen Fall zweier Indices übertragen:

$$\text{<13.34>} \quad SAQ_{J(k)} = \sum_j^J A_{jk}^2/n_{jk} - A_{.k}^2/n_{.k}$$

Bei gleichen Umfängen der J Zellenstichproben in Spalte k läßt sich $SAQ_{J(k)}$ auch über <12.40> bestimmen. Wir wollen die Berechnungen für die Daten des Beispiels [D] von Tab. 13.2 durchführen. Unter Heranziehung der Zellen- und Spaltensummen von Tab. 13.5 ergibt sich:

$$SAQ_{J(1)} = (234^2 + 237^2)/30 - 471^2/60 = 0{,}150$$
$$SAQ_{J(2)} = (108^2/10 + 140^2/20) - 248^2/30 = 96{,}267$$
$$SAQ_{J(3)} = (278^2/20 + 103^2/10) - 381^2/30 = 86{,}400$$

Gleiche Populationsvarianzen (alle $\sigma_{jk}^2 = \sigma_I^2$)

Es wird nun für jede Stufe des Spaltenfaktors das *Mittlere Quadrat Zeilen (Spalte k)* berechnet:

$$\text{<13.35>} \quad MQ_{J(k)} = SAQ_{J(k)}/(J-1)$$

In unserem Fall von J = 2 weisen die Mittleren Quadrate jeweils die gleichen Werte wie die Abweichungsquadratsummen auf.

Zur Prüfung der K Hypothesen $H_0:\mu_{1k}=\mu_{2k}=\ldots=\mu_{Jk}$ wird für jede Stufe des Spaltenfaktors der Quotient *F-Zeilen (Spalte k)* berechnet. Hierbei ist MQ_I das an der Gesamtheit der J·K Zellen bestimmte Mittlere Quadrat *Innerhalb:*

$$\text{<13.36>} \quad F_{J(k)} = M_{J(k)}/MQ_I \qquad FG_1 = J-1 \qquad FG_2 = N - J\cdot K$$

Die entsprechende Nullhypothese wird zurückgewiesen, wenn $F_{J(k)} > F_c$ ist. Die Prüfung sollte dabei auf dem Signifikanzniveau α/K erfolgen, wobei der Wert von α dem Fehler-I-Risko entspricht, mit dem in der Varianzanalyse beim Test des Haupteffekts des Zeilenfaktors gearbeitet wurde. Für unser Beispiel ergibt sich (MQ_I aus Tab. 13.9):

$$F_{J(1)} = 0{,}150/13{,}447 = 0{,}011 \ ; \ F_{J(2)} = 96{,}267/13{,}447 = 7{,}159$$
$$F_{J(3)} = 86{,}400/13{,}447 = 6{,}425 \ ; \ FG_1 = 1, \ FG_2 = 114$$

Als Signifikanzniveau müßte α/K = 0,05/3 = 0,017 verwendet werden. Wir prüfen statt dessen als erstes auf dem in Tab. F enthaltenen Alpha von 0,01. Für FG_1 = 1 und FG_2 = 100 (statt 114) ist F_c = 6,895. Dieser Wert wird von $F_{J(2)}$ überschritten, während $F_{J(3)}$ etwas darunter liegt. Für Alpha = 0,025 ergibt sich jedoch ein F_c-Wert von 5,179, der deutlich kleiner ist als $F_{J(3)}$. Durch (grobe lineare) Interpolation in Tab. F können wir somit schließen, daß $F_{J(k)}$ = 6,425 größer sein muß als der kritische Wert für Alpha = 0,017 und FG_2 = 114. Auf die Daten bezogen bedeuten die Zurückweisungen der beiden Nullhypothesen, daß die Frauen, die einen halben bzw. einen Liter Bier getrunken hatten, im Durchschnitt signifikant mehr Fehler machten als die Männer mit den entsprechenden Konsummengen. Unter der Normalbedingung ohne Alkohol war dagegen die durchschnittliche Fehlerzahl bei beiden Geschlechtern (praktisch) gleich (vgl. Abb. 13.2).

Wenn der Zeilenfaktor mehr als zwei Stufen aufweist, muß in den Fällen, wo sich der einfache Haupteffekt als signifikant erwiesen hat, im weiteren mittels Tukey-Kramer-Test geprüft werden, welche der J Zellenmittel sich in dieser Spalte bedeutsam voneinander unterscheiden. Hierbei ist α_F gleich dem Signifikanzniveau, auf dem der varianzanalytische Test des einfachen Haupteffekts durchgeführt wurde (meist α/K). Zum Vergleich der Zellenmittel M_{jk} und $M_{j'k}$ in Spalte k wird folgende Prüfgröße bestimmt:

<13.37> $$Q^* = \frac{|M_{jk} - M_{j'k}|}{\sqrt{[MQ_I \cdot (1/n_{jk} + 1/n_{j'k})/2]}} \qquad FG = N - J \cdot K$$

Die auf den Kontrast bezogene Nullhypothese wird zurückgewiesen, wenn $Q^* > Q_c$ ist. Der kritische Wert Q_c läßt sich dem durch »α_F« definierten Teil von Tab. H entnehmen (Schnittpunkt von Spalte »J« und Zeile »FG«). Bei gleichen Umfängen der J Zellenstichproben in Spalte k kann die Prüfung der Kontraste auch (einfacher) über Formel <12.44>, die Prüfgröße des Tukey-Tests, erfolgen.

Ungleiche Populationsvarianzen

Wenn die Annahme »Alle $\sigma^2_{jk} = \sigma^2_I$« nicht haltbar ist, kann das an der J·K Zellen bestimmte MQ_I nicht als Schätzung für σ^2_I herangezogen werden. Zur Untersuchung der Frage, wieweit bei Bedingung k des Spaltenfaktors zwischen den J Zellenmitteln signifikante Unterschiede bestehen, ist dann als erstes zu prüfen, ob die unter Betrachtung stehenden J Zellenstichproben varianzhomogenen Populationen entstammen. Erweist sich diese Annahme als gerechtfertigt, kann mit den $n_{.k}$ Werten dieser Spalte eine "normale" einfaktorielle Varianzanalyse durchgeführt werden. Die *SAQ Innerhalb (Spalte k)* wird dabei entsprechend <9.33> wie folgt bestimmt (Fall ungleicher Stichprobenumfänge):

<13.37> $$SAQ_{I(k)} = \sum_j^J B_{jk} - \sum_j^J A^2_{jk}/n_{jk}$$

Wenn die J Zellenstichproben in Spalte k den gleichen Umfang haben, kann die Berechnung von $SAQ_{I(k)}$ auch gemäß <12.80> erfolgen. Zum Test der Nullhypothese wird folgender F-Quotient gebildet:

$$\text{<13.38>}\quad F_{J(k)} = \frac{SAQ_{J(k)}/(J-1)}{SAQ_{I(k)}/(n_{.k}-J)} = \frac{MQ_{J(k)}}{MQ_{I(k)}} \qquad FG_1 = J-1 \quad FG_2 = n_{.k} - J$$

Die Prüfung des F-Wertes erfolgt wieder bei α/K. Ergibt sich statistische Signifikanz, dann lassen sich etwaige paarweise Mittelwertsvergleiche mit dem Tukey-Kramer-Test durchführen. Hierzu wird im Nenner von <13.37> die Größe MQ_I durch $MQ_{I(k)}$ ersetzt. Die Freiheitsgrade ändern sich entsprechend in $n_{.k} - J$.

Wenn die Untersuchung der Varianzhomogenität in Spalte k hingegen ergibt, daß die J Zellenstichproben (wahrscheinlich) Populationen mit ungleichen Varianzen entstammen, muß zur Prüfung der Mittelwertsunterschiede mit den Daten dieser Spalte ein Brown-Forsythe-JM-Test durchgeführt werden. Im Fall gleicher Stichprobenumfänge in Spalte k können Prüfgröße und Freiheitsgrade gemäß <12.76> und <12.77> berechnet werden. Bei ungleichen Zellenbesetzungen müssen die Formeln von Abschnitt 10.3.1 auf den jetzigen Fall zweier Indices übertragen werden (vgl. <13.34>). Die Prüfung der einzelnen Nullhypothesen wird dabei wieder auf dem Signifikanzniveau α/K durchgeführt.

Für die im Fall $J > 2$ eventuell anschließenden multiplen Mittelwertsvergleiche ist der in Abschnitt 11.8 beschriebene Games-Howell-Test heranzuziehen, wobei die einzelnen Kontraste bei $\alpha_F = \alpha/K$ geprüft werden. Bei gleichen Stichprobenumfängen in Spalte k können die Berechnungen des Prüfwertes und der Freiheitsgrade über <12.78> und <12.79> erfolgen.

13.7.3 Analyse der einfachen Haupteffekte des Spaltenfaktors

Zur Untersuchung der Frage, ob bei Bedingung j des Zeilenfaktors zwischen den K Zellenmitteln statistisch signifikante Unterschiede bestehen (»Einfacher Haupteffekt von K in Zeile j«), ist als erstes die *SAQ Spalten (Zeile j)* zu berechnen:

$$\text{<13.39>}\quad SAQ_{K(j)} = \sum_k^K A_{jk}^2/n_{jk} - A_{j.}^2/n_{j.}$$

Bei gleichen Umfängen der K Zellenstichproben in Zeile j läßt sich $SAQ_{K(j)}$ auch über <12.45> bestimmen. Für die Daten des Beispiels [D] von Tab. 13.2 erhalten wir (Zellen- und Spaltensummen aus Tab. 13.5):

$SAQ_{K(1)} = (234^2/30 + 108^2/10 + 278^2/20) - 620^2/60 = 449{,}133$

$SAQ_{K(2)} = (237^2/30 + 140^2/20 + 103^2/10) - 480^2/60 = 73{,}200$

Gleiche Populationsvarianzen (alle $\sigma_{jk}^2 = \sigma_I^2$)

Es wird nun für jede Stufe des Zeilenfaktors das *Mittlere Quadrat Spalten (Zeile j)* berechnet:

$$\text{<13.40>}\quad MQ_{K(j)} = SAQ_{K(j)}/(K-1)$$

Für unsere Daten ergibt sich:

$MQ_{K(1)} = 449,133/3 = 224,567$; $MQ_{K(2)} = 73,200/2 = 36,600$

Zur Prüfung der J Hypothesen $H_0: \mu_{j1} = \mu_{j2} = \ldots = \mu_{jK}$ wird für jede Stufe des Zeilenfaktors der Quotient *F-Spalten (Zeile j)* berechnet. Hierbei ist MQ_I das an der Gesamtheit der J•K Zellen bestimmte Mittlere Quadrat *Innerhalb:*

<13.41> $F_{K(j)} = MQ_{K(j)}/MQ_I \qquad FG_1 = K-1 \qquad FG_2 = N - J \cdot K$

Die entsprechende Nullhypothese wird zurückgewiesen, wenn $F_{K(j)} > F_c$ ist. Die Prüfung sollte dabei auf dem Signifikanzniveau α/J erfolgen, wobei α dem Fehler-I-Risiko entspricht, mit dem beim Test des Haupteffekts des Spaltenfaktors gearbeitet wurde. Für unser Beispiel ergibt sich (MQ_I aus Tab. 13.9):

$F_{K(1)} = 224,567/13,447 = 16,700$; $FG_1 = 2$; $FG_2 = 114$
$F_{K(2)} = 36,600/13,447 = 2,721$

Für das Signifikanzniveau $\alpha/J = 0,05/2 = 0,025$ und $FG_2 = 100$ (statt 114) ist $F_c = 3,828$ (Tab. F). Dieser Wert wird von $F_{K(1)}$ überschritten. Wir kommen somit zu dem Schluß, daß (nur) bei den Frauen ein signifikanter Effekt des Faktors *Alkohol* besteht.

Wenn der Zeilenfaktor mehr als zwei Stufen aufweist, muß in den Fällen, wo sich der einfache Haupteffekt als signifikant erwiesen hat, im weiteren mittels Tukey-Kramer-Test geprüft werden, welche der K Zellenmittel sich in dieser Spalte bedeutsam voneinander unterscheiden. Hierbei ist α_F gleich dem Signifikanzniveau, auf dem der varianzanalytische Test des einfachen Haupteffekts durchgeführt wurde (meist α/J). Zum Vergleich der Zellenmittel M_{jk} und $M_{jk'}$ in Zeile j wird folgende Prüfgröße bestimmt:

<13.42> $$Q^* = \frac{|M_{jk} - M_{jk'}|}{\sqrt{[MQ_I \cdot (1/n_{jk} + 1/n_{jk'})/2]}} \qquad FG = N - J \cdot K$$

Die auf den Kontrast bezogene Nullhypothese wird zurückgewiesen, wenn $Q^* > Q_c$ ist. Der kritische Wert Q_c läßt sich dem durch »α_F« definierten Teil von Tab. H entnehmen (Schnittpunkt von Spalte »J=K« und Zeile »FG«). Bei gleichen Stichprobenumfängen in Zeile j kann die Prüfung der paarweisen Kontraste auch über <12.49> erfolgen.

Bei einem paarweisen Vergleich der Mittel der Frauen (Tab. 13.2.D) ergeben sich folgende Q*-Werte (MQ_I aus Tab. 13.9):

[1: 0-½l] $Q^*_1 = |7,8 - 10,8|/\sqrt{[13,447 \cdot (1/30 + 1/10)/2]} = 3,169$
[2: 0-1l] $Q^*_2 = |7,8 - 13,9|/\sqrt{[13,447 \cdot (1/30 + 1/20)/2]} = 8,149$
[3: ½-1l] $Q^*_3 = |10,8 - 13,9|/\sqrt{[13,447 \cdot (1/10 + 1/20)/2]} = 3,087$

Für $\alpha_F = 0,025$, J = 3 und FG = 60 (statt 114) ist $Q_c = 3,798$. Dieser Wert wird nur von Q^*_2 überschritten. In den beiden anderen Fällen behalten wir die Nullhypothese dagegen bei, da Q^*_1 und Q^*_3 auch kleiner als der kritische Wert für FG = 120 sind. Im Vergleich zur Normalbedingung ist somit nur bei der stärkeren Alkoholdosis (1 Liter Bier) die durchschnittliche Anzahl der Fahrfehler signifikant erhöht.

Bei der Auswertung der Daten mit der Prozedur BMDP-7D lassen sich die interessierenden Prüfgrößen Q* leicht aus den unter »Pooled Variance« wiedergegebenen T-Werten errechnen (Tab. 13.9, unterer Teil), da gemäß der Beziehung <11.15> $Q^* = |T| \cdot \sqrt{2}$ ist. Wir erhalten: $Q^*_1 = 2{,}24 \cdot \sqrt{2} = 3{,}17$; $Q^*_2 = 5{,}76 \cdot \sqrt{2} = 8{,}15$; und $Q^*_3 = 2{,}18 \cdot \sqrt{2} = 3{,}08$.

Ungleiche Populationsvarianzen

Wenn die Annahme »Alle $\sigma^2_{jk} = \sigma^2_I$« nicht haltbar ist, wird als nächstes geprüft, ob die K Zellenstichproben von Zeile j varianzhomogenen Populationen entstammen. Ist diese Bedingung (wahrscheinlich) gegeben, kann mit den $n_{j.}$ Werten dieser Zeile eine "normale" einfaktorielle Varianzanalyse durchgeführt werden. Die dafür benötigte *SAQ Innerhalb (Zeile j)* bestimmt sich im Fall ungleicher Stichprobenumfänge wie folgt:

<13.43> $$SAQ_{I(j)} = \sum_k^K B_{jk} - \sum_k^K A^2_{jk}/n_{jk}$$

Bei gleichen Stichprobenumfängen in Zeile j kann $SAQ_{I(j)}$ auch gemäß Formel <12.87> berechnet werden. Zum Test der Nullhypothese wird folgender F-Quotient gebildet:

<13.44> $$F_{K(j)} = \frac{SAQ_{K(j)}/(K-1)}{SAQ_{I(j)}/(n_{j.} - K)} = \frac{MQ_{K(j)}}{MQ_{I(j)}} \qquad \begin{aligned} FG_1 &= K-1 \\ FG_2 &= n_{j.} - K \end{aligned}$$

Die Prüfung des F-Wertes erfolgt bei α/J. Ergibt sich statistische Signifikanz, dann lassen sich etwaige paarweise Mittelwertsvergleiche mit dem Tukey-Kramer Test durchführen. Hierzu wird im Nenner von <13.42> die Größe MQ_I durch $MQ_{I(j)}$ ersetzt. Die Freiheitsgrade ändern sich entsprechend in $n_{j.} - K$.

Wenn die Untersuchung der Varianzhomogenität in Zeile j hingegen ergibt, daß die K Zellenstichproben (wahrscheinlich) Populationen mit ungleichen Varianzen entstammen, muß zur Prüfung der Mittelwertsunterschiede mit den Daten dieser Spalte ein Brown-Forsythe-JM-Test durchgeführt werden. Im Fall gleicher Stichprobenumfänge in Zeile j können Prüfgröße und Freiheitsgrade gemäß <12.82> und <12.83> berechnet werden. Bei ungleichen Zellenbesetzungen müssen die Formeln von Abschnitt 10.3.1 auf den jetzigen Fall zweier Indices übertragen werden (vgl. <13.39>). Die Prüfung der einzelnen Nullhypothesen erfolgt dabei wieder auf dem Signifikanzniveau α/J.

Für die im Fall K > 2 eventuell anschließenden paarweisen Mittelwertsvergleiche ist der in Abschnitt 11.8 beschriebene Games-Howell-Test heranzuziehen, wobei die einzelnen Kontraste bei $\alpha_F = \alpha/J$ getestet werden. Bei gleichen Stichprobenumfängen in Zeile j kann die Berechnung der Prüfwerte und der Freiheitsgrade über <12.84> und <12.85> erfolgen. Wurde die zweifaktorielle Varianzanalyse mit dem BMDP-Programm P7D durchgeführt, dann lassen sich die für den Games-Howell Test benötigten Größen Q^+ gemäß der Beziehung <11.24> leicht aus den unter »Separate Variance« wiedergegebenen T(=W)-Werten errechnen (unterer Teil von Tab. 13.9).

13.8 Die Bedeutung der Korrelation zwischen den Faktoren bei disproportionalen Zellenbesetzungen

Bei faktoriellen Anordnungen der bisher besprochenen Art haben wir es mit zwei unabhängigen Variablen zu tun, die in J bzw. K Stufen oder Kategorien vorliegen. Die Verteilung der N Probanden auf die Zeilen und Spalten sowie die J·K Zellen (Treatmentkombinationen) können wir dabei auch als JxK Kontingenztabelle ansehen, bei der mit der in Abschnitt 21.2 besprochenen Methode untersucht werden kann, wieweit eine Korrelation zwischen beiden Faktoren besteht.

Diese Korrelation ist gleich Null, wenn in jeder der J·K Zellen die beobachtete Häufigkeit n_{jk} gleich der erwarteten Häufigkeit $E(n_{jk})$ ist. Die (bei Unabhängigkeit beider Variablen) erwartete Häufigkeit für die Zelle jk bestimmt sich dabei wie folgt:

$$E(n_{jk}) = [\text{Häufigkeit Zeile } j]\cdot[\text{Häufigkeit Spalte } k]/N = [n_{j.}\cdot n_{.k}]/N$$

Nun haben wir aber in Abschnitt 13.2 festgestellt, daß bei proportionalen Anordnungen - und damit natürlich auch bei Plänen mit gleichen Zellenbesetzungen - für alle n_{jk} eben diese Beziehung gilt (vgl. <13.1>). Im Fall gleicher oder proportionaler Stichprobenumfänge besteht somit keine Korrelation zwischen den Faktoren J und K. Die über Formel <21.2> berechnete Größe »CHI« ergibt dann den Wert Null.

Anders stellt sich die Situation hingegen bei disproportionalen Zellenbesetzungen dar. Hier weichen die beobachteten und die (aufgrund der Randverteilung) für die Zellen erwarteten Häufigkeiten in bestimmtem Ausmaß voneinander ab, wodurch CHI einen Wert größer Null annimmt. Es besteht bei disproportionalen Plänen somit eine mehr oder minder starke Korrelation zwischen den Faktoren. Ein zwischen 0 und 1 variierendes Maß für den Zusammenhang zwischen zwei kategorialen Variablen ist das in Abschnitt 21.4 vorgestellte »CR« von Cramér (1946). Es hängt mit der Größe CHI wie folgt zusammen (vgl. Formel <21.8>):

<13.46> $$CR = \sqrt{CHI/[N\cdot(L-1)]} \qquad \textit{wobei: } L=J, \textit{ wenn } J<K;\; L=K, \textit{ wenn } K<J$$

Für die Häufigkeitsdaten von Anordnung [D] in Tab. 13.2 ergibt sich danach ein Koeffizient von $CR = \sqrt{(6{,}667/120)} = 0{,}24$, während bei dem Beispiel von Tab. 13.3 das unterschiedliche Verhältnis der Zellenbesetzungen bei Frauen und Männern zu einem Wert von $CR = \sqrt{(32{,}106/583)} = 0{,}23$ führt.

Ob einer derartigen Korrelation nun auch eine inhaltliche Bedeutung zukommt, hängt zum einen davon ab, ob die J·K Zellenstichproben realen oder hypothetischen Populationen entstammen und zum anderen von der Art, wie die Auswahl der Versuchspersonen erfolgt ist. Bei dem Beispiel von Tab. 13.3 stellen die n_{jk} Probanden der einzelnen Zellen jeweils Stichproben aus real existierenden Populationen mit den entsprechenden Merkmalskombinationen von *Geschlecht* und *Schulbildung* dar. Außerdem wurde bei der Auswahl der Gesamtstichprobe nicht nach diesen Merkmalen quotiert; die 2x3-faktorielle Untergliederung der Daten erfolgte vielmehr nachträglich.

TABELLE 13.12 Zellenbesetzungen bei Gliederung der Daten von Tabelle 13.3 nach den Faktoren *Geschlecht*, *Schulbildung* und *Alter*. In Klammern jeweils die prozentualen Häufigkeiten.

		Alter					
		18-24 J	25-28 J	29-40 J	41-52 J	52+ J	
Fr	HS	8 (8,6)	6 (6,5)	13 (14,0)	34 (36,6)	32 (34,4)	93 (100%)
	MR	38 (28,8)	17 (12,9)	27 (20,5)	30 (22,7)	20 (15,2)	132 (100%)
	AB	53 (40,8)	25 (19,2)	20 (15,4)	13 (10,0)	19 (14,6)	130 (100%)
		99	48	60	77	71	355
Mä	HS	9 (16,7)	7 (13,0)	6 (11,1)	13 (24,1)	19 (35,2)	54 (100%)
	MR	8 (19,5)	7 (17,1)	7 (17,1)	10 (24,4)	9 (22,0)	41 (100%)
	AB	27 (20,3)	36 (27,1)	32 (24,1)	22 (16,5)	16 (12,0)	133 (100%)
		44	50	45	45	44	228

Aufgrund dieser Gegenheiten kommt der (Stichproben)Korrelation zwischen den Faktoren *Geschlecht* und *Schulbildung* auch eine inhaltliche Bedeutung zu: Sie spiegelt (mehr oder minder exakt) den Sachverhalt wieder, daß in der Gesamtpopulation, der die N = 583 Befragten entstammen, eine Beziehung zwischen diesen Merkmalen besteht - z.B. derart, daß bei den Männern der Anteil von Personen mit *Abitur* größer ist als bei den Frauen.

Eine solche "natürliche" Korrelation zwischen den (unabhängigen) Variablen der faktoriellen Anordnung zeigt sich auch, wenn man die Daten von Tab. 13.3 nach *Geschlecht*, *Schulabschluß* und *Altersgruppe* untergliedert, um zu untersuchen, wieweit bei Frauen und Männern das Ernährungswissen von der Schulbildung und dem Alter abhängt. Die dabei entstehenden Zellenbesetzungen sind in Tab. 13.12 wiedergegeben. Wir haben es hier mit einem 2x3x5-faktoriellen Plan zu tun. Die (auf die Zeilenhäufigkeiten bezogenen) Prozentwerte lassen erkennen, daß bei beiden Geschlechtern eine Beziehung zwischen *Alter* und *Schulbildung* besteht, derart, daß in den oberen Altergruppen die unteren Schulabschlüsse häufiger auftreten. Der Cramér-Koeffizient beträgt bei den Frauen $V = \sqrt{[59{,}248/(355 \cdot 2)]} = 0{,}29$ und bei den Männern $V = \sqrt{[20{,}234/(228 \cdot 2)]} = 0{,}21$.

Bei faktoriellen Plänen, deren Zellenstichproben aus realen Gesamtheiten stammen, ist somit die zwischen den Faktoren auftretende Korrelation ein eigenständiger und inhaltlich bedeutsamer Befund. Im Rahmen der varianzanalytischen Auswertung der Daten stellt diese Beziehung zwischen den unabhängigen Variablen allerdings eine Störquelle dar, da man hier untersuchen möchte, welchen Effekt Faktor J hat, wenn Faktor K konstant gehalten ist (und vice versa). Auf das Beispiel von Tab. 13.3 bezogen bedeutet dies: Es interessiert das Ausmaß des Unterschieds im (durchschnittlichen) Ernährungswissen von Frauen und Männern, die sich in ihrer Verteilung auf die einzelnen Schulabschlüsse *nicht* unterscheiden.

Diese Konstanthaltung des Bildungseinflusses hätte sich durch eine entsprechende Quotierung bei der Probandenauswahl erreichen lassen. Aus bereits genannten Gründen war dies jedoch nicht möglich. Die Konstanthaltung von Faktor K bei der Betrachtung von J (und umgekehrt) - d.h. die "Herausnahme" der zwischen den Variablen bestehenden "natürlichen" Korrelation - mußte somit statistisch im Rahmen der Varianzanalyse erfolgen.

Im Gegensatz zu den Anordnungen von Tab. 13.3 und 13.12 ist die bei Plan [D] von Tab. 13.2 bestehende Beziehung zwischen den Faktoren *Geschlecht* und *Alkohol(dosis)* ohne inhaltlichen Sinn. Sie ist ein Artefakt der vom Untersucher (aus welchen Gründen auch immer) eingeführten oder zugelassenen Disproportionalität der Zellenbesetzungen. Die Populationen, denen die K Zellenstichproben bei Frauen und Männern jeweils entstammen, sind hypothetisch, d.h. vom Untersucher durch die Art des Treatments erzeugt. Es existiert hier keine "natürliche" Korrelation zwischen den Faktoren *Geschlecht* und *Alkohol*, sodaß der an den Stichprobendaten beobachtete Wert des Koeffizienten *V* auch keine inhaltlich relevante Information liefert. Dies ist ein Grund mehr, faktorielle Pläne, bei denen zumindest die Stufen einer unabhängigen Variablen vom Untersucher erzeugt werden können, mit gleichen Zellenbesetzungen anzulegen.

13.9 Die Robustheit der Verfahren zur Auswertung zweifaktorieller Pläne

Die Robustheit der zweifaktoriellen Varianzanalyse ist bisher wenig untersucht worden. Aufgrund der Simulationsdaten von Milligan et al. (1987) und der Befunde zur einfaktoriellen Varianzanalyse sind dennoch bereits klare Warnungen und Empfehlungen möglich:

- Die Verwendung gleicher Zellenbesetzungen ist dringend angeraten. In diesem Fall ist die zweifaktorielle Varianzanalyse bei ausreichend großen Stichproben relativ robust gegen mäßig schiefe Populationsverteilungen, sofern die Bedingung homogener Varianzen erfüllt ist.
- Auch bei gleichen Zellenbesetzungen sollte die Varianzanalyse nur herangezogen werden, wenn man genügend sicher sein kann, daß die Varianzen der J•K Populationen homogen sind.
- Ergeben sich dagegen Hinweise auf Varianzheterogenität oder läßt sich (aufgrund kleiner Stichproben) nichts hinreichend Zuverlässiges über die Populationsvarianzen aussagen, dann sollte die Prüfung der Haupt- und Interaktionseffekte mit dem Verfahren von Brown & Forsythe erfolgen. Auch dieser Test ist relativ robust gegenüber mäßigen Schiefegraden bei den Populationsverteilungen.
- Im Fall ungleicher Zellenbesetzungen reagiert die zweifaktorielle Varianzanalyse sehr empfindlich auf ungleiche Populationsvarianzen. Obwohl Milligan et al. (1987) die Verletzungen der Normalitäts- und Homogenitätsbedingungen nur getrennt untersuchen, steht aufgrund der Befunde zum einfaktoriellen Fall zu erwarten, daß noch extremere Nichtrobustheit auftritt, wenn die Zellenpopulationen varianzheterogen *und* schief verteilt sind.

- Das Vorliegen von ungleichen, aber proportionalen Zellenbesetzungen bewirkt keine bedeutsame Verminderung der Nichtrobustheit.
- Im Fall ungleicher und kleiner Umfänge der Zellenstichproben muß deshalb vom Einsatz der zweifaktoriellen Varianzanalyse abgeraten werden. Die Prüfung der Haupt- und Interaktionseffekte sollte hier (ausschließlich) mit dem Brown-Forsythe-JKM-Test erfolgen.
- Aufgrund der Befunde zum einfaktoriellen Fall kann geschlußfolgert werden, daß der Test von Brown & Forsythe auch bei ungleichen Zellenbesetzungen relativ robust ist gegenüber mäßig asymmetrischen Populationsverteilungen, sofern die Stichprobenumfänge ausreichend groß sind. Bei kleinen Stichproben und sehr schiefen Populationen kann dagegen das tatsächliche Fehler-I-Risiko wieder deutlich über dem nominellen α liegen.
- Die Befunde von Milligan et al. (1987) deuten an, daß die Robustheit der Verfahren zur Auswertung zweifaktorieller Pläne bei $\alpha = 0{,}05$ in der Regel etwas höher ist als bei Prüfung der Hypothesen auf einem strengeren Signifikanzniveau.

Kapitel 14

Test der Hypothese, daß die Mittel von drei oder mehr abhängigen Populationen den gleichen Wert haben

14.1 Einleitung

Mit der in diesem Kapitel vorzustellenden Varianzanalyse kann untersucht werden, ob zwischen den Mittelwerten von drei oder mehr abhängigen Stichproben statistisch signifikante Unterschiede bestehen. Im Fall von J = 2 Gruppen hatten wir für diese Fragestellung den in Kapitel 7 besprochenen T-Test herangezogen.

Abhängige Gruppen liegen zum einen vor, wenn eine Stichprobe von n Personen sukzessive allen J Untersuchungsbedigungen ausgesetzt wird bzw. wenn an n Personen zu J Zeitpunkten Meßwerte erhoben werden. In beiden Fällen spricht man von einem »Meßwiederholungsplan«. Der Regelfall ist dabei, daß die J Bedingungen (Zeitpunkte) aus bestimmten Gründen vom Untersucher festgesetzt worden sind, während die n Personen eine Zufallsstichprobe aus einer (wie immer gearteten) Personenpopulation darstellen. Bei der (Treatment-)Variablen J liegen dadurch »feste Effekte« vor (da ihre Stufen bewußt und nicht durch Zufallsauswahl bestimmt wurden), während die Variable *Versuchpersonen* einen »zufälligen Faktor« darstellt. Es handelt sich somit um einen zweifaktoriellen Plan mit »gemischten Effekten«.

Mit abhängigen Stichproben hat man es weiterhin zu tun, wenn J Gruppen hinsichtlich einer Matchingvariablen parallelisiert worden sind. In diesem Fall spricht man von einem »Plan der Zufallsblöcke«. Analog zu dem im Kapitel 7 besprochenen Zwei-Stichproben-Fall sollte dabei die Matchingvariable möglichst hoch mit der abhängigen Variablen korrelieren. Erläutern wir die Matchingprozedur an einem Beispiel. Für ein Lernexperiment seien J = 4 Bedingungen und eine Parallelisierung hinsichtlich der Intelligenz (erfaßt durch den I-S-T) vorgesehen. Man bildet dann an Hand der I-S-T-Werte aus der Gesamtzahl der zur Verfügung stehenden Versuchspersonen Vierergruppen (»Blöcke«) derart, daß die Personen eines Blocks jeweils möglichst gleiche oder zumindest sehr ähnliche Intelligenzwerte aufweisen. Anschließend wird bei jedem Block durch Zufall bestimmt, welcher der J Bedingungen die einzelnen Personen ausgesetzt werden.

Auch bei dieser Anordnung liegen »gemischte Effekte« vor. Die Lernbedingungen wurden bewußt ausgewählt (fester Faktor), während die n Stufen des Blockfaktors - aufgrund des Sachverhalts, daß die Ausgangsstichprobe eine zufällige Auswahl aus einer (u.U. nicht exakt definierten) Gesamtheit von Personen war - eine Zufallsstichprobe aus einer Population von Blöcken darstellen. Mit festen Effekten hätte man es hingegen beim Blockfaktor zu tun, wenn der Untersucher (z.B.) gezielt Personenblöcke mit den IST-Werten 130-130-130-130, 125-125-125-

125, ..., 80-80-80-80 gebildet hätte, um den gesamten Intelligenzbereich möglichst gleichmäßig zu repräsentieren.

Bei einem Meßwiederholungsplan haben wir es im Grunde auch mit einer Matchingprozedur zu tun, denn eine Person, die alle J Bedingungen durchläuft, stellt natürlich einen besonders gut parallelisierten (Meßwert-)Block dar. Das Ziel der Verwendung von abhängigen Stichproben ist es, die Fehlervarianz, zu der die Treatmentvarianz ins Verhältnis gesetzt wird, gegenüber dem Fehlerterm bei einem Plan mit J unabhängigen Stichproben zu reduzieren, um ein "früheres" Erkennen etwaiger Effekte des Treatmentfaktors J zu ermöglichen. Auf diesen Aspekt wird in Abschnitt 14.11 noch genauer einzugehen sein.

Wir werden in diesem Kapitel nur die varianzanalytische Auswertung von Plänen besprechen, bei denen der Treatmentfaktor fest und der Block- oder Versuchpersonenfaktor zufällig ist (Modell gemischter Effekte). Bezüglich der Analysen für die (seltenen) Fälle fester Effekte beim Blockfaktor und/oder zufälliger Effekte bei der Treatmentvariablen sei auf Kirk (1982, Kap. 6) verwiesen.

14.2 Beispiel für einen Meßwiederholungsplan

Im Rahmen einer Untersuchung zur Beurteilung von Hochschulveranstaltungen hatten die Studierenden am Ende des zweiten Semesters verschiedene Veranstaltungen an Hand eines Fragebogens u.a. danach einzustufen, wieweit der in den Kursen vermittelte Stoff als relevant, nützlich und wichtig für einen Psychologen (bzw. einen Studierenden der Psychologie) angesehen wurde. Aus den Antworten auf 10 diesbezügliche Items wurde für jede Person ein Skalenwert gebildet, der von 10-40 reichen konnte. Hierbei bedeutete ein hoher Wert, daß das in der Verstaltung vermittelte Wissen als nützlich beurteilt wurde, während ein niedriger Wert ein negatives Urteil über die Relevanz des Stoffes (für Studium und Berufstätigkeit) zum Ausdruck brachte.

Es sollte nun untersucht werden, wieweit Veranstaltungen mit »inhaltlicher« Thematik bezüglich ihrer *Relevanz* anders beurteilt wurden als Kurse, in denen es um die Vermittlung von »Methoden« ging. Aus der Gruppe der inhaltlichen Veranstaltung wurde die »Einführung in die Enwicklungspsychologie« ausgewählt, von den Methodenkursen die »Einführung in die Statistik« und als Vertreter der dazwischenliegenden Gruppe die »Einführung in die Versuchsplanung«. Zehn nach Zufall ausgewählte Studenten, die alle drei Veranstaltungen besucht hatten, wurden nun gebeten, die Kurse (u.a.) in Bezug auf ihre Relevanz und Nützlichkeit einzustufen. Die Reihenfolge, in der die Kurse zu beurteilen waren, wurde dabei für jede Versuchsperson durch Zufall bestimmt.

Bei dieser Studie liegt somit ein Plan mit gemischten Effekten vor. Der Faktor *Veranstaltungsstyp* weist (vom Untersucher) festgesetzte Stufen auf, während die Stufen des Faktors *Versuchspersonen* eine Zufallsauswahl darstellen. Die von den n = 10 Befragten über die J = 3 Veranstaltungen abgegebenen Urteile (Werte in der Skala *Relevanz*) enthält Tab. 14.1. Von der Fragestellung her interessiert nun in der Hauptsache, ob zwischen den durchschnittlichen Veran-

TABELLE 14.1 Beispiel für einen Meßwiederholungsplan (fiktive Daten): Urteile von 10 Studenten über die »Relevanz und Nützlichkeit« des in drei Veranstaltungen vermittelten Stoffes (hoher Wert = positive Einstufung).

	Veranstaltung:	Entwicklungspsychologie	Versuchsplanung	Statistik	$A_{i.}$
Versuchspersonen	1	20	17	12	49 = $A_{1.}$
	2	35	28	18	81
	3	30	19	13	62
	4	33	29	23	85
	5	40	35	28	103
	6	31	27	19	77
	7	21	15	10	46
	8	34	30	26	90
	9	35	29	26	90
	10	36	33	30	99 = $A_{10.}$
	$A_{.j}$	$A_{.1}$ = 315	$A_{.2}$ = 262	$A_{.3}$ = 205	$A_{..}$ = 782
	$B_{.j}$	$B_{.2}$ = 10293	$B_{.3}$ = 7284	$B_{.1}$ = 4663	$B_{..}$ = 22240
	$S_{.j}$	$S_{.1}$ = 6,42	$S_{.2}$ = 6,83	$S_{.3}$ = 7,15	
	$M_{.j}$	$M_{.1}$ = 31,50	$M_{.2}$ = 26,20	$M_{.3}$ = 20,50	

staltungsbeurteilungen statistisch signifikante Unterschiede bestehen und wenn ja, zwischen welchen der $M_{.j}$-Werte. Den ersten Teil der Frage beantworten wir mit der varianzanalytischen Prüfung, den zweiten Teil wieder mit Hilfe eines Verfahrens für multiple (paarweise) Mittelwertsvergleiche.

14.3 Das Datenmodell bei gemischten Effekten (Treatmentfaktor fest, Blockfaktor zufällig)

Bei der Varianzanalyse für abhängige (korrelierende) Stichproben wird angenommen, daß sich der Meßwert des Blocks i unter Bedingung (Treatment) j wie folgt zusammensetzt:

<14.1> $X_{ij} = \mu_{..} + a_i + \beta_j + a\beta_{ij} + e_{ij}$

Durch die Verwendung des lateinischen Buchstabens »a« machen wir kenntlich, daß beim Blockfaktor zufällige Effekte vorliegen, während das griechische Beta anzeigt, daß der Treatmentfaktor feste Effekte aufweist. In der Modellgleichung bedeuten:

$\mu_{..}$ Mittelwert der J Treatment-Populationsmittel bzw. der I Block-Populationsmittel

a_i Effekt des Blocks i auf die Meßwerte dieses Blocks ($= \mu_{i.} - \mu_{..}$).

β_j Effekt von Bedingung j auf die Werte dieser Bedingung ($= \mu_{.j} - \mu_{..}$).

$a\beta_{ij}$ Interaktionseffekt, der durch das Zusammenwirken von Block i und Bedingung (Treatment) j entsteht.

e_{ij} Fehlerkomponente des Modells. Rest, der übrigbleibt, wenn die durch Block- und Treatmentfaktor bedingten Effekte abgezogen sind.

Wir werden weiter unten sehen, daß die Block x Treatment Interaktion aus zwei Gründen eine "unerwünschte" Komponente darstellt. Denn eine (signifikante) derartige Wechselwirkung wirft zum einen Probleme bei der Interpretation der Ergebnisse auf. Und zum anderen ist für die volle Gültigkeit des Tests der Nullhypothese zum Blockfaktor die Annahme erforderlich, daß keine Block x Treatment Interaktion vorliegt. In diesem Fall - alle $a\beta_{ij} = 0$ - vereinfacht sich das Modell zu:

<14.2> $X_{ij} = \mu_{..} + a_i + \beta_j + e_{ij}$

Auf die (relativ restriktiven) Annahmen bei der Varianzanalyse für abhängige Stichproben werden wir in den Abschnitten 14.6 und 14.7 eingehen.

14.4 Null- und Alternativhypothesen

Von hauptsächlichem Interesse ist bei der Varianzanalyse für abhängige Gruppen die Frage, ob zwischen den Mittelwerten der J Treatmentbedingungen statistisch signifikante Unterschiede bestehen. Null- und Alternativhypothese können hier wie folgt formuliert werden:

<14.3> $H_0: \sum_j^J \beta_j^2 = 0$ oder $H_0: \mu_{.1} = \mu_{.2} = \ldots = \mu_{.J}$

<14.4> $H_1: \sum_j^J \beta_j^2 \neq 0$ oder H_1: Die $\mu_{.j}$ sind nicht alle gleich

Der Test der Nullhypothese bezüglich des Blockfaktors ist dagegen (von der Untersuchungsfrage her) von geringerer Bedeutung. Null- und Alternativhypothese lauten hier:

<14.5> $H_0: \sigma_a^2 = 0$ und $H_1: \sigma_a^2 > 0$

Dabei ist σ_a^2 die Varianz der Block-Populationsmittelwerte ($\mu_{i.}$) um ihr Gesamtmittel ($\mu_{..}$). Die Zurückweisung von H_0 allein stellt hier allerdings noch keinen bedeutsamen Befund dar. Daß nicht alle Populationsblöcke (= Probanden der Population bei einem Meßwiederholungsplan) das gleiche Mittel in der abhängigen Variablen haben, kann vielmehr mit hoher Sicherheit angenommen werden. Entscheidend ist deshalb nicht die Feststellung (mittels Hypothesentest), *daß* $\sigma_a^2 > 0$ ist, sondern Kenntnis darüber, *wie groß* der Effekt des Blockfaktors und damit der Wert von σ_a^2 ist. Wie wir später sehen werden, besitzt ein Plan mit abhängigen Stichproben (gegenüber der Anordnung mit J unabhängigen Gruppen) eine um so höhere Power, je größer die Unterschiede zwischen den Blöcken sind. Bei einem schwachen Effekt des Blockfaktors bringt die Verwendung abhängiger Gruppen hingegen nur geringe oder gar keine statistischen Vorteile mit sich.

14.5 Berechnung der Mittleren Quadrate

Wir wollen in diesem Abschnitt die varianzanalytischen Berechnungen bis zu den Mittleren Quadraten besprechen. Die Erwartungswerte dieser Größen sowie die Bildung der F-Quotienten zum Test der Nullhypothese(n) werden im nächsten Abschnitt behandelt. Zur Bestimmung der Abweichungsquadratsummen benötigen wir die folgenden Zeilen-, Spalten- und Gesamtsummen:

<14.6> $A_{.j} = \sum_{i}^{n} X_{ij}$ *Summe der Werte in Spalte (Bedingung) j*

<14.7> $B_{.j} = \sum_{i}^{n} X_{ij}^2$ *Summe der quadrierten Werte in Spalte j*

<14.8> $A_{i.} = \sum_{j}^{J} X_{ij}$ *Summe der Werte in Block (Zeile) i*

<14.9> $A_{..} = \sum_{j}^{J} A_{.j}$ *Gesamtsumme der N Meßwerte*

<14.10> $B_{..} = \sum_{j}^{J} B_{.j}$ *Gesamtsumme der quadrierten Werte*

Es ist J = Anzahl der Treatmentbedingungen, n = Anzahl der Blöcke (= Anzahl der Probanden bei einem Meßwiederholungsplan) und $N = n \cdot J$ = Gesamtzahl der Meßwerte (= Anzahl der Probanden bei einem Plan der Zufallsblöcke). Die Abweichungsquadratsummen bestimmen sich nun wie folgt:

<14.11> $SAQ_T = (\sum_{j}^{J} A_{.j}^2)/n - A_{..}^2/N$ *Treatmentfaktor (Spalten)*

<14.12> $SAQ_B = (\sum_{i}^{n} A_{i.}^2)/J - A_{..}^2/N$ *Blockfaktor (Zeilen)*

<14.13> $SAQ_R = B_{..} - A_{..}^2/N - SAQ_T - SAQ_B$ *Rest*

<14.14> $SAQ_G = B_{..} - A_{..}^2/N$ *Gesamt*

Zwischen den Abweichungsquadratsummen und ihren Freiheitsgraden bestehen folgende Beziehungen:

<14.14> $SAQ_G = SAQ_T + SAQ_B + SAQ_R$; $N-1 = [J-1] + [n-1] + [J-1]\cdot[n-1]$

Die SAQ-Berechnungen entsprechen im Grunde denen bei der zweifaktoriellen Varianzanalyse in Abschnitt 12.3. Es ist dabei nur zu berücksichtigen, daß die jetzige Datenanordnung in jeder der $I \cdot J$ Zellen nur einen Meßwert aufweist. Insofern entfällt in den Formeln <12.33-37> die Summierung innerhalb der Zellen, und es kann auch keine SAQ_I gemäß <12.36> bestimmt werden.

Für unser Beispiel von Tab. 14.1 erhalten wir die folgenden Abweichungsquadratsummen (J = 3, n = 10, N = 30):

$SAQ_T = (315^2 + 262^2 + 205^2)/10 - 782^2/30 = 605{,}267$
$SAQ_B = (49^2 + 81^2 + \ldots + 99^2)/3 - 782^2/30 = 1177{,}867$
$SAQ_R = 22240 - 782^2/30 - 605{,}267 - 1177{,}867 = 72{,}733$
$SAQ_G = 22240 - 782^2/30 = 1855{,}867$

Die Mittleren Quadrate erhält man wieder, indem man die Abweichungsquadratsummen durch die zugehörige Anzahl der Freiheitsgrade dividiert:

<14.15> $MQ_T = SAQ_T/(J-1)$ *MQ-Treatment*

<14.16> $MQ_B = SAQ_B/(n-1)$ *MQ-Blöcke*

<14.17> $MQ_R = SAQ_R/[(J-1)\cdot(n-1)]$ *MQ-Rest*

Für unser Beispiel erhalten wir: $MQ_T = 605{,}267/2 = 302{,}634$; $MQ_B = 1177{,}867/9 = 130{,}874$; $MQ_R = 72{,}733/(2\cdot 9) = 4{,}041$.

14.6 Die F-Quotienten zur Prüfung der Nullhypothesen

Bei der Bildung von F-Quotienten zur Prüfung bestimmter Nullhypothesen sind wir immer nach der Regel verfahren, daß das Mittlere Quadrat im Zähler dieselbe Größe schätzen soll wie das Mittlere Quadrat im Nenner *plus* den interessierenden Effekt (aber auch nicht mehr). Das bedeutete: Bei Gültigkeit der entsprechenden Nullhypothese schätzten Zähler- und Nenner-MQ jeweils dasselbe. Im jetzt unter Betrachtung stehenden Fall von festen Effekten bei der Treatmentvariablen und Zufallseffekten beim Blockfaktor weisen die Mittleren Quadrate die folgenden Erwartungswerte auf:

<14.18> $E(MQ_{Treat}) = \sigma_I^2 + \sigma_{a\beta}^2 + n\cdot(\sum_j^J \beta_j^2)/(J-1)$

<14.19> $E(MQ_{Blöcke}) = \sigma_I^2 + J\cdot\sigma_a^2$

<14.20> $E(MQ_{Rest}) = \sigma_I^2 + \sigma_{a\beta}^2$

Da der vorliegende Plan in jeder der I•J Zellen nur einen Wert enthält, steht keine Größe zur Verfügung, die allein die Varianz *Innerhalb* (σ_I^2) schätzt. Das Mittlere Quadrat *Rest* enthält vielmehr noch eine durch den Interaktionseffekt bestimmte Komponente. Hinsichtlich der Prüfung des Effekts des Treatmentfaktors wirft dieser Sachverhalt jedoch keine Probleme auf, denn $E(MQ_T)$ ist im Fall, daß H_0 falsch ist, lediglich um die durch den Treatmentfaktor bedingte Varianzkomponente größer als $E(MQ_R)$. Bei Gültigkeit von H_0 haben hingegen beide Größen den gleichen Erwartungswert. Zur Prüfung von $H_0{:}\mu_{.1}=\mu_{.2}=\ldots\mu_{.J}$ kann deshalb der folgende F-Quotient gebildet werden:

<14.21> $F_{Treat} = MQ_T/MQ_R$ $FG_1 = J-1$; $FG_2 = (J-1)\cdot(n-1)$

Bei der Prüfung der hauptsächlich interessierenden Hypothese ist somit *nicht* die Annahme erforderlich, daß keine Interaktion zwischen Treatment- und Blockfaktor besteht. Anders stellt sich hingegen die Situation bei der Prüfung der Nullhypothese zum Blockfaktor dar. Hier schätzen MQ_B und MQ_R bei Gültigkeit von $H_0:\sigma_a^2=0$ nur dann dasselbe, wenn der Interaktionsterm $\sigma_{a\beta}^2 = 0$ ist. Man sagt dann auch, daß Block- und Treatmenteffekte *additiv* sind. Bei Nichtvorliegen einer Block x Treatment Interaktion kann deshalb die Nullhypothese zum Effekt des Blockfaktors über folgenden F-Quotienten geprüft werden:

<14.22> $F_{Blöcke} = MQ_B/MQ_R$ $\qquad FG_1 = n-1$; $FG_2 = (J-1)\cdot(n-1)$

Sind Block- und Treatmenteffekte hingegen nicht additiv, d.h ist $\sigma_{a\beta}^2 > 0$, dann weist F_B einen *negativen Bias* auf - der Blockeffekt wird unterschätzt. Das bedeutet für unsere Entscheidung über $H_0:\sigma_a^2=0$: Ist - bei fraglicher Additivität - F_B auf dem festgesetzten Niveau statistisch signifikant, dann können wir in seine Signifikanz insofern Vertrauen haben, als der Quotient bei Nichtvorliegen einer Block x Treatment Interaktion nur größer hätte ausfallen können.

Überschreitet F_B den kritischen Wert hingegen nicht, dann kann dies (u.a.) zwei Ursachen haben: (a) $H_0:\sigma_a^2=0$ gilt; und (b): der Blockfaktor hat zwar einen Effekt ($\sigma_a^2 > 0$), aufgrund des Vorliegens von Nichtadditivität fällt F_B jedoch zu klein aus, um statistische Signifikanz zu erreichen. Im Fall der Beibehaltung von H_0 ist es deshalb im eigenen Interesse sinnvoll, durch den in Abschnitt 14.9 beschriebenen Additivitätstest zu prüfen, wieweit Möglichkeit (b) in Frage kommen könnte.

14.7 Das Vorgehen zum Test der Nullhypothese bezüglich des Treatmentfaktors

Zur Prüfung der primär interessierenden Hypothese $H_0:\mu_{.1}=\mu_{.2}=\ldots=\mu_{.J}$ haben wir gemäß <14.21> den Quotienten $F_T = MQ_T/MQ_R$ berechnet. Diese Größe verteilt sich unter H_0 nach einer F-Verteilung mit den folgenden Freiheitsgraden:

<14.23> $FG_1 = (J-1)\cdot\epsilon$ $\qquad FG_2 = (J-1)\cdot(n-1)\cdot\epsilon$

Der Wert des Parameters *Epsilon* hängt hierbei von der Struktur der Populations-Varianz-Kovarianz-Matrix ab (vgl. Hertzog & Rovine 1985; Jaccard & Ackerman 1985; Kirk 1982, Kap. 6.4; Rogan et al. 1979). Eine solche Matrix ist in Tab. 14.2.A für den Fall von J = 3 Treatmentpopulationen dargestellt. Wenn diese Matrix die Eigenschaft der »Sphärizität« oder »Zirkularität« aufweist, ist $\epsilon = 1$. Eine hinreichende Bedingung für das Vorliegen von Sphärizität ist die Gleichheit der J Varianzen ($\sigma_1^2 = \sigma_2^2 = \sigma_3^2$) sowie sämtlicher Kovarianzen ($\underline{\sigma}_{12} = \underline{\sigma}_{13} = \underline{\sigma}_{23}$). In diesem Fall sind auch alle paarweisen Korrelationen zwischen den Meßwertreihen der Populationen gleich ($\rho_{12} = \rho_{13} = \rho_{23}$).

Die Homogenität der Varianzen und Kovarianzen ist allerdings keine notwendige Bedingung. Sphärizität der Matrix ist bereits gegeben, wenn die Varianzen der $J\cdot(J-1)/2$ möglichen Populationen von Differenzwerten gleich sind. Bei z.B. J = 3 Populationen von X_{ij}-Werten können wir drei Populationen von Differenzwerten bilden: $B_i = X_{i1}-X_{i2}$; $C_i = X_{i1}-X_{i3}$; $D_i = X_{i2}-X_{i3}$. Es muß dann die Bedingung $\sigma_b^2 = \sigma_c^2 = \sigma_d^2$ erfüllt sein.

Die Größe $F_T = MQ_T/MQ_R$ verteilt sich somit nur bei Vorliegen von Sphärizität nach einer F-Verteilung mit den bei <14.21> angeführten Freiheitsgraden von

TABELLE 14.2 Varianz-Kovarianz-Matrix für den Fall von J = 3 abhängigen Populationen [A] und Stichproben [B]. $\sigma_{12} = \sigma_{21}$ ($S_{12} = S_{21}$): Kovarianz der Werte von Population (Stichprobe) 1 und 2.

[A]	1	2	3
1	σ_1^2	σ_{12}	σ_{13}
2	σ_{21}	σ_2^2	σ_{23}
3	σ_{31}	σ_{32}	σ_3^2

[B]	1	2	3
1	V_1	S_{12}	S_{13}
2	S_{21}	V_2	S_{23}
3	S_{31}	S_{32}	V_3

$FG_1 = J-1$ und $FG_2 = (J-1)\cdot(n-1)$. Wenn die Bedingung der Sphärizität nicht gegeben ist, dann vermindert sich der Wert von ϵ, und zwar um so mehr, je heterogener die Populationsvarianzen und -kovarianzen sind. Der minimale Wert von ϵ ist $1/(J-1)$. Das bedeutet: Bei maximaler Verletzung der Sphärizitätsbedingung reduzieren sich die Freiheitsgrade für F_T zu

<14.24> $FG_1 = (J-1)\cdot[1/(J-1)] = 1 \qquad FG_2 = [(J-1)\cdot(n-1)]\cdot[1/(J-1)] = n-1$

Bei der Größe Epsilon in <14.23> handelt es sich um einen Parameter, zu dessen Berechnung man die Werte der Populationsvarianzen und -kovarianzen benötigt. Diese sind natürlich im konkreten Fall nicht bekannt. Aufgrund der Stichproben-Varianz-Kovarianz-Matrix (Tab. 14.2.B) lassen sich jedoch Größen gewinnen, die man als Schätzungen für ϵ in <14.23> verwenden kann. Sie werden wie folgt bestimmt (vgl. Greenhouse & Geisser 1959; Huynh & Feldt 1976; McCall & Appelbaum 1973; Rogan et al. 1979):

<14.25> $$\bar{\epsilon}_a = \frac{[\Sigma V_j - (\Sigma D_j)/J]^2}{(J-1)\cdot[\Sigma E_j - 2\cdot(\Sigma D_j^2)/J + (\Sigma D_j)^2/J^2]}$$ <j = 1...J>

<14.26> $$\bar{\epsilon}_b = \frac{n\cdot(J-1)\cdot\bar{\epsilon}_a - 2}{(J-1)\cdot[n - 1 - (J-1)\cdot\bar{\epsilon}_a]}$$

Hierbei sind:

D_j : Summe der Elemente von Spalte j der Matrix
E_j : Summe der quadrierten Elemente von Spalte j
V_j : Varianz von Bedingung j (ΣV_j = Summe der Diagonalelemente)

Durch den Strich über Epsilon machen wir jeweils kenntlich, daß es sich um einen Schätzer für ϵ handelt. Im Fall $\bar{\epsilon}_a = 1/(J-1)$ haben beide Schätzgrößen den gleichen Wert; sonst ist $\bar{\epsilon}_b$ größer als $\bar{\epsilon}_a$. Im Gegensatz zu $\bar{\epsilon}_a$ kann $\bar{\epsilon}_b$ Werte über 1 annehmen. In diesen Fällen wird $\bar{\epsilon}_b = 1$ gesetzt. Die Beurteilung eines nach <14.21> berechneten F_T-Wertes erfolgt somit über eine F-Verteilung, deren Freiheitsgrade mit $\bar{\epsilon}_a$ oder $\bar{\epsilon}_b$ adjustiert worden sind:

<14.27> $FG_1 = (J-1)\cdot\bar{\epsilon}_a$ $FG_2 = (J-1)\cdot(n-1)\cdot\bar{\epsilon}_a$ *Greenhouse-Geisser Adjust.*

<14.28> $FG_1 = (J-1)\cdot\bar{\epsilon}_b$ $FG_2 = (J-1)\cdot(n-1)\cdot\bar{\epsilon}_b$ *Huynh-Feldt Adjustierung*

Von den beiden Schätzungen für ϵ hat sich bisher keine als eindeutig "besser" erwiesen (vgl. Maxwell & Arvey 1982). Da $\bar{\epsilon}_b$ in der Regel größer als $\bar{\epsilon}_a$ ist, wird bei der Greenhouse-Geisser Adjustierung das Fehler-I-Risiko etwas "strenger" kontrolliert. Aus diesem Grund dürfte $\bar{\epsilon}_a$ in den meisten Fällen der Vorzug zu geben sein. Will man sich nicht für eine der beiden Schätzungen entscheiden, kann man auch einem Vorschlag von Maxwell & Arvey folgen und die Freiheitsgrade mit dem Mittel aus $\bar{\epsilon}_a$ und $\bar{\epsilon}_b$ adjustieren. Wichtig ist jedoch, daß die Entscheidung für $\bar{\epsilon}_a$, $\bar{\epsilon}_b$ oder $(\bar{\epsilon}_a + \bar{\epsilon}_b)/2$ *vor* der Datenanalyse getroffen wird.

Ob im konkreten Fall eine Epsilon-Adjustierung bei den Freiheitsgraden vorzunehmen ist, hängt somit davon ab, ob die Sphärizitätsbedingung erfüllt ist. Zur Prüfung dieser Annahme existiert ein Test von Mauchly (1940). Untersuchungen haben jedoch gezeigt, daß man sich die Mühe der Testdurchführung insofern sparen kann, als das Verfahren praktisch immer Signifikanz ergibt und damit anzeigt, daß die Zirkularitätsbedingung bei der Populations-Varianz-Kovarianz-Matrix nicht gegeben ist (Keselman, Rogan, Mendoza & Breen 1980). Auch von anderen Autoren wird davon abgeraten, die Entscheidung über die Epsilon-Adjustierung vom Ergebnis eines vorher durchgeführten Sphärizitätstests abhängig zu machen (Greenhouse & Geisser 1959; Hertzog & Rovine 1985; Jaccard & Ackerman 1985; Keselman & Rogan 1980; Kirk 1982, S.261; Rogan et al. 1979). Statt dessen wird zum Test von H_0: $\mu_{.1}=\mu_{.2}=...=\mu_{.J}$ folgendes Vorgehen in drei Schritten empfohlen:

[1] »Konventioneller« F-Test: Vergleich des gemäß <14.21> errechneten F_T-Wertes mit dem kritischen F-Wert für die (nichtadjustierten) Freiheitsgrade $FG_1 = J-1$ und $FG_2 = (J-1)\cdot(n-1)$. Ist hier $F_T \leq F_k$, wird H_0 beibehalten (da eine Epsilon-Adjustierung nur zu einer Vergrößerung von F_k führen würde). Übersteigt F_T dagegen den kritischen Wert, weiter mit Schritt 2.

[2] »Konservativer« F-Test: Vergleich von F_T mit F_k für $FG_1 = 1$ und $FG_2 = n-1$. Dies sind die Freiheitsgrade für den "schlimmsten" Fall (maximale Verletzung der Zirkularitätsvoraussetzung). Ist hier $F_T > F_k$, wird die Nullhypothese zurückgewiesen (da eine Epsilon-Adjustierung nur zu einer Verkleinerung von F_k führen kann). Übersteigt dagegen F_T den kritischen Wert nicht, weiter mit Schritt 3.

[3] »Adjustierter« F-Test: Berechnung von $\bar{\epsilon}_a$ und/oder $\bar{\epsilon}_b$ und Adjustierung der Freiheitsgrade gemäß <14.27> oder <14.28>. Übersteigt F_T den kritischen Wert für die modifizierten Freiheitsgrade, dann wird H_0 zurückgewiesen. Ist hingegen $F_T \leq F_k$, wird die Nullhypothese beibehalten.

Diese Drei-Schritt-Prozedur hat den Vorteil, daß in den meisten Fällen die Berechnung von $\bar{\epsilon}_a$ oder $\bar{\epsilon}_b$ nicht erforderlich wird, da bereits bei Schritt 1 oder 2 eine Entscheidung über H_0 gefällt werden kann.

Als Alternative zum univariaten F-Test mit Epsilon-Adjustierung der Freiheitsgrade bei Verdacht auf Verletzung der Sphärizitätsannahme bietet sich im weiteren ein multivariates Verfahren an (»Hotellings T^2-Test«). Es setzt bei der Prüfung von $H_0: \mu_{.1}=\mu_{.2}=\ldots=\mu_{.J}$ nicht voraus, daß bei der Populations-Varianz-Kovarianz-Matrix die Zirkularitätsbedingung erfüllt ist (vgl. Hertzog & Rovine 1985; O'Brien & Kaiser 1985; Rogan et al. 1979). Der multivariate Test bringt allerdings gegenüber der univariaten Drei-Schritt-Prozedur keine entscheidenden Vorteile. Insbesondere bei einer geringen Anzahl von Blöcken (Probanden) weist er aufgrund seiner etwas geringeren Power sogar leichte Nachteile auf. Hinzu kommt, daß die Durchführung des T^2-Tests den Einsatz von Computerprogrammen (wie SPSS und BMDP) erfordert. Eine Berechnung "per Hand" ist nicht mehr möglich bzw. sinnvoll.

Sowohl bei uni- als auch bei multivariater Prüfung von $H_0: \mu_{.1}=\mu_{.2}=\ldots=\mu_{.J}$ wird jedoch die Annahme gemacht, daß die im Datenmodell von <14.1> definierten Residual- oder Fehlerwerte e_{ij} in den I·J Populationen normalverteilt sind. Diese Voraussetzung läßt sich allerdings nicht (wie bisher) durch eine Inspektion der Verteilungen *innerhalb* der Zellen untersuchen, da beim jetzigen Plan jede der I·J Zellen nur einen Wert enthält. Es empfiehlt sich statt dessen, die Verteilungen der $J \cdot (J-1)/2$ Differenzwerte $D_i = X_{ij} - X_{ij'}$ auf bedeutsame Abweichungen von einer normalen bzw. symmetrischen Form zu prüfen (vgl. Tab. 14.6).

14.8 Die Prüfung der Nullhypothesen bei unserem Beispiel

Für den F-Quotienten zur Prüfung des Treatmentseffekts ergibt sich gemäß Formel <14.21>: $F_T = 302{,}634/4{,}041 = 74{,}891$. Das Fehler-I-Risiko setzen wir auf $\alpha = 0{,}05$. Der errechnete F_T-Wert ist selbst bei den maximal reduzierten Freiheitsgraden von $FG_1 = 1$ und $FG_2 = 9$ (»Schritt 2«) statistisch signifikant (Tab. F: $F_k = 5{,}117$). Zwischen den durchschnittlichen Beurteilungen der drei Veranstaltungen bestehen somit bedeutsame Unterschiede. In Abschnitt 14.10 werden wir klären, welche der Mittelwerte signifikant voneinander verschieden sind.

Aufgrund des deutlichen Effekts des Treatmentsfaktors wäre somit in unserem Fall eine Berechnung der Größen $\bar{\epsilon}_a$ und/oder $\bar{\epsilon}_b$ nicht erforderlich. Zu Demonstrationszwecken soll dies jedoch im nachfolgenden geschehen.

Die Kovarianz der Werte von Bedingung j und j' läßt sich wie folgt bestimmen:

<14.29> $\underline{S}_{jj'} = (\Sigma X_{ij} \cdot X_{ij'} - A_{.j} \cdot A_{.j'}/n)/(n-1)$

Für unsere Daten erhalten wir:

$\underline{S}_{12} = (8622 - 315 \cdot 262/10)/9 = 41{,}0000$; $\underline{S}_{13} = (6812 - 315 \cdot 205/10)/9 = 39{,}3889$

$\underline{S}_{23} = (5789 - 262 \cdot 205/10)/9 = 46{,}4444$

Die Varianzen der drei Treatmentbedingungen sind: $V_1 = 41{,}1667$; $V_2 = 46{,}6222$; und $V_3 = 51{,}1667$. Die erhaltenen $\underline{S}_{jj'}$- und V_j-Werte ordnen wir als Varianz-Kovarianz-Matrix entsprechend dem Muster von Tab. 14.2.B an. Dies ist in Tab.

TABELLE 14.3 Varianz-Kovarianz-Matrix für die Daten von Tabelle 14.1. Summengrößen zur Berechnung von $\bar{\epsilon}_a$ und $\bar{\epsilon}_b$.

	1	2	3	
1	41,1667	41,0000	39,3889	ΣD_j^2 = 51518,6171
2	41,0000	46,6222	46,4444	
3	39,3889	46,4444	51,1667	ΣV_j = 138,9556
D_j	121,5556	134,0666	137,0000	ΣD_j = 392,6222
E_j	4927,1826	6011,7118	6326,5989	ΣE_j = 17265,4933

14.3 geschehen. Die dort bestimmten Summenwerte setzen wir in <14.25> ein. Es ist dann:

$$\bar{\epsilon}_a = \frac{(138{,}9556 - 392{,}6222/3)^2}{2\cdot(17265{,}4933 - 2\cdot 51518{,}6171/3 + 392{,}6222^2/9)} = 0{,}6836$$

Durch Einsetzen dieses Wertes in <14.26> erhalten wir:

$$\bar{\epsilon}_b = (10\cdot 2\cdot 0{,}6836 - 2)/[2\cdot(10 - 1 - 2\cdot 0{,}6836)] = 0{,}7646$$

Für die gemäß <14.27> bzw. <14.28> modifizierten Freiheistgrade ergibt sich dann:

$FG_1 = 2\cdot 0{,}6836 = 1{,}37$; $FG_2 = 2\cdot 9\cdot 0{,}6836 = 12{,}30$ *Greenhouse-Geisser-Adjust.*
$FG_1 = 2\cdot 0{,}7646 = 1{,}53$; $FG_2 = 2\cdot 9\cdot 0{,}7646 = 13{,}76$ *Huynh-Feldt-Adjustierung*

Zum Aufsuchen der kritischen Werte in Tab. F werden nicht-ganzzahlige FG-Werte abgerundet.

Für den F-Quotienten zur Prüfung der Effekte des Blockfaktors erhalten wir gemäß Formel <14.22>: $F_B = 130{,}874/4{,}041 = 32{,}386$. Wir setzen $\alpha = 0{,}01$. Für $FG_1 = 9$ und $FG_2 = 18$ ist dann $F_k = 3{,}597$. Es besteht somit ein signifikanter Blockeffekt. Eine Untersuchung der Additivitätsannahme werden wir im nächsten Abschnitt vornehmen. Sie wäre allerdings im Zusammenhang mit der Prüfung von $H_0{:}\sigma_a^2=0$ im jetzigen Fall nicht erforderlich, da da die Nullhypothese zurückgewiesen worden ist (s.o.).

Die Ergebnisse der varianzanalytischen Berechnungen und Prüfungen sind in Tab. 14.4 noch einmal in Tafelform zusammengestellt.

14.9 Prüfung der Block- und Treatmenteffekte auf Additivität

Beim Test der Nullhypothese zum Blockfaktor war die Annahme erforderlich, daß Block und Treatmenteffekte additiv sind, d.h. daß zwischen beiden Faktoren keine Interaktion besteht und damit $\sigma_{a\beta}^2 = 0$ ist. Wir haben allerdings gesehen, daß ein statistischer Test von $H_0{:}\sigma_{a\beta}^2=0$ im Grunde nur dann erforderlich wird, wenn $H_0{:}\sigma_a^2=0$ beibehalten werden mußte. Aus einem anderen Grund ist jedoch eine

TABELLE 14.4 Ergebnisse der Varianzanalyse für abhängige Stichproben mit den Daten von Tabelle 14.1.

Quelle der Variation	S A Q	FG	M Q	F	P(F)
Gesamt	1855,867	29			
Kurstyp (feste Effekte)	605,267	2	302,634	74,891	< 0,001*
Personen (Zufallseffekte)	1177,867	9	130,874	32,386	< 0,001
Rest	72,733	18	4,041		

*) *Konservativer F-Test* ($FG_1=1$; $FG_2=9$)

Untersuchung der Frage, ob Block- und Treatmentfaktor in Interaktion stehen, sinnvoll. Denn das Vorliegen von Nichtadditivität bedeutet, daß der Effekt des Treatmentfaktors bei den einzelnen Blöcken (Probanden) mehr oder minder unterschiedlich ist.

Die Prüfung der Interaktionshypothese $H_0{:}\sigma^2_{a\beta}=0$ kann mit dem »Additivitätstest« von Tukey (1949a) erfolgen. Hierbei wird als erstes die *SAQ-Nichtadditivität* berechnet:

<14.30> $$SAQ_{NAD} = \frac{[C - (D/n + E/J - A^2_{..}/N)\cdot A_{..}]^2}{N \cdot SAQ_T \cdot SAQ_B}$$

Die Summengrößen C, D und E werden dabei wie folgt bestimmt:

<14.31> $$C = \sum_j^J A_{.j}\cdot P_{.j} \qquad \text{wobei: } P_{.j} = \sum_i^n X_{ij}\cdot A_{i.}$$

<14.32> $$D = \sum_j^J A^2_{.j} \qquad E = \sum_i^n A^2_{i.}$$

Bei den Berechnungen empfiehlt es sich, entsprechend dem Schema von Tab. 14.5 vorzugehen. Als erstes wird dabei jeder Meßwert eines Blocks mit der zugehörigen Blocksumme multipliziert ($P_{ij} = X_{ij}\cdot A_{i.}$). Anschließend erfolgt eine Summierung dieser Produkte innerhalb der J Bedingungen. Die Größen $A_{.j}$, $A_{i.}$ und $A_{..}$ haben wir dagegen bereits in Abschnitt 14.5 definiert. Für die Daten unseres Beispiels ergibt sich:

$$C = 315\cdot25727 + 262\cdot21695 + 205\cdot17264 = 17327215$$

$$D = 315^2 + 262^2 + 205^2 = 209894 \;;\; E = 49^2 + 81^2 +\ldots+ 99^2 = 64686$$

Durch Einsetzen in <14.29> erhalten wir für die *SAQ-Nichtadditivität* (SAQ_T und SAQ_B aus Tab. 14.4):

$$SAQ_{NAD} = \frac{[17327215 - (209894/10 + 64686/3 - 782^2/30)\cdot782]^2}{30 \cdot 605{,}267 \cdot 1177{,}867} = 2{,}692$$

Zur Prüfung der Nullhypothese wird nun folgender F-Quotient gebildet:

TABELLE 14.5 Zusammenstellung der für den Additivitätstest benötigten Produkte und Summengrößen.

	Veranstaltung:	Entwickl.-psychol.	Versuchsplanung	Statistik	$A_{i.}$
	1	20·49	17·49	12·49	49
	2	35·81	28·81	18·81	81
	3	30·62	19·62	13·62	62
	4	33·85	29·85	23·85	85
Versuchs-	5	40·103	35·103	28·103	103
personen	6	31·77	27·77	19·77	77
	7	21·46	15·46	10·46	46
	8	34·90	30·90	26·90	90
	9	35·90	29·90	26·90	90
	10	36·99	33·99	30·99	99
	$A_{.j}$	315	262	205	782 = $A_{..}$
	$P_{.j}$	25727	21695	17264	

<14.33> $$F_{NAD} = \frac{SAQ_{NAD}\cdot[(J-1)\cdot(n-1) - 1]}{SAQ_R - SAQ_{NAD}} \qquad FG_1 = 1 \qquad FG_2 = (J-1)\cdot(n-1) - 1$$

Die Nullhypothese (»Keine Interaktion«) wird zurückgewiesen, wenn $F_{NAD} > F_k$ aus Tab. F ist. Für unser Beispiel ergibt sich (SAQ_R aus Tab. 14.4):

$F_{NAD} = [2{,}692\cdot(2\cdot9 - 1)]/(72{,}733 - 2{,}692) = 0{,}653$

Da wir im Fall von Nichtadditivität $H_0{:}\sigma^2_{\alpha\beta}=0$ mit möglichst hoher Wahrscheinlichkeit zurückweisen möchten, wählen wir ein numerisch hohes Fehler-I-Risiko (z.B. $\alpha = 0{,}10$). Für $FG_1 = 1$ und $FG_2 = 17$ ist dann $F_k = 3{,}026$ (Tab. F). Wir behalten die Nullhypothese bei und dürfen mit einiger Berechtigung davon ausgehen, daß Block- und Treatmenteffekte additiv sind.

Es ist der Veranschaulichung der Additivitätsproblematik dienlich, wenn man die Meßwerte der n Blöcke bzw. Personen - wie in Abb. 14.1 geschehen - grafisch darstellt. Auf die Population bezogen bedeutet das Vorliegen von Additivität, daß die Treatmenteffekte bei allen Blöcken die gleichen sind und die die Blockwerte verbindenden Linien parallel zueinander verlaufen. Von der Tendenz her gilt dies natürlich auch für die Stichprobendaten. Je weniger die Linien von der Parallelität abweichen, um so weniger muß die Berechtigung der Additivitätsannahme bezweifelt werden. Deutlich unterschiedliche Treatmenteffekte bei (den) einzelnen Blöcken sind dagegen ein Hinweis, daß die geforderte (Populations-)Additivität fraglich ist.

Betrachten wir die Darstellung unserer Daten in Abb. 14.1, so erkennen wir - was aufgrund des kleinen F_{NAD}-Wertes bzw. seiner "deutlichen Insignifikanz" auch zu erwarten war - daß die Treatmentvariable (»Kurstyp«) bei den einzelnen Personen eine relativ gleichartige Wirkung hatte. Von allen Befragten wird die

ABBILDUNG 14.1 Grafische Darstellung der Daten von Tabelle 14.1 zur Beurteilung der Treatmenteffekte bei den einzelnen Personen.

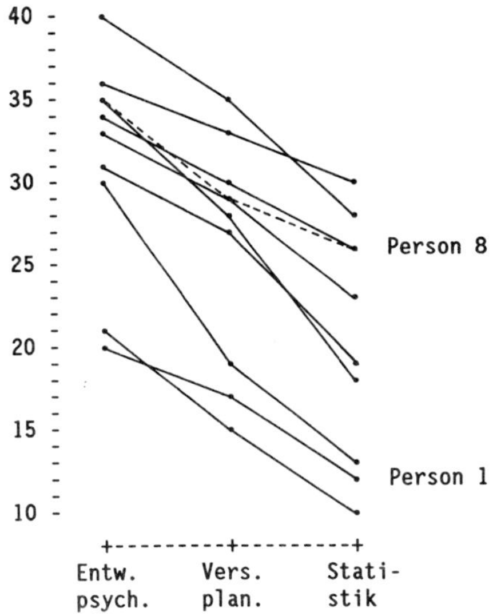

Veranstaltung in ähnlichem Umfang als um so weniger "nützlich und relevant" eingestuft, je »methodischer« bzw. weniger »inhaltlich« der vermittelte Stoff ist. In unserem Fall weichen somit auch die Stichprobendaten nur in geringem Ausmaß von der (perfekten) Additivität ab. Dies bringt den Vorteil mit sich, daß die zwischen den Treatmentmitteln bestehenden Relationen hinreichend die Beziehungen zwischen den Urteilswerten bei den einzelnen Personen (Blöcken) wiedergeben.

Besteht hingegen eine bedeutsame Block x Treatment Interaktion, dann läßt sich u.U. eine allgemeingültige Aussage zum Effekt des Treatmentfaktors auf die abhängige Variable nicht mehr formulieren, da die Treatments von Block zu Block sehr unterschiedlich wirken. Die in den Treatmentmitteln zwischen unabhängiger und abhängiger Variablen zutage tretende Beziehung hat dann möglicherweise nur geringe oder gar keine Gültigkeit für die Treatmentwirkungen in den einzelnen Blöcken. Dies ist insbsondere der Fall, wenn die Treatmenteffekte bei verschiedenen Blöcken entgegengesetzt verlaufen. Die Wirkung der Behandlungen müßte dann für jeden Block bzw. für bestimmte Blockgruppen separat beschrieben werden. Eine solche Situation läge z.B. vor, wenn in unserer Stichprobe Personen gewesen wären, die die Veranstaltungen um so positiver eingestuft hätten, je »methodischer« und weniger »inhaltlich« der vermittelte Stoff war. Ihre Datenlinien würden dann in Abb. 14.1 von links nach rechts ansteigen und sich mit den Linien der übrigen Befragten deutlich kreuzen.

14.10 Paarweise Vergleiche der J Treatmentmittel

Wenn sich in der Varianzanalyse der Effekt des Treatmentsfaktors als signifikant erwiesen hat, dann möchte man meist im weiteren untersuchen, welche der J Spaltenmittel sich bedeutsam voneinander unterscheiden. Dies kann - sofern es (nur) um die Prüfung sämtlicher paarweiser Kontraste geht - mittels des Verfahrens von Tukey erfolgen. Dieser Test setzt allerdings wie die Varianzanalyse voraus, daß bei der Varianz-Kovarianz-Matrix (Population) die Zirkularitätsbedingung erfüllt ist (vgl. Keselman et al. 1981; Maxwell 1980; Mitzel & Games 1981; Renner & Ball 1983). Zum Vergleich der Mittelwerte von Spalte j und j' wird folgende Prüfgröße bestimmt:

<14.34> $$Q = \frac{|M_{.j} - M_{.j'}|}{\sqrt{(MQ_R/n)}} \qquad FG = (J-1)\cdot(n-1)$$ »Tukey-Q-Test«

Hierbei ist MQ_R das Mittlere Quadrat *Rest* aus der Varianzanalyse. Die auf den Kontrast bezogene Nullhypothese wird zurückgewiesen (und $H_1{:}\mu_j \neq \mu_{j'}$ angenommen), wenn $Q > Q_k$ ist. Im Fall $Q \leq Q_k$ wird $H_0{:}\mu_j = \mu_{j'}$ beibehalten. Der kritische Wert Q_k läßt sich dem durch »α_F« definierten Teil von Tab. H entnehmen. Er befindet sich dort im Schnittpunkt von Spalte »J« und Zeile »FG«. Für α_F wählen wir den gleichen Wert wie für α in der Varianzanalyse.

Da der Tukey-Q-Test wenig robust gegenüber (deutlichen) Verletzungen der Zirkularitätsannahme ist, sollte auf ihn nur zurückgegriffen werden, wenn der über <14.25> bestimmte Schätzwert für Epsilon ($\bar{\epsilon}_a$) nicht wesentlich unter seinem Maximum von 1 liegt. Entsprechend einer Empfehlung von Hertzog & Rovine (1985) für die Anwendung des konventionellen F-Tests kann dabei die Prüfung der Kontraste über Q im Bereich $\bar{\epsilon}_a > 0{,}90$ als tolerabel angesehen werden. Bei kleineren $\bar{\epsilon}_a$-Werten sollte dagegen der Test von $H_0{:}\mu_j = \mu_{j'}$ mittels des Tukey-Q^+-Tests oder der Bonferroni-Methode erfolgen (s.u.).

Da bei unseren Daten $\bar{\epsilon}_a$ mit 0,68 deutlich kleiner als 0,90 ist, wäre eine Prüfung der $J\cdot(J-1)/2 = 3$ paarweisen Kontraste über <14.34> nicht ratsam. Aus Demonstrationsgründen soll der Tukey-Q-Test jedoch durchgeführt werden. Es ergibt sich (Werte aus Tab. 14.1 und 14.4):

$$Q_1 = |31{,}500 - 26{,}200| / \sqrt{(4{,}041/10)} = 8{,}337$$
$$Q_2 = |31{,}500 - 20{,}500| / \sqrt{(4{,}041/10)} = 17{,}304$$
$$Q_3 = |26{,}200 - 20{,}500| / \sqrt{(4{,}041/10)} = 8{,}967$$

Für $\alpha_F = 0{,}01$, $J = 3$ und $FG = 18$ ist $Q_k = 4{,}703$. Dieser Wert wird bei allen Kontrasten überschritten.

Wenn der Wert von $\bar{\epsilon}_a$ anzeigt, daß die Zirkularitätsannahme (mehr als trivial) verletzt ist, kann eine modifizierte Version der Tukey-Methode zur Prüfung der paarweisen Kontraste herangezogen werden. Zum Vergleich der Mittelwerte von Bedingung j und j' wird dann folgende Prüfgröße berechnet:

$$\text{<14.35>} \quad Q^+ = \frac{|M_{.j} - M_{.j'}|}{\sqrt{[VD_{jj'}/(2 \cdot n)]}} \qquad FG = n-1 \qquad \text{»Tukey-}Q^+\text{-Test«}$$

Hierbei ist $VD_{jj'}$ die Varianz der Differenzwerte von Bedingung j und j'. Die Bestimmung dieser Größe ist in Tab. 14.6 für unser Beispiel demonstriert. Die auf den Kontrast bezogene Nullhypothese wird zurückgewiesen, wenn $Q^+ > Q_k$ (aus Tab. H) ist.

Durch eine leichte Umformung von <14.31> erhalten wir:

$$\text{<14.36>} \quad Q^+ = \frac{|M_{.j} - M_{.j'}| \cdot \sqrt{2}}{\sqrt{(VD_{jj'}/n)}} = \frac{|MD_{jj'}| \cdot \sqrt{2}}{SD_{jj'}/\sqrt{n}}$$

Hierbei ist $MD_{jj'}$ das Mittel und $SD_{jj'}$ die Standardabweichung der Differenzwerte von Bedingung j und j'. Ein Vergleich des so bestimmten Q^+ mit der bei <7.24> definierten Prüfgröße für den T-Test (abhängige Gruppen) zeigt nun, daß folgende Beziehungen gelten:

$$\text{<14.37>} \quad Q^+ = T_{am} \cdot \sqrt{2} \quad \text{und} \quad T_{am} = Q^+/\sqrt{2}$$

Es werden bei Tukey-Q^+-Test somit im Grunde paarweise T-Tests durchgeführt, wobei jedoch (wieder) das α_V-Risiko soweit abgesenkt wird, daß α_F den festgesetzten Wert nicht überschreitet.

Der Unterschied zwischen den Prüfgrößen Q und Q^+ wird besser erkennbar, wenn man berücksichtigt, daß das Mittlere Quadrat *Rest* gleich dem durch 2 dividierten Mittel aus den $C = J \cdot (J-1)/2$ Varianzen der Differenzwerte ist:

$$\text{<14.38>} \quad MQ_R = MVD_{jj'}/2 = [(\Sigma VD_{jj'})/C]/2$$

Diese Beziehung gilt auch für unser Beispiel:

$MQ_R = [(5{,}789 + 13{,}556 + 4{,}900)/3]/2 = 4{,}041.$

Bei Einsetzen von $MVD_{jj'}/2$ in <14.34> stellt sich die Prüfgröße Q dann wie folgt dar:

$$\text{<14.39>} \quad Q = |M_{.j} - M_{.j'}|/\sqrt{[MVD_{jj'}/(2 \cdot n)]}$$

An dieser Formel erkennt man, daß der Tukey-Q-Test bei allen Kontrasten als (Schätzung für den) Standardfehler der Mittelwertsdifferenz eine Größe verwendet, die auf dem Durchschnitt der $C = J \cdot (J-1)/2$ Varianzen (der Differenzwerte) und damit jeweils auf sämtlichen $n \cdot J$ Meßwerten beruht. Ein solches Vorgehen ist jedoch nur zulässig, wenn die C Varianzen die gleiche Populationsgröße schätzen. Und dies ist nur der Fall, wenn die Zirkularitätsannahme erfüllt ist (s.o.). Sind hingegen nicht alle $\sigma D^2_{jj'}$ gleich, ist eine Mittelung der $VD_{jj'}$-Werte nicht sinnvoll. Der Standardfehler muß dann bei jedem Kontrast separat aufgrund der $2 \cdot n$ Werte der unter Betrachtung stehenden Bedingungen j und j' geschätzt werden. Wie wir an <14.35> sehen, ist dies bei der Prüfgröße des Tukey-Q^+-Tests der Fall.

TABELLE 14.6 Zusammenstellung der für den Tukey-Q^+-Test und die Bonferroni-Methode benötigten Differenzwerte (D_i) und Varianzen ($VD_{jj'}$). Paarweise Korrelationen der Werte der J = 3 Treatmentbedingungen von Tabelle 14.1 ($r_{jj'}$).

Vp Nr	Vergleich 1 $X_{i1}-X_{i2}=D12_i$	Vergleich 2 $X_{i1}-X_{i3}=D13_i$	Vergleich 3 $X_{i2}-X_{i3}=D23_i$
1	20-17 = 3	20-12 = 8	17-12 = 5
2	35-28 = 7	35-18 = 17	28-18 = 10
3	30-19 = 11	30-13 = 17	19-13 = 6
4	33-29 = 4	33-23 = 10	29-23 = 6
5	40-35 = 5	40-28 = 12	35-28 = 7
6	31-27 = 4	31-19 = 12	27-19 = 8
7	21-15 = 6	21-10 = 11	15-10 = 5
8	34-30 = 4	34-26 = 8	30-26 = 4
9	35-29 = 6	35-26 = 9	29-26 = 3
10	26-33 = 3	36-30 = 6	33-30 = 3
$MD_{jj'}$	5,300	11,000	5,700
$VD_{jj'}$	5,789	13,556	4,900
$r_{jj'}$	0,936	0,858	0,951

Verteilung der D_i-Werte	$D12_i$	$D13_i$	$D23_i$
17		XX	
-			
15			
-			
13			
-		XX	
11	X	X	
-		X	X
9		X	
-		XX	X
7	X		X
-	XX	X	XX
5	X		XX
-	XXX		X
3	XX		XX

Da bei unserem Beispiel der Wert von $\bar{\epsilon}_a$ anzeigt, daß die Zirkularitätsannahme wahrscheinlich (deutlich) verletzt ist, müssen die multiplen Mittelwertsvergleiche unter Verwendung von Q^+ durchgeführt werden. Es ergibt sich dann gemäß <14.35> für die einzelnen Kontraste:

$$Q_1^+ = |31{,}500 - 26{,}200| / \sqrt{[5{,}789/(2\cdot 10)]} = 9{,}851$$

$$Q_2^+ = |31{,}500 - 20{,}500| / \sqrt{[13{,}556/(2\cdot 10)]} = 13{,}361$$

$$Q_3^+ = |26{,}200 - 20{,}500| / \sqrt{[4{,}900/(2\cdot 10)]} = 11{,}516$$

Für $\alpha_F = 0{,}01$, J = 2 und FG = 9 ist $Q_k = 5{,}428$. Dieser Wert wird bei allen Kontrasten überschritten. Sämtliche Mittelwerte unterscheiden sich somit signifikant voneinander. Je »methodischer« eine Veranstaltung war, um so niedriger wurde sie im Durchschnitt hinsichtlich »Relevanz und Nützlichkeit« eingestuft.

Eine alternative Möglichkeit zur Durchführung sämtlicher paarweiser Mittelwertsvergleiche (bei Verletzung der Zirkularitätsannahme) bietet die *Bonferroni*-Methode. Nach Befunden von Maxwell (1980) wird hierbei das tatsächliche α_F-Risiko streng im Bereich (unterhalb) des gesetzten Wertes gehalten. Beim Tukey-Q^+-Test kann dagegen - speziell im Fall vieler Treatmentbedingungen - das tatsächliche α_F das nominelle Signifikanzniveau etwas überschreiten; das Verfahren ist somit "liberaler".

Zum Vergleich der Mittelwerte von Bedingung j und j' (via Bonferroni-Methode) wird als erstes die Prüfgröße des T-Tests für abhängige Stichproben berechnet:

$$<14.40> \quad T = \frac{|M_{.j} - M_{.j'}|}{\surd(VD_{jj'}/n)} = \frac{|M_{.j} - M_{.j'}|}{\surd[(V_j + V_{j'} - 2 \cdot r_{jj'} \cdot S_j \cdot S_{j'})/n]} \qquad FG = n-1$$

Wie wir oben gezeigt haben, ist $T = Q^+/\surd 2$. Um zu erreichen, daß der gesetzte α_F-Wert nicht überschritten wird, erfolgt die Prüfung der einzelnen Kontraste (über die T-Verteilung) auf dem Signifikanzniveau $\alpha_V = \alpha_F/[J \cdot (J-1)/2]$. Die auf den Kontrast bezogene Nullhypothese wird zurückgewiesen (und $H_1: \mu_j \neq \mu_{j'}$ angenommen), wenn $T > T_k$-zweiseitig aus Tab. E ist. Für unsere Daten erhalten wir:

$T_1 = |31{,}500 - 26{,}200|/\surd(5{,}789/10) = 6{,}966$
$T_2 = |31{,}500 - 20{,}500|/\surd(13{,}556/10) = 9{,}448$
$T_3 = |26{,}200 - 20{,}500|/\surd(4{,}900/10) = 8{,}143$

Statt des Signififikanzniveaus $\alpha_V = 0{,}01/3 = 0{,}0033$ wählen wir den in Tab. E vorhandenen Wert von 0,001 (zweiseitig). Für FG = 9 ist dann $T_k = 4{,}781$. Da bei allen Kontrasten $T > T_k$ ist, wird die Nullhypothese jeweils zurückgewiesen. Bezüglich der Signifikanz der paarweisen Mittelwertsunterschiede gelangen wir somit zum dem gleichen Schluß wie beim Tukey-Q^+-Test.

Sowohl die beiden Tukey-Verfahren als auch der Bonferroni-T-Test setzen voraus, daß die $J \cdot (J-1)/2$ Populationsverteilungen der Differenzwerte normal sind bzw. nicht zu stark von einer unimodalen, symmetrischen Form abweichen. Ob diese Voraussetzung möglicherweise verletzt ist, muß aufgrund der Verteilungen der Stichproben-D_i-Werte entschieden werden. In unserem Fall ergibt eine Inspektion dieser Verteilungen keine Hinweise auf bedeutsame Abweichungen der Populationsverteilungen von der Symmetrie. Dabei muß allerdings berücksichtigt werden, daß bei einer Stichprobe von nur 10 Werten im Grunde keine hinreichend sicheren Aussagen über die Form der Populationsverteilung möglich sind.

14.11 Vor- und Nachteile eines Plans mit J abhängigen Stichproben

Wie wir in Abschnitt 7.7 für den Fall von zwei Gruppen diskutiert haben, werfen Matching- und Meßwiederholungspläne im Vergleich zur Verwendung unabhängiger Stichproben spezielle Probleme bei der Untersuchungsanlage und -durchführung auf. So müssen bei der Parallelisierung von Gruppen vor Verabreichung der Treatments die Werte in der Matchingsvariablen erhoben und ausgewertet werden, was in der Regel ein zusätzliches Erscheinen der Probanden erforderlich macht. Und Meßwiederholungspläne bergen durch den Sachverhalt, daß dieselben Personen alle Behandlungen durchlaufen, häufig die Gefahr von (nachträglich nicht isolierbaren) Übertragungseffekten. Wenn es jedoch gelingt, die besonderen Probleme dieser Pläne in den Griff zu bekommen, dann läßt sich durch die Verwendung abhängiger Stichproben (im Vergleich zu einer Anordnung mit unabhängigen Gruppen) u.U. die Wahrscheinlichkeit erhöhen, im Fall der Gültigkeit von H_1 die Nullhypothese zurückzuweisen.

Im Zwei-Stichproben-Fall war der hier erzielbare Effizienzgewinn eine Funktion der Korrelation ρ_{12}. Je höher diese durch die Auswahl einer geeigneten Matchingvariablen bzw. durch die zweimalige Heranziehung der gleichen Personen ausfiel, um so größer war die Power des Plans zweier abhängiger Stichproben gegenüber der Verwendung unabhängiger Gruppen. Wir haben dabei gesehen, daß an Hand der Stichprobenkorrelation r_{12} (im Nachhinein) geprüft werden kann, ob es statistisch günstig war, mit korrelierenden Stichproben zu arbeiten.

Auch im jetzigen Fall von mehr als zwei Bedingungen kann der Korrelation zwischen den Meßwertreihen Information darüber entnommen werden, ob das Matching oder die wiederholte Untersuchung der gleichen Personen statistische Vorteile gebracht hat. Gehen wir zur Illustration von J = 3 abhängigen Populationen aus. Es sind dann die paarweisen Korrelationen ρ_{12}, ρ_{13} und ρ_{23} möglich. Im erhofften Idealfall haben die Koeffizienten den gleichen Wert (alle $\rho_{jj'} = \rho$). Ein Plan mit korrelierenden Stichproben ist nun gegenüber einer Anordnung mit unabhängigen Gruppen um so effizienter, je höher die Korrelation ρ ausfällt.

Bei Meßwiederholung hat man allerdings keinen direkten Einfluß auf den Wert von ρ. Da jedoch hier die gleichen n Personen alle Versuchbedingungen durchlaufen, darf man in der Regel annehmen, daß zwischen ihren Reaktionen auf die einzelnen Treatments relativ enge Beziehungen bestehen und die Korrelation ρ somit (deutlich) über Null liegt. Bei einem Plan der Zufallsblöcke kann dagegen der Wert von ρ (wie im Zwei-Stichproben-Fall) wieder durch die Wahl der Matchingvariablen beeinflußt werden. Denn auch hier gilt: Je enger das Merkmal, nach dem die Gruppen parallelisiert werden, mit der abhängigen Variablen korreliert, um so höher fallen die paarweisen Korrelationskoeffizienten $\rho_{jj'}$ (=ρ) aus.

Da die an den Stichprobendaten (im Fall von J = 3) erhaltenen Koeffizienten r_{12}, r_{13} und r_{23} Schätzungen für die entsprechenden Populationskoeffizienten darstellen, liefern sie wichtige Information zur nachträglichen Beurteilung eines Plans mit abhängigen Stichproben. Sie sollten möglichst hohe (positive) Werte aufweisen und größenordnungsmäßig übereinstimmen. Dies ist bei unseren Daten der Fall (vgl. Tab. 14.6). Die $r_{jj'}$-Werte von 0,94, 0,86 und 0,95 zeigen an, daß es statistisch vorteilhaft war, mit abhängigen Gruppen zu arbeiten.

Ein weiterer (mit ρ natürlich zusammenhängender) Indikator für den durch die Verwendung von abhängigen Stichproben erzielten Gewinn an Power stellt der Effekt des Blockfaktors dar, wie er in der SAQ_B zum Ausdruck kommt. Durch die Einführung dieses Faktors - sei es durch Verwendung "natürlich" vorgegebener Probandenblöcke bei Meßwiederholung oder durch Blockbildung aufgrund einer Matchingvariablen - soll der Variationsanteil in der abhängigen Variablen, der auf Unterschiede zwischen den Individuen bzw. Blöcken zurückgeht, von der "Rest-" oder "Fehlervariation" abgespalten werden, die neben der durch den Treatmentfaktor bedingten Variation verbleibt. Je größer dieser mit Hilfe des Blockfaktors isolierbare ("aufklärbare") Variationsanteil ist, um so größer ist der durch einen Plan mit abhängigen Stichproben gegenüber einer Anordnung mit unabhängigen Stichproben erzielbare Effizienzgewinn.

Wir wollen uns dies an Hand von Abb. 14.2 veranschaulichen. Hier ist für den Fall von J = 3 Bedingungen und n = 10 Werten in jeder Gruppe gezeigt, wie bei der Varianzanalyse für unabhängige Gruppen die Gesamtvariation zerlegt wird

ABBILDUNG 14.2 Zerlegung der SAQ-Gesamt und der zugehörigen Freiheitsgrade bei der Varianzanalyse für unabhängige und für abhängige Stichproben.

Gesamtvariation in der abhängigen Variablen: SAQ-Gesamt FG = N-1 = 29			Beispiel: J = 3 n = 10
SAQ-Zwischen FG = J-1 = 2	SAQ-Innerhalb FG = J·(n-1) = 27		Unabhängige Stichproben
SAQ-Treatment FG = J-1 = 2	SAQ-Blöcke FG = n-1 = 9	SAQ-Rest FG = (J-1)·(n-1) = 18	Abhängige Stichproben

und wie dies bei einem Plan mit Meßwiederholung oder Matching geschieht. Entsprechend der SAQ-Zerlegung erfolgt auch jeweils die Aufteilung der Freiheitsgrade. Die Gesamtvariation SAQ_G wird in beiden Fällen auf die gleiche Weise bestimmt (vgl. <9.31> und <14.14>). Gleichartig definiert sind auch die Größen zur Bestimmung der durch den Treatmentfaktor bedingten Variation. Wie ein Vergleich von <9.35> und <14.15> zeigt, sind $SAQ_Z = SAQ_T$ und $MQ_Z = MQ_T$.

Unterschiedlich ist dagegen die verbleibende "Restvariation", zu der die auf den Treatmentfaktor zurückgehende Variation bei der Beurteilung der Effekte dieses Faktors ins Verhältnis gesetzt wird ($MQ_I = SAQ_I/FG$ und $MQ_R = SAQ_R/FG$). Sie fällt im Fall abhängiger Stichproben um so kleiner aus, je größer der in SAQ_B zum Ausdruck kommende Effekt des Blockfaktors ist. Die bei unabhängigen Stichproben nicht weiter "aufklärbare" Fehler- oder Restvariation SAQ_I wird somit bei abhängigen Daten durch die Kenntnis des Blockfaktoreinflusses mehr oder minder deutlich reduziert. Dies hat (im Fall eines genügend starken Blockeffekts) zur Folge, daß bei einem gegebenen Treatmenteffekt $SAQ_Z = SAQ_T$ die Prüfgröße für abhängige Stichproben ($F_T = MQ_T/MQ_R$) größer ausfällt, wodurch sich die Wahrscheinlichkeit $1-\beta$ erhöht, $H_0{:}\mu_{.1}=\mu_{.2}=\ldots=\mu_{.J}$ bei Gültigkeit von H_1 zurückzuweisen.

Für einen Effizienzgewinn durch einen Plan mit abhängigen Stichproben reicht es allerdings nicht aus, daß der Effekt des Blockfaktors (σ_a^2) größer als Null ist. Denn der bei der Prüfung von $H_0{:}\mu_{.1}=\mu_{.2}=\ldots=\mu_{.J}$ herangezogene Fehlerterm MQ_R wird nicht nur durch SAQ_R, sondern auch durch die zugehörigen Freiheitsgrade beeinflußt. Und deren Anzahl ist um n-1 geringer als die Anzahl der Freiheitsgrade im Nenner des Fehlerterms für unabhängige Stichproben (MQ_I). Es genügt somit nicht, daß der Blockfaktor überhaupt eine Wirkung hat. Sein Effekt muß vielmehr so stark sein, daß der durch die Verwendung von abhängigen Daten bedingte Verlust an Freiheitsgraden mehr als ausgeglichen wird.

Bei der beabsichtigten Heranziehung eines Matchingplans ist deshalb vorab so weit wie möglich zu prüfen, ob durch die Parallelisierung eine genügend hohe Reduzierung des Fehlerterms MQ_R (gegenüber MQ_I) zu erwarten ist. Dies darf, wie wir gesehen haben, um so eher gehofft werden, je höher das Matchingmerkmal mit der abhängigen Variablen korreliert. Nachteilig ist dagegen die Einführung eines (wahrscheinlich) wenig wirksamen Blockfaktors. Denn wenn der Blockeffekt gegen Null geht, weist der Plan mit abhängigen Gruppen sogar eine geringere Power gegenüber einer Anordnung mit unabhängigen Stichproben auf.

Es ergeben sich in diesem Fall für SAQ_I und SAQ_R im Durchschnitt ähnliche Werte und MQ_R würde dann aufgrund der geringeren Anzahl von Freiheitsgraden im Nenner größer ausfallen als MQ_I. Bei einem bestimmten Effekt des Treatmentfaktors ($SAQ_Z = SAQ_T$ bzw. $MQ_Z = MQ_T$) wäre dadurch der Wert von $F_Z = MQ_Z/MQ_I$ größer als der von $F_T = MQ_T/MQ_R$; außerdem ständen bei F_Z mehr Nennerfreiheitsgrade zur Verfügung. Beides würde dazu führen, daß beim Plan mit unabhängigen Stichproben die Wahrscheinlichkeit größer wäre, $H_0{:}\mu_{.1}=\mu_{.2}=\ldots=\mu_{.J}$ (berechtigterweise) zurückzuweisen.

Die vorangegangenen Ausführungen dürften deutlich gemacht haben, daß auf die Untersuchung der Wirkung des Blockfaktors nicht verzichtet werden sollte, auch wenn das primäre inhaltliche Interesse der Wirkung des Treatmentfaktors gilt. Besondere Bedeutung kommt der Analyse des Blockeffekts zu, wenn die Nullhypothese zum Treatmentfaktor beibehalten werden mußte. Hier könnte sich dann u.U. zeigen, daß die Power durch die Verwendung von abhängigen Stichproben (gegenüber einer Anordnung mit unabhängigen Gruppen) sogar vermindert war, weil der durch die Meßwiederholung oder das Matching erhoffte (starke) Blockeffekt nicht eingetreten ist. Von geringerer Wichtigkeit ist dagegen die nachträgliche Evaluierung des Plans, wenn $H_0{:}\mu_{.1}=\mu_{.2}=\ldots=\mu_{.J}$ zurückgewiesen wurde. Denn selbst wenn aufgrund der Verwendung abhängiger Stichproben (entgegen der Erwartung) ein *höheres* Fehler-II-Risiko bestand - man hat den Betafehler dann ja (trotzdem) nicht begangen.

Dennoch ist es auch hier nützlich zu wissen, ob es statistisch günstig war und (vermutlich) weiterhin ist, die gegebene Fragestellung an abhängigen Stichproben zu untersuchen. Auf jeden Fall abzuraten wäre von der weiteren Verwendung derartiger Gruppen, wenn die Nullhypothese zum Blockeffekt beibehalten werden mußte. Einen bedeutsamen Effizienzgewinn bringen Meßwiederholung oder Matching allerdings erst, wenn ein statistisch signifikanter *und* "massiver" Effekt des Blockfaktors auftritt - wie in unserem Fall, wo der Wert von $F_B = 32{,}4$ anzeigt, daß eine hoher Anteil der Gesamtvariation auf den Personenfaktor zurückgeführt (und von der "Fehlervariation" abgespalten) werden konnte.

Kapitel 15

Schlüsse auf Populationsvarianzen

Die meisten psychologischen Hypothesen, die in empirischen Untersuchungen geprüft werden, machen Aussagen über den Effekt einer unabhängigen Variablen auf die Mittelwerte einer abhängigen Variablen unter zwei oder mehr Bedingungen. Etwaige bedeutsame Differenzen zwischen den Varianzen der Gruppen werden dagegen in der Regel nicht im Zusammenhang mit dem Treatment gesehen, sondern als störender Sachverhalt, durch den die Varianzhomogenitätsannahme des geplanten statistischen Verfahrens verletzt ist. Diese (eingeschränkte) negative Sicht von Varianzunterschieden wird jedoch zunehmend kritisiert und eine stärkere inhaltliche Orientierung bei der Untersuchung der Variation innerhalb der einzelnen Versuchsbedingungen gefordert (vgl. Games et al. 1979; Johnson & Gallimore 1976; O'Brien 1981; Olejnik 1988; Raudenbush & Bryk 1987).

Hinzu kommt, daß inzwischen für viele statistische Analyseprobleme (parametrische) Verfahren zur Verfügung stehen, die keine Homogenität bestimmter Populationsvarianzen voraussetzen. Wir haben diese in den entsprechenden Kapiteln vorgestellt. Aus diesem Grunde hat auch die Abtestung von Varianzhomogenitätsannahmen an Bedeutung verloren (vgl. Abschnitt 15.9). Die Besprechung einer relativ großen Anzahl von Verfahren zur Prüfung von Varianzhypothesen erfolgt deshalb in diesem Kapitel unter dem Aspekt, daß die Untersuchung der Wirkung bestimmter Faktoren auf die Variation der Meßwerte eine eigenständige und bedeutsame inhaltliche Frage darstellt.

15.1 Schlüsse auf die Varianz einer Population

Wenn man aus einer *normalverteilten* Population mit der Varianz σ^2 (alle möglichen) Zufallsstichproben des Umfangs n zieht und jeweils die Varianz V berechnet, dann folgt die Stichprobenverteilung der Größe $V \cdot (n-1)/\sigma^2$ einer Chi-Quadrat-Verteilung (χ^2-Verteilung) mit n-1 Freiheitsgraden (Glass & Stanley 1970, S.301). Bei der χ^2-Verteilung handelt es sich um eine Familie von stetigen, unsymmetrischen Verteilungen mit einem jeweiligen Variationsbereich von Null bis Unendlich. Die χ^2-Verteilung konvergiert mit wachsenden Freiheitsgraden gegen die Normalverteilung $N(FG; \sqrt{2FG})$. In Abb. 15.1 sind die χ^2-Verteilungen für die Freiheitsgrade 1, 2, 5 und 10 dargestellt. Die χ^2-Verteilung mit den Freiheitsgraden FG hat ein Mittel von FG, eine Varianz von $2 \cdot FG$ und einen Modalwert von FG-2. Bezüglich der Dichtefunktion der Verteilung siehe Diem & Lentner (1977, S.167).

Als Beispiel für die Prüfung der Hypothese »σ^2=a« wollen wir annehmen, daß an einer Stichprobe von n = 61 Personen mit Hauptschulabschluß die Rohwerte im Intelligenztest IST-70 erhoben worden seien und deren Varianz und Standardab-

ABBILDUNG 15.1 Chi²-Verteilungen für die Freiheitsgrade 1, 2, 5 und 10.

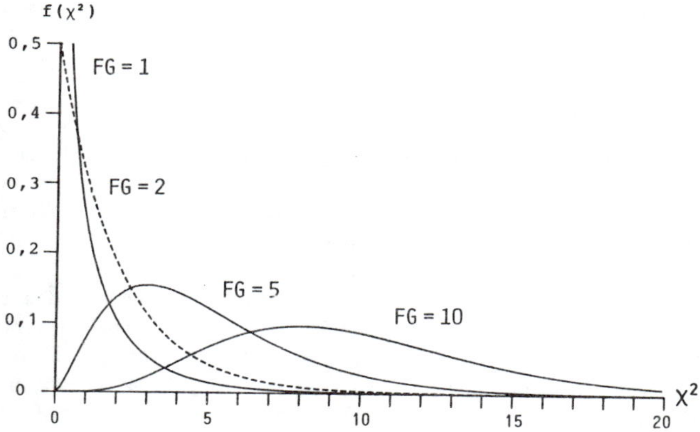

weichung V = 295,8 bzw. S = 17,2 betrage. Es soll nun geprüft werden, ob die Varianz dieser Gruppe statistisch signifikant von dem Norm- bzw. Populationswert der Hauptschulabsolventen abweicht. Dieser ist laut Testmanual σ^2 = 529,0 bzw. σ = 23 (Amthauer 1973, Abb. 17). Es geht somit um den Test von $H_0:\sigma^2=529$ gegen $H_1:\sigma^2\neq529$.

Die Schritte beim Test der Hypothese »σ^2=a«

- Test: *Chi²-1V-Test* (1V = Prüfung 1 Varianz)
- Zweck: Prüfung, ob eine Stichprobenvarianz statistisch signifikant von einem Wert »a« abweicht.
- Voraussetzung: Normalverteilte Werte in der Population
- H_0: σ^2 = a H_1: $\sigma^2 \neq$ a *Zweiseitiger Test*
  H_0: σ^2 = a H_1: σ^2 < a oder H_1: σ^2 > a *Einseitiger Test*
- Festsetzung von α, Berechnung der Prüfgröße:

  <15.1> $\chi_V^2 = V\cdot(n-1)/a$ FG = n-1

  Die Stichprobenverteilung von χ_V^2 folgt unter H_0 einer χ^2-Verteilung mit n-1 Freiheitsgraden. Über diese Verteilung läßt sich somit bestimmen, wie wahrscheinlich bei Gültigkeit von H_0 das Auftreten bestimmter extrem von »a« abweichender V-Werte ist.

  Beim einseitigen Test ist die Berechnung von χ_V^2 nur erforderlich, wenn das Vorzeichen der Differenz *V-a* dem in H_1 für σ^2*-a* behaupteten Vorzeichen entspricht. Anderenfalls wird H_0 beibehalten.

ABBILDUNG 15.2 Beispiel für den Bereich der Zurückweisung (Werte unter der schwarzen Fläche) bei der Stichprobenverteilung von $\chi_V^2 = V\cdot(n-1)/a$ unter H_0: σ^2=a. Zweiseitiger Test von H_0 bei α = 0,05.

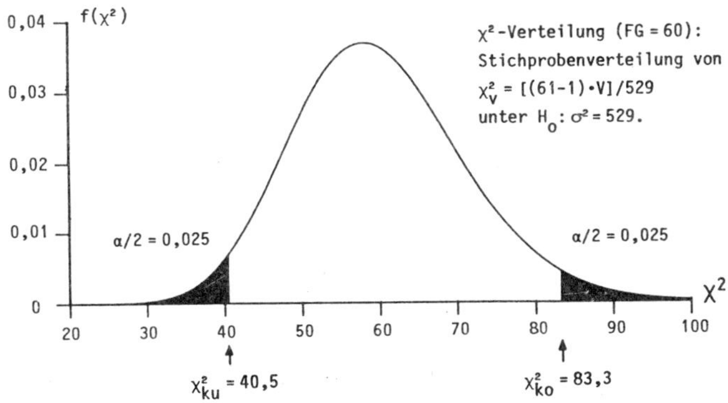

- Entscheidung über die Nullhypothese:

Zweiseitiger Test. Zurückweisung von H_0, wenn χ_V^2 kleiner als χ_{ku}^2 oder größer als χ_{ko}^2 ist. Der Wert χ_{ku}^2 trennt am linken Ende der χ^2-Verteilung einen Flächen- bzw. Werteanteil von $\alpha/2$ ab, während χ_{ko}^2 am rechten Teil der Verteilung $100\cdot(\alpha/2)$% der Werte abtrennt (vgl. Abb. 15.2). Der χ^2-Tabelle im Anhang (Tab. I) lassen sich allerdings nur die kritischen oberen Werte entnehmen. Zum Aufsuchen des benötigten χ_{ku}^2-Wertes sei deshalb auf Bortz (1985, Tab. C) oder Diem & Lentner (1977, S.36ff) verwiesen.

Einseitiger Test. [1] H_1:σ^2<a: Zurückweisung von H_0, wenn $\chi_V^2 < \chi_{ku}^2$ ist. Der kritische Wert kann z.B. der Tabelle von Diem & Lentner (1977, S.36ff) entnommen werden. [2] H_1:σ^2>a: Zurückweisung von H_0, wenn $\chi_V^2 > \chi_{ko}^2$ ist. Der kritische Wert befindet sich in Tab. I im Schnittpunkt von Spalte »α« und Zeile »FG«.

Abbildung 15.2 illustriert das Vorgehen beim Test von H_0 an der für unser Beispiel relevanten χ^2-Verteilung (FG = 60): Definition der $100\cdot\alpha$% extremsten Ausgänge unter H_0 und Prüfung, ob der Wert von χ_V^2 in diesen Bereich der Zurückweisung fällt. Die Berechnungen für unser Beispiel ergeben im einzelnen:

χ_V^2 = 295,8·(60-1)/529,0 = 33,550 FG = 60

Das Fehler-I-Risiko setzen wir auf α = 0,05-zs. Es ist dann χ_{ku}^2 = 40,482 (Diem & Lentner 1977, S.37) und χ_{ko}^2 = 83,299 (Tab. I, Schnittpunkt von Spalte »0,025« und Zeile »60«). Da $\chi_V^2 < \chi_{ku}^2$ ist, weisen wir die Nullhypothese zurück. Die Varianz unserer Stichprobe ist signifikant kleiner als die der Norm-Population.

Errichtung eines Konfidenzintervalls für σ^2

Die Grenzen des (zweiseitigen) Konfidenzintervalls, in dem der Wert der Populationsvarianz mit einer Sicherheit von C = 1-α liegen wird, bestimmen sich wie folgt:

<15.2> $UG = V \cdot (n-1)/\chi^2_{ko}$ $\qquad FG = n-1$

$OG = V \cdot (n-1)/\chi^2_{ku}$

Hierbei kann χ^2_{ko} Tab. I entnommen werden (Schnittpunkt von Spalte »α/2« und Zeile »FG«). Die kritischen unteren Werte enthält z.B. die Tabelle von Diem & Lentner (1977, S.36ff).

Im Gegensatz zu den bisher kennengelernten Konfidenzgrenzen für μ ergibt sich bei der Varianz ein unsymmetrisches Intervall - die Werte UG und OG sind nicht gleichabständig von V.

Bei unserem Beispiel erhalten wir als 95%-Konfidenzintervall für σ^2:

$UG = 295{,}8 \cdot 60/83{,}299 = 213{,}1$ $\qquad OG = 295{,}8 \cdot 60)/40{,}482 = 438{,}4$

Mit einer Sicherheit von 95% liegt die Varianz der Population, aus der unsere Stichprobe stammt, im Bereich von 213 bis 438. Dem Konfidenzintervall läßt sich auch wieder das Ergebnis des von uns bei α = 0,05 durchgeführten Tests von H_0:σ^2=529 entnehmen. Da dieser Wert außerhalb der Intervallgrenzen liegt, müßte H_0 zurückgewiesen werden.

Die Konfidenzgrenzen für die Populationsstandardabweichung erhalten wir, indem wir aus UG und OG die Wurzel ziehen. Es ergibt sich für σ somit ein Intervall von 14,6 bis 20,9.

Bei Test- oder Schätzverfahren, die auf der Stichprobenverteilung der Varianz basieren, kommt der Forderung, daß die Stichprobe einer normalverteilten Population entstammt, entscheidende Bedeutung zu (vgl. die Ausführungen am Ende von Abschnitt 15.2.1). Die tatsächlichen Fehler-I-Wahrscheinlichkeiten können deutlich vom nominellen α abweichen, wenn (insbesondere) EXZESS und SCHIEFE in der Population nicht den Werten der Normalverteilung entsprechen (vgl. Bradley 1980b). Gleichermaßen gelangt man bei nichtnormaler Populationsverteilung über <15.2> zu "falschen" Konfidenzintervallen für σ^2 oder σ, derart, daß der tatsächliche Sicherheitsgrad vom nominellen Wert C = 1-α mehr oder minder stark abweicht.

Die Prüfung von H_0:σ^2=a über <15.1> oder die Errichtung eines Konfidenzintervalls für σ^2 gemäß <15.2> sollte deshalb nur durchgeführt werden, wenn mit ausreichender Sicherheit von einer Normalverteilung in der Population ausgegangen werden kann. Ist dies nicht der Fall, müssen aufwendigere Verfahren herangezogen werden, die jedoch Kenntnisse über die Form der Populationsverteilung verlangen (vgl. Schulz 1976).

15.2 Zwei unabhängige Stichproben: Test der Hypothese »$\sigma_1^2=\sigma_2^2$«

Die Frage, ob sich die Varianzen von zwei unabhängigen Stichproben statistisch signifikant unterscheiden, stellt sich in der psychologischen Forschung wesentlich häufiger als das im letzten Abschnitt besprochene Problem. Bei der Setzung des Fehler-I-Risikos ist dabei zu berücksichtigen, aus welchen Gründen $H_0:\sigma_1^2=\sigma_2^2$ geprüft werden soll. Wurde diese Hypothese (bzw. H_1) aus einer inhaltlichen Fragestellung abgeleitet, dann sollte wie üblich $\alpha \leq 0{,}05$ sein. Geht es dagegen um die Prüfung der Varianzhomogenitätsannahme für ein nachfolgendes parametrisches Verfahren, so empfiehlt sich die Wahl eines numerisch höheren α-Wertes. Denn man möchte in diesem Fall primär vermeiden, fälschlicherweise Varianzhomogenität anzunehmen und in Folge davon den falschen Test (auf die in Wirklichkeit varianzheterogenen Daten) anzuwenden. Und diese gewünschte Verminderung der Fehler-II-Wahrscheinlichkeit läßt sich - sofern der Stichprobenumfang bereits festliegt - nur durch eine Erhöhung von α erreichen (vgl. Abschnitt 29.1.2). Das dadurch bedingte größere Fehler-I-Risiko kann dabei hingenommen werden, da das Begehen dieses Fehlers und als Konsequenz die Anwendung eines Tests für varianzheterogene Populationen auf (in Wirklichkeit) varianzhomogene Daten keine größeren Probleme mit sich bringt.

Auch im Fall der Prüfung der Homogenitätsvoraussetzungen ist es dem Untersucher im Prinzip freigestellt, welchen Wert er (im Vorhinein) für α wählt. Dieser sollte jedoch deutlich über 0,05 liegen. Wir möchten zur generellen Verwendung ein $\alpha \geq 0{,}20$ empfehlen. Erweisen sich die vorgefundenen Varianzunterschiede auch auf einem solchen Niveau als statistisch insignifikant, dann kann (zumindest bei großen Stichproben) mit einiger Sicherheit davon ausgegangen werden, daß ein möglicherweise dennoch bestehender Unterschied zwischen den Populationsvarianzen so gering ist, daß er die Validität z.B. eines nachfolgenden T-Tests (für varianzhomogene Populationen) nicht wesentlich beeinträchtigen kann.

15.2.1 Der F-2V-Test

Wenn hinreichend sicher ist, daß die Populationen, denen die beiden Stichproben entstammen, "gut" normalverteilt sind, dann kann die Prüfung von $H_0:\sigma_1^2=\sigma_2^2$ relativ einfach über die F-Verteilung erfolgen (Guilford 1965, S.191ff). Die Schritte zum Test von H_0 sind im einzelnen:

- Test: *F-2V-Test* (2V = Vergleich von 2 Varianzen)
- Zweck: Prüfung, ob sich die Varianzen von zwei unabhängigen Stichproben statistisch signifikant unterscheiden.
- Voraussetzungen: Normalverteilte Werte in POP_1 und POP_2, unabhängige Stichproben.
- H_0: $\sigma_1^2 = \sigma_2^2$ $\quad H_1:\sigma_1^2 \neq \sigma_2^2$ *Zweiseitiger Test*

  H_0: $\sigma_1^2 = \sigma_2^2$ $\quad H_1:\sigma_1^2 < \sigma_2^2$ oder H_1: $\sigma_1^2 > \sigma_2^2$ *Einseitiger Test*

- Festsetzung von α, Berechnung der Prüfgröße. Wir bezeichnen die Stichprobe mit der größeren Varianz als Gruppe »G« (mit V_G und n_G), die mit der kleineren Varianz als Gruppe »K« (mit V_K und n_K). Als Prüfgröße wird dann folgender Quotient gebildet:

  <15.3> $F_v = V_G/V_K \qquad FG_1 = n_G-1 \quad FG_2 = n_K-1$

  Die Stichprobenverteilung von F_v folgt unter H_0 einer F-Verteilung mit FG_1 und FG_2 Freiheitsgraden. Über diese Verteilung läßt sich somit bestimmen, wie wahrscheinlich es bei Gültigkeit von H_0 ist, daß die eine Varianz (mehr als) x-mal so groß wie die andere Varianz ist.

  Beim einseitigen Test ist die Berechnung von F_v nur erforderlich, wenn das Vorzeichen der Differenz V_1-V_2 dem in H_1 für $\sigma_1^2-\sigma_2^2$ behaupteten Vorzeichen entspricht. Anderenfalls wird H_0 beibehalten.

- Entscheidung über die Nullhypothese:

  Zweiseitiger Test. Zurückweisung von H_0, wenn $F_v > F_k$ ist. Beim Aufsuchen von F_k in Tab. F ist zu berücksichtigen, daß die F-Tabelle - auf das jetzige Problem bezogen - die kritischen Werte für den einseitigen Test wiedergibt. Beim zweiseitigen Test von H_0 muß deshalb F_k im Schnittpunkt von Spalte »FG_1« und der durch »FG_2« und »$\alpha/2$« (!) definierten Zeile abgelesen werden.

  Einseitiger Test. Zurückweisung von H_0, wenn $F_v > F_k$ ist. Der kritische Wert wird Tab. F (bzw. G) entnommen. Er befindet sich (bei Tab. F) im Schnittpunkt von Spalte »FG_1« und der durch »FG_2« und »α« definierten Zeile.

Zur Illustration des Verfahrens wollen wir als erstes an den Daten von Tab. 6.3 untersuchen, ob die beiden Instruktionen zu signifikant unterschiedlicher Streuung bei den FPI-Skalenwerten geführt haben. Wir prüfen zweiseitig und setzen das Fehler-I-Risiko auf $\alpha = 0{,}05$. Gemäß <15.3> erhalten wir:

$F_v = 20{,}794/7{,}044 = 2{,}952 \qquad FG_1 = 34 \quad FG_2 = 31$

Da diese Freiheitsgrade in Tab. F nicht enthalten sind, prüfen wir bei FG_1 = 15 und FG_2 = 30. In Zeile »0,025« lesen wir als kritischen Wert $F_k = 2{,}307$ ab. Die Nullhypothese wird somit zurückgewiesen. Bei der Bewerbungsinstruktion ist die Varianz der Werte signifikant kleiner als unter der Standardinstruktion.

Im weiteren wollen wir bei den Daten von Tab. 6.1 prüfen, ob die für den T-Test erforderliche Annahme homogener Populationsvarianzen (wahrscheinlich) erfüllt ist. Wir setzen $\alpha = 0{,}20$ (zweiseitiger Test). Als Prüfwert ergibt sich:

$F_v = 9{,}087/7{,}790 = 1{,}166 \qquad FG_1 = 34 \quad FG_2 = 31$

Zur Beurteilung von F_v ziehen wir die F-Tabelle von Diehl (1978, S.344ff) heran. Für $FG_1 = 40$, $FG_2 = 35$ und $\alpha/2 = 0{,}10$ ist danach $F_k = 1{,}53$. Da F_v diesen Wert unterschreitet (und damit auch bzw. noch mehr den exakten F_k-Wert für $FG_1 = 34$ und $FG_2 = 31$), wird die Nullhypothese beibehalten. Wir gelangen zu dem Schluß, daß sich die Varianzen beider Gruppen nicht bedeutsam unterscheiden (was aufgrund der ähnlichen V-Werte auch zu erwarten war).

Im letzten Abschnitt wurde darauf hingewiesen, daß alle Test- und Schätzverfahren, die auf der Stichprobenverteilung der Varianz basieren, unbedingt normalverteilte Populationen voraussetzen. Sie reagieren - anders betrachtet - sehr empfindlich auf Abweichungen von dieser Verteilungsform. Damit stehen sie im gewissen Gegensatz zur Gruppe der parametrischen Verfahren, mit denen Hypothesen über Populationsmittel getestet werden. Diese erweisen sich als sehr robust gegenüber nichtnormalen, aber symmetrischen Populationsverteilungen und (im Fall großer Stichprobenumfänge) als leidlich robust gegenüber nichtextremen Abweichungen von der Symmetrie (vgl. Abschnitt 10.4).

Die größere Empfindlichkeit der Varianztests hat ihre Ursache in dem Sachverhalt, daß in den Standardfehler der Varianz - d.h. in die Standardabweichung der Stichprobenverteilung dieser Größe - der EXZESS-Wert der Population eingeht (vgl. Formel <2.12>). Bei normalverteilter Population ist $EXZ_p = 0$ und der Standardfehler der Varianz berechnet sich nach <2.13>. Der Standardfehler des Mittels, auf dem die parametrischen Tests zur Prüfung von Mittelwertshypothesen basieren, ist dagegen unbeeinflußt von der Form der Populationsverteilung. Es ist immer $\sigma_m = \sigma/\sqrt{n}$.

Wenn nun bei der theoretischen Ableitung von Verfahren zur Prüfung von Varianzen der Einfachheit halber von normalverteilten Populationen ausgegangen wird, da unter dieser Bedingung bei der Bestimmung von σ_v mit einem bekannten EXZESS-Wert (=0) gearbeitet werden kann, dann wird bei Anwendung dieser Testverfahren im Fall nichtnormaler Populationen (mit $EXZ \neq 0$) unvermeidlich ein falscher Standardfehler und damit auch eine für die Prüfgröße mehr oder minder unzutreffende Stichprobenverteilung herangezogen. Das tatsächliche Fehler-I-Risiko kann dadurch sowohl wesentlich kleiner als auch wesentlich größer als das nominelle α ausfallen (Box 1953; Bradley 1980b; Church & Wike 1976; Games et al. 1972; Tan 1982).

Dabei ist im Gegensatz zu den Mittelwertstests auch keine Verbesserung der Robustheit mit zunehmendem Stichprobenumfang festzustellen ("Zentraler Grenzwert-Effekt"). Ist die Populationsverteilung leptokurtisch ($EXZ_p > 0$), dann übersteigt das tatsächliche Fehler-I-Risiko das nominelle α, während bei einer platykurtischen Verteilung ($EXZ_p < 0$) die Varianztests u.U. extrem konservativ sind.

Von den in diesem Kapitel vorgestellten Verfahren für unabhängige Stichproben basieren die folgenden auf der Stichprobenverteilung der Varianz (und setzten damit unbedingt normalverteilte Populationen voraus):

F-2V-Test $[H_0:\sigma_1^2=\sigma_2^2]$	F-max-Test	$[H_0:\sigma_1^2=\sigma_2^2=\ldots=\sigma_J^2]$
	Cochran-Test	
	Bartlett-Test, Bartlett-Box-Test	

Auf diese Verfahren sollte deshalb nur zurückgegriffen werden, wenn ausreichend sicher von normalverteilten Populationen ausgegangen werden kann. Da nur große Stichproben die Möglichkeit bieten, aufgrund der Verteilungen in den Gruppen genügend zuverlässige Erkenntnisse über die Form der Verteilungen in den zugehörigen Populationen zu gewinnen, ist bei kleinen Stichproben von der

Anwendung dieser Tests abzuraten. Denn hier läßt sich aufgrund der Werteverteilungen kaum abschätzen, wieweit Gefahr besteht, daß das tatsächliche Fehler-I-Risiko nicht dem nominellen α entspricht.

Unter diesen Gesichtspunkten war auch unsere Anwendung des F-Tests auf die Daten von Tab. 6.3 und 6.1 nicht unbedingt ratsam. Sie erfolgte jedoch, um die Durchführung des Verfahrens zu demonstrieren. Im konkreten Fall wäre dagegen die Heranziehung des in Abschnitt 15.2.3 vorgestellten Tests von Brown & Forsythe zu empfehlen gewesen.

15.2.2 Der Levene-2V-Test

Die Empfindlichkeit der im letzten Abschnitt genannten "klassischen" Varianztests gegenüber Verletzungen der Normalitätsannahme hat zu zahlreichen Versuchen geführt, diesbezüglich robustere Verfahren zu entwickeln (vgl. Brown & Forsythe 1974c; Church & Wike 1976; Conover et al. 1981; Games et al. 1972; Gartside 1972). Große Hoffnungen setzte man dabei anfangs auf einen von Levene (1960) entwickelten Test (z.B. Glass & Stanley 1970, S.374ff), die sich jedoch in Monte-Carlo-Studien nur teilweise erfüllt haben. Einen höheren Grad an Robustheit gegenüber nichtnormalen Populationen zeigte in diesen Untersuchungen eine von Brown & Forsythe (1974c) vorgenommene Modifikation des Levene-Tests. Das ursprüngliche Verfahren von Levene soll jedoch besprochen werden, weil es von den BMDP-Programmen P3D und P7D durchgeführt wird und weil es den klassischen Varianztests, die von den SPSS-Prozeduren T-TEST und ONEWAY angeboten werden, an Robustheit immer noch deutlich überlegen ist.

Das Prinzip des Levene-Tests ist relativ einfach. Es wird bei jeder Person die absolute Abweichung vom Gruppenmittel bestimmt und mit diesen Werten im Fall von zwei Stichproben ein T-Test und im Fall von J > 2 eine Varianzanalyse durchgeführt. Das Verfahren testet somit im Grunde keine Varianzunterschiede, sondern prüft, ob zwischen den *Durchschnittlichen Abweichungen vom Mittel (DAM)* von zwei oder mehr Gruppen statistisch signifikante Unterschiede bestehen. Dieser Sachverhalt wirft jedoch keine besonderen Probleme auf. Denn wenn aufgrund des Levene-Tests die Hypothese »$DAM_{p1}=DAM_{p2}$« zurückgewiesen wird, dann kann davon ausgegangen werden, daß auch die Hypothese »$\sigma_1^2=\sigma_2^2$« nicht gilt.

Bei der Durchführung des Levene-2V-Tests geht man somit von den absoluten Abweichungen der Meßwerte vom jeweiligen Stichprobenmittel aus:

<15.4> $U_{ij} = |X_{ij} - M_j|$

Für die Berechnung des Prüfwertes T gemäß <6.4> werden u.a. die Größen ΣU_{ij} und ΣU_{ij}^2 benötigt. Zu deren Bestimmung wäre es unpraktisch, bei jedem X-Wert das Gruppenmittel zu subtrahieren und dann die (quadrierten) Absolutwerte jeweils zu addieren. Diese Summen lassen sich für die Stichprobe j einfacher wie folgt berechnen:

<15.5> $D_j = \Sigma|X_{ij} - M_j| = M_j \cdot (n_j^- - n_j^+) + A_j^+ - A_j^-$

<15.6> $E_j = \Sigma|X_{ij} - M_j|^2 = B_j - A_j^2/n_j$ Hierbei sind:

n_j^- Anzahl der Werte, die kleiner (-) als das Mittel M_j sind

n_j^+ Anzahl der Werte, die größer (+) als M_j sind

A_j^- Summe der mit »Minus« gekennzeichenten X-Werte = Summe der $X_{ij} < M_j$

A_j^+ Summe der mit »Plus« gekennzeichneten X-Werte = Summe der $X_{ij} > M_j$

n_j Anzahl der X-Werte

A_j Summe der X-Werte

B_j Summe der quadrierten X-Werte

Die *Durchschnittliche Abweichung vom Mittel* der Werte in Gruppe j berechnet sich dann wie folgt (vgl. Diehl & Kohr 1982, Kap. 6.4):

<15.7> $DAM_j = (\Sigma|X_{ij} - M_j|)/n_j = D_j/n_j \qquad <i = 1...n_j>$

Wir wollen die Berechnung der Größen <15.5> bis <15.7> an den Daten von Tab. 6.1 demonstrieren. Diese sind noch einmal als primäre Häufigkeitsverteilung in Tab. 15.2 wiedergegeben. Eine Anordnung der Werte in Form dieser Verteilung ist allerdings nur für den Brown-Forsythe-2V-Test (zur Bestimmung der Gruppenmediane) erforderlich. Beim Levene-Test kann dagegen von der Urliste ausgegangen werden, da zur Berechnung des Mittels eine Ordnung der Daten nicht erforderlich ist.

Es wird als erstes bei jedem Meßwert kenntlich gemacht, ob er über (+) oder unter (-) dem Gruppenmittel liegt oder ob er gleich M_j ist (=). Dies ist in Spalte »M« von Tab. 15.2 geschehen. Die X-Werte, die exakt gleich dem Mittel sind (dieser Fall tritt bei den Daten von Tab. 15.2 nicht auf), bleiben für die Berechnung von D_j außer Betracht.

Es wird nun in jeder Gruppe festgestellt, wieviele Werte über (n_j^+) und unter (n_j^-) dem Mittel liegen und jeweils die Summe dieser Werte bestimmt (A_j^+; A_j^-). Diese Summen sowie die an den X-Werten bestimmten Größen A_j und B_j werden dann in <15.5> und <15.6> eingesetzt. Die Ergebnisse der Berechnungen an unseren Daten sind in Tab. 15.1 zusammengestellt.

Die Schritte beim Test von H_0:σ_1^2=σ_2^2

- Test: *Levene-2V-Test* (2V = Vergleich von 2 Varianzen)
- Zweck: Prüfung, ob sich die Varianzen von zwei unabhängigen Stichproben statistisch signifikant unterscheiden.
- Voraussetzungen (entsprechen denen des T-Tests): Unabhängige Stichproben, normalverteilte Werte in POP_1 und POP_2, gleiche Populationsvarianzen. Die Verteilungsannahmen beziehen sich auf die U-Werte.
- "H_0: $\sigma_1^2 = \sigma_2^2$" "H_1: $\sigma_1^2 \neq \sigma_2^2$" *Zweiseitiger Test*

  "H_0: $\sigma_1^2 = \sigma_2^2$" "H_1: $\sigma_1^2 < \sigma_2^2$" oder "H_1: $\sigma_1^2 > \sigma_2^2$" *Einseitiger Test*

TABELLE 15.1 Zusammenstellung der für den Levene-2V-Test benötigten Größen. Daten von Tabelle 6.1 bzw. 15.2.

$n_1 = 35$	$n_1^- = 18$	$n_1^+ = 17$	$A_1^- = 88$	$A_1^+ = 163$	$A_1 = 251$	$B_1 = 2109$
$n_2 = 32$	$n_2^- = 19$	$n_2^+ = 13$	$A_2^- = 38$	$A_2^+ = 78$	$A_2 = 116$	$B_2 = 662$

$D_1 = 7{,}171 \cdot (18-17) + 163 - 88 = 82{,}171$ $\qquad DAM_1 = 82{,}171/35 = 2{,}348$

$D_2 = 3{,}625 \cdot (19-13) + 78 - 38 = 61{,}750$ $\qquad DAM_2 = 61{,}750/32 = 1{,}930$

$E_1 = 35 \cdot 7{,}171^2 + 2109 - 2 \cdot 7{,}171 \cdot 251 = 308{,}971$ $\qquad M_1 = 7{,}171 \quad V_1 = 9{,}087$

$E_2 = 32 \cdot 3{,}625^2 + 662 - 2 \cdot 3{,}625 \cdot 116 = 241{,}500$ $\qquad M_2 = 3{,}625 \quad V_2 = 7{,}790$

Diese Hypothesen werden allerdings nur indirekt geprüft; aus diesem Grund sind sie in Anführungsstriche gesetzt. Eigentlich testet das Verfahren die Nullhypothese »$DAM_{p1}=DAM_{p2}$«.

- Festsetzung von α, Berechnung der Prüfgröße. Die Prüfgröße entspricht der des T-Tests für unabhängige Stichproben (Formel <6.4>). Auf den jetzigen Fall von U-Werten übertragen lautet sie ($FG = n_1 + n_2 - 2$):

<15.8> $$|T_L| = \frac{|DAM_1 - DAM_2|}{\sqrt{[V_I \cdot (1/n_1 + 1/n_2)]}} \qquad V_I = \frac{E_1 + E_2 - D_1^2/n_1 - D_2^2/n_2}{n_1 + n_2 - 2}$$

  Beim einseitigen Test ist eine Berechnung von T_L nur erforderlich, wenn das Vorzeichen der Differenz V_1-V_2 dem in der Alternativhypothese für σ_1^2-σ_2^2 behaupteten Vorzeichen entspricht. Anderenfalls wird H_0 beibehalten.

- Entscheidung über die Nullhypothese. Zurückweisung von H_0, wenn $|T_L| > T_k$ ist. Beim zweiseitigen (einseitigen) Test wird zur Bestimmung von T_k in Tab. E in der Kopfzeile (Fußzeile) vom gewählten »α« ausgegangen. Im Schnittpunkt dieser Spalte mit der Zeile »FG« steht der gesuchte Wert.

Wir wollen für die Daten von Tab. 6.1 prüfen, ob die Varianzhomogenitätsannahme für den T-Test (wahrscheinlich) erfüllt ist und setzen das Fehler-Risiko deshalb auf $\alpha = 0{,}20$ (zweiseitiger Test). Durch Einsetzen der Größen von Tab. 15.1 in <15.8> erhalten wir:

$V_I = (308{,}971 + 241{,}500 + 82{,}171^2/35 - 61{,}750^2/32)/65 = 3{,}668$

$T_L = (2{,}348 - 1{,}930)/\sqrt{[3{,}668 \cdot (1/35 + 1/32)]} = 0{,}892$

Für $FG = 65$ und $\alpha = 0{,}20$-zs ist $T_k = 1{,}295$ (Tab. E). Die Nullhypothese wird somit beibehalten. Wir können mit einiger Berechtigung davon ausgehen, daß die Stichproben varianzhomogenen Populationen entstammen.

15.2.3 Der Brown-Forsythe-2V-Test

In ihrer Monte-Carlo-Studie konnten Brown & Forsythe (1974c) zeigen, daß sich die Robustheit des Verfahrens von Levene gegenüber nichtnormalen Populationsverteilungen deutlich verbessern läßt, wenn statt der absoluten Abweichung vom Mittel die absolute Abweichung vom jeweiligen Median der Gruppe die Grundlage für den anschließend durchgeführten T-Test bildet. Nachfolgende Untersuchungen haben diesen Sachverhalt bestätigt, so daß der Test von Brown & Forsythe nach dem heutigen Kenntnisstand als die (oder zumindest eine) Methode der Wahl gelten kann, wenn es darum geht, bei nicht normalverteilten Populationen oder in Fällen, wo keine (ausreichenden) Informationen über diese Verteilungen vorliegen, zu prüfen, ob sich die Varianzen von zwei oder mehr unabghängigen Stichproben statistisch signifikant unterscheiden (Conover et al. 1981; Games et al. 1979; Olejnik 1987; Wilcox 1987).

Bei der Durchführung des Brown-Forsythe-2V-Tests geht man somit von den absoluten Abweichungen der Meßwerte vom jeweiligen Gruppenmedian aus:

<15.9> $Y_{ij} = |X_{ij} - Md_j|$

Durch eine Analyse der Y-Werte mittels T-Test wird dann untersucht, ob sich die *Durchschnittlichen Abweichungen vom Median (DAMD)* der beiden Gruppen statistisch signifikant unterscheiden. Auch der Brown-Forsythe-2V-Test prüft deshalb im Grunde keine Varianzunterschiede. Es wird vielmehr durch die Beibehaltung/Zurückweisung der Hypothese »$DAMD_{p1}=DAMD_{p2}$« wieder indirekt über die eigentlich interessierende Hypothese »$\sigma_1^2=\sigma_2^2$« entschieden.

Zur Berechnung des Prüfwertes T gemäß <6.4> kann auf die Formeln <15.5> und <15.6> zurückgegriffen werden. Es ist lediglich für M_j jeweils der Median einzusetzen:

<15.10> $D_j = \Sigma|X_{ij} - Md_j| = Md_j \cdot (n_j^- - n_j^+) + A_j^+ - A_j^-$

<15.11> $E_j = \Sigma|X_{ij} - Md_j|^2 = n_j \cdot Md_j^2 + B_j - 2 \cdot Md_j \cdot A_j$ Hierbei sind:

- n_j^- Anzahl der Werte, die kleiner (-) als der Median Md_j sind
- n_j^+ Anzahl der Werte, die größer (+) als Md_j sind
- A_j^- Summe der mit »Minus« gekennzeichenten X-Werte = Summe der $X_{ij} < Md_j$
- A_j^+ Summe der mit »Plus« gekennzeichneten X-Werte = Summe der $X_{ij} > Md_j$
- n_j Anzahl der X-Werte
- A_j Summe der X-Werte
- B_j Summe der quadrierten X-Werte

Die *Durchschnittliche Abweichung vom Median* der Werte in Gruppe j bestimmt sich dann wie folgt (vgl. Diehl & Kohr 1982, Kap. 6.4):

<15.12> $DAMD_j = (\Sigma|X_{ij} - Md_j|)/n_j = D_j/n_j$ $\langle i = 1...n_j \rangle$

TABELLE 15.2 Primäre Häufigkeitsverteilung der Daten von Tabelle 6.1. Zusammenstellung der für den Brown-Forsythe-2V-Test benötigten Größen.

X	f	cum_f	$cum_{f\%}$	X·f	Md	M	Berechnungen für den Brown-Forsythe-Test
1	1	1	2,9	1	-	-	$Md_1 = 6{,}5 + [(35/2 - 14)/4] = 7{,}375$
2	1	2	5,7	2	-	-	
3	4	6	17,1	12	-	-	$n_1^- = 18 \quad n_1^+ = 17 \quad n_1 = 35$
4	1	7	20,0	4	-	-	
5	1	8	22,9	5	-	-	$A_1^- = 88 \quad A_1^+ = 163 \quad A_1 = 251 \quad B_1 = 2109$
6	6	14	40,0	36	-	-	
* 7	4	18	51,4	28	-	-	$D_1 = 7{,}375 \cdot (18-17) + 163 - 88 = 82{,}375$
8	5	23	65,7	40	+	+	
9	6	29	82,9	54	+	+	$E_1 = 35 \cdot 7{,}375^2 + 2109 - 2 \cdot 7{,}375 \cdot 251$
10	3	32	91,4	30	+	+	$= 310{,}422$
12	1	33	94,3	12	+	+	
13	1	34	97,1	13	+	+	$DAMD_1 = 82{,}375/35 = 2{,}354 \quad V_1 = 9{,}087$
14	1	35	100,0	14	+	+	
0	3	3	9,4	0	-	-	$Md_2 = 2{,}5 + [(32/2 - 9)/10] = 3{,}200$
1	4	7	21,9	4	-	-	
2	2	9	28,1	4	-	-	$n_2^- = 19 \quad n_2^+ = 13 \quad n_2 = 32$
* 3	10	19	59,4	30	-	-	
4	6	25	78,1	24	+	+	$A_2^- = 38 \quad A_2^+ = 78 \quad A_2 = 116 \quad B_2 = 662$
5	2	27	84,4	10	+	+	
6	1	28	87,5	6	+	+	$D_2 = 3{,}200 \cdot (19-13) + 78 - 38 = 59{,}200$
7	1	29	90,6	7	+	+	
8	1	30	93,8	8	+	+	$E_2 = 32 \cdot 3{,}200^2 + 662 - 2 \cdot 3{,}200 \cdot 116$
11	1	31	96,9	11	+	+	$= 247{,}280$
12	1	32	100,0	12	+	+	
							$DAMD_2 = 59{,}200/32 = 1{,}850 \quad V_2 = 7{,}790$

Für die Berechnung des Medians der Gruppe j werden deren Werte als primäre Häufigkeitsverteilung angeordnet. Dies ist in Tab. 15.2 für die Daten von Tab. 6.1 geschehen. Das Medianintervall ist jeweils mit einem Stern gekennzeichnet. Seine exakten Grenzen sind in der ersten Gruppe UG = 6,5 und OG = 7,5, in der zweiten Gruppe 2,5 und 3,5. Der Median von Stichprobe j wird dann wie folgt bestimmt (vgl. Diehl & Kohr 1982, Kap. 5.2; cum_f = Kumulative Häufigkeit):

<15.13> $Md_j = UG + [n_j/2 - (cum_f \text{ bis } UG)]/(\text{Häufigkeit im Medianintervall})$

Zur Berechnung der Größen <15.10> bis <15.12> wird als erstes bei jedem Meßwert kenntlich gemacht, ob er über (+) oder unter (-) dem Median der Gruppe liegt oder ob er gleich Md_j ist (=). Dies ist in Spalte »Md« von Tab. 15.2 geschehen. Die X-Werte, die exakt gleich dem Median sind (dieser Fall tritt bei den Daten von Tab. 15.2 nicht auf), bleiben für die Berechnung von D_j außer Betracht.

Es wird nun in jeder Gruppe festgestellt, wieviele Werte über (n_j^+) und unter (n_j^-) dem Median liegen und jeweils die Summe dieser Werte bestimmt (A_j^+; A_j^-). Diese Summen sowie die an den X-Werten bestimmten Größen A_j und B_j werden dann in <15.10> und <15.12> eingesetzt. Die Ergebnisse der Berechnungen an unseren Daten sind im rechten Teil von Tab. 15.2 zusammengestellt.

Die Schritte beim Test von $H_0:\sigma_1^2=\sigma_2^2$

- Test: *Brown-Forsythe-2V-Test* (2V = Vergleich von 2 Varianzen)
- Zweck: Prüfung, ob sich die Varianzen von zwei unabhängigen Stichproben statistisch signifikant unterscheiden.
- Voraussetzungen (entsprechen denen des T-Tests): Unabhängige Stichproben, normalverteilte Werte in POP_1 und POP_2, gleiche Populationsvarianzen. Die Verteilungsannahmen beziehen sich auf die Y-Werte.
- "H_0: $\sigma_1^2 = \sigma_2^2$" "H_1: $\sigma_1^2 \neq \sigma_2^2$" *Zweiseitiger Test*

  "H_0: $\sigma_1^2 = \sigma_2^2$" "H_1: $\sigma_1^2 < \sigma_2^2$" oder "H_1: $\sigma_1^2 > \sigma_2^2$" *Einseitiger Test*

  Diese Hypothesen werden allerdings nur indirekt geprüft; aus diesem Grund sind sie in Anführungsstriche gesetzt. Eigentlich testet das Verfahren die Nullhypothese »$DAMD_{p1}=DAMD_{p2}$«.
- Festsetzung von α, Berechnung der Prüfgröße. Die Prüfgröße entspricht der des T-Tests für unabhängige Stichproben (Formel <6.4>). Auf den jetzigen Fall von Y-Werten übertragen lautet sie ($FG = n_1 + n_2 - 2$):

  $$\text{<15.14>}\quad |T_B| = \frac{|DAMD_1 - DAMD_2|}{\sqrt{[V_I \cdot (1/n_1 + 1/n_2)]}} \qquad V_I = \frac{E_1 + E_2 - D_1^2/n_1 - D_2^2/n_2}{n_1 + n_2 - 2}$$

  Beim einseitigen Test ist die Berechnung von T_B nur erforderlich, wenn das Vorzeichen der Differenz V_1-V_2 dem in der Alternativhypothese für σ_1^2-σ_2^2 behaupteten Vorzeichen entspricht. Anderenfalls wird H_0 beibehalten.
- Entscheidung über die Nullhypothese. Zurückweisung von H_0, wenn $|T_B| > T_k$ ist. Beim zweiseitigen (einseitigen) Test wird zur Bestimmung von T_k in Tab. E in der Kopfzeile (Fußzeile) vom gewählten »α« ausgegangen. Im Schnittpunkt dieser Spalte mit der Zeile »FG« steht der gesuchte Wert.

Wir wollen wieder für die Daten von Tab. 6.1 prüfen, ob die Varianzhomogenitätsannahme für den T-Test wahrscheinlich erfüllt ist (α = 0,20-zs). Durch Einsetzen der Größen von Tab. 15.2 in <15.14> erhalten wir:

V_I = (310,422 + 247,280 - 82,375²/35 - 59,200²/32)/65 = 3,912

T_B = (2,354 - 1,850)/√[3,912·(1/35 + 1/32)] = 1,042

Für FG = 65 und T_k = 1,295 (Tab. E). Die Nullhypothese wird beibehalten. Wir gelangen somit wie beim Levene-Test zu dem Schluß, daß die Stichproben varianzhomogenen Populationen entstammen.

Bei unseren Daten haben die Verfahren von Levene und Brown & Forsythe zu sehr ähnlichen Ergebnissen geführt. Dies ist immer dann zu erwarten, wenn die Verteilungen in den Gruppen nur wenig von der Symmetrie abweichen, da in solchen Fällen $M_j \approx Md_j$ ist. Bei (deutlich) schiefen Verteilungen liegen dagegen Median und Mittel weiter auseinander, mit der Folge, daß sich auch die Prüfwerte beider Tests mehr oder minder deutlich unterscheiden.

Da es sich beim Brown-Forsythe-2V-Test (wie bei dem Verfahren von Levene) um einen T-Test handelt, werden auch die entsprechenden Homogenitäts- und Normalitätsannahmen (bezüglich der Y-Werte) gemacht. Es sind deshalb Überlegungen angebracht, welche Konsequenzen eine Verletzung dieser Voraussetzungen hat und wie in solchen Fällen zu verfahren ist.

Falls die Y-Werte beider Stichproben bedeutsam unterschiedliche Varianzen aufweisen, empfiehlt es sich, die Hypothese »$\sigma_1^2=\sigma_2^2$« mit dem Welch-Test zu prüfen (vgl. Abschnitt 6.2). Die Berechnung der Varianz der Y-Werte von Gruppe j kann dabei nach folgender Formel erfolgen:

<15.15> $V_{yj} = (E_j - D_j^2/n_j)/(n_j-1)$

Die Prüfgröße und die Freiheitsgrade des Welch-Tests bestimmen sich dann entsprechend <6.9> und <6.10> wie folgt:

<15.16> $$|W_B| = \frac{|DAMD_1 - DAMD_2|}{\sqrt{(V_{y1}/n_1 + V_{y2}/n_2)}}$$

<15.17> $$FG = \frac{(V_{y1}/n_1 + V_{y2}/n_2)^2}{(V_{y1}/n_1)^2/(n_1-1) + (V_{y2}/n_2)^2/(n_2-1)}$$

Die Nullhypothese wird zurückgewiesen, wenn $|W_B| > T_k$ für »FG« und »α« ist.

Bei den Daten von Tab. 15.2 ergibt sich für die Varianzen der Y-Werte: $V_{y1} = (310{,}422 - 82{,}375^2/35)/34 = 3{,}428$ und $V_{y2} = (247{,}280 - 59{,}200^2/32)/31 = 4{,}444$. Da sich diese Werte nur geringfügig unterscheiden, ist eine Heranziehung des Welch-Tests nicht erforderlich.

Es mag erstaunen, daß auf den Brown-Forsythe-Test zurückgegriffen wird, weil die Normalitätsbedingung der klassischen Varianztests verletzt ist - obwohl dieses Verfahren gleichfalls von normalverteilten Populationen ausgeht. Dabei sind jedoch zwei Aspekte zu berücksichtigen. Der erste ist von geringerer Bedeutung. Der Brown-Forsythe-Test setzt Normalverteilung bei den Y-Werten voraus, während die Varianztests dies für die X-Werte von POP_1 und POP_2 verlangen. Wichtiger ist jedoch der Sachverhalt, daß das Verfahren von Brown & Forsythe (als T- bzw. W-Test) robuster ist gegenüber nichtnormalen Populationen, insbesondere in Hinblick auf platy- oder leptokurtische Verteilungen. Diese Robustheit nimmt außerdem mit steigendem Stichprobenumfang zu (Zentraler Grenzwerteffekt). Beides gilt nicht für die klassischen Varianztests. Sie reagieren auch empfindlich auf alle Verteilungsbedingungen mit EXZESS $\neq$ 0 und verlieren diese Empfindlichkeit auch mit zunehmender Stichprobengröße nicht.

15.3 Drei oder mehr unabhängige Stichproben: Nichtrobuste Verfahren zum Test der Hypothese »$\sigma_1^2=\sigma_2^2=\ldots=\sigma_J^2$«

Bei den in diesem Abschnitt vorgestellten Verfahren handelt es sich sämtlich um Verfahren, die nicht robust gegenüber Verletzungen der Voraussetzung normalverteilter Populationen sind. Dabei sind die beiden Bartlett-Tests insofern universeller einsetzbar, als sie auch für ungleiche Stichprobenumfänge geeignet sind und die Wahl vielfältiger Signifikanzniveaus ermöglichen, da die Beurteilung der Prüfgrößen über die χ^2- bzw. die F-Verteilung erfolgt. Die für gleiche Stichprobenumfänge konzipierten Tests von Hartley und Cochran sind dagegen leichter zu berechnen. Aufgrund der vorliegenden Tabellen läßt sich bei ihnen die Nullhypothese jedoch nur auf den Signifikanzniveaus 0,05 und 0,01 prüfen. Ihr Einsatz ist dadurch auf den Test inhaltlich abgeleiteter Varianzhypothesen beschränkt, da (nur) bei diesen mit einem $\alpha \leq 0{,}05$ gearbeitet werden sollte. Zur Überprüfung der Varianzhomogenitätsannahme eines geplanten parametrischen Mittelwertstests können sie dagegen nicht herangezogen werden, da es sich in diesen Fällen empfiehlt, das Fehler-I-Risiko auf einen Wert im Bereich $\alpha \geq 0{,}20$ zu setzen.

15.3.1 Der Bartlett-Test

Das von Bartlett (1937) entwickelte Verfahren dürfte der bisher am häufigsten verwendete Test zum Vergleich der Varianzen von mehr als zwei Stichproben sein. Die Schritte zum Test von H_0 sind im einzelnen:

- Test: *Bartlett-Test*
- Zweck: Prüfung, ob zwischen den Varianzen von drei oder mehr unabhängigen Stichproben statistisch signifikante Unterschiede bestehen.
- Voraussetzungen: Normalverteilte Werte in $POP_1 \ldots POP_J$, unabhängige Stichproben.
- H_0: $\sigma_1^2 = \sigma_2^2 = \ldots = \sigma_J^2$ H_1: Die σ_j^2 sind nicht alle gleich
- Festsetzung von α, Berechnung der Prüfgröße:

<15.18> $\chi_B^2 = B/C \qquad FG = J-1$

<15.19> $B = (N-J)\cdot(\ln V_I) - \Sigma(n_j-1)\cdot(\ln V_j) \qquad <j = 1\ldots J>$

<15.20> $$C = 1 + \frac{\Sigma[1/(n_j-1)] - 1/(N-J)}{3\cdot(J-1)}$$

Es ist $N = \Sigma n_j$ und $V_I = MQ_I$. Das benötigte Mittel der J Stichprobenvarianzen kann somit entweder über die MQ_I-Formel <9.36> oder wie folgt bestimmt werden (vgl. Diehl & Kohr 1982, S.107):

<15.21> $V_I = [V_1\cdot(n_1-1) + V_2\cdot(n_2-1) + \ldots + V_J\cdot(n_J-1)]/(N-J)$

Formel <15.19> arbeitet mit dem *natürlichen* Logarithmus ($\ln V_1 = \ln 10{,}5553 = 2{,}3566$). Bei Verwendung des *dekadischen* Logarithmus ($\lg V_1 = \lg 10{,}5553 = 1{,}0235$) berechnet sich die Prüfgröße des Bartlett-Tests wie folgt:

<15.22> $\chi^2_B = 2{,}3026 \cdot B/C$ wobei: $B = (N-J) \cdot (\lg V_I) - \Sigma(n_j-1) \cdot (\lg V_j)$

Bei Gültigkeit von H_0 folgt die Stichprobenverteilung von χ^2_B approximativ einer χ^2-Verteilung mit J-1 Freiheitsgraden.

- Entscheidung über die Nullhypothese. Da der über <15.20> bestimmte Wert von C immer größer als 1 ist, empfiehlt es sich, bei der Berechnung der Prüfgröße und der Entscheidung über H_0 wie folgt zu verfahren:

  [1] Berechnung von B gemäß <15.18>. Ist $B \leq \chi^2_k$, wird die Nullhypothese beibehalten. Ist hingegen $B > \chi^2_k$, weiter mit Schritt 2.

  [2] Berechnung von C und χ^2_B gemäß <15.20> bzw. <15.18> und Zurückweisung von H_0, wenn $\chi^2_B > \chi^2_k$ ist.

  Der kritische Wert wird Tab. I entnommen. Er befindet sich im Schnittpunkt von Spalte »α« und Zeile »FG«.

Bei den in Tab. 9.1 wiedergegebenen Daten könnte der Barlett-Test problemlos zur Prüfung der Unterschiede zwischen den Varianzen eingesetzt werden. Denn aufgrund der relativ großen Stichproben und der Form ihrer Werteverteilungen läßt sich mit ausreichender Sicherheit schließen, daß die Verteilungen in den zugehörigen Populationen höchstens in einem geringfügigen - die Validität des Tests nicht gefährdenden - Ausmaß von der Normalform abweichen. Aufgrund der sehr ähnlichen V_j-Werte wäre eine spezielle Signifikanzprüfung der Unterschiede jedoch kaum erforderlich.

Wir wollen statt dessen die Durchführung des Bartlett-Tests an den Daten des Beispiels von Tab. 10.1 demonstrieren. Im konkreten Fall wäre es hier allerdings sinnvoller, die Prüfung der Streuungsunterschiede mit dem in Abschnitt 15.4.2 vorgestellten Verfahren von Brown & Forsythe durchzuführen, da aufgrund der geringen Stichprobenumfänge nicht hinreichend sicher entschieden werden kann, wie weit bei den einzelnen Populationen (u.a.) der EXZESS (zu stark) vom Sollwert Null abweicht.

Es soll aus inhaltlichen Überlegungen die Frage geprüft werden, ob die verschiedenen Arten von Hintergrundmusik zu signifikant unterschiedlicher Streuung bei den Behaltensleistungen geführt haben. Wir setzen deshalb das Fehler-I-Risiko auf $\alpha = 0{,}05$. Die Werte der Gruppenvarianzen sind: $V_1 = 10{,}5553$, $V_2 = 49{,}5519$ und $V_3 = 12{,}3000$. Den Wert von $V_I = MQ_I = 24{,}7857$ entnehmen wir Tab. 10.5. Gemäß <15.19> ergibt sich dann:

$$B = 60 \cdot \ln 24{,}7857 - 19 \cdot \ln 10{,}5553 - 21 \cdot \ln 49{,}5519 - 20 \cdot \ln 12{,}3000 = 15{,}6847$$

Der kritische Wert für $\alpha = 0{,}05$ und FG = 2 ist $\chi^2_k = 5{,}991$. Da $B > \chi^2_k$ ist, wird eine Berechnung von C und χ^2_B gemäß <15.20> bzw. <15.18> erforderlich:

$C = 1 + (1/19 + 1/21 + 1/20 - 1/60)/6 = 1,0223$

$\chi_B^2 = 15,6847/1,0223 = 15,3426$

Da $\chi_B^2 > \chi_k^2$ ist, wird die Nullhypothese zurückgewiesen. Zwischen den Gruppenvarianzen bestehen statistisch signifikante Unterschiede.

15.3.2 Der Bartlett-Box-Test

Die beim Bartlett-Test herangezogene χ^2-Verteilung mit J-1 Freiheitsgraden stellt lediglich eine Approximation der exakten Stichprobenverteilung von χ_B^2 unter H_0 dar. Box (1949) konnte nun zeigen, daß nach einer Modifikation der Prüfgröße deren exakte Stichprobenverteilung unter H_0 durch eine F-Verteilung besser angenähert werden kann. Dieser *Bartlett-Box-Test* ist allerdings gegenüber Verletzungen der Normalitätsannahme nicht weniger empfindlich als das ursprüngliche Verfahren von Bartlett (vgl. Conover et al. 1981). Da der Test jedoch von der häufig verwendeten SPSS-Prozedur ONEWAY (auf Wunsch) durchgeführt wird, soll im nachfolgenden gezeigt werden, wie sich die vom Programm unter »Bartlett-Box F« (z.B. in Tab. 9.A, Diehl & Arbinger 1989) ausgegebene Prüfgröße bestimmen läßt. Die Schritte zum Test von H_0 sind im einzelnen:

- Test: *Bartlett-Box-Test*
- Zweck: Prüfung, ob zwischen den Varianzen von drei oder mehr unabhängigen Stichproben statistisch signifikante Unterschiede bestehen.
- Voraussetzungen: Normalverteilte Werte in $POP_1 \ldots POP_J$, unabhängige Stichproben.
- H_0: $\sigma_1^2 = \sigma_2^2 = \ldots = \sigma_J^2$ H_1: Die σ_j^2 sind nicht alle gleich
- Festsetzung von α, Berechnung der Prüfgröße:

  <15.23> $F_B = \dfrac{FG_2 \cdot B}{FG_1 \cdot (D-B)}$ $FG_1 = J-1$ $FG_2 = (J+1)/(C-1)^2$

  Hierbei werden die Größen »B« und »C« entsprechend <15.19> und <15.20> berechnet. Der Wert von »D« bestimmt sich wie folgt:

  <15.24> $D = FG_2/[2 - C + (2/FG_2)]$

  Bei Gültigkeit von H_0 folgt die Stichprobenverteilung von F_B approximativ einer F-Verteilung mit FG_1 und FG_2 Freiheitsgraden.

- Entscheidung über die Nullhypothese: Zurückweisung von H_0, wenn $F_B > F_k$ ist. Der kritische Wert wird Tab. F entnommen. Er befindet sich dort im Schnittpunkt von Spalte »FG_1« und der durch »FG_2« und »α« definierten Zeile. Zum Aufsuchen von F_k wird ein nicht-ganzzahliger FG_2-Wert abgerundet.

Zur Demonstration der Durchführung des Bartlett-Box-Tests ziehen wir das im letzten Abschnitt verwendete Beispiel von Tab. 10.1 heran. Es war B = 15,6847 und C = 1,0223. Dann ist:

$FG_2 = 4/(1{,}0223 - 1)^2 = 8043{,}5963$

$D = 8043{,}5963/[2 - 1{,}0223 + (2/8043{,}5963)] = 8224{,}9680$ <15.24>

$F_B = (8043{,}5963 \cdot 15{,}6847)/[2 \cdot (8224{,}9680 - 15{,}6847)] = 7{,}684$ <15.23>

Wir prüfen bei $\alpha = 0{,}05$, $FG_1 = 2$ und $FG_2 = 1000$ (statt 8043). Als kritischer Wert ergibt sich dann $F_k = 3{,}005$. Die Nullhypothese wird zurückgewiesen. Es bestehen statistisch signifikante Unterschiede zwischen den Varianzen der Stichproben.

15.3.3 Der F_{max}-Test

Der von Hartley (1950) entwickelte F_{max}-Test zeichnet sich (z.B. gegenüber dem Bartlett-Test) durch die leichte Bestimmung seiner Prüfgröße aus. Er ist allerdings nur für gleiche Stichprobenumfänge konzipiert und ermöglicht aufgrund der vorliegenden Tabellen (David 1952) lediglich die Wahl zwischen den Signifikanzniveaus 0,05 und 0,01. Im Fall von zwei Stichproben ist der F_{max}-Test mit dem F-2V-Test identisch. Die Schritte zum Test von H_0 sind im einzelnen:

- Test: *F_{max}-Test*
- Zweck: Prüfung, ob zwischen den Varianzen von drei oder mehr unabhängigen Stichproben statistisch signifikante Unterschiede bestehen.
- Voraussetzungen: Normalverteilte Werte in $POP_1 \ldots POP_J$, unabhängige Stichproben, gleiche Stichprobenumfänge ($n_1 = n_2 = n$).
- H_0: $\sigma_1^2 = \sigma_2^2 = \ldots = \sigma_J^2$ H_1: Die σ_j^2 sind nicht alle gleich
- Festsetzung von α, Berechnung der Prüfgröße:

<15.25> $$F_{max} = \frac{V_{max}}{V_{min}} = \frac{\text{Größte der J Varianzen}}{\text{Kleinste Varianz}} \qquad FG = n-1$$

- Entscheidung über die Nullhypothese: Zurückweisung von H_0, wenn $F_{max} > F_{mk}$ ist. Der kritische Wert wird in Abhängigkeit von »α« dem oberen oder unteren Teil von Tab. J entnommen. Er befindet sich jeweils im Schnittpunkt der durch die Anzahl der Varianzen bestimmten Spalte »J« und der Zeile »FG«.

Nehmen wir an, uns interessiere aus inhaltlichen Gründen bei dem in Tab. 9.2 wiedergegebenen Beispiel, ob die verschiedenen Belohungsbedingungen zu unterschiedlicher Streuung bei den Leistungswerten geführt haben. Das Fehler-I-Risiko setzen wir auf $\alpha = 0{,}05$. Als Prüfwert ergibt sich:

$F_{max} = 15{,}818/8{,}750 = 1{,}808 \qquad FG = 11$

Tabelle J entnehmen wir für $\alpha = 0{,}05$, $J = 4$ und $FG = 10$ (statt 11) einen kritischen Wert von $F_{mk} = 5{,}67$. Die Nullhypothese wird beibehalten. Die zwischen den Varianzen bestehenden Unterschiede sind wahrscheinlich zufallsbedingt.

15.3.4 Der Cochran-JV-Test

Das von Cochran (1941) vorgestellte Verfahren ist speziell für Situationen konzipiert, in denen eine von J Varianzen deutlich größer als die übrigen Varianzwerte ist (Dixon & Massey 1983, S.360). Auch bei diesem Test liegen nur Tabellen für gleiche Stichprobenumfänge und die Signifikanzniveaus 0,05 und 0,01 vor (Eisenhart et al. 1947). Die Berechnung der Prüfgröße ist ähnlich einfach wie beim F_{max}-Test. Die Schritte zum Test von H_0 sind im einzelnen:

- Test: *Cochran-JV-Test* (JV = Vergleich von J Varianzen)
- Zweck: Prüfung, ob zwischen den Varianzen von drei oder mehr unabhängigen Stichproben statistisch signifikante Unterschiede bestehen.
- Voraussetzungen: Normalverteilte Werte in $POP_1 \ldots POP_J$, unabhängige Stichproben, gleiche Stichprobenumfänge ($n_1 = n_2 = n$).
- H_0: $\sigma_1^2 = \sigma_2^2 = \ldots = \sigma_J^2$ H_1: Die σ_j^2 sind nicht alle gleich
- Festsetzung von α, Berechnung der Prüfgröße:

<15.27> $$C = \frac{V_{max}}{\Sigma V_j} = \frac{\text{Größte Varianz}}{\text{Summe der J Varianzen}} \qquad FG = n-1$$

- Entscheidung über die Nullhypothese: Zurückweisung von H_0, wenn $C > C_k$ ist. Der kritische Wert wird in Abhängigkeit von »α« dem oberen oder unteren Teil von Tab. K entnommen. Er befindet sich jeweils im Schnittpunkt der durch die Anzahl der Varianzen bestimmten Spalte »J« und der Zeile »FG«.

Wir wollen auch mit dem Cochran-JV-Test die im letzten Abschnitt für die Daten von Tab. 9.2 gestellte Frage untersuchen (α = 0,05). Als Prüfwert ergibt sich:

C = 15,818/(8,750 + 15,818 + 14,750 + 12,061) = 0,3079

Tabelle K entnehmen wir für α = 0,05, J = 4 und FG = 10 (statt 11) einen kritischen Wert von C_k = 0,4884. Die Nullhypothese wird beibehalten. Die Varianzen unterscheiden sich nicht signifikant.

15.4 Drei oder mehr unabhängige Stichproben: (Relativ) robuste Verfahren zum Test der Hypothese »$\sigma_1^2 = \sigma_2^2 = \ldots = \sigma_J^2$«

Wenn nicht mit hinreichender Sicherheit davon ausgegangen werden kann, daß die Werteverteilungen der J Populationen jeweils normal sind, dann sollte eines der nachfolgend beschriebenen Verfahren zur Untersuchung der Frage herangezogen werden, ob zwischen den Stichprobenvarianzen statistisch signifikante Unterschiede bestehen. Wie bereits ausgeführt wurde, ist dabei der Test von Brown & Forsythe das robustere Verfahren. Ihm wäre deshalb im konkreten Fall der Vorzug zu geben.

Erfolgt die Auswertung der Daten mittels BMDP, kann allerdings auch auf die von der Prozedur P7D ausgegebenen Ergebnisse des Levene-Tests zurückgegriffen

TABELLE 15.3 Zusammenstellung der für den Levene-JV-Test benötigten Größen. Daten von Tabelle 10.1 bzw. 15.4.

$n_1 = 20$	$n_1^- = 9$	$n_1^+ = 11$	$A_1^- = 251$	$A_1^+ = 362$	$A_1 = 613$	$B_1 = 18989$
$n_2 = 22$	$n_2^- = 13$	$n_2^+ = 9$	$A_2^- = 254$	$A_2^+ = 277$	$A_2 = 531$	$B_2 = 13857$
$n_3 = 21$	$n_3^- = 10$	$n_3^+ = 8$	$A_3^- = 222$	$A_3^+ = 228$	$A_3 = 525$	$B_3 = 13371$

$D_1 = 30{,}650 \cdot (9-11) + 362 - 251 = 49{,}700$ $\quad DAM_1 = 49{,}700/20 = 2{,}485$

$D_2 = 24{,}136 \cdot (13-9) + 277 - 254 = 119{,}544$ $\quad DAM_2 = 119{,}544/22 = 5{,}434$

$D_3 = 25{,}000 \cdot (10-8) + 228 - 222 = 56{,}000$ $\quad DAM_3 = 56{,}000/21 = 2{,}667$

$E_1 = 20 \cdot 30{,}650^2 + 18989 - 2 \cdot 30{,}650 \cdot 613 = 200{,}550$ $\quad M_1 = 30{,}650 \quad V_1 = 10{,}555$

$E_2 = 22 \cdot 24{,}136^2 + 13857 - 2 \cdot 24{,}136 \cdot 531 = 1040{,}591$ $\quad M_2 = 24{,}136 \quad V_2 = 49{,}552$

$E_3 = 21 \cdot 25{,}000^2 + 13371 - 2 \cdot 25{,}000 \cdot 525 = 246{,}000$ $\quad M_3 = 25{,}000 \quad V_3 = 12{,}300$

werden - sofern die Werteverteilungen in den J Stichproben nicht wesentlich von der Symmetrie abweichen. Denn in diesen Fällen ist jeweils $M_j \approx Md_j$, so daß die Prüfgrößen beider Tests und die Entscheidungen über H_0 gleich oder sehr ähnlich ausfallen. Eine gesonderte Durchführung des Brown-Forsythe-Tests wäre dann nicht erforderlich.

15.4.1 Der Levene-JV-Test

Beim Levene-Test zum Vergleich von J unabhängigen Varianzen geht man wieder entsprechend <15.4> von den absoluten Abweichungen der Meßwerte vom jeweiligen Stichprobenmittel aus ($U_{ij} = |X_{ij} - M_j|$). Mit diesen U-Werten wird im jetzigen Fall von mehr als zwei Gruppen die in Kapitel 9 beschriebene einfaktorielle Varianzanalyse durchgeführt. Der Test prüft somit im Grunde, ob zwischen J *Durchschnittlichen Abweichungen vom Mittel (DAM)* statistisch signifikante Unterschiede bestehen.

Als erstes werden für den Levene-Test in jeder Gruppe die Summen D_j und E_j gemäß <15.5> und <15.6> sowie die Durchschnittliche Abweichung (DAM_j) entsprechend <15.7> berechnet. Wir wollen dies am Beispiel von Tab. 10.1 demonstrieren. Dessen Daten sind in Tab. 15.4 noch einmal in Form von primären Häufigkeitsverteilungen dargestellt. Eine derartige Anordnung ist allerdings nur für den Brown-Forsythe-JV-Test (zur Bestimmung der Gruppenmediane) erforderlich. Beim Levene-JV-Test kann auch von der Urliste der Daten ausgegangen werden. Die Berechnung von D_j, E_j und DAM_j wurde in Abschnitt 15.2.2 erläutert. Für das jetzige Beispiel ergeben sich die in Tab. 15.3 zusammengestellten Werte. Die Schritte zur Prüfung von H_0 sind im einzelnen:

- Test: *Levene-JV-Test* (JV = Vergleich von J Varianzen)
- Zweck: Prüfung, ob zwischen den Varianzen von drei oder mehr unabhängigen Stichproben statistisch signifikante Unterschiede bestehen.
- Voraussetzungen (entsprechen denen der einfaktoriellen Varianzanalyse): Unabhängige Stichproben, normalverteilte Werte in $POP_1 \ldots POP_J$, gleiche Populationsvarianzen. Die Verteilungsannahmen beziehen sich auf die U-Werte.
- H_0: "$\sigma_1^2 = \sigma_2^2 = \ldots = \sigma_J^2$" $\quad$ H_1: "Die σ_j^2 sind nicht alle gleich"

  Diese Hypothesen werden allerdings nur indirekt geprüft; aus diesem Grund sind sie in Anführungsstriche gesetzt. Eigentlich testet das Verfahren die Nullhypothese »$DAM_{p1} = DAM_{p2} = \ldots = DAM_{pJ}$«.
- Festsetzung von α, Berechnung der Prüfgröße. Die Prüfgröße entspricht dem varianzanalytischen F-Quotienten <9.37>:

  <15.28> $$F_L = \frac{SAQ_Z/(J-1)}{SAQ_I/(N-J)} \qquad FG_1 = J-1 \qquad FG_2 = N-J \qquad N = \Sigma n_j$$

  Die Abweichungsquadratsummen werden im jetzigen Fall von U-Werten wie folgt bestimmt (Berechnung von D_j und E_j gemäß <15.5> und <15.6>):

  <15.29> $$SAQ_Z = \Sigma D_j^2/n_j - (\Sigma D_j)^2/N \qquad <j = 1 \ldots J>$$

  <15.30> $$SAQ_I = \Sigma E_j - \Sigma D_j^2/n_j$$
- Entscheidung über die Nullhypothese: Zurückweisung von H_0, wenn $F_L > F_k$ ist. Der kritische Wert wird Tab. F entnommen. Er befindet sich dort im Schnittpunkt von Spalte »FG_1« und der durch »FG_2« und »α« definierten Zeile.

Die Frage, ob zwischen den Varianzen der drei Gruppen von Tab. 15.3 bedeutsame Unterschiede bestehen, wollen wir mit einem Fehler-I-Risiko von $\alpha = 0{,}05$ prüfen. Bei Einsetzen der Werte von Tab. 15.3 in <15.29> und <15.30> ergibt sich für die Abweichungsquadratsummen und die Prüfgröße <15.28>:

$$SAQ_Z = 49{,}700^2/20 + 119{,}544^2/22 + 56{,}000^2/21 - (49{,}700 + 119{,}544 + 56{,}000)^2/63 = 117{,}103$$

$$SAQ_I = 200{,}550 + 1040{,}591 + 246{,}000 - 49{,}700^2/20 - 119{,}544^2/22 - 56{,}000^2/21 = 564{,}723$$

$$F = (117{,}103/2)/(564{,}723/60) = 6{,}221$$

Für $FG_1 = 2$, $FG_2 = 60$ und $\alpha = 0{,}05$ ist $F_k = 3{,}150$. H_0 wird zurückgewiesen. Zwischen den Gruppenvarianzen bestehen statistisch signifikante Unterschiede.

15.4.2 Der Brown-Forsythe-JV-Test

Beim Brown-Forsythe-Test zum Vergleich von J unabhängigen Varianzen geht man entsprechend <15.9> von den absoluten Abweichungen der Meßwerte vom jeweiligen Gruppenmedian aus ($Y_{ij} = |X_{ij} - Md_j|$). Mit diesen Werten wird dann (wie beim

TABELLE 15.4 Primäre Häufigkeitsverteilung der Daten von Tabelle 10.1. Zusammenstellung der für den Brown-Forsythe-JV-Test benötigten Größen.

X	f	cum_f	$cum_{f\%}$	$X \cdot f$	Md	M	Berechnungen für den Brown-Forsythe-Test
24	1	1	5,0	24	-	-	$Md_1 = 30,5 + [(20/2 - 9)/4] = 30,750$
26	1	2	10,0	26	-	-	
27	1	3	15,0	27	-	-	$n_1^- = 9 \quad n_1^+ = 11 \quad n_1 = 20$
28	2	5	25,0	56	-	-	
29	2	7	35,0	58	-	-	$A_1^- = 251 \quad A_1^+ = 362 \quad A_1 = 613 \quad B_1 = 18989$
30	2	9	45,0	60	-	-	
*31	4	13	65,0	124	+	+	$D_1 = 30,750 \cdot (9-11) + 362 - 251 = 49,500$
32	2	15	75,0	64	+	+	
33	1	16	80,0	33	+	+	$E_1 = 20 \cdot 30,750^2 + 18989 - 2 \cdot 30,750 \cdot 613$
34	2	18	90,0	68	+	+	$= 200,750$
36	1	19	95,0	36	+	+	
37	1	20	100,0	37	+	+	$DAMD_1 = 49,500/20 = 2,475 \quad V_1 = 10,555$
12	1	1	4,5	12	-	-	$Md_2 = 23,5 + [(22/2 - 10)/3) = 23,833$
14	1	2	9,1	14	-	-	
15	2	4	18,2	30	-	-	$n_2^- = 10 \quad n_2^+ = 12 \quad n_2 = 22$
17	1	5	22,7	17	-	-	
20	1	6	27,3	20	-	-	$A_2^- = 182 \quad A_2^+ = 349 \quad A_1 = 531 \quad B_2 = 13857$
21	1	7	31,8	21	-	-	
22	1	8	36,4	22	-	-	$D_2 = 23,833 \cdot (10-12) + 349 - 182 = 119,334$
23	2	10	45,5	46	-	-	
*24	3	13	59,1	72	+	-	$E_2 = 22 \cdot 23,833^2 + 13857 - 2 \cdot 23,833 \cdot 531$
25	1	14	63,6	25	+	+	$= 1042,616$
26	1	15	68,2	26	+	+	
28	1	16	72,7	28	+	+	$DAMD_2 = 119,334/22 = 5,424 \quad V_2 = 49,552$
30	2	18	81,8	60	+	+	
32	1	19	86,4	32	+	+	
33	1	20	90,9	33	+	+	
35	1	21	95,5	35	+	+	
38	1	22	100,0	38	+	+	
19	1	1	4,8	19	-	-	$Md_3 = 24,5 + [(21/2 - 10)/3] = 24,667$
20	1	2	9,5	20	-	-	
21	1	3	14,3	21	-	-	$n_3^- = 10 \quad n_3^+ = 11 \quad n_3 = 21$
22	2	5	23,8	44	-	-	
23	2	7	33,3	46	-	-	$A_3^- = 222 \quad A_3^+ = 303 \quad A_3 = 525 \quad B_3 = 13371$
24	3	10	47,6	72	-	-	
*25	3	13	61,9	75	+	=	$D_3 = 24,667 \cdot (10-11) + 303 - 222 = 56,333$
26	2	15	71,4	52	+	+	
27	1	16	76,2	27	+	+	$E_3 = 21 \cdot 24,667^2 + 13371 - 2 \cdot 24,667 \cdot 525$
28	2	18	85,7	56	+	+	$= 248,329$
29	1	19	90,5	29	+	+	
31	1	20	95,2	31	+	+	$DAMD_3 = 56,333/21 = 2,683 \quad V_3 = 12,300$
33	1	21	100,0	33	+	+	

Levene-Test im letzten Abschnitt) eine einfaktorielle Varianzanalyse durchgeführt. Das Verfahren prüft somit im Grunde, ob zwischen J *Durchschnittlichen Abweichungen vom Median (DAMD)* statistisch signifikante Unterschiede bestehen.

Als erstes werden für den Brown-Forsythe-2V-Test in jeder Stichprobe die Summen D_j und E_j gemäß <15.10> und <15.11> sowie die Durchschnittliche Abweichung ($DAMD_j$) entsprechend <15.12> bestimmt. Die Einzelheiten des Vorgehens wurden in Abschnitt 15.2.3 erläutert. Zur Demonstration der Berechnungen ziehen wir wieder die in Tab. 15.4 als primäre Häufigkeitsverteilungen wiedergegeben Daten des Beispiels von Tab. 10.1 heran. Der rechte Teil von Tab. 15.4 enthält die interessierenden D_j-, E_j- und $DAMD_j$-Werte. Die Schritte zum Test von H_0 sind im einzelnen:

- Test: *Brown-Forsythe-JV-Test* (JV = Vergleich von J Varianzen)
- Zweck: Prüfung, ob zwischen den Varianzen von drei oder mehr unabhängigen Stichproben statistisch signifikante Unterschiede bestehen.
- Voraussetzungen (entsprechen denen der einfaktoriellen Varianzanalyse): Unabhängige Stichproben, normalverteilte Werte in $POP_1 \ldots POP_J$, gleiche Populationsvarianzen. Die Verteilungsannahmen beziehen sich auf die Y-Werte.
- H_0: "$\sigma_1^2 = \sigma_2^2 = \ldots = \sigma_J^2$" H_1: "Die σ_j^2 sind nicht alle gleich"

  Diese Hypothesen werden allerdings nur indirekt geprüft; aus diesem Grund sind sie in Anführungsstriche gesetzt. Eigentlich testet das Verfahren die Nullhypothese »$DAMD_{p1} = DAMD_{p2} = \ldots = DAMD_{pJ}$«.
- Festsetzung von α, Berechnung der Prüfgröße. Die Prüfgröße entspricht dem varianzanalytischen F-Quotienten <9.37>:

  <15.31> $$F_B = \frac{SAQ_Z/(J-1)}{SAQ_I/(N-J)} \qquad FG_1 = J-1 \qquad FG_2 = N-J \qquad N = \Sigma n_j$$

  Die Abweichungsquadratsummen werden im jetzigen Fall von Y-Werten wie folgt bestimmt (Berechnung von D_j und E_j gemäß <15.10> und <15.11>):

  <15.32> $$SAQ_Z = \Sigma D_j^2/n_j - (\Sigma D_j)^2/N \qquad <j = 1 \ldots J>$$

  <15.33> $$SAQ_I = \Sigma E_j - \Sigma D_j^2/n_j$$
- Entscheidung über die Nullhypothese: Zurückweisung von H_0, wenn $F_B > F_k$ ist. Der kritische Wert wird Tab. F entnommen. Er befindet sich dort im Schnittpunkt von Spalte »FG_1« und der durch »FG_2« und »α« definierten Zeile.

Bei der Frage, ob zwischen den Varianzen der drei Musikbedingungen bedeutsame Unterschiede bestehen, wählen wir wieder ein Signifikanzniveau von $\alpha = 0{,}05$. Durch Einsetzen der Werte aus Tab. 15.4 in <15.32> und <15.33> erhalten wir für die Abweichungsquadratsummen und die Prüfgröße <15.31>:

$$SAQ_Z = 49{,}500^2/20 + 119{,}334^2/22 + 56{,}333^2/21 - (49{,}500 + 119{,}334 + 56{,}333)^2/63$$
$$= 116{,}163$$

$SAQ_I = 200{,}750 + 1042{,}616 + 248{,}329 - 49{,}500^2/20 - 119{,}334^2/22 - 56{,}333^2/21$
$= 570{,}768$

$F = (116{,}163/2)/(570{,}768/60) = 6{,}106$

Für $FG_1 = 2$, $FG_2 = 60$ und $\alpha = 0{,}05$ ist $F_k = 3{,}150$. Die Nullhypothese wird zurückgewiesen. Zwischen den Varianzen der drei Gruppen bestehen statistisch signifikante Unterschiede.

Da bei unserem Beispiel die Verteilungen in den drei Stichproben nur geringfügig von der Symmetrie abweichen (vgl. Tab. 10.1) und somit die Gruppenmittel mit den -medianen fast identisch sind, führen die Tests von Levene und Brown & Forsythe auch zu praktisch gleichen Ergebnissen ($F_L = 6{,}221$ vs. $F_B = 6{,}106$).

Da es sich bei dem Test von Brown & Forsythe (1974c) um die in Kapitel 9 vorgestellte einfaktorielle Varianzanalyse handelt, wird wie bei dieser gefordert, daß die Populationen, denen die J Stichproben entstammen, normalverteilt sind und die gleiche Varianz aufweisen. Diese Bedingungen können im konkreten Fall mehr oder minder stark verletzt sein. Es empfiehlt sich deshalb, sowohl die Verteilungen der Y-Werte in den Stichproben als auch die Unterschiede zwischen deren Varianzen hinsichtlich möglicher Abweichungen von der Normalität und Homogenität zu prüfen. Die Varianz von Gruppe j (V_{yj}) kann dabei entsprechend Formel <15.15> berechnet werden. Ergeben sich bedeutsame Unterschiede zwischen den Gruppenvarianzen, dann sollte statt der "normalen" Varianzanalyse eines der in Kapitel 10 besprochenen Verfahren herangezogen werden.

15.5 Paarweise Vergleiche von J unabhängigen Varianzen

Wenn im Fall von mehr als zwei Stichproben die Hypothese »$\sigma_1^2=\sigma_2^2=\ldots=\sigma_J^2$« mit einem der in den Abschnitten 15.3 und 15.4 besprochenen Verfahren zurückgewiesen werden konnte, dann interessiert bei inhaltlich abgeleiteten Varianzhypothesen meist weiterhin, welche der J Varianzen sich signifikant voneinander unterscheiden. Für derartige (paarweise) multiple Vergleiche wurden nun zum einen Verfahren konzipiert, die auf den Prüfgrößen der klassischen Varianztests wie Hartleys F_{max} oder Cochrans C basieren. Sie weisen jedoch erwartungsgemäß auch deren Empfindlichkeit gegenüber Verletzungen der Normalitätsbedingung auf (Levy 1975ab; Ryan 1960; Tietjen & Beckman 1972). Da dadurch ihre Einsatzmöglichkeiten relativ beschränkt sind, soll auf eine Darstellung verzichtet werden.

Gegenüber Nicht-Normalität robustere Verfahren lassen sich dagegen aus dem Konzept der Tests von Levene (1960) und Brown & Forsythe (1974c) unmittelbar ableiten. Denn wenn es möglich war, die umfassende Hypothese $H_0:\sigma_1^2=\sigma_2^2=\ldots=\sigma_J^2$ durch eine Varianzanalyse der Y-Werte zu prüfen, dann ist es gleichfalls sinnvoll, mit nachgeschalteten Verfahren für multiple Mittelwertsvergleiche im weiteren zu prüfen, welche der J Varianzen signifikant voneinander verschieden sind. Wir können somit die in Kapitel 11 vorgestellten Tests für die Lösung des jetzigen Problems heranziehen.

Zur Demonstration wollen wir an den Daten von Tab. 15.4 mit dem in Abschnitt 11.6 besprochenen Tukey-Kramer-Test untersuchen, ob zwischen den Varianzen der Bedingungen *Popmusik* und *Klassik* ein statistisch signifikanter Unterschied besteht. Es geht somit um die Prüfung von $H_0: \sigma_2^2 = \sigma_3^2$. Auf den jetzigen Fall von Y-Werten übertragen lautet Formel <11.11>:

$$\langle 15.34\rangle \quad Q^* = \frac{|DAMD_j - DAMD_{j'}|}{\sqrt{[MQ_I \cdot (1/n_j - 1/n_{j'})/2]}} \qquad FG = N-J$$

Bei unseren Daten ist $MQ_I = 570{,}768/60 = 9{,}513$. Durch Einsetzen in <15.34> erhalten wir: $Q^* = |5{,}424 - 2{,}683|/\sqrt{[9{,}513 \cdot (1/22 + 1/21)/2]} = 4{,}120$. Bei $\alpha_F = 0{,}05$, $J = 3$ und $FG = 60$ ist $Q_k = 3{,}399$ (Tab. H). Der Unterschied zwischen den Varianzen beider Bedingungen ist statistisch signifikant.

Der Tukey-Kramer-Test sollte allerdings nur herangezogen werden, wenn zwischen den Varianzen der Y-Werte keine bedeutsamen Unterschiede bestehen. Ist eine derartige Homogenität nicht gegeben, empfiehlt es sich, die paarweisen Varianzvergleiche mit dem in Abschnitt 11.8 besprochenen Games-Howell-Test vorzunehmen. Dies wäre in unserem Fall geraten gewesen.

15.6 Prüfung von Varianzhypothesen bei faktoriellen Plänen mit unabhängigen Stichproben

Die Methoden von Levene (1960) und Brown & Forsythe (1974c) bieten die Möglichkeit, auch in Versuchsanlagen mit zwei (oder mehr) unabhängigen Variablen die Haupt- und Interaktionswirkungen der Faktoren auf die Streuung der Werte in der abhängigen Variablen zu untersuchen (O'Brien 1978; Games et al. 1979). Wir wollen das Vorgehen an dem in Kapitel 12 vorgestellten 2x3-faktoriellen Plan erläutern.

Beim Levene-Test wird als erstes für jede Person die absolute Abweichung vom Mittel ihrer Zelle gebildet, beim Brown-Forsythe-Test die absolute Abweichung vom Zellenmedian:

$$\langle 15.35\rangle \quad U_{ijk} = |X_{ijk} - M_{jk}| \qquad \textit{Levene}$$

$$\langle 15.36\rangle \quad Y_{ijk} = |X_{ijk} - Md_{jk}| \qquad \textit{Brown \& Forsythe}$$

Mit den so generierten Variablen »U« und »Y« wird dann jeweils eine zweifaktorielle Varianzanalyse durchgeführt. Hierbei finden die SAQ-Formeln von Abschnitt 12.3 Anwendung. Beide Tests versehen wir im folgenden mit dem Zusatz »JKV«, um kenntlich zu machen, daß in einem JxK-faktoriellen Plan (Zeilen-, Spalten- und Zellen-)Varianzen untersucht werden.

Die Nullhypothesen, die mit den Verfahren geprüft werden sollen, lassen sich leicht veranschaulichen, wenn man in Tab. 12.3 die Symbole »μ« jeweils durch »σ^2« ersetzt. Die Hypothese zum Haupteffekt des Spaltenfaktors lautet dann z.B.: $H_0: \sigma_{*1}^2 = \sigma_{*2}^2 = \ldots = \sigma_{*K}^2$ (vgl. Abschnitt 12.2.3). Diese Hypothese wird allerdings wieder indirekt getestet, denn eigentlich entscheiden beide Verfahren

TABELLE 15.5 Zellenmittel und -mediane für die Daten von Tabelle 12.1 zur Bildung der Variablen $U = |X - M_{jk}|$ und $Y = |X - Md_{jk}|$. Zellen-, Zeilen- und Spaltenmitel von »U« und »Y« (DAM bzw. DAMD). Standardabweichungen der U- und Y-Werte in den JxK Zellen.

[A] Lehrmethode

LNiveau		Kon.	Lpr.	Vpr.	
Hoch	DAM	3,45	3,41	3,31	3,39
	S_u	2,49	2,33	2,38	
Nied	DAM	3,56	2,99	3,03	3,19
	S_u	2,61	2,66	2,59	
	DAM	3,51	3,20	3,17	
	Zellen-	32,733	35,067	32,400	
	mittel	23,467	26,733	31,533	

[B] Lehrmethode

LNiveau		Kon.	Lpr.	Vpr.	
Hoch	DAMD	3,40	3,36	3,28	3,35
	S_y	2,67	2,53	2,45	
Nied	DAMD	3,56	2,93	3,02	3,17
	S_y	2,62	2,74	2,60	
	DAMD	3,48	3,14	3,15	
	Zellen-	32,000	34,333	32,750	
	mediane	23,333	27,000	31,667	

(im Hinblick auf die Haupteffekte der Faktoren), ob Unterschiede zwischen den *Durchschnittlichen Abweichungen* der Spalten- oder Zeilenpopulationen bestehen. Insofern müßten die »μ« in Tab. 12.3 genau genommen durch die entsprechenden »DAM_p« bzw. »$DAMD_p$« ersetzt werden.

Tabelle 15.5 enthält im unteren Teil die Zellenmittel und -mediane für die Daten von Tab. 12.1. Bildet man davon ausgehend die U- und Y-Werte entsprechend <15.35> bzw. <15.36>, dann weisen diese die im oberen Tabellenteil unter »DAM« bzw. »DAMD« zusammengestellten Zeilen-, Spalten- und Zellenmittel auf. Bezogen auf diese Größen wird nun mit dem Brown-Forsythe-JKV-Test z.B. geprüft, ob zwischen den Durchschnittlichen Abweichungen der Spalten (3,48; 3,14; 3,15) statistisch signifikante Unterschiede bestehen.

Die Durchführung beider Tests erfolgte mit der BMDP-Prozedur P7D (Bollinger et al. 1983, Kap. 5.7; Dixon et al. 1985, Kap. 9.2). Erläuterungen zur P7D-Ausgabe enthält das Beiheft unter "Kapitel 12" (Diehl & Arbinger 1989). Die Levene-Test-Variable »U« wurde dabei (in Zelle 1;2) wie folgt erzeugt: IF (LEISTNIV EQ 1 AND LEHRMET EQ 2) THEN U = ABS(X - 35,067).

Das Ergebnis der zweifaktoriellen Varianzanalyse mit »U« ist in Tab. 15.6 unter <1> wiedergegeben. Die Ergebnisse des Brown-Forsythe-JKV-Tests sind mit <2> und <3> gekennzeichnet. Dabei kann zur Hypothesenprüfung auf die P(F)-Werte der "normalen" zweifaktoriellen Varianzanalyse bei <2> zurückgegriffen werden, wenn die Zellenvarianzen der Variablen »Y« keine bedeutsamen Unterschiede aufweisen. Dies ist bei unseren Daten der Fall (vgl. die Werte der Standardabweichungen S_y in Tab. 15.5). Falls keine derartige Varianzhomogenität gegeben ist, sollte die Entscheidung über die Nullhypothesen anhand der unter <3> ausgegeben Wahrscheinlichkeiten erfolgen.

Da bei unseren Daten die Verteilungen der X-Werte in den Zellen nur geringfügig von der Symmetrie abweichen (vgl. Abb. 12.1), führen Levene- und Brown-

TABELLE 15.6 Ergebnisse des Levene-JKV-Tests <1>, Brown-Forsythe-JKV-Tests <2;3> sowie des Brown-Forsythe-JV-Tests <4;5> mit den Daten von Tabelle 12.1. Ausgabe des BMDP-Programms P7D.

<1> ANALYSIS OF VARIANCE »LEVENE-JKV-TEST«					TAIL
SOURCE	SUM OF SQUARES	DF	MEAN SQUARE	F VALUE	PROBAB
LEISTNIV	0.8602	1	0.8602	0.14	0.7130
LEHRMET	2.0906	2	1.0453	0.17	0.8477
INTERACTION	1.1747	2	0.5873	0.09	0.9113
ERROR	530.4598	84	6.3150		
<2> ANALYSIS OF VARIANCE »BROWN-FORSYTHE-JKV-TEST«					TAIL
SOURCE	SUM OF SQUARES	DF	MEAN SQUARE	F VALUE	PROBAB
LEISTNIV	0.6964	1	0.6964	0.10	0.7494
LEHRMET	2.1681	2	1.0840	0.16	0.8526
INTERACTION	1.3333	2	0.6667	0.10	0.9065
ERROR	569.7500	84	6.7827		
<3> ANALYSIS OF VARIANCE; VARIANCES ARE NOT ASSUMED TO BE EQUAL					
LEISTNIV		1, 83		0.10	0.7494
LEHRMET		2, 83		0.16	0.8526
INTERACTION		2, 83		0.10	0.9065
<4> ANALYSIS OF VARIANCE »BROWN-FORSYTHE-JV-TEST«					TAIL
SOURCE	SUM OF SQUARES	DF	MEAN SQUARE	F VALUE	PROBAB
JKZELLEN	4.1978	5	0.8396	0.12	0.9867
ERROR	569.7500	84	6.7827		
<5> EQUALITY OF MEANS TESTS; VARIANCES ARE NOT ASSUMED TO BE EQUAL					
WELCH		5, 39		0.11	0.9893
BROWN-FORSYTHE		5, 84		0.12	0.9867

Forsythe-JKV-Test auch zu fast gleichen Ergebnissen. Bei einem $\alpha = 0{,}05$ ergibt sich in beiden Fällen weder ein signifikanter Haupteffekt noch eine bedeutsame Wechselwirkung der Faktoren. Die verschiedenen Lehrmethoden und Leistungsniveaus haben somit weder allein noch in Interaktion zu signifikant unterschiedlicher Variation im Lernerfolg geführt (was aufgrund der Ähnlichkeit der V_{jk}-Werte in Tab. 12.2 auch zu vermuten war).

Die Untersuchung der Varianzen eines zweifaktoriellen Plans mittels Levene- oder Brown-Forsythe-JKV-Test ist allerdings nur erforderlich, wenn inhaltlich abgeleitete Hypothesen zur Wirkung der Faktoren auf die Streuung der Werte in der abhängigen Variablen vorliegen. Soll dagegen lediglich geprüft werden, ob die Voraussetzung »Alle $\sigma^2_{jk} = \sigma^2_I$« einer geplanten zweifaktoriellen Varianzanalyse der X-Werte (wahrscheinlich) erfüllt ist, dann empfiehlt sich ein einfaktorieller Vergleich der J·K Zellenvarianzen, d.h. die Durchführung eines Levene- oder Brown-Forsythe-JV-Tests mit den gemäß <15.35> oder <15.36> erzeugten U- bzw. Y-Werten.

Die hierbei für den Brown-Forsythe-JV-Test von P7D ausgegebenen Ergebnisse finden sich in Tab. 15.6 unter <4> und <5>. Der P(F)-Wert von <5> sollte zur Beurteilung der Hypothese »Alle $\sigma_{jk}^2 = \sigma_I^2$« herangezogen werden, wenn die Zellenvarianzen der Variablen »Y« bedeutsame Unterschiede aufweisen (was bei unseren Daten nicht der Fall ist). Da der P-Wert bei <4> deutlich größer als α = 0,20 ist, wird H_0 beibehalten. Wir kommen zu dem Schluß, daß die Homogenitätsbedingung für eine zweifaktorielle Varianzanalyse der X-Werte (wahrscheinlich) erfüllt ist.

Im konkreten Fall sollte dem robusteren Brown-Forsythe-JKV-Test der Vorzug gegeben werden. Wenn die Verteilungen der X-Werte in den Zellen jedoch hinreichend symmetrisch sind, kann bei Datenanalyse mittels BMDP (der Einfachheit halber) auch auf die von der Prozedur P7D ausgegeben Ergebnisse des Levene-JKV-Test zurückgegriffen werden, weil bei derartigen Verteilungsbedingungen beide Tests zu gleichen oder zumindest ähnlichen Ergebnissen führen. Da beide Verfahren faktorielle Varianzanalysen darstellen, sind sie natürlich auch bei ungleichen Zellenbesetzungen zur Prüfung von Varianzhypothesen einsetzbar. Es finden dann die in Kapitel 13 besprochenen Methoden Anwendung.

15.7 Zwei abhängige Stichproben: Test der Hypothese »$\sigma_1^2=\sigma_2^2$«

In Kapitel 7 haben wir gesehen, daß der T-Test zur Prüfung der Differenz zweier abhängiger Mittelwerte nicht voraussetzt, daß die Populationen, denen die Stichproben entstammen, die gleiche Varianz haben. Aus diesem Grunde dürfte die Frage, ob sich die Varianzen von zwei abhängigen Gruppen statistisch signifikant unterscheiden, in der Regel inhaltlich begründet sein. Die Prüfung von $H_0: \sigma_1^2=\sigma_2^2$ kann bei korrelierenden Stichproben mit einem von Morgan (1939) und Pitman (1939) vorgestellten Test erfolgen. Die Schritte zur Entscheidung über H_0 sind im einzelnen:

- Test: *T-2V-Test* (2V = Vergleich von 2 Varianzen)
- Zweck: Prüfung, ob sich die Varianzen von zwei abhängigen Stichproben statistisch signifikant unterscheiden.
- Voraussetzungen: Normalverteilte Werte in POP_1 und POP_2, abhängige (korrelierende) Stichproben.
- H_0: $\sigma_1^2 = \sigma_2^2$ H_1: $\sigma_1^2 \neq \sigma_2^2$ *Zweiseitiger Test*
  H_0: $\sigma_1^2 = \sigma_2^2$ H_1: $\sigma_1^2 < \sigma_2^2$ oder H_1: $\sigma_1^2 > \sigma_2^2$ *Einseitiger Test*
- Festsetzung von α, Berechnung der Prüfgröße:

<15.37> $$|T_V| = \frac{|V_1 - V_2|}{\sqrt{[4\cdot V_1\cdot V_2\cdot(1 - r_{12}^2)/(n-2)]}} \qquad FG = n-2$$

Hierbei ist »n« die Anzahl der Wertepaare und »r_{12}« die Korrelation beider Wertereihen. Die Stichprobenverteilung von T_V folgt unter H_0 einer T-Verteilung mit n-2 Freiheitsgraden. Über diese Verteilung läßt sich somit bestimmen, wie wahrscheinlich es bei Gültigkeit von H_0 ist, daß ein Varianzunterschied $D_V \geq |V_1-V_2|$ auftritt.

Beim einseitigen Test ist die Berechnung von T_V nur erforderlich, wenn das Vorzeichen der Differenz V_1-V_2 dem in der Alternativhypothese für $\sigma_1^2-\sigma_2^2$ behaupteten Vorzeichen entspricht. Anderenfalls wird wird H_0 beibehalten.

- Entscheidung über die Nullhypothese: Zurückweisung von H_0, wenn $T_V > T_k$ ist. Beim zweiseitigen (einseitigen) Test wird zur Bestimmung von T_k in Tab. E in der Kopfzeile (Fußzeile) vom gewählten »α« ausgegangen. Im Schnittpunkt dieser Spalte mit der Zeile »FG« steht der gesuchte Wert.

Die Durchführung des T-2V-Tests wollen wir an den Daten von Tab. 7.3 demonstrieren. Es soll untersucht werden, ob die beiden Arten der Darbietung von Ernährungsinformation zu unterschiedlicher Streuung in der abhängigen Variablen geführt haben. Wir testen zweiseitig bei $\alpha = 0,05$. Als Prüfwert ergibt sich gemäß <15.37>:

$|T_V| = |18,410 - 35,522|/\sqrt{[4 \cdot 18,410 \cdot 35,522 \cdot (1 - 0,7066^2)/(15-2)]} = 1,705$

Für $\alpha = 0,05$-zs und FG = 13 ist $T_k = 2,160$. Die Nullhypothese wird beibehalten. Die beiden Darbietungsformen haben nicht zu signifikant unterschiedlicher Varianz im erworbenen Ernährungswissen geführt.

Da der Test von H_0 unter Verwendung von T_V auf der Stichprobenverteilung der Varianz bzw. der Differenz zweier (abhängiger) Varianzen basiert, haben wir es wieder mit einem Verfahren zu tun, das sehr empfindlich auf Verletzungen der in den Populationen vorausgesetzten Normalverteilung reagiert. Alternative (robuste) Methoden zur Prüfung von $H_0:\sigma_1^2=\sigma_2^2$ - vergleichbar dem Brown-Forsythe-2V-Test bei unabhängigen Gruppen - stehen jedoch z. Zt. für abhängige Stichproben noch nicht zur Verfügung.

15.8 Drei oder mehr abhängige Stichproben: Test der Hypothese »$\sigma_1^2=\sigma_2^2=\ldots=\sigma_J^2$«

Bei mehr als zwei abhängigen Gruppen stehen dem Statistik-Anwender zur Untersuchung der Frage, ob zwischen den J Varianzen statistisch signifikante Unterschiede bestehen, wesentlich eingeschränktere Möglichkeiten zur Verfügung als im Fall von unabhängigen Stichproben. Die bisher entwickelten Tests zur Prüfung der umfassenden $H_0:\sigma_1^2=\sigma_2^2=\ldots=\sigma_J^2$ weisen alle noch entscheidende Nachteile auf (vgl. Cohen 1986; Han 1968; Harris 1985; Levy 1976a). Diese sind u.a.:

- Restriktive Voraussetzungen (z.B., daß die $J \cdot (J-1)/2$ paarweisen Populationskorrelationen gleich sein müssen), und/oder
- Eignung nur für große Stichproben ($n \geq 40$ bzw. $n \geq 50$), und/oder
- Aufwendige multivariate Berechnungen, und/oder
- Keine exakt reproduzierbaren Ergebnisse, da die n Blöcke im Rahmen der Analyse per Zufall auf c Gruppen zu jeweils m Blöcken aufgeteilt werden müssen.

Eine "per Hand" mit angemessenem Aufwand durchführbare und robuste Methode steht nicht zur Verfügung. Als Kompromißlösung bietet sich an, im konkreten Fall auf einen speziellen Test von $H_0:\sigma_1^2=\sigma_2^2=\ldots=\sigma_J^2$ (bei α) zu verzichten und die Unterschiede zwischen den J Varianzen direkt durch $K = J\cdot(J-1)/2$ paarweise Vergleiche mittels des im letzten Abschnitt vorgestellten T-2V-Tests zu prüfen. Dabei wäre (entsprechend dem Bonferroni-Prinzip) bei den einzelnen Vergleichen mit einem Signifikanzniveau von $\alpha_V = \alpha/K$ zu arbeiten.

Sinnvollerweise beginnt man mit der Prüfung der größten Differenz ($V_{max}-V_{min}$). Dieser Test kann dann auch als Entscheidung über die umfassende Hypothese H_0: $\sigma_1^2=\sigma_2^2=\ldots=\sigma_J^2$ (auf dem Signifikanzniveau α) angesehen werden. Bei der Durchführung der paarweisen Vergleiche mittels T-2V-Test wird nicht die Annahme gemacht, daß sämtliche Korrelationen zwischen den Meßwertreihen der J Populationen gleich sind. Die Testprozedur setzt jedoch voraus, daß die J Populationsverteilungen jeweils normal sind. Ihre mangelnde Robustheit gegenüber Verletzungen dieser Bedingung entspricht natürlich der des T-2V-Tests.

15.9 Abschließende Bemerkungen zum Einsatz der vorgestellten Verfahren

Beim überwiegenden Teil der besprochenen Verfahren mußte deutlich auf ihre extreme Empfindlichkeit gegenüber Verletzungen der Voraussetzung normalverteilter Populationen hingewiesen werden. Durch diesen Sachverhalt ist der Einsatzbereich der traditionellen Varianztests erheblich eingeschränkt. Ihre Anwendung ist deshalb im Grunde nur gerechtfertigt, wenn große Stichproben vorliegen, bei denen mit ausreichender Sicherheit gefolgert werden kann, daß sie (hinreichend) normalverteilten Populationen entstammen. Große Stichprobenumfänge und gut normalverteilte Gesamtheiten sind in der psychologischen Forschung jedoch eher die Ausnahme.

Es hätte deshalb eigentlich ausgereicht, zur Prüfung von Unterschieden bei unabhängigen Varianzen das von Brown & Forsythe (1974c) entwickelte Verfahren vorzustellen. Die Behandlung der übrigen Tests schien jedoch aufgrund ihrer häufigen Anwendung in der Forschungspraxis erforderlich. Der hier noch überwiegende Rückgriff auf die traditionellen Varianztests dürfte zu einem nicht unerheblichen Teil durch den Sachverhalt (mit)bedingt sein, daß das verbreitete Programmsystem SPSS zur Prüfung von Varianzhypothesen nur diese nichtrobusten Testverfahren anbietet. Einen deutlichen Fortschritt stellt dagegen der von BMDP (ausschließlich) durchgeführte Levene-Test dar.

Wie zu Beginn des Kapitels ausgeführt wurde, sind inhaltlich (wissenschaftlich) abgeleitete Hypothesen über Unterschiede von (Populations)Varianzen in der psychologischen Forschung die Ausnahme. Der Einsatz von Varianztests erfolgt in der Regel lediglich zur Entscheidung darüber, ob die Varianzhomogenitätsannahme eines geplanten parametrischen Tests für Mittelwertsunterschiede (wahrscheinlich) berechtigt ist.

Von einer derartigen Analysestrategie - Verwendung z.B. des T-Tests oder der Varianzanalyse, wenn sich die Varianzunterschiede als "insignifikant" erweisen, sonst Heranziehung z.B. des Welch- oder des Brown-Forsythe-Tests - raten einige Autoren jedoch ab (Box 1953; Church & Wike 1976; Olejnik 1987; Wilcox 1987). Sie empfehlen statt dessen die (mehr oder minder) ausschließliche Verwendung von Verfahren, die keine Gleichheit der Populationsvarianzen voraussetzen. Folgende Gründe werden u.a. dafür angeführt:

- Die meist herangezogenen traditionellen Varianztests ermöglichen aufgrund ihrer Empfindlichkeit gegenüber Verletzungen der Normalitätsannahme keine hinreichend validen Aussagen über die Verhältnisse bei den Populationsvarianzen.
- Im (in der Forschungspraxis überwiegenden) Fall kleiner Stichproben ist auch bei Verwendung robuster Varianztests die Gefahr (zu) groß, bestehende Unterschiede zwischen den Populationsvarianzen nicht zu erkennen (β-Fehler).
- Die Verfahren, die bei der Prüfung von Mittelwertsunterschieden keine Gleichheit der Populationsvarianzen voraussetzen, weisen bei dennoch bestehender Varianzhomogenität nur eine unerheblich geringere Power auf als die Mittelwertstests, die speziell für die Bedingung der Varianzgleichheit konzipiert sind.

Wir möchten für die Entscheidungen »T-Test oder W-Test«, »Normale Varianzanalyse oder Brown-Forsythe-JM-Test«, usf., eine Kompromißstrategie vorschlagen:

- Bei kleinen Stichproben sollte die Prüfung von Mittelwertsunterschieden in der Regel direkt mit einem Verfahren erfolgen, das ohne die Annahme gleicher Populationsvarianzen arbeitet.
- Bei größeren Stichproben kann dagegen aufgrund eines robusten (!) Varianztests und unter Verwendung eines $\alpha \geq 0{,}20$ entschieden werden, ob es gerechtfertigt ist, die Mittelwertshypothese mit einem Verfahren zu prüfen, das Homogenität der Populationsvarianzen voraussetzt.

Kapitel 16

Schlüsse auf die Populationskorrelation zweier Variablen

Zur Beschreibung der Beziehung zweier Variablen X und Y steht eine Vielzahl von Korrelationsmaßen zur Verfügung. Häufigste Anwendung findet dabei in der Psychologie der Produkt-Moment-Koeffizient r. Er ist das geeignete Maß, wenn der Zusammenhang zwischen X und Y linearer Art ist und bei beiden Variablen den Abständen zwischen der Meßwerten empirische Bedeutung zukommt ("Intervallskala"). Bezüglich sämtlicher Zusammenhangsmaße kann nun die Frage gestellt werden, ob der an einer Stichprobe von n Wertepaaren berechnete Koeffizient "statistisch signifikant" ist. Gelangt man (aufgrund eines geeigneten Tests) zu einem solchen Ergebnis, dann bedeutet dies den Schluß, daß in der bivariaten Population, der die Stichprobe entstammt, die Korrelation zwischen X und Y *nicht* Null ist.

Informativer als ein derartiger Hypothesentest ist im Ein-Stichproben-Fall allerdings wieder die Bestimmung eines Konfidenzintervalls für den interessierenden Parameter. Man errechnet hierbei den Bereich, in dem der Wert der Populationskorrelation mit einer bestimmten (vorher gewählten) Sicherheit liegt.

Die »Signifikanzprüfung« werden wir in diesem Kapitel für sämtliche der bei Diehl & Kohr (1982) vorgestellten (bivariaten) Zusammenhangsmaße behandeln. Für die Produkt-Moment-Korrelation werden darüberhinaus Verfahren besprochen, mit denen sich untersuchen läßt, ob zwischen zwei oder mehr unabhängigen bzw. abhängigen r-Werten statistisch signifikante Unterschiede bestehen.

16.1 Die Stichprobenverteilung von r und Z_r

Um Schlüsse auf die Produkt-Moment-Korrelation einer Population vornehmen zu können, benötigen wir Kenntnisse über die Parameter der *Stichprobenverteilung von r*. Diese Verteilung läßt sich (im Prinzip) wie folgt erstellen: Aus einer Population von bivariat normalverteilten X,Y-Werten, bei denen die Korrelation den Wert $\rho = a$ aufweist, ziehen wir alle möglichen (bzw. unendlich viele) Stichproben des Umfangs n und berechnen jeweils r. Eine Anordnung dieser r-Werte als relative Häufgigkeitsverteilung ergibt dann die gewünschte Stichprobenverteilung, an der sich feststellen läßt, mit welcher Wahrscheinlichkeit die Stichprobenkorrelation in einen bestimmten Wertebereich fällt.

Die Eigenschaften der Stichprobenverteilung von r wurden von Fisher (1915) theoretisch abgeleitet. Ihre exakte Beschreibung erweist sich dabei als recht kompliziert und aufwendig (vgl. David 1954). Mittel und Standardabweichung lassen sich jedoch (zumindest bei großen Stichproben) in guter Näherung wie folgt bestimmen (vgl. Brownlee 1960, S.364; Olkin 1967, S.107; Walker & Lev 1953, S.252):

<16.1> $\mu_r = E(r) = \rho - \rho \cdot (1-\rho^2)/[2 \cdot (n-1)]$

<16.2> $\sigma_r = (1-\rho^2)/\surd(n-1)$ *Standardfehler von r*

Bei dem im Rahmen der Signifikanzprüfung von r bedeutsamen Sonderfall $\rho = 0$ vereinfachen sich die Kennwerte der Stichprobenverteilung zu

<16.3> $\mu_r = 0$ und <16.4> $\sigma_r = 1/\surd(n-1)$

An Formel <16.1> sehen wir, daß der Stichprobenkoeffizient im Fall $\rho \neq 0$ keine erwartungstreue Schätzung der Populationskorrelation darstellt, da $E(r) < \rho$ ist. Die negative Verzerrung ist jedoch selbst bei kleinen Stichprobenumfängen relativ gering und wird mit steigendem n schnell praktisch unerheblich. Bezüglich der Form der Stichprobenverteilung von r gilt folgendes:

- Sie ist im Fall $\rho = 0$ symmetrisch um $\mu_r = 0$ und folgt bei nicht zu kleinen Stichprobenumfängen in guter Näherung einer Normalverteilung.
- Im Fall einer von Null verschiedenen Populationskorrelation ist sie dagegen (außer bei extrem großen Stichproben) nicht symmetrisch. Sie weist dabei eine um so stärkere Schiefe auf, je kleiner der Stichprobenumfang ist und je näher der Wert von ρ bei +1 oder -1 liegt.

Wir wollen uns mit Hilfe einer Computersimulation einen Eindruck von der Form der Stichprobenverteilung von r verschaffen. Ausgangspunkt waren drei bivariat normale Populationsverteilungen mit den Parametern $\rho_1 = -0,0020$, $\rho_2 = 0,2989$ und $\rho_3 = 0,8498$. Aus jeder Population wurden 4000 Zufallsstichproben von n = 20 Wertepaaren gezogen. Die relativen Häufigkeitsverteilungen der an diesen Stichproben berechneten Korrelationskoeffizienten sind im oberen Teil von Abb. 16.1 dargestellt. Zu Vergleichszwecken ist jeweils eine Normalverteilung eingezeichnet (SPSS-Programm FREQUENCIES). Die Kennwerte der drei Stichprobenverteilungen von r enthält Tab. 16.1 (jeweils: Mittel (M_r), Standardabweichung (S_r), Exzess (EXZ_r) und Schiefe (SCH_r) der 4000 Koeffizienten). Die Werte von μ_r und σ_r stellen die über Formel <16.1> und <16.2> berechneten Parameter der Stichprobenverteilungen dar. Wir sehen folgendes:

- Die Mittel der (approximativen) Stichprobenverteilungen von r liegen jeweils nahe am Wert des Parameters ρ. Dies bestätigt die obige Aussage, daß die Verzerrung bei r als Schätzgröße für ρ sehr gering ist.
- Die Berechnung der Parameter der Stichprobenverteilung von r ist auch bei einem Stichprobenumfang von n = 20 in guter Näherung über die Formeln <16.1> und <16.2> möglich.
- Bei $\rho = 0$ (und n = 20) weicht die Stichprobenverteilung von r nur in geringem Ausmaß von der Normalform ab.
- Selbst bei einer Populationskorrelation von $\rho = 0,30$ ist die Schiefe der Stichprobenverteilung von r noch sehr gering.

ABBILDUNG 16.1 Stichprobenverteilungen von r (oberer Teil) und Z_r (unterer Teil) bei Ziehung von jeweils 4000 Zufallsstichproben des Umfangs n = 20 aus bivariat normalverteilten Populationen mit unterschiedlich hoher Korrelation zwischen X und Y (0; 0,30; 0,85).

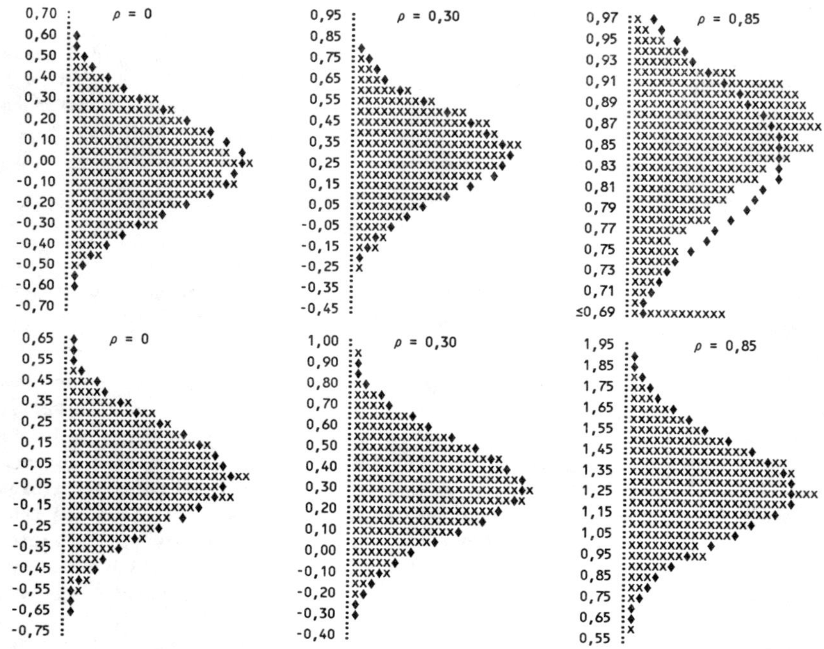

- Deutlich asymmetrisch ist die Verteilung dagegen im Fall ρ = 0,85. Es zeigt sich eine relativ starke negative Schiefe. Bei einem hohen negativen ρ-Wert ergäbe sich dagegen eine deutliche positive Schiefe.

Die Befunde zur Stichprobenverteilung von r machen deutlich, daß nur im Fall ρ = 0 und damit bei der Prüfung der Hypothese $H_0{:}\rho{=}0$ bisher kennengelernte theoretische Verteilungen als Modell dienen können. Bei großen Stichprobenumfängen verteilt sich r hier hinreichend normal mit einem Mittel von Null und einem Standardfehler von $1/\sqrt{(n-1)}$, während sich bei kleinen Stichproben die T-Verteilung zum Test von $H_0{:}\rho{=}0$ heranziehen läßt.

Die Situation kompliziert sich dagegen, wenn nicht von der Bedingung »ρ = 0« ausgegangen werden kann. Dies ist z. B. der Fall, wenn in der Nullhypothese für ρ ein von Null verschiedener Wert »a« behauptet wird. Formel <16.2> zeigt,

TABELLE 16.1 Kennwerte der in Abbildung 16.1 dargestellten Stichprobenverteilungen von r und Z_r.

[r]	ρ = 0	0,30	0,85
M_r	0,001	0,295	0,842
μ_r	-0,002	0,292	0,844
S_r	0,226	0,200	0,068
σ_r	0,229	0,209	0,064
EXZ_r	-0,338	-0,090	2,030
SCH_r	-0,032	-0,331	-1,157
r_{max}	0,691	0,858	0,973
r_{min}	-0,703	-0,449	0,457

[Z_r]	ρ = 0	0,30	0,85
M_Z	0,000	0,319	1,270
μ_Z	-0,002	0,308	1,255
S_Z	0,238	0,229	0,231
σ_Z	0,243	0,243	0,243
EXZ_Z	0,018	0,149	0,160
SCH_Z	-0,037	0,055	0,046
Z_{max}	0,849	1,285	2,142
Z_{min}	-0,874	-0,483	0,493

daß man dann zur Bestimmung des Standardfehlers von r den Wert des Parameters (auf den man eigentlich schließen möchte) kennen muß. Ein einfaches Ersetzen von ρ durch den an der Stichprobe für r erhaltenen Wert ist hier nicht statthaft (vgl. Walker & Lev 1953, S.252). Hinzu kommt, daß durch die mit steigendem Betrag von ρ zunehmende Schiefe der Stichprobenverteilung von r weder die Normal- noch die T-Verteilung als Modell dienen kann.

Eine (mögliche) Lösung des Problems brachten hier Überlegungen von Fisher (1921). Er konnte zeigen, daß bei nicht zu kleinen Stichprobenumfängen eine bestimmte monotone Transformation von r - weitgehend unabhängig von der Höhe der Populationskorrelation - zu einer annähernd normalverteilten Variablen führt, bei der zudem für die Bestimmung des Standardfehlers keine Kenntnis des Parameters ρ erforderlich ist. Diese »Fisher-Z-Transformation« erfolgt gemäß der Regel

<16.3> $Z_r = \ln[(1+r)/(1-r)]/2$

Mittel und Standardabweichung der Stichprobenverteilung von Z_r lassen sich wie folgt bestimmen:

<16.4> $\mu_Z = E(Z_r) = \ln[(1+\rho)/(1-\rho)]/2$

<16.5> $\sigma_Z = 1/\sqrt{(n-3)}$ *Standardfehler von Z_r*

Wir wollen die Wirkung der Z_r-Transformation an unseren Simulationsdaten veranschaulichen. Bei den aus den drei Populationen gezogenen Sätzen von jeweils 4000 Koeffizienten wurde jeder r-Wert gemäß <16.3> transformiert. Die relativen Häufigkeitsverteilungen der so erhaltenen Z_r-Werte sind im unteren Teil von Abb. 16.1 dargestellt. Die Kennwerte dieser drei Stichprobenverteilungen von Z_r enthält Tab. 16.1 (jeweils: Mittel (M_Z), Standardabweichung (S_Z), Exzess (EXZ_Z) und Schiefe (SCH_Z) der 4000 Z_r-Werte). Die Werte von μ_Z und σ_Z stellen die über Formel <16.4> und <16.5> berechneten Parameter der Stichprobenverteilungen dar.

ABBILDUNG 16.2 Theoretische bivariate Normalverteilung von X und Y.

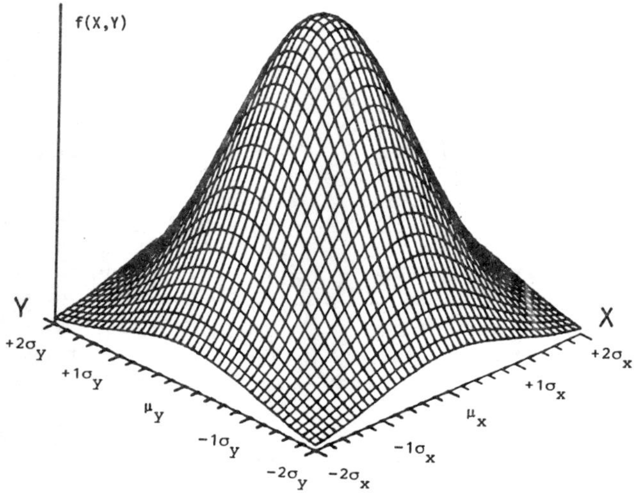

Wir sehen, daß die bezüglich der Verteilung von Z_r aufgestellten Behauptungen zutreffen. Selbst bei der hohen Populationskorrelation von $\rho = 0{,}85$ (und dem von uns verwendeten Stichprobenumfang von $n = 20$) folgt Z_r in guter Näherung einer Normalverteilung mit den Parametern μ_Z und σ_Z. Stellen wir die Charakteristika der Z_r-Transformation noch einmal zusammen:

- Bei nicht zu kleinen Stichprobenumfängen ist die Stichprobenverteilung von Z_r in guter Näherung normal, (praktisch) unabhängig davon, wie hoch die Populationskorrelation und (damit) wie schief die Verteilung von r ist. Dennoch gilt: Die Näherung an $N(\mu_Z; \sigma_Z)$ ist um so besser, je größer n und je kleiner der Betrag von ρ ist.
- Der Range von Z_r reicht theoretisch von $-\infty$ bis $+\infty$. Da sich jedoch selbst für eine Korrelation von $r = 0{,}995$ lediglich ein Z_r von 2,99 ergibt, liegen die in der Praxis auftretenden Z_r-Werte innerhalb des Bereichs von -3 bis +3.
- Da die Umwandlung von r in Z_r eine monotone Transformation darstellt, weist der transformierte Wert in der Stichprobenverteilung von Z_r den gleichen Prozentrang auf wie der Ausgangswert in der Stichprobenverteilung von r. Da sich die Größe Z_r jedoch hinreichend normalverteilt mit dem leicht zu bestimmenden Standardfehler σ_Z, können wir hier die Wahrscheinlichkeit, daß ein Z_r-Wert in einen bestimmten Bereich fällt, wesentlich leichter bestimmen als die (entsprechende) Auftretenswahrscheinlichkeit des gefundenen Korrelationskoeffizienten in der (komplizierten) Stichprobenverteilung von r. Durch diesen Sachverhalt wird es möglich, relativ leicht einen Test von $H_0: \rho = a$ durchzuführen oder ein Konfidenzintervall für ρ zu bestimmen.

16.2 Die Voraussetzung bivariat normalverteilter Populationswerte und ihre Überprüfung

Bei den von Fisher vorgenommenen Ableitungen der Stichprobenverteilungen von r und Z_r wird davon ausgegangen, daß die Population der X,Y-Werte bivariat normalverteilt ist. Damit enthalten auch alle statistischen Test- und Schätzverfahren, die auf diese Verteilungen zurückgreifen, die Annahme, daß die untersuchten Stichproben derartig verteilten Populationen entstammen. Eine bivariate Normalverteilung, deren Dichtefunktion erwartungsgemäß komplizierter ist als die der univariaten Normalverteilung (vgl. Binder 1959), weist u.a. die folgenden Eigenschaften auf (vgl. Abb. 16.2):

- Die einem X-Wert zugehörigen Y-Werte sind jeweils normalverteilt ("Normalverteilung in den Spalten des Streuungsdiagramms").
- Die einem Y-Wert zugehörigen X-Werte sind jeweils normalverteilt ("Normalverteilung in den Zeilen des Streuungsdiagramms"). Bei den Zeilen- und Spaltenverteilungen spricht man auch von *Arrayverteilungen*.
- Die univariaten Verteilungen von X und Y ("Randverteilungen") sind ebenfalls normal.
- Die Zeilen- sowie die Spaltenmittel liegen jeweils auf einer Geraden ("Lineare Beziehung zwischen X und Y").

Bezüglich der Randverteilungen muß beachtet werden: Das Vorliegen einer bivariaten Normalverteilung impliziert, daß auch X und Y normalverteilt sind. Der umgekehrte Schluß ist jedoch nicht zulässig. Normalverteilte Werte in X und Y bedeuten (noch) nicht, daß auch die Arrayverteilungen normal sind und deren Mittel jeweils auf einer Geraden liegen. Von der Normalform abweichende Randverteilungen gestatten allerdings die Schlußfolgerung, daß auch die bivariate Verteilung nicht normal ist.

Da die Eigenschaft bivariat normalverteilter Populationswerte bei den in den nächsten Abschnitten zu besprechenden Testverfahren jeweils vorausgesetzt wird, ist zu fragen, wie sich diese Annahme im konkreten Fall überprüfen läßt. Als Weg bietet sich dabei an zu untersuchen, wieweit die bivariate Häufigkeitsverteilung der Stichprobendaten von den für die Populationsverteilung angenommenen Eigenschaften abweicht. Es ist also neben der Inspizierung der Randverteilungen insbesondere die Prüfung der Arrayverteilungen erforderlich.

Wir wollen das Vorgehen an den Daten einer Stichprobe von n = 648 Männern demonstrieren. Die Korrelation zwischen den Variablen Körperhöhe (X) und Körpergewicht (Y) betrug hier r = 0,41. Der Zusammenhang ist in Abb. 16.3 als Streuungsdiagramm dargestellt. Es ergeben sich keine Hinweise, daß die Beziehung zwischen Größe und Gewicht nicht linear ist. Eine Überprüfung der Rand- und Arrayverteilungen ist allerdings an Hand eines derartigen zweidimensionalen Streuungsdiagramms nicht möglich. Die univariaten Verteilungen von X und Y gibt Abb. 16.4 wieder. Sie widersprechen nicht der Annahme, daß die Populationsverteilungen von X und Y (hinreichend) normal sind.

ABBILDUNG 16.3 Bivariate Verteilung von Körperhöhe und -gewicht bei 648 Männern (r = 0,41). Die Zahlen im Streuungsdiagramm geben an, wie häufig (im Fall f>1) ein Wertepaar auftritt. Ausgabe der SPSS-Prozedur SCATTERGRAM (Schubö & Uehlinger 1983, Kap. 11.29).

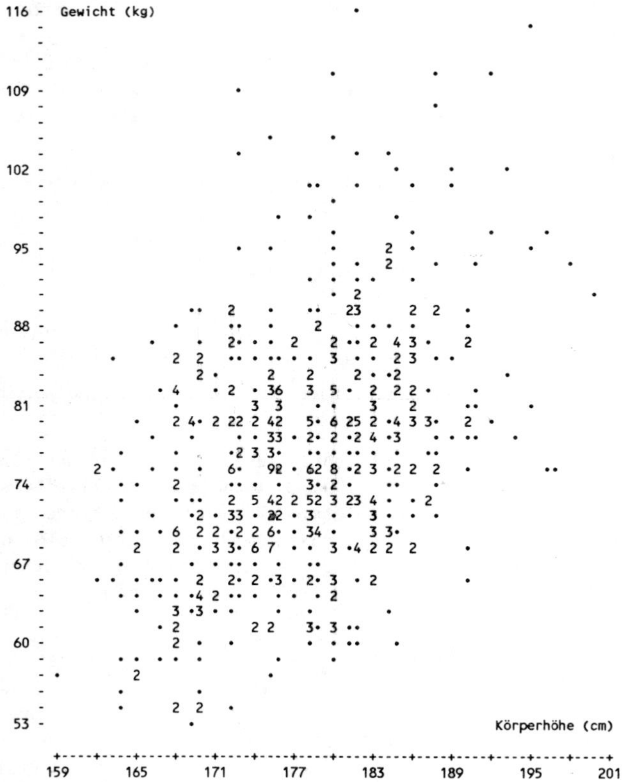

Eine Erstellung der Randverteilungen von X und Y ist auch bei mittelgroßen Stichproben noch informativ. Anders stellt sich die Situation bei den Arrayverteilungen dar. Hier müßte man bei jedem einzelnen X-Wert untersuchen, wie weit die Verteilung der zugehörigen Y-Werte der Normalform folgt. Entsprechendes gilt für die Werteverteilungen in den Y-Zeilen. Eine derartige Prüfung ist jedoch selbst bei sehr großen Stichproben nur bei einigen X- und Y-Werten möglich. Der überwiegende Teil der Zeilen- und Spaltenverteilungen besteht dagegen auch hier nur aus (sehr) wenigen Werten, so daß sich etwaige Abweichungen bestimmter Populations-Arrayverteilungen von der Normalform an Hand der Stichprobendaten kaum diagnostizieren lassen.

ABBILDUNG 16.4 Univariate Verteilungen der Körperhöhen- und Gewichtsdaten von Abbildung 16.3.

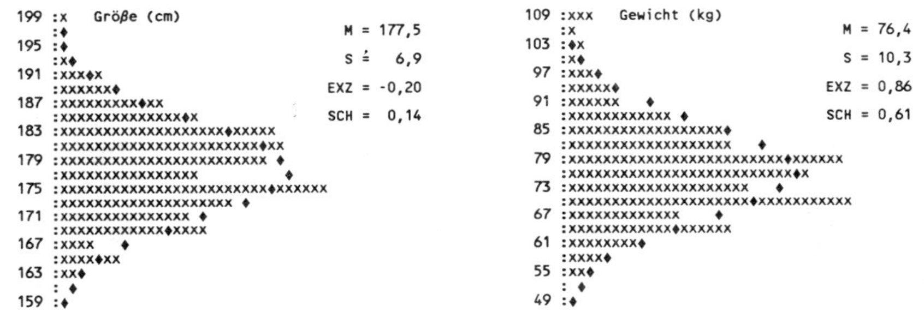

Dies gilt auch für unsere Daten (vgl. Abb. 16.3), obwohl die Anzahl der untersuchten Personen wesentlich über den in der Psychologie üblicherweise verwendeten Stichprobenumfängen liegt. So bestehen z.B. die Arrayverteilungen im Bereich $X > 190$ aus maximal vier Y-Werten. Um überhaupt einen Eindruck von der möglichen Form der Populations-Arrayverteilungen zu bekommen, war es deshalb erforderlich, sowohl bei X als auch bei Y Werteintervalle zu bilden und für diese die zugehörigen Spalten- bzw. Zeilenverteilungen zu erstellen. Die Intervalle wurden dabei so gewählt, daß jeweils sieben annähernd gleich große Gruppen entstanden. Die Arrayverteilungen der so gruppierten Daten enthält Abb. 16.5. Es ergeben sich keine Hinweise, daß in der Population, der unsere Stichprobe entstammt, bestimmte Zeilen- oder Spaltenverteilungen (in problematischem Ausmaß) von der Normalform abweichen. Dieser Schluß kann sich allerdings nur auf Populationsdaten beziehen, die entsprechend den in der Stichprobe verwendeten X- und Y-Intervallen gruppiert sind.

Unser (aufwendiger) Versuch, an Hand der bivariaten Verteilung von Stichprobendaten zu beurteilen, wieweit in der Population die Bedingung bivariat normalverteilter X,Y-Werte (hinreichend) erfüllt ist, dürfte u.a. folgendes deutlich gemacht haben:

- Der Versuch einer Erstellung von Arrayverteilungen ist überhaupt nur bei großen Stichproben sinnvoll.
- Doch selbst bei sehr großen Stichproben ist im Fall, daß sich die Probanden auf relativ viele X- und Y-Werte verteilen, nur eine grobe Prüfung bezüglich der Form der Populations-Arrayverteilungen möglich, da die Stichprobendaten dann in bestimmte X- und Y- Intervalle gruppiert werden müssen. Die Annahme einer bivariaten Normalverteilung geht jedoch davon aus, daß in der Population bei jedem einzelnen X- und Y-Wert die zugehörige Arrayverteilung normal ist. Darüber lassen sich jedoch aufgrund der gruppierten Stichprobendaten nur bedingt Aussagen machen.

ABBILDUNG 16.5 Verteilungen in den (für die Darstellung gebildeten) Spalten und Zeilen des Streuungsdiagramms von Abbildung 16.3 (»Arrayverteilungen«).

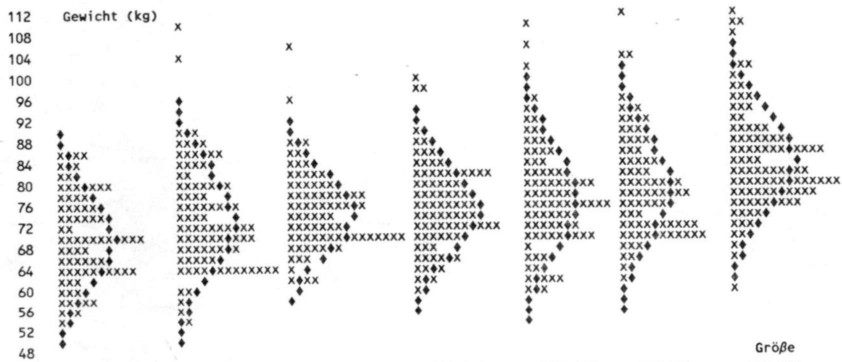

Größe

cm	159-169	170-173	174-175	176-178	179-181	182-184	185-200
n	85	98	87	91	93	89	105
M	70,1	73,5	74,6	75,4	77,0	79,1	83,6
s	9,0	10,2	7,7	8,4	10,3	10,4	9,8
EXZ	-0,86	0,89	2,0	0,52	0,63	1,16	0,99
SCH	0,10	0,70	0,81	0,48	0,67	0,87	0,78

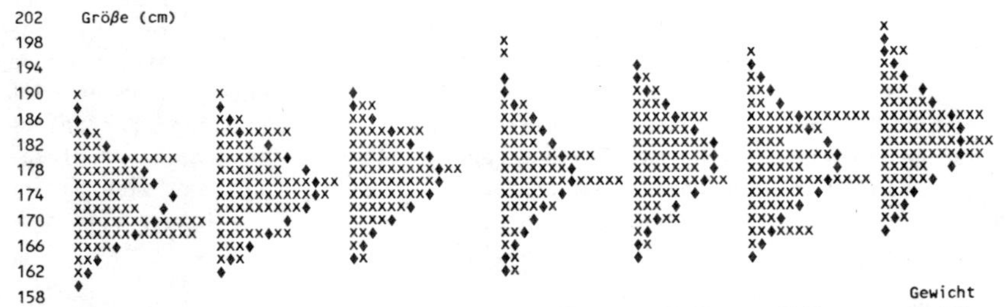

Gewicht

kg	53-65	66-70	71-74	75-77	78-80	81-86	87-117
n	97	100	88	79	90	101	93
M	173,1	175,0	176,9	177,7	179,4	178,8	182,1
s	6,1	5,9	5,6	6,8	6,5	6,8	6,6
EXZ	-0,57	-0,53	-0,39	0,82	-0,56	-0,61	-0,01
SCH	0,22	0,12	-0,17	0,16	-0,09	0,00	0,20

- Bei Stichprobenumfängen, wie sie in der psychologischen Forschung üblicherweise anzutreffen sind ($n < 30$), ist dagegen praktisch nicht prüfbar, wieweit die Bedingung einer bivariat normalen Populationsverteilung erfüllt ist. Eine Erstellung von Arrayverteilungen ist hier nicht sinnvoll möglich. Und selbst bei den univariaten Verteilungen von X und Y lassen sich bei kleinem n nur in sehr beschränktem Ausmaß Schlüsse auf die entsprechenden Populationsverteilungen vornehmen.

Die in den nächsten Abschnitten vorzustellenden Test- und Schätzverfahren basieren somit auf einer Annahme, die im Regelfall nur bedingt oder gar nicht prüfbar ist. Von besonderer Bedeutung werden deshalb in diesem Zusammenhang die Befunde von Studien sein, in denen untersucht wurde, wie die Stichprobenverteilungen von r und Z_r und die auf ihnen basierenden Tests reagieren, wenn die Populationswerte auf bestimmte Art von der Form einer bivariaten Normalverteilung abweichen.

16.3 Schlüsse auf die Produkt-Moment-Korrelation einer Population

Mit Schlüssen auf die Populationskorrelation ρ haben wir es zum Einen zu tun, wenn eine Hypothese, die einen Wert für ρ behauptet, einem statistischen Test unterzogen wird. Die am häufigsten in diesem Zusammenhang aufgestellte Hypothese sagt aus, daß ρ den Wert Null hat ("Signifikanzprüfung von r"). Wesentlich seltener werden dagegen Nullhypothesen aufgestellt, die einen von Null verschiedenen Wert für ρ behaupten. Die zweite Situation, in der es um Schlüsse auf den Wert von ρ geht, liegt vor, wenn aufgrund der Stichprobendaten ein Konfidenzintervall für den Parameter ρ errichtet werden soll.

16.3.1 Test der Hypothese »ρ=0« (Signifikanzprüfung von r)

Zur "einfachen" Signifikanzprüfung eines r-Wertes (H_0:ρ=0) kann auf die T-Verteilung zurückgegriffen werden (Fisher 1958, S.193). Die Stichprobenverteilung der nachfolgenden Größe entspricht - bivariat normalverteilte Populationswerte vorausgesetzt - auch bei kleinen Stichproben exakt einer T-Verteilung mit n-2 Freiheitsgraden (n = Anzahl der Meßwertpaare):

<16.6> $T_r = r \cdot \surd[(n-2)/(1-r^2)] = r \cdot \surd[FG/(1-r^2)]$ FG = n-2

Die Nullhypothese wird zurückgewiesen, wenn $|T_r|$ größer als der »α« und »FG« zugehörige kritische Wert T_k (aus Tab. E) ist.

Da die Signifikanzprüfung von Produkt-Moment-Koeffizienten relativ häufig anfällt, bietet es sich an, die Durchführung des Tests von H_0:ρ=0 zu vereinfachen. Dazu lösen wir <16.6> nach r auf und setzen für T_r den einer bestimmten Kombination von α und FG zugehörigen kritischen T-Wert ein. Dadurch erhalten wir den *kritischen* r-Wert (r_k), der zur Zurückweisung von H_0 von dem in der Stichprobe gefundenen Koeffizienten überschritten werden muß:

<16.7> $r_k = 1/\surd[1 + (n-2)/T_k^2] = 1/\surd(1 + FG/T_k^2)$

Ausgehend von dieser Beziehung wurde Tab. L erstellt. So erhalten wir den dort für α = 0,05-zs und n = 20 (FG = 18) angeführten Wert wie folgt (T_k für FG = 18 aus Tab. E): $r_k = 1/\surd(1 + 18/2{,}101^2) = 0{,}444$. Die Schritte zum Test von H_0 sind im einzelnen:

- Zweck des Tests: Prüfung, ob ein Produkt-Moment-Koeffizient r statistisch signifikant von Null abweicht.
- Voraussetzung: Bivariat normalverteilte X,Y-Werte in der Population.
- H_0: $\rho = 0$ H_1: $\rho \neq 0$ *Zweiseitiger Test*
  H_0: $\rho = 0$ H_1: $\rho < 0$ oder H_1: $\rho > 0$ *Einseitiger Test*
- Die Berechnung einer speziellen Prüfgröße ist nicht erforderlich, da der erhaltene Koeffizient direkt mit dem »α« und »FG = n-2« zugehörigen kritischen r-Wert verglichen werden kann.

  Beim einseitigen Test ist ein derartiger Vergleich des Koeffizienten nur erforderlich, wenn das Vorzeichen von r mit dem in der gerichteten H_1 für ρ behaupteten Vorzeichen übereinstimmt. Anderenfalls wird H_0 beibehalten.
- Entscheidung über die Nullhypothese: Zurückweisung von H_0, wenn $|r| > r_k$ ist. Beim zweiseitigen (einseitigen) Test wird zur Bestimmung von r_k in Tab. L in der Kopfzeile (Fußzeile) vom Wert »α« ausgegangen. Im Schnittpunkt dieser Spalte mit der Zeile »FG« steht der gesuchte Wert.

Als Beispiel wollen wir an den Daten von Abb. 16.3 prüfen, ob die Korrelation zwischen Körperhöhe und -gewicht bei α = 0,01-zs statistisch signifikant ist. Da 646 Freiheitsgrade in Tab. L nicht enthalten sind, prüfen wir bei FG = 600; hier ist r_k = 0,105. Unser Koeffizient liegt mit r = 0,410 deutlich darüber. H_0 wird deshalb zurückgewiesen. Wir gelangen zu dem Schluß, daß in der Population, der unsere Stichprobe entstammt, eine positive Korrelation zwischen Körpergröße und -gewicht besteht.

16.3.2 Test der Hypothese »ρ=a«

Beim Test der Hypothese, daß die Populationskorrelation einen (von Null verschiedenen) Wert »a« hat, kann die T-Verteilung nicht mehr verwendet werden. Die Prüfung muß statt dessen unter Heranziehung der *Fisher-Z-Transformation* erfolgen. Da diese Transformation auch beim Test anderer Korrelationshypothesen benötigt wird, enthält Tab. M die den r-Werten von 0 bis 0,995 zugehörigen z_r-Werte. Deren Berechnung erfolgte gemäß Formel <16.3>. Aufgeführt sind nur positive Werte (Beträge) von r und Z_r. Bei einem negativen Korrelationskoeffizienten ist das dem Betrag von r zugehörige Z_r mit einem Minuszeichen zu versehen. Die Schritte zum Test von H_0:ρ=a sind im einzelnen:

- Zweck des Tests: Prüfung, ob ein Produkt-Moment-Koeffizient r statistisch signifikant von einem Wert »a« abweicht.
- Voraussetzungen: Bivariat normalverteilte X,Y-Werte in der Population, nicht zu kleiner Stichprobenumfang.
- H_0: $\rho = a$ H_1: $\rho \neq a$ *Zweiseitiger Test*
  H_0: $\rho = a$ H_1: $\rho < a$ oder H_1: $\rho > a$ *Einseitiger Test*

- Berechnung der Prüfgröße:

  <16.7> $|Z_z| = |Z_r - Z_a| \cdot \sqrt{(n-3)}$

  Hierbei sind Z_r und Z_a die über Tab. M oder <16.3> transformierten Werte von r und a. Die Stichprobenverteilung von Z_z folgt unter H_0 (bei nicht zu kleinem n) in guter Näherung der Standardnormalverteilung.

  Beim einseitigen Test ist die Berechnung von $|Z_z|$ nur erforderlich, wenn das Vorzeichen der Differenz *r-a* dem in H_1 für *ρ-a* behaupteten Vorzeichen entspricht. Anderenfalls wird H_0 beibehalten.

- Entscheidung über die Nullhypothese: Zurückweisung von H_0, wenn $|Z_z| > Z_k$ ist. Der »α« zugehörige Wert von Z_k wird beim zweiseitigen Test Teil [A], beim einseitigen Test Teil [B] von Tab. D entnommen.

In der Studie, aus der die Männer-Daten von Abb. 16.3 stammen, wurden auch 711 Frauen befragt. Bei diesen betrug die Korrelation zwischen Körperhöhe und Körpergewicht r = 0,30. Es soll nun geprüft werden, ob dieser Koeffizient statistisch signifikant von dem Wert r_a = 0,21 abweicht, den Micozzi et al. (1986) an 8569 US-amerikanischen Frauen für die Beziehung zwischen den Variablen Größe und Gewicht erhielten. Anders formuliert: Es soll entschieden werden, ob in der Population, der unsere Stichprobe entstammt, der Parameter ρ den Wert 0,21 hat.

Wir testen zweiseitig und wählen ein α von 0,05. Gemäß Tab. M ergeben sich für r = 0,30 und r_a = 0,21 die transformierten Werte Z_r = 0,310 und Z_a = 0,213. Durch Einsetzen in <16.3> erhalten wir:

$|Z_z| = |0{,}310 - 0{,}213| \cdot \sqrt{(711-3)} = 2{,}581$

Dieser Wert ist (knapp) größer als der kritische Wert Z_k = 2,576 aus Tab. D. Die Nullhypothese wird deshalb zurückgewiesen. Die an unserer Stichprobe festgestellte Korrelation ist signifikant höher als der Bezugswert von 0,21.

16.3.3 Punkt- und Intervallschätzung von ρ

Wir haben gesehen, daß r keine erwartungstreue Schätzung für ρ darstellt, da E(r) < ρ ist. Der Grad der Unterschätzung von ρ durch r ist jedoch bei nicht zu kleinen Stichproben so gering, daß er in der praktischen Anwendung außer Betracht bleiben kann. Es existiert jedoch auch eine von Olkin & Pratt (1958) abgeleitete Schätzgröße G(r), die keine Verzerrung aufweist. Ihre exakte Berechnung ist allerdings aufwendig. Die Autoren stellen jedoch zugleich eine Approximation G(r)* vor (vgl. auch Olkin 1967), die wesentlich leichter zu bestimmen ist und ab einem Stichprobenumfang von n = 9 zu praktisch identischen Ergebnissen führt. Eine erwartungstreue (Punkt)Schätzung von ρ erhält man danach wie folgt:

<16.8> $G(r)^* = r + r \cdot (1-r^2)/[2 \cdot (n-4)]$ n = Anzahl der Wertepaare

TABELLE 16.2 Erwartungstreue Schätzung von ρ nach Olkin & Pratt (1958). Werte der exakten Schätzgröße G(r) sowie einer Approximation G(r)* bei r = 0,10 ... 0,90 und Stichproben von n = 5, 9, 19 und 31 Wertepaaren.

n	0,1	0,2	0,3	0,4	0,5	0,6	0,7	0,8	0,9	r
5	0,148	0,280	0,398	0,506	0,605	0,695	0,780	0,858	0,931	G(r)
	0,150	0,296	0,437	0,568	0,688	0,792	0,879	0,944	0,986	G(r)*
9	0,110	0,220	0,327	0,432	0,534	0,633	0,730	0,823	0,913	G(r)
	0,110	0,219	0,327	0,434	0,538	0,638	0,736	0,829	0,917	G(r)*
19	0,103	0,206	0,309	0,411	0,512	0,612	0,711	0,809	0,905	G(r)
	0,103	0,206	0,309	0,411	0,513	0,613	0,712	0,810	0,906	G(r)*
31	0,102	0,204	0,305	0,406	0,507	0,607	0,706	0,805	0,903	G(r)
	0,102	0,204	0,305	0,406	0,507	0,607	0,707	0,805	0,903	G(r)*

Die Grenzen von G(r) bzw. G(r)* entsprechen denen des Korrelationskoeffizienten (+1; -1). In Tab. 16.2 sind für verschiedene Stichprobenumfänge die von Olkin & Pratt (1958) für die Korrelationen r = 0,1 bis 0,9 berechneten exakten G(r)-Werte wiedergegeben. Darunter befinden sich jeweils die von uns über <16.8> bestimmten Approximationen G(r)*. Bei n = 5 weichen die Ergebnisse der Näherungsformel noch relativ deutlich von den exakten G(r)-Werten ab. Dieser Fall soll jedoch nur der Demonstration dienen, da die Anwendung von Gleichung <16.8> ja erst ab n = 9 empfohlen wird. Und bei diesem Stichprobenumfang erweisen sich die Werte von G(r) und G(r)* für alle Bereiche von r als praktisch identisch.

Tabelle 16.2 macht auch noch einmal den Sachverhalt deutlich, daß die Verzerrung von r - sofern nicht sehr kleine Stichproben vorliegen - äußerst gering ist. Bereits bei n = 9 liegen die G(r)- bzw. G(r)*-Werte auf allen Niveaus des Korrelationskoeffizienten nur geringfügig über den nicht erwartungstreuen Schätzungen r.

Errichtung eines Konfidenzintervalls für ρ

Bei der Errichtung eines Konfidenzintervalls für den Parameter ρ greift man in der Regel auf (approximative) Verfahren zurück, die keine Heranziehung der exakten Stichprobenverteilung von r erfordern (vgl. Boomsma 1977). Die am häufigsten verwendete Methode arbeitet mit der Transformation von Fisher. Hier werden als erstes die Grenzen in Fisher-Z-Werten bestimmt und diese dann in r- bzw. ρ-Werte umgewandelt. Das Verfahren setzt nicht zu kleine Stichproben und bivariat normalverteilte Populationswerte voraus. Untere und obere Grenze des zweiseitigen Intervalls werden wie folgt bestimmt (n = Anzahl der Wertepaare):

<16.9> $UG_Z = Z_r - Z_k/\sqrt{(n-3)}$ $\qquad OG_Z = Z_r + Z_k/\sqrt{(n-3)}$

Hierbei sind Z_r der Fisher-transformierte Stichprobenkoeffizient r. Der dem gewählten α (bzw. Sicherheitsgrad $1-\alpha$) zugehörige Z_k-Wert wird Teil [A] von Tab. D (»Zweiseitiger Fall«) entnommen. Eine Rückwandlung von UG_Z und OG_Z in r-Werte ergibt dann die Grenzen für den Parameter ρ (UG_ρ und OG_ρ). Diese Transformation von Fisher-Z- in r-Werte(n) erfolgt am einfachsten und mit hinreichender Genauigkeit über Tab. M, indem man den errechneten Fisher-Z-Wert aufsucht und das zugehörige r abliest. Falls der erhaltene Z-Wert nicht aufgeführt ist, geht man vom nächstliegenden Tabellenwert aus.

Mit einer Formel von Charter & Larsen (1983) ist allerdings auch eine Errechnung von r aus Z_r möglich. Danach erhält man aus einem Fisher-Z-Wert den zugehörigen Korrelationskoeffizienten wie folgt:

<16.10> $r = (e^x - 1)/(e^x + 1)$ wobei: $e = 2{,}71828$; $x = 2 \cdot Z_r$

Die Bildung der Potenz $2 \cdot Z_r$ zur Basis e bereitet mit einem Taschenrechner, der die Funktion »e^x« aufweist, keine Schwierigkeiten. Wir wollen zur Demonstration für $Z_r = 1{,}354$ den zugehörigen r-Wert berechnen. Es ist $x = 2 \cdot 1{,}354 = 2{,}708$ und damit

$$r = (e^{2,708} - 1)/(e^{2,708} + 1) = (14{,}999 - 1)/(14{,}999 + 1) = 0{,}875$$

Dieser Wert entspricht dem in Tab. M für $Z_r = 1{,}354$ aufgeführten Korrelationskoeffizienten.

An unserer Stichprobe von n = 648 Männern hatten wir zwischen Körperhöhe und -gewicht eine Korrelation von r = 0,410 erhalten. Es soll nun der Bereich bestimmt werden, in dem die Populationskorrelation dieser Variablen mit einer Sicherheit von $1-\alpha = 1 - 0{,}01 = 0{,}99$ liegt. Einem r von 0,410 entspricht ein Z_r von 0,436 (Tab. M). Für $\alpha = 0{,}01$-zs ist $Z_k = 2{,}576$ (Tab. D). Dies setzen wir in <16.9> ein und erhalten als Grenzen:

$$UG_Z = 0{,}436 - 2{,}576/\sqrt{(648-3)} = 0{,}335 \qquad OG_Z = 0{,}436 + 2{,}576/\sqrt{(648-3)} = 0{,}537$$

Eine Rückwandlung dieser Fisher-Z-Werte über Tab. M ergibt als Grenzen für den Parameter $UG_\rho = 0{,}325$ und $OG_\rho = 0{,}490$. Mit einer Sicherheit von 99% liegt in der Population, der unsere Stichprobe entstammt, die Korrelation zwischen Größe und Gewicht im Bereich von 0,33 bis 0,49.

In Tab. 16.3 sind oberhalb der Diagonalen die Interkorrelationen von sechs Skalen des Freiburger Persönlichkeitsinventars (FPI-K) in einer Gruppe von 19 Studenten wiedergegeben. Die Korrelation zwischen *Nervosität (N)* und *Depressivität (D)* beträgt $r_{ND} = 0{,}834$. Es soll das 95%-Konfidenzintervall für ρ_{ND} bestimmt werden. Für r_{ND} ergibt sich ein Z_r von 1,204 (Tab. M). Bei $\alpha = 0{,}05$-zs ist $Z_k = 1{,}960$ (Tab. D). Gemäß <16.9> erhalten wir die folgenden Grenzen:

$$UG_Z = 1{,}204 - 1{,}960/\sqrt{(19-3)} = 0{,}714 \qquad OG_Z = 1{,}204 + 1{,}960/\sqrt{(19-3)} = 1{,}694$$

Eine Rückwandlung dieser Grenzen in r-Werte über Tab. M ergibt $UG_\rho = 0{,}615$ und $OG_\rho = 0{,}935$. Mit einer Sicherheit von 95% liegt in der Population, der unsere Stichprobe entstammt, die Korrelation zwischen den Skalen *Nervosität* und *Depressivität* im Bereich von 0,62 bis 0,94.

TABELLE 16.3 Interkorrelationen von sechs FPI-Skalen bei 19 Studenten (oberhalb der Diagonalen) und 16 Studentinnen (unterhalb der Diagonalen). Modifizierte Ausgabe der SPSS-Prozedur PEARSON CORR (Schubö & Uehlinger 1983; Kap. 11.21; SPSS Inc. 1986, Kap. 33). P-Werte für den zweiseitigen Test.

FPI-Skala	Nervos	Aggres	Depres	Erregb	Gesell	Gelass
Nervosität	******	.2753 P=.254	.8342 P=.000	.4479 P=.054	.1049 P=.669	-.1585 P=.517
Aggressivität	.3213 P=.224	******	.1716 P=.482	.4438 P=.057	-.0598 P=.808	.3552 P=.135
Depressivität	.7345 P=.001	.5156 P=.040	******	.6544 P=.002	-.1388 P=.571	-.3666 P=.122
Erregbarkeit	.3946 P=.130	.6392 P=.007	.6850 P=.003	******	-.5518 P=.014	.0168 P=.946
Geselligkeit	.0744 P=.784	-.1691 P=.531	-.2396 P=.371	.0998 P=.713	******	-.0820 P=.738
Gelassenheit	-.4906 P=.053	-.3417 P=.195	-.5283 P=.035	-.4421 P=.086	-.0822 P=.762	******

Dieses Beispiel macht zum einen deutlich, daß das Konfidenzintervall für ρ (aufgrund der Schiefe der Stichprobenverteilung von r) nicht symmetrisch ist, d.h. UG_ρ und OG_ρ sind nicht gleichabständig von dem gefundenen r-Wert. Und zum anderen zeigt sich wieder, daß Konfidenzintervalle, die aufgrund kleiner Stichproben errichtet werden, sehr breit ausfallen und damit wenig informativ sind.

Einem $[1-\alpha]$-Konfidenzintervall läßt sich unmittelbar entnehmen, ob der gefundene Korrelationskoeffizient bei α statistisch signifikant wäre. Dies ist der Fall, wenn der Wert Null außerhalb des Intervalls liegt. Schließen die Intervallgrenzen Null hingegen ein, dann müßte $H_0{:}\rho=0$ beibehalten werden. Greifen wir zur Demonstration die in Tab. 16.3 bei den Studentinnen zwischen *Gelassenheit* und *Erregbarkeit* bestehende Korrelation von r_{GE} = -0,442 heraus. Da der von der SPSS-Prozedur PEARSON CORR errechnete (zweiseitige) P-Wert von 0,086 größer als (das von uns gewählte) α = 0,05 ist, wird $H_0{:}\rho_{GE}=0$ beibehalten. Für das 95%-Konfidenzintervall erhalten wir in Termini von Fishers Z folgende untere und obere Grenze:

$UG_Z = -0{,}442 - 1{,}960\cdot\surd(16-3) = -0{,}986$ $OG_Z = -0{,}442 + 1{,}960\cdot\surd(16-3) = 0{,}102$

Die Transformation in r-Werte über Tab. M ergibt UG_ρ = -0,755 und OG_ρ = 0,100 als Grenzen des Bereichs, in dem der Parameter ρ mit einer Sicherheit von 95% liegt. Das Intervall enthält erwartungsgemäß den Wert Null.

16.3.4 Die Stichprobenverteilung von r und Z_r bei Verletzung der Bedingung bivariat normalverteilter Populationswerte

Sowohl bei der Prüfung von Hypothesen, in denen für die Populationskorrelation ein bestimmter Wert (einschließlich Null) behauptet wird als auch bei der Errichtung eines Konfidenzintervalls für ρ wird davon ausgegangen, daß die Stichprobe einer bivariat normalverteilten Population entstammt. In Abschnitt 16.2 ist jedoch deutlich geworden, daß sich bei kleinen bis mittelgroßen Stichproben praktisch nicht "belegen" läßt, daß diese Bedingung auch (hinreichend) erfüllt ist, da die möglichen Arrayverteilungen für zuverlässige Schlüsse auf die Form der entsprechenden Populationsverteilungen jeweils viel zu wenig Werte aufweisen. Evidenz dafür, daß die Normalitätsbedingung *nicht* ausreichend erfüllt ist, läßt sich den Stichprobendaten dagegen eher entnehmen, da es hierfür genügt zu zeigen, daß die Verteilung von X und/oder Y bedeutsam von der Normalform abweicht.

Bei Schlüssen auf ρ muß deshalb im Fall von »kleinen« Stichprobenumfängen immer mit einer Annahme gearbeitet werden, bei der sich nicht überprüfen läßt, wieweit sie berechtigt ist. Aus diesem Grund sind Studien von besonderer Bedeutung, in denen untersucht wurde, wie sich die Stichprobenverteilungen von r, T_r und Z_r und die darauf basierenden Test- und Schätzverfahren verhalten, wenn die X,Y-Werte in der Population nicht bivariat normalverteilt sind. Zu dieser Frage liegen inzwischen eine Reihe von Monte-Carlo-Analysen vor (Edgell & Noon 1984; Fowler 1987; Havlicek & Peterson 1977; Kowalski 1972; Levy 1977a; Norris & Hjelm 1961; Rasmussen 1987; Zeller & Levine 1974; Zimmerman 1986). Ihre Ergebnisse lassen sich wie folgt zusammenfassen:

- Im Fall »ρ = 0« erwies sich in allen Studien die Stichprobenverteilung von r als ausgesprochen robust gegenüber Verletzungen der Normalitätsannahme. Die Hypothese H_0:ρ=0 kann somit über die T-Verteilung gemäß <16.6> auch dann hinreichend valide geprüft werden, wenn in der Population die Rand- und Arrayverteilungen deutlich von der Normalform abweichen. Es liegen allerdings Hinweise vor, daß die Robustheit des Tests bei α = 0,01 etwas geringer ist als bei der Prüfung auf dem 5%-Niveau (Edgell & Noon 1984; Noris & Hjelm 1961).

  Die häufig durchgeführte Signifikanzprüfung eines Produkt-Moment-Koeffizienten über <16.6> bzw. Tab. L erweist sich somit (zumindest bei α = 0,05) auch in den Fällen als unbedenklich, wo aufgrund des geringen Stichprobenumfangs keine Beurteilung der bivariaten Populationsverteilung möglich ist.

- Weniger einheitlich sind die Befunde dagegen für die Situationen, in denen der Betrag der Populationskorrelation ρ deutlich über Null liegt. Im Gegensatz zu Zeller & Levine (1974) berichten hier Kowalski (1972); Norris & Hjelm (1961) und Zimmerman (1986) von relativ starken Einflüssen nichtnormaler Populationsverteilungen auf die Stichprobenverteilung von r und Z_r. Beim Test von H_0:ρ=a über <16.7> scheint somit der Bedingung bivariat normalverteilter Populationswerte eine größere Bedeutung zuzukommen. Das gleiche gilt bei der Errichtung eines Konfidenzintervalls für ρ gemäß <16.9>, da auch hier auf die Stichprobenverteilung von Z_r zurückgegriffen wird. Es empfiehlt sich deshalb, bei der Prüfung von $H_0{:}\rho{=}a$ und der Intervallschätzung von ρ mit großen Stichproben zu arbeiten, damit an Hand der Daten beurteilt werden kann, wieweit die Normalitätsannahme erfüllt ist.

16.4 Zwei unabhängige Stichproben: Test der Hypothese »$\rho_1{=}\rho_2$«

Es stellt sich häufig die Frage, ob bestimmte Merkmale in zwei unabhängigen Stichproben signifikant unterschiedlich miteinander korrelieren. So zeigt sich z.B. an den Daten von Tab. 16.3, daß in der Gruppe der Frauen (n_1 = 16) zwischen den FPI-Skalen *Nervosität* und *Depressivität* eine Korrelation von r_1 = 0,73 besteht, während der entsprechende Koeffizient bei den Männern (n_2 = 19) einen Wert von r_2 = 0,83 aufweist. Geprüft werden soll nun, ob diese Differenz statistisch bedeutsam ist. Formal getestet wird dabei die Hypothese $H_0{:}\rho_1{=}\rho_2$. Um eine Prüfgröße zu erhalten, deren Stichprobenverteilung der Standardnormalverteilung folgt, wird wieder die Fisher-Z-Transformation herangezogen (Fisher 1958, S.203). Die Schritte zum Test von H_0 sind im einzelnen:

- Zweck des Tests: Prüfung, ob sich die Produkt-Moment-Koeffizienten von zwei unabhängigen Stichproben statistisch signifikant unterscheiden.
- Voraussetzungen: Unabhängige Stichproben, bivariat normalverteilte Werte in POP_1 und POP_2. Ferner sollte der Stichprobenumfang nicht zu klein sein. Thöni (1977) konnte allerdings zeigen, daß der Test bereits ab $n_1{=}n_2{=}7$ problemlos angewendet werden kann.
- H_0: $\rho_1 = \rho_2$ H_1: $\rho_1 \neq \rho_2$ *Zweiseitiger Test*
- Berechnung der Prüfgröße:

  <16.11> $|Z_z| = |Z_1 - Z_2|/\surd[1/(n_1-3) + 1/(n_2-3)]$

  Hierbei sind $Z_1;Z_2$ die über Tab. M oder <16.3> transformierten Werte von $r_1;r_2$ und $n_1;n_2$ die Anzahl der Wertepaare in Stichprobe 1;2. Die Stichprobenverteilung von Z_z folgt unter H_0 (bei nicht zu kleinen Stichproben) in guter Näherung der Standardnormalverteilung.
- Entscheidung über die Nullhypothese: Zurückweisung von H_0, wenn $|Z_z| > Z_k$ ist. Der »α« zugehörige Wert von Z_k wird Teil [A] von Tab. D entnommen.

Wir wollen auf dem 5%-Niveau (zweiseitig) prüfen, ob die Differenz $r_1 - r_2$ = 0,735 - 0,834 = -0,099 statistisch signifikant ist. Die Z_r-Werte für r_1 und r_2 entnehmen wir Tab. M. Durch Einsetzen in <16.11> erhalten wir:

$|Z_z| = |0,940 - 1,204|/\surd(1/13 + 1/16) = 0,707$

Für α = 0,05-zs ist z_k = 1,960 (Tab. D). Da $|Z_z|$ kleiner ist, wird die Nullhypothese beibehalten. *Nervosität* und *Depressivität* korrelieren bei den untersuchten Frauen und Männern nicht in signifikant unterschiedlichem Ausmaß.

16.5 Drei oder mehr unabhängige Gruppen: Test der Hypothese »$\rho_1=\rho_2=\ldots=\rho_J$«

Auch bei mehr als zwei unabhängigen Gruppen kann natürlich die Frage auftauchen, ob zwischen den r-Werten statistisch signifikante Unterschiede bestehen. Greifen wir zur Demonstration auf die Daten des Beispiels von Abb. 16.3 zurück. Die Korrelation zwischen Körperhöhe und -gewicht betrug hier r = 0,41. Bei einer Gliederung der Stichprobe nach dem *Schulabschluß* ergeben sich in den so entstandenen Untergruppen die in Tab. 16.4 zusammengestellten Koeffizienten. Es soll nun geprüft werden, ob die Höhe der Korrelation zwischen Größe und Gewicht in signifikantem Ausmaß vom Merkmal *Schulabschluß* abhängig ist. Die Schritte zum Test von H_0 sind im einzelnen:

- Zweck des Tests: Prüfung, ob zwischen den Produkt-Moment-Koeffizienten von drei oder mehr unabhängigen Stichproben statistisch signifikante Unterschiede bestehen.
- Voraussetzungen: Unabhängige Stichproben, bivariat normalverteilte X,Y-Werte in $POP_1 \ldots POP_J$, nicht zu kleine Stichproben.
- H_0: $\rho_1 = \rho_2 = \ldots = \rho_J$ $\quad H_1$: Die ρ_j sind nicht alle gleich
- Berechnung der Prüfgröße:

  <16.12> $\chi_r^2 = B - A^2/(N - 3 \cdot J) \qquad FG = J-1$

  $A = \sum_j^J (n_j-3) \cdot Z_j \qquad B = \sum_j^J (n_j-3) \cdot Z_j^2 \qquad J$ = Anzahl der Gruppen

  Hierbei ist $N = \Sigma n_j$ und Z_j der über Tab. M oder <16.3> transformierte Korrelationskoeffizient von Gruppe j (r_j). Bei gleichen Stichprobenumfängen (alle $n_j = n$) vereinfacht sich <16.12> zu

  <16.13> $\chi_r^2 = (n-3) \cdot [\sum_j^J Z_j^2 - (\sum_j^J Z_j)^2/J]$

  Die Stichprobenverteilung von χ_r^2 folgt unter H_0 einer χ^2-Verteilung mit J-1 Freiheitsgraden (Hays 1973, S.664; Kristof 1980). Zur Berechnung von <16.12> empfiehlt es sich, entsprechend dem Schema von Tab. 16.4 vorzugehen.
- Entscheidung über die Nullhypothese: Zurückweisung von H_0, wenn $\chi_r^2 > \chi_k^2$ ist. Der kritische Wert wird Tab. I entnommen. Er befindet sich im Schnittpunkt von Spalte »α« und Zeile »FG«.

Es soll geprüft werden, ob zwischen den drei r_j-Werten von Tab. 16.4 statistisch signifikante Unterschiede bestehen ($\alpha = 0{,}05$). Wir setzen die dort angeführten Größen A und B in <16.2> ein und erhalten:

$\chi_r^2 = 153{,}649 - 312{,}094^2/638 = 0{,}980 \qquad FG = 2$

Tabelle I entnehmen wir als kritischen Wert $\chi_k^2 = 5{,}991$. Die Nullhypothese wird beibehalten. Körperhöhe und -gewicht korrelieren in den Bildungsgruppen nicht in signifikant unterschiedlichem Ausmaß.

TABELLE 16.4 Rechenschema zur Bestimmung der Prüfgröße beim Test der Hypothese »$\rho_1=\rho_2=...=\rho_J$«. Daten des Beispiels von Abbildung 16.3 (gegliedert nach dem Schulabschluß). Geprüft werden soll, ob zwischen den r_j-Werten (Korrelation *Körperhöhe - Gewicht*) signifikante Unterschiede bestehen.

Stichprobe	n_j	n_j-3	r_j	Z_j	$(n_j-3)\cdot Z_j$	$(n_j-3)\cdot Z_j^2$
1 Hauptschule	222	219	0,408	0,436	95,484	41,631
2 Mittl. Reife	149	146	0,487	0,530	77,380	41,011
3 Abitur	276	273	0,472	0,510	139,230	71,007
Σ	N=647				A=312,094	B=153,649

Multiple Vergleiche

Wenn $H_0:\rho_1=\rho_2=...=\rho_J$ bei α zurückgewiesen wurde, ist meist weiterhin von Interesse, welche der J Koeffizienten sich signifikant voneinander unterscheiden. Derartige paarweise Vergleiche bzw. Prüfungen von $H_0:\rho_j=\rho_{j'}$ lassen sich am einfachsten nach der *Bonferroni*-Methode durchführen. Für jede der K = J·(J-1)/2 möglichen Differenzen $r_j-r_{j'}$ wird hierbei als erstes die Prüfgröße Z_Z gemäß <16.11> berechnet. Damit das auf die K Vergleiche bezogene Fehler-I-Risiko einen gewünschten Wert von α_F nicht überschreitet, muß die Prüfung der einzelnen Kontraste bei $\alpha_V = \alpha_F/K$ erfolgen. Bezüglich weiterer Verfahren für multiple Vergleiche von Korrelationskoeffizienten siehe Levy (1976b, 1977b).

16.6 Prüfung der Differenz zweier Korrelationskoeffizienten, die einer Stichprobe entstammen

Das Verfahren von Abschnitt 16.4 ist nicht anwendbar, wenn Korrelationskoeffizienten miteinander verglichen werden sollen, die *einer* Stichprobe entstammen. In diesem Fall bestehen Abhängigkeiten zwischen den Koeffizienten, die beim Test der Nullhypothese berücksichtigt werden müssen.

16.6.1 Test der Hypothese »$\rho_{XZ}=\rho_{YZ}$« (»$\rho_{13}=\rho_{23}$«)

Es soll hier untersucht werden, ob in einer Stichprobe von n Personen die Variablen X und Y in signifikant unterschiedlichem Ausmaß mit einer dritten Variablen Z korrelieren. Wir wollen als Beispiel Daten aus der in Abschnitt 7.2.2 erwähnten Studie von Diehl (1985) heranziehen. Jugendliche im Alter von 12-19 Jahren hatten hier jeweils vier Fernsehspots, in denen für Nahrungsmittel geworben wurde, hinsichtlich ihrer anziehenden Wirkung (»Attraktion«) zu beurteilen. Bei den n = 342 weiblichen Personen korrelierte die Attraktions-Einstufung des dargebotenen Spots für ein Creme-Dessert zu r_{XZ} = -0,336 mit dem Alter, während bei der Werbung für einen Schoko-Riegel die Korrelation Attraktion-Alter r_{YZ} = -0,126 betrug. Es soll nun entschieden werden, ob die Differenz zwischen den Koeffizienten statistisch signifikant ist.

Zur Prüfung der hier zugrundeliegenden Nullhypothese sind eine Reihe von Verfahren entwickelt worden. Häufige Anwendung finden dabei ein z.B. bei Edwards (1973, S.97) angeführter Test von Hotelling (1940) und ein z.B. bei Bortz (1985, S.266) und Glass & Stanley (1970, Kap. 14.10) empfohlenes Verfahren von Olkin (1967). Die korrekte Formel für den Olkin-Test geben Hendrickson & Collins (1970). Untersuchungen von Neil & Dunn (1975) und Steiger (1980) haben jedoch gezeigt, daß insbesondere bei kleinen Stichproben ein von Williams (1959) vorgestellter Test diesen Verfahren überlegen ist. Seine Durchführung soll deshalb im nachfolgenden beschrieben werden.

- Zweck des Tests: Prüfung, ob sich in einer Stichprobe des Umfangs n die Produkt-Moment-Korrelation von X und Z signifikant von der Korrelation zwischen Y und Z unterscheidet (Prüfung, ob zwei Variablen mit einer dritten unterschiedlich hoch korrelieren).
- Voraussetzungen: In der Population, der die Stichprobe entstammt, sind die X,Z-, Y,Z- und X,Y-Werte jeweils bivariat normalverteilt. Der Stichprobenumfang sollte nicht zu klein sein. Steiger (1980) empfiehlt hier ein $n > 20$.
- H_0: $\rho_{xz} = \rho_{yz}$ H_1: $\rho_{xz} \neq \rho_{yz}$ *Zweiseitiger Test*
- Berechnung der Prüfgröße:

<16.14> $$T_w = \sqrt{W} \qquad W = \frac{(r_{xz} - r_{yz})^2 \cdot (n-1) \cdot (1 + r_{xy})}{2 \cdot A \cdot (n-1)/(n-3) + r_m^2 \cdot (1 - r_{xy})^3} \qquad FG = n-3$$

$$r_m = (r_{xz} + r_{yz})/2 \qquad A = 1 + 2 \cdot r_{xy} \cdot r_{xz} \cdot r_{xy} - r_{xz}^2 - r_{yz}^2 - r_{xy}^2$$

Die Stichprobenverteilung von T_w folgt unter H_0 (bei nicht zu kleinen Stichproben) einer T-Verteilung mit n-3 Freiheitsgraden.

- Entscheidung über die Nullhypothese: Zurückweisung von H_0, wenn $T_w > T_k$ ist. Zur Bestimmung von T_k wird in Tab. E in der Kopfzeile vom gewählten »α« ausgegangen. Im Schnittpunkt dieser Spalte mit der Zeile »FG« steht der gesuchte Wert.

Wir wollen bei unserem Beispiel auf dem 5%-Niveau zweiseitig prüfen, ob die Differenz $r_{xz} - r_{yz}$ statistisch signifikant ist. Die für <16.14> benötigten Koeffizienten sind in Tab. 16.5 zusammengestellt. Wir setzen ein und erhalten:

$$A = 1 + 2 \cdot (-0{,}336) \cdot (-0{,}126) \cdot 0{,}413 - 0{,}336^2 - 0{,}126^2 - 0{,}413^2 = 0{,}7356$$

$$r_m = (-0{,}336 + 0{,}126)/2 = -0{,}2310$$

$$W = \frac{(-0{,}336 + 0{,}126)^2 \cdot 341 \cdot (1 + 0{,}413)}{2 \cdot 0{,}7356 \cdot 341/339 + 0{,}2310^2 \cdot (1 - 0{,}413)^3} = 14{,}255 \qquad T_w = \sqrt{14{,}255} = 3{,}776$$

Für FG = 300 (statt 339) und $\alpha = 0{,}05$-zs ist $T_k = 1{,}968$ (Tab. E). Die Nullhypothese wird zurückgewiesen. Die positive Beurteilung der Dessertwerbung geht mit dem Alter stärker zurück als die Einstufung des Schokospots.

TABELLE 16.5 Korrelation der Beurteilung zweier TV-Werbespots mit dem Lebensalter (Z) bei 342 weiblichen Jugendlichen. Beispieldaten für die Prüfung der Hypothese »$\rho_{xz}=\rho_{yz}$«.

[X] Beurteilung Dessertspot - [Z] Alter	:	r_{xz} = -0,336
[Y] Beurteilung Schokospot - [Z] Alter	:	r_{yz} = -0,126
[X] Beurteilung Dessertspot - [Y] Beurteilung Schokospot	:	r_{xy} = 0,413

16.6.2 Test der Hypothese »$\rho_{12}=\rho_{34}$«

Mit dem im letzten Abschnitt durchgeführten Test von $H_0:\rho_{13}=\rho_{23}$ ($\rho_{xz}=\rho_{yz}$) wurden zwei Koeffizienten einer Korrelationsmatrix miteinander verglichen, denen eine Variable gemeinsam war. Ist dies nicht der Fall, dann lautet die zu prüfende Nullhypothese $H_0:\rho_{12}=\rho_{34}$. Hierbei kann es sich zum einen um vier Variablen handeln, die zu einem Zeitpunkt t an einer Stichprobe des Umfangs n erhoben wurden ($H_0:\rho_{wx}=\rho_{yz}$). Zum anderen kann es aber auch um die Frage gehen, ob (bei n Personen) die Korrelation zwischen den Variablen X und Y zum Zeitpunkt t_2 signifikant verschieden ist von der Korrelation zwischen X und Y zum Zeitpunkt t_1 ($H_0:\rho_1=\rho_2$).

Wir wollen die beiden Fälle an dem in Abschnitt 7.3.2 vorgestellten Beispiel erläutern. Hier hatten n = 24 Studierende das Freiburger Persönlichkeitsinventar zuerst unter Normalinstruktion (»N«) und anschließend mit der Anweisung zu beantworten, ein für eine Bewerbung günstiges Bild von sich zu geben (»B«). Die folgenden Fragen ließen sich dann mit einem Test von $H_0:\rho_{12}=\rho_{34}$ beantworten:

- Die bei der Normalinstruktion für die Skala *Nervosität* erhaltenen Werte korrelieren zu r_{12} = 0,684 mit den Nervostitätsscores unter der Bewerbungsinstruktion. Bei der Skala *Depressivität* korrelieren die Werte beider Instruktionbedingungen zu r_{34} = 0,281 miteinander. Unterscheiden sich die Koeffizienten statistisch signifikant?
- Ist die Interkorrelation der Skalen *Nervosität* und *Depressivität* unter Normalinstruktion (r_{12} = 0,401) signifikant verschieden vom Ausmaß, in dem diese Merkmale bei der Bewerbungsinstruktion miteinander korrelieren (r_{34} = 0,836)? Bei diesem Beispiel geht es somit um die Frage, ob zwei Merkmale (bei n Personen) zum Zeitpunkt t_1 und t_2 unterschiedlich hoch miteinander korrelieren.
- Ist unter der Normalinstruktion die Korrelation zwischen den Skalen *Aggressivität* und *Dominanzstreben* (r_{12} = 0,709) signifikant verschieden von der Interkorrelation der Merkmale *Geselligkeit* und *Gelassenheit* (r_{34} = 0,473)?

Zur Prüfung von $H_0:\rho_{12}=\rho_{34}$ hat sich ein von Dunn & Clark (1969) entwickelter Test als empfehlenswert erwiesen (Steiger 1980; Yu & Dunn 1982). An seiner Prüfgröße wurde von Steiger eine Modifikation vorgenommen, durch die sich eine verbesserte Fehler-I-Kontrolle erreichen läßt. Beide Verfahren sollen im nachfolgenden vorgestellt werden.

- Zweck des Tests: Prüfung, ob sich in einer Stichprobe des Umfangs n die Produkt-Moment-Korrelation der Variablen 1 und 2 (r_{12}) signifikant von der Korrelation der Variablen 3 und 4 (r_{34}) unterscheidet.
- Voraussetzungen: In der Population, der die Stichprobe entstammt, sind die 1,2-, 3,4-, 1,3-, 1,4-, 2,3- und 2,4-Werte jeweils bivariat normalverteilt. Der Stichprobenumfang sollte nicht zu klein sein. Steiger (1980) empfiehlt hier ein $n > 20$.
- H_0: $\rho_{12} = \rho_{34}$ H_1: $\rho_{12} \neq \rho_{34}$ *Zweiseitiger Test*
- Berechnung der Prüfgröße:

[A] Test von Dunn & Clark (1969)

<16.15> $$|Z_a| = |Z_{12} - Z_{34}| / \sqrt{[2\cdot(1 - B/C)/(n-3)]}$$

$$B = r_{12}\cdot r_{34}\cdot(r_{13}^2 + r_{14}^2 + r_{23}^2 + r_{24}^2)/2 + r_{13}\cdot r_{24} + r_{14}\cdot r_{23}$$
$$- r_{12}\cdot r_{13}\cdot r_{14} - r_{12}\cdot r_{23}\cdot r_{24} - r_{13}\cdot r_{23}\cdot r_{34} - r_{14}\cdot r_{24}\cdot r_{34}$$

$$C = (1 - r_{12}^2)\cdot(1 - r_{34}^2)$$

Hierbei sind r_{12}, r_{13}, r_{14} usf. die paarweisen Korrelationen zwischen den vier Variablen, Z_{12} und Z_{34} die über Tab. M oder 16.3 transformierten Werte von r_{12} und r_{34} und n die Anzahl der Personen, an denen die Variablen 1-4 erhoben wurden. Die Stichprobenverteilung von Z_a folgt unter H_0 (bei nicht zu kleinen Stichproben) der Standardnormalverteilung.

[B] Test von Steiger (1980)

Die Steiger-Modifikation besteht darin, im Nenner von <16.15> die Koeffizienten r_{12} und r_{34} jeweils durch ihr Mittel $r_m = (r_{12} + r_{34})/2$ zu ersetzen. Es ergibt sich dann folgende Prüfgröße:

<16.16> $$|Z_a^+| = |Z_{12} - Z_{34}| / \sqrt{[2\cdot(1 - D/E)/(n-3)]}$$

$$D = r_m^2\cdot(r_{13}^2 + r_{14}^2 + r_{23}^2 + r_{24}^2)/2 + r_{13}\cdot r_{24} + r_{14}\cdot r_{23}$$
$$- r_m\cdot(r_{13}\cdot r_{14} + r_{23}\cdot r_{24} + r_{13}\cdot r_{23} + r_{14}\cdot r_{24})$$

$$E = (1 - r_m^2)^2$$

Die Stichprobenverteilung von Z_a^+ folgt unter H_0 (bei nicht zu kleinen Stichproben) der Standardnormalverteilung.

- Entscheidung über die Nullhypothese: Zurückweisung von H_0, wenn $|Z_a|$ bzw. $|Z_a^+|$ größer als Z_k ist. Der »α« zugehörige Wert von Z_k wird Teil [A] von Tab. D entnommen.

TABELLE 16.6 Korrelationen zwischen den bei 24 Studierenden zweimal (mit verschiedener Instruktion) vorgegebenen FPI-Skalen *Nervosität* und *Depressivität*. Beispieldaten für die Prüfung der Hypothese »$\rho_{12}=\rho_{34}$«.

[1] Ner-N	[2] Ner-B	: r_{12} = 0,684
[3] Dep-N	[4] Dep-B	: r_{34} = 0,281
[1] Ner-N	[3] Dep-N	: r_{13} = 0,401
[1] Ner-N	[4] Dep-B	: r_{14} = 0,350
[2] Ner-B	[3] Dep-N	: r_{23} = 0,212
[2] Ner-B	[4] Dep-B	: r_{24} = 0,836

[1] Ner-N	[2] Dep-N	: r_{12} = 0,401
[3] Ner-B	[4] Dep-B	: r_{34} = 0,836
[1] Ner-N	[3] Ner-B	: r_{13} = 0,684
[1] Ner-N	[4] Dep-B	: r_{14} = 0,350
[2] Dep-N	[3] Ner-B	: r_{23} = 0,212
[2] Dep-N	[4] Dep-B	: r_{24} = 0,281

Wir wollen die Berechnung von Z_a und Z_a^+ an den beiden ersten Beispielen demonstrieren. Die dafür benötigten Korrelationskoeffizienten sind in Tab. 16.6 zusammengestellt. Bezüglich der Signifikanzprüfung der Differenz $r_{12} - r_{34} = 0{,}684 - 0{,}281 = 0{,}403$ ergibt sich gemäß <16.15>:

$$\begin{aligned} B = {} & 0{,}684 \cdot 0{,}281 \cdot (0{,}401^2 + 0{,}350^2 + 0{,}212^2 + 0{,}836^2)/2 + 0{,}401 \cdot 0{,}836 \\ & + 0{,}350 \cdot 0{,}212 - 0{,}684 \cdot 0{,}401 \cdot 0{,}350 - 0{,}684 \cdot 0{,}212 \cdot 0{,}836 \\ & - 0{,}401 \cdot 0.212 \cdot 0{,}281 - 0{,}350 \cdot 0{,}836 \cdot 0{,}281 = 0{,}1848 \end{aligned}$$

$$C = (1 - 0{,}684^2) \cdot (1 - 0{,}281^2) = 0{,}4901$$

Die Fisher-Z-Werte für r_{12} und r_{34} entnehmen wir Tab. M. Dann ist:

$$|Z_a| = |0{,}838 - 0{,}288| / \surd[2 \cdot (1 - 0{,}1848/0{,}4901)/21] = 2{,}258$$

Wir prüfen zweiseitig auf dem 5%-Niveau. Hier ist $Z_k = 1{,}960$ (Tab. D). H_0 wird zurückgewiesen. Die unter den beiden Instruktionsbedingungen für die Skala *Nervosität* erhaltenen Werte korrelieren signifikant höher miteinander als die entsprechenden Scores der Skala *Depressivität*.

Die Signifikanz der Differenz $r_{12} - r_{34} = 0{,}401 - 0{,}836 = -0{,}435$ prüfen wir über <16.16>. Es ist $r_m = (0{,}401 + 0{,}836)/2 = 0{,}6185$ und

$$\begin{aligned} D = {} & 0{,}6185 \cdot (0{,}684^2 + 0{,}350^2 + 0{,}212^2 + 0{,}281^2)/2 + 0{,}684 \cdot 0{,}281 + 0{,}350 \cdot 0{,}212 \\ & - 0{,}6185 \cdot (0{,}684 \cdot 0{,}350 + 0{,}212 \cdot 0{,}281 + 0{,}684 \cdot 0{,}212 + 0{,}350 \cdot 0{,}281 = 0{,}1519 \end{aligned}$$

$$E = (1 - 0{,}6185^2)^2 = 0{,}3813$$

Die Fisher-Z-Werte für r_{12} und r_{34} entnehmen wir Tab. M. Dann ist:

$$|Z_a^+| = |0{,}424 - 1{,}204| / \surd[2 \cdot (1 - 0{,}1519/0{,}3813)/21] = 3{,}259$$

Wir prüfen zweiseitig auf dem 1%-Niveau. Hier ist $Z_k = 2{,}576$ (Tab. D). Die Nullhypothese wird zurückgewiesen. Die Interkorrelation der Skalen *Nervosität* und *Depressivität* ist bei der Anweisung, ein günstiges Bild von sich zu geben, signifikant höher als unter der Normalinstruktion.

16.7 Signifikanzprüfung eines Partial-Korrelationskoeffizienten

Zum Test eines Partialkoeffizienten auf statistische Signifikanz kann die Prüfgröße <16.6> - geringfügig modifiziert - herangezogen werden. Es müssen dabei lediglich die dortigen Freiheitsgrade (n-2) um die Anzahl der auspartialisierten Variablen (k) reduziert werden. Die Stichprobenverteilung der Größe

<16.17> $T_{pa} = (r_{12.3...k})\cdot\sqrt{[(n - 2 - k)/(1 - r^2_{12.3...k})]}$
$= r_{pa}\cdot\sqrt{[FG/(1 - r^2_{pa})]}$

folgt dann unter $H_0{:}\rho_{pa}=0$ einer T-Verteilung mit n-2-k Freiheitsgraden (Fisher 1924; Guilford 1965, S.341). Im Fall eines Partialkoeffizienten erster Ordnung (bei dem der Einfluß von Z aus der Beziehung zwischen X und Y eliminiert wird) stellt sich die Prüfgröße wie folgt dar (FG = n-3):

<16.18> $T_{pa} = (r_{12.3})\cdot\sqrt{[(n-3)/(1 - r^2_{12.3})]} = (r_{xy.z})\cdot\sqrt{[(n-3)/(1 - r^2_{xy.z})]}$

Die Berechnung von <16.17> oder <16.18> ist im konkreten Fall allerdings nicht erforderlich, da Tab. L auch zur Prüfung von Partialkoeffizienten herangezogen werden kann. Die Schritte zum Test von H_0 sind im einzelnen:

- Zweck des Tests: Prüfung, ob die Produkt-Moment-Korrelation zwischen X und Y, bei der der Einfluß von Z auspartialisiert ist, signifikant von Null abweicht ("Signifikanzprüfung eines Partialkoeffizienten erster Ordnung").
- Voraussetzung: In der Population, der die Stichprobe entstammt, sind die X,Y-, X,Z- und Y,Z-Werte jeweils bivariat normalverteilt.
- H_0: $\rho_{xy.z} = 0$ H_1: $\rho_{xy.z} \neq 0$ *Zweiseitiger Test*
  H_0: $\rho_{xy.z} = 0$ H_1: $\rho_{xy.z} < 0$ oder H_1: $\rho_{xy.z} > 0$ *Einseitiger Test*
- Vergleich des errechneten Partialkoeffizienten mit dem »α« und »FG = n-3« zugehörigen kritischen r-Wert. Beim einseitigen Test ist dies allerdings nur erforderlich, wenn das Vorzeichen von $r_{xy.z}$ mit dem in der gerichteten H_1 für $\rho_{xy.z}$ behaupteten Vorzeichen übereinstimmt. Anderenfalls wird H_0 beibehalten.
- Entscheidung über die Nullhypothese: Zurückweisung von H_0, wenn $|r_{xy.z}| > r_k$ ist. Beim zweiseitigen (einseitigen) Test wird zur Bestimmung von r_k in Tab. L in der Kopfzeile (Fußzeile) vom Wert »α« ausgegangen. Im Schnittpunkt dieser Spalte mit der Zeile »FG« steht der gesuchte Wert.

An einer Stichprobe von 352 Frauen und 230 Männern wurde die Beziehung zwischen dem Relativgewicht ("Abweichung vom Idealgewicht") und verschiedenen ernährungsbezogenen Einstellungen und Verhaltensweisen untersucht. Das *Relativgewicht (X)* korrelierte bei beiden Geschlechtern u.a. statistisch signifikant mit der *Einstellung zur Nahrungsmittelwerbung (Y)* - derart, daß mit steigendem Gewicht die Einstellung positiver wurde. Da jedoch beide Variablen auch eine bedeutsame Beziehung zum *Lebensalter (Z)* aufwiesen (vgl. Tab. 16.7), soll geprüft werden, ob sich auch dann noch eine signifikante Beziehung zwischen Re-

TABELLE 16.7 Interkorrelation der Variablen *Relativgewicht*, *Einstellung zur Nahrungsmittelwerbung* und *Lebensalter* bei 352 Frauen und 230 Männern. Beispieldaten für die Signifikanzprüfung der Partialkorrelation $r_{xy.z}$.

Korrelation (*: P < 0,001)			Frauen	Männer
[X] Relativgewicht	[Y] Einst N-Werbung	:	r_{xy} = 0,243*	r_{xy} = 0,245*
[X] Relativgewicht	[Z] Alter	:	r_{xz} = 0,515*	r_{xz} = 0,480*
[Y] Einst N-Werbung	[Z] Alter	:	r_{yz} = 0,324*	r_{yz} = 0,357*

lativgewicht und Einstellung ergibt, wenn der Einfluß des Alters auspartialisiert wird. Eine Partialkorrelation erster Ordnung berechnet sich wie folgt (Diehl & Kohr 1982, S.235):

<16.19> $r_{xy.z} = (r_{xy} - r_{xz} \cdot r_{yz}) / \sqrt{[(1 - r_{xz}^2) \cdot (1 - r_{yz}^2)]}$

Danach ergeben sich die folgenden Partialkoeffizienten:

$r_{xy.z} = (0{,}243 - 0{,}515 \cdot 0{,}324) / \sqrt{[(1 - 0{,}515^2) \cdot (1 - 0{,}324^2)]} = 0{,}094$ *Frauen*

$r_{xy.z} = (0{,}245 - 0{,}480 \cdot 0{,}357) / \sqrt{[(1 - 0{,}480^2) \cdot (1 - 0{,}357^2)]} = 0{,}090$ *Männer*

Wir prüfen zweiseitig auf dem 5%-Niveau. Für FG = 350 (statt 349 bei den Frauen und 227 bei den Männern) ist $r_k = 0{,}105$ (Tab. L). Die Nullhypothese wird in beiden Fällen beibehalten. Nach Eliminierung des Alterseinflusses zeigt sich zwischen dem Relativgewicht und der Einstellung zur Nahrungsmittelwerbung keine signifikante Beziehung mehr.

16.8 Signifikanzprüfung eines punktbiserialen Korrelationskoeffizienten (r_{pb})

Wenn die Nullhypothese $H_0: \rho_{pb} = 0$ gilt, dann folgt die Stichprobenverteilung von

<16.20> $T_{pb} = r_{pb} \cdot \sqrt{[(n-2)/(1 - r_{pb}^2)]} = r_{pb} \cdot \sqrt{[FG/(1 - r_{pb}^2)]}$

einer T-Verteilung mit n-2 Freiheitsgraden (Walker & Lev 1953, S.265). Ein punktbiserialer Koeffizient kann somit wie die Produkt-Moment-Korrelation r über <16.6> und damit auch durch einen Vergleich mit dem entsprechenden kritischen r-Wert von Tab. L geprüft werden. Wie bezeichnen nachfolgend das dichotome Merkmal mit X (bei dem die Werte 0 und 1 auftreten) und die intervallskalierte Variable mit Y. Die Schritte zum Test von H_0 sind im einzelnen:

- Zweck des Tests: Prüfung, ob ein punktbiserialer Korrelationskoeffizient statistisch signifikant von Null abweicht ("Signifikanzprüfung von r_{pb}").
- Voraussetzungen: In der Population, der die Stichprobe entstammt, sind die Y-Werte in den beiden X-Kategorien jeweils normalverteilt mit der Varianz $\sigma_0^2 = \sigma_1^2 = \sigma_I^2$. Die Annahmen entsprechen somit denen des T-Test für unabhängige Stichproben aus varianzhomogenen Populationen (Abschnitt 6.1.1).

- $H_0: \rho_{pb} = 0 \quad H_1: \rho_{pb} \neq 0$ *Zweiseitiger Test*
  $H_0: \rho_{pb} = 0 \quad H_1: \rho_{pb} < 0$ oder $H_1: \rho_{pb} > 0$ *Einseitiger Test*

- Vergleich des errechneten Koeffizienten mit dem »α« und »FG = n-2« zugehörigen kritischen Wert. Beim einseitigen Test ist dies allerdings nur erforderlich, wenn das Vorzeichen von r_{pb} mit dem in der gerichteten H_1 für ρ_{pb} behaupteten Vorzeichen übereinstimmt. Anderenfalls wird H_0 beibehalten.

- Entscheidung über die Nullhypothese: Zurückweisung von H_0, wenn $|r_{pb}| > r_k$ ist. Beim zweiseitigen (einseitigen) Test wird zur Bestimmung von r_k in Tab. L in der Kopfzeile (Fußzeile) vom Wert »α« ausgegangen. Im Schnittpunkt dieser Spalte mit der Zeile »FG« steht der gesuchte Wert.

Wie wollen zur Demonstration des Verfahrens den Koeffizienten des Beispiels von Diehl & Kohr (1982, Kap. 12.3) auf dem 5%-Niveau zweiseitig prüfen. Bei n = 18 Schülern ergab sich hier zwischen dem Geschlecht (0 = männlich, 1 = weiblich) und dem Abschneiden in einem Geschichtskenntnistest (hoher Wert = gute Leistung) eine punktbiseriale Korrelation von $r_{pb} = 0{,}86$. Für $\alpha = 0{,}05$-zs und FG = 16 ist $r_k = 0{,}468$ (Tab. L). H_0 wird zurückgewiesen. Die Geschichtskenntnisse der Mädchen sind im Durchschnitt besser als die der Jungen.

16.9 Signifikanzprüfung eines biserialen Korrelationskoeffizienten (r_b)

Wenn die Nullhypothese $H_0{:}\rho_b{=}0$ gilt, dann folgt die Stichprobenverteilung von

<16.21> $$Z_{rb} = \frac{r_b - \mu_{rb}}{\sigma_{rb}} = \frac{r_b - 0}{\sqrt{(n_0 \cdot n_1)}/(U \cdot n \cdot \sqrt{n})} = \frac{r_b \cdot U \cdot n \cdot \sqrt{n}}{\sqrt{(n_0 \cdot n_1)}}$$

bei *großen* Stichproben in ausreichender Näherung der Standardnormalverteilung (Soper 1914; McNamara & Dunlap 1934). Hierbei sind:

n_0 Anzahl der Personen, die in der dichotomen Variablen X den Wert 0 haben
n_1 Anzahl der Personen, die in X den Wert 1 haben
n Gesamtzahl der Personen ($n = n_0 + n_1$)
U Ordinate der Standardnormalverteilung an dem Punkt, unterhalb dessen ein Flächenanteil von n_0/n liegt.

Eine Signifikanzprüfung von r_b über <16.21> sollte allerdings nur bei Stichprobenumfängen $n \geq 15$ erfolgen (Baker 1965; McNamara & Dunlap 1934). Das nachfolgend beschriebene Verfahren von Alf & Abrahams (1971) kann dagegen auch bei kleineren Stichproben verwendet werden. Seine Ableitung basiert auf dem Sachverhalt, daß zwischen biserialer und punktbiserialer Korrelation die folgende Beziehung besteht:

<16.22> $$r_b = [r_{pb} \cdot \sqrt{(n_0 \cdot n_1)}]/(U \cdot n)$$

Dadurch können die kritischen Werte von Tab. L (entsprechend umgerechnet) auch zur Signifikanzprüfung von r_b herangezogen werden. Die Schritte zum Test von H_0 sind im einzelnen:

- Zweck des Test: Prüfung, ob ein biserialer Korrelationskoeffizient statistisch signifikant von Null abweicht ("Signifikanzprüfung von r_b").
- Voraussetzungen: In der Population, der die Stichprobe entstammt, sind die Y-Werte in den beiden X-Kategorien jeweils normalverteilt mit der Varianz $\sigma_0^2 = \sigma_1^2 = \sigma_I^2$. Die Annahmen sind somit die gleichen wie bei der Prüfung des punktbiserialen Koeffizienten.
- H_0: $\rho_b = 0$ H_1: $\rho_b \neq 0$ *Zweiseitiger Test*
  H_0: $\rho_b = 0$ H_1: $\rho_b < 0$ oder H_1: $\rho_b > 0$ *Einseitiger Test*
- Berechnung des kritischen Wertes:

  Der kritische Wert, mit dem $|r_b|$ verglichen wird, berechnet sich wie folgt:

  <16.23> $r_k^+ = [r_k \cdot \sqrt{(n_0 \cdot n_1)}]/(U \cdot n)$

  Hierbei ist r_k der kritische (punktbiseriale) Koeffizient aus Tab. L für »α« und »FG = n-2«. Die übrigen Größen wurden bei <16.21> definiert. Beim zweiseitigen (einseitigen) Test wird zur Bestimmung von r_k in der Kopfzeile (Fußzeile) vom Wert »α« ausgegangen. Im Schnittpunkt dieser Spalte mit der Zeile »FG« steht der gesuchte Wert.

  Im Fall des einseitigen Tests ist die Berechnung von r_k^+ allerdings nur erforderlich, wenn das Vorzeichen von r_b mit dem in der gerichteten H_1 für ρ_b behaupteten Vorzeichen übereinstimmt. Anderenfalls wird H_0 beibehalten.

  Da der Betrag von r_b immer größer als der von r_{pb} ist (Diehl & Kohr 1982, S. 283), ist auch jeweils $r_k^+ > r_k$. Im Fall von $r_b \leq r_k$ kann somit unmittelbar (ohne Berechnung von r_k^+) auf Beibehaltung von H_0 entschieden werden.
- Entscheidung über die Nullhypothese: H_0 wird zurückgewiesen, wenn $|r_b| > r_k^+$ ist.

Bei dem Beispiel von Diehl & Kohr (1982, Kap. 12.5) hatte sich bei n = 19 Bewerbern zwischen deren Test-IQ und dem Urteil über diese Bewerber durch eine Kommission (0 = nicht geeignet; 1 = geeignet) eine biseriale Korrelation von $r_b = 0{,}452$ ergeben. Wir wollen diesen Koeffizienten zweiseitig auf dem 5%-Niveau prüfen. Es ist $n_0 = 9$ und $n_1 = 10$. Für die Höhe der Ordinate an dem Punkt, der in der Standardnormalverteilung einen unteren Anteil von n_0/n = 9/19 = 0,4737 abtrennt, lesen wir in Tabelle A von Diehl & Kohr (1982) einen Wert von U = 0,3981 ab. Für α = 0,05-zs und FG = 17 ist $r_k = 0{,}456$. Durch Einsetzen in <16.23> erhalten wir:

$r_k^+ = [0{,}456 \cdot \sqrt{(9 \cdot 10)}]/(19 \cdot 0{,}3981) = 0{,}572$

Die Nullhypothese wird beibehalten. Es besteht keine signifikante Beziehung zwischen dem Abschneiden im Intelligenztest (Prädiktor) und dem Eignungsurteil durch die Kommission (Kriterium). Im vorliegenden Fall wäre die Berechnung von r_k^+ allerdings nicht erforderlich gewesen, da bereits aufgrund des Sachverhalts $[r_b = 0{,}452] < [r_k = 0{,}456]$ auf die Beibehaltung der Nullhypothese hätte entschieden werden können.

16.10 Signifikanzprüfung eines Phi-Koeffizienten

Zur besseren Unterscheidung bezeichnen wir im folgenden den Stichprobenkoeffizienten mit »Phi« und den Populationskoeffizienten mit dem griechischen Buchstaben »ϕ«. Die Prüfung eines Phi-Koeffizienten auf statistische Signifikanz ist identisch mit der Frage, ob zwei (echt) dichotome Merkmale unabhängig voneinander sind. Dadurch kann (und sollte) bei *kleinen* Stichproben ($n \leq 20$) der in Abschnitt 21.1 beschriebene exakte Test herangezogen werden. Im Fall größerer Stichprobenumfänge folgt die Stichprobenverteilung von

<16.24> $Z_{phi} = (Phi - \mu_{phi})/\sigma_{phi} = (Phi - 0)/(1/\sqrt{n}) = Phi \cdot \sqrt{n}$

bei Gültigkeit von $H_0{:}\phi=0$ dagegen in ausreichender Näherung der Standardnormalverteilung (Walker & Lev 1953, S. 273). Die Schritte zum Test von H_0 sind im einzelnen:

- Zweck des Tests: Prüfung, ob ein Phi-Koeffizient statistisch signifikant von Null abweicht ("Signifikanzprüfung von Phi").
- Voraussetzung: Stichprobenumfang $n > 20$
- H_0: $\phi = 0$ H_1: $\phi \neq 0$ *Zweiseitiger Test*
  H_0: $\phi = 0$ H_1: $\phi < 0$ oder H_1: $\phi > 0$ *Einseitiger Test*
- Berechnung der Prüfgröße:

  <16.25> $|Z_{phi}| = |Phi| \cdot \sqrt{n}$

  Im Fall des einseitigen Tests ist die Berechnung von $|Z_{phi}|$ nur erforderlich, wenn das Vorzeichen von Phi mit dem in der gerichteten H_1 für ϕ behaupteten Vorzeichen übereinstimmt. Anderenfalls wird H_0 beibehalten.
- Entscheidung über die Nullhypothese: Zurückweisung von H_0, wenn $|Z_{phi}| > Z_k$ ist. Der »α« zugehörige Wert von Z_k wird bei zweiseitigem Test Teil [A], beim einseitigen Test Teil [B] von Tab. D entnommen.

Für die in Tab. 21.5 angeführten Daten zum Zusammenhang zwischen *Gottesdienstbesuch* (1 = Ja, 0 = Nein) und dem *Glauben an ein Weiterleben nach dem Tod* (1 = Ja, 0 = Nein) ergibt sich gemäß Formel <124> von Diehl & Kohr (1982) ein Phi-Koeffizient von

$Phi = (283 \cdot 632 - 442 \cdot 115)/\sqrt{(398 \cdot 1074 \cdot 725 \cdot 747)} = 0{,}266$

Dieser Wert soll zweiseitig auf dem 1%-Niveau geprüft werden. Hier ist $Z_k = 2{,}576$ (Tab. D). Durch Einsetzen in <16.25> erhalten wir:

$|Z_{phi}| = 0{,}266 \cdot \sqrt{1472} = 10{,}206.$

Da $|Z_{phi}| > Z_k$ ist, wird H_0 zurückgewiesen. Es besteht eine statistisch signifikante (wenn auch schwache) Beziehung zwischen den dichotomen Merkmalen. Von den 725 Befragten, die an ein Weiterleben nach dem Tode glauben, hat in den letzten vier Wochen ein größerer Anteil (39%) den Gottesdienst besucht als bei den 747 Jugendlichen, die eine derartige Überzeugung nicht hegen (15%).

16.11 Signifikanzprüfung eines tetrachorischen Korrelationskoeffizienten (r_t)

Wenn die Nullhypothese $H_0: \rho_t=0$ gilt, dann folgt die Stichprobenverteilung von

<16.26> $Z_t = (r_t - \mu_{rt})/\sigma_{rt} = (r_t - 0)/\sigma_{rt} = r_t/\sigma_{rt}$

bei *großen* Stichproben in ausreichender Näherung der Standardnormalverteilung (Glass & Stanley 1970, S.318; Guilford 1965, S.330). Die Berechnung des Standardfehlers des tetrachorischen Koeffizienten (σ_{rt}) wird bei <16.27> erläutert. Ein Signifikanztest für kleine Stichproben steht nicht zur Verfügung. Dies erweist sich für die Praxis jedoch insofern nicht als hinderlich, als die Bestimmung und Interpretation von r_t allgemein nur bei großen Stichproben für sinnvoll erachtet wird (Guilford & Lyons 1942; Walker & Lev 1953, S.274). So beginnen die von Guilford & Lyons erstellten Tabellen kritischer Werte von r_t überhaupt erst bei n = 100. Nach Glass & Stanley (1970) kann jedoch eine Prüfung von H_0 über <16.24> bereits ab einem Stichprobenumfang von 20 erfolgen. Die Schritte beim Test von H_0 sind im einzelnen:

- Zweck des Tests: Prüfung, ob ein tetrachorischer Korrelationskoeffizient statistisch signifikant von Null abweicht ("Signifikanzprüfung von r_t").
- Voraussetzung: Die den 0-1 Dichotomien zugrundeliegenden Verteilungen sind normal. Diese Annahme ist jedoch praktisch nicht überprüfbar - es sei denn, die Verteilungen von X und Y waren ursprünglich vorhanden und sind (aus welchen Gründen auch immer) an bestimmten Punkten dichotomisiert worden.
- $H_0: \rho_t = 0$ $H_1: \rho_t \neq 0$ *Zweiseitiger Test*
  $H_0: \rho_t = 0$ $H_1: \rho_t < 0$ oder $H_1: \rho_t > 0$ *Einseitiger Test*
- Berechnung der Prüfgröße:

  <16.27> $|Z_t| = (|r_t| \cdot U_x \cdot U_y)/\sqrt{[(X_0 \cdot X_1 \cdot Y_0 \cdot Y_1)/n^5]}$ Hierbei sind:

X_0 X_1	Anzahl der Personen, die im Merkmal X den Wert 0 bzw. 1 haben
Y_0 Y_1	Anzahl der Personen, die in Y den Wert 0 bzw. 1 haben
n	Gesamtzahl der Personen ($n = X_0 + X_1 = Y_0 + Y_1$)
U_x	Ordinate der Standardnormalverteilung an dem Punkt, unterhalb dessen ein Flächenanteil von X_0/n liegt
U_y	Ordinate der Standardnormalverteilung an dem Punkt, unterhalb dessen ein Flächenanteil von Y_0/n liegt

  Im Fall des einseitigen Test ist die Berechnung von $|Z_t|$ allerdings nur erforderlich, wenn das Vorzeichen von r_t mit dem in der gerichteten H_1 für ρ_t behaupteten Vorzeichen übereinstimmt. Anderenfalls wird H_0 beibehalten.
- Entscheidung über die Nullhypothese: Zurückweisung von H_0, wenn $|Z_t| > Z_k$ ist. Der »α« zugehörige Wert von Z_k wird bei zweiseitigem Test Teil [A], beim einseitigen Test Teil [B] von Tab. D entnommen.

TABELLE 16.8 Zusammenhang zwischen der Lösung zweier Aufgaben bei 200 Personen. Beispieldaten für die Signifikanzprüfung des tetrachorischen Korrelationskoeffizienten.

		[X] Aufgabe 1		
		0 = nicht gelöst	1 = gelöst	
[Y] Aufgabe 2	1 = gelöst	22 (24%)	80 (74%)	Y_1 = 102
	0 = nicht gelöst	70 (76%)	28 (26%)	Y_0 = 98
		X_0 = 92 (100%)	X_1 = 108 (100%)	n = 200

Wir wollen die Signigfikanzprüfung eines r_t-Wertes an einem Beispiel von Diehl & Kohr (1982, S.277) demonstrieren. Die Daten sind in Tab. 16.8 noch einmal wiedergegeben. Für den Zusammenhang zwischen der Lösung beider Aufgaben ergibt sich nach der Cosinus-Pi-Formel ein tetrachorischer Koeffizient von

$$r_t = \cos \{180^0/[1 + \surd(b \cdot c/a \cdot d)]\} = \cos \{180^0/[1 + \surd(80 \cdot 70/22 \cdot 28)]\} = 0{,}709$$

Es ist $X_0/n = 92/200 = 0{,}46$ und $Y_0/n = 98/200 = 0{,}49$. Die Ordinaten für die Punkte, die in der Standardnormalverteilung diese Flächenanteile (links) abtrennen, sind $U_x = 0{,}3970$ und $U_y = 0{,}3989$ (Tabelle A, Diehl & Kohr 1982). Durch Einsetzen in <16.27> erhalten wir:

$$|Z_t| = 0{,}709 \cdot 0{,}3970 \cdot 0{,}3989/\surd[(92 \cdot 108 \cdot 98 \cdot 102)/200^5] = 6{,}373$$

Wir wollen den erhaltenen Koeffizienten zweiseitig auf dem 1%-Niveau prüfen. Hier ist $Z_k = 2{,}576$ (Tab. D). Dieser Wert wird von Z_t deutlich überschritten. Es besteht somit eine statistisch signifikante (direkte) Beziehung zwischen der Lösung beider Aufgaben. Von den $X_1 = 108$ Personen, die Aufgabe 1 gelöst haben, hat ein höherer Anteil (74%) auch Aufgabe 2 richtig beantwortet als bei den $X_0 = 92$ Probanden, die Item 1 nicht lösen konnten (24%).

16.12 Signifikanzprüfung eines Spearman Rangkorrelationskoeffizienten (r_s)

Wenn die Nullhypothese $H_0: \rho_{rs}=0$ gilt, dann folgt die Stichprobenverteilung von

$$\text{<16.28>} \quad T_{rs} = r_s \cdot \surd[(n-2)/(1 - r_s^2)] = r_s \cdot \surd[FG/(1 - r_s^2)]$$

bei *großen* Stichproben in ausreichender Näherung einer T-Verteilung mit n-2 Freiheitsgraden. Es können somit zur Signifikanzprüfung eines Koeffizienten die kritischen r-Werte von Tab. L herangezogen werden. Bei *kleinen* Stichprobenumfängen muß die Prüfung der Spearman Rangkorrelation dagegen über Tabellen von Zar (1972) und Otten (1973) erfolgen, deren kritische Werte auf der exakten Stichprobenverteilung von r_s bzw. auf einer Approximation basieren, die im Vergleich zu <16.28> eine bessere Annäherung an die exakten Werte liefert. Tabelle N des Anhangs stellt eine Kombination beider Tabellen dar. Bis n = 16 liegt ihren kritischen Werten die exakte Stichprobenverteilung zugrunde, wobei diese bis n = 11 von Zar und von n = 12 bis 16 von Otten berechnet bzw. zusammengestellt wurden. Die ab n = 17 von Zar übernommenen Werte basieren dagegen auf der approximativen Stichprobenverteilung von r_s.

Nijsse (1988) empfiehlt, erst bei Stichprobenumfängen über 100 - die in der Tabelle von Zar nicht mehr enthalten sind - r_s über <16.28> auf Signifikanz zu prüfen. Da jedoch die von Zar verwendete Approximation schon sehr viel früher zu kritischen r_s-Werten führt, die mit den über die T-Verteilung bestimmten Werten praktisch identisch sind, gibt Tab. N die von Zar (1972) berechneten kritischen Koeffizienten nur bis zu einem Stichprobenumfang von n = 50 wieder. Danach kann r_s problemlos über Tab. L geprüft werden.

Beide Tabellen sind jedoch nur anwendbar, wenn weder in X noch in Y gleiche Rangwerte (Bindungen) vorliegen, da bei der Herleitung der ihnen zugrundeliegenden exakten bzw. approximativen Stichprobenverteilungen von r_s von dieser Bedingung ausgegangen wurde. Eine Behandlung der Signifikanzprüfung von r_s bei Bindungen in X und/oder Y erfolgt in Abschnitt 27.2. Die Schritte zum Test von H_0 sind im einzelnen:

- Zweck des Tests: Prüfung, ob ein Spearman Rangkorrelationskoeffizient statistisch signifikant von Null abweicht ("Signifikanzprüfung von r_s").
- Voraussetzung: Weder in X noch in Y treten gleiche Rangwerte (Bindungen) auf.
- H_0: $\rho_{rs} = 0$ H_1: $\rho_{rs} \neq 0$ *Zweiseitiger Test*
  H_0: $\rho_{rs} = 0$ H_1: $\rho_{rs} < 0$ oder H_1: $\rho_{rs} > 0$ *Einseitiger Test*
- Vergleich des errechneten Koeffizienten mit dem entsprechenden kritischen Wert aus Tab. L bzw. N. Beim einseitigen Test ist dies allerdings nur erforderlich, wenn das Vorzeichen von r_s mit dem in der gerichteten H_1 für ρ_{rs} behaupteten Vorzeichen übereinstimmt. Anderenfalls wird H_0 beibehalten.
- Entscheidung über Nullhypothese: H_0 wird zurückgewiesen, wenn $|r_s| \geq r_k$ ist.
  [a] $n \leq 50$: Beim zweiseitigen (einseitigen) Test wird zur Bestimmung von r_k in Tab. N in der Kopfzeile (Fußzeile) vom gewählten »α« ausgegangen. Im Schnittpunkt dieser Spalte mit der Zeile »n« steht der gesuchte Wert.
  [b] $n > 50$: Beim zweiseitigen (einseitigen) Test wird zur Bestimmung von r_k in Tab. L in der Kopfzeile (Fußzeile) von »α« ausgegangen. Im Schnittpunkt dieser Spalte mit der Zeile »FG = n-2« steht r_k.

In dem bei Diehl & Kohr (1982, S.284) angeführten Beispiel wurden n = 12 Studenten hinsichtlich ihrer *Autoritären Einstellung* und dem *Sozialen Statusstreben* jeweils in eine Rangreihe gebracht. Es traten keine Bindungen auf. Die Korrelation beider Rangreihen betrug r_s = 0,82. Wir wollen diesen Koeffizienten auf dem 1%-Niveau zweiseitig prüfen. Gemäß Tab. N ist hier der kritische Wert r_k = 0,727. H_0 wird zurückgewiesen, es besteht eine statistisch signifikante Beziehung zwischen beiden Merkmalen. Je autoritärer die Befragten eingestellt sind, um so stärker ist (in der Tendenz) das Statusstreben.

16.13 Signifikanzprüfung eines Kendall Rangkorrelationskoeffizienten (Tau)

Wie bei Phi schreiben wir im folgenden den Stichprobenkoeffizienten wieder aus (»Tau«), während der Populationskoeffizient mit dem griechischen Buchstaben »τ« symbolisiert wird. Kendalls Tau läßt sich im Fall, daß bei den Rangreihen keine Bindungen vorliegen, u.a. wie folgt berechnen (Diehl & Kohr 1982, S.291):

<16.29> $Tau = (P - Q)/[n \cdot (n-1)/2] = S/[n \cdot (n-1)/2]$

Hierbei ist »P« die Anzahl der *Übereinstimmungen* und »Q« die Anzahl der *Vertauschungen (Inversionen)*.

Zur Signifikanzprüfung von Tau liegen bis n = 40 reichende Tabellen von Kaarsemaker & Van Wijngaarden (1953) vor, deren kritische S-Werte auf der exakten Stichprobenverteilung von Tau unter $H_0{:}\tau=0$ basieren. Bei größeren Stichprobenumfängen kann der Test der Nullhypothese dagegen über die Standardnormalverteilung erfolgen, da die Stichprobenverteilungen von

<16.30> $$Z_{tau} = \frac{Tau - \mu_{tau}}{\sigma_{tau}} = \frac{Tau - 0}{\sigma_{tau}} = \frac{Tau}{\sqrt{\{2 \cdot (2 \cdot n + 5)/[9 \cdot n \cdot (n-1)]\}}}$$ und

<16.31> $$Z_S = \frac{S - \mu_S}{\sigma_S} = \frac{S - 0}{\sigma_S} = \frac{S}{\sqrt{[n \cdot (n-1) \cdot (2 \cdot n + 5)/18]}}$$

dann N(0;1) gut angenähert sind (Nijsse 1988). Diese Annäherung läßt sich zudem noch verbessern, wenn - wie bei Formel <16.32> erläutert - der Zählerterm »S« in <16.31> durch das kontinuitätskorrigierte »S_C« ersetzt wird (Glass & Stanley 1970, S.317; Marascuilo & McSweeney 1977, S.443).

Sowohl die Tabelle von Kaarsemaker & Van Wijngaarden (1953) als auch die Prüfgrößen <16.30> und <16.31> sind für den Fall konzipiert, daß keine Bindungen vorliegen. Hinweise zum Vorgehen bei gleichen Rangwerten in X und/oder Y werden weiter unten gegeben.

Formel <16.29> zeigt, daß Tau immer dann (und nur dann) Null wird, wenn S = 0 ist. Insofern ist die Prüfung der Hypothese $H_0{:}S_{pop}=0$ identisch mit der Entscheidung über $H_0{:}\tau=0$. Die Schritte zum Test von H_0 sind im einzelnen:

- Zweck des Tests: Prüfung, ob Kendalls Rangkorrelationskoeffizient Tau statistisch signifikant von Null abweicht ("Signifikanzprüfung von Tau").

- Voraussetzung: Weder in X noch in Y treten gleiche Rangwerte (Bindungen) auf.

  $H_0{:}\ \tau = 0$ $H_1{:}\ \tau \neq 0$ *Zweiseitiger Test*

  $H_0{:}\ \tau = 0$ $H_1{:}\ \tau < 0$ oder $H_1{:}\ \tau > 0$ *Einseitiger Test*

- [1] $n \leq 40$: Vergleich des errechneten S-Wertes mit dem entsprechenden kritischen Wert aus Tab. O.

  [2] $n > 40$: Berechnung der Prüfgröße:

$$\text{<16.32>} \quad Z_{sc} = \frac{S_c}{\sqrt{[n\cdot(n-1)\cdot(2\cdot n + 5)/18]}} \qquad \begin{aligned} S_c &= S+1 \text{ (wenn S negativ ist)} \\ &= S-1 \text{ (wenn S positiv ist)} \end{aligned}$$

Beim einseitigen Test ist ein Vergleich von S mit S_k aus Tab. O oder eine Berechnung von Z_{sc} allerdings nur erforderlich, wenn das Vorzeichen von Tau bzw. S mit dem in der gerichteten H_1 für τ behaupteten Vorzeichen übereinstimmt. Anderenfalls wird H_0 beibehalten.

- Entscheidung über die Nullhypothese:

  [1] $n \leq 40$: Zurückweisung von H_0, wenn $|S| \geq S_k$ ist. Beim zweiseitigen (einseitigen) Test wird zur Bestimmung von S_k in Tab. O in der Kopfzeile (Fußzeile) vom gewählten »α« ausgangen. Im Schnittpunkt dieser Spalte mit der Zeile »n« steht der gesuchte Wert.

  [2] $n > 40$: Zurückweisung von H_0, wenn $|Z_{sc}| \geq Z_k$ ist. Der »α« zugehörige Wert von Z_k wird beim zweiseitigen Test Teil [A], bei einseitiger Prüfung Teil [B] von Tab. D entnommen.

Bei dem von Diehl & Kohr (1982, S.290) angeführten Zahlenbeispiel (ohne Bindungen) ergab sich für n = 8 Wertepaare ein Koeffizient von

$\text{Tau} = 1 - 4\cdot Q/[n\cdot(n-1)] = 1 - 4\cdot 5/8\cdot 7 = 0{,}643$

Wir wollen diesen Wert zweiseitig auf dem 5%-Niveau prüfen. Für n = 8 ist hier $S_k = 18$ (Tab. O). Da die Beziehung $P+Q = n\cdot(n-1)/2$ gilt, muß $P = 8\cdot 7/2 - 5 = 23$ und $S = P-Q = 18$ sein. H_0 wird zurückgewiesen. Es besteht eine signifikante (direkte) Beziehung zwischen den beiden Rangreihen.

Ist lediglich Tau gegeben (und weder S, P noch Q bekannt), kann - sofern keine Bindungen vorliegen - über die folgende Formel aus den S_k-Werten von Tab. O auch der kritische Tau-Wert berechnet werden:

$$\text{<16.33>} \quad \text{Tau}_k = S_k/[n\cdot(n-1)/2]$$

Die Nullhypothese wird dann zurückgewiesen, wenn $|\text{Tau}| \geq \text{Tau}_k$ ist. In unserem Fall erhalten wir ein kritisches Tau von $\text{Tau}_k = 18/28 = 0{,}643$. Dieser Wert ist erwartungsgemäß gleich dem errechneten Koeffizienten.

Test von H_0: τ=0 bei Vorliegen von Bindungen

Wenn in X und/oder Y Bindungen auftreten, kann Tau nicht mehr über <16.29> berechnet werden. Es ist dann Formel <159> von Diehl & Kohr (1982) heranzuziehen. Den so bestimmten Koeffizienten kennzeichnen wir mit dem Index »b« (»bindungskorrigiert«). Zur Signifikanzprüfung kann im Fall von Bindungen allerdings nur bei relativ kleinen Stichprobenumfängen auf Tabellen zurückgegriffen werden, die auf der exakten Stichprobenverteilung von Tau_b basieren (Best 1973; Burr 1960; Robillard 1972; Silitto 1947). Dies gilt besonders für die in der Praxis häufig anzutreffende Situation, daß sowohl in X als auch in Y Bindungen vorliegen. Hier reichen die von Burr (1960) erstellten Tabellen nur bis n = 6. Glücklicherweise kann jedoch zum Test von $H_0{:}\tau=0$ schon recht "früh" die folgende standardnormalverteilte Prüfgröße herangezogen werden (Kendall 1970, S.55; Marascuilo & McSweeney 1977, S.446):

<16.34> $Z_{scb} = S_c/\sigma_{sb}$

Die Berechnung des bindungskorrigierten Standardfehlers σ_{sb} ist allerdings etwas aufwendig. Sie wird in Abschnitt 27.3.2 erläutert. Da jedoch das nach <16.34> berechnete Z_{scb} (im Fall von Bindungen) immer größer ausfällt als das nichtkorrigierte Z_{sc} gemäß <16.32>, empfiehlt es sich - um unnötige Rechenarbeit zu vermeiden - den S_c-Wert bei Vorliegen von Bindungen zuerst über <16.32> zu prüfen. Ist hier $Z_{sc} \geq Z_k$, kann H_0 bereits zurückgewiesen werden, da in diesem Fall Z_{sbc} den kritischen Wert nur noch mehr übersteigen würde.

Die Prüfung von Tau_b über <16.34> kann nach Lienert (1986, S.630) und Marascuilo & McSweeney (1977, S.441) bereits ab n = 10 erfolgen. Die Näherung der Stichprobenverteilung von Z_{sbc} an N(0;1) ist jedoch um so besser, je größer n ist. Aus diesem Grund sollte in einer Studie, bei der die Analyse von Zusammenhängen mittels Kendalls Tau geplant ist, möglichst mit einem Stichprobenumfang gearbeitet werden, der deutlich über der "Untergrenze" von 10 liegt. Dadurch wird ein recht exakter Test von Tau_b möglich, bei dem in vielen Fällen die aufwendige Berechnung des bindungskorrigierten Standardfehlers entfallen kann, da bereits die unkorrigierte Prüfgröße den kritischen Wert übersteigt.

16.14 Signifikanzprüfung eines rangbiserialen Korrelationskoeffizienten (r_{rb})

Mit der rangbiserialen Korrelation r_{rb} wird der Zusammenhang zwischen einer dichotomen [0-1]-Variablen (X) und einem rangskalierten Merkmal (Y) erfaßt (Diehl & Kohr 1982, Kap. 12.8). Die Prüfung eines r_{rb}-Wertes auf statistische Signifikanz kann mit dem in Abschnitt 23.2 besprochenen *Rangsummentest* von Wilcoxon erfolgen, indem festgestellt wird, ob der Durchschnittsrang der Personen mit *X=1* bedeutsam verschieden ist vom mittleren Y-Rang der Personen mit *X=0* (Cureton 1956, 1968b; Glass 1966).

16.15 Signifikanzprüfung eines Korrelationsverhältnisses (Eta)

Mit dem Korrelationsverhältnis Eta (bzw. Eta^2) wird die Enge der Beziehung zwischen einer gruppierten oder kategorialen Variablen (X) und einem intervallskalierten Merkmal (Y) erfaßt (Diehl & Kohr 1982, Kap. 13). Die Prüfung eines Eta-Wertes auf statistische Signifikanz kann varianzanalytisch erfolgen (Lienert & Raatz 1971), indem mit einem der Verfahren von Kapitel 9 und 10 untersucht wird, ob zwischen den Y-Mitteln der X-Kategorien bedeutsame Unterschiede bestehen. Bezüglich der Bestimmung eines Konfidenzintervalls für das Populations-Eta sei auf Fowler (1985) verwiesen.

Kapitel 17

Statistische Tests für dichotome Variablen aus einer Stichprobe: Binomial- und Vorzeichentest

Die in den vorangegangenen Kapiteln vorgestellten Verfahren bilden die Gruppe der sog. *parametrischen*, gemeinhin auch *klassisch* genannten, Tests. In diesem und den folgenden zehn Kapiteln werden wir eine Reihe von Verfahren kennenlernen, die nicht dieser Gruppe angehören und unter der Bezeichnung *nichtparametrische* und/oder *verteilungsfreie* Tests zu einer eigenen Kategorie zusammengefaßt werden können.

Unsere etwas umständliche Bezeichnung resultiert aus dem in der statistischen Literatur üblichen Sprachgebrauch, der zwischen den Begriffen "nichtparametrisch" und "verteilungsfrei" leider nur selten eine saubere Trennung vornimmt. Häufig werden beide sogar synonym benutzt und beliebig gegeneinander ausgetauscht. In den meisten Fällen wird man daher unter der Sammelbezeichnung "Nichtparametrische Methoden" (z.B. Büning & Trenkler 1978) die gleichen Verfahren antreffen wie unter dem Oberbegriff "Verteilungsfreie Methoden" (z.B. Lienert 1986).

Wie wir gleich sehen werden, sind aber die Begriffe "nichtparametrisch" und "verteilungsfrei" weder vollkommen bedeutungsgleich, noch stellt einer der beiden Begriffe allein eine völlig befriedigende und umfassende Charakterisierung der in Frage kommenden Verfahren dar.

Ein Test kann in erster Näherung als *verteilungsfrei* bezeichnet werden, wenn die Stichprobenverteilung der verwendeten Prüfstatistik vollkommen unabhängig ist von der Form der Verteilung der Population, aus der die Stichprobe entstammt (McSweeney & Katz 1978). Nach dieser Definition ist z.B. der Kolmogorow-Test (Kap. 22), der die Anpassung einer empirischen an eine theoretische Verteilungsfunktion prüft, verteilungsfrei. Diese "Freiheit" ist allerdings nur relativ zu verstehen und nicht zu verwechseln mit völliger Voraussetzungslosigkeit: Denn häufig - so auch bei dem erwähnten Kolmogorow-Test - muß zumindest die Annahme getroffen werden, daß die Verteilung einer Variablen in der Population *kontinuierlicher* Natur ist. Manche "verteilungsfreie" Tests machen sogar noch zusätzliche Annahmen, etwa daß eine symmetrische Populationsverteilung vorliegt oder daß zwei Populationsverteilungen von gleicher Form sind; diese Annahmen sind aber offensichtlich nicht so weitreichend wie bei den bisher behandelten klassischen Verfahren, bei denen eine vollständige Spezifizierung der Populationsverteilung(en) erforderlich ist. Ury (1967) schlägt daher auch vor, statt von verteilungsfreien von *voraussetzungsfreieren* (assumption-freer) oder voraussetzungsärmeren Tests zu sprechen.

Eine weitere Präzisierung des Begriffs "verteilungsfrei" stammt von Bradley (1968, S.16). Nach ihm müssen drei Verteilungen streng unterschieden werden:

(a) die Populationsverteilung der interessierenden Variablen, (b) die Stichprobenverteilung der von dem Test benutzten "Charakteristik" und (c) die Verteilung der Teststatistik.

Der eigentliche Unterschied zwischen den klassischen und verteilungsfreien Verfahren besteht in der Art der Beziehung der Verteilungen (a) und (b): Über die Verteilung der von den klassischen Tests benutzten Charakteristika (z.B. M, V, S, r) lassen sich nur dann Aussagen machen, wenn Verteilung (a) bekannt ist bzw. als bekannt vorausgesetzt wird. Verteilungsfreie Tests basieren dagegen ausschließlich auf *stichprobenbezogenen* Charakteristika, nämlich kategorialen oder ordinalen Relationen zwischen den tatsächlich aufgetretenen Beobachtungen (z.B. Häufigkeiten, Rangpositionen). Die Verteilung *dieser* Charakteristika kann aber aufgrund apriorischer Überlegungen vollständig und exakt bestimmt werden. Am deutlichsten wird dies bei einer Untergruppe der verteilungsfreien Verfahren, den sog. Randomisationstests (Kap. 23ff). Ein weiterer Unterschied zwischen den klassischen und verteilungsfreien Verfahren betrifft die Natur der Verteilung (b): Sie ist im einen Fall infinit und kontinuierlich (z.B. Verteilung des Mittels), im anderen Fall endlich und diskret (z.B. Verteilung von n Rängen). Die genannten Unterschiede zwischen beiden Gruppen von Verfahren führen dazu, daß bei den verteilungsfreien Verfahren auch die Verteilung der gewählten Teststatistik (c) mit Hilfe einfacher kombinatorischer Mittel exakt und vollständig, bei den klassischen Verfahren dagegen nur bei Gültigkeit der entsprechenden Voraussetzungen abgeleitet werden kann.

Der Begriff "nichtparametrisch", der von Wolfowitz (1942) eingeführt wurde, besagt, daß ein Verfahren keine Hypothesen über einzelne Parameter der Populationsverteilung testet. Diese Definition ist nicht ohne Probleme; denn es kommt ganz darauf an, wie man den Terminus "Parameter" versteht (Büning & Trenkler 1978, S.13): Beschränkt man "Parameter" nur auf solche Größen, die explizit in der Verteilungsfunktion auftauchen (bei der Normalverteilung sind dies beispielsweise ausschließlich die beiden Parameter μ und σ bzw. σ^2), dann ist ein Test auf Gleichheit zweier Populationsmittelwerte (Kap. 5 und 6) ein parametrischer, ein Test auf Gleichheit der Populationsmediane (Kap. 18.3) ein nichtparametrischer Test. Ein weiteres Problem ergibt sich dadurch, daß ein in diesem Sinne nichtparametrischer Test sehr wohl - wenn auch nur indirekt - zur Überprüfung einer parametrischen Hypothese herangezogen werden kann; dann nämlich, wenn bestimmte zusätzliche Voraussetzungen erfüllt sind bzw. wenn bestimmte zusätzliche Annahmen getroffen werden. Ist beispielsweise bekannt, daß die Verteilung einer Variablen in der Population *symmetrisch* ist, dann ist ein Test auf Gleichheit der Populationsmediane gleichzeitig auch ein Test auf Gleichheit der Mittelwerte; denn bei allen symmetrischen Verteilungen fallen Mittelwert und Median zusammen.

Wie wir gesehen haben, beziehen sich die Begriffe "verteilungsfrei" und "nichtparametrisch" auf zwei verschiedene Aspekte von Tests (Verteilungseigenschaften und Art der zu testenden Hypothese). Dies bedeutet auch, daß "verteilungsfrei" *nicht* mit "nichtparametrisch" gleichgesetzt werden darf. Anders ausgedrückt: "Verteilungsfrei" und "parametrisch" schließen einander keineswegs aus! Hierzu zwei Beispiele: Der Test der *parametrischen* Hypothese H_0: μ =

a über die Standardnormalverteilung (Kap. 3) ist für große Stichproben *verteilungsfrei*, weil nach dem zentralen Grenzwertsatz (Kap. 2.6.1) die Stichprobenverteilung des Mittels unabhängig von der Form der Populationsverteilung ist. Der Vorzeichentest (Kap. 17.2) ist *verteilungsfrei*, weil er keine Annahmen trifft über die Form der Populationsverteilung. Er testet aber die Hypothese, daß der *Parameter* einer Binomialverteilung $\pi = 0{,}5$ beträgt bzw. daß der Populationsmedian einen bestimmten Wert a besitzt.

Diese beiden Beispiele machen auch deutlich, daß die Klassifikation eines Tests als parametrisch-nichtparametrisch-verteilungsfrei eher nebensächlich ist. Sehr viel entscheidender ist die Frage, welche statistische Hypothese getestet werden soll und welcher Test bzw. welche Tests hierfür zur Verfügung stehen. In Abhängigkeit von der Gültigkeit bestimmter Voraussetzungen sollte dann derjenige Test gewählt werden, der diese Hypothese mit maximaler Wahrscheinlichkeit zurückweist, wenn sie tatsächlich falsch ist; also derjenige Test, der den kleinsten Betafehler produziert (s. Kap. 3.3.1).

Im Zusammenhang mit der Klassifikation eines Verfahrens als parametrisch-nichtparametrisch-verteilungsfrei muß noch ein letzter Punkt angesprochen werden, nämlich das Problem des für einen statistischen Test erforderlichen *Skalenniveaus* (s. Diehl & Kohr 1982, Kap. 2). Eine ausführliche Auseinandersetzung mit dieser Problematik, die Anlaß zahlreicher Mißverständnisse und Kontroversen war und ist (z.B. Anderson 1961; Gaito 1980; Gardner 1975; Lord 1953; Maxwell & Delaney 1985; Michell 1986; Townsend & Ashby 1984) kann hier nicht erfolgen; einige wenige Anmerkungen sollen genügen. Grundsätzlich läßt sich feststellen, daß ein bestimmtes Skalenniveau *nicht* zu den *mathematischen* Voraussetzungen eines statistischen Tests zählt, für die *sinnvolle* Anwendung und Interpretation eines Tests aber sehr wohl von Bedeutung ist (Hager & Westermann 1983, S.40). Hierzu ein Beispiel: Wir wollen die (wissenschaftliche) Hypothese prüfen, daß Jungen und Mädchen im Durchschnitt gleich ängstlich sind. Wenn wir dem *theoretischen* Begriff "Ängstlichkeit" eine *empirische* Entsprechung (z.B. Punktwert in einem Fragebogen) zugeordnet haben, können wir folgende statistische Hypothese formulieren: Der mittlere Punktwert ist in beiden Populationen gleich (H_0: $\mu_1 = \mu_2$). Zur Überprüfung dieser (parametrischen) Hypothese können wir z.B. den T-Test (Kap. 6) oder - beim Vorliegen symmetrischer Populationsverteilungen - auch den Wilcoxon-Test (Kap. 23) heranziehen. Obwohl der Wilcoxon-Test lediglich *ordinale* Relationen zwischen den Beobachtungen berücksichtigt, müssen wir in *beiden* Fällen für unsere empirische Variable mindestens *Intervallskalenniveau* fordern; andernfalls läßt sich aus dem Ergebnis der statistischen Hypothesenprüfung keine sinnvolle Aussage über unsere wissenschaftliche Hypothese ableiten. Dieses Beispiel zeigt, daß nicht der statistische Test als solcher über das erforderliche Skalenniveau entscheidet, sondern die im Hintergrund stehende wissenschaftliche bzw. die daraus abgeleitete statistische Hypothese. Jeder Versuch einer starren Zuordnung von Skalenniveau und statistischem Test - wie in manchen Lehrbüchern zu finden - muß daher naiv erscheinen.

17.1 Binomialtest

In den Sozialwissenschaften werden häufig Variablen herangezogen, die genau *zwei* Werte annehmen können. Hierbei ist es zunächst unerheblich, ob es sich um Variablen handelt, deren je zwei Ausprägungen quasi *natürlich* gegeben sind (typisches Beispiel: männlich vs. weiblich), oder ob es sich um Variablen handelt, bei denen aufgrund einer Entscheidungsregel eine *künstliche* Einteilung in zwei Kategorien vorgenommen wird. So kann z.B. die (qualitative) Variable *Wahlberechtigung* - mit den beiden Ausprägungen "wahlberechtigt" vs. "nicht wahlberechtigt" - nach der Regel "Mindestalter = 18 J." aus der zugrundeliegenden (quantitativen) Variablen *Alter* abgeleitet werden. Als weitere Beispiele lassen sich anführen: *Antwort auf ein Fragebogenitem* mit den Werten {ja, nein}; *Erfolg in einer Prüfung* {bestanden, nicht bestanden}; *Ehestand* {ledig, verheiratet}; *Staatsbürgerschaft* {deutsch, nicht deutsch}; *Rauchen* {Raucher, Nichtraucher}; *Schwimmen* {Schwimmer, Nichtschwimmer} usw.

Allgemein läßt sich die Situation folgendermaßen kennzeichnen: Es liegt eine Variable vor, die genau zwei einander ausschließende Werte A und Nicht-A (A') annehmen kann. Die Wahrscheinlichkeiten für das Auftreten dieser beiden Werte bezeichnen wir mit $P(A) = \pi$ und $P(A') = 1 - \pi$. Wenn wir an einer Zufallsstichprobe von n Personen die interessierende Variable erfassen, dann kann A mit einer Häufigkeit von {0, 1, ..., n} auftreten. Die Auftretenshäufigkeit von A soll durch die Variable T repräsentiert werden. Unter der Voraussetzung, daß die n Beobachtungen *unabhängig* voneinander vorgenommen wurden, ist T eine (diskrete) Zufallsvariable, die einer *Binomialverteilung* folgt (vgl. Diehl & Kohr 1982, Kap. 7.1).[1] Da jede Binomialverteilung eindeutig durch die beiden Parameter n und π charakterisiert ist, können wir schreiben: $B(n, \pi)$.

Im Rahmen des Modells *Binomialverteilung* kann ein Test entwickelt werden, der in seiner Einfachheit prototypischen Charakter für statistische Tests überhaupt hat. Mit diesem *Binomialtest* lassen sich Hypothesen über einen unbekannten Populationsparameter π (= Wahrscheinlichkeit des Auftretens von A) überprüfen; strenggenommen zählt er damit also zu den parametrischen Verfahren! Formal gesehen, kann man drei verschiedene Tests durchführen:

(A)	H_0: $\pi = \pi_0$	vs.	H_1: $\pi \neq \pi_0$	*Zweiseitiger Test*
(B)	H_0: $\pi = \pi_0$	vs.	H_1: $\pi > \pi_0$	*Einseitiger Test*
(C)	H_0: $\pi = \pi_0$	vs.	H_1: $\pi < \pi_0$	*Einseitiger Test*[2]

---

[1] Eine Variable, die den genannten Bedingungen unterliegt, wird in der Literatur häufig auch als Bernoulli-Variable (zu Ehren des Mathematikers Jakob Bernoulli, 1654-1705) bezeichnet. Die n-mal wiederholte unabhängige Erfassung einer Bernoulli-Variable stellt einen Bernoulli-Prozeß oder ein Bernoulli-Experiment dar. Das Ergebnis eines solchen Experiments wird durch die Variable T erfaßt.

[2] Bei einseitiger Fragestellung werden die Nullhypothesen häufig auch (als "zusammengesetzte Hypothesen") in folgender Weise formuliert: H_0: $\pi \leq \pi_0$

Mit der Formulierung derartiger Hypothesen sind folgende Implikationen verbunden: Wir nehmen an, daß in der uns interessierenden Population (der Größe N) das Auftreten des Ereignisses A einem Bernoulli-Prozeß mit $\pi = \pi_0$ unterliegt, d.h. wir nehmen an, daß bei jedem einzelnen Element der Population die Wahrscheinlichkeit für das Eintreten von A gleich π_0 ist. Indirekt nehmen wir damit natürlich auch an, daß der Anteil der Elemente, bei denen A eintritt, π_0 beträgt. Wenn wir aus einer derartig charakterisierten Population alle möglichen Zufallsstichproben der Größe n ziehen und jedesmal T bestimmen, erhalten wir eine Binomialverteilung mit $B(n, \pi_0)$. Diese Binomialverteilung stellt damit die *Stichprobenverteilung* des Stichprobenkennwertes T unter H_0 dar. Die Kenntnis der Stichprobenverteilung von T macht es möglich, Hypothesen über den unbekannten Populationsparameter π aufzustellen und zu überprüfen.

Die grundlegende Logik des Binomialtests soll an einem Beispiel verdeutlicht werden.

Beispiel 17.1

Häußler, Hoffmann & Rost (1986) untersuchten an einer repräsentativen Stichprobe erwachsener Bundesbürger (Durchschnittsalter: M = 28,3 J.) den Stand der physikalischen Bildung. U.a. wurde auch nach dem physikalischen Wissen der Personen gefragt. 67% wußten beispielsweise, daß der "elektrische Widerstand" in "Ohm" gemessen wird.

Mit einiger Berechtigung kann man annehmen, daß Personen, die beruflich in irgendeiner Weise mit dem Bereich "Elektrizität" zu tun haben, mehr richtige Angaben zu dieser Frage machen können als die von Häußler et al. befragten "Normalbürger". Zur Überprüfung dieser Annahme führen wir folgende (hypothetische) Untersuchung durch: 15 zufällig ausgewählten Verkäufern/Verkäuferinnen der Elektrobranche stellen wir die gleiche Frage wie oben. Es zeigt sich, daß 13 die Frage richtig beantworten können.

Was bedeutet dieses Ergebnis im Hinblick auf unsere Annahme? Zunächst einmal müssen wir die beiden konkurrierenden Hypothesen, über die eine Entscheidung gefällt werden soll, explizit formulieren: Als Nullhypothese wählen wir den von Häußler et al. ermittelten Wert von 67%. Damit behaupten wir, daß der unbekannte Parameter π (Wahrscheinlichkeit einer richtigen Lösung) in der Population der Elektro-Verkäufer (ebenfalls) den Wert 0,67 hat. Dem steht unsere obige Annahme entgegen: Wir sind der Auffassung, daß Elektro-Verkäufer mehr richtige Antworten auf unsere Frage geben als "Normalbürger". Die Alternativhypothese besagt also, daß π größer als 0,67 ist. Bei unserem Beispiel geht es also um die Überprüfung der Hypothesen

$$H_0: \pi = 0{,}67 \text{ vs. } H_1: \pi > 0{,}67 \text{ (Fall B)}$$

---

vs. $H_1: \pi > \pi_0$ bzw. $H_0: \pi \geq \pi_0$ vs. $H_1: \pi < \pi_0$ (z.B. Büning & Trenkler 1978, S.104). Obwohl diese Art der Formulierung exakter ist, soll hier die einfachere Schreibweise beibehalten werden, die vor allem auch im Hinblick auf das Verständnis der "Verteilung unter H_0" Vorteile mit sich bringt.

Um eine Entscheidung zwischen diesen beiden Hypothesen zu treffen, gehen wir folgendermaßen vor: Wir nehmen an, daß die Variable T (= Anzahl richtiger Antworten) entsprechend unserer Nullhypothese eine Binomialverteilung mit π = 0,67 und n = 15 aufweist. Für jeden möglichen Wert der Variable T läßt sich dann die (binomiale) Wahrscheinlichkeit seines Auftretens berechnen. In dieser konkreten Binomialverteilung bestimmen wir einen *kritischen Bereich* bzw. *Bereich der Verwerfung von* H_0, indem wir alle extremen Werte von T betrachten, deren summierte Wahrscheinlichkeiten kleiner oder gleich einer vorher festgelegten Irrtumswahrscheinlichkeit α sind. Wenn der von uns beobachtete Wert für T in den kritischen Bereich fällt, verwerfen wir H_0 zugunsten von H_1. Ansonsten behalten wir die Nullhypothese bei.

Zu Demonstrationszwecken soll für unser Beispiel der kritische Bereich rechnerisch ermittelt werden. Später werden wir sehen, daß wir in den meisten Fällen auf *tabellierte* Werte zurückgreifen können.

Die Wahrscheinlichkeit, daß T einen bestimmten Wert t annimmt, läßt sich allgemein nach folgender Formel berechnen:

<17.1> $$P(T = t) = \frac{n!}{t! \cdot (n - t)!} \pi^t (1 - \pi)^{n-t}$$

Für unser konkretes Beispiel mit n = 15 und π = 0,67 nimmt diese Formel folgende Gestalt an:

$$P(T = t) = \frac{15!}{t!(15 - t)!} 0{,}67^t \cdot 0{,}33^{15-t}$$

Wenn wir für t nacheinander alle Werte einsetzen, die die Variable T in unserem Beispiel annehmen kann, nämlich 0, 1, ..., 15, dann haben wir die vollständige Binomialverteilung erstellt, für die wir nach obiger Regel einen kritischen Bereich bestimmen können. Glücklicherweise müssen wir für unser konkretes Beispiel nur einen Teil der notwendigen Berechnungen durchführen, um eine Entscheidung über unsere formulierten Hypothesen treffen zu können. Da wir eine einseitige Alternativhypothese aufgestellt haben ($\pi > 0{,}67$), können nur extrem *hohe* Werte für T zu einer Verwerfung der Nullhypothese führen. Der kritische Bereich liegt demnach am *rechten* Ende der Binomialverteilung. Wir setzen also in die Formel <17.1> nacheinander die Werte t = 15, t = 14, t = 13 usw. ein und summieren die berechneten Wahrscheinlichkeiten auf. Der kritische Bereich der Variablen T wird durch alle t-Werte bestimmt, deren summierte Wahrscheinlichkeiten kleiner oder gleich unserer vorher festgelegten Irrtumswahrscheinlichkeit (α = 0,05) sind:

$$P(T = 15) = \frac{15!}{15!(15 - 15)!} 0{,}67^{15} \cdot 0{,}33^{15-15} = 0{,}0025$$

$$P(T = 14) = \frac{15!}{14!(15 - 14)!} 0{,}67^{14} \cdot 0{,}33^{15-14} = 0{,}0182$$

$$P(T = 13) = \frac{15!}{13!(15 - 13)!} 0{,}67^{13} \cdot 0{,}33^{15-13} = 0{,}0627$$

Es ist offensichtlich, daß wir an dieser Stelle unsere Berechnungen abbrechen können, da allein die Wahrscheinlichkeit für T = 13 unsere gesetzte Grenze von 0,05 überschreitet. Wenn wir *unterhalb* dieser Grenze bleiben wollen, dürfen wir zur Definition des kritischen Bereichs nur die beiden höchsten Werte für T, also 15 und 14, heranziehen. Unter der Annahme, daß H_0 gilt, beträgt die Gesamtwahrscheinlichkeit für das Auftreten dieser beiden Werte 0,0025 + 0,0182 = 0,0207.

Zur Veranschaulichung ist in Abb. 17.1 die *vollständige* Binomialverteilung B(15; 0,67) mit dem kritischen Bereich dargestellt.

Für unser konkretes Beispiel können wir jetzt folgende *Entscheidungsregel* formulieren: H_0 wird verworfen, wenn T = 14 oder T = 15. Das Risiko, auf der Basis dieser Regel eine Fehlentscheidung zu treffen, d.h. die Irrtumswahrscheinlichkeit, ist in jedem Fall kleiner als 0,05. Da wir in unserer (fiktiven) Untersuchung T = 13 beobachtet haben, behalten wir die Nullhypothese bei. Inhaltlich bedeutet dies, daß sich die Wahrscheinlichkeit einer richtigen Beantwortung unserer Frage (Maßeinheit des elektrischen Widerstands?) in der Population der Elektro-Verkäufer nicht von der in der Gesamtbevölkerung unterscheidet. Oder, etwas saloppper ausgedrückt: Die Elektro-Verkäufer wissen auch nicht mehr!

An dem hier diskutierten Beispiel können wir eine wichtige Eigenschaft des Binomialtests feststellen: Da es sich bei der Binomialverteilung um eine *diskrete* Wahrscheinlichkeitsverteilung handelt, sind wir in den meisten Fällen nicht in der Lage, einen kritischen Bereich zu definieren, dessen Gesamtwahrscheinlichkeit exakt 0,05 (oder einen anderen gewählten Wert für α) beträgt. Wir definieren daher den kritischen Bereich so, daß die Wahrscheinlichkeit einer irrtümlichen Verwerfung von H_0 *unterhalb* der von uns festgesetzten Grenze bleibt. Das bedeutet, daß der Binomialtest in den meisten Fällen mit $\alpha \leq 0{,}05$ durchgeführt wird. Der Test arbeitet also in der Regel *konservativ*: Die Verringerung der Irrtumswahrscheinlichkeit macht es uns schwerer, eine Nullhypothese zugunsten der Alternativhypothese zu verwerfen.

Die in obigem Beispiel demonstrierte Art der Bestimmung des kritischen Bereichs über die Berechnung der Einzelwahrscheinlichkeiten ist vergleichsweise mühsam. Einfacher ist es, auf eine der zahlreichen *Tabellen* der Binomialverteilung zurückzugreifen (vgl. die Zusammenstellung von Bradley 1968, S.167). Hinreichend umfangreich und für die meisten praktischen Fälle ausreichend dürfte die im Anhang P abgedruckte Tabelle sein.[3] Sie enthält für Stichprobengrößen von n = 2 bis 25 und π-Werte von 0,05 bis 0,50 (mit einer

3) Diese Tabelle wurde mit Hilfe eines in C geschriebenen Programms BINOM (Schreiber 1988) erstellt. BINOM berechnet exakte Wahrscheinlichkeiten für beliebige π-Werte und beliebige Stichprobengrößen bis n = 1000.

Schrittweite von 0,05) die exakten Wahrscheinlichkeiten für das Auftreten der möglichen Werte der Variablen T. Die Benutzung dieser Tabelle soll an zwei weiteren Beispielen demonstriert werden.

ABBILDUNG 17.1 Binomialverteilung mit n = 15 und π = 0,67 mit einseitigem kritischen Bereich für a = 0,05

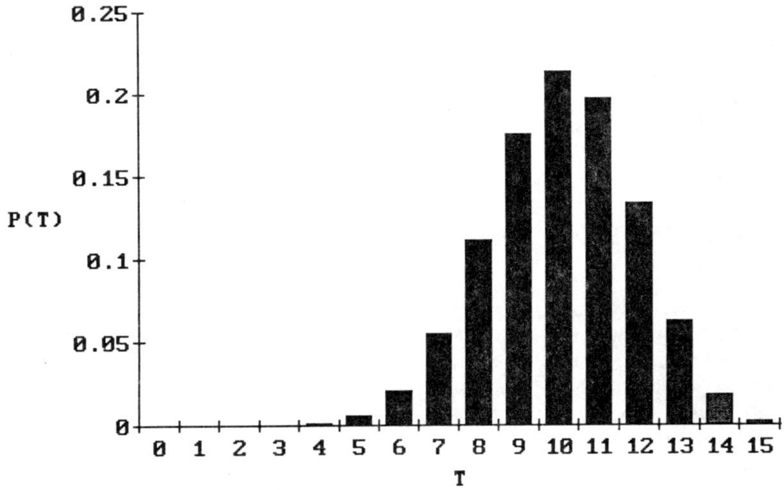

Beispiel 17.2

Im Auftrag des SPIEGEL führte das Bielefelder Emnid-Institut im Oktober 1987 eine Repräsentativumfrage zur politischen Situation in der Bundesrepublik durch. Von den befragten 2000 wahlberechtigten Personen waren rund 25% der Meinung, daß Atomwaffen notwendig seien, um einen Angriff gegen die Bundesrepublik abzuschrecken (DER SPIEGEL Nr. 45/1987, S.44).

Da wir der Auffassung sind, daß Wähler der GRÜNEN in einem erheblich geringeren Ausmaß von der Notwendigkeit von Atomwaffen überzeugt sind, führen wir folgende (fiktive) Untersuchung durch: Einer zufällig ausgewählten Gruppe von 15 Personen, die sich als Wähler der GRÜNEN bezeichnen, stellen wir die gleiche Frage wie in der Emnid-Untersuchung: Genau eine Person spricht sich für die Notwendigkeit von Atomwaffen aus. Was bedeutet dieses Ergebnis im Hinblick auf unsere Hypothese? Zunächst einmal müssen wir unsere Hypothesen präziser formulieren:

H_0: Die Wahrscheinlichkeit einer Befürwortung von Atomwaffen ist in der Population der GRÜNEN-Wähler genauso groß wie in der Population aller Wahlberechtigten, nämlich π = 0,25.

H_1: Diese Wahrscheinlichkeit ist geringer ($\pi < 0,25$).

Das Beispiel entspricht also dem Fall C. Der Bereich der Verwerfung von H_0 umfaßt wegen der in H_1 angegebenen Richtung alle extrem *kleinen* Werte für T, deren summierte Auftretenswahrscheinlichkeiten $\leq \alpha$ sind. Aus der Tabelle im Anhang P können wir für $\pi = \pi_0 = 0,25$ und eine Stichprobengröße von $n = 15$ folgende Einzelwahrscheinlichkeiten ablesen:

$$P(T = 0) = 0,0134$$
$$P(T = 1) = 0,0668$$

Wenn wir das Alpharisiko kleiner als 0,05 halten wollen, müssen wir nach folgender Entscheidungsregel verfahren: Verwerfe H_0, wenn $T = 0$. Mit einer exakten Irrtumswahrscheinlichkeit von $\alpha = 0,0134$ bleiben wir damit allerdings erheblich unterhalb unserer festgesetzten Grenze. Nach dieser Regel behalten wir H_0 bei, da der beobachtete Stichprobenwert $T = 1$ beträgt. Aufgrund unserer (fiktiven!) Untersuchung kommen wir zu dem Schluß, daß die Wahrscheinlichkeit einer Befürwortung von Atomwaffen in der Population der GRÜNEN-Wähler genauso groß ist wie in der Gesamtbevölkerung.

Beispiel 17.3

In einer für das Saarland repräsentativen Untersuchung befragte Strittmatter (1977) Schüler verschiedener Schulen über das Auftreten schulspezifischer Ängste. Rund 45% der befragten Schüler befürchteten, unter Umständen nicht versetzt zu werden - obwohl in Wirklichkeit nur 5% Sitzenbleiber zu beobachten waren! Da wir - aus welchen Gründen auch immer - der Auffassung sind, daß dieser Prozentsatz heute *nicht* mehr stimmt, entschließen wir uns zu einer Wiederholung der Untersuchung. 20 zufällig ausgewählten Schülern stellen wir die Frage "Hast du Angst, nicht versetzt zu werden?". 4 Schüler beantworten diese Frage mit "ja".

Als Hypothesen formulieren wir: H_0: $\pi = 0,45$ vs. H_1: $\pi \neq 0,45$ (Fall A). Um zu überprüfen, ob der von uns beobachtete Wert von $T = 4$ noch mit der Nullhypothese vereinbar ist, müssen wir auch hier wieder den kritischen Bereich bestimmen. Da wir eine ungerichtete Alternativhypothese formuliert haben, müssen wir *beide* Enden der zugrundeliegenden Binomialverteilung (mit den Parametern $\pi = 0,45$ und $n = 20$) betrachten. Wir beginnen bei dem Ereignis, das am *wenigsten* mit der Nullhypothese zu vereinbaren ist, nämlich $T = 20$, das (bei vierstelliger Genauigkeit) eine Wahrscheinlichkeit von 0,0000 aufweist. Wir gehen dann zum anderen Ende der Binomialverteilung und addieren die Wahrscheinlichkeit für $T = 0$ hinzu. Dieses Verfahren setzen wir für $T = 19$, 1, 18, 2 usw. fort, bis die Summe der Wahrscheinlichkeiten unser vorher festgesetztes α überschreitet. Alle Werte für T, deren summierte Wahrscheinlichkeiten $\leq 0,05$ sind, bilden den Bereich der Verwerfung von H_0. Konkret sind dies hier folgende Werte:

$$T = \{0, 1, 2, 3, 4, 15, 16, 17, 18, 19, 20\}$$

Die Summe der entsprechenden Einzelwahrscheinlichkeiten beträgt 0,0252 und liegt damit deutlich *unterhalb* der festgesetzten Irrtumswahrscheinlichkeit von

α = 0,05. Den nächsten in Frage kommenden Wert T = 5 - mit einer Wahrscheinlichkeit von 0,0365 - können wir andererseits nicht mehr in den kritischen Bereich aufnehmen, da dann die Gesamtwahrscheinlichkeit auf 0,0617 ansteigt und die festgelegte Grenze überschritten wird. Die oben getroffene Aussage über den *konservativen* Charakter des Binomialtests wird damit noch einmal unterstrichen.

Im Hinblick auf unsere Fragestellung können wir jetzt folgende Entscheidung treffen: Da der beobachtete Wert T = 4 *innerhalb* des kritischen Bereichs liegt, verwerfen wir die Nullhypothese zugunsten der Alternativhypothese. Wir haben nach unserer (fiktiven!) Untersuchung allen Grund zu der Annahme, daß in der Population der heutigen Schüler die Wahrscheinlichkeit einer positiven Antwort auf die Frage nach der Versetzungsangst *nicht* 0,45 beträgt. Ob diese Wahrscheinlichkeit größer oder kleiner als 0,45 ist, können wir aufgrund der zweiseitigen Fragestellung allerdings nicht entscheiden.

An dem letzten Beispiel können wir eine weitere wichtige Eigenschaft der Binomialverteilung und damit des Binomialtests ablesen: Mit einer einzigen Ausnahme (π = 0,5) sind alle Binomialverteilungen *asymmetrisch*. Diese Asymmetrie wird um so stärker, je mehr π von 0,5 abweicht.

Für die Durchführung eines zweiseitigen Hypothesentests hat dies folgende Konsequenz: Da sich der kritische Bereich auf beide Enden der Verteilung bezieht, d.h. aus zwei Teilbereichen besteht, setzt sich auch die Irrtumswahrscheinlichkeit α aus zwei Teilkomponenten α_1 und α_2 zusammen. In unserem Beispiel (mit α = 0,252) ist α_1 = 0,0188 und α_2 = 0,0064. Konkret bedeutet dies, daß der Beitrag von α_1 zur Gesamtirrtumswahrscheinlichkeit größer ist als der von α_2. Dies wird immer dann der Fall sein, wenn $\pi < 0,5$ ist. Umgekehrtes gilt, wenn $\pi > 0,05$. Es läßt sich jetzt sehr leicht voraussehen, daß bei immer kleiner werdendem π irgendwann ein Punkt erreicht ist, wo auf der linken Seite der Binomialverteilung kein Wert für T mehr existiert, dessen Wahrscheinlichkeit kleiner als unsere festgesetzte Irrtumswahrscheinlichkeit ist. Beispiel: Für π = 0,25 und n = 10 entnehmen wir der Tabelle im Anhang P für T = 0 eine Wahrscheinlichkeit von 0,0563. Dies bedeutet, daß der kritische Bereich nur aus Werten am *rechten* Ende der Binomialverteilung gebildet wird; die Komponente α_2 bestimmt also allein die Höhe der Irrtumswahrscheinlichkeit. Trotz *zweiseitiger* Fragestellung führen wir de facto einen *einseitigen* Test (mit H_1: $\pi >$ 0,25) durch!

Für praktische Zwecke bedeutet dies folgendes: Wenn wir eine Nullhypothese mit einem extrem kleinen π-Wert mit Hilfe des Binomialtests zweiseitig testen wollen, dann müssen wir die Anzahl der Beobachtungen n so groß wählen, daß wir für die Komponente α_1 noch einen Wert unterhalb der festgesetzten Grenze für α angeben können. Analoges gilt natürlich auch bezüglich der Komponente α_2 für extrem große π-Werte in H_0. Für H_0: π = 0,25 müssen wir beispielsweise mindestens 12 Beobachtungen vornehmen; denn P(T = 0) = 0,0317 = α_1 würde unsere obige Bedingung erfüllen. Der kritische Bereich (mit α = 0,0460) bestünde dann aus den Werten {0, 7, 8, 9, 10, 11, 12}. Ein vergleichbares Problem ergibt sich, wenn wir eine extreme H_0 (z.B. π = 0,25) *einseitig* gegen eine noch extremere H_1 ($\pi < 0{,}25$) testen wollen: Bei zu geringer Anzahl von Beobachtungen (hier: $n \leq 10$) gibt es kein Ereignis, d.h. keinen Wert für T, der unsere H_0 erschüttern könnte!

17.1.1 Binomialtest für große Stichproben

Für Stichproben mit $n > 25$ kann der Binomialtest nicht mehr unter Rückgriff auf die Tabelle im Anhang P durchgeführt werden. Es bieten sich dann folgende Alternativen an:

- Man kann eine der bereits erwähnten umfangreicheren Tabellen heranziehen; die von der Harvard University (1955) herausgegebenen Tafeln reichen z.B. bis $n = 1000$. Allerdings sind diese Tabellen in der Regel schwer zugänglich.
- Man kann exakte binomiale Wahrscheinlichkeiten nach Formel <17.1> berechnen. Diese Möglichkeit kommt aber nur dann ernsthaft in Betracht, wenn man ein Computerprogramm in der Art von BINOM einsetzt; eine Berechnung der Wahrscheinlichkeiten "zu Fuß" ist nahezu ausgeschlossen.
- Schließlich besteht die Möglichkeit einer *Approximation* der Binomialverteilung durch die Normalverteilung oder die χ^2-Verteilung.

17.1.1.1 Approximativer Binomialtest über die Standardnormalverteilung

Für jede Binomialverteilung und damit auch für die Stichprobenverteilung der uns interessierenden Zufallsvariablen T gilt:

<17.2> $E(T) = \mu_t = n \cdot \pi$ *Erwartungswert*[4]

<17.3> $Var(T) = \sigma_t^2 = n \cdot \pi(1 - \pi)$ *Varianz*[5]

Wenn wir in beiden Formeln π durch den unter H_0 angenommenen Wert π_0 ersetzen, läßt sich folgende *Teststatistik* definieren:

<17.4> $$Z_t = \frac{T - \mu_t}{\sqrt{[Var(T)]}} = \frac{T - \mu_t}{\sigma_t}$$

Z_t ist unter H_0 annähernd standardnormalverteilt. Die Annäherung der Binomial- an die Normalverteilung ist dabei um so besser, je größer n wird. Allerdings ist zu beachten, daß bei einem gegebenen n die Approximation um so schlechter ist, je stärker π (bzw. π_0) von 0,5 abweicht.

In der Literatur werden verschiedene *Faustregeln* genannt, die es einem erlauben zu entscheiden, ob ein Binomialtest über Formel <17.4> zulässig ist oder

---

4) Zum Begriff des Erwartungswertes vgl. Kap. 2.10.1

5) Beachte, daß σ^2 und Var(X) äquivalente Schreibweisen sind, um die Populationsvarianz einer Variablen X zu symbolisieren.

nicht. Büning & Trenkler (1978, S.107) geben z.B. folgende Bedingungen an: $n \geq 20$ und $10 \leq n \cdot \pi \leq n - 10$. Marascuilo & McSweeney (1977, S.48) nennen als "liberalere" Bedingung: $n \cdot \pi > 5$ und $n(1 - \pi) > 5$. Wenn π (bzw. π_0) einen sehr extremen Wert (nahe 0 oder 1) annimmt, empfiehlt Siegel (1976, S.40) die Regel $Var(T) = n \cdot \pi(1 - \pi) > 9$. Ramsey & Ramsey (1988) untersuchten diese und weitere in der Literatur angegebene Faustregeln im Hinblick auf ihre Brauchbarkeit. Sie konnten zeigen, daß - gemessen an dem Kriterium *Robustheit*[6] - keine dieser Regeln adäquat ist. Stattdessen müssen folgende Bedingungen erfüllt sein: Ein Test auf dem 5%-Niveau ist nur dann über den gesamten Bereich möglicher π-Werte robust, wenn $Var(T) \geq 10$ gilt; für einen Test auf dem 1%-Niveau muß sogar $Var(T) \geq 35$ gelten. In jedem Fall ist aber der approximative Test gegenüber dem exakten mit einem Verlust an Power verbunden.

Die Entscheidung darüber, ob bei einem beobachteten Wert für T (= Auftretenshäufigkeit des uns interessierenden Ereignisses) die Nullhypothese beibehalten werden kann oder verworfen werden muß, geschieht bei einer Approximation der Binomialverteilung durch die Standardnormalverteilung nach dem in Kap. 3 erläuterten Muster. Zur Illustration soll hier noch einmal das Beispiel 17.3 (mit H_0: $\pi = 0{,}45$; H_1: $\pi \neq 0{,}45$; $\alpha = 0{,}05$; $n = 20$; $T = 4$) herangezogen werden. Obwohl die von Ramsey & Ramsey (1988) genannte Bedingung nicht erfüllt ist, wollen wir der Übung halber einen Binomialtest mit Formel <17.4> durchführen. Unter H_0 gilt dann:

$$\mu_t = n \cdot \pi_0 = 20 \cdot 0{,}45 = 9$$

$$\sigma_t^2 = n \cdot \pi_0(1 - \pi_0) = 20 \cdot 0{,}45 \cdot 0{,}55 = 4{,}95$$

$$\sigma_t = \sqrt{4{,}95} = 2{,}2249$$

$$Z_t = \frac{4 - 9}{2{,}2249} = -2{,}247$$

Der Tabelle D im Anhang können wir für $\alpha = 0{,}05$ und zweiseitige Fragestellung als kritischen Wert $Z_k = 1{,}960$ entnehmen. Die Nullhypothese wird also verworfen, da $|Z_t| > Z_k$. Wir sind damit zur gleichen Entscheidung gelangt, wie nach der exakten Bestimmung des kritischen Bereichs in der Binomialverteilung!

Die Güte der Approximation der Binomialverteilung durch die Standardnormalverteilung können wir für unser obiges Beispiel direkt überprüfen: Die exakte Gesamtwahrscheinlichkeit für alle im kritischen Bereich liegenden Werte für T betrug 0,0252; die Wahrscheinlichkeit, einen Z-Wert von $|Z| \geq 2{,}25$ zu erhalten, beträgt nach Tabelle C im Anhang 0,0244. Die Differenz zwischen exakter und angenäherter Wahrscheinlichkeit ist also in diesem Fall nicht sehr gravierend.

---

[6] Nach einer Definition von Bradley (1978) ist ein Test robust, wenn für ein beliebiges nominales α die tatsächliche Irrtumswahrscheinlichkeit kleiner als $1{,}5 \cdot \alpha$ bleibt.

Um eine noch bessere Approximation zu erzielen, wird häufig vorgeschlagen, eine sog. *Kontinuitätskorrektur* durchzuführen. Wie der Name schon andeutet, soll damit versucht werden, der diskreten Variablen T (die der Binomialverteilung zugrunde liegt) und damit gleichzeitig der Teststatistik Z_t einen kontinuierlichen Charakter zu geben; denn der Standardnormalverteilung liegt die kontinuierliche Variable Z zugrunde. Die Teststatistik lautet dann:

<17.5> $$Z_{tc} = \frac{(T \pm 0{,}5) - \mu_t}{\sigma_t}$$

Dabei gilt folgende Regel: Wenn $T < \mu_t$, addiere; wenn $T > \mu_t$, subtrahiere! Durch diese Vorgehensweise wird der Abstand zwischen dem beobachteten Wert für T und dem Erwartungswert für T um 0,5 verringert. Dem liegt die Annahme zugrunde, daß ein Wert für T "in Wirklichkeit" ein *Intervall* von einer Einheit (= 1) umfaßt, dessen untere Grenze eine halbe Einheit (= 0,5) unter und dessen obere Grenze eine halbe Einheit über dem entsprechenden Wert liegt. Bei beobachteten T-Werten, die größer als der Erwartungswert sind, bewirkt die Subtraktion, daß die untere Intervallgrenze als "eigentlicher" Wert herangezogen wird; entsprechend wird bei T-Werten, die kleiner als der Erwartungswert sind, die obere Grenze benutzt.

Welchen Effekt hat nun diese Kontinuitätskorrektur für unser obiges Beispiel? Da $(T = 4) < (\mu_t = 9)$, erfolgt Addition. Die Teststatistik lautet dann:

$$Z_{tc} = \frac{(4 + 0{,}5) - 9}{2{,}2249} = -2{,}023$$

Da $(|Z_{tc}| = 2{,}023) > (Z_k = 1{,}96)$ wird auch hier die Nullhypothese verworfen. Die Güte der Approximation nach einer Kontinuitätskorrektur läßt sich in gleicher Weise wie oben überprüfen. Die Wahrscheinlichkeit, einen Z-Wert von $|Z| \geq 2{,}02$ zu erhalten, beträgt 0,0434, d.h. die Differenz zur exakten Wahrscheinlichkeit ist jetzt sogar größer als ohne Kontinuitätskorrektur! Auf die mit einer Kontinuitätskorrektur verbundenen Probleme werden wir in einem anderen Zusammenhang (Kap. 18.1.4) noch einmal eingehen. Anhand der Formel <17.5> ist übrigens leicht zu sehen, daß der Effekt einer Korrektur um so geringer wird, je größer n wird. Wenn n > 60, ist der Unterschied zwischen korrigiertem (Z_{tc}) und unkorrigiertem (Z_t) Prüfwert nicht mehr ins Gewicht fallend.

17.1.1.2 Approximativer Binomialtest über die Chi-Quadrat-Verteilung

Im Vergleich zu der im letzten Abschnitt beschriebenen Approximation der Binomialverteilung durch die Standardnormalverteilung ist die Approximation durch die χ^2-Verteilung weniger bekannt. Dies ist deshalb überraschend, weil zwischen beiden theoretischen Verteilungen eine einfache Beziehung besteht: Bildet man die Quadratsumme von mehreren *unabhängigen* Zufallsvariablen, die alle standardnormalverteilt sind, so erhält man eine Variable, die eine χ^2-Verteilung aufweist. Diese Verteilung ist vollständig durch einen *einzigen* Parameter, nämlich durch die Anzahl der unabhängigen Summanden oder die sog. Freiheitsgrade (FG), gekennzeichnet. Aus der Definition der χ^2-Verteilung folgt sofort, daß das Quadrat einer *einzigen* standardnormalverteilten Variablen Z nach χ^2 mit FG = 1 verteilt sein muß. Diese Tatsache läßt sich für unser Problem ausnutzen, indem man Formel <17.4> heranzieht: Wenn die Teststatistik Z_t unter den genannten Bedingungen annähernd standardnormalverteilt ist, dann muß die Statistik Z_t^2 = CHI annähernd nach χ^2 mit FG = 1 verteilt sein:[7)]

$$\text{<17.6>} \quad CHI = \frac{(T - \mu_t)^2}{Var(T)} = \frac{(T - n \cdot \pi_0)^2}{n \cdot \pi_0(1 - \pi_0)}$$

Formel <17.6> läßt sich noch in anderer Weise schreiben, wenn wir die zu T komplementäre Variable T′ = n - T (= Auftretenshäufigkeit des Ereignisses A′) heranziehen. Diese Variable hat nach Formel <17.2> den Erwartungswert E(T′) = $n(1 - \pi_0)$. Da die Definition von T′ auch die Beziehung T = n - T′ beinhaltet, können wir nach dem Ausmultiplizieren der obigen Gleichung eine (teilweise) Ersetzung von T vornehmen. Nach einer Reihe geeigneter Umformungen, auf deren Angabe wir hier verzichten wollen, erhalten wir dann folgende Formel:

$$\text{<17.7>} \quad CHI = \frac{[T - n \cdot \pi_0]^2}{n \cdot \pi_0} + \frac{[T' - n(1 - \pi_0)]^2}{n(1 - \pi_0)}$$

$$= \frac{[T - E(T)]^2}{E(T)} + \frac{[T' - E(T')]^2}{E(T')}$$

Diese Formel entspricht vollkommen der *allgemeinen* Form der CHI-Teststatistik, auf die wir in Kap. 18.1.1.2 noch näher eingehen werden. Für die Daten des Beispiels 17.3 [mit n = 20, T = 4, T′ = 16, π_0 = 0,45 und $(1 - \pi_0)$ = 0,55] ergibt sich nach Formel <17.6> bzw. <17.7>:

$$CHI = \frac{(4 - 20 \cdot 0{,}45)^2}{20 \cdot 0{,}45 \cdot 0{,}55} = \frac{25}{4{,}95} = 5{,}051$$

$$CHI = \frac{(4 - 20 \cdot 0{,}45)^2}{20 \cdot 0{,}45} + \frac{(16 - 20 \cdot 0{,}55)^2}{20 \cdot 0{,}55} = 25/9 + 25/11 = 5{,}051$$

Erwartungsgemäß liefern beide Formeln identische Werte für CHI. Es gilt außerdem die erwartete Beziehung $Z_t^2 = CHI = (-2{,}247)^2 = 5{,}051$.

Über unsere Hypothesen (H_0: $\pi = 0{,}45$; H_1: $\pi \neq 0{,}45$) können wir jetzt in folgender Weise entscheiden: Wir setzen $\alpha = 0{,}05$ und lesen aus Tab. I im Anhang

---

7) Die Bezeichnung "CHI" soll signalisieren, daß die Teststatistik annähernd einer χ^2-Verteilung folgt. Die in vielen Lehrbüchern anzutreffende Bezeichnung der Teststatistik mit "χ^2" ist ungenau und irreführend. Andere häufig benutzte Symbole, wie "X^2" oder "X2", sind in dieser Hinsicht zwar korrekt, aber von der Schreibweise nicht sehr glücklich.

den zugehörigen kritischen Wert der χ^2-Verteilung mit FG = 1 ab. H_0 wird dann - wie gehabt - zugunsten von H_1 verworfen, da (CHI = 5,051) > (χ_k^2 = 3,841).

Abschließend sei noch erwähnt, daß auch die CHI-Statistik einer *Kontinuitätskorrektur* unterzogen werden kann. Die korrigierte Statistik CHI_c ergibt sich dabei einfach aus dem Quadrat der in Formel <17.5> definierten Größe Z_{tc}. Die mit einer solchen Korrektur verbundenen Probleme haben wir bereits angedeutet.

17.1.2 Konfidenzintervall für den Parameter einer Binomialverteilung

Wenn wir unter den eingangs geschilderten Bedingungen anhand einer Zufallsstichprobe der Größe n die Auftretenshäufigkeit des uns interessierenden Ereignisses, d.h. den Wert für T bestimmt haben, können wir auch den Anteil oder die Proportion p dieses Ereignisses in der Stichprobe bestimmen:

<17.8> $p = T/n$

Wie T ist auch die Variable p *diskreter* Natur, denn sie kann nur die folgenden Werte annehmen: {0/n, 1/n, ..., n/n}. Wenn wir die Gesamtheit der möglichen Zufallsstichproben der Größe n betrachten, dann werden die Werte für p mit unterschiedlicher Häufigkeit auftreten. Wir erhalten mit anderen Worten eine *Stichprobenverteilung* für p. Diese Stichprobenverteilung besitzt ebenfalls die Form einer Binomialverteilung mit den Parametern n und π, wobei π dem Anteil des fraglichen Ereignisses in der Population entspricht. Erwartungswert und Varianz der Zufallsvariablen p ergeben sich aus:

<17.9> $E(p) = \mu_p = \pi$

<17.10> $Var(p) = \sigma_p^2 = \pi(1 - \pi)/n$

Wir sehen, daß der Mittelwert der Stichprobenverteilung von p unabhängig von der Stichprobengröße n immer mit dem Populationsparameter zusammenfällt. Die Varianz ist dagegen von n abhängig: Mit steigender Stichprobengröße strebt Var(p) gegen 0. Bei bekanntem π und festliegendem n, d.h. vollständiger Kenntnis der Stichprobenverteilung, ließe sich für jeden beliebigen Stichprobenwert von p (mit Hilfe der zugeordneten Variablen T) eine exakte Auftretenswahrscheinlichkeit angeben. Beispiel: $n = 20$; $\pi = 0{,}35$; $p = 0{,}20$; $P(p = 0{,}20) = P(T = 4) = 0{,}0738$ (laut Tab. P). Gleichermaßen ließe sich feststellen, daß mit einer bestimmten Wahrscheinlichkeit $(1 - \alpha)$ die Stichprobenwerte von p innerhalb eines bestimmten Intervalls liegen bzw. daß sich $100(1 - \alpha)\%$ aller Stichprobenwerte innerhalb eines bestimmten Bereichs befinden.

Derartige Aussagen lassen sich aber in der Regel nicht unmittelbar treffen, weil wir die vollständige Stichprobenverteilung von p überhaupt nicht kennen. Da uns lediglich *ein* Wert für p aus einer Stichprobe der Größe n vorliegt, müssen wir den unbekannten Mittelwert der Stichprobenverteilung, d.h. den Parameter π der Binomialverteilung *schätzen*. Eine erwartungstreue (Punkt-) Schätzung (vgl. Kap. 2.10.1) für π ist der von uns ermittelte Stichprobenwert $p = T/n$. Wir nehmen also mit anderen Worten an, daß die Stichprobenverteilung der Zufallsvariablen p binomialverteilt ist mit $B(n, \pi = p)$. Für *diese* Stichprobenverteilung hat natürlich unser Schätzwert $p = T/n$, der ja mit dem Mittelwert identisch ist, die größte Einzelwahrscheinlichkeit.

Unser ermittelter Stichprobenwert p (Anteil von A in der Stichprobe) könnte aber auch einer *anderen* Stichprobenverteilung (mit einem anderen Mittelwert) entstammen, was wiederum bedeuten würde, daß für π ein anderer Wert als unsere Schätzung p gelten müßte. In dieser anderen bzw. in all den anderen denkbaren Stichprobenverteilung(en) besteht für unseren Stichprobenwert p (und damit zugeordnet: für unser ermitteltes T) ebenfalls eine bestimmte Auftretenswahrscheinlichkeit. Klar ist sofort, daß es Stichprobenverteilungen gibt, in denen unser p nur noch mit einer sehr geringen Wahrscheinlichkeit auftreten wird.

Unser Problem ist damit umrissen: Wir suchen zum einen diejenige Stichprobenverteilung und - da für jede Stichprobenverteilung $E(p) = \pi$ gilt - somit gleichzeitig dasjenige π, für das folgende Bedingung zutrifft: Die Wahrscheinlichkeit, einen p-Wert zu erhalten, der so groß oder noch größer als unser ermitteltes p ist, soll kleiner oder höchstens gleich einem bestimmten Wert α_1 sein. Formal ausgedrückt: $P(p \geq T/n) \leq \alpha_1$. Damit hätten wir für den Parameter π (bzw. für den Anteil in der Population) eine *untere* Grenze gefunden. Wir suchen zum zweiten diejenige Stichprobenverteilung bzw. denjenigen π-Wert, für den gilt: Die Wahrscheinlichkeit, einen p-Wert zu erhalten, der so klein oder noch kleiner als unser ermitteltes p ist, soll kleiner oder höchstens gleich einem bestimmten Wert α_2 sein. Formal: $P(p \leq T/n) \leq \alpha_2$. Damit hätten wir für π eine *obere* Grenze gefunden. Weiterhin soll gelten: $\alpha_1 + \alpha_2 = \alpha$ und $\alpha = 0{,}05$ (oder auch 0,01).

Wenn wir diese beiden Grenzen, π_u und π_o, gefunden haben, können wir sagen, daß unser ermittelter Stichprobenwert $p = T/n$ einer Stichprobenverteilung entstammt, deren Mittelwert mit einer Wahrscheinlichkeit von $(1 - \alpha)$ *innerhalb* dieser Grenzen liegt. Gleichzeitig bedeutet dies, daß auch der unbekannte Populationsparameter π bzw. der Anteil in der Population mit der gleichen Wahrscheinlichkeit innerhalb dieser Grenzen liegt; d.h. es gilt:

$$P(\pi_u < \pi < \pi_o) = 1 - \alpha.$$

Wir haben damit ein *Konfidenzintervall* oder einen *Vertrauensbereich* für π auf dem Niveau $(1 - \alpha)$ angegeben.

Wie finden wir die Grenzen eines Konfidenzintervalls im konkreten Fall? Ziehen wir hierzu noch einmal unser Beispiel 17.3 heran: Für eine Stichprobengröße von $n = 20$ und ein ermitteltes $T = 4$ erhalten wir $p = T/n = 4/20 = 0{,}2$ als Schätzung für π. Zur Bestimmung der unteren Grenze suchen wir für die festliegenden Werte $n = 20$ und $T = 4$ einen π-Wert, für den gilt: $P(T \geq 4) = \alpha_1$ bzw. $P(p \geq 0{,}2) = \alpha_1$. Wir setzen $\alpha = 0{,}05$ und fordern der Einfachheit halber: $\alpha_1 = \alpha/2$. Dann können wir folgende Aussagen machen:

$P(T \geq 4) = 0{,}0158$ für $\pi = 0{,}05$ (nach Tab. P)
$P(T \geq 4) = 0{,}0289$ für $\pi = 0{,}06$ (berechnet über Formel <17.1>).

Damit ist $\pi_u = 0{,}05$. Zur Bestimmung der oberen Grenze verfahren wir entsprechend. Für $n = 20$ und $T = 4$ suchen wir einen π-Wert, für den gilt: $P(T \leq 4) = \alpha_2 \leq \alpha/2$. Wir finden:

$P(T \leq 4) = 0{,}0188$ für $\pi = 0{,}45$ (nach Tab. P)
$P(T \leq 4) = 0{,}0233$ für $\pi = 0{,}44$ (berechnet)
$P(T \leq 4) = 0{,}0286$ für $\pi = 0{,}43$ (berechnet)

Damit ist $\pi_o = 0{,}44$. Unser gesuchtes Konfidenzintervall für den unbekannten Populationsparameter bzw. -anteil lautet dann: $0{,}05 < \pi < 0{,}44$. Hierfür gilt eine Wahrscheinlichkeit von $(1 - \alpha) = (1 - \alpha_1 - \alpha_2) = 0{,}9609$.

Zu dem hier vorgestellten Verfahren sind einige Anmerkungen notwendig:

- Wir können feststellen, daß unser Schätzwert $p = 0{,}2$ nicht die Mitte des Konfidenzintervalls darstellt. Dies erklärt sich aus der uns bereits bekannten Tatsache, daß (außer für $\pi = 0{,}5$) alle Binomialverteilungen schief und damit auch ihre Verteilungsenden ungleich groß sind.
- Wir sehen weiterhin, daß der Wert $\pi = 0{,}45$, den wir in unserem Beispiel als Nullhypothese formuliert hatten, logischerweise *nicht* in dem Vertrauensintervall enthalten ist; denn H_0 war ja verworfen worden.
- Wir können erkennen, daß der Vertrauensbereich mit einer Wahrscheinlichkeit von 0,9609 "größer als nötig" ist. Der Grund hierfür liegt in der diskreten Natur der Binomialverteilung, die eine exakte Einhaltung von $\alpha = 0{,}05$ in der Regel verhindert. Bessere Annäherungen an $\alpha = 0{,}05$ ließen sich natürlich erzielen, wenn wir genauere Tabellen für die Binomialverteilung (mit sehr viel kleineren Schritten zwischen den aufgeführten π-Werten) zur Verfügung hätten bzw. wenn wir unser Programm BINOM herangezogen hätten.
- Die von uns vorgenommene Festsetzung $\alpha_1 \leq \alpha/2$ und $\alpha_2 \leq \alpha/2$, die auf Clopper & Pearson (1934) zurückgeht, ist nicht zwingend; als Bedingung hätte $\alpha_1 + \alpha_2 \leq \alpha$ genügt. Es stellt sich dann allerdings das Problem, wie α_1 und α_2 zu wählen sind, um diese schwächere Bedingung zu erfüllen. Für die Lösung dieses Problems liegen verschiedene Vorschläge vor (z.B. Blyth & Hutchinson 1960; Blyth & Still 1983; Crow 1956; Pachares 1960; Sterne 1954), die sich danach unterscheiden lassen, welches Kriterium bei der Wahl von α_1 und α_2 im Vordergrund steht (z.B. Minimierung der Differenz zwischen α_1 und α_2, Minimierung des Intervalls, maximale Annäherung an α). Eine ausführliche Diskussion dieser Verfahren würde hier allerdings zu weit führen.
- Zur *praktischen* Bestimmung eines Konfidenzintervalls können wir auf das oben beschriebene, vergleichsweise mühsame, Verfahren ganz verzichten. Bei den genannten Autoren sind für verschiedene Kombinationen von n, T und α *Tabellen* angeführt, aus denen π_u und π_o direkt abgelesen werden können. Die im Anhang Q abgedruckte Tabelle stammt von Blyth & Still (1960); sie enthält Grenzen der 95%- und 99%-Vertrauensintervalle bis $n = 30$. Für unser Beispiel (mit $n = 20$, $T = 4$, $\alpha = 0{,}05$) sind die Grenzen des 95%-Intervalls durch die beiden *inneren* Werte $0{,}07 = \pi_u$ und $0{,}42 = \pi_o$ gegeben, was recht gut mit unseren Berechnungen übereinstimmt.

Zum Umgang mit Tab. Q ist noch eine Anmerkung notwendig: Wenn bei gegebenem n ein T-Wert auftritt, der nicht mehr tabelliert ist, müssen die Intervallgrenzen unter Ausnutzung der Eigenschaften der Binomialverteilung in folgender Weise bestimmt werden: $\pi_u = (1 - \pi_o')$ und $\pi_o = (1 - \pi_u')$, wobei π_u' und π_o' aus der Zeile $T' = n - T$ abgelesen werden. Beispiel ($n = 13$; $T = 10$; $\alpha = 0{,}05$): $T' = 13 - 10 = 3$; $\pi_u' = 0{,}07$; $\pi_o' = 0{,}52$; $\pi_u = 1 - 0{,}52 = 0{,}48$; $\pi_o = 1 - 0{,}07 = 0{,}93$. Der unbekannte Populationsparameter liegt also mit einer Wahrscheinlichkeit von 0,95 innerhalb der Grenzen 0,48 und 0,93.

Zur Bestimmung eines Konfidenzintervalls für π bei *großen* Stichproben können wir wieder auf die Approximation der Binomialverteilung durch die Normalverteilung zurückgreifen:

<17.11> $$Z_p = \frac{p - \mu_p}{\sigma_p} = \frac{p - \pi}{\surd[\pi(1 - \pi)/n]}$$

Auch hier kann eine *Kontinuitätskorrektur* vorgenommen werden, indem die Differenz zwischen p und π um eine halbe Einheit verringert wird. Bei einer Einheit von 1/n entspricht dies einer Addition bzw. Subtraktion von 1/2n:

<17.12> $$Z_{pc} = \frac{(p \pm 1/2n) - \pi}{\surd[\pi(1 - \pi)/n]}$$

Z_p und Z_{pc} sind annähernd standardnormalverteilt; d.h. unter Beachtung der in Abschnitt 17.1.1.1 genannten Bedingungen kann die (binomiale) Stichprobenverteilung von p durch die Standardnormalverteilung approximiert werden.[8)]

Bei *bekanntem* π ließe sich dann z.B. folgende Aussage machen: $P(|Z_p| \leq 1{,}96) = 0{,}95$. Oder in Worten: Die Wahrscheinlichkeit, daß ein beobachteter Stichprobenanteil nicht mehr als 1,96 Standardfehler-Einheiten vom Populationswert abweicht, beträgt 0,95. Diesen Sachverhalt können wir benutzen, um für einen *unbekannten* Populationswert π ein Konfidenzintervall aufzustellen. Bei unbekanntem π können wir allerdings den Standardfehler $\sigma_p = \surd[Var(p)]$ nicht unmittelbar angeben, sondern wir müssen eine *Schätzung* vornehmen. Eine erwartungstreue Schätzung von Var(p) ist gegeben durch (Neter, Wassermann & Whitmore 1978, S.298):

<17.13> $$V_p = p(1 - p)/(n - 1)$$ [9)]

Entsprechend ist $S_p = \surd V_p$ eine (nicht erwartungstreue) Schätzung von σ_p (s. Kap. 2.9.1). Dann gilt: $P(p - 1{,}96 \cdot S_p \leq \pi \leq p + 1{,}96 \cdot S_p) = 0{,}95$. In allgemein-

---

8) Z_p und Z_{pc} sind damit äquivalent zu Z_t und Z_{tc}, um die Hypothese H_0: $\pi = \pi_0$ zu testen.

9) In den meisten Lehrbüchern der Statistik wird Var(p) durch p(1 - p)/n geschätzt. Dies stellt aber eine *Unter*schätzung dar (Blyth & Still 1983, S.114).

ster Form (für beliebige α-Werte) läßt sich für π ein Konfidenzintervall auf dem $(1 - \alpha)$-Niveau nach folgendem Muster formulieren:

<17.14> $p - Z_k \cdot S_p \leq \pi \leq p + Z_k \cdot S_p$

Die Anwendung dieser Formel soll anhand unseres Beispiels 17.3, bei dem die Voraussetzungen für die Approximation der Binomialverteilung durch die Normalverteilung annähernd zutreffen, demonstriert werden. Für $p = 0{,}2$; $n = 20$ und $S_p = \surd[0{,}2(1 - 0{,}2)/(20 - 1)] = 0{,}0918$ ergibt sich (bei $\alpha = 0{,}05$):

$$0{,}2 - 1{,}96 \cdot 0{,}0918 \leq \pi \leq 0{,}2 + 1{,}96 \cdot 0{,}0918$$
$$0{,}2 - 0{,}18 \leq \pi \leq 0{,}2 + 0{,}18$$
$$0{,}02 \leq \pi \leq 0{,}38$$

Ein Vergleich mit dem exakten Vertrauensbereich $(0{,}05 < \pi < 0{,}44)$ zeigt, daß durch die Approximation ein etwas kürzeres, nach unten verschobenes Konfidenzintervall entstanden ist, bei dem jetzt - wegen der Symmetrie der Normalverteilung - unser Stichprobenwert p den Mittelpunkt darstellt. Wir können gleichzeitig festhalten, daß die Approximation noch nicht befriedigend ist. Bessere Approximationen lassen sich erzielen, wenn man die Intervallgrenzen nach den folgenden, aufwendigeren, Formeln bestimmt:

<17.15> $\pi_u = A \cdot (p + B - Z_k \cdot C)$

<17.16> $\pi_o = A \cdot (p + B + Z_k \cdot C)$ [10)]

Oder mit Berücksichtigung einer *Kontinuitätskorrektur* (Blyth & Still 1983):

<17.17> $\pi_{uc} = D \cdot [(T - 0{,}5) + E - Z_k \cdot F)]$

<17.18> $\pi_{oc} = D \cdot [(T + 0{,}5) + E + Z_k \cdot G)]$

Mit folgender Bedeutung der benutzten Hilfsgrößen:

$A = n/(n + Z_k^2)$ $B = Z_k^2/2n$ $C = \surd[p(1 - p)/n + Z_k^2/4n^2]$

$D = 1/(n + Z_k^2)$ $E = Z_k^2/2$ $F = \surd[(T - 0{,}5) - (T - 0{,}5)^2/n + Z_k^2/4]$

$G = \surd[(T + 0{,}5) - (T + 0{,}5)^2/n + Z_k^2/4]$

Für das Beispiel 17.3 (mit $n = 20$; $T = 4$; $p = 0{,}2$; $\alpha = 0{,}05$ und $Z_k = 1{,}96$) ergibt sich dann:

$A = 20/[20 + (1{,}96)^2] = 0{,}8389$
$B = (1{,}96)^2/40 = 0{,}096$
$C = \surd[0{,}2 \cdot 0{,}8/20 + (1{,}96)^2/1600] = 0{,}102$
$D = 0{,}8389/20 = 0{,}0419$
$E = (1{,}96)^2/2 = 1{,}9208$
$F = \surd[3{,}5 - (3{,}5)^2/20 + (1{,}96)^2/4] = 1{,}9616$
$G = \surd[4{,}5 - (4{,}5)^2/20 + (1{,}96)^2/4] = 2{,}109$

---

10) Diese Formeln stellen nichts anderes dar als die beiden Lösungen der durch Quadrierung von <17.11> entstehenden quadratischen Gleichung (s. Hays 1973 S.291).

$\pi_u = 0{,}8389(0{,}2 + 0{,}096 - 1{,}96 \cdot 0{,}102) = 0{,}08$
$\pi_o = 0{,}8389(0{,}2 + 0{,}096 + 1{,}96 \cdot 0{,}102) = 0{,}42$

$\pi_{uc} = 0{,}0419(3{,}5 + 1{,}9208 - 1{,}96 \cdot 1{,}9616) = 0{,}07$
$\pi_{oc} = 0{,}0419(4{,}5 + 1{,}9208 + 1{,}96 \cdot 1{,}9616) = 0{,}43$

Es zeigt sich also, daß in beiden Fällen eine bessere Annäherung an die exakten Intervallgrenzen erreicht wird als über Formel <17.14>. In Übereinstimmung mit den Ergebnissen von Blyth & Still (1983) macht das Beispiel weiterhin deutlich, daß die kontinuitätskorrigierten Grenzen näher an den exakten Grenzen liegen als die unkorrigierten.

17.2 Vorzeichentest: Ein Spezialfall des Binomialtests

Auf die in Abschnitt 17.1 beschriebene Logik des Binomialtests läßt sich auch im Zusammenhang mit einem anderen Problem zurückgreifen: Es soll die Nullhypothese getestet werden, daß der *Median* einer kontinuierlichen Variablen in der Population einen bestimmten Wert annimmt (H_0: $\theta = a$).[11)]

Die Überprüfung dieser Hypothese mit Hilfe des Modells Binomialverteilung geschieht in folgender Weise: Wir ziehen eine Zufallsstichprobe von n (unabhängigen) Beobachtungen der uns interessierenden (kontinuierlichen) Variablen Y_j. Für jede Beobachtung wird festgestellt, ob sie *über* oder *unter* dem angenommenen Populationsmedian liegt. Entsprechend vergeben wir ein Plus- oder ein Minus-Zeichen (was den Namen des Tests erklärt). Wir haben damit die kontinuierliche Variable Y auf eine qualitative Variable X, die zwei Werte (+ und -) annehmen kann, reduziert. Wenn die Nullhypothese zutrifft, müßten die beiden Vorzeichen mit gleicher Wahrscheinlichkeit auftreten, d.h. unter H_0 gilt: $P(+) = P(-) = 1/2$. Die *Anzahl* der in der Stichprobe vorkommenden *Plus*-Zeichen sei durch die Variable T repräsentiert; T ist dann binomialverteilt mit B(n, 1/2). Gleiches gilt natürlich auch für die komplementäre Variable T′ (Anzahl der Minus-Zeichen). Die Nullhypothese kann dann exakt (oder approximativ) nach dem in Abschnitt 17.1 beschriebenen Muster überprüft werden.

Beispiel 17.4

Nach einer repräsentativen Befragung (Jugendwerk der Deutschen Shell 1985, Bd. 5, S.222) beträgt der Median des monatlich zur Verfügung stehenden Geldbetrags bei 15-17jährigen Jugendlichen rund 135 DM. Im Rahmen einer (fiktiven) Untersuchung über das Freizeitverhalten von Jugendlichen (welches durch das verfügbare Geld nicht unerheblich beeinflußt sein dürfte) taucht die Frage auf, ob sich die untersuchte Stichprobe von n = 20 Jugendlichen in dieser Hinsicht signifikant von der Population unterscheidet bzw. genauer: ob angenommen werden kann, daß die Stichprobe einer Population mit $\theta = 135$ DM entstammt. Tab. 17.1 gibt die ermittelten Geldbeträge für die n = 20 Jugendlichen an.

---

11) Da für den Populationsmedian keine einheitliche Terminologie existiert, wählen wir hier den griechischen Buchstaben θ (Theta).

Da wir den Verdacht haben, daß in unserer Stichprobe "begüterte" Jugendliche überrepräsentiert sind, testen wir folgende Hypothesen:

$$H_0: \theta = 135 \quad \text{vs.} \quad H_1: \theta > 135 \quad \text{bzw.}$$

$$H_0: P(+) = 1/2 \quad \text{vs.} \quad H_1: P(+) > 1/2$$

Zu beachten ist, daß wir diese Hypothesen gegeneinander testen können, obwohl wir von zwei Personen keine exakten Angaben besitzen!

TABELLE 17.1 Monatlich zur Verfügung stehender Geldbetrag für n = 20 Jugendliche

n_j	Y_j	X_j
1	85	-
2	95	-
3	115	-
4	120	-
5	125	-
6	130	-
7	130	-
8	140	+
9	150	+
10	150	+
11	160	+
12	160	+
13	165	+
14	170	+
15	170	+
16	175	+
17	180	+
18	180	+
19	mehr als 200	+
20	mehr als 200	+

Für die Daten der Tab. 17.1 ist T = 13. Der Bereich der Verwerfung von H_0 besteht für $n = 20$, $\pi = 1/2$ und $\alpha \leq 0{,}05$ bei der angegebenen Richtung von H_1 laut Tab. P aus allen Werten $T > 14$. Da unser ermittelter Stichprobenwert nicht in diesen Bereich fällt, wird die Nullhypothese beibehalten. Wir können also weiterhin annehmen, daß unsere Stichprobe aus einer Population stammt mit $\theta = 135$ DM.

Zum gleichen Ergebnis gelangen wir auch, wenn wir die Binomialverteilung durch die Standardnormalverteilung oder die χ^2-Verteilung approximieren. Für den hier zur Diskussion stehenden *Spezialfall* $H_0: \pi = 1/2$ gilt dabei: $E(T) = n/2$ und $Var(T) = n/4$. Entsprechend vereinfachen sich die Formeln <17.4> und <17.6> zu:

<17.19> $Z_t = \frac{T - n/2}{\sqrt{(n/4)}} = \frac{2T - n}{\sqrt{n}}$

<17.20> $CHI = \frac{(2T - n)^2}{n}$

Für unser Beispiel (mit n = 20 und T = 13) ergibt sich also:

$$Z_t = \frac{2 \cdot 13 - 20}{\sqrt{20}} = 1{,}342$$

und damit sofort $CHI = Z_t^2 = (1{,}342)^2 = 1{,}801$.

Da $Z_t < (Z_k = 1{,}645)$ und $CHI < (\chi_k^2 = 3{,}841)$, wird H_0 beibehalten.

Auf drei Punkte soll abschließend noch kurz eingegangen werden:

- Da der spezielle Binomialtest mit $\pi = 0{,}5$ bzw. der Vorzeichentest ein breiteres Anwendungsspektrum besitzt als der Binomialtest mit $\pi \neq 0{,}5$, ist es sinnvoll, hierfür eine ausführlichere Tabelle bereitzustellen. Die im Anhang R angeführte Tabelle enthält für die üblichen Signifikanzniveaus (ein- und zweiseitige) kritische *untere* Grenzen T_{ku} für n = 3 bis 100. Die entsprechenden *oberen* Grenzen T_{ko} ergeben sich dabei durch die einfache Beziehung $T_{ko} = n - T_{ku}$. Für unser Beispiel (mit n = 20; $\alpha = 0{,}05$ und einseitiger Fragestellung) ist $T_{ku} = 5$, demnach also $T_{ko} = 20 - 5 = 15$. Da unser beobachteter T-Wert *unterhalb* T_{ko} liegt, wird H_0 beibehalten.

- Wenn Beobachtungen auftreten, die exakt (d.h. bei der gegebenen Meßgenauigkeit) dem angenommenen Populationswert entsprechen, kann bei der Vergabe eines Vorzeichens auf eine der folgenden Strategien zurückgegriffen werden: Zuweisung des Vorzeichens per Zufall (z.B. durch Münzwurf); Reduzierung der Stichprobe um die entsprechenden Beobachtungen; Vergabe des Vorzeichens so, daß die Verwerfung von H_0 erschwert wird (konservatives Vorgehen).

- Der Vorzeichentest in der beschriebenen Form ist nicht an Hypothesen über den Populationsmedian (50. Perzentil) gebunden. In analoger Weise läßt sich auch eine Nullhypothese über jeden anderen Perzentilwert formulieren (z.B. H_0: $\theta_{25} = a$) und überprüfen. Natürlich muß dann auf Binomialverteilungen mit $\pi \neq 1/2$ zurückgegriffen werden. Für obiges Beispiel wäre $\pi = 0{,}25$ (entsprechend H_0: $P(-) = 0{,}25$) oder $\pi = 0{,}75$ (entsprechend H_0: $P(+) = 0{,}75$) zu wählen.

In Kap. 25.1 werden wir eine weitere Anwendungsmöglichkeit des Vorzeichentests kennenlernen.

17.3 Konfidenzintervall für den Populationsmedian

Die Diskussion im vorangegangenen Abschnitt hat gezeigt, daß beim Test der Hypothesen H_0: $\theta = a$ vs. H_1: $\theta \neq a$ folgende Entscheidungsregel gilt: Verwerfe

H_0, wenn $T \leq T_{ku}$ oder $T \geq T_{ko}$. Die kritischen Grenzen T_{ku} und T_{ko} besitzen auch unmittelbare Bedeutung bei der Lösung eines anderen Problems: Gegeben sei eine Zufallsstichprobe von n Beobachtungen der Variablen Y aus einer Population mit unbekanntem Median θ. Für θ soll jetzt ein *Konfidenzintervall* konstruiert werden; d.h. es sollen Grenzen angegeben werden, innerhalb deren θ mit einer bestimmten, vorher festgesetzten Wahrscheinlichkeit von (1 - α) liegt. Diese Grenzen finden wir in folgender Weise: Die n Beobachtungen werden als erstes der Größe nach aufsteigend geordnet. Es ergibt sich die Rangreihe

$$Y_{(1)} \leq Y_{(2)} \leq \ldots \leq Y_{(i)} \leq Y_{(i+1)} \leq \ldots \leq Y_{(n)},$$

bei welcher der Index eines Meßwerts unmittelbar dessen Rangposition angibt. Für eine gewählte Irrtumswahrscheinlichkeit α bestimmen wir dann aus Tab. R T_{ku} und T_{ko}. Der Meßwert an der Position $u = (T_{ku} + 1)$ ist dann die *untere* Grenze des (1 - α)%-Vertrauensintervalls, der Wert an der Position $o = T_{ko}$ die *obere* Grenze. Formal ausgedrückt:

<17.21> $P[Y_{(u)} \leq \theta \leq Y_{(o)}] \geq (1 - \alpha)$

Wir wenden dieses Verfahren auf die Daten des Beispiels 17.4 an: Bei α = 0,05 ist $T_{ku} = 5$ und $T_{ko} = 15$. Da die Werte in Tab. 17.1 bereits aufsteigend geordnet sind, können wir unmittelbar $Y_{(6)} = 130$ und $Y_{(15)} = 170$ als Grenzen ablesen. Der unbekannte Populationsmedian liegt also - mit einer Wahrscheinlichkeit von mindestens 95% - in dem Intervall $130 \leq \theta \leq 170$.

Die *Begründung* für das dargestellte Verfahren ist vergleichsweise einfach: Wenn wir einen Vorzeichentest für H_0: θ = a mit einem Wert für a *unterhalb der unteren Grenze* durchführten, d.h. mit a < 130, ergäbe sich für T (= Anzahl der Meßwerte, die größer als der angenommene Median sind) ein Wert von 15 oder mehr. H_0 müßte dann (bei α = 0,05) verworfen werden, da $T \geq T_{ko}$. Entsprechend resultierte ein Vorzeichentest mit einem Wert *oberhalb der oberen Grenze*, also mit a > 170, in einem T-Wert von 5 oder weniger. H_0 würde erneut verworfen, da $T \leq T_{ku}$. Ein Test mit einem beliebigen Wert innerhalb des angegebenen Intervalls würde hingegen in jedem Fall zu einem Prüfwert von $T_{ku} < T < T_{ko}$ und damit zur Beibehaltung von H_0 führen. Da sich T_{ku} und T_{ko} auf eine bestimmte Irrtumswahrscheinlichkeit α beziehen, können wir damit auch den Schluß ziehen, daß θ mit einer Wahrscheinlichkeit von mindestens (1 - α) innerhalb des Intervalls liegt.

Die Wahrscheinlichkeit, mit der θ in dem angegebenen Intervall liegt, d.h. den Konfidenzkoeffizienten C (s. Kap. 8.2.1), können wir noch genauer angeben als "mindestens (1 - α)", wenn wir die exakten binomialen Wahrscheinlichkeiten der Tab. P heranziehen. Wir lesen für n = 20 und π = 0,5 die Einzelwahrscheinlichkeiten aller T-Werte ab, die die Bedingung $T_{ku} < T < T_{ko}$ erfüllen. Der Konfidenzkoeffizient ergibt sich dann aus der Summe dieser Einzelwahrscheinlichkeiten: $C = [P(T = 6) = 0{,}0370] + \ldots + [P(T = 14) = 0{,}0370] = 0{,}9586$.

Für Stichproben mit n > 100 können wir T_{ku} und T_{ko} und somit die Positionen der Meßwerte, welche die Intervallgrenzen bilden, nicht mehr aus Tab. R ablesen. Die kritischen Werte für T können wir dann über die in Formel <17.14> angegebene Approximation der Binomialverteilung durch die Standardnormalverteilung bestimmen, indem wir Z_t durch Z_{ku} bzw. Z_{ko} ersetzen und die Formel nach T auflösen:

<17.22> $T_{ku} = Z_{ku} \cdot \sqrt{(n/4)} + n/2$

<17.23> $T_{ko} = Z_{ko} \cdot \sqrt{(n/4)} + n/2$

Da diese Formeln in der Regel nicht-ganzzahlige Werte liefern, T aber per definitionem ganzzahlig ist, sollte man T_{ku} zur nächsten ganzen Zahl *abrunden* und T_{ko} zur nächsten ganzen Zahl *aufrunden*. Damit ist sichergestellt, daß die gewählte Irrtumswahrscheinlichkeit α eingehalten wird. Beispiel: Für n = 144; α = 0,05; Z_{ku} = -1,96 und Z_{ko} = +1,96 erhalten wir: $T_{ku} = -1{,}96 \cdot \sqrt{36} + 72 = 60{,}24 \approx 60$ und $T_{ko} = 1{,}96 \cdot \sqrt{36} + 72 = 83{,}76 \approx 84$. Die Grenzen des 95%-Vertrauensintervalls werden also durch die an 61. und 84. Position stehenden Meßwerte gebildet.

17.4 Trendtest nach Cox und Stuart

Mit Hilfe der Binomialverteilung bzw. der aus dem Vorzeichentest bekannten Vorgehensweise läßt sich ein weiterer Test formulieren, der geeignet ist, Hypothesen über *zeitliche Veränderungen* bei einer kontinuierlichen Variablen Y zu überprüfen (Cox & Stuart 1955). Angenommen, für Y liege eine Stichprobe bzw. Sequenz von n zeitlich geordneten Beobachtungen $Y_{(1)}, Y_{(2)}, \ldots, Y_{(i)} \ldots, Y_{(n)}$ vor; d.h. Beobachtung $Y_{(2)}$ folgt zeitlich auf $Y_{(1)}$, $Y_{(3)}$ auf $Y_{(2)}$ usw. Es interessiert die Frage, ob die Abfolge der $Y_{(i)}$-Werte einen Hinweis auf einen monotonen Trend (steigend oder fallend) enthält oder ob die $Y_{(i)}$-Werte lediglich zufällig über die Sequenz angeordnet sind (kein Trend).

Zur Durchführung des Tests wird die Sequenz der Meßwerte halbiert[12], dann werden Meßwertpaare nach folgendem Muster gebildet: $Y_{(1)}$ mit $Y_{(n/2 + 1)}$, $Y_{(2)}$ mit $Y_{(n/2 + 2)}, \ldots, Y_{(n/2)}$ mit $Y_{(n)}$. Für die so gebildeten Paare werden anschließend die Differenzen bzw. deren *Vorzeichen* bestimmt. Wenn die Sequenz *keinen* Trend aufweist, d.h. wenn die Beobachtungen über die Sequenz *zufällig* angeordnet sind, dann sollten positive und negative Differenzen (Vorzeichen) mit gleicher Wahrscheinlichkeit auftreten. Dagegen sollte beim Vorliegen eines Trends eines der beiden Vorzeichen mit größerer Wahrscheinlichkeit vorkommen. Entsprechend lassen sich folgende Hypothesen formulieren:

H_0: $P[Y > Y_{(n/2 + i)}] = P[Y_{(i)} < Y_{(n/2 + i)}] = 0{,}5$

vs. eine der folgenden Alternativen

(A) H_1: $P[Y_{(i)} > Y_{(n/2 + i)}] \neq P[Y_{(i)} < Y_{(n/2 + i)}]$ *Zweiseitiger Test*
(B) H_1: $P[Y_{(i)} > Y_{(n/2 + i)}] > P[Y_{(i)} < Y_{(n/2 + i)}]$ *Monoton fallender Trend*
(C) H_1: $P[Y_{(i)} > Y_{(n/2 + i)}] < P[Y_{(i)} < Y_{(n/2 + i)}]$ *Monoton steigender Trend*

Als Teststatistik CS (für Cox-Stuart) können wir die *Anzahl der positiven Differenzen* (oder auch der negativen Differenzen) heranziehen. Unter H_0 ist CS

12) Wenn n ungerade ist, wird der mittlere Wert der Sequenz weggelassen.

dann binomialverteilt mit B(n/2; 0,5). Die Überprüfung der Nullhypothese erfolgt anschließend nach dem bekannten Muster: exakt über die Binomialverteilung oder approximativ über die Standardnormalverteilung bzw. die χ^2-Verteilung.

Beispiel 17.5

Dr. Cox führt seit 18 Semestern die Veranstaltung *Statistik* durch. Er hat die Vermutung, daß die Leistungen der Studenten (gemessen an der Zahl der Personen, die die Klausur im ersten Anlauf nicht bestehen) über diesen Zeitraum immer *besser* geworden sind; d.h. er vermutet einen monoton fallenden Trend. Diese Vermutung soll statistisch überprüft werden. Tabelle 17.2 zeigt den Prozentsatz der "Erstdurchfaller" für den fraglichen Zeitraum und die Berechnung der Teststatistik CS nach dem oben dargestellten Muster.

TABELLE 17.2 Prozentsatz der "Erstdurchfaller" und Trendtest

Semester	Durchfaller	Semester	Durchfaller	Vorzeichen von $Y_{(i)} - Y_{(n/2+i)}$
1	8,5	10	7,3	+
2	6,3	11	6,0	+
3	8,3	12	8,8	-
4	7,7	13	6,7	+
5	7,9	14	5,8	+
6	8,7	15	5,3	+
7	5,8	16	5,2	+
8	7,6	17	6,4	+
9	6,5	18	5,0	+
				CS = 8

Die hier zur Debatte stehenden Hypothesen H_0: kein Trend vs. H_1: monoton fallender Trend können unter Rückgriff auf die Binomialverteilung B(9; 0,5) gegeneinander getestet werden. Der Bereich der Verwerfung von H_0 besteht (bei $\alpha \leq 0{,}05$ und einseitiger Fragestellung) nach Tab. P aus folgenden Werten: CS = {7, 8, 9}. Die exakte Irrtumswahrscheinlichkeit beträgt hierfür $P(CS \geq 7) = 0{,}025$. Da unser berechnetes CS in den kritischen Bereich fällt, wird H_0 zugunsten von H_1 verworfen: Der Prozentsatz der "Erstdurchfaller" ist in dem betrachteten Zeitraum tatsächlich zurückgegangen. Über die Ursachen dieses Trends (z.B. mit den Jahren gestiegene didaktische Fähigkeiten des Dr. Cox!) kann natürlich nur spekuliert werden.

Kapitel 18

Statistische Tests für dichotome Variablen aus zwei unabhängigen Stichproben

Eine direkte Erweiterung der Fragestellung aus Kap. 17 führt zu dem Problem des Vergleichs der Parameter von *zwei* Binomialverteilungen. Die Ausgangssituation ist dabei folgende: An zwei unabhängigen Stichproben der Größe n_1 und n_2 werden Beobachtungen bezüglich der gleichen dichotomen Variablen - welche die Werte A und Nicht-A (A′) annehmen kann - vorgenommen. Die Häufigkeit des Auftretens von A in den beiden Stichproben sei durch die Variablen T_1 und T_2 repräsentiert. T_1 und T_2 stellen unabhängige Zufallsvariablen dar, von denen wir aufgrund der Diskussion in Kap. 17 wissen, daß sie binomialverteilt sind: Für T_1 gilt $B(n_1, \pi_1)$, für T_2 $B(n_2, \pi_2)$.

Auf der Grundlage der vorliegenden Stichprobenergebnisse $T_1 = t_1$ und $T_2 = t_2$ bzw. der zugehörigen Anteile $p_1 = t_1/n_1$ und $p_2 = t_2/n_2$ soll jetzt der Frage nachgegangen werden, ob die beiden Populationsparameter (Anteile von A in der Population) π_1 und π_2 gleich sind oder nicht. Es soll mit anderen Worten überprüft werden, ob beide Stichproben als aus der gleichen Population stammend angesehen werden können. Formal gesehen, geht es um die Überprüfung folgender Nullhypothese:

H_0: $\pi_1 = \pi_2 = \pi_0$

gegen eine der folgenden Alternativhypothesen:

(A) H_1: $\pi_1 \neq \pi_2$	*Zweiseitige Fragestellung*
(B) H_1: $\pi_1 > \pi_2$	*Einseitige Fragestellung*
(C) H_1: $\pi_1 < \pi_2$	*Einseitige Fragestellung*

Zur Ableitung eines Tests über diese Hypothesen müssen wir zunächst eine neue Wahrscheinlichkeitsverteilung kennenlernen.

18.1 Hypergeometrische Verteilung

Die hypergeometrische Verteilung ist - wie die Binomialverteilung - eine *diskrete* Wahrscheinlichkeitsverteilung, die auf folgende Situation Anwendung findet: Es liegt eine *endliche* Population der Größe N vor. Jedes Element der Population gehört einer von zwei einander ausschließenden Kategorien A oder A′ an. Dabei soll gelten: N_1 Elemente gehören der Kategorie A, N_2 der Kategorie A′ an ($N_1 + N_2 = N$). Ein Beispiel für eine derartige Population: Alle Schüler ($N = 100$) der Grundschule Linden; $N_1 = 60$ gehören der Kategorie "Mädchen" (A), $N_2 = 40$ der Kategorie "Jungen" (A′) an.

Aus dieser Population wird eine Zufallsstichprobe ("ohne Zurücklegen") der Größe n gezogen. T_1 und T_2 seien zwei Zufallsvariablen, welche die Anzahl der zur Kategorie A bzw A' zählenden Elemente in der Stichprobe repräsentieren. Das konkrete Stichprobenergebnis sei durch $T_1 = t_1$ und $T_2 = t_2$ dargestellt. Beispiel: Aus der oben definierten Population ziehen wir eine Zufallsstichprobe der Größe n = 10. Wir erhalten $t_1 = 8$ (Mädchen) und $t_2 = 2$ (Jungen). Wir sind jetzt daran interessiert, wie groß die Wahrscheinlichkeit für ein derartiges Ergebnis ist.

Folgende Überlegung führt uns zu einer Formel für die Berechnung dieser Wahrscheinlichkeit: Die Anzahl der Möglichkeiten, aus den N_1 Elementen der Kategorie A t_1 Elemente zu ziehen, ergibt sich aus:

$$\langle 18.1\rangle \quad \begin{bmatrix} N_1 \\ t_1 \end{bmatrix} = \frac{N_1!}{t_1!(N_1 - t_1)!}$$

Die Anzahl der Möglichkeiten, aus den N_2 Elementen der Kategorie A' t_2 Elemente zu ziehen, ergibt sich in gleicher Weise aus:

$$\langle 18.2\rangle \quad \begin{bmatrix} N_2 \\ t_2 \end{bmatrix} = \frac{N_2!}{t_2!(N_2 - t_2)!}$$

Da jede Möglichkeit der Ziehung von t_1 Elementen mit jeder Möglichkeit der Ziehung von t_2 Elementen kombiniert werden kann, ist die Anzahl der Möglichkeiten, eine Stichprobe der Größe n - bestehend aus t_1 Elementen A und t_2 Elementen A' - zu ziehen, gegeben durch:

$$\langle 18.3\rangle \quad \begin{bmatrix} N_1 \\ t_1 \end{bmatrix} \cdot \begin{bmatrix} N_2 \\ t_2 \end{bmatrix}$$

Unabhängig von der Anzahl der A- und A'-Elemente kann eine Stichprobe der Größe n aus einer Population der Größe N auf

$$\langle 18.4\rangle \quad \begin{bmatrix} N \\ n \end{bmatrix} = \frac{N!}{n!(N - n)!}$$

verschiedene Arten gezogen werden. Daraus folgt sofort, daß der *Anteil* der Stichproben der Größe n mit genau t_1 Elementen A und t_2 Elementen A' durch folgenden Ausdruck gegeben ist:

$$\langle 18.5\rangle \quad \frac{\begin{bmatrix} N_1 \\ t_1 \end{bmatrix} \cdot \begin{bmatrix} N_2 \\ t_2 \end{bmatrix}}{\begin{bmatrix} N \\ n \end{bmatrix}}$$

Dieser Ausdruck gibt gleichzeitig die *Wahrscheinlichkeit* an, bei der Ziehung einer Zufallsstichprobe der Größe n aus einer Population der Größe $N = N_1 + N_2$

genau t_1 A-Elemente und t_2 A'-Elemente zu erhalten. Wenn man die Beziehungen $N_2 = N - N_1$ und $t_2 = n - t_1$ berücksichtigt, läßt sich noch eine Vereinfachung vornehmen. Für die Wahrscheinlichkeit, daß die Variable T_1 einen bestimmten Wert t_1 annimmt, ergibt sich dann:

<18.6> $$P(T_1 = t_1) = \frac{\begin{bmatrix} N_1 \\ t_1 \end{bmatrix} \cdot \begin{bmatrix} N - N_1 \\ n - t_1 \end{bmatrix}}{\begin{bmatrix} N \\ n \end{bmatrix}} = \frac{N_1!\,(N - N_1)!\,n!\,(N - n)!}{t_1!\,(N_1 - t_1)!\,(n - t_1)!\,(N - N_1 - n + t_1)!\,N!}$$

Durch eine vergleichbare Umformung ließe sich auch die Wahrscheinlichkeit berechnen, daß die Variable T_2 einen bestimmten Wert t_2 annimmt. Aufgrund der schon erwähnten Beziehung $n = t_1 + t_2$ ergeben sich natürlich identische Wahrscheinlichkeiten, so daß wir uns lediglich auf eine der beiden Variablen konzentrieren können. Für unser obiges Beispiel mit $N = 100$, $N_1 = 60$, $n = 10$ und $t_1 = 8$ erhalten wir demnach folgende Wahrscheinlichkeit:

$$P(T_1 = 8) = \frac{60!\,(100 - 60)!\,10!\,(100 - 10)!}{8!\,(60 - 8)!\,(10 - 8)!\,(100 - 60 - 10 + 8)!\,100!} = 0{,}1153$$

Wenn wir nach dem gleichen Muster für jeden möglichen Wert für T_1 die exakte Wahrscheinlichkeit berechnen, erhalten wir eine (diskrete) Wahrscheinlichkeitsverteilung, die als *hypergeometrische* Verteilung bezeichnet wird. Die vollständige Verteilung für unser Beispiel ist in Tab. 18.1 aufgeführt und in Abb. 18.1 grafisch dargestellt.

TABELLE 18.1 Hypergeometrische Verteilung für $N = 100$, $N_1 = 60$ und $n = 10$

$T_1 = t_1$	$P(T_1 = t_1)$	$P(T_1 \leq t_1)$	$P(T_1 > t_1)$
0	0,0000	0,0000	1,0000
1	0,0009	0,0010	0,9990
2	0,0079	0,0089	0,9911
3	0,0369	0,0457	0,9543
4	0,1081	0,1538	0,8462
5	0,2076	0,3614	0,6386
6	0,2643	0,6258	0,3742
7	0,2204	0,8462	0,1538
8	0,1153	0,9615	0,0385
9	0,0342	0,9956	0,0044
10	0,0044	1,0000	0,0000

ABBILDUNG 18.1 Hypergeometrische Verteilung für $N = 100$, $N_1 = 60$ und $n = 10$

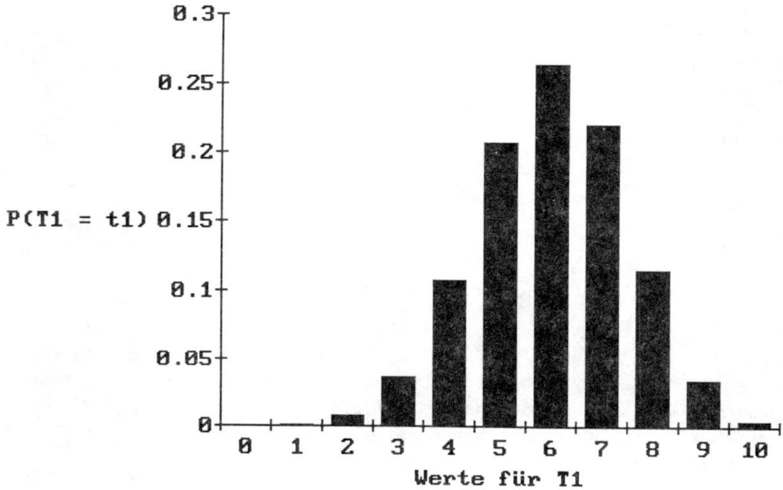

Für den *Erwartungswert* und die *Varianz* einer hypergeometrischen Verteilung gelten folgende Beziehungen:

<18.7> $E(T_1) = n(N_1/N)$

<18.8> $$\mathrm{Var}(T_1) = n \cdot \frac{N_1}{N} \cdot \frac{N - N_1}{N} \cdot \frac{N - n}{N - 1}$$

Da N_1/N und $(N - N_1)/N$ die Wahrscheinlichkeiten der Kategorien A und A' in der Population angeben, können wir N_1/N durch π und $(N - N_1)/N$ durch $(1 - \pi)$ ersetzen, und es ergibt sich:

<18.9> $E(T_1) = n \cdot \pi$

<18.10> $$\mathrm{Var}(T_1) = n \cdot \pi(1 - \pi) \frac{N - n}{N - 1}$$

Wir sehen also, daß die hypergeometrische Verteilung den *gleichen* Erwartungswert wie die Binomialverteilung hat. Vom letzten Faktor abgesehen, sind auch die Varianzen identisch. Dieser Faktor trägt - im Sinne einer Korrektur - der Tatsache Rechnung, daß sich die hypergeometrische Verteilung auf eine *endliche* Population bezieht. Es ist leicht zu erkennen, daß $(N - n)/(N - 1)$ gegen 1 strebt, wenn N im Vergleich zur Stichprobengröße n sehr groß ist. Die hypergeometrische Verteilung, die wir durch $H(N, n, \pi)$ symbolisieren, läßt sich dann hinreichend genau durch die Binomialverteilung $B(n, \pi)$ approximieren.

18.2 Fishers exakter Test

Der Bezug der hypergeometrischen Verteilung zu dem einleitend formulierten Problem läßt sich durch eine einfache Überlegung herstellen. Zum besseren Verständnis ist in Tab. 18.2 die Ausgangssituation noch einmal formal charakterisiert.

TABELLE 18.2 Ergebnis der Beobachtung zweier binomialverteilter Zufallsvariablen T_1 und T_2 in zwei unabhängigen Stichproben

	A	A′	gesamt
Stichprobe 1	t_1	$n_1 - t_1$	n_1
Stichprobe 2	t_2	$n_2 - t_2$	n_2
"Population"	N_1	N_2	N

In Tab. 18.2 ist bereits der Grundgedanke des von Fisher (1935b) und gleichzeitig von Irwin (1935) vorgeschlagenen Tests enthalten: Beide Stichproben zusammen können als eine endliche "Population" der Größe N angesehen werden. Von dieser Population wissen wir, daß N_1 Elemente zur Kategorie A und $N_2 = N - N_1$ Elemente zur Kategorie A′ gehören. Wenn wir aus dieser Population eine Stichprobe der Größe n_1 ziehen, dann ist die Wahrscheinlichkeit dafür, daß in dieser Stichprobe t_1 Elemente der Kategorie A enthalten sind, durch die hypergeometrische Verteilung gegeben:

$$\langle 18.11\rangle \quad P(T_1 = t_1) = \frac{\begin{bmatrix} N_1 \\ t_1 \end{bmatrix} \cdot \begin{bmatrix} N - N_1 \\ n_1 - t_1 \end{bmatrix}}{\begin{bmatrix} N \\ n_1 \end{bmatrix}}$$

$$= \frac{N_1!\ (N - N_1)!\ n_1!\ (N - n_1)!}{t_1!\ (N_1 - t_1)!\ (n_1 - t_1)!\ (N - N_1 - n_1 + t_1)!\ N!}$$

Obwohl diese Formel auf den ersten Blick kompliziert aussieht, ist sie doch leicht zu behalten: Im Zähler stehen die vier (festliegenden) Randsummen (Zeilen und Spalten), im Nenner die jeweiligen Häufigkeiten in den vier Zellen und die Größe der "Population". Zu beachten ist dabei, daß die Berechnung exakter Wahrscheinlichkeiten für eine 2x2-Tabelle nach Formel <18.11> nur für ein Stichprobenmodell angemessen ist, bei dem die Zeilen- und Spaltensummen als *festliegend* angenommen werden (vgl. hierzu die Diskussion bei Barnard 1947, 1979; Basu 1979; Berkson 1978; Kempthorne 1979; Pearson 1947).

Eine vergleichbare Überlegung ließe sich natürlich auch für die Stichprobe 2 anstellen. Entsprechend ließe sich eine Wahrscheinlichkeit $P(T_2 = t_2)$ bestimmen. Ein erneuter Blick auf Tab. 18.2 macht deutlich, daß beide Wahrscheinlichkeiten ***gleich*** sein müssen; denn durch die festliegenden Randhäufigkeiten ist die Stichprobe 2 vollständig determiniert, sobald die Stichprobe 1 "gezogen" ist (und umgekehrt!). Dies bedeutet, daß jede der beiden Wahrscheinlichkeiten unter den beschriebenen Bedingungen die Wahrscheinlichkeit für die *gesamte* 2x2-Tabelle angibt.

Unsere bisherige Diskussion hat zu dem Ergebnis geführt, daß die Variable T_1 (bzw. T_2) eine Stichprobenverteilung aufweist, die durch die hypergeometrische Verteilung beschrieben werden kann. Diese Tatsache läßt sich jetzt ausnutzen, um die eingangs formulierte Nullhypothese $\pi_1 = \pi_2$ (Gleichheit der Anteile von A in beiden Populationen) zu überprüfen. Dies soll an einem Beispiel demonstriert werden.

Beispiel 18.1

An zwei unabhängigen Zufallsstichproben von $n_1 = 8$ Studenten und $n_2 = 11$ Arbeitern wird der Stand der Denkentwicklung im Sinne von Piaget festgestellt. Jede Person wird einer der beiden Kategorien "Niveau der formalen Denkoperationen erreicht" (A) bzw. "nicht erreicht" (A′) zugeordnet. Tab. 18.3 zeigt das Ergebnis dieser (fiktiven) Untersuchung.

TABELLE 18.3 Stand der Denkentwicklung bei Studenten und Arbeitern

	formal	nicht formal	gesamt
Studenten	6	2	8
Arbeiter	3	8	11
gesamt	9	10	19

Im Zusammenhang mit der Kritik an Piagets Theorie wurde wiederholt die Auffassung vertreten, daß eine längere Schulausbildung die Chance erhöht, das Niveau der formalen Denkoperationen zu erreichen. Diese Auffassung wollen wir anhand unserer Daten überprüfen. Unsere Nullhypothese lautet demnach: Der Anteil der Personen auf dem Niveau der formalen Operationen ist in der Population der Studenten gleich dem in der Population der Arbeiter: H_0: $\pi_1 = \pi_2$. Die der genannten Kritik entsprechende Alternativhypothese lautet dann: H_1: $\pi_1 > \pi_2$.

Zur Überprüfung dieser Hypothesen gehen wir nach dem uns bereits bekannten Muster vor: Wir berechnen für jeden Wert, den die Variable T_1 annehmen kann (in unserem Fall: 0, 1, ..., 8 = n_1), die Auftretenswahrscheinlichkeit unter H_0.

Wir haben damit die vollständige Stichprobenverteilung (hypergeometrische Verteilung) für T_1 bestimmt. In dieser Stichprobenverteilung legen wir (mit einer bestimmten Irrtumswahrscheinlichkeit) einen Bereich der Verwerfung von H_0 fest und überprüfen, ob unser beobachteter Stichprobenwert (hier: $T_1 = 6$) in diesen Bereich fällt oder nicht. Entsprechend entscheiden wir über H_0.

Für unser konkretes Beispiel müssen wir glücklicherweise nicht die vollständige Stichprobenverteilung bestimmen, da in Übereinstimmung mit H_1 nur extrem *hohe* Werte für T_1 zu einer Verwerfung der H_0 führen können. Der kritische Bereich besteht demnach aus allen extrem hohen Werten für T_1, deren summierte Wahrscheinlichkeiten kleiner oder gleich $\alpha = 0{,}05$ sind. Wenn wir mit t_{ko} die kritische *obere* Grenze bezeichnen, muß also gelten: $P(T_1 \geq t_{ko}) \leq (\alpha = 0{,}05)$. Nach Formel <18.11> erhalten wir:

$$P(T_1 = 8) = \frac{\begin{bmatrix} 9 \\ 8 \end{bmatrix} \cdot \begin{bmatrix} 10 \\ 0 \end{bmatrix}}{\begin{bmatrix} 19 \\ 9 \end{bmatrix}} = \frac{9!\ 10!\ 8!\ 11!}{8!\ 1!\ 0!\ 10!\ 19!} = \frac{1}{8398} = 0{,}000119$$

$$P(T_1 = 7) = \frac{\begin{bmatrix} 9 \\ 7 \end{bmatrix} \cdot \begin{bmatrix} 10 \\ 1 \end{bmatrix}}{\begin{bmatrix} 19 \\ 9 \end{bmatrix}} = \frac{9!\ 10!\ 8!\ 11!}{7!\ 2!\ 1!\ 9!\ 19!} = \frac{20}{4199} = 0{,}004763$$

$$P(T_1 = 6) = \frac{\begin{bmatrix} 9 \\ 6 \end{bmatrix} \cdot \begin{bmatrix} 10 \\ 2 \end{bmatrix}}{\begin{bmatrix} 19 \\ 9 \end{bmatrix}} = \frac{9!\ 10!\ 8!\ 11!}{6!\ 3!\ 2!\ 8!\ 19!} = \frac{210}{4199} = 0{,}050012$$

An dieser Stelle können wir unsere Berechnungen abbrechen, da allein die Einzelwahrscheinlichkeit für $T_1 = 6$ die vorher festgesetzte Irrtumswahrscheinlichkeit von 0,05 überschreitet. Der Bereich der Verwerfung von H_0 besteht demnach - bei der in H_1 angegebenen Richtung - aus den Werten $T_1 = \{8, 7\}$. Hierfür ergibt sich eine exakte Irrtumswahrscheinlichkeit von $\alpha = 0{,}000119 + 0{,}004763 = 0{,}004882$, womit wir erheblich unter dem vorher festgelegten Grenzwert von 0,05 bleiben. Dieser hier deutlich zu Tage tretende *konservative* Charakter des Fisher-Tests wird häufig kritisiert (s. z.B. Overall & Starbuck 1983; Sachs 1986; Upton 1982). Im Hinblick auf unser Beispiel können wir jetzt folgende Entscheidung treffen: H_0 wird beibehalten, da $T_1 = 6$ *nicht* in den kritischen Bereich fällt. Inhaltlich bedeutet dies, daß der Anteil der Personen, die "formal denken" in beiden Populationen (Studenten und Arbeiter) gleich ist; beide Stichproben können als aus der gleichen Population ("junge Erwachsene") stammend angesehen werden.

An dem Beispiel soll noch demonstriert werden, wie der Fisher-Test bei *zweiseitiger* Fragestellung (H_1: $\pi_1 \neq \pi_2$ bzw. $\pi_1 - \pi_2 \neq 0$) durchzuführen ist. Die Irrtumswahrscheinlichkeit α muß dann auf beide Enden der Stichprobenverteilung von T_1 verteilt werden und muß diejenigen Fälle umfassen, die am *wenigsten* mit H_0 vereinbar sind. Wir können diese Fälle finden, indem wir auf die Differenz $(p_1 - p_2) = (t_1/n_1 - t_2/n_2)$ zurückgreifen. Da *extreme* Differenzen am wenigsten mit H_0 vereinbar sind, besteht der Bereich der Verwerfung von H_0 aus allen Werten für T_1, die zu den größten absoluten Differenzen führen und deren kumulierte Wahrscheinlichkeiten $\leq \alpha$ sind. Zu beachten ist dabei, daß aufgrund der Vorgaben $t_1 + t_2 = N_1 = 9$, $n_1 = 8$ und $n_2 = 11$ nur bestimmte Kombinationen von t_1 und t_2 auftreten können. Die zur Bestimmung eines kritischen Bereichs notwendigen Berechnungen sind in Tab. 18.4 zusammengefaßt.

TABELLE 18.4 Bestimmung eines zweiseitigen kritischen Bereichs der hypergeometrischen Verteilung für $t_1 + t_2 = N_1 = 9$, $n_1 = 8$, $n_2 = 11$ und $\alpha = 0,05$

$T_1 = t_1$	$T_2 = t_2$	$\lvert t_1/n_1 - t_2/n_2 \rvert$	$P(T_1 = t_1)$	$P(T_1 = t_1)$ kumuliert
8	1	0,910	0,000119	0,000119
0	9	0,818	0,000595	0,000714
7	2	0,694	0,004763	0,005477
1	8	0,602	0,014289	0,019766 < 0,05
6	3	0,478	0,050012	0,069778 > 0,05
2	7	0,387	0,100023	0,169801
5	4	0,262	0,200046	0,369847
3	6	0,170	0,280064	0,649911
4	5	0,046	0,350081	0,999992

Der Tab. 18.4 können wir entnehmen, daß die Werte $T_1 = \{0, 1, 7, 8\}$ den kritischen Bereich bilden. Hierfür treten die größten absoluten Differenzen auf, und die Irrtumswahrscheinlichkeit bleibt mit $\alpha = 0,019766$ unterhalb der festgesetzten Grenze von 0,05. Auf unser Beispiel bezogen bedeutet dies konkret, daß auch bei ungerichteter H_1 die Nullhypothese beibehalten wird, da der beobachtete Wert $T_1 = 6$ nicht in den kritischen Bereich fällt.

Auf die in dem Beispiel demonstrierte Berechnung der exakten hypergeometrischen Wahrscheinlichkeiten können wir bei der *praktischen* Durchführung des Fisher-Tests in der Regel ganz verzichten, da eine Reihe von Hilfsmitteln bzw. einfacheren Alternativen zur Verfügung stehen:

- Für alle Fälle mit $N \leq 20$ kann auf Tabelle S im Anhang zurückgegriffen werden, die nach dem Muster von Tab. 18.1 aufgebaut ist. Sie enthält für alle möglichen Kombinationen von N, N_1 und n_1 (mit der Bedingung $N_1 \leq n_1$) die exakten Einzelwahrscheinlichkeiten $P(T_1 = t_1)$ sowie die kumulierten Wahrscheinlichkeiten $P(T_1 \leq t_1)$ und $P(T_1 > t_1)$. Wenn der Fall $(N_1 > n_1)$ vorliegt, kann man auf eine wichtige *Symmetrieeigenschaft* der hypergeometrischen Verteilung zurückgreifen: Man muß vor dem Ablesen der Wahrscheinlichkeiten lediglich N_1 und n_1 vertauschen! Es gilt nämlich die Beziehung:

$$P(T_1 = t_1 \mid N, N_1, n_1) = P(T_1 = t_1 \mid N, n_1, N_1)$$

Ablesebeispiel: $P(T_1 = 7 \mid 19, 9, 8) = P(T_1 = 7 \mid 19, 8, 9) = 0{,}0048$

- Für $N > 20$ stehen zur Durchführung des exakten Fisher-Tests zwei umfangreiche Tafelwerke zur Verfügung, auf die hier nur verwiesen werden kann: Die Tabelle von Lieberman & Owen (1961) enthält exakte hypergeometrische Wahrscheinlichkeiten für N = 2 (1) 49 und N = 50 (10) 100 sowie für einige ausgewählte Fälle mit N > 100. Finney, Latscha, Bennett & Hsu (1963) geben kritische Werte und die zugehörigen exakten Wahrscheinlichkeiten für alle 2x2-Tabellen bis N = 80 an.
- Die zunehmende Verbreitung von PCs wird Tabellen der genannten Art bald überflüssig machen, weil mit vergleichsweise einfachen Programmen exakte Wahrscheinlichkeiten für nahezu beliebige hypergeometrische Verteilungen berechnet werden können. Mit Hilfe eines solchen Programms wurden auch die Wahrscheinlichkeiten der Tab. S berechnet.[1]
- Schließlich kann beim Vorliegen größerer Stichproben auf *Approximationen* der hypergeometrischen Verteilung durch andere ("einfacher zu handhabende") Verteilungen zurückgegriffen werden. Diese sind Gegenstand des nächsten Abschnitts.

18.3 Approximationen an Fishers exakten Test für große Stichproben

18.3.1 Approximation durch die Binomial- und Normalverteilung

In Abschnitt 18.1 wurden für Erwartungswert und Varianz einer hypergeometrisch verteilten Variable T_1 angegeben:

$$E(T_1) = n \cdot \pi \qquad \text{und} \qquad Var(T_1) = n \cdot \pi(1 - \pi)\,\frac{N - n}{N - 1}$$

Es wurde weiterhin erwähnt, daß sich unter der Bedingung "hinreichend großes" N/n die hypergeometrische Verteilung $H(N, n, \pi)$ gut durch die Binomialverteilung $B(n, \pi)$ approximieren läßt. Als Faustregel für eine gute Approximation wird dabei häufig $N/n \geq 10$ angegeben (z.B. Basler 1970, S.62). Unter Einhaltung dieser Bedingung gilt weiterhin (vgl. Kap. 17.1.1.1), daß bei steigender Stichprobengröße die Binomialverteilung (und damit die hypergeometrische Verteilung) durch die *Normalverteilung* approximiert werden kann. Unter H_0: π_1 =

---

1) Das in C geschriebene Programm HYPER (Schreiber 1988) berechnet exakte hypergeometrische Wahrscheinlichkeiten bis N = 1000.

$\pi_2 = \pi_0$ und unter Beachtung der Terminologie aus Tab. 18.1 ist dann die Teststatistik Z_f (für *Fisher*) annähernd standardnormalverteilt:

$$\text{<18.12>} \quad Z_f = \frac{T_1 - E(T_1)}{\sqrt{[Var(T_1)]}} = \frac{T_1 - n_1 \cdot \pi_0}{\sqrt{[n_1 \cdot \pi_0 (1 - \pi_0)(N - n_1)/(N - 1)]}}$$

Wegen $(N - n_1) = n_2$ läßt sich diese Formel auch schreiben als:

$$\text{<18.13>} \quad Z_f = \frac{T_1 - n_1 \cdot \pi_0}{\sqrt{[\pi_0(1 - \pi_0)(n_1\ n_2)/(N - 1)]}}$$

Zur Überprüfung unserer Nullhypothese nach dem bekannten Muster (s. Kap. 3) kann diese Teststatistik noch nicht unmittelbar eingesetzt werden, da π_0, der gemeinsame Anteil von A in der Population, *unbekannt* ist. Als beste Schätzung für π_0 läßt sich der (gewichtete) Mittelwert aus den beiden Stichprobenanteilen heranziehen:

$$\text{<18.14>} \quad p_0 = \frac{n_1 \cdot p_1 + n_2 \cdot p_2}{n_1 + n_2} = \frac{t_1 + t_2}{n_1 + n_2} = \frac{N_1}{N}$$

Wenn man diesen Schätzwert in die obige Gleichung einsetzt, erhält man nach einer Reihe geeigneter Umformungen:

$$\text{<18.15>} \quad Z_f = \frac{p_1 - p_2}{\sqrt{[(p_0(1 - p_0)/n_1) + (p_0(1 - p_0)/n_2)]}} \cdot \sqrt{[(N - 1)/N]}$$

Da der Quotient $(N - 1)/N$ und damit auch $\sqrt{[(N - 1)/N]}$ mit wachsendem N gegen 1 streben, kann für große Stichproben auch geschrieben werden:

$$\text{<18.16>} \quad Z_f = \frac{p_1 - p_2}{\sqrt{[(p_0(1 - p_0)/n_1) + (p_0(1 - p_0)/n_2)]}}$$

$$= \frac{p_1 - p_2}{\sqrt{[p_0(1 - p_0) \cdot (n_1 + n_2)/n_1 \cdot n_2]}}$$

$$= \frac{p_1 - p_2}{\sqrt{[p_0(1 - p_0)]}} \cdot \sqrt{[n_1 \cdot n_2/(n_1 + n_2)]}$$

Die letzte Version von <18.16> ist die allgemein gebräuchliche Formel für die Teststatistik Z_f. In Worten bedeutet <18.16>, daß die Differenz der beiden Stichprobenanteile unter der Voraussetzung, daß H_0 zutrifft, annähernd normalverteilt ist mit $N(0, S_d)$ und damit Z_f mit $N(0, 1)$. S_d steht dabei für den Wurzelausdruck und ist nichts anderes als der (geschätzte) Standardfehler der Verteilung der Differenzen der Stichprobenanteile. Zu beachten ist, daß dieser Standardfehler aus den geschätzten Varianzen $p_0(1 - p_0)/n_1$ und $p_0(1 - p_0)/n_2$ der beiden Binomialverteilungen $B(n_1, \pi_0)$ und $B(n_2, \pi_0)$ berechnet wird.

Beispiel 18.2

In der jüngsten "Shell-Studie" wurden Jugendliche und Erwachsene über ihr Raucherverhalten befragt. Bei den 21-24jährigen gaben 58,01% der männlichen Personen (n_1 = 312) und 48,11% der weiblichen (n_2 = 264) an, "täglich" zu rauchen (= Kategorie A). Entsprechend gaben 41,99% bzw. 51,89% an, "kaum" oder "gar nicht" zu rauchen (= Kategorie A') (Jugendwerk der Deutschen Shell 1985, Bd.2, S.36). Es soll folgende naheliegende Hypothese überprüft werden: Der Anteil der Raucher ist bei beiden Geschlechtern gleich (H_0: $\pi_1 = \pi_2$). Als Alternativhypothese wollen wir hier H_1: $\pi_1 \neq \pi_2$ wählen. Als Schätzung für π_0 erhalten wir:

$$p_0 = \frac{n_1 \cdot p_1 + n_2 \cdot p_2}{n_1 + n_2} = \frac{312 \cdot 0,5801 + 264 \cdot 0,4811}{312 + 264} = 0,5347$$

Es ergibt sich dann folgender Testwert:

$$Z_f = \frac{0,5801 - 0,4811}{\sqrt{[(0,5347 \cdot 0,4653/312) + (0,5347 \cdot 0,4653/264)}} = \frac{0,099}{0,0417} = 2,373$$

Mit α = 0,05 können wir bezüglich H_0 dann wie folgt entscheiden: H_0 wird verworfen, da ($|Z_f|$ = 2,373) > (Z_k = 1,96). Zwischen männlichen und weiblichen jungen Erwachsenen besteht demnach im Hinblick auf das Merkmal "Rauchen" ein signifikanter Unterschied (über dessen Richtung wir aufgrund unserer unspezifischen H_1 keine Aussage machen können).

18.3.2 Approximation durch die Chi-Quadrat-Verteilung

In Kap. 17.1.1.2 wurde χ^2 als Quadratsumme mehrerer unabhängiger standardnormalverteilter Variablen definiert. In diesem Zusammenhang wurde auch festgestellt, daß das Quadrat einer *einzigen* standardnormalverteilten Variablen Z nach χ^2 mit FG = 1 verteilt ist. Aus dieser Tatsache folgt sofort, daß das Quadrat der in Formel <18.16> definierten, annähernd standardnormalverteilten, Teststatistik Z_f zu einer Statistik CHI führen muß, die annähernd nach χ^2 verteilt ist mit FG = 1. Es ergibt sich also:

$$\langle 18.17\rangle \quad CHI = Z_f^2 = \frac{(p_1 - p_2)^2}{p_0(1 - p_0)/n_1 + p_0(1 - p_0)/n_2} \qquad FG = 1$$

$$= \frac{(p_1 - p_2)^2}{p_0(1 - p_0)} \cdot \frac{n_1 \cdot n_2}{n_1 + n_2}$$

Formel <18.17> läßt sich mit einigem algebraischem Aufwand noch weiter umformen. Hierzu ist es allerdings günstig, die Terminologie der Tabelle 18.2 (die für diesen Zweck etwas unhandlich ist) abzuändern. Das Ergebnis der Beobachtung zweier binomialverteilter Zufallsvariablen in zwei unabhängigen Stichproben läßt sich auch in der Schreibweise der Tab. 18.5 darstellen.

TABELLE 18.5 Veränderte Darstellung der Tab. 18.2

	A	A′	gesamt
Stichprobe 1	X_{11}	X_{12}	n_1
Stichprobe 2	X_{21}	X_{22}	n_2
gesamt	$X_{.1}$	$X_{.2}$	n

Allgemein steht X_{ij} für die beobachtete Häufigkeit, mit der in Stichprobe i die zugrundeliegende Variable den Wert j annimmt. Bei dem hier zur Debatte stehenden Problemtyp (mit zwei unabhängigen Stichproben und einer dichotomen Variablen) können i und j natürlich jeweils nur die Werte 1 und 2 annehmen. In Kap. 19 werden wir eine verallgemeinerte Form dieses Problemtyps (mit mehreren unabhängigen Stichproben und einer mehrfach abgestuften qualitativen Variable) kennenlernen. In der Schreibweise der Tab. 18.5 läßt sich Formel <18.17> umformen zu:

<18.18> $$\text{CHI} = \frac{n(X_{11} \cdot X_{22} - X_{12} \cdot X_{21})^2}{n_1 \cdot n_2 \cdot X_{.1} \cdot X_{.2}} \qquad \text{FG} = 1$$

Diese spezielle, nur für 2x2-Tabellen gültige, Formel läßt sich (mit nicht geringem Aufwand) zur *allgemeinen* Form der CHI-Statistik umformen:

<18.19> $$\text{CHI} = \sum_i^I \sum_j^J \frac{[X_{ij} - E(X_{ij})^*]^2}{E(X_{ij})^*} \qquad \text{FG} = 1$$

In Formel <18.19> steht $E(X_{ij})^*$ für den geschätzten Erwartungswert einer Zelle. Es ist beispielsweise $E(X_{11})^* = E(T_1)^* = n_1 \cdot p_0 = n_1(X_{11} + X_{21})/n = n_1 \cdot X_{.1}/n$. Allgemein gilt:

<18.20> $$E(X_{ij})^* = n_i \cdot X_{.j}/n$$

In Worten bedeutet dies, daß sich der Erwartungswert einer Zelle berechnen (bzw. schätzen) läßt durch: *Zeilensumme* (hier: Stichprobengröße) *mal Spaltensumme* (hier: Häufigkeit eines Merkmals in der "Population") *dividiert durch die Anzahl aller Beobachtungen* (hier: Größe der "Population").

Aus Formel <18.19> geht unmittelbar hervor, daß CHI größer wird, je stärker die einzelnen *beobachteten* Zellhäufigkeiten von den jeweils zugehörigen unter der Nullhypothese *erwarteten* Häufigkeiten abweichen. Eine Entscheidung über H_0: $\pi_1 = \pi_2 = \pi_0$ (vs. H_1: $\pi_1 \neq \pi_2$) kann also nach folgender Regel erfolgen: Verwerfe H_0, wenn CHI bei einer gewählten Irrtumswahrscheinlichkeit α den kritischen Wert der χ^2-Verteilung mit FG = 1 *überschreitet*. Für $\alpha = 0{,}05$ ist beispielsweise $\chi^2_k = 3{,}841$ (s. Tab. I).

Die konkrete Durchführung einer Hypothesenprüfung mit Hilfe der χ^2-Approximation soll an den Daten des Beispiels 18.2 erläutert werden. Der Übung halber wollen wir dabei alle bisher vorgestellten Rechenformeln anwenden. Nach Formel <18.17> ergibt sich:

$$\text{CHI} = \frac{(0{,}5801 - 0{,}4811)^2}{0{,}5347 \cdot 0{,}4653} \; \frac{312 \cdot 264}{312 + 264} = 5{,}633$$

Da CHI > (χ_k^2 = 3,841), wird H_0 verworfen.

Der Test der Nullhypothese mit Hilfe von CHI führt also erwartungsgemäß zur gleichen Entscheidung wie mit Z_f. Vom Rundungsfehler einmal abgesehen, gilt auch die erwartete Beziehung $Z_f^2 = (2{,}373)^2 = 5{,}631 = \text{CHI}$.

Vor einer Anwendung von Formel <18.18> müssen wir die Beispieldaten erst in die Form der Tab. 18.5 bringen. Tab. 18.6 zeigt die aus den Prozentwerten rückgerechneten absoluten Häufigkeiten.

TABELLE 18.6 Ergebnis der "Shell"-Studie über Raucherverhalten von Jugendlichen

	Raucher	Nicht-raucher	gesamt
männlich	181	131	312
weiblich	127	137	264
gesamt	308	268	576

TABELLE 18.7 Geschätzte Erwartungswerte zu Tab. 18.6

	Raucher	Nicht-raucher	gesamt
männlich	166,83	145,17	312
weiblich	141,17	122,83	264
gesamt	308	268	576

Aus Tab. 18.6 ergibt sich:

$$\text{CHI} = \frac{576(181 \cdot 137 - 131 \cdot 127)^2}{312 \cdot 264 \cdot 308 \cdot 268} = 5{,}641$$

Abgesehen von dem etwas größeren Rundungsfehler (der auf das Konto der Umwandlung der Prozentwerte in absolute Häufigkeiten geht), erhalten wir also auch hier das identische Ergebnis. Zur Anwendung der Formel <18.19> müssen wir zunächst die unter H_0 *erwarteten* Häufigkeiten berechnen. Nach Formel <18.20> ergeben sich die in Tab. 18.7 aufgeführten Werte.

Aus den beobachteten (Tab. 18.6) und erwarteten (Tab. 18.7) Häufigkeiten läßt sich dann folgender Prüfwert berechnen:

$$CHI = \frac{(181 - 166{,}83)^2}{166{,}83} + \frac{(131 - 145{,}17)^2}{145{,}17} + \frac{(127 - 141{,}17)^2}{141{,}17} + \frac{(137 - 122{,}83)^2}{122{,}83}$$

$$= 1{,}204 + 1{,}383 + 1{,}422 + 1{,}635 = 5{,}644$$

Auch hier erhalten wir (bis zur zweiten Stelle nach dem Komma) unser bekanntes Ergebnis.

18.3.3 Einseitige Hypothesen

Die beiden Approximationen der hypergeometrischen Verteilung durch die Normalverteilung und durch die χ^2-Verteilung wurden bisher anhand einer zweiseitigen Fragestellung (Beispiel 18.2) erläutert. Beim Vergleich zweier unabhängiger Stichproben bezüglich des jeweiligen Populationsanteils dürften allerdings *einseitige* Hypothesen häufiger sein, da man in der Regel gewisse Vorstellungen über die Art der Unterschiede "im Hinterkopf" hat. Dies trifft auch für unser Beispiel zu. Hier ist sicher die Alternativhypothese "Der Anteil der Raucher ist bei den Männern größer als bei den Frauen", also H_1: $\pi_1 > \pi_2$, gegenüber einer unspezifischen H_1 naheliegender.

Die Überprüfung einer Nullhypothese gegen eine gerichtete Alternativhypothese bereitet bei einer Approximation durch die *Normalverteilung* keine besonderen Schwierigkeiten. Hier wird nach der in Kap. 3 dargestellten Logik verfahren. Für $\alpha = 0{,}05$ und die oben angegebene Richtung gilt beispielsweise folgende Regel: Verwerfe H_0, wenn $Z_f > (Z_k = 1{,}645)$. Für Beispiel 18.2 trifft dieser Sachverhalt zu.

Bei einer Approximation durch die χ^2-Verteilung müssen wir beachten, daß bei der Berechnung von CHI nach Formel <18.17> (d.h. bei der Quadrierung eines Z_f-Wertes) die Unterscheidung zwischen positiven und negativen Z_f-Werten verloren geht. Genau an dieser Unterscheidung sind wir aber interessiert, wenn wir eine gerichtete H_1 formuliert haben. Wir prüfen daher zunächst, welches Vorzeichen die Differenz $(p_1 - p_2)$ aufweist. CHI braucht nur dann berechnet zu werden, wenn das Vorzeichen die erwartete Richtung anzeigt; im anderen Fall kann sofort eine Entscheidung zugunsten von H_0 erfolgen. Wenn über H_0 mit Hilfe von CHI entschieden werden muß, ergibt sich das Problem der Bestimmung eines *einseitigen* kritischen Werts der χ^2-Verteilung (mit FG = 1); denn die in Tab. I aufgeführten Werte beziehen sich auf einen *zweiseitigen* Test. Ein in der Tabelle angegebenes α entspricht also der zweiseitigen Irrtumswahrscheinlichkeit, daß ein χ^2-Wert *genauso groß oder noch größer* als der zugehörige kritische Wert ist. Zur Bestimmung einseitiger Grenzen müssen wir daher *α halbieren*. Konkret bedeutet dies beispielsweise, daß wir für $\alpha = 0{,}05$ und einseitige

Fragestellung den kritischen Wert aus der Spalte mit α = 0,10 ablesen müssen, d.h. χ_k^2 = 2,706.

In Beispiel 18.2 besitzt $(p_1 - p_2)$ = 0,5801 - 0,4811 = +0,099 die in H_1 vorhergesagte Richtung. H_0 wird dann - wie gehabt - verworfen, da (CHI = 5,633) > (χ_k^2 = 2,706).

Eine Anmerkung zum Schluß: Da ein *einseitiger* Test über CHI nur dann möglich ist, wenn - wie in unserem Beispiel - eine eindeutige Richtung der Ergebnisse vorhergesagt werden kann, ist er auf wenige Ausnahmesituationen beschränkt. Wie wir noch sehen werden, ist CHI in der Regel mit einem zweiseitigen Test verbunden, da sich in den meisten Fällen sinnvollerweise nur *unspezifische* Alternativhypothesen formulieren lassen.

18.3.4 Alternative Rechenformeln für CHI

Außer den angeführten Formeln <18.17>, <18.18> und <18.19> gibt es noch eine Reihe zusätzlicher - durch geeignete Umformungen entstehende - *Rechenformeln* für CHI, die in bestimmten Situationen mit erheblich geringerem Aufwand verbunden sind. Die Anwendung von Formel <18.19> hatte gezeigt, daß für den *speziellen* Fall einer 2x2-Tabelle die Differenz zwischen beobachteten und erwarteten Werten für jede Zelle gleich ist. Für diesen Spezialfall gilt daher:

$$\text{<18.21>} \quad CHI = [X - E(X)^*]^2 \sum_i^2 \sum_j^2 \frac{1}{E(X_{ij})^*}$$

Für Beispiel 18.2:

$$CHI = (14{,}17)^2 \cdot (1/166{,}83 + 1/145{,}17 + 1/141{,}17 + 1/122{,}83) = 5{,}644$$

Die *allgemeine* Form der CHI-Teststatistik nach <18.19> läßt sich auch ohne Berechnung der Differenzen zwischen beobachteten und erwarteten Werten darstellen als:

$$\text{<18.22>} \quad CHI = \sum_i^I \sum_j^J \frac{(X_{ij})^2}{E(X_{ij})^*} - n$$

Oder ohne Berechnung von Erwartungswerten als:

$$\text{<18.23>} \quad CHI = n \cdot \left[\sum_i^I \sum_j^J \frac{(X_{ij})^2}{n_{i\cdot} \cdot X_{\cdot j}} - 1 \right]$$

Für Beispiel 18.2 ergibt sich dann nach <18.22>:

$$CHI = (181^2/166{,}83 + 131^2/145{,}17 + 127^2/141{,}17 + 137^2/122{,}83) - 576$$
$$= 5{,}644$$

Und nach <18.23>:

$$CHI = 576(181^2/312 \cdot 308 + 131^2/312 \cdot 268 + 127^2/264 \cdot 308 + 137^2/264 \cdot 268 - 1)$$
$$= 5{,}641$$

Es zeigt sich also, daß alle Ergebnisse (bis auf die unvermeidlichen Rundungsfehler) identisch sind!

18.3.5 Kontinuitätskorrektur

Die beiden diskutierten Approximationen für große Stichproben benutzen Teststatistiken, die sich auf *kontinuierliche* Verteilungen beziehen. Die exakte Stichprobenverteilung der im Fisher-Test herangezogenen Zufallsvariablen ist aber die *diskrete* hypergeometrische Verteilung. Zur Verbesserung der Approximation ist daher, beginnend mit Yates (1934b), von verschiedenen Autoren eine *Kontinuitätskorrektur* - entsprechend dem Muster in Kap. 17.1.1.1. - vorgeschlagen worden. Bei einer Approximation durch die Standardnormalverteilung ergibt sich folgender korrigierter Prüfwert:

<18.24> $$Z_{fc} = \frac{(T_1 \pm 1/2) - E(T_1)}{\sqrt{[\mathrm{Var}(T_1)^*]}}$$

Mit der Vorschrift: Subtrahiere, wenn $T_1 > E(T_1)$; addiere, wenn $T_1 < E(T_1)$.

Oder in der Schreibweise von Formel <18.16>:

<18.25> $$Z_{fc} = \frac{(p_1 - p_2) \pm (1/n_1 + 1/n_2)/2}{\sqrt{[(p_0(1 - p_0)/n_1) + (p_0(1 - p_0)/n_2)]}}$$

Mit der Regel: Subtrahiere, wenn $(p_1 - p_2) > 0$; addiere, wenn $(p_1 - p_2) < 0$.

Die Korrektur bewirkt also in beiden Fällen erneut, daß der Abstand zwischen beobachtetem und erwartetem Wert um 1/2 Einheit reduziert wird. Bezogen auf die Daten aus Beispiel 18.2 erhalten wir nach Formel <18.24>:

$$T_1 = 181$$

$$E(T_1)^* = n_1 \cdot p_0 = 321 \cdot 0{,}5347 = 166{,}83$$

$$\mathrm{Var}(T_1)^* = n_1 \cdot p_0(1 - p_0)(N - n_1)/(N - 1)$$
$$= 312 \cdot 0{,}5347 \cdot 0{,}4653 \cdot (576 - 312)/575 = 35{,}6397$$

$$\sqrt{[\mathrm{Var}(T_1)^*]} = \sqrt{35{,}6397} = 5{,}9699$$

$$Z_{fc} = \frac{181 - 0{,}5 - 166{,}83}{5{,}9699} = 2{,}29$$

Oder nach Formel <18.25>:

$$Z_{fc} = \frac{0{,}099 - (1/312 + 1/264)/2}{0{,}0417} = \frac{0{,}099 - 0{,}0035}{0{,}0417} = 2{,}29$$

Bei zweiseitiger Fragestellung und $\alpha = 0{,}05$ wird auch hier die Nullhypothese verworfen, da $(|Z_{fc}| = 2{,}29) > (Z_k = 1{,}96)$.

Bei einer Approximation der hypergeometrischen Verteilung durch die χ^2-Verteilung läßt sich eine Korrektur in analoger Weise anbringen. Für die allgemeine Form der CHI-Teststatistik nach <18.19> gilt dann:

$$\text{<18.26>} \quad CHI_c = \sum_i^I \sum_j^J \frac{[(X_{ij} \pm 1/2) - E(X_{ij})^*]^2}{E(X_{ij})^*}$$

Mit der Vorschrift: -1/2, wenn $X_{ij} > E(X_{ij})^*$ und +1/2, wenn $X_{ij} < E(X_{ij})^*$.

Für den hier zur Debatte stehenden Spezialfall einer 2x2-Tabelle läßt sich diese Formel in der Schreibweise von <18.18> einfacher darstellen als:

$$\text{<18.27>} \quad CHI_c = \frac{n(|X_{11} \cdot X_{22} - X_{12} \cdot X_{21}| - n/2)^2}{n_1 \cdot n_2 \cdot X_{.1} \cdot X_{.2}}$$

Für Beispiel 18.2 erhalten wir dann:

$$CHI_c = \frac{576(|181 \cdot 137 - 131 \cdot 127|) - 576/2)^2}{312 \cdot 264 \cdot 308 \cdot 268} = 5{,}2498$$

Da $CHI_c > (\chi_k^2 = 3{,}841)$, wird H_0 erneut verworfen. Beachte: $CHI_c = Z_{fc}^2$.

Wir haben gesehen, daß durch eine Korrektur systematisch *kleinere* Werte für die Teststatistiken Z_f und CHI resultieren. Dies bedeutet, daß die Korrektur gegenüber den unkorrigierten Prüfwerten *konservativ* wirkt, d.h. die Wahrscheinlichkeit, H_0 zu verwerfen, sinkt. Wegen dieser Eigenschaft der Kontinuitätskorrektur sind die Meinungen darüber gespalten. In den meisten Lehrbüchern wird die Korrektur - in der Regel in der Form von <18.27> - ohne weiteren Kommentar empfohlen. Untersuchungen von Conover (1974), Dozzi & Riedwyl (1984), Grizzle (1967), Plackett (1974) sowie Starmer, Grizzle & Sen (1974) haben allerdings erhebliche Zweifel am Wert dieser Korrektur aufkommen lassen. Es zeigt sich nämlich, daß nur unter bestimmten Sonderbedingungen wie z.B. gleiche Stichprobengrößen (bzw. hier: gleiche Zeilensummen) die Prüfgröße CHI_c zu gleichen Wahrscheinlichkeiten wie der exakte Test führt. In den meisten Fällen arbeitet die Korrektur *übertrieben* konservativ, d.h. die unkorrigierte Prüfgröße kommt den exakten Wahrscheinlichkeiten näher.

18.4 Alternative Tests

Zu Fishers exaktem Test bzw. zu den besprochenen Approximationen durch die Standardnormalverteilung und χ^2-Verteilung liegt eine Reihe von alternativen Tests vor (vgl. die Übersichten bei Dozzi & Riedwyl 1984; Sachs 1986; Upton 1982). Aus der großen Zahl dieser Alternativen - Upton führt allein 22 auf! - sollen hier nur drei kurz vorgestellt werden.

Test mit "angepaßtem" CHI

Als Teststatistik CHI_a (für "angepaßt") wird hierbei auf das Quadrat der in Formel <18.15> definierten Größe zurückgegriffen; der Ausdruck $\surd[(N - 1)/N]$ wird also explizit berücksichtigt. In der Schreibweise der Tab. 18.5 führt dies zu folgender Prüfgröße (Upton 1982, S.89):

$$\langle 18.28\rangle \quad CHI_a = \frac{(n - 1)(X_{11} \cdot X_{22} - X_{12} \cdot X_{21})^2}{n_1 \cdot n_2 \cdot X_{.1} \cdot X_{.2}}$$

CHI_a wird wie CHI unter Bezug auf die χ^2-Verteilung mit FG = 1 auf Signifikanz geprüft.

Test über die T-Verteilung

Im Zusammenhang mit Formel <18.16> wurde erwähnt, daß in die Berechnung des Standardfehlers der Stichprobenverteilung von $(p_1 - p_2)$ die geschätzten Varianzen der beiden Binomialverteilungen $B(n_1, \pi_0)$ und $B(n_2, \pi_0)$ eingehen. Bei kleinen Stichprobenumfängen ist daher die T-Verteilung ein besseres Modell der Verteilung von $(p_1 - p_2)$ als die Standardnormalverteilung (vgl. Kap. 6.1). Es läßt sich dann folgender Prüfwert T_f (für "Fisher") definieren (Dozzi & Riedwyl 1984, S.507):

$$\langle 18.29\rangle \quad T_f = \frac{p_1 - p_2}{S_d} = \frac{p_1 - p_2}{\surd(A \cdot B)} = \frac{p_1 - p_2}{\surd A} \cdot \surd[n_1 \cdot n_2/(n_1 + n_2)]$$

Mit folgender Bedeutung der Hilfsgrößen:

$$A = \frac{n_1 \cdot p_1(1 - p_1) + n_2 \cdot p_2(1 - p_2)}{n_1 + n_2 - 2} \qquad B = (n_1 + n_2)/n_1 \cdot n_2$$

Zu beachten ist, daß bei der Definition von T_f der Standardfehler S_d in anderer Weise als bei Z_f geschätzt wird. T_f kann unter Rückgriff auf die T-Verteilung mit FG = $(n_1 + n_2 - 2)$ Freiheitsgraden auf Signifikanz geprüft werden.

Test über die F-Verteilung

Overall (1980) sowie Overall & Starbuck (1983) zeigen, daß die hypergeometrische Verteilung auch über die F-Verteilung approximiert werden kann. Die entsprechende Teststatistik F_f lautet (in der Schreibweise der Tab. 18.5):

$$\langle 18.30\rangle \quad F_f = \frac{X_{12}}{X_{11} + 1} \quad \frac{X_{21} + X_{11}/2}{X_{22} + X_{12}/2}$$

Oder mit Kontinuitätskorrektur:

$$\langle 18.31\rangle \quad F_{fc} = \frac{X_{12} + 1/2}{X_{11} + 1/2} \quad \frac{X_{21} + X_{11}/2}{X_{22} + X_{12}/2}$$

Beide Prüfgrößen werden über die F-Verteilung auf Signifikanz geprüft. Für F_f gilt dabei $FG_1 = 2(X_{11} + 1)$ und $FG_2 = 2 \cdot X_{12}$, für F_{fc} $FG_1 = 2 \cdot X_{11} + 1$ und $FG_2 = 2 \cdot X_{12} + 1$.

18.5 Konfidenzintervall für die Differenz zweier binomialer Anteile

In ähnlicher Weise wie für den Parameter *einer* Binomialverteilung (s. Kap. 17.1.2) kann auch für die *Differenz* der Parameter *zweier* Binomialverteilungen ein Konfidenzintervall erstellt werden. Wir betrachten hier nur die unkompliziertere Version für große Stichproben. Es sei $\Delta = \pi_1 - \pi_2$ bzw. als Schätzung $\Delta^* = D = p_1 - p_2$. Dann gilt:

$$\langle 18.32\rangle \quad P(D - Z_k \cdot S_d \leq \Delta \leq D + Z_k \cdot S_d) = 1 - \alpha$$

Z_k ist dabei der zweiseitige kritische Wert der Standardnormalverteilung für eine gewählte Irrtumswahrscheinlichkeit α und S_d der Standardfehler der Differenzen der Stichprobenanteile, der für große Stichproben nach folgender vereinfachter Formel geschätzt werden kann (Neter et al. 1978, S.325):

$$\langle 18.33\rangle \quad S_d = \surd[p_1(1 - p_1)/(n_1 - 1) + p_2(1 - p_2)/(n_2 - 1)]$$

Für die Daten des Beispiels 18.2 erhalten wir:

$$D = 0{,}5801 - 0{,}4811 = 0{,}099$$
$$S_d = \surd(0{,}5801 \cdot 0{,}4199/311 + 0{,}4811 \cdot 0{,}5189/263) = 0{,}0416$$

Dies führt bei $\alpha = 0{,}05$ und $Z_k = 1{,}96$ zu folgendem Konfidenzintervall:

$$0{,}099 - 1{,}96 \cdot 0{,}0416 \leq \Delta \leq 0{,}099 + 1{,}96 \cdot 0{,}0416$$
$$0{,}017 \leq \Delta \leq 0{,}181$$

Mit einer Wahrscheinlichkeit von 95% liegt also die Differenz der Anteile der Raucher bei Jungen und Mädchen innerhalb der angegebenen Grenzen. Zu beachten ist, daß das Intervall die Null *nicht* einschließt; denn die Nullhypothese H_0: $(\pi_1 = p_2) = (\pi_1 - \pi_2 = 0)$ war ja bereits verworfen worden.

18.6 Mediantest: Ein Spezialfall des Fisher-Tests

Mit Hilfe des Fisher-Tests läßt sich für eine *dichotome* Variable überprüfen, ob zwei Populationsanteile gleich sind. Eine Variante dieses Tests entsteht dann, wenn die zugrundeliegende Variable *quantitativer* Natur ist. Die Ausgangssituation sei dabei folgende: Aus zwei Populationen liegen Zufallsstichproben von n_1 bzw. n_2 quantitativen Beobachtungen vor. Es soll die Hypothese getestet werden, daß die beiden Populationsmediane gleich sind. Formal:

$$H_0: \theta_1 = \theta_2 = \theta_0$$

gegen eine der folgenden Alternativhypothesen:

(A) H_1: $\theta_1 \neq \theta_2$ *Zweiseitiger Test*
(B) H_1: $\theta_1 > \theta_2$ *Einseitiger Test*
(C) H_1: $\theta_1 < \theta_2$ *Einseitiger Test*

Da unter H_0 angenommen wird, daß die Mediane beider Populationen gleich sind, können beide Stichproben zusammengefaßt werden. Der Median (Md) dieser zusammengefaßten Stichprobe der Größe $n_1 + n_2$ kann als beste *Schätzung* für den unbekannten Populationsmedian θ_0 herangezogen werden. Wenn wir in Übereinstimmung mit unserer bisherigen Terminologie die Anzahl der Beobachtungen in Stichprobe 1, die *über* diesem geschätzten Median liegen, mit T_1 und entsprechend die Anzahl der Beobachtungen in Stichprobe 2, die über Md liegen, mit T_2 bezeichnen, dann muß beim Zutreffen von H_0 gelten: T_1 ist binomialverteilt mit $B(n_1, \pi_1 = 1/2)$ und T_2 ist binomialverteilt mit $B(n_2, \pi_2 = 1/2)$, d.h. die Wahrscheinlichkeit, daß ein Wert größer als der Median ist, beträgt in beiden Populationen 0,5 (was unmittelbar aus der Definition des Medians folgt). Die Nullhypothese läßt sich jetzt in folgender Weise neu formulieren:

$$H_0: \pi_1 = \pi_2 = 1/2$$

Damit ist die Ausgangshypothese (gleiche Populationsmediane) auf die uns bereits vertraute Aussage reduziert, daß die Parameter zweier Binomialverteilungen gleich (= 1/2) sind - ein Fall für den Fisher-Test!

Beispiel 18.3

Aus einer Untersuchung von Arbinger & Kubsda (1987) über Gedächtnisleistungen im Vorschulalter lassen sich die in Tab. 18.8 aufgeführten Daten über Reproduktionsleistungen von Kindern unterschiedlichen Alters entnehmen.

Als Nullhypothese können wir hier formulieren: Die Reproduktionsleistungen von jüngeren und älteren Kinder unterscheiden sich in der Population nicht voneinander (H_0: $\theta_1 = \theta_2$). Eine sinnvolle Alternativhypothese wäre: Ältere Kinder zeigen bessere Reproduktionsleistungen (H_1: $\theta_1 < \theta_2$). Als Schätzung für den gemeinsamen Median ziehen wir den Median sämtlicher 24 Meßwerte der Tab. 18.8 heran: Md = 4,0. Anhand dieses Medians werden die Beobachtungen in beiden Gruppen *dichotomisiert*, was zu der in Tab. 18.9 aufgeführten Vierfeldertafel führt.

Bei der Erstellung von Tab. 18.9 wurden die drei Meßwerte, die exakt mit dem Median zusammenfallen, *weggelassen*. Für den Umgang mit solchen *gebundenen* Werten ("ties") bieten sich noch weitere Möglichkeiten an:

- Die Meßwerte werden klassifiziert nach "größer Median" und "kleiner/gleich Median", d.h. die gebundenen Werte werden der zweiten Kategorie zugeordnet (Siegel 1976, S.109).

- Die gebundenen Meßwerte werden der Kategorie zugeschlagen, die zahlenmäßig *schwächer* besetzt ist, d.h. es wird klassifiziert nach > Md und ≤ Md oder nach ≥ Md und < Md (Lienert 1986, S.177).

- Die gebundenen Meßwerte werden den beiden Kategorien "über Median" und "unter Median" so zugeschlagen, daß die Verwerfung der Nullhypothese *erschwert* wird (konservatives Vorgehen) (Marascuilo & McSweeney 1977, S.117). Für unser Beispiel würde das bedeuten, daß die beiden Werte der jüngeren Gruppe in die Kategorie "über Median" und der eine Wert der älteren Gruppe in die Kategorie "unter Median" aufgenommen würden.

TABELLE 18.8 Mittlere Anzahl richtig reproduzierter Items bei 3- bis 5jährigen Kindern

3 - 4 J. (n_1 = 9)	4 - 5 J. (n_2 = 15)
2,7	3,3
2,7	3,3
3,3	3,3
3,3	3,7
3,7	3,7
3,7	4,0
4,0	4,3
4,0	4,3
4,7	4,3
	4,3
	4,7
	4,7
	4,7
	4,7
	5,0

TABELLE 18.9 Dichotomisierte Daten aus Tab. 18.8

	über Median	unter Median	gesamt
3 - 4 J.	1	6	7
4 - 5 J.	9	5	14
gesamt	10	11	21

Im Hinblick auf Tab. 18.9 können wir unsere Hypothesen jetzt neu formulieren:

H_0: Der Anteil der über dem Median liegenden Meßwerte ist in beiden Populationen gleich ($\pi_1 = \pi_2 = 1/2$).

H_1: Der Anteil der über dem Median liegenden Meßwerte ist in der Population der 3-4jährigen kleiner ($\pi_1 < \pi_2$).

Wir überprüfen diese Hypothesen mit dem exakten Fisher-Test: In Übereinstimmung mit H_1 führen nur extrem *niedrige* Werte für T_1 (= Anzahl der Beobachtungen in Gruppe 1 über dem Median) zu einer Verwerfung von H_0. Zur Bestimmung des kritischen Bereichs brauchen wir daher nur einen kleinen Teil der Berechnungen durchzuführen. Für $N = 21$, $N_1 = 11$ und $n_1 = 7$ erhalten wir nach Formel <18.6> bzw. mit Hilfe des erwähnten Programms HYPER die in Tab. 18.10 angegebenen Wahrscheinlichkeiten.

TABELLE 18.10 Kritischer Bereich der hypergeometrischen Verteilung mit $N = 21$, $N_1 = 11$, $n_1 = 7$ für $\alpha = 0,05$

t_1	$P(T_1 = t_1)$	$P(T_1 \le t_1)$
0	0,0028	0,0028
1	0,0397	0,0425
2	0,1788	0,2241

Der Tab. 18.10 können wir entnehmen, daß der Bereich der Verwerfung von H_0 aus den Werten $T_1 = \{0, 1\}$ besteht. Da unser beobachteter Stichprobenwert in diesen Bereich fällt, verwerfen wir - mit einer exakten Irrtumswahrscheinlichkeit von $\alpha = 0,0425$ - H_0 zugunsten von H_1. Wir kommen zu dem (nicht überraschenden) Schluß, daß die Reproduktionsleistungen der jüngeren Kinder schlechter sind als die der älteren.

Eine Anmerkung zum Schluß: Der Mediantest liefert nur dann eine Überprüfung der eingangs formulierten Nullhypothese H_0: $\theta_1 = \theta_2 = \theta_0$ bzw. H_0: $p_1 = p_2 = 1/2$, wenn der Schätzwert Md genau mit H_0 übereinstimmt. Andernfalls reduziert sich H_0 auf die Aussage H_0: $\pi_1 = \pi_2 = \pi_0$, wobei π_0 ein unbekannter Populationsparameter ist. Es wird dann nur die Hypothese überprüft, daß der Anteil der Fälle über dem *geschätzten* Median in beiden Populationen gleich ist. Bradley (1968, S.204) spricht daher auch von einem "Quasi-Median-Test". Wenn diese reduzierte Hypothese *verworfen* wird, dann kann man mit einiger Berechtigung annehmen, daß beide Populationsmediane verschieden sind ($\theta_1 \neq \theta_2$); die Beibehaltung dieser Hypothese impliziert andererseits nicht automatisch, daß θ_1 und θ_2 gleich sind.

Kapitel 19

Statistische Tests für qualitative Variablen aus mehr als zwei unabhängigen Stichproben

19.1 Vergleich der Parameter von I Binomialverteilungen

Der in Kap. 18.2 entwickelte Gedankengang läßt sich leicht auf den Vergleich der Parameter von mehr als zwei Binomialverteilungen übertragen. Die Problemstellung kann dabei folgendermaßen präzisiert werden: Für I unabhängige Stichproben der Größe $n_1, n_2, \ldots, n_I$ liegen Beobachtungen der gleichen dichotomen Variablen (mit den Werten A und A') vor. Die Häufigkeit des Auftretens von A in den I Stichproben sei durch die Variablen $T_1, T_2, \ldots, T_I$ repräsentiert. Diese Variablen stellen unabhängige Zufallsvariablen dar, die alle binomialverteilt sind: T_1 mit $B(n_1, \pi_1)$, T_2 mit $B(n_2, \pi_2)$, ..., T_I mit $B(n_I, \pi_I)$. Es soll die Hypothese überprüft werden, daß die I Populationsparameter (Anteile von A in der jeweiligen Population) gleich sind bzw. daß die I Stichproben als aus der gleichen Population stammend angesehen werden können. Die gegeneinander zu testenden Hypothesen lauten daher:

$$H_0: \pi_1 = \pi_2 = \ldots = \pi_I = \pi_0$$

$$H_1: H_0 \text{ ist falsch}$$ [1]

Analog zu Tab. 18.2 läßt sich auch hier die Ausgangslage in Tabellenform charakterisieren (Tab. 19.1).

TABELLE 19.1 Ergebnis der Beobachtung von I binomialverteilten Zufallsvariablen $T_1, T_2, \ldots, T_I$

	A	A'	gesamt
Stichprobe 1	t_1	$n_1 - t_1$	n_1
Stichprobe 2	t_2	$n_2 - t_2$	n_2
...	...	...	...
Stichprobe I	t_I	$n_I - t_I$	n_I
gesamt	N_1	$N - N_1$	N

---

[1] Beachte, daß H_1 bewußt in dieser Form gehalten ist; denn die Verwerfung von H_0 impliziert logisch nicht, daß $\pi_1 \neq \pi_2 \neq \ldots \neq \pi_I$ gilt.

Durch eine ähnliche Überlegung wie in Kap. 18.2 läßt sich auch für ein derartig erweitertes Stichprobenergebnis die exakte Auftretenswahrscheinlichkeit bestimmen. Diese ergibt sich aus der *verallgemeinerten* Formel für die hypergeometrische Verteilung. Unter der Bedingung festliegender Randhäufigkeiten gilt für Tab. 19.1:

$$\text{<19.1>} \quad P(T_1 = t_1, T_2 = t_2, \ldots, T_I = t_I) = \frac{\begin{bmatrix} n_1 \\ t_1 \end{bmatrix} \cdot \begin{bmatrix} n_2 \\ t_2 \end{bmatrix} \cdot \ldots \cdot \begin{bmatrix} n_I \\ t_I \end{bmatrix}}{\begin{bmatrix} N \\ N_1 \end{bmatrix}} \quad \text{2)}$$

Wenn sich mit Hilfe von Formel <19.1> für jedes beliebige Stichprobenergebnis, d.h. für jede Kombination von Werten, welche die Variablen T_1 bis T_I bei festliegendem N_1 und vorgegebenen Stichprobengrößen annehmen können, die exakte Wahrscheinlichkeit berechnen läßt, dann ist der Weg für eine Überprüfung der eingangs formulierten H_0 prinzipiell klar: Für jedes mögliche Stichprobenergebnis wird die exakte Wahrscheinlichkeit nach Formel <19.1> bestimmt. In der so ermittelten *Stichprobenverteilung* wird anschließend ein Bereich der Verwerfung von H_0 festgelegt. Dieser Bereich umfaßt alle extremen Ergebnisse, die am wenigsten mit H_0 vereinbar sind, wobei deren summierte Wahrscheinlichkeiten kleiner als ein festgesetztes α sein sollen. Die Entscheidung über H_0 wird in üblicher Weise getroffen: Wenn unser beobachtetes Ergebnis in den so definierten kritischen Bereich fällt, wird H_0 verworfen; andernfalls wird H_0 beibehalten.

Es dürfte klar sein, daß die *exakte* Überprüfung von H_0 mit dieser Methode mit kaum mehr zu bewältigendem Rechenaufwand verbunden ist. Dies gilt selbst dann, wenn wir auf die Berechnung der *vollständigen* Stichprobenverteilung verzichten und uns nur auf die extremen Fälle beschränken. Deshalb wird auch hier in der Regel auf die Approximation der hypergeometrischen Verteilung durch die χ^2-Verteilung zurückgegriffen. Da wir die in Kap. 18.3.2 eingeführte Terminologie beibehalten wollen, übertragen wir hierzu als erstes die Tab. 19.1 in die Schreibweise der Tab. 19.2.

---

2) Beachte, daß auch Formel <18.6> in dieser allgemeinen Form geschrieben werden könnte, nämlich als:

$$\frac{\begin{bmatrix} n_1 \\ t_1 \end{bmatrix} \cdot \begin{bmatrix} n_2 \\ t_2 \end{bmatrix}}{\begin{bmatrix} N \\ N_1 \end{bmatrix}}$$

Bei der Durchführung des Fisher-Tests hatten wir uns nur auf die Variable T_1 konzentriert und eine umgewandelte Formel benutzt.

TABELLE 19.2 Veränderte Darstellung der Tab. 19.1

	A	A′	gesamt
Stichprobe 1	X_{11}	X_{12}	n_1
Stichprobe 2	X_{21}	X_{22}	n_2
...	...	...	..
Stichprobe I	X_{I1}	X_{I2}	n_I
gesamt	$X_{\cdot 1}$	$X_{.2}$	n

In der Schreibweise von Tab. 19.2 kann die Nullhypothese durch folgende uns bereits bekannte Teststatistik überprüft werden:

$$\text{<19.2>} \quad CHI = \sum_{i}^{I} \sum_{j}^{2} \frac{[X_{ij} - E(X_{ij})^*]^2}{E(X_{ij})^*}$$

Die Erwartungswerte in <19.2> lassen sich auf zweierlei Weise schätzen:

- nach der allgemeinen Regel: (Zeilensumme • Spaltensumme)/Anzahl aller Beobachtungen bzw. formal nach <18.20>: $E(X_{ij})^* = n_i \cdot X_{.j}/n$
- nach dem Muster: $E(X_{i1})^* = n_i \cdot p_0$ und $E(X_{i2})^* = n_i(1 - p_0)$ mit

  $$\text{<19.3>} \quad p_0 = (X_{11} + \ldots + X_{I1})/(n_1 + \ldots + n_I) = X_{.1}/n$$

Für den Vergleich von I binomialen Parametern läßt sich <19.2> auch in einer Form schreiben, die ohne die Berechnung von Erwartungswerten auskommt. Wenn wir die relative Auftretenshäufigkeit von A in der Stichprobe i durch p_i symbolisieren (mit $p_i = X_{i1}/n_i$), gilt (Fleiss 1973, S.93):[3]

$$\text{<19.4>} \quad CHI = \frac{\sum_{i}^{I} n_i(p_i - p_0)^2}{p_0(1 - p_0)}$$

Die weitere Umformumg des Zählers führt dann zu (Maxwell 1961, S.53).

$$\text{<19.5>} \quad CHI = \frac{\sum_{i}^{I} X_{i1}^2/n_i - X_{i1}^2/n}{p_0(1 - p_0)}$$

CHI ist annähernd nach χ^2 verteilt mit FG = (I - 1)(J - 1) Freiheitsgraden - was hier gleichbedeutend ist mit FG = (I - 1). Über H_0 wird wie in Kap.

---

3) Es läßt sich leicht zeigen, daß <19.4> nur eine Verallgemeinerung von <18.16> von I = 2 auf I > 2 Stichproben darstellt.

18.3.2 entschieden: Verwerfe H_0 mit einer Irrtumswahrscheinlichkeit α, wenn CHI > χ^2_k.

Beispiel 19.1

In einer Studie von Hall, Tunstall, Ginsberg, Benowitz & Jones (1987) wurde die Wirkung von vier Strategien bei der Therapie von Rauchern untersucht. Ein Jahr nach Abschluß der Therapie wurde die Anzahl der vollkommen abstinenten Personen in den vier Gruppen festgestellt. Tab. 19.2 zeigt das Ergebnis.

TABELLE 19.3 Anzahl abstinenter und nicht-abstinenter Personen nach Abschluß einer Raucher-Therapie (Hall et al. 1987, S.604)

Form der Therapie	abstinent	nicht abstinent	gesamt
Nikotinkaugummi + Zusatzinformation	18	18	36
Nikotinkaugummi + Verhaltenstraining	12	23	35
Placebokaugummi + Zusatzinformation	7	27	34
Placebokaugummi + Verhaltenstraining	7	27	34
gesamt	44	95	139

Als Nullhypothese können wir hier formulieren: Der Anteil der Abstinenten ist in der Population unter den vier Therapiebedingungen gleich (H_0: $\pi_1 = \pi_2 = \pi_3 = \pi_4 = \pi_0$). Dagegen behauptet H_1 signifikante Unterschiede zwischen den vier Therapiegruppen. Nach <19.3> ist p_0 = 44/139 = 0,3165 eine Schätzung für den in H_0 postulierten gemeinsamen Populationsparameter π_0. Wir berechnen zunächst CHI nach Formel <19.2>; die dazu erforderlichen Erwartungswerte zeigt Tab. 19.4.

TABELLE 19.4 Geschätzte Erwartungswerte zu Tab. 19.3

Form der Therapie	abstinent	nicht abstinent	gesamt
Nikotinkaugummi + Zusatzinformation	11,39	24,61	36
Nikotinkaugummi + Verhaltenstraining	11,08	23,92	35
Placebokaugummi + Zusatzinformation	10,76	23,24	34
Placebokaugummi + Verhaltenstraining	10,76	23,24	34
gesamt	43,99	95,01	139

Ein Blick auf die Tabellen der beobachteten und erwarteten Häufigkeiten zeigt, daß (bis auf Rundungsfehler) die Zeilen- und Spaltensummen identisch sind. Da dies immer der Fall sein muß, ergibt sich hieraus eine nützliche Möglichkeit zu kontrollieren, ob die Erwartungswerte korrekt berechnet wurden. Für unsere Daten erhalten wir jetzt:

$$\text{CHI} = \frac{(18 - 11{,}39)^2}{11{,}39} + \frac{(18 - 24{,}61)^2}{24{,}61} + \ldots + \frac{(27 - 23{,}24)^2}{23{,}24} = 9{,}568$$

Für $\alpha = 0{,}05$ und FG = 4 - 1 = 3 lesen wir aus Tab. I 7,815 als kritischen Wert der χ^2-Verteilung ab. Da (CHI = 9,568) > χ^2_k, wird H_0 verworfen.

Wir können also feststellen, daß sich die Anteile der Abstinenten in den vier Therapiegruppen signifikant voneinander unterscheiden.

Zur Demonstration wollen wir CHI auch noch mit den beiden anderen angegebenen Formeln berechnen. Nach <19.4> ergibt sich (mit $p_1 = 18/36 = 0{,}5$; $p_2 = 12/35 = 0{,}3429$ und $p_3 = p_4 = 7/34 = 0{,}2059$):

$$\text{CHI} = \frac{36(0{,}5 - 0{,}3165)^2 + 35(0{,}3429 - 0{,}3165)^2 + 2 \cdot 34(0{,}2059 - 0{,}3165)^2}{0{,}3165 \cdot 0{,}6835}$$

$$= 2{,}0684/0{,}2163 = 9{,}561$$

Nach <19.5>:

$$\text{CHI} = \frac{18^2/36 + 12^2/35 + 7^2/34 + 7^2/34 - 44^2/139}{0{,}3165 \cdot 0{,}6835} = 2{,}0686/0{,}2163 = 9{,}563$$

Von Rundungsfehlern abgesehen, liefern also <19.2>, <19.4> und <19.5> erwartungsgemäß identische Ergebnisse.

19.2 Mediantest für I unabhängige Stichproben

Aus dem Vergleich von I Binomialverteilungen läßt sich analog zu Kap. 18.6 ein *erweiterter* Mediantest als Spezialfall ableiten. Die zugrundeliegende Logik ist dabei folgende: Für I Stichproben der Größe $n_1, n_2, \ldots, n_I$ liegen *quantitative* Beobachtungen bezüglich der gleichen Variablen vor. Es sollen folgende Hypothesen gegeneinander getestet werden:

$$H_0\colon \theta_1 = \theta_2 = \ldots = \theta_I = \theta_0$$

$$H_1\colon H_0 \text{ ist falsch}$$

Dies ist gleichbedeutend mit der Aussage, daß der Anteil der Beobachtungen, die über dem (gemeinsamen) Populationsmedian liegen, in allen I Populationen gleich ist und 0,5 beträgt:

$$H_0\colon \pi_1 = \pi_2 = \ldots = \pi_I = 1/2.$$

Wie in Kap. 18.6 erläutert wurde, kann diese Hypothese allerdings nur dann getestet werden, wenn Md_0 (der gemeinsame Median aller Beobachtungen) eine gute Schätzung für θ_0 darstellt. In der Regel wird man daher nur folgende reduzierte Nullhypothese überprüfen können: Der Anteil der Fälle *über* Md_0 ist für alle I Populationen gleich:

$$H_0: \pi_1 = \pi_2 = \ldots = \pi_I = \pi_0,$$

wobei π_0 ein unbekannter Populationsparameter ist (der nicht notwendigerweise 1/2 betragen muß). Da diese Nullhypothese formal völlig identisch ist mit der aus dem letzten Abschnitt, läuft ihre Überprüfung in genau der gleichen Weise ab, d.h. auch hier werden wir wegen der berichteten Schwierigkeiten eines exakten Tests in der Regel auf die CHI-Statistik zurückgreifen.

Beispiel 19.2

Die drei an einer ungenannt bleibenden deutschen Universität beheimateten studentischen Verbindungen "Bavaria", "Randalia" und "Vandalia" wollen durch einen Wettbewerb herausfinden, welche Verbindung trinkfester ist. Aus jeder Gruppierung werden zufällig 12 Mitglieder ausgewählt. Tab. 19.5 zeigt die Trinkleistungen (in Liter Bier) am entscheidenden Abend.

TABELLE 19.5 Trinkleistungen von drei Studentengruppen

Bavaria	Randalia	Vandalia
2	2	2
3	3	3
3	3	4
4	3	5
4	3	5
4	4	6
4	4	mehr als 6
5	4	mehr als 6
6	5	mehr als 6
mehr als 6	5	mehr als 6
mehr als 6	6	mehr als 6
mehr als 6	mehr als 6	mehr als 6

Beachte, daß von 10 Personen keine exakten Meßwerte vorliegen (weil der Wettbewerb zu einem bestimmten Zeitpunkt abgebrochen werden mußte!). Zur Überprüfung von Gruppenunterschieden scheidet daher ein klassischer F-Test (s. Kap. 9) aus. Zur Durchführung des erweiterten Mediantests berechnen wir zunächst den gemeinsamen Median aller 36 Beobachtungen: $Md_0 = 4{,}5$. Eine Dichotomisierung der Meßwerte anhand dieses geschätzten Populationsmedians führt dann zu Tab. 19.6.

Als *Nullhypothese* können wir formulieren: Im Hinblick auf den Anteil der Beobachtungen über dem (geschätzten) Median bzw. im Hinblick auf die mittleren Trinkleistungen (Median) können die drei Stichproben als aus der gleichen Population stammend angesehen werden. Nach dem in Kap. 19.1 beschriebenen Muster lassen sich für Tab. 19.6 die in Tab. 19.7 aufgeführten Erwartungswerte berechnen.

TABELLE 19.6 Dichotomisierte Daten aus Tab. 19.5

	über Median	unter Median	gesamt
Bavaria	5	7	12
Randalia	4	8	12
Vandalia	9	3	12
gesamt	18	18	36

TABELLE 19.7 Erwartungswerte für die Daten aus Tab. 19.6

	über Median	unter Median	gesamt
Bavaria	6	6	12
Randalia	6	6	12
Vandalia	6	6	12
gesamt	18	18	36

Zu beachten ist, daß hier alle Erwartungswerte gleich sind, weil die Stichproben gleichen Umfang besitzen und $p_0 = 1 - p_0 = 1/2$ ist. Nach Formel <19.2> ergibt sich dann folgender Prüfwert:

$$\mathrm{CHI} = \frac{(5-6)^2}{6} + \frac{(7-6)^2}{6} + \ldots + \frac{(3-6)^2}{6} = 4{,}667$$

Für $\alpha = 0{,}05$ und FG = 3 - 1 = 2 beträgt der kritische Wert der χ^2-Verteilung 5,991 (Tab. I). Da (CHI = 4,667) < χ^2_k, wird H_0 verworfen.

Die drei Gruppen stammen also aus der gleichen (trinkfesten) Population!

19.3 Test auf Homogenität von I Verteilungen einer qualitativen Variablen mit J Kategorien

In den vorangegangenen beiden Abschnitten wurde das Problem behandelt, I unabhängige Stichproben bezüglich der Verteilung einer Variablen zu vergleichen, die *zwei* Werte annehmen kann. Eine naheliegende Erweiterung besteht darin, qualitative Variablen zu betrachten, die *mehr als zwei* (einander ausschließende) Werte annehmen können. Beispiele hierfür sind: "Parteipräferenz" mit den Werten {CDU/CSU, SPD, GRÜNE, FDP, Sonstige}, "sozialer Status" {Unter-, Mittel-, Oberschicht}, "Zustimmung zu einem Fragebogenitem" {stimme zu, lehne ab, unentschieden}. Die formale Struktur dieser erweiterten Problemstellung kann (in der Schreibweise der Tab. 18.4) wie in Tab. 19.8 dargestellt werden.

TABELLE 19.8 Verteilung einer qualitativen Variablen mit J Kategorien für I unabhängige Stichproben

	Kategorien der Antwortvariablen				
	A_1	A_2	...	A_J	gesamt
Stichprobe 1	X_{11}	X_{12}	...	X_{1J}	n_1
Stichprobe 2	X_{21}	X_{22}	...	X_{2J}	n_2
...	...	...	...	...	..
Stichprobe I	X_{I1}	X_{I2}	...	X_{IJ}	n_I
gesamt	$X_{.1}$	$X_{.2}$	...	$X_{.J}$	n

Ein Wert X_{ij} steht hier allgemein für die Häufigkeit, mit der in Stichprobe i die Kategorie j in der zugrundeliegenden Variablen zu beobachten ist. Entsprechend unserer bisherigen Terminologie ist dann π_{ij} der *Anteil* der Kategorie j in der Population i. Die Nullhypothese können wir dann in folgender Weise formulieren: Die Anteile der einzelnen Kategorien sind für alle I Populationen gleich.

$$H_0: \pi_{1j} = \pi_{2j} = \dots = \pi_{Ij} \qquad \text{<für alle } j = 1 \dots J\text{>}$$

Die Alternativhypothese ist auch hier die logische Negation von H_0 (H_1: H_0 ist falsch), was gleichbedeutend ist mit der Aussage, daß für mindestens eine Kategorie mindestens ein Unterschied in den Populationsanteilen besteht.

Bei der Überprüfung dieser Hypothesen stehen prinzipiell die gleichen zwei Möglichkeiten offen, wie in Abschnitt 19.1 beschrieben:

- Berechnung der *exakten* Auftretenswahrscheinlichkeiten aller möglichen IxJ-Tabellen bei den vorgegebenen Randsummen[4] mit anschließender Bestimmung eines kritischen Bereichs aus allen extremen IxJ-Tabellen;
- Verwendung der CHI-Statistik.

Der exakte Test wurde von Freeman & Halton (1951) entwickelt; ausgeführte Beispiele (für 2x3-Tabellen) sind u.a. zu finden bei Maxwell (1961, S.46ff) und

[4] Auf die Angabe der entsprechenden Formel wird hier verzichtet. Sie stellt nichts anderes dar als eine Verallgemeinerung von Formel <18.10>, d.h. im Zähler stehen die Randsummen, im Nenner die Zellhäufigkeiten und die Anzahl aller Beobachtungen.

Lienert (1978, S.404ff). Da die Durchführung dieses Tests in den meisten Fällen an dem damit verbundenen Rechenaufwand scheitert, wollen wir uns hier ausschließlich der zweiten Möglichkeit bedienen. Zur Prüfung von H_0 kann dann folgende uns bereits bekannte Statistik herangezogen werden:

$$\text{<19.6>} \quad CHI = \sum_{i}^{I} \sum_{j}^{J} \frac{[X_{ij} - E(X_{ij})^*]^2}{E(X_{ij})^*}$$

CHI ist annähernd nach χ^2 verteilt mit FG = (I - 1)(J - 1) Freiheitsgraden. H_0 wird in gewohnter Weise verworfen, wenn für eine festgelegte Irrtumswahrscheinlichkeit α gilt: CHI > χ^2_k.

Beispiel 19.3

In einer Untersuchung von Arbinger (1980) wurden Schülern der Klassenstufen 7 bis 9 von drei hessischen Gesamtschulen physikalische Alltagsprobleme zur Lösung vorgegeben. Die schriftlichen Antworten der Schüler wurden in folgende Kategorien eingestuft: "fehlende Antwort", "naive Erklärung", "Erklärung mit physikalischem Bezug". Die Tabelle 19.9 enthält für ein ausgewähltes Problem die Verteilung der Antworten auf diese Kategorien für Jungen der 7. Klassenstufe.

TABELLE 19.9 Häufigkeit verschiedener Erklärungen eines Physikproblems für Schüler aus drei Schulen

	Art der Erklärung			
	fehlt	naiv	physik.	gesamt
Schule 1	12	5	3	20
Schule 2	5	20	12	37
Schule 3	17	21	4	42
gesamt	34	46	19	99

Als Nullhypothese können wir hier formulieren: Die auf die drei Antwortkategorien entfallenden Anteile sind für die drei Schulen gleich bzw. sie unterscheiden sich nur zufällig voneinander.

H_0: $\pi_{11} = \pi_{21} = \pi_{31} = \pi_{.1}$ und $\pi_{12} = \pi_{22} = \pi_{32} = \pi_{.2}$ und $\pi_{13} = \pi_{23} = \pi_{33} = \pi_{.3}$

Unter der Annahme, daß diese H_0 zutrifft, können wir für die Populationsparameter folgende Schätzungen vornehmen:

$$p_{.1} = X_{.1}/n = 34/99 = 0{,}3434$$
$$p_{.2} = X_{.2}/n = 46/99 = 0{,}4646$$
$$p_{.3} = X_{.3}/n = 19/99 = 0{,}1919$$

Die Erwartungswerte für unsere Daten erhalten wir, indem wir diese geschätzten Anteile mit den jeweiligen Stichprobengrößen multiplizieren.[5] Tab. 19.10 zeigt das Ergebnis.

TABELLE 19.10 Erwartungswerte zu Tab. 19.9

	Art der Erklärung			
	fehlt	naiv	physik.	gesamt
Schule 1	6,87	9,29	3,84	20
Schule 2	12,71	17,19	7,10	37
Schule 3	14,42	19,52	8,06	42
gesamt	34	46	19	99

Es ergibt sich dann folgender Prüfwert:

$$CHI = \frac{(12 - 6,87)^2}{6,87} + \frac{(5 - 9,29)^2}{9,29} + \ldots + \frac{(4 - 8,06)^2}{8,06} = 17,132$$

Für $\alpha = 0,05$ und $FG = (3 - 1)(3 - 1) = 4$ Freiheitsgrade ist 9,488 der kritische Wert der χ^2-Verteilung. Über unsere Nullhypothese können wir somit folgende Entscheidung treffen: H_0 wird verworfen, da $(CHI = 17,132) > \chi^2_k$.

Wir schließen also, daß die Verteilungen der Antworten auf die drei Kategorien für die drei Schulen *nicht* gleich sind.

Auf zwei Punkte muß abschließend noch kurz eingegangen werden:

- **Größe der Erwartungswerte.** Die Güte der Anpassung der CHI-Statistik an die theoretische χ^2-Verteilung ist u.a. abhängig von der Größe der (geschätzten) Erwartungswerte. Wenn die Erwartungswerte "zu klein" sind, dann stellt die χ^2-Verteilung kein gutes Modell für die Stichprobenverteilung von CHI dar. Was unter "zu klein" zu verstehen ist, läßt sich nicht global und auch nicht eindeutig beantworten. Als Faustregel wird in den meisten Lehrbüchern angegeben: Alle $E(X_{ij})^* \geq 5$. Von Cochran (1954) stammt die weniger konservative Regel (für Tafeln größer als 2x2): Kein $E(X_{ij})^* < 1$ und höchstens 20% der Felder haben $E(X_{ij})^* < 5$. In der Zwischenzeit liegen allerdings Untersuchungen vor, die zeigen, daß in bestimmten Situationen noch liberaler verfahren werden kann. Lewontin & Felsenstein (1965) erbrachten z.B. den Nachweis, daß es für Tabellen der Größenordnung 2xJ (bzw. Ix2) genügt, wenn alle $E(X_{ij})^* > 1$. In den meisten Fällen ist sogar $E(X_{ij})^* > 0,5$ hinreichend.

---

[5] Diese Vorgehensweise entspricht natürlich vollkommen der allgemeinen Regel zur Berechnung von Erwartunswerten, nämlich: (Zeilensumme·Spaltensumme)/n. Der Vorteil des gewählten Verfahrens besteht darin, daß die *inhaltliche* Bedeutung erhalten bleibt.

- **Geordnete Kategorien.** Eine Eigenschaft der CHI-Statistik besteht darin, daß sie insensitiv ist gegenüber Vertauschungen von Reihen und/oder Spalten. Für unser Beispiel bedeutet dies konkret, daß wir die Spalte "naiv" mit der Spalte "physikalisch" vertauschen können, ohne daß sich der Wert von CHI ändert. In zahlreichen Fällen weisen allerdings die Antwortvariable und/oder die "unabhängige" Variable eine "natürliche" Ordnung auf, die man bei der Hypothesenformulierung und -überprüfung einbeziehen möchte. Dies wäre beispielsweise der Fall gewesen, wenn wir statt der drei Schulen die Klassenstufen 7, 8, 9 miteinander verglichen hätten oder auch dann, wenn wir für die Antwortvariable eine Ordnungsrelation (etwa: "Güte der Erklärung") postuliert hätten. Für derartige Situationen ist das hier vorgestellte Testverfahren nicht optimal. Stattdessen sollte auf die in Kap. 24.4 und 27.3.4 beschriebenen Methoden zurückgegriffen werden.

19.4 Nachträgliche multiple Vergleiche von Populationsanteilen

Beim Vergleich von zwei unabhängigen Stichproben (Kap. 18) impliziert die Verwerfung der Nullhypothese, daß sich die beiden Populationen, aus denen die betrachteten Stichproben stammen, im Hinblick auf den interessierenden Parameter (Anteil, Median) unterscheiden. Bei mehr als zwei Stichproben wird H_0 gegen ihre logische Negation getestet. Dies bedeutet, daß wir bei Verwerfung von H_0 zwar wissen, daß ein Unterschied zwischen mindestens zwei Parametern besteht, aber nicht zwischen welchen. Es werden hier also Verfahren notwendig, um die Gründe für die Verwerfung von H_0 nachträglich zu identifizieren. Diese Verfahren stellen nichts anderes dar als Varianten der bereits im Zusammenhang mit der Varianzanalyse (Kap. 11) vorgestellten multiplen Vergleiche von Mittelwerten. Hier wie dort geht es darum zu bestimmen, welche Differenzen zwischen den (aufgrund der Stichprobenergebnisse geschätzten) Parametern signifikant von Null verschieden sind. Die Logik des Verfahrens soll zunächst an der Problemstellung aus Abschnitt 19.1 erläutert und dann auf die verallgemeinerte Problemstellung aus Abschnitt 19.3 übertragen werden.

Wenn wir wie in Bsp. 19.1 vier Parameter π_1, π_2, π_3, π_4 miteinander vergleichen wollen, ist es sinnvoll, bei Ablehnung von H_0 als erstes Differenzen zwischen *Paaren* von Parametern zu betrachten. Solche paarweisen Differenzen können entweder in der Form $\Delta = \pi_1 - \pi_2$ (s. Kap. 18.5) oder - als gewichtete Summe - in der Form $\Delta = (+1)\pi_1 + (-1)\pi_2$ geschrieben werden. Eine solche gewichtete Summe heißt *Kontrast*, wenn die Bedingung erfüllt ist, daß die Summe sämtlicher Gewichte Null ist [hier: $(+1) + (-1) = 0$]. Dabei ist folgendes zu beachten: Ein paarweiser Vergleich bedeutet, daß die Gewichte der jeweils unberücksichtigten Parameter (hier π_3 und π_4) mit 0 angesetzt werden. In vollständiger Form müßte der obige Kontrast daher lauten:

$$\Delta = (+1)\pi_1 + (-1)\pi_2 + (0)\pi_3 + (0)\pi_4$$

Die Anzahl derartiger Kontraste ist natürlich abhängig von der Anzahl der in die Nullhypothese einbezogenen Parameter. Bei vier Parametern lassen sich die Gewichte auf $4(4 - 1)/2 = 6$ verschiedene Arten den Parametern zuordnen, d.h.

es sind 6 Paarvergleiche möglich. Bei I Parametern wird die Zahl der Paarvergleiche allgemein durch I(I - 1)/2 bestimmt. Wenn wir die Gewichte mit c_i bezeichnen, läßt sich ein Kontrast für I Parameter in folgender allgemeiner Form schreiben:

<19.7> $$\Delta = c_1 \cdot \pi_1 + c_2 \cdot \pi_2 + \ldots + c_I \cdot \pi_I = \sum_i^I c_i \cdot \pi_i$$

Mit der Bedingung:

<19.8> $$\sum_i^I c_i = 0$$

Die allgemeine Form eines Kontrastes weist sofort darauf hin, daß wir uns nicht nur auf *paarweise* Kontraste beschränken müssen. Wenn es von der Fragestellung her sinnvoll erscheint, können wir auch durch Vergabe entsprechender Gewichte *komplexere* Kontraste aufstellen. So ist es in Bsp. 19.1 naheliegend zu fragen, ob sich die beiden Gruppen, die mit dem Nikotinkaugummi behandelt wurden, signifikant von den beiden Gruppen unterscheiden, die nur den Placebokaugummi verabreicht erhielten. Wir betrachten damit also Kombinationen von Parametern. Der entsprechende Kontrast würde dann lauten:

$$\Delta = (+1/2)\pi_1 + (+1/2)\pi_2 + (-1/2)\pi_3 + (-1/2)\pi_4 = (\pi_1 + \pi_2)/2 - (\pi_3 + \pi_4)/2$$

In ähnlicher Weise könnten wir auch - wenn sich dies inhaltlich begründen ließe - die erste Gruppe mit den restlichen drei vergleichen und folgenden Kontrast formulieren:

$$\Delta = (+1)\pi_1 + (-1/3)\pi_2 + (-1/3)\pi_3 + (-1/3)\pi_4 = \pi_1 - (\pi_2 + \pi_3 + \pi_4)/3$$

In beiden Fällen wäre unsere Bedingung $\Sigma c_i = 0$ erfüllt.[6] Zur Berechnung eines Kontrastes können wir Formel <19.7> nicht benutzen, da wir die Populationsparameter nicht kennen. Wenn wir die entsprechenden Stichprobenanteile als beste Schätzungen heranziehen, erhalten wir:

<19.9> $$\Delta^* = D = c_1 \cdot \pi_1 + c_2 \cdot \pi_2 + \ldots + c_I \cdot \pi_I = \sum_i^I c_i \cdot \pi_i$$

Die *Varianz* eines Kontrastes nach <19.7> ist allgemein durch folgende Formel gegeben:

<19.10> $$Var(\Delta) = Var(\Sigma\, c_i \cdot \pi_i) = \Sigma\, c_i^2 \cdot Var(p_i) = \Sigma\, c_i^2 \cdot \pi_i(1 - \pi_i)/n_i$$

Da auch hier wieder die unbekannten Parameter geschätzt werden müssen, ergibt sich folgende geschätzte Varianz:

<19.11> $$Var(\Delta)^* = V_d = \Sigma\, c_i^2 \cdot p_i(1 - p_i)/n_i$$

---

6) Zu beachten ist, daß auch jede andere Vergabe von Gewichten, die diese Bedingung erfüllt (z.B. $c_1 = 3$, $c_2 = (-1)$, $c_3 = (-1)$, $c_4 = (-1)$), zulässig ist und nichts am Ergebnis ändert.

Es ist leicht zu sehen, daß sich diese Formel erheblich vereinfacht, wenn man ausschließlich paarweise Kontraste mit den Gewichten (+1) und (-1), d.h. Differenzen betrachtet. Der Kontrast $\Delta_1 = \pi_1 - \pi_2$ hat dann z.B. folgende geschätzte Varianz:

$$Var(D_1)^* = V_{d1} = p_1(1 - p_1)/n_1 + p_2(1 - p_2)/n_2$$

Inhaltlich ist diese Varianz natürlich nichts anderes als die (geschätzte) Varianz der Stichprobenverteilung der angegebenen Differenz. Entsprechend ist dann $\sqrt{V_{d1}} = S_{d1}$ der (geschätzte) *Standardfehler* dieser Differenz.

Analog zu dem Verfahren von Scheffé (s. Kap. 11.11) können jetzt für sämtliche (paarweisen und komplexen) Kontraste, die für I Parameter möglich sind, simultan Konfidenzintervalle festgelegt werden (Goodman 1964). Im Unterschied zum Scheffé-Test, der sich auf die F-Verteilung bezieht, wird hier allerdings auf die χ^2-Verteilung (mit FG = I - 1) zurückgegriffen:

<19.12> $$D - \sqrt{\chi_k^2} \cdot S_d \leq \Delta \leq D + \sqrt{\chi_k^2} \cdot S_d$$

Die Definition eines Satzes simultaner Konfidenzintervalle bedeutet, daß *jedes* derartige Intervall den Populationswert des Kontrastes mit einer Wahrscheinlichkeit von mindestens $(1 - \alpha)$ enthält. Dies bedeutet gleichzeitig, daß bei Gültigkeit von H_0 die (Irrtums-)Wahrscheinlichkeit, einen signifikanten (von Null verschiedenen) Kontrast zu erhalten, also der Fehler I. Art, nie größer als α ist (vgl. Kap. 11.1). Hat man mit Hilfe des CHI-Tests H_0: $\pi_1 = \pi_2 = \ldots = \pi_I$ verworfen, dann heißt dies in jedem Fall, daß mindestens ein Kontrast signifikant ist bzw. daß mindestens ein mögliches Konfidenzintervall nicht die Null in seinen Grenzen hat. Dies heißt aber *nicht*, daß es sich hierbei um einen *paarweisen* Kontrast handeln muß. Weiterhin ist nicht sichergestellt, daß der gefundene signifikante Kontrast irgendeine sinnvolle inhaltliche Interpretation zuläßt.

Die konkrete Durchführung des Verfahrens soll an den Daten des Beispiels 19.1 demonstriert werden:

Als Schätzungen der Parameter (Anteil der Abstinenten in den vier Therapiegruppen) erhalten wir: $p_1 = 18/36 = 0{,}5$; $p_2 = 12/35 = 0{,}3429$ und $p_3 = p_4 = 7/34 = 0{,}2059$.

Wenn wir uns zunächst auf einfache Paarvergleiche konzentrieren, dann haben alle 6 möglichen Kontraste die Form $\Delta_j = \pi_i - \pi_{i'}$ (mit i, i' = 1...4; i ≠ i'; j = 1...6) bzw. als Schätzung $D_j = p_i - p_{i'}$. Die geschätzten Varianzen dieser Kontraste betragen: $V_{dj} = p_i(1 - p_i)/n_i + p_{i'}(1 - p_{i'})/n_{i'}$.

Für vier Gruppen, also FG = 3, und a = 0,05 lesen wir aus Tab. I 7,815 als kritischen Wert der χ^2-Verteilung ab. Entsprechend ist $\sqrt{7{,}815} = 2{,}7955$. Die Grenzen der 95%-Vertrauensintervalle der J = 6 paarweisen Kontraste lassen sich dann folgendermaßen berechnen: $\Delta_j = D_j \pm 2{,}7955 \cdot S_{dj}$. Die Ergebnisse sämtlicher Berechnungen sind in Tab. 19.11 zusammengefaßt.

TABELLE 19.11 Vertrauensintervalle der paarweisen Kontraste für Bsp. 19.1

Kontrast Δ_j	Schätzung D_j	Standardfehler S_{dj}	Intervallgrenzen untere	obere
$\pi_1 - \pi_2$	0,1571	0,1157	-0,1663	0,4805
$\pi_1 - \pi_3$	0,2941	0,1084	-0,0089	0,5971
$\pi_1 - \pi_4$	0,2941	0,1084	-0,0089	0,5971
$\pi_2 - \pi_3$	0,1370	0,1061	-0,1596	0,4336
$\pi_2 - \pi_4$	0,1370	0,1061	-0,1596	0,4336
$\pi_3 - \pi_4$	0,0000	0,0981	-0,2742	0,2742

Die Tabelle zeigt, daß sämtliche Konfidenzintervalle die Null enthalten, die entsprechenden Kontraste also nicht signifikant sind. Wir können daraus schließen, daß die Verwerfung der H_0 nicht auf einfache Paardifferenzen zurückzuführen ist, sondern komplexere Ursachen haben muß. In unserem Beispiel ist es naheliegend, Kombinationen von jeweils zwei Gruppen miteinander zu vergleichen. Es können drei verschiedene Kontraste dieser Art berechnet werden:

$$\Delta_1 = (+1/2)\pi_1 + (+1/2)\pi_2 + (-1/2)\pi_3 + (-1/2)\pi_4$$
$$\Delta_2 = (+1/2)\pi_1 + (-1/2)\pi_2 + (+1/2)\pi_3 + (-1/2)\pi_4$$
$$\Delta_3 = (+1/2)\pi_1 + (-1/2)\pi_2 + (-1/2)\pi_3 + (+1/2)\pi_4$$

Für alle drei Kontraste ergibt sich die gleiche geschätzte Varianz:

$$V_d = p_1(1 - p_1)/4n_1 + p_2(1 - p_2)/4n_2 + p_3(1 - p_3)/4n_3 + p_4(1 - p_4)/4n_4 = 0{,}0058$$

Die 95%-Vertrauensintervalle lauten dann:

$$\Delta_1 = 0{,}2156 \pm 2{,}7955 \cdot \sqrt{0{,}0058} = 0{,}2156 \pm 0{,}2120$$
$$\Delta_2 = 0{,}0786 \pm 2{,}7955 \cdot \sqrt{0{,}0058} = 0{,}0786 \pm 0{,}2120$$
$$\Delta_3 = 0{,}0786 \pm 2{,}7955 \cdot \sqrt{0{,}0058} = 0{,}0786 \pm 0{,}2120$$

Das Vertrauensintervall für Δ_1 enthält nicht die Null; D_1 ist also auf dem 5%-Niveau statistisch signifikant. Inhaltlich bedeutet dies, daß sich die Behandlungsform *Nikotinkaugummi* - unabhängig von den sonstigen Maßnahmen - von der Behandlungsform *Placebokaugummi* unterscheidet.[7] Der (geschätzte) Anteil der Abstinenten liegt mit *Nikotinkaugummi* um 0,2156 höher.

Das (für Ix2-Tabellen) beschriebene Verfahren zur Durchführung nachträglicher multipler Vergleiche kann in analoger Weise auch bei IxJ-Tabellen angewandt werden. Der einzige Unterschied entsteht dadurch, daß sich die Freiheitsgrade des in die Berechnung der Intervallgrenzen eingehenden kritischen χ^2-Wertes ändern. Es gilt dann: $FG = (I - 1)(J - 1)$.

---

7) Varianzanalytisch gesprochen handelt es sich hier um einen signifikanten Haupteffekt in einem der beiden Faktoren.

Die konkrete Vorgehensweise soll an den Daten des Beispiels 19.3 erläutert werden. Der Einfachheit halber konzentrieren wir uns ausschließlich auf die Antwortkategorie "physikalisch" sowie auf paarweise Kontraste. Eine Schätzung der Parameter (Populationsanteile der einzelnen Kategorien) ergibt sich aus den Stichprobenanteilen: $p_{ij} = X_{ij}/n_i$. Für Kategorie 3 der Tabelle 19.9 erhalten wir dann:

$$p_{13} = 3/20 = 0{,}15$$
$$p_{23} = 12/37 = 0{,}3243$$
$$p_{33} = 4/42 = 0{,}0952$$

Wenn wir die Irrtumswahrscheinlichkeit für den gesamten Satz möglicher Kontraste bei $\alpha = 0{,}05$ festsetzen, müssen wir für I = 3 Gruppen und J = 3 Kategorien, d.h. FG = 4, nach Tab. I 9,488 als kritischen Wert der χ^2-Verteilung, - entsprechend also $\sqrt{9{,}488} = 3{,}08$ - zur Berechnung heranziehen. Tab. 19.12 zeigt das Ergebnis.

TABELLE 19.12 Vertrauensintervalle der paarweisen Kontraste für die Kategorie 3 des Beispiels 19.3

Kontrast Δ	Schätzung D	Standardfehler	Intervallgrenzen untere	obere
$\pi_{13} - \pi_{23}$	-0,1743	0,1109	-0,5159	0,1673
$\pi_{13} - \pi_{33}$	0,0548	0,0918	-0,2279	0,3375
$\pi_{23} - \pi_{33}$	0,2291	0,0893	-0,0459	0,5041

Da alle drei Konfidenzintervalle die Null einschließen, ist keiner der betrachteten Kontraste signifikant. Die Ursachen für die Verwerfung von H_0 sind also entweder durch Paarvergleiche in den beiden anderen Kategorien oder durch komplexere Kontraste zu suchen. Dies soll aber hier nicht mehr unser Thema sein.

19.5 Zerlegung von IxJ-Tabellen in Untertabellen

Hat man mit Hilfe des in Abschnitt 19.3 vorgestellten CHI-Tests für eine qualitative Variable mit J Kategorien die Nullhypothese der Homogenität von I Verteilungen überprüft und verworfen, dann bedeutet dies, daß zwischen den Populationsparametern *Unterschiede* existieren müssen. Die im letzten Abschnitt beschriebene Durchführung nachträglicher multipler Vergleiche stellt eine Möglichkeit zur näheren Identifizierung solcher Unterschiede dar. Eine alternative Methode zur Analyse der Ursachen der Verwerfung von H_0 besteht darin, eine IxJ-Tabelle in *Untertabellen* zu zerlegen und separate CHI-Tests durchzuführen.

Die Begründung für ein derartiges Vorgehen ergibt sich unmittelbar aus einer grundlegenden Eigenschaft von χ^2-verteilten Variablen, nämlich deren *Additivi-*

tät. Konkret bedeutet dies: Wenn CHI_1, CHI_2, ..., CHI_Q alle (annähernd) χ^2-verteilt sind (mit FG_1, FG_2, ..., FG_Q), dann ist auch $CHI = CHI_1 + CHI_2 + ... + CHI_Q$ χ^2-verteilt mit $FG = FG_1 + FG_2 + ... + FG_Q$. Umgekehrt gilt: Wenn eine Variable CHI χ^2-verteilt ist (mit FG), dann kann diese Variable in Q unabhängige Komponenten zerlegt werden, die alle wieder χ^2-verteilt sind (mit FG_1, FG_2, ..., FG_Q), vorausgesetzt, die Bedingung $FG = FG_1 + FG_2 + ... + FG_Q$ ist erfüllt.

Dieser Sachverhalt läßt sich für unsere Problemstellung ausnutzen: Berechnet man für eine IxJ-Tabelle eine CHI-Statistik, die annähernd nach χ^2 verteilt ist mit FG = (I - 1)(J - 1), und zerlegt man anschließend die IxJ-Tabelle in geigneter Weise in Q unabhängige Untertabellen, dann müssen sich die auf die Untertabellen bezogenen CHI_q-Werte zum Gesamt-CHI aufsummieren, sofern die Bedingung $FG_1 + FG_2 ... + FG_Q = (I - 1)(J - 1)$ eingehalten wird. Methoden zur Zerlegung von IxJ-Tabellen wurden entwickelt von Castellan (1965), Irwin (1949), Kastenbaum (1960), Kimball (1954) und Lancaster (1950, 1951). Die grundsätzliche Vorgehensweise soll im folgenden an dem vergleichsweise einfachen Fall der Zerlegung einer Ix2-Tabelle in mehrere 2x2-Tabellen demonstriert werden. Der allgemeine Fall einer Zerlegung von IxJ-Tabellen in Vierfelder-Tabellen sowie die Zerlegung von IxJ-Tabellen in *Mehrfelder*-Untertabellen sind ausführlich dargestellt bei Lienert (1978, Kap. 16). Der Grenzfall einer Zerlegung von IxJ-Tabellen in Einfelder-"Tabellen" ist im deutschen Sprachraum als *Konfigurationsfrequenzanalyse* (KFA) bekannt geworden (Lienert, 1969, 1988; Krauth & Lienert, 1973). Da dieses Verfahren an anderem Ort erschöpfend diskutiert wird (Lienert, 1978, 1988), soll hier auf eine nähere Darstellung verzichtet werden.

Wir betrachten die Daten des Beispiels 19.1: Aus der in Tab. 19.3 aufgeführten 4x2-Tabelle läßt sich eine 2x2-Tabelle herstellen, indem man in einem ersten Schritt die I = 4 Gruppen in zwei Untergruppen einteilt. Auf der Hand liegen hier die beiden Untergruppen *Nikotinkaugummi* und *Placebokaugummi*. Tab. 19.13 zeigt das Ergebnis dieser Aufteilung.

TABELLE 19.13 Anzahl abstinenter und nicht-abstinenter Personen nach Abschluß einer Raucher-Therapie: Vergleich der Behandlungsformen *Nikotinkaugummi* und *Placebokaugummi* (Daten aus Tab. 19.3)

Form der Therapie	abstinent	nicht abstinent	gesamt
Nikotinkaugummi	30	41	71
Placebokaugummi	14	54	68
gesamt	44	95	139

Tab. 19.13 läßt sich weiter aufteilen, indem wir innerhalb der beiden Untergruppen jeweils wieder zwei Untergruppen bilden. Konkret bedeutet dies, daß

wir innerhalb jeder Untergruppe einen Vergleich der Behandlungsformen *Zusatzinformation* und *Verhaltenstraining* vornehmen. Tab. 19.14 und 19.15 zeigen das Ergebnis dieser Aufteilungen.

TABELLE 19.14 Anzahl abstinenter und nicht-abstinenter Personen nach Abschluß einer Raucher-Therapie: Vergleich der Behandlungsformen *Zusatzinformation* und *Verhaltenstraining* für die Untergruppe *Nikotinkaugummi* (Daten aus Tab. 19.3)

Form der Therapie	abstinent	nicht abstinent	gesamt
Zusatzinformation	18	18	36
Verhaltenstraining	12	23	35
gesamt	30	41	71

Für jede der drei 2x2-Untertabellen läßt sich jetzt separat ein CHI-Wert bestimmen. Hierzu greifen wir am günstigsten auf Formel <19.5> zurück. Mit jeweils p_0 = 0,3165 und $(1 - p_0)$ = 0,6835 ergibt sich:

$$CHI_1 = \frac{30^2/71 + 14^2/68 - 44^2/139}{0,3165 \cdot 0,6835} = 1,6304/0,2163 = 7,537$$

$$CHI_2 = \frac{18^2/36 + 12^2/35 - 30^2/71}{0,3165 \cdot 0,6835} = 0,4382/0,2163 = 2,026$$

$$CHI_3 = \frac{7^2/34 + 7^2/34 - 14^2/68}{0,3165 \cdot 0,6835} = 0$$

TABELLE 19.15 Anzahl abstinenter und nicht-abstinenter Personen nach Abschluß einer Raucher-Therapie: Vergleich der Behandlungsformen *Zusatzinformation* und *Verhaltenstraining* für die Untergruppe *Placebokaugummi* (Daten aus Tab. 19.3)

Form der Therapie	abstinent	nicht abstinent	gesamt
Zusatzinformation	7	27	34
Verhaltenstraining	7	27	34
gesamt	14	54	68

Jeder der drei berechneten CHI-Werte ist annähernd χ^2-verteilt mit jeweils einem Freiheitsgrad. Damit ist die einleitend genannte Bedingung erfüllt: Das auf die Gesamttabelle bezogene CHI = 9,563 (nach Formel <19.5> berechnet) mit FG = 3 ist zerlegt in drei unabhängige Komponenten $CHI_1 + CHI_2 + CHI_3 = 7{,}537 + 2{,}026 + 0 = 9{,}563$ mit $FG_1 + FG_2 + FG_3 = 1 + 1 + 1 = 3 = FG$. Hieraus läßt sich der allgemeine Schluß ziehen, daß jede IxJ-Tabelle in so viele 2x2-Untertabellen zerlegt werden kann, wie sie Freiheitsgrade besitzt. Bei der Signifikanzprüfung der drei CHI-Komponenten ist folgendes zu beachten: Wenn wir jeden Wert anhand von 3,841 - dem kritischen Wert der χ^2-Verteilung mit FG = 1 und $\alpha = 0{,}05$ - prüfen, erhöhen wir die Gesamtirrtumswahrscheinlichkeit bzw. das Alpharisiko pro Familie von Tests auf $\alpha_F = 0{,}15$. Wollen wir dagegen α_F auf 0,05 begrenzen, dann müssen wir α_V, die Irrtumswahrscheinlichkeit pro Test oder Vergleich, nach der in Kap. 11.3 angegebenen Beziehung auf $\alpha_V = \alpha_F/3 = 0{,}05/3 = 0{,}017$ festsetzen.[8] Dies bedeutet, daß die drei CHI-Werte anhand des für $\alpha = 0{,}017$ kritischen Werts der χ^2-Verteilung mit FG = 1 zu prüfen sind. Diesen Wert können wir allerdings nicht unmittelbar aus Tab. I ablesen! Wir finden ihn, indem wir uns die Beziehung $\chi^2 = Z^2$ zunutze machen: Laut Tab. C ist $Z_k = 2{,}39$ der zweiseitige kritische Wert der Standardnormalverteilung für $\alpha = 0{,}017$. Dann ist $\chi^2_k = Z^2_k = (2{,}39)^2 = 5{,}712$.

Wir können jetzt feststellen, daß von den drei berechneten CHI-Komponenten nur CHI_1 diesen kritischen Wert überschreitet. Inhaltlich bedeutet dies, daß sich die Anteile der Abstinenten in den beiden Therapiegruppen *Nikotinkaugummi* und *Placebokaugummi* signifikant voneinander unterscheiden. Dieses Ergebnis kennen wir bereits aus Abschnitt 19.4.

19.6 Anteil erklärter Varianz beim Vergleich von I unabhängigen Stichproben

Bei einer einfachen Varianzanalyse (vgl. Kap. 9) geht es um die Überprüfung der Hypothese, daß die Mittelwerte (für eine quantitative Variable) von I Populationen gleich sind. Bei dem in Abschnitt 19.3 beschriebenen CHI-Test geht es darum zu überprüfen, ob die Verteilungen in einer qualitativen (kategorialen) Variablen für I Populationen gleich (homogen) sind. Da der Varianzanalyse die Annahme gleicher Varianzen zugrunde liegt, handelt es sich in beiden Fällen um eine Überprüfung der Homogenität von Verteilungen. Diese grundlegende Übereinstimmung der beiden Verfahren macht es möglich, ein Maß zu entwickeln, das analog zu den in Kap. 28 beschriebenen Maßen der "praktischen Signifikanz" angibt, welcher Anteil der gesamten Varianz einer kategorialen Variablen auf Unterschiede zwischen den I Gruppen zurückgeht. Ein solches Maß wurde von Light & Margolin (1971) auf dem Hintergrund einer sog. "kategorialen Varianzanalyse" vorgestellt.

---

8) Goodman (1964) schlägt vor, jede einzelne CHI-Komponente anhand des kritischen χ^2-Werts für die *Gesamt*tabelle zu prüfen. Dadurch ist ebenfalls gewährleistet, daß α_F auf ein festgesetztes Niveau begrenzt bleibt.

Ein Hindernis für die Entwicklung eines derartigen Maßes stellt die übliche Vorstellung von "Varianz" dar, die auf Abweichungen von einem *Mittelwert* zurückgeht. Für kategoriale Variablen macht ein "Mittelwert" keinen Sinn. So hat z.B. die in Bsp. 19.3 benutzte Variable "Art der Erklärung" (mit den Werten bzw. Kategorien "fehlt", "naiv", "physikalisch") keinen Mittelwert. Light & Margolin greifen auf eine wenig bekannte Art der Bestimmung der Varianz zurück, die ohne Bezug auf einen Mittelwert auskommt. Wenn wir die Summe der quadrierten Abweichungen (Summe der Abweichungsquadrate) vom Mittelwert mit SAQ bezeichnen, dann ergibt sich die Populationsvarianz einer Variable aus $\sigma^2 = SAQ/N$ bzw. die Stichprobenvarianz (als Schätzer der Populationsvarianz) aus $V = SAQ/(n - 1)$. Es läßt sich jetzt zeigen, daß SAQ auch ausgedrückt werden kann, indem man nur die *Summe der quadrierten Differenzen aller möglichen Meßwertpaare* bestimmt. Formal:

<19.13> $$D = \sum_{k}^{n} \sum_{k'}^{n} d_{kk'}^2$$

<19.14> $$SAQ = D/2n$$

$d_{kk'} = X_k - X_{k'}$ steht dabei für die Differenz zweier Meßwerte X_k und $X_{k'}$; für den Fall $k = k'$ gilt selbstverständlich $d_{kk'} = 0$. Ein einfaches Beispiel soll dies erläutern: Für die fünf X_k-Werte 4, 6, 10, 12, 13 berechnen wir auf "üblichem" Wege M = 9 und SAQ = 60. Nach der Formel von Light & Margolin erhalten wir:[9)]

$$D = (4 - 6)^2 + (4 - 10)^2 + \ldots + (13 - 10)^2 + (13 - 12)^2 = 600$$

$$SAQ = 600/10 = 60$$

Bevor wir die Formel von Light & Margolin bei kategorialen Daten anwenden können, müssen wir den Begriff der "Differenz" zwischen Beobachtungen erweitern. Wir treffen folgende Festlegung: $d_{kk'} = 1$, wenn zwei Beobachtungen verschiedenen und $d_{kk'} = 0$, wenn sie der gleichen Kategorie angehören. Da unter diesen Bedingungen $d_{kk'}^2 = d_{kk'}$ gilt, vereinfacht sich Formel <19.13> zu:

<19.15> $$D = \sum_{k}^{n} \sum_{k'}^{n} d_{kk'}$$

Wir wollen jetzt versuchen, dieses Verfahren auf kategoriale Daten anzuwenden, die in Form der Tab. 19.8 angeordnet sind: In dieser Tabelle gehören $X_{.1}$ Beob-

---

9) Zu beachten ist, daß die Formel vorschreibt, jede Differenz zweimal zu berücksichtigen, was aber durch die anschließende Division durch 2 wieder rückgängig gemacht wird.

Um Mißverständnissen vorzubeugen: Es wird hier nicht der Vorschlag gemacht, dieses umständliche Verfahren bei der Varianzberechnung heranzuziehen. Die diesem Verfahren zugrundeliegende Logik ist lediglich für die weitere Diskussion notwendig.

achtungen der Kategorie A_1 an. Damit ist jede der $X_{.1}$ Beobachtungen von allen restlichen Beobachtungen $(X_{.2} + \ldots + X_{.J})$ verschieden. Dies bedeutet auch, daß *jede* Beobachtung in A_1 bei einem Vergleich mit allen Beobachtungen, die nicht in A_1 sind, für die Summe der Differenzen einen Beitrag von $(X_{.2} + \ldots + X_{.J})$ liefert. *Alle* Beobachtungen in A_1 liefern dann einen Beitrag von $[X_{.1}(X_{.2} + \ldots + X_{.J})]$. Eine Fortführung dieses Gedankengangs für alle Kategorien einer IxJ-Tabelle liefert uns dann folgende Summe der Differenzen:

<19.16>
$$\begin{aligned} D = {} & X_{.1}[X_{.2} + X_{.3} + \ldots + X_{.J}] \\ & + X_{.2}[X_{.1} + X_{.3} + \ldots + X_{.J}] \\ & + \ldots \\ & + X_{.J}[X_{.1} + X_{.2} + \ldots + X_{.(J-1)}] \\ = {} & \sum_{j}^{J} \sum_{j'}^{J} X_{.j} \cdot X_{.j'} \qquad \langle j \neq j' \rangle \end{aligned}$$

Ohne die Einschränkung $j \neq j'$ wäre dieses Ergebnis identisch mit n^2, d.h. dem Quadrat der Anzahl aller Beobachtungen. Mit dieser Einschränkung fehlt für jede Kategorie der Summand $(X_{.j} \cdot X_{.j})$, d.h. n^2 muß entsprechend vermindert werden. Für die Gesamtsumme der zwischen den Beobachtungen einer IxJ-Tabelle existierenden Differenzen erhalten wir dann folgenden Wert:

<19.17>
$$D = n^2 - \sum_{j}^{J} X_{.j} \cdot X_{.j} = n^2 - \sum_{j}^{J} X_{.j}^2$$

Als Summe der Abweichungsquadrate für eine gesamte IxJ-Tabelle ergibt sich dann:

<19.18>
$$SAQ(G) = D/2n = \frac{1}{2n} \left[n^2 - \sum_{j}^{J} X_{.j}^2 \right] = n/2 - (1/2n) \cdot \sum_{j}^{J} X_{.j}^2$$

Um die Analogie zur klassischen Varianzanalyse fortzuführen, benötigen wir als nächstes einen Ausdruck für die Summe der Abweichungsquadrate *innerhalb* der Gruppen. Die gleiche Überlegung wie oben liefert uns für Gruppe (Stichprobe) 1:

$$SAQ_1 = n_1/2 - (1/2n_1) \cdot \sum_{j}^{J} X_{1j}^2$$

Entsprechendes gilt für die Gruppen 2 bis I. Über alle Gruppen gilt dann:

<19.19>
$$\begin{aligned} SAQ(I) &= SAQ_1 + SAQ_2 + \ldots + SAQ_I \\ &= \sum_{i}^{I} n_i/2 - \sum_{i}^{I} 1/2n_i \cdot \sum_{j}^{J} X_{ij}^2 \\ &= n/2 - 1/2 \cdot \sum_{i}^{I} 1/n_i \cdot \sum_{j}^{J} X_{ij}^2 \end{aligned}$$

Die Summe der Abweichungsquadrate *zwischen* den Gruppen erhalten wir durch die bekannte Beziehung: SAQ(Z) = SAQ(G) - SAQ(I). Als *Schätzung* für den "Anteil erklärter Varianz" läßt sich jetzt in Übereinstimmung mit der varianzanalytischen Terminologie folgendes Maß definieren:

<19.20> $_{LM}Eta^2$ = SAQ(Z)/SAQ(G) [10]

Dieses Maß gibt an, welcher Anteil der Gesamtvarianz der Antwortvariable durch die Kenntnis der Gruppenzugehörigkeit erklärt bzw. "vorhergesagt" wird. Bezogen auf die Population gilt: $\eta^2 = 0$, wenn zwischen den Gruppen keinerlei Unterschiede hinsichtlich der Verteilung auf die Kategorien existieren, wenn also die Homogenitätshypothese zutrifft. $\eta^2 = 1$, wenn sich die Verteilungen maximal unterscheiden; dies ist der Fall, wenn für jede der Kategorien ausschließlich eine der Gruppen "zuständig" ist. Ansonsten gilt: $0 < \eta^2 < 1$. Light & Margolin konnten weiterhin zeigen, daß sich $_{LM}Eta^2$ mit Hilfe folgender Statistik auf Signifikanz prüfen läßt:

<19.21> $LM = (n - 1)(J - 1) \cdot {}_{LM}Eta^2$

Dieser Prüfwert ist annähernd nach χ^2 verteilt mit FG = (I - 1)(J - 1) Freiheitsgraden. Die Überprüfung von $_{LM}Eta^2$ auf "Signifikanz" ist natürlich gleichbedeutend mit einer Überprüfung unserer H_0 (Homogenität der Verteilungen). Das Verfahren von Light & Margolin soll an den Daten des Beispiels 19.3 konkretisiert werden:

$$SAQ(G) = (99/2) - [(1/2 \cdot 99)(34^2 + 46^2 + 19^2) = 31{,}15$$

$$SAQ(I) = 99/2 - 1/2 \left[\frac{12^2 + 5^2 + 3^2}{20} + \frac{5^2 + 20^2 + 12^2}{37} + \frac{17^2 + 21^2 + 4^2}{42} \right]$$

$$= 28{,}48$$

$$SAQ(Z) = SAQ(G) - SAQ(I) = 31{,}15 - 28{,}48 = 2{,}67$$

$$_{LM}Eta^2 = SAQ(Z)/SAQ(G) = 2{,}67/31{,}15 = 0{,}0857$$

Wir können damit feststellen (schätzen), daß rund 9% der Varianz in der Variablen "Art der Erklärung" auf die Zugehörigkeit zu einer der drei Schulen zurückgeht. Eine Überprüfung der H_0: $\eta^2 = 0$ bzw. H_0: Homogenität der Verteilungen ergibt:

$$LM = (n - 1)(J - 1) \cdot {}_{LM}Eta^2 = (99 - 1)(3 - 1) \cdot 0{,}0857 = 16{,}797$$

Der kritische Wert der χ^2-Verteilung mit FG = (3 - 1)(3 - 1) = 4 für $\alpha = 0{,}05$ ist 9,488. Da (LM = 16,797) > χ^2_k, wird H_0 verworfen.

Das Verfahren von Light & Margolin führt also zur gleichen Entscheidung wie der in Abschnitt 19.3 vorgestellte CHI-Test. Um Mißverständnissen vorzubeugen,

---

10) Light & Margolin (1971) bezeichnen ihr Maß mit R^2. Aus Gründen einer einheitlichen Terminologie benutzen wir hier Eta^2. Die Kennzeichnung "LM" soll die Herkunft bzw. den Verwendungszusammenhang andeuten.

ist zum Schluß noch eine Anmerkung notwendig: Die beschriebenen Statistiken CHI und LM werden beide unter Rückgriff auf die theoretische χ^2-Verteilung überprüft, d.h. sie sind beide asymptotisch χ^2 verteilt. Dies bedeutet aber nicht - wie auch unser Beispiel zeigt -, daß beide Statistiken identisch sind. Light & Margolin konnten allerdings zeigen, daß beide Verfahren in den meisten Fällen zu übereinstimmenden Entscheidungen gelangen.

Kapitel 20

Statistische Tests für qualitative Variablen aus abhängigen Stichproben

20.1 McNemar-Test auf Gleichheit zweier binomialer Anteile

Die in Kapitel 18 und 19 beschriebenen Tests auf Gleichheit von Populationsanteilen gehen von der Annahme aus, daß die Beobachtungen aus *unabhängigen* Stichproben stammen. Häufig haben wir es jedoch mit Problemstellungen zu tun, in denen diese Voraussetzung offensichtlich nicht erfüllt ist. Typische Beispiele für Situationen mit voneinander *abhängigen* Beobachtungen sind etwa:

- An einer Stichprobe von Personen wird zu zwei Zeitpunkten (meist mit einem dazwischengeschalteten Treatment) der Anteil der Personen ermittelt, die bezüglich der interessierenden Variablen die "Antwort" A zeigen. Die Frage ist, ob sich dieser Anteil von Zeitpunkt 1 zu Zeitpunkt 2 geändert hat oder nicht. p_1 und p_2 entsprechen dann dem Anteil von A zu beiden Zeitpunkten bezogen auf die *gleichen* Personen.

- Eine Stichprobe von Personen bearbeitet zwei Items eines Tests (mit den Antwortalternativen *ja/nein* oder *richtig/falsch*). Es interessiert, ob sich die beiden Items hinsichtlich des Anteils von A (zustimmende oder richtige Antwort) unterscheiden. p_1 und p_2 entsprechen also dem Anteil von A bei beiden Items für die *gleichen* Personen.

- An zwei vergleichbar gemachten ("matched") Stichproben von Personen wird der Anteil von A unter zwei verschiedenen Bedingungen ermittelt. Es interessiert, ob sich die beiden Bedingungen hinsichtlich des Anteils von A unterscheiden. p_1 und p_2 entsprechen hier dem Anteil von A unter beiden Bedingungen für die *vergleichbaren* Personen.

Übereinstimmendes Merkmal dieser Beispiele ist die Frage nach der Gleichheit (*Homogenität*) zweier binomialer Populationsanteile. Zur Beantwortung dieser Frage hat McNemar (1947) einen Test vorgelegt, der für kleine Stichproben exakt unter Rückgriff auf die Binomialverteilung und für große Stichproben approximativ unter Rückgriff auf die Standardnormalverteilung oder χ^2-Verteilung durchgeführt wird.

Die grundlegende Logik dieses Verfahrens kann am besten an einem Beispiel erläutert werden:

Beispiel 20.1

In der Fernsehsendung "Pro und Contra" werden regelmäßig aktuelle Themen diskutiert. Vor und nach der Diskussion müssen die Studiozuschauer per Knopfdruck ihre Zustimmung oder Ablehnung zu einer bestimmten Frage angeben. In einer Sendung zum Thema "Meldepflicht für Aids?" ergab sich das in Tab. 20.1 angeführte (fiktive) Abstimmungsverhalten der 25 Studiogäste.

TABELLE 20.1 Einstellung zu "Meldepflicht für Aids" vor und nach einer Fernsehdiskussion

		nachher ja	nein	gesamt
vorher	ja	8	2	10
	nein	9	6	15
	gesamt	17	8	25

Formal läßt sich ein derartiges Ergebnis in der Schreibweise der Tabelle 20.2 darstellen.

TABELLE 20.2 Formale Darstellung der Tabelle 20.1

		nachher ja	nein	gesamt
vorher	ja	X_{11}	X_{12}	$X_{1.}$
	nein	X_{21}	X_{22}	$X_{2.}$
	gesamt	$X_{.1}$	$X_{.2}$	n

Auf die Populationsparameter bezogen ergibt sich schließlich die in Tab. 20.3 gezeigte allgemeine Struktur unseres Problems.

TABELLE 20.3 Populationsmodell für Tabelle 20.1

		nachher ja	nein	gesamt
vorher	ja	π_{11}	π_{12}	$\pi_{1.}$
	nein	π_{21}	π_{22}	$\pi_{2.}$
gesamt		$\pi_{.1}$	$\pi_{.2}$	1

Wir sind jetzt in der Lage, die Problemstellung unseres Beispiels zu präzisieren. Da wir wissen wollen, ob durch die Fernsehdiskussion eine signifikante Einstellungsänderung der Zuschauer bewirkt wurde oder nicht, müssen wir folgende Nullhypothese überprüfen: In der Population der Zuschauer ist der Anteil der Personen, die *vor* der Diskussion einer Meldepflicht zustimmen, gleich dem Anteil der Personen, die *nach* der Diskussion zustimmen (H_0: $\pi_{1.} = \pi_{.1}$). Aufgrund der Beziehung $\pi_{1.} + \pi_{2.} = \pi_{.1} + \pi_{.2} = 1$ impliziert diese Hypothese natürlich auch, daß zu beiden Zeitpunkten der Anteil der *ablehnenden* Personen gleich ist (H_0: $\pi_{2.} = \pi_{.2}$). Die Nullhypothese besagt damit also, daß die Verteilungen der Randwahrscheinlichkeiten zu beiden Zeitpunkten gleich (homogen) sind.

Für den hier zur Diskussion stehenden speziellen Fall einer 2x2-Tabelle impliziert diese *Homogenitätshypothese* noch eine weitere Hypothese. Aus den Beziehungen $\pi_{1.} = \pi_{11} + \pi_{12}$ und $\pi_{.1} = \pi_{11} + \pi_{21}$ läßt sich ablesen, daß beim Zutreffen von H_0: $\pi_{1.} = \pi_{.1}$ auch $\pi_{12} = \pi_{21}$ gelten muß. Auf unser Problem bezogen ist dies gleichbedeutend mit der Aussage, daß die Veränderungen von Zeitpunkt 1 zu Zeitpunkt 2 *symmetrisch* sind bzw. daß der Anteil der Personen in der Population, die von Zustimmung zu Ablehnung schwenken, gleich ist dem Anteil der Personen, die von Ablehnung zu Zustimmung schwenken.

Bei einer 2x2-Tabelle werden also *gleichzeitig* folgende Hypothesen getestet:

$$H_0\colon \pi_{1.} = \pi_{.1} \text{ bzw. } H_0\colon \pi_{12} = \pi_{21}$$

gegen eine der Alternativen

$$H_1\colon \pi_{1.} \neq \pi_{.1} \text{ bzw. } H_1\colon \pi_{12} \neq \pi_{21}$$

$$H_1\colon \pi_{1.} > \pi_{.1} \text{ bzw. } H_1\colon \pi_{12} > \pi_{21}$$

$$H_1\colon \pi_{1.} < \pi_{.1} \text{ bzw. } H_1\colon \pi_{12} < \pi_{21}$$

Wie können wir diese Hypothesen überprüfen? Aus Tab. 20.2 ersehen wir, daß insgesamt $X_{12} + X_{21} = m$ Personen ihr Antwortverhalten von Zeitpunkt 1 zu Zeitpunkt 2 geändert haben. Für unser Beispiel: m = 11. Für diese m Personen (bzw. m unabhängige Beobachtungen) läßt sich bei Gültigkeit von H_0 folgende Aussage treffen: Die Wahrscheinlichkeit des Ereignisses A (Veränderung von *ja* zu *nein*) ist gleich der Wahrscheinlichkeit des Ereignisses A' (Veränderung von *nein* zu *ja*), nämlich 1/2. Jede der Häufigkeiten in den beiden "Veränderungszellen" ist also mit anderen Worten binomialverteilt mit B(m, 1/2). Damit ist auch klar, daß die Überprüfung der Nullhypothese nach dem Muster des (exakten oder approximativen) Binomialtests (Kap. 17) durchgeführt werden kann.

Für unsere Beispieldaten erhalten wir: X_{12} ist binomialverteilt mit B(11, 1/2). Bei zweiseitiger Fragestellung und $\alpha = 0{,}05$ umfaßt der Bereich der Verwerfung von H_0 laut Tab. P im Anhang die Werte {0, 1, 10, 11} (mit einer exakten Irrtumswahrscheinlichkeit von $\alpha = 0{,}0118$). Da unser beobachteter Wert $X_{12} = 2$ *nicht* in diesen Bereich fällt, behalten wir die Nullhypothese bei. Zur gleichen Entscheidung gelangen wir natürlich auch, wenn wir zur Überprüfung von H_0 auf X_{21} zurückgreifen.

Wir kommen zu dem Schluß, daß die in der Stichprobe aufgetretenen Veränderungen rein zufälliger Natur, also nicht signifikant, sind. Es spricht nichts dagegen anzunehmen, daß die Fernsehdiskussion bei den Zuschauern mit gleicher

Wahrscheinlichkeit Einstellungsänderungen sowohl in die eine als auch die andere Richtung bewirkt hat und daß die Wahrscheinlichkeit einer zustimmenden (bzw. ablehnenden) Antwort gleich geblieben ist.

Für *große* Stichproben greifen wir auch hier wieder auf *Approximationen* an die Binomialverteilung zurück. Für X_{12} mit B(m, 1/2) gilt unter H_0:

<20.1> $$E(X_{12}) = m/2 = (X_{12} + X_{21})/2$$

<20.2> $$Var(X_{12}) = m/4 = (X_{12} + X_{21})/4$$

Die folgende Teststatistik Z_m (für *McNemar*) ist dann unter H_0 annähernd standardnormalverteilt:

<20.3> $$Z_m = \frac{X_{12} - E(X_{12})}{\surd[Var(X_{12})]} = \frac{X_{12} - (X_{12} + X_{21})/2}{\surd[(X_{12} + X_{21})/2]} = \frac{X_{12} - X_{21}}{\surd(X_{12} + X_{21})}$$

Auch hier kann eine *Kontinuitätskorrektur* vorgenommen werden:[1)]

<20.4> $$Z_{mc} = \frac{X_{12} - X_{21} \pm 1}{\surd(X_{12} + X_{21})}$$

Die Korrektur erfolgt so, daß sich die Differenz zwischen X_{12} und X_{21} *vermindert* (konservatives Vorgehen): -1, wenn $X_{12} > X_{21}$ und +1, wenn $X_{12} < X_{21}$.

Wegen der in Abschnitt 17.1.1.2 erwähnten Beziehung $Z^2 = \chi^2$ (für FG = 1) kann als Prüfstatistik auch folgende Größe benutzt werden:

<20.5> $$CHI_m = \frac{(X_{12} - X_{21})^2}{X_{12} + X_{21}}$$

Oder in korrigierter Form:

<20.6> $$CHI_{mc} = \frac{(X_{12} - X_{21} \pm 1)^2}{X_{12} + X_{21}}$$

Beide Größen sind annähernd nach χ^2 verteilt mit FG = 1.

Die in <20.3> und <20.5> definierten Teststatistiken lassen sich auch noch in anderer Form schreiben, wenn man anstelle der Häufigkeiten X_{ij} auf die Stichprobenanteile p_{ij} zurückgreift. Es interessiert dabei die Differenz $D = p_{1.} - p_{.1}$, die bei Gültigkeit der Nullhypothese ($\pi_{1.} = \pi_{.1}$) nahe bei 0 liegen sollte. McNemar (1947) konnte zeigen, daß die Varianz und der Standardfehler der Stichprobenverteilung dieser Differenz unter H_0 durch folgende Formeln geschätzt werden können:

<20.7> $$V_d = (p_{12} + p_{21})/n$$

---

1) Beachte, daß sich die Differenz zwischen X_{12} und X_{21} in *Zweier*schritten verändert. Die Korrektur beträgt also wie üblich eine halbe Einheit.

<20.8> $S_d = \sqrt{V_d} = \sqrt{[(p_{12} + p_{21})/n]}$

Alternative Definitionen für Z_m und CHI_m sind dann:

<20.9> $Z_m = D/S_d$

<20.10> $$CHI_m = D^2/V_d = \frac{n(p_{12} - p_{21})^2}{p_{12} + p_{21}}$$

Man kann sich leicht davon überzeugen, daß beide Formeln in die entsprechenden Formeln <20.3> und <20.5> übergehen, wenn p_{12} durch X_{12}/n und p_{21} durch X_{21}/n ersetzt werden.

Beispiel 20.2

An 100 Sechsjährigen wurden zwei verschiedene Schulreifetests durchgeführt. Aufgrund des Testergebnisses wurden die Kinder jeweils als "schulreif" bzw. "nicht schulreif" kategorisiert. Tab. 20.4 zeigt das Ergebnis dieser (fiktiven) Untersuchung.

TABELLE 20.4 Ergebnis zweier Schulreifetests

		Test B schulreif	Test B nicht schulreif	gesamt
Test A	schulreif	65	18	83
	nicht schulreif	5	12	17
	gesamt	70	30	100

Es soll der Frage nachgegangen werden, ob die Wahrscheinlichkeit des Ergebnisses *schulreif* (bzw. *nicht schulreif*) für beide Tests gleich oder verschieden ist. Nach <20.3> und <20.5> erhalten wir folgende (unkorrigierten) Testwerte:

$$Z_m = \frac{18 - 5}{\sqrt{(18 + 5)}} = 2,711 \qquad CHI_m = \frac{(18 - 5)^2}{18 + 5} = 7,348$$

Identische Werte ergeben sich natürlich über die Formeln <20.9> und <20.10>:

$p_{12} = X_{12}/n = 18/100 = 0,18$ $\qquad$ $p_{21} = X_{21}/n = 5/100 = 0,05$

$D = 0,18 - 0,05 = 0,13$

$V_d = (0,18 + 0,05)/100 = 0,0023$ $\qquad$ $S_d = \sqrt{0,0023} = 0,0476$

$Z_m = 0,13/0,0476 = 2,711$ $\qquad$ $CHI_m = (0,13)^2/0,0023 = 7,348$

Für $\alpha = 0{,}05$ und zweiseitige Fragestellung lesen wir aus den Tabellen D und I die folgenden kritischen Werte der Standardnormalverteilung bzw. der χ^2-Verteilung (mit FG = 1) ab: $Z_k = 1{,}96$ und $\chi^2_k = 3{,}841$.

Da die beobachteten Prüfwerte in beiden Fällen die kritischen Werte überschreiten, müssen wir die Nullhypothese verwerfen. Wir kommen damit zu dem Schluß, daß die beiden Tests zu unterschiedlichen Entscheidungen über die Schulreife der Kinder führen.

20.2 Konfidenzintervall für die Differenz der Randwahrscheinlichkeiten

Mit Hilfe der in Formel <20.9> definierten Teststatistik läßt sich für die Differenz der Randwahrscheinlichkeiten, $\Delta = \pi_{1.} - \pi_{.1}$, ein approximatives Konfidenzintervall erstellen. Durch Umformulierung von <20.9> ergibt sich:

<20.11> $D - Z_k \cdot S_d \leq \Delta \leq D + Z_k \cdot S_d$

Hierbei ist $D = \Delta^* = p_{1.} - p_{.1}$ eine Schätzung von Δ aufgrund des Stichprobenergebnisses, Z_k der (zweiseitige) kritische Wert der Standardnormalverteilung für ein gewähltes α und S_d der (geschätzte) Standardfehler nach <20.8>.[2)]

Für die Daten des Beispiels 20.2 erhalten wir dann (bei $\alpha = 0{,}05$) folgendes Vertrauensintervall:

$$D - 1{,}96 \cdot S_d \leq \Delta \leq D + 1{,}96 \cdot S_d$$
$$0{,}13 - 1{,}96 \cdot 0{,}0476 \leq \Delta \leq 0{,}13 + 1{,}96 \cdot 0{,}0476$$
$$0{,}13 - 0{,}0933 \leq \Delta \leq 0{,}13 + 0{,}0933$$
$$0{,}0367 \leq \Delta \leq 0{,}2233$$

Wie aufgrund des Signifikanztests im vorangegangenen Abschnitt zu erwarten war, enthält dieses Intervall nicht die Null; d.h. die beiden Schulreifetests kommen mit unterschiedlichen Wahrscheinlichkeiten zu dem Urteil *schulreif*. Die Differenz zwischen diesen Wahrscheinlichkeiten liegt mit 95%iger Sicherheit in dem angegebenen Bereich.

20.3 Bowker-Test auf Symmetrie in einer quadratischen Kontingenztabelle

Wir haben gesehen, daß für den speziellen Fall einer 2x2-Tabelle die Überprüfung der Homogenitätshypothese (H_0: $\pi_{1.} = \pi_{.1}$) mit einer Überprüfung der Symmetriehypothese (H_0: $\pi_{12} = \pi_{21}$) zusammenfällt. Für größere Tabellen müssen wir beide Hypothesen *getrennt* behandeln. Der Grund dafür ist, daß Symmetrie der

---

2) Marascuilo & McSweeney (1977, S.171) geben für S_d eine von <20.8> abweichende Schätzung an, die nicht von der Gültigkeit von H_0 ausgeht:

$$S_d = \sqrt{[(p_{.1} \cdot p_{.2}/n) + (p_{1.} \cdot p_{2.}/n) - (2 \cdot (p_{11} - p_{.1} \cdot p_{1.})/n)]}$$

Der numerische Unterschied zwischen beiden Schätzungen ist aber in der Regel unbedeutend.

"Änderungswahrscheinlichkeiten" zwar Homogenität der Randverteilungen zur Folge hat, umgekehrt aber Homogenität nicht gleichzeitig Symmetrie nach sich zieht. Eine Erweiterung des McNemar-Tests zur Überprüfung der Symmetriehypothese wurde von Bowker (1948) entwickelt.

Der Bowker-Test bezieht sich auf folgende Situation: An einer Stichprobe der Größe n werden zu zwei Zeitpunkten bzw. unter zwei Bedingungen Beobachtungen im Hinblick auf eine qualitative Variable mit I bzw. J (mit I = J) Kategorien vorgenommen. Dadurch ergibt sich die in Tab. 20.5 aufgeführte quadratische *Kontingenztabelle*.

TABELLE 20.5 IxJ-Kontingenztabelle (mit I = J) für den Bowker-Test

		Zeitpunkt/Bedingung 2						
	Kategorien	1	2	...	j	...	J	gesamt
	1	X_{11}	X_{12}	...	X_{1j}	...	X_{1J}	$X_{1.}$
Zeitpunkt/	2	X_{21}	X_{22}	...	X_{2j}	...	X_{2J}	$X_{2.}$
Bedingung	.	.	.	...	.	...	.	.
1	i	X_{i1}	X_{i2}	...	X_{ij}	...	X_{iJ}	$X_{i.}$
	.	.	.	...	.	...	.	.
	I	X_{I1}	X_{I2}	...	X_{Ij}	...	X_{IJ}	$X_{I.}$
gesamt		$X_{.1}$	$X_{.2}$	...	$X_{.j}$	...	$X_{.J}$	n

Das entsprechende *Populationsmodell* ist in Tabelle 20.6 angegeben.

TABELLE 20.6 Populationsmodell des Bowker-Tests

		Zeitpunkt/Bedingung 2						
	Kategorien	1	2	...	j	...	J	gesamt
	1	π_{11}	π_{12}	...	π_{1j}	...	π_{1J}	$\pi_{1.}$
Zeitpunkt/	2	π_{21}	π_{22}	...	π_{2j}	...	π_{2J}	$\pi_{2.}$
Bedingung	.	.	.	...	.	...	.	.
1	i	π_{i1}	π_{i2}	...	π_{ij}	...	π_{iJ}	$\pi_{i.}$
	.	.	.	...	.	...	.	.
	I	π_{I1}	π_{I2}	...	π_{Ij}	...	π_{IJ}	$\pi_{I.}$
gesamt		$\pi_{.1}$	$\pi_{.2}$	...	$\pi_{.j}$	...	$\pi_{.J}$	n

In der Terminologie der Tab. 20.6 lassen sich die im Bowker-Test gegeneinander stehenden Hypothesen in folgender Weise formulieren:

$$H_0\colon \pi_{ij} = \pi_{ji} \qquad \text{für alle } i < j$$

$$H_1: \pi_{ij} \neq \pi_{ij} \qquad \text{für mindestens ein } i < j$$

Zur Überprüfung der Nullhypothese (*Symmetrie der Änderungswahrscheinlichkeiten*) schlägt Bowker eine dem allgemeinen Muster von CHI entsprechende Teststatistik vor. Der besseren Unterscheidung wegen verwenden wir hierfür die Bezeichnung CHI_b (für *Bowker*).

$$\langle 20.12\rangle \quad CHI_b = \sum_i^I \sum_j^J \frac{[(X_{ij} - E(X_{ij})]^2}{E(X_{ij})} = \sum_i^I \sum_j^J \frac{(X_{ij} - n \cdot p_{ij})^2}{n \cdot \pi_{ij}} \qquad \langle i \neq j\rangle$$

In dieser Form ist die Teststatistik noch nicht brauchbar, da die Populationsparameter π_{ij} unbekannt sind. Unter H_0 lassen sich hierfür folgende Schätzungen heranziehen:

$$\langle 20.13\rangle \quad p_{ij} = p_{ji} = \frac{X_{ij} + X_{ji}}{2n}$$

Setzt man diese Schätzwerte in Formel <20.12> ein, dann erhält man nach einer Reihe geeigneter Umformungen die allgemein gebräuchliche Form der Bowker-Statistik:

$$\langle 20.14\rangle \quad CHI_b = \sum_i^I \sum_j^J \frac{(X_{ij} - X_{ji})^2}{X_{ij} + X_{ji}} \qquad \langle \text{für alle } i < j\rangle$$ [3]

Diese Prüfgröße ist annähernd nach χ^2 verteilt mit FG = I(I - 1)/2 bzw. mit FG = J(J - 1)/2 Freiheitsgraden. Es ist sofort ersichtlich, daß Bowkers Statistik für den Spezialfall von I = J = 2 mit der Statistik von McNemar (in der unkorrigierten Form) identisch ist.

Beispiel 20.3

Einer repräsentativen Stichprobe von 1000 Bundesbürgern wurde die sog. "Sonntagsfrage" gestellt ("Welcher Partei würden Sie Ihre Stimme geben, wenn am nächsten Sonntag Wahl wäre?"). Einen Monat später wurde die Befragung an der gleichen Stichprobe wiederholt. Tab. 20.7 zeigt das Ergebnis dieser (fiktiven) Befragung.

Die Hypothese, die wir überprüfen wollen, zielt auf die "Symmetrie" der Wählerwanderungen von Befragungszeitpunkt 1 zu 2; d.h. wir wollen wissen, ob z.B. die CDU in der Wählerpopulation genauso viele Stimmen an die SPD verloren hat wie umgekehrt die SPD an die CDU oder nicht. Als Nullhypothese können wir daher formulieren: Für alle Paarungen von Parteien gilt: Die Wahrscheinlichkeit von Abwanderungen ist gleich der Wahrscheinlichkeit von Zuwanderungen. Die Alternativhypothese behauptet dagegen, daß mindestens ein Parteienpaar existiert, für das diese Aussage nicht gilt.

---

[3] Statt (i < j) kann man natürlich auch die äquivalente Vorschrift (i > j) formulieren, die zum selben Ergebnis führt.

TABELLE 20.7 Anzahl der Stimmen für politische Parteien zu zwei Zeitpunkten

		Zeitpunkt 2				
		CDU	SPD	GRÜNE	FDP	gesamt
Zeitpunkt 1	CDU	370	41	9	25	445
	SPD	8	342	22	4	376
	GRÜNE	1	20	73	4	97
	FDP	9	13	31	28	80
	gesamt	388	416	135	61	1000

Für die Beispieldaten ergibt sich folgende Prüfgröße:

$$CHI_b = \frac{(41 - 8)^2}{41 + 8} + \frac{(9 - 1)^2}{9 + 1} + \ldots + \frac{(4 - 31)^2}{4 + 31}$$

$$= 22{,}224 + 6{,}400 + \ldots + 20{,}829 = 61{,}842$$

Der kritische Wert der χ^2-Verteilung mit FG = 4(4 - 1)/2 = 6 beträgt für α = 0,05 laut Tab. I 12,592. Dann können wir folgende Entscheidung treffen: H_0 wird verworfen, da (CHI_b = 61,842) > (χ^2_k = 12,592).

Wir können also feststellen, daß bedeutsame Wählerwanderungen (möglicherweise als Folge eines zwischenzeitlichen besonderen politischen Ereignisses) stattgefunden haben. Aufgrund der unspezifischen Fragestellung des Bowker-Tests können wir allerdings noch nicht genau die Ursachen für die Verwerfung von H_0 angeben. So können wir z.B. *nicht* sagen (obwohl dies die Daten nahelegen), daß hierfür hauptsächlich die Abwanderungen von der CDU zur SPD verantwortlich sind. Die Verwerfung der Nullhypothese (Symmetriehypothese) ermöglicht aber eine Aussage über die *Homogenität* der Randverteilungen zu beiden Zeitpunkten. Wir können feststellen, daß die Randwahrscheinlichkeiten zu beiden Zeitpunkten unterschiedlich sind und damit auch, daß sich die auf die einzelnen Parteien entfallenden Stimmanteile in der Population geändert haben.

Zur Identifikation der Ursachen der Verwerfung der Nullhypothese durch den Bowker-Test können nach einem Vorschlag von Zwick, Neuhoff, Marascuilo & Levin (1982) nachträgliche *multiple Vergleiche* durchgeführt werden. In der Regel wird man sich dabei auf einfache *paarweise* Vergleiche beschränken, da diese in jedem Fall inhaltlich eindeutig interpretierbar sind. Bei I = J Kategorien ergeben sich insgesamt I(I - 1)/2 = J(J - 1)/2 paarweise Kontraste, die alle die Form $\Delta_{ij} = \pi_{ij} - \pi_{ji}$ aufweisen. Für einen beliebigen derartigen Kontrast kann aufgrund des Stichprobenergebnisses folgende *Schätzung* vorgenommen werden:

<20.15> $$D_{ij} = p_{ij} - p_{ji} = \frac{X_{ij} - X_{ji}}{X_{ij} + X_{ji}}$$

Die zugehörige Varianz und der Standardfehler lassen sich schätzen durch:

<20.16> $$V_{dij} = \frac{(X_{ij} + X_{ji}) - [(X_{ij} - X_{ji})^2/(X_{ij} + X_{ji})]}{(X_{ij} + X_{ji})^2}$$

<20.17> $$S_{dij} = \sqrt{V_{dij}}$$

Analog zu dem in Abschnitt 19.5 beschriebenen Verfahren - hier allerding unter Rückgriff auf die χ^2-Verteilung mit FG = I(I - 1)/2 - können wir jetzt einen Satz simultaner Konfidenzintervalle festlegen:

<20.18> $$D_{ij} - \sqrt{\chi_k^2} \cdot S_{dij} \le \Delta_{ij} \le D_{ij} + \sqrt{\chi_k^2} \cdot S_{dij}$$

Jedes nach <20.18> berechenbare Konfidenzintervall enthält mit einer Wahrscheinlichkeit von mindestens (1 - α) den Populationswert des Kontrasts.

TABELLE 20.8 Konfidenzintervalle für die paarweisen Kontraste des Beispiels 20.3

Δ_{ij}	D_{ij}	S_{dij}	untere Grenze	obere Grenze
Δ_{12}	0,6735	0,1056	0,30	1,00
Δ_{13}	0,8000	0,1897	0,13	1,00
Δ_{14}	0,4706	0,1513	-0,07	1,00
Δ_{23}	0,0476	0,1541	-0,50	0,59
Δ_{24}	-0,5294	0,2058	-1,00	0,21
Δ_{34}	0,7714	0,1076	-1,00	-0,39

Wir wenden dieses Verfahren auf die Daten der Tab. 20.7 an. Für den Kontrast $\Delta_{12} = \pi_{12} - \pi_{21}$ ergibt sich beispielsweise:

$$D_{12} = (41 - 8)/(41 + 8) = 33/49 = 0{,}6735$$

$$V_{d12} = \frac{(41 + 8) - [(41 - 8)^2/(41 + 8)]}{(41 + 8)^2} = \frac{49 - (33^2/49)}{49^2} = 0{,}0112$$

$$S_{d12} = \sqrt{0{,}0112} = 0{,}1056$$

$$\chi_k^2 = 12{,}592 \text{ (für } \alpha = 0{,}05 \text{ und FG = 6)} \qquad \sqrt{\chi_k^2} = 3{,}5485$$

$$0{,}6735 - 3{,}5485 \cdot 0{,}1056 \le \Delta_{12} \le 0{,}6735 + 3{,}5485 \cdot 0{,}1056$$

$$0{,}2988 \le \Delta_{12} \le 1{,}0482$$

$$0{,}30 \le \Delta_{12} \le 1{,}00$$ 4)

4) Die obere Grenze wurde auf 1,00 (= maximale Differenz zweier Wahrscheinlichkeiten) festgesetzt. Für die rein rechnerische Überschreitung dieser Grenze ist die geringe Häufigkeit in der Zelle (2, 1) verantwortlich.

Die restlichen fünf Vertrauensintervalle werden in gleicher Weise berechnet; Tab. 20.8 enthält eine Zusammenstellung aller Ergebnisse.

Aus Tab. 20.8 kann man ablesen, daß die Kontraste Δ_{12}, Δ_{13} und Δ_{34} signifikant sind; die zugehörigen Konfidenzintervalle schließen die Null nicht ein. Im Rahmen unseres fiktiven Beispiels bedeutet dies inhaltlich, daß zwischen den Parteien CDU und SPD, CDU und GRÜNE sowie FDP und GRÜNE *asymmetrische* Wählerverschiebungen stattgefunden haben.

20.4 Stuart-Test auf Homogenität der Randverteilungen in einer quadratischen Kontingenztabelle

Stuart (1955, 1957) hat einen Test entwickelt, der eine zweite direkte Erweiterung des McNemar-Tests darstellt. Der Stuart-Test überprüft für eine quadratische IxJ-Tabelle die Hypothese der *Homogenität der Randverteilungen*. In der Terminologie der Tab. 20.6 lautet die Nullhypothese also:

H_0: $(\pi_{1.} = \pi_{.1})$ und $(\pi_{2.} = \pi_{.2})$ und ... und $(\pi_{I.} = \pi_{.J})$ <I = J>

Die Prüfung dieser Hypothese soll im folgenden auf den wichtigen Spezialfall einer 3x3-Tabelle beschränkt werden; denn nur dafür läßt sich die von Stuart angegebene Teststatistik in eine vergleichsweise einfache Form bringen. Für größere Tabellen ist die Berechnung dieser Statistik mit der Inversion einer Matrix verbunden, was den Rahmen dieses Buches sprengen würde. Fleiss & Everitt (1971) konnten zeigen, daß sich für I = J = 3 die Prüfgröße von Stuart (symbolisiert durch CHI_S) in folgende Form bringen läßt:

$$\text{<20.19>}\quad CHI_S = \frac{Y_{23}\cdot d_1^2 + Y_{13}\cdot d_2^2 + Y_{12}\cdot d_3^2}{2(Y_{12}\,Y_{13} + Y_{12}\,Y_{23} + Y_{13}\,Y_{23})}$$

Die benutzten Hilfsgrößen sind (in der Terminologie der Tab. 20.5) definiert als:

$$Y_{12} = (X_{12} + X_{21})/2 \qquad Y_{13} = (X_{13} + X_{31})/2 \qquad Y_{23} = (X_{23} + X_{32})/2$$

$$d_1 = X_{1.} - X_{.1} \qquad d_2 = X_{2.} - X_{.2} \qquad d_3 = X_{3.} - X_{.3}$$

CHI_S ist annähernd nach χ^2 verteilt mit FG = 2 Freiheitsgraden.

Beispiel 20.4

Eine Gruppe von n = 124 Studenten/Studentinnen der Pädagogik wurde am Beginn und am Ende einer Lehrveranstaltung *Statistik* gebeten, die Relevanz einer solchen Ausbildung im Hinblick auf die beabsichtigte spätere Berufstätigkeit einzuschätzen. Drei Antwortkategorien waren vorgegeben: *geringe Relevanz* (1), *kann ich (noch) nicht beurteilen* (2), *hohe Relevanz* (3). Tab. 20.9 zeigt das Ergebnis dieser fiktiven Befragung.

Als Hypothesen formulieren wir:

H_0: Die Wahrscheinlichkeiten für die drei Antwortkategorien sind zu beiden Zeitpunkten identisch (Homogenitätshypothese).

H_1: Die Wahrscheinlichkeiten sind unterschiedlich.

TABELLE 20.9 Einschätzung der Relevanz von "Statistik" zu zwei Zeitpunkten

		nachher 1	2	3	$X_{i.}$
vorher	1	50	9	10	69
	2	2	6	29	37
	3	0	0	18	18
$X_{.j}$		52	15	57	124

Für die oben definierten Hilfsgrößen erhalten wir:

$Y_{12} = (9 + 2)/2 = 5{,}5$ $\qquad d_1 = 69 - 52 = 17$
$Y_{13} = (10 + 0)/2 = 5$ $\qquad d_2 = 37 - 15 = 22$
$Y_{23} = (29 + 0)/2 = 14{,}5$ $\qquad d_3 = 18 - 57 = -39$

Als Prüfwert ergibt sich dann nach Formel <20.19>:

$$CHI_s = \frac{14{,}5\cdot 17^2 + 5\cdot 22^2 + 5{,}5\cdot(-39)^2}{2(5{,}5\cdot 5 + 5{,}5\cdot 14{,}5 + 5\cdot 14{,}5)} = \frac{8365{,}5}{359{,}5} = 23{,}270$$

Für $\alpha = 0{,}05$ und FG = 2 ist $\chi_k^2 = 5{,}991$. Da CHI > χ_k^2, wird H_0 verworfen.

Wir können demnach feststellen, daß die Relevanz von *Statistik* am Ende der Lehrveranstaltung signifikant anders beurteilt wird als am Beginn.

Eine Verwerfung der Nullhypothese durch den Stuart-Test bedeutet, daß zwischen den Randwahrscheinlichkeiten Unterschiede existieren müssen. Welcher Art diese Unterschiede sind, können wir erst durch nachträgliche *multiple Vergleiche* herausfinden. Wenn wir uns ausschließlich auf einfache Paarvergleiche beschränken, erhalten wir I = J Kontraste der allgemeinen Form $\Delta_i = \pi_{i.} - \pi_{.i}$ bzw. als Schätzung $D_i = p_{i.} - p_{.i}$. Die Varianz eines derartigen Kontrasts ergibt sich nach Stuart (1955) durch:

$$\text{<20.20>} \quad Var(\Delta_i) = \frac{\pi_{i.}(1 - \pi_{i.})}{n} + \frac{\pi_{.i}(1 - \pi_{.i})}{n} - \frac{2(\pi_{ii} - \pi_{i.}\pi_{.i})}{n}$$

Zu beachten ist, daß diese Formel für I = J = 2 der in Fußnote 2 angegebenen Formel entspricht. Die gleiche Formel - allerdings mit den Stichprobenanteilen anstelle der unbekannten Wahrscheinlichkeiten - liefert die geschätzte Varianz V_{di}. Analog zu dem im vorangegangenen Abschnitt beschriebenen Verfahren können wir jetzt einen Satz simultaner Konfidenzintervalle festlegen:

$$\text{<20.21>} \quad D_i - \sqrt{\chi_k^2}\cdot\sqrt{V_{di}} \le \Delta \le D_i + \sqrt{\chi_k^2}\cdot\sqrt{V_{di}}$$

Jedes nach <20.21> berechenbare Vertrauensintervall enthält mit einer Wahrscheinlichkeit von mindestens $(1 - \alpha)$ den Populationswert des Kontrasts. Dabei ist χ^2_k der kritische Wert der χ^2-Verteilung mit FG = I - 1.

Für die Daten des Beispiels 20.4 ergibt sich:

$$p_{1.} = 69/124 = 0{,}5565 \qquad p_{.1} = 52/124 = 0{,}4194 \qquad p_{11} = 50/124 = 0{,}4032$$
$$p_{2.} = 37/124 = 0{,}2984 \qquad p_{.2} = 15/124 = 0{,}1210 \qquad p_{22} = 6/124 = 0{,}0484$$
$$p_{3.} = 18/124 = 0{,}1452 \qquad p_{.3} = 57/124 = 0{,}4597 \qquad p_{33} = 18/124 = 0{,}1452$$

$$D_1 = 0{,}5565 - 0{,}4194 = 0{,}1371$$
$$D_2 = 0{,}2984 - 0{,}1210 = 0{,}1774$$
$$D_3 = 0{,}1452 - 0{,}4597 = -0{,}3145$$

$$V_{d1} = [(0{,}5565 \cdot 0{,}4435) + (0{,}4194 \cdot 0{,}5806) - 2(0{,}4032 - 0{,}5565 \cdot 0{,}4194)]/124 = 0{,}001215$$

$$V_{d2} = [(0{,}2984 \cdot 0{,}7016) + (0{,}1210 \cdot 0{,}8790) - 2(0{,}0484 - 0{,}2984 \cdot 0{,}1210)]/124 = 0{,}002348$$

$$V_{d3} = [(0{,}1452 \cdot 0{,}8548) + (0{,}4597 \cdot 0{,}5403) - 2(0{,}1452 - 0{,}1452 \cdot 0{,}4597)]/124 = 0{,}001739$$

$$\sqrt{V_{d1}} = 0{,}0349 \qquad \sqrt{V_{d2}} = 0{,}0485 \qquad \sqrt{V_{d3}} = 0{,}0417$$

$$\chi^2_k = 5{,}991 \text{ (für } \alpha = 0{,}05 \text{ und FG} = 2) \qquad \sqrt{\chi^2_k} = 2{,}4477$$

Die drei Konfidenzintervalle lauten dann:

$$0{,}1371 - 2{,}4477 \cdot 0{,}0349 \le \Delta_1 \le 0{,}1371 + 2{,}4477 \cdot 0{,}0349$$
$$0{,}0517 \le \Delta_1 \le 0{,}2225$$

$$0{,}1774 - 2{,}4477 \cdot 0{,}0485 \le \Delta_2 \le 0{,}1774 + 2{,}4477 \cdot 0{,}0485$$
$$0{,}0587 \le \Delta_2 \le 0{,}2961$$

$$-0{,}3145 - 2{,}4477 \cdot 0{,}0417 \le \Delta_3 \le -0{,}3145 + 2{,}4477 \cdot 0{,}0417$$
$$-0{,}4166 \le \Delta_3 \le -0{,}2124$$

Da keines der drei Intervalle die Null einschließt, können wir feststellen, daß in allen drei Antwortkategorien signifikante Veränderungen stattgefunden haben: Die Wahrscheinlichkeiten für die Antworten *geringe Relevanz* sowie *kann ich (noch) nicht beurteilen* sind am Ende des Semesters niedriger als am Beginn; die Wahrscheinlichkeit für die Antwort *hohe Relevanz* ist dagegen gestiegen - ein Wunschergebnis!

20.5 Cochrans Q-Test

Eine andere Erweiterung des McNemar-Tests wurde von Cochran (1950) vorgeschlagen. Dessen sog. Q-Test findet Anwendung, wenn mehr als zwei abhängige Stichproben (in dem einleitend beschriebenen Sinn) vorliegen und die interessierende Variable *dichotomer* Natur ist. Dies ist z.B. dann der Fall, wenn eine Stichprobe von Personen zu mehr als zwei Zeitpunkten bzw. unter mehr als zwei Bedingungen im Hinblick auf das Auftreten des Merkmals oder der Antwort A bzw.

A' beobachtet wird. Für die Durchführung des Q-Tests müssen die Beobachtungen in Form der Tab. 20.10 vorliegen.

TABELLE 20.10 Anordnung der Daten für Cochrans Q-Test

Person	Zeitpunkte/Bedingungen 1	2	...	k	...	K	gesamt
1	X_{11}	X_{12}	...	X_{1k}	...	X_{1K}	$T_{1.}$
2	X_{21}	X_{22}	...	X_{2k}	...	X_{2K}	$T_{2.}$
.	.	.	...	.	...	.	.
.	.	.	...	.	...	.	.
i	X_{i1}	X_{i2}	...	X_{ik}	...	X_{iK}	$T_{i.}$
.	.	.	...	.	...	.	.
.	.	.	...	.	...	.	.
n	X_{n1}	X_{n2}	...	X_{nk}	...	X_{nK}	$T_{n.}$
gesamt	$T_{.1}$	$T_{.2}$	...	$T_{.k}$	...	$T_{.K}$	$T_{..}$

In Tab. 20.10 symbolisiert X_{ik} die Beobachtung für Person i unter der Bedingung k. $X_{ik} = 1$, wenn die uns interessierende dichotome Variable den Wert A und $X_{ik} = 0$, wenn sie den Wert A' annimmt. $T_{i.}$ gibt an, wie häufig für Person i über alle Bedingungen hinweg die Antwort A auftritt. Entsprechend ist $T_{.k}$ die Häufigkeit der Antwort A unter Bedingung k über alle Personen. $T_{..}$ ist schließlich die Häufigkeit von A für alle n Personen und alle K Bedingungen.

Mit dem Q-Test wollen wir überprüfen, ob die Wahrscheinlichkeiten für die Antwort A unter allen K Bedingungen identisch sind oder nicht. Dies entspricht der folgenden Nullhypothese: Der Anteil der Antwort A in der Population ist unter allen K Bedingungen gleich. Die Alternativhypothese behauptet, daß H_0 falsch ist oder daß für mindestens ein Paar von Bedingungen unterschiedliche Anteile vorliegen. Formal:

$H_0: \pi_1 = \pi_2 = \ldots = \pi_K$

$H_1: \pi_k \neq \pi_{k'}$ <für k, k' = 1...K und $k \neq k'$>

Wenn die Nullhypothese zutrifft, dann sollten wir für ein vorliegendes Stichprobenergebnis erwarten, daß sich die K Spaltensummen "nicht allzu sehr" voneinander unterscheiden. Wir erwarten m.a.W., daß alle Spaltensummen nahe am Mittelwert aller Spaltensummen $M_T = T_{..}/K$ liegen. Cochran konnte zeigen, daß man die tatsächlich auftretenden Abweichungen der einzelnen Spaltensummen vom Mittelwert heranziehen kann, um eine Statistik zu definieren, mit der H_0 überprüft werden kann. Wichtig ist, daß in die Definition dieser Prüfgröße auch die zwischen den Spaltensummen bestehende *Kovarianz* (abhängige Stichproben!) Eingang findet. Unter Verzicht auf die entsprechenden Ableitungen ergibt sich folgende Prüfgröße:

<20.22> $$Q = \frac{K(K-1)\sum_{k}^{K}(T_{.k} - M_T)^2}{K\cdot\sum_{i}^{n} T_{i.} - \sum_{i}^{n} T_{i.}^2}$$

Einfacher zu handhaben ist folgende äquivalente Formel:

<20.23> $$Q = \frac{(K-1)\cdot(k\cdot\sum_{k}^{K} T_{.k}^2 - T_{..}^2)}{K\cdot\sum_{i}^{n} T_{i.} - \sum_{i}^{n} T_{i.}^2}$$

Q ist annähernd nach χ^2 verteilt mit FG = K - 1 Freiheitgraden.

TABELLE 20.11 Anzahl richtig gelöster Aufgaben für 18 Schüler

Schüler	Nr. der Aufgabe 1	2	3	4	5	6	gesamt $T_{i.}$
1	1	1	1	1	0	1	5
2	1	0	1	1	0	1	4
3	1	1	1	1	1	1	6
4	0	1	0	1	0	1	3
5	0	1	1	1	0	1	4
6	1	0	1	0	0	1	3
7	0	0	0	1	0	0	1
8	0	0	0	0	0	0	0
9	1	0	0	0	1	1	3
10	0	0	1	1	0	0	2
11	1	1	1	1	0	0	4
12	1	0	1	1	0	1	4
13	1	1	1	1	0	0	4
14	1	1	1	0	1	0	4
15	1	0	0	0	0	0	1
16	0	0	0	0	0	1	1
17	1	0	1	1	0	0	3
18	1	0	1	0	0	1	3
gesamt $T_{.k}$	12	7	12	11	3	10	55

Beispiel 20.5

In einer Untersuchung von Arbinger (1988) bearbeiteten 18 Schüler des 7. und 8. Schuljahres 6 Aufgaben aus dem Bereich der Prozentrechnung. Die Aufgabenlösungen wurden mit "1" (vollständig richtig) und "0" (falsch oder nur in Ansätzen gelöst) bewertet. Tab. 20.11 zeigt das Ergebnis.

Unsere Nullhypothese lautet hier inhaltlich: Zwischen den 6 Aufgaben bestehen hinsichtlich des Schwierigkeitsgrades keine signifikanten Unterschiede bzw. die Wahrscheinlichkeit einer richtigen Lösung ist bei allen 6 Aufgaben gleich. Nach Formel <20.23> erhalten wir folgende Größe zur Überprüfung dieser Hypothese:

$$Q = \frac{5 \cdot [6 \cdot (12^2 + 7^2 + 12^2 + 11^2 + 3^2 + 10^2) - 55^2]}{6 \cdot 55 - 209} = 15{,}579$$

Für $\alpha = 0{,}05$ entnehmen wir aus Tab. I 11,070 als kritischen Wert der χ^2-Verteilung mit FG = 6 - 1 = 5. Wir gelangen damit zu folgender Entscheidung: H_0 wird verworfen, da $Q > \chi^2_k$.

Wir können demnach feststellen, daß die Wahrscheinlichkeit einer richtigen Lösung nicht für alle 6 bearbeiteten Aufgaben gleich ist.

Ähnlich wie in den beiden vorausgehenden Abschnitten sind wir auch hier daran interessiert, welches die Gründe für die Verwerfung der Nullhypothese sind; d.h. für unser Beispiel: Wir wollen wissen, zwischen welchen Aufgaben signifikante Unterschiede im Hinblick auf den Anteil richtiger Lösungen bestehen. Eine Antwort auf diese Frage liefert uns erneut die Durchführung nachträglicher multipler Vergleiche bzw. die Berechnung von *Kontrasten*. Analog zu Formel <19.7> können wir einen Kontrast für das Cochran-Modell mit K abhängigen Gruppen in folgender allgemeiner Form schreiben:

<20.24> $$\Delta = c_1 \cdot \pi_1 + c_2 \cdot \pi_2 + \ldots + c_K \cdot \pi_K = \sum_k^K c_k \cdot \pi_k$$

Als Schätzungen für die unbekannten Populationsanteile müssen wir auf die Stichprobenanteile (= Mittelwerte für die K Bedingungen) zurückgreifen:

<20.25> $$M_{.k} = (\sum_i^n X_{ik})/n$$

Als *Schätzung* für einen beliebigen Kontrast ergibt sich somit:

<20.26> $$D = \sum_k^K c_k \cdot M_{.k}$$

Im einfachsten Fall ausschließlich paarweiser Kontraste erhalten wir:

<20.27> $$D = M_{.k} - M_{.k'}$$ $\langle k \neq k' \rangle$

Die Varianz eines nach <20.24> definierten Kontrastes läßt sich durch folgende Formel schätzen:

$$\langle 20.28\rangle \quad V_d = \frac{K\cdot\sum_i^n T_{i.} - \sum_i^n T_{i.}^2}{n\cdot K\cdot(K-1)} \cdot \frac{\sum_k^K c_k^2}{n}$$

Da für paarweise Kontraste $\Sigma c_k^2 = 2$ gilt, vereinfacht sich <20.28> zu:

$$\langle 20.29\rangle \quad V_d = \frac{2[K\cdot\sum_i^n T_{i.} - \sum_i^n T_{i.}^2]}{n^2\cdot K\cdot(K-1)}$$

Schließlich können wir für sämtliche zwischen den K Bedingungen möglichen Kontraste nach dem Muster von Scheffé folgenden Satz simultaner Konfidenzintervalle festlegen:

$$\langle 20.30\rangle \quad D - \sqrt{\chi_k^2}\cdot\sqrt{V_d} \leq \Delta \leq D + \sqrt{\chi_k^2}\cdot\sqrt{V_d}$$

χ_k^2 ist hierbei der kritische Wert der χ^2-Verteilung mit FG = K - 1.

Auf die Daten des Beispiels 20.5 angewandt, erhalten wir (für paarweise Kontraste):

$$V_d = \frac{2\cdot(6\cdot 55 - 209)}{182\cdot 6\cdot 5} = \frac{424}{9720} = 0{,}0249 \qquad \sqrt{V_d} = 0{,}1578$$

$\chi_k^2 = 11{,}070$ (für $\alpha = 0{,}05$ und FG = 6 - 1 = 5)

Mit einer Wahrscheinlichkeit von 0,95 liegen dann alle Kontraste innerhalb des Intervalls

$$D - \sqrt{11{,}070}\cdot 0{,}1578 \leq \Delta \leq D + \sqrt{11{,}070}\cdot 0{,}1578$$
$$D - 0{,}525 \leq \Delta \leq D + 0{,}525$$

Für sämtliche in unserem Beispiel möglichen Paarvergleiche sind in Tab. 20.12 die Vertrauensbereiche angegeben.

Da alle Konfidenzintervalle die Null einschließen, können wir feststellen, daß sich keine einzelne Aufgabe hinsichtlich der Schwierigkeit signifikant von einer anderen unterscheidet. Aufgrund der Verwerfung der H_0 wissen wir andererseits, daß irgendein Kontrast signifikant sein *muß*. Die Ursachen für die Verwerfung von H_0 würden wir also erst erfahren, wenn wir auch die anderen möglichen Kontraste komplexerer Natur in Betracht zögen. Ob denen dann aber noch eine auf unser Beispiel bezogene *inhaltliche* Bedeutung zukäme, ist eine offene Frage. Diese Frage interessiert uns aber nicht mehr, da hier nur das grundsätzliche Verfahren der Berechnung von Konfidenzintervallen für Kontraste demonstriert werden sollte.

TABELLE 20.12 Vertrauensbereiche für die paarweisen Kontraste des Beispiels 20.4

Δ	D	untere Grenze	obere Grenze	
$\pi_1 - \pi_2$	$M_{.1} - M_{.2}$ = 0,667 - 0,389 = 0,278	-0,247	0,803	
$\pi_1 - \pi_3$	$M_{.1} - M_{.3}$ = 0,667 - 0,667 = 0,000	-0,525	0,525	
$\pi_1 - \pi_4$	$M_{.1} - M_{.4}$ = 0,667 - 0,611 = 0,056	-0,469	0,581	
$\pi_1 - \pi_5$	$M_{.1} - M_{.5}$ = 0,667 - 0,167 = 0,500	-0,025	1,025	5)
$\pi_1 - \pi_6$	$M_{.1} - M_{.6}$ = 0,667 - 0,556 = 0,111	-0,414	0,636	
$\pi_2 - \pi_3$	$M_{.2} - M_{.3}$ = 0,389 - 0,667 = -0,278	-0,803	0,247	
$\pi_2 - \pi_4$	$M_{.2} - M_{.4}$ = 0,389 - 0,611 = -0,222	-0,747	0,303	
$\pi_2 - \pi_5$	$M_{.2} - M_{.5}$ = 0,389 - 0,167 = 0,222	-0,303	0,747	
$\pi_2 - \pi_6$	$M_{.2} - M_{.6}$ = 0,389 - 0,556 = -0,167	-0,692	0,358	
$\pi_3 - \pi_4$	$M_{.3} - M_{.4}$ = 0,667 - 0,611 = 0,056	-0,469	0,581	
$\pi_3 - \pi_5$	$M_{.3} - M_{.5}$ = 0,667 - 0,167 = 0,500	-0,025	1,025	5)
$\pi_3 - \pi_6$	$M_{.3} - M_{.6}$ = 0,667 - 0,556 = 0,111	-0,414	0,636	
$\pi_4 - \pi_5$	$M_{.4} - M_{.5}$ = 0,611 - 0,167 = 0,444	-0,081	0,969	
$\pi_4 - \pi_6$	$M_{.4} - M_{.6}$ = 0,611 - 0,556 = 0,055	-0,470	0,580	
$\pi_5 - \pi_6$	$M_{.5} - M_{.6}$ = 0,167 - 0,556 = -0,389	-0,914	0,136	

Zum Cochran-Test sind noch einige abschließende Bemerkungen notwendig:

- Für die Prüfgröße Q läßt sich auch eine *exakte* Stichprobenverteilung erstellen. Hierzu muß man für jede einzelne Person bestimmen, auf wieviel verschiedene Arten die $T_{i.}$ Antworten der Kategorie A auf die K Bedingungen verteilt werden können. Das Produkt aller Permutationen aller n Personen gibt dann an, auf wieviel verschiedene Arten die $T_{..}$ Antworten der Kategorie A auf die Matrix verteilt werden können. Für jede dieser Möglichkeiten läßt sich nach dem beschriebenen Verfahren ein Q-Wert berechnen. Damit hat man die vollständige Stichprobenverteilung für Q bestimmt. Die Überprüfung von H_0 geschieht dann wie gehabt, indem der beobachtete Q-Wert auf dem Hintergrund dieser Verteilung bewertet wird. D.h. es wird bestimmt, mit welcher Wahrscheinlichkeit ein derartiger oder noch extremerer Q-Wert auftreten kann. Zur Illustration sei die exakte Stichprobenverteilung von Q für den einfachen Fall mit K = 3, n = 4 und den Antwortvektoren (1, 1, 0), (1, 1, 0), (1, 0, 0), (1, 0, 0) vorgestellt (Abb. 20.1). Die Berechnung von Q für alle möglichen Permutationen der Antworten wurde mit Hilfe eines auf Edgington (1980) zurückgehenden FORTRAN-Programms vorgenommen. Jeglicher Versuch, das beschriebene Verfahren per Hand durchführen zu wollen, scheidet natürlich von vornherein aus.

---

5) Auch hier wird man sinnvollerweise die Obergrenze auf 1,00 festsetzen (vgl. Fußnote 4).

ABBILDUNG 20.1 Exakte Stichprobenverteilung von Q für K = 3 und n = 4

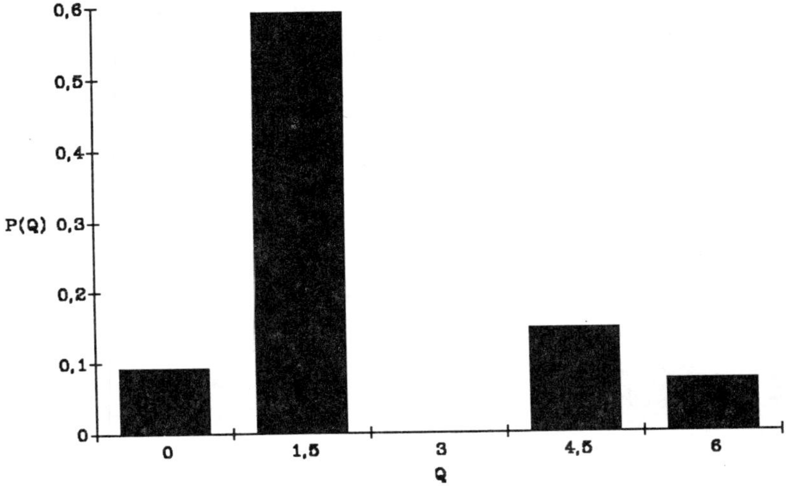

- Die dem exakten Test zugrunde liegende Logik weist auf einen wichtigen Sachverhalt hin: Für Personen mit $T_{i.} = 0$ und $T_{i.} = 1$ gibt es nur eine mögliche Anordnung der Antworten auf die K Bedingungen. Das bedeutet auch, daß diese Personen im Hinblick auf die Bewertung der H_0 keinerlei Information beitragen. Sie können daher von der Analyse *ausgeschlossen* werden. Dies gilt in gleicher Weise natürlich auch für den approximativen Test mit Hilfe der χ^2-Verteilung.

- Die *Güte der Anpassung* der χ^2-Verteilung an die exakte Stichprobenverteilung wurde von mehreren Autoren überprüft: Cochran (1950) konnte für K = 3, n = 10 bis K = 5, n = 8 zeigen, daß der Rückgriff auf die χ^2-Verteilung bei einer exakten Wahrscheinlichkeit von $\alpha = 0{,}05$ eine durchschnittliche Über- bzw. Unterschätzung von 0,007 zur Folge hat, was von ihm für "Routineentscheidungen" als ausreichend angesehen wird. Tate & Brown (1970) berichten gute Anpassungen unter der Bedingung $n \geq 4$ und mindestens 24 (in obigem Sinn) "informativen" Beobachtungen.

Daß beim Rückgriff auf die χ^2-Verteilung in allen Fällen, die diesen Bedingungen nicht entsprechen, Vorsicht geboten ist, läßt sich an dem der Abbildung 20.1 zugrundeliegenden Beispiel leicht demonstrieren: Dem beobachteten Q = 6 entspricht eine exakte Wahrscheinlichkeit von 0,0741, was bei $\alpha = 0{,}05$ zu einer Beibehaltung von H_0 führt. Über die χ^2-Verteilung mit FG = 2 und

und einem kritischen Wert von 5,991 kommt man hingegen zu einer Verwerfung von H_0!

Bhapkar (1970) sowie Bhapkar & Somes (1977) konnten weiterhin zeigen, daß Q nur dann gut einer χ^2-Verteilung folgt, wenn für sämtliche Paare von Bedingungen Symmetrie in dem beim McNemar-Test definierten Sinn besteht. Bhapkar schlägt daher einen Test vor, der ohne diese einschränkende Bedingung auskommt. Eine nähere Darstellung dieses Tests würde hier allerdings zu weit führen, zumal er nicht mehr per Hand gerechnet werden kann. Bei Sievers (1987, S.497ff) ist ein FORTRAN-Programm zur Berechnung der entsprechenden Prüfgröße zu finden.

TABELLE 20.13 McNemar-Test in der Schreibweise des Q-Tests

	Bedingung 1	2	$T_{i.}$	$T_{i.}^2$
	1	0	1	1
	1	0	1	1
	.	.		
	.	.		
gesamt			X_{12}	X_{12}
	0	1	1	1
	0	1	1	1
	.	.		
	.	.		
gesamt			X_{21}	X_{21}
$T_{.k}$	X_{12}	X_{21}	$X_{12} + X_{21}$	

- Es kann leicht gezeigt werden, daß der McNemar-Test einen Sonderfall des Q-Tests mit K = 2 Bedingungen darstellt: Hierzu ist es notwendig, die Tabelle 20.2 in eine Form zu bringen, die der Tabelle 20.10 entspricht. Der Einfachheit halber eliminieren wir aber vorher alle $(X_{11} + X_{22})$ Personen, die unter beiden Bedingungen identisch geantwortet haben und damit keinerlei Informationswert im Hinblick auf H_0 besitzen. Es ergibt sich dann eine Anordnung der Daten von der in Tab. 20.13 angeführten Art.

Wendet man Formel <20.23> auf Tab. 20.13 an, so erhält man:

$$Q = \frac{2 \cdot (X_{12}^2 + X_{21}^2) - (X_{12} + X_{21})^2}{2 \cdot (X_{12} + X_{21}) - (X_{12} + X_{21})} = \frac{(X_{12} - X_{21})^2}{(X_{12} + X_{21})}$$

Erwartungsgemäß entspricht Q für K = 2 der (unkorrigierten) Statistik des McNemar-Tests.

- Auch für den Cochran-Test gibt es eine *Verallgemeinerung*. Wenn die Antwortvariable nicht dichotomer Natur ist, sondern mehr als zwei Kategorien aufweist, kann ein von Madansky (1963) entwickelter Test herangezogen werden. Auf eine Darstellung dieses Verfahrens soll allerdings verzichtet werden. Auch hierfür hat Sievers (1987, S.499ff) ein FORTRAN-Programm vorgelegt.

Kapitel 21

Statistische Tests zur Überprüfung von Unabhängigkeits- bzw. Zusammenhangshypothesen bei qualitativen Variablen

21.1 Exakter Test auf Unabhängigkeit bei zwei dichotomen Variablen

Es liegt folgende Ausgangssituation vor: An einer Stichprobe der Größe n wurden gleichzeitig zwei dichotome Variablen Y_1 und Y_2 erfaßt. Y_1 kann die Werte A und Nicht-A (A'), Y_2 die Werte B und Nicht-B (B') annehmen. Dadurch sind prinzipiell vier einander ausschließende Ereignisse möglich: (A und B), (A und B'), (A' und B) und (A' und B'). Jedes Element der Stichprobe gehört genau einer dieser vier Ereignisklassen an. Die *Häufigkeit* des Auftretens dieser vier Klassen für die n Stichprobenelemente kann in Form einer sog. *bivariaten* Häufigkeitstabelle bzw. einer *2x2-Kontingenztabelle* dargestellt werden (Tab. 21.1).

TABELLE 21.1 Anordnung der Daten in einer 2x2-Kontingenztabelle

Variablen		Y_2: B	B'	gesamt
Y_1	A	X_{11}	X_{12}	$X_{1.}$
	A'	X_{21}	X_{22}	$X_{2.}$
gesamt		$X_{.1}$	$X_{.2}$	n

Eine Tabelle dieser Art haben wir bereits im Rahmen des Tests von Fisher auf Gleichheit zweier binomialer Anteile kennengelernt (vgl. Tab. 18.5). In der Tat besteht zwischen beiden Tabellen und den darauf bezogenen Tests eine grundlegende Übereinstimmung, auch wenn wir zunächst einige Unterschiede herausstellen müssen: Tab. 18.5 bezieht sich auf Beobachtungen an *einer* Variablen für *zwei* unabhängige Stichproben; Tab. 21.1 dagegen bezieht sich auf Beobachtungen an *zwei* Variablen für *eine* Zufallsstichprobe. In Kap. 18.1 ging es um die Überprüfung der *Gleichheit zweier binomialer Anteile* bzw. der Homogenität zweier Binomialverteilungen; hier geht es um die Überprüfung der Hypothese, daß die beiden dichotomen Variablen *unabhängig* voneinander sind bzw. daß zwischen ihnen keine Korrelation besteht.

Die Unterschiedlichkeit der zu überprüfenden Hypothesen ist der Hauptgrund, warum wir ein dem Prinzip nach bereits bekanntes Prüfverfahren hier noch einmal kurz aufgreifen. Die getrennte Darstellung der Überprüfung der genannten

Hypothesen ist nur aus didaktischen Erwägungen zu rechtfertigen. Eine einfache Überlegung zeigt nämlich, daß zwischen beiden Hypothesen ein enger Zusammenhang besteht. Betrachten wir dazu noch einmal Tab. 18.5. Wir können ohne weiteres die Zugehörigkeit zu einer der beiden unabhängigen Stichproben als Variable Y_1 (mit den Werten "Stichprobe 1" und "Stichprobe 2") konzipieren und die Antwortvariable als Y_2. Dann liegt im Prinzip die gleiche Situation wie in Tab. 21.1 vor: n Personen wurden nach zwei Merkmalen in vier einander ausschließende Ereignisklassen eingeteilt. "Gleichheit der binomialen Anteile" heißt dann nichts anderes, als daß die Verteilung in der Variablen Y_2 "unabhängig" ist von der Variablen Y_1, d.h. der Zugehörigkeit zu einer der beiden Stichproben (bzw. Ausprägungen von Y_1). Wir wollen noch etwas weiter präzisieren, was statistische Unabhängigkeit in unserem Zusammenhang bedeutet. Hierzu schreiben wir zunächst Tab. 21.1 als Wahrscheinlichkeitsmodell (Tab. 21.2).

TABELLE 21.2 Wahrscheinlichkeitsmodell für Tab. 21.1

Variablen		Y_2 B	B'	gesamt
Y_1	A	π_{11}	π_{12}	$\pi_{1.}$
	A'	π_{21}	π_{22}	$\pi_{2.}$
gesamt		$\pi_{.1}$	$\pi_{.2}$	1

In Tab. 21.2 gibt π_{11} die Wahrscheinlichkeit für das *gemeinsame* Auftreten der Merkmale A und B in der Population an: π_{11} = P(A und B). Entsprechend gilt für die anderen Wahrscheinlichkeiten: π_{21} = P(A' und B), π_{12} = P(A und B'), π_{22} = P(A' und B'). Wenn *Unabhängigkeit* vorliegt, dann muß z.B. gelten: $\pi_{11} = \pi_{1.} \cdot \pi_{.1}$. Diese Beziehung folgt aus einer elementaren Regel der Wahrscheinlichkeitsrechnung: Die Wahrscheinlichkeit des gemeinsamen Auftretens zweier unabhängiger Ereignisse ist durch das Produkt der Einzelwahrscheinlichkeiten dieser Ereignisse gegeben. Die hier zur Diskussion stehende *Unabhängigkeitshypothese* und die ihr zugeordnete Alternativhypothese lassen sich dann in folgender Weise formulieren:

$$H_0: \pi_{ij} = \pi_{i.} \cdot \pi_{.j} \qquad \text{für } i, j = 1, 2$$

$$H_1: \pi_{ij} \neq \pi_{i.} \cdot \pi_{.j} \qquad \text{für mindestens ein } (i, j)$$

Unter der Unabhängigkeitshypothese ließe sich bei gegebenem n für jede mögliche Kombination von Häufigkeiten in den vier Ereignisklassen, d.h. für jede mögliche 2x2-Tabelle, die exakte Auftretenswahrscheinlichkeit berechnen.[1)]

1) Bei vier einander ausschließenden Ereignissen mit den Wahrscheinlichkeiten π_{11}, π_{12}, π_{21}, π_{22} und n unabhängigen Beobachtungen folgen die Häufigkeiten

Damit wäre auch die vollständige Stichprobenverteilung der Tabelle bekannt, auf deren Hintergrund eine konkretes Stichprobenergebnis beurteilt werden könnte. Dieses Verfahren ist allerdings so einfach nicht möglich, da die Parameter π_{ij} bzw. $\pi_{i.}$ und $\pi_{.j}$ *unbekannt* sind. Eine Lösung des Problems ergibt sich dadurch, daß man die gesuchte Stichprobenverteilung - wie in Kap. 18.1 - *in Abhängigkeit von den vorgegebenen Randhäufigkeiten* der 2x2-Tabelle bestimmt. Die Wahrscheinlichkeit jeder unter diesen Bedingungen möglichen 2x2-Tabelle ergibt sich dann nach der uns bereits bekannten Formel <18.11> für die *hypergeometrische Verteilung*. In der hier benutzten Terminologie lautet die Formel:

<21.1> $$P(X_{11} = x_{11}) = \frac{X_{.1}!\ X_{.2}!\ X_{1.}!\ X_{2.}!}{x_{11}!\ x_{21}!\ x_{12}!\ x_{22}!\ n!}$$

Zu beachten ist, daß $P(X_{11} = x_{11})$ die Wahrscheinlichkeit für die *gesamte* 2x2-Tabelle angibt; denn bei festliegenden Randhäufigkeiten kann nur eine der vier Zellhäufigkeiten frei variieren (wobei es natürlich völlig egal ist, welche der vier Zellhäufigkeiten wir als Variable X_{11} bezeichnen).

Die Hypothese der Unabhängigkeit der Variablen Y_1 und Y_2 läßt sich jetzt nach dem in Kap. 18.2 beschriebenen Verfahren überprüfen, indem entweder die exakten Wahrscheinlichkeiten der hypergeometrischen Verteilung berechnet werden oder indem auf Tab. S im Anhang zurückgegriffen wird. Beide Verfahren sollen an einem Beispiel erläutert werden.

Beispiel 21.1

Einer Zufallsstichprobe von 17 Männern wurden folgende zwei Fragen gestellt: 1) Treiben Sie regelmäßig Sport? (*ja/nein*) und 2) Trinken Sie regelmäßig Alkohol? (*ja/nein*). Tab. 21.3 zeigt das Ergebnis dieser (hypothetischen) Untersuchung.

TABELLE 21.3 Sportliche Betätigung und Alkoholkonsum

		Frage 2		
		ja	nein	gesamt
Frage 1	ja	3	8	11
	nein	4	2	6
gesamt		7	10	17

---

in den vier Klassen einer sog. *Multinomialverteilung*. Die entsprechenden *multinomialen* Wahrscheinlichkeiten ergeben sich aus einer Verallgemeinerung der Formel <17.1> für *binomiale* Wahrscheinlichkeiten (s. z.B. Büning & Trenkler 1978, S.36f).

Uns interessiert die Frage, ob zwischen sportlicher Betätigung und Alkoholkonsum ein Zusammenhang besteht oder nicht. Als *Nullhypothese* formulieren wir daher: Zwischen sportlicher Betätigung und Alkoholkonsum besteht kein Zusammenhang; beide sind unabhängig voneinander. Eine sinnvolle *Alternativhypothese* wäre: Zwischen sportlicher Betätigung und Alkoholkonsum besteht ein *negativer* Zusammenhang. Wegen der in H_1 angegebenen Richtung des Zusammenhangs haben wir es hier also mit einer *einseitigen* Fragestellung zu tun. Zur Überprüfung von H_0 ziehen wir die Variable X_{11} (Häufigkeit der Antwort "ja" in beiden Fragen) heran. In präziser Form lauten dann die beiden Hypothesen:

$$H_0\colon p_{11} = \pi_{1.}\cdot\pi_{.1} \quad \text{vs.} \quad H_1\colon p_{11} < \pi_{1.}\cdot\pi_{.1}$$

In Tab. 21.4 ist angegeben, welche Werte X_{11} unter den gegebenen Randhäufigkeiten annehmen kann und welche Wahrscheinlichkeiten (berechnet nach Formel <21.1>) diese Werte besitzen.

TABELLE 21.4 Hypergeometrische Wahrscheinlichkeiten für X_{11} ($n = 17$, $X_{1.} = 11$ und $X_{.1} = 7$)

Werte für X_{11}	$P(X_{11} = x_{11})$
7	0,01697
6	0,14253
5	0,35633
4	0,33937
3	0,12726
2	0,01697
1	0,00056

Der Tab. 21.4 können wir entnehmen, daß für $\alpha \leq 0{,}05$ bei der angegebenen Richtung von H_1 der Bereich der Verwerfung von H_0 aus den Werten {1, 2} besteht (mit einer exakten Irrtumswahrscheinlichkeit von $\alpha = 0{,}01753$). Da der von uns beobachtete Wert $X_{11} = 3$ nicht in diesen Bereich fällt, behalten wir H_0 bei: Zwischen sportlicher Betätigung und Alkoholkonsum besteht kein Zusammenhang. Diese Aussage impliziert auch, daß der Anteil der Alkoholkonsumenten bei Sportlern und Nichtsportlern gleich ist (s. Kap. 18.2).

Zur gleichen Entscheidung gelangen wir selbstverständlich auch, wenn wir auf Tab. S zurückgreifen. In der Terminologie dieser Tabelle ist: $N = n = 17$, $n_1 = X_{1.} = 11$ und $N_1 = X_{.1} = 7$. Da $N_1 < n_1$, müssen wir beide Werte vertauschen. Wir lesen dann ab:

$$P(T_1 = X_{11} = 1 \mid N = 17,\ n_1 = 7,\ N_1 = 11) = 0{,}0006$$
$$P(T_1 = X_{11} = 2 \mid N = 17,\ n_1 = 7,\ N_1 = 11) = 0{,}0170$$
$$P(T_1 = X_{11} = 3 \mid N = 17,\ n_1 = 7,\ N_1 = 11) = 0{,}1448$$

Hieraus ergibt sich (für $\alpha \leq 0{,}05$) die gleiche Entscheidungsregel wie oben: H_0 wird verworfen, wenn $X_{11} \leq 2$.

21.2 Test auf Unabhängigkeit bei großen Stichproben

In Kap. 18.3.2 wurde gezeigt, daß bei großem n (wenn Tab. S nicht mehr ausreicht) eine Prüfgröße definiert werden kann, die annähernd einer χ^2-Verteilung folgt. Diese CHI-Statistik beinhaltet den Vergleich beobachteter und erwarteter Häufigkeiten und lautet nach Formel <18.19> für eine 2x2-Tabelle:

$$\text{<21.2>} \quad CHI = \sum_{i}^{2} \sum_{j}^{2} \frac{[X_{ij} - E(X_{ij})^*]^2}{E(X_{ij})^*}$$

Um diese Statistik für unsere Problemstellung heranziehen zu können, müssen wir zunächst die Erwartungswerte schätzen. Im letzten Abschnitt wurde gezeigt, daß bei Unabhängigkeit der beiden Variablen Y_1 und Y_2 $\pi_{11} = \pi_{1.} \cdot \pi_{.1}$ gelten muß. Bei festliegendem n wäre dann die erwartete Häufigkeit in der entsprechenden Zelle durch $E(X_{11}) = n \cdot \pi_{1.} \cdot \pi_{.1}$ gegeben. Zur *Schätzung* der unbekannten Wahrscheinlichkeiten müssen wir auf die beobachteten relativen Randhäufigkeiten zurückgreifen: $p_{1.} = X_{1.}/n$ und $p_{.1} = X_{.1}/n$. Dann erhalten wir als geschätzten Erwartungswert für die Zellhäufigkeit:

$$\text{<21.3>} \quad E(X_{11})^* = n \cdot \frac{X_{1.}}{n} \cdot \frac{X_{.1}}{n} = \frac{X_{1.} \cdot X_{.1}}{n}$$

$E(X_{12})^*$, $E(X_{21})^*$ und $E(X_{22})^*$ werden nach dem gleichen Muster bestimmt. Rein rechnerisch entspricht die Schätzung der Erwartungswerte natürlich vollkommen der in Kap. 18.3.2 angegebenen Regel *Zeilensumme mal Spaltensumme durch n.* Dennoch sollte beachtet werden, daß im Rahmen der hier zu überprüfenden Unabhängigkeitshypothese die Erwartungswerte von der Logik her anders bestimmt werden als im Zusammenhang mit dem Fisher-Test.

Die Prüfgröße nach Formel <21.2> ist annähernd nach χ^2 verteilt mit FG = 1. Der Grund dafür ist klar: Bei der Schätzung des Erwartungswertes für X_{11} benutzen wir $X_{1.}$, $X_{.1}$ und n. Damit sind aber auch $X_{2.}$, $X_{.2}$ und entsprechend die anderen drei erwarteten Häufigkeiten festgelegt. D.h. von den vier in die Berechnung von CHI eingehenden Summanden kann nur einer frei variieren, es existiert nur ein Freiheitsgrad.

Zur konkreten Berechnung von CHI kann man auf eine der in Kap. 18.3.2 bzw. 18.3.4 genannten Alternativen zurückgreifen. Für den hier zur Diskussion stehenden Spezialfall einer 2x2-Tabelle benutzt man am günstigsten:

$$\text{<21.4>} \quad CHI = \frac{n(X_{11} \cdot X_{22} - X_{12} \cdot X_{21})^2}{X_{1.} \cdot X_{2.} \cdot X_{.1} \cdot X_{.2}} \qquad FG = 1$$

Diese Formel ist natürlich (bis auf die leicht veränderte Terminologie) identisch zu <18.18>.

Beispiel 21.2

In der bereits zitierten "Shell-Studie" beantworteten 1472 männliche und weibliche Jugendliche zwischen 15 und 24 Jahren folgende zwei Fragen: 1) Glaubst du an ein Weiterleben nach dem Tod? (*ja/nein*) und 2) Hast du in den letzten 4 Wochen den Gottesdienst besucht? (*ja/nein*). Tab. 21.5 zeigt die aus den Prozentangaben zurückgerechneten Antworthäufigkeiten (Jugendwerk der Deutschen Shell 1985, Bd.1, S.288).

TABELLE 21.5 Glaube an ein Weiterleben nach dem Tod und Gottesdienstbesuch

		Frage 2 ja	nein	gesamt
Frage 1	ja	283	442	725
	nein	115	632	747
gesamt		398	1074	1472

Es interessiert die Frage, ob zwischen Gottesdienstbesuch und Glaube an ein Weiterleben nach dem Tod ein Zusammenhang besteht oder nicht. In verbaler Form könnten die gegeneinanderstehenden Hypothesen lauten:

H_0: Der Glaube an ein Weiterleben nach dem Tod ist unabhängig von der Tatsache eines (mehr oder regelmäßigen) Gottesdienstbesuchs.

H_1: H_0 ist falsch; es besteht ein Zusammenhang zwischen beiden Variablen (zweiseitige Fragestellung).

Zur Überprüfung dieser Hypothesen berechnen wir CHI nach Formel <21.4>:

$$\text{CHI} = \frac{1472(283 \cdot 632 - 442 \cdot 115)}{725 \cdot 747 \cdot 398 \cdot 1074} = 104{,}222$$

Der kritische Wert der χ^2-Verteilung mit FG = 1 für $\alpha = 0{,}05$ beträgt 3,841. Da CHI > χ_k^2, wird H_0 verworfen.

Wir können feststellen, daß bei Jugendlichen zwischen dem Glauben an ein Weiterleben nach dem Tod und der Tatsache, ob der Gottesdienst besucht wird oder nicht, ein Zusammenhang besteht. Über die *Art* dieses Zusammenhangs können wir wegen der zweiseitigen Fragestellung allerdings keine Aussage machen (obwohl durch die beobachteten Häufigkeiten ein positiver Zusammenhang nahegelegt wird).

21.3 Test auf Unabhängigkeit bei zwei qualitativen Variablen mit mehr als zwei Antwortkategorien (IxJ-Kontingenztabellen)

Der im letzten Abschnitt dargestellte CHI-Test auf Unabhängigkeit bei 2x2-Tabellen kann auf die Situation erweitert werden, wo beide Antwortvariablen (oder auch nur eine) mehr als zwei einander ausschließende Kategorien aufweisen. Bezeichnet man die Kategorien für die Variable Y_1 mit $A_1, A_2, \ldots, A_I$ und die für Y_2 mit $B_1, B_2, \ldots, B_J$, dann läßt sich das Ergebnis einer Beobachtung dieser beiden Variablen an einer Zufallsstichprobe der Größe n in Form der Tab. 21.6 darstellen.

TABELLE 21.6 Allgemeine Form einer IxJ-Kontingenztabelle

		Y_2					
		B_1	B_2	.	.	. B_J	gesamt
	A_1	X_{11}	X_{12}	.	.	. X_{1J}	$X_{1.}$
	A_2	X_{21}	X_{22}	.	.	. X_{2J}	$X_{2.}$
	.	.	.	.	.	.	.
Y_1	.	.	.	.	.	.	.
	.	.	.	.	.	.	.
	A_I	X_{I1}	X_{I2}	.	.	. X_{IJ}	$X_{I.}$
gesamt		$X_{.1}$	$X_{.2}$	.	.	. $X_{.J}$	n

Zu beachten ist erneut die erwähnte enge Beziehung zwischen Tab. 21.6 (Überprüfung auf Unabhängigkeit) und Tab. 19.8 (Überprüfung der Homogenität). Die hier interessierende Unabhängigkeitshypothese (H_0: $\pi_{ij} = \pi_{i.} \cdot \pi_{.j}$) können wir nach dem im letzten Abschnitt beschriebenen Verfahren testen:

$$\langle 21.5\rangle \quad CHI = \sum_{i}^{I}\sum_{j}^{J} \frac{[X_{ij} - E(X_{ij})^*]^2}{E(X_{ij})^*}$$

CHI ist annähernd nach χ^2 verteilt mit FG = (I - 1)(J - 1) Freiheitsgraden. Die Begründung ist analog zu der im letzten Abschnitt genannten: Zur Schätzung der Erwartungswerte müssen wir auf die (geschätzten) Randwahrscheinlichkeiten zurückgreifen. Da sich diese Wahrscheinlichkeiten für beide Variablen zu 1 aufsummieren müssen, können jeweils nur (I - 1) bzw. (J - 1) Wahrscheinlichkeiten frei variieren. Damit ist zugleich die Zahl der unabhängigen Erwartungswerte gegeben: FG = (I - 1)(J - 1).

Beispiel 21.3

In der erwähnten "Shell-Studie" wurden Jugendliche aufgrund der Beantwortung verschiedener Fragen (nach "Gottesdienstbesuch", "Beten" usw.) fünf Typen der Religiosität zugeordnet (praktizierend, privatisierend, konventionell, formell, nicht religiös). Gleichzeitig wurden sie nach ihrer Parteipräferenz befragt. Tab. 21.7 zeigt die aus den Prozentangaben zurückgerechneten Häufigkeiten (Jugendwerk der Deutschen Shell 1985, Bd. 1, S.300).

Die zu überprüfenden Hypothesen könnten hier lauten:

H_0: Zwischen Parteipräferenz und Art der Religiosität besteht kein Zusammenhang.

H_1: Es besteht ein Zusammenhang.

Zur Berechnung der CHI-Statistik schätzen wir zunächst die Erwartungswerte für die einzelnen Zellen (Tab. 21.8).

TABELLE 21.7 Parteipräferenz und Religiosität bei 1472 Jugendlichen

		Religiosität					
		prakt.	priv.	konv.	form.	nicht	gesamt
	CDU/CSU	63	55	37	95	2	252
Partei-	SPD	47	83	18	174	11	333
präferenz	GRÜNE	42	58	20	182	42	344
	andere	14	5	4	43	3	69
	keine	97	74	52	233	18	474
	gesamt	263	275	131	727	76	1472

TABELLE 21.8 Geschätzte erwartete Häufigkeiten für Tab. 21.7

	prakt.	priv.	konv.	form.	nicht	gesamt
CDU/CSU	45,024	47,079	22,427	124,459	13,011	252
SPD	59,497	62,211	29,635	164,464	17,193	333
GRÜNE	61,462	64,266	30,614	169,897	17,761	344
andere	12,328	12,891	6,141	34,078	3,563	69
keine	84,689	88,553	42,183	234,102	24,473	474
gesamt	263	275	131	727	76	1472

Als Prüfwert ergibt sich dann:

$$CHI = \frac{(63 - 45{,}024)^2}{45{,}024} + \ldots + \frac{(18 - 24{,}473)^2}{24{,}473} = 112{,}002$$

Der Beitrag der einzelnen Zellen zu diesem Gesamtwert kann der Tab. 21.9 entnommen werden.

Über unsere Hypothesen können wir jetzt folgende Entscheidung treffen: Für $\alpha = 0{,}05$ und FG = (5 - 1)(5 - 1) = 16 ist 26,296 der kritische Wert der χ^2-Verteilung. Da CHI > χ^2_k, wird H_0 verworfen.

Wir können feststellen, daß zwischen Parteipräferenz und Art der Religiosität ein Zusammenhang besteht.

TABELLE 21.9 CHI-Komponenten für die Daten der Tab. 21.7

	prakt.	priv.	konv.	form.	nicht	gesamt
CDU/CSU	7,177	1,333	9,469	6,973	9,318	34,270
SPD	2,625	6,947	4,568	0,553	2,231	16,924
GRÜNE	6,163	0,611	3,680	0,862	33,080	44,396
andere	0,227	4,830	0,746	2,336	0,089	8,228
keine	1,790	2,392	2,285	0,005	1,712	8,184
gesamt	17,982	16,113	20,748	10,729	46,430	112,002

21.4 Zusammenhangsmaße für IxJ-Kontingenztabellen

Wir haben gesehen, daß die Verwerfung der Unabhängigkeitshypothese auf einen Zusammenhang der beiden Variablen hinweist. Zur Schätzung der *Höhe* dieses Zusammenhangs werden in der Literatur eine Reihe von Maßen vorgeschlagen, die in den meisten Fällen auf der CHI-Statistik basieren. CHI selbst läßt sich als Maß natürlich nicht unmittelbar verwenden, da dessen Wert von der Stichprobengröße n abhängig ist. Als einfachste Möglichkeit bietet sich an, CHI von n unabhängig zu machen (d.h. durch n zu dividieren). Dieses Maß wird als *mittlerer quadrierter Kontingenzkoeffizient* (mean square contingency coefficient) bezeichnet; die Wurzel daraus ist als Phi-Koeffizient bekannt:

<21.6> $\mathrm{Phi}^2 = \mathrm{CHI}/n$ bzw. $\mathrm{Phi} = \sqrt{(\mathrm{CHI}/n)}$

Dieser Koeffizient hat den Nachteil, daß er nicht innerhalb der für Korrelationsmaße "üblichen" Grenzen von -1 bis +1 bzw. von 0 bis 1 liegt.[2] Zwar gilt für den Fall völliger Unabhängigkeit der beiden Variablen CHI = 0 und $\mathrm{Phi}^2 = 0$, die obere Grenze liegt aber nicht notwendigerweise bei 1. Es läßt sich zeigen, daß Phi^2 in Abhängigkeit von der Anzahl der Reihen bzw. Spalten der Kontingenztabelle folgenden Maximalwert annehmen kann:

<21.7> $\mathrm{Phi}^2_{max} = \min[(I - 1), (J - 1)] = a$

Hieraus folgt übrigens sofort, daß CHI maximal den Wert n·a annehmen kann. Setzt man den tatsächlich beobachteten Wert für Phi^2 in Beziehung zu seinem Maximalwert, so erhält man ein Zusammenhangsmaß, das zuerst von Cramér (1946) vorgeschlagen wurde. Da eine einheitliche Terminologie fehlt, wählen wir hierfür die an Cramér erinnernde Bezeichnung CR.

<21.8> $\mathrm{CR}^2 = \mathrm{Phi}^2/\mathrm{Phi}^2_{max} = \mathrm{CHI}/n \cdot a$ bzw. $\mathrm{CR} = \sqrt{[\mathrm{CHI}/n \cdot a]}$

---

[2] Goodman & Kruskal (1954, S.738) weisen ausdrücklich darauf hin, daß dies nur eine Konvention ist.

Der Vorteil dieses Maßes liegt darin, daß es nur Werte zwischen 0 (Unabhängigkeit) und 1 ("vollkommener" Zusammenhang) annehmen kann. Ein weiteres Maß, das ebenfalls innerhalb dieser Grenzen liegt, stammt von Karl Pearson (1904) und ist als Kontingenzkoeffizient bekannt:

<21.9> $C = \sqrt{[CHI/(n + CHI)]}$

Gegenüber CR hat C allerdings einen entscheidenden Nachteil: Selbst im Falle eines vollkommenen Zusammenhangs kann C nicht 1 werden. Es läßt sich zeigen, daß die Obergrenze von C abhängig ist von der Anzahl der Reihen und Spalten der Tabelle. Definiert man a wie oben und b als min(I, J), dann gilt:

<21.10> $C_{max} = \sqrt{(a/b)}$

Hieraus folgt sofort, daß C_{max} für eine 2x2-Tabelle am niedrigsten ist, nämlich $\sqrt{(1/2)} = 0{,}707$. Je größer I und J werden, d.h. je größer die Tabelle wird, desto stärker strebt C_{max} gegen 1.

Für die Daten des Beispiels 21.3 erhalten wir für die vorgestellten Zusammenhangsmaße folgende Zahlenwerte:

$Phi^2 = 112{,}002/1472 = 0{,}076$ $\qquad Phi = 0{,}276$

$CR^2 = 0{,}076/4 = 0{,}019$ $\qquad CR = 0{,}138$

$C = \sqrt{[112{,}002/(112{,}002 + 1472)]} = 0{,}266$

Da alle drei Werte auf einem signifikanten CHI basieren (sonst wäre eine Berechnung ohnehin nicht sinnvoll), kann man sagen, daß zwischen den beiden Variablen "Parteipräferenz" und "Typ der Religiosität" ein statistisch signifikanter Zusammenhang besteht. Das Hauptproblem der drei Maße ist aber, daß die *Höhe* dieses Zusammenhangs schwer zu interpretieren ist. Zwar kann man z.B. für CR feststellen, daß (bezogen auf den maximal möglichen Zusammenhang) nur ein schwacher Zusammenhang vorliegt; dennoch sind die Zwischenwerte von CR nicht eindeutig wahrscheinlichkeitstheoretisch interpretierbar (wie dies beim Produkt-Moment-Korrelationskoeffizienten der Fall ist).[3)]

Ein Maß bzw. eine Gruppe von Maßen, die genau diese Interpretationsmöglichkeit bieten, wurde zuerst von Guttman (1941) vorgeschlagen und von Goodman & Kruskal (1954) systematisch weiterentwickelt. Zur Definition dieser mit Lambda (λ) bezeichneten Maße betrachten wir noch einmal unsere Ausgangssituation. Wenn wir Tab. 21.6 als Wahrscheinlichkeitsmodell schreiben, erhalten wir Tab. 21.10.

Goodman & Kruskal präzisieren den bisher eher vage benutzten Begriff "Zusammenhang" der beiden Variablen durch das Konzept der *Vorhersagbarkeit*. Damit kann man folgende Frage formulieren: Wie gut läßt sich die Zugehörigkeit eines zufällig ausgewählten Elements der Population zu einer der J Kategorien der

---

3) Marascuilo & McSweeney (1977, S.204) schlagen allerdings vor, CR^2 in Analogie zu dem in Kap. 19.7 vorgestellten Maß von Light & Margolin (1971) als Anteil erklärter Varianz zu interpretieren.

Variablen Y_2 vorhersagen, wenn man (a) über die Wahrscheinlichkeiten $\pi_{.j}$ hinaus keine weiteren Informationen hat; (b) zusätzlich weiß, welcher der I Kategorien von Y_1 das Element angehört?

TABELLE 21.10 Wahrscheinlichkeitsmodell für eine IxJ-Kontingenztabelle

		Y_2				
		B_1	B_2	. . .	B_J	gesamt
	A_1	π_{11}	π_{12}	. . .	π_{1J}	$\pi_{1.}$
	A_2	π_{21}	π_{22}	. . .	π_{2J}	$\pi_{2.}$
	.	.	.	. . .	.	.
Y_1	.	.	.	. . .	.	.
	.	.	.	. . .	.	.
	A_I	π_{I1}	π_{I2}	. . .	π_{IJ}	$\pi_{I.}$
gesamt		$\pi_{.1}$	$\pi_{.2}$	. . .	$\pi_{.J}$	1

Die beste Strategie im Fall (a) besteht natürlich darin, diejenige Kategorie in Y_2 vorherzusagen, welche die höchste Wahrscheinlichkeit $\pi_{.j}$ aufweist. Wenn wir so verfahren, ist die Wahrscheinlichkeit einer richtigen Vorhersage durch $\max(\pi_{.j})$ und die Wahrscheinlichkeit eines Fehlers durch $1 - \max(\pi_{.j})$ gegeben. Im Fall (b) gehen wir ähnlich vor. Da wir hier allerdings die Zugehörigkeit zu der Kategorie in Y_1 kennen, werden wir diejenige Kategorie in Y_2 wählen, die bei der *gegebenen* Kategorie in Y_1 die höchste Wahrscheinlichkeit π_{ij} aufweist. Die Gesamtwahrscheinlichkeit einer richtigen Vorhersage der Kategorienzugehörigkeit in Y_2 über alle I Kategorien von Y_1 hinweg gesehen beträgt demnach $\Sigma \max(\pi_{ij})$ und die Wahrscheinlichkeit eines Fehlers $1 - \Sigma \max(p_{ij})$.

Vergleicht man die Wahrscheinlichkeiten einer falschen Vorhersage unter beiden genannten Bedingungen, dann erhält man eine Angabe darüber, ob sich durch Kenntnis der Kategorienzugehörigkeit in Y_1 eine *Verbesserung* der Vorhersage bzw. eine Fehlerreduzierung ergibt oder nicht. Dies ist der Grundgedanke des sog. λ_B-Maßes:[4)]

$$\text{<21.11>} \quad \lambda_B = \frac{[\text{Fehler unter (a)}] - [\text{Fehler unter (b)}]}{[\text{Fehler unter(a)}]}$$

4) Die Bezeichnung wird hier beibehalten, weil sie in der Literatur allgemein gebräuchlich ist. Sie deutet an, daß die Zugehörigkeit zu einer der Kategorien $B_1, \ldots, B_J$ vorhergesagt wird. Zieht man die Terminologie heran, die im Zusammenhang mit der linearen Regression eingeführt wurde (Diehl & Kohr 1982, Kap. 9.6), müßte man zur Kennzeichnung der Vorhersagerichtung präziser $\lambda_{Y2,Y1}$ schreiben.

$$= \frac{1 - \max(\pi_{.j}) - [1 - \sum_i^I \max(\pi_{ij})]}{1 - \max(\pi_{.j})} = \frac{\sum_i^I \max(\pi_{ij}) - \max(\pi_{.j})}{1 - \max(\pi_{.j})}$$

Goodman & Kruskal (1954, S.742). stellen einige wichtige Eigenschaften dieses Maßes heraus:

- λ_B liegt zwischen 0 und 1.
- $\lambda_B = 0$, wenn die Kenntnis der Kategorienzugehörigkeit in Y_1 keine Hilfe bei der Vorhersage der Kategorienzugehörigkeit in Y_2 bietet. Formal: wenn j bei $\max(\pi_{ij})$ für alle i gleich ist.
- $\lambda_B = 1$, wenn die Kategorienzugehörigkeit in Y_1 vollständig die Kategorienzugehörigkeit in Y_2 bestimmt. Dies ist dann der Fall, wenn in jeder Reihe der IxJ-Tabelle genau ein von 0 verschiedenes π_{ij} existiert.
- λ_B ist nicht definiert, wenn die gesamte Population nur einer Kategorie in Y_2 angehört (d.h. wenn nur eine Spalte besetzt ist).
- Beim Vorliegen *statistischer Unabhängigkeit* (im vorher definierten Sinn) ist $\lambda_B = 0$. Die Umkehrung gilt nicht: λ_B kann 0 werden, obwohl die Unabhängigkeitshypothese verworfen wurde.
- λ_B ist unanfällig gegenüber Vertauschungen von Reihen und/oder Spalten. Dies heißt nichts anderes, als daß λ_B für Kontingenztabellen geeignet ist, deren Kategorien *keine Ordnungsrelation* aufweisen.

Ein zu λ_B analoges Maß läßt sich definieren, wenn man die Vorhersagerichtung umkehrt und fragt, ob die Kategorienzugehörigkeit in Y_2 bei der Vorhersage der Kategorienzugehörigkeit in Y_1 zu einer Fehlerreduzierung führt.

$$\text{<21.12>} \quad \lambda_A = \frac{\sum_j^J \max(\pi_{ij}) - \max(\pi_{i.})}{1 - \max(\pi_{i.})}$$

Schließlich läßt sich auch noch die *symmetrische* Situation betrachten, bei der jeweils in der Hälfte der Fälle die Kategorienzugehörigkeit in Y_1 bzw. Y_2 ohne und mit Kenntnis der Kategorienzugehörigkeit in der jeweils anderen Variablen vorhergesagt wird. Diese λ-Maß liegt immer zwischen λ_A und λ_B und ist folgendermaßen definiert:

$$\text{<21.13>} \quad \lambda = \frac{1/2[\sum_j^J \max(\pi_{ij}) + \sum_i^I \max(\pi_{ij}) - \max(\pi_{.j}) - \max(\pi_{i.})]}{1 - 1/2[\max(\pi_{.j}) + \max(\pi_{i.})]}$$

Zur Berechnung dieser drei λ-Maße müssen wir in gewohnter Weise auf *Schätzungen* der unbekannten Populationswahrscheinlichkeiten durch die beobachteten relativen Häufigkeiten in der Stichprobe zurückgreifen. Wir erhalten dann:[5)]

<21.14> $$\lambda_A^* = \frac{\sum_j^J \max(X_{ij}) - \max(X_{i.})}{n - \max(X_{i.})}$$

<21.15> $$\lambda_B^* = \frac{\sum_i^I \max(X_{ij}) - \max(X_{.j})}{n - \max(X_{.j})}$$

<21.16> $$\lambda^* = \frac{\sum_j^J \max(X_{ij}) + \sum_i^I \max(X_{ij}) - \max(X_{.j}) - \max(X_{i.})}{2n - [\max(X_{.j}) + \max(X_{i.})]}$$

Um zu demonstrieren, wie diese Indizes konkret berechnet werden, greifen wir noch einmal auf unser Beispiel 21.3 zurück. Die Zeilen- und Spaltenmaxima der Tab. 21.7 sowie deren Summen lauten:

$\max(X_{i1}) = 97$	$\max(X_{1j}) = 95$
$\max(X_{i2}) = 83$	$\max(X_{2j}) = 174$
$\max(X_{i3}) = 52$	$\max(X_{3j}) = 182$
$\max(X_{i4}) = 233$	$\max(X_{4j}) = 43$
$\max(X_{i5}) = 42$	$\max(X_{5j}) = 233$
$\sum_j \max(X_{ij}) = 507$	$\sum_i \max(X_{ij}) = 727$
$\max(X_{i.}) = 474$	$\max(X_{.j}) = 727$

Bei einer Stichprobengröße von n = 1472 ergeben sich dann folgende geschätzten Lambda-Werte:

$$\lambda_A^* = \frac{507 - 474}{1472 - 474} = 0{,}033 \qquad \lambda_B^* = \frac{727 - 727}{1472 - 727} = 0$$

5) In Übereinstimmung mit unserer bisherigen Schreibweise signalisiert ein Stern einen Schätzwert bzw. Stichprobenwert. Im Originalartikel von Goodman & Kruskal (1954) werden λ^*, λ_A^* und λ_B^* in anderem Zusammenhang verwendet.

$$\lambda^* = \frac{507 + 727 - 474 - 727}{2 \cdot 1472 - (474 + 727)} = 0,019$$

Goodman & Kruskal (1963, S.317) führen an, daß sich diese Werte analog zum Quadrat des Korrelationskoeffizienten interpretieren lassen. Der für λ_A geschätzte Wert 0,033 bedeutet also beispielsweise, daß (nur) rund 3% der Variabilität in Y_1 auf die Variabilität in Y_2 zurückgehen. Dies ist ein gutes Beispiel für die Tatsache, daß statistische Signifikanz (Verwerfung der Unabhängigkeitshypothese) nicht immer mit praktischer Signifikanz (s. Kap. 28) einhergehen muß.

Goodman & Kruskal (1963) geben auch an, wie man die Varianz bzw. Standardabweichung der Stichprobenverteilungen der genannten Maße berechnen kann (mit der damit verbundenen Möglichkeit, Hypothesentests durchzuführen bzw. Konfidenzintervalle zu erstellen). Da die entsprechenden Formeln recht kompliziert sind, sollen sie hier nicht aufgeführt werden.

21.5 Zusammenhangsmaße für 2x2-Tabellen

Da eine 2x2-Tabelle lediglich als Spezialfall der allgemeinen IxJ-Tabelle anzusehen ist, kommen zur Berechnung von Zusammenhängen natürlich alle Maße in Betracht, die wir im vorangegangenen Abschnitt kennengelernt haben. Es soll hier deshalb nur noch auf einige Besonderheiten hingewiesen werden, die ausschließlich für diesen Spezialfall Gültigkeit haben. Wenn wir für die Daten des Beispiels 21.2 (Zusammenhang zwischen Glaube an ein Weiterleben nach dem Tod und Gottesdienstbesuch) die drei Maße berechnen, erhalten wir:

$$\mathrm{Phi}^2 = 104{,}222/1472 = 0{,}071 \qquad \mathrm{Phi} = 0{,}266$$

$$\mathrm{CR}^2 = 0{,}071/1 = 0{,}071 \qquad \mathrm{CR} = 0{,}266$$

$$C = \sqrt{[104{,}222/(1472 + 104{,}222)]} = 0{,}257$$

Wir können feststellen, daß Phi^2 und CR^2 bzw. Phi und CR numerisch gleich sind. Die Gleichheit dieser beiden Maße gilt für 2x2-Tabellen immer. Wir sehen weiterhin, daß $C < CR$. Auch diese Beziehung gilt für alle 2x2-Tabellen; für größere Tabellen gilt dagegen in der Regel $C \geq CR$ (s. Hartung, Elpelt & Klösener 1987, S.452). Für 2x2-Tabellen weist Phi eine besondere Eigenschaft auf: Wenn wir die Kategorien der beiden Variablen jeweils durch 0 und 1 numerisch codieren und anschließend den Produkt-Moment-Korrelationskoeffizienten berechnen, erhalten wir identische Werte (weitere Einzelheiten hierzu in Diehl & Kohr 1982, Kap. 12.2).

Eine andere Gruppe von Zusammenhangsmaßen für 2x2-Tabellen geht auf das sog. *Kreuzproduktverhältnis* ("cross product ratio" oder auch "odds ratio") zurück. Dieses hier mit ω (kleingeschriebenes Omega) bezeichnete Verhältnis ist definiert als:

<21.17> $\omega = \dfrac{\pi_{11} \cdot \pi_{22}}{\pi_{12} \cdot \pi_{21}}$

Es ist leicht zu sehen, daß bei statistischer Unabhängigkeit der beiden Variablen ($\pi_{ij} = \pi_{i.} \cdot \pi_{.j}$) gilt:

$$\omega = \frac{\pi_{1.} \cdot \pi_{.1} \cdot \pi_{2.} \cdot \pi_{.2}}{\pi_{1.} \cdot \pi_{.2} \cdot \pi_{2.} \cdot \pi_{.1}} = 1$$

Da man den Umgang mit Maßen gewohnt ist, die im Falle statistischer Unabhängigkeit den Wert 0 annehmen (s. Fußnote 3), ist folgendes durch den natürlichen Logarithmus aus ω abgeleitetes Maß Ω (großgeschriebenes Omega) gebräuchlicher:

<21.18> $\Omega = \ln(\omega) = \ln(\pi_{11}) + \ln(\pi_{22}) - \ln(\pi_{12}) - \ln(\pi_{21})$

Gleichungen dieser Art haben wir bereits mehrfach kennengelernt. Tatsächlich stellt Ω nichts anderes dar als einen *Kontrast* der vier (logarithmisierten) Zellwahrscheinlichkeiten (s. Kap. 19.4). X erfüllt die gewünschten Bedingungen an ein Zusammenhangsmaß: $\Omega = 0$, wenn $\omega = 1$; $\Omega > 0$ bei positiver und $\Omega < 0$ bei negativer Korrelation der beiden Variablen. Ω liegt allerdings nicht innerhalb der Grenzen -1 und +1; rein theoretisch kann Ω Werte zwischen $-\infty$ und $+\infty$ annehmen. Da ω und Ω auf den unbekannten Populationswahrscheinlichkeiten beruhen, müssen wir mit Hilfe der Zellhäufigkeiten *Schätzungen* vornehmen:

<21.19> $\omega^* = X_{11} \cdot X_{22} / X_{12} \cdot X_{21}$

<21.20> $\Omega^* = \ln(X_{11}) + \ln(X_{22}) - \ln(X_{12}) - \ln(X_{21})$

Nach Goodman (1964) sind Varianz und Standardabweichung von X gegeben durch:

<21.21> $\mathrm{Var}(\Omega) = \dfrac{1}{\pi_{11}} + \dfrac{1}{\pi_{22}} + \dfrac{1}{\pi_{12}} + \dfrac{1}{\pi_{21}}$

<21.22> $\sigma_\Omega = \sqrt{[\mathrm{Var}(\Omega)]}$

Die entsprechenden *Schätzwerte* V_Ω und S_Ω erhält man auch hier wieder, indem man die π_{ij}-Werte durch die entsprechenden beobachteten Häufigkeiten X_{ij} ersetzt. Für große Stichproben ist Ω^* annähernd normalverteilt mit $N(\Omega; S_\Omega)$. Die Hypothese H_0: $\Omega = 0$ kann dann mit Hilfe folgender Statistik getestet werden:

<21.23> $Z_\Omega = \Omega^* / S_\Omega$

Z_Ω ist annähernd standardnormalverteilt; die Entscheidung über H_0 wird dann (in Abhängigkeit von α und der Formulierung der H_1) in bekannter Weise getroffen.

Dieses auf den ersten Blick kompliziert erscheinende Verfahren soll anhand der Daten des Beispiels 21.2 illustriert werden. Als Hypothesen formulieren wir: H_0: $\Omega = 0$ und H_1: $\Omega > 0$ (positiver Zusammenhang zwischen Glaube an ein Weiterleben nach dem Tod und Gottesdienstbesuch).

$$\omega^* = 283\ 632/442\ 115 = 3{,}519$$
$$\Omega^* = \ln(3{,}519) = 1{,}258$$
$$V_\Omega = 1/283 + 1/632 + 1/442 + 1/115 = 0{,}016$$
$$S_\Omega = 0{,}127$$
$$Z_\Omega = 1{,}258/0{,}127 = 9{,}922$$

Für $\alpha = 0{,}05$ und der angegebenen Richtung in H_1 ist $Z_k = 1{,}645$. Da $Z_\Omega > Z_k$, wird H_0 verworfen; es besteht in der Tat (wie in Abschnitt 21.1 vermutet) eine *positive* Korrelation zwischen den beiden Variablen.

Die Kenntnis der Stichprobenverteilung von Ω^* ermöglicht uns die Aufstellung eines *Konfidenzintervalls* für den unbekannten Populationsparameter Ω. Mit einer Wahrscheinlichkeit von 95% liegt Ω in folgendem Intervall:

<21.24> $\Omega^* - 1{,}96 \cdot S_\Omega \leq \Omega \leq \Omega^* + 1{,}96 \cdot S_\Omega$ [6]

Der Vorteil des beschriebenen Maßes besteht u.a. auch darin, daß man die Hypothese überprüfen kann, ob zwei Zusammenhangsmaße gleich oder verschieden sind. H_0: $\Omega_1 = \Omega_2$ (vs. eine der drei möglichen Alternativhypothesen) kann getestet werden durch:

<21.25> $$Z_{\Omega\Omega} = \frac{\Omega_1^* - \Omega_2^*}{S_{\Omega 1} + S_{\Omega 2}}$$

Das entsprechende (zweiseitige) Konfidenzintervall (mit $\alpha = 0{,}05$) lautet dann:

<21.26> $(\Omega_1^* - \Omega_2^*) - 1{,}96(S_{\Omega 1} + S_{\Omega 2}) \leq (\Omega_1 - \Omega_2) \leq (\Omega_1^* - \Omega_2^*) + 1{,}96(S_{\Omega 1} + S_{\Omega 2})$

Von Yule (1900 und 1912) stammen zwei weitere Zusammenhangsmaße für 2x2-Tabellen, die ebenfalls auf dem Kreuzproduktverhältnis basieren. Das *Assoziationsmaß* Q ist definiert als

<21.27> $$Q = \frac{\pi_{11} \cdot \pi_{22} - \pi_{12} \cdot \pi_{21}}{\pi_{11} \cdot \pi_{22} + \pi_{12} \cdot \pi_{21}}$$

und das *Verbundenheitsmaß* ("measure of colligation") Y als

<21.28> $$Y = \frac{\sqrt{(\pi_{11} \cdot \pi_{22})} - \sqrt{(\pi_{12} \cdot \pi_{21})}}{\sqrt{(\pi_{11} \cdot \pi_{22})} + \sqrt{(\pi_{12} \cdot \pi_{21})}}$$

Auch hier erfolgen die Schätzungen Q^* und Y^* über die beobachteten Häufigkeiten in der Stichprobe. Q und Y besitzen die zusätzliche Eigenschaft, daß sie zwischen -1 und +1 variieren und damit dem üblichen Verständnis von "Korrela-

---

6) Beachte, daß wir für unser Beispiel - entsprechend der formulierten H_1 - ein *einseitiges* Vertrauensintervall aufstellen müssen (vgl. Kap. 8): $\Omega \geq \Omega^* - 1{,}645 \cdot S_\Omega$. Wir können also mit 95%iger Sicherheit sagen, daß Ω nicht kleiner ist als: $1{,}258 - 1{,}645 \cdot 0{,}127 = 1{,}049$ d.h. es besteht eine *positive* Korrelation.

tionskoeffizient" entsprechen. Beide Maße stellen aber nichts anderes dar als monotone Funktionen von ω:

<21.29> $Q = (\omega - 1)/(\omega + 1)$

<21.30> $Y = (\sqrt{\omega} - 1)/(\sqrt{\omega} + 1)$

Gegenüber dem einfacher zu handhabenden ω bringen diese Maße also keinerlei Informationsgewinn. Es soll deshalb auch hier nicht näher darauf eingegangen werden. Alle interessierenden Fragestellungen können mit dem oben dargestellten Verfahren beantwortet werden. Der Vollständigkeit halber sei darauf hingewiesen, daß z.B. bei Bishop, Fienberg & Holland (1975, S.378) sowie bei Hartung et al. (1987, S.445) Formeln zur Schätzung der Standardfehler (S_Q und S_Y) angegeben sind, mit denen in analoger Weise wie oben Hypothesentests durchgeführt bzw. Konfidenzintervalle erstellt werden können.

Kapitel 22

Tests auf Güte der Anpassung

In diesem Kapitel werden wir eine Reihe von Tests kennenlernen, die eine Antwort auf die Frage liefern, ob zwei Verteilungen (z.B. eine empirische und eine theoretische oder zwei empirische) identisch sind oder nicht.

22.1 Chi-Quadrat-Test

Dieser älteste und wohl auch bekannteste Anpassungstest wurde bereits 1900 von Karl Pearson entwickelt. Er prüft, ob eine beobachtete Häufigkeitsverteilung mit einer theoretischen Wahrscheinlichkeitsverteilung, die durch I einander ausschließende Kategorien definiert ist, übereinstimmt oder nicht. Wenn wir die theoretischen Wahrscheinlichkeiten mit π_i und die an einer Zufallsstichprobe der Größe n beobachteten Häufigkeiten mit X_i bezeichnen, läßt sich folgende, uns bereits bekannte Teststatistik definieren:

$$\text{<22.1>} \quad CHI = \sum_i^I \frac{[X_i - E(X_i)]^2}{E(X_i)} = \sum_i^I \frac{(X_i - n \cdot \pi_i)^2}{n \cdot \pi_i}$$

Diese Größe ist annähernd nach χ^2 verteilt mit FG = I - 1 Freiheitsgraden. In seiner einfachsten Form haben wir den Pearson-Test bereits im Zusammenhang mit der Binomialverteilung (mit I = 2 Kategorien) kennengelernt. Wir wollen jetzt anhand eines Beispiels den allgemeinen Fall mit mehr als zwei Kategorien darstellen.

Beispiel 22.1

Bei der Bundestagswahl 1987 entfielen auf die einzelnen Parteien folgende Stimmanteile: CDU/CSU 44,3% - SPD 37,0% - F.D.P. 9,1% - GRÜNE 8,3% - Sonstige 1,3%. Diese Werte können wir als theoretische Wahrscheinlichkeiten (π_1 = 0,443; π_2 = 0,37 usw.) auffassen. Anhand einer Zufallsstichprobe von n = 1000 Studenten wollen wir der Frage nachgehen, ob sich die Parteipräferenzen in der Teilpopulation der *Studenten* in gleicher oder anderer Weise verteilen als in der Gesamtpopulation. Hierzu wurde jeder Person die sog. Sonntagsfrage ("Welche Partei würden Sie wählen, wenn am nächsten Sonntag Wahlen stattfänden?") gestellt. Tab. 22.1 zeigt das Ergebnis dieser fiktiven Untersuchung sowie die notwendigen Berechnungen nach Formel <22.1>.

Als Hypothesen können wir formulieren:

H_0: Die Parteipräferenzen verteilen sich in der Teilpopulation der Studenten in gleicher Weise wie in der Gesamtpopulation bzw. präziser: π_1 = 0,443 und π_2 = 0,370 und π_3 = 0,091 und π_4 = 0,083 und π_5 = 0,013.

H_1: Die Verteilungen sind unterschiedlich, d.h. mindestens ein π_i weist einen anderen Wert als in der Gesamtpopulation auf.

TABELLE 22.1 Parteipräferenzen von n = 1000 Studenten

Partei	π_i	$n \cdot \pi_i$	X_i	$(X_i - n \cdot \pi_i)^2 / n \cdot \pi_i$
CDU/CSU	0,443	443	389	6,582
SPD	0,370	370	402	2,768
F.D.P.	0,091	91	72	3,967
GRÜNE	0,083	83	112	10,133
Sonst.	0,013	13	25	11,077
gesamt				34,527

Zur Überprüfung dieser Hypothesen beziehen wir den in Tab. 22.1 berechneten Wert CHI = 34,527 auf die theoretische χ^2-Verteilung mit FG = 5 - 1 = 4 Freiheitsgraden. Bei einer angenommenen Irrtumswahrscheinlichkeit von α = 0,05 beträgt der kritische Wert dieser Verteilung laut Tab. I 9,488. Wir gelangen dann zu folgender Entscheidung: H_0 wird verworfen, da CHI > χ^2_k.

Wir können also feststellen, daß sich in der Teilpopulation der Studenten die Parteipräferenzen in anderer Weise verteilen als in der Gesamtpopulation. Anders ausgedrückt: Die Wahrscheinlichkeiten π_i weisen nicht die unter H_0 postulierten Werte auf. Für diese *unbekannten* Wahrscheinlichkeiten lassen sich aufgrund der Stichprobendaten Punkt- und Intervallschätzungen vornehmen: Die beste Punktschätzung von π_i ist durch $p_i = X_i/n$ gegeben; der Satz simultaner Konfidenzintervalle hat die allgemeine Form

<22.2> $p_i - \surd\chi^2_k \cdot \surd[p_i(1 - p_i)/n] \leq \pi_i \leq p_i + \surd\chi^2_k \cdot \surd[p_i(1 - p_i)/n]$.

TABELLE 22.2 Konfidenzintervalle für die Wahrscheinlichkeiten π_i in der Population der Studenten

Kategorie	p_i	untere Grenze	obere Grenze	π_i (H_0)	
1	0,389	0,342	0,436	0,443	signif.
2	0,402	0,354	0,450	0,370	nicht signif.
3	0,072	0,047	0,097	0,091	nicht signif.
4	0,112	0,081	0,143	0,083	nicht signif.
5	0,025	0,010	0,040	0,013	nicht signif.

Jedes nach <22.2> berechenbare Intervall enthält mit einer Wahrscheinlichkeit von mindestens (1 - α) den jeweiligen unbekannten Populationsparameter. Für unser konkretes Beispiel ergeben sich die in Tab. 22.2 angegebenen Intervallgrenzen. Dieser Tabelle können wir entnehmen, daß nur ein - als "signifikant" gekennzeichnetes - Konfidenzintervall den unter H_0 postulierten Parameter nicht enthält. Der Hauptgrund für die Verwerfung von H_0 liegt also darin, daß bei Studenten die (geschätzte) Wahrscheinlichkeit einer Stimmabgabe für die CDU/CSU mit $p_1 = 0{,}389$ deutlich niedriger liegt als in der Gesamtpopulation - ein nicht gerade unerwartetes Ergebnis!

Der Pearson-Test ist an die Voraussetzung gebunden, daß sowohl der empirischen als auch der theoretischen Verteilung I einander ausschließende Kategorien zugrunde liegen. Er prüft also die Anpassung an eine *diskrete* theoretische Verteilung. Durch eine geringfügige Modifikation kann mit diesem Test allerdings auch das Problem des Vergleichs einer empirischen mit einer *kontinuierlichen* theoretischen Verteilung gelöst werden. Der wichtigste Anwendungsfall ist dabei natürlich die Überprüfung einer empirischen Verteilung auf *Normalität*. Das Verfahren sei anhand eines Beispiels erläutert.

Beispiel 22.2

Im Rahmen der Entwicklung eines Schulleistungstests für 4. Klassen bearbeiteten n = 1372 Schüler 26 Mathematik-Aufgaben. Tab. 22.3 zeigt das Ergebnis als sekundäre Häufigkeitsverteilung.

TABELLE 22.3 Anzahl richtig gelöster Mathematikaufgaben bei n = 1372 Schülern der 4. Klassenstufe

Punktwert-intervall	Häufigkeit X_i
0 - 2	8
3 - 5	65
6 - 8	180
9 - 11	328
12 - 14	408
15 - 17	284
18 - 20	83
21 - 23	13
24 - 26	3

Als Hypothesen können wir formulieren:

H_0: Die empirische Häufigkeitsverteilung der Anzahl gelöster Aufgaben für die n = 1372 Schüler entstammt einer normalverteilten Population.

H_1: Die Verteilung in der Population ist nicht normal.

Eine Überprüfung dieser Hypothesen mit Hilfe des CHI-Tests läßt sich durch folgende Überlegung rechtfertigen: Wir nehmen an, daß die kontinuierliche Normalverteilung in gleicher Weise wie die empirische Verteilung in eine endliche

Anzahl nicht-überlappender Intervalle eingeteilt ist. Für diese Intervalle können aufgrund der bekannten Eigenschaften der Normalverteilung erwartete Häufigkeiten bestimmt und mit den beobachteten verglichen werden. Dieses Verfahren krankt allerdings an einem Hauptproblem: Das Ergebnis der Verteilungsprüfung wird massiv durch die - nahezu beliebige - Festlegung der Anzahl und Breite der Intervalle beeinflußt (zum Problem der Klasseneinteilung bei sekundären Häufigkeitsverteilungen vgl. Diehl & Kohr 1982, Kap. 4.3).

Lassen wir diesen Einwand unberücksichtigt, dann kann die Normalitätsprüfung für die Daten der Tab. 22.3 in folgender Weise durchgeführt werden: Zur Bestimmung der erwarteten Häufigkeiten in den Intervallen müssen wir in einem ersten Schritt die *unbekannten* Populationsparameter μ und σ aus den Stichprobendaten *schätzen*. Hierzu greifen wir auf das Mittel M und die Standardabweichung S zurück (vgl. Kap. 2.9.1). Bei gruppierten Daten lassen sich diese Kennwerte bekanntlich nach folgenden Formeln berechnen (s. Diehl & Kohr 1982, S.68 und S.97f):

<22.3> $$M = \left(\sum_{i}^{I} X_i \cdot X_{mi}\right)/n$$

<22.4> $$V = \frac{n \cdot \sum_{i}^{I} X_i \cdot X_{mi}^2 - \left[\sum_{i}^{I} X_i \cdot X_{mi}\right]^2}{n(n-1)}$$

<22.5> $$S = \sqrt{V}$$

Hierbei ist I die Anzahl der Intervalle, X_{mi} der Mittelpunkt des i-ten Intervalls und X_i die zugehörige Häufigkeit. Für unsere Daten erhalten wir nach diesen Formeln: M = 12,09 und S = 3,98. Die weiteren Schritte sind jetzt:

- Mit Hilfe dieser Schätzwerte transformieren wir die Intervallgrenzen X_{ui} und X_{oi} (für untere und obere Grenze des i-ten Intervalls) nach der bekannten Beziehung $Z_{ui} = (X_{ui} - M)/S$ bzw. $Z_{oi} = (X_{oi} - M)/S$ in Werte der Standardnormalverteilung.
- Anhand der Z-Tabelle (Tab. C im Anhang) bestimmen wir für die einzelnen Intervalle die Flächenanteile und damit die Auftretenswahrscheinlichkeiten π_i.
- Aus diesen Wahrscheinlichkeiten berechnen wir für jedes Intervall nach dem Muster $n \cdot \pi_i$ die unter H_0 erwarteten Häufigkeiten.
- Schließlich wird eine CHI-Statistik nach Formel <22.1> berechnet.

Die Ergebnisse dieser einzelnen Schritte sind in Tab. 22.4 zusammengefaßt. Zu dieser Tabelle sind noch zwei Anmerkungen notwendig: Bei der Berechnung der Z-Werte wurden jeweils die "exakten" unteren und oberen Grenzen der Intervalle herangezogen, also -0,51 und 2,50 für das erste Intervall; 2,51 und 5,50 für das zweite Intervall usw. Bei der Bestimmung der Flächenanteile wurde das unterste Intervall als nach unten offen, das oberste Intervall als nach oben offen betrachtet. Damit ist berücksichtigt, daß die Werte einer Normalverteilung theoretisch von $-\infty$ bis $+\infty$ reichen (vgl. Bortz 1979, S.96).

TABELLE 22.4 Normalitätsprüfung für die Daten der Tab. 22.3

Intervallgrenzen (Z-Wert)	π_i	$n \cdot \pi_i$	X_i	$(X_i - n \cdot \pi_i)^2 / n \cdot \pi_i$
$-\infty$ bis -2,41	0,0080	10,98	8	0,809
-2,41 bis -1,66	0,0405	55,57	65	1,600
-1,66 bis -0,90	0,1356	186,04	180	0,196
-0,90 bis -0,15	0,2563	351,64	328	1,589
-0,15 bis 0,61	0,2887	396,10	408	0,358
0,61 bis 1,36	0,1840	252,45	284	3,943
1,36 bis 2,11	0,0695	95,35	83	1,600
2,11 bis 2,87	0,0153	20,99	13	3,041
2,87 bis $+\infty$	0,0021	2,88	3	0,005
Summen	1,0000	1372	1372	13,141

Bevor wir anhand des berechneten Wertes CHI = 13,141 eine Entscheidung über unsere Nullhypothese treffen, ist noch eine Bemerkung zur Bestimmung der Anzahl der Freiheitsgrade der χ^2-Verteilung notwendig: Bei I = 9 Kategorien bzw. Intervallen gilt "normalerweise" FG = I - 1 = 8; da wir aber zwei Parameter (μ und σ) aus den Stichprobendaten geschätzt haben, reduziert sich die Zahl der Freiheitsgrade um weitere 2, also FG = I - 1 - 2 = 6. Bei q zu schätzenden Parametern gilt für den Pearson-Test allgemein: FG = I - q - 1. Der kritische Wert der χ^2-Verteilung mit FG = 6 und $\alpha = 0{,}05$ beträgt 12,592. Da der berechnete Wert für CHI diesen kritischen Wert *überschreitet*, wird H_0 verworfen. Wir können demnach feststellen, daß die Stichprobe einer nicht-normalverteilten Population entstammt.

Auf drei Punkte sei abschließend noch kurz eingegangen:

- Ein Hauptproblem des Pearson-Tests bei kontinuierlichen Verteilungen wurde bereits angesprochen: Obwohl das Ergebnis einer Verteilungsprüfung entscheidend von der Anzahl und Größe der Intervalle abhängig ist, fehlen allgemeingültige Regeln für deren Festlegung. Auf die zahlreichen Arbeiten zu dieser Frage wollen wir hier lediglich hinweisen (z.B. Cochran 1952; Dahiya & Gurland 1972, 1973; Gumbel 1943; Mann & Wald 1942; Schorr 1974; Williams 1950).
- Ein weiteres Problem entsteht, wenn ein oder mehrere unbekannte Parameter aus den Stichprobendaten geschätzt werden müssen. Die Teststatistik CHI ist dann nämlich nicht mehr unter allen Bedingungen asymptotisch nach χ^2 verteilt (Chernoff & Lehmann 1954). Cramér (1963) stellt zwei (relativ aufwendige) Methoden der Parameterschätzung vor, die dies sicherstellen. Chase

(1972) diskutiert den Fall einer von den Stichprobendaten unabhängigen Parameterschätzung.

- Die Durchführung des CHI-Tests ist an die Voraussetzung gebunden, daß die erwarteten Häufigkeiten nicht "zu klein" sind. Was unter diesem vagen Begriff zu verstehen ist, wurde bereits in anderem Zusammenhang (Kap. 19.3) diskutiert. Untersuchungen, die dieses Problem speziell im Rahmen des CHI-Anpassungstests behandeln, wurden z.B. von Slakter (1966, 1968) und Tate & Hyer (1973) durchgeführt.

22.2 Kolmogorow-Anpassungstest

Wir haben gesehen, daß eine Anpassungsprüfung mit dem CHI-Test bei kontinuierlichen Verteilungen mit gewissen Problemen verbunden ist. Als bessere Alternative bietet sich für diesen Fall ein Test an, der seiner Grundidee nach von dem russischen Mathematiker Kolmogorow (1933) entwickelt wurde. Smirnow (1939) erweiterte diesen Test auf den Vergleich zweier empirischer Verteilungen, weshalb in der Literatur auch häufig vom Kolmogorow-Smirnow-Test gesprochen wird. Aus didaktischen Gründen wollen wir hier beide Verfahren getrennt behandeln.

ABBILDUNG 22.1 Vergleich einer empirischen und einer theoretischen Verteilungsfunktion

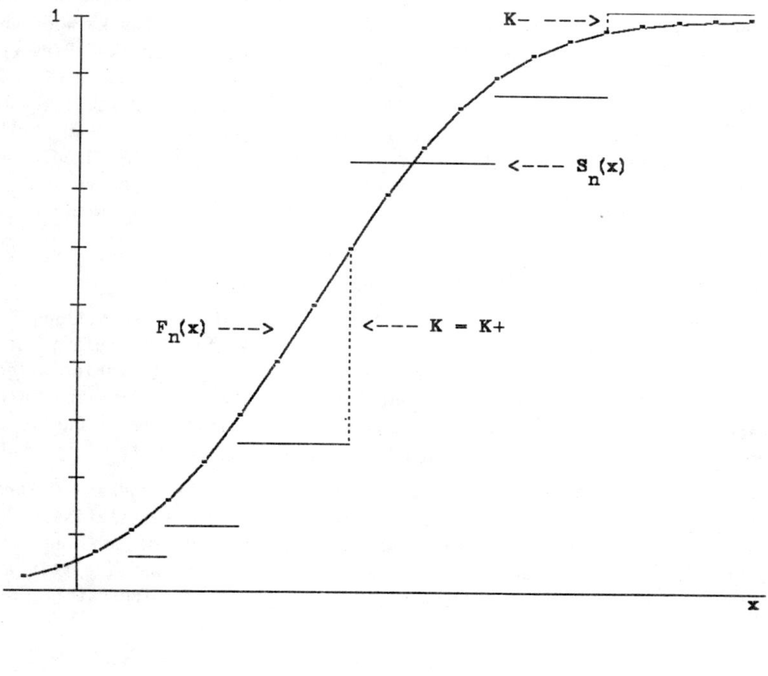

Die dem Kolmogorow-Test zugrunde liegende *Logik* kann anhand der Abb. 22.1 erläutert werden: Gegeben sei die kumulative Wahrscheinlichkeitsverteilung einer kontinuierlichen Zufallsvariablen X. Die Wahrscheinlichkeit, daß die Variable X einen Wert annimmt, der kleiner oder gleich x ist, läßt sich dann schreiben als $P(X \leq x)$ oder einfacher als sog. *Verteilungsfunktion* F(x). Anders ausgedrückt: F(x) entspricht dem Anteil von Werten in der *Population*, die kleiner oder gleich x sind. Die grafische Darstellung von F(x) liefert eine stetige, monoton steigende Kurve. Gegeben sei weiterhin eine Zufallsstichprobe von n Werten der Variablen X. Die *empirische* Verteilungsfunktion dieser n Stichprobenwerte sei durch $S_n(x)$ symbolisiert. $S_n(x) = m/n$ entspricht also dem Anteil von Werten in der Stichprobe, die kleiner oder gleich x sind, wobei m für die *Anzahl* der Werte kleiner/gleich x steht. $S_n(x) = 0$ für alle x-Werte, die kleiner als der *kleinste* Stichprobenwert x_1 sind; $S_n(x) = 1$ für alle x-Werte, die größer oder gleich x_n (*größter* Stichprobenwert) sind. Die grafische Darstellung von $S_n(x)$ ergibt eine charakteristische *Treppenkurve*, die bei jedem Stichprobenwert x_i einen Sprung nach oben macht. Die Höhe dieses Sprungs beträgt 1/n (wenn ein x_i-Wert in der Stichprobe nur ein einziges Mal auftritt) oder k/n (wenn ein Wert k-mal vorkommt, also gebundene Meßwerte vorliegen). Für alle x-Werte, die in dem von zwei aufeinander folgenden Stichprobenwerten x_i und x_{i+1} gebildeten Intervall liegen, bleibt $S_n(x)$ konstant, d.h. die Kurve verläuft parallel zur Abszisse.

Für jeden x-Wert kann jetzt die *Differenz* der beiden Verteilungsfunktionen $[S_n(x) - F(x)]$ bzw. $[F(x) - S_n(x)]$ bestimmt werden. Diese Differenz entspricht grafisch dem *Ordinatenabstand* der beiden Kurven in einem Punkt x. Es lassen sich dann folgende drei Statistiken definieren:

<22.6> $K^+ = \max[F(x) - S_n(x)]$

<22.7> $K^- = \max[S_n(x) - F(x)]$

<22.8> $K = \max|S_n(x) - F(x)|$ [1)]

Diese drei Werte lassen sich unmittelbar der Abb. 22.1 entnehmen: K^+ ist der *größte vertikale Abstand* der beiden Kurven, wenn F(x) über $S_n(x)$ liegt, K^- der größte Abstand für den Fall $S_n(x)$ über F(x) und K der größte Abstand überhaupt. Die entscheidende Eigenschaft dieser drei Statistiken besteht darin, daß ihre Verteilung für eine gegebene Stichprobengröße n *bekannt* ist und daß diese Verteilung *unabhängig* von der Lage, Varianz oder Form der theoretischen Verteilungsfunktion F(x) ist (einen einfachen Beweis hierfür liefert z.B. Bradley 1968, S.297ff). Es sind damit also im wahrsten Sinne des Wortes *verteilungsfreie* Statistiken.

Unter Ausnutzung dieser Eigenschaft läßt sich jetzt folgender Test konstruieren: Uns liegt eine Zufallsstichprobe von n Meßwerten aus einer Population mit *unbekannter* Verteilung vor. Über diese Verteilung besitzen wir allerdings eine

---

1) Genau genommen müßte in allen drei Definitionen an Stelle des Maximums das sog. *Supremum* gewählt werden (s. Büning & Trenkler 1978, S.87).

präzise Vorstellung; wir nehmen nämlich an, daß die kumulative Wahrscheinlichkeitsverteilung die Form $F_0(x)$ aufweist. Dies ist gleichbedeutend mit der Nullhypothese H_0: $F(x) = F_0(x)$. Mit Hilfe der empirischen Verteilungsfunktion $S_n(x_i)$ berechnen wir - je nach H_1 - einen der oben definierten Prüfwerte, dessen Verteilung unter H_0 bekannt ist. Anhand dieser Verteilung entscheiden wir nach den üblichen Regeln, ob unsere Stichprobe tatsächlich aus der in H_0 spezifizierten Verteilung stammt oder nicht. Die konkrete Durchführung dieses Tests soll an einem Beispiel demonstriert werden.

Beispiel 22.3

Für eine Zufallsstichprobe von n = 10 "hochbegabten" Schülern liegen folgende IQ-Werte vor: 115, 118, 120, 124, 125, 126, 128, 129, 130, 132. Wir stellen die Hypothese auf, daß diese Stichprobe einer normalverteilten Population mit $\mu = 120$ und $\sigma = 10$ entstammt. $F_0(x)$ ist also in diesem Fall die Verteilungsfunktion der Normalverteilung N(120, 10). Formal können wir dann folgende Hypothesen formulieren:

H_0: $F(x) = F_0(x)$ für alle x

H_1: $F(x) \neq F_0(x)$ für mindestens ein x *Zweiseitiger Test* (Fall A)

Zur Überprüfung dieser Hypothesen gehen wir in folgender Weise vor:

- Für jeden beobachteten x_i-Wert wird die Anzahl m der Meßwerte in der Stichprobe bestimmt, die kleiner/gleich x_i sind. $S_n(x_i) = m/10$ liefert dann die vollständige empirische Verteilungsfunktion.
- Für jeden x_i-Wert wird der Wert der unter H_0 angenommenen Verteilungsfunktion bestimmt. Hierzu werden die x_i-Werte über die bekannte Beziehung $Z_i = (x_i - 120)/10$ in Werte der Standardnormalverteilung transformiert und die zugehörigen Wahrscheinlichkeiten $P(Z \leq Z_i) = F_0(x_i)$ aus Tab. C abgelesen.
- An allen Punkten x_i wird die Differenz bzw. der Abstand zwischen beiden Verteilungen ermittelt. Hierbei ist allerdings folgendes zu beachten: Aus Abb. 22.1 geht hervor, daß sich der Abstand zwischen $S_n(x)$ und $F(x)$ im Intervall $[x_i, x_{i+1}]$ *ändert*; wenn F(x) über Sn(x) liegt, ist der Abstand am rechten Ende des Intervalls, d.h. am rechten Ende der waagerechten Linie, *größer*. Zur korrekten Bestimmung der Abstände müssen wir daher an jedem Punkt *zwei* Differenzen berechnen:

  $$|S_n(x_i) - F_0(x_i)| = D_1 \qquad \text{und} \qquad |S_n(x_{i-1}) - F_0(x_i)| = D_2.$$

  Hierbei entspricht D_2 dem Abstand am rechten Ende des x_i *vorausgehenden* Intervalls. Für den *kleinsten* Meßwert x_1 gilt definitionsgemäß $S_n(x_{1-1}) = S_n(x_0) = 0$.
- Entsprechend der in H_1 formulierten Richtung wird schließlich eine der drei Teststatistiken K^+, K^- oder K bestimmt. Da wir für unser Beispiel eine zweiseitige Fragestellung gewählt haben, sind wir nur an K interessiert. Unter Rückgriff auf die für ein gegebenes n festliegende Stichprobenverteilung von K kann dann über H_0 entschieden werden. Kritische Werte dieser Verteilung für Stichproben der Größe $n \leq 100$ sind in Tab. T1 im Anhang aufgeführt.

Die konkrete Durchführung dieser Schritte für unser Beispiel ist in Tab. 22.5 zusammengefaßt.

TABELLE 22.5 Prüfung auf Normalverteilung für n = 10 IQ-Werte

x_i	$S_n(x_i)$	$S_n(x_{i-1})$	z_i	$F_0(x_i)$	D_1	D_2
115	0,1	0	-0,5	0,3085	0,2085	0,3085
118	0,2	0,1	-0,2	0,4207	0,2207	0,3207
120	0,3	0,2	0	0,5000	0,2000	0,3000
124	0,4	0,3	0,4	0,6554	0,2554	*0,3554*
125	0,5	0,4	0,5	0,6915	0,1915	0,2915
126	0,6	0,5	0,6	0,7257	0,1257	0,2257
128	0,7	0,6	0,8	0,7881	0,0881	0,1881
129	0,8	0,7	0,9	0,8159	0,0159	0,1159
130	0,9	0,8	1,0	0,8413	0,0587	0,0413
132	1,0	0,9	1,2	0,8849	*0,1151*	0,0151

Der Tab. 22.5 können wir entnehmen, daß an der Stelle x_i = 124 (bzw. genauer: am Endpunkt des Intervalls 120-124) die maximale Differenz von 0,3554 auftritt, d.h. K = 0,3554. Für n = 10, α = 0,05 und zweiseitige Fragestellung lesen wir als kritischen K-Wert aus Tab. T1 K_k = 0,40925 ab. Da H_0 nur dann verworfen wird, wenn $K \geq K_k$, behalten wir die Nullhypothese bei. Es besteht also kein Grund zu bezweifeln, daß die Stichprobe von n = 10 IQ-Werten aus einer normalverteilten Population mit μ = 120 und σ = 10 entnommen wurde.

Anhand der Tab. 22.5 kann auch erläutert werden, wie bei einer *einseitigen* Fragestellung vorzugehen ist. Die beiden Möglichkeiten einer *gerichteten* Alternativhypothese lassen sich formal in folgender Weise schreiben:

H_1: $F(x) < F_0(x)$ für mindestens ein x Fall B

H_1: $F(x) > F_0(x)$ für mindestens ein x Fall C

Fall B entspricht der Aussage, daß die Stichprobe einer Verteilung entstammt, deren Verteilungsfunktion *unterhalb* der unter H_0 spezifizierten liegt. Als Teststatistik muß somit auf K^+ zurückgegriffen werden. Zur Bestimmung von K^+ müssen wir definitionsgemäß alle Fälle betrachten, bei denen $F_0(x_i)$ *größer* als $S_n(x_i)$ bzw. $S_n(x_{i-1})$ ist. Das Maximum der zugehörigen Differenzen ist K^+. In unserem Beispiel ist K^+ = 0,3554 = K. Auch hier müßten wir H_0 beibehalten; denn für n = 10, α = 0,05 und einseitige Fragestellung ist nach Tab. T1 K_k = 0,36866.

Fall C beinhaltet die Aussage, daß die Stichprobe einer Verteilung entnommen wurde, deren Verteilungsfunktion *über* $F_0(x)$ liegt. Die Teststatistik ist damit K^-. Den Wert für K^- finden wir, wenn wir alle Fälle, bei denen $F_0(x_i)$ *kleiner* als $S_n(x_i)$ bzw. $S_n(x_{i-1})$ ist, heranziehen und das Maximum der zugehörigen Differenzen bestimmen. Für unser Beispiel ergibt sich K^- = 0,1151. Wegen $K^- < (K_k$ = 0,36866) müßten wir H_0 erneut beibehalten.

Um die Darstellung des Kolmogorow-Test zu vervollständigen, sollen abschliessend noch einige Punkte kurz angesprochen werden:

- Aus Tab. T1 lassen sich kritische K-Werte nur bis zu einer Stichprobengröße von n = 100 ablesen.[2] Für größere Stichproben muß man auf die Verteilung der Größe λ (Lambda) zurückgreifen.[3] Auf die Eigenschaften dieser Verteilung, die erstmals von Smirnow (1948) tabelliert wurde, wollen wir hier nicht näher eingehen (s. z.B. Büning & Trenkler 1978, S.89f). In Abhängigkeit von H_1 ist λ in folgender einfacher Weise definiert:

  <22.9> $\lambda = K \cdot \sqrt{n}$ bzw. $\lambda = K^+ \cdot \sqrt{n}$ bzw. $\lambda = K^- \cdot \sqrt{n}$

  H_0 wird verworfen, wenn ein berechneter λ-Wert den kritischen Wert der λ-Verteilung für ein gegebenes α erreicht oder überschreitet. Für die üblichen Signifikanzniveaus sind in Tab. 22.6 λ_k-Werte für ein- und zweiseitige Tests aufgeführt.

TABELLE 22.6 Kritische Werte der λ-Verteilung (nach Bradley 1968, S.293)

	α					
einseitig	0,05	0,025	0,01	0,005	0,001	0,0005
zweiseitig	0,10	0,05	0,02	0,01	0,002	0,001
λ_k	1,224	1,358	1,517	1,628	1,858	1,950

  Beispiel: Für eine Stichprobe von n = 300 Meßwerte haben wir K^+ = 0,0723 beobachtet. Nach Formel <22.9> ist $\lambda = 0{,}0723 \cdot \sqrt{300} = 1{,}252$. Für α = 0,05 und einseitige Fragestellung ist λ_k = 1,224. Da $\lambda > \lambda_k$, wird H_0 verworfen.

- Von seiner ursprünglichen Idee her prüft der Kolmogorow-Test die Anpassung einer empirischen Verteilung an eine *kontinuierliche* theoretische Verteilung. Die in Tab. T1 angeführten kritischen Werte der Teststatistik K (bzw. K^+ oder K^-) besitzen im strengen Sinn nur unter dieser Voraussetzung Gültigkeit. Der Test kann aber auch bei *diskreten* Verteilungen (s. Beispiel 22.1) angewandt werden (Conover 1972; Goodman 1954; Noether 1963; Pettitt & Stephens 1977; Slakter 1965, 1966). Ein Rückgriff auf Tab. T1 führt in diesem

---

2) Die in Tab. T1 angeführten kritischen Werte sind nur für n ≤ 20 *exakt*. Die Werte für n > 20 basieren auf einer Näherungsformel, die eine gute Übereinstimmung mit den wahren Werten liefert (Bradley 1968, S.301).

3) Trotz der Gefahr einer Verwechslung mit den im letzten Kapitel behandelten k-Maßen behalten wir diese in der Literatur gebräuchliche Bezeichnung bei.

Fall allerdings dazu, daß H_0 weniger schnell verworfen wird; d.h. der Test ist dann *konservativ*.

- Bisher vorliegende Untersuchungen (z.B. Massey 1951; Shapiro, Wilk & Chen 1968) zeigen, daß der Kolmogorow-Test im Vergleich zum CHI-Anpassungstest über die größere Power verfügt.[4] Einschränkend muß man allerdings hinzufügen, daß dieser Nachweis nur für einige spezielle Verteilungsfunktionen erbracht wurde. Weitere Angaben zu Power und Effizienz des Kolmogorow-Tests können den Arbeiten von Andel (1967), Capon (1965), Quade (1965) und Ramachandramurty (1966) entnommen werden, auf die hier lediglich hingewiesen werden soll.
- Der Kolmogorow-Test setzt voraus, daß die Verteilungsfunktion unter H_0 vollständig spezifiziert ist. Wenn *unbekannte Parameter* der theoretischen Verteilung aus der Stichprobe *geschätzt* werden müssen, ergeben sich Teststatistiken, die eine andere Stichprobenverteilung als die von K (bzw. K^+ oder K^-) aufweisen. Auch in diesem Fall würde man *konservativ* testen, wenn man die kritischen Werte der Tab. T1 heranzöge. Als bessere Alternative bietet sich dann eine modifizierte Form des Kolmogorow-Tests von Lilliefors (1967, 1969) an. Der Lilliefors-Test ist Gegenstand des folgenden Abschnitts.

22.3 Lilliefors-Test

Der Test von Lilliefors prüft die Anpassung einer empirischen Verteilung an eine theoretische Verteilung, deren Parameter unbekannt sind und aus den Stichprobendaten geschätzt werden müssen. Für zwei theoretische Verteilungen (Normalverteilung und Exponentialverteilung) hat Lilliefors (1967, 1969) die exakte Stichprobenverteilung der Kolmogorow-Statistik ermittelt. Wir behandeln hier ausschließlich das Problem der *Normalitätsprüfung*, da es von größerer praktischer Bedeutung ist.

Zur Darstellung des Lilliefors-Tests greifen wir noch einmal auf die Daten des Beispiels 22.3 zurück: Wir wollen überprüfen, ob die Stichprobe der n = 10 IQ-Werte einer normalverteilten Population entstammt. Da wir die Populationsparameter μ und σ nicht kennen bzw. da wir über die Werte dieser Parameter keine sinnvollen Hypothesen aufstellen können, müssen wir die Stichprobenwerte M uns S als *Schätzungen* heranziehen. Es ist: M = 124,7 und S = 5,52. Die Nullhypothese lautet dann: Die Stichprobe entstammt einer normalverteilten Population mit μ = 124,7 und σ = 5,52. Die Überprüfung dieser Hypothese erfolgt

---

4) Für den Power-Vergleich zweier Tests A und B sind folgende zwei Maße gebräuchlich: (a) *Effizienz*, definiert als das Verhältnis der Stichprobenumfänge, bei denen die beiden Tests bei gleicher H_1 und gleichem α die gleiche Power aufweisen. Derjenige Test, der mit geringerem Stichprobenumfang die vorgegebene Power erreicht, ist der effizientere. (b) *Asymptotische relative Effizienz* oder *Pitman-Effizienz*, definiert als das Power-Verhältnis der beiden Tests bei gleichem Stichprobenumfang (mit $n \to \infty$).

jetzt vollkommen analog zum Kolmogorow-Test - mit dem einzigen Unterschied, daß in H_0 eine *andere* Normalverteilung angenommen wird. Eine zusammenfassende Darstellung der einzelnen Schritte liefert Tab. 22.7.

Aus Tab. 22.7 geht hervor, daß an der Stelle $x_i = 124$ der größte Abstand zwischen empirischer und theoretischer Verteilung auftritt. Unsere Teststatistik, die wir in Abhebung von K mit LF (für *Lilliefors*) bezeichnen wollen, ist also: LF = 0,1483. Zur Entscheidung über H_0 (gegen eine ungerichtete H_1) greifen wir auf Tab. T2 zurück, die kritische Werte für LF für $\alpha = 0{,}05$ und 0,01 enthält. Für n = 10 und $\alpha = 0{,}05$ lesen wir ab: $LF_k = 0{,}258$. Da $LF < LF_k$, wird H_0 beibehalten. In Übereinstimmung mit dem Kolmogorow-Test kommen wir also auch mit dem Lilliefors-Test zu dem Schluß, daß die Stichprobe der IQ-Werte einer normalverteilten Grundgesamtheit entstammt (die hier allerdings andere Parameter aufweist).

TABELLE 22.7 Lilliefors-Test auf Normalverteilung für die Daten des Beispiels 22.3

x_i	$S_n(x_i)$	$S_n(x_{i-1})$	Z_i	$F_0(x_i)$	D_1	D_2
115	0,1	0	-1,76	0,0392	0,0608	0,0393
118	0,2	0,1	-1,21	0,1131	0,0869	0,0131
120	0,3	0,2	-0,85	0,1977	0,1023	0,0023
124	0,4	0,3	-0,13	0,4483	0,0483	*0,1483*
125	0,5	0,4	0,05	0,5199	0,0199	0,1199
126	0,6	0,5	0,24	0,5948	0,0052	0,0948
128	0,7	0,6	0,60	0,7257	0,0257	0,1257
129	0,8	0,7	0,78	0,7823	0,0177	0,0823
130	0,9	0,8	0,96	0,8315	0,0685	0,0315
132	1,0	0,9	1,32	0,9066	0,0934	0,0066

22.4 Smirnow-Test

Wie bereits erwähnt, wurde der Kolmogorow-Test von Smirnow auf den Vergleich zweier empirischer Verteilungen erweitert. Der Smirnow-Test - wie wir ihn nennen wollen - prüft, ob zwei unabhängige Stichproben aus identischen Populationen entstammen oder nicht. Zur Präzisierung dieser Fragestellung wollen wir folgende Vereinbarungen treffen: Gegeben sei eine Stichprobe 1 mit n_1 Meßwerten der kontinuierlichen Variablen X und eine Stichprobe 2 mit n_2 Meßwerten der gleichen Variablen, wobei gelten soll: $n_1 \leq n_2$. Die *empirische* Verteilungsfunktion der Meßwerte $x_{11}, x_{12}, \ldots, x_{1n1}$ bezeichnen wir mit $S_{n1}(x)$, die der Meßwerte $x_{21}, x_{22}, \ldots, x_{2n2}$ mit $S_{n2}(x)$ und die entsprechenden theoretischen Verteilungsfunktionen mit $F_1(x)$ und $F_2(x)$. Formal lassen sich dann folgende Hypothesen formulieren:

H_0: $F_1(x) = F_2(x)$ für alle x

H_1: $F_1(x) \neq F_2(x)$ für mindestens ein x *Zweiseitiger Test* (Fall A)

H_1: $F_1(x) < F_2(x)$ für mindestens ein x *Einseitiger Test* (Fall B)

H_1: $F_1(x) > F_2(x)$ für mindestens ein x *Einseitiger Test* (Fall C)

Zur Überprüfung dieser Hypothesen können wir analog zum Kolmogorow-Test unter Rückgriff auf den maximalen Abstand der beiden empirischen Verteilungsfunktionen drei Teststatistiken definieren (SM steht dabei für *Smirnow*):

<22.10> $SM = \max|S_{n1}(x) - S_{n2}(x)|$ Fall A

<22.11> $SM^+ = \max[S_{n2}(x) - S_{n1}(x)]$ Fall B

<22.12> $SM^- = \max[S_{n1}(x) - S_{n2}(x)]$ Fall C

Diese Statistiken sind wie die entsprechenden Kolmogorow-Statistiken *verteilungsfrei*, d.h. ihre Stichprobenverteilung ist lediglich abhängig von n_1 und n_2, aber unabhängig von der Populationsverteilung der Variablen X. Kritische Werte der Stichprobenverteilung von SM sind in Tab. T3 für den Fall *gleicher* Stichprobengrößen ($n_1 = n_2 \leq 40$) und in Tab. T4 für den Fall *ungleicher* Stichprobengrößen für ausgewählte n_1 und n_2 angegeben. Die konkrete Durchführung des Smirnow-Tests soll an einem Beispiel demonstriert werden.

TABELLE 22.8 Smirnow-Test für die Daten des Beispiels 22.4

x_{1i}	x_{2i}	$S_{n1}(x)$	$S_{n2}(x)$	$\|S_{n1}(x) - S_{n2}(x)\|$
98		0,1	0,0	0,1
	99	0,1	0,1	0,0
	101	0,1	0,2	0,1
	102	0,1	0,3	0,2
107	107	0,2	0,4	0,2
108		0,3	0,4	0,1
	109	0,3	0,5	0,2
	112	0,3	0,6	0,3
116		0,4	0,6	0,2
	117	0,4	0,7	0,3
120	120	0,5	0,8	0,3
	121	0,5	0,9	0,4
124		0,6	0,9	0,3
	125	0,6	1,0	0,4
133		0,7	1,0	0,3
134		0,8	1,0	0,2
135		0,9	1,0	0,1
140		1,0	1,0	0,0

Beispiel 22.4

In Rheinland-Pfalz erzählt man sich folgenden schönen Witz, zu dessen Verständnis eine gewisse statistische Vorbildung erforderlich ist:

Frage: "Was passiert, wenn man den dümmsten Pfälzer ins Saarland schickt?"
Antwort: "In beiden Ländern steigt der durchschnittliche IQ."

Dieser Witz, der vermutlich in gleicher Weise - nur mit umgekehrtem Vorzeichen - auch im Saarland oder sonstwo erzählt wird, war der Anlaß zu folgender (fiktiver) Untersuchung: An zwei Zufallsstichproben von je 10 Studenten aus Rheinland-Pfalz und dem Saarland wurde ein Intelligenztest durchgeführt. Es ergaben sich folgende Werte:

Pfälzer: 98, 107, 108, 116, 120, 124, 133, 134, 135, 140
Saarländer: 99, 101, 102, 107, 109, 112, 117, 120, 121, 125

Es soll überprüft werden, ob beide Stichproben aus identischen oder verschiedenen Populationen stammen (zweiseitige Fragestellung = Fall A). Sämtliche zur Durchführung des Smirnow-Tests notwendigen Schritte sind in Tab. 22.8 zusammengefaßt.

Der Tab. 22.8 können wir entnehmen, daß der maximale Abstand zwischen den beiden empirischen Verteilungsfunktionen 0,4 beträgt, d.h. SM = 0,4. Für $n_1 = n_2 = 10$ und $\alpha = 0{,}05$ lesen wir aus Tab. T3 $SM_k = 0{,}6$ als kritischen Wert ab. Da unser beobachteter Wert diesen Wert weder erreicht noch überschreitet, behalten wir H_0 bei. Für uns besteht also kein Grund zu zweifeln, daß Pfälzer und Saarländer Studenten im Hinblick auf Intelligenz der gleichen Population entstammen.

Auf einige Punkte soll abschließend noch eingegangen werden:

- Wenn die Stichprobenumfänge größer als die in Tab. T3 oder Tab. T4 angegeben sind, wird der Smirnow-Test wie der Kolmogorow-Test (approximativ) unter Rückgriff auf die λ-Verteilung durchgeführt. In Abhängigkeit von H_1 ist λ dabei definiert als:

  <22.13> $\lambda = SM \cdot \sqrt{n'}$ bzw. $k = SM^{+} \cdot \sqrt{n'}$ bzw. $k = SM^{-} \cdot \sqrt{n'}$

  n' ist dabei folgendermaßen definiert:

  <22.14> $n' = n_1 \cdot n_2 / (n_1 + n_2)$ für $n_1 \neq n_2$

  <22.15> $n' = n/2$ für $n_1 = n_2 = n$

  Über H_0 wird analog zum Kolmogorow-Test entschieden, indem man den berechneten λ-Wert mit dem entsprechenden kritischen λ-Wert der Tab. 22.6 vergleicht.

- Der Smirnow-Test setzt voraus, daß die zugrundeliegende Variable *kontinuierlicher* Natur ist. Wenn diese Voraussetzung nicht erfüllt ist, können gleiche (gebundene) Meßwerte vorkommen. In unserem Beispiel war dies der Fall. Beim Auftreten von Bindungen arbeitet der Smirnow-Test *konservativ*, d.h. er bevorzugt dann eine Entscheidung zugunsten von H_0.

- Der Smirnow-Test prüft die Hypothese, daß zwei unabhängige Stichproben identischen Populationen entstammen. Wird H_0 verworfen, dann weist dies (bei ungerichteter Fragestellung) zunächst nur darauf hin, daß sich die Populationen unterscheiden. Auf welches Verteilungsmerkmal (Lage, Variabilität, Form) sich die Unterschiede beziehen, bleibt unklar. Aus diesem Grund wird der Smirnow-Test auch häufig als *Omnibus*-Test bezeichnet. Wenn explizit auf Lage- oder Variabilitätsunterschiede getestet werden soll, stehen effizientere Verfahren zur Verfügung, auf die wir im nächsten Kapitel ausführlich eingehen werden. Detaillierte Informationen über die Power und Effizienz des Smirnow-Tests können den Arbeiten von Capon (1965), Dixon (1954), Epstein (1955), Klotz (1967), Ramachandramurty (1966), Waerden (1953) und Yu (1971) entnommen werden.
- Der Vollständigkeit halber sei noch erwähnt, daß der Smirnow-Test auch auf den Fall von mehr als zwei unabhängigen Stichproben *verallgemeinert* werden kann (Birnbaum & Hall 1960; David 1958; Kiefer 1959).

Kapitel 23

Verteilungsfreie Tests für quantitative Variablen aus zwei unabhängigen Stichproben

23.1 Fishers Randomisationstest

In Kap. 6 haben wir den klassischen T-Test kennengelernt, der eine Überprüfung der Hypothese H_0: $\mu_1 = \mu_2$ gestattet. Dieser Test ist allerdings - wie wir gesehen haben - an eine Reihe von Voraussetzungen (Unabhängigkeit der Beobachtungen innerhalb jeder Stichprobe und zwischen den Stichproben, Gleichheit der Populationsvarianzen, zugrundeliegende Normalverteilung) gebunden, die in den seltensten Fällen tatsächlich erfüllt sind. Wenn nur die minimalen Voraussetzung der Unabhängigkeit der Beobachtungen gegeben sind, ist der klassische T-Test nicht mehr anwendbar. Dann kann die formulierte H_0 mit Hilfe des *Randomisationstests* von Fisher (1935b) überprüft werden. Dieser Test stellt unter allen Bedingungen die bestmögliche Alternative zum klassischen T-Test dar. Er hat nämlich auch dann die gleiche Power wie der T-Test, wenn alle genannten Voraussetzungen erfüllt sind. Die Logik des Randomisationstests kann am besten anhand eines Beispiels erklärt werden:

Beispiel 23.1

In einer mittlerweile "klassisch" gewordenen Arbeit hat Bandura (1965) gezeigt, daß die Beobachtung aggressiver Verhaltensweisen eines Modells zur Nachahmung dieses Verhaltens in einer späteren Situation führen kann. Dieses Phänomen hat auch heute noch nichts von seiner Aktualität verloren, man denke nur an die öffentlichen Diskussionen um Gewaltdarstellungen in Filmen (Stichwort: Video).

In einer (fiktiven) Nachuntersuchung zu diesem Problem wurden 10 Schüler einer 9. Klasse per Zufall auf zwei Gruppen aufgeteilt. Den 6 Schülern der Experimentalgruppe wurde ein halbstündiger Film nach dem Strickmuster "Rambo", den 4 Schülern der Kontrollgruppe ein von Gewaltdarstellungen freier Film gleicher Länge ("Free climbing im Pfälzer Wald") gezeigt. Die 10 Schüler beider Gruppen wurden anschließend auf dem Pausenhof der Schule im Hinblick auf das Auftreten aggressiver Verhaltensweisen (verbaler und nicht-verbaler Art) beobachtet. Tab. 23.1 zeigt die Anzahl der aggressiven Verhaltensweisen über einen Zeitraum von 20 min.

Als sinnvolle Hypothesen können wir formulieren:

H_0: Die mittlere Anzahl aggressiver Verhaltensweisen ist in beiden Populationen gleich ($\mu_1 = \mu_2$).

H_1: Die mittlere Anzahl aggressiver Verhaltensweisen ist in der Population der "Rambo"-Konsumenten höher ($\mu_1 < \mu_2$).

TABELLE 23.1 Anzahl aggressiver Verhaltensweisen bei zwei Schülergruppen

Gr. 1 (Kontrollgr.)	Gr. 2 (Experimentalgr.)
16	19
17	28
20	34
22	35
	41
	44

Zur Überprüfung dieser Hypothesen bringen wir den Gedanken der *Randomisation* ins Spiel: Wir stellen zunächst fest, auf wieviel verschiedene Arten die 10 Beobachtungen auf zwei Gruppen der Größe $n_1 = 4$ und $n_2 = 6$ aufgeteilt werden können. Die Anzahl der Aufteilungen ergibt sich allgemein nach der Formel

<23.1> $$K = \frac{(n_1 + n_2)!}{n_1!n_2!}$$

Für unser Beispiel erhalten wir somit K = 10!/4!6! = 210 mögliche Aufteilungen. Wenn H_0 zutrifft, dann kann jede dieser 210 Aufteilungen mit *gleicher* Wahrscheinlichkeit eintreten. Diese Aufteilungen werden allerdings unterschiedliche Differenzen der Gruppenmittelwerte ($D = M_1 - M_2$) aufweisen. Würden wir sämtliche 210 Differenzen berechnen, so hätten wir die vollständige Stichprobenverteilung für D bestimmt. In dieser Stichprobenverteilung läßt sich ein Bereich der Verwerfung von H_0 definieren, der die $K{\cdot}\alpha$ *extremsten* Differenzen umfaßt. Was unter "extremsten" Differenzen zu verstehen ist, richtet sich natürlich nach der durch H_1 vorgegebenen Fragestellung. Für unser Beispiel besteht der kritische Bereich deshalb aus den $K{\cdot}\alpha$ extremsten *negativen* Differenzen. Über H_0 kann dann in gewohnter Weise entschieden werden: H_0 wird verworfen, wenn die beobachtete Differenz in den kritischen Bereich fällt; andernfalls wird H_0 beibehalten.

Bevor wir dieses skizzierte Verfahren auf unsere Beispieldaten anwenden, wollen wir noch eine *Vereinfachung* vornehmen. Anstelle des Prüfwerts D (der unmittelbar auf die Formulierung der H_0 Bezug nimmt), soll ein Prüfwert definiert werden, der mit weniger Aufwand berechnet werden kann: Wenn wir die Summe der Meßwerte in den beiden Stichproben mit S_1 und S_2 bezeichnen, dann gilt für jede der möglichen K Anordnungen der vorgegebenen $(n_1 + n_2)$ Meßwerte

<23.2> $$S_1 + S_2 = n_1{\cdot}M_1 + n_2{\cdot}M_2 = \text{const.}$$

In Worten heißt dies, daß bei einer beliebigen Anordnung der Meßwerte in den beiden Gruppen S_2 sofort bekannt ist, wenn S_1 vorliegt (und umgekehrt). Gleiches gilt für M_1 und M_2. Die Prüfgröße

<23.3> $$D = M_1 - M_2 = (S_1/n_1) + (S_2/n_2)$$

ist damit vollständig bestimmt durch die wesentlich einfacher zu berechnende Größe S_1 (bzw. S_2). Zur Überprüfung von H_0 nach dem oben beschriebenen Muster ziehen wir also nicht die Stichprobenverteilung von D sondern die der funktional abhängigen Größe S_1 heran (wobei S_1 immer die Summe in der *kleineren* Stichprobe symbolisieren soll). Die *vollständige* Stichprobenverteilung dieser Größe ist in Abb. 23.1 dargestellt.

ABBILDUNG 23.1 Stichprobenverteilung von S_1 für die Daten der Tab. 23.1 mit linksseitigem kritischen Bereich

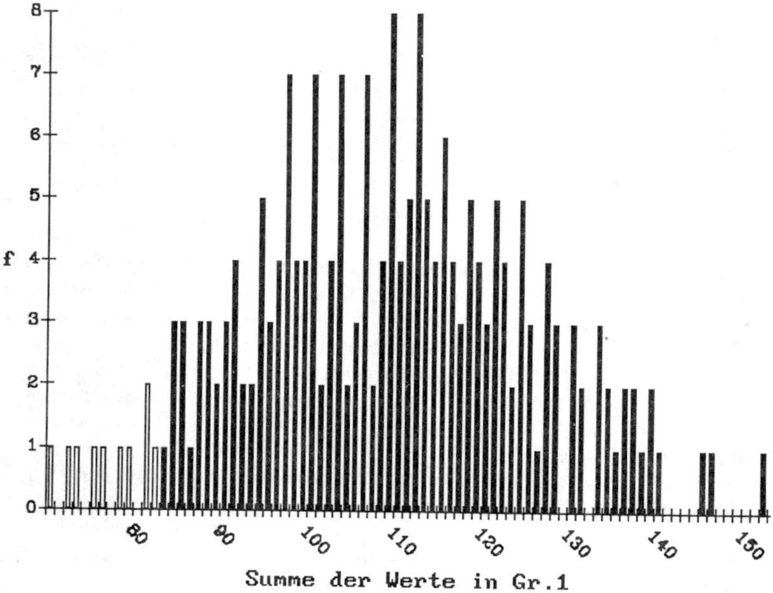

Für unsere Beispieldaten erhalten wir: $S_1 = 16 + 17 + 20 + 22 = 75$. Wegen der in H_1 vorgegebenen Richtung können nur extrem *kleine* Werte für S_1 zu einer Verwerfung von H_0 führen. Wir müssen also feststellen, ob $S_1 = 75$ zu den $K{\cdot}\alpha$ extrem kleinen Werten gehört oder nicht. Für $\alpha = 0{,}05$ ergibt sich: $K{\cdot}\alpha = 210{\cdot}0{,}05 = 10{,}5$. Wenn die Irrtumswahrscheinlichkeit 0,05 nicht überschreiten soll, müssen wir auf 10 Werte abrunden (mit $\alpha = 10/210 = 0{,}0476$). Der Bereich der Verwerfung von H_0 umfaßt dann die in Tab. 23.2 aufgeführten bzw. in Abb. 23.1 gekennzeichneten Werte für S_1.

Über die Nullhypothese können wir jetzt folgende Entscheidung treffen: Da der beobachtete Wert $S_1 = 75$ in den kritischen Bereich fällt, wird H_0 zugunsten von H_1 verworfen. Die mittlere Anzahl aggressiver Verhaltensweisen ist im Anschluß an einen Film mit Gewaltdarstellungen tatsächlich signifikant höher als nach einem neutralen Film.

TABELLE 23.2 Kritischer Bereich für die Daten aus Tab. 23.1

Mögliche Meßwerte				S_1
16	17	19	20	72
16	17	19	22	74
16	17	20	22	75
16	19	20	22	77
17	19	20	22	78
16	17	19	28	80
16	17	20	28	81
16	19	20	28	83
16	17	22	28	83
17	19	20	28	84

Einige Anmerkungen zum Schluß:

- Die Bestimmung von K (Gesamtzahl der Aufteilungen der $n_1 + n_2$ Meßwerte) setzt voraus, daß die Elemente *unterscheidbar* sind. Identische Meßwerte stellen daher zunächst ein Problem dar. Durch einen kleinen Trick läßt sich dieses Problem allerdings aus der Welt schaffen: Identische Meßwerte werden durch einen Index (oder eine andere Kennzeichnung) unterscheidbar gemacht und anschließend als separate Elemente behandelt. Angenommen, wir hätten in Beispiel 23.1 dreimal den Wert "20" beobachtet, dann stellten folgende Aufteilungen unterschiedliche Fälle dar:

$$16 \quad 17 \quad 19 \quad 20_1$$
$$16 \quad 17 \quad 19 \quad 20_2$$
$$16 \quad 17 \quad 19 \quad 20_3$$

- Da die Stichprobenverteilung von S_1 *diskreter* Natur ist, wird man in den seltensten Fällen eine exakte Irrtumswahrscheinlichkeit von $\alpha = 0{,}05$ (oder 0,01) einhalten können. Der Bereich der Verwerfung von H_0 sollte dann - wie in unserem Beispiel - immer so gewählt werden, daß man unterhalb dieser Grenzen bleibt.

- Da die Stichprobenverteilung von S_1 abhängig ist von den vorgegebenen Meßwerten, muß sie bei jeder Anwendung des Randomisationstests vollkommen neu bestimmt werden. Daher ist es auch nicht möglich, Tabellen mit kritischen Werten für S_1 zu erstellen. Bradley (1968, S.84) bemerkt daher zu Recht, daß die Randomisationsmethode in der hier beschriebenen Originalversion - trotz der erwähnten exzellenten Eigenschaften - eine "statistische Kuriosität" darstellt.

- Zu Bradleys Bemerkung trägt auch die Tatsache bei, daß der Randomisationstest bei größeren Stichproben wegen des damit verbundenen Aufwands überhaupt nicht mehr praktikabel ist. Lienert (1986, S.423) gibt $n_1 + n_2 \leq 15$ als Obergrenze an. Bei $n_1 = 7$ und $n_2 = 8$ ergeben sich dann schon K = 6435 Aufteilungen und ein Bereich der Verwerfung von H_0 von 321 Werten (für

α = 0,05)! Es soll allerdings nicht verschwiegen werden, daß das Argument der Inpraktikabilität heute nur noch begrenzte Gültigkeit besitzt. Mit Hilfe von Computerprogrammen ist es ohne weiteres möglich, den exakten Fisher-Test auch mit größeren Stichprobenumfängen durchzuführen. Ein entsprechendes FORTRAN-Programm ist beispielsweise bei Edgington (1980) abgedruckt.

Es bleibt noch zu erwähnen, daß Pitman (1937a) für größere Stichproben einen approximativen Test vorgeschlagen hat. Hierauf wollen wir allerdings nicht mehr eingehen.

23.2 Wilcoxons Rangsummentest und U-Test von Mann & Whitney

Der von Wilcoxon (1945, 1946, 1947) entwickelte Rangsummentest ist vermutlich die am häufigsten benutzte Alternative zum klassischen T-Test, wenn dessen Voraussetzungen nicht erfüllt sind. Da er auf der gleichen Logik basiert, wie wir sie im Zusammenhang mit Fishers Randomisationstest kennengelernt haben, soll er zuerst dargestellt werden. Der unabhängig davon entwickelte U-Test von Mann & Whitney (1947) benutzt ein etwas anderes Verfahren zur Ableitung einer Prüfgröße. Wir werden allerdings sehen, daß die Unterschiede zwischen beiden Tests nur oberflächlicher Natur sind; im Grunde genommen haben wir es nur mit einem Test zu tun.

TABELLE 23.3 Wilcoxon-Test für die Daten aus Tab. 23.1

	Gr 1 Kontrollgr.		Gr. 2 Experimentalgr.	
	Meßwert	Rang	Meßwert	Rang
	16	1	19	3
	17	2	28	6
	20	4	34	7
	22	5	35	8
			41	9
			44	10
Summe	$R_1 = 12$		$R_2 = 43$	

Die Durchführung des Wilcoxon-Tests soll an den Daten des Beispiels 23.1 erläutert werden: In einem ersten Schritt werden die $n_1 + n_2$ Beobachtungen aus beiden Stichproben zu einer Einheit von N Werten zusammengefaßt. Für diese N Beobachtungen werden dann *Ränge* vergeben (wobei üblicherweise der kleinste Meßwert den Rang 1 erhält). Die *Rangsumme* der kleineren Stichprobe wird als Prüfgröße herangezogen. Tab. 23.3 zeigt dieses Verfahren.

Zu beachten ist, daß die Summe aller Ränge immer N(N + 1)/2 beträgt (hier: 10·11/2 = 55). Wenn eine Rangsumme berechnet wurde, ist damit automatisch auch die zweite Rangsumme gegeben. Es genügt daher, sich auf eine Rangsumme zu konzentrieren. Als Prüfwert wird aus Gründen der Einfachheit immer die Summe der *kleineren* Stichprobe herangezogen.

Als Hypothesen für den Wilcoxon-Test können wir analog zum letzten Kapitel formulieren:

H_0: Die erwarteten mittleren Ränge sind unter beiden Bedingungen gleich.
H_1: Der erwartete mittlere Rang ist im Anschluß an den "Rambo"-Film höher.

Die Überprüfung dieser Hypothesen erfolgt nach dem Muster des Randomisationstests - mit dem Unterschied, daß sich die Aussagen auf Ränge (und nicht auf die Originalmeßwerte) beziehen. Da wir die 10 Ränge nach Formel <23.1> auf 210 verschiedene Arten auf die beiden Stichproben verteilen können, besteht die Stichprobenverteilung hier aus den 210 möglichen Werten für R_1 (Rangsumme der kleineren Stichprobe). Abb. 23.2 zeigt diese Verteilung. Der Bereich der Verwerfung von H_0 umfaßt dann (für $\alpha \leq 0{,}05$ und einseitige Fragestellung) die 10 kleinsten Werte für R_1. Diese Werte sind in Tab. 23.4 aufgeführt und in Abb. 23.2 hervorgehoben.

ABBILDUNG 23.2 Stichprobenverteilung von R_1 (für n_1 = 4 und n_2 = 6) mit einseitigem kritischen Bereich

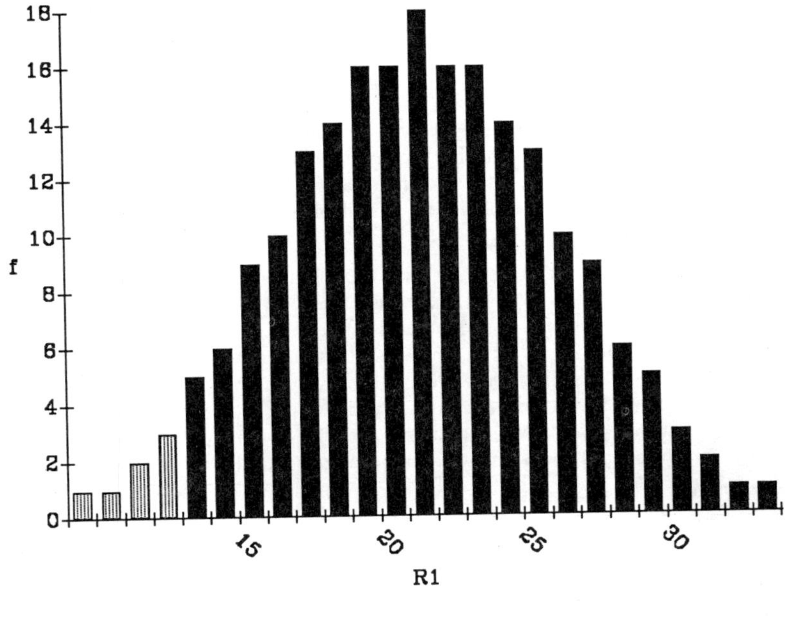

TABELLE 23.4 Kritischer Bereich für R_1

Ränge für Kontrollgr.				R_1
1	2	3	4	10
1	2	3	5	11
1	2	3	6	12
1	2	4	5	12
1	2	3	7	13
1	2	4	6	13
1	3	4	5	13
- - -	- - -	- - -	- - -	- - -
1	2	3	8	14
1	2	4	7	14
1	2	5	6	14
1	3	4	6	14
2	3	4	5	14

Aus Tab. 23.4 geht hervor, daß wir den Bereich der Verwerfung von H_0 auf 7 Werte verkleinern müssen (mit $\alpha = 0{,}033$). Wir besitzen nämlich kein Kriterium, um aus den 5 Anordnungen, die alle eine Rangsumme von 14 produzieren, 3 auszuwählen. Bei einer Aufnahme aller 5 Fälle in den kritischen Bereich würden wir andererseits mit 12/210 = 0,057 unsere vorher festgesetzte Irrtumswahrscheinlichkeit überschreiten. Auch bei dieser *konservativen* Vorgehensweise lautet unsere Entscheidung wie vorher: H_0 wird verworfen, da der von uns beobachtete Wert $R_1 = 12$ in den kritischen Bereich fällt. Wir können schließen, daß der mittlere Rang in der "Rambo"-Gruppe signifikant höher liegt als in der Kontrollgruppe. Zu beachten ist, daß die Verwerfung von H_0 nicht notwendigerweise bedeutet, daß sich zwischen den beiden Gruppen *Mittelwertsdifferenzen* bezüglich der Originalvariablen (Anzahl aggressiver Verhaltensweisen) bestehen. Wir können lediglich schließen, daß die Wahrscheinlichkeit, in der "Rambo"-Gruppe höhere Meßwerte zu finden, größer ist als umgekehrt.[1)]

Die Durchführung des Wilcoxon-Tests ist in der Praxis glücklicherweise einfacher als hier beschrieben, da wir auf *tabellierte* Werte zurückgreifen können (Tab. U im Anhang). Dies ist deshalb möglich, weil die Stichprobenverteilung von R_1 ausschließlich von n_1 und n_2 und nicht (wie beim Fisher-Test) von den Originalmeßwerten abhängig ist. In Tab. U sind einseitige kritische *untere* Grenzen (R_{ku}) für R_1 (Rangsumme der kleineren Stichprobe) auf verschiedenen Signifikanzniveaus für Stichproben der Größe $n_1 \le n_2 \le 25$ angegeben. H_0 wird verworfen, wenn $R_1 \le R_{ku}$ (vorausgesetzt natürlich, in H_1 ist die entsprechende Richtung vorhergesagt). Kritische *obere* Grenzen erhält man, indem man auf die

---

1) Wenn Y_{i1} und Y_{j2} die Meßwerte von Personen in der Originalvariablen darstellen, dann läßt sich im Anschluß an unseren Test formal folgende Aussage treffen: $P(Y_{j2} > Y_{i1}) > P(Y_{j2} < Y_{i1})$.

ebenfalls in der Tabelle angegebenen Werte für 2μ zurückgreift. μ ist hierbei der Erwartungswert von R_1, der durch

<23.4> $E(R_1) = n_1(N + 1)/2$

gegeben ist. Es gilt die Beziehung: $R_{ko} = 2\mu - R_{ku}$. Bei entsprechend formulierter H_1 wird H_0 dann verworfen, wenn $R_1 \geq R_{ko}$. Bei *zweiseitiger* Fragestellung müssen wir die kritische untere und obere Grenze aus der Spalte $\alpha/2$ ablesen. Bei gewähltem $\alpha = 0{,}05$ müssen wir also beispielsweise in der Spalte 0,025 nachschlagen. Die Entscheidungsregel lautet dann: Verwerfe H_0, wenn $R_1 \leq R_{ku}$ oder $R_1 \geq R_{ko}$.

Für unser obiges Beispiel (mit $n_1 = 4$ und $n_2 = 6$) lesen wir für $\alpha = 0{,}05$ aus der Tabelle folgenden kritischen Wert ab: $R_{ku} = 13$. Da wir in H_1 für die Kontrollgruppe (auf die sich R_1 bezieht) einen niedrigeren mittleren Rang erwarten, können wir diesen Tabellenwert unmittelbar heranziehen und über H_0 entscheiden: Da $(R_1 = 12) < (R_{ku} = 13)$, wird H_0 verworfen (wie nicht anders zu erwarten war).

Dem erwähnten Verfahren von Mann & Whitney (1947) liegt eine etwas andere Logik zugrunde: Die $n_1 + n_2$ Meßwerte aus beiden Stichproben werden als erstes der Größe nach geordnet, wobei wir darauf achten müssen, daß die "Identität" eines Meßwerts, d.h. seine Gruppenzugehörigkeit, erhalten bleibt. Für unsere Beispieldaten aus Tab. 23.3 sieht dies folgendermaßen aus:[2)]

Gr. 1:	16	17		20	22					
Gr. 2:			19			28	34	35	41	44

Wir zählen jetzt aus, wie häufig Werte in der Gr. 2 *vor* Werten der Gr. 1 stehen. In unserem Beispiel steht "19" (als einziger Wert in Gr. 2) vor "20" und "22", die Gesamthäufigkeit beträgt also 2. Diese Häufigkeit wird mit U bezeichnet und stellt den Prüfwert des Mann-Whitney-Tests dar. Wenn wir unsere oben formulierte H_1 (die ja höhere Werte für Gr. 2 vorhersagt) heranziehen, können wir U auch in folgender Weise interpretieren: U gibt an, wie häufig Werte der Gr. 2 verglichen mit allen Werten der Gr. 1 an der "falschen" Stelle in der Rangfolge stehen. Diese Häufigkeit sollte beim Zutreffen von H_1 natürlich nahe bei 0 liegen.

Anstatt auszuzählen, wie häufig Werte der Gr. 2 vor Werten der Gr. 1 stehen, kann man auch auszählen, wie häufig Werte der Gr. 1 vor Werten der Gr. 2 stehen. Für unser Beispiel erhalten wir: "16" steht vor 6 Werten der Gruppe 2, "17" ebenfalls, "20" und "22" jeweils vor 5 Werten. Die Gesamthäufigkeit, die wir mit U′ bezeichnen wollen, beträgt somit 6 + 6 + 5 + 5 = 22. Im Sinne unserer H_1 gibt U′ an, wie häufig Werte an der "richtigen" Stelle stehen. Beim Zutreffen von H_1 sollte U′ daher nahe am Maximalwert liegen, der hier durch $n_1 \cdot n_2 = 4 \cdot 6 = 24$ gegeben ist.

---

2) Die zusätzliche Ersetzung der Meßwerte durch *Ränge* (wie in vielen Lehrbüchern der Statistik zu lesen) ist für das weitere Vorgehen nicht erforderlich.

U und U' sind natürlich komplementär zueinander: Da $n_1 \cdot n_2$ die Gesamtzahl der durchgeführten Paarvergleiche angibt (jeder Wert der einen Gruppe wird mit jedem Wert der anderen Gruppe verglichen), muß gelten:

<23.5> $U + U' = n_1 \cdot n_2$

Daraus folgt, daß es prinzipiell egal ist, welchen der beiden Werte wir als Prüfgröße heranziehen bzw. welchen wir als U und welchen als U' bezeichnen. Es hat sich allerdings eingebürgert, den *kleineren* der beiden Werte als U zu benennen und als Prüfgröße heranzuziehen. Bei einseitigen Fragestellungen muß man sich dabei aber genau überlegen, welche Richtung man für das so definierte U vorhersagt.

Die Überprüfung der Nullhypothese erfolgt nach dem bereits mehrfach beschriebenen Muster: Für alle möglichen Anordnungen der Meßwerte bestimmen wir die zugehörigen U-Werte. Dies liefert uns die vollständige Stichprobenverteilung von U, in der wir - abhängig von H_1 und α - einen Bereich der Verwerfung von H_0 festlegen. H_0 wird wie üblich verworfen, wenn der beobachtete Wert für U in diesen Bereich fällt.

Bei der praktischen Durchführung des U-Tests kann man sich erneut dieses mühsame Verfahren ersparen, indem man auf tabellierte Werte zurückgreift. Auf einen Abdruck entsprechender Tabellen haben wir hier aber aus zwei Gründen verzichtet: Sie sind für jeden Interessierten leicht zugänglich (s. z.B. Siegel 1976; Lienert 1975) und beanspruchten hier nur unnötig Platz. Noch wichtiger ist allerdings, daß wir auf die Stichprobenverteilung für U überhaupt nicht zurückgreifen müssen! Es wurde eingangs bereits erwähnt, daß der U-Test und der Rangsummentest nach Wilcoxon im Grunde genommen identische Tests sind. Tatsächlich bestehen zwischen den Prüfgrößen beider Tests folgende Beziehungen:[3)]

<23.6> $U = n_1 n_2 + n_2(n_2 + 1)/2 - R_2$ $\qquad R_2 = n_1 n_2 + n_2(n_2 + 1)/2 - U$

<23.7> $U' = n_1 n_2 + n_1(n_1 + 1)/2 - R_1$ $\qquad R_1 = n_1 n_2 + n_1(n_1 + 1)/2 - U'$

Für unser Beispiel:

$U = 4 \cdot 6 + 6(6 + 1)/2 - 43 = 2$ $\qquad R_2 = 4 \cdot 6 + 6(6 + 1)/2 - 2 = 43$

$U' = 4 \cdot 6 + 4(4 + 1)/2 - 12 = 22$ $\qquad R_1 = 4 \cdot 6 + 4(4 + 1)/2 - 22 = 12$

Mit Hilfe dieser Beziehungen läßt sich ein beobachteter Wert für U ohne Schwierigkeiten unter Rückgriff auf die Stichprobenverteilung der Wilcoxon-Statistik auf Signifikanz prüfen. Wir empfehlen ohnehin, immer den Rangsummentest durchzuführen, da er weniger umständlich ist als das Verfahren von Mann & Whitney.

---

3) Zu beachten ist aber, daß diese Beziehungen nur dann gelten, wenn U und U' "richtig" definiert sind. Für unser Beispiel trifft dies zu: n_1 und R_1 beziehen sich auf die kleinere Stichprobe (Gr. 1); U gibt an, wie oft Werte aus der größeren Gruppe (Gr. 2) vor Werten aus der kleineren Gruppe stehen.

Ein Problem für den Rangsummentest stellen *gebundene Meßwerte* ("ties") dar, die nach der Logik dieses Tests (die eine Vergabe sämtlicher Ränge von 1 bis N erfordert) "eigentlich" gar nicht auftreten dürften. Nimmt man nämlich an, daß die zugrundeliegende Variable kontinuierlicher Natur ist und hinreichend präzise gemessen wird, dann sind gleiche Meßwerte ausgeschlossen. Bei den in den Sozialwissenschaften durchgeführten relativ groben Messungen sind dagegen gleiche Meßwerte in der Regel unvermeidlich. Die Vergabe von Rängen kann dann so erfolgen, daß man den gebundenen Werten den *Mittelwert* der Ränge zuweist, die ihnen normalerweise zustehen würden.[4] Abhängig davon, wieviele und welche Ränge gebunden sind hat dieses Verfahren allerdings zur Konsequenz, daß der Wertebereich von R_1 bzw. U verkleinert und damit die Varianz der Stichprobenverteilung *verringert* wird. Dies bedeutet gleichzeitig, daß die kritischen Werte Tab. U, die sich ja auf *unbedingte*, d.h. nur von n_1 und n_2 abhängige, Stichprobenverteilungen beziehen, im strengen Sinn ihre Gültigkeit verlieren.

Zum Umgang mit diesem Problem bieten sich zwei Möglichkeiten an: Die exakte Lösung besteht darin, für den gegebenen Satz von Rängen die vollständige Stichprobenverteilung von R_1 (oder U) bzw. den kritischen Bereich nach dem oben beschriebenen Verfahren neu zu bestimmen, wobei man den im Zusammenhang mit dem Fisher-Test erwähnten Trick der Kennzeichnung gemittelter Ränge anwendet. Die zweite Möglichkeit besteht darin, die Tatsache des Auftretens von gemittelten Rängen einfach zu ignorieren und an Tab. U festzuhalten. Dieses Vorgehen stößt aber sofort auf ein Problem, wenn Bindungen über die beiden Gruppen hinweg vorliegen. Es können dann nämlich *nicht-ganzzahlige* Werte für R_1 (bzw. U) auftreten, für die in Tab. U keinerlei Entsprechung vorhanden ist. In diesem Fall sollte man den erhaltenen Prüfwert zur nächsten ganzen Zahl auf- oder abrunden, und zwar so, daß die Beibehaltung von H_0 begünstigt wird. Beispiel: R_1 = 31,5 (für n_1 = 6 und n_2 = 8); R_{ku} = 31 (für α = 0,05 und einseitige Fragestellung). R_1 wird auf 32 *aufgerundet*, was zur Beibehaltung von H_0 führt (konservatives Vorgehen). Ein Abrunden auf 31 würde stattdessen eine Verwerfung der Nullhypothese nach sich ziehen.

Weniger problematisch ist der Fall, wenn Bindungen nur *innerhalb* der Stichproben auftreten. Der Prüfwert bleibt dann ganzzahlig, und man kann sich unmittelbar auf die Tab. U beziehen. Allerdings muß man dann in Kauf nehmen, daß die dort angegebenen Werte nicht mehr exakt gelten, Fehlentscheidungen also nicht auszuschließen sind. Beispiel: Für die Ränge (3, 3, 3, 6, 7, 8) und (1, 5, 9, 10, 11, 12, 13) ist R_1 = 30. Laut Tab. U ist R_{ku} = 29 (n_1 = 6, n_2 = 7, α = 0,05 und einseitige Fragestellung). H_0 wird also beibehalten. Die *exakte* Wahrscheinlichkeit, bei den gegebenen Rängen einen Prüfwert kleiner/gleich 30 zu erhalten, beträgt aber nur 0,04953, was gleichbedeutend ist mit einer Verwerfung von H_0! Das Beispiel macht andererseits deutlich, daß man sich mit den kritischen Werten der Tab. U "auf der sicheren Seite" bewegt; d.h. es tritt nicht der Fall ein, daß H_0 fälschlicherweise verworfen wird.

---

4) Eine alternative, aber weniger effiziente Methode besteht in der Vergabe der Ränge nach dem Zufallsprinzip (vgl. Putter 1955; Bühler 1967).

23.3 Rangsummen- und U-Test für große Stichproben

Die Stichprobenverteilungen für R_1 und U lassen sich bei größeren Stichproben (für die keine tabellierten Werte mehr vorliegen) - wie so oft - durch die Normalverteilung approximieren. Die Erwartungswerte und Varianzen von R_1 und U sind hierbei gegeben durch:

<23.8> $$E(R_1) = \frac{n_1(n_1 + n_2 + 1)}{2} = \frac{n_1(N + 1)}{2}$$

<23.9> $$E(U) = \frac{n_1 \cdot n_2}{2}$$

<23.10> $$Var(R_1) = Var(U) = \frac{n_1 \cdot n_2(n_1 + n_2 + 1)}{12} = \frac{n_1 \cdot n_2(N + 1)}{12}$$

Eine Ableitung dieser Formeln - die hier zu weit führen würde - ist z.B. in Marascuilo & McSweeney (1977, S.274f) zu finden. Hieraus lassen sich dann nach bekanntem Muster die folgenden, annähernd standardnormalverteilten Prüfgrößen Z_r (für *Rangsummentest*) und Z_u (für *U-Test*) definieren:

<23.11> $$Z_r = \frac{R_1 - E(R_1)}{\sqrt{[Var(R_1)]}}$$

<23.12> $$Z_u = \frac{U - E(U)}{\sqrt{[Var(U)]}}$$

Da die Verteilungen von R_1 und U *diskret* sind (mit einer Schrittweite von 1 zwischen den einzelnen Werten), die Normalverteilung aber eine kontinuierliche Verteilung darstellt, kann man in die obigen Formeln *Kontinuitätskorrekturen* einbauen. Durch Addition oder Subtraktion von 1/2 wird hierbei der Abstand zwischen R_1 bzw. U und dem jeweiligen Erwartungswert verringert. Von praktischer Bedeutung ist diese Korrektur allerdings nur dann, wenn man einen Prüfwert berechnet hat, der nahe beim kritischen Z-Wert liegt.

Dem Effekt der Varianzreduzierung beim Auftreten von *Bindungen* kann man Rechnung tragen, indem man für die Varianz folgende *korrigierte* Formel heranzieht:

<23.13> $$Var(R_1)_b = Var(U)_b = \frac{n_1 \cdot n_2}{N(N - 1)} \left[\frac{N^3 - N}{12} - \sum_k^K \frac{t_k^3 - t_k}{12} \right]$$

Der Index b signalisiert hierbei, daß eine Bindungskorrektur vorgenommen wurde. k = 1...K ist die Anzahl der Meßwertgruppen mit Bindungen, t_k die Anzahl der Bindungen (ties) in der k-ten Gruppe.

Eine Varianzkorrektur nach obiger Formel hat den Effekt, daß der Wert für Z_r bzw. Z_u erhöht wird und damit die Wahrscheinlichkeit einer Verwerfung von H_0 steigt. Dieser Effekt macht sich allerdings erst bei einer relativ großen Zahl gebundener Meßwerte bemerkbar. Nur in diesem Fall und wenn der mit Hilfe der unkorrigierten Formel berechnete Prüfwert nahe beim kritischen Wert Z_k liegt, sollte man Formel <23.13> heranziehen. Andernfalls würde man übertrieben konservativ vorgehen. Die Durchführung des Wilcoxon- bzw. des Mann-Whitney-Tests für große Stichproben soll an einem Beispiel demonstriert werden.

Beispiel 23.2

Zwei Gruppen von Studenten bearbeiteten das Freiburger Persönlichkeitsinventar unter zwei verschiedenen Instruktionen ("Standard" und "Bewerbung"). Die Ergebnisse für die Skala *Spontane Aggressivität* wurden bereits in Tab. 6.1 aufgeführt und mit Hilfe des T-Tests auf Mittelwertsunterschiede zwischen den Gruppen analysiert. Wenn wir auf diese Daten den Rangsummentest von Wilcoxon anwenden, ergibt sich das in Tab. 23.5 zusammengefaßte Ergebnis.

TABELLE 23.5 Wilcoxon-Test für die Daten der Tab. 6.1

	Standardinstruktion			Bewerbungsinstruktion		
Meßwert	Häufigkeit	Rang	Summe	Häufigkeit	Rang	Summe
0	0			3	2	6
1	1	6	6	4	6	24
2	1	10	10	2	10	20
3	4	18,5	74	10	18,5	185
4	1	29	29	6	29	174
5	1	34	34	2	34	68
6	6	39	234	1	39	39
7	4	45	180	1	45	45
8	5	50,5	252,5	1	50,5	50,5
9	6	56,5	339	0		
10	3	61	183	0		
11	0			1	63	63
12	1	64,5	64,5	1	64,5	64,5
13	1	66	66	0		
14	1	67	67	0		
gesamt	35		1539	32		739

Vereinbarungsgemäß wird als Prüfwert die Rangsumme der *kleineren* Stichprobe herangezogen. Also: $R_1 = 739$, $R_2 = 1539$, $n_1 = 32$, $n_2 = 35$ und $N = 67$. Dann ist:

$$E(R_1) = \frac{n_1(N + 1)}{2} = \frac{32(67 + 1)}{2} = 1088$$

$$Var(R_1) = \frac{n_1 \cdot n_2(N + 1)}{12} = \frac{32 \cdot 35(67 + 1)}{12} = 6346{,}667$$

Da fast alle Meßwerte gebunden sind, berechnen wir hier auch die korrigierte Varianz. Am günstigsten bestimmen wir dazu als erstes den Ausdruck

$$\text{<23.14>} \quad T = \sum_{k}^{K} \frac{t_k^3 - t_k}{12}$$

Wir haben hier K = 12 Gruppen mit gebundenen Meßwerten. Da dreimal der Meßwert 0 bzw. der Rang 2 auftritt, ist $t_1 = 3$. Entsprechend ist $t_2 = 5$, $t_3 = 3$, ..., $t_{12} = 2$ und

$$T = \frac{3^3 - 3}{12} + \frac{5^3 - 5}{12} + \ldots + \frac{2^3 - 2}{12} = 2 + 10 + \ldots + 0{,}5 = 347$$

Für die korrigierte Varianz erhalten wir somit:

$$\mathrm{Var}(R_1)_b = \frac{n_1 \cdot n_2}{N(N - 1)} \left[\frac{N^3 - N}{12} - T \right] = \frac{32 \cdot 35}{67 \cdot 66} \left[\frac{67^3 - 67}{12} - 347 \right] = 6258{,}777$$

Wir können jetzt mit Hilfe von Formel <23.11> überprüfen, ob die beiden Gruppen aus Populationen stammen, die hinsichtlich der geäußerten Aggressivität die gleiche zentrale Tendenz aufweisen (H_0) oder ob zwischen ihnen Unterschiede bestehen (ungerichtete H_1):

$$Z_r = \frac{R_1 - E(R_1)}{\surd[\mathrm{Var}(R_1)]} = \frac{739 - 1088}{\surd(6346{,}667)} = -4{,}381$$

Oder mit korrigierter Varianz:

$$Z_{rb} = \frac{R_1 - E(R_1)}{\surd[\mathrm{Var}(R_1)_b]} = \frac{739 - 1088}{\surd(6258{,}777)} = -4{,}411$$

Wir sehen, daß Z_{rb} zu einem (numerisch) größeren Wert führt als Z_r. Für die Entscheidung über H_0 spielt dies hier aber keine Rolle. Wenn wir die Irrtumswahrscheinlichkeit mit $\alpha = 0{,}01$ festsetzen, müssen wir in beiden Fällen H_0 verwerfen, da gilt: $(|Z_r| = 4{,}381) > (Z_k = 2{,}576)$ und $(|Z_{rb}| = 4{,}411) > (Z_k = 2{,}576)$.

Zum gleichen Ergebnis kommen wir selbstverständlich auch, wenn wir an Stelle von R_1 auf U zurückgreifen und dafür einen Z_u-Wert berechnen: Da wir U nicht direkt ausgezählt haben (was für unser Beispiel ein mühsames Unterfangen wäre), bestimmen wir es nach der oben angeführten Beziehung:

$$U = n_1 \cdot n_2 + n_2(n_2 + 1)/2 - R_2 = 32 \cdot 35 + 35(35 + 1)/2 - 1539 = 211$$

Daß wir tatsächlich U und nicht U′ ausgerechnet haben, können wir überprüfen durch: $U' = n_1 \cdot n_2 - U = 1120 - 211 = 909$. Nach Formel <23.9> ist $E(U) = n_1 \cdot n_2/2 = 1120/2 = 560$. Da $\mathrm{Var}(U) = \mathrm{Var}(R_1) = 6346{,}667$, können wir sofort Z_u berechnen:

$$Z_u = \frac{U - E(U)}{\surd[\mathrm{Var}(U)]} = \frac{211 - 560}{\surd(6346{,}667)} = -4{,}381$$

Auf eine Berechnung von Z_{ub} können wir verzichten. Es ist klar, daß sich der gleiche Wert wie oben ergäbe.

23.4 Tests mit Normalwerten

Wir haben in Abschnitt 23.2 gesehen, daß der Wilcoxon-Test im Grunde genommen eine Variante von Fishers Randomisationstest darstellt; denn der einzige Unterschied zwischen beiden Tests besteht darin, daß beim Wilcoxon-Test die Originalmeßwerte durch *Ränge* ersetzt werden. Der Rückgriff auf Ränge ist natürlich nicht die einzig denkbare Möglichkeit einer Ersetzung der Originalmeßwerte. Formuliert man als Voraussetzung, daß zwischen Original- und Ersatzwerten eine mindestens *monotone* Beziehung bestehen muß (was für Ränge offensichtlich zutrifft), so sind nahezu beliebig viele andere Ersetzungen möglich.

Wir werden in diesem Kapitel Ersetzungen kennenlernen, bei denen die transformierten Werte - bei Erfüllung der genannten Grundvoraussetzung - bestimmte Eigenschaften der Normalverteilung ausnutzen. Aus diesem Grund heißen die zugeordneten Tests auch *Tests mit Normalwerten*. Um einem möglichen Mißverständnis zuvorzukommen, sei hier mit aller Deutlichkeit gesagt, daß mit diesen Tests keinerlei Annahme über die Verteilung der Originalvariablen verbunden ist - und schon gar nicht die Annahme einer Normalverteilung. Diese Tests sind im Gegenteil im echten Sinne *verteilungsfreie* Tests, da sie ohne solche Annahmen auskommen.

In der Literatur sind drei Tests mit Normalwerten zu finden (Hoeffding 1951 bzw. Terry 1952; Waerden 1953; Bell & Doksum 1965), von denen hier stellvertretend der *Terry-Hoeffding-Test* ausführlicher besprochen werden soll.

Beim Terry-Hoeffding-Test werden die Originalmeßwerte durch die Erwartungswerte der geordneten $Z_{(i)}$-Werte ("expected normal order statistics") ersetzt. In Anlehnung an Lienert (1986, S.256ff) werden wir hierfür den deutschen Begriff *Erwartungsnormalrangwerte* oder kurz *Normalränge* benutzen. Was hat man darunter zu verstehen? Stellen wir uns dazu folgende Situation vor: Aus einer standardnormalverteilten Population ziehen wir wiederholt Stichproben der Größe N und ordnen die Z-Werte der Größe nach von 1 bis N (d.h. wir vergeben Ränge). Klar ist, daß der jeweils an 1. Stelle stehende Z-Wert - symbolisiert durch $Z_{(1)}$ - nicht immer gleich ist, sondern eine *Stichprobenverteilung* aufweist. Der Mittelwert dieser Verteilung ist der erwartete Wert für $Z_{(1)}$, $E(Z_{(1)})$. In gleicher Weise lassen sich Erwartungswerte für $Z_{(2)}$, $Z_{(3)}$, ..., $Z_{(N)}$ angeben. Tab. V im Anhang enthält derartig definierte Erwartungswerte bis zu einer Stichprobengröße von N = 50. Umfangreichere Tabellen sind z.B. zu finden bei Owen (1962, S.151-154) oder Mosteller & Rourke (1973, S.356-359).

Beim Terry-Hoeffding-Test wird demnach eine zweistufige Transformation der Originalmeßwerte vorgenommen: Ersetzung der $n_1 + n_2 = N$ Meßwerte durch Ränge und anschließend Ersetzung der N Ränge durch Normalränge. Zur Illustration des Verfahrens greifen wir erneut auf die Daten aus Tab. 23.1 zurück. Tab. 23.6 zeigt das Ergebnis der Ersetzung der Originalmeßwerte durch Normalränge. Um die Schreibweise - vor allem auch im Hinblick auf die folgenden Kapitel - möglichst einfach zu halten, symbolisieren wir die Normalränge in Gruppe 1 durch a_{i1}, die in Gruppe 2 durch a_{i2} und die entsprechenden Summen durch A_1 und A_2.

TABELLE 23.6 Normalränge für die Daten aus Tab. 23.1

Gr.1 Kontrollgruppe			Gr. 2 Experimentalgruppe		
Meßwert	Rang	a_{i1}	Meßwert	Rang	a_{i2}
16	1	-1,54	19	3	-0,66
17	2	-1,00	28	6	0,12
20	4	-0,38	34	7	0,38
22	5	-0,12	35	8	0,66
			41	9	1,00
			44	10	1,54
Summe	A_1	= -3,04		A_2	= 3,04
Mittel	M_{A1}	= -0,76		M_{A2}	= 0,51

Bevor wir auf das eigentliche Testverfahren eingehen, ist noch eine kurze Erläuterung zum Ablesen der Normalränge aus Tab. V notwendig: Für die Ränge k = 1 bis N/2 (in unserem Beispiel k = 1 bis 5) erhalten die Tabellenwerte ein *negatives* Vorzeichen. Den Rängen k = N/2 bis N entsprechen die Tabellenwerte (mit *positivem* Vorzeichen) für (N - k + 1). Beispiel: Für N = 10 wird dem Rang 6 der Tabellenwert für 10 - 6 + 1 = 5, nämlich 0,12, zugeordnet. Bei *ungeradem* N wird dem Medianrang k = (N + 1)/2 immer der Wert 0 zugewiesen. Zu beachten ist, daß für ein gegebenes N die Summe aller Normalränge immer 0 beträgt. Gleichzeitig gilt damit $A_1 + A_2 = 0$ und $A_1 = -A_2$.

Für den Terry-Hoeffding-Test können wir im Anschluß an diese Transformation der Originalmeßwerte jetzt - analog zum Wilcoxon-Test - folgende Hypothesen formulieren:

H_0: Die erwarteten Mittelwerte (Populationsmittelwerte) von A_1 und A_2 sind gleich: $E(M_{A1}) = E(M_{A2})$ bzw. $\mu_{A1} = \mu_{A2}$.

H_1: Der erwartete Mittelwert ist im Anschluß an den Rambo-Film (d.h. unter der Experimentalbedingung) höher: $\mu_{A1} < \mu_{A2}$.

Wenn H_0 zutrifft, d.h. wenn sich die Populationen, aus denen die beiden Stichproben stammen, nicht bezüglich ihrer zentralen Tendenz unterscheiden, dann sollte die Differenz $D = M_{A1} - M_{A2}$ nahe bei 0 liegen. Was wir bereits beim Randomisationstest von Fisher gesagt haben, gilt auch hier: Anstelle von D können wir als Teststatistik die wesentlich einfacher zu berechnende Summe der Normalränge in der *kleineren* Stichprobe - hier also A_1 - heranziehen. Hierfür verwenden wir im folgenden die Bezeichnung TH_u (Terry-Hoeffding-Statistik für 2 unabhängige Stichproben).[5)]

Ein *exakter* Test von H_0 erfolgt dann nach unserem bereits mehrfach demonstrierten Verfahren: Wir erstellen (zumindest theoretisch) die vollständige Stichprobenverteilung für TH_u, d.h. wir berechnen TH_u für alle K = 210 möglichen Aufteilungen der Normalränge auf zwei Stichproben der Größe $n_1 = 4$ und $n_2 = 6$. Die $K \cdot \alpha$ extremen Werte für TH_u stellen dann den Bereich der Verwerfung von H_0 dar. Entsprechend unserer H_1 umfaßt der Bereich der Verwerfung von H_0 bei $\alpha \leq 0{,}05$ die 10 *kleinsten* Werte für TH_u (mit einer exakten Irrtumswahrscheinlichkeit von $\alpha = 0{,}0476$). Dieser kritische Bereich ist in Tab. 23.7 aufgeführt.

TABELLE 23.7 Kritischer Bereich für TH_u

Normalränge für Gr. 1				TH_u
-1,54	-1,00	-0,66	-0,38	-3,58
-1,54	-1,00	-0,66	-0,12	-3,32
-1,54	-1,00	-0,66	0,12	-3,08
-1,54	-1,00	-0,38	-0,12	-3,04
-1,54	-1,00	-0,66	-0,38	-2,82
-1,54	-1,00	-0,38	0,12	-2,80
-1,54	-0,66	-0,38	-0,12	-2,70
-1,54	-1,00	-0,66	0,66	-2,54
-1,54	-1,00	-0,38	0,38	-2,54
-1,54	-1,00	-0,12	0,12	-2,54

Wir stellen fest, daß unser beobachteter Wert $TH_u = A_1 = -3{,}04$ dem kritischen Bereich angehört und verwerfen deshalb H_0 (was aufgrund der vorangegangenen Tests natürlich zu erwarten war).

Zur *praktischen* Durchführung des exakten Terry-Hoeffding-Tests kann man auf tabellierte Werte für TH_u zurückgreifen, die erstmals von Klotz (1964) zusammengestellt wurden. Auf den Abdruck einer entsprechenden Tabelle wollen wir hier allerdings verzichten (s. z.B. Bradley 1968, S.327ff; Lienert 1975, S.83ff). Für größere Stichproben kann der Terry-Hoeffding-Test erneut über eine Approximation durch die Normalverteilung durchgeführt werden. Die Statistik TH_u hat unter H_0 einen Erwartungswert von 0 und eine Varianz von

<23.15> $$\mathrm{Var}(TH_u) = \frac{n_1 \cdot n_2}{N(N-1)} \sum_j \sum_i a_{ij}^2$$ <$i = 1 \ldots n_j$; $j = 1, 2$>

---

5) Unsere für TH_u getroffene Festlegung ist natürlich völlig willkürlich. Aufgrund der zwischen A_1 und A_2 bestehenden Beziehung kann jede der beiden Summen als TH_u bezeichnet werden.

Dann ist folgender Prüfwert Z_{thu} annähernd standardnormalverteilt:

<23.16>
$$Z_{thu} = \frac{TH_u}{\sqrt{[Var(TH_u)]}}$$

Als Hinweis möge hier genügen, daß auch eine (etwas aufwendiger zu berechnende) Approximation über Students T-Verteilung zur Verfügung steht, die nach Bradley (1968, S.152) zu besseren Resultaten führt. Die Durchführung des Terry-Hoeffding-Tests für große Stichproben soll an einem Beispiel demonstriert werden.

Beispiel 23.3

Wir greifen auf die Daten aus Tab. 6.3 zurück, für die wir bereits den Welch-Test durchgeführt haben. Tab. 23.8 zeigt das Ergebnis der Ersetzung der Originalmeßwerte durch Normalränge und die Berechnung der Teststatistik.

TABELLE 23.8 Terry-Hoeffding-Test für die Daten der Tab. 6.3

	Gr. 1				Gr. 2			
Meß-wert	Häufig-keit f_{i1}	Rang	a_{i1}	Summe $f_{i1} \cdot a_{i1}$	Häufig-keit f_{i2}	Rang	a_{i2}	Summe $f_{i2} \cdot a_{i2}$
1	1	1	-2,090	-2,090				
3	1	2	-1,680	-1,680				
4	1	3	-1,430	-1,430				
6	1	4	-1,250	-1,250				
8	2	5,5	-1,045	-2,090				
9	4	8,5	-0,720	-2,880				
10					1	11	-0,500	-0,500
11					1	12	-0,410	-0,410
12	2	14	-0,260	-0,520	1	14	-0,260	-0,260
13					2	16,5	-0,075	-0,150
14	1	19	0,110	0,110	2	19	0,110	0,220
15	2	23	0,410	0,820	3	23	0,410	1,230
16					2	26,5	0,715	1,430
17	1	29	0,980	0,980	2	29	0,980	1,960
18					2	31,5	1,340	2,680
19					2	33,5	1,885	3,770
Summe			A_1 = -10,03				A_2 = 9,97	

Ein Blick auf Tab. 23.8 zeigt, daß für unser Beispiel die Bedingung $A_1 + A_2 = 0$ nicht ganz eingehalten wird ($A_1 + A_2 = -0{,}06$). Dies rührt daher, daß *gebundene* Meßwerte über die beiden Gruppen hinweg auftreten, die hier nach dem üblichen Verfahren durch *mittlere* Normalränge ersetzt wurden. Die Vergabe mittlerer Normalränge hat wie beim Wilcoxon-Test den zusätzlichen Effekt, daß die Varianz von TH_u reduziert wird. Ein *Korrekturverfahren* ist uns allerdings hier nicht bekannt. Das von Marascuilo & McSweeney (1977, S.286) genannte Verfahren einer *zufälligen* Vergabe von Normalrängen zum Aufbrechen von Bindungen hat zwar den Vorteil, daß der Terry-Hoeffding-Test unverfälscht durchgeführt werden kann, hat aber den Nachteil, daß bei wiederholten Testdurchführungen unterschiedliche Ergebnisse auftreten können. Wenn wir den Test so durchführen, wie in Tab. 23.8 gezeigt, gehen wir in jedem Fall sicher, daß wir die Nullhypothese nicht ungerechtfertigt verwerfen (konservatives Vorgehen).

Wie in Kap. 6.2.2 wollen wir jetzt prüfen, ob sich die beiden Gruppen hinsichtlich der *Gelassenheitswerte* im FPI signifikant unterscheiden oder nicht (zweiseitige Fragestellung mit $\alpha = 0{,}05$). Wir bestimmen als erstes die Varianz von $TH_u = A_1$. Hierzu greifen wir erneut auf Tab. V im Anhang zurück, in der für N = 1 bis 50 die Summen der quadrierten Normalränge aufgeführt sind. Man beachte, daß für ein gegebenes N diese Summe immer ein konstanter Wert ist. Für N = 34 lesen wir ab: $\Sigma\, E(Z_{(k)})^2 = \Sigma\, \Sigma\, a_{ij}^2 = 31{,}523$.

Dann ergibt sich nach Formel <23.15>:

$$Var(TH_u) = \frac{n_1 \cdot n_2}{N(N-1)} \sum_j \sum_i a_{ij}^2 = \frac{16 \cdot 18}{34 \cdot 33}\, 31{,}523 = 8{,}091$$

Als Prüfwert erhalten wir schließlich nach Formel <23.16>:

$$Z_{thu} = \frac{TH_u}{\sqrt{[Var(TH_u)]}} = \frac{-10{,}03}{\sqrt{8{,}091}} = -3{,}526$$

Da $(|Z_{thu}| = 3{,}526) > (Z_k = 1{,}96)$, wird H_0 verworfen. Wir gelangen also zur gleichen Entscheidung wie mit dem Welch-Test.

Zum Abschluß soll noch kurz erwähnt werden, in welcher Weise bei den beiden anderen genannten Normalwerte-Tests die Ersetzung der Originalmeßwerte erfolgt: Beim *Waerden-Test* werden in einem ersten Schritt den Rängen r_i über die Beziehung $p_i = r_i/(N + 1)$ Perzentile zugeordnet. Anschließend erfolgt eine Ersetzung der p_i-Werte durch die zugehörigen Z-Werte der Standardnormalverteilung. Beim *Bell-Doksum-Test* werden den N Meßwerten *zufällig* ausgewählte Z-Werte (für die entsprechende Tabellen vorliegen) zugeordnet. Damit gilt für diesen Test das gleiche, was oben zur zufälligen Vergabe von Normalrängen bei Bindungen gesagt wurde. Die eigentliche Durchführung der beiden Tests geschieht dann völlig analog zum Terry-Hoeffding-Test. Auch hier stehen für größere Stichprobenumfänge Approximationen durch die Normalverteilung zur Verfügung.

TABELLE 23.9 Siegel-Tukey-Test für die Daten von Lange (1966)

Meßwert	Gruppenzugehörigkeit		Rang	
2,7	1		1	
17,8	1		4	
23,2	1		5	
29,3	1		8	
32,6	1		9	
35,6	1		12	
42,7		2		13
42,8		2		16
47,7	1		17	
54,3		2		20
60,9		2		21
62,6	1		24,5	
62,6	1		24,5	
66,0		2		28
67,6	1		29	
68,8		2		30
69,0		2		27
69,3		2		26
71,6	1		23	
72,4		2		22
75,0		2		19
76,7		2		18
76,9	1		15	
83,5	1		14	
94,3	1		11	
95,7		2		10
97,7	1		7	
106,8		2		6
115,1		2		3
119,8		2		2
			$R_1 = 204$	$R_2 = 261$

23.5 Tests auf Gleichheit der Variabilität

23.5.1 Siegel-Tukey-Test

Siegel & Tukey (1960) haben eine Modifikation des Wilcoxon-Tests vorgeschlagen, mit dem die Hypothese gleicher Variabilität zweier Verteilungen überprüft werden kann. Vor einer Durchführung dieses Tests sollte bereits überprüft worden sein, daß beide Verteilungen die gleiche zentrale Tendenz aufweisen. Andernfalls läuft man Gefahr, die Nullhypothese ("gleiche Variabilität") ungerechtfertigt zurückzuweisen, da der Test auch auf Differenzen in der zentralen Tendenz sensitiv reagiert.

Die Durchführung des Siegel-Tukey-Tests soll an einem Beispiel erläutert werden, für das die Voraussetzung gleicher zentraler Tendenz bereits nachgewiesen wurde: In Clauß & Ebner (1985, S.229) werden Daten aus einer Untersuchung von Lange (1966) angeführt, in der es um den Vergleich der Problemlöseleistungen von $n_1 = 15$ Dreier- und $n_2 = 15$ Fünfergruppen ging. Aufgrund des Wilcoxon-Tests wurde die Nullhypothese ("gleiche zentrale Tendenz") beibehalten. Der Siegel-Tukey-Test wird jetzt folgendermaßen durchgeführt: Den $n_1 + n_2 = N$ Originalmeßwerten (erreichter Punktwert einer Gruppe) werden Ränge nach folgendem Muster zugeordnet: Rang 1 → kleinster Wert; Rang 2 → größter Wert; Rang 3 → zweitgrößter Wert; Rang 4 → zweitkleinster Wert; Rang 5 → drittkleinster Wert usw. Tab. 23.9 zeigt das Ergebnis dieses Verfahrens.

Welche Bedeutung hat die auf den ersten Blick merkwürdig erscheinende Vergabe von Rängen im Hinblick auf unsere Hypothesen? Die Logik des Verfahrens wird schnell deutlich, wenn wir einmal annehmen, Population 1 besitze eine größere Variabilität als Population 2. Da wir den *extremen* Meßwerten *niedrige* und den im *mittleren* Bereich liegenden Meßwerten *hohe* Rangwerte zugeordnet haben, müßten wir erwarten, daß der mittlere Rang in Stichprobe 1 *niedriger* ist als in Stichprobe 2. Bei *gleicher* Variabilität der beiden Verteilungen müßten wir andererseits erwarten, daß die mittleren Ränge in beiden Stichproben annähernd *gleich* sind. Schließlich müßte der mittlere Rang in Stichprobe 2 *niedriger* sein, wenn deren zugehörige Population die *größere* Variabilität aufweist. Für unser Beispiel können wir demnach folgende Hypothesen formulieren:

H_0: Beide Populationen weisen die gleiche Variabilität auf, d.h. die erwarteten mittleren Ränge sind gleich.

H_1: Die Populationen weisen unterschiedliche Variabilität auf, d.h. die erwarteten mittleren Ränge sind nicht gleich.

Die Überprüfung dieser Hypothesen erfolgt absolut identisch zu dem in Abschnitt 23.2 beschriebenen Verfahren: Als Prüfwert ziehen wir R_1, die Rangsumme der kleineren Stichprobe, heran. Für $n_1 \leq n_2 \leq 25$ greifen wir auf die in Tab. U angegeben kritischen Werte zurück, für größere Stichproben benutzen wir die Approximation an die Normalverteilung durch Formel <23.11>. Für unser Beispiel (mit $n_1 = n_2 = 15$, ungerichteter H_1 und $\alpha = 0{,}05$) lesen wir als kritischen Wert ab: $R_k = 184$. Da unser beobachteter Wert $R_1 = 204$ diesen kritischen Wert weder erreicht noch unterschreitet, behalten wir die Nullhypothese bei. Wir können also feststellen, daß die Variabilität (und wie vorher ermittelt: die zentrale Tendenz) in beiden Populationen gleich ist.

Zum Schluß noch einige Anmerkungen:

- Der Siegel-Tukey-Test ist - wie bereits erwähnt - nur dann sinnvoll, wenn sich die Populationen *nicht* bezüglich der zentralen Tendenz unterscheiden. Hat man durch eine vorherige Prüfung die Hypothese "Gleiche zentrale Tendenz" verworfen und hat man eine Schätzung der Differenz der zentralen Tendenzen, dann kann man folgendermaßen verfahren: Von den Originalmeßwerten beider Gruppen wird jeweils der entsprechende Mittelwert bzw. Median subtrahiert; anschließend wird der Siegel-Tukey-Test wie beschrieben durchgeführt.

- Beim Auftreten *gebundener* Meßwerte gehen wir nach dem in Abschnitt 23.2 beschriebenen Verfahren vor. Für den approximativen Test geben Siegel & Tukey (1960, S.433) eine Formel an, mit der die bindungskorrigierte Varianz für R_1 berechnet werden kann.
- Wenn der Gesamtstichprobenumfang $(n_1 + n_2)$ *ungerade* ist, kann der Median aller Meßwerte außer acht gelassen werden, da er im Hinblick auf *Variabilität* keine Information besitzt.
- Im Vergleich mit dem klassischen F-Test zur Prüfung von Varianzunterschieden schneidet der Siegel-Tukey-Test dann schlecht ab, wenn die Voraussetzungen zur Durchführung des F-Tests erfüllt sind. Die asymptotische relative Effizienz beträgt in diesem Fall nur 0,61.

23.5.2 Mood-Test

Ein weiterer Test zur Überprüfung von Variabilitätsunterschieden wurde von Mood (1954) vorgeschlagen. Dieser Test weist mit 0,76 eine höhere asymptotische relative Effizienz auf als der Siegel-Tukey-Test und stellt damit eine bessere Alternative zum F-Test dar. Voraussetzung zur Durchführung des Mood-Tests ist wiederum, daß die beiden Populationen gleiche zentrale Tendenz besitzen. Beim Mood-Test werden die $n_1 + n_2 = N$ Originalmeßwerte wie beim Wilcoxon-Test (mit dem kleinsten Meßwert beginnend) durch Ränge ersetzt. Als Prüfgröße definiert Mood:

<23.17> $$W = \sum_i (r_i - MR)^2 \qquad \langle i = 1 \ldots n_1 \rangle$$

Hierbei bedeuten:

r_i = Ränge der n_1 Meßwerte aus Gruppe 1 $(n_1 \leq n_2)$
$MR = (N + 1)/2$ (Mittelwert aller $n_1 + n_2 = N$ Ränge)

W bezieht sich also wie gewohnt auf die *kleinere* Stichprobe. Wenn Population 1 eine *höhere* Variabilität als Population 2 aufweist, dann wird der Wert von W *groß*, denn die Ränge in Stichprobe 1 werden (nach oben und unten) stärker vom mittleren Rang abweichen. Umgekehrt wird W *klein*, wenn Population 1 eine *geringere* Variabilität als Population 2 besitzt. Man beachte, daß durch die Definition von W *extremen* Rängen ein stärkeres Gewicht beigemessen wird als beim Verfahren von Siegel & Tukey.

Der Mood-Test kann in *exakter* Form durchgeführt werden, wie dies für den Wilcoxon-Test demonstriert wurde, d.h. Bestimmung der vollständigen Stichprobenverteilung von W für ein gegebenes $N = n_1 + n_2$ und Festlegung eines kritischen Bereichs in dieser Verteilung. Leider liegen für W bis heute noch keine *tabellierten* Werte vor. Für größere Stichproben kann die exakte Stichprobenverteilung von W erneut mit Hilfe der Standardnormalverteilung *approximiert* werden:

<23.18> $$Z_W = \frac{W - E(W)}{\sqrt{[Var(W)]}}$$

TABELLE 23.10 Mood-Test für die Daten von Lange (1966)

Meßwert	Gruppenzugehörigkeit	Rang	$r_i - M_r$	$(r_i - M_r)^2$
2,7	1	1	-14,5	210,25
17,8	1	2	-13,5	182,25
23,2	1	3	-12,5	156,25
29,3	1	4	-11,5	132,25
32,6	1	5	-10,5	110,25
35,6	1	6	- 9,5	90,25
42,7	2	7		
42,8	2	8		
47,7	1	9	- 6,5	42,25
54,3	2	10		
60,9	2	11		
62,6	1	12,5	- 3	9
62,6	1	12,5	- 3	9
66,0	2	14		
67,6	1	15	- 0,5	0,25
68,8	2	16		
69,0	2	17		
69,3	2	18		
71,6	1	19	3,5	12,25
72,4	2	20		
75,0	2	21		
76,7	2	22		
76,9	1	23	7,5	56,25
83,5	1	24	8,5	72,25
94,3	1	25	9,5	90,25
95,7	2	26		
97,7	1	27	11,5	132,25
106,8	2	28		
115,1	2	29		
119,8	2	30		
				W = 1305,25

Erwartungswert und Varianz von W sind hierbei folgendermaßen definiert (Mood 1954, S.517):

<23.19> $E(W) = \frac{n_1(N^2 - 1)}{12}$ <23.20> $Var(W) = \frac{n_1 \cdot n_2(N + 1)(N^2 - 4)}{180}$

Die Durchführung des approximativen Mood-Tests soll an den Beispieldaten des letzten Abschnitts demonstriert werden. Mit $n_1 = n_2 = 15$ erfüllt dieses Beispiel gerade das Kriterium, das Lienert (1986, S.398) für eine Approximation angibt.

Nach <23.19> und <23.20> ergeben sich:

$E(W) = 15(30^2 - 1)/12 = 1123{,}75$ $Var(W) = 15 \cdot 15(30 + 1)(30^2 - 4)/180 = 34720$

Als Prüfwert erhalten wir dann:

$$Z_W = \frac{1305{,}25 - 1123{,}75}{\sqrt{34720}} = 0{,}974$$

Bezüglich unserer Hypothesen (H_0: Gleiche Variabilität, H_1: Ungleiche Variabilität) können wir unter Rückgriff auf die Standardnormalverteilung jetzt folgende Entscheidung treffen (mit $\alpha = 0{,}05$): H_0 wird beibehalten, da ($|Z_W| = 0{,}974$) < ($Z_k = 1{,}96$). Mood- und Siegel-Tukey-Test kommen also in unserem Beispiel zum gleichen Ergebnis (was nicht immer der Fall sein muß).

23.5.3 Klotz-Test

Der letzte Test, der hier kurz besprochen werden soll, stammt von Klotz (1962). Beim Klotz-Test werden den $n_1 + n_2 = N$ Meßwerten beider Stichproben in einem ersten Schritt Ränge wie im Mood-Test zugeordnet. Anschließend erfolgt eine Ersetzung dieser Ränge durch *Normalwerte* nach dem Muster des Waerden-Tests; d.h. den Werten $p_i = r_i/(N + 1)$ werden die entsprechenden Z_i-Werte der Standardnormalverteilung zugeordnet. Die von Klotz vorgeschlagene Statistik ist die Summe der so definierten quadrierten Z_i-Werte für die *kleinere* Stichprobe:

<23.21> $KL = \sum_i Z_i^2$

<i = 1...n_1>

Klotz (1962, S.499) weist darauf hin, daß durch dieses Verfahren eine noch stärkere Gewichtung extremer Ränge erfolgt als beim Mood-Test. Die asymptotische relative Effizienz des Klotz-Tests ist daher auch entsprechend größer. Sie beträgt 1, was bedeutet, daß der Klotz-Test auch dann genauso effizient ist wie der parametrische F-Test, wenn dessen Voraussetzungen erfüllt sind. In vielen Fällen übertrifft der Klotz-Test sogar die Effizienz des F-Tests.

Für die Durchführung des *exakten* Klotz-Tests liegen (für $N \leq 20$) Tabellen vor (Klotz 1962; Marascuilo & McSweeney 1977), auf deren Abdruck wir hier aber verzichten wollen. Ein *approximativer* Test über die Standardnormalverteilung kann nach folgender Formel durchgeführt werden:

<23.22) $Z_{kl} = \frac{KL - E(KL)}{\sqrt{[Var(KL)]}}$

Hierbei ist:

<23.23> $E(KL) = (n_1/N) \sum_{i}^{N} Z_i^2$

<23.24> $Var(KL) = \frac{n_1 \cdot n_2}{N(N - 1)} \sum_{i}^{N} Z_i^4 - \frac{n_2 \cdot E(KL)^2}{n_1(N - 1)}$

Es ist leicht ersichtlich, daß die Durchführung des Klotz-Tests in seiner approximativen Form mit einigem Rechenaufwand verbunden ist. Wir wollen daher auf eine Anwendung auf unsere Beispieldaten verzichten.

Kapitel 24

Statistische Tests für quantitative Variablen aus mehr als zwei unabhängigen Stichproben: Nichtparametrische einfache Varianzanalyse

24.1 Kruskal-Wallis-Test

In Kap. 9 wurde der F-Test beschrieben, der als klassischer Test zur Überprüfung der Gleichheit von Mittelwerten aus J Populationen (H_0: $\mu_1 = \mu_2 = \ldots = \mu_J$) angesehen werden kann. Die dort angegebene Prüfstatistik $F_Z = MQ_Z/MQ_I$ folgt annähernd einer F-Verteilung mit den Freiheitsgraden $FG_1 = J - 1$ und $FG_2 = N - J$, wobei folgende Voraussetzungen erfüllt sein müssen: Unabhängigkeit der Beobachtungen innerhalb der Stichproben und zwischen den Stichproben; normalverteilte Grundgesamtheiten; Gleichheit der (unbekannten) Varianz(en). Wenn die Populationsvarianz σ^2 *bekannt* ist, kann sie anstelle von MQ_I in die obige Gleichung eingesetzt werden. Statt der Prüfgröße F_Z kann dann die uns bereits bekannte einfachere Teststatistik CHI herangezogen werden:

$$\text{<24.1>} \quad CHI = \sum_j^J \frac{(M_j - M)^2}{\sigma^2/n_j}$$

Diese Beziehung, auf deren Ableitung wir verzichten wollen, ergibt sich aus der Definition der F-Verteilung

$$\text{<24.2>} \quad F = \frac{\chi^2_{FG1}/FG_1}{\chi^2_{FG2}/FG_2} = \frac{\chi^2_{FG1} \cdot FG_2}{\chi^2_{FG2} \cdot FG_1}$$

und den in Kap. 9 angegebenen Definitionen für MQ_Z und MQ_I (s. hierzu auch Diehl 1978, S.12f).[1] CHI ist annähernd nach χ^2 verteilt mit FG = J - 1 Freiheitsgraden.

Kruskal (1952) bzw. Kruskal & Wallis (1952) kamen auf den naheliegenden Gedanken, die in <24.1> definierte Prüfstatistik auf den Fall anzuwenden, bei dem die Originalmeßwerte durch *Ränge* ersetzt wurden bzw. die Meßwerte nur in Form von *Rängen* vorliegen. Der Rückgriff auf Ränge bedeutet gleichzeitig, daß mit Ausnahme der Unabhängigkeit der Beobachtungen keine der oben genannten strengeren Voraussetzungen erfüllt sein muß.

---

[1] Formel <24.1> verdeutlicht auch noch einmal die in Kap. 17.1.1.2 angegebene Definition der χ^2-Verteilung als Quadratsumme von standardnormalverteilten Variablen: Jeder der j Summanden ist nämlich ein quadrierter Z-Wert, wobei σ^2/n_j nichts anderes ist als die Varianz der Stichprobenverteilung des Mittelwerts M_j (s. Kap. 2).

Dem Verfahren von Kruskal & Wallis liegt folgende Logik zugrunde: Aus J Stichproben liegen $n_1 + n_2 \ldots + n_J = N$ Beobachtungen vor. Diese N Beobachtungen werden über alle Stichproben hinweg durch die Ränge 1, 2, ..., N ersetzt. Der Rang einer Beobachtung i in Stichprobe j sei durch r_{ij} symbolisiert. Die Summe aller Ränge in einer Stichprobe j bezeichnen wir mit R_j. Der *mittlere Rang* (MR) in Stichprobe j ist dann gegeben durch

<24.3> $MR_j = R_j/n_j$

Der *Erwartungswert* eines mittleren Rangs MR_j (m.a.W. der Mittelwert der Stichprobenverteilung von MR_j) entspricht natürlich dem Populationsmittel, d.h. dem mittleren Rang aller N Ränge:

<24.4> $E(MR_j) = MR = (N + 1)/2$

Die *Varianz* der Stichprobenverteilung von MR_j läßt sich mit Hilfe der Populationsvarianz (d.h. Varianz der N Ränge) bestimmen:[2)]

<24.5> $Var(r_{ij}) = (N^2 - 1)/12$

<24.6> $Var(MR_j) = [Var(r_{ij})/n_j] \cdot [(N - n_j)/(N - 1)]$

Dieser Ausdruck ist vollkommen analog zum Nenner in Formel <24.1>. Der einzige Unterschied besteht darin, daß durch den Korrekturfaktor $(N - n_j)/(N - 1)$ der Tatsache Rechnung getragen wird, daß die Stichprobenziehung hier aus einer *endlichen* Population (von N Rängen) erfolgt. Es ist leicht zu sehen, daß mit steigendem N dieser Faktor verschwindet, d.h. gegen 1 strebt. In Fortführung der Analogie zu Formel <24.1> könnten wir also jetzt folgende Prüfstatistik definieren:

<24.7> $$CHI = \sum_{j}^{J} \frac{(MR_j - MR)^2}{Var(MR_j)}$$

Kruskal & Wallis konnten allerdings zeigen, daß sich die Approximation an die χ^2-Verteilung verbessern läßt, wenn man anstelle einer einfachen Summe wie in Formel <24.7> eine *gewichtete* Summe bildet. Die Gewichte berücksichtigen Unterschiede in den Stichprobengrößen und haben die Form $(N - n_j)/N$. Diese verbesserte Teststatistik wird mit H bezeichnet und hat damit folgende Form:

<24.8> $$H = \sum_{j}^{J} \frac{N - n_j}{N} \cdot \frac{(MR_j - MR)^2}{Var(MR_j)}$$

H ist annähernd nach χ^2 verteilt mit FG = J - 1 Freiheitsgraden. Zur praktischen Durchführung des Kruskal-Wallis-Tests ist Formel <24.8> noch denkbar ungeeignet. Mit etwas algebraischem Aufwand lassen sich unter Rückgriff auf die oben gegebenen Definitionen handlichere Formeln finden:

---

2) Eine Ableitung der Formeln für Erwartungswert und Varianz einer Verteilung von N Rängen ist z.B in Marascuilo & McSweeney (1977, S. 275) zu finden.

<24.9> $$H = \frac{12}{N(N+1)} \cdot \sum_{j}^{J} n_j(MR_j - MR)^2$$

<24.10> $$H = \frac{12}{N(N+1)} \cdot \sum_{j}^{J} R_j^2/n_j - 3(N+1)$$

Wir werden stets mit Formel <24.10> arbeiten, weil dabei nur die (quadrierten) Rangsummen in den einzelnen Stichproben bestimmt werden müssen.

Beispiel 24.1

In einer Studie von Price & Barber (1987) wurde untersucht, ob sich durch Hypnose das Schmerzempfinden (für Temperaturreize zwischen 45 und 51°C) reduzieren läßt. 16 Versuchspersonen wurden nach ihrer (mit einem Fragebogen ermittelten) Anfälligkeit für hypnotische Beeinflussung in drei Gruppen (niedrige, mittlere, hohe Anfälligkeit) eingeteilt. Es interessiert die Frage, ob sich die drei Gruppen hinsichtlich des Ausmaßes der Reduktion der Schmerzempfindlichkeit signifikant unterscheiden. Tab. 24.1 zeigt das Ergebnis der Untersuchung.

TABELLE 24.1 Reduktion der Schmerzempfindlichkeit (in %) bei Gruppen unterschiedlicher hypnotischer Anfälligkeit (Price & Barber 1987, S.49)

Hypnotische Anfälligkeit					
niedrig ($n_1 = 6$)		mittel ($n_2 = 7$)		hoch ($n_3 = 3$)	
Meß-wert	Rang	Meß-wert	Rang	Meß-wert	Rang
56,8	10	17,8	4	82,7	15
9,0	2	17,5	3	83,9	16
65,5	13	20,7	5	81,7	14
63,1	12	28,3	7		
3,6	1	24,7	6		
60,0	11	50,0	9		
		46,8	8		
$R_1 = 49$		$R_2 = 42$		$R_3 = 45$	

Als Hypothesen können wir formulieren:

H_0: Zwischen den drei Gruppen bestehen hinsichtlich des Ausmaßes der Reduktion der Schmerzempfindlichkeit keine signifikanten Unterschiede, d.h. die erwarteten mittleren Ränge sind gleich: $E(MR_1) = E(MR_2) = E(MR_3) = MR$.

H_1: Es bestehen signifikante Unterschiede zwischen den drei Gruppen, d.h. es gibt mindestens einen von Null verschiedenen Kontrast der erwarteten mittleren Ränge.

Wir überprüfen diese Hypothesen mit Hilfe der in Formel <24.10> definierten Statistik:

$$H = [12/(16 \cdot 17)][(49^2/6 + 42^2/7 + 45^2/3)] - 3 \cdot 17 = 7{,}551$$

Bei J = 3 Gruppen ist H annähernd nach χ^2 verteilt mit FG = 2 Freiheitsgraden. Wenn wir $\alpha = 0{,}05$ wählen, beträgt der kritische Wert laut Tab. I 5,991. Wir können dann folgende Entscheidung über unsere Hypothesen treffen: H_0 wird verworfen, da $(H = 7{,}551) > (\chi^2_k = 5{,}991)$.

Wir können also feststellen, daß Hypnose bei den drei Gruppen in unterschiedlichem Ausmaß zu einer Reduktion der Schmerzempfindlichkeit führt.

Die Durchführung des H-Tests in der beschriebenen Form basiert auf der Voraussetzung, daß keine *gebundenen Meßwerte* auftreten. Wie wir bereits im Zusammenhang mit dem Wilcoxon-Test festgestellt haben, ist diese Voraussetzung bei sozialwissenschaftlichen Messungen eher die Ausnahme als die Regel. Die übliche Strategie beim Vorliegen von Bindungen besteht darin, *mittlere Ränge* zu vergeben (s. Kap. 23.2). Dies hat aber zur Folge, daß H reduziert wird und damit die Wahrscheinlichkeit einer Verwerfung von H_0 sinkt (*konservatives* Vorgehen). Analog zum Wilcoxon-Test kann auch hier eine *Bindungskorrektur* vorgenommen werden, um diesem Effekt zu begegnen. Der Korrekturfaktor B ist folgendermaßen definiert:

<24.11> $$B = 1 - \frac{\sum_k^K [t_k^3 - t_k]}{N^3 - N}$$

K steht hierbei für die Gesamtzahl der Meßwertgruppen mit Bindungen, t_k für die Anzahl der Bindungen in der k-ten Gruppe. Der korrigierte Prüfwert ergibt sich dann aus:

<24.12> $$H_b = H/B$$

In den meisten Fällen wird diese Korrektur allerdings nur einen minimalen Effekt erzielen. Es läßt sich daher als Empfehlung wiederholen, was schon in Kap. 23.3 gesagt wurde: H_b muß nur dann berechnet werden, wenn H in der Nähe des kritischen χ^2-Wertes liegt und irgendein t_k vergleichsweise groß bzw. der Gesamtanteil der gebundenen Werte sehr hoch ist. Nur dann kann es passieren, daß H und H_b zu unterschiedlichen Entscheidungen über die Nullhypothese führen. Die Berechnung von H_b soll an einem Beispiel demonstriert werden, für das wir in Kap. 9.8 bereits eine parametrische Varianzanalyse durchgeführt haben.

Beispiel 24.2

Vier Gruppen von je 12 Personen lösten eine Reihe von Aufgaben unter verschiedenen Belohnungsbedingungen. Es interessiert die Frage, ob die Höhe der angekündigten Belohnung (0, 10, 20, 30 DM) einen Einfluß auf die Gesamtlösungszeit hat. Tab. 24.2 zeigt das Ergebnis dieser (fiktiven) Untersuchung.

TABELLE 24.2 Lösungszeit (in min.) unter verschiedenen Belohnungsbedingungen (Daten aus Tab. 9.2)

Belohnungsbedingung							
0 DM		10 DM		20 DM		30 DM	
Zeit	Rang	Zeit	Rang	Zeit	Rang	Zeit	Rang
23	48	19	46	10	22	3	1,5
14	31,5	12	26	7	10,5	8	14,5
16	38,5	16	38,5	9	18,5	7	10,5
18	44	14	31,5	8	14,5	5	5
12	26	7	10,5	15	35	6	7,5
13	28,5	8	14,5	3	1,5	10	22
16	38,5	13	28,5	8	14,5	12	26
17	42	10	22	9	18,5	4	3
19	46	19	46	11	24	7	10,5
14	31,5	9	18,5	9	18,5	6	7,5
16	38,5	15	35	5	5	5	5
17	42	14	31,5	17	42	15	35
R_j	455,0		348,5		224,5		148,0

Für die Daten aus Tab. 24.2 berechnen wir zunächst den unkorrigierten Prüfwert H:

$$H = [12/(48 \cdot 49)][(455^2/12 + 348{,}5^2/12 + 224{,}5^2/12 + 148^2/12)] - 3 \cdot 49 = 23{,}400$$

Unter Rückgriff auf die χ^2-Verteilung (mit FG = J - 1 = 3) können wir über unsere Nullhypothese (gleiche erwartete mittlere Ränge) folgende Entscheidung treffen (mit $\alpha = 0{,}01$): H_0 wird verworfen, da $(H = 23{,}400) > (\chi_k^2 = 11{,}345)$.

Diese Entscheidung deckt sich - wie kaum anders zu erwarten - mit der in Kap. 9.8. Die Berechnung des korrigierten Prüfwerts H_b erübrigt sich eigentlich jetzt. Da H_b stets größer als H ist, wird auch H_b den kritischen χ^2-Wert überschreiten und zur Verwerfung der Nullhypothese führen. Um das Korrekturverfahren an einem konkreten Beispiel zu demonstrieren, wollen wir H_b dennoch bestimmen. Die Berechnung des Korrekturfaktors B wird erheblich vereinfacht, wenn man eine Aufstellung der gebundenen Ränge wie in Tab. 24.3 vornimmt.

Über die Formeln <24.11> und <24.12> erhalten wir dann B und H_b:

$$B = 1 - 462/(48^3 - 48) = 0{,}9958 \qquad H_b = 23{,}400/0{,}9958 = 23{,}499$$

Unsere obige Aussage wird damit nachdrücklich bestätigt: Obwohl 44 der 48 vergebenen Ränge als Bindungen vorliegen, ist der Effekt der Korrektur nur minimal. An unserer Entscheidung über H_0 ändert sich natürlich nichts.

TABELLE 24.3 Häufigkeit gebundener Ränge für die Daten der Tab. 24.2

k	gebundener Rang	t_k	$t_k^3 - t_k$
1	1,5	2	6
2	5	3	24
3	7,5	2	6
4	10,5	4	60
5	14,5	4	60
6	18,5	4	60
7	22	3	24
8	26	3	24
9	28,5	2	6
10	31,5	4	60
11	35	3	24
12	38,5	4	60
13	42	3	24
14	46	3	24
Summe		44	462

Zur Vervollständigung unserer Darstellung des Kruskal-Wallis-Tests sollen abschließend noch einige Punkte angesprochen werden:

- Im Zusammenhang mit der Definition von H in Formel <24.8> wurde erwähnt, daß diese Prüfgröße annähernd nach χ^2 mit FG = J - 1 verteilt ist. Diese Aussage impliziert, daß es eine *exakte Stichprobenverteilung* von H gibt, zu der die χ^2-Verteilung nur eine Approximation darstellt. Diese Approximation kann aber nur unter bestimmten Bedingungen als hinreichend angesehen werden, wobei als Kriterien meist angegeben werden: Alle $n_j > 5$ oder $J \geq 4$. Wenn diese Kriterien nicht erfüllt sind, führt die χ^2-Approximation in der Regel zu einem konservativen Test (Gabriel & Lachenbruch 1969); es sollte dann auf die exakte Stichprobenverteilung von H zurückgegriffen werden. Diese Stichprobenverteilung kann prinzipiell nach dem bereits mehrfach beschriebenen Muster bestimmt werden, indem man sämtliche möglichen Aufteilungen der N Ränge auf die J Gruppen betrachtet und die jeweils zugehörigen H-Werte berechnet. Auf den damit verbundenen Aufwand muß nicht mehr gesondert hingewiesen werden.[3] Einfacher ist es, auf tabellierte Werte der H-Verteilung zurückzugreifen. Eine entsprechende Tabelle für J = 3 und N $\leq$ 15 sowie für J = 4 und N $\leq$ 9 ist im Anhang W zu finden.[4] Die Tabelle enthält nur jeweils ausgewählte H-Werte, und zwar solche, für die die exakten (kumulierten) Wahrscheinlichkeiten in der Nachbarschaft der üblichen Signifikanzgrenzen (α = 0,05; 0,01; 0,001) liegen. Anhand dieser Werte kann man für einen nach Formel <24.10> berechneten H-Wert ablesen, wie groß die Wahrscheinlichkeit ist, einen so großen oder noch größeren Wert zu erhalten. Die Entscheidung über H_0 wird dann in üblicher Weise getroffen. Ablesebeispiel: Für $n_1 = 4$, $n_2 = 3$, $n_3 = 2$ hat man H = 5,732 berechnet. Der Tabelle entnimmt man, daß die Wahrscheinlichkeit, einen Wert von H $\geq$ 5,4444 zu erhalten, exakt 0,046 beträgt. Oder mit anderen Worten: Bei einer gewählten Irrtumswahrscheinlichkeit von $\alpha \leq 0{,}05$ umfaßt der kritische Bereich der H-Verteilung alle H-Werte, die größer oder gleich 5,4444 sind. Da unser berechneter Wert in diesen Bereich fällt, wird H_0 verworfen.

Aus der Definition der Prüfgröße H in Formel <24.7> läßt sich unmittelbar entnehmen, daß der Kruskal-Wallis-Test natürlich auch für den Fall *zweier* unabhängiger Stichproben durchgeführt werden kann. Hierfür haben wir aber bereits in Kap. 23.2 den Wilcoxon-Test kennengelernt. Wir wollen jetzt zeigen, daß der Wilcoxon-Test nichts anderes ist als ein Spezialfall des Kruskal-Wallis-Tests bzw. der Kruskal-Wallis-Test eine Verallgemeinerung des Wilcoxon-Tests. Für den Wilcoxon-Test wurde in Formel <23.11> folgende annähernd standardnormalverteilte Prüfgröße definiert (die hier einen zusätzlichen Index erhält):

<24.13> $$Z_{r1} = \frac{R_1 - E(R_1)}{\surd[Var(R_1)]}$$

Eine analoge Größe läßt sich natürlich auch auf der Basis der Rangsumme R_2 definieren:

<24.14> $$Z_{r2} = \frac{R_2 - E(R_2)}{\surd[Var(R_2)]}$$

Wegen der in Kap. 23.2 beschriebenen gegenseitigen Abhängigkeit von R_1 und R_2 existiert zwischen beiden Größen die Beziehung $Z_{r1} = -Z_{r2}$. Damit gilt auch: $Z_{r1}^2 = Z_{r2}^2 = Z_r^2$.

---

[3] Die Gesamtzahl der möglichen Aufteilungen von N Rängen auf J Gruppen ergibt sich aus: $K = N!/(n_1!\ n_2!\ \ldots\ n_J!)$. Für $n_1 = n_2 = n_3 = 3$ müssen somit bereits K = 1680 H-Werte berechnet werden.

[4] Inzwischen existieren auch Computerprogramme, mit denen die exakte Stichprobenverteilung von H - auch beim Vorliegen von gebundenen Rängen - bestimmt werden kann (z.B. Klotz & Teng 1977).

Nach Formel <24.8> ist H definiert als gewichtete Summe der Quadrate von standardnormalverteilten Variablen. Für den Fall zweier Variablen (d.h. bei zwei Stichproben) können wir daher schreiben:

<24.15> $H = [(N - n_1)/N] \cdot Z_r^2 + [(N - n_2)/N] \cdot Z_r^2$

Wegen der Beziehung $n_2 = N - n_1$ läßt sich diese Formel weiter vereinfachen; es ergibt sich schließlich $H = Z_r^2$.

Das Quadrat der für den Wilcoxon-Test in Formel <24.13> bzw. <24.14> definierten Prüfgröße ist also ein H-Wert der annähernd nach χ^2 mit FG = 1 verteilt ist.

- Wenn wir in Formel <24.13> für $E(R_1)$ und $Var(R_1)$ die in Kap. 23.3 angegebenen Werte einsetzen und den gesamten Ausdruck quadrieren, erhalten wir eine Rechenformel für H, die der Formel <24.10> entspricht, aber eine etwas einfachere Schreibweise aufweist:

  <24.16> $$H = \frac{12}{(N + 1) \cdot n_1(N - n_1)} [R_1 - n_1(N + 1)/2]^2$$

  Zahlenbeispiel: Für die Daten des Beispiels 23.2 (mit $R_1 = 739$, $R_2 = 1539$, $n_1 = 32$, $n_2 = 35$ und $N = 67$) hatten wir einen (unkorrigierten) Prüfwert von $Z_r = -4{,}381$ berechnet. Dann ist $H = Z_r^2 = (-4{,}381)^2 = 19{,}193$.

  Den gleichen Wert (vom Rundungsfehler abgesehen) erhalten wir auch über Formel <24.10>:

  $H = [12/(67 \cdot 68)] \cdot (739^2/32 + 1539^2/35) - 3 \cdot 68 = 19{,}191$

  Oder über Formel <24.16>:

  $H = [12/(68 \cdot 32 \cdot 35)] \cdot (739 - 32 \cdot 68/2)^2 = 19{,}191$

  Unter Rückgriff auf die χ^2-Verteilung mit FG = 1 und $\alpha = 0{,}01$ kommen wir zur gleichen Entscheidung wie mit dem Wilcoxon-Test: H_0 wird verworfen, da $H > (\chi_k^2 = 6{,}635)$.

- In gleicher Weise wie sich der Wilcoxon-Test zum Kruskal-Wallis-Test verallgemeinern läßt, ist es auch möglich die Logik des U-Tests von Mann & Whitney auf den Fall von mehr als zwei Stichproben zu übertragen. Die hierzu von Whitney (1951), Terpstra (1954) und Bhapkar & Deshpandé (1968) vorgeschlagenen Tests haben aber nie die praktische Bedeutung des Kruskal-Wallis-Tests erlangt, weshalb wir auf eine Beschreibung verzichten. Eine Darstellung des Tests von Bhapkar & Deshpandé ist z.B bei Lienert (1986, S.271ff) zu finden.

- Der Kruskal-Wallis-Test stellt eine ausgezeichnete Alternative zur klassischen Varianzanalyse (F-Test) dar. Wenn die Voraussetzungen zur Durchführung des F-Tests erfüllt sind (Normalverteilung und gleiche Varianz), beträgt die asymptotische relative Effizienz 0,955 (Andrews 1954, S.734). Bei nicht-normalen Verteilungen kann dieser Wert nie kleiner als 0,864 werden (Hodges & Lehmann 1956, S.325); in bestimmten Fällen (bei gleichförmigen oder sehr spitzen Verteilungen) ist die asymptotische relative Effizienz sogar größer als 1.[5]

Der Kruskal-Wallis-Test wurde entwickelt, um die Hypothese zu testen, daß J Stichproben aus der gleichen Grundgesamtheit stammen bzw. daß die den J Stichproben zugrundeliegenden Populationen gleiche zentrale Tendenz und gleiche Form oder Variabilität aufweisen. Die Verwerfung dieser Nullhypothese (signifikanter H-Wert) impliziert daher im strengen Sinn nur, daß zwischen den J Populationen Unterschiede bestehen. Tatsächlich läßt sich aber zeigen (Kruskal & Wallis 1952, S.599f), daß der H-Test gegenüber Unterschieden in der Variabilität relativ *insensitiv* reagiert. Praktisch bedeutet dies folgendes: Wenn sich die zugrundeliegenden Verteilungen hinsichtlich ihrer Form oder Variabilität unterscheiden, aber gleiche Lage oder zentrale Tendenz (Mittelwert, Median) besitzen, führt der H-Test in der Regel zu einer Beibehaltung der Nullhypothese. Oder anders ausgedrückt: Die Verwerfung von H_0 bedeutet praktisch immer, daß sich die J Populationen hinsichtlich ihrer Lage oder zentralen Tendenz unterscheiden.

24.2 Nachträgliche multiple Vergleiche für den Kruskal-Wallis-Test

Die Verwerfung der mit dem H-Test überprüften Nullhypothese, $E(MR_1) = E(MR_2) = \ldots E(MR_J)$, bedeutet, daß es mindestens einen von Null verschiedenen Kontrast der erwarteten mittleren Ränge geben muß. Analog zu Kap. 19.4 können wir einen solchen Kontrast in seiner allgemeinen Form folgendermaßen schreiben:

<24.17> $$\Delta = c_1 \cdot E(MR_1) + c_2 \cdot E(MR_2) + \ldots + c_J \cdot E(MR_J) = \sum_j^J c_j \cdot E(MR_j)$$

Oder als Schätzung:

<24.18> $$\Delta^* = D = c_1 \cdot MR_1 + c_2 \cdot MR_2 + \ldots + c_J \cdot MR_J = \sum_j^J c_j \cdot MR_j$$

Auch hier gilt die Bedingung, daß die Summe aller Gewichte 0 betragen muß:

<24.19> $$\sum_j^J c_j = 0$$

Die Varianz eines Kontrastes läßt sich nach folgender Formel schätzen (Marascuilo & McSweeney 1967; 1977, S.306):

<24.20> $$Var(D)^* = V_d = [N(N + 1)/12] \; \underset{j}{\overset{J}{R}} \; c_j^2/n_j$$

---

[5] Die gleichen Werte ergeben sich natürlich auch für den Vergleich von Wilcoxon- und klassischem T-Test, da beide jeweils nur Spezialfälle des H- bzw. F-Tests darstellen.

Wenn zahlreiche Bindungen vorliegen, kann hier auch mit Hilfe des in Formel <24.11> definierten Faktors eine Korrektur vorgenommen werden:

<24.21> $V_{db} = B \cdot V_d$

Nach dem in Kap. 19.4 beschriebenen Muster können wir jetzt für den Gesamtsatz aller möglichen Kontraste zwischen den J erwarteten mittleren Rängen simultan *Konfidenzintervalle* festlegen:

<24.22> $D - \sqrt{\chi^2_k} \cdot \sqrt{V_d} \leq \Delta \leq D + \sqrt{\chi^2_k} \cdot \sqrt{V_d}$

Das Verfahren soll an den Daten des Beispiels 24.1 demonstriert werden: Für die 3 Gruppen können wir folgende mittleren Ränge (als Schätzungen der erwarteten mittleren Ränge) berechnen:

$MR_1 = 49/6 = 8,17$ $\qquad MR_2 = 42/7 = 6,00$ $\qquad MR_3 = 45/3 = 15,00$

Der Einfachheit halber wollen wir uns auf die Berechnung der 3 möglichen *paarweisen* Kontraste beschränken:

$$D_1 = (+1)MR_1 + (-1)MR_2 + (0)MR_3 = MR_1 - MR_2 = 2,17$$
$$D_2 = (+1)MR_1 + (0)MR_2 + (-1)MR_3 = MR_1 - MR_3 = -6,83$$
$$D_3 = (0)MR_1 + (+1)MR_2 + (-1)MR_3 = MR_2 - MR_3 = -9,00$$

Hierfür erhalten wir die folgenden geschätzten Varianzen:

$$V_{d1} = [(16 \cdot 17)/12] \cdot (1/6 + 1/7) = 7,0159$$
$$V_{d2} = [(16 \cdot 17)/12] \cdot (1/6 + 1/3) = 11,3333$$
$$V_{d3} = [(16 \cdot 17)/12] \cdot (1/7 + 1/3) = 10,7937$$

Schließlich ist (für FG = 3 - 1 = 2 und $\alpha = 0,05$) $\sqrt{\chi^2_k} = \sqrt{5,991} = 2,448$.

Mit Hilfe von Formel <24.22> können wir jetzt folgende drei Konfidenzintervalle erstellen:

$$\Delta_1 = 2,17 \pm 2,448 \cdot 2,649 = 2,17 \pm 6,48$$
$$\Delta_2 = -6,83 \pm 2,448 \cdot 3,366 = -6,83 \pm 8,24$$
$$\Delta_3 = -9,00 \pm 2,448 \cdot 3,285 = -9,00 \pm 8,04$$

Für jedes dieser Intervalle gilt, daß es mit einer Wahrscheinlichkeit von mindestens 95% den Populationswert des Kontrasts enthält. Wir sehen, daß nur das Vertrauensintervall für Δ_3 die Null *ausschließt*, d.h. dieser Kontrast ist auf dem 5%-Niveau statistisch signifikant. Dies bedeutet, daß sich die Gruppen 2 und 3 hinsichtlich der erwarteten mittleren Ränge unterscheiden und daß dies eine Ursache ist für die Verwerfung der Nullhypothese durch den Kruskal-Wallis-Test. Möglicherweise ließen sich noch weitere Ursachen finden, wenn wir außer den paarweisen auch komplexere Kontraste in Betracht zögen; dies würde aber hier zu weit führen.

Es sei abschließend darauf hingewiesen, daß das hier vorgestellte, dem Scheffé-Test analoge Verfahren nicht die einzige Möglichkeit zur Durchführung multipler Vergleiche ist. Dunn (1964) schlägt eine weitgehend vergleichbare Methode vor, bei dem aber die Bestimmung der Intervalle über die Standardnormalverteilung und nicht über die χ^2-Verteilung erfolgt. Wenn nur paarweise Kontraste interessieren und wenn außerdem alle n_j gleich sind, kann auch ein auf dem studentisierten Range basierender Tukey-Test durchgeführt werden. Außerhalb des Kontextes des Kruskal-Wallis-Tests haben Steel (1960) sowie unabhängig davon Dwass (1960) einen Test entwickelt, bei dem sämtliche möglichen Paarvergleiche zwischen den Gruppen durchgeführt werden. Eine ausführliche Darstellung und Diskussion dieser und weiterer Verfahren ist zu finden in Miller (1981, Kap. 4) sowie Lienert (1986, Kap. 6.3).

24.3 Tests mit Normalwerten für mehr als zwei unabhängige Stichproben

Wegen der engen Beziehung zwischen Wilcoxon- und Kruskal-Wallis-Test ist es nicht weiter verwunderlich, daß die in Kap. 23.4 beschriebenen bzw. erwähnten drei Tests mit Normalwerten auch auf den Fall von mehr als zwei unabhängigen Stichproben erweiterbar sind. Ein entsprechender Vorschlag wurde zuerst von McSweeney & Penfield (1969) unterbreitet. Da die grundsätzliche Vorgehensweise bei allen Tests mit Normalwerten identisch ist, können wir uns auf die Darstellung *eines* Verfahrens beschränken. An Kap. 23.4 anknüpfend greifen wir die Erweiterung des Terry-Hoeffding-Tests heraus, bei dem die Originalmeßwerte durch *Normalränge* ersetzt werden.

Dieser Test wird hier konkret in folgender Weise durchgeführt: In einem ersten Schritt werden wie beim Kruskal-Wallis-Test die $n_1 + n_2 + \ldots + n_J = N$ Meßwerte durch Ränge von 1 bis N ersetzt; hierbei soll r_{ij} den Rang des Meßwerts i in Gruppe j symbolisieren. Mit Hilfe der Tab. V werden diesen Rängen in einem zweiten Schritt Normalränge der Form $E(Z_{(ij)})$ zugeordnet. Zur Vereinfachung der Schreibweise wollen wir im folgenden $E(Z_{(ij)})$ durch a_{ij} ersetzen. Als Prüfwert TH_{uu} (Terry-Hoeffding-Statistik für mehr als zwei unabhängige Gruppen) läßt sich dann definieren:

<24.23> $$TH_{uu} = (N - 1)\frac{\sum_j A_j^2/n_j}{\sum_j \sum_i a_{ij}^2}$$ <j = 1...J; i = 1...n_j>

Hierbei steht A_j für die Summe der Normalränge in Gruppe j und n_j für die Größe der Gruppe j. McSweeney & Penfield (1969) konnten zeigen, daß diese Statistik unter H_0 annähernd nach χ^2 verteilt ist mit FG = J - 1 Freiheitsgraden.

Formel <24.23> läßt sich auch varianzanalytisch interpretieren: Aus Kap. 23.4 wissen wir, daß der Mittelwert von Normalrängen 0 beträgt. Der *Nenner* der Formel ist damit nichts anderes als die Summe der quadrierten Abweichungen aller Normalränge vom Mittelwert, d.h. SAQ(G). Im *Zähler* steht die Summe der quadrierten Abweichungen der Gruppenmittelwerte vom Gesamtmittelwert, d.h. SAQ(Z). Unser Prüfwert läßt sich dann auch schreiben als:

<24.24> $TH_{uu} = (N - 1)[SAQ(Z)/SAQ(G)]$

Weiterhin wissen wir, daß

<24.25> $SAQ(Z)/SAQ(G) = Eta^2$

eine Schätzung für den Anteil erklärter Varianz darstellt.

<24.26> $TH_{uu}/(N - 1) = Eta^2$

gibt also an, welcher Anteil der Gesamtvarianz der Normalwerte auf die Gruppenzugehörigkeit zurückgeht.

Das hier beschriebene Verfahren soll auf die Daten des Beispiels 24.1 angewandt werden. Tab. 24.4 faßt das Ergebnis zusammen.

TABELLE 24.4 Normalränge für die Daten der Tab. 24.1

Hypnotische Anfälligkeit					
niedrig (n_1 = 6)		mittel (n_2 = 7)		hoch (n_3 = 3)	
Rang	Normalrang	Rang	Normalrang	Rang	Normalrang
10	0,234	4	-0,763	15	1,285
2	-1,285	3	-0,990	16	1,766
13	0,763	5	-0,570	14	0,990
12	0,570	7	-0,234		
1	-1,766	6	-0,396		
11	0,396	9	0,077		
		8	-0,077		
A_j	-1,088		-2,953		4,041

Nach Formel <24.23> erhalten wir dann folgenden Prüfwert:[6)]

$TH_{uu} = (15/13{,}7498)[(-1{,}088)^2/6 + (-2{,}953)^2/7 + (4{,}041)^2/3] = 7{,}512$

Bei FG = 2 Freiheitsgraden und $\alpha = 0{,}05$ ist 5,991 der kritische Wert der χ^2-Verteilung. Über H_0 können wir dann folgende (uns bereits bekannte) Entscheidung treffen: H_0 wird verworfen, da $(TH_{uu} = 7{,}512) > (\chi^2_k = 5{,}991)$.

Als Anteil erklärter Varianz ergibt sich: $Eta^2 = 7{,}512/15 = 0{,}501$. Rund 50% der Gesamtvarianz gehen also auf Unterschiede zwischen den drei Gruppen zurück.

Zwei Punkte noch zum Abschluß:

- Das im vorangegangenen Abschnitt beschriebene Verfahren der Berechnung von Kontrasten ist auch hier durchführbar. Auf eine detaillierte Beschreibung können wir verzichten, da sich - mit Ausnahme der Formel für $Var(\Delta)^*$ - keinerlei Unterschiede ergeben.

---

6) Zu beachten ist, daß der Nenner von <24.23> direkt aus Tab. V ablesbar ist!

- Der in Formel <24.23> definierte Prüfwert gilt auch dann, wenn wir eine Ersetzung der Originalmeßwerte nach dem Muster des Waerden- oder Bell-Doksum-Tests (s. Kap. 23.4) vornehmen.

24.4 Kruskal-Wallis-Test für geordnete Kontingenztabellen

In Kap. 19.3 wurde darauf hingewiesen, daß eine Hypothesenprüfung mit Hilfe der CHI-Statistik dann nicht optimal ist, wenn Zeilen und/oder Spalten einer IxJ-Kontingenztabelle durch eine Ordnungsrelation gekennzeichnet sind. Eine von mehreren besseren Alternativen stellt der Kruskal-Wallis-Test dar. Er kann für den Fall herangezogen werden, wo die Antwortvariable durch einen Satz sich gegenseitig ausschließender *geordneter* Kategorien definiert ist. Wenn zusätzlich noch die unabhängige Variable (z.B. Gruppenzugehörigkeit) eine Ordnung aufweist, sollte auf das in Kap. 27.3.4 beschriebene Verfahren zurückgegriffen werden.

Die Durchführung des Kruskal-Wallis-Tests für Kontingenztabellen kann am besten anhand eines Beispiels demonstriert werden. Dabei werden wir sehen, daß der H-Test eher als der CHI-Test in der Lage ist, Unterschiede zwischen den Gruppen aufzudecken.

Beispiel 24.3

In jüngster Zeit wird die Frage diskutiert, ob Beamte - wie alle anderen Berufstätigen auch - einen Beitrag zu ihrer Altersversorgung leisten sollen. Drei Gruppen von Beschäftigten im öffentlichen Dienst (14 Arbeiter, 21 Angestellte, 22 Beamte) äußerten hierzu ihre Meinung. Auf die Frage "Wie ist Ihre Meinung zu dem Vorschlag, daß auch Beamte einen Beitrag zu ihrer Altersversorgung leisten sollen?" waren folgende Antworten vorgegeben: (a) lehne vollkommen ab, (b) lehne ab, (c) unentschieden, (d) stimme zu, (e) stimme vollkommen zu. Tab. 24.5 zeigt das Ergebnis dieser (fiktiven) Befragung.

TABELLE 24.5 Antworten verschiedener Berufsgruppen zur Frage der Beitragspflicht für Beamte

Antwort	Arbeiter	Angestellte	Beamte	gesamt
(a) lehne vollk. ab	0	2	5	7
(b) lehne ab	3	2	7	12
(c) unentschieden	6	3	4	13
(d) stimme zu	3	7	3	13
(e) stimme vollk. zu	2	7	3	12
gesamt	14	21	22	57

Wir wollen jetzt überprüfen, ob zwischen den drei Gruppen Unterschiede in der Beantwortung der Frage bestehen oder nicht. Wenn wir nach dem in Kap. 19.3 beschriebenen Muster auf die Daten der Tab. 24.5 einen CHI-Test anwenden, erhalten wir CHI = 13,91. Bei FG = (3 - 1)(5 - 1) = 8 und α = 0,05 würde dieser Test zu einer Beibehaltung von H_0 führen, da CHI < (χ_k^2 = 15,507).

Aber: Der CHI-Test ist hier nicht angemessen, da er die in der Antwortvariable bestehende Ordnung nicht berücksichtigt.[7] Der Kruskal-Wallis-Test nutzt dagegen die in der Ordnung enthaltene Information und ist hier das adäquatere Verfahren.

Bevor wir den H-Test durchführen können, sind noch einige Vorüberlegungen notwendig: Ein Blick auf Tab. 24.5 zeigt, daß insgesamt nur 5 "Meßwerte", nämlich die 5 Antwortalternativen vorkommen. Da jeder der Meßwerte mit einer bestimmten Häufigkeit (Zeilensumme) auftritt, haben wir es mit sehr vielen *gebundenen* Meßwerten zu tun. Bei der Vergabe der N = 57 Ränge müssen wir daher jedem der 5 Meßwerte einen *mittleren* Rang zuordnen. Dies geschieht nach folgendem Muster: Die 7 Meßwerte "lehne vollkommen ab" teilen sich die Rangplätze 1 bis 7 und erhalten somit den mittleren Rang 4; die 12 Meßwerte "lehne ab" teilen sich die Ränge 8 bis 19 und erhalten den mittleren Rang 13,5 usw. Bei der Berechnung der Rangsummen müssen wir für jede Gruppe diese mittleren Ränge mit der Häufigkeit ihres Auftretens multiplizieren und aufsummieren. Für R_1 erhalten wir dann: R_1 = 0·4 + 3·13,5 + 6·26 + 3·39 + 2·51,5 = 416,5. In Tab. 24.6 ist das beschriebene Verfahren zusammenfassend dargestellt.

TABELLE 24.6 H-Test für die Daten der Tab. 24.5

Antwort	mittl. Rang	Arbeiter Häufigkeit	Arbeiter Summe	Angestellte Häufigkeit	Angestellte Summe	Beamte Häufigkeit	Beamte Summe
(a)	4	0	0	2	8	5	20
(b)	13,5	3	40,5	2	27	7	94,5
(c)	26	6	156	3	78	4	104
(d)	39	3	117	7	273	3	117
(e)	51,5	2	103	7	360,5	3	154,5
Rangsumme			416,5		746,5		490

Nach Formel <24.10> können wir jetzt folgenden unkorrigierten H-Wert berechnen:

$$H = [12/(57\cdot 58)]\cdot[(416{,}5^2/14 + 746{,}5^2/21 + 490^2/22)] - 3\cdot 58 = 6{,}910$$

Wegen der zahlreichen Bindungen wollen wir auch einen korrigierten H-Wert berechnen. Nach Formel <24.11> erhalten wir als Korrekturfaktor:

---

7) Es sei daran erinnert, daß eine - inhaltlich völlig unangemessene - Vertauschung von Zeilen der Tab. 24.5 den gleichen Wert für CHI liefern würde.

$$B = 1 - \frac{1}{57^3 - 57} [(7^3 - 7) + (12^3 - 12) + \ldots + (12^3 - 12)] = 0{,}9561$$

Nach Formel <24.12> ergibt sich dann: $H_b = 6{,}91/0{,}9561 = 7{,}227$. Bei $FG = J - 1 = 3 - 1 = 2$ Freiheitsgraden können wir mit $\alpha = 0{,}05$ über unsere H_0 jetzt folgende Entscheidung treffen: H_0 wird verworfen, da $H_b > (\chi^2_k = 5{,}991)$.

Wir können also festhalten, daß zwischen den drei Gruppen von Beschäftigten im öffentlichen Dienst erhebliche Meinungsunterschiede zur Frage der Beitragspflicht von Beamten bestehen - was ja nicht weiter verwunderlich ist!

Mit Hilfe des in Abschnitt 24.2 beschriebenen Verfahrens könnten wir jetzt noch Kontraste zwischen den mittleren Rängen der drei Gruppen formulieren, um herauszufinden, zwischen *welchen* Gruppen Unterschiede bestehen. Dies soll uns aber hier nicht mehr interessieren.

Kapitel 25

Nichtparametrische Tests für quantitative Variablen aus zwei abhängigen Stichproben

In Kap. 7 wurde der klassische T-Test für abhängige Stichproben beschrieben, mit dem die Hypothese überprüft werden kann, daß der Populationsmittelwert der Differenzen der gepaarten Meßwerte bzw. die Differenz der Populationsmittelwerte 0 beträgt (H_0: $\mu_D = \mu_1 - \mu_2 = 0$). Wir werden in diesem Kapitel vier Verfahren kennenlernen, die als Alternativen zu diesem klassischen Test angesehen werden können. Der erste Test ist uns dem Prinzip nach bereits bekannt: Es handelt sich um eine Erweiterung des in Kap. 17.2 besprochenen *Vorzeichentests*. Er soll hier nur kurz abgehandelt werden, da er für quantitative Variablen ein wenig geeignetes Verfahren darstellt. Als Information zieht er nämlich nur das Vorzeichen der Differenzen der Meßwerte, nicht aber deren Größe heran. Der Randomisationstest von Fisher, der Wilcoxon-Test sowie die Gruppe der Tests mit Normalwerten berücksichtigen die Größe der Differenz, wodurch sie echte Alternativen zum T-Test darstellen.

25.1 Vorzeichentest

Das Verfahren kann am einfachsten anhand eines konkreten Beispiels dargestellt werden. Wir wählen hierzu die Daten aus Tab. 7.3, für die wir bereits einen T-Test für abhängige Stichproben durchgeführt haben. Erinnern wir uns: Zwei aufgrund der Variablen *Intelligenz* parallelisierte Gruppen bearbeiteten im Anschluß an einen Diavortrag bzw. einen Videofilm über *vernünftige Ernährung* einen Wissenstest. Für jedes der n = 15 Meßwertpaare (Personen mit jeweils annähernd gleicher Intelligenz) wurde die Differenz der Werte für Wissen, $D_i = X_{i1} - X_{i2}$, gebildet. Beim Vorzeichentest interessieren uns - wie der Name schon sagt - an diesen Differenzen nur die *Vorzeichen*. Aus Tab. 7.3 geht hervor, daß 2 positive und 13 negative Differenzen auftreten. Wenn zwischen den beiden Gruppen *keine* signifikanten Unterschiede bestehen, d.h. beim Zutreffen von H_0, müßten annähernd genauso viele positive wie negative Differenzen bzw. Vorzeichen auftreten. Dabei treffen wir (zunächst) wieder die Voraussetzung, daß die zugrundeliegende Variable "Wissen" *kontinuierlicher* Natur ist und damit Differenzen von 0 ausgeschlossen sind. Formal:

$$H_0\text{: } P(D_i > 0) = P(D_i < 0) = 1/2 \text{ bzw. } H_0\text{: } P(+) = P(-) = 1/2$$

Diese Formulierung impliziert auch, daß der *Median* der Population der Differenzen 0 beträgt (H_0: $\theta_D = 0$).

Wir sehen also, daß wir damit den Fall zweier abhängiger Stichproben auf ein Problem reduziert haben, für das wir in Kap. 17.2 bereits eine Lösung kennengelernt haben: Wir betrachten die beobachteten n = 15 Differenzen als Zufallsstichprobe aus einer Population mit einem angenommenen Median von 0. Für jede Differenz stellen wir fest, ob sie über oder unter dem angenommenen Median liegt. Entsprechend vergeben wir ein Plus- oder Minuszeichen. Wir wissen, daß sowohl die Anzahl der positiven Vorzeichen (T_+) als auch die Anzahl der negativen Vorzeichen (T_-) diskrete Zufallsvariablen darstellen, die einer Binomialverteilung mit B(n, 1/2) folgen. Zur Hypothesenprüfung können wir nach Belieben auf eine der beiden Variablen zurückgreifen. Wir wählen T_+ und bestimmen anhand der Tab. P bei ungerichteter H_1 und $\alpha = 0{,}05$ den Bereich der Verwerfung von H_0. Er besteht aus allen extrem niedrigen und extrem hohen Werte von T_+, deren kumulierte Wahrscheinlichkeit $\leq \alpha$ beträgt: $T_+ = \{0, 1, 2, 3, 12, 13, 14, 15\}$. Da unser beobachteter Wert $T_+ = 2$ in diesen Bereich fällt, wird H_0 verworfen. Diese Entscheidung treffen wir mit einer exakten Irrtumswahrscheinlichkeit von $\alpha = 0{,}0352$. Zur gleichen Entscheidung gelangen wir natürlich auch, wenn wir anstelle der exakten Wahrscheinlichkeiten die kritischen Grenzen für eine Binomialverteilung mit B(15, 1/2) aus Tab. R entnehmen: Bei $\alpha = 0{,}05$ und zweiseitiger Fragestellung lesen wir eine untere kritische Grenze von 3 ab, entsprechend ist dann 15 - 3 = 12 die obere kritische Grenze. Da $T_+ = 2$ die untere Grenze *unterschreitet*, wird H_0 - wie gehabt - verworfen.

Wie erwähnt ist der Vorzeichentest an die Voraussetzung gebunden, daß keine Nulldifferenzen auftreten, d.h. $P(D_i = 0) = 0$. Wenn diese Voraussetzung nicht erfüllt ist - was häufig der Fall sein dürfte -, können wir nach einer der in Kap. 17.2 beschriebenen Strategien verfahren.

Der Vorzeichentest überprüft die Hypothese, daß der Populationsmedian der Differenzen 0 beträgt. Er überprüft hingegen *nicht*, daß die Differenz der Mediane der Verteilungen der X_1- und X_2-Werte 0 ist. Daß wir hier eine Unterscheidung vornehmen müssen, sei durch ein kleines Beispiel illustriert: Für die vier Meßwertpaare (2, 3), (6, 7), (1, 2), (3, 4) ergeben sich die Differenzen (-1, -1, 1, 1). Hierfür berechnen wir: $Md_1 = 2{,}5$, $Md_2 = 3{,}5$ und $Md_D = 0$. Also: $Md_D \neq Md_1 - Md_2$. Ein entsprechendes Beispiel ließe sich natürlich auch für $Md_1 - Md_2 = 0$ und $Md_D \neq 0$ konstruieren. Nur wenn wir die zusätzliche Annahme treffen bzw. wissen, daß die X_1- und X_2-Werte (und damit auch die Differenzwerte) *symmetrisch* verteilt sind, können wir gleichzeitig beide Hypothesen überprüfen. Da bei symmetrischen Verteilungen Median und Mittelwert zusammenfallen, können wir dann sogar einen Test auf Gleichheit der Mittelwerte durchführen (Bradley 1968, S.173).

Wenn die Voraussetzungen zur Durchführung des T-Tests für abhängige Stichproben gegeben sind, schneidet der Vorzeichentest vergleichsweise schlecht ab. Seine asymptotische relative Effizienz beträgt dann nur 0,637 (Hodges & Lehmann 1956). Unter bestimmten Bedingungen (z.B. bei sehr spitzgipfligen Verteilungen) kann der Vorzeichentest allerdings auch eine größere Power als der T-Test aufweisen.

In bestimmten Situationen stellt der Vorzeichentest überhaupt die einzige Möglichkeit zur Hypothesenprüfung dar, so daß sich die Frage eines Vergleichs mit konkurrierenden Test gar nicht stellt. Dies ist etwa dann der Fall, wenn außer der *Richtung* der Differenz keinerlei weitere Information vorliegt. Beispiel:

Eine Gruppe von Schülern beurteilt vergleichend zwei Lehrer A und B im Hinblick auf Sympathie. Zwei Urteile sind möglich: "A ist sympathischer als B" und "B ist sympathischer als A". Wenn wir wissen wollen, ob zwischen beiden Lehrern ein signifikanter Unterschied hinsichtlich der Sympathieurteile besteht oder nicht, können wir dies nur mit dem Vorzeichentest überprüfen.

25.2 Konfidenzintervall für den Populationsmedian der Differenzen

Das in Kap. 17.3 vorgestellte Verfahren der Bestimmung eines Konfidenzintervalls für den Populationsmedian kann auch eingesetzt werden, um ein Konfidenzintervall für den *Populationsmedian der Differenzen* (θ_D) von Meßwertpaaren zu erstellen. Im einzelnen geschieht dies in folgender Weise:

- Die n beobachteten Differenzen werden aufsteigend geordnet: $D_{(1)} \leq D_{(2)} \leq \ldots \leq D_{(n)}$.
- Für ein gewähltes α werden aus Tab. R T_{ku} und T_{ko} bestimmt.
- Als Grenzen des Vertrauensintervalls werden die Differenzen an den Positionen $u = (T_{ku} + 1)$ und $o = T_{ko}$ festgesetzt. Der unbekannte Populationsmedian liegt mit einer Wahrscheinlichkeit von $(1 - \alpha)$ innerhalb dieser Grenzen. Formal: $P[D_{(u)} \leq \theta_D \leq D_{(o)}] \geq (1 - \alpha)$.

Wir wenden dieses Verfahren auf die Daten der Tab. 7.3 an. Die n = 15 geordneten Differenzen lauten:

-12 -10 -10 -9 -8 -8 -7 -6 -4 -3 -3 -1 -1 +1 +1

Für $\alpha = 0{,}05$ ist $T_{ku} = 3$ und $T_{ko} = 12$. $D_{(4)} = -9$ und $D_{(12)} = -1$ sind dann die Grenzen des gesuchten Konfidenzintervalls. Also: $-9 \leq \theta_D \leq -1$. Zu beachten ist, daß in diesem Intervall die Null nicht enthalten ist. Dies war zu erwarten, weil wir mit dem Vorzeichentest die Nullhypothese $\theta_D = 0$ verworfen hatten.

25.3 Fishers Randomisationstest für abhängige Gruppen

Den Grundgedanken dieses Verfahrens haben wir bereits in Kap. 23.1 kennengelernt. Wir müssen hier lediglich eine Übertragung auf den Fall zweier *abhängiger* Gruppen vornehmen.

Gegeben sei wieder eine Zufallsstichprobe von n Paaren von Meßwerten bzw. deren Differenzen $D_i = X_{i1} - X_{i2}$. Es soll die Hypothese getestet werden, daß diese Stichprobe aus einer Population stammt, die *symmetrisch* um 0 verteilt ist. Eine um 0 symmetrische Population von Differenzen impliziert gleichzeitig, daß die beiden Populationen X_1 und X_2 entweder identische Verteilungen aufweisen oder daß beide Verteilungen symmetrisch sind mit gleicher Symmetrieachse. Diese Implikation ist von praktischer Bedeutung: Wenn wir die Annahme treffen oder wissen, daß die Populationen der X_1- und X_2-Werte symmetrisch sind oder die gleiche Verteilungsform aufweisen, dann ist ein Test auf Symmetrie der Differenzen um 0 auch ein Test auf Gleichheit der Mittelwerte der beiden Populationen und damit äquivalent zum T-Test für abhängige Stichproben (Bradley 1968, S.76).

Wenn H_0 zutrifft, wenn also die Differenzen symmetrisch um 0 verteilt sind, dann existiert zu jeder beobachteten Differenz eine "spiegelbildliche" Differenz mit gleichem Betrag aber entgegengesetztem Vorzeichen, die mit gleicher Wahrscheinlichkeit hätte auftreten können. Oder einfacher ausgedrückt: Für jede der n absoluten Differenzen ist die Wahrscheinlichkeit eines *positiven* gleich der Wahrscheinlichkeit eines *negativen* Vorzeichens. Die Wahrscheinlichkeit des Auftretens von Nulldifferenzen wird auch hier wieder mit 0 angesetzt.

Den Gedanken der *Randomisation* können wir jetzt folgendermaßen ins Spiel bringen: Bei n Differenzen und zwei möglichen Vorzeichen können wir insgesamt $K = 2^n$ verschiedene Zuordnungen von Vorzeichen zu den Differenzen vornehmen. Jede der K Anordnungen von positiven und negativen Differenzen hat unter H_0 die gleiche Auftretenswahrscheinlichkeit. Für jede Anordnung können wir weiterhin den Mittelwert der Differenzen (M_D) berechnen und gelangen somit zur vollständigen *Stichprobenverteilung* für M_D. Zu beachten ist, daß diese Stichprobenverteilung vollkommen abhängig ist von dem gegebenen Satz der n *absoluten* Differenzen. Dies bedeutet mit anderen Worten, daß wir für jede Stichprobe von Differenzen die Stichprobenverteilung neu bestimmen müssen! Für jede Stichprobenverteilung von M_D gilt aber, daß ihr Mittelwert 0 ist und damit gleich dem unter H_0 angenommenen Populationsmittelwert der Differenzen, μ_D. Eine Überprüfung von H_0 ist jetzt leicht möglich: In Abhängigkeit von H_1 (ein- oder zweiseitige Formulierung) und von der gewählten Irrtumswahrscheinlichkeit legen wir in der Stichprobenverteilung einen Bereich der Verwerfung von H_0 fest, der aus den $K \cdot \alpha$ extremsten Werten für M_D besteht. Wenn die von uns in der Stichprobe *tatsächlich beobachtete* mittlere Differenz zwischen den Meßwertpaaren in diesen Bereich fällt, weisen wir die Nullhypothese zurück. Das bisher nur dem Prinzip nach beschriebene Verfahren soll an einem Beispiel illustriert werden.

Beispiel 25.1

An einer Stichprobe von 7 Legasthenikern soll die Wirksamkeit eines neuen Programms zur Verbesserung der Rechtschreibung erprobt werden. Vor und nach der Bearbeitung des Programms wurde ein Rechtschreibtest durchgeführt. Tab. 25.1 zeigt das Ergebnis dieser (fiktiven) Untersuchung.

Da wir mit dem Einsatz des Trainingsprogramms natürlich die Hoffnung verbinden, daß sich die Leistungen der Kinder signifikant *verbessern*, sollten überwiegend *negative* Differenzen auftreten bzw. M_D sollte negativ sein (was hier der Fall ist). Als Hypothesen können wir daher formulieren:

$$H_0\colon \mu_D = 0 \qquad \text{vs.} \qquad H_1\colon \mu_D < 0$$

Zur Überprüfung dieser Hypothesen müssen wir jetzt feststellen, ob unser beobachteter Wert $M_D = -5{,}43$ dem kritischen Bereich der Stichprobenverteilung von M_D angehört oder nicht. Die *vollständige* Stichprobenverteilung von M_D können wir bestimmen, indem wir sämtliche möglichen Zuordnungen von positiven und negativen Vorzeichen zu den 7 beobachteten Absolutdifferenzen {2, 4, 5, 8, 10,

11, 12} vornehmen. Daraus resultieren $K = 2^n = 2^7 = 128$ Werte für M_D. Glücklicherweise müssen wir bei der praktischen Durchführung des Randomisationstests nicht die vollständige Stichprobenverteilung erstellen; uns interessieren hier nur die Werte, die den Bereich der Verwerfung von H_0 bilden. Wegen der in H_1 formulierten Richtung müssen wir für unser Beispiel nur die extremsten *negativen* M_D-Werte in Betracht ziehen. Wenn wir $\alpha = 0{,}05$ wählen, sind dies $K \cdot \alpha = 128 \cdot 0{,}05 = 6{,}4$ Werte. Da eine Anzahl von Werten natürlich nur ganzzahlig einen Sinn ergibt, müssen wir auf 6 abrunden. Damit bleiben wir in jedem Fall unterhalb der vorher festgesetzten Irrtumswahrscheinlichkeit ($6/128 = 0{,}0469 < 0{,}05$). Aus Tab. 25.2 wird deutlich, wie wir diese 6 Werte finden können. Zur Illustration ist in Abb. 25.1 die vollständige Stichprobenverteilung mit dem kritischen Bereich dargestellt.

TABELLE 25.1 Rechtschreibleistungen von 7 Kindern vor und nach einem Trainingsprogramm

Vortest-leistung	Nachtest-leistung	Differenz D_i
36	48	-12
52	62	-10
36	31	+ 5
49	57	- 8
38	42	- 4
53	51	+ 2
33	44	-11
		$M_D = -5{,}43$

TABELLE 25.2 Kritischer Bereich für M_D für die Daten der Tab. 25.1

	Absolutbeträge der Differenzen 2	4	5	8	10	11	12	Wert für M_D
	-	-	-	-	-	-	-	-7,43
	+	-	-	-	-	-	-	-6,86
mögliche	-	+	-	-	-	-	-	-6,29
Vorzeichen	-	-	+	-	-	-	-	-6,00
	+	+	-	-	-	-	-	-5,71
	+	-	+	-	-	-	-	-5,43

Der Tab. 25.2 und der Abb. 25.1 können wir entnehmen, daß unser beobachteter Stichprobenwert $M_D = -5{,}43$ in den kritischen Bereich fällt. Wir verwerfen daher H_0 zugunsten von H_1 und schließen, daß das Trainingsprogramm tatsächlich zu einer signifikanten Verbesserung der Rechtschreibleistung von Legasthenikern führt.

ABBILDUNG 25.1 Stichprobenverteilung von M_D mit dem in Tab. 25.2 definierten kritischen Bereich

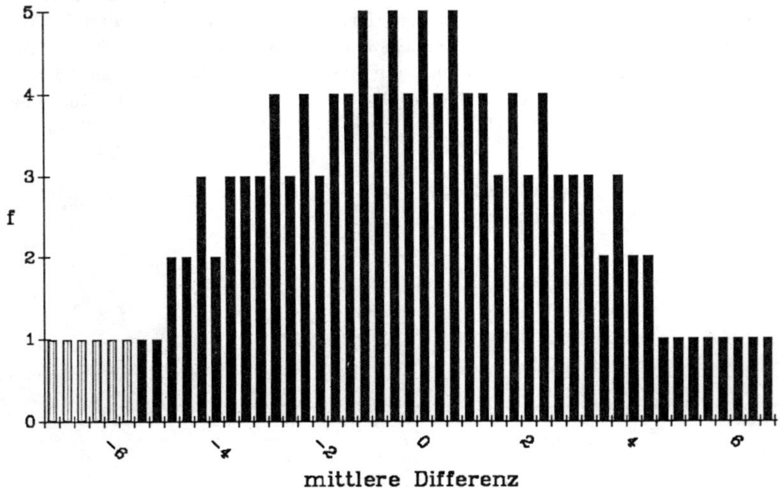

Auf einige Punkte soll zum Schluß noch kurz eingegangen werden:

- Bei unserer Darstellung des Randomisationstests haben wir auf die Stichprobenverteilung von M_D zurückgegriffen. Da $M_D = (\Sigma D_i)/n$, könnten wir - bei konstantem n - natürlich auch eine Hypothesentestung mit Hilfe der Stichprobenverteilung von ΣD_i vornehmen (z.B. Lienert 1986, Kap. 7.1.1; Siegel 1976, S.86). Die Logik des Verfahrens wird dadurch selbstverständlich nicht berührt. Wir haben M_D gewählt, weil dadurch der Bezug zur Nullhypothese $\mu_D = 0$ deutlicher ist.

- Wenn Differenzen von 0 auftreten, ist es am günstigsten, diese von der Analyse auszuschließen und mit reduzierter Stichprobengröße weiterzuarbeiten. Die Entscheidung über H_0 wird dadurch nicht berührt. Man erspart sich allerdings Rechenaufwand.

- Der Randomisationstest von Fisher nutzt sämtliche in den Daten enthaltene Information (Vorzeichen *und* Größe der Differenz). Er stellt dadurch ein wesentlich effizienteres Verfahren als der Vorzeichentest dar. Dies läßt sich an den Daten unseres obigen Beispiels leicht demonstrieren: Für n = 7, $T_+ = 2$, $\alpha = 0{,}05$ und einseitige Fragestellung lesen wir für den Vorzeichentest aus Tab. R einen kritischen unteren Wert von 0 ab. Da unser beobachteter Wert für T_+ größer ist, behalten wir H_0 bei!. Im Gegensatz zum Randomisationstest ist der Vorzeichentest hier also nicht in der Lage, Unterschiede zwischen den beiden (abhängigen) Gruppen aufzudecken. Im Vergleich zum klassischen T-Test für abhängige Gruppen schneidet der Randomisationstest optimal ab: Seine relative Effizienz beträgt unter allen Bedingungen mindestens 1.

- Der Randomisationstest hat dennoch zwei entscheidende Schwächen (vgl. Kap. 23.1): Da die Stichprobenverteilung von M_D - wie erwähnt - von der Größe der absoluten Differenzen abhängig ist, muß bei jeder Anwendung des Tests die Stichprobenverteilung bzw. der kritische Bereich neu bestimmt werden. Wir müßten beispielsweise einen völlig neuen Test durchführen, wenn die Differenz des ersten Meßwertpaares in Tab. 25.1 anstatt 12 einen Betrag von 9 hätte. Für größere Stichproben verbietet sich die Anwendung des Tests wegen des damit verbundenen Aufwands fast von selbst. Bei n = 10 umfaßt die Stichprobenverteilung von M_D bereits $K = 2^{10} = 1024$ Werte, der kritische Bereich (für $\alpha = 0{,}05$) immerhin noch $K \cdot \alpha = 1024 \cdot 0{,}05 = 51{,}2 \approx 51$ Werte. Selbst Computerprogramme stoßen hier sehr schnell an ihre Grenze. Eine PC-Version eines von Edgington (1980) stammenden FORTRAN-Programms benötigt z.B. bei einer Stichprobengröße von n = 20 für die systematische Herstellung aller 2^{20} = 1 048 576 Permutationen[1] mehr als 3 Std.!
- Erwähnt sei noch, daß für größere Stichproben die Stichprobenverteilung von M_D bzw. ΣD_i unter bestimmten Voraussetzungen durch die Normalverteilung approximiert werden kann (Moses 1952). Hierauf soll aber nicht mehr näher eingegangen werden.

25.4 Wilcoxons Vorzeichen-Rangtest

Im Zusammenhang mit der Entwicklung des Rangsummentests für zwei unabhängige Gruppen (s. Kap. 23.2) hat Wilcoxon (1945, 1947) einen Test vorgeschlagen, der auf das Problem zweier *abhängiger* Gruppen anwendbar ist. Dieser Test berücksichtigt sowohl die Richtung als auch die Größe der Meßwertdifferenzen und basiert ebenfalls auf dem Grundgedanken der Randomisation, wie wir ihn im letzten Abschnitt kennengelernt haben. Durch die Verwendung von *Rängen* anstelle der absoluten Differenzen umgeht er aber die erwähnten zwei Hauptprobleme des Fisher-Tests.

Im einzelnen liegt dem Vorzeichen-Rangtest folgende Logik zugrunde: Ausgangspunkt sind wieder die Differenzen der n Meßwertpaare, $D_i = X_{i1} - X_{i2}$. Unter H_0 nehmen wir an, daß diese Differenzen aus einer Population stammen, die symmetrisch um einen Median von 0 verteilt ist. Den *absoluten* Werten der Differenzen werden jetzt - beginnend mit dem kleinsten Wert - Ränge von 1 bis n zugeordnet ($r_i = \text{Rang}|D_i|$), und jeder Rang erhält das *Vorzeichen* der Original-

---

[1] Da die Anordnung der Werte für die erste Person konstant gehalten wird, müssen in Wirklichkeit nur 2^{19} = 524 288 Permutationen erzeugt werden.

differenz. Dabei treffen wir zunächst die Annahme, daß Differenzen von 0 sowie dem Betrag nach gleiche Differenzen nicht auftreten. Der Sinn dieses Verfahrens besteht darin, daß sämtliche möglichen Stichproben von n Differenzen auf die immer *gleiche* Population von Rangwerten {1, 2, ..., n} zurückgeführt werden, und zwar unabhängig von der tatsächlichen Größe der Differenzen. Unser Ziel muß jetzt darin bestehen, eine geeignete *Prüfstatistik* zu definieren, die auf diesen Rangwerten und deren Vorzeichen basiert. Diese Prüfstatistik weist dann für eine gegebene Stichprobengröße n immer die gleiche Stichprobenverteilung auf. Eine Hypothesenprüfung wird damit natürlich erheblich einfacher als beim Test von Fisher!

TABELLE 25.3 Wilcoxons Vorzeichen-Rangstatistik R_+ für n = 4

	Ränge				
	1	2	3	4	R_+
	-	-	-	-	0
	+	-	-	-	1
	-	+	-	-	2
	-	-	+	-	3
	-	-	-	+	4
	+	+	-	-	3
	+	-	+	-	4
mögliche	+	-	-	+	5
Vorzeichen	-	+	+	-	5
	-	+	-	+	6
	-	-	+	+	7
	-	+	+	+	9
	+	-	+	+	8
	+	+	-	+	7
	+	+	+	-	6
	+	+	+	+	10

Bei der Definition einer Prüfstatistik und der Bestimmung ihrer Stichprobenverteilung gehen wir nach bewährtem Muster vor: Wir wissen, daß unter H_0 jeder Rang mit der gleichen Wahrscheinlichkeit ein positives oder negatives Vorzeichen haben kann: $P(-r_i) = P(+r_i) = 1/2$. Bei n Rängen gibt es dann $K = 2^n$ verschiedene Möglichkeiten einer Zuordnung der Plus- und Minuszeichen, wobei jede dieser K Möglichkeiten die gleiche Auftretenswahrscheinlichkeit von 1/K besitzt. Anders ausgedrückt: Beim Zutreffen von H_0 hätte jede der K Möglichkeiten die gleiche apriori Wahrscheinlichkeit, als tatsächliches Stichprobenergebnis aufzutreten. Für jeden der K Fälle können wir zwei Summen berechnen: R_+, die Summe der Ränge mit positiven Vorzeichen und R_-, die Summe der Ränge mit negativen Vorzeichen. Es braucht uns allerdings nur eine der beiden Summen zu interessieren, da beide voneinander abhängig sind. Es gilt nämlich:

<25.1> $R_+ + R_- = n(n + 1)/2$ (Summe *aller* n Ränge)

Wenn wir R_+ heranziehen und sämtliche K Werte für R_+ berechnen, dann haben wir die vollständige Stichprobenverteilung bestimmt. In dieser Stichprobenverteilung haben natürlich die möglichen Werte für R_+ *nicht* mehr die gleiche Wahrscheinlichkeit. So kann beispielsweise der Wert $R_+ = 0$ (bei beliebigem n) immer nur auf eine einzige Art zustande kommen, nämlich wenn alle Ränge ein negatives Vorzeichen aufweisen. Entsprechendes gilt für den Maximalwert $R_+ = n(n + 1)/2$. Werte, die zwischen diesen beiden Extremen liegen, haben in der Regel eine höhere Auftretenswahrscheinlichkeit, da unterschiedliche Aufteilungen der Plus- und Minuszeichen zur gleichen Rangsumme führen können. Im Hinblick auf unsere Zielsetzung bedeutet dies konkret: R_+ ist eine geeignete Prüfstatistik; ihre Stichprobenverteilung (die bei festliegendem n immer gleich ist) gibt uns die Möglichkeit, eine Hypothesenprüfung vorzunehmen. An einem einfachen Beispiel wollen wir demonstrieren, wie man zur Stichprobenverteilung von R_+ gelangen kann. Tab. 25.3 zeigt für n = 4 die möglichen Aufteilungen der Vorzeichen auf die Ränge und die daraus resultierenden Werte für R_+. Aus Tab. 25.3 läßt sich die in Tab. 25.4 und Abb. 25.2 gezeigte Stichprobenverteilung für R_+ erstellen.

TABELLE 25.4 Stichprobenverteilung von R_+ für n = 4

Wert von R_+	Häufigkeit	Wahrscheinlichkeit
0	1	0,0625
1	1	0,0625
2	1	0,0625
3	2	0,1250
4	2	0,1250
5	2	0,1250
6	2	0,1250
7	2	0,1250
8	1	0,0625
9	1	0,0625
10	1	0,0625
Summe	16	1,0000

Die Kenntnis der Stichprobenverteilung von R_+ für ein gegebenes n ermöglicht jetzt eine Hypothesenprüfung nach bewährtem Muster: Festlegung eines kritischen Bereichs in Abhängigkeit von α und der Formulierung von H_1; Feststellung, ob der beobachtete Wert von R_+ in diesen Bereich fällt oder nicht; entsprechend Entscheidung über H_0. Zu beachten ist, daß wir für unser Beispiel (mit n = 4) über H_0 nur mit einer Irrtumswahrscheinlichkeit > 0,05 entscheiden können!

ABBILDUNG 25.2 Stichprobenverteilung von R_+ für n = 4

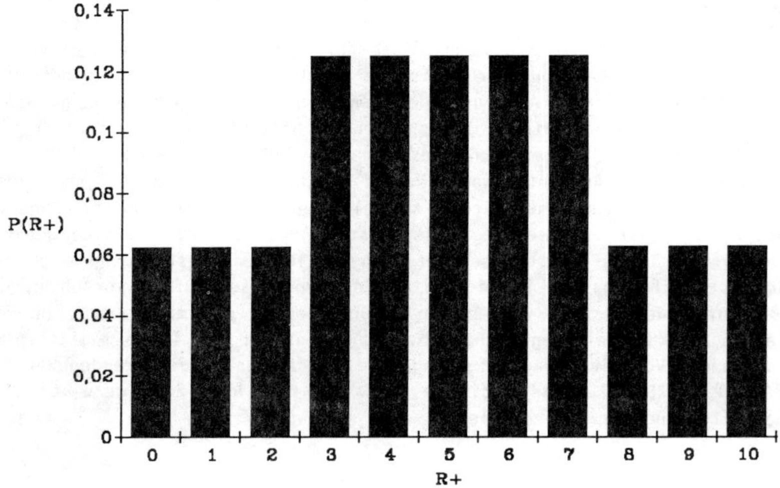

Die konkrete Durchführung des Vorzeichen-Rangtests nach dem beschriebenen Verfahren soll an den Daten des Beispiels 25.1 demonstriert werden. Die Berechnung von R_+ geht aus Tab. 25.5 hervor.

TABELLE 25.5 Vorzeichen-Rangtest für die Daten der Tab. 25.1

Vortest-leistung	Nachtest-leistung	Differenz D_i	Rang mit Vorzeichen	
36	48	-12		-7
52	62	-10		-5
36	31	+ 5	+3	
49	57	- 8		-4
38	42	- 4		-2
53	51	+ 2	+1	
33	44	-11		-6
		R_+ = 4		

Um über H_0 entscheiden zu können, müssen wir jetzt feststellen, ob R_+ = 4 dem kritischen Bereich der Stichprobenverteilung (für n = 7) angehört oder nicht. Da wir in H_1 *bessere* Nachtestleistungen erwarten, besteht dieser Bereich aus allen extrem *kleinen* Werten für R_+, deren Gesamtwahrscheinlichkeit die festgesetzte Irrtumswahrscheinlichkeit von $\alpha = 0{,}05$ nicht überschreitet. Die Stichprobenverteilung bzw. den kritischen Bereich müssen wir zum Glück nicht nach dem oben demonstrierten Verfahren bestimmen. Der Vorteil des Wilcoxon-Tests besteht gerade darin, daß für ein gegebenes n die Stichprobenverteilung festliegt und daher auch *tabelliert* werden kann. Tab. X1 enthält für Stichprobengrößen von n = 3 bis 20 die exakten (kumulierten) Wahrscheinlichkeiten für die jeweils möglichen Werte von R_+. Dieser Tabelle können wir entnehmen, daß für n = 7 gilt: $P(R_+ \leq 3) = 0{,}039$, d.h. der kritische Bereich umfaßt die Werte $R_+ = \{0, 1, 2, 3\}$. Da unser beobachteter Wert nicht in diesen Bereich fällt, behalten wir die Nullhypothese bei. Wir gelangen also zu einer anderen Entscheidung als vorher! Dies weist darauf hin, daß der Randomisationstest von Fisher eine größere Power besitzt.

Anhand von Tab. X1 wollen wir noch einmal konkret zeigen, daß es gleichgültig ist, ob als Teststatistik R_+ oder R_- herangezogen wird; denn beide Prüfwerte besitzen identische Stichprobenverteilungen. Unterschiede ergeben sich nur dadurch, daß wir bei *gerichteten* Alternativhypothesen den kritischen Bereich jeweils neu definieren müssen. Für die Daten aus Tab. 25.5 erhalten wir $R_- = 24$. Entsprechend H_1 umfaßt der kritische Bereich jetzt die extrem *hohen* Werte für R_-. Aus Tab. X1 können wir ablesen: $P(R_- \leq 24) = 0{,}961$ und damit $P(R_- > 24) = 0{,}039$. Der kritische Bereich besteht also aus den Werten $R_- = \{25, 26, 27, 28\}$. Da unser beobachteter Wert außerhalb dieses Bereichs liegt, wird H_0 - wie gehabt - beibehalten.

Der Umgang mit Tab. X1 soll auch noch für den Fall einer *zweiseitigen* Fragestellung kurz erläutert werden. Für n = 7 und a = 0,05 lesen wir folgende Wahrscheinlichkeiten ab: $P(R_+ \leq 2) = 0{,}023 < \alpha/2$ und - resultierend aus $P(R_+ \leq 25) = 0{,}977$ - $P(R_+ > 25) = 0{,}023 < \alpha/2$. Mit einer exakten Irrtumswahrscheinlichkeit von $2 \cdot 0{,}023 = 0{,}046 < \alpha$ können wir also folgende Entscheidungsregel formulieren: H_0 wird verworfen, wenn $R_+ = \{0, 1, 2, 26, 27, 28\}$. Die gleiche Regel gilt natürlich auch für R_-.

Zum Schluß noch ein Hinweis für den praktischen Umgang mit Tab. X1: Da die dort angeführten exakten Wahrscheinlichkeiten vom *unteren* Ende der Stichprobenverteilung her aufsummiert werden, empfiehlt es sich, als Prüfwert immer R_{min} als den *kleineren* der beiden Werte R_+ und R_- heranzuziehen. Bei zweiseitiger Fragestellung ergeben sich dabei keine Probleme. H_0 wird verworfen, wenn R_{min} den kritischen Wert R_k erreicht oder unterschreitet. R_k ist derjenige Tabellenwert, für den gilt: $P(R_{min} \leq R_k) \leq \alpha/2$. In unserem obigen Beispiel war $R_k = 2$.

Bei *einseitiger* Fragestellung wird R_k festgelegt durch: $P(R_{min} \leq R_k) \leq \alpha$. Zur Verwerfung von H_0 müssen aber jetzt zwei Bedingungen erfüllt sein: $R_{min} \leq R_k$ und R_{min} geht in die durch H_1 vorhergesagte Richtung. Hierzu noch ein kleines Beispiel: In einer ähnlichen Untersuchung wie oben an n = 10 Kindern haben wir erhalten: $R_+ = 47$ und $R_- = 8$. Dann ist $R_{min} = R_- = 8$. Für $\alpha = 0{,}05$ ist $R_k = 10$ (mit einer exakten Wahrscheinlichkeit von 0,042). Wenn wir in H_1 eine Leistungs*verbesserung* vom Vor- zum Nachtest erwarten - also einen *niedrigen* Wert für R_+ -, dann müssen wir H_0 beibehalten, obwohl R_{min} kleiner als R_k ist!

Nach der gleichen Logik müssen wir verfahren, wenn wir zur Durchführung des Vorzeichen-Rangtests auf Tab. X2 zurückgreifen. Dort sind für Stichproben bis zu einer Größe von n = 100 anstelle der exakten kumulierten Wahrscheinlichkeiten ein- und zweiseitige kritische *untere* Grenzen für die üblichen Signifikanzniveaus angegeben.

25.4.1 Vorzeichen-Rangtest für große Stichproben

Für Stichproben mit n > 100 liegen keine tabellierten Werte der Stichprobenverteilung von R_+ mehr vor. Für die Durchführung des Vorzeichen-Rangtests stellt dies aber kein Hindernis dar, weil die Verteilung von R_+ für steigendes n gut durch die Standardnormalverteilung *approximiert* werden kann. Zur Demonstration wollen wir noch einmal auf unser obiges Beispiel mit n = 7 zurückgreifen. Hierfür ist in Abb. 25.3 die vollständige Stichprobenverteilung von R_+ dargestellt.

ABBILDUNG 25.3 Stichprobenverteilung von R_+ für n = 7

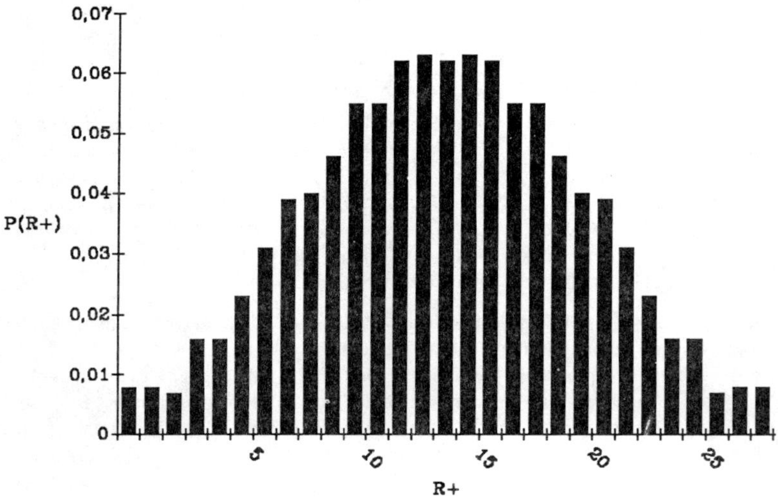

Aus Abb. 25.3 wird deutlich, daß sich die Stichprobenverteilung von R_+ selbst bei geringem Stichprobenumfang einer Normalverteilung annähert. Für n > 100 ist diese Annäherung in jedem Fall so gut, daß eine Hypothesenprüfung mit Hilfe der Standardnormalverteilung vorgenommen werden kann. Um einen Prüfwert zu definieren, den wir auf die Standardnormalverteilung beziehen können, müssen wir den Erwartungswert und die Varianz von R_+ kennen. Diese lassen sich nach folgenden Formeln berechnen:[2]

<25.2> $$E(R_+) = \frac{n(n + 1)}{4}$$ <25.3> $$Var(R_+) = \frac{n(n + 1)(2n + 1)}{24}$$

Als Teststatistik Z_V (für *Vorzeichen-Rangtest*) können wir dann definieren:

<25.4> $$Z_V = \frac{R_+ - E(R_+)}{\sqrt{[Var(R_+)]}}$$

Z_V folgt annähernd einer Standardnormalverteilung. Über die Beibehaltung oder Verwerfung der Nullhypothese entscheiden wir daher nach den bekannten Kriterien (s. Kap. 3).

Die Approximation an die Normalverteilung läßt sich u.U. noch verbessern, wenn man der diskreten Variablen R_+ durch eine Korrektur einen kontinuierlichen Charakter gibt. Diese *Kontinuitätskorrektur* geschieht nach der in Kap. 17.1.1.1 beschriebenen Logik: Durch Addition bzw. Subtraktion einer halben Maßeinheit (= 1/2) wird der Abstand zwischen R_+ und $E(R_+)$ verringert. Wir erhalten somit:

<25.5> $$Z_{VC} = \frac{(R_+ \pm 1/2) - E(R_+)}{\sqrt{[Var(R_+)]}}$$

Wie der Vorzeichen-Rangtests für große Stichproben konkret durchgeführt wird, soll im übernächsten Abschnitt demonstriert werden. Vorher müssen wir noch auf das notorische Problem von Nulldifferenzen und gebundenen Differenzen eingehen.

25.4.2 Nulldifferenzen und gebundene Differenzen

Die Durchführung des Vorzeichen-Rangtests in der bisher beschriebenen Form ist an die Voraussetzung gebunden, daß keine Nulldifferenzen und keine gleichen Differenzen auftreten. In den meisten Fällen wird diese Voraussetzung allerdings nicht erfüllt sein. Zur Lösung dieses offensichtlichen Problems existieren eine Reihe von Vorschlägen, die wir im einzelnen kurz diskutieren wollen.

Nulldifferenzen können zweierlei bedeuten: Zum einen treten sie deshalb auf, weil wir die zugrundeliegende kontinuierliche Variable (z.B. Leistung) nur ungenau gemessen haben; zum anderen können sie aber auch im Sinne der H_0 signalisieren, daß zwischen den zwei Meßwerten eines Paares im echten Sinn kein Unterschied besteht. Welche der beiden Möglichkeiten jeweils zutrifft, können wir nicht entscheiden; für die Behandlung von Nulldifferenzen haben sie aber offensichtlich unterschiedliche Konsequenzen.

---

[2] Eine Ableitung der Formeln ist z.B. in Marascuilo & McSweeney (1977, S.338) zu finden.

Die *einfachste* Möglichkeit, mit Nulldifferenzen umzugehen, haben wir bereits beim Vorzeichentest kennengelernt: Alle $D_i = 0$ werden ausgeschlossen, und der Test wird (exakt oder approximativ) mit reduziertem n durchgeführt. Dieses wohl am häufigsten angewandte Verfahren hat den Vorteil, daß die resultierende Prüfgröße nach wie vor der uns bekannten Stichprobenverteilung folgt; es hat allerdings auch einen Nachteil: Indem wir diejenigen Fälle eliminieren, welche die Nullhypothese bestätigen, erhöhen wir künstlich die Wahrscheinlichkeit einer Verwerfung von H_0. Dieser Effekt ist um so größer, je höher der Anteil der Nulldifferenzen ist. Lienert (1986, S.327) gibt daher die Empfehlung, das Eliminierungsverfahren nur dann anzuwenden, wenn $n \geq 10$ und wenn höchstens 10% Nulldifferenzen vorliegen.

Ein anderer Vorschlag stammt von Pratt (1959): Bei der Vergabe von Rängen werden zunächst alle Differenzen, also auch $D_i = 0$, einbezogen. 0 stellt die kleinste Differenz dar und erhält den Rang 1; bei zwei und mehr Nulldifferenzen werden entsprechend die Ränge 1, 2, ... vergeben.[3] Bei der Berechnung der Prüfgröße PR_+ (für *Pratt*) bleiben die den Nulldifferenzen zugeordneten Ränge allerdings unberücksichtigt. Das Problem bei diesem Verfahren besteht darin, daß die berechnete Prüfgröße natürlich *nicht* mehr der in Tab. X1 aufgeführten Stichprobenverteilung folgt. Für die Prüfgröße nach Pratt müssen wir die Stichprobenverteilung nach dem bereits mehrfach beschriebenen Randomisierungsverfahren jedesmal neu bestimmen. Lienert (1986, S.328f.) liefert hierzu ein konkretes Beispiel.

Für größere Stichproben kann die Verteilung der Prüfgröße PR_+ nach Pratt ebenfalls durch die *Standardnormalverteilung* approximiert werden. Allerdings müssen dann Erwartungswert und Varianz neu bestimmt werden. Hierfür gibt Cureton (1967) folgende Formeln an:

<25.6> $$E(PR_+) = \frac{n(n+1) - t_0(t_0+1)}{4}$$

<25.7> $$Var(PR_+) = \frac{n(n+1)(2n+1) - t_0(t_0+1)(2t_0+1)}{24}$$

t_0 entspricht dabei der Anzahl der Nulldifferenzen. Wenn wir die so berechneten Werte in Formel <25.4> oder auch <25.5> einsetzen, können wir über H_0 erneut nach bekanntem Muster entscheiden.

Gebundene Differenzen, d.h. dem Betrag nach gleiche Differenzen, gehen ebenfalls auf eine ungenaue Messung der zugrundeliegenden kontinuierlichen Variablen zurück. Beim Umgang mit solchen Bindungen müssen wir zwei Fälle unterscheiden:

---

3) Hierbei spielt es keine Rolle, ob man einen mittleren Rang vergibt oder die Ränge per Zufall zuordnet.

Keine weiteren Probleme treten bei Differenzen auf, die nach Betrag *und* Vorzeichen gleich sind. Hier können wir entweder *mittlere Ränge* vergeben oder die betreffenden Ränge *beliebig* zuordnen. Auf den Prüfwert hat dies keinen Einfluß.

Bei gleichen Differenzen mit *unterschiedlichem* Vorzeichen vergeben wir grundsätzlich *mittlere Ränge*. Dies hat allerdings zur Folge, daß die ursprüngliche Stichprobenverteilung der Prüfgröße R_+ nicht mehr gültig ist. In Abhängigkeit von der Stichprobengröße und der Zahl der Bindungen bieten sich hier folgende Lösungsmöglichkeiten an: Bei *kleinen* Stichproben bestimmen wir die exakte Stichprobenverteilung von R_+ nach dem oben beschriebenen Randomisationsverfahren, d.h. wir berechnen R_+ für alle möglichen $K = 2^n$ Zuordnungen der beiden Vorzeichen zu den n vergebenen Rangplätzen. Aus der bisherigen Diskussion wissen wir, daß dieses Verfahren - selbst bei einer Beschränkung auf den kritischen Bereich der Stichprobenverteilung - bei steigendem n schnell unhandlich wird. Lienert (1986, S.330) gibt daher die Empfehlung, bei $n > 10$ und höchstens 20% Bindungen eine Hypothesentestung mit Hilfe der bekannten Stichprobenverteilung von R_+ (Tab. X1) durchzuführen. Der Fehler, der durch diese Approximation entsteht, hat in den seltensten Fällen Auswirkungen auf die Entscheidung über H_0. Bei *großen* Stichproben greifen wir erneut auf eine Approximation durch die Standardnormalverteilung zurück. Da durch das Auftreten von Bindungen die Varianz von R_+ verringert wird, müssen wir eine entsprechende Korrektur in Formel <25.3> vornehmen. Die bindungskorrigierte Varianz wird folgendermaßen berechnet:

<25.8> $Var(R_+)_b = Var(R_+) - B$

Der Korrekturfaktor B ist hierbei:

<25.9> $$B = \frac{\sum_{k}^{K} (t_k^3 - t_k)}{48}$$

K gibt an, wieviel Gruppen von gebundenen Differenzen vorliegen; t_k ist die Zahl der Bindungen in der k-ten Gruppe. $Var(R_+)_b$ wird in <25.4> oder auch <25.5> eingesetzt; über H_0 wird in üblicher Weise entschieden.

Zum Abschluß sei noch darauf hingewiesen, daß auch bei dem Verfahren von Pratt eine Bindungskorrektur nach obigem Muster möglich ist. Formel <25.7> muß dann ersetzt werden durch:

<25.10> $Var(PR_+)_b = Var(PR_+) - B$

25.4.3 Vorzeichen-Rangtest für große Stichproben: Ein Beispiel

Wir greifen auf Daten zurück, für die wir in Kap. 7.3.2 bereits einen T-Test für abhängige Gruppen durchgeführt haben: 24 Studenten hatten unter zwei verschiedenen Instruktionsbedingungen das Freiburger Persönlichkeitsinventar bearbeitet. Uns hatte die Frage interessiert, ob sich die Mittelwerte im Merkmal

Gehemmtheit unter beiden Bedingungen signifikant unterscheiden. Aufgrund des T-Tests (mit α = 0,01 und zweiseitiger Fragestellung) hatten wir die Nullhypothese verworfen. Tab. 25.6 zeigt die notwendigen Berechnungen zur Durchführung des Vorzeichen-Rangtests.

TABELLE 25.6 Vorzeichen-Rangtest für die Daten aus Tab. 7.2

Standard-instruktion X_{i1}	Bewerbungs-instruktion X_{i2}	Differenz D_i	Rang mit Vorzeichen (ohne D_i = 0)		Rang mit Vorzeichen (mit D_i = 0)		
7	3	+ 4	+ 9,5		+12,5		
9	7	+ 2	+ 3		+ 6		
10	0	+10	+19		+22		
8	5	+ 3	+ 5,5		+ 8,5		
14	7	+ 7	+14,5		+17,5		
20	3	+17	+21		+24		
8	1	+ 7	+14,5		+17,5		
11	12	- 1		- 1,5			- 4,5
11	14	- 3		- 5,5			- 8,5
10	2	+ 8	+16,5		+19,5		
15	10	+ 5	+12,5		+15,5		
0	0	0				2	
4	0	+ 4	+ 9,5		+12,5		
10	2	+ 8	+16,5		+19,5		
11	11	0				2	
8	4	+ 4	+ 9,5		+12,5		
13	1	+12	+20		+23		
4	1	+ 3	+ 5,5		+ 8,5		
7	2	+ 5	+12,5		+15,5		
5	2	+ 3	+ 5,5		+ 8,5		
4	0	+ 4	+ 9,5		+12,5		
8	8	0				2	
3	2	+ 1	+ 1,5		+ 4,5		
16	7	+ 9	+18		+21		
Rangsummen			224	7	281	(6)	13

Wir führen als erstes einen Test unter *Ausschluß der Nulldifferenzen* durch. Die Stichprobengröße reduziert sich damit auf n′ = 24 - 3 = 21. Für Erwartungswert und Varianz von R_+ (bzw. R_-) erhalten wir nach Formel <25.2> und <25.3>:

$$E(R_+) = n'(n' + 1)/4 = 21 \cdot 22)/4 = 115{,}5$$
$$Var(R_+) = n'(n' + 1)(2n' + 1)/24 = 21 \cdot 22 \cdot 43/24 = 827{,}75$$

Da die meisten Differenzen gebunden sind und wir dementsprechend mittlere Ränge vergeben haben, berechnen wir auch die *korrigierte* Varianz. Als Korrekturfaktor ergibt sich nach Formel <25.9>:

$$B = 1/48[(2^3 - 2) + (4^3 - 4) + (4^3 - 4) + (2^3 - 2) + (2^3 - 2) + (2^3 - 2)]$$
$$= 144/48 = 3$$

Also ist $Var(R_+)_b = Var(R_+) - B = 827{,}75 - 3 = 824{,}75$. Mit Hilfe von Formel <25.4> berechnen wir jetzt folgenden bindungskorrigierten Prüfwert, den wir zur besseren Unterscheidung mit Z_{vb} symbolisieren:

$$Z_{vb} = \frac{R_+ - E(R_+)}{\sqrt{[Var(R_+)_b]}} = \frac{224 - 115{,}5}{\sqrt{824{,}75}} = 3{,}778$$

Wenn wir wollen, können wir nach Formel <25.5> auch noch eine zusätzliche Kontinuitätskorrektur vornehmen. Wir erhalten dann folgenden *bindungs- und kontinuitätskorrigierten* Prüfwert:

$$Z_{vbc} = \frac{224 - 0{,}5 - 115{,}5}{\sqrt{824{,}75}} = 3{,}761$$

Vergleichbare Prüfwerte lassen sich bestimmen, wenn wir die $t_0 = 3$ Nulldifferenzen berücksichtigen. Zunächst müssen wir dazu nach Formel <25.6> und <25.7> Erwartungswert und Varianz neu berechnen:

$$E(PR_+) = [n(n + 1) - t_0(t_0 + 1)]/4 = (24 \cdot 25 - 3 \cdot 4)/4 = 147$$

$$Var(PR_+) = [n(n + 1)(2n + 1) - t_0(t_0 + 1)(2t_0 + 1)]/24 = (24 \cdot 25 \cdot 49 - 3 \cdot 4 \cdot 7)/24$$
$$= 1221{,}5$$

Oder als bindungskorrigierte Varianz:

$$Var(PR_+)_b = Var(PR_+) - B = 1221{,}5 - 3 = 1218{,}5$$

Für den bindungskorrigierten Prüfwert nach Pratt (symbolisiert durch Z_{prb}) ergibt sich dann:

<25.11> $$Z_{prb} = \frac{PR_+ - E(PR_+)}{\sqrt{[Var(PR_+)_b]}} = \frac{281 - 147}{\sqrt{1218{,}5}} = 3{,}839$$

Mit zusätzlicher Kontinuitätskorrektur erhalten wir:

$$Z_{prbc} = \frac{281 - 0{,}5 - 147}{\sqrt{1218{,}5}} = 3{,}824$$

Alle vier berechneten Prüfwerte können mit Hilfe der Standardnormalverteilung auf Signifikanz geprüft werden. Für $\alpha = 0{,}01$ und zweiseitige Fragestellung lesen wir aus Tab. D den kritischen Wert $Z_k = 2{,}576$ ab. Da sämtliche Prüfwerte ihrem Betrag nach diese Grenze deutlich überschreiten, wird H_0 in jedem Fall verworfen. Wie in Kap. 7.3.2 kommen wir zu dem Schluß, daß die beiden Instruktionsbedingungen zu unterschiedlichen Beantwortungen in der Skala *Gehemmtheit* führen.

25.4.4 Vorzeichen-Rangtest für den Populationsmedian

Der Vorzeichen-Rangtest für zwei abhängige Stichproben prüft die Hypothese, daß die Differenzen $D_i = X_{i1} - X_{i2}$ der n Meßwertpaare aus einer Population stammen, die symmetrisch um 0 verteilt ist. Durch eine geringfügige Modifikation läßt sich der Test auch einsetzen, um die Hypothese zu überprüfen, daß *eine* Stichprobe von n X_i-Werten aus einer symmetrischen Population mit einem bestimmten Median stammt (H_0: $\theta = a$). Hierbei verfahren wir folgendermaßen: Wir bilden für jeden X_i-Wert die Differenz zu dem unter H_0 angenommenen Median ($D_i = X_i - a$). Für diese Stichprobe von n Differenzen führen wir jetzt nach bekanntem Muster einen Vorzeichen-Rangtest durch, d.h. wir überprüfen, ob die Differenzen in der Population symmetrisch um einen Median von 0 verteilt sind. Dies kann aber nur dann zutreffen, wenn tatsächlich $\theta = a$ gilt. Oder mit anderen Worten: Der Test über den Median der Differenzen stellt - wie beabsichtigt - gleichzeitig einen Test über den Median der Variablen X dar. Ein kleines Beispiel soll dieses Verfahren illustrieren.

Beispiel 25.2

Im Rahmen einer Untersuchung über *Problemlösen* wollen wir überprüfen, ob unsere Stichprobe von n = 10 Personen bezüglich der Variablen *Intelligenz* signifikant vom bekannten Populationsmedian $\theta = 100$ abweicht (H_0: $\theta = 100$ vs. H_1: $\theta \neq 100$). Tab. 25.7 zeigt die entsprechenden Meßwerte zusammen mit den Berechnungen für den Vorzeichen-Rangtest.

TABELLE 25.7 Intelligenzwerte von 10 Personen im Vergleich zum Populationsmedian von 100

Meßwert X_i	Differenz $D_i = X_i - 100$	Rang mit Vorzeichen	
96	- 4		- 3
98	- 2		- 2
99	- 1		- 1
105	+ 5	+ 4	
106	+ 6	+ 5	
107	+ 7	+ 6	
108	+ 8	+ 7	
111	+11	+ 8	
118	+18	+ 9	
124	+24	+10	
		$R_+ = 49$	$R_- = 6$

Entsprechend unserer Empfehlung wählen wir als Prüfwert die kleinere der beiden Rangsummen: $R_{min} = R_- = 6$. Für $\alpha = 0{,}05$ und zweiseitige Fragestellung lesen wir aus Tabelle X2 einen kritischen Wert von 8 ab. Da unser Prüfwert diesen Wert *unterschreitet*, verwerfen wir H_0 (mit einer exakten Irrtumswahrscheinlichkeit von $\alpha = 0{,}048$). Wir haben also Grund zu der Annahme, daß unsere Stichprobe aus einer Population stammt, deren Median *nicht* 100 beträgt.

Abschließend noch einige Anmerkungen:

- In unserem Beispiel haben wir die stillschweigende Annahme getroffen, daß die X_i-Werte aus einer symmetrisch verteilten Population stammen. Es spricht einiges dafür, daß diese Annahme bei Intelligenzwerten berechtigt ist. Wenn wir diese Symmetrieannahme *nicht* machen können bzw. nicht wissen, ob die Populationsverteilung symmetrisch ist, dann sollten wir den Vorzeichen-Rangtest nicht anwenden. Der Test der Wahl ist dann der in Kap. 17.2 besprochene Vorzeichentest, der ohne Annahmen über die Verteilungsform durchgeführt werden kann.
- Bei einer *symmetrisch* verteilten Population fallen Median und Mittelwert immer zusammen. Der Vorzeichen-Rangtest der Hypothese $\theta = a$ ist damit gleichzeitig auch ein Test der Hypothese $\mu = a$. Hierfür haben wir in Kap. 3 und 4 einen Test über die Standardnormalverteilung bzw. die T-Verteilung kennengelernt. Ein Vergleich zwischen beiden Tests zeigt, daß der Vorzeichen-Rangtest eine ausgezeichnete Alternative darstellt: Wenn er auf eine Stichprobe aus einer normalverteilten Population angewandt wird, beträgt seine asymptotische relative Effizienz gegenüber dem T-Test 0,955, d.h. er weist nur eine geringfügig niedrigere Power auf.

25.4.5 Konfidenzintervalle für den Populationsmedian und den Populationsmedian der Differenzen

Wir haben in Kap. 17.3 und in Abschnitt 25.2 ein Verfahren kennengelernt, mit dem Konfidenzintervalle für den Populationsmedian bzw. den Populationsmedian von Differenzen gepaarter Meßwerte bestimmt werden können. Dieses Verfahren definiert die Intervallgrenzen mit Hilfe der Binomialverteilung und ist an keinerlei Annahmen bezüglich der Verteilung der zugrundeliegenden Variablen X_i bzw. D_i geknüpft. Wenn wir wissen oder annehmen können, daß diese Verteilung *symmetrisch* ist, dann können wir eine Intervallbestimmung mit Hilfe der Verteilung der Vorzeichen-Rangstatistik nach Wilcoxon vornehmen.

Die Logik dieses von Tukey (1949b) vorgeschlagenen Verfahrens kann am besten anhand eines konkreten Beispiels erläutert werden: Wir greifen auf die Daten aus Tab. 25.7 zurück. In einem ersten Schritt berechnen wir für sämtliche möglichen *Paare* der $n = 10$ Meßwerte die jeweiligen Mittelwerte $(X_i + X_j)/2$. Da auch der Fall $i = j$ (ein Meßwert wird mit sich selbst gepaart) zulässig ist, ergeben sich insgesamt $n(n + 1)/2$ Mittelwerte, für $n = 10$ also 55. In Tab. 25.8 sind diese 55 Mittelwerte aufgeführt.

Worin liegt der Sinn dieses auf den ersten Blick merkwürdigen Verfahrens? Zur Beantwortung dieser Frage bringen wir die 55 Mittelwerte der Tab. 25.8 in eine Rangreihe und betrachten zunächst den an erster Stelle stehenden Mittelwert $M_{(1)} = 96$. Nehmen wir an, wir führen mit *diesem* Wert als Nullhypothese (H_0:

θ = 96) einen Vorzeichen-Rangtest nach dem im letzten Abschnitt beschriebenen Muster durch. Von der einen Nulldifferenz abgesehen haben alle Differenzen ($D_i = X_i - 96$) bzw. die ihnen zugeordneten Ränge ein positives Vorzeichen. Wenn wir den für $D_i = 0$ vergebenen Rang 1 mit einem negativen Vorzeichen versehen (was einem konservativen Vorgehen entspricht), dann erhalten wir folgende Rangsummen: $R_+ = 54$ und $R_- = 1$. Da für $\alpha = 0{,}05$ und zweiseitige Fragestellung der kritische Wert 8 beträgt, verwerfen wir H_0.

TABELLE 25.8 Mittelwerte aller Meßwertpaare für die Daten aus Tab. 25.7

					X_j					
X_i	96	98	99	105	106	107	108	111	118	124
96	96	97	97,5	100,5	101	101,5	102	103,5	107	110
98		98	98,5	101,5	102	102,5	103	104,5	108	111
99			99	102	102,5	103	103,5	105	108,5	111,5
105				105	105,5	106	106,5	108	111,5	114,5
106					106	106,5	107	108,5	112	115
107						107	107,5	109	112,5	115,5
108							108	109,5	113	116
111								111	114,5	117,5
118									118	121
124										124

Zum gleichen Ergebnis (allerdings mit $R_+ = 1$ und $R_- = 54$) kommen wir auch, wenn wir einen Test mit dem an erster Stelle *von oben* stehenden Mittelwert $M_{(55)} = 124$ durchführen. Wenn wir in gleicher Weise mit dem an zweiter Stelle stehenden Mittelwert $M_{(2)} = 97$ einen Vorzeichen-Rangtest durchführen, erhalten wir $R_+ = 53$ und $R_- = 2$. Also wird H_0: $\theta = 97$ verworfen. Entsprechendes gilt auch wieder für den zweiten Mittelwert *von oben* $M_{(54)}$. Aus diesen beiden Beispielen können wir bereits ersehen, daß sich aus der Rangposition eines Mittelwerts direkt der Prüfwert nach Wilcoxon ablesen läßt! Nicht umsonst entspricht die Anzahl der Mittelwerte $n(n + 1)/2$ der Summe aller Ränge von 1 bis n.

Dieser Sachverhalt läßt sich natürlich jetzt ausnutzen, um die Grenzen eines Konfidenzintervalls zu bestimmen: Wir müssen in der Rangreihe der Mittelwerte diejenige Position von unten (und damit auch die Position von oben) bestimmen, die bei einem Vorzeichen-Rangtest "gerade noch" einen signifikanten Prüfwert zur Folge hat. Da für $\alpha = 0{,}05$ und zweiseitige Fragestellung der kritische Wert 8 beträgt, muß dies offensichtlich die Position 8 sein. Gleichzeitig bedeutet dies, daß ein Test mit dem jeweils an Position 9 (= $R_k + 1$) stehenden Mittelwert $M_{(9)}$ bzw. $M_{(47)}$ nicht mehr zur Verwerfung von H_0 führt. Diese beiden Werte können daher als Grenzen des (zweiseitigen) Vertrauensintervalls mit $(1 - \alpha)$ angesehen werden. In unserem Beispiel ist $M_{(9)} = 101{,}5$ und $M_{(47)}$ =

114,5. Unser gesuchtes 95%-Vertrauensintervall für den unbekannten Populationsmedian beträgt demnach: $101{,}5 \leq \theta \leq 114{,}5$.

Auf einige Punkte soll an dieser Stelle noch aufmerksam gemacht werden:

- Bei der Bestimmung der Intervallgrenzen sind wir stillschweigend darüber hinweggegangen, daß an Position 9 (sowohl von unten als auch von oben gezählt) *Bindungen* auftreten. Bei $M_{(9)} = M_{(10)}$ spielt dies keine Rolle, wohl aber bei $M_{(47)} = M_{(48)}$. Hier kommt ein Moment der Unexaktheit ins Spiel, für das in der Literatur keine eindeutige Lösung vorliegt.

- Die Berechnung sämtlicher $n(n + 1)/2$ Mittelwerte wird mit steigendem n natürlich sehr mühsam. Der Aufwand läßt sich allerdings erheblich reduzieren, wenn wir bedenken, daß wir zur Bestimmung der Intervallgrenzen tatsächlich nur jeweils die $(R_k + 1)$ *extremen* Mittelwerte von oben und unten berechnen müssen.

- Für $n > 100$ können wir R_k nicht mehr aus Tab. X2 ablesen. Die Intervallgrenzen lassen sich dann nur approximativ über die Standardnormalverteilung bestimmen, indem wir Formel <25.4> heranziehen. Wenn wir entsprechend umformen, erhalten wir:

  <25.12> $R_k = E(R_+) - Z_k \cdot \sqrt{[Var(R_+)]}$,

  wobei $Z_k = 1{,}96$ (für $\alpha = 0{,}05$ und zweiseitige Fragestellung). Das Verfahren von Tukey hat dann allerdings kaum noch praktischen Nutzen, weil es nicht mehr "zu Fuß" durchgeführt werden kann. Bei $n = 101$ müßten nämlich bereits fast 2000 extreme Mittelwerte an beiden Enden der Rangreihe berücksichtigt werden!

- Für den unbekannten Populationsmedian läßt sich auch eine *Punktschätzung* abgeben. Hodges & Lehmann (1963) konnten zeigen, daß die beste Schätzung durch den Median der Mittelwerte aller Meßwertpaare gegeben ist. In unserem Beispiel ist dies der Wert $M_{(28)} = 107$. Zu beachten ist, daß dieser Wert nicht den Mittelpunkt des oben aufgestellten Vertrauensintervalls darstellt. Weiterhin zu beachten ist, daß diese Schätzung zu einem anderen Wert führt als die Schätzung des Populationsmedians durch den Stichprobenmedian; für die 10 Meßwerte unseres Beispiels ergibt sich nämlich Md = 106,5.

- Ein nach der Methode von Tukey aufgestelltes Vertrauensintervall kann natürlich auch benutzt werden, um Hypothesen über den Populationsmedian zu testen. So kann beispielsweise die im letzten Abschnitt überprüfte H_0: $\theta = 100$ sofort verworfen werden, da das oben definierte 95%-Intervall den Wert 100 nicht enthält.

Das exakt gleiche Verfahren kann benutzt werden, um ein Konfidenzintervall für den Populationsmedian der *Differenzen* gepaarter Meßwerte (θ_D) zu erstellen: Auch hier werden für sämtliche möglichen $n(n + 1)/2$ Paare von Differenzen Mittelwerte berechnet und in eine Rangreihe gebracht. Die Mittelwerte an den Positionen $(R_k + 1)$ von oben und unten sind die gesuchten Intervallgrenzen. Zur Illustration wollen wir dieses Verfahren für die Daten der Tab. 25.5 noch einmal durchführen. In Tab. 25.9 sind die entsprechenden Mittelwerte der Differenzpaare (M_D) aufgeführt.

TABELLE 25.9 Mittelwerte aller Differenzpaare für die Daten aus Tab. 25.5

	D_j						
D_i	-12	-11	-10	- 8	- 4	+ 2	+ 5
-12	-12	-11,5	-11	-10	- 8	- 5	- 3,5
-11		-11	-10,5	- 9,5	- 7,5	- 4,5	- 3
-10			-10	- 9	- 7	- 4	- 2,5
- 8				- 8	- 6	- 3	- 1,5
- 4					- 4	- 1	+ 0,5
+ 2						+ 2	+ 3,5
+ 5							+ 5

Für $n = 7$, $\alpha = 0{,}05$ und zweiseitige Fragestellung ist laut Tab. X2 $R_k = 2$. Die Grenzen des Vertrauensintervalls sind also die mittleren Differenzen an der Position 3 von unten und oben gesehen. Das gesuchte 95%-Konfidenzintervall lautet daher: $-11 \leq \theta_D \leq +2$. Als *Punktschätzung* für den Populationsmedian der Differenzen wird der (Stichproben-)Median der 28 mittleren Differenzen herangezogen: $Md_D = [M_{D(14)} + M_{D(15)}]/2 = [(-6) + (-5)]/2 = -5{,}5$.

25.5 Tests mit Normalwerten für zwei abhängige Stichproben

Analog zu dem Problem zweier unabhängiger Stichproben (s. Kap. 23.4) kann auch bei zwei abhängigen Stichproben eine Ersetzung der Originalmeßwerte durch *Normalwerte* vorgenommen werden. Von den drei prinzipiell zur Verfügung stehenden Möglichkeiten wollen wir hier erneut nur den Fall einer Ersetzung durch *Normalränge* (Terry-Hoeffding-Test) näher vorstellen. Das Verfahren soll an den Daten des Beispiels 25.1 demonstriert werden.

In einem ersten Schritt werden den *absoluten* Differenzen Ränge zugeordnet. Hierbei ist es - abweichend von der bisherigen Praxis - am günstigsten, der *größten* Absolutdifferenz den Rang 1 zuzuordnen. Die anschließend zu erfolgende Ersetzung der Ränge durch Normalränge, d.h. der Umgang mit Tab. V, gestaltet sich dadurch erheblich einfacher. Im Unterschied zum Fall zweier unabhängiger Stichproben gehen in die Berechnung der Teststatistik nur *positive* Normalränge ein. Dies bedeutet konkret, daß wir bei n Meßwertpaaren bzw. Differenzen in der Tab. V die Spalte ($n' = 2n + 1$) heranziehen müssen, in unserem Beispiel mit $n = 7$ also die Spalte $n' = 15$.[4] Die dort angeführten Normalränge für die

[4] Zur Erinnerung: Wenn $n' = 15$ Ränge durch Normalränge ersetzt werden, treten 7 negative, 7 positive Werte und einmal der Wert 0 (für den Rang 8) auf.

Ränge i = 1 bis (n' - 1)/2 = n können wir als positiven Wert direkt übernehmen. Für die Beispieldaten erhalten wir auf diese Weise die Werte der Tab. 25.10.

TABELLE 25.10 Normalränge für die Daten der Tab. 25.5

Differenz D_i	Rang von $\|D_i\|$	Normalrang $E(Z_{(i)}) = a_i$ positive Differenzen	negative Differenzen
-12	1		1,74
-10	3		0,95
+ 5	5	0,52	
- 8	4		0,71
- 4	6		0,34
+ 2	7	0,17	
-11	2		1,25
Summe		$A_+ = 0{,}69$	$A_- = 4{,}99$

Als *Teststatistik* nehmen wir A_+, die Summe der Normalränge, die den Differenzen mit ursprünglich positivem Vorzeichen zugeordnet wurden. Hierfür verwenden wir im folgenden die Bezeichnung TH_a (Terry-Hoeffding-Statistik für zwei abhängige Stichproben). Natürlich können wir auch - wie beim Wilcoxon-Test - A_- als Prüfwert definieren; denn beide Werte sind komplementär zueinander und weisen identische Stichprobenverteilungen auf. Die *Stichprobenverteilung* von TH_a können wir erneut nach dem bekannten Randomisationsverfahren erzeugen. Unter H_0 gilt, daß jeder der n vergebenen Normalränge mit gleicher Wahrscheinlichkeit zu einer positiven oder negativen Differenz gehören kann. Wenn wir also für die n Differenzen sämtliche $K = 2^n$ möglichen Anordnungen von positiven und negativen Vorzeichen bestimmen und jeweils TH_a berechnen, haben wir die vollständige Stichprobenverteilung erstellt. In dieser Verteilung stellen wieder die $K \cdot \alpha$ extremsten Werte den Bereich der Verwerfung von H_0 dar. Für $n = 7$ ist $K = 2^7 = 128$. Somit besteht der kritische Bereich bei $\alpha = 0{,}05$ aus $128 \cdot 0{,}05 = 6{,}4 \approx 6$ Werten (mit einer exakten Irrtumswahrscheinlichkeit von $\alpha = 6/128 = 0{,}047$). Da wir in unserem Beispiel *bessere* Nachtestleistungen d.h. überwiegend *negative* Differenzen ($D_i = X_{i1} - X_{i2}$) erwarten (H_1: $\theta_D < 0$), besteht der Bereich der Verwerfung von H_0 aus den 6 *kleinsten* Werten für TH_a. Tab. 25.11 zeigt, wie diese Werte berechnet werden. Zur Illustration ist in Abb. 25.4 die vollständige Stichprobenverteilung von TH_a mit dem kritischen Bereich dargestellt.

TABELLE 25.11 Einseitiger kritischer Bereich für TH_a für die Daten der Tab. 25.10

	Normalrang							
	0,17	0,34	0,52	0,71	0,95	1,25	1,74	TH_a
	-	-	-	-	-	-	-	0
Vorzeichen	+	-	-	-	-	-	-	0,17
der	-	+	-	-	-	-	-	0,34
Differenz	+	+	-	-	-	-	-	0,51
	-	-	+	-	-	-	-	0,52
	+	-	+	-	-	-	-	0,69

ABBILDUNG 25.4 Stichprobenverteilung für TH_a bei n = 7 mit dem in Tab. 25.11 definierten kritischen Bereich

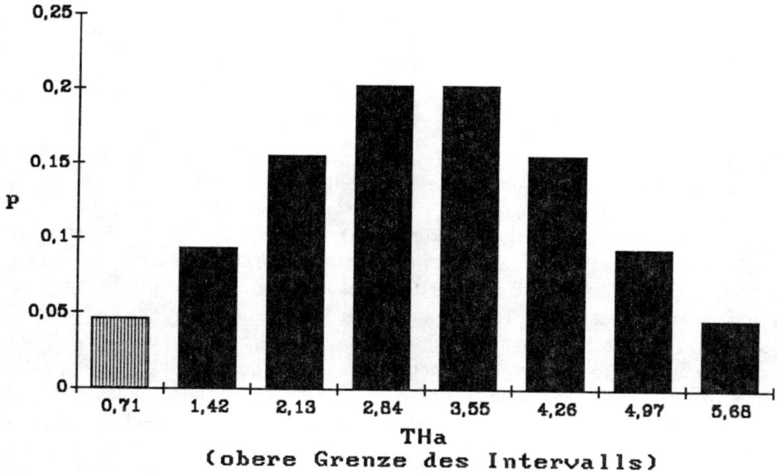

Wir stellen fest, daß unser beobachteter Wert TH_a = 0,69 dem kritischen Bereich angehört und verwerfen daher H_0. Wir gelangen also zu dem gleichen Ergebnis wie mit Fishers Randomisationstest.

TABELLE 25.12 Terry-Hoeffding-Test für die Daten der Tab. 25.6

D_i	Ränge für $\lvert D_i \rvert$	Normalränge	mittlerer Normalrang
+ 4	11 12 13 14	0,79 0,72 0,66 0,59	
+ 2	19	0,31	
+10	3	1,62	
+ 3	15 16 17 18	0,53 0,48 0,42 0,36	
+ 7	7 8	1,11 1,02	
+17	1	2,24	
+ 7	7 8	1,11 1,02	
- 1	20 21	0,26 0,21	0,235
- 3	15 16 17 18	0,53 0,48 0,42 0,36	0,448
+ 8	5 6	1,32 1,21	
+ 5	9 10	0,94 0,86	
0	22 23 24	0,15 0,10 0,05	
+ 4	11 12 13 14	0,79 0,72 0,66 0,59	
+ 8	5 6	1,32 1,21	
0	22 23 24	0,15 0,10 0,05	
+ 4	11 12 13 14	0,79 0,72 0,66 0,59	
+12	2	1,85	
+ 3	15 16 17 18	0,53 0,48 0,42 0,36	
+ 5	9 10	0,94 0,86	
+ 3	15 16 17 18	0,53 0,48 0,42 0,36	
+ 4	11 12 13 14	0,79 0,72 0,66 0,59	
0	22 23 24	0,15 0,10 0,05	
+ 1	20 21	0,26 0,21	
+ 9	4	1,45	
		$\Sigma a_i = 19{,}25$	$A_- = 0{,}683$
		$\Sigma a_i^2 = 23{,}21$	

Aus Abb. 25.4 wird ersichtlich , daß die Stichprobenverteilung von TH_a symmetrisch ist und bereits bei n = 7 deutlich die uns vertraute Glockenform aufweist. Es ist daher nicht verwunderlich, daß sich diese Stichprobenverteilung mit steigendem n immer stärker einer *Normalverteilung* annähert. Dies bedeutet gleichzeitig, daß der Terry-Hoeffding-Test bei großem n unter Rückgriff auf die Standardnormalverteilung durchgeführt werden kann. Erwartungswert und Varianz von TH_a lassen sich nach folgenden Formeln bestimmen:

<25.13> $$E(TH_a) = \frac{\sum_i^n a_i}{2}$$

<25.14> $$Var(TH_a) = \frac{\sum_i^n a_i^2}{4}$$

Dann ist folgender Prüfwert bei großem n annähernd standardnormalverteilt:

$$\langle 25.15\rangle \quad Z_{tha} = \frac{TH_a - E(TH_a)}{\sqrt{[Var(TH_a)]}}$$

Die Durchführung des Terry-Hoeffding-Tests für großes n soll an den Daten der Tab. 25.6 demonstriert werden. Alle dazu notwendigen Informationen sind der Tab. 25.12 zu entnehmen. Hierzu noch einige Erläuterungen: Die Normalränge wurden aus der Tab. V in der Spalte n′ = 2n + 1 = 49 abgelesen. Bei gebundenen Differenzen bzw. Rängen wurden für die zugeordneten Normalränge Mittelwerte gebildet. Bei der Bestimmung der Quadratsumme der Normalränge müssen wir beachten, daß wir nur *positive* Normalränge berücksichtigt haben. Der in Tab. V für n′ = 49 angegebene Wert muß also *halbiert* werden! Da nur zwei Differenzen mit negativem Vorzeichen auftreten, ist es hier am einfachsten, TH_a über A_- zu definieren. Nach Formel <25.15> berechnen wir dann folgenden Prüfwert:

$$Z_{tha} = \frac{0,683 - (19,25/2)}{\sqrt{(23,21/4)}} = -3,712$$

Es ergibt sich ein Wert, der ziemlich genau in der Größenordnung der in Abschnitt 25.4.3 berechneten Werte liegt. Für $\alpha = 0,01$ und zweiseitige Fragestellung wird auch hier wieder H_0 verworfen, da $|Z_{tha}| > (Z_k = 2,576)$.

Eine Anmerkung zum Schluß: Sowohl beim exakten als auch beim approximativen Terry-Hoeffding-Test ergeben sich die gleichen Probleme mit Nulldifferenzen und gebundenen Differenzen wie beim Wilcoxon-Vorzeichen-Rangtest. Prinzipiell bieten sich hierbei auch die gleichen Lösungsmöglichkeiten an, wie dort diskutiert. Auf eine nähere Darstellung wollen wir aber verzichten.

Kapitel 26

Nichtparametrische Tests für quantitative Variablen aus mehr als zwei abhängigen Stichproben

26.1 Friedman-Test

Der Test von Friedman (1937) stellt das mit Abstand am häufigsten herangezogene Verfahren für das hier zur Debatte stehende Problem dar. Dieser Test kann in folgenden Situationen eingesetzt werden:

- Einer Stichprobe von n Personen werden J Elemente (Personen, Objekte, Situationen) zur Beurteilung vorgelegt. Jede Person soll diese J Elemente bezüglich eines bestimmten Kriteriums (Präferenz, Ausprägungsgrad eines Attributs) in eine *Rangreihe* bringen. Dies stellt den einfachsten und unmittelbarsten Anwendungsfall des Tests dar.
- An einer Stichprobe von n Personen werden unter J Bedingungen Messungen in einer Variablen vorgenommen (Meßwiederholungsplan). Die J Meßwerte *innerhalb* jeder Person werden dann anschließend durch Ränge ersetzt.
- Der prinzipiell gleiche Fall liegt vor, wenn für J parallelisierte Gruppen zu je n Personen Messungen vorliegen. Wir haben dann n sog. "Blöcke" mit jeweils J Personen bzw. Meßwerten ("Plan der Zufallsblöcke"). *Innerhalb* jedes Blocks können wir dann eine Ersetzung der Meßwerte durch Ränge vornehmen.

Die Logik des Friedman-Tests kann am besten anhand eines Beispiels, das der ersten Situation entspricht, erläutert werden: In Edesheim/Pfalz soll die diesjährige Weinprinzessin gekürt werden. Den n = 4 Jurymitgliedern stellen sich J = 3 Kandidatinnen (Adelheid, Brigitte, Christine) zur Wahl. Die vier Beurteiler bringen *unabhängig voneinander* die drei Kandidatinnen nach dem Kriterium "Eignung" (was auch immer das hier bedeuten mag) in eine Rangreihe, wobei Rang 1 für die am wenigsten geeignete Kandidatin vergeben wird. Tab. 26.1 zeigt das Ergebnis dieser Wahl (die so natürlich nie stattgefunden hat!).

Klar ist, daß die statistisch nicht geschulte Jury nach dieser Wahl Brigitte als Weinprinzessin ("Brigitte I.") küren wird. Dies soll uns hier nicht interessieren. Wir wollen wissen, ob die drei Kandidatinnen *tatsächlich* signifikant unterschiedlich beurteilt wurden oder nicht. Nehmen wir an, zwischen den drei Kandidatinnen bestehen *keine* Unterschiede. Dann sollten wir erwarten, daß die von den vier Beurteilern vergebenen Ränge im Mittel für alle drei Mädchen gleich sind. Wir können also folgende *Nullhypothese* formulieren: Der erwartete mittlere Rang ist für alle drei Kandidatinnen gleich. Formal:

$$H_0\text{: } E(MR_1) = E(MR_2) = E(MR_3).$$

TABELLE 26.1 Rangordnung von drei Kandidatinnen durch vier Beurteiler

Beurteiler	Kandidatin Adelheid	Brigitte	Christine
1	2	3	1
2	2	3	1
3	1	3	2
4	1	3	2
Rangsumme	6	12	6

Eine völlig äquivalente Aussage ergibt sich, wenn wir statt der mittleren Ränge die *Rangsummen* heranziehen. H_0 lautet dann: Die erwarteten Rangsummen sind gleich. Formal:

$$H_0: E(R_1) = E(R_2) = E(R_3).$$

Da die *beobachteten* Rangsummen R_j unseres Beispiels diese Bedingung offensichtlich nicht erfüllen, müssen wir uns jetzt fragen, ob die Unterschiede zwischen den R_j noch mit H_0 vereinbar sind oder nicht. Hierzu müssen wir eine geeignete *Prüfgröße* definieren. Eine sinnvolle Prüfgröße ergibt sich, wenn wir die Summe der *quadrierten* Abweichungen der beobachteten von den erwarteten Rangsummen heranziehen. Die Quadrierung bewirkt hierbei zweierlei: Die Richtung der Abweichung wird irrelevant, und größere Abweichungen werden stärker gewichtet als kleinere. Diese auf Kendall & Smith (1939) zurückgehende Prüfgröße QS hat dann folgende Form:

<26.1> $$QS = \sum_{j}^{J} [R_j - E(R_j)]^2$$

Um mit dieser Formel praktisch arbeiten zu können, müssen wir die erwarteten Rangsummen kennen. $E(R_j)$ ergibt sich durch folgende einfache Überlegung: Bei Gültigkeit von H_0 sollte jeder der vier Beurteiler jeder Kandidatin einen erwarteten Rang von $E(r_{ij}) = 2$ zuordnen. Allgemein gilt:

<26.2> $$E(r_{ij}) = (J + 1)/2$$

Da jede Rangsumme aus n Werten gebildet wird, folgt:

<26.3> $$E(R_j) = n(J + 1)/2$$

Für unser Beispiel: $E(R_j) = 4(3 + 1)/2 = 8$ und damit $QS = (6 - 8)^2 + (12 - 8)^2 + (6 - 8)^2 = 24$. Wenn H_0 zutrifft, ergeben sich keine Unterschiede zwischen beobachteten und erwarteten Rangsummen; dann ist $QS = 0$. Wenn *maximale* Unterschiede zwischen den drei Kandidatinnen vorliegen, nehmen die Rangsummen die Werte 4, 8, 12 an, wobei folgende 6 *Permutationen* möglich sind: (4, 8, 12), (4, 12, 8), (8, 4, 12), (8, 12, 4), (12, 4, 8), (12, 8, 4). In jedem Fall ist $QS = 32$.

TABELLE 26.2 Stichprobenverteilung von QS für J = 3 und n = 4

Wert für QS (QS = a)	Häufigkeit	P(QS = a)	P(QS ≥ a)
0	15	0,069	1,000
2	60	0,278	0,931
6	48	0,222	0,653
8	34	0,158	0,431
14	32	0,148	0,273
18	12	0,056	0,125
24	6	0,027	0,069
26	8	0,037	0,042
32	1	0,005	0,005

Eine Entscheidung über unseren Stichprobenwert QS = 24 und damit über H_0 können wir treffen, wenn wir die *Stichprobenverteilung* von QS kennen. Diese Verteilung ist für J = 3 und n = 4 nach dem bekannten *Randomisationsverfahren* zwar nicht ohne Mühe, aber dennoch einfach zu bestimmen: Jeder Beurteiler kann die J = 3 Ränge auf J! = 3! = 6 verschiedene Arten auf die drei Kandidatinnen verteilen, wobei unter H_0 jede Aufteilung gleich wahrscheinlich ist. Für n = 4 Beurteiler ergeben sich damit insgesamt $(J!)^n = (3!)^4 = 1296$ verschiedene Anordnungen der Ränge in der Tabelle bzw. 1296 verschiedene Tabellen. Wenn wir für jede Tabelle den oben definierten Prüfwert QS berechnen, haben wir die vollständige Stichprobenverteilung bestimmt. An dieser Stelle können wir noch eine Vereinfachung vornehmen: Wir haben oben gesehen, daß jedes mögliche Ergebnis für die drei Rangsummen in jeweils sechs Permutationen mit jeweils gleichem QS-Wert auftritt. Dies bedeutet, daß die Anzahl der *wirklich* verschiedenen Rangzuweisungen erheblich kleiner ist, nämlich 1296/6 = 216. Allgemein ergeben sich also

<26.4> $K = (J!)^n/J! = (J!)^{n-1}$

verschiedene Rangzuweisungen; K ist damit auch die Anzahl der Werte in der Stichprobenverteilung von QS. Die auf diese Weise erstellte vollständige Stichprobenverteilung von QS für J = 3 und n = 4 ist in Tab. 26.2 aufgeführt und zur Illustration in Abb. 26.1 dargestellt.

In dieser Stichprobenverteilung läßt sich nach bekanntem Muster ein kritischer Bereich definieren: Da hohe Werte für QS mit H_0 nicht vereinbar sind, bilden die $K \cdot \alpha$ *größten* Werte von QS den Bereich der Verwerfung von H_0. In unserem Beispiel sind dies (für $\alpha = 0{,}05$) demnach $216 \cdot 0{,}05 = 10{,}8 \approx 10$ Werte. Tatsächlich umfaßt der kritische Bereich aber nur die 9 größten Werte für QS, da wir nicht entscheiden können, welche der 6 Ranganordnungen mit QS = 24 dem kritischen Bereich zugeschlagen werden soll (s. Abb. 26.1). Mit einer exakten Irrtumswahrscheinlichkeit von $\alpha = 9/216 = 0{,}042$ können wir daher jetzt folgende Entscheidungsregel formulieren: H_0 wird verworfen, wenn QS = 26 oder QS = 32. Zur gleichen Regel gelangen wir *unmittelbar*, wenn wir die letzte Spalte der

Tab. 26.2 mit den vom *rechten* Ende der Verteilung aufsummierten Wahrscheinlichkeiten heranziehen. Wir müssen dann lediglich einen Wert für QS suchen, für den gilt: $P(QS \geq a) \leq \alpha$. Dieser Wert stellt die kritische Grenze QS_k dar. *Erreicht* oder *überschreitet* ein beobachteter Wert für QS diese Grenze, dann wird H_0 mit der zugehörigen Irrtumswahrscheinlichkeit verworfen. Für $\alpha = 0{,}05$ ist $QS_k = 26$. Da unser beobachteter Wert QS = 24 unterhalb dieser Grenze bleibt - also nicht in den kritischen Bereich fällt -, behalten wir H_0 bei. Wir können also feststellen, daß die drei Kandidatinnen von den vier Juroren nicht signifikant unterschiedlich beurteilt wurden. Dennoch ist zu vermuten, daß die Edesheimer Jury an ihrer Wahl von Brigitte I. festhalten wird!

ABBILDUNG 26.1 Stichprobenverteilung von QS für J = 3 und n = 4 mit kritischem Bereich für α = **0,05**

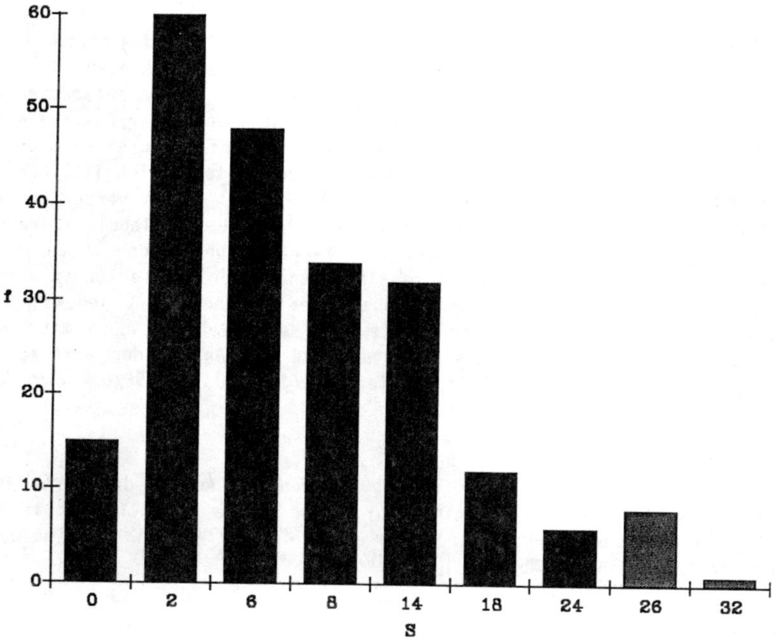

Die bisher diskutierte Prüfgröße QS ist *nicht* die Original-Prüfgröße, die Friedman (1937) definiert hat. Die Friedman-Statistik, die wir mit FR bezeichnen wollen, ist eine von QS funktional abhängige Größe und hat folgende Form:

$$\langle 26.5 \rangle \quad FR = \frac{12 \cdot QS}{n \cdot J(J + 1)}$$

Da der Nenner bei gegebenem n und J eine Konstante ist, hat FR natürlich die *identische* Stichprobenverteilung wie QS, die Wahrscheinlichkeiten beziehen sich lediglich auf andere Skalenwerte. Für unser obiges Beispiel mit n = 4 und J = 3 ist FR = QS/4. Dem beobachteten Wert QS = 24 entspricht somit FR = 6. Wenn wir alle QS-Werte in Tab. 26.2 nach dieser Beziehung ersetzen, erhalten wir Tab. 26.3, die hier nur der Vollständigkeit halber aufgeführt werden soll.

TABELLE 26.3 Stichprobenverteilung von FR für J = 3 und n = 4

Wert für FR (FR = a)	Häufigkeit	P(FR = a)	P(FR ≥ a)
0	15	0,069	1,000
0,5	60	0,278	0,931
1,5	48	0,222	0,653
2,0	34	0,158	0,431
3,5	32	0,148	0,273
4,5	12	0,056	0,125
6,0	6	0,027	0,069
6,5	8	0,037	0,042
8,0	1	0,005	0,005

Zur Durchführung des Friedman-Tests wird üblicherweise auf die FR-Statistik zurückgegriffen. Dies hat vor allem zwei Gründe:

- FR ist ausführlicher ***tabelliert*** als QS, so daß man sich das oben beschriebene mühsame Verfahren der Bestimmung der Stichprobenverteilung bzw. des kritischen Bereichs ersparen kann. Die im Anhang aufgeführte Tab. Y enthält exakte kumulierte Wahrscheinlichkeiten für die jeweils möglichen Werte von FR für folgende Kombinationen von J und n: J = 3, n = 2 bis 15; J = 4, n = 5 bis 8; J = 5, n = 4; J = 6, n = 3. Die Benutzung dieser Tabelle erfordert keine weitere Erklärung; die Festlegung eines kritischen Bereichs bzw. die Bestimmung von FR_k erfolgt nach dem beschriebenen Muster. Für unser Beispiel (mit J = 3, n = 4 und $\alpha = 0{,}05$) ist $FR_k = 6{,}5$. H_0 wird beibehalten, da $(FR = 6) < FR_k$.
- Für alle Kombinationen von J und n, die in Tab. Y nicht enthalten sind, kann FR direkt unter Rückgriff auf die χ^2-Verteilung auf Signifikanz geprüft werden. Dieser *approximative* Friedman-Test ist Gegenstand des folgenden Abschnitts.

26.2 Approximativer Friedman-Test

Friedman (1937) konnte zeigen, daß sich die exakte Stichprobenverteilung des in Formel <26.5> definierten Prüfwerts FR mit wachsender Stichprobengröße n einer χ^2-Verteilung mit FG = J - 1 Freiheitsgraden annähert. Für alle Fälle, die durch Tab. Y nicht erfaßt werden, kann diese Approximation als hinreichend gut angesehen werden. In der Regel wird man aber damit rechnen müssen, daß der χ^2-Test etwas *konservativer* arbeitet als der exakte Test, d.h. H_0 wird weniger schnell verworfen (Sievers 1987, S.481ff).

Zur direkten Berechnung von FR müssen wir Formel <26.5> durch Ersetzung des Ausdrucks für QS in geeigneter Weise umformulieren. Wir erhalten dann folgende allgemein gebräuchliche Formel der Friedman-Statistik:

<26.6> $$FR = \frac{12}{n \cdot J(J+1)} \sum_{j}^{J} R_j^2 - 3n(J+1)$$

Die Durchführung des approximativen Friedman-Tests soll an einem Beispiel demonstriert werden.

Beispiel 26.1

An einer Stichprobe von 60 Schülern der 6. Klassenstufe sollte die Wirksamkeit von vier verschiedenen Methoden des Vokabellernens überprüft werden. Aufgrund eines Englisch-Vortests wurden Vierergruppen von jeweils leistungsgleichen Schülern gebildet, die dann anschließend per Zufall auf die vier Lernmethoden aufgeteilt wurden. Wir haben damit J = 4 *abhängige* (parallelisierte) Gruppen mit jeweils n = 15 Schülern (Plan der Zufallsblöcke mit n = 15 Blöcken und J = 4 Bedingungen). Unter allen vier Bedingungen mußten in einer Zeit von 30 min. 30 neue englische Wörter und deren deutsche Übersetzung gelernt werden. Dabei wurde nach folgenden unterschiedlichen Methoden vorgegangen:

Methode 1: Die Schüler erhielten ein Blatt mit allen 30 Vokabeln und der schlichten Aufforderung, diese zu "lernen".

Methode 2: Die Schüler erhielten 30 Karteikarten mit jeweils dem englischen Wort auf der Vorder- und der deutschen Übersetzung auf der Rückseite. In der Instruktion wurde explizit darauf hingewiesen, das Umdrehen der Karten als Möglichkeit zur Kontrolle des eigenen Lernfortschritts einzusetzen.

Methode 3: Zu jedem englischen Wort wurde ein *klang*ähnliches deutsches Wort als "Schlüsselwort" vorgegeben. Die Schüler wurden aufgefordert, Schlüsselwort und deutsche Übersetzung durch Erzeugen eines (möglichst bizarren) Vorstellungsbildes miteinander in Beziehung zu bringen.

Methode 4: Die Schüler bearbeiteten die Vokabeln im Rahmen eines Computer-Lernprogramms.

Die Lernwirksamkeit dieser vier Methoden wurde eine Woche später durch einen Vokabeltest überprüft. Die von den Schülern in diesem Test erzielten Leistungen und deren Ersetzung durch Ränge sind der Tab. 26.4 zu entnehmen.

TABELLE 26.4 Anzahl behaltener Vokabeln unter vier Lernbedingungen

	Methode 1		Methode 2		Methode 3		Methode 4	
Block	X_{i1}	r_{i1}	X_{i2}	r_{i2}	X_{i3}	r_{i3}	X_{i4}	r_{i4}
1	17	2	16	1	24	4	23	3
2	21	1,5	21	1,5	30	4	26	3
3	11	2	10	1	19	3	21	4
4	9	1	13	2	19	4	18	3
5	24	4	17	1	23	3	20	2
6	12	1	17	3	16	2	18	4
7	14	1,5	14	1,5	26	4	20	3
8	14	1	16	2	20	3,5	20	3,5
9	20	1	21	2	30	4	28	3
10	24	1	25	2	28	4	27	3
11	10	1,5	10	1,5	22	4	21	3
12	12	1	17	2	22	4	19	3
13	17	2	14	1	19	3	20	4
14	10	2	8	1	15	3,5	15	3,5
15	10	1	13	2,5	18	4	13	2,5
Rangsummen		23,5		25		54		47,5

Als *Nullhypothese* können wir formulieren: Zwischen den vier Lernmethoden ergeben sich im Hinblick auf die langfristigen Behaltensleistungen keine signifikanten Unterschiede bzw. präziser: Die erwarteten Rangsummen sind unter den vier Bedingungen gleich. Die Alternativhypothese behauptet dagegen signifikante Unterschiede zwischen den Lernmethoden (zweiseitige Fragestellung). Nach Formel <26.6> erhalten wir für die Prüfgröße FR folgenden Wert:

$$FR = [12/15 \cdot 4(4 + 1)](23{,}5^2 + 25^2 + 54^2 + 47{,}5^2) - 3 \cdot 15(3 + 1)$$
$$= 0{,}04 \cdot 6349{,}5 - 180 = 73{,}980$$

Diesen Wert können wir unter Rückgriff auf die χ^2-Verteilung mit FG = J - 1 = 3 Freiheitsgraden auf Signifikanz prüfen. Wenn wir $\alpha = 0{,}05$ wählen, ist 7,815 der kritische Wert. Da FR > χ^2_k, wird H_0 zugunsten von H_1 verworfen.

Wir können also schließen, daß sich die vier eingesetzten Methoden zum Erlernen englischer Vokabeln tatsächlich unterscheiden. Wo die Unterschiede im einzelnen liegen, wissen wir allerdings (noch) nicht.

Die Durchführung des Friedman-Tests über Formel <26.6> setzt voraus, daß *innerhalb* der Blöcke *keine gebundenen Meßwerte* vorliegen. Diese Voraussetzung ist allerdings - wie auch unser Beispiel zeigt - häufig nicht erfüllt. Die übliche Strategie zum Umgang mit Bindungen besteht darin, die gebundenen Meßwerte durch den *Mittelwert* der ihnen "normalerweise" zustehenden Ränge zu ersetzen. Dies führt aber dazu, daß die Varianz der Rangsummen und damit die Prüfgröße FR reduziert wird. Für den Friedman-Test steht daher - wie bei den bisher besprochenen Rangverfahren - ein *bindungskorrigierter* Prüfwert zur Verfügung, der diesem Effekt Rechnung trägt. Nach Lehmann (1975, S.265) läßt sich der Korrekturfaktor B durch folgende Formel berechnen:

<26.7> $$B = 1 - \sum_i \sum_k \frac{t_{ik}^3 - t_{ik}}{n \cdot J(J^2 - 1)} \qquad \langle i = 1 \ldots n;\ k = 1 \ldots K_i \rangle$$

Hierbei steht K_i für die Anzahl der Gruppen gebundener Meßwerte in Block i und t_{ik} für die Zahl der Bindungen in der Gruppe k des i-ten Blocks. Die bindungskorrigierte Friedman-Statistik FR_b wird dann über folgende einfache Beziehung berechnet:

<26.8> $FR_b = FR/B$

Aus dieser Definition folgt sofort, daß beim Vorliegen von Bindungen FR_b immer größer als FR ist.[1] Diesem Sachverhalt kommt aber nur dann *praktische* Bedeutung zu, wenn FR knapp unterhalb des kritischen χ^2-Werts liegt und die Anzahl der Bindungen relativ zur Stichprobengröße n und zur Anzahl der Gruppen J groß ist. Wenn - wie in unserem Beispiel - bereits FR zur Verwerfung von H_0 führt, kann man sich die Bindungskorrektur eigentlich ersparen. Zu Demonstrationszwecken wollen wir dennoch B und FR_b bestimmen. B läßt sich am einfachsten berechnen, wenn man eine Auflistung der Bindungen wie in Tab. 26.5 vornimmt.

TABELLE 26.5 Häufigkeit von Bindungen für die Daten der Tab. 26.4

i	K_i	t_{ik}	$t_{ik}^3 - t_{ik}$	$\Sigma\ (t_{ik}^3 - t_{ik})$
2	1	2	6	6
7	1	2	6	6
8	1	2	6	6
11	1	2	6	6
14	1	2	6	6
15	1	2	6	6
gesamt				36

Bei n = 15 und J = 4 ergibt sich somit folgender Wert für den Korrekturfaktor: B = 1 - 36/[15·4(42 - 1)] = 0,960. Der bindungskorrigierte Prüfwert für unser Beispiel ist dann: FR_b = 73,980/0,960 = 77,063.

Der absolute Unterschied zwischen FR und FR_b von 3,083 mag zwar auf den ersten Blick beträchtlich erscheinen; relativ gesehen, d.h bezogen auf FR, beträgt der Effekt der Bindungskorrektur aber dennoch nur etwa 4%. Damit wird noch

---

1) Wenn innerhalb eines Blockes keine Bindungen vorliegen, dann treten nur Meßwert"gruppen" der Größe 1 auf. Formel <26.7> zeigt sofort, daß dann B = 1 wird und damit FR_b = FR gilt.

einmal bekräftigt, was oben gesagt wurde: Ein Effekt in dieser Höhe hätte in unserem Beispiel nämlich nur dann Konsequenzen für die Entscheidung über H_0, wenn der unkorrigierte Prüfwert im Bereich zwischen 7,502 und dem kritischen Wert 7,815 liegt. Ein Signifikanztest mit FR würde dann zur Beibehaltung der Nullhypothese, ein Test mit FR_b dagegen zu ihrer Verwerfung führen. In allen anderen Fällen würden FR und FR_b zur gleichen Entscheidung gelangen.

TABELLE 26.6 Vorzeichen- und Friedman-Test für die Daten aus Tab. 7.2

Standard-instruktion X_{i1}	r_{i1}	Bewerbungs-instruktion X_{i2}	r_{i2}	Vorzeichen der Differenz
7	2	3	1	+
9	2	7	1	+
10	2	0	1	+
8	2	5	1	+
14	2	7	1	+
20	2	3	1	+
8	2	1	1	+
11	1	12	2	
11	1	14	2	
10	2	2	1	+
15	2	10	1	+
4	2	0	1	+
10	2	2	1	+
8	2	4	1	+
13	2	1	1	+
4	2	1	1	+
7	2	2	1	+
5	2	2	1	+
4	2	0	1	+
3	2	2	1	+
16	2	7	1	+
$R_1 = 40$		$R_2 = 23$		$T_+ = 19$ $T_- = 2$

26.3 Friedman-Test und Vorzeichentest

Die Definition der Statistik FR in Formel <26.5> impliziert, daß der Friedman-Test auch für den Fall von J = 2 abhängigen Gruppen durchgeführt werden kann. Wir wollen im folgenden zeigen, daß der Friedman-Test dann dem Vorzeichentest (s. Kap. 25.1) äquivalent ist. Dies bedeutet gleichzeitig, daß der Vorzeichentest nur einen Spezialfall des allgemeineren Friedman-Tests darstellt bzw. daß der Friedman-Test die logische Weiterentwicklung des Vorzeichentests ist. Die

Äquivalenz beider Test für zwei Gruppen soll zunächst anhand eines Beispiels, dann formal nachgewiesen werden. Wir greifen auf die Daten des Kap. 7.3.2 bzw. 25.4.3 zurück, für die wir bereits einen T-Test und einen Vorzeichen-Rangtest durchgeführt haben. In Tab. 26.6 sind die notwendigen Berechnungen für den Vorzeichen- und den Friedman-Test enthalten. Die drei Blöcke mit Nulldifferenzen (s. Tab. 25.6) wurden nicht aufgenommen, so daß sich die Stichprobengröße auf n = 21 reduziert.

Nach Formel <26.6> erhalten wir als Prüfwert für den Friedman-Test:

$$FR = (12/21 \cdot 2 \cdot 3)(402 + 232) - 3 \cdot 21 \cdot 3 = 13{,}762$$

Wenn wir einen Vorzeichentest nach Formel <17.20>, d.h. über eine Approximation durch die χ^2-Verteilung, durchführen, ergibt sich:

$$CHI = \frac{(2T_+ - n)^2}{n} = \frac{(2T_- - n)^2}{n} = \frac{(2 \cdot 19 - 21)^2}{21} = \frac{(2 \cdot 2 - 21)^2}{21} = 13{,}762$$

In beiden Fällen erhalten wir also identische Prüfwerte! Unter Rückgriff auf die χ^2-Verteilung mit FG = J - 1 = 1 Freiheitsgrad können wir jetzt eine Entscheidung über H_0 treffen. Wenn wir $\alpha = 0{,}01$ wählen, ist 6,635 der kritische Wert. Da beide berechneten Statistiken diesen kritischen Wert überschreiten, wird H_0 - wie gehabt - verworfen.

Der formale Nachweis der Äquivalenz von Friedman- und Vorzeichentest ist ebenfalls leicht zu erbringen: Da beim Friedman-Test für J = 2 Gruppen innerhalb jedes Blockes nur die Ränge 1 und 2 vergeben werden, lassen sich die beiden Rangsummen R_1 und R_2 in einfacherer Weise berechnen. Aus Tab. 26.6 können wir ablesen, daß T_+ auch angibt, wie häufig über alle n Blöcke hinweg in Gruppe 1 der Rang 2 bzw. in Gruppe 2 der Rang 1 vergeben wurde. Entsprechend gibt T_- an, wie häufig in Gruppe 1 der Rang 1 bzw. in Gruppe 2 der Rang 2 auftritt. R_1 und R_2 lassen sich daher folgendermaßen berechnen:

$$R_1 = 2T_+ + T_- \qquad R_2 = T_+ + 2T_-$$

Da $T_+ + T_- = n$ und damit auch $T_- = n - T_+$ gilt, können wir auch schreiben:

$$R_1 = 2T_+ + n - T_+ = n + T_+ \qquad R_2 = T_+ + 2(n - T_+) = 2n - T_+$$

Wenn wir diese Werte sowie J = 2 in Formel <26.6> einsetzen und die entsprechenden Umformungen vornehmen, erhalten wir folgende Teststatistik:

<26.9> $FR_2 = 4n(T_+/n - 1/2)^2$

Diese Formel gilt wohlgemerkt nur für den Spezialfall J = 2, was durch den Index kenntlich gemacht wurde. Die gleiche Formel ergibt sich im übrigen auch, wenn wir R_1 und R_2 durch T_- ausdrücken.[2] Wir müssen jetzt lediglich noch zei-

---

[2] Hier die vollständige Ableitung (für T_+ und T_-):

$$FR_2 = (12/n \cdot 2 \cdot 3)[(n + T)^2 + (2n - T)^2] - 3n \cdot 3$$
$$= 2/n(n^2 + 2nT + T^2 + 4n^2 - 4nT + T^2) - 9n$$

gen, daß die Formel für die χ^2-Approximation des Vorzeichentests zur obigen Formel identisch ist:

$$CHI = 1/n(2T - n)^2 = 4T^2/n - 4T + n = 4n(T/n - 1/2)^2$$

Der Probe halber wollen wir diese Formel noch auf die Daten unseres Beispiels anwenden:

$$FR_2 = CHI = 4 \cdot 21(19/21 - 1/2)2 = 4 \cdot 21(2/21 - 1/2)2 = 13{,}762$$

TABELLE 26.7 Friedman-Test für die Daten der Tab. 20.9

	Nr. der Aufgabe											
	1		2		3		4		5		6	
Schüler	X_{i1}	r_{i1}	X_{i2}	r_{i2}	X_{i3}	r_{i3}	X_{i4}	r_{i4}	X_{i5}	r_{i5}	X_{i6}	r_{i6}
1	1	4	1	4	1	4	1	4	0	1	1	4
2	1	4,5	0	1,5	1	4,5	1	4,5	0	1,5	1	4,5
3	1	3,5	1	3,5	1	3,5	1	3,5	1	3,5	1	3,5
4	0	2	1	5	0	2	1	5	0	2	1	5
5	0	1,5	1	4,5	1	4,5	1	4,5	0	1,5	1	4,5
6	1	5	0	2	1	5	0	2	0	2	1	5
7	0	3	0	3	0	3	1	6	0	3	0	3
8	0	3,5	0	3,5	0	3,5	0	3,5	0	3,5	0	3,5
9	1	5	0	2	0	2	0	2	1	5	1	5
10	0	2,5	0	2,5	1	5,5	1	5,5	0	2,5	0	2,5
11	1	4,5	1	4,5	1	4,5	1	4,5	0	1,5	0	1,5
12	1	4,5	0	1,5	1	4,5	1	4,5	0	1,5	1	4,5
13	1	4,5	1	4,5	1	4,5	1	4,5	0	1,5	0	1,5
14	1	4,5	1	4,5	1	4,5	0	1,5	1	4,5	0	1,5
15	1	6	0	3	0	3	0	3	0	3	0	3
16	0	3	0	3	0	3	0	3	0	3	1	6
17	1	5	0	2	1	5	1	5	0	2	0	2
18	1	5	0	2	1	5	0	2	0	2	1	5
R_j		71,5		56,5		71,5		68,5		44,5		65,5

26.4 Friedman-Test und Cochrans Q-Test

In Kap. 20.5 haben wir den Q-Test von Cochran (1950) kennengelernt, der angewandt werden kann, wenn eine *dichotome* Variable bei mehr als zwei abhängigen Stichproben erfaßt wurde. Wir wollen im folgenden zeigen, daß in diesem Fall auch der Friedman-Test (mit Bindungskorrektur) durchgeführt werden kann. Damit

---

$$= 2n + 4T + 2T^2/n + 8n - 8T + 2T^2/n - 9n = 4T^2/n - 4T + n$$
$$= 4nT^2/n^2 - 4nT/n + 4n/4 = 4n(T^2/n^2 - T/n + 1/4) = 4n(T/n - 1/2)^2$$

zeigen wir gleichzeitig auch, daß der Friedman-Test das allgemeinere Verfahren ist, zu dem der Q-Test lediglich einen Spezialfall darstellt.

Ziehen wir noch einmal die Daten des Beispiels 20.4 heran: n = 18 Schüler hatten J = 6 Mathematikaufgaben bearbeitet. Uns hatte interessiert, ob zwischen den Aufgaben hinsichtlich ihres Schwierigkeitsgrades signifikante Unterschiede bestehen. Hierzu hatten wir eine Cochran-Statistik von Q = 15,579 berechnet und unter Rückgriff auf die χ^2-Verteilung (mit FG = 5 und α = 0,05) die Nullhypothese verworfen.

Zur Durchführung des Friedman-Tests müssen wir die Daten des Beispiels durch Ränge ersetzen. Da pro Block (Person) nur zwei "Meßwerte" (0 und 1) vorkommen, müssen bei J = 6 Bedingungen zwangsläufig zahlreiche Bindungen auftreten. Hierfür vergeben wir wie gewohnt mittlere Ränge. Das Ergebnis zeigt Tab. 26.7.

TABELLE 26.8 Häufigkeit von Bindungen für die Daten der Tab. 26.7

i	t_{i1}	$t_{i1}^3 - t_{i1}$	t_{i2}	$t_{i2}^3 - t_{i2}$	gesamt
1	5	120	1	0	120
2	4	60	2	6	66
3	6	210	0	0	210
4	3	24	3	24	48
5	4	60	2	6	66
6	3	24	3	24	48
7	1	0	5	120	120
8	0	0	6	210	210
9	3	24	3	24	48
10	2	6	4	60	66
11	4	60	2	6	66
12	4	60	2	6	66
13	4	60	2	6	66
14	4	60	2	6	66
15	1	0	5	120	120
16	1	0	5	120	120
17	3	24	3	24	48
18	3	24	3	24	48
gesamt					1602

Wegen der vielen Bindungen und dem damit verbundenen erhöhten Fehlerrisiko bei der Vergabe von Rängen empfiehlt sich eine Kontrolle: ΣR_j = (71,5 +...+ 65,5) = 378 = n·J(J + 1)/2 = 18·6·7/2 = 378. Nach Formel <26.6> erhalten wir folgende *unkorrigierte* Friedman-Statistik:

$$FR = (12/18 \cdot 6 \cdot 7)(71{,}5^2 + 56{,}5^2 + 71{,}5^2 + 68{,}5^2 + 44{,}5^2 + 65{,}5^2) - 3 \cdot 18 \cdot 7$$
$$= 0{,}0159 \cdot 24379{,}5 - 378 = 8{,}976$$

Zur Berechnung des Korrekturfaktors B erstellen wir nach dem Muster der Tab. 26.5 wieder eine Auflistung aller Bindungen (s. Tab. 26.8).

Dann ist nach Formel <26.7> $B = 1 - 1602/18 \cdot 6(6^2 - 1) = 1 - 0{,}4238 = 0{,}5762$. Damit ergibt sich schließlich folgende *bindungskorrigierte* Friedman-Statistik:

$FR_b = FR/B = 8{,}976/0{,}5762 = 15{,}578$

Damit haben wir - zumindest für unser Beispiel - die Identität von Q und FR_b nachgewiesen; die minimale Differenz von 0,001 geht auf Rundung zurück und hat keine Bedeutung. Der ***formale*** Nachweis der Äquivalenz von Q und FR_b für dichotome Daten ist dem Prinzip nach zwar einfach zu erbringen, erfordert allerdings einigen algebraischen Aufwand. Auf eine vollständige Ableitung von Q aus FR_b wollen wir hier deshalb verzichten; sie ist z.B. bei Lehmann (1975, S.269f) zu finden.

26.5 Nachträgliche multiple Vergleiche für den Friedman-Test

Der Friedman-Test überprüft die Nullhypothese, daß zwischen J abhängigen Gruppen keine Unterschiede in den erwarteten mittleren Rängen existieren. Die Verwerfung von H_0 bedeutet daher in jedem Fall, daß es mindestens einen von 0 verschiedenen ***Kontrast*** zwischen den $E(MR_j)$ geben muß. Die allgemeine Form von Kontrasten für mittlere Ränge haben wir in Kap. 24.2 bereits kennengelernt:

<26.10> $$\Delta = c_1 \cdot E(MR_1) + c_2 \cdot E(MR_2) + \ldots + c_J \cdot E(MR_J) = \sum_j^J c_j \cdot E(MR_j)$$

Oder unter Rückgriff auf die MR_j als Schätzung für die Erwartungswerte:

<26.11> $$\Delta^* = D = c_1 \cdot MR_1 + c_2 \cdot MR_2 + \ldots + c_J \cdot MR_J = \sum_j^J c_j \cdot MR_j$$

Für beide Gleichungen gilt definitionsgemäß die Bedingung $\Sigma c_j = 0$. Marascuilo & McSweeney (1967, S.406) zeigten, daß die Varianz eines Kontrastes im Rahmen des Friedman-Modells nach folgender Formel geschätzt werden kann:

<26.12> $$Var(D)^* = V_d = \frac{J(J+1)}{12n} \sum_j^J c_j^2$$

Für den Gesamtsatz aller möglichen Kontraste zwischen den J erwarteten mittleren Rängen können wir jetzt nach dem uns bekannten Muster simultan *Konfidenzintervalle* festlegen:

<26.13> $$D - \sqrt{\chi_k^2} \cdot \sqrt{V_d} \le \Delta \le D + \sqrt{\chi_k^2} \cdot \sqrt{V_d}$$

Jedes nach Formel <26.13> berechenbare Intervall enthält mit einer Wahrscheinlichkeit von mindestens $(1 - \alpha)$ den Populationswert des jeweiligen Kontrasts. χ_k^2 bezieht sich auf die χ^2-Verteilung mit $FG = J - 1$.

Das hier vorgestellte Verfahren soll an den Daten des Beispiels 26.1 demonstriert werden. Auch hier wollen wir wieder nur paarweise Kontraste betrachten. Die Formeln <26.11> und <26.12> vereinfachen sich dann zu:

<26.14> $D = (+1)MR_j + (-1)MR_{j'} = MR_j - MR_{j'}$ <$j \neq j'$>

<26.15> $V_d = 2J(J + 1)/12n = J(J + 1)/6n$

Für unser Beispiel mit $J = 4$ und $n = 15$ ergibt sich somit:

$$V_d = (4 \cdot 5)/(6 \cdot 15) = 0{,}2222 \qquad \sqrt{V_d} = 0{,}4714.$$

Wenn wir $\alpha = 0{,}05$ wählen, beträgt der kritische χ^2-Wert (FG = 3 Freiheitsgraden) 7,815; entsprechend ist $\sqrt{7{,}815} = 2{,}7955$. Die Konfidenzintervalle für sämtliche paarweisen Kontraste lauten dann:

$$(MR_j - MR_{j'}) - 2{,}7955 \cdot 0{,}4714 \leq \Delta \leq (MR_j - MR_{j'}) + 2{,}7955 \cdot 0{,}4714$$

$$(MR_j - MR_{j'}) - 1{,}318 \leq \Delta \leq (MR_j - MR_{j'}) + 1{,}318$$

Jedes dieser Intervalle enthält mit einer Wahrscheinlichkeit von mindestens 0,95 den Populationswert der Differenz zweier mittlerer Ränge. Es läßt sich leicht ablesen, daß ein Intervall *nicht* die 0 enthält, also $\Delta \neq 0$ gilt, wenn eine beobachtete Differenz den Betrag 1,318 übersteigt. Oder anders ausgedrückt: Jede beobachtete Differenz, die größer als 1,318 ist, stellt eine *signifikante* Differenz dar. Für unser Beispiel berechnen wir folgende mittleren Ränge:

$$MR_1 = 23{,}5/15 = 1{,}567 \qquad MR_2 = 25/15 = 1{,}667$$
$$MR_3 = 54/15 = 3{,}600 \qquad MR_4 = 47{,}5 = 3{,}167$$

Ohne weitere Berechnungen können wir sofort feststellen, daß sich sowohl MR_1 als auch MR_2 signifikant von MR_3 und MR_4 unterscheiden. Zwischen MR_1 und MR_2 bzw. zwischen MR_3 und MR_4 bestehen hingegen keine signifikanten Differenzen. Im Hinblick auf die Lernwirksamkeit der vier untersuchten Methoden können wir eine differenziertere Aussagen machen: Englische Vokabeln werden mit der Schlüsselwortmethode und mit Computerunterstützung besser gelernt werden als mit den beiden anderen Methoden. Einschränkend müssen wir allerdings hinzufügen, daß sich die Unterschiede zwischen den vier Methoden nur auf die *mittleren Ränge* beziehen. Diesen Unterschieden müssen *nicht* notwendigerweise Differenzen in der zugrundeliegenden Originalvariablen (*mittlere Anzahl* behaltener Vokabeln) korrespondieren.

26.6 Multiple Vorzeichen-Rangtests

In Abschnitt 26.3 haben wir den Nachweis erbracht, daß der Friedman-Test die logische Erweiterung des Vorzeichentests darstellt. Vom Vorzeichentest wissen wir aber, daß er gegenüber dem Vorzeichen-Rangtest von Wilcoxon eine geringere Power aufweist. Es liegt daher nahe zu fragen, ob das effizientere Verfahren von Wilcoxon nicht auch auf das Problem von mehr als zwei abhängigen Gruppen angewandt werden kann. Dies ist in der Tat der Fall; allerdings muß man eine

Einschränkung in Kauf nehmen: Es können nur *paarweise* Vergleiche zwischen den Gruppen durchgeführt werden.

Zur Demonstration des Verfahrens wollen wir erneut auf die Daten des Beispiels 26.1 zurückgreifen: Für J = 4 abhängige Gruppen sind insgesamt K = J(J - 1)/2 = 4·3/2 = 6 Paarvergleiche möglich. Die Berechnung der Wilcoxon-Statistik R_+ für diese 6 Vergleiche ist in Tab. 26.9 zusammengefaßt.

TABELLE 26.9 Paaarweise Vorzeichen-Rangtests für die Daten der Tab. 26.4

	1 vs. 2		1 vs. 3		1 vs. 4		2 vs. 3		2 vs. 4		3 vs. 4	
i	D_i	r_i	D_i	r_i	D_i	r_i	D_i	r_i	D_i	r_i	D_i	r_i
1	1	2,5	- 7		- 6		- 8		- 7		1	3
2	0		- 9		- 5		- 9		- 5		4	11
3	1	2,5	- 8		-10		- 9		-11		- 2	
4	-4		-10		- 9		- 6		- 5		1	3
5	7	12	1	1	4	4	- 6		- 3		3	9,5
6	-5		- 4		- 6		1	1	- 1		- 2	
7	0		-12		- 6		-12		- 6		6	13
8	-2		- 6		- 6		- 4		- 4		0	
9	-1		-10		- 8		- 9		- 7		2	7
10	-1		- 4		- 3		- 3		- 2		1	3
11	0		-12		-11		-12		-11		1	3
12	-5		-10		- 7		- 5		- 2		3	9,5
13	-3		- 2		- 3		- 5		- 6		- 1	
14	2	5,5	- 5		- 5		- 7		- 7		0	
15	-3		- 8		- 3		- 5		0		5	12
R_+		22,5		1*		4*		1*		0*		74

Die 6 Rangsummen der Tab. 26.9 können nach dem in Kap. 25.4 beschriebenen Muster auf Signifikanz geprüft werden (mit zweiseitiger Fragestellung). Hierbei müssen wir allerdings folgendes beachten: Wenn wir für den Gesamtsatz aller 6 Vergleiche die Irrtumswahrscheinlichkeit auf $\alpha_F \leq 0{,}05$ begrenzen wollen, dann müssen wir jeden Einzelvergleich mit einem reduzierten $\alpha_V = \alpha_F/K = 0{,}05/6 = 0{,}0083$ durchführen (s. Kap. 11.3). Der Tab. 26.9 können wir weiterhin entnehmen, daß bei den Vergleichen 1 vs. 2, 2 vs. 3 und 3 vs. 4 *Nulldifferenzen*, und bei allen Vergleichen *gebundene* Differenzen auftreten. Um die Darstellung nicht unnötig zu komplizieren, wählen wir hierfür die einfachste Strategie: Ausschluß der Nulldifferenzen mit entsprechender Reduzierung von n und Rückgriff auf die tabellierte Stichprobenverteilung von R_+ (d.h. Ignorierung der Bindungen). Welche der 6 Einzelvergleiche unter diesen genannten Bedingungen zu einem signifikanten Ergebnis führen, ist in Tab. 26.9 durch einen Stern vermerkt. Wir können unschwer erkennen, daß die multiplen Vorzeichen-Rangtests zum gleichen Ergebnis führen wie die multiplen Vergleiche im

Anschluß an den Friedman-Test. Die größere Power des Wilcoxon-Verfahrens macht sich also in unserem Beispiel nicht bemerkbar.

Im Anschluß an die multiplen Vorzeichen-Rangtests können wir durch eine wiederholte Anwendung des in Kap. 25.4.5 beschriebenen Verfahrens *Konfidenzintervalle für die Populationsmediane der Differenzen* bestimmen. Diese Konfidenzintervalle besitzen gegenüber den in <26.13> definierten Intervallen des Friedman-Tests den entscheidenden Vorteil, daß sie sich unmittelbar auf die zugrundeliegende Originalvariable und nicht auf mittlere Ränge beziehen. Die für unsere Beispieldaten in Frage kommenden 6 Intervalle sind in Tab. 26.10 aufgeführt. Um die Irrtumswahrscheinlichkeit für den Gesamtsatz aller Intervalle auf $\alpha_F \leq 0{,}05$ zu begrenzen, muß natürlich auch hier für jedes einzelne Intervall mit reduziertem $\alpha_V = 0{,}0083$ gearbeitet werden.

TABELLE 26.10 Konfidenzintervalle für die Populationsmediane der Differenzen zwischen den vier Gruppen aus Beispiel 26.1

Paarvergleich	Median θ_{Dk}	n	R'_K	Intervallgrenzen unten	oben
1 vs. 2	θ_{D1}	12	6	- 4	+ 2,5
1 vs. 3	θ_{D2}	15	15	-10	- 4
1 vs. 4	θ_{D3}	15	15	- 8	- 3
2 vs. 3	θ_{D4}	15	15	- 9	- 4
2 vs. 4	θ_{D5}	14	12	- 8,5	- 3
3 vs. 4	θ_{D6}	13	9	- 0,5	+ 4

Der Tab. 26.10 kann man entnehmen, daß die Vertrauensintervalle für θ_{D2} bis θ_{D5} die Null nicht enthalten. Dies ist gleichbedeutend mit der Aussage, daß zwischen den entsprechenden Paaren von Gruppen signifikante Unterschiede hinsichtlich der Anzahl behaltener Vokabeln vorliegen. Aufgrund unserer bisherigen Ergebnisse war dies zu erwarten.

26.7 Tests mit Normalwerten für J abhängige Gruppen

In Kap. 24.3 haben wir gezeigt, wie für mehr als zwei *unabhängige* Stichproben Tests mit Normalwerten durchgeführt werden können. Erwartungsgemäß lassen sich solche Tests auch auf das Problem von mehr als zwei *abhängigen* Gruppen übertragen. Da auch hier alle drei Möglichkeiten der Ersetzung der Originalmeßwerte durch Normalwerte zur gleichen Teststatistik führen, können wir unsere Darstellung wieder auf *ein* Verfahren, das von Terry-Hoeffding, beschränken.

Wie dieser erweiterte Terry-Hoeffding-Test konkret durchgeführt wird, soll an den Daten der Tab. 26.4 demonstriert werden: In einem ersten Schritt werden nach dem Muster des Friedman-Tests innerhalb jedes Blockes i die J Meßwerte durch Ränge r_{ij} ersetzt. Diesen Rängen werden in einem zweiten Schritt mit

Hilfe der Tab. V *Normalränge* der Form $E(Z_{(ij)}) = a_{ij}$ (s. Kap. 24.3) zugeordnet. Beim Auftreten von *gebundenen* Meßwerten bzw. Rängen wird die übliche Strategie der Vergabe von *mittleren* Normalrängen herangezogen. Das Ergebnis dieses Verfahrens für unsere Beispieldaten zeigt Tab. 26.11. Zu beachten ist hierbei, daß jeder Block - mit Ausnahme der Blöcke, die Bindungen aufweisen - immer die gleichen Normalränge enthält.

TABELLE 26.11 Normalränge für die Daten der Tab. 26.4

Block	Methode 1 a_{i1}	Methode 2 a_{i2}	Methode 3 a_{i3}	Methode 4 a_{i4}	$\Sigma\, a_{ij}^2$
1	-0,30	-1,03	1,03	0,30	2,3018
2	-0,665	-0,665	1,03	0,30	2,0354
3	-0,30	-1,03	0,30	1,03	2,3018
4	-1,03	-0,30	1,03	0,30	2,3018
5	1,03	-1,03	0,30	-0,30	2,3018
6	-1,03	0,30	-0,30	1,03	2,3018
7	-0,665	-0,665	1,03	0,30	2,0354
8	-1,03	-0,30	0,665	0,665	2,3018
9	-1,03	-0,30	1,03	0,30	2,3018
10	-1,03	-0,30	1,03	0,30	2,3018
11	-0,665	-0,665	1,03	0,30	2,0354
12	-1,03	-0,30	1,03	0,30	2,3018
13	-0,30	-1,03	0,30	1,03	2,3018
14	-0,30	-1,03	0,665	0,665	2,0354
15	-1,03	0	0	1,03	2,1218
Summen	-9,375 A_1	-8,345 A_2	10,170 A_3	7,550 A_4	33,2814 QS_a

Zur Definition einer geeigneten Teststatistik wird analog zum Friedman-Test auf die Summen der Normalränge für die J Bedingungen (A_j) zurückgegriffen. Es läßt sich dann zeigen , daß folgender Prüfwert annähernd nach χ^2 verteilt ist mit FG = J - 1 Freiheitsgraden:

$$\text{<26.16>} \quad TH_{aa} = \frac{J-1}{J} \cdot \sum_{j}^{J} \frac{[A_j - E(A_j)]^2}{Var(A_j)}$$

Beachte, daß TH_{aa} in Übereinstimmung mit der bisherigen Schreibweise signalisieren soll, daß es sich um die Terry-Hoeffding-Statistik für mehr als zwei abhängige Gruppen handelt. Zur Durchführung eines Hypothesentests ist Formel <26.16> noch nicht geeignet, da wir weder den Erwartungswert noch die Varianz von A_j kennen. Die entsprechenden Formeln lassen sich aus den bekannten Eigenschaften von Normalrängen aber leicht ableiten (s. z.B. Marascuilo & McSweeney 1977, S.371). Es ergibt sich:

<26.17> $E(A_j) = 0$ <26.18> $Var(A_j) = (\sum_{i}^{n} \sum_{j}^{J} a_{ij}^2)/J$

Wenn wir zur weiteren Vereinfachung in Formel <26.18> den Summenausdruck - der nichts anderes ist als die Summe *aller* quadrierten Normalränge - durch QS_a (für Quadratsumme) darstellen, erhalten wir:

<26.19> $Var(A_j) = QS_a/J$

Wenn wir beide Ausdrücke in Formel <26.16> einsetzen, ergibt sich schließlich folgende Rechenformel für die Terry-Hoeffding-Statistik:

<26.20> $TH_{aa} = \dfrac{J - 1}{QS_a} \sum_{j}^{J} A_j^2$

Für unsere Beispieldaten können wir nach dieser Formel folgenden Prüfwert berechnen; QS_a kann aus Tab. V entnommen werden.

$$TH_{aa} = \frac{4 - 1}{33{,}281} [(-9{,}375)^2 + (-8{,}345)^2 + (10{,}170)^2 + (7{,}550)^2] = 28{,}661$$

Der kritische Wert der χ^2-Verteilung für $\alpha = 0{,}05$ und $FG = J - 1 = 4 - 1 = 3$ ist 7,815. Wir gelangen demnach zur gleichen Entscheidung wie im Rahmen des Friedman-Tests: H_0 wird verworfen, da $(TH_{aa} = 28{,}661) > \chi_k^2$.

Analog zum Friedman-Test können auch für Normalränge *Kontraste* bestimmt werden. Wenn wir den *Mittelwert* der Normalränge in Gruppe 1 mit M_{a1}, den in Gruppe 2 mit M_{a2} usw., die zugehörigen *Erwartungswerte* mit $E(M_{a1})$, $E(M_{a2})$ usw. bezeichnen, läßt sich ein Kontrast in folgender allgemeinen Form schreiben:

<26.21> $\Delta = c_1 \cdot E(M_{a1}) + c_2 \cdot E(M_{a2}) + \ldots + c_J \cdot E(M_{aJ}) = \sum_{j}^{J} c_j \cdot E(M_{aj})$

Oder als Schätzung:

<26.22> $\Delta^* = D = c_1 \cdot M_{a1} + c_2 \cdot M_{a2} + \ldots + c_J \cdot M_{aJ} = \sum_{j}^{J} c_j \cdot M_{aj}$

Auch hier gilt in beiden Fällen die Bedingung $\Sigma c_j = 0$. Die Varianz eines derartigen Kontrasts kann nach Marascuilo & McSweeney (1977, S.373) - in der hier gewählten Terminologie - mit Hilfe folgender Formel geschätzt werden:

<26.23> $Var(D)^* = V_d = \dfrac{QS_a}{n^2(J - 1)} \sum_{j}^{J} c_j^2$

Wenn wir nur *paarweise* Kontraste der Form $(M_{aj} - M_{aj'})$ betrachten, ist der Summenausdruck in Formel <26.23> konstant, nämlich 2, da wir immer die Gewichte $c_j = 1$ und $c_{j'} = -1$ vergeben. Die obige Formel reduziert sich dann zu:

$$\langle 26.24\rangle \quad V_d = \frac{2QS_a}{n^2(J - 1)}$$

Für den Gesamtsatz aller möglichen Kontraste zwischen den J erwarteten mittleren Normalrängen können wir jetzt analog zu Formel <26.13> simultan *Konfidenzintervalle* festlegen:

$$\langle 26.25\rangle \quad D - \sqrt{\chi_k^2} \cdot \sqrt{V_d} \le \Delta \le D + \sqrt{\chi_k^2} \cdot \sqrt{V_d}$$

Bei einer Beschränkung auf *paarweise* Kontraste ergibt sich für die Daten unseres Beispiels (mit $n = 15$, $J = 4$ und $QS_a = 33{,}281$): $V_d = (2 \cdot 33{,}281)/(15^2 \cdot 3) = 0{,}0986$ und $\sqrt{V_d} = 0{,}314$. Für $\alpha = 0{,}05$ und $FG = 3$ ist 7,815 der kritische χ^2-Wert, damit also $\sqrt{\chi_k^2} = 2{,}7955$.

Die Konfidenzintervalle lauten dann:

$$(M_{aj} - M_{aj'}) - 2{,}7955 \cdot 0{,}314 \le \Delta \le (M_{aj} - M_{aj'}) + 2{,}7955 \cdot 0{,}314$$

$$(M_{aj} - M_{aj'}) - 0{,}878 \le \Delta \le (M_{aj} - M_{aj'}) + 0{,}878$$

Mit anderen Worten bedeutet dies, daß jede Differenz zwischen den mittleren Normalrängen, die den Betrag 0,878 übersteigt, signifikant ist. Die mittleren Normalränge für die 4 Gruppen lauten:

$$M_{a1} = -9{,}375/15 = -0{,}625 \qquad M_{a2} = -8{,}345/15 = -0{,}556$$
$$M_{a3} = 10{,}170/15 = 0{,}678 \qquad M_{a4} = 7{,}550/15 = 0{,}503$$

Auf den ersten Blick sehen wir, daß sich sowohl M_{a1} als auch M_{a2} signifikant von M_{a3} und M_{a4} unterscheiden. Zwischen M_{a1} und M_{a2} bzw. zwischen M_{a3} und M_{a4} bestehen keine signifikanten Unterschiede. Zu diesem Ergebnis waren wir bereits im Anschluß an den Friedman-Test (Abschnitt 26.5) und mit Hilfe multipler Wilcoxon-Tests (Abschnitt 26.6) gelangt!

26.8 Verallgemeinerungen des Friedman-Tests

26.8.1 Pläne mit mehr als einer Beobachtung pro Zelle

Der Friedman-Test in der bisher dargestellten Form ist zugeschnitten auf einen Plan der Zufallsblöcke mit n Blöcken und J Bedingungen, wobei in jeder Zelle der nxJ-Tabelle genau *eine* Beobachtung vorliegt. Häufig wird allerdings der Fall eintreten, daß wir pro Zelle mehr als eine Beobachtung vorgenommen haben. Durch eine geringfügige Modifikation des Verfahrens kann der Friedman-Test auch für diese Situation eingesetzt werden. Die Durchführung dieses erweiterten Friedman-Tests soll anhand der Problemstellung des Beispiels 26.1 demonstriert werden.

Beispiel 26.2

60 Schüler der 6. Klassenstufe wurden aufgrund einer Beurteilung durch den Englischlehrer drei Leistungsgruppen (hoch, mittel, niedrig) zugeordnet. Die 20 Schüler jeder Gruppe bzw. jedes "Blockes" wurden per Zufall zu gleichen

Teilen auf die 4 verschiedenen Methoden des Vokabellernens aufgeteilt. Wir haben damit einen Versuchsplan mit n = 3 Blöcken, J = 4 Bedingungen und K = 5 Beobachtungen in jeder der nxJ Zellen.

Als abhängige Variable stehen uns wieder die Leistungen der Schüler in dem eine Woche nach Abschluß des Trainings durchgeführten Vokabeltest zur Verfügung. Diese Leistungen und ihre Ersetzung durch Ränge sind der Tab. 26.12 zu entnehmen. X_{ijk} symbolisiert dabei den Meßwert k in Block i unter Bedingung j, r_{ijk} den entsprechenden Rang.

TABELLE 26.12 Anzahl behaltener Vokabeln unter vier Lernbedingungen bei drei Leistungsgruppen

	Methode 1		Methode 2		Methode 3		Methode 4	
Block	X_{i1k}	r_{i1k}	X_{i2k}	r_{i2k}	X_{i3k}	r_{i3k}	X_{i4k}	r_{i4k}
	17	6,5	16	5	24	17,5	23	15,5
	21	13	21	13	30	20	26	19
1	11	3	10	2	19	9,5	21	13
	9	1	13	4	19	9,5	18	8
	24	17,5	17	6,5	23	15,5	20	11
	12	1	17	7	16	5,5	18	8
	14	3	14	3	26	16	20	10,5
2	14	3	16	5,5	20	10,5	20	10,5
	20	10,5	21	13	30	20	28	18,5
	24	14	25	15	28	18,5	27	17
	10	3,5	10	3,5	22	19,5	21	18
	12	6	17	12,5	22	19,5	19	15,5
3	17	12,5	14	9	19	15,5	20	17
	10	3,5	8	1	15	10,5	15	10,5
	10	3,5	13	7,5	18	14	13	7,5
Rangsummen		101,5		107,5		221,5		199,5

Zur Tab. 26.12 sind noch einige Anmerkungen notwendig: Der Einfachheit halber haben wir die Meßwerte der Tab. 26.4 *unverändert* übernommen: Die Schüler 1-5, 6-10 und 11-15 bilden jetzt die drei Blöcke. Die Vergabe von Rängen erfolgte über *sämtliche* 20 Meßwerte innerhalb eines Blockes. Gebundene Meßwerte wurden in üblicher Weise durch mittlere Ränge ersetzt. Um zu überprüfen, ob zwischen den vier Lernbedingungen Unterschiede existieren, kann folgende Teststatistik AFR (für *allgemeine Friedman-Statistik*) herangezogen werden:

$$\langle 26.26\rangle \quad AFR = \frac{12}{n \cdot J \cdot K^2(K \cdot J + 1)} \sum_{j}^{J} R_j^2 - 3n(K \cdot J + 1)$$

Auf den ersten Blick wird deutlich, daß diese Formel eine direkte Erweiterung von Formel <26.6> darstellt. Wenn die Anzahl der Beobachtungen innerhalb einer nxJ-Zelle K = 1 beträgt, ist AFR mit FR identisch! AFR ist ebenfalls annähernd nach χ^2 verteilt mit FG = J - 1. Wenn *gebundene* Meßwerte vorliegen, kann über eine Korrekturformel (Conover 1980, S.308) ein Prüfwert AFR_b berechnet werden. Hierauf wollen wir aber nicht näher eingehen. Für die Daten unseres Beispiels können wir nach Formel <26.26> folgenden Prüfwert berechnen:

$$AFR = \frac{12}{3 \cdot 3(5 \cdot 4 + 1)} (101{,}5^2 + 107{,}5^2 + 221{,}5^2 + 199{,}5^2) - 3 \cdot 4 \cdot 5^2(5 \cdot 4 + 1)$$

$$= 210{,}897 - 189 = 21{,}897$$

Für $\alpha = 0{,}05$ und FG = J - 1 = 4 - 1 = 3 ist 7,815 der kritische χ^2-Wert. H_0 wird demnach verworfen, da $(AFR = 21{,}897) > \chi^2_k$.

Auch unter den veränderten Versuchsbedingungen kommen wir zu dem Schluß, daß die vier Trainingsmethoden unterschiedlich lernwirksam sind. Um herauszufinden, welches die Gründe für die Verwerfung von H_0 sind, bedienen wir uns der prinzipiell gleichen Methode wie in Abschnitt 26.5. Der einzige Unterschied ergibt sich bei der Schätzung der Varianz der Kontraste. Anstelle der Formel <26.12> müssen wir hier auf folgende verallgemeinerte Formel zurückgreifen:

$$\text{<26.27>} \quad V_d = \frac{J(K \cdot J + 1)}{12n} \sum_j^J c_j^2$$

Es ist leicht ersichtlich, daß diese Formel für K = 1 mit Formel <26.12> identisch ist. Wenn wir uns ausschließlich auf *paarweise* Kontraste beschränken (mit $\Sigma c_j^2 = 2$), erhalten wir für unsere Beispieldaten:

$$V_d = \frac{J(K \cdot J + 1)}{6n} = \frac{4(5 \cdot 4 + 1)}{6 \cdot 3} = 4{,}6667 \qquad \sqrt{V_d} = 2{,}1602$$

Für sämtliche paarweisen Kontraste können wir damit simultan folgende Konfidenzintervalle formulieren (mit $\chi^2_k = 7{,}815$ und $\sqrt{\chi^2_k} = 2{,}7955$):

$$(MR_j - MR_{j'}) - 2{,}7955 \cdot 2{,}1602 \leq \Delta \leq (MR_j - MR_{j'}) + 2{,}7955 \cdot 2{,}1602$$

$$(MR_j - MR_{j'}) - 6{,}039 \leq \Delta \leq (MR_j - MR_{j'}) + 6{,}039$$

Jede Differenz der mittleren Ränge der vier Bedingungen, die den Betrag von 6,039 übersteigt, ist also *signifikant*. Die mittleren Ränge ergeben sich durch die Beziehung $MR_j = R_j/n \cdot K$ und lauten für unsere Daten:

$MR_1 = 101{,}5/15 = 6{,}767 \qquad MR_2 = 107{,}5/15 = 7{,}167$

$MR_3 = 221{,}5/15 = 14{,}767 \qquad MR_4 = 199{,}5/15 = 13{,}300$

Es ergeben sich dann folgende signifikante Paardifferenzen:

$MR_1 - MR_3 = -8{,}000 \qquad MR_1 - MR_4 = -6{,}533$

$MR_2 - MR_3 = -7{,}600 \qquad MR_2 - MR_4 = -6{,}133$

Dieses Ergebnis ist uns bereits wiederholt begegnet!

26.8.2 Pläne mit unvollständigen ausbalancierten Blöcken

Der "normale" oder erweiterte Friedman-Test wird angewandt, wenn innerhalb eines Blockes *alle* J Bedingungen zur Anwendung kommen. Häufig kann es aber schwierig, wenn nicht sogar unmöglich sein, einen solchen Versuchsplan zu realisieren. Dies wird besonders dann der Fall sein, wenn die Zahl der Bedingungen relativ groß ist. Hierzu ein Beispiel: Es soll untersucht werden, ob zwischen 8 Rieslingsorten eines Jahrgangs aus dem Gebiet "Südliche Weinstraße" geschmackliche Unterschiede bestehen. Als Testtrinker stehen 14 Personen zur Verfügung. Prinzipiell ist es natürlich möglich, daß jede Person alle 8 Weine (in einer durch Zufall festgelegten Abfolge) probiert und dann eine Rangreihe (nach Präferenz) erstellt. Fraglich ist nur - nicht zuletzt wegen der zu konsumierenden Alkoholmenge -, ob dieses Urteil zuverlässig ausfiele. Besser ist es vermutlich, jede Person nur eine Untermenge von Weinen (z.B. 4) probieren und einstufen zu lassen. Ein Versuchsplan, bei dem innerhalb eines Blockes nicht alle J Bedingungen realisiert sind, heißt *unvollständiger* Blockplan. Ein solcher Plan ist ausbalanciert, wenn er folgende zusätzliche Merkmale aufweist:

- In jedem Block sind J' Zellen besetzt ($J' < J$).
- Jede Bedingung ist in n' Blöcken realisiert ($n' < n$).
- $J'/n' = J/n$ (und damit auch: $n' \cdot J = n \cdot J'$).[3]
- Jede Bedingung ist mit jeder anderen Bedingung gleich häufig gepaart.

Wie ein derartiger Plan für das oben skizzierte Beispiel konkret aussehen könnte, zeigt Tab. 26.13.

Beachte, daß Tab. 26.13 die oben genannten Merkmale aufweist:

- $(J' = 4) < (J = 8)$
- $(n' = 7) < (n = 14)$
- $n'\ J = n\ J' = 7\ 8 = 14\ 4 = 56$
- Jede Weinsorte wird mit jeder anderen *dreimal* verglichen.

Die Anzahl der Vergleiche ergibt sich dabei allgemein nach folgender Beziehung:

<26.28> $a = n'(J' - 1)/(J - 1)$

Zur Auswertung eines derartigen Versuchsplans kann auf eine Teststatistik zurückgegriffen werden, die von Durbin (1951) entwickelt wurde. Die durch den Durbin-Test zu überprüfenden Hypothesen sind die gleichen wie beim Friedman-Test:

---

3) Hieraus folgt sofort, daß nicht jede Kombination von n und J einen unvollständigen ausbalancierten Blockplan zuläßt.

H_0: Die erwarteten mittleren Ränge sind für alle Bedingungen (hier "Weinsorten") gleich.
H_1: Mindestens ein Kontrast zwischen den erwarteten mittleren Rängen ist von 0 verschieden.

TABELLE 26.13 Beurteilung von jeweils 4 Weinsorten durch 14 Personen (Unvollständiger ausbalancierter Blockplan)

Person	Weinsorte							
(Block)	1	2	3	4	5	6	7	8
1					4	3	1	2
2	4	3					1	2
3	4		3			2		1
4		4	3		2			1
5	4	3	2	1				
6			4	3	2	1		
7		4		2	3		1	
8	4			3		2	1	
9			3	4			1	2
10		4		3		1		2
11	4			3	2			1
12	3	4			2	1		
13	4		3		1		2	
14		4	3			2	1	
Rangsummen	27	26	21	19	16	12	8	11
MR_j	3,86	3,71	3,00	2,71	2,29	1,71	1,14	1,57

Der Prüfwert von Durbin - durch DU symbolisiert - kann in der von uns gewählten Terminologie durch folgende Formel berechnet werden:

<26.29> $$DU = \frac{12(J-1)}{n' \cdot J(J'-1)(J'+1)} \sum_j^J R_j^2 - \frac{3n'(J-1)(J'+1)}{J'-1}$$

DU ist annähernd nach χ^2 verteilt mit FG = J - 1 Freiheitsgraden. Zu beachten ist, daß für einen vollständigen Versuchsplan gilt: n′ = n und J′ = J; die Durbin-Statistik geht dann in die "normale" Friedman-Statistik aus Formel <26.6> über. Die Berechnung von DU für die Daten unseres Beispiels erfolgt am besten in Teilschritten:

$$A = \frac{12(J-1)}{n' \cdot J(J'-1)(J'+1)} = \frac{12(8-1)}{7 \cdot 8(4-1)(4+1)} = 0,1$$

$$B = \sum_{j}^{J} R_j^2 = 27^2 + 26^2 + 21^2 + 19^2 + 16^2 + 12^2 + 8^2 + 11^2 = 2792$$

$$C = \frac{3n'(J - 1)(J' - 1)}{J' - 1} = \frac{3 \cdot 7(8 - 1)(4 + 1)}{4 - 1} = 245$$

Schließlich: DU = A·B - C = 0,1·2792 - 245 = 34,2

Zur Abwechslung wählen wir $\alpha = 0{,}01$; dann ist bei FG = J - 1 = 7 Freiheitsgraden 18,475 der kritische χ^2-Wert. H_0 wird demnach verworfen, da (DU = 34,2) > χ_k^2.

Wir können also feststellen, daß die 8 Rieslingsorten in unterschiedlichem Maße präferiert werden.

Auch im Anschluß an den Durbin-Test können multiple Vergleiche zwischen den J Bedingungen durchgeführt werden. Hierbei verfahren wir völlig analog zu der im Rahmen des Friedman-Tests vorgestellten Methode (Abschnitt 26.5); einzig die Varianz der Kontraste muß anders berechnet werden. Die entsprechende Formel lautet hier:

<26.30> $$V_d = \frac{J(J' - 1)(J + 1)}{12n'(J - 1)} \sum_{j}^{J} c_j^2$$

Oder bei einer Beschränkung auf ausschließlich *paarweise* Kontraste:

<26.31> $$V_d = \frac{J(J' - 1)(J + 1)}{6n'(J - 1)}$$

Nach dieser Formel erhalten wir für unser Beispiel folgende Schätzung der Varianz:

$$V_d = \frac{8(4 - 1)(4 + 1)}{6 \cdot 7(8 - 1)} = 0{,}4082$$

Nach bekanntem Muster können wir dann für sämtliche paarweisen Kontraste simultan Konfidenzintervalle formulieren (mit $\chi_k^2 = 18{,}475$ und $\sqrt{\chi_k^2} = 4{,}2983$):

$$(MR_j - MR_{j'}) - 4{,}2983 \cdot 0{,}4082 \le \Delta \le (MR_j - MR_{j'}) + 4{,}2983 \cdot 0{,}4082$$

$$(MR_j - MR_{j'}) - 1{,}755 \le \Delta \le (MR_j - MR_{j'}) + 1{,}755$$

Jede den Betrag von 1,755 übersteigende Differenz der mittleren Ränge ist also signifikant. Auf welche Differenzen dies im einzelnen zutrifft, kann der Tab. 26.13 entnommen werden.

Zum Schluß noch einige Anmerkungen:

- Analog zum Friedman-Test kann auch der Durbin-Test auf Versuchspläne mit mehr als einer Beobachtung pro besetzter Zelle erweitert werden (Benard & Elteren 1953). Die Darstellung dieses verallgemeinerten Durbin-Tests würde hier allerdings zu weit führen. Formeln zur Berechnung der Teststatistik sowie der Varianz der Kontraste sind z.B. bei Marascuilo & McSweeney (1977, S.383f) zu finden.

- Die Berechnung von DU nach Formel <26.29> führt zu einem konservativen Test, wenn innerhalb der Blöcke zahlreiche *Bindungen* auftreten. In diesem Fall kann wie üblich eine Bindungskorrektur durchgeführt werden. Eine entsprechende Formel ist z.B. bei Conover (1980, S.314) angegeben.

- Bezüglich der Effizienz des Durbin-Tests relativ zur parametrischen Varianzanalyse gelten die gleichen Angaben wie für den Friedman-Test.[4)] Der entsprechende Nachweis ist bei Noether (1967) zu finden.

---

4) Für J = 2 abhängige Gruppen beträgt die asymptotische relative Effizienz des Friedman-Tests 0,637 (entsprechend dem Vorzeichentest!). Mit steigender Gruppenzahl wird die Effizienz größer (s. z.B. Marascuilo & McSweeney 1977, S.361).

Kapitel 27

Verteilungsfreie Tests auf Unabhängigkeit und Assoziationsmaße für quantitative Variablen

27.1 Exakter Test auf Unabhängigkeit zweier Variablen nach Pitman

Wenn an einer Zufallsstichprobe der Größe n die beiden quantitativen Variablen X und Y gemessen wurden, läßt sich deren Zusammenhang bekanntlich durch den Pearson'schen Produkt-Moment-Korrelationskoeffizienten r_{xy} beschreiben. In Kap. 16.3 wurde dargestellt, wie man für diesen Koeffizienten die Hypothese der Unabhängigkeit überprüfen kann (H_0: $\rho = 0$ vs. H_1: $\rho \neq 0$ oder $\rho > 0$ oder $\rho < 0$). Die dort genannten Verfahren sind an die Voraussetzung geknüpft, daß X und Y einer Grundgesamtheit mit *bivariater Normalverteilung* entstammen. Besteht Grund zu der Annahme, daß diese Voraussetzung nicht erfüllt ist, dann kann man auf einen Signifikanztest zurückgreifen, der von Pitman (1937b) vorgeschlagen wurde. Pitmans Methode bedient sich der bereits mehrfach dargestellten *Randomisationstechnik* von Fisher, um die exakte (bedingte) Verteilung von r_{xy} zu bestimmen. Die konkrete Vorgehensweise soll anhand eines Beispiels beschrieben werden.

An einer zufällig ausgewählten Gruppe von n = 5 Studenten wurden die Leistungen in einem Mathematiktest und in einer Statistik-Klausur erfaßt. Tab. 27.1 zeigt das Ergebnis.

TABELLE 27.1 Mathematik- und Statistik-Leistungen von 5 Studenten

Person i	Testwert Mathe X_i	X_i^2	Testwert Statistik Y_i	Y_i^2	$X_i \cdot Y_i$
1	24	576	24	576	576
2	27	729	28	784	756
3	26	676	31	961	806
4	28	784	34	1156	952
5	29	841	27	729	783
Summen	134	3606	144	4206	3873

Da man mit gutem Grund annehmen kann, daß zwischen Mathematik- und Statistik-Leistungen ein positiver Zusammenhang besteht, können wir folgende Hypothesen formulieren:

$$H_0: \rho = 0 \qquad \text{vs.} \qquad H_1: \rho > 0$$

Für die Daten der Tab. 27.1 können wir mit Hilfe der bekannten Rechenformel folgenden Wert für r_{xy} bestimmen:

$$\text{<27.1>} \quad r_{xy} = \frac{n\Sigma(X_i \cdot Y_i) - (\Sigma X_i)(\Sigma Y_i)}{\sqrt{[n\Sigma X_i^2 - (\Sigma X_i)^2]}\ \sqrt{[n\Sigma Y_i^2 - (\Sigma Y_i)^2]}}$$

$$= \frac{5 \cdot 3873 - 134 \cdot 144}{\sqrt{(5 \cdot 3606 - 134^2)}\ \sqrt{(5 \cdot 4206 - 144^2)}} = 0{,}468$$

Um zu beurteilen, ob dieser Wert mit H_0 vereinbar ist oder nicht, müssen wir die *Stichprobenverteilung* von r_{xy} für die gegebenen Daten kennen. Die vollständige Verteilung ließe sich prinzipiell nach folgendem Verfahren erstellen: Die X-Werte werden der Größe nach geordnet, und die Y-Werte werden gegen diese geordneten X-Werte systematisch permutiert. Dies ergibt sämtliche möglichen Zuordnungen der n X-Werte zu den n Y-Werten. Insgesamt existieren n! unterschiedliche Zuordnungen, die unter H_0 alle gleichwahrscheinlich sind. Für jede dieser n! Zuordnungen wird dann r_{xy} nach obiger Formel berechnet. Die Vorstellung, bei n = 5 Meßwertpaaren n! = 5! = 120 Korrelationskoeffizienten berechnen zu müssen, ist einigermaßen abschreckend. Glücklicherweise läßt sich das skizzierte Verfahren in zweifacher Weise vereinfachen:

- Zur Entscheidung über H_0 müssen wir nicht die vollständige Stichprobenverteilung bestimmen. Wir können uns stattdessen auf den *kritischen* Bereich dieser Verteilung - bestehend aus den $\alpha \cdot n!$ extremsten Werten für r_{xy} - beschränken.

- Auf die Berechnung von r_{xy} können wir ganz verzichten! An der Rechenformel für rxy läßt sich nämlich leicht ablesen, daß für alle n! Permutationen die Werte für ΣX_i, ΣX_i^2, ΣY_i und ΣY_i^2 *konstant* bleiben.
  Dies bedeutet, daß r_{xy} *ausschließlich* von der veränderlichen Produktsumme $\Sigma X_i \cdot Y_i$ abhängig ist und weiterhin, daß die Stichprobenverteilungen von r_{xy} und $\Sigma X_i \cdot Y_i$ identisch sind. Die einfacher zu berechnende Produktsumme kann daher als *Prüfwert* herangezogen werden.

In unserem konkreten Beispiel besteht der kritische Bereich (bei $\alpha = 0{,}05$) aus den $0{,}05 \cdot 120 = 6$ *größten* Werten der Produktsumme; denn nur hohe Werte der Produktsumme führen zu hohen Werten von r_{xy} und sind mit der in H_1 angegebenen Richtung (positiver Zusammenhang) vereinbar. Die Berechnung dieser 6 Extremwerte ist in Tab. 27.2 vorgenommen.

TABELLE 27.2 Kritischer Bereich der Stichprobenverteilung der Produktsumme für die Daten der Tab. 27.1

X_i	Permutationen der Y_i-Werte					
24	24	24	24	24	27	27
26	27	28	27	27	24	24
27	28	27	31	28	28	28
28	31	31	28	34	31	34
29	34	34	34	31	34	31
$\Sigma X_i \cdot Y_i$	3888	3887	3885	3885	3882	3879

Aus Tab. 27.2 können wir entnehmen, daß die in der Stichprobe aufgetretene Produktsumme von 3873 *nicht* dem kritischen Bereich angehört. Wir behalten daher H_0 bei. Entgegen unserer Erwartung besteht kein Zusammenhang zwischen Mathematik- und Statistikleistung.

Der Pitman-Test weist die gleichen *Nachteile* auf wie alle bisher diskutierten Randomisationstests: Die Stichprobenverteilung der Produktsumme ist abhängig von den beobachteten Meßwerten und muß daher für jeden Datensatz neu bestimmt werden. Selbst wenn man sich nur auf den kritischen Bereich der Verteilung beschränkt, stößt der damit verbundene Aufwand mit steigendem n schnell an die Grenze dessen, was "zu Fuß" noch bewältigt werden kann. Im Zeitalter des Computers stellt dies allerdings kein echtes Hindernis mehr dar; so sind z.B. bei Edgington (1980, S.199ff) zwei FORTRAN-Programme aufgelistet, mit denen ein Pitman-Test nach dem beschriebenen Verfahren (entweder mit vollständiger oder mit zufälliger Permutation) durchgeführt werden kann.[1)]

Den erwähnten Nachteilen des Pitman-Tests steht entgegen, daß seine Durchführung an *keinerlei* Annahmen über die Verteilung der beiden Variablen geknüpft ist. Es muß lediglich gewährleistet sein, daß die n Meßwertpaare unabhängig voneinander erhoben wurden. Abschließend sei noch bemerkt, daß der Pitman-Test dem klassischen Signifikanztest auch dann gleichwertig ist, wenn dessen Voraussetzungen (bivariate Normalverteilung) erfüllt sind, d.h. seine asymptotische relative Effizienz beträgt 1.

1) Eine Umsetzung dieser Programme in Turbo Pascal 4.0 wurde von Schreiber (1988) vorgenommen.

27.2 Rangkorrelationskoeffizient nach Spearman

Die rein praktische Seite der Signifikanzprüfung von r_s wurde bereits kurz in Kap. 16.12 vorgestellt. Im vorliegenden Abschnitt soll der theoretische Hintergrund noch etwas näher beleuchtet werden. In Kap. 23.2 (Wilcoxons Rangsummentest) wurde beschrieben, wie aus dem *bedingten*, d.h. von den jeweils gegebenen Daten abhängigen Randomisationstest von Fisher (Kap. 23.1) ein *unbedingter* Test abgeleitet werden kann. Ermöglicht wird dies, indem man die Originalmeßwerte durch *Ränge* ersetzt. In exakt gleicher Weise läßt sich auch der Pitman-Test zu einem unbedingten Test ausbauen. Das zuerst von Hotelling & Pabst (1936) beschriebene Verfahren soll an den Beispieldatendaten des vorangegangenen Abschnitts erläutert werden.

In einem ersten Schritt werden die Meßwerte in den Variablen X und Y separat (jeweils beginnend mit dem kleinsten Wert) durch Ränge von 1 bis n ersetzt. Für diese Ränge wird anschließend ein Produkt-Moment-Korrelationskoeffizient berechnet, der als Spearmans r_s bekannt ist. Wenn innerhalb der beiden Meßwertreihen *keine Bindungen* vorliegen, kann r_s nach folgender einfacher Formel berechnet werden (s. Diehl & Kohr 1982, S.283); d_i steht dabei für die Paardifferenzen der Ränge ($d_i = r_{xi} - r_{yi}$), D für Σd_i^2.

<27.2> $$r_s = 1 - \frac{6D}{n(n^2 - 1)}$$

Die Berechnung von D für unsere Beispieldaten ist in Tab. 27.3 enthalten.

TABELLE 27.3 Mathematik- und Statistik-Leistungen von 5 Studenten

Person i	Testwert Mathe X_i	Rang r_{xi}	Testwert Statistik Y_i	Rang r_{yi}	d_i	d_i^2
1	24	1	24	1	0	0
2	27	3	28	3	0	0
3	26	2	31	4	2	4
4	28	4	34	5	1	1
5	29	5	27	2	3	9
					D	= 14

Für r_s ergibt sich damit folgender Wert: $r_s = 1 - [(6 \cdot 14)/(5\ 24)] = 0{,}3$. Die exakte Stichprobenverteilung von r_s kann in vollkommen analoger Weise erstellt werden wie im Pitman-Test, d.h. für sämtliche n! Permutationen der Ränge wird

r_s berechnet. Diese Stichprobenverteilung hat gegenüber der Verteilung nach Pitman allerdings den entscheidenden Vorteil, daß sie bei einem gegebenen n immer gleich ist.

Hier noch eine Zwischenbemerkung: Aus Formel <27.1> geht hervor, daß r_s ausschließlich von D abhängig ist. Dies bedeutet auch, daß r_s und D identische Stichprobenverteilungen besitzen. Anstelle von r_s kann man daher als Prüfgröße auch den einfacher zu berechnenden Wert D heranziehen. Die vollständige Stichprobenverteilung von r_s bzw. D für n = 5 ist in Tab. 27.4 aufgelistet und in Abb. 27.1 grafisch dargestellt.

TABELLE 27.4 Stichprobenverteilung von r_s bzw. $D = \Sigma d_i^2$ für n = 5

r_s	D	Auftretens-häufigkeit
-1,0	40	1
-0,9	38	4
-0,8	36	3
-0,7	34	6
-0,6	32	7
-0,5	30	6
-0,4	28	4
-0,3	26	10
-0,2	24	6
-0,1	22	10
0	20	6
0,1	18	10
0,2	16	6
0,3	14	10
0,4	12	4
0,5	10	6
0,6	8	7
0,7	6	6
0,8	4	3
0,9	2	4
1,0	0	1

Der *kritische Bereich* der Stichprobenverteilung von r_s bzw. D wird nach bekanntem Muster definiert: Bei den zur Debatte stehenden Hypothesen (H_0: $\rho = 0$ vs. H_1: $\rho > 0$) und $\alpha = 0{,}05$ umfaßt er die $\alpha \cdot n! = 0{,}05 \cdot 120 = 6$ *größten* Werte von r_s bzw. die 6 *kleinsten* Werte von D. Der Tab. 27.3 läßt sich allerdings entnehmen, daß wir den kritischen Bereich auf 5 Werte verkleinern müssen, da nicht entschieden werden kann, welcher der drei Fälle mit $r_s = 0{,}8$ als sechster Wert herangezogen werden soll. Die exakte Irrtumswahrscheinlichkeit reduziert sich damit entsprechend auf $\alpha = 5/120 = 0{,}042 < 0{,}05$. Über H_0 kann jetzt nach folgender Regel entschieden werden: Verwerfe H_0, wenn $r_s \geq 0{,}9$ (bzw. wenn $D \leq 2$). Der dieser Regel entsprechende Bereich am oberen Ende der Stichprobenverteilung ist in Abb. 27.1 kenntlich gemacht. Da unser beobachteter Wert $r_s = 0{,}3$ (bzw. $D = 14$) diese Bedingung nicht erfüllt, behalten wir H_0 bei, d.h. wir gelangen zur gleichen Entscheidung wie mit dem Pitman-Test.

ABBILDUNG 27.1 Stichprobenverteilung von r_s bzw. D für n = 5 mit einseitigem kritischen Bereich

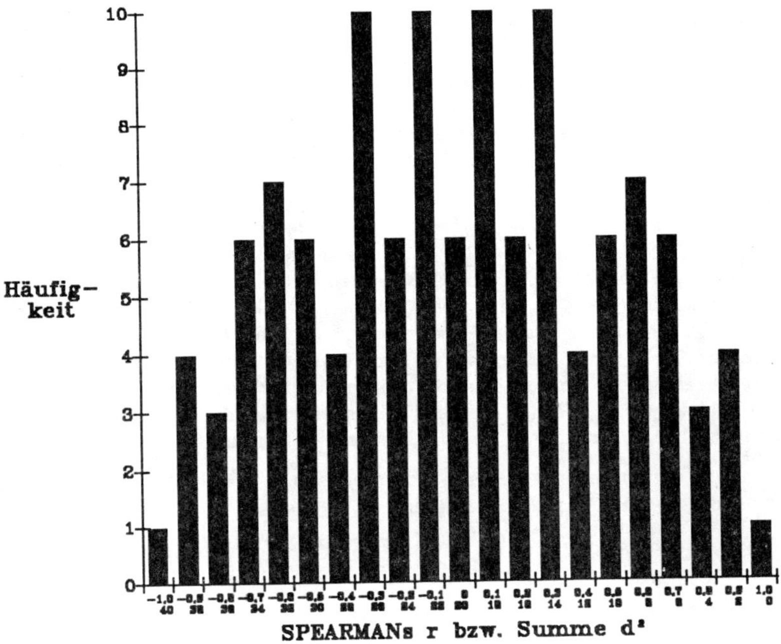

Den entscheidenden Vorteil des hier besprochenen Verfahrens haben wir schon erwähnt: Die Stichprobenverteilung von r_s ist nicht mehr von den gegebenen Meßwerten sondern lediglich von der Stichprobengröße n abhängig; sie muß daher auch nicht bei jedem Test mühsam neu erstellt werden. Stattdessen kann auf *tabellierte* Werte zurückgegriffen werden. Wie die entsprechende Tabelle N im Anhang zu benutzen ist, wurde bereits in Kap. 16.12 erklärt. Für unser Beispiel - mit $n = 6$, $\alpha = 0{,}05$ und einseitiger Fragestellung - lesen wir aus dieser Tabelle erwartungsgemäß den gleichen kritischen Wert wie oben ab: $r_k = 0{,}9$. H_0 wird wie gehabt beibehalten, da $r_s < r_k$.

Zur Tab. N ist noch eine abschließende Bemerkung notwendig: Wir hatten an unserem Beispiel gesehen, daß die Wahl der kritischen Grenze $r_k = 0{,}9$ zu einem Test führt, dessen exakte Irrtumswahrscheinlichkeit $\alpha = 0{,}042$ beträgt, also unterhalb unseres gewählten Niveaus $\alpha = 0{,}05$ liegt. Ähnliches gilt auch für die übrigen in der Tabelle angeführten Grenzen. Wir können zwar in jedem Fall sicher sein, daß das angegebene Signifikanzniveau eingehalten wird, die exakten Wahrscheinlichkeiten werden aber fast immer etwas niedriger sein. Hierzu noch ein weiteres Beispiel: Dem in der Tabelle für $n = 11$ und $\alpha = 0{,}05$ (einseitig) eingetragenen kritischen Wert $r_k = 0{,}536$ entspricht eine exakte Wahrscheinlichkeit von $\alpha = 0{,}0467$, das angegebene Signifikanzniveau wird also um etwas mehr als 0,003 unterschritten.

In Kap. 16.12 wurde bereits darauf hingewiesen, daß Tab. N "eigentlich" nur dann herangezogen werden darf, wenn beide Meßwertreihen frei von Bindungen sind. Da dieser Fall eher die Ausnahme als die Regel darstellt, soll auf das Problem des Umgangs mit Bindungen hier noch einmal gesondert eingegangen werden.

Wie wir gesehen haben, basiert die Stichprobenverteilung von r_s bzw. D darauf, daß die n! Permutationen der Ränge 1 bis n in der Variablen Y einer festgelegten Rangfolge der Ränge (am günstigsten 1, 2, ..., n) in der Variablen X zugeordnet werden. Wenn in einer der beiden Variablen Bindungen auftreten, ist die Zahl der unterscheidbaren Permutationen dagegen *kleiner* als n!. Dies hat unmittelbar zur Folge, daß auch die Anzahl verschiedener Werte für r_s bzw. D und gleichzeitig die Varianz der Stichprobenverteilung reduziert wird. Dieser Effekt soll an einem kleinen Beispiel illustriert werden, bei dem wir der Einfachheit halber zunächst nur Bindungen in einer Variablen (Y) vorsehen.

Angenommen, wir haben für eine Stichprobe von $n = 5$ Meßwertpaaren folgende Ränge in den beiden Variablen vergeben:

X:	1	2	3	4	5
Y:	1	3	3	3	5

In der Variablen Y wurden also die drei gebundenen Meßwerte nach der üblichen Strategie durch *mittlere Ränge* ersetzt. Für die 5 Rangpaare können wir nach obigem Muster berechnen: $D = 2$ und $r_s = 0{,}9$. Wenn wir diese Werte mit $\alpha = 0{,}05$ und einseitiger Fragestellung (H_1: $\rho > 0$) auf die Stichprobenverteilung in Tab. 27.4 beziehen, wird H_0 verworfen. Die exakte Wahrscheinlichkeit für $D \leq 2$ bzw. $r_s \geq 0{,}9$ beträgt dabei $5/120 = 0{,}042$. Zur gleichen Entscheidung gelangen wir auch über Tab. N im Anhang. Zweifel an dieser Entscheidung sind dennoch angebracht, da wir auf die "falsche" Stichprobenverteilung zurückgegriffen haben. Wir müssen uns daher jetzt fragen, welche Stichprobenverteilung unserem Beispiel angemessener ist. Als erstes müssen wir dazu das Problem lösen, wieviel unterscheidbare Permutationen der Ränge in der Variable Y überhaupt vorkommen können. Wir bezeichnen die Anzahl der Meßwertgruppen mit Bindungen in der Variablen Y mit K, die Zahl der gebundenen Werte in der k-ten Gruppe mit b_k. Dann gilt für unser Beispiel: $K = 1$ und $b_1 = 3$. Die Anzahl unterscheidbarer Permutationen (PE_y) läßt sich nach folgender allgemeiner Formel berechnen:

<27.3> $$PE_y = \frac{n!}{b_1!\ b_2!\ \ldots\ b_K!}$$

Nach dieser Formel lassen sich also die Ränge der Variablen Y auf $n!/b_1! = 5!/3! = 120/6 = 20$ verschiedene Arten den (festgehaltenen) Rängen der Variable Y zuweisen. Die 20 Werte für r_s bzw. D, die daraus resultieren, bilden die gesuchte Stichprobenverteilung. Diese Verteilung ist in Tab. 27.5 aufgeführt.

TABELLE 27.5 Stichprobenverteilung von r_s und D für $n = 5$ und $b_1 = 3$

r_s	D	Auftretens-häufigkeit
-0,894	34	1
-0,671	30	2
-0,447	26	3
-0,224	22	4
0,224	14	4
0,447	10	3
0,671	6	2
0,894	2	1

Zu Tab. 27.5 ist vorab eine Anmerkung notwendig: Die Werte für r_s wurden *nicht* nach Formel <27.2> sondern nach der ursprünglichen Rechenformel <27.1> für den Produkt-Moment-Korrelationskoeffizienten bestimmt. Eine Begründung hierfür erfolgt weiter unten. An der Art der Berechnung von D ändert sich hingegen nichts.

Aus der Tab. 27.5 läßt sich auf den ersten Blick entnehmen, daß der Wertebereich für r_s und D, also auch die Varianz der Stichprobenverteilung, gegenüber der Verteilung ohne Bindungen in Tab. 27.4 *reduziert* ist. So kann beispielsweise r_s gar nicht mehr den Maximalwert ±1 annehmen! Weiterhin zeigt sich, daß die Werte für r_s gegenüber den vergleichbaren Werten in Tab. 27.4 systematisch *niedriger* liegen.

In dieser ("richtigen") Stichprobenverteilung können wir jetzt nach bewährter Methode einen kritischen Bereich definieren. Für α = 0,05 und H_1: $\rho > 0$ umfaßt dieser Bereich lediglich *einen* Wert (r_s = 0,894 bzw. D = 2) mit einer exakten Irrtumswahrscheinlichkeit von α = 1/20 = 0,05. Da unser beobachteter Wert diesem Bereich angehört, wird H_0 erneut verworfen. Wir stellen also fest, daß wir mit der "richtigen" Stichprobenverteilung zur gleichen Entscheidung gelangen wie mit der "falschen". Es zeigt sich allerdings auch, daß der Rückgriff auf die "richtige" Stichprobenverteilung zu einer Erhöhung der Irrtumswahrscheinlichkeit geführt hat. Es liegt daher nahe anzunehmen, daß es Fälle geben kann, bei denen H_0 mit der "falschen" Verteilung verworfen, mit der "richtigen" dagegen beibehalten wird - ein nicht gerade beruhigender Gedanke!

Worin die Schwierigkeit im Umgang mit Bindungen liegt, läßt sich an unserem Beispiel unschwer ablesen: Die Stichprobenverteilung von r_s bzw. D ist beim Vorliegen von Bindungen keine *unbedingte*, d.h. für ein gegebenes n konstante, Verteilung mehr sondern eine *bedingte* Verteilung - abhängig von der Anzahl und der Größe der Gruppen mit Bindungen. Aus diesem Grund ist es auch verständlich, warum keine einschlägigen Tabellen vorliegen. Da solche Tabellen alle Möglichkeiten des Auftretens von Bindungen bei einer gegebenen Stichprobengröße n berücksichtigen müßten, wären sie nur mit erheblichem Aufwand zu erstellen.

Das Problem wird noch weiter kompliziert, wenn auch in der Variablen X Bindungen auftreten. Wir bezeichnen analog zu oben die Anzahl der Meßwertgruppen mit Bindungen in der Variablen X mit J und die Zahl der gebundenen Meßwerte in der j-ten Gruppe mit b_j. Die Gesamtzahl möglicher Zuordnungen der Ränge der Variablen X und Y ergibt sich dann nach folgender Logik: Wir berechnen *separat* für jede Meßwertreihe die Anzahl der Permutationen der Ränge. Die Formel für PE_y kennen wir bereits; PE_x ergibt sich entsprechend aus:

<27.4> $PE_x = n!/(b_1!\ b_2!\ \dots\ b_J!)$

Diejenige Rangreihe, die die *meisten* Permutationen zuläßt, wird als Bezugsreihe festgehalten. Die zweite Rangreihe wird dann gegen diese Bezugsreihe systematisch permutiert.[2] Dies heißt nichts anderes, als daß sich die Gesamtzahl möglicher Zuordnungen der Ränge aus dem *kleineren* der beiden Werte PE_y und PE_x ergibt. Beispiel: Für n = 6, J = 3 (b_1 = 2, b_2 = 2, b_3 = 2) und K = 1 (b_1 = 3) erhalten wir PE_x = 6!/(2! 2! 2!) = 720/8 = 90 und PE_y = 6!/3! = 120. Bei festgehaltener Rangreihe in Y müssen wir damit 90 mögliche Zuordnungen der beiden Rangreihen berücksichtigen. Zur Erstellung der exakten vollständigen Stichprobenverteilung müssen wir mit anderen Worten 90 Werte für D bzw. r_s berechnen.

---

2) Beachte, daß wir im Falle bindungsfreier Meßwertreihen identisch verfahren sind.

Auf die *Berechnung* von r_s beim Vorliegen von Bindungen wollen wir noch einmal näher eingehen: An unserem obigen Beispiel konnten wir feststellen, daß eine Anwendung der Formel <27.2> zu einer systematischen Überschätzung des Wertes von r_s führt. Der Grund dafür ist, daß Formel <27.2> den varianzreduzierenden Effekt von Bindungen nicht berücksichtigt. Eine adäquatere Schätzung von r_s läßt sich dagegen auf zwei Arten gewinnen:

- Da r_s nichts anderes ist als ein Produkt-Moment-Korrelationskoeffizient für Ränge, können wir auf die entsprechende Rechenformel <27.1> zurückgreifen. Bei der Erstellung von Tab. 27.5 sind wir so vorgegangen.

- Eine alternative Rechenformel ergibt sich, wenn Formel <27.2> in geeigneter Weise umgewandelt wird (s. z.B. Kendall 1970, S.39ff). Der bindungskorrigierte Rangkorrelationskoeffizient r_{sb} ergibt sich dann aus:

  <27.5> $$r_{sb} = \frac{A - B - C - D}{\sqrt{(A - 2B)}\,\sqrt{(A - 2C)}}$$

  Die zur Vereinfachung der Schreibweise neu eingeführten Symbole A, B und C stehen hierbei für folgende Ausdrücke:

  $$A = (n^3 - n)/6 \qquad B = [\sum_j^J (b_j^3 - b_j)]/12 \qquad C = [\sum_k^K (b_k^3 - b_k)]/12$$

Auf unser obiges Beispiel angewandt erhalten wir:

$A = (5^3 - 5)/6 = 20$
$B = 0$, da in der Variablen X keine Bindungen auftreten.
$C = (3^3 - 3)/12 = 2$
$D = 2$ (wie bereits berechnet)

$$r_{sb} = \frac{20 - 0 - 2 - 2}{\sqrt{(20 - 0)}\,\sqrt{(20 - 2 \cdot 2)}} = 0{,}894$$

Dieser Wert stimmt also mit dem in Tab. 27.5 (letzte Zeile) angegebenen Wert überein.

Im Zusammenhang mit r_{sb} ist folgendes zu beachten:

- Bei *kleinen* Stichproben kann r_{sb} - bzw. der entsprechende Wert für D - nur nach dem oben beschriebenen Verfahren *exakt* auf Signifikanz geprüft werden. Eine Prüfung von r_{sb} über Tab. N ist nicht anzuraten, da Fehlentscheidungen auftreten können. Beispiel: Unser berechneter Wert $r_{sb} = 0{,}894$ führt laut Tab. N zu einer Beibehaltung, nach dem von uns durchgeführten exakten Test dagegen zur Verwerfung von H_0!

- Bei *großen* Stichproben können wir das in Kap. 16.12 angegebene Verfahren der Berechnung eines T-Wertes nicht mehr heranziehen. Stattdessen müssen wir

- unter Verwendung von D - eine indirekte Prüfung von r_{sb} mit Hilfe einer Approximation an die Standardnormalverteilung vornehmen. In allgemeiner Form gilt dann:

<27.6> $$Z_D = \frac{D - E(D)}{\sqrt{[Var(D)]}}$$

Erwartungswert und Varianz von D sind in folgender Weise definiert (Lehmann 1975):

<27.7> $E(D) = A - B - C$ <27.8> $Var(D) = E \cdot F \cdot G$

Die Symbole A, B und C haben dabei die gleiche Bedeutung wie in Formel <27.5>; E, F und G stehen für folgende Ausdrücke:

$$E = [n^2(n - 1)(n + 1)^2]/36$$

$$F = 1 - \frac{\sum_j^J (b_j^3 - b_j)}{n^3 - n} \qquad G = 1 - \frac{\sum_k^K (b_k^3 - b_k)}{n^3 - n}$$

Es ist leicht ersichtlich, daß im Falle *bindungsfreier* Daten $E(D) = A$ und $Var(D) = E$ gilt. Konkret bedeutet dies, daß man die Signifikanzprüfung eines auf bindungsfreien Daten basierenden D (bzw. r_s) auch über eine Approximation durch die Standardnormalverteilung durchführen kann.[3] Diese Approximation ist allerdings ungenauer als durch die T-Verteilung (Bradley 1968, S.94); wenn keine Bindungen vorliegen, sollte sie daher nicht herangezogen werden.

Ziehen wir ein Fazit:

- Unproblematisch ist der (eher seltene) Fall *bindungsfreier* Daten: Die Berechnung von r_s erfolgt nach Formel <27.1>; H_0 wird (wie in Kap. 16.12 beschrieben) bis $n = 16$ exakt, darüber hinaus approximativ mit Hilfe der Tabellen N und L bzw. über die T-Verteilung überprüft.

- Beim Auftreten von Bindungen sind folgende Vorgehensweisen möglich: Bei *kleinem* n wird die exakte Stichprobenverteilung von D bzw. r_{sb} bestimmt und dann über H_0 entschieden; r_{sb} wird dabei nach Formel <27.5> berechnet. Bei *größeren* Stichproben wird r_{sb} approximativ nach Formel <27.6> über die Z-Verteilung geprüft. Wenn die Zahl der Bindungen vergleichsweise gering ist (Lienert 1986, S.597 nennt eine Obergrenze von 20%), kann man H_0 auch wie im Falle bindungsfreier Daten überprüfen. Bei kleinem n kann dabei allerdings

---

3) Unter Verwendung von r_s lautet der Prüfwert $Z_{rs} = r_s\sqrt{(n - 1)}$

nicht ausgeschlossen werden, daß H_0 fälschlicherweise verworfen wird. Bei größeren Stichproben ist dieses Verfahren dagegen *konservativ*, weil die varianzreduzierende Wirkung von Bindungen nicht berücksichtigt wird. Dies bedeutet mit anderen Worten: Wenn H_0 ohne Berücksichtigung von Bindungen verworfen wird, können wir sicher sein, daß Formel <27.6> "erst recht" einen signifikanten Z-Wert produziert.

27.3 Kendalls Rangkorrelationskoeffizient Tau

Wie Kendalls Tau für zwei durch Ränge ersetzte Meßwertreihen konkret bestimmt werden kann, ist bereits ausführlich in Diehl & Kohr (1982, Kap. 12.7) beschrieben und muß hier nicht wiederholt werden. Die rein praktische Seite der Signifikanzprüfung von Tau wurde in Kap. 16.13 dargestellt. In diesem Abschnitt sollen darüber hinausgehend noch einige theoretische Ergänzungen vorgenommen sowie zusätzliche Anwendungsmöglichkeiten von Tau besprochen werden.

27.3.1 Exakte Stichprobenverteilung von Tau bzw. S

Wenn zwei Rangreihen vorliegen und eine Rangreihe in ihre natürliche Ordnung (1, 2, ..., n) gebracht wurde, lassen sich für die zugehörige zweite Rangreihe zwei Werte bestimmen: P, die Anzahl der Ränge in der richtigen Reihenfolge und Q, die Anzahl der vertauschten Ränge. Bezeichnet man die Differenz beider Werte mit S (S = P - Q), dann ist Tau definiert als Verhältnis von beobachtetem S zum maximal möglichen Wert für S (Tau = S/S_{max}). S_{max} ergibt sich aus der Anzahl durchführbarer Paarvergleiche, n(n - 1)/2, ist also bei gegebenem n ein konstanter Wert. Im Falle *identischer* Rangreihen treten naturgemäß keine Vertauschungen auf (Q = 0), und jeder Paarvergleich der Ränge liefert eine Übereinstimmung, d.h. P = n(n - 1)/2. Dann gilt: S = n(n - 1)/2 - 0 = S_{max} und Tau = S_{max}/S_{max} = 1. Analog dazu folgt bei vollkommen gegeneinander vertauschten Rangreihen (z.B. 1, 2, 3, 4 und 4, 3, 2, 1): P = 0; Q = n(n - 1)/2; S = 0 - n(n - 1)/2 = $-S_{max}$ und Tau = $-S_{max}/S_{max}$ = -1 Für alle anderen denkbaren Fälle ergibt sich für S ein Wert zwischen $-S_{max}$ und S_{max} und entsprechend für Tau ein Wert zwischen -1 und +1.

Die exakte Stichprobenverteilung von Tau bzw. S kann vollkommen analog zu dem im Zusammenhang mit Spearmans r_s beschriebenen Verfahren hergestellt werden: Eine Rangreihe wird in die natürliche Ordnung gebracht, für die zweite Rangreihe werden nacheinander sämtliche n! Permutationen der Ränge erzeugt. Für jede Permutation werden dann P, Q und S bestimmt. Auf die Berechnung von Tau können wir wegen der funktionalen Abhängigkeit von S und Tau verzichten. Die Verteilung der absoluten oder relativen Auftretenshäufigkeiten der einzelnen Werte von S stellt die für ein gegebenes n gesuchte Stichprobenverteilung von S und damit auch von Tau dar. Der exakte Test der Hypothese H_0: $\tau = 0$ kann dann nach bewährtem Muster - über die Festlegung eines kritischen Bereichs -

erfolgen. Wie in Kap. 16.13 beschrieben, bedient man sich hierzu am einfachsten der Tab. O im Anhang, deren kritische Grenzen auf der exakten Stichprobenverteilung basieren. Man muß sich allerdings im klaren darüber sein, daß die exakte Irrtumswahrscheinlichkeit in der Regel *kleiner* ist als das in der Tabelle angeführte Signifikanzniveau. Beispiel: Für $n = 10$, $\alpha = 0{,}05$ und einseitig formulierter H_1: $\tau > 0$ lesen wir aus Tab. O einen kritischen Wert von $S_k = 21$ ab. Die exakte Wahrscheinlichkeit, einen S-Wert von 21 oder größer zu beobachten, beträgt hingegen nur 0,036. Zur Veranschaulichung sind in den Abb. 27.2 und 27.3 zwei Beispiele für Stichprobenverteilungen von S (für n = 4 und n = 10) aufgeführt.

ABBILDUNG 27.2 Stichprobenverteilung von S für n = 4

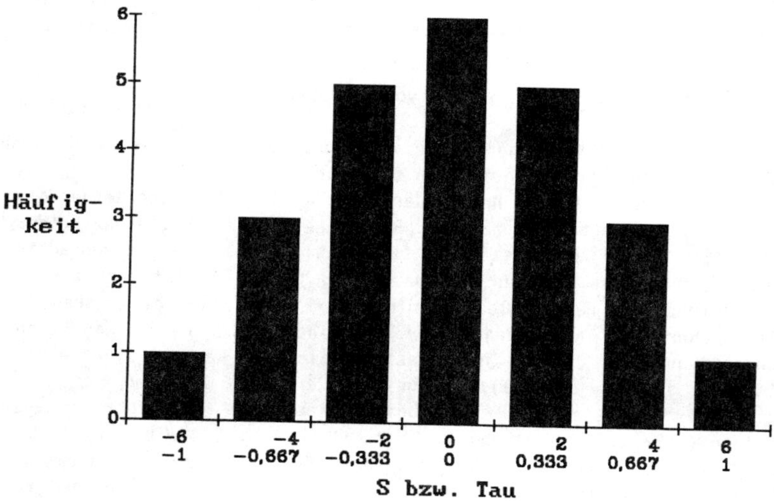

Beide Abbildungen zeigen sehr deutlich die Symmetrie der Stichprobenverteilung von S um einen Erwartungswert von 0 und die rapide Annäherung an die Form einer Normalverteilung mit steigendem n. Die in Formel <16.29> angegebene Approximation der exakten Stichprobenverteilung durch die Standardnormalverteilung findet hier ihre Rechtfertigung. Zur Demonstration der Güte der Approximation - selbst bei verhältnismäßig kleinem n - greifen wir noch einmal auf obiges Beispiel zurück: Für n = 10 ist $P(S \geq 21) = 0{,}036$. Der zugehörige Z_S-Wert beträgt nach Formel <16.29>:

$$Z_S = \frac{S}{\sqrt{[n(n-1)(2n+5)/18]}} = \frac{21}{\sqrt{(10 \cdot 9 \cdot 25/18)}} = 21/11{,}18 = 1{,}88$$

Aus Tab. C ergibt sich hierfür $P(Z \geq 1{,}88) = 0{,}0301$; dies kommt der exakten Wahrscheinlichkeit bereits sehr nahe.

Aus den Abbildungen kann man weiterhin entnehmen, daß die Verteilung von S *diskreter* Natur ist; der Wert für S wächst jeweils um einen Betrag von 2 an, d.h. die *Einheit* für S beträgt 2. Durch eine *Kontinuitätskorrektur*, konkret durch Addition bzw. Subtraktion einer halben Einheit ($S_c = S \pm 1$), läßt sich die Anpassung an die *kontinuierliche* Standardnormalverteilung noch verbessern. Dies ist die Begründung für Formel <16.30>. Für unser obiges Beispiel ergibt sich dann $Z_{Sc} = (21 - 1)/11{,}18 = 1{,}79$ und $P(Z \geq 1{,}79) = 0{,}037$. Angenäherte und exakte Wahrscheinlichkeit sind also nahezu identisch!

ABBILDUNG 27.3 Stichprobenverteilung von S für n = 10

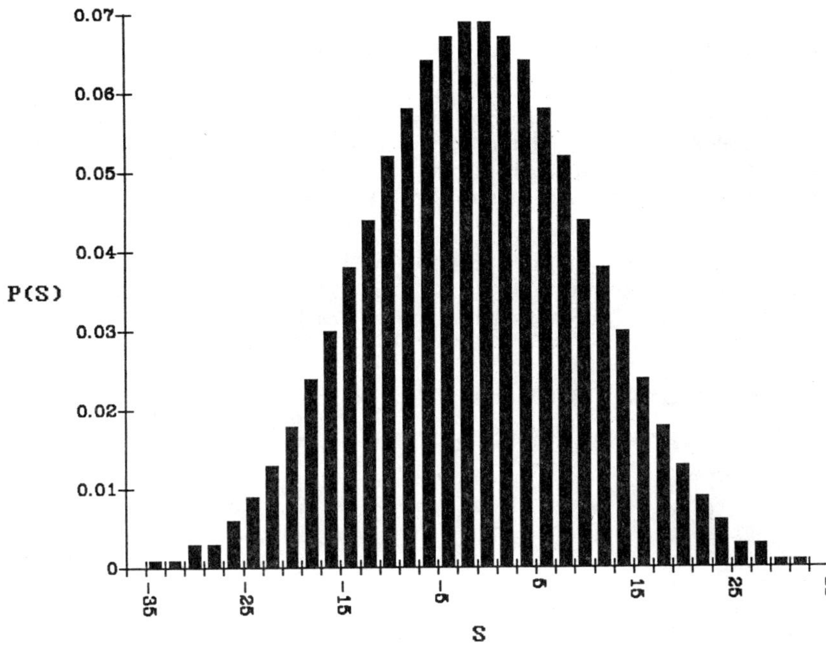

27.3.2 S und Tau beim Vorliegen von Bindungen

Wenn in einer oder in beiden *Rangreihen* Bindungen auftreten, entstehen prinzipiell die gleichen Probleme wie im Zusammenhang mit Spearmans r_s. Auch hier verliert die uns bekannte exakte Stichprobenverteilung von S ihre Gültigkeit, da die Zahl unterscheidbarer Permutationen kleiner als n! wird. Dies führt entsprechend zu einer Reduzierung der Anzahl verschiedener Werte von S und zu einer Verkleinerung von S_{max}. Machen wir uns diesen Effekt an einem Beispiel deutlich. Für eine Stichprobe von n = 6 Meßwertpaare haben wir folgende Ränge vergeben:

X:	1,5	1,5	3	4	5	6
Y:	1,5	1,5	4,5	3	6	4,5

Die Ränge der Variablen X sind bereits aufsteigend geordnet; zur Bestimmung von P und Q können wir uns somit ausschließlich auf die Ränge der Variablen Y konzentrieren. Für P erhalten wir: Der erste Rang (1,5) wird - mit Ausnahme des damit gebundenen zweiten Rangs - von allen rechtsstehenden Rängen *überschritten*, d.h. rechts von 1,5 stehen 4 Ränge in der *richtigen* Reihenfolge. Gleiches gilt auch für den zweiten Rang (1,5). Der dritte Rang (4,5) wird nur von einem Rang (6) überschritten, der vierte Rang (3) von zweien und der fünfte Rang (6) von keinem. Also ist P = 4 + 4 + 1 + 2 + 0 = 11.

Q ergibt sich in vergleichbarer Weise: Der erste Rang (1,5) wird von keinem rechtsstehenden *unterschritten*; der zweite Rang ebenfalls nicht. Rechts vom dritten Rang (4,5) steht ein vertauschter Rang (3), rechts vom vierten Rang (3) keiner und rechts vom fünften Rang (6) einer. Damit ist Q = 0 + 0 + 1 + 0 + 1 = 2.

Als Wert für S_b ergibt sich schließlich:[4] $S_b = P - Q = 11 - 2 = 9$. Entsprechend der allgemeinen Definition von Tau = S/S_{max} können wir jetzt einen *bindungskorrigierten* Tau-Koeffizienten definieren:

<27.9> $Tau_b = S_b/S_{bmax}$

Nach Kendall (1970, S.35) läßt sich S_{bmax} durch folgende Formel bestimmen:

<27.10> $S_{bmax} = \sqrt{[(A - B_1)(A - B_2)]}$

Hierbei bedeuten:

$A = n(n - 1)/2$

---

4) S_b soll signalisieren, daß in einer oder in beiden Rangreihen Bindungen vorliegen. Die in der Literatur häufig anzutreffende Unterscheidung zwischen S^* (bei Bindungen in *einer* der beiden Rangreihen) und S^{**} (bei Bindungen in *beiden* Rangreihen) ist unnötig; unsere Darstellung gilt für beide Fälle.

$$B_1 = \sum_{j}^{J} b_j(b_j - 1)/2 \qquad B_2 = \sum_{k}^{K} b_k(b_k - 1)/2$$

J, K, b_j und b_k entsprechen dabei der Definition in Abschnitt 27.3.1. Für unser obiges Beispiel müssen wir folgende Werte einsetzen: n = 6; J = 1, b_1 = 2 (eine Gruppe von zwei gebundenen Werten in X); K = 2, b_1 = 2 und b_2 = 2 (zwei Gruppen von je zwei gebundenen Werten in Y). Dann ist:

$$A = 6(6 - 1)/2 = 15$$
$$B_1 = 2(2 - 1)/2 = 1$$
$$B_2 = 2(2 - 1)/2 + 2(2 - 1)/2 = 2$$
$$S_{bmax} = \sqrt{[(15 - 1)(15 - 2)]} = 13{,}491$$
$$Tau_b = 9/13{,}491 = 0{,}667$$

Ohne Bindungskorrektur hätte sich ergeben: S_{max} = 15 und Tau = 9/15 = 0,6. Wir sehen also, daß wir die zwischen den beiden Rangreihen bestehende Korrelation *unterschätzen*, wenn wir den reduzierenden Effekt der Bindungen auf S_{max} nicht berücksichtigen.

Welche Konsequenzen ergeben sich hieraus für die Überprüfung der Nullhypothese (H_0: $\tau = 0$)? Wir gehen zunächst "naiv" vor und testen H_0: $\tau = 0$ vs. H_1: $\tau > 0$ anhand der Tab. O (mit $\alpha = 0{,}05$). Wir lesen einen kritischen Wert von S_k = 11 ab und behalten H_0 bei, da unser beobachteter Wert S_b = 9 unterhalb dieser Grenze liegt. Mit dieser Entscheidung können wir uns allerdings nicht so einfach zufrieden geben, weil wir sie auf dem Hintergrund einer Stichprobenverteilung gefällt haben, die *bindungsfreie* Ränge voraussetzt. Wir müssen uns daher jetzt fragen, wie für unseren konkreten Fall - mit n = 6, J = 1 (b_1 = 2) und K = 2 (b_1 = 2, b_2 = 2) - die exakte Stichprobenverteilung aussieht. Nach der in Abschnitt 27.2 beschriebenen Logik berechnen wir als erstes die Anzahl möglicher Permutationen der X- und Y-Ränge:

$$PE_x = 6!/2! = 720/2 = 360$$
$$PE_y = 6!/(2!2!) = 720/4 = 180$$

Zur Erzeugung sämtlicher möglicher Zuordnungen der Ränge beider Meßwertreihen müssen wir also die von 1 bis n geordnete Rangreihe X festhalten und die Ränge von Y systematisch dagegen permutieren. Für die dann möglichen 180 Permutationen wird S_b nach der oben dargestellten Methode bestimmt. Die Verteilung der relativen Häufigkeiten der verschiedenen Werte von S_b ist die gesuchte *richtige* Stichprobenverteilung. Die vollständige Darstellung dieses Verfahrens können wir uns hier schenken, da es - vom Aufwand einmal abgesehen - völlig problemlos ist. Abb. 27.4 und Tab. 27.6 zeigen das Ergebnis.

Auf einige Eigenschaften der abgebildeten Stichprobenverteilung von S_b sei hier besonders hingewiesen:

- Die Verteilung ist im Gegensatz zu Abb. 27.1 *asymmetrisch*. Dies ist immer dann der Fall, wenn in *beiden* Rangreihen die Bindungen asymmetrisch liegen.

Beispiel: In der Rangreihe {1 2,5 2,5 4} liegen die Bindungen symmetrisch, in der Rangreihe {1,5 1,5 3 4} hingegen asymmetrisch. Die mögliche Asymmetrie der Stichprobenverteilung ist besonders bei einem *zweiseitigen* Test von H_0: $\tau_b = 0$ zu beachten (s. hierzu Lienert 1986, S.629).

- Der Abstand zwischen den einzelnen Werten von S_b beträgt nicht mehr einheitlich 2.
- Der empirisch ermittelte Maximalwert von S_b (hier 13) entspricht nicht dem nach Formel <27.10> berechneten $S_{bmax} = 13{,}491$.

ABBILDUNG 27.4 Stichprobenverteilung von S_b für Tab. 27.6

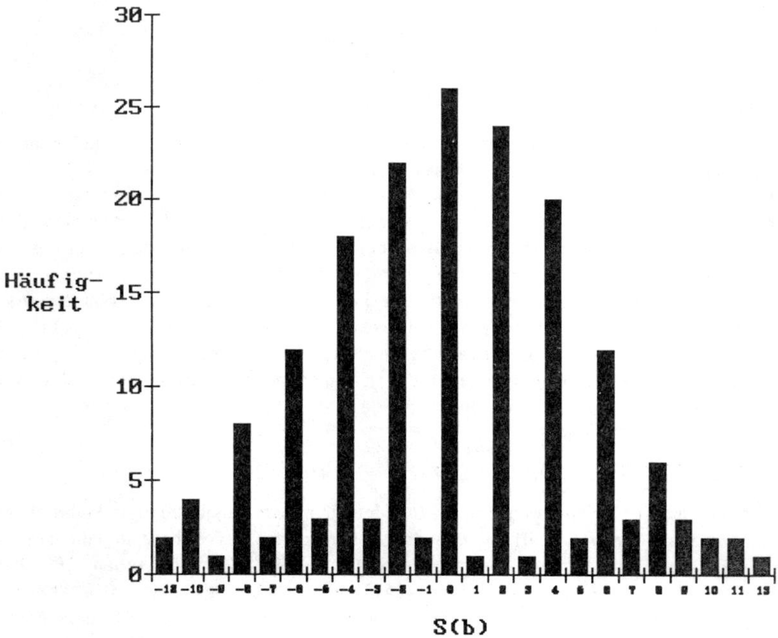

Die Kenntnis der Stichprobenverteilung von S_b ermöglicht uns jetzt einen *exakten* Test unserer Hypothesen (H_0: $\tau_b = 0$ vs. H_1: $\tau_b > 0$). Hierzu legen wir nach bekanntem Muster einen *kritischen* Bereich fest: Bei $\alpha = 0{,}05$ und der in H_1 behaupteten Richtung sind dies die $0{,}05 \cdot 180 = 9$ *größten* Werte von S_b. Aus Tab. 27.6 können wir allerdings ersehen, daß wir in den kritischen Bereich nur die

8 größten Werte aufnehmen dürfen; wir haben nämlich kein Kriterium an der Hand, um aus den 6 Werten mit $S_b = 8$ einen auszuwählen. Der kritische Bereich - mit einer exakten Irrtumswahrscheinlichkeit von 8/180 = 0,044 - besteht somit aus den Werten $S_b = \{9, 10, 11, 13\}$. Dieser Bereich ist in Abb. 27.4 hervorgehoben. Da unser beobachteter Wert $S_b = 9$ diesem Bereich angehört, verwerfen wir H_0. Wir gelangen also zur entgegengesetzten Entscheidung wie oben!

TABELLE 27.6 Stichprobenverteilung von S_b für n = 6; J = 1 ($b_1 = 2$); K = 2 ($b_1 = 2$, $b_2 = 2$)

Wert für S_b	Auftretenshäufigkeit
-12	2
-10	4
- 9	1
- 8	8
- 7	2
- 6	12
- 5	3
- 4	18
- 3	3
- 2	22
- 1	2
0	26
1	1
2	24
3	1
4	20
5	2
6	12
7	3
8	6
9	3
10	2
11	2
13	1
Summe	180

An dem Beispiel sollte klar geworden sein, daß die Verwendung von Tab. O bei kleinen Stichproben mit Bindungen mit dem Risiko einer Fehlentscheidung verknüpft ist. In jedem Fall sollte auf die "richtige" Stichprobenverteilung zurückgegriffen werden. Zur Erstellung dieser Verteilung kann das beschriebene Verfahren herangezogen werden; einfacher ist natürlich der Rückgriff auf die in Kap. 16.13 erwähnte Tabelle von Burr (1960), die auch bei Lienert (1975, S.254ff) abgedruckt ist. Diese Tabelle enthält alle vorkommenden Fälle von Bindungen in einer oder in beiden Rangreihen für Stichproben bis n = 6. Burr (1960) beschreibt darüber hinaus ein Verfahren, wie diese Tabelle (mit einigem Aufwand) auch für Stichproben mit n > 6 benutzt werden kann. Mit steigendem n nähert sich auch die Stichprobenverteilung von S_b zunehmend der Normalverteilung; selbst Abb. 27.4 (mit n = 6) läßt dies schon erkennen. Für $n \geq 10$ ist diese Annäherung im allgemeinen so gut, daß auf die in Formel <16.32> definierte standardnormalverteilte Prüfgröße zurückgegriffen werden kann. Auf die Berechnung dieser Größe wollen wir im folgenden etwas näher eingehen. Wir definieren zunächst folgende Komponenten:

$$C_1 = n(n-1)(2n+5) \qquad C_2 = \sum_j^J b_j(b_j - 1)(2b_j + 5)$$

$$C_3 = \sum_k^K b_k(b_k - 1)(2b_k + 5) \qquad C = (C_1 - C_2 - C_3)/18$$

$$D_1 = \sum_j^J b_j(b_j - 1)(b_j - 2) \qquad D_2 = \sum_k^K b_k(b_k - 1)(b_k - 2)$$

$$D_3 = 9n(n-1)(n-2) \qquad D = D_1 \cdot D_2 / D_3$$

$$E_1 = \sum_j^J b_j(b_j - 1)] \qquad E_2 = \sum_k^K b_k(b_k - 1)$$

$$E_3 = 2n(n-1) \qquad E = E_1 \, E_2 / E_3$$

Zu beachten ist, daß E_1 und E_2 zu den in Formel <27.10> definierten Größen B_1 und B_2 in Beziehung stehen: $E_1 = 2B_1$ und $E_2 = 2B_2$. Die Varianz von S_b läßt sich jetzt ausdrücken durch:

<27.11> $\mathrm{Var}(S_b) = C + D + E$

Wenn nur *eine* der beiden Rangreihen Bindungen enthält, werden D und E sowie C_2 oder C_3 Null, so daß sich <27.11> vereinfacht zu:

<27.12> $\mathrm{Var}(S_b) = (C_1 - C_2)/18$ bzw. $(C_1 - C_3)/18$

Oder noch einfacher: $\mathrm{Var}(S_b) = C$. Schließlich gilt für *bindungsfreie* Rangreihen:

<27.13> $\mathrm{Var}(S) = C_1/18$

Formel <16.32> läßt sich jetzt auch schreiben als:

<27.14> $Z_{Sb} = S_b/\sqrt{[Var(S_b)]}$

Wie diese nur auf den ersten Blick kompliziert erscheinenden Berechnungen konkret durchzuführen sind, soll an einem Beispiel demonstriert werden.

Beispiel 27.1

An einer Stichprobe von n = 12 Studenten wurden die beiden Variablen "Interesse an mathematischen Zusammenhängen" (X) und "Leistung im Fach Statistik" (Y) erfaßt. Den Meßwerten wurden folgende Ränge zugeordnet:

X:	1	2,5	2,5	4,5	4,5	6	7	8,5	8,5	10	11,5	11,5
Y:	6	1,5	1,5	4	6	6	3	9,5	11	12	8	9,5

Hierfür können wir folgende Werte für P, Q und S_b bestimmen:[5)]

$$P = 5 + 9 + 9 + 6 + 5 + 5 + 5 + 1 + 1 + 0 + 0 = 46$$
$$Q = 4 + 0 + 0 + 1 + 1 + 1 + 0 + 1 + 2 + 2 + 0 = 12$$
$$S_b = 46 - 12 = 34$$

Die Rangreihe X enthält J = 4 Bindungsgruppen mit $b_1 = 2$, $b_2 = 2$, $b_3 = 2$ und $b_4 = 2$; für die Rangreihe Y ist K = 3 mit $b_1 = 2$, $b_2 = 3$ und $b_3 = 2$. Für die oben definierten Komponenten ergeben sich danach folgende Werte:

$$C_1 = 12(12-1)(24+5) = 3828$$
$$C_2 = [2(2-1)(4+5)] + [2(2-1)(4+5)] + [2(2-1)(4+5)] + [2(2-1)(4+5)] = 72$$
$$C_3 = [2(2-1)(4+5)] + [3(3-1)(6+5)] + [2(2-1)(4+5)] = 102$$
$$C = (3828-72-102)/18 = 203$$

$$D_1 = [2(2-1)(2-2)] + [2(2-1)(2-2)] + [2(2-1)(2-2)] + [2(2-1)(2-2)] = 0$$
$$D_2 = [2(2-1)(2-2)] + [3(3-1)(3-2)] + [2(2-1)(2-2)] = 6$$
$$D_3 = 9 \cdot 12(12-1)(12-2) = 11880$$
$$D = 0 \cdot 6/11880 = 0$$

$$E_1 = [2(2-1)] + [2(2-1)] + [2(2-1)] + [2(2-1)] = 8$$
$$E_2 = [2(2-1)] + [3(3-1)] + [2(2-1)] = 10$$
$$E_3 = 2 \cdot 12(12-1) = 264$$
$$E = 8 \cdot 10/264 = 0{,}303$$

Somit ist nach Formel <27.11>: $Var(S_b) = 203 + 0 + 0{,}303 = 203{,}303$.

Art und Höhe des Zusammenhangs zwischen den Variablen *Interesse* und *Leistung* schätzen wir durch den Koeffizienten Tau_b. Hierzu berechnen wir zunächst S_{bmax} nach Formel <27.10>, wobei A, B_1 und B_2 in unserem Beispiel folgende Werte annehmen:

$$A = 12 \cdot 11/2 = 66 \qquad B_1 = E_1/2 = 8/2 = 4 \qquad B_2 = E_2/2 = 10/2 = 5$$

---

5) Zur Erinnerung: Ein zu vergleichendes Rangpaar wird bei P und Q als 0 gezählt, wenn es in X *oder* Y gebunden ist.

Somit ist S_{bmax} = $\surd$[(66-4)(66-5)] = 61,498 und Tau_b = S_b/S_{bmax} = 34/61,498 = 0,553.

Da wir zwischen *Interesse* und *Leistung* eine *positive* Korrelation erwarten, können wir folgende Hypothesen formulieren: H_0: $\tau_b = 0$ vs. H_1: $\tau_b > 0$. Zur Überprüfung dieser Hypothesen berechnen wir nach Formel <27.14> folgende Teststatistik: Z_{Sb} = 34/$\surd$(203,303) = 2,385. Für α = 0,05 ergibt sich als kritischer Wert der Standardnormalverteilung Z_k = 1,645. Da unser berechneter Wert diese Grenze deutlich überschreitet, verwerfen wir H_0 und schließen, daß zwischen den beiden Variablen tatsächlich eine positive Korrelation existiert.

In Kap. 16.13 wurde bereits erwähnt, daß man sich die Mühen der Berechnung eines bindungskorrigierten Prüfwerts immer dann ersparen kann, wenn bereits der unkorrigierte Prüfwert zur Verwerfung von H_0 führt; denn es gilt immer $Z_{Sb} > Z_S$. Dies sei an unserem Beispiel noch einmal demonstriert. Die unkorrigierte Varianz von S (bzw. S_b) ergibt sich nach Formel <16.29> bzw. nach der obigen Definition der Komponenten aus: Var(S) = n(n - 1)(2n + 5)/18 = C_1/18 = 3828/18 = 212,667. Dann ist Z_S = 34/$\surd$(212,667) = 2,331. Der Effekt der Bindungskorrektur ist also vergleichsweise minimal und ohne Einfluß auf die Entscheidung über H_0.

Zum Abschluß sei noch erwähnt, daß auch für den bindungskorrigierten Prüfwert eine *Kontinuitätskorrektur* nach dem im letzten Abschnitt erwähnten Muster durchgeführt werden kann. Für unser Beispiel ergibt sich dann folgender Prüfwert: Z_{Sbc} = (34 - 1)/$\surd$(203,303) = 2,314. Dies führt offensichtlich zur gleichen Entscheidung wie oben.

27.3.3 Beziehung zwischen Kendalls Tau und Spearmans r_s

In Abschnitt 27.2 haben wir festgestellt, daß Spearmans r_s ein gewöhnlicher Produkt-Moment-Korrelationskoeffizient auf der Basis von Rängen ist. Kendalls Tau ist im Gegensatz dazu *kein* Produkt-Moment-Korrelationskoeffizient. Allerdings läßt sich der Nachweis führen (Kendall 1970, S.19), daß Tau, r_s und r_{xy} auf eine gemeinsame allgemeine Definition eines Korrelationskoeffizienten zurückgeführt werden können. Es ist daher auch nicht verwunderlich, daß Tau und r_s für ein gegebenes Stichprobenergebnis numerisch nahezu identische Werte liefern. Kendall (1970, S.80) konnte zeigen, daß die *Korrelation* ($r_{Tau,rs}$) zwischen Tau und r_s in Abhängigkeit von n folgenden Wert annimmt:

<27.15> $$r_{Tau,rs} = \frac{2(n + 1)}{\surd[2n(2n + 5)]}$$

Aus der Formel ist leicht zu ersehen, daß die Korrelation beider Koeffizienten mit wachsendem n gegen 1 strebt. Selbst bei kleinen Stichprobengrößen liegt die Korrelation nahe bei 1; für n = 5 ergibt sich beispielsweise der Wert 0,98, für n = 20 der Wert 0,99.

Tau hat im Vergleich zu r_s im wesentlichen zwei Vorteile: Die Stichprobenverteilung von Tau nähert sich deutlich schneller einer Normalverteilung an als die von r_s, und das Anwendungsspektrum von Tau ist - wie wir nachfolgend noch zeigen werden - beträchtlich breiter als das von r_s. Dem steht als möglicher Vorteil von r_s lediglich gegenüber, daß r_s im deskriptiven Sinn als Produkt-Moment-Korrelationskoeffizient interpretiert und als solcher unmittelbar mit anderen r_{xy}-Koeffizienten verglichen werden kann (Lienert 1986, S.608).

27.3.4 Kendalls Tau für geordnete Kontingenztabellen

In Kap. 21.3 haben wir mit dem CHI-Test ein Verfahren kennengelernt, mit dem bei IxJ-Kontingenztabellen die Unabhängigkeit zweier qualitativer Variablen überprüft werden kann. Dieser Test ist allerdings nur dann sinnvoll einsetzbar, wenn die Kategorien der beiden Variablen *keine* Ordnungsrelation aufweisen; denn die CHI-Statistik reagiert insensitiv gegenüber Vertauschungen von Zeilen und/oder Spalten. Liegt eine IxJ-Kontingenztabelle vor, in der die Kategorien beider Variablen geordnet sind, dann kann die Hypothese eines monotonen Zusammenhangs beider Variablen über Kendalls Tau überprüft werden. Das Verfahren kann am besten anhand eines Beispiels erklärt werden.

Beispiel 27.2

Eine Zufallsstichprobe von n = 100 Autofahrern wurde nach ihrer Einstellung zur Einführung einer Geschwindigkeitsbegrenzung auf Autobahnen befragt. Auf die Frage "Wie stehen Sie zu einem Tempolimit von 100 auf Autobahnen?" waren vier Antworten möglich: "stimme vollkommen zu", "stimme zu", "lehne ab", "lehne vollkommen ab". Weiterhin wurden die Autofahrer gebeten anzugeben, wieviel PS ihr Auto hat (bis 60, 61 bis 100, 101 bis 140, über 140). Das Ergebnis dieser (fiktiven) Befragung zeigt Tab. 27.7.

Die je vier Kategorien der beiden Variablen "Einstellung" und "PS-Zahl" sind eindeutig geordnet, und ihre Vertauschung würde den gesamten Sinn der Untersuchung in Frage stellen. Ein CHI-Test kommt hier daher nicht in Betracht. Als Hypothesen liegen auf der Hand:

H_0: Zwischen der Einstellung zur Einführung eines Tempolimits und der PS-Zahl des eigenen Autos besteht kein Zusammenhang.

H_1: Zwischen Einstellung und PS-Zahl besteht eine negative Korrelation: Mit steigender PS-Zahl geht die Zustimmung zu einem Tempolimit zurück und umgekehrt.

Zur Überprüfung dieser Hypothesen berechnen wir zunächst Tau (bzw. S). Hierzu müssen wir den Antworten in beiden Variablen Ränge zuordnen. Dies geschieht nach folgendem Muster: Die 16 Personen, die in X mit "lehne vollkommen ab" geantwortet haben, teilen sich die ersten 16 Ränge; alle 16 Antworten erhalten daher den mittleren Rang 8,5. Die 22 Personen mit "lehne ab" teilen sich die

Ränge 17 bis 38 und bekommen den mittleren Rang 27,5 usw. Bei der Variable Y gehen wir in gleicher Weise vor. Tab. 27.8 zeigt das Ergebnis dieses Verfahrens.

TABELLE 27.7 Zusammenhang zwischen der Einstellung zu einem Tempolimit und der PS-Zahl des eigenen Autos bei n = 100 Autofahrern

PS (Y)	Einstellung (X) lehne vollk. ab	lehne ab	stimme zu	stimme vollk. zu	gesamt
bis 60	1	2	12	10	25
61 - 100	4	2	8	14	28
101 - 140	5	10	8	2	25
über 140	6	8	1	7	22
gesamt	16	22	29	33	100

TABELLE 27.8 Ränge für die Antworten von n = 100 Personen in den Variablen "Einstellung" und "PS-Zahl"

Rang in X	Rang in Y	Häufigkeit
8,5	13	1
8,5	39,5	4
8,5	66	5
8,5	89,5	6
27,5	13	2
27,5	39,5	2
27,5	66	10
27,5	89,5	8
53	13	12
53	39,5	8
53	66	8
53	89,5	1
83,5	13	10
83,5	39,5	14
83,5	66	2
83,5	89,5	7

Für die Rangreihen der Tab. 27.8 können wir auf bekannte Weise P, Q und S (bzw. S_b) bestimmen, wobei wir natürlich bei jedem durchzuführenden Vergleich von Rangpaaren die Auftretenshäufigkeit berücksichtigen müssen. Die Erstellung der beiden Rangreihen erfolgte hier nur aus didaktischen Gründen, nämlich um deutlich zu machen, daß Tau für geordnete Kontingenztabellen tatsächlich ein adäquates Zusammenhangsmaß darstellt. Bei der *praktischen* Berechnung von P, Q und S (S_b) können wir hingegen auf die Vergabe von Rängen ganz verzichten. Da Tab. 27.8 im Grunde genommen nur eine andere Schreibweise der Tab. 27.7 darstellt und keinerlei neue Information enthält, lassen sich die drei Größen auch *direkt* aus Tab. 27.7 bestimmen. Hierzu gehen wir in folgender Weise vor (Everitt 1977, S.64):

Berechnung von P: Beginnend mit der Zelle in der 1. Zeile (i = 1) und 1. Spalte (j = 1) wird nacheinander jede Zelle der Tabelle herangezogen. Die jeweilige Zellhäufigkeit wird multipliziert mit der Summe der Häufigkeiten aller Zellen, die "im Südosten" liegen. Zellen, die in der gleichen Zeile oder Spalte liegen werden dabei ignoriert. Die Summe aller so berechneten Einzelkomponenten P_{ij} ist der gesuchte Wert für P. Für die Häufigkeiten der Tab. 27.7 erhalten wir:

$$P_{11} = 1(2 + 8 + 14 + 10 + 8 + 2 + 8 + 1 + 7) = 60$$
$$P_{12} = 2(8 + 14 + 8 + 2 + 1 + 7) = 80$$
$$P_{13} = 12(14 + 2 + 7) = 276$$
$$P_{21} = 4(10 + 8 + 2 + 8 + 1 + 7) = 144$$
$$P_{22} = 2(8 + 2 + 1 + 7) = 36$$
$$P_{23} = 8(2 + 7) = 72$$
$$P_{31} = 5(8 + 1 + 7) = 80$$
$$P_{32} = 10(1 + 7) = 80$$
$$P_{33} = 8(7) = 56$$

Zu beachten ist, daß alle Zellen in der 4. Reihe und 4. Spalte unberücksichtigt bleiben, da hierzu keine südöstlichen Zellen mehr existieren. Aus diesen Komponenten ergibt sich: $P = \Sigma P_{ij} = 884$.

Vor einer Berechnung von Q ist noch eine *Begründung* für dieses auf den ersten Blick merkwürdige Verfahren notwendig. Betrachten wir hierzu die Zelle in Reihe 1 und Spalte 1 ($Zelle_{11}$): Wir erinnern uns, daß diese Zelle sowohl in der Variablen X als auch Y der niedrigsten Kategorie entspricht; der in dieser Zelle stehende Wert hatte deshalb auch in beiden Variablen den niedrigsten Rang (8,5 bzw. 13) erhalten (s. Tab. 27.8). Wir fragen jetzt, wieviel Werte in bezug auf diese Zelle in der richtigen Reihenfolge stehen. Ausklammern müssen wir sofort alle Werte, die in der ersten Zeile stehen. Diese stehen zwar hinsichtlich der Variablen X in der richtigen Reihenfolge, sie sind aber in der Variablen Y gebunden (mit dem gleichen mittleren Rang von 13, s. Tab. 27.8). Entsprechendes gilt für alle Werte in der ersten Spalte, die in der Variablen X gebunden sind (mit dem gleichen mittleren Rang von 8,5). Übrig bleiben also nur die Werte, die sich in den *südöstlich* von $Zelle_{11}$ liegenden Zellen befinden. Die Gesamtzahl dieser Werte müssen wir mit der Häufigkeit in $Zelle_{11}$ (hier 1) multiplizieren, da für jeden Wert in $Zelle_{11}$ Paarvergleiche mit allen übrigen Werten durchgeführt werden. Vergleichbare Überlegungen lassen sich für alle anderen Zellen der Tab. 27.7 anstellen; die Summe aller so bestimmten Einzelkomponenten ergibt somit tatsächlich die Gesamtzahl der in der richtigen Reihenfolge stehenden Werte.

Berechnung von Q: Wir gehen genauso vor wie bei der Bestimmung von P - mit dem Unterschied, daß wir diejenigen Zellen betrachten, die jeweils *südwestlich* von einer Zelle liegen. Zellen in der gleichen Zeile oder Spalte bleiben auch hier ausgeklammert. Für die Einzelkomponenten erhalten wir dann:

$$\begin{aligned}
Q_{12} &= 2(4 + 5 + 6) = 30\\
Q_{13} &= 12(4 + 2 + 5 + 10 + 6 + 8) = 420\\
Q_{14} &= 10(4 + 2 + 8 + 5 + 10 + 8 + 6 + 8 + 1) = 520\\
Q_{22} &= 2(5 + 6) = 22\\
Q_{23} &= 8(5 + 10 + 6 + 8) = 232\\
Q_{24} &= 14(5 + 10 + 8 + 6 + 8 + 1) = 532\\
Q_{32} &= 10(6) = 60\\
Q_{33} &= 8(6 + 8) = 112\\
Q_{34} &= 2(6 + 8 + 1) = 30
\end{aligned}$$

Zu beachten ist auch hier, daß wir die Zellen in der 1. Spalte und die in der 4. Zeile nicht zu berücksichtigen brauchen, da hierzu keine südwestlichen Zellen existieren. Es ergibt sich somit: $Q = \Sigma Q_{ij} = 1958$. Die zur Berechnung von Q angewandte Methode läßt sich in analoger Weise wie oben begründen, wir müssen daher nicht näher darauf eingehen.

Als Zwischenergebnis erhalten wir jetzt: $S_b = P - Q = 884 - 1958 = -1074$. Zur Berechnung des Tau-Koeffizienten greifen wir wegen des sehr hohen Anteils von gebundenen Meßwerten auf S_{bmax} nach Formel <27.10> zurück. Dann ist:

$$\begin{aligned}
A &= 100(100 - 1)/2 = 4950\\
B_1 &= (16{\cdot}15/2) + (22{\cdot}21)/2) + (29{\cdot}28/2) + (33{\cdot}32/2) = 1285\\
B_2 &= (25{\cdot}24/2) + (28{\cdot}27)/2) + (25{\cdot}24/2) + (22{\cdot}21/2) = 1209\\
S_{bmax} &= \surd[(4950 - 1285)(4950 - 1209)] = 3702{,}805\\
Tau_b &= S_b/S_{bmax} = -1074/3702{,}805 = -0{,}29
\end{aligned}$$

Zur Überprüfung unserer eingangs formulierten Hypothesen ziehen wir zunächst gemäß unserer Empfehlung in Abschnitt 27.3.2 den *unkorrigierten* Testwert nach Formel <16.29> heran:

$$z_S = \frac{-1074}{\surd[100(100 - 1)(2{\cdot}100 + 5)/18]} = \frac{-1074}{\surd(112750)} = -3{,}198$$

Für $\alpha = 0{,}05$ und die in H_1 formulierte Richtung beträgt der kritische Wert der Standardnormalverteilung $Z_k = -1{,}645$. Wir sehen also, daß wir uns die Berechnung des bindungskorrigierten Prüfwerts (der noch extremer ausfallen wird) ersparen können; denn H_0 kann bereits jetzt verworfen werden, da gilt: (Z_S = -3,198) < Z_k. Auch die Durchführung einer *Kontinuitätskorrektur*, die zu einer geringfügigen Reduzierung des oben berechneten Prüfwerts führt, würde an dieser Entscheidung nichts ändern.

Wir kommen also zu der Schlußfolgerung, daß zwischen der Einstellung zur Einführung eines Tempolimits und der PS-Zahl des eigenen Autos tatsächlich eine negative Korrelation besteht. Dies muß uns sicher nicht weiter verwundern!

27.3.5 Tau als Zusammenhangsmaß im Rahmen des Modells von Kruskal & Wallis

Der in Kap. 24.1 beschriebene H-Test von Kruskal & Wallis wird eingesetzt, um zu überprüfen, ob sich J unabhängige Gruppen bezüglich einer (quantitativen) abhängigen Variablen unterscheiden. Relativ häufig - so auch in unseren Beispielen 24.1 und 24.2 - kann es vorkommen, daß die unabhängige Variable, die der Gruppeneinteilung zugrundeliegt, eine *Ordungsrelation* aufweist. In diesen Fällen kann über den Kruskal-Wallis-Test hinaus Tau eingesetzt werden, um zu überprüfen, ob zwischen der unabhängigen Variablen und der Antwortvariablen ein monotoner Zusammenhang besteht.

Zur Demonstration dieses Verfahrens greifen wir auf die Daten des Beispiels 24.1 zurück. Mit Hilfe des H-Tests hatten wir bereits festgestellt, daß zwischen den drei Gruppen *Unterschiede* im Ausmaß der Reduktion der Schmerzempfindlichkeit bestehen. Uns interessiert jetzt die weitergehende Frage, ob zwischen der unabhängigen Variablen (X) "Hypnoseanfälligkeit" und der abhängigen Variablen (Y) "Reduktion der Schmerzempfindlichkeit" ein *Zusammenhang* existiert. Hierzu können wir folgende Hypothesen formulieren:

H_0: Zwischen beiden Variablen besteht kein Zusammenhang (τ = 0).
H_1: Zwischen beiden Variablen besteht ein monotoner Zusammenhang: Mit steigender Hypnoseanfälligkeit nimmt auch das Ausmaß der Reduktion der Schmerzempfindlichkeit zu und umgekehrt (τ > 0).

Zur Berechnung von Tau (bzw. S) werden den Werten in den beiden Variablen nach bekanntem Muster Ränge zugeordnet. Zu beachten ist hierbei, daß in der Variable X überhaupt nur drei "Werte" (niedrig, mittel, hoch) vorkommen, also entsprechend viele Bindungen auftreten. Tab. 27.9 zeigt das Ergebnis der Rangvergabe.

Für die beiden Rangreihen der Tab. 27.9 bestimmen wir in gewohnter Weise die Anzahl der richtig stehenden und vertauschten Rangpaare:

$$P = 3 + 10 + 3 + 3 + 10 + 3 + 3 + 3 + 3 + 3 + 3 + 3 + 3 = 53$$
$$Q = 7 + 0 + 7 + 7 + 0 + 7 + 0 + 0 + 0 + 0 + 0 + 0 + 0 = 28$$

Hieraus ergibt sich: $S_b = P - Q = 53 - 28 = 25$. Da alle Werte in der Variablen X in gebundener Form vorliegen, berechnen wir einen bindungskorrigierten Tau-Koeffizienten mit Hilfe von S_{bmax}. Nach Formel <27.10> erhalten wir:

$$A = 16(16 - 1)/2 = 120$$
$$B_1 = (6 \cdot 5/2) + (7 \cdot 6/2) + (3 \cdot 2/2) = 39$$
$$B_2 = 0 \qquad \text{(keine Bindungen in Y!)}$$
$$S_{bmax} = \sqrt{[(120 - 39)(120)]} = 98{,}59$$
$$Tau_b = 25/98{,}59 = 0{,}254$$

TABELLE 27.9 Ränge für die Werte des Beispiels 24.1

Rang in X	Rang in Y	
3,5	10	
3,5	2	
3,5	13	Gruppe 1
3,5	12	
3,5	1	
3,5	11	
10	4	
10	3	
10	5	
10	7	Gruppe 2
10	6	
10	9	
10	8	
15	15	
15	16	Gruppe 3
15	14	

Der Wert für Tau_b signalisiert zwar einen Zusammenhang zwischen den beiden Variablen in der von uns vorhergesagten Richtung; ob er tatsächlich nicht mehr mit H_0 vereinbar ist, kann nur eine Signifikanzprüfung zeigen. Hierzu berechnen wir zunächst nach Formel <16.29> einen *unkorrigierten* Prüfwert:

$$Z_S = \frac{25}{\sqrt{[16(16 - 1)(2 \cdot 16 + 5)/18]}} = 1{,}126$$

Für $\alpha = 0{,}05$ und einseitige Fragestellung beträgt der kritische Wert der Standardnormalverteilung $Z_k = 1{,}645$. Da $Z_S < Z_k$, wird H_0 beibehalten. Zur gleichen Entscheidung gelangen wir im übrigen auch, wenn wir Tab. O heranziehen: Für n

= 16, α = 0,05 und einseitige Fragestellung ist S_k = 38. Unser beobachteter Wert S_b = 25 liegt deutlich unter diesem kritischen Wert.

Eigentlich könnten wir uns jetzt die Berechnung eines bindungskorrigierten Prüfwerts ersparen. Es ist nämlich kaum zu erwarten, daß der Effekt der Korrektur so deutlich ausfällt, um einen signifikanten Z-Wert zu produzieren. Der Übung halber wollen wir dennoch Z_{Sb} berechnen. Wir bestimmen als erstes die einzelnen Komponenten von Var(Sb):

C_1 = 16(16-1)(2·16 + 5) = 8880
C_2 = [6(6-1)(2·6 + 5)] + [7(7-1)(2·7 + 5)] + [3(3-1)(2·3 + 5)] = 1374
C_3 = 0 (in Y treten keine Bindungen auf)
C = (8880-1374-0)/18 = 417
D = E = 0 (nur eine der Rangreihen weist Bindungen auf)

Nach Formel <27.12> ist dann Var(S_b) = C = 417. Es ergibt sich somit folgende Teststatistik: Z_{Sb} = 25/√(417) = 1,224. Auch Z_{Sb} liegt deutlich unter dem kritischen Z-Wert, was unsere obige Aussage noch einmal bestätigt. Wir können also abschließend feststellen, daß zwischen den beiden Variablen *Hypnoseanfälligkeit* und *Ausmaß der Reduktion der Schmerzempfindlichkeit* kein monotoner Zusammenhang besteht.

27.3.6 Tau als Zusammenhangsmaß im Rahmen des Friedman-Modells

Auch im Rahmen des Friedman-Modells tritt häufig der Fall ein, daß die zur Definition der J abhängigen Gruppen herangezogene Variable eine Ordnungsrelation aufweist. Zusätzlich zum Friedman-Test, der lediglich die Frage nach *Unterschieden* zwischen den Gruppen beantwortet, kann dann mit Hilfe von Tau geprüft werden, ob zwischen der die Gruppen definierenden Variablen und der Antwortvariablen ein Zusammenhang besteht.

Betrachten wir hierzu folgendes Beispiel: 20 Schüler wurden nach dem Merkmal "Intelligenz" in n = 5 homogene Vierergruppen ("Blöcke") eingeteilt und dann per Zufall einem von J = 4 Treatments zugeordnet. Als Grundlage der Definition der Versuchsbedingungen diente die Höhe der in Aussicht gestellten Belohnung (10, 20, 30, 40 DM); als Antwortvariable wurde die Anzahl richtig bearbeiteter Mathematikaufgaben in einem Zeitraum von 30 min. herangezogen. Tab. 27.10 zeigt das Ergebnis dieser (fiktiven) Untersuchung zusammen mit den zur Bestimmung von FR und Tau notwendigen Berechnungen.

Mit Hilfe des Friedman-Tests können wir jetzt überprüfen, ob zwischen den vier Belohnungsbedingungen Unterschiede in den erwarteten mittleren Ränge bzw. Rangsummen existieren. Nach Formel <26.6> ergibt sich:

$$FR = \frac{12}{5 \cdot 4 \cdot 5} (8^2 + 9^2 + 14^2 + 19^2) - 3 \cdot 5 \cdot 5 = 9{,}24$$

Laut Tab. Y beträgt die exakte Wahrscheinlichkeit, einen so extremen oder noch extremeren Wert zu erhalten, 0,015. H_0 wird demzufolge verworfen.

Da die vier abhängigen Gruppen bezüglich der Variablen "Höhe der Belohnung" eine eindeutige Ordnungsrelation aufweisen, sind wir hier zusätzlich daran interessiert, ob zwischen dieser Variable und der Variable "Lösungsmenge" ein (monotoner) Zusammenhang existiert. Als weitere Hypothesen können wir daher formulieren:

H_0: Belohnungshöhe und Lösungsmenge stehen in keinem Zusammenhang ($\tau = 0$).
H_1: Zwischen beiden Variablen besteht ein monotoner Zusammenhang: Mit zunehmender Belohnung steigt auch die Lösungsmenge und umgekehrt ($\tau > 0$).

TABELLE 27.10 Anzahl richtig gelöster Mathematikaufgaben unter vier Belohnungsbedingungen

	Höhe der Belohnung										
	10 DM		20 DM		30 DM		40 DM				
Block	Wert	Rang	Wert	Rang	Wert	Rang	Wert	Rang	P_i	Q_i	S_i
1	13	2	11	1	15	3	16	4	5	1	4
2	12	1	14	2	16	3	17	4	6	0	6
3	9	1	15	3	10	2	20	4	5	1	4
4	11	3	8	1	9	2	12	4	4	2	2
5	12	1	13	2	19	4	14	3	5	1	4
Summe		8		9		14		19			20

Zur Überprüfung dieser zusätzlichen Hypothesen gehen wir folgendermaßen vor (Marascuilo & McSweeney 1977, S.452):

- Für jeden Block wird separat $S_i = P_i - Q_i$ bestimmt.
- Die Summe aller S_i liefert den Gesamtwert für S. Hier: S = 20.
- S_{max} ergibt sich aus der Gesamtzahl der durchgeführten Vergleiche: Smax = $n \cdot J(J - 1)/2 = 5 \cdot 4(4 - 1)/2 = 30$.
- Dann ist Tau = S/S_{max} = 20/30 = 0,67 eine Schätzung für den in der Population bestehenden Zusammenhang zwischen den beiden Variablen.[6]
- Da in unserem Beispiel keine Bindungen vorkommen kann Tau mit Hilfe von Formel <16.29> auf Signifikanz geprüft werden. Var(S) ergibt sich dabei durch

6) Der gleiche Wert ergibt sich, wenn für jeden Block ein separates Tau_i berechnet und der Mittelwert gebildet wird.

folgende Überlegung: Für jeden der n Blöcke gilt (bei bindungsfreien Daten) nach Formel <27.13>:[7] $Var(S_i) = J(J - 1)(2J + 5)/18 = 4(4 - 3)(2 \cdot 4 + 5)/18 = 8{,}6667$. Da die n Blöcke unabhängig voneinander sind, ist Var(S) durch die Summe aller $Var(S_i)$ gegeben: $Var(S) = \Sigma\ Var(S_i) = n \cdot Var(Si) = 5 \cdot 8{,}6667 = 43{,}3333$.

- Nach Formel <16.30> können wir dann folgende kontinuitätskorrigierte Teststatistik berechnen: $Z_{Sc} = (18 - 1)/\sqrt{[Var(S)]} = 17/6{,}5828 = 2{,}5825$. Für $\alpha = 0{,}05$ und einseitige Fragestellung ist $Z_k = 1{,}645$. Da Z_{Sc} diesen kritischen Wert übersteigt, wird H_0 zugunsten von H_1 verworfen.

Für unser Beispiel können wir also abschließend feststellen, daß zwischen der Höhe der in Aussicht gestellten Belohnung und der Leistungsmenge ein *positiver* Zusammenhang besteht.

27.3.7 Tau für 2x2-Kontingenztabellen

Tau kann auch herangezogen werden, wenn zwei Variablen Y_1 und Y_2 jeweils nur zwei Werte annehmen, also ***dichotomer*** Natur sind und die Antwortverteilung in Form einer 2x2-Kontingenztabelle vorliegt. Interessant ist, daß Tau (Tau_b) dann numerisch identisch ist zu dem in Kap. 21.4 vorgestellten Phi-Koeffizienten, der bekanntlich aus einer ganz anderen "theoretischen Ecke" stammt. Dieser Sachverhalt soll an den Daten des Beispiels 21.2 demonstriert werden, die in Tab. 27.11 noch einmal aufgeführt sind.

TABELLE 27.11 Glaube an ein Weiterleben nach dem Tod und Gottesdienstbesuch (Daten aus Tab. 21.5)

		Frage 2		
		ja	nein	gesamt
Frage 1	ja	283	442	725
	nein	115	632	747
gesamt		398	1074	1472

Für den Zusammenhang der beiden Variablen *Glaube an ein Weiterleben nach dem Tod* und *Gottesdienstbesuch* hatten wir in Kap. 21.4 Phi = 0,266 berechnet. Da dieser Koeffizient auf einem signifikanten CHI-Wert basierte, waren wir zu dem Schluß gelangt, daß zwischen beiden Variablen in der Population tatsächlich

7) Zu beachten ist, daß dem "n" hier "J" entspricht.

ein Zusammenhang besteht. Tau_b berechnen wir nach der in Abschnitt 27.3.4 demonstrierten Methode:

$$P = 283 \cdot 632 = 178856$$
$$Q = 442 \cdot 115 = 50830$$
$$S_b = P - Q = 128026 \quad [8]$$
$$A = 1472(1472 - 1)/2 = 1082656$$
$$B_1 = (725 \cdot 724/2) + (747 \cdot 746/2) = 541081$$
$$B_2 = (398 \cdot 397/2) + (1074 \cdot 1073/2) = 655204$$
$$S_{bmax} = \sqrt{[(1082656 - 541081)(1082656 - 655204)]} = 481141{,}681 \quad [9]$$
$$Tau_b = S_b/S_{bmax} = 128026/481141{,}681 = 0{,}266$$

Es ergibt sich also tatsächlich derselbe Wert wie für Phi. Mit Hilfe von Formel <27.14> prüfen wir den erhaltenen Wert auf Signifikanz (H_0: $\tau = 0$ vs. H_1: $\tau > 0$), wobei zu beachten ist, daß wir im Unterschied zu Kap. 21.1 hier auch einen einseitigen Test durchführen können. Bei zwei dichotomen Variablen läßt sich $Var(S_b)$ nach Kendall (1970, S.56) in folgender einfacher Weise bestimmen:

<27.16> $$Var(S_b) = \frac{X_{1.} \cdot X_{2.} \cdot X_{.1} \cdot X_{.2}}{n - 1}$$

Für unser Beispiel:

$$Var(S_b) = (725\ 747\ 398\ 1074)/1471 = 157374110{,}7$$
$$\sqrt{[Var(S_b)]} = 12544{,}884$$

Schließlich: $Z_{Sb} = 128026/12544{,}884 = 10{,}205$. Wir brauchen nicht auf Tab. D zurückzugreifen, um festzustellen, daß dieser Wert signifikant ist. Wir verwerfen also H_0 und kommen zu dem (kaum überraschenden) Schluß, daß zwischen beiden Variablen ein *positiver* Zusammenhang besteht: Je häufiger jemand die Kirche besucht, desto eher ist er/sie geneigt, an ein Weiterleben nach dem Tode zu glauben und umgekehrt.

Zum Abschluß noch eine kurze Bemerkung zum Problem der *Kontinuitätskorrektur*: Wenn beide Variablen dichotom sind, beträgt das Intervall zwischen aufeinanderfolgenden Werten von S (bzw. S_b) n, so daß als Korrekturfaktor n/2 herangezogen werden muß (Kendall 1970, S.56). Der kontinuitätskorrigierte Prüfwert beträgt demnach in unserem Beispiel:

---

8) Beachte, daß sich S aus der Differenz der beiden Kreuzprodukte ergibt.

9) Kendall (1970, S.44) zeigt, daß sich S_{bmax} direkt aus den Randsummen der 2x2-Tabelle berechnen läßt. Für unser Beispiel: $S_{bmax} = \sqrt{(X_{1.} \cdot X_{2.} \cdot X_{.1} \cdot X_{.2})} = \sqrt{(725 \cdot 747 \cdot 398 \cdot 1074)} = 481141{,}681$

$$z_{S_{bc}} = \frac{S_b - n/2}{\sqrt{[Var(S_b)]}} = \frac{128026 - 1472/2}{12544,884} = 10,147$$

Unsere Entscheidung über H_0 wird dadurch offensichtlich nicht berührt.

27.4 Kendalls Konkordanzkoeffizient

In allen vorangegangenen Abschnitten dieses Kapitels ging es darum zu bestimmen, in welcher Weise und Höhe *zwei* (in Rangreihe gebrachte) Variablen miteinander korrelieren. Die naheliegende Erweiterung dieser Fragestellung führt uns zu dem Problem, welcher Zusammenhang zwischen *mehr als zwei* Variablen (bzw. Rangreihen) besteht. Die Grundstruktur dieses Problems entspricht vollkommen dem Modell, das wir im Rahmen der Darstellung des Friedman-Tests (s. Kap. 26.1) kennengelernt haben. Zur Ableitung eines geeigneten Zusammenhangsmaßes greifen wir deshalb auf das dort diskutierte Ausgangsbeispiel zurück; Tab. 27.12 zeigt noch einmal die entsprechenden Daten.

TABELLE 27.12 Rangordnung von J = 3 Kandidatinnen durch n = 4 Beurteiler

	Kandidatin		
Beurteiler	Adelheid	Brigitte	Christine
1	2	3	1
2	2	3	1
3	1	3	2
4	1	3	2
Rangsumme	6	12	6

Beim Friedman-Test hatte uns die Frage interessiert, ob zwischen den drei Kandidatinnen hinsichtlich der erwarteten mittleren Ränge *Unterschiede* existieren. Unabhängig davon wollen wir jetzt wissen, in welchem Ausmaß die vier Beurteiler bei ihrer Rangvergabe zu übereinstimmenden (konkordanten) oder nicht-übereinstimmenden (diskordanten) Ergebnissen gekommen sind.

Eine Möglichkeit der Lösung unseres Problems könnte darin bestehen, für sämtliche möglichen n(n - 1)/2 Paare von Beurteilern (bzw. Rangreihen) Rangkorrelationskoeffizienten (Tau oder r_s) zu berechnen und den Mittelwert als Zusammenhangsmaß zu akzeptieren. Für n = 4 Rangreihen, also 6 Paare, mag diese Vorgehensweise noch angehen, bei größerem n ist der damit verbundene Aufwand allerdings kaum mehr zu bewältigen. Lienert (1978, S.3f) zeigt anhand eines konstruierten Beispiels außerdem, daß diese Methode zu offensichtlich unplausiblen Ergebnissen führen kann.

Eine alternative Lösung des Problems wurde von Kendall (1948, 1970, S.94ff) im Rahmen der Definition eines sog. *Konkordanzkoeffizienten* W vorgeschlagen. Wie der Name schon sagt, ist W ein Maß dafür, welcher Grad an Übereinstimmung oder Konkordanz über die Gesamtheit aller n Beurteiler oder Rangreihen besteht. Zur Ableitung von W greifen wir auf die *Rangsummen* R_j zurück. Betrachten wir zunächst den Fall einer perfekten oder maximalen Übereinstimmung der n Rangreihen. Offensichtlich müßten dann die Rangsummen folgende Werte annehmen: n·1, n·2, n·3 usw. (allerdings nicht notwendigerweise in dieser Reihenfolge!); in unserem Beispiel also: 4, 8, 12. Wie wir in Kap. 26.1 gesehen haben, sind in dieser Situation auch gleichzeitig die Unterschiede zwischen den J Kandidatinnen maximal, und die in Formel <26.1> definierte Statistik QS (Summe der quadrierten Abweichungen der Rangsummen vom Mittelwert der Rangsummen) nimmt ihren Maximalwert an. In allen Fällen nicht-perfekter Übereinstimmung der n Rangreihen ergeben sich andere Rangsummen als die oben angegebenen und entsprechend niedrigere Werte für QS. Es liegt daher jetzt nahe, die Statistik QS als Grundlage einer Definition von W zu verwenden. Wenn wir den Maximalwert von QS mit QS_{max} und den in der Stichprobe beobachteten Wert mit QS bezeichnen, dann ist W einfach das Verhältnis beider Werte:

<27.17> $W = QS/QS_{max}$

Aus dieser Definition folgt sofort, daß W bei perfekter Übereinstimmung den Wert 1 und bei fehlender Übereinstimmung den Wert 0 annehmen muß, d.h. W variiert zwischen 0 und 1. Für die Daten der Tab. 27.12 erhalten wir mit Hilfe der Formeln <26.1> und <26.2>:

$$E(R_j) = n(J + 1)/2 = 4(3 + 1)/2 = 8$$

$$QS = \Sigma\, [R_j - E(R_j)]^2 = (6 - 8)^2 + (12 - 8)^2 + (6 - 8)^2 = 24$$

$$QS_{max} = (4 - 8)^2 + (8 - 8)^2 + (12 - 8)^2 = 32$$

$$W = QS/QS_{max} = 24/32 = 0{,}75$$

Bevor wir der Frage nachgehen, wie ein berechneter W-Wert zu beurteilen ist, d.h. auf Signifikanz geprüft werden kann, wollen wir noch kurz einige alternative Formeln zur Berechnung von W vorstellen. Wenn man in die Formel für QS_{max} die oben angeführten Rangsummen n, 2n, 3n usw. sowie den Erwartungswert n(J + 1)/2 einsetzt, ausmultipliziert und geeignet umformt, erhält man folgenden einfachen Ausdruck (Kendall 1970, S.95):

<27.18> $QS_{max} = n^2(J^3 - J)/12$

Daraus folgt:

<27.19> $$W = \frac{12QS}{n^2(J^3 - J)}$$

Wenn man QS durch Einsetzung des Erwartungswertes $n(J + 1)/2$ in ähnlicher Weise umformt, läßt sich W vollständig mit Hilfe von n, J und den beobachteten Rangsummen R_j definieren (Marascuilo & McSweeney 1977, S.460):

$$\langle 27.20\rangle \quad W = \frac{12}{n^2(J^3 - J)} \sum_j^J R_j^2 - \frac{3(J + 1)}{(J - 1)}$$

Vergleicht man diese beiden Formeln mit den entsprechenden Formeln <26.5> und <26.6> zur Berechnung der Friedman-Statistik, so fällt sofort die große Ähnlichkeit auf. Tatsächlich läßt sich mit geringem algebraischem Aufwand zeigen, daß W und FR in folgender einfacher Beziehung zueinander stehen:

$$\langle 27.21\rangle \quad W = FR/n(J - 1)$$

Von der Gültigkeit dieser Beziehung können wir uns anhand unseres Beispiels leicht überzeugen: In Kap. 26.1 hatten wir hierfür die Prüfgröße FR = 6 berechnet, was nach $W = 6/4(3 - 1) = 0{,}75$ zum gleichen Wert wie oben führt. Die in Formel <27.21> angegebene Beziehung zwischen W und FR hat unmittelbaren praktischen Nutzen im Hinblick auf die *Signifikanzprüfung* eines Konkordanzkoeffizienten. Es folgt nämlich sofort, daß die in Kap. 26.1 vorgestellte Stichprobenverteilung von QS bzw. FR mit der von W identisch ist, wobei lediglich zu beachten ist, daß dieser Verteilung jeweils unterschiedliche Skalen zugrundeliegen. Konkret bedeutet dies, daß W am einfachsten über den zugehörigen FR-Wert auf Signifikanz geprüft werden kann. Wie dies im einzelnen zu geschehen hat, ist in den Kapiteln 26.1 und 26.2 ausführlich erläutert und muß hier nicht noch einmal wiederholt werden.

Über unseren Stichprobenwert W = 0,75 können wir auf diese Weise folgende Entscheidung treffen: Bei einer gewählten Irrtumswahrscheinlichkeit von $\alpha = 0{,}05$ fällt der zugehörige Wert FR = 6 *nicht* in den kritischen Bereich [nach Tab. 26.3 gilt $P(FR \geq 6) = P(W \geq 0{,}75) = 0{,}069$]; die Nullhypothese, die nichts anderes beinhaltet, als daß die beobachtete Übereinstimmung zwischen den vier Beurteilern *zufällig* zustande gekommen ist, wird daher beibehalten.

Zum Schluß noch zwei Anmerkungen:

- Wenn *Bindungen* vorliegen, gilt die in Formel <27.17> angegebene Definition von W nicht mehr, weil QS_{max} um einen gewissen Betrag *kleiner* wird. Zur Berechnung von W kann dann folgende Formel herangezogen werden:

  $$\langle 27.22\rangle \quad W_b = QS/QS_{maxb}$$

  Hierbei bedeuten:

  $$\langle 27.23\rangle \quad QS_{maxb} = QS_{max} - n \sum_i^n B_i$$

<27.24> $B_i = [\sum_k^K (t_k^3 - t_k)]/12$

K ist hierbei die Anzahl der Gruppen gebundener Ränge in der Rangreihe i, t_k die Anzahl der gebundenen Ränge in der k-ten Gruppe. Zur Signifikanzprüfung eines so berechneten W-Werts kann bei großen Stichproben auf den in Formel <26.8> definierten korrigierten Prüfwert FR_b zurückgegriffen werden. Bei kleinen Stichproben müßte die exakte Stichprobenverteilung von W_b nach dem bereits mehrfach beschriebenen Verfahren jeweils neu erstellt werden.

- Zwischen Kendalls W und Spearmans r_s besteht ein interessanter Zusammenhang: Wenn wir für sämtliche möglichen Paare von Rangreihen r_s bestimmen und anschließend den Mittelwert M_{rs} berechnen, ergibt sich folgende Beziehung (Kendall 1970, S.95f):

  <27.25> $M_{rs} = (n \cdot W - 1)/(n - 1)$

  Für unser Beispiel: $M_{rs} = (4 \cdot 0{,}75 - 1)/(4 - 1) = 0{,}667$

27.5 Goodman & Kruskals Gamma als Zusammenhangsmaß für geordnete Kontingenztabellen

In Abschnitt 27.3.4 wurde Kendalls Tau als Zusammenhangsmaß für geordnete Kontingenztabellen vorgestellt. Ein anderes, unter dem Namen *Gamma* bekannt gewordenes Maß wurde von Goodman & Kruskal (1954, 1963) vorgeschlagen. Gamma weist - wie wir noch sehen werden - eine enge Verwandtschaft mit Tau auf. Es ist definiert als:

<27.26> $$\gamma = \frac{\pi_P - \pi_Q}{1 - \pi_B}$$

Hierbei bedeuten:

π_P: Wahrscheinlichkeit, daß zwei zufällig ausgewählte Elemente in den beiden Variablen die gleiche Reihenfolge aufweisen, also *konkordant* sind.

π_Q: Wahrscheinlichkeit, daß zwei zufällig ausgewählte Elemente eine unterschiedliche Reihenfolge zeigen, d.h. *diskordant* sind.

π_B: Wahrscheinlichkeit, daß zwei zufällig ausgewählte Elemente in einer oder in beiden Variablen *gebunden* sind.

Zur *Berechnung* von Gamma können wir die obige Formel nicht heranziehen, da die Populationswahrscheinlichkeiten unbekannt sind. Zu ihrer Schätzung müssen wir auf die entsprechenden *Stichprobenanteile* bzw. auf die Anzahl der konkordanten (P'), diskordanten (Q') und gebundenen (B') Paare zurückgreifen. Der in der Stichprobe bestehende Zusammenhang zwischen den beiden Variablen kann dann nach folgender Formel bestimmt werden (Goodman & Kruskal 1963, S.325):

$$\text{<27.27>} \quad G = \frac{P' - Q'}{n^2 - B'}$$

Zu beachten ist, daß unter dem Modell von Goodman & Kruskal jedes Element *zweimal* mit allen anderen (einschließlich sich selbst) verglichen wird, also insgesamt n^2 Vergleiche durchgeführt werden. Dies bedeutet auch, daß bei einer gegebenen Kontingenztabelle die Zahl der konkordanten, diskordanten und gebundenen Paare anders ist als unter dem Modell von Kendall, bei dem lediglich $n(n - 1)/2$ Paarvergleiche durchgeführt werden. Diesem Sachverhalt ist in der obigen Formel durch die Verwendung von P', Q' und B' Rechnung getragen. Zwischen diesen Werten und den entsprechenden Werten im Kendall-Modell gelten aber folgende Beziehungen: $P' = 2P$, $Q' = 2Q$ und $B' = n^2 - 2P - 2Q$. Hieraus folgt sofort, daß sich G auch ausschließlich mit Hilfe der Werte P und Q des Kendall-Modells darstellen läßt:

$$\text{<27.28>} \quad G = \frac{2P - 2Q}{n^2 - (n^2 - 2P - 2Q)} = \frac{2(P - Q)}{2(P + Q)} = \frac{P - Q}{P + Q}$$

Die Ähnlichkeiten und Unterschiede zwischen Gamma und Tau werden jetzt deutlich: Beide Koeffizienten stimmen in ihrem *Zähler* überein, lediglich die *Nenner* sind verschieden definiert. Bei Tau (in seiner unkorrigierten Form) wird $(P - Q)$ auf $n(n - 1)/2$ durchgeführte Paarvergleiche bezogen, bei Gamma wird $(P - Q)$ nur auf die Anzahl derjenigen Paare bezogen, die konkordant oder diskordant sind, d.h sämtliche Bindungen werden von vornherein ausgeschlossen. Aus der unterschiedlichen Definition von Tau und G folgt sofort, daß beim Vorliegen von Bindungen G dem Betrag nach immer *größer* als Tau (bzw. Tau_b) sein muß.

Die Berechnung von Gamma soll an den Daten des Beispiels 27.2 demonstriert werden: Für den Zusammenhang zwischen *Einstellung zu einem Tempolimit* und *PS-Zahl des eigenen Autos* hatten wir $Tau_b = -0{,}29$ berechnet (mit $P = 884$ und $Q = 1958$). Für Gamma ergibt sich hierfür nach Formel <27.28>:

$$G = (884 - 1958)/(884 + 1958) = -0{,}378$$

Erwartungsgemäß ist also tatsächlich $|G| > |Tau_b|$. Bevor wir uns der Signifikanzprüfung eines berechneten G-Werts zuwenden, sei noch auf einige *Eigenschaften* von Gamma hingewiesen:

- Wenn gleich viele konkordante und diskordante Paare auftreten, wird $G = 0$. In diesem Fall besteht also kein Zusammenhang zwischen den beiden Variablen.
- Wenn ausschließlich konkordante oder diskordante Paare vorkommen, d.h. wenn sich die Häufigkeiten der IxJ-Tabelle in einer der beiden Diagonalen konzentrieren, wird $G = +1$ bzw. -1. Dies ist auch gleichzeitig der Maximal- bzw. Minimalwert von G.

- Wenn sich die Häufigkeiten stark auf eine einzige Zeile oder Spalte konzentrieren, d.h. wenn extrem viele Bindungen vorliegen, liefert G einen unrealistisch hohen Wert für den Zusammenhang der beiden Variablen. Durch den Ausschluß der Bindungen wird G dann nämlich nur auf der Basis der wenigen nicht-gebundenen Häufigkeiten berechnet.

- Bei der Bestimmung von Tau für eine 2x2-Tabelle (Abschnitt 27.3.7) hatten wir gesehen, daß sich P und Q unmittelbar aus den Kreuzprodukten ergeben: P = $X_{11} \cdot X_{22}$ und Q = $X_{12} \cdot X_{21}$. Die Formel für G läßt sich dann schreiben als:

  <27.29> $$G_{2x2} = \frac{X_{11} \cdot X_{22} - X_{12} \cdot X_{21}}{X_{11} \cdot X_{22} + X_{12} \cdot X_{21}}$$

  Diese Formel kennen wir bereits; sie ist identisch mit der zur Berechnung des Assoziationsmaßes von Yule (s. Kap. 21.5)!

Eine Überprüfung von H_0: $\gamma = 0$ kann mit Hilfe folgender Teststatistik durchgeführt werden:

<27.30> $$Z_G = \frac{G - \gamma}{\surd[Var(G)]} = \frac{G}{\surd[Var(G)]}$$

Goodman & Kruskal (1963) konnten zeigen, daß die Stichprobenverteilung dieses Prüfwerts für Stichproben der Größe n ≥ 100 hinreichend genau durch die Standardnormalverteilung beschrieben wird. Um Z_G für unser Beispiel berechnen zu können, müssen wir erst Var(G) kennen. Zur Bestimmung dieser Varianz stehen zwei Formeln zur Verfügung (Goodman & Kruskal 1963, S.324 u. S.327), eine nur mit großem Aufwand anwendbare exakte Formel - auf deren Angabe wir hier verzichten wollen - und eine einfachere Formel, die eine Schätzung der oberen Grenze von Var(G) darstellt:

<27.31> $$Var(G) = \frac{n(1 - G^2)}{P + Q}$$

Nach Goodman & Kruskal liefert diese Formel einen Wert, der in der Regel etwa um den Faktor 1,5 größer ist als die tatsächliche Varianz. Der Rückgriff auf Formel <27.31> ist damit gleichbedeutend mit einem sehr *konservativen* Test der Nullhypothese. Für unser Beispiel erhalten wir:

$$Var(G) = \frac{100[1 - (-0,378)^2]}{884 + 1958} = 0,0302 \qquad \surd[Var(G)] = \surd 0,0302 = 0,1737$$

Damit ist Z_G = -0,378/0,1737 = -2,176. Für α = 0,05 und einseitige Fragestellung (H_1: $\gamma < 0$) beträgt der kritische Wert der Standardnormalverteilung Z_k = -1,645. H_0 wird also verworfen, da $Z_G < Z_k$. Wir gelangen also zur gleichen Entscheidung wie beim Test der Hypothese τ = 0 (Abschnitt 27.3.4), wo wir einen Prüfwert von $Z_S = -3,198$ berechnet hatten. Gleichzeitig können wir aber auch feststellen, daß der Test von τ eine größere Power besitzt als der Test von G - zumindest in der hier vorgestellten Form.

Kapitel 28

Maße der praktischen Signifikanz

28.1 Einführung in das Problem

Bei der Prüfung von Mittelwertsunterschieden z.B. via T-Test oder Varianzanalyse wird lediglich entschieden, ob ein statistisch signifikanter Effekt der untersuchten Bedingungen (wahrscheinlich) vorliegt oder nicht. Ein statistischer Test enthält jedoch keine Aussage über die *Größe eines Effekts*, d.h. darüber, *wie stark* sich die Mittelwerte bestimmter Bedingungen unterscheiden. Die beim T-Test im Fall der Zurückweisung von H_0 akzeptierte Alternativhypothese macht dies deutlich. Sie sagt lediglich, daß die Mittelwerte der unter Betrachtung stehenden Populationen nicht gleich sind. Wir erfahren durch den T-Test dagegen nicht, wie weit sie auseinanderliegen.

Die Größe der Differenz »μ_1-μ_2« - d.h. die Stärke des Effekts von Bedingung [1] gegenüber Bedingung [2] - ist jedoch für die praktische Anwendung von Forschungsergebnissen der letztlich interessierende Sachverhalt. Wir möchten wissen, ob eine bestimmte unabhängige Variable einen "praktisch" signifikanten (bedeutsamen) Effekt auf eine bestimmte abhängige Variable hat. Die Frage nach der Stärke eines Effekts muß insbesondere dann gestellt werden, wenn mit großen Stichproben gearbeitet wird. Denn bei großen Stichprobenumfängen können selbst praktisch unbedeutende Mittelwertsdifferenzen statistische Signifikanz erreichen.

Wir wollen dies am Z-Test für unabhängige Stichproben veranschaulichen. Untersucht werden soll, ob sich Männer und Frauen hinsichtlich ihrer Leistung in einem Intelligenztest unterscheiden. Wir ziehen von beiden Geschlechtern eine Stichprobe von 2000 Personen heran und erhalten für diese folgende Mittel und Varianzen: M_f = 100,8 (V_f = 95), M_m = 100,1 (V_m = 98). Die Nullhypothese soll zweiseitig auf dem 5%-Niveau getestet werden. Als Prüfwert ergibt sich gemäß Formel <5.14>:

$$|Z^*_{um}| = \frac{|M_1 - M_2|}{\surd[(V_1 + V_2)/n]} = \frac{|100,8 - 100,1|}{\surd[(95 + 98)/2000]} = 2,25$$

Dieser Wert überschreitet Z_k = 1,96. Der "winzige" Mittelwertsunterschied von 0,7 Punkten erweist sich somit als "statistisch signifikant". Ein derartiger "Effekt" des Geschlechts auf die durchschnittliche Intelligenztestleistung ist jedoch praktisch bedeutungslos. Die (mittlere) Leistung von Frauen und Männern in diesem Test muß sinnvollerweise als (praktisch) gleich angesehen werden.

Daß bei großen Stichproben bereits kleine und kleinste Mittelwertsunterschiede statistisch signifikant werden, liegt - wie die Formel zeigt - an dem Sachverhalt, daß der Standardfehler der Mittelwertsdifferenzen bei großen n-Werten jeweils sehr klein ausfällt, wodurch der Prüfwert $|Z^*_{um}|$ selbst bei einer geringen Differenz im Zähler den kritischen Wert überschreitet und dadurch statistische Signifikanz erreicht.

Speziell bei großen Stichproben ist es deshalb unbedingt erforderlich, im Fall eines signifikanten Testergebnisses durch die Bestimmung eines geeigneten Maßes anzugeben, wie groß der gefundene Effekt ist. Derartige Maße stehen seit langem zur Verfügung. In den meisten Fällen erfordern sie wenig (zusätzlichen) Rechenaufwand, da sie sich aus den für den Prüfwert bestimmten Größen berechnen lassen. Man spricht hier von Maßen der »Effektgröße« oder der »praktischen (wissenschaftlichen) Signifikanz« (Bredenkamp 1969; Glass & Hakstian 1969; Hager 1983; Maxwell et al. 1981; Vaughan & Corballis 1969; Westermann & Hager 1984; Wolf & Brandt 1982).

28.2 Allgemeine Definition der Effektgrößemaße

Bei den Maßen der praktischen Signifikanz wird die Größe des Effekts der unabhängigen Variablen auf die Werte der abhängigen Variablen in Termini eines Korrelations- bzw. Determinationskoeffizienten ausgedrückt. Da sowohl lineare als auch nichtlineare Zusammenhänge zwischen unabhängiger and abhängiger Variablen erfaßt werden sollen, wird das dafür geeignete *Korrelationsverhältnis* herangezogen (vgl. Diehl & Kohr 1982, Kap. 13). Wir bezeichnen im nachfolgenden das für die Populationsdaten bestimmte Korrelationsverhältnis mit »η^2«, während die an den Stichprobendaten berechnete Größe mit einem Querstrich versehen oder ausgeschrieben wird (»$\bar{\eta}^2$« bzw. »Eta^2«).

Zur Definition des Korrelationsverhältnisses können wir von der bei <9.12> vorgenommenen Zerlegung der Variation in der abhängigen Variablen ausgehen. Für die Werte der Population(en) stellt sich diese wie folgt dar (Fall gleicher Populationsumfänge: alle $U_j = U$; U_j = Anzahl der Werte in Population j):

<28.1> $$\sum_j^J\sum_i^U(X_{ij} - \mu)^2 = U\cdot\sum_j^J(\mu_j - \mu)^2 + \sum_j^J\sum_i^U(X_{ij} - \mu_j)^2$$

Wenn wir diese Abweichungsquadratsummen jeweils durch die Gesamtzahl der Populationswerte (J·U) dividieren, erhalten wir (PSAQ = Populations-SAQ):

<28.2> $$PSAQ_G/(J\cdot U) = PSAQ_Z/(J\cdot U) + PSAQ_I/(J\cdot U)$$

Die Gesamtvarianz in der abhängigen Variablen ist somit die Summe aus der durch die Unterschiede zwischen den J Populationsmitteln verursachten Varianz und der Varianz innerhalb der Populationen (Bedingungen):

<28.3> $$\sigma_G^2 = \sigma_Z^2 + \sigma_I^2$$

Das Populations-Korrelationsverhältnis (für die Vorhersage der abhängigen aus der unabhängigen Variablen) ist dann wie folgt definiert:

<28.4> $$\eta^2 = \sigma_Z^2/\sigma_G^2 = (\sigma_G^2 - \sigma_I^2)/\sigma_G^2 = PSAQ_Z/PSAQ_G = (PSAQ_G - PSAQ_I)/PSAQ_G$$

Mit η^2 wird somit ausgedrückt, welcher Anteil an der Gesamtvarianz in der abhängigen Variablen auf $\sigma_Z^2 = [\Sigma_j(\mu_j-\mu)^2]/J$, die Varianz der Mittel der J Populationen (Bedingungen), zurückgeht. Da σ_Z^2 eine Funktion der Unterschiede zwischen den J Mittelwerten ist, zeigt sich in dieser Varianzkomponente der Effekt der unterschiedlichen Bedingungen. Der Anteil von σ_Z^2 and der Gesamtvarianz σ_G^2 ist um so größer, je stärker der Effekt der unabhängigen Variablen ist. Mit dem Korrelationsverhältnis η^2 wird somit angezeigt, welcher Anteil an der Varianz in der abhängigen Variablen durch den untersuchten Faktor "aufgeklärt" wird. Dieses "Auf"- oder "Erklären" darf allerdings - wie bei jedem Korrelations- oder Determinationskoeffizienten - nicht im kausalen Sinn verstanden werden. Es läßt sich mit der Bestimmung von η^2 bzw. η lediglich feststellen, wie eng eine Beziehung zwischen unabhängiger und abhängiger Variablen ist.

Die gebräuchlichen Maße der praktischen Signifikanz sind nun alle eng mit dem Konzept des Korrelationsverhältnisses verbunden. Es wird dabei zur Beschreibung der Effektgröße entweder das Korrelationsverhältnis für die Stichprobendaten berechnet (»Eta^2«), oder es werden Schätzungen für das Populations-Korrelationsverhältnis η^2 vorgenommen (»Epsilon^2«, »Omega^2«).

28.3 Bestimmung der Effektgröße im Fall von drei oder mehr unabhängigen Stichproben

Wenn lediglich für die Stichprobendaten die Größe des Effekts der unabhängigen Variablen auf die abhängige bestimmt werden soll, ist Eta^2 das geeignete Maß. Es berechnet sich analog zur (Populations)Definition <28.4> wie folgt:

<28.5> $\bar{\eta}^2 = SAQ_Z/SAQ_G = (SAQ_G - SAQ_I)/SAQ_G$

Die Abweichungsquadratsummen *Zwischen den Bedingungen*, *Innerhalb* und *Gesamt* wurden in Kapitel 9 definiert. Ist als Ergebnis einer einfaktoriellen Varianzanalyse nur der F-Wert (neben den Gruppenumfängen oder den Freiheitsgraden) mitgeteilt, dann läßt sich $\bar{\eta}^2$ auch folgendermaßen bestimmen (Friedman 1968):

<28.6> $\bar{\eta}^2 = [(J-1)\cdot F]/[(J-1)\cdot F + (N-J)]$ $\qquad (N = \Sigma n_j)$

Will man über die Feststellung des Stichprobenzusammenhanges zwischen unabhängiger und abhängiger Variablen hinausgehen und die Effektgröße in der Population schätzen, dann ist $\bar{\eta}^2$ ein relativ schlechte Schätzung für η^2, da die in den Eta-Koeffizienten eingehenden Größen keine erwartungstreuen Schätzer für σ_G^2 und σ_Z^2 bzw. σ_I^2 darstellen.

Von Kelley (1935) wurde deshalb die folgende (mit »Epsilon^2« bezeichnete) Größe zur Schätzung von η^2 vorgeschlagen, die erwartungstreue Schätzer für σ_G^2 und σ_I^2 enthält:

<28.7> $\bar{\epsilon}^2 = [SAQ_G/(N-1) - SAQ_I/(N-J)]/[SAQ_G/(N-1)]$

Mit dem Querstrich machen wir wieder kenntlich, daß $\bar{\epsilon}^2$ eine an den Stichprobendaten gewonnene Größe darstellt. Eine Vereinfachung des Quotienten ergibt (Glass & Hakstian 1969):

<28.8> $\bar{\epsilon}^2 = [SAQ_Z - (J-1) \cdot MQ_I]/SAQ_G$

Ist nur der varianzanalytische F-Wert gegeben, kann Epsilon^2 wie folgt berechnet werden (Fleiss 1969):

<28.9> $\bar{\epsilon}^2 = [(J-1) \cdot (F-1)]/[(J-1) \cdot (F-1) + (N-1)]$

Entgegen der Ansicht Kelleys ist $\bar{\epsilon}^2$ jedoch keine erwartungstreue Schätzung für η^2 (Glass & Hakstian 1969). In einem anderen Versuch, einen Schätzer für η^2 zu entwickeln, gelangte Hays zu einem Effektgrößemaß »Omega^2($\bar{\omega}^2$)«. Auch dieses ist allerdings nicht (gänzlich) erwartungstreu. Die Verzerrung ist jedoch sowohl bei $\bar{\epsilon}^2$ als auch bei $\bar{\omega}^2$ äußerst gering und für praktische Zwecke vernachlässigbar (Carroll & Nordholm 1975; Keselman 1975). Omega^2 ist wie folgt definiert (Hays 1973, S.485):

<28.10> $\bar{\omega}^2 = [SAQ_Z - (J-1) \cdot MQ_I]/(SAQ_G + MQ_I)$

Auch Omega^2 kann aufgrund eines varianzanalytischen F-Wertes bestimmt werden (Fleiss 1969):

<28.11> $\bar{\omega}^2 = [(J-1) \cdot (F-1)]/[(J-1) \cdot (F-1) + N]$

Bei der Konzipierung von $\bar{\epsilon}^2$ und $\bar{\omega}^2$ machten Kelley und Hays u.a. die Annahme, daß das Verhältnis der Stichprobenumfänge zueinander dem Verhältnis der Populationsumfänge entspricht (z.B. $n_1:n_2:n_3 = U_1:U_2:U_3$). Diese Forderung "proportionaler" n_j impliziert, daß im Fall von "echten" Experimenten, bei denen die UV-Werte erzeugt werden und sich die statistischen Hypothesen auf hypothetische und damit gleich große Populationen beziehen, auch mit gleichen Stichprobenumfängen gearbeitet werden muß.

Disproportionale Stichprobenumfänge scheinen allerdings tolerierbar, solange die Bedingung gleicher Populationsvarianzen erfüllt ist (Carroll & Nordholm 1975). Dies gilt insbesondere für den Fall, daß die Verhältnisse der Stichprobenumfänge nur wenig (und zufällig) von denen der Populationsumfänge abweichen. Die von Wang (1982) vorgestellte Omega^2-Modifikation bietet allerdings auch die (mit höherem Rechenaufwand verbundene) Möglichkeit, bei Vorliegen von disproportionalen n_j ein diesen Sachverhalt berücksichtigendes Effektgrößemaß zu bestimmen.

Von Hays wurde inzwischen eine weitere (verbesserte) Schätzgröße für η^2 vorgestellt, die wir zur Abhebung von $\bar{\omega}^2$ mit dem Index »b« versehen. Sie läßt sich aus einem gegebenen F-Wert wie folgt berechnen (Hays 1973, S.486):

<28.12> $$\bar{\omega}_b^2 = \frac{[(N-J-2) \cdot F]/(N-J) - 1}{(N-J+1)/(J-1) + [(N-J-2) \cdot F]/(N-J)}$$

Im Gegensatz zu $\bar{\eta}^2$ können $\bar{\epsilon}^2$ und $\bar{\omega}^2$ als Schätzungen für das Populations-Korrelationsverhältnis in einer Stichprobe einen negativen Wert ergeben (obwohl die geschätzte Größe nur ≥ 0 sein kann). In diesem Fall schließt man, daß $\eta^2 = 0$ ist. Ein signifikanter varianzanalytischer F-Wert (der immer größer als Eins sein muß) stellt allerdings sicher, daß $\bar{\epsilon}^2$ und $\bar{\omega}^2$ einen nichtnegativen Wert ergeben (vgl. Formel <28.8> und <28.11>).

Die als Schätzungen von η^2 konzipierten Größen $\bar{\omega}^2$ und $\bar{\epsilon}^2$ setzen voraus, daß die J Populationen normalverteilt sind und die gleiche Varianz haben. Diese Annahmen entsprechen denen der einfaktoriellen Varianzanalyse. Carroll & Nordholm (1975) konnten allerdings zeigen, daß die Maße im Fall gleicher Stichprobenumfänge recht robust gegenüber Verletzungen der Varianzhomogenitätsbedingung sind.

Beziehungen zwischen Eta², Epsilon² und Omega²

Bestimmt man an einem Datensatz die Werte der drei Maße, dann besteht im Fall $MQ_I \neq 0$ zwischen diesen die Beziehung: $\bar{\eta}^2 > \bar{\epsilon}^2 > \bar{\omega}^2$. Eta² stellt speziell bei kleinen Stichproben eine relativ deutliche Überschätzung von η^2 dar, während die Unterschiede zwischen $\bar{\epsilon}^2$ und $\bar{\omega}^2$ relativ gering sind und mit steigendem Stichprobenumfang vernachlässigbar werden (Carroll & Nordhom 1975; Glass & Hakstian 1969). Die exakten Beziehungen zwischen den drei Maßen sind die folgenden (Wolf & Brandt 1982):

<28.13> $\bar{\eta}^2 = [\bar{\epsilon}^2 \cdot (N-J) + (J-1)]/(N-1)$

<28.14> $\bar{\eta}^2 = [\bar{\omega}^2 \cdot (N-J+1) + (J-1)]/[\bar{\omega}^2 + (N-1)]$

<28.15> $\bar{\epsilon}^2 = [\bar{\eta}^2 \cdot (N-1) - (J-1)]/(N-J)$

<28.16> $\bar{\epsilon}^2 = (\bar{\omega}^2 \cdot N)/[\bar{\omega}^2 + (N-1)]$

<28.17> $\bar{\omega}^2 = [\bar{\eta}^2 \cdot (N-1) - (J-1)]/[1 - \bar{\eta}^2 + (N-J)]$

<28.18> $\bar{\omega}^2 = [\bar{\epsilon}^2 \cdot (N-1)]/(N - \bar{\epsilon}^2)$

Berechnung der Effektgrößemaße für das Beispiel von Tabelle 9.2

Bei dem in Tab. 9.2 dargestellten Beispiel ging es um den Zusammenhang zwischen *Belohnungshöhe* (UV) und *Lösungsgeschwindigkeit* (AV). Die Beziehung hatte sich in der Varianzanalyse als statistisch signifikant erwiesen (vgl. Tab. 9.5). Wir wollen nun untersuchen, wie stark der Effekt des Faktors *Belohnungshöhe* ist. Für die Berechnung der vorgestellten Maße ziehen wir die in Tab. 9.7 wiedergegebenen Werte der varianzanalytischen Größen heran. Es ist danach: $SAQ_Z = 566{,}7500$; $SAQ_G = 1131{,}9167$; $MQ_I = 12{,}8447$; $F = 14{,}7078$ sowie $N = 48$ und $J = 4$. Durch Einsetzen in die entsprechenden Formeln erhalten wir:

$\bar{\eta}^2$ = 566,7500/1131,9167 = 0,5007 <28.5>

$\bar{\eta}^2$ = 3·14,7078/(3·14,7078 + 44) = 0,5007 <28.6>

$\bar{\epsilon}^2$ = (566,7500 - 3·12,8447)/1131,9167 = 0,4667 <28.8>

$\bar{\epsilon}^2$ = 3·13,7078/(3·13,7078 + 47) = 0,4667 <28.9>

$\bar{\omega}^2$ = (566,7500 - 3·12,8447)/(1131,9167 + 12,8447) = 0,4614 <28.10>

$\bar{\omega}^2$ = 3·13,7078/(3·13,7078 + 48) = 0,4614 <28.11>

$\bar{\omega}_b^2$ = (42·14,7078/44 - 1)/(45/3 + 42·14,7078/44) = 0,4490 <28.12>

Der Wert von $\bar{\eta}^2$ zeigt uns an, daß bei den Stichprobendaten 50% der Varianz in der abhängigen Variablen auf die unterschiedlichen Belohnungsbedingungen zurückgehen. Der Faktor *Belohnungshöhe* hat somit einen recht starken Effekt auf die *Lösungsgeschwindigkeit*. Es besteht eine relativ enge Beziehung zwischen beiden Variablen (Korrelation $\bar{\eta}$ = √0,50 = 0,71). Erwartungsgemäß fallen die Schätzungen des Populationseffekts (etwas) niedriger aus, wobei $\bar{\epsilon}^2$ und $\bar{\omega}^2$ zum (praktisch) gleichen Ergebnis führen. Sie schätzen beide, daß (in der Population) 46% der AV-Varianz durch den Faktor Belohnungshöhe bedingt sind. Auch das "verbesserte" Maß $\bar{\omega}_b^2$ kommt zu einer Schätzung für η^2, die sich davon nicht wesentlich unterscheidet.

Entsprechend den Beziehungen <28.13-18> lassen sich bei Vorliegen des Wertes eines Maßes die beiden anderen jeweils berechnen:

$\bar{\eta}^2$ = (0,4667·44 + 3)/47 = 0,5007 <28.13>

$\bar{\eta}^2$ = (0,4614·45 + 3)/(0,4614 + 47) = 0,5007 <28.14>

$\bar{\epsilon}^2$ = (0,5007·47 - 3)/44 = 0,4667 <28.15>

$\bar{\epsilon}^2$ = 0,4614·48/(0,4614 + 47) = 0,4666 <28.16>

$\bar{\omega}^2$ = (0,5007·47 - 3)/(1 - 0,5007 + 44) = 0,4614 <28.17>

$\bar{\omega}^2$ = 0,4667·47/(48 - 0,4667) = 0,4615 <28.18>

28.4 Bestimmung der Effektgröße im Fall von zwei unabhängigen Stichproben

Wenn im Fall von J = 2 unabhängigen Stichproben die Nullhypothese »$\mu_1=\mu_2$« mittels T-Test geprüft wurde, dann ist die anschließende Bestimmung eines Maßes der Effektgröße recht einfach aufgrund des errechneten T-Wertes möglich. Wir hatten in Abschnitt 9.11 gezeigt, daß im Zwei-Stichproben-Fall die Beziehung F = T^2 gilt. Wenn wir dementsprechend in <28.6> ersetzen, ergibt sich für das Stichproben-Korrelationsverhältnis:

<28.19> $\bar{\eta}^2 = T^2/(T^2 + N - 2)$ $N = n_1 + n_2$

Durch Einsetzen von T^2 für F in <28.8> und <28.9> erhalten wir als Schätzungen für η^2 im Fall J = 2:

<28.20> $\bar{\epsilon}^2 = (T^2 - 1)/(T^2 + N - 2)$

<28.21> $\bar{\omega}^2 = (T^2 - 1)/(T^2 + N - 1)$

Der Anteil der Varianz in der abhängigen Variablen, der bei den Stichprobendaten durch die unterschiedlichen Treatments bedingt ist, läßt sich außer durch $\bar{\eta}^2$ auch über den quadrierten punktbiserialen Korrelationskoeffizienten bestimmen. Dazu wird die Zugehörigkeit zu den Treatments mit »0« und »1« kodiert und dann bei den N Personen die Korrelation zwischen diesen [0-1]-Werten und den Werten in der abhängigen Variablen berechnet. Wir wollen dies an dem Beispiel von Tab. 6.1 demonstrieren.

Wir kodieren die Bedingungen wie folgt: Standardinstruktion = 0, Bewerbungsinstruktion = 1. Es ergeben sich dann die folgenden Meßwertreihen (X = Treatmentzugehörigkeit; Y = abhängige Variable = Aggressionsscore):

X	0	0	0	0	0	...	0	0	0	0	0	1	1	1	1	1	...	1	1	1	1	1
Y	7	5	7	3	1	...	9	9	4	8	2	4	0	4	4	5	...	1	1	2	8	11

Der punktbiseriale Korrelationskoeffizient r_{pb} ist nun nichts anderes als die Produkt-Moment-Korrelation zwischen diesen beiden Wertereihen (Diehl & Kohr 1982, Kap. 12.3). Bei einem Taschenrechner mit programmierter Produkt-Moment-Korrelation ist es am einfachsten, diese Werte einzugeben und »r« abzurufen. Dies ergibt $r = r_{pb} = -0{,}5257$. Das Vorzeichen ist dabei ohne Bedeutung, da es willkürlich war, welche Bedingung mit »0« kodiert wurde. Die punktbiseriale Korrelation zwischen dem dichotomen Merkmal *Treatmentzugehörigkeit* und der intervallskalierten abhänhängigen Variablen kann allerdings auch über die folgende Formel bestimmt werden (S_y = Standardabweichung der $N = n_1+n_0$ Werte):

<28.22> $r_{pb} = (M_1 - M_0)\cdot\surd\{n_1\cdot n_0/[N\cdot(N-1)]\}/S_y$

In unserem Fall ist $S_y = 3{,}3950$. Durch Einsetzen der entsprechenden Werte aus Tab. 6.1 in <28.22> erhalten wir:

$$r_{pb} = (3{,}625 - 7{,}171)\cdot\surd[32\cdot 35/(67\cdot 66)]/3{,}3950 = -0{,}5257$$

Wie sich leicht zeigen läßt, gilt im jetzigen Fall von J = 2:

<28.23> $\bar{\eta}^2 = r_{pb}^2$

Wir ziehen zum Beweis den in Abschnitt 9.11 abgeleiteten Sachverhalt heran, daß im Zwei-Stichproben-Fall $SAQ_Z = (M_1 - M_0)^2\cdot n_1\cdot n_0/N$ ist. Durch entsprechendes Einsetzen in der $\bar{\eta}^2$-Definition <28.5> ergibt sich dann:

$$\begin{aligned}\bar{\eta}^2 &= SAQ_Z/SAQ_G\\ &= [(M_1 - M_0)^2\cdot n_1\cdot n_0/N]/SAQ_G\\ &= [(M_1 - M_0)^2\cdot n_1\cdot n_0/N\cdot(N-1)]/[SAQ_G/(N-1)]\\ &= [(M_1 - M_0)^2\cdot n_1\cdot n_0/N\cdot(N-1)]/V_y\\ &= r_{pb}^2 \quad \textit{[wie ein Vergleich mit <28.22> zeigt]}\end{aligned}$$

Da $\bar{\eta}^2 = r_{pb}^2$ ist, kann der punktbiseriale Determinationskoeffizient somit auch über <28.19> bestimmt werden:

<28.24> $r^2_{pb} = T^2/(T^2 + N - 2)$

Eine Auflösung von <28.24> nach T ergibt umgekehrt die Möglichkeit, aus einem gegeben r_{pb}-Wert auf einfache Weise die Prüfgröße des T-Tests zu bestimmen:

<28.25> $T = [r_{pb} \cdot \sqrt{(N-2)}]/\sqrt{(1 - r^2_{pb})}$

Bei einem mit den Daten von Tab. 6.1 durchgeführten T-Test hatten wir einen T-Wert von 4,982 erhalten. Setzen wir diesen in <28.24> ein, ergibt sich:

$$r^2_{pb} = 4{,}982^2/(4{,}982^2 + 67 - 2) = 0{,}2763$$

Ziehen wir daraus die Wurzel, erhalten wir den über <28.22> errechneten Wert von $|r_{pb}| = 0{,}5257$. Eine Bestimmung der beiden anderen Maße der Effektgröße gemäß <28.20> und <28.21> ergibt:

$$\bar{\epsilon}^2 = (4{,}982^2 - 1)/(4{,}982^2 + N - 2) = 0{,}2652$$
$$\bar{\omega}^2 = (4{,}982^2 - 1)/(4{,}982^2 + N - 1) = 0{,}2623$$

Wie Eta^2 anzeigt, gehen bei den Stichprobendaten 27% der Varianz in den Aggressivitätsscores auf die unterschiedlichen Instruktionen zurück. Die Schätzungen des Populationseffekts ergeben einen ähnlichen Wert (26%).

Die Formeln <28.13> bis <28.18> können auch im Fall $J = 2$ herangezogen werden, um bei Vorliegen des Wertes eines Effektmaßes die beiden anderen zu berechnen.

28.5 Bestimmung der Effektgrößen bei zweifaktoriellen Plänen mit unabhängigen Stichproben

Bei dem in Kapitel 12 vorgestellten zweifaktoriellen Plan wurde mit der Varianzanalyse lediglich untersucht, ob die Faktoren allein oder in Kombination einen statistisch signifikanten "Einfluß" auf die abhängige Variable haben. Eine Feststellung der Größe der (signifikanten) Effekte war dagegen mit dem varianzanalytischen Hypothesentest nicht möglich. Dazu bedarf es wieder der anschließenden Bestimmung eines Maßes der Effektstärke. Nach entsprechenden Modifikationen für den zweifaktoriellen Fall können hierzu die in Abschnitt 28.3 vorgestellten Größen herangezogen werden.

Mit Eta^2 wird dabei für die Stichprobendaten festgestellt, welcher Anteil an der Varianz in der abhängigen Variablen dem Zeilen- und Spaltenfaktor sowie deren Wechselwirkung zugeschrieben werden kann. Die Maße $Epsilon^2$ und $Omega^2$ stellen dagegen wieder Schätzungen der entsprechenden Populationseffekte dar.

Die im nachfolgenden für diese Maße angeführten Formeln beziehen sich sämtlich auf zweifaktorielle Pläne mit gleichen Zellenbesetzungen (alle $n_{jk} = n$). Wie die Durchführung der Varianzanalyse kompliziert sich auch die Bestimmung der Effektgrößen, wenn der Plan ungleiche n_{jk} aufweist. Besondere Schwierigkeiten bereitet in diesem Fall die Schätzung der Populationseffekte. Auf $Epsilon^2$ oder $Omega^2$ basierende Maße, die dies zufriedenstellend leisten, liegen bisher nicht vor.

Die Notation in den Formeln dieses Abschnitts folgt der in Kapitel 12 verwendeten. Dort wurden auch die in die Formeln eingehenden varianzanalytischen Größen definiert. In dem unter Betrachtung stehenden zweifaktoriellen Plan weist der Zeilenfaktor J, der Spaltenfaktor K Stufen bzw. Bedingungen auf.

Größe des Effekts des Zeilenfaktors

Liegen aus der zweifaktoriellen Varianzanalyse die Abweichungsquadratsummen vor, dann läßt sich die Stärke des Haupteffekts des Zeilenfaktors »J« mit den drei Maßen wie folgt bestimmen (Camp & Maxwell 1983; Hays 1973, S.513; Tolson 1980; Wolf & Brandt 1982):

<28.26> $\bar{\eta}^2_J = SAQ_J/SAQ_G$

<28.27> $\bar{\epsilon}^2_J = [SAQ_J - (J-1) \cdot MQ_I]/SAQ_G$

<28.28> $\bar{\omega}^2_J = [SAQ_J - (J-1) \cdot MQ_I]/(SAQ_G + MQ_I)$

Sind von der Varianzanalyse nur die F-Werte (und die Freiheitsgrade) gegeben, dann lassen sich die Maße wie folgt errechnen:

<28.29> $\bar{\eta}^2_J = (J-1) \cdot F_J/D$

<28.30> $\bar{\epsilon}^2_J = [(J-1) \cdot (F_J - 1)]/D$

<28.31> $\bar{\omega}^2_J = [(J-1) \cdot (F_J - 1)]/(D+1)$ Hierbei ist:

<28.32> $D = (J-1) \cdot F_J + (K-1) \cdot F_K + (J-1) \cdot (K-1) \cdot F_{JK} + J \cdot K \cdot (n-1)$

Wir wollen die Größe des Effekts des Zeilenfaktors für das Beispiel von Tab. 12.1 berechnen und greifen dazu auf die in Tab. 12.8 zusammengestellten Ergebnisse der zweifaktoriellen Varianzanalyse zurück. Durch Einsetzen der entsprechenden Werte erhalten wir (Index »J« jeweils weggelassen):

$D = 47{,}429 + 2 \cdot 6{,}656 + 2 \cdot 8{,}844 + 6 \cdot 14 = 162$ <28.32>

$\bar{\eta}^2 = 852{,}544/2919{,}565 = 0{,}292$ <28.26>

$\bar{\epsilon}^2 = (852{,}544 - 17{,}975)/2919{,}656 = 0{,}286$ <28.27>

$\bar{\omega}^2 = (852{,}544 - 17{,}975)/(2919{,}656 + 17{,}975) = 0{,}284$ <28.28>

$\bar{\eta}^2 = 47{,}429/162{,}429 = 0{,}292$ <28.29>

$\bar{\epsilon}^2 = (47{,}429 - 1)/162{,}429 = 0{,}286$ <28.30>

$\bar{\omega}^2 = (47{,}429 - 1)/(162{,}429 + 1) = 0{,}284$ <28.31>

Bei den Stichprobendaten lassen sich somit 29% der Varianz im *Lernerfolg* dem Haupteffekt des Faktors *Leistungsniveau* zuschreiben. Die Schätzungen der Stärke des Populationseffekts unterscheiden sich davon nur geringfügig.

Größe des Effekts des Spaltenfaktors

Aufgrund der varianzanalytischen Abweichungsquadratsummen läßt sich die Stärke des Haupteffekts des Spaltenfaktors »K« wie folgt bestimmen (Camp & Maxwell 1983; Hays 1973, S.513; Tolson 1980; Wolf & Brandt 1982):

<28.33> $\bar{\eta}_K^2 = SAQ_K/SAQ_G$

<28.34> $\bar{\epsilon}_K^2 = [SAQ_K - (K-1) \cdot MQ_I]/SAQ_G$

<28.35> $\bar{\omega}_K^2 = [SAQ_K - (K-1) \cdot MQ_I]/(SAQ_G + MQ_I)$

Auch diese Größen lassen sich aufgrund der varianzanalytischen F-Werte berechnen. Der Nennerausdruck »D« wird dabei gemäß <28.32> bestimmt.

<28.36> $\bar{\eta}_K^2 = (K-1) \cdot F_K/D$

<28.37> $\bar{\epsilon}_K^2 = [(K-1) \cdot (F_K - 1)]/D$

<28.38> $\bar{\omega}_K^2 = [(K-1) \cdot (F_K - 1)]/(D+1)$

Eine Berechnung der Größe des Effekts des Spaltenfaktors von Tab. 12.1 ergibt (Index »K« jeweils weggelassen):

$\bar{\eta}^2$	= 239,289/2919,656	= 0,082	<28.33>
$\bar{\epsilon}^2$	= (239,289 - 2·17,975)/2919,656	= 0,070	<28.34>
$\bar{\omega}^2$	= (239,289 - 2·17,975)/(2919,656 + 17,975)	= 0,069	<28.35>
$\bar{\eta}^2$	= 2·6,656/162,429	= 0,082	<28.36>
$\bar{\epsilon}^2$	= [2·(6,656 - 1)]/162,429	= 0,070	<28.37>
$\bar{\omega}^2$	= [2·(6,656 - 1)/(162,429 + 1)	= 0,069	<28.38>

Auf den Haupteffekt des Faktors *Lehrmethode* gehen bei den Stichprobendaten somit 8% der Varianz im *Lernerfolg* zurück. Die Populationsschätzungen ergeben einen sehr ähnlichen Wert (7% zugeschriebene Varianz).

Größe des Interaktionseffekts

Die Stärke des durch das Zusammenauftreten von Zeilen- und Spaltenfaktor entstehenden speziellen Effekts (»Wechselwirkung von J und K«) läßt sich über die nachfolgenden Formeln bestimmen (Camp & Maxwell 1983; Hays 1973, S.513; Tolson 1980; Wolf & Brandt 1982):

<28.39> $\bar{\eta}_{JK}^2 = SAQ_{JK}/SAQ_G$

<28.40> $\bar{\epsilon}_{JK}^2 = [SAQ_{JK} - (J-1) \cdot (K-1) \cdot MQ_I]/SAQ_G$

<28.41> $\bar{\omega}_{JK}^2 = [SAQ_{JK} - (J-1) \cdot (K-1) \cdot MQ_I]/(SAQ_G + MQ_I)$

Auch die Stärke des Interaktionseffekts läßt sich aufgrund der F-Werte berechnen. Die Bestimmung des Nennerausdrucks »D« erfolgt dabei gemäß <28.32>:

<28.42> $\bar{\eta}^2_{JK} = (J-1)\cdot(K-1)\cdot F_{JK}/D$

<28.43> $\bar{\epsilon}^2_{JK} = (J-1)\cdot(K-1)\cdot(F_{JK} - 1)/D$

<28.44> $\bar{\omega}^2_{JK} = [(J-1)\cdot(K-1)\cdot(F_{JK} - 1)/(D+1)$

Für die Daten von Tab. 12.1 erhalten wir (Index »JK« jeweils weggelassen):

$\bar{\eta}^2 = 317{,}956/2919{,}656$	$= 0{,}109$	<28.39>
$\bar{\epsilon}^2 = (317{,}956 - 2\cdot 17{,}975)/2919{,}656$	$= 0{,}097$	<28.40>
$\bar{\omega}^2 = (317{,}956 - 2\cdot 17{,}975)/(2919{,}656 - 17{,}975)$	$= 0{,}096$	<29.41>
$\bar{\eta}^2 = 2\cdot 8{,}844/162{,}429$	$= 0{,}109$	<28.42>
$\bar{\epsilon}^2 = [2\cdot(8{,}844 - 1)]/162{,}429$	$= 0{,}097$	<28.43>
$\bar{\omega}^2 = [2\cdot(8{,}844 - 1)]/(162{,}429 + 1)$	$= 0{,}096$	<28.44>

Wie Eta^2 anzeigt, gehen bei den Stichprobendaten 11% der Varianz im *Lernerfolg* auf den Interaktionseffekt von *Lehrmethode* und *Leistungsniveau* zurück. Für die Population wird ein etwas geringerer Varianzanteil geschätzt (10%).

Größe des Gesamteffekts von Zeilen- und Spaltenfaktor

Will man feststellen, welcher Anteil der Varianz in der abhängigen Variablen insgesamt durch die in den Plan eingeführten Faktoren aufgeklärt werden kann, dann müssen die für die Haupt- und Interaktionseffekte bestimmten Werte der Maße jeweils addiert werden, denn es gilt (GE = Gesamt Effekt):

<28.45> $\bar{\eta}^2_{GE} = \bar{\eta}^2_J + \bar{\eta}^2_K + \bar{\eta}^2_{JK}$

<28.46> $\bar{\epsilon}^2_{GE} = \bar{\epsilon}^2_J + \bar{\epsilon}^2_K + \bar{\epsilon}^2_{JK}$

<28.47> $\bar{\omega}^2_{GE} = \bar{\omega}^2_J + \bar{\omega}^2_K + \bar{\omega}^2_{JK}$

Die hier durch Addition der Einzelkomponenten gewonnenen Gesamteffekte lassen sich aufgrund der Abweichungsquadratsummen bzw. der F-Werte wie folgt bestimmen (Wolf & Brandt 1982):

<28.48> $\bar{\eta}^2_{GE} = (SAQ_G - SAQ_I)/SAQ_G$

<28.49> $\bar{\epsilon}^2_{GE} = [SAQ_G - SAQ_I - (J\cdot K - 1)\cdot MQ_I]/SAQ_G$

<28.50> $\bar{\omega}^2_{GE} = [SAQ_G - SAQ_I - (J\cdot K - 1)\cdot MQ_I]/(SAQ_G + MQ_I)$

<28.51> $\bar{\eta}^2_{GE} = [(J-1)\cdot F_J + (K-1)\cdot F_K + (J-1)\cdot(K-1)\cdot F_{JK}]/D$

<28.52> $\bar{\epsilon}^2_{GE} = [(J-1)\cdot(F_J-1) + (K-1)\cdot(F_K-1) + (J-1)\cdot(K-1)\cdot(F_{JK}-1)]/D$

<28.53> $\bar{\omega}^2_{GE} = [(J-1)\cdot(F_J-1) + (K-1)\cdot(F_K-1) + (J-1)\cdot(K-1)\cdot(F_{JK}-1)]/(D+1)$

Die Nennergröße »D« wird dabei wieder gemäß <28.32> berechnet. Für das Beispiel von Tab. 12.1 ergeben die Maße des Gesamteffekts der Faktoren folgende Werte (Index »GE« jeweils weggelassen):

$\bar{\eta}^2 = 0{,}292 + 0{,}082 + 0{,}109 = 0{,}483$ <28.45>

$\bar{\epsilon}^2 = 0{,}286 + 0{,}070 + 0{,}097 = 0{,}453$ <28.46>

$\bar{\omega}^2 = 0{,}284 + 0{,}069 + 0{,}096 = 0{,}449$ <28.47>

$\bar{\eta}^2 = (2919{,}656 - 1509{,}867)/2919{,}656 = 0{,}483$ <28.48>

$\bar{\epsilon}^2 = (2919{,}656 - 1509{,}867 - 5 \cdot 17{,}979)/2919{,}656 = 0{,}452$ <28.49>

$\bar{\omega}^2 = (2919{,}656 - 1509{,}867 - 5 \cdot 17{,}979)/(2919{,}656 + 17{,}979) = 0{,}449$ <28.50>

$\bar{\eta}^2 = (47{,}429 + 2 \cdot 6{,}656 + 2 \cdot 8{,}844)/162{,}429 = 0{,}483$ <28.51>

$\bar{\epsilon}^2 = (46{,}429 + 2 \cdot 5{,}656 + 2 \cdot 7{,}844)/162{,}429 = 0{,}452$ <28.52>

$\bar{\omega}^2 = (46{,}429 + 2 \cdot 5{,}656 + 2 \cdot 7{,}844)/(162{,}429 + 1) = 0{,}449$ <28.53>

Den Haupt- und Interaktionseffekten von *Lehrmethode* und *Leistungsniveau* können somit bei den Stichprobendaten insgesamt 48% der Varianz im *Lernerfolg* zugeschrieben werden. Für die Population wird geschätzt, daß 45% der AV-Varianz auf die Wirkung beider Faktoren zurückgehen.

Partialmaße der Effektgröße

Bei den bisher in diesem Abschnitt vorgestellten Maßen der Effektgröße wurde der interessierende Effekt jeweils hinsichtlich seines Anteils an der Gesamtvariation in der abhängigen Variablen beurteilt. So wurde z.B. die Stärke des Haupteffekts des Zeilenfaktors bei den Stichprobendaten wie folgt bestimmt:

<28.54> $\bar{\eta}^2_J = SAQ_J/(SAQ_J + SAQ_K + SAQ_{JK} + SAQ_I) = V_J/(V_J + V_K + V_{JK} + V_I)$

Entsprechend konzipiert war auch die Populationsgröße, die über $\bar{\omega}^2_J$ geschätzt wurde:

<28.55> $\eta^2_J = \sigma^2_J/(\sigma^2_J + \sigma^2_K + \sigma^2_{JK} + \sigma^2_I)$

Die Formeln lassen erkennen, daß die Größe des Effekts, die sich für die Hauptwirkung des Zeilenfaktors ergibt, auch davon abhängt, wie stark der Effekt des Spaltenfaktors und der Interaktionseffekt ist. Dies ist insofern problematisch, als es bei der Anlage von Experimenten mehr oder minder in der Hand des Untersuchers liegt, welche weiteren (stark wirkenden) Faktoren er neben Faktor »J« in den Plan mitaufnimmt. In Abhängigkeit von diesen anderen unabhängigen Variablen verändert sich jedoch aufgrund der Definition der Maße der Effekt des Zeilenfaktors.

Besonders bemerkbar macht sich dieser Nachteil, wenn man die für einen Faktor »J« bestimmten Effekte aus zwei Untersuchungen miteinander vergleichen möchte, die eine unterschiedliche Anzahl von unabhängigen Variablen oder neben »J« nicht die gleichen Faktoren enthalten haben. Für solche (und andere) Zwecke wird deshalb ein Effektstärkemaß vorgeschlagen, bei dem bestimmte Einflußgrößen des Versuchsplans außer Betracht bleiben und der Nenner ("Bezugswert") nur aus dem interessierenden Effekt plus der Varianz innerhalb der Zellen besteht (Camp & Maxwell 1983; Cohen 1973a; Keppel 1973, S.553; Maxwell et al. 1981).

Man bezeichnet diese Maße als *Partial-Eta²* bzw. *Partial-Omega²* (weil bestimmte Effekte auspartialisiert sind). Sie sind in Termini der varianzanalytischen Abweichungsquadratsummen bzw. F-Werte wie folgt definiert:

<28.56> $\bar{\eta}_p^2 = SAQ_E/(SAQ_E + SAQ_I)$

<28.57> $\bar{\omega}_p^2 = (SAQ_E - FG_E \cdot MQ_I)/[SAQ_E + (N - FG_E) \cdot MQ_I]$

<28.58> $\bar{\eta}_p^2 = FG_E \cdot F_E/[FG_E \cdot F_E + (N - J \cdot K)]$

<28.59> $\bar{\omega}_p^2 = [FG_E \cdot (F_E - 1)]/[FG_E \cdot (F_E - 1) + N]$

Durch den Index »E« ist hier kenntlich gemacht, daß die entsprechenden Größen des interessierenden Effekts einzusetzen sind. Wenn wir also die Effektstärke des Zeilenfaktors »J« bestimmen wollen, bei der der Haupteffekt des Spaltenfaktors »K« sowie der Interaktionseffekt außer Betracht bleiben ("auspartialisiert" sind), dann kann dies gemäß <28.56-59> wie folgt geschehen:

$\bar{\eta}_{pJ}^2 = SAQ_J/(SAQ_J + SAQ_I)$

$\bar{\omega}_{pJ}^2 = [SAQ_J - (J-1) \cdot MQ_I]/[SAQ_J + (N-J+1) \cdot MQ_I]$

$\bar{\eta}_{pJ}^2 = [(J-1) \cdot F_J]/[(J-1) \cdot F_J + J \cdot K \cdot (n-1)]$

$\bar{\omega}_{pJ}^2 = [(J-1) \cdot (F_J - 1)]/[(J-1) \cdot (F_j - 1) + N]$

Im Gegensatz zu <28.55> schätzt $\bar{\omega}_{pJ}^2$ nun die Größe $\eta_{pJ}^2 = \sigma_J^2/(\sigma_J^2 + \sigma_I^2)$. Für die Daten des Beispiels von Tabelle 12.1 erhalten wir (Index »pJ« jeweils weggelassen):

$\bar{\eta}^2 = 852{,}544/(852{,}544 + 1509{,}867) = 0{,}361$

$\bar{\omega}^2 = (852{,}544 - 17{,}975)/(852{,}544 + 89 \cdot 17{,}975) = 0{,}340$

$\bar{\eta}^2 = 47{,}429/(47{,}429 + 6 \cdot 14) = 0{,}361$

$\bar{\omega}^2 = 46{,}429(46{,}429 + 90) = 0{,}340$

Die durch diese Werte zum Ausdruck kommende Effektstärke des *Leistungsniveaus* könnte nun verglichen werden mit der entsprechend bestimmten Partialeffektgröße dieses Faktors aus einer anderen Studie, bei der neben dem Spaltenfaktor *Lehrmethode* noch eine dritte unabhängige Variable in der Versuchsanordnung eingeführt war (z.B. »Lehrerfahrung des Dozenten«).

28.6 Bestimmung der Effektgröße im Fall von drei oder mehr abhängigen Stichproben

Will man bei dem in Kapitel 14 vorgestellten Plan mit J abhängigen Stichproben feststellen, welcher Anteil der Varianz der abhängigen Variablen durch den (festen) Treatmentfaktor bedingt ist, so kann dazu wie im Fall von J unabhängigen Gruppen das Korrelationsverhältnis herangezogen werden, denn die Abweichungsquadratsummen *Gesamt* und *Treatment/Zwischen* sind bei beiden Plänen auf die gleiche Art definiert (vgl. Abschnitt 9.7 und 14.5). Die Stärke des Treatmenteffekts bestimmt sich danach wie folgt:

<28.60> $\bar{\eta}^2_T = SAQ_T/SAQ_G$

Eta^2_T drückt die Effektstärke wiederum nur für die Stichprobendaten aus. Als Schätzung für η^2_T, die Größe des Treatmenteffekts in der Population, ist es dagegen weniger geeignet. Dazu kann jedoch das (entsprechend modifizierte) Maß $Omega^2$ herangezogen werden. Es muß dabei allerdings berücksichtigt werden, ob die Block- und Treatmenteffekte additiv sind oder nicht. Ein Verfahren zur Prüfung auf Additivität wurde in Abschnitt 14.9 besprochen.

Bestimmung von Omega² im Fall von Nichtadditivität

Kann nicht davon ausgegangen werden, daß Additivität vorliegt, dann muß die Effektstärke des Treatmentfaktors wie folgt bestimmt werden (Vaughan & Corballis 1969):

<28.61> $\bar{\omega}^2_T = [(J-1)\cdot(MQ_T - MQ_R)]/[(J-1)\cdot(MQ_T - MQ_R) + n\cdot MQ_B + n\cdot J\cdot MQ_R]$

Die hier eingehenden Mittleren Quadrate der Varianzanalyse wurden in Kapitel 14 definiert. Dodd & Schultz (1973) schlagen zur Berechnung von $\bar{\omega}^2_T$ folgende (einfachere) Formel vor:

<28.62> $\bar{\omega}^2_T = [SAQ_T - (J-1)\cdot MQ_R]/(SAQ_G + MQ_B + n\cdot MQ_R)$

Ersetzt man in <28.61> MQ_T und MQ_B durch $F_T\cdot MQ_R$ bzw. $F_B\cdot MQ_R$, dann ergibt sich (nach einigen Vereinfachungen) wieder die Möglichkeit, die Stärke des Treatmenteffekts aufgrund der varianzanalytischen F-Werte zu berechnen:

<28.63> $\bar{\omega}^2_T = [(J-1)\cdot(F_T - 1)]/[(J-1)\cdot(F_T - 1) + n\cdot(F_B + J)]$

Das über <28.61-63> bestimmte $\bar{\omega}^2_T$ stellt allerdings immer eine Unterschätzung des Anteils der AV-Varianz dar, der (in der Population) durch den Treatmentfaktor bedingt ist. Aufgrund eines erhaltenen $\bar{\omega}^2_T$ läßt sich somit sagen, daß η^2_T zumindest diesen Wert aufweist. Darüber hinaus kann jedoch mit einem von Susskind & Howland (1980) empfohlenen Vorgehen bestimmt werden, welchen Wert η^2_T im konkreten Fall nicht übersteigen kann. Diese Obergrenze erhält man, wenn man $\bar{\omega}^2_T$ gemäß der für das Vorliegen von Additivität konzipierten Formeln <28.64-66> berechnet, da diese im Fall von Nichtadditivität immer zu einer Überschätzung von η^2_T führen.

Berechnung von Omega² bei Vorliegen von Additivität

Kann davon ausgegangen werden, daß Block- und Treatmenteffekte additiv sind, dann läßt sich die Größe des Effekts des Treatmentfaktors wie folgt bestimmen (Kirk 1982, S.246; Vaughan & Corballis 1969):

<28.64> $$\bar{\omega}_T^2 = \frac{(J-1)\cdot(MQ_T - MQ_R)}{(J-1)\cdot(MQ_T - MQ_R) + n\cdot(MQ_B - MQ_R) + n\cdot J\cdot MQ_R}$$

Die von Dodd & Schultz (1973) für den Fall von Additivität vorgeschlagene Formel lautet:

<28.65> $$\bar{\omega}_T^2 = [SAQ_T - (J-1)\cdot MQ_R]/(SAQ_G + MQ_B)$$

Durch entsprechendes Ersetzen von MQ_T, MQ_R und MQ_B läßt sich aus <28.65> wieder eine Formel in Termini von F-Werten ableiten:

<28.66> $$\bar{\omega}_T^2 = [(J-1)\cdot(F_T - 1)]/[(J-1)\cdot(F_T - 1) + n\cdot(F_B + J - 1)]$$

Das bei Nichtadditivität bestimmte $\bar{\omega}_T^2$ war stets eine Unterschätzung von η_T^2, da der Nenner von <28.61> eine Überschätzung der Populations-Gesamtvarianz darstellte. Diesen Nachteil weist das Maß im Fall von Additivität *nicht* auf. Die in den Quotienten <28.64> eingehenden Schätzungen der Varianzkomponenten sind alle unverzerrt.

Bestimmung der Effektstärke für den Blockfaktor

Je stärker der Effekt des Blockfaktors ausfällt, um so günstiger war es (statistisch gesehen), mit abhängigen Gruppen zu arbeiten. Es ist deshalb zur nachträglichen Evaluation des verwendeten Versuchsplans sinnvoll, auch für den Blockfaktor die Effektgröße zu bestimmen. In Abschnitt 14.4 hatten wir ausgeführt, daß die Zurückweisung der Nullhypothese zum Blockfaktor (H_0:σ_a^2=0) für sich allein noch keinen bedeutsamen Befund darstellt. Angestrebt wird mit der Verwendung abhängiger Gruppen vielmehr, daß in der Population die Varianz der Blockmittel (σ_a^2) einen möglichst hohen Anteil an der Gesamtvarianz (σ_G^2) ausmacht. Aus diesem Grund möchte man auch (nachträglich) abschätzen, welchen Wert der Quotient σ_a^2/σ_G^2 aufweist. Ein befriedigendes Maß zur Schätzung dieser Größe liegt allerdings nur für den Fall der Additivität von Block- und Treatmenteffekten vor (Kirk 1982, S.246; Vaughan & Corballis 1969).

Da die Stufen des Block-/Personenfaktors eine Zufallsauswahl darstellen, bezeichnet man das Effektstärkemaß nicht (wie beim festen Treatmentfaktor) mit Omega^2, sondern als »Intraklassen-Korrelationkoeffizient«. Den Parameter symbolisieren wir dabei mit »ρ_I«, seine an der Stichprobe gewonnene Schätzung mit »$\bar{\rho}_I$«. Es ist somit $\rho_I = \sigma_a^2/\sigma_G^2$. Die Schätzung für diesen Quotienten wird aufgrund der Mittleren Quadrate wie folgt bestimmt wird:

<28.67> $$\bar{\rho}_I = (MQ_B - MQ_R)/[(J-1)\cdot(MQ_T - MQ_R)/n + MQ_B + (J-1)\cdot MQ_R]$$

Im Fall der Nichtadditivität von Block- und Treatmenteffekten stellt $\bar{\rho}_I$ eine mehr oder minder starke Unterschätzung des Wertes von ρ_I dar.

Durch Einsetzen von $F_B \cdot MQ_R$ und $F_T \cdot MQ_R$ für MQ_B und MQ_T in <28.67> läßt sich nach einigen Vereinfachungen folgende F-Wert-Formel ableiten:

<28.68> $\bar{\rho}_I = (F_B - 1)/[(J-1) \cdot (F_T - 1)/n + F_B + J - 1]$

Wenn es nicht darum geht, $\rho_I = \sigma_a^2/\sigma_G^2$ zu schätzen, sondern lediglich für die Stichprobendaten bestimmt werden soll, welchen Anteil die auf den Blockfaktor zurückgehende Varianz an der Gesamtvarianz ausmacht, kann auch der Quotient aus der Block- und der Gesamt-Abweichungsquadratsumme als Effektstärkemaß gebildet werden:

<28.69> $r_I = SAQ_B/SAQ_R$

Vergessen werden darf dabei jedoch nicht, daß ρ_I über $\bar{\rho}_I$ (und nicht über r_I) geschätzt werden muß.

Berechnung der Effektgrößen für das Beispiel von Tabelle 14.1

Die Prüfung in Abschnitt 14.9 hatte ergeben, daß bei den Daten von Tab. 14.1 davon ausgegangen werden kann, daß Block- und Treatmenteffekte additiv sind. Zur Demonstration soll die Effektstärke des Treatmentfaktors jedoch auch gemäß der Formeln bestimmt werden, die für den Fall der Nichtadditivität konzipiert sind (*). Für die Berechnungen greifen wir auf die in Tab. 14.4 zusammengestellten Ergebnisse der Varianzanalyse zurück. Durch Einsetzen der entsprechenden Werte erhalten wir:

$\bar{\eta}_T^2 = 605{,}267/1855{,}867 = 0{,}326$ <28.60>

$\bar{\omega}_T^2 = \dfrac{2 \cdot (302{,}634 - 4{,}041)}{2 \cdot (302{,}634 - 4{,}041) + 10 \cdot 130{,}874 + 30 \cdot 4{,}041} = 0{,}295^*$ <28.61>

$\bar{\omega}_T^2 = (605{,}267 - 2 \cdot 4{,}041)/(1855{,}867 + 130{,}874 + 10 \cdot 4{,}041) = 0{,}295^*$ <28.62>

$\bar{\omega}_T^2 = 2 \cdot 73{,}891/[2 \cdot 73{,}891 + 10 \cdot (32{,}386 + 3)] = 0{,}295^*$ <28.63>

$\bar{\omega}_T^2 = \dfrac{2 \cdot (302{,}634 - 4{,}041)}{30 \cdot 4{,}041 + 10 \cdot (130{,}874 - 4{,}041) + 2 \cdot (302{,}634 - 4{,}041)} = 0{,}301$ <28.64>

$\bar{\omega}_T^2 = (605{,}267 - 2 \cdot 4{,}041)/(1855{,}867 + 130{,}874) = 0{,}301$ <28.65>

$\bar{\omega}_T^2 = 2 \cdot 73{,}891/[2 \cdot 73{,}891 + 10 \cdot (32{,}386 + 2)] = 0{,}301$ <28.66>

$\bar{\rho}_I = \dfrac{130{,}874 - 4{,}041}{2 \cdot (302{,}634 - 4{,}041)/10 + 130{,}874 + 2 \cdot 4{,}041} = 0{,}638$ <28.67>

$\bar{\rho}_I = 31{,}386/(2 \cdot 73{,}891/10 + 32{,}386 + 2) = 0{,}638$ <28.68>

$r_I = 1177{,}867/1855{,}867 = 0{,}635$ <28.69>

Bei den Stichprobendaten gehen somit 33% der Varianz in der *Veranstaltungsbeurteilung* auf den Treatmentfaktor *Kurstyp* zurück. Über Omega^2 wird geschätzt, daß 30% der AV-Varianz dem Treatmentfaktor zuzuschreiben sind, wobei sich die Werte der Maße für den Additivitäts- und den Nichtadditivitätsfall praktisch nicht unterscheiden. Dies hat seine Ursache in dem Sachverhalt, daß die Stichprobendaten nur in geringem Ausmaß von der (vollständigen) Additivität abweichen. Weiterhin erweist sich die Verwendung eines Plans mit abhängigen Stichproben nachträglich als vorteilhaft, da durch den Block-/Personenfaktor mit 64% ein hoher Anteil der Gesamtvarianz aufgeklärt und damit von der Fehlerkomponente abgespalten werden konnte (vgl. Tab. 14.10).

28.7 Bestimmung der Effektgröße im Fall von zwei abhängigen Stichproben

Bei zwei abhängigen Stichproben wurde die Nullhypothese »$\mu_1 = \mu_2$« mit dem in Kapitel 7 beschriebenen T-Test geprüft. Wenn jedoch über den Test von H_0 hinaus geplant ist, auch die Stärke des Treatmenteffekts und der Wirkung des Blockfaktors zu bestimmen, dann empfiehlt es sich, statt des T-Test die Varianzanalyse für abhängige Gruppen durchzuführen. Dadurch fallen automatisch die Größen an, die für die Berechnung der Effektstärkemaße benötigt werden. Die Prüfung von $H_0: \mu_1 = \mu_2$ via Varianzanalyse führt zur gleichen Entscheidung über die Hypothese wie der T-Test, da im Fall von zwei Gruppen die Beziehung $F_T = T^2_{am}$ gilt.

Wenn für die Stichprobendaten bestimmt werden soll, welcher Anteil an der AV-Varianz durch den Treatmentfaktor bedingt ist, so kann dazu wieder der punktbiseriale Korrelations- bzw. Determinationskoeffizient herangezogen werden. Er läßt sich auf drei Arten berechnen: (1) Kodierung der Treatmentzugehörigkeit mit »0« und »1« und Korrelation dieser [0-1]-Werte mit den AV-Werten mittels (im Rechner programmierter) Produkt-Moment-Formel; (2) Heranziehung von Formel <28.22>; (3) Bestimmung von $\bar{\eta}^2_T = r^2_{pbT}$ aufgrund der varianzanalytischen Abweichungsquadratsummen:

$$\langle 28.70\rangle \quad r^2_{pbT} = SAQ_T/SAQ_G$$

Soll dagegen geschätzt werden, welche Effektstärke der Treatmentfaktor in der Population aufweist, so kann dies z.B. über die Omega^2-Formeln <28.62> und <28.65> erfolgen. Auf die rechenintensive Prüfung auf Additivität kann dabei verzichtet werden, wenn man den Wert von Omega^2 jeweils nach beiden Formeln bestimmt und sich mit der Information zufrieden gibt, daß der in der Population durch den Treatmentfaktor aufgeklärte Varianzanteil zwischen diesen beiden Werten liegen muß.

Zur Berechnung des Anteils der AV-Varianz, der bei den Stichprobendaten durch den Block-/Personenfaktor bedingt ist, kann Formel <28.69> herangezogen werden. Eine Schätzung der Populations-Intraklassenkorrelation muß dagegen über <28.67> erfolgen. Hierbei wird wieder vorausgesetzt, daß Block- und Treatmenteffekte additiv sind.

Die Bestimmung der Effektgrößen bei zwei abhängigen Stichproben wollen wir an den Daten von Tab. 7.2 demonstrieren. Über die Formeln von Abschnitt 14.5 ergeben sich die folgenden SAQ- und MQ-Werte:

$SAQ_T = (216^2 + 104^2)/24 - 320^2/48 = 261{,}333$ <14.11>

$SAQ_B = 5564/2 - 320^2/48 = 648{,}667$ <14.12>

$SAQ_R = 3280 - 320^2/48 - 261{,}333 - 648{,}667 = 236{,}667$ <14.13>

$SAQ_G = 3280 - 320^2/48 = 1146{,}667$ <14.14>

$MQ_T = 261{,}333$; $MQ_B = 648{,}667/23 = 28{,}203$; $MQ_R = 236{,}667/23 = 10{,}290$

Die F-Werte zur Prüfung der Effekte von Treatment- und Blockfaktor sind:

$F_T = 261{,}333/10{,}290 = 25{,}397$; $F_B = 28{,}203/10{,}290 = 2{,}741$; $FG_1 = 1$, $FG_2 = 23$.

Beide übersteigen bei $\alpha = 0{,}05$ die kritischen F-Werte. In Abschnitt 7.3.2 hatten wir beim Test des Unterschieds zwischen den Treatmentmitteln einen Prüfwert von $T_{am} = 5{,}040$ erhalten. Wie oben ausgeführt ist $T_{am} = \surd F_T = \surd 25{,}397$.

Wenn wir in Tab. 7.2 die Instruktionsbedingungen mit »0« und »1« kodieren und diese Werte mit den N = 48 *Gehemmtheits*-Werten korrelieren, ergibt sich ein punktbiserialer Determinationskoeffizient von $r^2_{pbT} = 0{,}228$. Den gleichen Wert erhält man über Formel <28.22>, wobei $S_y = \surd[SAQ_G/(N-1)]$ ist:

$r^2_{pbT} = [(9{,}000 - 4{,}333)^2 \cdot 24^2/(48 \cdot 47)]/(1146{,}667/47) = 0{,}228$

Bei Vorliegen der Abweichungsquadratsummen läßt sich das Effektstärkemaß am einfachsten nach Formel <28.70> berechnen: $r^2_{rbT} = 261{,}333/1146{,}667 = 0{,}228$.

Eine Schätzung der Größe des Treatmenteffekts in der Population über <28.62> und <28.65> ergibt:

$\bar{\omega}^2_T = (261{,}333 - 10{,}290)/(1146{,}667 + 28{,}203 + 24 \cdot 10{,}290) = 0{,}177$

$\bar{\omega}^2_T = (261{,}333 - 10{,}290)/(1146{,}667 + 28{,}203) = 0{,}214$

Wir schätzen somit, daß in der Population zwischen 18 und 21% der Varianz in den *Gehemmtheits*-Werten durch die unterschiedlichen Instruktionen bedingt sind.

Bei den Stichprobendaten wird ein relativ großer Varianzanteil durch den Personenfaktor aufgeklärt, wie die Berechnungen gemäß <28.69> zeigen:

$r_I = 648{,}667/1146{,}667 = 0{,}566$.

Die Schätzung der Populations-Intraklassenkorrelation über <28.67> ergibt:

$\bar{\rho}_I = (28{,}203 - 10{,}290)/[(261{,}333 - 10{,}290)/24 + 28{,}203 + 10{,}290 = 0{,}366$

Der für die Population geschätzte Anteil der AV-Varianz, der durch den Personenfaktor aufgeklärt wird, liegt somit deutlich unter dem über r_I für die Stichprobe bestimmten Prozentsatz. Bevor jedoch im vorliegenden Fall davon ausgegangen werden kann, daß $\bar{\rho}_I$ keine mehr oder minder starke Unterschätzung des Parameterwertes ρ_I liefert, müßte noch geprüft werden, ob die Daten die Additivitätsbedingung ausreichend erfüllen. Auf den diesbezüglichen (aufwendigen) Test wollen wir jedoch verzichten, da primär die Berechnung der Effektstärkemaße demonstriert werden sollte.

28.8 Bestimmung der Effektgröße bei Vorliegen von Rangdaten

Mit dem in Abschnitt 24.1 beschriebenen *Kruskal-Wallis-Test* kann untersucht werden, ob zwischen den mittleren Rängen von J unabhängigen Stichproben statistisch signifikante Unterschiede bestehen, während der in Abschnitt 23.2 vorgestellte *Wilcoxon-Rangsummentest* die entsprechende Hypothese im Fall von zwei Gruppen prüft. Auch in diesen Situationen, wo Rangdaten analysiert werden, kann und sollte im Anschluß an den Nachweis statistischer Signifikanz wieder durch ein geignetes Maß festgestellt werden, wie stark der Effekt des untersuchten Faktors ist. Die Bestimmung dieser Maße wird in den beiden nächsten Abschnitten beschrieben.

Bei Vorliegen von J abhängigen Stichproben können Rangdaten mit dem *Friedman-Test* (Abschnitt 26.1) bzw. mit dem für zwei Gruppen konzipierten *Wilcoxon-Vorzeichen-Rangtest* (Abschnitt 25.4) analysiert werden. Auch hier wäre es wünschenswert, im Anschluß an die Feststellung statistischer Signifikanz die Stärke des Effekts bestimmen zu können. Unsere Literaturdurchsicht hat jedoch lediglich für den Zwei-Stichproben-Fall ein Effektgrößemaß zutage gefördert, während sich ein Maß zur Berechnung der Effektstärke im Anschluß an den Friedman-Test nicht auffinden ließ.

28.8.1 Bestimmung der Effektgröße im Fall von drei oder mehr unabhängigen Stichproben

Der Kruskal-Wallis-Test kann angewendet werden, wenn bei $N = n_1+n_2+...+n_J$ Personen Rangwerte vorliegen bzw. ursprünglich gegebene Meßwerte durch Ränge ersetzt worden sind. Nach Feststellung statistischer Signifikanz durch dieses Verfahren ist dann zu fragen, welcher Anteil der Varianz der Rangwerte dem untersuchten Faktor zuzuschreiben ist. Zur Bestimmung dieses Anteils wird von Lienert & Raatz (1971) das Effektstärkemaß »Eta_H^2« vorgeschlagen. Es ist vom Konzept her nicht anderes als eine Anwendung von Formel <28.5> auf die N Rangwerte. Aus diesem Grund kennzeichnen wir das Maß und die darin eingehenden Größen mit dem (zusätzlichen) Index »R«:

<28.71> $\bar{\eta}_R^2 = SAQ_{Z(R)}/SAQ_{G(R)}$

Hierbei können zur Berechnung der Abweichungsquadratsummen die varianzanalytischen Formeln von Abschnitt 9.7 herangezogen werden. Wir wollen dies am Beispiel von Tab. 24.1 demonstrieren. Für die unter Betrachtung stehenden Rangwerte ist: $A_1 = 49$; $A_2 = 42$; $A_3 = 45$; $\Sigma B_j = 539 + 280 + 677 = 1496$. Durch Einsetzen in <9.32>, <9.34> und <28.71> erhalten wir:

$SAQ_{Z(R)} = 49^2/6 + 42^2/7 + 45^2/3 - 136^2/16 = 171{,}167$

$SAQ_{G(R)} = 1496 - 136^2/16 = 340$; $\bar{\eta}^2_R = 171{,}167/340 = 0{,}503$

Die für Meßwerte konzipierten Größen <9.32> und <9.34> lassen sich allerdings bei Vorliegen von Rangwerten algebraisch vereinfachen, da die Summe von N Rängen immer gleich $N \cdot (N+1)/2$ und deren Abweichungsquadratsumme (im bindungsfreien Fall) jeweils $SAQ_{G(R)} = N \cdot (N^2-1)/12$ ist. Beide Beziehungen gelten auch für unsere Daten. Als Rangsumme ergibt sich $16 \cdot 17/2 = 136$. Weiterhin ist $SAQ_{G(R)} = 16 \cdot (16^2-1)/12 = 340$. Unter Berücksichtigung dieser bei Rangwerten bestehenden Beziehungen leiten Lienert & Raatz (1971) aus <28.71> folgende Formel ab:

<28.72> $\bar{\eta}^2_R = 12 \cdot (\Sigma R_j^2/n_j)/[N \cdot (N^2 - 1)] - 3 \cdot (N+1)/(N-1)$ <j = 1...J>

Diese Formel gilt allerdings nur für den Fall, daß keine Rangbindungen vorliegen. Ein Vergleich mit <24.10>, der Prüfgröße des Kruskal-Wallis-Tests, zeigt, daß folgende Beziehungen bestehen:

<28.73> $\bar{\eta}^2_R = H/(N-1)$ $\quad H = (N-1) \cdot \bar{\eta}^2_R$

Für das Beispiel von Tab. 24.1 erhalten wir: $\bar{\eta}^2_R = 7{,}551/15 = 0{,}503$. Dieser Wert entspricht erwartungsgemäß dem über <28.71> errechneten.

Treten gebundene Rangwerte auf, dann muß bei dem über <28.73> berechneten $\bar{\eta}^2_R$ eine Bindungskorrektur vorgenommen werden:

<28.73> $\bar{\eta}^2_{Rb} = \bar{\eta}^2_R/B = H_b/(N-1)$

Die Größen »B« und »H_b« werden dabei gemäß <24.11> und <24.12> bestimmt. Bei einer Berechnung der Effektgröße über <28.71> ist dagegen *keine* Korrektur erforderlich. Diese Formel liefert im Bindungsfall den Wert von $\bar{\eta}^2_{Rb}$.

Zur Demonstration der Berechnungen ziehen wir die Daten von Tab. 24.2 heran. Es ist $A_1 = 455$; $A_2 = 348{,}5$; $A_3 = 224{,}5$; $A_4 = 148$; $\Sigma A_j = 1176$; $\Sigma B_j = 37985{,}5$. Durch Einsetzen in <9.29> und <9.31> erhalten wir:

$SAQ_{Z(R)} = (455^2 + 348{,}5^2 + 224{,}5^2 + 148^2)/12 - 1176^2/48 = 4586{,}458$

$SAQ_{G(R)} = 37985{,}5 - 1176^2/48 = 9173{,}500$

Als Anteil der Varianz der Rangwerte, der (bei den Stichprobendaten) durch den Faktor *Belohnungshöhe* bedingt ist, ergibt sich dann gemäß <28.71>:

$\bar{\eta}^2_{Rb} = 4586{,}458/9173{,}500 = 0{,}500$

Setzen wir das in Abschnitt 24.1 errechnete »H_b« in <28.73> ein, ergibt sich erwartungsgemäß der gleiche Wert: $\bar{\eta}^2_{Rb} = 23{,}499/47 = 0{,}500$.

Das Maß $\bar{\eta}^2_{Rb}$ nimmt seinen Maximalwert von Eins an, wenn die Rangsummen der J Gruppen verschieden, die Rangwerte innerhalb der Gruppen dagegen jeweils gleich sind. Bei $n_1 = n_2 = n_3 = 5$ und $J = 3$ wäre dies bei folgender Datenkonstellation der Fall: Gruppe 1 = 3-3-3-3-3; Gruppe 2 = 8-8-8-8-8; Gruppe 3 = 13-13-13-13-13. Es ist dann:

$B = 1 - [3\cdot(5^3 - 5)]/(15^3 - 15) = 0{,}893$ <24.11>

$\bar{\eta}^2_R = [12\cdot(15^2 + 40^2 + 65^2)/5]/[15\cdot(15^2 - 1)] - 3\cdot 16/14 = 0{,}893$ <28.72>

$\bar{\eta}^2_{Rb} = 0{,}893/0{,}893 = 1$ <28.73>

Treten dagegen keine Rangbindungen auf, kann $\bar{\eta}^2_R$ den Wert Eins nicht annehmen. Bei gleichen Stichprobenumfängen läßt sich das maximal mögliche $\bar{\eta}^2_R$ wie folgt berechnen (Lienert & Raatz 1971):

<28.74> $\bar{\eta}^2_R(\max) = N^2\cdot(J^2 - 1)/[J^2\cdot(N^2 - 1)]$

Demonstrieren wir dies wieder am Fall von drei Stichproben von je fünf Personen. Maximale Unterschiede zwischen den Gruppen bestehen, wenn die Rangwerte sich wie folgt verteilen: Gruppe 1 = 1-2-3-4-5; Gruppe 2 = 6-7-8-9-10; Gruppe 3 = 11-12-13-14-15. Es ist dann wie oben:

$\bar{\eta}^2_R = [12\cdot(15^2 + 40^2 + 65^2)/5]/[15\cdot(15^2 - 1)] - 3\cdot 16/14 = 0{,}893$

Den gleichen Wert erhalten wir über <28.74>:

$\bar{\eta}^2_R(\max) = 15^2\cdot(3^2 - 1)/[3^2\cdot(15^2 - 1)] = 0{,}893.$

Wie im Fall von Meßwerten wird auch bei Rängen mit dem Korrelationsverhältnis nur die bei den Stichprobendaten vorliegende Größe des Treatmenteffekts ausgedrückt. Für eine Schätzung der Populations-Effektstärke ist $\bar{\eta}^2_R$ dagegen wieder weniger geeignet. Dazu sollte das von Welkowitz et al. (1982, S.304) vorgeschlagene »Epsilon^2_R« herangezogen werden. Dieses Maß stellt nichts anderes dar als eine Anwendung von Formel <28.8> auf die Rangwerte:

<28.75> $\bar{\epsilon}^2_R = [SAQ_{Z(R)} - (J-1)\cdot SAQ_{I(R)}/(N-J)]/SAQ_{G(R)}$

Demonstrieren wir die Berechnung wieder an den Daten von Tab. 24.1. Hierfür haben wir $SAQ_{Z(R)} = 171{,}167$ und $SAQ_{G(R)} = 340$ errechnet. Dann ist $SAQ_{I(R)} = 340 - 171{,}167 = 168{,}833$ und

$\bar{\epsilon}^2_R = (171{,}167 - 2\cdot 168{,}833/13)/340 = 0{,}427$

Wurde mit den Daten bereits der Kruskal-Wallis-Test durchgeführt, kann die Effektgröße im bindungsfreien Fall einfacher wie folgt berechnet werden (Welkowitz et al. 1982, S.304):

<28.76> $\bar{\epsilon}^2_R = [H - (J-1)]/(N-J)$

Der Wert von »H« wird dabei gemäß <24.9> bestimmt. Für unser Beispiel ergibt sich (wie oben): $\bar{\epsilon}^2_R = (7{,}551 - 2)/13 = 0{,}427$.

Liegen gebundene Rangwerte vor, muß bei <28.76> eine Bindungskorrektur vorgenommen werden. Es ergibt sich dann:

<28.77> $\bar{\epsilon}^2_{Rb} = [H_b - (J-1)]/(N-J)$

Der Wert von »H_b« wird wieder gemäß <24.12> bestimmt. Bei Formel <28.75> ist dagegen *keine* Korrektur erforderlich. Sie liefert im Fall von Rangbindungen den Wert von $\bar{\epsilon}^2_{Rb}$.

Zur Demonstration der Berechnungen ziehen wir wieder die Daten von Tab. 24.2 heran. Für diese haben wir oben $SAQ_{Z(R)}$ = 4586,458 und $SAQ_{G(R)}$ = 9173,500 errechnet. Dann ist $SAQ_{I(R)}$ = 9173,500 - 4586,458 = 4587,042 und gemäß <28.75>

$$\bar{\epsilon}^2_{Rb} = (4586{,}458 - 3 \cdot 4587{,}042/44)/9173{,}500 = 0{,}466$$

Setzen wir das in Abschnitt 24.1 errechnete »H_b« in <28.77> ein, erhalten wir den gleichen Wert: $\bar{\epsilon}^2_{Rb} = (23{,}499 - 3)/44 = 0{,}466$.

Wie im Fall von Meßwerten fällt auch bei Rängen $\bar{\epsilon}^2_R$ immer kleiner als $\bar{\eta}^2_R$ aus. Über die Beziehungen <28.13> und <28.15> läßt sich $\bar{\epsilon}^2_R$ ($\bar{\epsilon}^2_{Rb}$) aus $\bar{\eta}^2_R$ ($\bar{\eta}^2_{Rb}$) bestimmen - und umgekehrt.

28.8.2 Bestimmung der Effektgröße im Fall von zwei unabhängigen Stichproben

Bei Vorliegen von zwei unabhängigen Gruppen soll untersucht werden, wie eng die Beziehung zwischen dem dichotomen Merkmal *Treatment* und der rangskalierten abhängigen Variablen ist. Ein Koeffizient, der dies leistet, ist der u.a. von Meyer-Bahlburg (1969) beschriebene punktbiseriale Rangkorrelationskoeffizient »Rho_{pbis}«. Dieses Maß ist jedoch nichts anderes als der auf Rangdaten angewendete punktbiseriale Koeffizient r_{pb} und damit gleich der Produkt-Moment-Korrelation zwischen den dichotomen Treatment- und den AV-Rangwerten. Weiterhin ist im Fall J = 2:

<28.78> $Rho^2_{pbis} = \bar{\eta}^2_R$

Aus diesem Grund bezeichnen wir das Effektstärkemaß auch bei Vorliegen von zwei Stichproben weiterhin mit »$\bar{\eta}^2_R$«.

Mit dem in Abschnitt 23.2 beschriebenen *Rangsummentest* von Wilcoxon wird geprüft, ob sich die mittleren Ränge von zwei unabhängigen Stichproben signifikant unterscheiden. Als Prüfwert dient dabei die Rangsumme der kleineren Stichprobe, die mit »R_1« bezeichnet wird. Die andere Stichprobe indizieren wir mit »0«. Liegt der Wert von R_1 vor, läßt sich im Anschluß an die Feststellung statistischer Signifikanz die Effektgröße gemäß <28.78> im bindungsfreien Fall wie folgt berechnen (Lienert & Raatz 1971):

<28.79> $\bar{\eta}^2_R = [R_1 - n_1 \cdot (N+1)/2]^2/[n_1 \cdot n_0 \cdot (N^2 - 1)/12]$

Treten dagegen gebundene Rangwerte auf, muß <28.79> bindungskorrigiert werden:

<28.80> $\bar{\eta}^2_{Rb} = \bar{\eta}^2_R/B$

Die Größe »B« wird dabei gemäß <24.11> berechnet. Eine andere Möglichkeit, das Korrelationsverhältnis zu bestimmen, stellt die Anwendung von Formel <28.22> auf die Rangdaten dar:

<28.81> $\bar{\eta}^2_{Rb} = \{(R_1/n_1 - R_0/n_0)^2 \cdot n_1 \cdot n_0/[N \cdot (N-1)]\}/V_R$

Diese Formel hat den Vorteil, im Fall von Rangbindungen nicht korrigiert werden zu müssen. V_R ist hierbei die Varianz der $N = n_1+n_0$ Rangwerte. Der einfachste Weg zur Bestimmung des bindungskorrigierten Effektstärkemaßes dürfte allerdings in den meisten Fällen darin bestehen, über die (im Taschenrechner programmierte) Produkt-Moment-Formel den Zusammenhang zwischen den [0-1]- und den Rangwerten zu bestimmen.

Wir wollen die Berechnungen zuerst an den Daten von Tab. 23.3 demonstrieren, bei denen keine Rangbindungen auftreten. Wir kodieren Gruppe 1 mit »1« und Gruppe 2 mit »0«. Mittels (programmierter) Produkt-Moment-Formel müßten dann folgende Wertereihen korreliert werden:

X (dichotom):	1	1	1	1	0	0	0	0	0	0
Y (Ränge) :	1	2	4	5	3	6	7	8	9	10

Hier ist $r^2 = \bar{\eta}^2_R = 0{,}505$. Den gleichen Wert erhalten wir über <28.79>:

$\bar{\eta}^2_R = (12 - 4 \cdot 11/2)^2/(4 \cdot 6 \cdot 99/12) = 0{,}505$

Die Berechnung von $\bar{\eta}^2_R$ über Formel <28.81> wäre im bindungsfreien Fall dagegen etwas umständlich, selbst wenn sich hier die Varianz der N Ränge leicht über die Beziehung $V_R = N \cdot (N+1)/12$ bestimmen läßt. Übungshalber wollen wir es dennoch tun:

$\bar{\eta}^2_R = [(12/4 - 43/6)^2 \cdot 4 \cdot 6/(10 \cdot 9)]/(10 \cdot 11/12) = 0{,}505$

Ein Beispiel mit Rangbindungen enthält Tab. 23.5. Kodieren wir hier die Bewerbungsinstruktion mit »1« und die Standardinstruktion mit »0« und korrelieren diese Werte mit den Rangwerten der abhängigen Variablen, so ergibt sich ein Koeffizient von $r = 0{,}543$. Damit ist $\bar{\eta}^2_{Rb} = r^2 = 0{,}295$. Die Varianz der N Rangwerte ist $V_R = 374{,}409$. Setzen wir diesen Wert in <28.81> ein, erhalten wir gleichfalls

$\bar{\eta}^2_{Rb} = [(739/32 - 1539/35)^2 \cdot 32 \cdot 35/(67 \cdot 66)]/374{,}409 = 0{,}295$

Für das nichtbindungskorrigierte Effektstärkemaß ergibt sich gemäß <28.79>:

$\bar{\eta}^2_R = (739 - 32 \cdot 68/2)^2/[32 \cdot 35 \cdot (67^2 - 1)/2] = 0{,}291$

Für die über <24.11> bestimmte Korrekturgröße »B« erhalten wir einen Wert von 0,986. Setzen wir diesen in <28.80> ein, ergibt sich wie oben

$\bar{\eta}^2_{Rb} = 0{,}291/0{,}986 = 0{,}295$

Wenn der Wunsch nach einer Schätzung für die Populations-Effektstärke besteht, kann wieder auf $\bar{\epsilon}^2_R$ zurückgegriffen werden. Man erhält dieses Maß im jetzigen Zwei-Stichproben-Fall am einfachsten, indem man zuerst $\bar{\eta}^2_{R(b)}$ berechnet und dann über die Beziehung <28.15> den Wert von $\bar{\epsilon}^2_{R(b)}$ bestimmt. Bei $J = 2$ vereinfacht sich <28.15> zu

<28.82> $\bar{\epsilon}^2_{R(b)} = [\bar{\eta}^2_{R(b)} \cdot (N-1) - 1]/(N-2)$

Für die oben herangezogenen Beispiele erhalten wir somit:

$\bar{\varepsilon}_R^2$ = (0,505·9 - 1)/8 = 0,443 ; $\bar{\varepsilon}_{Rb}^2$ = (0,295·66 - 1)/65 = 0,284

Es zeigt sich auch hier wieder, daß $\bar{\varepsilon}^2$ jeweils kleiner als $\bar{\eta}^2$ ausfällt, der Unterschied zwischen beiden Maßen jedoch mit zunehmendem Stichprobenumfang immer geringer wird.

Eine Alternative zum *punktbiserialen* Determinationskoeffizienten als Effektstärkemaß stellt der *rangbiseriale* Determinationskoeffizient dar (Welkowitz et al. 1982, S.300; Diehl & Kohr 1982, Kap. 12.8). Er läßt sich im bindungsfreien Fall wie folgt berechnen:

<28.83> $r_{rb}^2 = [2\cdot(R_1/n_1 - R_0/n_0)/N]^2$

Ist neben den Stichprobenumfängen nur »R_1«, die Prüfgröße des Wilcoxon Rangsummentest gegeben, kann das Maß auch folgendermaßen bestimmt werden:

<28.84> $r_{rb}^2 = \{2\cdot[(N+1)/2 - R_1/n_1]/n_0\}^2$

Auch ein Errechnen aus der Prüfgröße des U-Test von Mann & Whitney ist möglich (Willson 1976):

<28.85> $r_{rb}^2 = [1 - 2\cdot U/(n_1\cdot n_0)]^2$

Wir wollen für die Berechnungen wieder das Beispiel von Tab. 23.3 heranziehen. Hierfür war in Abschnitt 23.2 ein U-Wert von 2 errechnet worden. Durch Einsetzen in die verschiedenen Formeln erhalten wir:

$r_{rb}^2 = [2\cdot(12/4 - 43/6)/10]^2 = 0,694$ <28.83>
$r_{rb}^2 = [2\cdot(11/2 - 12/4)/6]^2 = 0,694$ <28.84>
$r_{rb}^2 = [1 - 2\cdot 2/(4\cdot 6)]^2 = 0,694$ <28.85>

Der Wert von r_{rb}^2 liegt deutlich über dem für die Daten errechneten $\bar{\eta}_R^2$ von 0,505. Die unterschiedlichen Ergebnisse beider Maße sind jedoch nicht weiter verwunderlich, wenn man berücksichtigt, daß ihnen unterschiedliche Korrelationskonzepte zugrunde liegen. Der rangbiseriale Koeffizient ist eng mit Kendalls Tau verwandt, während $\bar{\eta}_R^2 = Rho_{pbis}^2$ eine Anwendung der Produkt-Moment-Korrelation darstellt.

Das Maß r_{rb}^2 hat die Eigenschaft, bereits dann seinen Maximalwert von Eins anzunehmen, wenn in Gruppe »1« die n_1 höchsten (oder niedrigsten) Ränge auftreten, während im Fall ohne Rangbindungen die obere Grenze von $\bar{\eta}_R^2$ immer unter 1,0 liegt. Illustrieren wir dies an dem Beispiel von Tab. 23.3. Wenn keine gebundenen Ränge auftreten, besteht der maximale Zusammenhang zwischen dichotomem Treatment und abhängiger Variablen z.B. dann, wenn die Ränge 1-2-3-4 in Gruppe »1« liegen und die Ränge 5 bis 10 in Gruppe »0«. Es ist dann n_1 = 4, R_1 = 10, n_0 = 6, R_0 = 45, N = 10 und gemäß <28.83>:

$r_{rb}^2 = [2 \cdot (10/4 - 45/6)/10] = 1$

Für $\bar{\eta}_R^2$ ergibt sich dagegen über <28.79> lediglich ein Maximalwert von

$\bar{\eta}_R^2 = (10 - 4 \cdot 11/2)^2/[4 \cdot 6 \cdot (10^2 - 1)/12] = 0{,}727$

Die Formeln <28.83-85> sind für den Fall konzipiert, daß keine Rangwerte mehrfach vorliegen. Wenn Bindungen auftreten, muß unter bestimmten Bedingungen eine Korrektur vorgenommen werden. Das Vorgehen ist bei Cureton (1968b) und Willson (1976) beschrieben.

28.8.3 Bestimmung der Effektgröße im Fall von zwei abhängigen Stichproben

Zur Bestimmung der Effektgröße bei zwei abhängigen Stichproben führen Welkowitz et al. (1982, S.309) einen speziellen rangbiserialen Koeffizienten an, der wie folgt definiert ist (R^+ = Summe der Ränge mit positivem Vorzeichen, vgl. Abschnitt 25.4):

<28.86> $r_c = 4 \cdot [R^+ - n'(n'+1)/4]/[n' \cdot (n'+1)]$ $\quad$ *n' = Anzahl der $D_i \neq 0$*

Daraus läßt sich folgende (etwas einfachere) Rechenformel für den Determinationskoeffizienten ableiten:

<28.87> $r_c^2 = \{4 \cdot R^+/[n' \cdot (n'+1)] - 1\}^2$

Auch dieses Effektstärkemaß variiert zwischen Null und Eins. Wie die Formeln erkennen lassen, ergibt es den Wert Null, wenn R^+ der Erwartung unter H_0 entspricht, d.h. gleich der halben Gesamtsumme der Ränge [= $n' \cdot (n'+1)/2$] ist. Der maximale Effektwert von Eins ergibt sich dagegen, wenn alle (von Null verschiedenen) Differenzwerte das gleiche Vorzeichen haben und somit $R^+ = 0$ oder gleich $n'(n'+1)/2$, der Gesamtsumme der Ränge, ist.

Wie beim Test von H_0 mittels Wilcoxon Vorzeichen-Rangtest bleiben bei der Bestimmung des Wertes von r_c^2 alle $D_i = 0$ außer Betracht. Dieses Vorgehen führt natürlich dazu, daß r_c^2 bei Vorliegen von Nulldifferenzen einen mehr oder minder überhöhten Eindruck von der Größe des Treatmenteffekts liefert, da mit der Eliminierung aller $D_i = 0$ auch Evidenz beseitigt wird, die für einen Nichteffekt des untersuchten Faktors spricht.

Wir wollen die Effektstärke für das Beispiel von Tab. 25.6 berechnen. Es ergibt sich gemäß <28.87>:

$r_c^2 = [4 \cdot 224/(21 \cdot 22) - 1]^2 = 0{,}882$

Es besteht somit (bei den Stichprobendaten) ein recht starker Effekt der Instruktionsart auf die *Gehemmtheits*-Werte.

Da bei Daten, die mit dem Wilcoxon Vorzeichen-Rangtest auf statistische Signifikanz geprüft werden, in der Regel die ursprünglichen Meßwerte gegeben sind, könnte man auch in Erwägung ziehen, die Stärke des Treatmenteffekts nicht über r_c^2 für die Rangdaten, sondern für die X-Werte mittels des in Abschnitt 28.7

besprochenen Maßes r^2_{pbT} zu bestimmen. Dabei muß allerdings berücksichtigt werden, daß die Signifikanzentscheidung des Wilcoxon-Tests nur auf r^2_c, nicht aber auf den bei den Originaldaten vorliegenden Effekt bezogen werden darf.

28.9 Aspekte des Einsatzes von Maßen der Effektgröße

Für den Fall von J unabhängigen Stichproben haben wir drei Maße der Effektgröße kennengelernt. Es ist nun zu fragen, welches Maß im konkreten Fall bestimmt werden sollte, da es wenig sinnvoll scheint, jeweils alle drei Werte anzugeben. Bei der Entscheidung zwischen Eta^2, Epsilon^2 und Omega^2 sind u.a. folgende Gesichtspunkte von Bedeutung:

- Da sich aus dem Wert eines Maßes jeweils die beiden anderen Größen errechnen lassen, besteht im Grunde keine Gefahr, das "falsche" Maß mitzuteilen - sofern proportionale Stichproben aus normalverteilten, varianzhomogenen Populationen vorliegen.
- Eta^2 ist ein rein deskriptives Maß, daß die Stärke der Beziehung zwischen unabhängiger und abhängiger Variablen lediglich für die Stichprobendaten beschreibt. Es stellt eine schlechte Schätzung für das Populations-Korrelationsverhältnis η^2 dar. Diesem Nachteil stehen jedoch bedeutende Vorteile gegenüber.
- Die Definition von $\bar{\eta}^2 = SAQ_{Effekt}/SAQ_{Gesamt}$ läßt am besten erkennen, was durch ein Effektgrößemaß ausgedrückt wird.
- Eta^2 setzt (als rein deskriptives Maß) nicht voraus, daß die Stichprobenumfänge eine bestimmtes Verhältnis zueinander aufweisen. Es macht weiterhin keine Annahmen über die Varianzen und Verteilungen der J Populationen.
- Epsilon^2 und Omega^2 können für praktische Zwecke als unverzerrte Schätzungen von η^2 angesehen werden. Dieser Sachverhalt gilt jedoch (uneingeschränkt) nur, wenn proportionale Stichprobenumfänge vorliegen und die J Populationen normalverteilt sind und die gleiche Varianz haben.
- Trotz der theoretischen Unterschiede der Maße differieren die Werte von $\bar{\epsilon}^2$ und $\bar{\omega}^2$ in der Regel nur unwesentlich, so daß es im Grunde gleichgültig ist, welches von beiden Maßen herangezogen wird. Die Verwendung von $\bar{\omega}^2$ hat sich jedoch stärker durchgesetzt, wohl nicht zuletzt deshalb, weil bei diesem Maß auch für komplexere Versuchspläne die entsprechenden Formeln ausgearbeitet vorliegen (Dodd & Schultz 1973; Vaughan & Corballis 1969; Susskind & Howland 1980).

Im konkreten Fall ist deshalb in der Hauptsache zu überlegen, ob im Anschluß an die Signifikanzprüfung eines Effekts seine Stärke mittels Eta^2 oder Omega^2 mitgeteilt werden soll. Wir möchten hier empfehlen, in der Regel $\bar{\eta}^2$ anzuwenden, weil dieses Maß - wenn auch nur für die Stichprobendaten - voraussetzungslos gültig ist. Diese Empfehlung steht in Übereinstimmung mit der "Gewohnheit" des Programmsystems SPSS, bei bestimmten Prozeduren zur Beurteilung der Effektstärke jeweils den Wert von »$\bar{\eta}$« (nicht $\bar{\eta}^2$!) auszugeben. Wie oben bereits angeführt, ist es jedem Leser, der am Wert von $\bar{\omega}^2$ interessiert ist, ja ein Leichtes, diesen aus $\bar{\eta}^2$ zu bestimmen. Die Angabe von $\bar{\omega}^2$ scheint uns dagegen nur sinnvoll, wenn die Voraussetzungen, auf denen dieses Maß basiert, hinreichend gegeben sind.

Einen besonderen, über die Signifikanzentscheidung via Test hinausgehenden Informationsgewinn liefern Effektstärkemaße primär bei großen Stichproben. Da hier - wie zu Beginn des Abschnitts demonstriert - selbst praktisch unbedeutende Mittelwertsunterschiede (»Effekte«) statistische Signifikanz erlangen können, schützen diese Maße, sofern sie einen niedrigen Wert ergeben, davor, den Sachverhalt statistischer "Bedeutsamkeit" überzubewerten.

Große Stichproben stellen weiterhin ausreichend sicher, daß sowohl der Wert von $\bar{\omega}^2$ als auch $\bar{\eta}^2$ nicht weit vom Wert des Parameters η^2 entfernt liegt. Wenn also das Ziel einer Untersuchung darin besteht, möglichst präzise abzuschätzen, *wie stark* der Effekt einer unabhängigen Variablen ist, führt kein Weg an großen Stichproben vorbei (vgl. Carroll & Nordholm 1978; Lane & Dunlap 1978).

Bei kleinen Stichproben ist die Berechnung eines Effektstärkemaßes im Anschluß an ein signifikantes Testergebnis dagegen meist weniger gewinnbringend. Denn hier stellt das Auffinden eines "großen" $\bar{\eta}^2$- oder $\bar{\omega}^2$-Wertes für sich genommen keine Überraschung dar. Die Werte dieser Maße sind vielmehr automatisch hoch, wenn sich statistische Signifikanz ergeben hat.

Betrachten wir der Einfachheit halber den Zwei-Stichproben-Fall. Gegeben seien zwei unabhängige Gruppen von je fünf Werten. Wir testen H_0 zweiseitig auf dem 5%-Niveau mittels T-Test. Der kritische Wert ist dann T_k = 2,306 (Tab. E). Daraus können wir über die Formeln <28.19> und <28.21> einen kritischen $\bar{\eta}^2$- bzw. $\bar{\omega}^2$-Wert berechnen:

$$\bar{\eta}_k^2 = 2{,}306^2/(2{,}306^2 + 8) = 0{,}40 \;;\; \bar{\omega}_k^2 = (2{,}306^2 - 1)/(2{,}306^2 + 9) = 0{,}30$$

Bei den Stichprobendaten muß der Treatmentfaktor somit mehr als 40% der AV-Varianz aufklären, damit H_0 überhaupt zurückgewiesen werden kann - und man zu der Ansicht gelangt, *daß* ein Effekt vorliegt.

Nehmen wir ein weiteres Zahlenbeispiel mit doppelt so vielen Personen pro Gruppe (n = 10). H_0 soll zweiseitig auf dem 1%-Niveau geprüft werden. Dann ist T_k = 2,878. Auch hier sind die $\bar{\eta}^2$- und $\bar{\omega}^2$-Werte, die zur Zurückweisung von H_0 überschritten werden müssen, noch recht hoch:

$$\bar{\eta}_k^2 = 2{,}878^2/(2{,}878^2 + 18) = 0{,}32 \;;\; \bar{\omega}_k^2 = (2{,}878^2 - 1/(2{,}878^2 + 19) = 0{,}27$$

Die im Signifikanzfall bei kleinen Stichproben notwendigerweise hohen Werte der Effektstärkemaße bedeuten jedoch nicht automatisch, daß "wirklich" große Effekte vorhanden sind. Wie alle Korrelations- bzw. Determinationskoeffizienten weist $\bar{\omega}^2$ (als Schätzung von η^2) bei kleinen Stichproben einen sehr großen

Standardfehler auf, so daß der Wert von η^2 auch erheblich unterhalb des Stichprobenwertes liegen kann.

Der exakte Standardfehler von $\bar{\omega}^2$ ist allerdings nicht bekannt. In ihrer Monte-Carlo-Studie konnten Carroll & Nordholm (1975) für J = 3 und bestimmte Kombinationen von n_j- und η^2-Werten den Standardfehler jedoch approximativ bestimmen. So ergab sich z.B. bei einem "Populationseffekt" von $\eta^2 = 0{,}40$ und einem Stichprobenumfang von n = 10 pro Gruppe ein Standardfehler von 0,13. Das bedeutet, daß 95% der $\bar{\omega}^2$-Werte in eine Intervall fallen würden, das ungefähr von 0,14 bis 0,65 reicht. Das Stichprobenergebnis kann somit sowohl auf einen relativ schwachen als auch einen sehr starken Effekt des Treatments hindeuten.

Mit den vorangegangen Ausführungen sollte allerdings nicht davon abgeraten werden, bei kleinen Stichproben im Anschluß an ein signifikantes Testergebnis ein Maß der Effektstärke zu berechnen. Natürlich gilt auch hier, daß der Populationseffekt η^2 wahrscheinlich um so größer ist, je höher der Wert von $\bar{\eta}^2$ oder $\bar{\omega}^2$ ausfällt. Es muß jedoch davor gewarnt werden, die bei kleinen Stichproben im Fall von statistischer Signifikanz generell hohen Punktschätzungen der Effektstärke η^2 als Evidenz für einen wirklich hohen η^2-Wert zu nehmen.

Denn ein um den Stichprobenwert errichtetes Konfidenzintervall würde durch seine Breite jeweils anzeigen, wie ungenau das "Wissen" über den Wert des interessierenden Parameters ist. Während z.B. ein $\bar{\omega}^2$ von 0,40, daß sich bei drei Stichproben von je 100 Personen ergeben hat, anzeigen würde, daß der Populationseffekt mit großer Sicherheit recht stark ist (und nahe bei $\eta^2 = 0{,}40$ liegt), könnte man bei nur 10 Personen pro Gruppe aufgrund dieses $\bar{\omega}^2$-Wertes letztlich nicht entscheiden, ob durch den untersuchten Faktor relativ wenig, in mittlerem Umfang oder sehr viel AV-Varianz in der Population aufgeklärt werden kann.

Unabhängig vom Umfang der untersuchten Stichproben muß bei der Anwendung von Effektstärkemaßen unbedingt darauf geachtet werden, sie nicht in einem Sinn zu interpretieren, der ihnen nicht zukommt (vgl. Dooling & Danks 1975; Glass & Hakstian 1969; Maxwell et al. 1981; Mitchell & Hartmann 1981; O'Grady 1982). In der Regel liegen in der psychologischen Forschung Versuchsanordnungen mit festen Effekten vor, bei denen die Stufen bzw. Kategorien der unabhängigen Variablen eine bewußte Auswahl darstellen. Die durch das Effektstärkemaß ausgedrückte und dem Faktor zugeschriebene Wirkung kann sich dann natürlich nur auf diese speziellen Ausprägungen der unabhängigen Variablen beziehen.

Solange keine Zufallsauswahl von Faktorstufen vorliegt oder die Stufen der unabhängigen Variablen die Gesamtheit oder eine sehr repräsentative Stichprobe der möglichen Stufen darstellen, gibt das Effektgrößemaß nicht *die* Stärke der Beziehung zwischen unabhängiger und abhängiger Variablen wieder. Konstruieren wir ein Beispiel. Untersucht werden soll der Einfluß erhöhter Raumtemperatur auf die Leistung in einem Konzentrationstest. Angenommen sei, daß im Bereich von 25 bis 45 Grad Celsius diese Leistung mit zunehmender Temperatur stetig zurückgeht.

Dann ist einsichtig, daß sich beim Modell fester Effekte die Höhe des wahrscheinlich auftretenden $\bar{\eta}^2$- oder $\bar{\omega}^2$-Wertes durch die Auswahl entsprechender Temperaturstufen in weitem Umfang manipulieren läßt. Ein Untersucher, der die Stufen 25 und 30 Grad vergleicht, wird mit hoher Wahrscheinlichkeit eine geringere Effektstärke finden als ein Untersucher, für dessen Studie die Temperaturgrade 25, 35 und 45 geplant sind. Beide Forscher sind nicht berechtigt zu behaupten, ihr festgestelltes $\bar{\eta}^2$ gebe die Stärke der Beziehung zwischen Temperatur und Konzentrationsleistung wieder. Die $\bar{\eta}^2$-Werte sind nicht miteinander vergleichbar. Sie drücken lediglich aus, wie stark der Effekt der jeweils untersuchten Bedingungen war. Ihre Interpretation in diesem (engen) Sinne wäre dann auch unproblematisch.

Beim Vergleich der in verschiedenen Studien zum selben Faktor gefundenen Effektstärken ist weiterhin zu berücksichtigen, daß der Wert der Maße nicht unabhängig vom Umfang der untersuchten Stichproben beurteilt werden kann. Die obigen Ausführungen zum Standardfehler der Maße dürften gezeigt haben, daß die Aussage, ein Untersucher A habe mit z.B. $\bar{\omega}^2 = 0{,}30$ einen stärkeren Effekt des Faktors X gefunden als ein Untersucher B, bei dem $\bar{\omega}^2 = 15$ war, nur gerechtfertigt ist, wenn neben den Stufen des Faktors auch die Stichprobenumfänge beider Studien (zumindest annähernd) die gleichen waren.

Kapitel 29

Die Kontrolle des Fehlers II. Art

Bei den vorgestellten Verfahren zur Prüfung statistischer Hypothesen sind wir immer nur auf die Kontrolle des Fehlers I. Art eingegangen. Das Risiko, die Nullhypothese fälschlicherweise zurückzuweisen, wurde dabei jeweils durch die Setzung des Signifikanzniveaus festgelegt. Maßnahmen zur Kontrolle des Betafehlers haben wir dagegen durchgehend nicht ergriffen. Eine derartige Vorgehensweise beim Hypothesentest entspricht dem Ansatz von Fisher (1935b; 1958). Die alleinige Betrachtung der Stichprobenverteilung unter H_0 gestattet es hier lediglich, den Fehler I. Art zu kontrollieren. Dadurch ist es auch nicht möglich, die Nullhypothese (mit einer bestimmten Irrtumswahrscheinlichkeit) "anzunehmen", wenn der Prüfwert in den *Bereich der Beibehaltung* fällt; sie kann nur "beibehalten" werden.

Die zur Berücksichtigung und Kontrolle des Fehler-II-Risikos notwendigen Erweiterungen bei der Prozedur des Hypothesentests wurden von Neyman & Pearson (1933ab) vorgenommen. Dadurch läßt sich (speziell) über die Wahl des Stichprobenumfangs erreichen, daß das Risiko, H_0 fälschlicherweise beizubehalten, eine bestimmten Wert β nicht überschreitet. Das entsprechende Vorgehen wird in den Abschnitten 29.2-4 besprochen. Zu seinem besseren Verständnis soll jedoch vorab untersucht werden, welche Faktoren (wie) einen Einfluß auf die Wahrscheinlichkeit des Betafehlers (und damit auf die Power des Tests) nehmen.

29.1 Faktoren, die das Fehler-II-Risiko beeinflussen

Die Größen, von denen die Wahrscheinlichkeit des Fehlers II. Art abhängt, erläutern wir im Nachfolgenden am Test der Hypothesen $H_0{:}\mu=a$ und $H_0{:}\mu_1-\mu_2=0$, wobei jeweils davon ausgegangen wird, daß die Populationsvarianzen (σ bzw. $\sigma_1^2 = \sigma_2^2 = \sigma_I^2$) bekannt sind. Die hieran gewonnenen Erkenntnisse sind jedoch größtenteils auf jede Art von statistischem Hypothesentest übertragbar. Da wir das Fehler-II-Risiko untersuchen, müssen wir bei allen Überlegungen davon ausgehen, daß die Nullhypothese falsch (und eine bestimmte einfache H_1) richtig ist, denn nur in diesem Fall kann der Betafehler begangen werden.

29.1.1 Der Unterschied zwischen dem wahren und dem in der Nullhypothese behaupteten Parameterwert

In Abschnitt 3.2.1 wurde im Rahmen des Tests von $H_0{:}\mu=a$ gezeigt, daß die Wahrscheinlichkeit des Betafehlers nur bestimmt werden kann, wenn H_1 als einfache Hypothese (z.B. »$\mu=b$«) formuliert ist, nicht jedoch für das Hypothesenpaar $H_0{:}\mu=a$ und $H_1{:}\mu\neq a$. Den in der Nullhypothese für die Population behaupteten

ABBILDUNG 29.1 Illustration des Sachverhalts, daß das Fehler-II-Risiko (β) zunimmt, wenn das Risiko für den Fehler I. Art (α) vermindert wird (BdB = Bereich der Beibehaltung von H_0).

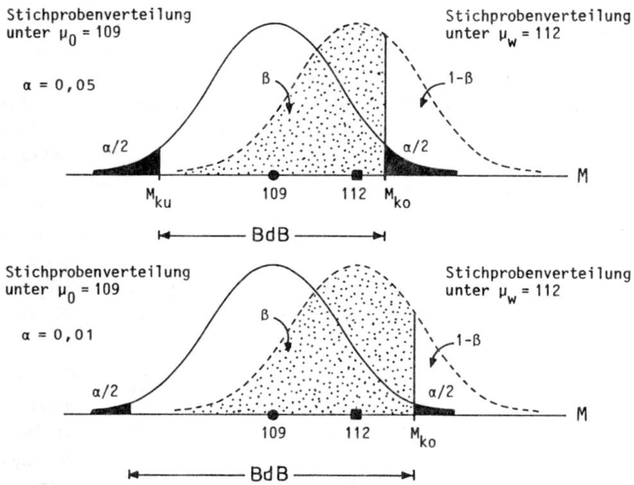

Mittelwert haben wir dabei mit »μ_0« bezeichnet und den Mittelwert, den die Population tatsächlich hat, mit »μ_w« (wahr). An Hand von Abb. 3.4 wurde gezeigt, daß die Wahrscheinlichkeit des Fehlers II. Art um so geringer ist, je weiter μ_w von μ_0 entfernt liegt.

Dieser Sachverhalt gilt analog für den Test von H_0:μ_1-μ_2=0. Je weniger die wahre Differenz $(\mu_1-\mu_2)_w$ von $(\mu_1-\mu_2)_0$ abweicht, um so größer ist die Gefahr, die Nullhypothese fälschlicherweise beizubehalten (und um so geringer ist 1-β, die Power des Tests).

29.1.2 Die Größe des Fehler-I-Risikos (Wahl von α)

Wenn alles andere gleich ist (n, μ_0-μ_w, usf.), dann ist das Fehler-II-Risiko um so kleiner, je größer (mit α) das Fehler-I-Risiko gewählt wird. Abbildung 29.1 illustriert dies am Test von H_0:μ=a für α = 0,05 und 0,01. Diese Beziehung zwischen Alpha- und Betarisiko ist auch der Grund dafür, warum man für das Signifikanzniveau nicht generell extrem kleine Werte wählt, um möglichst keinen Fehler (I. Art) zu begehen. Denn dadurch würde man zugleich die Chance, H_0 bei Gültigkeit von H_1 zurückzuweisen, in unerwünschtem Ausmaß einschränken. Durch die Wahl des α-Wertes wird somit nicht nur über die Höhe *einer* Fehlerwahrscheinlichkeit entschieden, sondern immer eine Bedeutsamkeitsabwägung zweier Fehler-Risiken vorgenommen (vgl. Franks & Huck 1986).

ABBILDUNG 29.2 Illustration des Sachverhalts, daß die Power (1-β) beim einseitigen Testen größer ist als bei zweiseitiger Prüfung von H_0 - sofern in H_1 korrekt ausgesagt wird, in welcher Richtung der wahre Parameterwert von dem in H_0 behaupteten Wert abweicht.

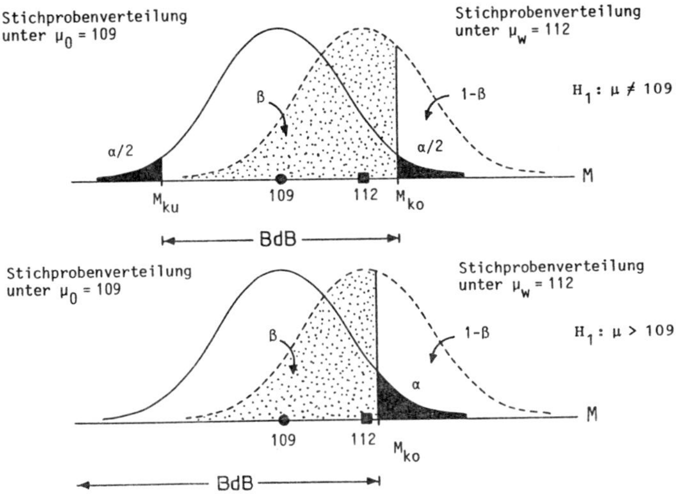

29.1.3 Zweiseitiges vs. einseitiges Testen

Wenn es gelingt, in der gerichteten Alternativhypothese eine korrekte Aussage über das Vorzeichen der Abweichung μ_0-μ_W zu machen, dann ist beim einseitigen Test das Fehler-II-Risiko geringer als bei zweiseitiger Prüfung, während die Fehler-I-Wahrscheinlichkeit in beiden Fällen der Wert α aufweist. Dieser Sachverhalt ist in Abb.29.2 illustriert.

Mit dem Vorteil größerer Power (bei gleichem Fehler-I-Risiko) geht allerdings - wie in Abschnitt 3.2.1 diskutiert - das Problem erwartungswidriger Ergebnisse einher. Differenzen M-μ_0, deren Vorzeichen nicht dem in H_1 für μ_W-μ_0 behaupteten Vorzeichen entspricht, können nicht zur Zurückweisung von H_0 führen, selbst wenn sie extrem groß ausfallen. Man muß somit (im Zwei-Stichproben-Fall) die Hypothese keines Unterschiedes zwischen den Populationsmitteln beibehalten, obwohl starke empirische Evidenz dagegen spricht.

Die Frage, ob man bei gerichteter wissenschaftlicher Hypothese auch einen gerichteten Test von H_0 durchführen sollte, wird bis in die heutige Zeit diskutiert, wenn auch der Schwerpunkt der Debatte in den 50er Jahren lag (Burke 1953; Eysenck 1960; Gaito 1977; Goldfried 1959; Jones 1952; Kimmel 1957). Die

Mehrheit der Autoren empfiehlt dabei entweder einen gänzlichen Verzicht auf einseitige Tests oder rät, deren Einsatz auf eng umgrenzte Problemtypen zu beschränken, der Art, wie wir sie in Abschnitt 3.1.5 illustriert haben.

Für den weitgehenden Verzicht auf einseitiges Testen spricht auch die von Kaiser (1960) eingeführte und u.a. von Hand et al. (1985) wieder aufgegriffene Möglichkeit, durch die Konzeptualisierung des Gammafehlers auch im Rahmen des zweiseitigen Tests von H_0 zu gerichteten Schlüssen zu gelangen, d.h. z.B. im Fall von zwei Stichproben aufgrund des Vorzeichens von M_1-M_2 zu schließen, welches Vorzeichen die Populationsdifferenz μ_1-μ_2 hat (vgl. Abschnitt 3.2.2).

Eine andere (praxisorientierte) Lösung des Problems "Einseitiges oder zweiseitiges Testen?" bietet Braver (1975) an. Er schlägt vor, an den Enden der Stichprobenverteilung unter H_0 unterschiedlich große Bereiche der Zurückweisung (deren Summe jedoch gleich dem gesetzten α ist) einzurichten und zwar derart, daß der größere Teil in der Richtung liegt, in der man aufgrund der wissenschaftlichen Hypothese das Mittel oder die Mittelwertsdifferenz erwartet. Das Verfahren besitzt dadurch (wie der einseitige Test) hinsichtlich der erwarteten Abweichungsrichtung eine größere Power, bietet jedoch zugleich die Möglichkeit, im Fall von extremen Abweichungen in der entgegengesetzten ("falschen") Richtung die Nullhypothese ebenfalls zurückweisen zu können.

29.1.4 Der Umfang der Stichprobe(n)

Wenn die bisher genannten Faktoren festliegen, dann wird der Überlappungsgrad der Stichprobenverteilungen unter H_0 und H_1 (und damit das Risiko des Betafehlers) in zentralem Ausmaß durch die Größe der untersuchten Stichprobe(n) bestimmt. Dies hat seinen Grund in dem Sachverhalt, daß der Stichprobenumfang in den Standardfehler des Mittels bzw. der Mittelwertsdifferenz eingeht:

$$\sigma_m = \sigma/\surd n \qquad \sigma_{um} = \surd(\sigma_1^2/n_1 + \sigma_2^2/n_2) \qquad \sigma_{am} = \surd[(\sigma_1^2 + \sigma_2^2 - 2\cdot\rho_{12}\cdot\sigma_1\cdot\sigma_2)/n]$$

Bei diesen Größen wie bei jeder Art von Standardfehler gilt somit, daß er um so kleiner ausfällt, je mehr Meßwerte die Gruppen enthalten. Und ein kleinerer Standardfehler (= geringere Standardabweichung bei der unter Betrachtung stehenden Stichprobenverteilung) führt dazu, daß die Stichprobenkennwerte wie M und M_1-M_2 in geringerem Ausmaß um die Parameter μ_0 bzw. μ_w und $(\mu_1$-$\mu_2)_0$ bzw. $(\mu_1$-$\mu_2)_w$ streuen. Abbildung 29.3 illustriert diesen Sachverhalt. In Teil [A] sind die Stichprobenverteilungen für den Fall $n_1 = n_2 = 25$ dargestellt, bei [B] ist der Umfang der unabhängigen Stichproben $n_1 = n_2 = 100$. Dann ergibt sich für die Standardabweichung der Stichprobenverteilungen unter $(\mu_1$-$\mu_w)_0$ und $(\mu_1$-$\mu_2)_w$:

$$[A]\ \sigma_{um} = \surd[(\sigma_1^2 + \sigma_2^2)/25] = [\surd(\sigma_1^2 + \sigma_2^2)]/5$$

$$[B]\ \sigma_{um} = \surd[(\sigma_1^2 + \sigma_2^2)/100] = [\surd(\sigma_1^2 + \sigma_2^2)]/10$$

ABBILDUNG 29.3 Illustration des Sachverhalts, daß sich durch eine Vergrößerung des Stichprobenumfangs eine Verringerung des Fehler-II-Risikos erreichen läßt.

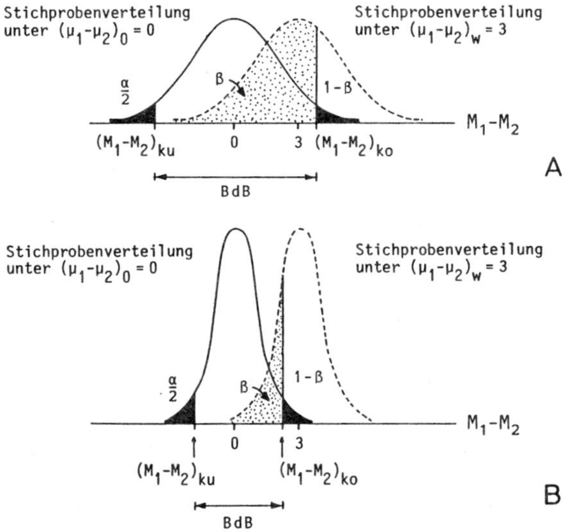

Die Vergrößerung des Stichprobenumfangs von 25 auf 100 hat somit dazu geführt, daß die Streuung der Mittelwertsdifferenzen um den Parameter nur noch halb so groß ist. Dadurch verringert sich auch deutlich die Überlappung der Stichprobenverteilungen und damit der Anteil der in den Bereich der fälschlichen Beibehaltung von H_0 fallenden $[M_1-M_2]$-Werte.

Die dargestellte Wirkung des Stichprobenumfangs auf β (und damit auf die Power des Tests) zeigt, daß durch eine entsprechende Vergrößerung der Stichprobe(n) das Fehler-II-Risiko beliebig verkleinert werden kann. Es ließe sich z.B. für die in Abb. 29.3 wiedergegebene Situation bestimmen, wie groß $n_1 = n_2$ sein muß, damit die Stichprobenverteilungen einen Überlappungsgrad aufweisen, der zu einem gewünschten β-Flächenanteil führt. Auf diesem Prinzip beruhen die in Abschnitt 29.2 vorgestellten Power-Tabellen.

Die Kontrolle des Fehler-II-Risikos über die Wahl des (erforderlichen) Stichprobenumfangs hat den Vorteil, daß durch eine Vergrößerung von n oder $n_1;n_2$ die Power des Test "ohne Nebenwirkungen" erhöht werden kann. So bleibt z.B. das Fehler-I-Risiko von einer Veränderung des Stichprobenumfangs unberührt. Bei einer Verkleinerung von β über die Wahl von α mußte dagegen die Verringerung des einen Risikos mit einer Erhöhung des anderen erkauft werden. Und bei der Entscheidung für einseitiges Testen handelte man sich mit der größeren Power das Problem der erwartungswidrigen Ergebnisse ein.

29.1.5 Die Art des Versuchsplans

Aus den Erörterungen des vorangegangenen Abschnitts läßt sich ableiten, daß alle Maßnahmen, die zu einer Verkleinerung des Standardfehlers führen, eine Erhöhung der Power bewirken. Im Fall von zwei oder mehr Stichproben läßt sich nun die Größe des Standardfehlers im weiteren durch den Sachverhalt beeinflussen, ob mit unabhängigen oder abhängigen Stichproben gearbeitet wird.

In Abschnitt 7.5 haben wir für den Zwei-Stichproben-Fall gezeigt, daß der Standardfehler bei abhängigen Stichproben (σ_{am}) im Vergleich zu dem für unabhängige Gruppen (σ_{um}) um so kleiner ausfällt, je größer die Korrelation zwischen den Wertereihen der abhängigen Populationen (ρ_{12}) ist. Abbildung 29.3 kann auch zur Illustration dieses Sachverhalts dienen. Der obere Teil stellt nun den Fall unabhängiger Stichproben dar (mit σ_{um} als Standardabweichung der Stichprobenverteilungen), der untere Teil den der Verwendung abhängiger Gruppen, wo durch das Vorliegen einer hohen Korrelation ρ_{12} der Standardfehler σ_{am} nur halb so groß wie σ_{um} ausfällt. Wie sich aus den Erörterungen in den Abschnitten 7.5 und 14.11 ableiten läßt, führt die Heranziehung abhängiger Stichproben allerdings nur dann zu einer Verringerung des Fehler-II-Risikos, wenn ρ_{12} bzw. die paarweisen Korrelationen $\rho_{jj'}$ substantiell sind.

Einen weiteren Aspekt des Versuchsplans, der einen Einfluß auf die Power eines Tests nimmt, haben wir in Abschnitt 5.7 besprochen. Dort wurde gezeigt, daß (im Fall varianzhomogener Populationen) der Standardfehler σ_{um} seinen minimalen Wert hat, wenn $n_1 = n_2$ ist. Zur optimalen Fehler-II-Kontrolle ist es somit sinnvoll, bei Plänen mit zwei oder mehr Gruppen mit gleichen Stichprobenumfängen zu arbeiten.

29.2 Festlegung der Power beim Test der Hypothesen »$\mu_1=\mu_2$« und »$\mu=a$«

Unsere Ausführungen haben gezeigt, daß sich bei der Prüfung der Nullhypothese »$\mu_1-\mu_2=0$« die Power des Tests immer nur für einen bestimmten Wert $(\mu_1-\mu_2)_w = b$ errechnen läßt. Wir können somit nicht hingehen und fragen: Wie groß muß der Stichprobenumfang sein, damit bei Prüfung von H_0 gegen H_1:$\mu_1-\mu_2\neq0$ (und α = 0,05-zs) das Risiko des Fehlers II. Art den Wert von z.B. β = 0,10 nicht überschreitet? Für die Festlegung der Power (über den Stichprobenumfang) sind vielmehr folgende Überlegungen und Schritte erforderlich:

- Man muß (beim zweiseitigen Test von H_0) eine (Mindest)Diskrepanz $|\mu_1-\mu_2| = b$ festlegen, die man aus *inhaltlich-wissenschaftlichen* Überlegungen heraus für bedeutsam hält.
- Man sagt nun: *Wenn* die Differenz zwischen den Populationsmitteln gleich »b« ist, dann soll die Wahrscheinlichkeit (Sicherheit), daß H_0 zurückgewiesen wird, gleich 1-β sein, d.h. der Test soll dann eine bestimmte Power aufweisen.

- Nach Festlegung der Werte für α und β kann nun weiter gefragt werden: Wie groß muß $n_1 = n_2 = n$ sein, damit bei Vorliegen der Diskrepanz »b« die gewünschte Power erreicht wird?

Es ist einsichtig, daß die Power des Tests größer (und β kleiner) ausfällt, wenn die Populationsmittel um mehr als »b« differieren. Gegen eine höhere Power als angenommen ist natürlich nichts einzuwenden. Das Fehler-II-Risiko ist dagegen größer, wenn $|\mu_1-\mu_2| < b$ ist. Durch die Festlegung einer wissenschaflich bedeutsamen Diskrepanz haben wir jedoch zugleich ausgedrückt, daß Differenzen kleiner als »b« von geringem Interesse sind, so daß es uns wenig belastet, wenn im Falle ihres Vorliegens die Wahrscheinlichkeit, H_0 zurückzuweisen, kleiner als die durch die Wahl von »n« bestimmte Power von $1-\beta$ ist.

Veranschaulichen wir uns dies an einem Beispiel. Es soll untersucht werden, ob zwischen den Einwohnern von Bayern (B) und Hessen (H) ein Unterschied in der durchschnittlichen Intelligenz besteht. Dabei interessiert natürlich nicht, ob überhaupt eine Differenz zwischen den Populationsmitteln vorliegt, was bereits der Fall wäre, wenn $\mu_B = 100{,}1$ und $\mu_H = 100{,}2$ ist. Gefragt wird vielmehr, ob ein wissenschaftlich/praktisch relevanter Intelligenzunterschied vorliegt.

Der Untersucher legt nun fest, daß er einen Unterschied ab zwei Intelligenztestpunkten für bedeutsam erachtet. Im Fall $|\mu_B-\mu_H| \geq 2$ möchte er es somit vermeiden, die Nullhypothese (keines Mittelwersunterschieds) fälschlicherweise beizubehalten. Durch die Wahl eines entsprechenden Stichprobenumfangs erreicht er, daß die Power des Tests einen bestimmten Wert aufweist. Mit der Definition des Mindesteffekts von zwei Punkten sagt der Untersucher zugleich, daß darunterliegende Intelligenzunterschiede zwischen Bayern und Hessen "vernachlässigbar" in dem Sinne sind, als sie kaum wissenschaftliche oder praktische Implikationen hätten. Unter dem Bedeutsamkeitsaspekt ist hier "Kein Unterschied zwischen μ_B und μ_H" und "Sehr kleiner Unterschied zwischen den Populationsmitteln" dasselbe. Dadurch ist es auch tolerierbar, wenn das Risko, $H_0{:}\mu_B-\mu_H=0$ im Fall »$|\mu_B-\mu_H|<2$« fälschlicherweise beizubehalten, größer als β ist. Mit anderen Worten: Der Untersucher hält es nicht für "tragisch", wenn verborgen bleibt, daß zwischen der Durchschnittsintelligenz von Bayern und Hessen lediglich ein trivialer Unterschied besteht.

Die Notwendigkeit, im Rahmen der Power- bzw. Fehler-II-Kontrolle einen Mindesteffekt festlegen zu müssen, mag das Verfahren als recht willkürlich erscheinen lassen, da es in der Regel dem Untersucher weitgehend überlassen ist, was er als wissenschaftlich bedeutsamen Effekt definiert. Dagegen läßt sich folgendes einwenden:

- Ohne Entscheidung für einen Mindesteffekt kann β nun einmal nicht festgelegt werden.
- Die Alternative kann natürlich nicht sein, auf eine rationale Fehler-II-Kontrolle ganz zu verzichten und den Stichprobenumfang mehr oder minder nach Gutdünken festzulegen.

- Die Notwendigkeit zur Definition eines Mindesteffekts übt auf den Untersucher den segensreichen Zwang aus, sich vorab zu überlegen und dazu äußern zu müssen, was er für einen wissenschaftlich bedeutsamen Effekt hält. Dadurch finden bereits bei der Planung von Untersuchungen Aspekte der praktischen Signifikanz Berücksichtigung.

29.2.1 T-Test für unabhängige Stichproben

Zur Bestimmung der Power des T-Tests bzw. des zur Erreichung einer bestimmten Power notwendigen Stichprobenumfangs liegen eine Reihe von Tabellen und Nomogrammen vor (z.B. Croarkin 1962; Hodges & Lehmann 1968; Minium 1970, S.341; Owen 1965). In der psychologischen Forschung setzt sich jedoch zunehmend die Verwendung der 1969 erstmals erschienenen Tabellen von Cohen (1988) durch. Kapitel 2 enthält hier einmal Tafeln, an Hand derer sich feststellen läßt, wie groß bei gegebenem α, Mindesteffekt und Stichprobenumfang die Power des T-Tests für unabhängige Gruppen ist (S. 28-39). Die Heranziehung dieser Tabellen bietet sich hauptsächlich an, wenn bei einer Studie nachträglich geprüft werden soll, wie groß die Wahrscheinlichkeit war, bei Vorliegen eines bestimmten Mindesteffekts H_0 zurückzuweisen.

Für die *Planung* einer Untersuchung, bei der α, β sowie der Mindesteffekt festgelegt werden, um dann zu fragen, wie groß der Stichprobenumfang sein muß, damit das Fehler-II-Risiko den gesetzten Wert nicht überschreitet, sind dagegen die *Sample Size Tables* (S.54-55) besser geeignet. Sie sind Tab. Z1 auszugsweise (für den zweiseitigen Test von $H_0{:}\mu_1{=}\mu_2$ bei α = 0,05 und 0,01) wiedergegeben. Bei den dieser Tabelle zugrundeliegenden Berechnungen wurde von der Bedingung normalverteilter Populationen ausgegangen, die die gleiche Varianz haben ($\sigma_1^2 = \sigma_2^2 = \sigma_I^2$).

Der Mindesteffekt muß hier (wie bei allen Power-Tafeln für den T-Test) in Einheiten der (gemeinsamen) Populationsstandardabweichung σ_I ausgedrückt werden. Dadurch läßt sich erreichen, daß für sämtliche Fälle der Prüfung von $H_0{:}\mu_1{=}\mu_2$ zur Powerbestimmung auf *eine* Tabelle zurückgegriffen werden kann. Der (Mindest)Effekt, bei dessen Vorliegen der T-Test (für unabhängige Stichproben) eine bestimmte Power haben soll, wird somit wie folgt definiert:

<29.1> $\delta = |\mu_1 - \mu_2|/\sigma_I$

Wir betrachten in diesem Abschnitt nur die Powerbestimmung für den zweiseitigen Test von H_0. Dadurch interessiert im Zähler von <29.1> nur der Betrag der Differenz. Cohen verwendet statt dem griechischen Delta (δ) das lateinische »d«. Wenn man sich für bestimmte Werte von α, β (bzw. 1-β) und δ entschieden hat, dann läßt sich Tab. Z1 entnehmen, wie groß $n_1 = n_2 = n$ sein muß, um die gewünschte Power des T-Tests zu erzielen.

Eine Definition der Effektgröße gemäß <29.1> scheint auf den ersten Blick schwierig, da sie das Einsetzen des Wertes der Populations-Standardabweichung erfordert. Dieser ist jedoch in der Regel nicht bekannt. Hier kann man sich jedoch auf zwei Arten helfen. Zum einen besteht die Möglichkeit, direkt in σ_I-Termini zu denken, indem man (z.B.) sagt: "Wenn der Unterschied zwischen den Populationsmitteln eine Standardabweichung beträgt, dann soll die Power den Wert $1-\beta$ aufweisen." Dabei sind im Fall von Schwierigkeiten, aus der Vielzahl der möglichen Effektgrößen (rational) einen bestimmten δ-Wert auszuwählen, die von Cohen vorgeschlagenen "Anker" hilfreich. Er spricht bei $\delta = 0{,}8$ von einem *starken* Effekt und bei $\delta = 0{,}5$ bzw. 0,2 von einem *mittleren* bzw. *schwachen* Effekt. Wenn man sonst keine spezifischen Vorstellungen über die Effektgröße hat, reicht es somit aus, sich zu Powerbestimmung für einen dieser drei Werte zu entscheiden.

Eine andere Möglichkeit, die Angabe von σ_I zu umgehen, bietet der Sachverhalt, daß (im Fall von hypothetischen Populationen bzw. Gesamtheiten mit gleichen Umfängen) zwischen δ und dem punktbiserialen Populations-Determinationskoeffizienten folgende Beziehung besteht (Cohen 1988, S.23):

<29.2> $\rho^2_{pb} = \delta^2/(\delta^2 + 4)$ Eine Auflösung nach δ ergibt:

<29.3> $\delta = \sqrt{[4 \cdot \rho^2_{pb}/(1 - \rho^2_{pb})]}$

Dadurch läßt sich der als relevant erachtete Mindesteffekt in Termini des in Abschnitt 28.4 definierten Effektgrößemaßes festlegen. Man sagt somit z.B.: "Wenn in der Population 5% der Varianz in der abhängigen Variablen durch das Treatment bedingt sind, dann soll die Power einen Wert von $1-\beta$ aufweisen."

Wie in Abschnitt 3.1.3 ausgeführt wurde, existieren bezüglich der Wahl des Fehler-I-Risikos bestimmte Konventionen. Es wird in der Regel auf $\alpha = 0{,}05$ oder 0,01 gesetzt. Ähnlich etablierte Vereinbarungen bestehen hinsichtlich des Wertes von β noch nicht. Natürlich wäre es günstig, auch das Fehler-II-Risiko jeweils auf einen so niedrigen Wert wie 0,05 oder 0,01 zu setzen. Dies würde jedoch in der Regel enorm hohe Stichprobenumfänge erfordern (s.u.). Im Fall, daß eine so niedrige Fehler-II-Wahrscheinlichkeit nicht gewählt werden kann, empfehlen mehrere Autoren (speziell bei $\alpha = 0{,}05$) zwischen Alpha- und Betarisiko ein Verhältnis im Bereich von $\alpha{:}\beta = 1{:}4$ (Chase & Tucker 1976; Cohen 1988, S.56; Hinkle & Oliver 1983). Dies bedeutet für das häufig verwendete 5%-Signifikanzniveau ein Fehler-II-Risiko von $\beta = 0{,}20$ bzw. eine Power von 0,80.

Wir wollen die Verwendung von Tab. Z1 an drei Beispielen demonstrieren. Der als relevant erachtete Mindesteffekt sei beim ersten $\rho^2_{pb} = 0{,}20$ (20% der AV-Varianz gehen auf das Treatment zurück). Eine Umrechnung über <29.3> ergibt: $\delta = \sqrt{[4 \cdot 0{,}20/(1 - 0{,}20)]} = 1{,}0$. Es handelt sich somit um einen starken Effekt, bei dem die Populationsmittel eine Standardabweichungseinheit auseinanderliegen. Das Fehler-II-Risiko setzen wir auf $\beta = 0{,}10$ (Power = 0,90), die Prüfung von $H_0{:}\mu_1{=}\mu_2$ soll zweiseitig bei $\alpha = 0{,}05$ erfolgen. Für diese Bedingungen können wir dem oberen Teil von Tab. Z1 entnehmen, daß der Umfang *jeder* Stichprobe n = 22 betragen muß, um die gewünschte Power zu erzielen.

Nehmen wir nun an, wir würden bereits von einem wissenschaftlich bedeutsamen Effekt sprechen, wenn 1% der AV-Varianz auf das Treatment zurückgeführt werden können ($\rho^2_{pb} = 0{,}01$). Dann ist gemäß <29.3>: $\delta = \sqrt{[(4 \cdot 0{,}01)/(1 - 0{,}01)]} = 0{,}20$.

Es handelt sich hierbei nach Cohens Definition um einen *schwachen* Effekt. Wir setzen sowohl α als auch β auf den strengen Wert von 0,01. Dem unteren Teil von Tab. Z1 läßt sich entnehmen, daß der Umfang jeder Stichprobe nun n = 1203 betragen muß, um die gewünschte Power zu erzielen. Da wir uns eine Gesamtstichprobe von N = 2406 wohl kaum leisten können, müssen wir - wenn an der als bedeutsam erachteten Effektstärke keine Abstriche gemacht werden können - bereit sein, ein größeres Alpha- und/oder Betarisiko in Kauf zu nehmen. So ergibt eine Erhöhung dieser Risiken auf α = 0,05 und β = 0,20 einen erforderlichen Stichprobenumfang von $n_1 = n_2 = 393$.

Dieses Beispiel zeigt deutlich: Wenn aus wisenschaftlichen/praktischen Erwägungen heraus auch schwache Effekte für den Forscher interessant sind, dann werden (auf den üblichen Signifikanzniveaus) zur Sicherstellung einer befriedigenden Power Stichprobenumfänge benötigt, die weit über die in der Psychologie üblichen Gruppengrößen hinausgehen.

Bei unseren Beispielen haben wir ρ^2_{pb}-Werte gewählt, die zu "glatten" und in Tab. Z1 enthaltenen δ-Werten führten. Dies ist natürlich nicht immer der Fall. Wenn sich eine Effektstärke ergibt, die in Tab. Z1 nicht aufgeführt ist, dann läßt sich der erforderliche Stichprobenumfang über folgende Approximation bestimmen (Cohen 1988, S.53):

<29.4> $n = [n^*/(100 \cdot \delta^2)] + 1$ *bei α = 0,05 (zweiseitig)*

<29.5> $n = [n^*/(100 \cdot \delta^2)] + 1,5$ *bei α = 0,01 (zweiseitig)*

Hierbei ist n* der erforderliche Stichprobenumfang, der sich bei dem gewählten α und $1-\beta$ für $\delta = 0,1$ ergibt. Ungerade n-Werte werden dabei aufgerundet.

Nehmen wir zur Illustration an, der als bedeutsam erachtete Mindesteffekt sei $\rho^2_{pb} = 0,10$ (10% der AV-Varianz gehen auf das Treatment zurück). Dann ist gemäß <29.3>: $\delta = \surd[4 \cdot 0,10/(1 - 0,10)] = 0,6667$. Bei α = 0,05 und $1-\beta$ = 0,90 ergibt sich dann über <29.4>: $n = [2102/(100 \cdot 0,6667^2)] + 1 = 48,3$. Es wird somit ein Stichprobenumfang von $n_1 = n_2 = 49$ benötigt.

Es wurde oben darauf hingewiesen, daß die Berechnung der in Tab. Z1 angeführten Stichprobenumfänge u.a. auf der Annahme »$\sigma^2_1=\sigma^2_2=\sigma^2_I$« basiert. Bei einer Definition des Mindesteffekts in ρ^2_{pb}-Termini kann die Tabelle jedoch ohne konzeptionelle Änderungen auch in den Fällen zur Bestimmung der erforderlichen Stichprobengröße herangezogen werden, wo bekannt oder zu vermuten ist, daß die Populationsvarianzen nicht gleich sind. Es wird dann aus ρ^2_{pb} die Größe δ errechnet und für diese aus Tab. Z1 der Wert von $n_1 = n_2$ entnommen. Bei einer Definition der Effektgröße in δ-Termini muß dagegen berücksichtigt werden, daß im varianzheterogenen Fall der Nenner von <29.1> aus dem Durchschnitt der Standardabweichungen beider Populationen besteht. Der Unterschied zwischen den Populationsmitteln wird dann in Einheiten von $\sigma' = \surd[(\sigma^2_2 + \sigma^2_2)/2]$ ausgedrückt (Cohen 1988, S.44).

29.2.2 T-Test für abhängige Stichproben

Auch im Fall von zwei abhängigen Stichproben läßt sich die zur Erreichung einer bestimmten Power erforderliche Stichprobengröße über Tab. Z1 bestimmen. Damit sich die Vorteile eines solchen Plans gegenüber der Verwendung unabhängiger Gruppen in einem geringeren Stichprobenumfang niederschlagen, muß man allerdings im vorhinein die Höhe der Korrelation zwischen den Wertereihen der Populationen (ρ_{12}) in etwa abschätzen können. Wie im unabhängigen Fall basiert das Verfahren auf der Annahme varianzhomogener Populationen ($\sigma_1^2 = \sigma_2^2 = \sigma_I^2$). Der Unterschied zwischen Populationsmitteln wird als erstes wieder in Termini von σ_I ausgedrückt (zweiseitiger Test von $H_0{:}\mu_1{=}\mu_2$):

<29.6> $\delta' = |\mu_1 - \mu_2|/\sigma_I$

Die für Tab. Z1 benötigte Größe δ ergibt sich dann wie folgt:

<29.7> $\delta = \delta'/\surd(1 - \rho_{12})$

Wir sehen, daß δ im Vergleich zu δ' um so größer ausfällt, je höher die (positive) Korrelation ρ_{12} ist. Bei festgehaltenen Werten für $|\mu_1{-}\mu_2|$ und $1{-}\beta$ werden bei Verwendung abhängiger Stichproben somit gegenüber unabhängigen Gruppen um so weniger Probanden benötigt, je enger die Meßwertreihen von POP_1 und POP_2 korrelieren. Für das errechnete δ wird in Tab. Z1 abgelesen, wie groß die Anzahl der Meßwertpaare (n) sein muß, damit im Fall des Vorliegens eines Effekts von δ' die gewünschte Power erzielt wird.

Wenn es nicht möglich ist, die Höhe von ρ_{12} irgendwie abzuschätzen, empfiehlt es sich, mit dem für δ' erforderlichen Stichprobenumfang zu arbeiten. Die Power ist dann auf jeden Fall höher als der für $1{-}\beta$ gesetzte Wert, und zwar um so mehr, je größer ρ_{12} ausfällt. Unbedingt zu vermeiden ist dagegen die Verwendung einer zu optimistischen Schätzung von ρ_{12} in <27.7>. Statt in Termini von δ' kann der als relevant erachtete Mindesteffekt auch als punktbiserialer Determinationskoeffizient (ρ_{pb}^2) formuliert werden, mit anschließender Errechnung von δ' gemäß Formel <29.3>.

Zur Illustration des Verfahrens gehen wir von einem im letzten Abschnitt verwendeten Beispiel aus. Als Mindesteffekt definieren wir $\rho_{pb}^2 = 0{,}01$ (1% Varianzaufklärung durch das Treatment) und setzen $\alpha = 0{,}05$ sowie $1{-}\beta = 0{,}80$. Dann ergibt sich gemäß <29.3>: $\delta' = \surd[(4\cdot 0{,}01/(1 - 0{,}01)] = 0{,}20$. Als untere mögliche Grenze für die Korrelation der Populationswerte schätzen wir $\rho_{12} = 0{,}40$. Für <29.7> erhalten wir dann: $\delta = 0{,}20/\surd(1 - 0{,}40) = 0{,}2582$. Da dieser Wert in Tab. Z1 nicht enthalten ist, muß die erforderliche Anzahl der Wertepaare über <29.6> errechnet werden: $n = [2102/(100\cdot 0{,}2582^2)] + 1 = 316{,}3$.

Es werden somit n = 317 Probanden bzw. Blöcke benötigt, um im Fall des Vorliegens eines Effekts von $\rho_{pb}^2 = 0{,}01$ eine Power von 0,80 zu erzielen. Bei unabhängigen Stichproben hatten wir dagegen für die gleichen Bedingungen 393 Werte pro Gruppe benötigt. Die Einsparung an Probanden verdanken wir unserer Fähigkeit, eine Schätzung für die untere Grenze von ρ_{12} abgeben zu können.

29.2.3 Ein-Stichproben T-Test

Mit dem Ein-Stichproben T-Test wird die Hypothese geprüft, daß das Mittel einer (normalverteilten) Population den Wert »a« hat (vgl. Kap. 4). Zur Festlegung der Power des Tests ist als erstes in Einheiten der Populationsstandardabweichung zu definieren, welche Abweichung des Populationsmittels von »a« man als wissenschaftlich bedeutsam ansieht:

<29.8> $\delta' = |\mu - a|/\sigma$ *(zweiseitiger Test von $H_0{:}\mu=a$)*

Den für Tab. Z1 benötigten Delta-Wert erhält man wie folgt (Cohen 1988, S.61):

<29.9> $\delta = \delta' \cdot \sqrt{2}$

Mit dem für δ, α und $1-\beta$ abgelesenen Stichprobenumfang erreicht man dann, daß im Fall des Vorliegens eines Effekts von δ' das Fehler-II-Risiko den Wert β aufweist.

Nehmen wir als Beispiel an, ein Untersucher wolle die Hypothese prüfen, daß der Mittelwert der hessischen Männer in einem Intelligenztest $\mu_0 = 100$ sei. Der Test soll bei $\alpha = 0{,}01$-zs eine Power von 0,90 haben, wenn das Populationsmittel um 0,3 Standardabweichungseinheiten vom Wert 100 abweicht; somit ist $\delta' = 0{,}3$. Für <29.9> erhalten wir: $\delta = 0{,}3 \cdot \sqrt{2} = 0{,}4243$. Da dieser Wert in Tab. Z1 nicht aufgeführt ist, müssen wir die erforderliche Stichprobengröße über <29.5> berechnen: $n = [2978/(100 \cdot 0{,}4243^2)] + 1{,}5 = 166{,}9$. Es werden somit 170 Personen benötigt, um im Fall von $\delta' = 0{,}3$ eine Power von 0,90 zu erreichen.

29.2.4 Annahme ("Beweis") der Nullhypothese

Wenn beim Testen statistischer Hypothesen gemäß dem Ansatz von Fisher lediglich das Fehler-I-Risiko kontrolliert wird, besteht keine Möglichkeit, die Nullhypothese *anzunehmen* (und nicht nur *beizubehalten*), da die Wahrscheinlichkeit, daß dies eine falsche Entscheidung ist, nicht bestimmt werden kann. Bei diesem Vorgehen ist es lediglich möglich, die Alternativhypothese zu akzeptieren (anzunehmen), da durch das gesetzte α bekannt ist, mit welcher Wahrscheinlichkeit H_1 bei Gültigkeit von H_0 (fälschlicherweise) angenommen werden wird.

Eine Durchsicht von Artikeln in psychologischen Fachzeitschriften läßt jedoch erkennen, daß die eingeschränkten Schlußmöglichkeiten beim Ansatz von Fisher in den meisten Fällen nicht als Nachteil empfunden werden. Dies dürfte seinen Grund in dem Sachverhalt haben, daß der überwiegende Teil der wissenschaftlichen Hypothesen, die mit statistischen Tests geprüft werden, behauptet, daß bestimmte Faktoren einen (bestimmten) Effekt haben, wodurch die Formulierung in der Alternativhypothese der Erwartung des Untersuchers entspricht. Und diese Hypothese kann (z.B. im Fall einer genügend großen Differenz zwischen den Stichprobenmitteln) mit bekannter Irrtumswahrscheinlichkeit (α) angenommen werden. An der Möglichkeit, auch H_0 akzeptieren zu können, ist der Untersucher dagegen (meist) nicht sonderlich interessiert. Die Nullhypothese wird vielmehr in der Hoffnung aufgestellt, durch die Untersuchung ihre Nichtgültigkeit aufzuzeigen.

Als unzureichend erweist sich dagegen die übliche Testprozedur, wenn die wissenschaftliche Hypothese behauptet, daß ein Faktor keinen (oder einen vernachlässigbaren) Effekt hat, so daß die Erwartung des Untersuchers in der Nullhypothese ihren Ausdruck findet. In diesem Fall bietet nur die zusätzliche Kontrolle des Fehlers II. Art die Möglichkeit, H_0 (wunschgemäß) mit einer bestimmten Irrtumswahrscheinlichkeit (β) annehmen zu können.

Erläutern wir das Vorgehen am Fall des Tests von $H_0{:}\mu_1=\mu_2$. Ein Beweis, daß das Mittel von POP_1 exakt den gleichen Wert hat wie das Mittel von POP_2, ist allerdings prinzipiell nicht möglich (solange mit Stichprobendaten gearbeitet wird). Von der wissenschaftlichen Frage her kann man jedoch in der Regel die Zustände »$\mu_1=\mu_2$« und »μ_1 trivial (geringfügig) verschieden von μ_2« gleichsetzen. Vom Untersucher ist nun als erstes zu fordern, daß er einen Wert für $\delta = |\mu_1-\mu_2|/\sigma_I$ bzw. ρ^2_{pb} definiert, bis zu dem er einen (Mittelwerts)Effekt als trivial und damit als praktisch gleich mit der Bedingung "Kein Effekt" ansieht. Wenn er nun weiterhin für das Fehler-II-Risiko einen niedrigen Wert festlegt und mit dem für $1-\beta$ und δ benötigten Stichprobenumfang arbeitet, dann kann er damit rechnen, daß im Fall der Existenz eines nichttrivialen Effekts eine hohe Wahrscheinlichkeit besteht, die Nullhypothese (berechtigterweise) zurückzuweisen. Anders formuliert: Das Risiko β, die Hypothese keines (bzw. eines trivialen) Effekts fälschlicherweise beizubehalten, wäre dann sehr gering.

Durch die (strenge) Kontrolle des Fehler-II-Risikos ist somit im Fall der Beibehaltung von H_0 (unter Berücksichtigung der Irrtumswahrscheinlichkeit β) folgender Schluß möglich: "Es besteht kein oder bestenfalls ein trivialer Effekt - denn wenn ein größerer Unterschied zwischen den Populationsmitteln vorliegen würde, wäre die Nullhypothese (mit hoher Sicherheit) zurückgewiesen worden".

Nehmen wir zur Illustration an, ein Untersucher möchte aufzeigen, daß sich Ost- und Westdeutsche in ihrer durchschnittlichen Leistung in einem Intelligenztest *nicht* unterscheiden. Natürlich nimmt er dabei nicht an, daß μ_{WD} exakt gleich μ_{OD} ist. Seine Hypothese behauptet jedoch, daß die Mittelwertsdifferenz bestenfalls trivial und damit wissenschaftlich und praktisch unbedeutend ist. Als trivial sieht er einen Unterschied an, solange die Differenz $|\mu_{WD} - \mu_{OD}|$ kleiner als 1/10 Standardabweichung ist. Bei einem auf $\sigma = 10$ standardisierten Intelligenztest entspräche dies einem Testpunkt. Die Risiken für den Fehler I. und II. Art setzt er auf $\alpha = 0{,}01$ und $\beta = 0{,}01$. Für $\delta = 0{,}10$ ergibt sich dann eine erforderliche Stichprobengröße von $n_1 = n_2 = 4808$.

Wenn nun die Differenz zwischen den Stichprobenmitteln so klein ausfällt, daß H_0 beibehalten wird, dann kann der Untersucher mit hoher Sicherheit davon ausgehen, daß die mittlere Leistung West- und Ostdeutscher in diesem Intelligenztest kleiner als 0,1 Standardabweichungseinheiten (d.h. kleiner als ein Testpunkt) ist. Die Irrtumswahrscheinlichkeit bei der Aussage »$|\mu_{WD} - \mu_{OD}|$ kleiner als $\sigma_I/10$« weist hierbei den sehr geringen Wert von $\beta = 0{,}01$ auf.

Eine weitere Möglichkeit aufzuzeigen, daß "kein (nichttrivialer) Effekt" existiert, besteht in der Errichtung eines Konfidenzintervalls für μ_1-μ_2. Wenn hier der Stichprobenumfang genügend hoch ist, läßt sich ebenfalls mit hoher Sicherheit feststellen, daß die Abweichung der Differenz $|\mu_1-\mu_2|$ von Null lediglich trivial ist und man somit davon ausgehen kann, daß der unter Betrachtung stehende Faktor praktisch keinen Einfluß auf die (Durchschnitts)Werte in der untersuchten Variablen hat.

Gleichgültig jedoch, welche Methode zum "Nachweis" eines bestenfalls trivialen Effekts angewendet wird, es muß zur Erreichung einer ausreichend geringen Irrtumswahrscheinlichkeit mit enorm großen Stichprobenumfängen gearbeitet werden (vgl. z.B. die n-Werte in Spalte »δ=0,1« von Tab. Z1). Dies hat der "Beweis der Nullhypothese" jedoch mit jedem Versuch gemeinsam, zu belegen, daß ein Parameter einen bestimmten Wert aufweist oder in einem eng umgrenzten Bereich liegt. Der "übliche" Hypothesentest hat es da einfacher, weil mit ihm in der Regel lediglich aufgezeigt werden soll, daß die in der Alternativhypothese formulierte Aussage gilt. Diese H_1-Aussage stellt jedoch keine allzu informative Eingrenzung des Parameterwertes dar, da man lediglich erfährt, daß der interessierende Effekt nicht (wie in H_0 behauptet) gleich Null ist.

29.3 Festlegung der Power bei der einfaktoriellen Varianzanalyse

Will man bei der einfaktoriellen Varianzanalyse für unabhängige Stichproben die Power des Tests von H_0:μ_1=μ_2=...=μ_J bestimmen, so kann auf eine Reihe von Tabellen und Nomogrammen zurückgegriffen werden (z.B. Bratcher et al. 1970; Feldt & Mahmoud 1958; Hager & Möller 1986; Hinkle & Oliver 1983; Kastenbaum et al. 1970; Nelson 1985; Pearson & Hartley 1951; Rotton & Schönemann 1978; Tiku 1967, 1972). Als besonders geeignet erweisen sich jedoch auch hier wieder die von Cohen (1988, Kap. 8) erstellten Tafeln. Speziell für die Planung einer Untersuchung, bei der α, β sowie der Mindesteffekt festgelegt werden, um dann zu fragen wie groß der Umfang der einzelnen Gruppen sein muß, damit das Fehler-II-Risiko den gesetzten Wert nicht überschreitet, sind wieder die *Sample Size Tables* (S.381-389) konzipiert. Tabelle Z2 gibt sie für α = 0,05 und 0,01 auszugsweise wieder.

Bei der Berechnung der Tabellenwerte wurde davon ausgegangen, daß die J Stichproben normalverteilten Populationen entstammen, die die gleiche Varianz haben (alle $\sigma_j^2 = \sigma_I^2$). Auf die Tafeln kann jedoch zur Planung des Stichprobenumfangs auch dann zurückgegriffen werden, wenn bekannt oder zu vermuten ist, daß die Populationsvarianzen nicht alle den gleichen Wert haben. Der als bedeutsam erachtete Mindesteffekt, bei dessen Vorliegen die Varianzanalyse eine bestimmte Power haben soll, wird wie folgt definiert:

<29.10> $$\phi_f = \sigma_Z/\sigma_I \qquad \text{wobei: } \sigma_Z = \sqrt{\{[\sum_j^J(\mu_j - \mu)^2]/J\}}$$

Wir sehen, daß hier die Standardabweichung der J Populationsmittel von ihrem Mittelwert in Termini der den Populationen gemeinsamen Standardabweichung ausgedrückt wird. Je stärker die μ_j um μ streuen, um so größer ist der Effekt des Faktors und umso "falscher" ist die Nullhypothese, die aussagt, daß $\sigma_Z = 0$ ist. Im Fall von zwei Gruppen ("T-Test-Situation") ist $\phi_f = \delta/2$.

Die Größe »σ_Z/σ_I« bezeichnet man auch als *Nichtzentralitätsparameter* (Westermann & Hager 1982). Während Cohen sie mit »f« symbolisiert, nennen wir sie »ϕ_f«, um ihre Verwandtschaft mit dem bei vielen Power-Tafeln verwendeten Parameter »ϕ« anzuzeigen. Dieser ist wie folgt definiert:

<29.11> $\phi = \sigma_Z/(\sigma_I/\sqrt{n}) = \phi_f \cdot \sqrt{n}$

Die Standardabweichung der Populationsmittel wird hier in Einheiten des Standardfehlers des Mittels ausgedrückt.

Die Definition von ϕ_f gemäß <29.10> mag es als praktisch kaum möglich erscheinen lassen, den für wissenschaftlich bedeutsam erachteten Effekt zu definieren, da neben der Kenntnis der Populations-Standardabweichung auch die Spezifikation der Werte sämtlicher Populationsmittel gefordert wird. Hier bieten sich jedoch zwei Auswege an. Zum einen kann man direkt in Termini des Nichtzentralitätsparameters denken und z.B. sagen: "Ein Effekt ist dann bedeutsam, wenn die Standardabweichung der Populationsmittel halb so groß ist wie die Standardabweichung in den Populationen". Man entscheidet sich somit unmittelbar für ein bestimmtes ϕ_f. Cohen gibt hierfür drei Ankerwerte vor, von denen im konkreten Fall einer auszuwählen wäre, sofern eigene Vorstellungen keinen anderen ϕ_f-Wert nahelegen. Er spricht von einem *starken* Effekt, wenn $\phi_f = 0{,}40$ ist und bei $\phi_f = 0{,}25$ und $0{,}10$ von einem *mittleren* bzw. *schwachen* Effekt.

Eine andere Möglichkeit, den wissenschaftlich/praktisch bedeutsamen Mindesteffekt zu definieren, bietet der Sachverhalt, daß zwischen ϕ_f und η^2 folgende Beziehung besteht (Cohen 1988, S. 281):

<29.12> $\eta^2 = \phi_f^2/(1 + \phi_f^2)$ Eine Auflösung nach ϕ_f ergibt:

<29.13> $\phi_f = \sqrt{[\eta^2/(1 - \eta^2)}$

Man kann somit den Mindesteffekt wieder in Termini eines bekannten Effektgrößemaßes festlegen und z.B. sagen: "Wenn (in der Population) 10% der AV-Varianz durch das Treatment bedingt sind - d.h. wenn $\eta^2 = 0{,}10$ ist - dann soll die Power der Varianzanalyse den Wert $1-\beta$ haben". Nach einer Umrechnung in ϕ_f kann anschließend Tab. Z2 entnommen werden, wieviele Probanden pro Gruppe benötigt werden, damit das Fehler-II-Risiko den gesetzten Wert nicht überschreitet.

Zum Aufsuchen von »n« in Tab. Z2 müssen somit folgende Größen spezifiziert werden: α, $1-\beta$ (Power), η^2 bzw. ϕ_f und $FG_Z = J-1$ (Zählerfreiheitsgrade beim varianzanalytischen F-Wert). Wenn der Mindesteffekt in η^2-Termini definiert wird, ergeben sich für ϕ_f häufig in Tab. Z2 nicht enthaltene Werte. Die pro Gruppe erforderliche Anzahl von Probanden muß dann wie folgt bestimmt werden (Cohen 1988, S.390):

<29.14> $n = [n^*/(400 \cdot \phi_f^2)] + 1$

Hierbei ist n^* der erforderliche Stichprobenumfang, der sich beim gewählten α und $1-\beta$ für $\phi_f = 0{,}05$ ergibt. Ungerade n-Werte werden aufgerundet.

Nehmen wir als Beispiel an, es sei eine Untersuchung mit J = 4 Treatmentstufen geplant. $H_0{:}\mu_1=\mu_2=\ldots=\mu_J$ soll bei $\alpha = 0{,}05$ geprüft werden. Als wissenschaftlich bedeutsam sehen wir einen Effekt an, wenn (zumindest) 5% der AV-Varianz durch die unabhängige Variable aufgeklärt werden, d.h. $\eta^2 = 0{,}05$ ist. Dann soll die Power der Varianzanalyse $1-\beta = 0{,}80$ betragen. Über Beziehung <29.13> erhalten wir: $\phi_f = \sqrt{[0{,}05/(1 - 0{,}05)]} = 0{,}2294$. Als erforderlicher Stichprobenumfang ergibt sich dann gemäß <29.14>: $n = 1096/(400 \cdot 0{,}2294^2) + 1 = 53{,}1$. Pro Versuchsbedingung werden somit 54 Fälle benötigt. Dies ergibt eine Gesamtzahl von $N = 4 \cdot 54 = 216$ Personen.

29.4 Festlegung der Power bei der zweifaktoriellen Varianzanalyse

Bei der zweifaktoriellen Varianzanalyse für unabhängige Stichproben werden die als wissenschaftlich bedeutsam erachteten Mindesteffekte wie folgt definiert (Cohen 1988, S.364ff.):

<29.15> $\phi_{fJ} = \sigma_J/\sigma_I \qquad \sigma_J = \sqrt{\{[\sum_j^J(\mu_{j*} - \mu_{**})^2]/J\}}$ *Zeilenfaktor J*

<29.16> $\phi_{fK} = \sigma_K/\sigma_I \qquad \sigma_K = \sqrt{\{[\sum_k^K(\mu_{*k} - \mu_{**})^2]/K\}}$ *Spaltenfaktor K*

<29.17> $\phi_{fJK} = \sigma_{JK}/\sigma_I \qquad \sigma_{JK} = \sqrt{[(\sum_j\sum_k^{JK}\alpha\beta_{jk})^2/(J \cdot K)]}$ *Interaktion JxK*

Die Effekte werden jeweils in Termini der (gemeinsamen) Standardabweichung der J·K Populationen ausgedrückt (alle $\sigma_{jk} = \sigma_I$). Die Größe eines Effekts ist damit unbeeinflußt von den übrigen Effekten, so daß wir es mit Partialmaßen der Effektgröße zu tun haben. Dies wird noch deutlicher, wenn man die ϕ_f-Werte gemäß Beziehung <29.12> in Korrelationsverhältnisse überführt:

$$\phi_{fJ}^2/(1 + \phi_{fJ}^2) = \sigma_J^2/(\sigma_J^2 + \sigma_I^2) = \eta_{pJ}^2$$
$$\phi_{fK}^2/(1 + \phi_{fK}^2) = \sigma_J^2/(\sigma_K^2 + \sigma_I^2) = \eta_{pK}^2$$
$$\phi_{fJK}^2/(1 + \phi_{fJK}^2) = \sigma_{JK}^2/(\sigma_{JK}^2 + \sigma_I^2) = \eta_{pJK}^2$$

Wir haben es hier mit dem unter *Partialmaße der Effektgröße* in Abschnitt 28.5 definierten Partial-η^2 zu tun. Dieser Sachverhalt ist zu berücksichtigen, wenn bei einem zweifaktoriellen Plan die Mindesteffekte in Termini "aufgeklärter Varianz" festgelegt und über <29.13> in ϕ_f-Werte umgerechnet werden.

Zur Bestimmung des zur Erreichung einer bestimmten Power erforderlichen Stichprobenumfangs wird wie folgt verfahren:

- *Zeilenfaktor:* Festlegung von α, $1-\beta$, η_{pJ}^2 bzw. ϕ_{fJ} und $FG_Z = J-1$. Ablesen des Wertes in Tab. Z2; diesen bezeichnen wir mit »m_a«. Die pro Zelle benötigte Anzahl von Personen ergibt sich dann wie folgt:

<29.18> $n_a = (m_a - 1)/K + 1$

- *Spaltenfaktor:* Festlegung von α, $1-\beta$, η^2_{pK} bzw. ϕ_{fK} und $FG_Z = K-1$. Ablesen des Wertes in Tab. Z2; diesen bezeichnen wir mit »m_b«. Die erforderliche Zellenbesetzung berechnet sich dann wie folgt:

<29.19> $n_b = (m_b - 1)/J + 1$

- *Interaktion:* Festlegung von α, $1-\beta$, η^2_{pJK} bzw. ϕ_{fJK} und $FG_Z = (J-1)\cdot(K-1)$. Ablesen des Wertes in Tab. Z2; diesen bezeichnen wir mit »n_c«. Die pro Zelle benötigte Anzahl von Personen erhält man dann wie folgt:

<29.20> $n_c = (m_c - 1)\cdot(FG_Z + 1)/(J\cdot K) + 1$

Ungerade n_a-, n_b- und n_c-Werte werden aufgerundet. Wenn n_a, n_b und n_c nicht gleich sind, ist der größte Wert als Zellenbesetzung für die Untersuchung auszuwählen. Falls die über Partial-η^2 definierten Mindesteffekte zu ϕ_f-Werten führen, die in Tab. Z2 nicht enthalten sind, müssen m_a, m_b und/oder m_c gemäß <29.14> berechnet werden.

Nehmen wir als Beispiel an, es sei eine Untersuchung geplant, bei der der Zeilenfaktor J = 3 und der Spaltenfaktor K = 4 Stufen aufweist. Haupt- und Interaktionseffekte sollen bei $\alpha = 0{,}05$ geprüft werden, die jeweils gewünschte Power sei $1-\beta = 0{,}80$. Die Mindesteffekte werden wie folgt definiert: $\eta^2_{pJ} = 0{,}20$; $\eta^2_{pK} = 0{,}10$; $\eta^2_{pJK} = 0{,}20$. Als erforderliche Zellenbesetzungen erhalten wir dann:

- *Zeilenfaktor:* Über <29.13> ergibt sich $\phi_{fJ} = \sqrt{[0{,}20/(1-0{,}20)]} = 0{,}50$. Es ist $FG_Z = 2$, $m_a = 14$ und somit gemäß <29.18>: $n_a = (14-1)/4 + 1 = (4{,}3) = 5$.
- *Spaltenfaktor:* Es ist $FG_Z = 3$ und $\phi_{fK} = \sqrt{[0{,}10/(1-0{,}10)]} = 0{,}3333$. Da dieser Wert in Tab. Z2 nicht enthalten ist, ziehen wir <29.14> zur Bestimmung von m_b heran: $m_b = [1096/(400\cdot 0{,}3333^2)] + 1 = 25{,}66$. Durch Einsetzen in <29.19> ergibt sich: $n_b = (25{,}66-1)/3 + 1 = (9{,}2) = 10$.
- *Interaktion:* Es ist $FG_Z = 2\cdot 3 = 6$ und wie bei [A] $\phi_{fJK} = 0{,}50$. Für $FG_Z = 6$ müssen wir auf Cohen (1988, S.385) zurückgreifen (hier ist $u = FG_Z$): Es ergibt sich $m_c = 9$ und gemäß <29.20>: $n_c = (9-1)\cdot(6+1)/(3\cdot 4) + 1 = (5{,}7) = 6$.

Als höchsten Wert für die Zellenbesetzung haben wir $n_b = 10$ erhalten. Die Untersuchung sollte deshalb mit n = 10 Personen pro Zelle durchgeführt werden. Dies ergibt eine Gesamtzahl von $N = 12\cdot 10 = 120$ Probanden.

Das beschriebene Vorgehen zur Bestimmung der erforderlichen Zellenbesetzung basiert auf der Annahme, daß die J·K Zellenpopulationen normalverteilt sind und die gleiche Varianz σ^2_I haben. Es kann jedoch auch zur Planung des Stichprobenumfangs herangezogen werden, wenn bekannt oder zu vermuten ist, daß die σ^2_{jk} nicht alle den gleichen Wert haben.

29.5 Abschließende Bemerkungen

Wir konnten die Kontrolle des Fehlers II. Art nur exemplarisch für die Prüfung von $H_0:\mu_1=\mu_2$ und $H_0:\mu_1=\mu_2=...=\mu_J$ darstellen. Die Festlegung der Power über den Stichprobenumfang ist natürlich auch bei anderen statistischen Tests möglich. Dazu muß jedoch u.a. auf das Buch von Cohen (1988) verwiesen werden.

Unter Berücksichtigung der Erörterungen in diesem und dem vorangegangenen Kapitel stellt sich der (wünschenswerte) Ablauf der inferenzstatistischen Auswertung von Daten nun wie folgt dar:

- Formulierung der statistischen Hypothesen. Auswahl eines Verfahrens, das für deren Prüfung geeignet ist.
- Festsetzung des Fehler-I-Risikos α.
- Definition eines wissenschaftlich bedeutsamen (Populations)Effekts, bei dessen Vorliegen die Power des statistischen Tests gleich $1-\beta$ sein soll. Bestimmung des zur Einhaltung des β-Wertes erforderlichen Stichprobenumfangs.
- Erhebung der Daten. Berechnung der deskriptiv-statistischen Maße. Prüfung, ob die statistischen Voraussetzungen des geplanten Tests (wahrscheinlich) gegeben sind. Falls ja, Durchführung dieses Tests.
- Im Fall, daß der Prüfwert in den Bereich der Beibehaltung von H_0 fällt, kann die Hypothese eines bestenfalls trivialen Effekts mit der Irrtumswahrscheinlichkeit β angenommen werden.
- Falls der Prüfwert in den Zurückweisungsbereich von H_0 fällt, Annahme der Alternativhypothese mit der Irrtumswahrscheinlichkeit α.
- Wenn H_0 zurückgewiesen wurde: Berechnung eines Maßes der Effektgröße.

Die aufgeführten Punkte machen deutlich, daß auch im Fall der Kontrolle des Fehler-II-Risikos, bei dem vorab eine Aussage über die Größe eines Populationseffekts gemacht wird, die Schlußfolgerung bei Annahme von H_1 z.B. lediglich lautet, daß $\mu_1 \neq \mu_2$ ist und nicht, daß der definierte (Mindest)Effekt vorliegt (vgl. Cohen 1973b). Gleichermaßen macht die Vorabdefinition eines wissenschaftlich bedeutsamen Effekts die nachträgliche Schätzung des Populationseffekts nicht weniger wichtig. Denn als Basis einer nachvollziehbaren Aussage über die Stärke dieses Effekts kommen am ehesten die erhobenen Daten in Frage und nicht die (subjektive) Definition dessen, was man für wissenschaftlich/praktisch bedeutsam hält.

TABELLEN

TABELLE A Griechisches Alphabet

Buchstabe Groß	Buchstabe Klein	Name des Buchstabens	Buchstabe Groß	Buchstabe Klein	Name des Buchstabens
A	α	Alpha	N	ν	Ny
B	β	Beta	Ξ	ξ	Xi
Γ	γ	Gamma	O	o	Omikron
Δ	δ	Delta	Π	π	Pi
E	$\epsilon(\varepsilon)$	Epsilon	P	ρ	Rho
Z	ζ	Zeta	Σ	σ	Sigma
H	η	Eta	T	τ	Tau
Θ	$\theta(\vartheta)$	Theta	Υ	υ	Ypsilon
I	ι	Jota	Φ	$\phi(\varphi)$	Phi
K	κ	Kappa	X	χ	Chi
Λ	λ	Lambda	Ψ	ψ	Psi
M	μ	My	Ω	ω	Omega

TABELLE B Zufallszahlen (0-9)

Zei	1	8		16		24		32		40		48		56		64		72		80		88
1	0310	8222	2995	7036	1076	5759	4157	1575	1233	9093	0098	1357	2968	3312	3119	5618	6886	5864	4976	6393	4817	1673
2	7860	7159	9526	4720	3984	7439	9867	4627	2601	9843	0314	3038	3830	2462	8141	9068	4230	0514	9754	5578	9759	0153
3	1672	2118	4595	2869	3365	0170	9981	3178	4486	4554	8157	8508	2007	7562	0260	2403	2787	9890	8730	7811	7215	7465
4	8725	0480	8047	9323	6567	0482	7667	7852	2749	9837	2212	4242	3278	2963	2227	2935	3978	2450	6461	6068	4587	7212
5	8635	7974	7071	1498	3272	2770	1410	1610	2983	2332	9873	6158	2386	6957	2093	1625	5652	6958	5321	5362	7238	9897
6	5130	4153	4521	9265	6156	7738	7199	2241	2483	3270	8543	5533	0882	9882	4577	3797	6914	6788	9740	2098	1941	9533
7	2237	1766	8372	5569	5059	6393	9257	5655	7122	0293	7339	0386	8375	7069	3145	1455	5676	7108	2030	6298	4509	4698
8	3225	6692	7146	8596	3924	6448	3014	1336	2622	2482	0515	6091	4087	3805	9617	0992	5329	9462	6343	0356	4532	5757
9	3443	3297	5162	6474	2687	8721	6214	3564	2724	3048	2774	3128	4984	9125	1590	3638	4235	5638	6817	2038	2141	3679
10	9124	9386	8067	0620	1051	9543	8178	5536	4904	7743	9492	0886	3095	9944	8794	9723	7151	3546	8247	8662	5183	9860
11	1767	9220	7962	5693	6953	9676	3166	8604	3741	1055	1623	7002	7605	1675	9131	5104	9870	5504	6713	7806	1144	5783
12	9330	4101	5712	2771	3975	9814	1332	6681	7749	4895	0883	8229	0674	2663	2315	0155	1127	3505	5402	1606	4986	1641
13	1330	3493	4805	7964	6053	1063	8461	5897	1363	3679	0289	5425	3355	0448	4361	5351	9264	0184	9272	9844	4724	7473
14	0562	1201	5892	9205	8827	5584	9472	2956	1411	8484	4236	8091	6366	5162	8992	7589	0046	2150	7352	6866	4966	5685
15	7664	3969	6458	7818	5129	2380	6332	4805	1482	4102	8881	6303	3245	1248	2066	9650	0746	9459	0594	6798	3814	1395
16	2261	7537	8738	7858	9381	4139	2380	9991	6754	4950	9081	7409	6632	2160	7231	3723	3537	9231	6521	6654	6385	8825
17	8558	3899	7659	2524	9905	0533	3302	2926	7662	2494	1651	5694	7678	9237	2714	5228	2946	3695	2366	5586	2519	7708
18	1158	7855	7173	8343	2173	7719	9427	6799	1465	8656	3312	5032	3739	4005	8260	1137	8294	7320	4406	9820	8772	4972
19	4470	9464	0326	1319	5029	8433	7897	4685	5602	4992	4334	4117	1836	6800	7699	3911	9652	4643	9585	1170	1925	6846
20	8242	5752	7138	3741	2302	0677	3626	7391	6062	0407	8708	3722	8318	0840	8759	0806	6144	3622	5138	1572	1895	8700
21	8035	8688	0639	5017	8698	1139	8841	2605	2069	8375	8147	3145	7241	9635	6028	3933	2985	2323	2235	7238	8823	9005
22	0673	8144	5831	9709	0205	9226	0034	7920	0379	3265	4801	4861	2662	8567	8702	4006	6099	3495	5238	3979	0646	9413
23	2086	1081	6433	4309	0661	6565	6036	1284	9396	0187	8804	2473	9919	6324	0408	1039	2842	1972	6749	5449	1542	4280
24	1813	3453	8846	0861	7257	6079	0285	7852	7763	5624	1226	4622	3012	2078	4427	3992	5811	6993	0131	3509	4422	8712
25	7570	8631	1904	2490	9362	1255	4636	3191	5066	4285	8550	5618	3395	6603	0417	1685	1892	8024	2153	7925	5618	5948
26	2205	2536	2262	6480	0710	9579	0109	7649	4058	2771	6548	8877	1082	6323	3137	5444	7084	0233	4022	7468	0253	9900
27	9246	0633	7094	5917	4033	1716	5987	4006	8915	4410	1480	8968	7360	6869	5171	9120	9443	6382	9369	3508	2817	7695
28	4933	1273	4905	7338	1757	4917	1349	8720	1531	8034	9507	5677	1011	7450	8047	8460	0335	0978	4207	8932	4165	1595
29	7356	3545	2939	7289	9662	9309	9528	9461	2352	6030	6649	2842	7299	7748	9001	5877	7405	5150	0557	6912	5382	4411
30	4270	5688	9055	2103	8931	1777	0260	0471	6171	6666	6555	1985	6345	1093	8218	7585	7784	9084	7499	8755	8192	1744
31	8937	1989	1011	5717	6002	3389	4975	7297	5602	8968	0210	6664	7835	3236	4671	7882	0073	2103	9220	1356	4060	3886
32	9976	8777	5975	8584	0442	1023	8362	0193	4848	7236	1469	7156	5896	2117	2172	9066	6894	2682	5151	2560	4530	0425
33	0032	8124	9680	2840	1153	3593	2993	3036	5510	5155	2092	0951	3376	5070	1470	8979	0658	9816	4558	6995	6427	6465
34	5582	6006	4655	3734	7581	5525	6794	4743	7400	3626	5400	3296	2679	0702	3157	2373	0106	1705	5258	7928	8520	4853
35	0199	5209	2855	8334	8537	4493	5433	4122	4848	4833	9069	2888	3959	1106	9861	7271	5391	9707	4282	9374	6860	1844
36	7178	7681	3941	8951	4458	6362	7657	1468	1306	2147	6265	9708	2863	5519	7680	3487	5170	6826	2331	0123	2296	5388
37	5996	4971	7454	3318	6641	1676	5459	0975	4510	6813	0295	3438	2740	5434	0301	1424	3946	7789	1180	7928	5913	6161
38	3842	8643	2529	6682	3067	8522	6028	1345	1462	4272	4458	1707	9867	7021	4835	1009	5560	9261	3969	6701	9188	6145
39	7070	5377	8226	4461	1516	5568	2273	4222	0723	7281	1532	8301	1402	3560	3558	0736	3053	4321	5750	8292	2526	5786
40	6409	5255	6700	3323	8277	7297	4224	6996	6884	7865	6696	3072	7998	1644	8418	1372	2276	9433	1892	8974	3308	0309
41	3718	1998	2652	5059	1417	3062	7930	2941	3264	2484	6134	9364	5848	0920	7405	7953	5910	0476	4214	2872	5242	2380
42	2050	8906	6801	0018	1473	7266	4008	3872	2529	5480	0187	7874	7292	2417	8621	2084	9428	5595	1576	2769	3402	0994
43	0762	8266	1744	5989	3395	9283	4518	4719	8641	9973	7702	8307	5494	1045	7585	5557	6982	6940	7486	1221	6190	5422
44	9614	5114	9274	5277	7594	1218	5840	3467	2663	6333	1835	5789	9725	2521	8108	3287	8834	9192	0549	0105	0994	8993
45	2939	9110	5749	1327	1634	1682	2790	0358	9543	1946	8477	9373	4874	2657	7517	2352	5453	7951	5454	9140	9257	8429
46	4947	5147	9410	0373	5830	2196	0251	2005	6302	3090	8808	2961	3927	0450	1626	3992	0766	2250	1035	5636	3451	7898
47	4796	6273	0777	3090	2425	2848	2932	3876	4836	3466	6588	1715	9534	1939	2558	8959	3444	9378	9804	9088	8416	0669
48	1827	3979	0950	8563	1676	7763	0064	7539	3498	7734	3753	9521	5267	8695	4111	8372	6649	3556	3510	3980	7374	7866
49	2241	1081	2283	5476	7320	7553	7734	8632	8081	8642	6430	9871	1402	3346	2982	8920	5905	6958	6290	3104	6287	9436
50	9162	3220	3131	0391	7947	9002	6831	1583	1329	0917	7386	0054	8501	5340	9697	3904	2372	6906	4048	3255	3537	2108
51	3780	6871	1098	9280	7529	7095	0714	6686	0048	2636	4500	0419	3876	1677	6206	5683	5987	2630	2343	5464	6735	7509
52	5656	7765	7203	1424	3731	7163	7170	5944	4471	9004	7504	5146	9042	4031	3423	8197	1180	8682	6318	6936	2955	9722
53	5325	2543	2877	2608	6205	5870	0648	7746	1003	1431	1286	6336	7109	2498	6280	7120	9738	1178	0100	6276	5752	8354
54	8767	7406	3756	6812	0666	1231	7725	1521	8958	4653	8667	9983	8253	1572	4352	5137	2875	5163	8520	4163	4449	0698
55	8991	6418	6493	3441	6115	7956	9222	1695	5994	8193	5275	7922	3872	2249	9503	4849	3419	1808	0672	5490	5268	2598
56	8123	5821	9433	1029	4911	2829	8138	7037	2103	9491	0623	7949	1911	9994	6864	1937	1940	2649	0305	7453	8443	1709
57	0309	0128	0206	1261	1693	1378	4612	5119	0527	2484	5023	3768	4842	9557	4591	1378	6315	5977	4002	4426	6190	6874
Zei	1	8		16		24		32		40		48		56		64		72		80		88

TABELLE B Zufallszahlen (0-9)

Zei | 1 8 16 24 32 40 48 56 64 72 80 88

58	7495	0512	1677	0105	9884	3036	9108	2493	1162	0546	0768	4812	1951	9941	5108	3283	9904	5313	6604	2408	5216	2089
59	8699	9916	8254	2753	7065	8331	2900	7483	6931	9942	2561	9854	9749	1254	1701	2332	9061	3079	8173	6197	7539	7150
60	5029	7830	8938	5610	4149	3156	3840	4938	7169	7914	7122	9062	4396	6887	7232	1037	2108	0962	7210	4525	9883	0761
61	7411	0871	5702	7899	7605	6961	7708	1589	8672	0286	4494	4770	9425	0761	3465	9562	3936	1441	7312	6757	5501	6204
62	6492	9500	5414	4870	5717	2201	0097	6299	4678	7945	6825	3489	4869	6645	8690	2804	4680	8113	2010	4683	5555	2793
63	7697	5750	7143	2875	6398	3132	1741	2454	3782	2133	5901	0163	8353	7667	0783	6748	7790	3738	3740	8572	4370	3776
64	4550	7043	5146	7405	2124	6367	1464	8310	1887	3601	0138	6485	0668	2008	8770	4892	2624	5816	3221	5978	7775	9234
65	7436	0854	3455	7196	1372	9280	8881	2433	0291	1791	4309	7222	4220	2392	6837	2515	9015	4418	4599	3214	2893	8360
66	2289	4235	4872	1136	4110	1300	8897	3558	7632	6883	9694	9751	2342	1208	1086	0572	9800	9063	7011	6711	7141	9173
67	3747	9015	9148	5771	4385	4039	6981	8694	8776	3882	1097	8779	7930	2303	7887	0677	8964	3894	7194	6386	3396	1879
68	1171	7979	4290	4984	6761	8854	6428	7916	4896	3635	9506	2482	7309	8751	5941	8093	2954	7424	5058	8922	3326	0791
69	3799	6188	3259	1743	4555	6621	2903	0894	6856	1690	3280	4140	9047	4879	0164	3468	8787	5269	6612	3985	4640	1094
70	5085	3422	9882	0047	9805	5622	3001	0997	5270	9526	6927	7499	5712	3274	2819	2847	0656	1055	5191	2427	3912	7081
71	6600	8903	5396	8949	0746	6945	2578	8329	2448	2840	4602	6540	7807	0370	3337	2889	7126	7410	1861	4127	5197	2722
72	4899	7387	9322	7776	5239	8889	1327	4329	4625	1262	7411	9410	8298	8732	1047	9985	9607	9217	8729	9568	8436	7262
73	6703	9736	0588	8899	7578	1566	9112	5888	3654	5459	4634	5979	4586	0468	3533	0963	2226	6667	7099	1730	1553	3702
74	9642	1702	8045	7196	9991	5442	3749	4143	8965	9470	5072	5541	4126	1281	8486	5825	6399	2123	7315	6016	6163	4561
75	0669	1975	5080	7913	0703	9678	9384	9443	8493	5824	1254	2941	9482	8463	4556	2827	6271	9470	9701	8358	4029	6192
76	7833	6539	8018	4650	5938	9361	8281	4250	8700	0665	1563	5048	4938	7154	6127	3950	8464	2139	3781	0498	4542	0786
77	2630	2318	9343	4552	7159	3346	8284	0392	4581	0521	8656	0099	5983	8840	7384	6800	2773	3247	9767	3258	3049	1841
78	3144	4202	1757	8426	5134	2970	7861	7085	4467	5375	0322	7297	5355	0542	1659	5376	8335	5008	4368	0295	4972	1678
79	9726	9641	0324	9986	3749	9926	7065	1698	5222	2259	1840	4579	2270	3644	3352	6440	7871	9748	1045	6787	4387	4391
80	3087	8988	6885	7720	5097	1166	9323	7697	7051	3648	1378	1576	0265	7511	3610	1424	6536	3878	9779	9951	7355	0733
81	9614	1314	2778	2874	0172	4604	4956	7366	8296	9594	0667	6981	6153	0929	1533	4577	4668	1832	8231	6777	0066	8393
82	3495	6748	7909	2899	5704	8484	7094	9228	0467	9222	6751	1441	9641	1482	0783	4198	5124	5813	4316	1362	3894	8044
83	8055	6129	6214	9238	6355	5606	3300	1859	9552	1592	9845	9007	7749	6498	2051	2417	3184	9884	1545	5571	3529	2634
84	8527	8736	9375	7481	9884	4321	8208	0594	3757	8897	8641	7110	2781	8766	1521	2588	8908	8039	9990	9286	3789	5196
85	7006	2434	6492	2739	3158	9908	6664	8006	5740	1580	5269	6379	9353	8688	1157	2620	7089	0986	4384	4029	9759	3736
86	4593	6437	9250	5400	9438	7119	3542	2000	7025	4800	1877	8926	9236	6898	1209	4682	3201	7763	3582	3761	8378	9374
87	6631	8496	7235	6176	6626	2951	2167	0998	9589	8825	7778	6761	7624	1977	2739	6348	9098	9326	7553	7119	1048	8874
88	0213	2685	4143	7603	7440	0581	5364	1505	5272	4370	8839	3561	0866	8951	2843	2095	5027	6096	1493	2897	1161	0471
89	4428	4546	6217	5634	2410	6009	9007	0718	5727	6338	0635	8512	8264	7865	7745	4329	7207	1699	1522	2105	7580	8024
90	4797	7876	7195	2102	8075	8770	5973	0624	8024	9861	7509	6925	4430	6821	7542	2213	8785	9669	5485	4573	3034	3196
91	9730	6646	9103	0332	2974	5411	9535	7902	5342	3809	1234	3660	3460	4335	1824	9821	8293	3463	8590	0328	7107	6415
92	6074	7886	9035	4854	2557	4995	9022	9932	6820	2129	7878	5497	9550	5573	1874	7223	4505	4442	5317	7282	6799	5306
93	5609	9731	1810	8999	4864	1317	1713	3868	0568	7479	2433	5827	2062	2110	5641	4939	3438	1853	0313	4555	5058	7652
94	8975	0112	4025	5556	9933	8746	1325	3428	6294	3004	3955	7397	2331	7944	8163	7986	1874	8420	4530	8263	2692	9431
95	6936	0899	6083	3981	6682	7523	7908	5143	5475	0167	2333	9918	2626	4786	4959	8507	7263	9397	5109	7965	2144	9068
96	3417	2615	0792	3335	7048	7465	0041	7093	2629	8672	2290	9442	4662	8189	2668	2286	3209	1189	2354	3343	9185	5162
97	3325	1148	4830	1180	6631	1303	7339	6855	6210	3471	5218	5123	0358	0382	9789	2028	9141	3128	4747	4419	5838	9360
98	4623	7505	2640	2734	6657	9818	0238	0695	6734	9989	0582	8312	1907	8833	1916	5926	9140	8330	9482	9030	3468	4294
99	1842	5134	0173	9797	7793	7131	3446	1409	5682	5936	1037	3203	9241	7008	6471	7225	3552	3732	1694	5184	3568	0297
100	3873	9929	3497	8698	1971	9153	7352	8616	6175	5630	2048	3342	3337	9222	7041	3564	7078	6741	8532	5792	8099	7386
101	3433	3077	9900	5916	8404	8604	3600	6340	5535	4817	7914	2594	6437	1605	0395	4997	6947	5724	3431	7400	3511	1275
102	6534	2494	7854	4083	6219	3778	5337	3097	1796	7382	1559	2727	0675	9222	4815	2335	8359	4470	6888	0016	8271	9421
103	2181	0611	4974	0095	2898	2074	8462	7730	1246	0401	8738	6098	9462	2752	3005	7511	4085	2281	7188	1556	6104	4938
104	8484	0241	2371	8008	3099	2380	0519	9784	1500	7207	5904	8262	5705	5419	7079	4813	8066	8832	1168	3639	3138	2086
105	0794	7822	5608	5733	5173	2926	3529	9292	0762	8716	4995	6650	5580	4081	8893	9783	8152	0064	9701	8324	3143	7197
106	8477	6784	7307	8482	4831	8347	5017	6520	1285	3991	5346	2797	8548	6811	7187	2394	5691	3997	5659	0074	3134	0600
107	1910	7498	9913	9166	2196	2132	4919	4126	3643	2733	9085	1714	2007	5495	6676	8065	6373	0833	0135	3958	9660	1285
108	5977	5969	2435	1050	8939	5793	6008	6188	2586	5174	0542	9158	9331	6789	2469	9776	4653	3388	6147	7786	1098	5487
109	8458	0396	6113	4286	4265	5185	8237	0026	7168	7676	1854	5581	2812	3685	6648	3272	6814	2345	7195	8574	5164	4281
110	1605	4579	1879	1941	2233	1345	5101	8564	6029	1065	4381	9173	6698	5738	2880	7564	6602	2363	7491	7369	4699	0166
111	4119	6888	7900	7019	8983	0484	6137	3401	8161	4441	1673	1055	1165	6474	1911	9930	4017	0533	5646	4416	7329	3965
112	1327	4849	6392	1725	4904	8274	1440	3969	6821	9732	4793	0063	7310	4564	7203	4264	3739	0667	1804	7099	1262	3793
113	2737	2961	4800	5642	2560	7581	8002	9374	1824	3157	6293	2897	8281	7512	2671	0657	8964	0548	9250	1140	6431	6409
114	7619	6347	2081	8737	6108	5040	5699	0206	0043	8610	2239	4310	5986	6861	7333	0275	9321	9383	6917	9367	8265	6864

Zei | 1 8 16 24 32 40 48 56 64 72 80 88

TABELLE C Standardnormalverteilung (Flächenanteile links von Z)

Z	Fläche	Z	Fläche	Z	Fläche	Z	Fläche	Z	Fläche	Z	Fläche	Z	Fläche
-3,50	0,0002	-3,00	0,0013	-2,50	0,0062	-2,00	0,0228	-1,50	0,0668	-1,00	0,1587	-0,50	0,3085
-3,49	0,0002	-2,99	0,0014	-2,49	0,0064	-1,99	0,0233	-1,49	0,0681	-0,99	0,1611	-0,49	0,3121
-3,48	0,0003	-2,98	0,0014	-2,48	0,0066	-1,98	0,0239	-1,48	0,0694	-0,98	0,1635	-0,48	0,3156
-3,47	0,0003	-2,97	0,0015	-2,47	0,0068	-1,97	0,0244	-1,47	0,0708	-0,97	0,1660	-0,47	0,3192
-3,46	0,0003	-2,96	0,0015	-2,46	0,0069	-1,96	0,0250	-1,46	0,0721	-0,96	0,1685	-0,46	0,3228
-3,45	0,0003	-2,95	0,0016	-2,45	0,0071	-1,95	0,0256	-1,45	0,0735	-0,95	0,1711	-0,45	0,3264
-3,44	0,0003	-2,94	0,0016	-2,44	0,0073	-1,94	0,0262	-1,44	0,0749	-0,94	0,1736	-0,44	0,3300
-3,43	0,0003	-2,93	0,0017	-2,43	0,0075	-1,93	0,0268	-1,43	0,0764	-0,93	0,1762	-0,43	0,3336
-3,42	0,0003	-2,92	0,0018	-2,42	0,0078	-1,92	0,0274	-1,42	0,0778	-0,92	0,1788	-0,42	0,3372
-3,41	0,0003	-2,91	0,0018	-2,41	0,0080	-1,91	0,0281	-1,41	0,0793	-0,91	0,1814	-0,41	0,3409
-3,40	0,0003	-2,90	0,0019	-2,40	0,0082	-1,90	0,0287	-1,40	0,0808	-0,90	0,1841	-0,40	0,3446
-3,39	0,0003	-2,89	0,0019	-2,39	0,0084	-1,89	0,0294	-1,39	0,0823	-0,89	0,1867	-0,39	0,3483
-3,38	0,0004	-2,88	0,0020	-2,38	0,0087	-1,88	0,0301	-1,38	0,0838	-0,88	0,1894	-0,38	0,3520
-3,37	0,0004	-2,87	0,0021	-2,37	0,0089	-1,87	0,0307	-1,37	0,0853	-0,87	0,1922	-0,37	0,3557
-3,36	0,0004	-2,86	0,0021	-2,36	0,0091	-1,86	0,0314	-1,36	0,0869	-0,86	0,1949	-0,36	0,3594
-3,35	0,0004	-2,85	0,0022	-2,35	0,0094	-1,85	0,0322	-1,35	0,0885	-0,85	0,1977	-0,35	0,3632
-3,34	0,0004	-2,84	0,0023	-2,34	0,0096	-1,84	0,0329	-1,34	0,0901	-0,84	0,2005	-0,34	0,3669
-3,33	0,0004	-2,83	0,0023	-2,33	0,0099	-1,83	0,0336	-1,33	0,0918	-0,83	0,2033	-0,33	0,3707
-3,32	0,0005	-2,82	0,0024	-2,32	0,0102	-1,82	0,0344	-1,32	0,0934	-0,82	0,2061	-0,32	0,3745
-3,31	0,0005	-2,81	0,0025	-2,31	0,0104	-1,81	0,0351	-1,31	0,0951	-0,81	0,2090	-0,31	0,3783
-3,30	0,0005	-2,80	0,0026	-2,30	0,0107	-1,80	0,0359	-1,30	0,0968	-0,80	0,2119	-0,30	0,3821
-3,29	0,0005	-2,79	0,0026	-2,29	0,0110	-1,79	0,0367	-1,29	0,0985	-0,79	0,2148	-0,29	0,3859
-3,28	0,0005	-2,78	0,0027	-2,28	0,0113	-1,78	0,0375	-1,28	0,1003	-0,78	0,2177	-0,28	0,3897
-3,27	0,0005	-2,77	0,0028	-2,27	0,0116	-1,77	0,0384	-1,27	0,1020	-0,77	0,2206	-0,27	0,3936
-3,26	0,0006	-2,76	0,0029	-2,26	0,0119	-1,76	0,0392	-1,26	0,1038	-0,76	0,2236	-0,26	0,3974
-3,25	0,0006	-2,75	0,0030	-2,25	0,0122	-1,75	0,0401	-1,25	0,1056	-0,75	0,2266	-0,25	0,4013
-3,24	0,0006	-2,74	0,0031	-2,24	0,0125	-1,74	0,0409	-1,24	0,1075	-0,74	0,2296	-0,24	0,4052
-3,23	0,0006	-2,73	0,0032	-2,23	0,0129	-1,73	0,0418	-1,23	0,1093	-0,73	0,2327	-0,23	0,4090
-3,22	0,0006	-2,72	0,0033	-2,22	0,0132	-1,72	0,0427	-1,22	0,1112	-0,72	0,2358	-0,22	0,4129
-3,21	0,0007	-2,71	0,0034	-2,21	0,0136	-1,71	0,0436	-1,21	0,1131	-0,71	0,2389	-0,21	0,4168
-3,20	0,0007	-2,70	0,0035	-2,20	0,0139	-1,70	0,0446	-1,20	0,1151	-0,70	0,2420	-0,20	0,4207
-3,19	0,0007	-2,69	0,0036	-2,19	0,0143	-1,69	0,0455	-1,19	0,1170	-0,69	0,2451	-0,19	0,4247
-3,18	0,0007	-2,68	0,0037	-2,18	0,0146	-1,68	0,0465	-1,18	0,1190	-0,68	0,2483	-0,18	0,4286
-3,17	0,0008	-2,67	0,0038	-2,17	0,0150	-1,67	0,0475	-1,17	0,1210	-0,67	0,2514	-0,17	0,4325
-3,16	0,0008	-2,66	0,0039	-2,16	0,0154	-1,66	0,0485	-1,16	0,1230	-0,66	0,2546	-0,16	0,4364
-3,15	0,0008	-2,65	0,0040	-2,15	0,0158	-1,65	0,0495	-1,15	0,1251	-0,65	0,2578	-0,15	0,4404
-3,14	0,0008	-2,64	0,0041	-2,14	0,0162	-1,64	0,0505	-1,14	0,1271	-0,64	0,2611	-0,14	0,4443
-3,13	0,0009	-2,63	0,0043	-2,13	0,0166	-1,63	0,0516	-1,13	0,1292	-0,63	0,2643	-0,13	0,4483
-3,12	0,0009	-2,62	0,0044	-2,12	0,0170	-1,62	0,0526	-1,12	0,1314	-0,62	0,2676	-0,12	0,4522
-3,11	0,0009	-2,61	0,0045	-2,11	0,0174	-1,61	0,0537	-1,11	0,1335	-0,61	0,2709	-0,11	0,4562
-3,10	0,0010	-2,60	0,0047	-2,10	0,0179	-1,60	0,0548	-1,10	0,1357	-0,60	0,2743	-0,10	0,4602
-3,09	0,0010	-2,59	0,0048	-2,09	0,0183	-1,59	0,0559	-1,09	0,1379	-0,59	0,2776	-0,09	0,4641
-3,08	0,0010	-2,58	0,0049	-2,08	0,0188	-1,58	0,0571	-1,08	0,1401	-0,58	0,2810	-0,08	0,4681
-3,07	0,0011	-2,57	0,0051	-2,07	0,0192	-1,57	0,0582	-1,07	0,1423	-0,57	0,2843	-0,07	0,4721
-3,06	0,0011	-2,56	0,0052	-2,06	0,0197	-1,56	0,0594	-1,06	0,1446	-0,56	0,2877	-0,06	0,4761
-3,05	0,0011	-2,55	0,0054	-2,05	0,0202	-1,55	0,0606	-1,05	0,1469	-0,55	0,2912	-0,05	0,4801
-3,04	0,0012	-2,54	0,0055	-2,04	0,0207	-1,54	0,0618	-1,04	0,1492	-0,54	0,2946	-0,04	0,4840
-3,03	0,0012	-2,53	0,0057	-2,03	0,0212	-1,53	0,0630	-1,03	0,1515	-0,53	0,2981	-0,03	0,4880
-3,02	0,0013	-2,52	0,0059	-2,02	0,0217	-1,52	0,0643	-1,02	0,1539	-0,52	0,3015	-0,02	0,4920
-3,01	0,0013	-2,51	0,0060	-2,01	0,0222	-1,51	0,0655	-1,01	0,1562	-0,51	0,3050	-0,01	0,4960
Z	Fläche	Z	Fläche	Z	Fläche	Z	Fläche	Z	Fläche	Z	Fläche	Z	Fläche

TABELLE C Standarnormalverteilung (Flächenanteile links von Z)

Z	Fläche	Z	Fläche	Z	Fläche	Z	Fläche	Z	Fläche	Z	Fläche	Z	Fläche
0,00	0,5000	0,50	0,6915	1,00	0,8413	1,50	0,9332	2,00	0,9772	2,50	0,9938	3,00	0,9987
0,01	0,5040	0,51	0,6950	1,01	0,8438	1,51	0,9345	2,01	0,9778	2,51	0,9940	3,01	0,9987
0,02	0,5080	0,52	0,6985	1,02	0,8461	1,52	0,9357	2,02	0,9783	2,52	0,9941	3,02	0,9987
0,03	0,5120	0,53	0,7019	1,03	0,8485	1,53	0,9370	2,03	0,9788	2,53	0,9943	3,03	0,9988
0,04	0,5160	0,54	0,7054	1,04	0,8508	1,54	0,9382	2,04	0,9793	2,54	0,9945	3,04	0,9988
0,05	0,5199	0,55	0,7088	1,05	0,8531	1,55	0,9394	2,05	0,9798	2,55	0,9946	3,05	0,9989
0,06	0,5239	0,56	0,7123	1,06	0,8554	1,56	0,9406	2,06	0,9803	2,56	0,9948	3,06	0,9989
0,07	0,5279	0,57	0,7157	1,07	0,8577	1,57	0,9418	2,07	0,9808	2,57	0,9949	3,07	0,9989
0,08	0,5319	0,58	0,7190	1,08	0,8599	1,58	0,9429	2,08	0,9812	2,58	0,9951	3,08	0,9990
0,09	0,5359	0,59	0,7224	1,09	0,8621	1,59	0,9441	2,09	0,9817	2,59	0,9952	3,09	0,9990
0,10	0,5398	0,60	0,7257	1,10	0,8643	1,60	0,9452	2,10	0,9821	2,60	0,9953	3,10	0,9990
0,11	0,5438	0,61	0,7291	1,11	0,8665	1,61	0,9463	2,11	0,9826	2,61	0,9955	3,11	0,9991
0,12	0,5478	0,62	0,7324	1,12	0,8686	1,62	0,9474	2,12	0,9830	2,62	0,9956	3,12	0,9991
0,13	0,5517	0,63	0,7357	1,13	0,8708	1,63	0,9484	2,13	0,9834	2,63	0,9957	3,13	0,9991
0,14	0,5557	0,64	0,7389	1,14	0,8729	1,64	0,9495	2,14	0,9838	2,64	0,9959	3,14	0,9992
0,15	0,5596	0,65	0,7422	1,15	0,8749	1,65	0,9505	2,15	0,9842	2,65	0,9960	3,15	0,9992
0,16	0,5636	0,66	0,7454	1,16	0,8770	1,66	0,9515	2,16	0,9846	2,66	0,9961	3,16	0,9992
0,17	0,5675	0,67	0,7486	1,17	0,8790	1,67	0,9525	2,17	0,9850	2,67	0,9962	3,17	0,9992
0,18	0,5714	0,68	0,7517	1,18	0,8810	1,68	0,9535	2,18	0,9854	2,68	0,9963	3,18	0,9993
0,19	0,5753	0,69	0,7549	1,19	0,8830	1,69	0,9545	2,19	0,9857	2,69	0,9964	3,19	0,9993
0,20	0,5793	0,70	0,7580	1,20	0,8849	1,70	0,9554	2,20	0,9861	2,70	0,9965	3,20	0,9993
0,21	0,5832	0,71	0,7611	1,21	0,8869	1,71	0,9564	2,21	0,9864	2,71	0,9966	3,21	0,9993
0,22	0,5871	0,72	0,7642	1,22	0,8888	1,72	0,9573	2,22	0,9868	2,72	0,9967	3,22	0,9994
0,23	0,5910	0,73	0,7673	1,23	0,8907	1,73	0,9582	2,23	0,9871	2,73	0,9968	3,23	0,9994
0,24	0,5948	0,74	0,7704	1,24	0,8925	1,74	0,9591	2,24	0,9875	2,74	0,9969	3,24	0,9994
0,25	0,5987	0,75	0,7734	1,25	0,8944	1,75	0,9599	2,25	0,9878	2,75	0,9970	3,25	0,9994
0,26	0,6026	0,76	0,7764	1,26	0,8962	1,76	0,9608	2,26	0,9881	2,76	0,9971	3,26	0,9994
0,27	0,6064	0,77	0,7794	1,27	0,8980	1,77	0,9616	2,27	0,9884	2,77	0,9972	3,27	0,9995
0,28	0,6103	0,78	0,7823	1,28	0,8997	1,78	0,9625	2,28	0,9887	2,78	0,9973	3,28	0,9995
0,29	0,6141	0,79	0,7852	1,29	0,9015	1,79	0,9633	2,29	0,9890	2,79	0,9974	3,29	0,9995
0,30	0,6179	0,80	0,7881	1,30	0,9032	1,80	0,9641	2,30	0,9893	2,80	0,9974	3,30	0,9995
0,31	0,6217	0,81	0,7910	1,31	0,9049	1,81	0,9649	2,31	0,9896	2,81	0,9975	3,31	0,9995
0,32	0,6255	0,82	0,7939	1,32	0,9066	1,82	0,9656	2,32	0,9898	2,82	0,9976	3,32	0,9995
0,33	0,6293	0,83	0,7967	1,33	0,9082	1,83	0,9664	2,33	0,9901	2,83	0,9977	3,33	0,9996
0,34	0,6331	0,84	0,7995	1,34	0,9099	1,84	0,9671	2,34	0,9904	2,84	0,9977	3,34	0,9996
0,35	0,6368	0,85	0,8023	1,35	0,9115	1,85	0,9678	2,35	0,9906	2,85	0,9978	3,35	0,9996
0,36	0,6406	0,86	0,8051	1,36	0,9131	1,86	0,9686	2,36	0,9909	2,86	0,9979	3,36	0,9996
0,37	0,6443	0,87	0,8078	1,37	0,9147	1,87	0,9693	2,37	0,9911	2,87	0,9979	3,37	0,9996
0,38	0,6480	0,88	0,8106	1,38	0,9162	1,88	0,9699	2,38	0,9913	2,88	0,9980	3,38	0,9996
0,39	0,6517	0,89	0,8133	1,39	0,9177	1,89	0,9706	2,39	0,9916	2,89	0,9981	3,39	0,9997
0,40	0,6554	0,90	0,8159	1,40	0,9192	1,90	0,9713	2,40	0,9918	2,90	0,9981	3,40	0,9997
0,41	0,6591	0,91	0,8186	1,41	0,9207	1,91	0,9719	2,41	0,9920	2,91	0,9982	3,41	0,9997
0,42	0,6628	0,92	0,8212	1,42	0,9222	1,92	0,9726	2,42	0,9922	2,92	0,9982	3,42	0,9997
0,43	0,6664	0,93	0,8238	1,43	0,9236	1,93	0,9732	2,43	0,9925	2,93	0,9983	3,43	0,9997
0,44	0,6700	0,94	0,8264	1,44	0,9251	1,94	0,9738	2,44	0,9927	2,94	0,9984	3,44	0,9997
0,45	0,6736	0,95	0,8289	1,45	0,9265	1,95	0,9744	2,45	0,9929	2,95	0,9984	3,45	0,9997
0,46	0,6772	0,96	0,8315	1,46	0,9279	1,96	0,9750	2,46	0,9931	2,96	0,9985	3,46	0,9997
0,47	0,6808	0,97	0,8340	1,47	0,9292	1,97	0,9756	2,47	0,9932	2,97	0,9985	3,47	0,9997
0,48	0,6844	0,98	0,8365	1,48	0,9306	1,98	0,9761	2,48	0,9934	2,98	0,9986	3,48	0,9997
0,49	0,6879	0,99	0,8389	1,49	0,9319	1,99	0,9767	2,49	0,9936	2,99	0,9986	3,49	0,9998
Z	Fläche	Z	Fläche	Z	Fläche	Z	Fläche	Z	Fläche	Z	Fläche	Z	Fläche

TABELLE D Kritische Werte der Standardnormalverteilung

[A] Zweiseitiger Fall

α	z_k	α	z_k
0,80	0,253	0,04	2,054
0,70	0,385	0,03	2,170
0,60	0,524	0,02	2,326
0,50	0,674	0,01	2,576
0,40	0,842	0,009	2,612
0,30	1,036	0,008	2,652
0,20	1,282	0,007	2,697
0,10	1,645	0,006	2,748
0,09	1,695	0,005	2,807
0,08	1,751	0,004	2,878
0,07	1,812	0,003	2,968
0,06	1,881	0,002	3,090
0,05	1,960	0,001	3,291

[B] Einseitiger Fall

α	z_k	α	z_k
0,45	0,126	0,04	1,751
0,40	0,253	0,03	1,881
0,35	0,385	0,02	2,054
0,30	0,524	0,01	2,326
0,25	0,674	0,009	2,366
0,20	0,842	0,008	2,409
0,15	1,036	0,007	2,457
0,10	1,282	0,006	2,512
0,09	1,341	0,005	2,576
0,08	1,405	0,004	2,652
0,07	1,476	0,003	2,748
0,06	1,555	0,002	2,878
0,05	1,645	0,001	3,090

TABELLE E Kritische Werte der T-Verteilung

FG	Zweiseitiger Fall (α) 0,20	0,10	0,05	0,025	0,02	0,01	0,005	0,002	0,001	FG
2	1,886	2,920	4,303	6,205	6,965	9,925	14,089	22,327	31,599	2
3	1,638	2,353	3,182	4,177	4,541	5,841	7,453	10,215	12,924	3
4	1,533	2,132	2,776	3,495	3,747	4,604	5,598	7,173	8,610	4
5	1,476	2,015	2,571	3,163	3,365	4,032	4,773	5,893	6,869	5
6	1,440	1,943	2,447	2,969	3,143	3,707	4,317	5,208	5,959	6
7	1,415	1,895	2,365	2,841	2,998	3,499	4,029	4,785	5,408	7
8	1,397	1,860	2,306	2,752	2,896	3,355	3,833	4,501	5,041	8
9	1,383	1,833	2,262	2,685	2,821	3,250	3,690	4,297	4,781	9
10	1,372	1,812	2,228	2,634	2,764	3,169	3,581	4,144	4,587	10
11	1,363	1,796	2,201	2,593	2,718	3,106	3,497	4,025	4,437	11
12	1,356	1,782	2,179	2,560	2,681	3,055	3,428	3,930	4,318	12
13	1,350	1,771	2,160	2,533	2,650	3,012	3,372	3,852	4,221	13
14	1,345	1,761	2,145	2,510	2,624	2,977	3,326	3,787	4,140	14
15	1,341	1,753	2,131	2,490	2,602	2,947	3,286	3,733	4,073	15
16	1,337	1,746	2,120	2,473	2,583	2,921	3,252	3,686	4,015	16
17	1,333	1,740	2,110	2,458	2,567	2,898	3,222	3,646	3,965	17
18	1,330	1,734	2,101	2,445	2,552	2,878	3,197	3,610	3,922	18
19	1,328	1,729	2,093	2,433	2,539	2,861	3,174	3,579	3,883	19
20	1,325	1,725	2,086	2,423	2,528	2,845	3,153	3,552	3,850	20
21	1,323	1,721	2,080	2,414	2,518	2,831	3,135	3,527	3,819	21
22	1,321	1,717	2,074	2,405	2,508	2,819	3,119	3,505	3,792	22
23	1,319	1,714	2,069	2,398	2,500	2,807	3,104	3,485	3,768	23
24	1,318	1,711	2,064	2,391	2,492	2,797	3,091	3,467	3,745	24
25	1,316	1,708	2,060	2,385	2,485	2,787	3,078	3,450	3,725	25
26	1,315	1,706	2,056	2,379	2,479	2,779	3,067	3,435	3,707	26
27	1,314	1,703	2,052	2,373	2,473	2,771	3,057	3,421	3,690	27
28	1,313	1,701	2,048	2,368	2,467	2,763	3,047	3,408	3,674	28
29	1,311	1,699	2,045	2,364	2,462	2,756	3,038	3,396	3,659	29
30	1,310	1,697	2,042	2,360	2,457	2,750	3,030	3,385	3,646	30
31	1,309	1,696	2,040	2,356	2,453	2,744	3,022	3,375	3,633	31
32	1,309	1,694	2,037	2,352	2,449	2,738	3,015	3,365	3,622	32
33	1,308	1,692	2,035	2,348	2,445	2,733	3,008	3,356	3,611	33
34	1,307	1,691	2,032	2,345	2,441	2,728	3,002	3,348	3,601	34
35	1,306	1,690	2,030	2,342	2,438	2,724	2,996	3,340	3,591	35
36	1,306	1,688	2,028	2,339	2,434	2,719	2,990	3,333	3,582	36
37	1,305	1,687	2,026	2,336	2,431	2,715	2,985	3,326	3,574	37
38	1,304	1,686	2,024	2,334	2,429	2,712	2,980	3,319	3,566	38
39	1,304	1,685	2,023	2,331	2,426	2,708	2,976	3,313	3,558	39
40	1,303	1,684	2,021	2,329	2,423	2,704	2,971	3,307	3,551	40
41	1,303	1,683	2,020	2,327	2,421	2,701	2,967	3,301	3,544	41
42	1,302	1,682	2,018	2,325	2,418	2,698	2,963	3,296	3,538	42
43	1,302	1,681	2,017	2,323	2,416	2,695	2,959	3,291	3,532	43
44	1,301	1,680	2,015	2,321	2,414	2,692	2,956	3,286	3,526	44
45	1,301	1,679	2,014	2,319	2,412	2,690	2,952	3,281	3,520	45
FG	0,10	0,05	0,025	0,0125	0,01	0,005	0,0025	0,001	0,0005	FG
	Einseitiger Fall (α)									

TABELLE E Kritische Werte der T-Verteilung

FG	Zweiseitiger Fall (α)									FG
FG	0,20	0,10	0,05	0,025	0,02	0,01	0,005	0,002	0,001	FG
46	1,300	1,679	2,013	2,317	2,410	2,687	2,949	3,277	3,515	46
47	1,300	1,678	2,012	2,315	2,408	2,685	2,946	3,273	3,510	47
48	1,299	1,677	2,011	2,314	2,407	2,682	2,943	3,269	3,505	48
49	1,299	1,677	2,010	2,312	2,405	2,680	2,940	3,265	3,500	49
50	1,299	1,676	2,009	2,311	2,403	2,678	2,937	3,261	3,496	50
51	1,298	1,675	2,008	2,310	2,402	2,676	2,934	3,258	3,492	51
52	1,298	1,675	2,007	2,308	2,400	2,674	2,932	3,255	3,488	52
53	1,298	1,674	2,006	2,307	2,399	2,672	2,929	3,251	3,484	53
54	1,297	1,674	2,005	2,306	2,397	2,670	2,927	3,248	3,480	54
55	1,297	1,673	2,004	2,304	2,396	2,668	2,925	3,245	3,476	55
56	1,297	1,673	2,003	2,303	2,395	2,667	2,923	3,242	3,473	56
57	1,297	1,672	2,002	2,302	2,394	2,665	2,920	3,239	3,470	57
58	1,296	1,672	2,002	2,301	2,392	2,663	2,918	3,237	3,466	58
59	1,296	1,671	2,001	2,300	2,391	2,662	2,916	3,234	3,463	59
60	1,296	1,671	2,000	2,299	2,390	2,660	2,915	3,232	3,460	60
61	1,296	1,670	2,000	2,298	2,389	2,659	2,913	3,229	3,457	61
62	1,295	1,670	1,999	2,297	2,388	2,657	2,911	3,227	3,454	62
63	1,295	1,669	1,998	2,296	2,387	2,656	2,909	3,225	3,452	63
64	1,295	1,669	1,998	2,295	2,386	2,655	2,908	3,223	3,449	64
65	1,295	1,669	1,997	2,295	2,385	2,654	2,906	3,220	3,447	65
66	1,295	1,668	1,997	2,294	2,384	2,652	2,904	3,218	3,444	66
67	1,294	1,668	1,996	2,293	2,383	2,651	2,903	3,216	3,442	67
68	1,294	1,668	1,995	2,292	2,382	2,650	2,902	3,214	3,439	68
69	1,294	1,667	1,995	2,291	2,382	2,649	2,900	3,213	3,437	69
70	1,294	1,667	1,994	2,291	2,381	2,648	2,899	3,211	3,435	70
71	1,294	1,667	1,994	2,290	2,380	2,647	2,897	3,209	3,433	71
72	1,293	1,666	1,993	2,289	2,379	2,646	2,896	3,207	3,431	72
73	1,293	1,666	1,993	2,289	2,379	2,645	2,895	3,206	3,429	73
74	1,293	1,666	1,993	2,288	2,378	2,644	2,894	3,204	3,427	74
75	1,293	1,665	1,992	2,287	2,377	2,643	2,892	3,202	3,425	75
76	1,293	1,665	1,992	2,287	2,376	2,642	2,891	3,201	3,423	76
77	1,293	1,665	1,991	2,286	2,376	2,641	2,890	3,199	3,421	77
78	1,292	1,665	1,991	2,285	2,375	2,640	2,889	3,198	3,420	78
79	1,292	1,664	1,990	2,285	2,374	2,640	2,888	3,197	3,418	79
80	1,292	1,664	1,990	2,284	2,374	2,639	2,887	3,195	3,416	80
81	1,292	1,664	1,990	2,284	2,373	2,638	2,886	3,194	3,415	81
82	1,292	1,664	1,989	2,283	2,373	2,637	2,885	3,193	3,413	82
83	1,292	1,663	1,989	2,283	2,372	2,636	2,884	3,191	3,412	83
84	1,292	1,663	1,989	2,282	2,372	2,636	2,883	3,190	3,410	84
85	1,292	1,663	1,988	2,282	2,371	2,635	2,882	3,189	3,409	85
86	1,291	1,663	1,988	2,281	2,370	2,634	2,881	3,188	3,407	86
87	1,291	1,663	1,988	2,281	2,370	2,634	2,880	3,187	3,406	87
88	1,291	1,662	1,987	2,280	2,369	2,633	2,880	3,185	3,405	88
89	1,291	1,662	1,987	2,280	2,369	2,632	2,879	3,184	3,403	89
90	1,291	1,662	1,987	2,280	2,368	2,632	2,878	3,183	3,402	90
FG	0,10	0,05	0,025	0,0125	0,01	0,005	0,0025	0,001	0,0005	FG
	Einseitiger Fall (α)									

TABELLE E Kritische Werte der T-Verteilung

FG	Zweiseitiger Fall (α)									FG
	0,20	0,10	0,05	0,025	0,02	0,01	0,005	0,002	0,001	
91	1,291	1,662	1,986	2,279	2,368	2,631	2,877	3,182	3,401	91
92	1,291	1,662	1,986	2,279	2,368	2,630	2,876	3,181	3,399	92
93	1,291	1,661	1,986	2,278	2,367	2,630	2,876	3,180	3,398	93
94	1,291	1,661	1,986	2,278	2,367	2,629	2,875	3,179	3,397	94
95	1,291	1,661	1,985	2,277	2,366	2,629	2,874	3,178	3,396	95
96	1,290	1,661	1,985	2,277	2,366	2,628	2,873	3,177	3,395	96
97	1,290	1,661	1,985	2,277	2,365	2,627	2,873	3,176	3,394	97
98	1,290	1,661	1,984	2,276	2,365	2,627	2,872	3,175	3,393	98
99	1,290	1,660	1,984	2,276	2,365	2,626	2,871	3,175	3,392	99
100	1,290	1,660	1,984	2,276	2,364	2,626	2,871	3,174	3,390	100
105	1,290	1,659	1,983	2,274	2,362	2,623	2,868	3,170	3,386	105
110	1,289	1,659	1,982	2,272	2,361	2,621	2,865	3,166	3,381	110
115	1,289	1,658	1,981	2,271	2,359	2,619	2,862	3,163	3,377	115
120	1,289	1,658	1,980	2,270	2,358	2,617	2,860	3,160	3,373	120
125	1,288	1,657	1,979	2,269	2,357	2,616	2,858	3,157	3,370	125
130	1,288	1,657	1,978	2,268	2,355	2,614	2,856	3,154	3,367	130
135	1,288	1,656	1,978	2,267	2,354	2,613	2,854	3,152	3,364	135
140	1,288	1,656	1,977	2,266	2,353	2,611	2,852	3,149	3,361	140
145	1,287	1,655	1,976	2,265	2,352	2,610	2,851	3,147	3,359	145
150	1,287	1,655	1,976	2,264	2,351	2,609	2,849	3,145	3,357	150
160	1,287	1,654	1,975	2,263	2,350	2,607	2,846	3,142	3,352	160
170	1,287	1,654	1,974	2,261	2,348	2,605	2,844	3,139	3,349	170
180	1,286	1,653	1,973	2,260	2,347	2,603	2,842	3,136	3,345	180
190	1,286	1,653	1,973	2,259	2,346	2,602	2,840	3,134	3,342	190
200	1,286	1,653	1,972	2,258	2,345	2,601	2,839	3,131	3,340	200
220	1,285	1,652	1,971	2,257	2,343	2,598	2,836	3,128	3,335	220
240	1,285	1,651	1,970	2,256	2,342	2,596	2,833	3,125	3,332	240
260	1,285	1,651	1,969	2,254	2,341	2,595	2,831	3,122	3,328	260
280	1,285	1,650	1,968	2,254	2,340	2,594	2,829	3,120	3,326	280
300	1,284	1,650	1,968	2,253	2,339	2,592	2,828	3,118	3,323	300
350	1,284	1,649	1,967	2,251	2,337	2,590	2,825	3,114	3,319	350
400	1,284	1,649	1,966	2,250	2,336	2,588	2,823	3,111	3,315	400
450	1,283	1,648	1,965	2,249	2,335	2,587	2,821	3,108	3,312	450
500	1,283	1,648	1,965	2,248	2,334	2,586	2,820	3,107	3,310	500
600	1,283	1,647	1,964	2,247	2,333	2,584	2,817	3,104	3,307	600
700	1,283	1,647	1,963	2,246	2,332	2,583	2,816	3,102	3,304	700
800	1,283	1,647	1,963	2,246	2,331	2,582	2,815	3,100	3,303	800
900	1,282	1,647	1,963	2,245	2,330	2,581	2,814	3,099	3,301	900
1000	1,282	1,646	1,962	2,245	2,330	2,581	2,813	3,098	3,300	1000
FG	0,10	0,05	0,025	0,0125	0,01	0,005	0,0025	0,001	0,0005	FG
	Einseitiger Fall (α)									

TABELLE F Kritische Werte der F-Verteilung ($FG_1 \leq 15$)

FG_2	α	1	2	3	4	5	6	7	FG_1 8	9	10	11	12	13	14	15
	0,20	2,178	2,259	2,253	2,240	2,228	2,217	2,209	2,202	2,196	2,191	2,187	2,184	2,180	2,178	2,175
	0,10	4,060	3,780	3,619	3,520	3,453	3,405	3,368	3,339	3,316	3,297	3,282	3,268	3,257	3,247	3,238
	0,05	6,608	5,786	5,409	5,192	5,050	4,950	4,876	4,818	4,772	4,735	4,704	4,678	4,655	4,636	4,619
5	0,025	10,007	8,434	7,764	7,388	7,146	6,978	6,853	6,757	6,681	6,619	6,568	6,525	6,488	6,456	6,428
	0,01	16,258	13,274	12,060	11,392	10,967	10,672	10,456	10,289	10,158	10,051	9,963	9,888	9,825	9,770	9,722
	0,005	22,785	18,314	16,530	15,556	14,940	14,513	14,200	13,961	13,772	13,618	13,491	13,384	13,293	13,215	13,146
	0,001	47,181	37,122	33,202	31,085	29,752	28,834	28,163	27,649	27,244	26,917	26,646	26,418	26,224	26,057	25,911
	0,20	2,073	2,130	2,113	2,092	2,076	2,062	2,051	2,042	2,034	2,028	2,022	2,018	2,014	2,010	2,007
	0,10	3,776	3,463	3,289	3,181	3,108	3,055	3,014	2,983	2,958	2,937	2,920	2,905	2,892	2,881	2,871
	0,05	5,987	5,143	4,757	4,534	4,387	4,284	4,207	4,147	4,099	4,060	4,027	4,000	3,976	3,956	3,938
6	0,025	8,813	7,260	6,599	6,227	5,988	5,820	5,695	5,600	5,523	5,461	5,410	5,366	5,329	5,297	5,269
	0,01	13,745	10,925	9,780	9,148	8,746	8,466	8,260	8,102	7,976	7,874	7,790	7,718	7,657	7,605	7,559
	0,005	18,635	14,544	12,917	12,028	11,464	11,073	10,786	10,566	10,391	10,250	10,133	10,034	9,950	9,877	9,814
	0,001	35,507	27,000	23,703	21,924	20,803	20,030	19,463	19,030	18,688	18,411	18,182	17,989	17,824	17,682	17,559
	0,20	2,002	2,043	2,019	1,994	1,974	1,957	1,945	1,934	1,925	1,918	1,911	1,906	1,901	1,897	1,893
	0,10	3,589	3,257	3,074	2,961	2,883	2,827	2,785	2,752	2,725	2,703	2,684	2,668	2,654	2,643	2,632
	0,05	5,591	4,737	4,347	4,120	3,972	3,866	3,787	3,726	3,677	3,637	3,603	3,575	3,550	3,529	3,511
7	0,025	8,073	6,542	5,890	5,523	5,285	5,119	4,995	4,899	4,823	4,761	4,709	4,666	4,628	4,596	4,568
	0,01	12,246	9,547	8,451	7,847	7,460	7,191	6,993	6,840	6,719	6,620	6,538	6,469	6,410	6,359	6,314
	0,005	16,236	12,404	10,882	10,050	9,522	9,155	8,885	8,678	8,514	8,380	8,270	8,176	8,097	8,028	7,968
	0,001	29,245	21,689	18,772	17,198	16,206	15,521	15,019	14,634	14,330	14,083	13,879	13,707	13,561	13,434	13,324
	0,20	1,951	1,981	1,951	1,923	1,900	1,883	1,868	1,856	1,847	1,838	1,831	1,825	1,820	1,815	1,811
	0,10	3,458	3,113	2,924	2,806	2,726	2,668	2,624	2,589	2,561	2,538	2,519	2,502	2,488	2,475	2,464
	0,05	5,318	4,459	4,066	3,838	3,687	3,581	3,500	3,438	3,388	3,347	3,313	3,284	3,259	3,237	3,218
8	0,025	7,571	6,059	5,416	5,053	4,817	4,652	4,529	4,433	4,357	4,295	4,243	4,200	4,162	4,130	4,101
	0,01	11,259	8,649	7,591	7,006	6,632	6,371	6,178	6,029	5,911	5,814	5,734	5,667	5,609	5,559	5,515
	0,005	14,688	11,042	9,596	8,805	8,302	7,952	7,694	7,496	7,339	7,211	7,104	7,015	6,938	6,872	6,814
	0,001	25,415	18,494	15,829	14,392	13,485	12,858	12,398	12,046	11,767	11,540	11,352	11,194	11,060	10,943	10,841
	0,20	1,913	1,935	1,901	1,870	1,846	1,826	1,811	1,798	1,787	1,778	1,771	1,764	1,758	1,753	1,749
	0,10	3,360	3,006	2,813	2,693	2,611	2,551	2,505	2,469	2,440	2,416	2,396	2,379	2,364	2,351	2,340
	0,05	5,117	4,256	3,863	3,633	3,482	3,374	3,293	3,230	3,179	3,137	3,102	3,073	3,048	3,025	3,006
9	0,025	7,209	5,715	5,078	4,718	4,484	4,320	4,197	4,102	4,026	3,964	3,912	3,868	3,831	3,798	3,769
	0,01	10,561	8,022	6,992	6,422	6,057	5,802	5,613	5,467	5,351	5,257	5,178	5,111	5,055	5,005	4,962
	0,005	13,614	10,107	8,717	7,956	7,471	7,134	6,885	6,693	6,541	6,417	6,314	6,227	6,153	6,089	6,032
	0,001	22,857	16,387	13,902	12,560	11,714	11,128	10,698	10,368	10,107	9,894	9,718	9,570	9,443	9,334	9,238
	0,20	1,883	1,899	1,861	1,829	1,803	1,782	1,766	1,752	1,741	1,732	1,723	1,716	1,710	1,705	1,700
	0,10	3,285	2,924	2,728	2,605	2,522	2,461	2,414	2,377	2,347	2,323	2,302	2,284	2,269	2,255	2,244
	0,05	4,965	4,103	3,708	3,478	3,326	3,217	3,135	3,072	3,020	2,978	2,943	2,913	2,887	2,865	2,845
10	0,025	6,937	5,456	4,826	4,468	4,236	4,072	3,950	3,855	3,779	3,717	3,665	3,621	3,583	3,550	3,522
	0,01	10,044	7,559	6,552	5,994	5,636	5,386	5,200	5,057	4,942	4,849	4,772	4,706	4,650	4,601	4,558
	0,005	12,826	9,427	8,081	7,343	6,872	6,545	6,302	6,116	5,968	5,847	5,746	5,661	5,589	5,526	5,471
	0,001	21,040	14,905	12,553	11,283	10,481	9,926	9,517	9,204	8,956	8,754	8,586	8,445	8,324	8,220	8,129
	0,20	1,859	1,870	1,830	1,796	1,768	1,747	1,730	1,716	1,704	1,694	1,685	1,678	1,672	1,666	1,661
	0,10	3,225	2,860	2,660	2,536	2,451	2,389	2,342	2,304	2,274	2,248	2,227	2,209	2,193	2,179	2,167
	0,05	4,844	3,982	3,587	3,357	3,204	3,095	3,012	2,948	2,896	2,854	2,818	2,788	2,761	2,739	2,719
11	0,025	6,724	5,256	4,630	4,275	4,044	3,881	3,759	3,664	3,588	3,526	3,474	3,430	3,392	3,359	3,330
	0,01	9,646	7,206	6,217	5,668	5,316	5,069	4,886	4,744	4,632	4,539	4,462	4,397	4,342	4,293	4,251
	0,005	12,226	8,912	7,600	6,881	6,422	6,102	5,865	5,682	5,537	5,418	5,320	5,236	5,165	5,103	5,049
	0,001	19,687	13,812	11,561	10,346	9,578	9,047	8,655	8,355	8,116	7,922	7,761	7,626	7,509	7,409	7,321
FG_2	α	1	2	3	4	5	6	7	8	9	10	11	12	13	14	15

TABELLE F Kritische Werte der F-Verteilung ($FG_1 \leq 15$)

FG_2	α	1	2	3	4	5	6	7	FG_1	9	10	11	12	13	14	15
	0,20	1,839	1,846	1,804	1,768	1,740	1,718	1,700	1,686	1,673	1,663	1,654	1,646	1,640	1,634	1,628
	0,10	3,177	2,807	2,606	2,480	2,394	2,331	2,283	2,245	2,214	2,188	2,166	2,147	2,131	2,117	2,105
	0,05	4,747	3,885	3,490	3,259	3,106	2,996	2,913	2,849	2,796	2,753	2,717	2,687	2,660	2,637	2,617
12	0,025	6,554	5,096	4,474	4,121	3,891	3,728	3,607	3,512	3,436	3,374	3,321	3,277	3,239	3,206	3,177
	0,01	9,330	6,927	5,953	5,412	5,064	4,821	4,640	4,499	4,388	4,296	4,220	4,155	4,100	4,052	4,010
	0,005	11,754	8,510	7,226	6,521	6,071	5,757	5,525	5,345	5,202	5,085	4,988	4,906	4,836	4,775	4,721
	0,001	18,643	12,974	10,804	9,633	8,892	8,379	8,001	7,710	7,480	7,292	7,136	7,005	6,892	6,794	6,709
	0,20	1,823	1,826	1,783	1,746	1,717	1,694	1,676	1,661	1,648	1,637	1,628	1,620	1,613	1,607	1,601
	0,10	3,136	2,763	2,560	2,434	2,347	2,283	2,234	2,195	2,164	2,138	2,116	2,097	2,080	2,066	2,053
	0,05	4,667	3,806	3,411	3,179	3,025	2,915	2,832	2,767	2,714	2,671	2,635	2,604	2,577	2,554	2,533
13	0,025	6,414	4,965	4,347	3,996	3,767	3,604	3,483	3,388	3,312	3,250	3,197	3,153	3,115	3,082	3,053
	0,01	9,074	6,701	5,739	5,205	4,862	4,620	4,441	4,302	4,191	4,100	4,025	3,960	3,905	3,857	3,815
	0,005	11,374	8,186	6,926	6,233	5,791	5,482	5,253	5,076	4,935	4,820	4,724	4,643	4,573	4,513	4,460
	0,001	17,815	12,313	10,209	9,073	8,354	7,856	7,489	7,206	6,982	6,799	6,647	6,519	6,409	6,314	6,231
	0,20	1,809	1,809	1,765	1,727	1,697	1,674	1,655	1,639	1,626	1,615	1,606	1,598	1,590	1,584	1,578
	0,10	3,102	2,726	2,522	2,395	2,307	2,243	2,193	2,154	2,122	2,095	2,073	2,054	2,037	2,022	2,010
	0,05	4,600	3,739	3,344	3,112	2,958	2,848	2,764	2,699	2,646	2,602	2,565	2,534	2,507	2,484	2,463
14	0,025	6,298	4,857	4,242	3,892	3,663	3,501	3,380	3,285	3,209	3,147	3,095	3,050	3,012	2,979	2,949
	0,01	8,862	6,515	5,564	5,035	4,695	4,456	4,278	4,140	4,030	3,939	3,864	3,800	3,745	3,698	3,656
	0,005	11,060	7,922	6,680	5,998	5,562	5,257	5,031	4,857	4,717	4,603	4,508	4,428	4,359	4,299	4,247
	0,001	17,143	11,779	9,729	8,622	7,922	7,436	7,077	6,802	6,583	6,404	6,256	6,130	6,023	5,930	5,848
	0,20	1,797	1,795	1,749	1,710	1,680	1,656	1,637	1,621	1,608	1,596	1,587	1,578	1,571	1,564	1,558
	0,10	3,073	2,695	2,490	2,361	2,273	2,208	2,158	2,119	2,086	2,059	2,037	2,017	2,000	1,985	1,972
	0,05	4,543	3,682	3,287	3,056	2,901	2,790	2,707	2,641	2,588	2,544	2,507	2,475	2,448	2,424	2,403
15	0,025	6,200	4,765	4,153	3,804	3,576	3,415	3,293	3,199	3,123	3,060	3,008	2,963	2,925	2,891	2,862
	0,01	8,683	6,359	5,417	4,893	4,556	4,318	4,142	4,004	3,895	3,805	3,730	3,666	3,612	3,564	3,522
	0,005	10,798	7,701	6,476	5,803	5,372	5,071	4,847	4,674	4,536	4,424	4,329	4,250	4,181	4,122	4,070
	0,001	16,587	11,339	9,335	8,253	7,567	7,092	6,741	6,471	6,256	6,081	5,935	5,812	5,707	5,615	5,535
	0,20	1,787	1,783	1,736	1,696	1,665	1,641	1,621	1,605	1,591	1,580	1,570	1,561	1,554	1,547	1,541
	0,10	3,048	2,668	2,462	2,333	2,244	2,178	2,128	2,088	2,055	2,028	2,005	1,985	1,968	1,953	1,940
	0,05	4,494	3,634	3,239	3,007	2,852	2,741	2,657	2,591	2,538	2,494	2,456	2,425	2,397	2,373	2,352
16	0,025	6,115	4,687	4,077	3,729	3,502	3,341	3,219	3,125	3,049	2,986	2,934	2,889	2,851	2,817	2,788
	0,01	8,531	6,226	5,292	4,773	4,437	4,202	4,026	3,890	3,780	3,691	3,616	3,553	3,498	3,451	3,409
	0,005	10,575	7,514	6,303	5,638	5,212	4,913	4,692	4,521	4,384	4,272	4,179	4,099	4,031	3,972	3,920
	0,001	16,120	10,971	9,006	7,944	7,272	6,805	6,460	6,195	5,984	5,812	5,668	5,547	5,443	5,353	5,274
	0,20	1,778	1,772	1,724	1,684	1,652	1,628	1,608	1,591	1,577	1,566	1,555	1,547	1,539	1,532	1,526
	0,10	3,026	2,645	2,437	2,308	2,218	2,152	2,102	2,061	2,028	2,001	1,978	1,958	1,940	1,925	1,912
	0,05	4,451	3,592	3,197	2,965	2,810	2,699	2,614	2,548	2,494	2,450	2,413	2,381	2,353	2,329	2,308
17	0,025	6,042	4,619	4,011	3,665	3,438	3,277	3,156	3,061	2,985	2,922	2,870	2,825	2,786	2,753	2,723
	0,01	8,400	6,112	5,185	4,669	4,336	4,102	3,927	3,791	3,682	3,593	3,519	3,455	3,401	3,353	3,312
	0,005	10,384	7,354	6,156	5,497	5,075	4,779	4,559	4,389	4,254	4,142	4,050	3,971	3,903	3,844	3,793
	0,001	15,722	10,658	8,727	7,683	7,022	6,562	6,223	5,962	5,754	5,584	5,443	5,324	5,221	5,132	5,054
	0,20	1,770	1,762	1,713	1,673	1,641	1,616	1,596	1,579	1,565	1,553	1,543	1,534	1,526	1,519	1,513
	0,10	3,007	2,624	2,416	2,286	2,196	2,130	2,079	2,038	2,005	1,977	1,954	1,933	1,916	1,900	1,887
	0,05	4,414	3,555	3,160	2,928	2,773	2,661	2,577	2,510	2,456	2,412	2,374	2,342	2,314	2,290	2,269
18	0,025	5,978	4,560	3,954	3,608	3,382	3,221	3,100	3,005	2,929	2,866	2,814	2,769	2,730	2,696	2,667
	0,01	8,285	6,013	5,092	4,579	4,248	4,015	3,841	3,705	3,597	3,508	3,434	3,371	3,316	3,269	3,227
	0,005	10,218	7,215	6,028	5,375	4,956	4,663	4,445	4,276	4,141	4,030	3,938	3,860	3,793	3,734	3,683
	0,001	15,379	10,390	8,487	7,459	6,808	6,355	6,021	5,763	5,558	5,390	5,250	5,132	5,031	4,943	4,866
FG_2	α	1	2	3	4	5	6	7	8	9	10	11	12	13	14	15

TABELLE F Kritische Werte der F-Verteilung ($FG_1 \leq 15$)

FG_2	α	1	2	3	4	5	6	7	FG_1	9	10	11	12	13	14	15
	0,20	1,763	1,754	1,704	1,663	1,631	1,605	1,585	1,568	1,554	1,542	1,531	1,522	1,514	1,507	1,500
	0,10	2,990	2,606	2,397	2,266	2,176	2,109	2,058	2,017	1,984	1,956	1,932	1,912	1,894	1,878	1,865
	0,05	4,381	3,522	3,127	2,895	2,740	2,628	2,544	2,477	2,423	2,378	2,340	2,308	2,280	2,256	2,234
19	0,025	5,922	4,508	3,903	3,559	3,333	3,172	3,051	2,956	2,880	2,817	2,765	2,720	2,681	2,647	2,617
	0,01	8,185	5,926	5,010	4,500	4,171	3,939	3,765	3,631	3,523	3,434	3,360	3,297	3,242	3,195	3,153
	0,005	10,073	7,093	5,916	5,268	4,853	4,561	4,345	4,177	4,043	3,933	3,841	3,763	3,696	3,638	3,587
	0,001	15,081	10,157	8,280	7,265	6,622	6,175	5,845	5,590	5,388	5,222	5,084	4,967	4,867	4,780	4,704
	0,20	1,757	1,746	1,696	1,654	1,622	1,596	1,575	1,558	1,544	1,531	1,521	1,512	1,503	1,496	1,490
	0,10	2,975	2,589	2,380	2,249	2,158	2,091	2,040	1,999	1,965	1,937	1,913	1,892	1,875	1,859	1,845
	0,05	4,351	3,493	3,098	2,866	2,711	2,599	2,514	2,447	2,393	2,348	2,310	2,278	2,250	2,225	2,203
20	0,025	5,871	4,461	3,859	3,515	3,289	3,128	3,007	2,913	2,837	2,774	2,721	2,676	2,637	2,603	2,573
	0,01	8,096	5,849	4,938	4,431	4,103	3,871	3,699	3,564	3,457	3,368	3,294	3,231	3,177	3,130	3,088
	0,005	9,944	6,986	5,818	5,174	4,762	4,472	4,257	4,090	3,956	3,847	3,756	3,678	3,611	3,553	3,502
	0,001	14,819	9,953	8,098	7,096	6,461	6,019	5,692	5,440	5,239	5,075	4,939	4,823	4,724	4,637	4,562
	0,20	1,751	1,739	1,688	1,646	1,614	1,588	1,567	1,549	1,535	1,522	1,511	1,502	1,494	1,487	1,480
	0,10	2,961	2,575	2,365	2,233	2,142	2,075	2,023	1,982	1,948	1,920	1,896	1,875	1,857	1,841	1,827
	0,05	4,325	3,467	3,072	2,840	2,685	2,573	2,488	2,420	2,366	2,321	2,283	2,250	2,222	2,197	2,176
21	0,025	5,827	4,420	3,819	3,475	3,250	3,090	2,969	2,874	2,798	2,735	2,682	2,637	2,598	2,564	2,534
	0,01	8,017	5,780	4,874	4,369	4,042	3,812	3,640	3,506	3,398	3,310	3,236	3,173	3,119	3,072	3,030
	0,005	9,830	6,891	5,730	5,091	4,681	4,393	4,179	4,013	3,880	3,771	3,680	3,602	3,536	3,478	3,427
	0,001	14,587	9,772	7,938	6,947	6,318	5,881	5,557	5,308	5,109	4,946	4,811	4,696	4,597	4,512	4,437
	0,20	1,746	1,733	1,682	1,639	1,606	1,580	1,559	1,541	1,526	1,514	1,503	1,494	1,485	1,478	1,471
	0,10	2,949	2,561	2,351	2,219	2,128	2,060	2,008	1,967	1,933	1,904	1,880	1,859	1,841	1,825	1,811
	0,05	4,301	3,443	3,049	2,817	2,661	2,549	2,464	2,397	2,342	2,297	2,259	2,226	2,198	2,173	2,151
22	0,025	5,786	4,383	3,783	3,440	3,215	3,055	2,934	2,839	2,763	2,700	2,647	2,602	2,563	2,528	2,498
	0,01	7,945	5,719	4,817	4,313	3,988	3,758	3,587	3,453	3,346	3,258	3,184	3,121	3,067	3,019	2,978
	0,005	9,727	6,806	5,652	5,017	4,609	4,322	4,109	3,944	3,812	3,703	3,612	3,535	3,469	3,411	3,360
	0,001	14,380	9,612	7,796	6,814	6,191	5,758	5,438	5,190	4,993	4,832	4,697	4,583	4,486	4,401	4,326
	0,20	1,741	1,728	1,676	1,633	1,599	1,573	1,552	1,534	1,519	1,506	1,495	1,486	1,477	1,470	1,463
	0,10	2,937	2,549	2,339	2,207	2,115	2,047	1,995	1,953	1,919	1,890	1,866	1,845	1,827	1,811	1,796
	0,05	4,279	3,422	3,028	2,796	2,640	2,528	2,442	2,375	2,320	2,275	2,236	2,204	2,175	2,150	2,128
23	0,025	5,750	4,349	3,750	3,408	3,183	3,023	2,902	2,808	2,731	2,668	2,615	2,570	2,531	2,497	2,466
	0,01	7,881	5,664	4,765	4,264	3,939	3,710	3,539	3,406	3,299	3,211	3,137	3,074	3,020	2,973	2,931
	0,005	9,635	6,730	5,582	4,950	4,544	4,259	4,047	3,882	3,750	3,642	3,551	3,475	3,408	3,351	3,300
	0,001	14,195	9,469	7,669	6,696	6,078	5,649	5,331	5,085	4,890	4,730	4,596	4,483	4,386	4,301	4,227
	0,20	1,737	1,722	1,670	1,627	1,593	1,567	1,545	1,527	1,512	1,499	1,488	1,479	1,470	1,463	1,456
	0,10	2,927	2,538	2,327	2,195	2,103	2,035	1,983	1,941	1,906	1,877	1,853	1,832	1,814	1,797	1,783
	0,05	4,260	3,403	3,009	2,776	2,621	2,508	2,423	2,355	2,300	2,255	2,216	2,183	2,155	2,130	2,108
24	0,025	5,717	4,319	3,721	3,379	3,155	2,995	2,874	2,779	2,703	2,640	2,586	2,541	2,502	2,468	2,437
	0,01	7,823	5,614	4,718	4,218	3,895	3,667	3,496	3,363	3,256	3,168	3,094	3,032	2,977	2,930	2,889
	0,005	9,551	6,661	5,519	4,890	4,486	4,202	3,991	3,826	3,695	3,587	3,497	3,420	3,354	3,296	3,246
	0,001	14,028	9,339	7,554	6,589	5,977	5,550	5,235	4,991	4,797	4,638	4,505	4,393	4,296	4,212	4,139
	0,20	1,733	1,718	1,665	1,622	1,588	1,561	1,539	1,521	1,506	1,493	1,482	1,472	1,464	1,456	1,449
	0,10	2,918	2,528	2,317	2,184	2,092	2,024	1,971	1,929	1,895	1,866	1,841	1,820	1,802	1,785	1,771
	0,05	4,242	3,385	2,991	2,759	2,603	2,490	2,405	2,337	2,282	2,236	2,198	2,165	2,136	2,111	2,089
25	0,025	5,686	4,291	3,694	3,353	3,129	2,969	2,848	2,753	2,677	2,613	2,560	2,515	2,476	2,441	2,411
	0,01	7,770	5,568	4,675	4,177	3,855	3,627	3,457	3,324	3,217	3,129	3,056	2,993	2,939	2,892	2,850
	0,005	9,475	6,598	5,462	4,835	4,433	4,150	3,939	3,776	3,645	3,537	3,447	3,370	3,304	3,247	3,196
	0,001	13,877	9,223	7,451	6,493	5,885	5,462	5,148	4,906	4,713	4,555	4,423	4,312	4,216	4,132	4,059
FG_2	α	1	2	3	4	5	6	7	8	9	10	11	12	13	14	15

TABELLE F Kritische Werte der F-Verteilung ($FG_1 \leq 15$)

FG_2	α	1	2	3	4	5	6	7	FG_1	9	10	11	12	13	14	15
	0,20	1,729	1,713	1,660	1,617	1,583	1,556	1,534	1,516	1,500	1,487	1,476	1,466	1,457	1,450	1,443
	0,10	2,909	2,519	2,307	2,174	2,082	2,014	1,961	1,919	1,884	1,855	1,830	1,809	1,790	1,774	1,760
	0,05	4,225	3,369	2,975	2,743	2,587	2,474	2,388	2,321	2,265	2,220	2,181	2,148	2,119	2,094	2,072
26	0,025	5,659	4,265	3,670	3,329	3,105	2,945	2,824	2,729	2,653	2,590	2,536	2,491	2,451	2,417	2,387
	0,01	7,721	5,526	4,637	4,140	3,818	3,591	3,421	3,288	3,182	3,094	3,021	2,958	2,904	2,857	2,815
	0,005	9,406	6,541	5,409	4,785	4,384	4,103	3,893	3,730	3,599	3,492	3,402	3,325	3,259	3,202	3,151
	0,001	13,739	9,116	7,357	6,406	5,802	5,381	5,070	4,829	4,637	4,480	4,349	4,238	4,142	4,059	3,986
	0,20	1,723	1,706	1,652	1,608	1,573	1,546	1,524	1,505	1,490	1,477	1,465	1,455	1,447	1,439	1,432
	0,10	2,894	2,503	2,291	2,157	2,064	1,996	1,943	1,900	1,865	1,836	1,811	1,790	1,771	1,754	1,740
	0,05	4,196	3,340	2,947	2,714	2,558	2,445	2,359	2,291	2,236	2,190	2,151	2,118	2,089	2,064	2,041
28	0,025	5,610	4,221	3,626	3,286	3,063	2,903	2,782	2,687	2,611	2,547	2,494	2,448	2,409	2,374	2,344
	0,01	7,636	5,453	4,568	4,074	3,754	3,528	3,358	3,226	3,120	3,032	2,959	2,896	2,842	2,795	2,753
	0,005	9,284	6,440	5,317	4,698	4,300	4,020	3,811	3,649	3,519	3,412	3,322	3,246	3,180	3,123	3,073
	0,001	13,498	8,931	7,193	6,253	5,656	5,241	4,933	4,695	4,505	4,349	4,219	4,109	4,014	3,932	3,859
	0,20	1,717	1,699	1,645	1,600	1,565	1,538	1,515	1,497	1,481	1,468	1,456	1,446	1,437	1,429	1,422
	0,10	2,881	2,489	2,276	2,142	2,049	1,980	1,927	1,884	1,849	1,819	1,794	1,773	1,754	1,737	1,722
	0,05	4,171	3,316	2,922	2,690	2,534	2,421	2,334	2,266	2,211	2,165	2,126	2,092	2,063	2,037	2,015
30	0,025	5,568	4,182	3,589	3,250	3,026	2,867	2,746	2,651	2,575	2,511	2,458	2,412	2,372	2,338	2,307
	0,01	7,562	5,390	4,510	4,018	3,699	3,473	3,304	3,173	3,067	2,979	2,906	2,843	2,789	2,742	2,700
	0,005	9,180	6,355	5,239	4,623	4,228	3,949	3,742	3,580	3,450	3,344	3,255	3,179	3,113	3,056	3,006
	0,001	13,293	8,773	7,054	6,125	5,534	5,122	4,817	4,581	4,393	4,239	4,110	4,001	3,907	3,825	3,753
	0,20	1,706	1,686	1,630	1,585	1,550	1,521	1,499	1,480	1,464	1,450	1,438	1,428	1,418	1,410	1,403
	0,10	2,855	2,461	2,247	2,113	2,019	1,950	1,896	1,852	1,817	1,787	1,761	1,739	1,720	1,703	1,688
	0,05	4,121	3,267	2,874	2,641	2,485	2,372	2,285	2,217	2,161	2,114	2,075	2,041	2,012	1,986	1,963
35	0,025	5,485	4,106	3,517	3,179	2,956	2,796	2,676	2,581	2,504	2,440	2,387	2,341	2,301	2,266	2,235
	0,01	7,419	5,268	4,396	3,908	3,592	3,368	3,200	3,069	2,963	2,876	2,803	2,740	2,686	2,639	2,597
	0,005	8,976	6,188	5,086	4,479	4,088	3,812	3,607	3,447	3,318	3,212	3,124	3,048	2,983	2,926	2,876
	0,001	12,896	8,470	6,787	5,876	5,298	4,894	4,595	4,363	4,178	4,027	3,900	3,792	3,699	3,618	3,547
	0,20	1,698	1,676	1,620	1,574	1,538	1,509	1,486	1,467	1,451	1,437	1,424	1,414	1,404	1,396	1,388
	0,10	2,835	2,440	2,226	2,091	1,997	1,927	1,873	1,829	1,793	1,763	1,737	1,715	1,695	1,678	1,662
	0,05	4,085	3,232	2,839	2,606	2,449	2,336	2,249	2,180	2,124	2,077	2,038	2,003	1,974	1,948	1,924
40	0,025	5,424	4,051	3,463	3,126	2,904	2,744	2,624	2,529	2,452	2,388	2,334	2,288	2,248	2,213	2,182
	0,01	7,314	5,179	4,313	3,828	3,514	3,291	3,124	2,993	2,888	2,801	2,727	2,665	2,611	2,563	2,522
	0,005	8,828	6,066	4,976	4,374	3,986	3,713	3,509	3,350	3,222	3,117	3,028	2,953	2,888	2,831	2,781
	0,001	12,609	8,251	6,595	5,698	5,128	4,731	4,436	4,207	4,024	3,874	3,749	3,642	3,551	3,471	3,400
	0,20	1,692	1,668	1,611	1,565	1,529	1,500	1,476	1,457	1,440	1,426	1,414	1,403	1,393	1,385	1,377
	0,10	2,820	2,425	2,210	2,074	1,980	1,909	1,855	1,811	1,774	1,744	1,718	1,695	1,676	1,658	1,643
	0,05	4,057	3,204	2,812	2,579	2,422	2,308	2,221	2,152	2,096	2,049	2,009	1,974	1,945	1,918	1,895
45	0,025	5,377	4,009	3,422	3,086	2,864	2,705	2,584	2,489	2,412	2,348	2,294	2,248	2,208	2,172	2,141
	0,01	7,234	5,110	4,249	3,767	3,454	3,232	3,066	2,935	2,830	2,743	2,670	2,608	2,553	2,506	2,464
	0,005	8,715	5,974	4,892	4,294	3,909	3,638	3,435	3,276	3,149	3,044	2,956	2,881	2,816	2,759	2,709
	0,001	12,392	8,086	6,450	5,564	5,001	4,608	4,316	4,090	3,909	3,760	3,636	3,530	3,439	3,360	3,290
	0,20	1,687	1,662	1,605	1,558	1,522	1,492	1,469	1,449	1,432	1,418	1,405	1,394	1,385	1,376	1,368
	0,10	2,809	2,412	2,197	2,061	1,966	1,895	1,840	1,796	1,760	1,729	1,703	1,680	1,660	1,643	1,627
	0,05	4,034	3,183	2,790	2,557	2,400	2,286	2,199	2,130	2,073	2,026	1,986	1,952	1,921	1,895	1,871
50	0,025	5,340	3,975	3,390	3,054	2,833	2,674	2,553	2,458	2,381	2,317	2,263	2,216	2,176	2,140	2,109
	0,01	7,171	5,057	4,199	3,720	3,408	3,186	3,020	2,890	2,785	2,698	2,625	2,562	2,508	2,461	2,419
	0,005	8,626	5,902	4,826	4,232	3,849	3,579	3,376	3,219	3,092	2,988	2,900	2,825	2,760	2,703	2,653
	0,001	12,222	7,956	6,336	5,459	4,901	4,512	4,222	3,998	3,818	3,671	3,548	3,443	3,352	3,273	3,204
FG_2	α	1	2	3	4	5	6	7	8	9	10	11	12	13	14	15

TABELLE F Kritische Werte der F-Verteilung ($FG_1 \leq 15$)

FG_2	α	1	2	3	4	5	6	7	FG_1	9	10	11	12	13	14	15
	0,20	1,679	1,653	1,595	1,548	1,511	1,481	1,457	1,437	1,420	1,406	1,393	1,382	1,372	1,363	1,355
	0,10	2,791	2,393	2,177	2,041	1,946	1,875	1,819	1,775	1,738	1,707	1,680	1,657	1,637	1,619	1,603
	0,05	4,001	3,150	2,758	2,525	2,368	2,254	2,167	2,097	2,040	1,993	1,952	1,917	1,887	1,860	1,836
60	0,025	5,286	3,925	3,343	3,008	2,786	2,627	2,507	2,412	2,334	2,270	2,216	2,169	2,129	2,093	2,061
	0,01	7,077	4,977	4,126	3,649	3,339	3,119	2,953	2,823	2,718	2,632	2,559	2,496	2,442	2,394	2,352
	0,005	8,495	5,795	4,729	4,140	3,760	3,492	3,291	3,134	3,008	2,904	2,817	2,742	2,677	2,620	2,570
	0,001	11,973	7,768	6,171	5,307	4,757	4,372	4,086	3,865	3,687	3,541	3,419	3,315	3,226	3,147	3,078
	0,20	1,674	1,647	1,588	1,540	1,503	1,473	1,449	1,429	1,412	1,397	1,384	1,372	1,362	1,353	1,345
	0,10	2,779	2,380	2,164	2,027	1,931	1,860	1,804	1,760	1,723	1,691	1,665	1,641	1,621	1,603	1,587
	0,05	3,978	3,128	2,736	2,503	2,346	2,231	2,143	2,074	2,017	1,969	1,928	1,893	1,863	1,836	1,812
70	0,025	5,247	3,890	3,309	2,975	2,754	2,595	2,474	2,379	2,302	2,237	2,183	2,136	2,095	2,059	2,028
	0,01	7,011	4,922	4,074	3,600	3,291	3,071	2,906	2,777	2,672	2,585	2,512	2,450	2,395	2,348	2,306
	0,005	8,403	5,720	4,661	4,076	3,698	3,431	3,232	3,076	2,950	2,846	2,759	2,684	2,619	2,563	2,513
	0,001	11,799	7,637	6,057	5,201	4,656	4,275	3,992	3,773	3,596	3,452	3,330	3,227	3,138	3,060	2,991
	0,20	1,670	1,642	1,583	1,535	1,497	1,467	1,443	1,422	1,405	1,390	1,377	1,366	1,355	1,346	1,338
	0,10	2,769	2,370	2,154	2,016	1,921	1,849	1,793	1,748	1,711	1,680	1,653	1,629	1,609	1,590	1,574
	0,05	3,960	3,111	2,719	2,486	2,329	2,214	2,126	2,056	1,999	1,951	1,910	1,875	1,845	1,817	1,793
80	0,025	5,218	3,864	3,284	2,950	2,730	2,571	2,450	2,355	2,277	2,213	2,158	2,111	2,071	2,035	2,003
	0,01	6,963	4,881	4,036	3,563	3,255	3,036	2,871	2,742	2,637	2,551	2,478	2,415	2,361	2,313	2,271
	0,005	8,335	5,665	4,611	4,029	3,652	3,387	3,188	3,032	2,907	2,803	2,716	2,641	2,577	2,520	2,470
	0,001	11,671	7,540	5,972	5,123	4,582	4,204	3,923	3,705	3,530	3,386	3,265	3,162	3,074	2,996	2,927
	0,20	1,667	1,639	1,579	1,531	1,493	1,463	1,438	1,418	1,400	1,385	1,372	1,360	1,350	1,341	1,332
	0,10	2,762	2,363	2,146	2,008	1,912	1,841	1,785	1,739	1,702	1,670	1,643	1,620	1,599	1,581	1,564
	0,05	3,947	3,098	2,706	2,473	2,316	2,201	2,113	2,043	1,986	1,938	1,897	1,861	1,830	1,803	1,779
90	0,025	5,196	3,844	3,265	2,932	2,711	2,552	2,432	2,336	2,259	2,194	2,140	2,092	2,051	2,015	1,983
	0,01	6,925	4,849	4,007	3,535	3,228	3,009	2,845	2,715	2,611	2,524	2,451	2,389	2,334	2,286	2,244
	0,005	8,282	5,623	4,573	3,992	3,617	3,352	3,154	2,999	2,873	2,770	2,683	2,608	2,544	2,487	2,437
	0,001	11,573	7,466	5,908	5,064	4,526	4,150	3,870	3,653	3,479	3,336	3,215	3,113	3,024	2,947	2,879
	0,20	1,664	1,636	1,576	1,527	1,489	1,459	1,434	1,414	1,396	1,381	1,368	1,356	1,346	1,336	1,328
	0,10	2,756	2,356	2,139	2,002	1,906	1,834	1,778	1,732	1,695	1,663	1,636	1,612	1,592	1,573	1,557
	0,05	3,936	3,087	2,696	2,463	2,305	2,191	2,103	2,032	1,975	1,927	1,886	1,850	1,819	1,792	1,768
100	0,025	5,179	3,828	3,250	2,917	2,696	2,537	2,417	2,321	2,244	2,179	2,124	2,077	2,036	2,000	1,968
	0,01	6,895	4,824	3,984	3,513	3,206	2,988	2,823	2,694	2,590	2,503	2,430	2,368	2,313	2,265	2,223
	0,005	8,241	5,589	4,542	3,963	3,589	3,325	3,127	2,972	2,847	2,744	2,657	2,583	2,518	2,461	2,411
	0,001	11,495	7,408	5,857	5,017	4,482	4,107	3,829	3,612	3,439	3,296	3,176	3,074	2,986	2,908	2,840
	0,20	1,661	1,631	1,571	1,522	1,484	1,454	1,429	1,408	1,390	1,375	1,361	1,350	1,339	1,330	1,321
	0,10	2,748	2,347	2,130	1,992	1,896	1,824	1,767	1,722	1,684	1,652	1,625	1,601	1,580	1,562	1,545
	0,05	3,920	3,072	2,680	2,447	2,290	2,175	2,087	2,016	1,959	1,910	1,869	1,834	1,803	1,775	1,750
120	0,025	5,152	3,805	3,227	2,894	2,674	2,515	2,395	2,299	2,222	2,157	2,102	2,055	2,014	1,977	1,945
	0,01	6,851	4,787	3,949	3,480	3,174	2,956	2,792	2,663	2,559	2,472	2,399	2,336	2,282	2,234	2,192
	0,005	8,179	5,539	4,497	3,921	3,548	3,285	3,087	2,933	2,808	2,705	2,618	2,544	2,479	2,423	2,373
	0,001	11,380	7,321	5,781	4,947	4,416	4,044	3,767	3,552	3,379	3,237	3,118	3,016	2,928	2,851	2,783
	0,20	1,658	1,628	1,567	1,519	1,480	1,450	1,425	1,404	1,386	1,370	1,357	1,345	1,334	1,325	1,316
	0,10	2,742	2,341	2,123	1,985	1,889	1,817	1,760	1,714	1,677	1,645	1,617	1,593	1,572	1,553	1,537
	0,05	3,909	3,061	2,669	2,436	2,279	2,164	2,076	2,005	1,947	1,899	1,858	1,822	1,791	1,763	1,738
140	0,025	5,134	3,788	3,211	2,879	2,658	2,500	2,379	2,284	2,206	2,141	2,086	2,039	1,998	1,961	1,929
	0,01	6,819	4,760	3,925	3,456	3,151	2,933	2,769	2,641	2,536	2,450	2,377	2,314	2,260	2,212	2,169
	0,005	8,135	5,504	4,465	3,890	3,519	3,256	3,059	2,905	2,781	2,678	2,591	2,517	2,452	2,396	2,345
	0,001	11,299	7,260	5,728	4,898	4,369	3,999	3,724	3,509	3,337	3,196	3,077	2,976	2,888	2,811	2,743
FG_2	α	1	2	3	4	5	6	7	8	9	10	11	12	13	14	15

TABELLE F Kritische Werte der F-Verteilung ($FG_1 \leq 15$)

FG_2	α	1	2	3	4	5	6	7	FG_1	9	10	11	12	13	14	15
	0,20	1,656	1,626	1,565	1,516	1,478	1,447	1,422	1,401	1,383	1,367	1,354	1,342	1,331	1,321	1,313
	0,10	2,737	2,336	2,118	1,980	1,884	1,811	1,755	1,709	1,671	1,639	1,611	1,587	1,566	1,547	1,530
	0,05	3,900	3,053	2,661	2,428	2,271	2,156	2,067	1,997	1,939	1,890	1,849	1,813	1,782	1,754	1,729
160	0,025	5,120	3,775	3,199	2,867	2,647	2,488	2,368	2,272	2,194	2,129	2,074	2,027	1,986	1,949	1,917
	0,01	6,796	4,740	3,906	3,439	3,134	2,917	2,753	2,624	2,520	2,434	2,360	2,298	2,243	2,195	2,153
	0,005	8,102	5,478	4,441	3,868	3,497	3,235	3,039	2,885	2,760	2,657	2,571	2,496	2,432	2,375	2,325
	0,001	11,238	7,215	5,689	4,862	4,335	3,966	3,691	3,478	3,306	3,165	3,047	2,945	2,858	2,781	2,714
	0,20	1,654	1,624	1,563	1,514	1,475	1,444	1,419	1,398	1,380	1,365	1,351	1,339	1,328	1,319	1,310
	0,10	2,734	2,332	2,114	1,976	1,880	1,807	1,750	1,705	1,667	1,634	1,607	1,583	1,561	1,543	1,526
	0,05	3,894	3,046	2,655	2,422	2,264	2,149	2,061	1,990	1,932	1,884	1,842	1,806	1,775	1,747	1,722
180	0,025	5,109	3,766	3,189	2,858	2,638	2,479	2,359	2,263	2,185	2,120	2,065	2,018	1,976	1,940	1,907
	0,01	6,778	4,725	3,892	3,425	3,120	2,904	2,740	2,611	2,507	2,421	2,348	2,285	2,230	2,182	2,140
	0,005	8,077	5,457	4,423	3,851	3,481	3,219	3,022	2,869	2,744	2,642	2,555	2,481	2,416	2,360	2,309
	0,001	11,192	7,180	5,658	4,834	4,308	3,941	3,667	3,454	3,283	3,142	3,023	2,922	2,835	2,758	2,691
	0,20	1,653	1,622	1,561	1,512	1,474	1,443	1,417	1,396	1,378	1,363	1,349	1,337	1,326	1,316	1,308
	0,10	2,731	2,329	2,111	1,973	1,876	1,804	1,747	1,701	1,663	1,631	1,603	1,579	1,558	1,539	1,522
	0,05	3,888	3,041	2,650	2,417	2,259	2,144	2,056	1,985	1,927	1,878	1,837	1,801	1,769	1,742	1,717
200	0,025	5,100	3,758	3,182	2,850	2,630	2,472	2,351	2,256	2,178	2,113	2,058	2,010	1,969	1,932	1,900
	0,01	6,763	4,713	3,881	3,414	3,110	2,893	2,730	2,601	2,497	2,411	2,338	2,275	2,220	2,172	2,129
	0,005	8,057	5,441	4,408	3,837	3,467	3,206	3,010	2,856	2,732	2,629	2,543	2,468	2,404	2,347	2,297
	0,001	11,155	7,152	5,634	4,812	4,287	3,920	3,647	3,434	3,264	3,123	3,005	2,904	2,816	2,740	2,672
	0,20	1,651	1,620	1,559	1,509	1,470	1,439	1,414	1,393	1,375	1,359	1,345	1,333	1,322	1,312	1,304
	0,10	2,726	2,324	2,106	1,967	1,870	1,798	1,741	1,695	1,657	1,624	1,597	1,572	1,551	1,532	1,515
	0,05	3,879	3,032	2,641	2,408	2,250	2,135	2,046	1,976	1,917	1,869	1,827	1,791	1,759	1,732	1,707
250	0,025	5,085	3,744	3,169	2,837	2,618	2,459	2,338	2,243	2,165	2,100	2,045	1,997	1,955	1,919	1,886
	0,01	6,737	4,691	3,861	3,395	3,091	2,875	2,711	2,583	2,479	2,392	2,319	2,257	2,202	2,154	2,111
	0,005	8,021	5,412	4,382	3,812	3,443	3,183	2,987	2,833	2,709	2,607	2,520	2,446	2,381	2,325	2,275
	0,001	11,088	7,102	5,591	4,772	4,250	3,884	3,612	3,400	3,230	3,089	2,971	2,871	2,784	2,707	2,640
	0,20	1,650	1,618	1,557	1,507	1,468	1,437	1,412	1,390	1,372	1,356	1,343	1,330	1,320	1,310	1,301
	0,10	2,722	2,320	2,102	1,964	1,867	1,794	1,737	1,691	1,652	1,620	1,592	1,568	1,546	1,527	1,510
	0,05	3,873	3,026	2,635	2,402	2,244	2,129	2,040	1,969	1,911	1,862	1,821	1,785	1,753	1,725	1,700
300	0,025	5,075	3,735	3,160	2,829	2,609	2,451	2,330	2,234	2,156	2,091	2,036	1,988	1,947	1,910	1,877
	0,01	6,720	4,677	3,848	3,382	3,079	2,862	2,699	2,571	2,467	2,380	2,307	2,244	2,190	2,142	2,099
	0,005	7,997	5,393	4,365	3,796	3,428	3,167	2,972	2,818	2,694	2,592	2,505	2,431	2,367	2,310	2,260
	0,001	11,044	7,069	5,562	4,746	4,225	3,860	3,588	3,377	3,207	3,067	2,950	2,849	2,762	2,686	2,618
	0,20	1,647	1,615	1,553	1,503	1,464	1,433	1,407	1,386	1,367	1,352	1,338	1,325	1,314	1,304	1,295
	0,10	2,716	2,313	2,095	1,956	1,859	1,786	1,729	1,683	1,644	1,612	1,583	1,559	1,537	1,518	1,501
	0,05	3,860	3,014	2,623	2,390	2,232	2,117	2,028	1,957	1,899	1,850	1,808	1,772	1,740	1,712	1,686
500	0,025	5,054	3,716	3,142	2,811	2,592	2,434	2,313	2,217	2,139	2,074	2,019	1,971	1,929	1,892	1,859
	0,01	6,686	4,648	3,821	3,357	3,054	2,838	2,675	2,547	2,443	2,356	2,283	2,220	2,166	2,117	2,075
	0,005	7,950	5,355	4,330	3,763	3,396	3,137	2,941	2,789	2,665	2,562	2,476	2,402	2,337	2,281	2,230
	0,001	10,957	7,004	5,506	4,693	4,176	3,813	3,542	3,332	3,163	3,023	2,906	2,806	2,719	2,643	2,576
	0,20	1,645	1,612	1,550	1,500	1,461	1,430	1,404	1,382	1,364	1,348	1,334	1,321	1,310	1,300	1,291
	0,10	2,711	2,308	2,089	1,950	1,853	1,780	1,723	1,676	1,638	1,605	1,577	1,552	1,531	1,511	1,494
	0,05	3,851	3,005	2,614	2,381	2,223	2,108	2,019	1,948	1,889	1,840	1,798	1,762	1,730	1,702	1,676
1000	0,025	5,039	3,703	3,129	2,799	2,579	2,421	2,300	2,204	2,126	2,061	2,006	1,958	1,916	1,879	1,846
	0,01	6,660	4,626	3,801	3,338	3,036	2,820	2,657	2,529	2,425	2,339	2,265	2,203	2,148	2,099	2,056
	0,005	7,915	5,326	4,305	3,739	3,373	3,114	2,919	2,766	2,643	2,541	2,454	2,380	2,315	2,259	2,208
	0,001	10,892	6,956	5,464	4,655	4,139	3,778	3,508	3,299	3,130	2,991	2,874	2,774	2,687	2,612	2,544
FG_2	α	1	2	3	4	5	6	7	8	9	10	11	12	13	14	15

TABELLE G Kritische Werte der F-Verteilung ($FG_1 \geq 16$)

$\alpha = 0{,}05$

FG_2	16	17	18	19	20	21	22	FG_1	24	25	30	35	40	50	100
5	4,604	4,590	4,579	4,568	4,558	4,549	4,541	4,534	4,527	4,521	4,496	4,478	4,464	4,444	4,405
6	3,922	3,908	3,896	3,884	3,874	3,865	3,856	3,849	3,841	3,835	3,808	3,789	3,774	3,754	3,712
7	3,494	3,480	3,467	3,455	3,445	3,435	3,426	3,418	3,410	3,404	3,376	3,356	3,340	3,319	3,275
8	3,202	3,187	3,173	3,161	3,150	3,140	3,131	3,123	3,115	3,108	3,079	3,059	3,043	3,020	2,975
9	2,989	2,974	2,960	2,948	2,936	2,926	2,917	2,908	2,900	2,893	2,864	2,842	2,826	2,803	2,756
10	2,828	2,812	2,798	2,785	2,774	2,764	2,754	2,745	2,737	2,730	2,700	2,678	2,661	2,637	2,588
11	2,701	2,685	2,671	2,658	2,646	2,636	2,626	2,617	2,609	2,601	2,570	2,548	2,531	2,507	2,457
12	2,599	2,583	2,568	2,555	2,544	2,533	2,523	2,514	2,505	2,498	2,466	2,443	2,426	2,401	2,350
13	2,515	2,499	2,484	2,471	2,459	2,448	2,438	2,429	2,420	2,412	2,380	2,357	2,339	2,314	2,261
14	2,445	2,428	2,413	2,400	2,388	2,377	2,367	2,357	2,349	2,341	2,308	2,284	2,266	2,241	2,187
15	2,385	2,368	2,353	2,340	2,328	2,316	2,306	2,297	2,288	2,280	2,247	2,223	2,204	2,178	2,123
16	2,333	2,317	2,302	2,288	2,276	2,264	2,254	2,244	2,235	2,227	2,194	2,169	2,151	2,124	2,068
17	2,289	2,272	2,257	2,243	2,230	2,219	2,208	2,199	2,190	2,181	2,148	2,123	2,104	2,077	2,020
18	2,250	2,233	2,217	2,203	2,191	2,179	2,168	2,159	2,150	2,141	2,107	2,082	2,063	2,035	1,978
19	2,215	2,198	2,182	2,168	2,155	2,144	2,133	2,123	2,114	2,106	2,071	2,046	2,026	1,999	1,940
20	2,184	2,167	2,151	2,137	2,124	2,112	2,102	2,092	2,082	2,074	2,039	2,013	1,994	1,966	1,907
21	2,156	2,139	2,123	2,109	2,096	2,084	2,073	2,063	2,054	2,045	2,010	1,984	1,965	1,936	1,876
22	2,131	2,114	2,098	2,084	2,071	2,059	2,048	2,038	2,028	2,020	1,984	1,958	1,938	1,909	1,849
23	2,109	2,091	2,075	2,061	2,048	2,036	2,025	2,014	2,005	1,996	1,961	1,934	1,914	1,885	1,823
24	2,088	2,070	2,054	2,040	2,027	2,015	2,003	1,993	1,984	1,975	1,939	1,912	1,892	1,863	1,800
25	2,069	2,051	2,035	2,021	2,007	1,995	1,984	1,974	1,964	1,955	1,919	1,892	1,872	1,842	1,779
30	1,995	1,976	1,960	1,945	1,932	1,919	1,908	1,897	1,887	1,878	1,841	1,813	1,792	1,761	1,695
35	1,942	1,924	1,907	1,892	1,878	1,866	1,854	1,843	1,833	1,824	1,786	1,757	1,735	1,703	1,635
40	1,904	1,885	1,868	1,853	1,839	1,826	1,814	1,803	1,793	1,783	1,744	1,715	1,693	1,660	1,589
50	1,850	1,831	1,814	1,798	1,784	1,771	1,759	1,748	1,737	1,727	1,687	1,657	1,634	1,599	1,525
100	1,746	1,726	1,708	1,691	1,676	1,663	1,650	1,638	1,627	1,616	1,573	1,541	1,515	1,477	1,392

FG_2	16	17	18	19	20	21	22	23	24	25	30	35	40	50	100
5	9,680	9,643	9,610	9,580	9,553	9,528	9,506	9,485	9,466	9,449	9,379	9,329	9,291	9,238	9,130
6	7,519	7,483	7,451	7,422	7,396	7,372	7,351	7,331	7,313	7,296	7,229	7,180	7,143	7,091	6,987
7	6,275	6,240	6,209	6,181	6,155	6,132	6,111	6,092	6,074	6,058	5,992	5,944	5,908	5,858	5,755
8	5,477	5,442	5,412	5,384	5,359	5,336	5,316	5,297	5,279	5,263	5,198	5,151	5,116	5,065	4,963
9	4,924	4,890	4,860	4,833	4,808	4,786	4,765	4,746	4,729	4,713	4,649	4,602	4,567	4,517	4,415
10	4,520	4,487	4,457	4,430	4,405	4,383	4,363	4,344	4,327	4,311	4,247	4,200	4,165	4,115	4,014
11	4,213	4,180	4,150	4,123	4,099	4,077	4,057	4,038	4,021	4,005	3,941	3,895	3,860	3,810	3,708
12	3,972	3,939	3,909	3,883	3,858	3,836	3,816	3,798	3,780	3,765	3,701	3,654	3,619	3,569	3,467
13	3,778	3,745	3,716	3,689	3,665	3,643	3,622	3,604	3,587	3,571	3,507	3,461	3,425	3,375	3,272
14	3,619	3,586	3,556	3,529	3,505	3,483	3,463	3,444	3,427	3,412	3,348	3,301	3,266	3,215	3,112
15	3,485	3,452	3,423	3,396	3,372	3,350	3,330	3,311	3,294	3,278	3,214	3,167	3,132	3,081	2,977
16	3,372	3,339	3,310	3,283	3,259	3,237	3,216	3,198	3,181	3,165	3,101	3,054	3,018	2,967	2,863
17	3,275	3,242	3,212	3,186	3,162	3,139	3,119	3,101	3,084	3,068	3,003	2,956	2,920	2,869	2,764
18	3,190	3,158	3,128	3,101	3,077	3,055	3,035	3,016	2,999	2,983	2,919	2,871	2,835	2,784	2,678
19	3,116	3,084	3,054	3,027	3,003	2,981	2,961	2,942	2,925	2,909	2,844	2,797	2,761	2,709	2,602
20	3,051	3,018	2,989	2,962	2,938	2,916	2,895	2,877	2,859	2,843	2,778	2,731	2,695	2,643	2,535
21	2,993	2,960	2,931	2,904	2,880	2,857	2,837	2,818	2,801	2,785	2,720	2,672	2,636	2,584	2,475
22	2,941	2,908	2,879	2,852	2,827	2,805	2,785	2,766	2,749	2,733	2,667	2,620	2,583	2,531	2,422
23	2,894	2,861	2,832	2,805	2,781	2,758	2,738	2,719	2,702	2,686	2,620	2,572	2,535	2,483	2,373
24	2,852	2,819	2,789	2,762	2,738	2,716	2,695	2,676	2,659	2,643	2,577	2,529	2,492	2,440	2,329
25	2,813	2,780	2,751	2,724	2,699	2,677	2,657	2,638	2,620	2,604	2,538	2,490	2,453	2,400	2,289
30	2,663	2,630	2,600	2,573	2,549	2,526	2,506	2,487	2,469	2,453	2,386	2,337	2,299	2,245	2,131
35	2,560	2,527	2,497	2,470	2,445	2,422	2,401	2,382	2,364	2,348	2,281	2,231	2,193	2,137	2,020
40	2,484	2,451	2,421	2,394	2,369	2,346	2,325	2,306	2,288	2,271	2,203	2,153	2,114	2,058	1,938
50	2,382	2,348	2,318	2,290	2,265	2,242	2,221	2,202	2,183	2,167	2,098	2,046	2,007	1,949	1,825
100	2,185	2,151	2,120	2,092	2,067	2,043	2,021	2,001	1,983	1,965	1,893	1,839	1,797	1,735	1,598

$\alpha = 0{,}01$

TABELLE H Kritische Werte des studentisierten Range (Harter 1960)

$\alpha_F = 0{,}10$

FG	J=3	4	5	6	7	8	9	10	11	12	13	14	15	16	J=17
3	4,467	5,199	5,738	6,162	6,511	6,806	7,062	7,287	7,487	7,667	7,832	7,982	8,120	8,249	8,368
4	3,976	4,586	5,035	5,388	5,679	5,926	6,139	6,327	6,495	6,645	6,783	6,909	7,025	7,133	7,233
5	3,717	4,264	4,664	4,979	5,238	5,458	5,648	5,816	5,966	6,101	6,223	6,336	6,440	6,536	6,626
6	3,559	4,065	4,435	4,726	4,966	5,168	5,344	5,499	5,637	5,762	5,875	5,979	6,075	6,164	6,247
7	3,451	3,931	4,280	4,555	4,780	4,972	5,137	5,283	5,413	5,530	5,637	5,735	5,826	5,910	5,988
8	3,374	3,834	4,169	4,431	4,646	4,829	4,987	5,126	5,250	5,362	5,464	5,558	5,644	5,724	5,799
9	3,316	3,761	4,084	4,337	4,545	4,721	4,873	5,007	5,127	5,234	5,333	5,423	5,506	5,583	5,655
10	3,270	3,704	4,018	4,264	4,465	4,636	4,783	4,913	5,029	5,134	5,229	5,317	5,397	5,472	5,542
11	3,234	3,658	3,965	4,205	4,401	4,568	4,711	4,838	4,951	5,053	5,146	5,231	5,309	5,382	5,450
12	3,204	3,621	3,922	4,156	4,349	4,511	4,652	4,776	4,886	4,986	5,077	5,160	5,236	5,308	5,374
13	3,179	3,589	3,885	4,116	4,305	4,464	4,602	4,724	4,832	4,930	5,019	5,100	5,176	5,245	5,311
14	3,158	3,563	3,854	4,081	4,267	4,424	4,560	4,680	4,786	4,882	4,970	4,050	5,124	5,192	5,256
15	3,140	3,540	3,828	4,052	4,235	4,390	4,524	4,641	4,746	4,841	4,927	5,006	5,079	5,147	5,209
16	3,124	3,520	3,804	4,026	4,207	4,360	4,492	4,608	4,712	4,805	4,890	4,968	5,040	5,107	5,169
17	3,110	3,503	3,784	4,004	4,183	4,334	4,464	4,579	4,682	4,774	4,858	4,935	5,005	5,071	5,133
18	3,098	3,488	3,767	3,984	4,161	4,311	4,440	4,554	4,655	4,746	4,829	4,905	4,975	5,040	5,101
19	3,087	3,474	3,751	3,966	4,142	4,290	4,418	4,531	4,631	4,721	4,803	4,879	4,948	5,012	5,073
20	3,078	3,462	3,736	3,950	4,124	4,271	4,398	4,510	4,609	4,699	4,780	4,855	4,924	4,987	5,047
24	3,047	3,423	3,692	3,900	4,070	4,213	4,336	4,445	4,541	4,628	4,708	4,780	4,847	4,909	4,966
30	3,017	3,386	3,648	3,851	4,016	4,155	4,275	4,381	4,474	4,559	4,635	4,706	4,770	4,830	4,886
40	2,988	3,349	3,605	3,803	3,963	4,099	4,215	4,317	4,408	4,490	4,564	4,632	4,695	4,752	4,807
60	2,959	3,312	3,562	3,755	3,911	4,042	4,155	4,254	4,342	4,421	4,493	4,558	4,619	4,675	4,727
120	2,930	3,276	3,520	3,707	3,859	3,987	4,096	4,191	4,276	4,353	4,422	4,485	4,543	4,597	4,647
∞	2,902	3,240	3,478	3,661	3,808	3,931	4,037	4,129	4,211	4,285	4,351	4,412	4,468	4,519	4,568

$\alpha_F = 0{,}05$

FG	J=3	4	5	6	7	8	9	10	11	12	13	14	15	16	J=17
3	5,910	6,825	7,502	8,037	8,478	8,853	9,177	9,462	9,717	9,946	10,15	10,35	10,53	10,69	10,84
4	5,040	5,757	6,287	6,707	7,053	7,347	7,602	7,826	8,027	8,208	8,373	8,525	8,664	8,794	8,914
5	4,602	5,218	5,673	6,033	6,330	6,582	6,802	6,995	7,168	7,324	7,466	7,596	7,717	7,828	7,932
6	4,339	4,896	5,305	5,628	5,895	6,122	6,319	6,493	6,649	6,789	6,917	7,034	7,143	7,244	7,338
7	4,165	4,681	5,060	5,359	5,606	5,815	5,998	6,158	6,302	6,431	6,550	6,658	6,759	6,852	6,939
8	4,041	4,529	4,886	5,167	5,399	5,597	5,767	5,918	6,054	6,175	6,287	6,389	6,438	6,571	6,653
9	3,949	4,415	4,756	5,024	5,244	5,432	5,595	5,739	5,867	5,983	6,089	6,186	6,276	6,359	6,437
10	3,877	4,327	4,654	4,912	5,124	5,305	5,461	5,599	5,722	5,833	5,935	6,028	6,114	6,194	6,269
11	3,820	4,256	4,574	4,823	5,028	5,202	5,353	5,487	5,605	5,713	5,811	5,901	5,984	6,062	6,134
12	3,773	4,199	4,508	4,751	4,950	5,119	5,265	5,395	5,511	5,615	5,710	5,798	5,878	5,953	6,023
13	3,735	4,151	4,453	4,690	4,885	5,049	5,192	5,318	5,431	5,533	5,625	5,711	5,789	5,862	5,931
14	3,702	4,111	4,407	4,639	4,829	4,990	5,131	5,254	5,364	5,463	5,554	5,637	5,714	5,786	5,852
15	3,674	4,076	4,367	4,595	4,782	4,940	5,077	5,198	5,306	5,404	5,493	5,574	5,649	5,720	5,785
16	3,649	4,046	4,333	4,557	4,741	4,897	5,031	5,150	5,256	5,352	5,439	5,520	5,593	5,662	5,727
17	3,628	4,020	4,303	4,524	4,705	4,858	4,991	5,108	5,212	5,307	5,392	5,471	5,544	5,612	5,675
18	3,609	3,997	4,277	4,495	4,673	4,824	4,956	5,071	5,174	5,267	5,352	5,429	5,501	5,568	6,630
19	3,593	3,977	4,253	4,469	4,645	4,794	4,924	5,038	5,140	5,231	5,315	5,391	5,462	5,528	5,589
20	3,578	3,958	4,232	4,445	4,620	4,768	4,896	5,008	5,108	5,199	5,282	5,357	5,427	5,493	5,553
24	3,532	3,901	4,166	4,373	4,541	4,684	4,807	4,915	5,012	5,099	5,179	5,251	5,319	5,381	5,439
30	3,486	3,845	4,102	4,302	4,464	4,602	4,720	4,824	4,917	5,001	5,077	5,147	5,211	5,271	5,327
40	3,442	3,791	4,039	4,232	4,389	4,521	4,635	4,735	4,824	4,904	4,977	5,044	5,106	5,163	5,216
60	3,399	3,737	3,977	4,163	4,314	4,441	4,550	4,646	4,732	4,808	4,878	4,942	5,001	5,056	5,107
120	3,356	3,685	3,917	4,096	4,241	4,363	4,468	4,560	4,641	4,714	4,781	4,842	4,898	4,950	4,998
∞	3,314	3,633	3,858	4,030	4,170	4,286	4,387	4,474	4,552	4,622	4,685	4,743	4,796	4,845	4,891

TABELLE H Kritische Werte des studentisierten Range

$\alpha_F = 0,025$

FG	J=3	4	5	6	7	8	9	10	11	12	13	14	15	16	17
3	7,661	8,808	9,660	10,34	10,89	11,37	11,78	12,14	12,46	12,75	13,01	13,26	13,48	13,69	13,88
4	6,244	7,088	7,716	8,213	8,625	8,976	9,279	9,548	9,788	10,01	10,20	10,39	10,55	10,71	10,85
5	5,558	6,257	6,775	7,186	7,527	7,816	8,068	8,291	8,490	8,670	8,834	8,984	9,124	9,253	9,374
6	5,158	5,772	6,226	6,586	6,884	7,138	7,359	7,554	7,729	7,887	8,031	8,163	8,286	8,399	8,506
7	4,897	5,455	5,868	6,194	6,464	6,695	6,895	7,072	7,230	7,373	7,504	7,624	7,735	7,839	7,935
8	4,714	5,233	5,616	5,919	6,169	6,382	6,568	6,732	6,879	7,011	7,132	7,244	7,347	7,443	7,532
9	4,578	5,069	5,430	5,715	5,950	6,151	6,325	6,479	6,617	6,742	6,856	6,961	7,058	7,148	7,232
10	4,474	4,943	5,287	5,558	5,782	5,972	6,138	6,285	6,416	6,534	6,643	6,742	6,834	6,920	7,000
11	4,391	4,843	5,173	5,433	5,648	5,831	5,989	6,130	6,256	6,369	6,473	6,568	6,657	6,739	6,815
12	4,325	4,762	5,081	5,332	5,540	5,716	5,869	6,004	6,125	6,235	6,335	6,427	6,512	6,591	6,665
13	4,269	4,694	5,004	5,248	5,449	5,620	5,769	5,900	6,017	6,123	6,220	6,309	6,392	6,468	6,539
14	4,222	4,638	4,940	5,178	5,374	5,540	5,684	5,811	5,926	6,029	6,123	6,210	6,290	6,364	6,434
15	4,182	4,589	4,885	5,118	5,309	5,471	5,612	5,737	5,848	5,949	6,041	6,125	6,203	6,276	6,344
16	4,148	4,548	4,838	5,066	5,253	5,412	5,550	5,672	5,781	5,879	5,969	6,052	6,128	6,199	6,265
17	4,118	4,512	4,797	5,020	5,204	5,361	5,496	5,615	5,722	5,818	5,907	5,987	6,062	6,132	6,197
18	4,092	4,480	4,761	4,981	5,162	5,315	5,448	5,565	5,670	5,765	5,852	5,931	6,004	6,073	6,137
19	4,068	4,451	4,728	4,945	5,123	5,275	5,405	5,521	5,624	5,718	5,803	5,881	5,954	6,020	6,083
20	4,047	4,426	4,700	4,914	5,089	5,238	5,368	5,481	5,583	5,675	5,759	5,836	5,907	5,974	6,036
24	3,983	4,347	4,610	4,816	4,984	5,126	5,250	5,358	5,455	5,543	5,623	5,697	5,764	5,827	5,886
30	3,919	4,271	4,523	4,720	4,881	5,017	5,134	5,238	5,330	5,414	5,490	5,560	5,624	5,684	5,740
40	3,858	4,197	4,439	4,627	4,780	4,910	5,022	5,120	5,208	5,288	5,360	5,426	5,487	5,544	5,597
60	3,798	4,124	4,356	4,536	4,682	4,806	4,912	5,006	5,089	5,164	5,232	5,295	5,352	5,406	5,456
120	3,739	4,053	4,276	4,447	4,587	4,704	4,805	4,894	4,972	5,043	5,107	5,166	5,221	5,271	5,318
∞	3,682	3,984	4,197	4,361	4,494	4,605	4,700	4,784	4,858	4,925	4,985	5,041	5,092	5,139	5,183

$\alpha_F = 0,01$

FG	J=3	4	5	6	7	8	9	10	11	12	13	14	15	16	17
3	10,62	12,17	13,33	14,24	15,00	15,64	16,20	16,69	17,13	17,53	17,89	18,22	18,52	18,81	19,07
4	8,120	9,173	9,958	10,58	11,10	11,55	11,93	12,27	12,57	12,84	13,09	13,32	13,53	13,73	13,91
5	6,976	7,804	8,421	8,913	9,321	9,669	9,972	10,24	10,48	10,70	10,89	11,08	11,24	11,40	11,55
6	6,331	7,033	7,556	7,973	8,318	8,613	8,869	9,097	9,301	9,485	9,653	9,808	9,951	10,08	10,21
7	5,919	6,543	7,005	7,373	7,679	7,939	8,166	8,368	8,548	8,711	8,860	8,997	9,124	9,242	9,353
8	5,635	6,204	6,625	6,960	7,237	7,474	7,681	7,863	8,027	8,176	8,312	8,436	8,552	8,659	8,760
9	5,428	5,957	6,348	6,658	6,915	7,134	7,325	7,495	7,647	7,784	7,910	8,025	8,132	8,232	8,325
10	5,270	5,769	6,136	6,428	6,669	6,875	7,055	7,213	7,356	7,485	7,603	7,712	7,812	7,906	7,993
11	5,146	5,621	5,970	6,247	6,476	6,672	6,842	6,992	7,128	7,250	7,362	7,465	7,560	7,649	7,732
12	5,046	5,502	5,836	6,101	6,321	6,507	6,670	6,814	6,943	7,060	7,167	7,265	7,356	7,441	7,520
13	4,964	5,404	5,727	5,981	6,192	6,372	6,528	6,667	6,791	6,903	7,006	7,101	7,188	7,269	7,345
14	4,895	5,322	5,634	5,881	6,085	6,258	6,409	6,543	6,664	6,772	6,817	6,962	7,047	7,126	7,199
15	4,836	5,252	5,556	5,796	5,994	6,162	6,309	6,439	6,555	6,660	6,757	6,845	6,927	7,003	7,074
16	4,786	5,192	5,489	5,722	5,915	6,079	6,222	6,349	6,462	6,564	6,658	6,744	6,823	6,898	6,967
17	4,742	5,140	5,430	5,659	5,847	6,007	6,147	6,270	6,381	6,480	6,572	6,656	6,734	6,806	6,873
18	4,703	5,094	5,379	5,603	5,788	5,944	6,081	6,201	6,310	6,407	6,497	6,579	6,655	6,725	6,792
19	4,670	5,054	5,334	5,554	5,735	5,889	6,022	6,141	6,247	6,342	6,430	6,510	6,585	6,654	6,719
20	4,639	5,018	5,294	5,510	5,688	5,839	5,970	6,087	6,191	6,285	6,371	6,450	6,523	6,591	6,654
24	4,546	4,907	5,168	5,374	5,542	5,685	5,809	5,919	6,017	6,106	6,186	6,261	6,330	6,394	6,453
30	4,455	4,799	5,048	5,242	5,401	5,536	5,653	5,756	5,849	5,932	6,008	6,078	6,143	6,203	6,259
40	4,367	4,696	4,931	5,114	5,265	5,392	5,502	5,599	5,686	5,764	5,835	5,900	5,961	6,017	6,069
60	4,282	4,595	4,818	4,991	5,133	5,253	5,356	5,447	5,528	5,601	5,667	5,728	5,785	5,837	5,886
120	4,200	4,497	4,709	4,872	5,005	5,118	5,214	5,299	5,375	5,443	5,505	5,562	5,614	5,662	5,708
∞	4,120	4,403	4,603	4,757	4,882	4,987	5,078	5,157	5,227	5,290	5,348	5,400	5,448	5,493	5,535

TABELLE H Kritische Werte des studentisierten Range

$\alpha_F = 0{,}005$

FG	J=3	4	5	6	7	8	9	10	11	12	13	14	15	16	17
3	13,50	15,45	16,91	18,08	19,01	19,83	20,53	21,15	21,70	22,20	22,66	23,08	23,46	23,82	24,15
4	9,814	11,06	11,99	12,74	13,35	13,88	14,33	14,74	15,10	15,42	15,72	15,99	16,24	16,48	16,70
5	8,196	9,141	9,847	10,41	10,88	11,28	11,63	11,93	12,21	12,46	12,69	12,90	13,09	13,27	13,44
6	7,306	8,088	8,670	9,135	9,522	9,852	10,14	10,40	10,63	10,83	11,02	11,20	11,36	11,51	11,65
7	6,750	7,429	7,935	8,339	8,674	8,961	9,211	9,433	9,632	9,812	9,977	10,13	10,27	10,40	10,52
8	6,370	6,981	7,435	7,797	8,097	8,354	8,578	8,777	8,955	9,117	9,265	9,401	9,527	9,644	9,754
9	6,096	6,657	7,074	7,405	7,680	7,915	8,120	8,303	8,466	8,614	8,749	8,874	8,990	9,097	9,198
10	5,888	6,412	6,800	7,109	7,365	7,584	7,775	7,944	8,096	8,234	8,360	8,476	8,583	8,683	8,777
11	5,727	6,222	6,588	6,878	7,119	7,325	7,505	7,664	7,807	7,937	8,055	8,164	8,265	8,359	8,447
12	5,597	6,068	6,416	6,693	6,922	7,118	7,288	7,439	7,575	7,697	7,810	7,914	8,009	8,099	8,183
13	5,490	5,943	6,277	6,541	6,760	6,947	7,111	7,255	7,384	7,502	7,609	7,708	7,800	7,886	7,965
14	5,401	5,838	6,160	6,414	6,626	6,805	6,962	7,101	7,225	7,338	7,442	7,537	7,625	7,707	7,784
15	5,325	5,750	6,061	6,308	6,511	6,685	6,837	6,971	7,091	7,200	7,300	7,392	7,477	7,556	7,630
16	5,261	5,674	5,977	6,216	6,413	6,582	6,729	6,859	6,976	7,081	7,178	7,267	7,349	7,426	7,498
17	5,205	5,608	5,903	6,136	6,329	6,493	6,636	6,763	6,876	6,979	7,072	7,159	7,239	7,314	7,384
18	5,156	5,550	5,839	6,067	6,255	6,415	6,554	6,678	6,788	6,888	6,980	7,064	7,142	7,215	7,283
19	5,113	5,500	5,783	6,005	6,189	6,346	6,482	6,603	6,711	6,809	6,898	6,981	7,057	7,128	7,195
20	5,074	5,455	5,732	5,951	6,131	6,285	6,418	6,537	6,642	6,738	6,826	6,907	6,981	7,051	7,116
24	4,955	5,315	5,577	5,783	5,952	6,096	6,221	6,332	6,431	6,520	6,602	6,677	6,747	6,812	6,872
30	4,841	5,181	5,428	5,621	5,780	5,914	6,031	6,135	6,227	6,310	6,387	6,456	6,521	6,581	6,638
40	4,731	5,053	5,284	5,465	5,614	5,739	5,848	5,944	6,030	6,108	6,179	6,244	6,304	6,360	6,412
60	4,625	4,928	5,146	5,316	5,454	5,571	5,673	5,762	5,841	5,913	5,979	6,039	6,094	6,146	6,194
120	4,523	4,809	5,013	5,172	5,301	5,410	5,504	5,586	5,660	5,726	5,786	5,842	5,893	5,940	5,984
∞	4,424	4,694	4,886	5,033	5,154	5,255	5,341	5,418	5,485	5,546	5,602	5,652	5,699	5,742	5,783

$\alpha_F = 0{,}001$

FG	J=3	4	5	6	7	8	9	10	11	12	13	14	15	16	17
3	23,32	26,65	29,13	31,11	32,74	34,12	35,33	36,39	37,34	38,20	38,98	39,69	40,35	40,97	41,54
4	14,99	16,84	18,23	19,34	20,26	21,04	21,73	22,33	22,87	23,36	23,81	24,21	24,59	24,94	25,27
5	11,67	12,96	13,93	14,71	15,35	15,90	16,38	16,81	17,18	17,53	17,85	18,13	18,41	18,66	18,89
6	9,960	10,97	11,72	12,32	12,83	13,26	13,63	13,97	14,27	14,54	14,79	15,01	15,22	15,42	15,60
7	8,930	9,768	10,40	10,90	11,32	11,68	11,99	12,27	12,52	12,74	12,95	13,14	13,32	13,48	13,64
8	8,250	8,978	9,522	9,958	10,32	10,64	10,91	11,15	11,36	11,56	11,74	11,91	12,06	12,21	12,34
9	7,768	8,419	8,906	9,295	9,619	9,897	10,14	10,36	10,55	10,73	10,89	11,03	11,18	11,30	11,42
10	7,411	8,006	8,450	8,804	9,099	9,352	9,573	9,769	9,946	10,11	10,25	10,39	10,52	10,64	10,75
11	7,136	7,687	8,098	8,426	8,699	8,933	9,138	9,319	9,482	9,630	9,766	9,892	10,01	10,12	10,22
12	6,917	7,436	7,821	8,127	8,383	8,601	8,793	8,962	9,115	9,254	9,381	9,498	9,606	9,707	9,802
13	6,740	7,231	7,595	7,885	8,126	8,333	8,513	8,673	8,817	8,948	9,068	9,178	9,281	9,376	9,466
14	6,594	7,062	7,409	7,685	7,915	8,110	8,282	8,434	8,571	8,696	8,809	8,914	9,012	9,103	9,188
15	6,470	6,920	7,252	7,517	7,736	7,925	8,088	8,234	8,365	8,483	8,592	8,693	8,786	8,872	8,954
16	6,365	6,799	7,119	7,374	7,585	7,766	7,923	8,063	8,189	8,303	8,407	8,504	8,593	8,676	8,755
17	6,275	6,695	7,005	7,250	7,454	7,629	7,781	7,916	8,037	8,148	8,248	8,342	8,427	8,508	8,583
18	6,196	6,604	6,905	7,143	7,341	7,510	7,657	7,788	7,906	8,012	8,110	8,199	8,283	8,361	8,434
19	6,127	6,525	6,817	7,049	7,242	7,405	7,549	7,676	7,790	7,893	7,988	8,075	8,156	8,232	8,303
20	6,065	6,454	6,740	6,966	7,154	7,313	7,453	7,577	7,688	7,788	7,880	7,966	8,044	8,118	8,186
24	5,877	6,238	6,503	6,712	6,884	7,031	7,159	7,272	7,374	7,467	7,551	7,629	7,701	7,768	7,831
30	5,698	6,033	6,278	6,470	6,628	6,763	6,880	6,984	7,077	7,162	7,239	7,310	7,375	7,437	7,494
40	5,528	5,838	6,063	6,240	6,386	6,509	6,616	6,711	6,796	6,872	6,942	7,007	7,067	7,122	7,174
60	5,365	5,653	5,860	6,022	6,155	6,268	6,366	6,451	6,528	6,598	6,661	6,720	6,774	6,824	6,871
120	5,211	5,476	5,667	5,815	5,937	6,039	6,128	6,206	6,276	6,339	6,396	6,448	6,496	6,542	6,583
∞	5,063	5,309	5,484	5,619	5,730	5,823	5,903	5,973	6,036	6,092	6,144	9,191	6,234	6,274	6,312

TABELLE I Kritische Werte der Chi²-Verteilung

FG	α=0,40	0,20	0,10	0,05	0,025	0,01	0,005	α=0,001
1	0,708	1,642	2,706	3,841	5,024	6,635	7,879	10,828
2	1,833	3,219	4,605	5,991	7,378	9,210	10,597	13,816
3	2,946	4,642	6,251	7,815	9,348	11,345	12,838	16,266
4	4,045	5,989	7,779	9,488	11,143	13,277	14,860	18,467
5	5,132	7,289	9,236	11,071	12,833	15,086	16,750	20,515
6	6,211	8,558	10,645	12,592	14,449	16,812	18,548	22,458
7	7,283	9,803	12,017	14,067	16,013	18,475	20,278	24,322
8	8,351	11,030	13,362	15,507	17,535	20,090	21,955	26,125
9	9,414	12,242	14,684	16,919	19,023	21,666	23,589	27,878
10	10,473	13,442	15,987	18,307	20,483	23,209	25,188	29,589
11	11,530	14,631	17,275	19,675	21,920	24,725	26,757	31,265
12	12,584	15,812	18,549	21,026	23,337	26,217	28,300	32,910
13	13,636	16,985	19,812	22,362	24,736	27,688	29,820	34,529
14	14,685	18,151	21,064	23,685	26,119	29,141	31,319	36,124
15	15,733	19,311	22,307	24,996	27,488	30,578	32,801	37,698
16	16,780	20,465	23,542	26,296	28,845	32,000	34,267	39,253
17	17,824	21,615	24,769	27,587	30,191	33,409	35,719	40,791
18	18,868	22,760	25,989	28,869	31,526	34,805	37,157	42,313
19	19,910	23,900	27,204	30,144	32,852	36,191	38,582	43,821
20	20,951	25,038	28,412	31,410	34,170	37,566	39,997	45,316
21	21,992	26,171	29,615	32,671	35,479	38,932	41,401	46,798
22	23,031	27,301	30,813	33,924	36,781	40,289	42,796	48,269
23	24,069	28,429	32,007	35,172	38,076	41,639	44,182	49,729
24	25,106	29,553	33,196	36,415	39,364	42,980	45,559	51,180
25	26,143	30,675	34,382	37,653	40,647	44,314	46,928	52,621
26	27,179	31,795	35,563	38,885	41,923	45,642	48,290	54,053
27	28,214	32,912	36,741	40,113	43,195	46,963	49,645	55,478
28	29,249	34,027	37,916	41,337	44,461	48,278	50,994	56,894
29	30,283	35,139	39,087	42,557	45,722	49,588	52,336	58,303
30	31,316	36,250	40,256	43,773	46,979	50,892	53,672	59,705
31	32,349	37,359	41,422	44,985	48,232	52,192	55,003	61,100
32	33,381	38,466	42,585	46,194	49,481	53,486	56,329	62,490
33	34,413	39,572	43,745	47,400	50,725	54,776	57,649	63,873
34	35,444	40,676	44,903	48,602	51,966	56,061	58,964	65,250
35	36,475	41,778	46,059	49,802	53,203	57,342	60,275	66,622
36	37,505	42,879	47,212	50,999	54,437	58,619	61,582	67,988
37	38,535	43,978	48,363	52,192	55,668	59,893	62,884	69,349
38	39,564	45,076	49,513	53,384	56,896	61,162	64,182	70,706
39	40,593	46,173	50,660	54,572	58,120	62,428	65,476	72,058
40	41,622	47,269	51,805	55,759	59,342	63,691	66,767	73,405
41	42,651	48,363	52,949	56,942	60,561	64,950	68,053	74,748
42	43,679	49,456	54,090	58,124	61,777	66,207	69,337	76,087
43	44,706	50,548	55,230	59,304	62,991	67,460	70,617	77,422
44	45,734	51,639	56,369	60,481	64,202	68,710	71,893	78,753
45	46,761	52,729	57,505	61,656	65,410	69,957	73,167	80,081
46	47,787	53,818	58,641	62,830	66,617	71,202	74,437	81,404
47	48,814	54,906	59,774	64,001	67,821	72,444	75,705	82,724
48	49,840	55,993	60,907	65,171	69,023	73,683	76,970	84,041
49	50,866	57,079	62,038	66,339	70,223	74,920	78,232	85,355
50	51,892	58,164	63,167	67,505	71,420	76,154	79,491	86,665

TABELLE I Kritische Werte der Chi^2-Verteilung

FG	α=0,40	0,20	0,10	0,05	0,025	0,01	0,005	α=0,001
51	52,917	59,248	64,295	68,669	72,616	77,386	80,748	87,972
52	53,942	60,332	65,422	69,832	73,810	78,616	82,002	89,276
53	54,967	61,414	66,548	70,994	75,002	79,844	83,254	90,578
54	55,992	62,496	67,673	72,153	76,192	81,069	84,503	91,877
55	57,016	63,577	68,796	73,312	77,381	82,293	85,750	93,172
56	58,039	64,657	69,918	74,468	78,568	83,513	86,993	94,455
57	59,063	65,737	71,040	75,624	79,753	84,733	88,236	95,745
58	60,087	66,816	72,160	76,778	80,937	85,950	89,476	97,033
59	61,111	67,894	73,279	77,931	82,118	87,166	90,715	98,319
60	62,134	68,972	74,397	79,082	83,299	88,379	91,951	99,602
61	63,157	70,049	75,514	80,232	84,478	89,591	93,186	100,883
62	64,180	71,125	76,630	81,381	85,655	90,802	94,419	102,162
63	65,203	72,201	77,745	82,529	86,831	92,010	95,649	103,438
64	66,226	73,276	78,860	83,676	88,005	93,217	96,878	104,712
65	67,248	74,350	79,973	84,821	89,178	94,422	98,105	105,984
66	68,270	75,424	81,085	85,965	90,350	95,626	99,331	107,254
67	69,292	76,497	82,197	87,108	91,521	96,828	100,554	108,522
68	70,314	77,570	83,308	88,250	92,690	98,029	101,776	109,788
69	71,336	78,643	84,418	89,391	93,858	99,228	102,997	111,052
70	72,357	79,714	85,527	90,532	95,024	100,426	104,215	112,314
71	73,379	80,786	86,635	91,671	96,190	101,622	105,433	113,574
72	74,400	81,856	87,743	92,809	97,354	102,817	106,648	114,832
73	75,421	82,926	88,850	93,946	98,517	104,010	107,862	116,089
74	76,442	83,996	89,956	95,082	99,680	105,203	109,075	117,344
75	77,463	85,065	91,061	96,217	100,841	106,393	110,286	118,597
76	78,484	86,134	92,166	97,351	102,000	107,583	111,496	119,848
77	79,504	87,203	93,270	98,485	103,159	108,772	112,705	121,098
78	80,525	88,270	94,373	99,617	104,317	109,959	113,912	122,346
79	81,545	89,338	95,476	100,749	105,474	111,145	115,118	123,592
80	82,565	90,405	96,578	101,880	106,630	112,329	116,322	124,837
81	83,585	91,472	97,679	103,010	107,785	113,513	117,525	126,081
82	84,605	92,538	98,780	104,139	108,939	114,696	118,727	127,323
83	85,625	93,604	99,880	105,268	110,092	115,877	119,928	128,563
84	86,645	94,669	100,980	106,395	111,244	117,057	121,127	129,802
85	87,664	95,734	102,079	107,522	112,395	118,237	122,326	131,040
86	88,684	96,799	103,177	108,648	113,545	119,415	123,523	132,276
87	89,703	97,863	104,275	109,774	114,694	120,592	124,719	133,511
88	90,722	98,927	105,372	110,898	115,843	121,768	125,914	134,744
89	91,742	99,990	106,469	112,022	116,990	122,943	127,108	135,977
90	92,761	101,053	107,565	113,146	118,137	124,117	128,300	137,208
91	93,779	102,116	108,660	114,268	119,283	125,290	129,492	138,437
92	94,798	103,179	109,756	115,390	120,428	126,463	130,682	139,665
93	95,817	104,241	110,850	116,511	121,573	127,634	131,872	140,893
94	96,836	105,302	111,944	117,632	122,716	128,804	133,060	142,118
95	97,854	106,364	113,038	118,752	123,859	129,974	134,248	143,343
96	98,872	107,425	114,131	119,871	125,001	131,142	135,434	144,567
97	99,891	108,486	115,223	120,990	126,143	132,310	136,620	145,789
98	100,909	109,546	116,315	122,108	127,283	133,477	137,805	147,010
99	101,927	110,606	117,407	123,226	128,423	134,643	138,988	148,230
100	102,945	111,666	118,498	124,343	129,563	135,808	140,171	149,449

TABELLE J Kritische Werte für den F_{max}-Test (David 1952)

$\alpha = 0{,}05$

FG	J=3	4	5	6	7	8	9	10	11	J=12	FG
2	87,50	142,00	202,00	266,00	333,00	403,00	475,00	550,00	626,00	704,00	2
3	27,80	39,20	50,70	62,00	72,90	83,50	93,90	104,00	114,00	124,00	3
4	15,50	20,60	25,20	29,50	33,60	37,50	41,10	44,60	48,00	51,40	4
5	10,80	13,70	16,30	18,70	20,80	22,90	24,70	26,50	28,20	29,90	5
6	8,38	10,40	12,10	13,70	15,00	16,30	17,50	18,60	19,70	20,70	6
7	6,94	8,44	9,70	10,80	11,80	12,70	13,50	14,30	15,10	15,80	7
8	6,00	7,18	8,12	9,03	9,78	10,50	11,10	11,70	12,20	12,70	8
9	5,34	6,31	7,11	7,80	8,41	8,95	9,45	9,91	10,30	10,70	9
10	4,85	5,67	6,34	6,92	7,42	7,87	8,28	8,66	9,01	9,34	10
12	4,16	4,79	5,30	5,72	6,09	6,42	6,72	7,00	7,25	7,48	12
15	3,54	4,01	4,37	4,68	4,95	5,19	5,40	5,59	5,77	5,93	15
20	2,95	3,29	3,54	3,76	3,94	4,10	4,24	4,37	4,49	4,59	20
30	2,40	2,61	2,78	2,91	3,02	3,12	3,21	3,29	3,36	3,39	30
60	1,85	1,96	2,04	2,11	2,17	2,22	2,26	2,30	2,33	2,36	60
∞	1,00	1,00	1,00	1,00	1,00	1,00	1,00	1,00	1,00	1,00	∞

$\alpha = 0{,}01$

FG	J=3	4	5	6	7	8	9	10	11	J=12	FG
2	448,00	729,00	1036,00	1362,00	1705,00	2063,00	2432,00	2813,00	3204,00	3605,00	2
3	85,00	120,00	151,00	184,00	216,00	249,00	281,00	310,00	337,00	361,00	3
4	37,00	49,00	59,00	69,00	79,00	89,00	97,00	106,00	113,00	120,00	4
5	22,00	28,00	33,00	38,00	42,00	46,00	50,00	54,00	57,00	60,00	5
6	15,50	19,10	22,00	25,00	27,00	30,00	32,00	34,00	36,00	37,00	6
7	12,10	14,50	16,50	18,40	20,00	22,00	23,00	24,00	26,00	27,00	7
8	9,90	11,70	13,20	14,50	15,80	16,90	17,90	18,90	19,80	21,00	8
9	8,50	9,90	11,10	12,10	13,10	13,90	14,70	15,30	16,00	16,60	9
10	7,40	8,60	9,60	10,40	11,10	11,80	12,40	12,90	13,40	13,90	10
12	6,10	6,90	7,60	8,20	8,70	9,10	9,50	9,90	10,20	10,60	12
15	4,90	5,50	6,00	6,40	6,70	7,10	7,30	7,50	7,80	8,00	15
20	3,80	4,30	4,60	4,90	5,10	5,30	5,50	5,60	5,80	5,90	20
30	3,00	3,30	3,40	3,60	3,70	3,80	3,90	4,00	4,10	4,20	30
60	2,20	2,30	2,40	2,40	2,50	2,50	2,60	2,60	2,70	2,70	60
∞	1,00	1,00	1,00	1,00	1,00	1,00	1,00	1,00	1,00	1,00	∞

TABELLE K Kritische Werte für den Cochran-JV-Test (Eisenhart et al. 1947, S.390f.)

$\alpha = 0{,}05$

FG	J=3	4	5	6	7	8	9	10	12	15	J=20	FG
2	0,8709	0,7679	0,6838	0,6161	0,5612	0,5157	0,4775	0,4450	0,3924	0,3346	0,2705	2
3	0,7977	0,6841	0,5981	0,5321	0,4800	0,4377	0,4027	0,3733	0,3264	0,2758	0,2205	3
4	0,7457	0,6287	0,5441	0,4803	0,4307	0,3910	0,3584	0,3311	0,2880	0,2419	0,1921	4
5	0,7071	0,5895	0,5065	0,4447	0,3974	0,3595	0,3286	0,3029	0,2624	0,2195	0,1735	5
6	0,6771	0,5598	0,4783	0,4184	0,3726	0,3362	0,3067	0,2823	0,2439	0,2034	0,1602	6
7	0,6530	0,5365	0,4564	0,3980	0,3535	0,3185	0,2901	0,2666	0,2299	0,1911	0,1501	7
8	0,6333	0,5175	0,4387	0,3817	0,3384	0,3043	0,2768	0,2541	0,2187	0,1815	0,1422	8
9	0,6167	0,5017	0,4241	0,3682	0,3259	0,2926	0,2659	0,2439	0,2098	0,1736	0,1357	9
10	0,6025	0,4884	0,4118	0,3568	0,3154	0,2829	0,2568	0,2353	0,2020	0,1671	0,1303	10
16	0,5466	0,4366	0,3645	0,3135	0,2756	0,2462	0,2226	0,2032	0,1737	0,1429	0,1108	16
36	0,4748	0,3720	0,3066	0,2612	0,2278	0,2022	0,1820	0,1655	0,1403	0,1144	0,0879	36
144	0,4031	0,3093	0,2513	0,2119	0,1833	0,1616	0,1446	0,1308	0,1100	0,0889	0,0675	144
∞	0,3333	0,2500	0,2000	0,1667	0,1429	0,1250	0,1111	0,1000	0,0833	0,0667	0,0500	∞

$\alpha = 0{,}01$

FG	J=3	4	5	6	7	8	9	10	12	15	J=20	FG
2	0,9423	0,8643	0,7885	0,7218	0,6644	0,6152	0,5727	0,5358	0,4751	0,4069	0,3297	2
3	0,8831	0,7814	0,6957	0,6258	0,5685	0,5209	0,4810	0,4469	0,3919	0,3317	0,2654	3
4	0,8335	0,7212	0,6329	0,5635	0,5080	0,4627	0,4251	0,3934	0,3428	0,2882	0,2288	4
5	0,7933	0,6761	0,5875	0,5195	0,4659	0,4226	0,3870	0,3572	0,3099	0,2593	0,2048	5
6	0,7606	0,6410	0,5531	0,4866	0,4347	0,3932	0,3592	0,3308	0,2861	0,2386	0,1877	6
7	0,7335	0,6129	0,5259	0,4608	0,4105	0,3704	0,3378	0,3106	0,2680	0,2228	0,1748	7
8	0,7107	0,5897	0,5037	0,4401	0,3911	0,3522	0,3207	0,2945	0,2535	0,2104	0,1646	8
9	0,6912	0,5702	0,4854	0,4229	0,3751	0,3373	0,3067	0,2813	0,2419	0,2002	0,1567	9
10	0,6743	0,5536	0,4697	0,4084	0,3616	0,3248	0,2950	0,2704	0,2320	0,1918	0,1501	10
16	0,6059	0,4884	0,4094	0,3529	0,3105	0,2779	0,2514	0,2297	0,1961	0,1612	0,1248	16
36	0,5153	0,4057	0,3351	0,2858	0,2494	0,2214	0,1992	0,1811	0,1535	0,1251	0,0960	36
144	0,4230	0,3251	0,2644	0,2229	0,1929	0,1700	0,1521	0,1376	0,1157	0,0934	0,0709	144
∞	0,3333	0,2500	0,2000	0,1667	0,1429	0,1250	0,1111	0,1000	0,0833	0,0667	0,0500	∞

TABELLE L Kritische Werte zur Prüfung von Korrelationskoeffizienten über die T-Verteilung

FG	Zweiseitiger Fall (α)									FG
	0,20	0,10	0,05	0,025	0,02	0,01	0,005	0,002	0,001	
2	0,800	0,900	0,950	0,975	0,980	0,990	0,995	0,998	0,999	2
3	0,687	0,805	0,878	0,924	0,934	0,959	0,974	0,986	0,991	3
4	0,608	0,729	0,811	0,868	0,882	0,917	0,942	0,963	0,974	4
5	0,551	0,669	0,754	0,817	0,833	0,875	0,906	0,935	0,951	5
6	0,507	0,621	0,707	0,771	0,789	0,834	0,870	0,905	0,925	6
7	0,472	0,582	0,666	0,732	0,750	0,798	0,836	0,875	0,898	7
8	0,443	0,549	0,632	0,697	0,715	0,765	0,805	0,847	0,872	8
9	0,419	0,521	0,602	0,667	0,685	0,735	0,776	0,820	0,847	9
10	0,398	0,497	0,576	0,640	0,658	0,708	0,750	0,795	0,823	10
11	0,380	0,476	0,553	0,616	0,634	0,684	0,726	0,772	0,801	11
12	0,365	0,458	0,532	0,594	0,612	0,661	0,703	0,750	0,780	12
13	0,351	0,441	0,514	0,575	0,592	0,641	0,683	0,730	0,760	13
14	0,338	0,426	0,497	0,557	0,574	0,623	0,664	0,711	0,742	14
15	0,327	0,412	0,482	0,541	0,558	0,606	0,647	0,694	0,725	15
16	0,317	0,400	0,468	0,526	0,543	0,590	0,631	0,678	0,708	16
17	0,308	0,389	0,456	0,512	0,529	0,575	0,616	0,662	0,693	17
18	0,299	0,378	0,444	0,499	0,516	0,561	0,602	0,648	0,679	18
19	0,291	0,369	0,433	0,487	0,503	0,549	0,589	0,635	0,665	19
20	0,284	0,360	0,423	0,476	0,492	0,537	0,576	0,622	0,652	20
21	0,277	0,352	0,413	0,466	0,482	0,526	0,565	0,610	0,640	21
22	0,271	0,344	0,404	0,456	0,472	0,515	0,554	0,599	0,629	22
23	0,265	0,337	0,396	0,447	0,462	0,505	0,543	0,588	0,618	23
24	0,260	0,330	0,388	0,439	0,453	0,496	0,534	0,578	0,607	24
25	0,255	0,323	0,381	0,430	0,445	0,487	0,524	0,568	0,597	25
26	0,250	0,317	0,374	0,423	0,437	0,479	0,515	0,559	0,588	26
27	0,245	0,311	0,367	0,415	0,430	0,471	0,507	0,550	0,579	27
28	0,241	0,306	0,361	0,409	0,423	0,463	0,499	0,541	0,570	28
29	0,237	0,301	0,355	0,402	0,416	0,456	0,491	0,533	0,562	29
30	0,233	0,296	0,349	0,396	0,409	0,449	0,484	0,526	0,554	30
31	0,229	0,291	0,344	0,390	0,403	0,442	0,477	0,518	0,547	31
32	0,225	0,287	0,339	0,384	0,397	0,436	0,470	0,511	0,539	32
33	0,222	0,283	0,334	0,378	0,392	0,430	0,464	0,504	0,532	33
34	0,219	0,279	0,329	0,373	0,386	0,424	0,458	0,498	0,525	34
35	0,216	0,275	0,325	0,368	0,381	0,418	0,452	0,492	0,519	35
36	0,213	0,271	0,320	0,363	0,376	0,413	0,446	0,486	0,513	36
37	0,210	0,267	0,316	0,359	0,371	0,408	0,441	0,480	0,507	37
38	0,207	0,264	0,312	0,354	0,367	0,403	0,435	0,474	0,501	38
39	0,204	0,260	0,308	0,350	0,362	0,398	0,430	0,469	0,495	39
40	0,202	0,257	0,304	0,346	0,358	0,393	0,425	0,463	0,490	40
41	0,199	0,254	0,301	0,342	0,354	0,389	0,420	0,458	0,484	41
42	0,197	0,251	0,297	0,338	0,350	0,384	0,416	0,453	0,479	42
43	0,195	0,248	0,294	0,334	0,346	0,380	0,411	0,449	0,474	43
44	0,192	0,246	0,291	0,330	0,342	0,376	0,407	0,444	0,469	44
45	0,190	0,243	0,288	0,327	0,338	0,372	0,403	0,439	0,465	45
46	0,188	0,240	0,285	0,323	0,335	0,368	0,399	0,435	0,460	46
47	0,186	0,238	0,282	0,320	0,331	0,365	0,395	0,431	0,456	47
FG	0,10	0,05	0,025	0,0125	0,01	0,005	0,0025	0,001	0,0005	FG
	Einseitiger Fall (α)									

TABELLE L Kritische Werte zur Prüfung von Korrelationskoeffizienten über die T-Verteilung

FG	Zweiseitiger Fall (α) 0,20	0,10	0,05	0,025	0,02	0,01	0,005	0,002	0,001	FG
48	0,184	0,235	0,279	0,317	0,328	0,361	0,391	0,427	0,451	48
49	0,182	0,233	0,276	0,314	0,325	0,358	0,387	0,423	0,447	49
50	0,181	0,231	0,273	0,311	0,322	0,354	0,384	0,419	0,443	50
51	0,179	0,228	0,271	0,308	0,319	0,351	0,380	0,415	0,439	51
52	0,177	0,226	0,268	0,305	0,316	0,348	0,377	0,411	0,435	52
53	0,175	0,224	0,266	0,302	0,313	0,345	0,373	0,408	0,432	53
54	0,174	0,222	0,263	0,299	0,310	0,341	0,370	0,404	0,428	54
55	0,172	0,220	0,261	0,297	0,307	0,339	0,367	0,401	0,424	55
56	0,171	0,218	0,259	0,294	0,305	0,336	0,364	0,398	0,421	56
57	0,169	0,216	0,256	0,292	0,302	0,333	0,361	0,394	0,418	57
58	0,168	0,214	0,254	0,289	0,300	0,330	0,358	0,391	0,414	58
59	0,166	0,213	0,252	0,287	0,297	0,327	0,355	0,388	0,411	59
60	0,165	0,211	0,250	0,285	0,295	0,325	0,352	0,385	0,408	60
61	0,164	0,209	0,248	0,282	0,293	0,322	0,349	0,382	0,405	61
62	0,162	0,207	0,246	0,280	0,290	0,320	0,347	0,379	0,402	62
63	0,161	0,206	0,244	0,278	0,288	0,317	0,344	0,376	0,399	63
64	0,160	0,204	0,242	0,276	0,286	0,315	0,342	0,374	0,396	64
65	0,159	0,203	0,240	0,274	0,284	0,313	0,339	0,371	0,393	65
66	0,157	0,201	0,239	0,272	0,282	0,310	0,337	0,368	0,390	66
67	0,156	0,200	0,237	0,270	0,280	0,308	0,334	0,366	0,388	67
68	0,155	0,198	0,235	0,268	0,278	0,306	0,332	0,363	0,385	68
69	0,154	0,197	0,234	0,266	0,276	0,304	0,330	0,361	0,382	69
70	0,153	0,195	0,232	0,264	0,274	0,302	0,327	0,358	0,380	70
71	0,152	0,194	0,230	0,262	0,272	0,300	0,325	0,356	0,377	71
72	0,151	0,193	0,229	0,260	0,270	0,298	0,323	0,354	0,375	72
73	0,150	0,191	0,227	0,259	0,268	0,296	0,321	0,351	0,372	73
74	0,149	0,190	0,226	0,257	0,266	0,294	0,319	0,349	0,370	74
75	0,148	0,189	0,224	0,255	0,265	0,292	0,317	0,347	0,368	75
76	0,147	0,188	0,223	0,254	0,263	0,290	0,315	0,345	0,365	76
77	0,146	0,186	0,221	0,252	0,261	0,288	0,313	0,343	0,363	77
78	0,145	0,185	0,220	0,251	0,260	0,286	0,311	0,340	0,361	78
79	0,144	0,184	0,219	0,249	0,258	0,285	0,309	0,338	0,359	79
80	0,143	0,183	0,217	0,247	0,257	0,283	0,307	0,336	0,357	80
81	0,142	0,182	0,216	0,246	0,255	0,281	0,305	0,334	0,355	81
82	0,141	0,181	0,215	0,244	0,253	0,280	0,304	0,333	0,353	82
83	0,140	0,180	0,213	0,243	0,252	0,278	0,302	0,331	0,351	83
84	0,140	0,179	0,212	0,242	0,251	0,276	0,300	0,329	0,349	84
85	0,139	0,178	0,211	0,240	0,249	0,275	0,298	0,327	0,347	85
86	0,138	0,176	0,210	0,239	0,248	0,273	0,297	0,325	0,345	86
87	0,137	0,175	0,208	0,238	0,246	0,272	0,295	0,323	0,343	87
88	0,136	0,174	0,207	0,236	0,245	0,270	0,293	0,322	0,341	88
89	0,136	0,174	0,206	0,235	0,244	0,269	0,292	0,320	0,339	89
90	0,135	0,173	0,205	0,234	0,242	0,267	0,290	0,318	0,338	90
91	0,134	0,172	0,204	0,232	0,241	0,266	0,289	0,316	0,336	91
92	0,133	0,171	0,203	0,231	0,240	0,264	0,287	0,315	0,334	92
93	0,133	0,170	0,202	0,230	0,238	0,263	0,286	0,313	0,332	93
FG	0,10	0,05	0,025	0,0125	0,01	0,005	0,0025	0,001	0,0005	FG
	Einseitiger Fall (α)									

TABELLE L Kritische Werte zur Prüfung von Korrelationskoeffizienten über die T-Verteilung

	Zweiseitiger Fall (α)									
FG	0,20	0,10	0,05	0,025	0,02	0,01	0,005	0,002	0,001	FG
94	0,132	0,169	0,201	0,229	0,237	0,262	0,284	0,312	0,331	94
95	0,131	0,168	0,200	0,228	0,236	0,260	0,283	0,310	0,329	95
96	0,131	0,167	0,199	0,226	0,235	0,259	0,281	0,308	0,327	96
97	0,130	0,166	0,198	0,225	0,234	0,258	0,280	0,307	0,326	97
98	0,129	0,165	0,197	0,224	0,232	0,256	0,279	0,305	0,324	98
99	0,129	0,165	0,196	0,223	0,231	0,255	0,277	0,304	0,323	99
100	0,128	0,164	0,195	0,222	0,230	0,254	0,276	0,303	0,321	100
105	0,125	0,160	0,190	0,217	0,225	0,248	0,269	0,296	0,314	105
110	0,122	0,156	0,186	0,212	0,220	0,242	0,263	0,289	0,307	110
115	0,119	0,153	0,182	0,207	0,215	0,237	0,258	0,283	0,300	115
120	0,117	0,150	0,178	0,203	0,210	0,232	0,253	0,277	0,294	120
125	0,114	0,147	0,174	0,199	0,206	0,228	0,248	0,272	0,289	125
130	0,112	0,144	0,171	0,195	0,202	0,223	0,243	0,267	0,283	130
135	0,110	0,141	0,168	0,191	0,199	0,219	0,239	0,262	0,278	135
140	0,108	0,139	0,165	0,188	0,195	0,216	0,234	0,257	0,273	140
145	0,106	0,136	0,162	0,185	0,192	0,212	0,230	0,253	0,269	145
150	0,105	0,134	0,159	0,182	0,189	0,208	0,227	0,249	0,264	150
155	0,103	0,132	0,157	0,179	0,186	0,205	0,223	0,245	0,260	155
160	0,101	0,130	0,154	0,176	0,183	0,202	0,220	0,241	0,256	160
165	0,100	0,128	0,152	0,173	0,180	0,199	0,216	0,237	0,252	165
170	0,098	0,126	0,150	0,171	0,177	0,196	0,213	0,234	0,249	170
175	0,097	0,124	0,148	0,168	0,175	0,193	0,210	0,231	0,245	175
180	0,095	0,122	0,146	0,166	0,172	0,190	0,207	0,228	0,242	180
185	0,094	0,121	0,144	0,164	0,170	0,188	0,204	0,225	0,239	185
190	0,093	0,119	0,142	0,162	0,168	0,185	0,202	0,222	0,236	190
195	0,092	0,118	0,140	0,160	0,166	0,183	0,199	0,219	0,233	195
200	0,091	0,116	0,138	0,158	0,164	0,181	0,197	0,216	0,230	200
220	0,086	0,111	0,132	0,150	0,156	0,173	0,188	0,206	0,219	220
240	0,083	0,106	0,126	0,144	0,149	0,165	0,180	0,198	0,210	240
260	0,079	0,102	0,121	0,138	0,144	0,159	0,173	0,190	0,202	260
280	0,077	0,098	0,117	0,133	0,138	0,153	0,167	0,183	0,195	280
300	0,074	0,095	0,113	0,129	0,134	0,148	0,161	0,177	0,188	300
350	0,068	0,088	0,105	0,119	0,124	0,137	0,149	0,164	0,175	350
400	0,064	0,082	0,098	0,112	0,116	0,128	0,140	0,154	0,164	400
450	0,060	0,077	0,092	0,105	0,109	0,121	0,132	0,145	0,154	450
500	0,057	0,073	0,088	0,100	0,104	0,115	0,125	0,138	0,146	500
550	0,055	0,070	0,083	0,095	0,099	0,110	0,119	0,131	0,140	550
600	0,052	0,067	0,080	0,091	0,095	0,105	0,114	0,126	0,134	600
650	0,050	0,064	0,077	0,088	0,091	0,101	0,110	0,121	0,129	650
700	0,048	0,062	0,074	0,085	0,088	0,097	0,106	0,116	0,124	700
750	0,047	0,060	0,071	0,082	0,085	0,094	0,102	0,113	0,120	750
800	0,045	0,058	0,069	0,079	0,082	0,091	0,099	0,109	0,116	800
850	0,044	0,056	0,067	0,077	0,080	0,088	0,096	0,106	0,113	850
900	0,043	0,055	0,065	0,075	0,077	0,086	0,093	0,103	0,109	900
950	0,042	0,053	0,064	0,073	0,075	0,083	0,091	0,100	0,106	950
1000	0,041	0,052	0,062	0,071	0,073	0,081	0,089	0,098	0,104	1000
FG	0,10	0,05	0,025	0,0125	0,01	0,005	0,0025	0,001	0,0005	FG
	Einseitiger Fall (α)									

TABELLE M Fishers Transformation von »r« in »Z_r«

r	Z_r	r	Z_r	r	Z_r	r	Z_r	r	Z_r
0,000	0,000	0,200	0,203	0,400	0,424	0,600	0,693	0,800	1,099
0,005	0,005	0,205	0,208	0,405	0,430	0,605	0,701	0,805	1,113
0,010	0,010	0,210	0,213	0,410	0,436	0,610	0,709	0,810	1,127
0,015	0,015	0,215	0,218	0,415	0,442	0,615	0,717	0,815	1,142
0,020	0,020	0,220	0,224	0,420	0,448	0,620	0,725	0,820	1,157
0,025	0,025	0,225	0,229	0,425	0,454	0,625	0,733	0,825	1,172
0,030	0,030	0,230	0,234	0,430	0,460	0,630	0,741	0,830	1,188
0,035	0,035	0,235	0,239	0,435	0,466	0,635	0,750	0,835	1,204
0,040	0,040	0,240	0,245	0,440	0,472	0,640	0,758	0,840	1,221
0,045	0,045	0,245	0,250	0,445	0,478	0,645	0,767	0,845	1,238
0,050	0,050	0,250	0,255	0,450	0,485	0,650	0,775	0,850	1,256
0,055	0,055	0,255	0,261	0,455	0,491	0,655	0,784	0,855	1,274
0,060	0,060	0,260	0,266	0,460	0,497	0,660	0,793	0,860	1,293
0,065	0,065	0,265	0,271	0,465	0,504	0,665	0,802	0,865	1,313
0,070	0,070	0,270	0,277	0,470	0,510	0,670	0,811	0,870	1,333
0,075	0,075	0,275	0,282	0,475	0,517	0,675	0,820	0,875	1,354
0,080	0,080	0,280	0,288	0,480	0,523	0,680	0,829	0,880	1,376
0,085	0,085	0,285	0,293	0,485	0,530	0,685	0,838	0,885	1,398
0,090	0,090	0,290	0,299	0,490	0,536	0,690	0,848	0,890	1,422
0,095	0,095	0,295	0,304	0,495	0,543	0,695	0,858	0,895	1,447
0,100	0,100	0,300	0,310	0,500	0,549	0,700	0,867	0,900	1,472
0,105	0,105	0,305	0,315	0,505	0,556	0,705	0,877	0,905	1,499
0,110	0,110	0,310	0,321	0,510	0,563	0,710	0,887	0,910	1,528
0,115	0,116	0,315	0,326	0,515	0,570	0,715	0,897	0,915	1,557
0,120	0,121	0,320	0,332	0,520	0,576	0,720	0,908	0,920	1,589
0,125	0,126	0,325	0,337	0,525	0,583	0,725	0,918	0,925	1,623
0,130	0,131	0,330	0,343	0,530	0,590	0,730	0,929	0,930	1,658
0,135	0,136	0,335	0,348	0,535	0,597	0,735	0,940	0,935	1,697
0,140	0,141	0,340	0,354	0,540	0,604	0,740	0,950	0,940	1,738
0,145	0,146	0,345	0,360	0,545	0,611	0,745	0,962	0,945	1,783
0,150	0,151	0,350	0,365	0,550	0,618	0,750	0,973	0,950	1,832
0,155	0,156	0,355	0,371	0,555	0,626	0,755	0,984	0,955	1,886
0,160	0,161	0,360	0,377	0,560	0,633	0,760	0,996	0,960	1,946
0,165	0,167	0,365	0,383	0,565	0,640	0,765	1,008	0,965	2,014
0,170	0,172	0,370	0,388	0,570	0,648	0,770	1,020	0,970	2,092
0,175	0,177	0,375	0,394	0,575	0,655	0,775	1,033	0,975	2,185
0,180	0,182	0,380	0,400	0,580	0,662	0,780	1,045	0,980	2,298
0,185	0,187	0,385	0,406	0,585	0,670	0,785	1,058	0,985	2,443
0,190	0,192	0,390	0,412	0,590	0,678	0,790	1,071	0,990	2,647
0,195	0,198	0,395	0,418	0,595	0,685	0,795	1,085	0,995	2,994
r	Z_r	r	Z_r	r	Z_r	r	Z_r	r	Z_r

TABELLE N **Kritische Werte des Spearman Rangkorrelationskoeffizienten r_S (Zar 1972; Otten 1973)**

n	Zweiseitiger Fall (α)								n
n	0,20	0,10	0,05	0,02	0,01	0,005	0,002	0,001	n
5	0,800	0,900	1,000	1,000	.	.	.	.	5
6	0,657	0,829	0,886	0,943	1,000	1,000	.	.	6
7	0,571	0,714	0,786	0,893	0,929	0,964	1,000	1,000	7
8	0,524	0,643	0,738	0,833	0,881	0,905	0,952	0,976	8
9	0,483	0,600	0,700	0,783	0,833	0,867	0,917	0,933	9
10	0,455	0,564	0,648	0,745	0,794	0,830	0,879	0,903	10
11	0,427	0,536	0,618	0,709	0,755	0,800	0,845	0,873	11
12	0,406	0,503	0,587	0,678	0,727	0,769	0,818	0,846	12
13	0,385	0,484	0,560	0,648	0,703	0,747	0,791	0,824	13
14	0,367	0,464	0,538	0,626	0,679	0,723	0,771	0,802	14
15	0,354	0,446	0,521	0,604	0,654	0,700	0,750	0,779	15
16	0,341	0,429	0,503	0,582	0,635	0,679	0,729	0,762	16
17	0,328	0,414	0,485	0,566	0,615	0,662	0,713	0,748	17
18	0,317	0,401	0,472	0,550	0,600	0,643	0,695	0,728	18
19	0,309	0,391	0,460	0,535	0,584	0,628	0,677	0,712	19
20	0,299	0,380	0,447	0,520	0,570	0,612	0,662	0,696	20
21	0,292	0,370	0,435	0,508	0,556	0,599	0,648	0,681	21
22	0,284	0,361	0,425	0,496	0,544	0,586	0,634	0,667	22
23	0,278	0,353	0,415	0,468	0,532	0,573	0,622	0,654	23
24	0,271	0,344	0,406	0,476	0,521	0,562	0,610	0,642	24
25	0,265	0,337	0,398	0,466	0,511	0,551	0,598	0,630	25
26	0,259	0,331	0,390	0,457	0,501	0,541	0,587	0,619	26
27	0,255	0,324	0,382	0,448	0,491	0,531	0,577	0,608	27
28	0,250	0,317	0,375	0,440	0,483	0,522	0,567	0,598	28
29	0,245	0,312	0,368	0,433	0,475	0,513	0,558	0,589	29
30	0,240	0,306	0,362	0,425	0,467	0,504	0,549	0,580	30
31	0,236	0,301	0,356	0,418	0,459	0,496	0,541	0,571	31
32	0,232	0,296	0,350	0,412	0,452	0,489	0,533	0,563	32
33	0,229	0,291	0,345	0,405	0,446	0,482	0,525	0,554	33
34	0,225	0,287	0,340	0,399	0,439	0,475	0,517	0,547	34
35	0,222	0,283	0,335	0,394	0,433	0,468	0,510	0,539	35
36	0,219	0,279	0,330	0,388	0,427	0,462	0,504	0,533	36
37	0,216	0,275	0,325	0,383	0,421	0,456	0,497	0,526	37
38	0,212	0,271	0,321	0,378	0,415	0,450	0,491	0,519	38
39	0,210	0,267	0,317	0,373	0,410	0,444	0,485	0,513	39
40	0,207	0,264	0,313	0,368	0,405	0,439	0,479	0,507	40
41	0,204	0,261	0,309	0,364	0,400	0,433	0,473	0,501	41
42	0,202	0,257	0,305	0,359	0,395	0,428	0,468	0,495	42
43	0,199	0,254	0,301	0,355	0,391	0,423	0,463	0,490	43
44	0,197	0,251	0,298	0,351	0,386	0,419	0,458	0,484	44
45	0,194	0,248	0,294	0,347	0,382	0,414	0,453	0,479	45
46	0,192	0,246	0,291	0,343	0,378	0,410	0,448	0,474	46
47	0,190	0,243	0,288	0,340	0,374	0,405	0,443	0,469	47
48	0,188	0,240	0,285	0,336	0,370	0,401	0,439	0,465	48
49	0,186	0,238	0,282	0,333	0,366	0,397	0,434	0,460	49
50	0,184	0,235	0,279	0,329	0,363	0,393	0,430	0,456	50
n	0,10	0,05	0,025	0,01	0,005	0,0025	0,001	0,0005	n
	Einseitiger Fall (α)								

TABELLE O **Prüfung von Kendalls Tau: Kritische Werte von S (Kaarsemaker & van Wijngaarden 1953)**

n	Zweiseitiger Fall (α) 0,01	0,02	0,05	0,10	0,20	n
4	8	8	8	6	6	4
5	12	10	10	8	8	5
6	15	13	13	11	9	6
7	19	17	15	13	11	7
8	22	20	18	16	12	8
9	26	24	20	18	14	9
10	29	27	23	21	17	10
11	33	31	27	23	19	11
12	38	36	30	26	20	12
13	44	40	34	28	24	13
14	47	43	37	33	25	14
15	53	49	41	35	29	15
16	58	52	46	38	30	16
17	64	58	50	42	34	17
18	69	63	53	45	37	18
19	75	67	57	49	39	19
20	80	72	62	52	42	20
21	86	78	66	56	44	21
22	91	83	71	61	47	22
23	99	89	75	65	51	23
24	104	94	80	68	54	24
25	110	100	86	72	58	25
26	117	107	91	77	61	26
27	125	113	95	81	63	27
28	130	118	100	86	68	28
29	138	126	106	90	70	29
30	145	131	111	95	75	30
31	151	137	117	99	77	31
32	160	144	122	104	82	32
33	166	152	128	108	86	33
34	175	157	133	113	89	34
35	181	165	139	117	93	35
36	190	172	146	122	96	36
37	198	178	152	128	100	37
38	205	185	157	133	105	38
39	213	193	163	139	109	39
40	222	200	170	144	112	40
n	0,005 Einseitiger Fall (α)	0,01	0,025	0,05	0,10	n

TABELLE P Exakte Wahrscheinlichkeiten der Binomialverteilung (Schreiber 1988) (n = 2 - 25; π = 0,05 - 0,50)

n	T	π=0,05	0,10	0,15	0,20	0,25	0,30	0,35	0,40	0,45	π=0,50	T	n
2	0	0,9025	0,8100	0,7225	0,6400	0,5625	0,4900	0,4225	0,3600	0,3025	0,2500	0	2
2	1	0,0950	0,1800	0,2550	0,3200	0,3750	0,4200	0,4550	0,4800	0,4950	0,5000	1	2
2	2	0,0025	0,0100	0,0225	0,0400	0,0625	0,0900	0,1225	0,1600	0,2025	0,2500	2	2
3	0	0,8574	0,7290	0,6141	0,5120	0,4219	0,3430	0,2746	0,2160	0,1664	0,1250	0	3
3	1	0,1354	0,2430	0,3251	0,3840	0,4219	0,4410	0,4436	0,4320	0,4084	0,3750	1	3
3	2	0,0071	0,0270	0,0574	0,0960	0,1406	0,1890	0,2389	0,2880	0,3341	0,3750	2	3
3	3	0,0001	0,0010	0,0034	0,0080	0,0156	0,0270	0,0429	0,0640	0,0911	0,1250	3	3
4	0	0,8145	0,6561	0,5220	0,4096	0,3164	0,2401	0,1785	0,1296	0,0915	0,0625	0	4
4	1	0,1715	0,2916	0,3685	0,4096	0,4219	0,4116	0,3845	0,3456	0,2995	0,2500	1	4
4	2	0,0135	0,0486	0,0975	0,1536	0,2109	0,2646	0,3105	0,3456	0,3675	0,3750	2	4
4	3	0,0005	0,0036	0,0115	0,0256	0,0469	0,0756	0,1115	0,1536	0,2005	0,2500	3	4
4	4	0,0000	0,0000	0,0005	0,0016	0,0039	0,0081	0,0150	0,0256	0,0410	0,0625	4	4
5	0	0,7738	0,5905	0,4437	0,3277	0,2373	0,1681	0,1160	0,0778	0,0503	0,0313	0	5
5	1	0,2036	0,3280	0,3915	0,4096	0,3955	0,3602	0,3124	0,2592	0,2059	0,1563	1	5
5	2	0,0214	0,0729	0,1382	0,2048	0,2637	0,3087	0,3364	0,3456	0,3369	0,3125	2	5
5	3	0,0011	0,0081	0,0244	0,0512	0,0879	0,1323	0,1811	0,2304	0,2757	0,3125	3	5
5	4	0,0000	0,0004	0,0022	0,0064	0,0146	0,0283	0,0488	0,0768	0,1128	0,1562	4	5
5	5	0,0000	0,0000	0,0000	0,0003	0,0010	0,0024	0,0053	0,0102	0,0185	0,0312	5	5
6	0	0,7351	0,5314	0,3771	0,2621	0,1780	0,1176	0,0754	0,0467	0,0277	0,0156	0	6
6	1	0,2321	0,3543	0,3993	0,3932	0,3560	0,3025	0,2437	0,1866	0,1359	0,0938	1	6
6	2	0,0305	0,0984	0,1762	0,2458	0,2966	0,3241	0,3280	0,3110	0,2780	0,2344	2	6
6	3	0,0021	0,0146	0,0415	0,0819	0,1318	0,1852	0,2355	0,2765	0,3032	0,3125	3	6
6	4	0,0000	0,0012	0,0055	0,0154	0,0330	0,0595	0,0951	0,1382	0,1861	0,2344	4	6
6	5	0,0000	0,0000	0,0004	0,0015	0,0044	0,0102	0,0205	0,0369	0,0609	0,0937	5	6
6	6	0,0000	0,0000	0,0000	0,0000	0,0002	0,0007	0,0018	0,0041	0,0083	0,0156	6	6
7	0	0,6983	0,4783	0,3206	0,2097	0,1335	0,0824	0,0490	0,0280	0,0152	0,0078	0	7
7	1	0,2573	0,3720	0,3960	0,3670	0,3115	0,2471	0,1848	0,1306	0,0872	0,0547	1	7
7	2	0,0406	0,1240	0,2097	0,2753	0,3115	0,3177	0,2985	0,2613	0,2140	0,1641	2	7
7	3	0,0036	0,0230	0,0617	0,1147	0,1730	0,2269	0,2679	0,2903	0,2918	0,2734	3	7
7	4	0,0002	0,0026	0,0109	0,0287	0,0577	0,0972	0,1442	0,1935	0,2388	0,2734	4	7
7	5	0,0000	0,0002	0,0012	0,0043	0,0115	0,0250	0,0466	0,0774	0,1172	0,1641	5	7
7	6	0,0000	0,0000	0,0000	0,0004	0,0013	0,0036	0,0084	0,0172	0,0320	0,0547	6	7
7	7	0,0000	0,0000	0,0000	0,0000	0,0000	0,0002	0,0006	0,0016	0,0037	0,0078	7	7
8	0	0,6634	0,4305	0,2725	0,1678	0,1001	0,0576	0,0319	0,0168	0,0084	0,0039	0	8
8	1	0,2793	0,3826	0,3847	0,3355	0,2670	0,1977	0,1373	0,0896	0,0548	0,0313	1	8
8	2	0,0515	0,1488	0,2376	0,2936	0,3115	0,2965	0,2587	0,2090	0,1569	0,1094	2	8
8	3	0,0054	0,0331	0,0839	0,1468	0,2076	0,2541	0,2786	0,2787	0,2568	0,2188	3	8
8	4	0,0004	0,0046	0,0185	0,0459	0,0865	0,1361	0,1875	0,2322	0,2627	0,2734	4	8
8	5	0,0000	0,0004	0,0026	0,0092	0,0231	0,0467	0,0808	0,1239	0,1719	0,2187	5	8
8	6	0,0000	0,0000	0,0002	0,0011	0,0038	0,0100	0,0217	0,0413	0,0703	0,1094	6	8
8	7	0,0000	0,0000	0,0000	0,0000	0,0004	0,0012	0,0033	0,0079	0,0164	0,0312	7	8
8	8	0,0000	0,0000	0,0000	0,0000	0,0000	0,0000	0,0002	0,0007	0,0017	0,0039	8	8
9	0	0,6302	0,3874	0,2316	0,1342	0,0751	0,0404	0,0207	0,0101	0,0046	0,0020	0	9
9	1	0,2985	0,3874	0,3679	0,3020	0,2253	0,1556	0,1004	0,0605	0,0339	0,0176	1	9
9	2	0,0629	0,1722	0,2597	0,3020	0,3003	0,2668	0,2162	0,1612	0,1110	0,0703	2	9
9	3	0,0077	0,0446	0,1069	0,1762	0,2336	0,2668	0,2716	0,2508	0,2119	0,1641	3	9
9	4	0,0006	0,0074	0,0283	0,0661	0,1168	0,1715	0,2194	0,2508	0,2600	0,2461	4	9
9	5	0,0000	0,0008	0,0050	0,0165	0,0389	0,0735	0,1181	0,1672	0,2128	0,2461	5	9
9	6	0,0000	0,0000	0,0006	0,0028	0,0087	0,0210	0,0424	0,0743	0,1160	0,1641	6	9
9	7	0,0000	0,0000	0,0000	0,0003	0,0012	0,0039	0,0098	0,0212	0,0407	0,0703	7	9
9	8	0,0000	0,0000	0,0000	0,0000	0,0001	0,0004	0,0013	0,0035	0,0083	0,0176	8	9
9	9	0,0000	0,0000	0,0000	0,0000	0,0000	0,0000	0,0000	0,0003	0,0008	0,0020	9	9

TABELLE P Exakte Wahrscheinlichkeiten der Binomialverteilung

n	T	π=0,05	0,10	0,15	0,20	0,25	0,30	0,35	0,40	0,45	π=0,50	T	n
10	0	0,5987	0,3487	0,1969	0,1074	0,0563	0,0282	0,0135	0,0060	0,0025	0,0010	0	10
10	1	0,3151	0,3874	0,3474	0,2684	0,1877	0,1211	0,0725	0,0403	0,0207	0,0098	1	10
10	2	0,0746	0,1937	0,2759	0,3020	0,2816	0,2335	0,1757	0,1209	0,0763	0,0439	2	10
10	3	0,0105	0,0574	0,1298	0,2013	0,2503	0,2668	0,2522	0,2150	0,1665	0,1172	3	10
10	4	0,0010	0,0112	0,0401	0,0881	0,1460	0,2001	0,2377	0,2508	0,2384	0,2051	4	10
10	5	0,0000	0,0015	0,0085	0,0264	0,0584	0,1029	0,1536	0,2007	0,2340	0,2461	5	10
10	6	0,0000	0,0001	0,0012	0,0055	0,0162	0,0368	0,0689	0,1115	0,1596	0,2051	6	10
10	7	0,0000	0,0000	0,0001	0,0008	0,0031	0,0090	0,0212	0,0425	0,0746	0,1172	7	10
10	8	0,0000	0,0000	0,0000	0,0000	0,0004	0,0014	0,0043	0,0106	0,0229	0,0439	8	10
10	9	0,0000	0,0000	0,0000	0,0000	0,0000	0,0001	0,0005	0,0016	0,0042	0,0098	9	10
10	10	0,0000	0,0000	0,0000	0,0000	0,0000	0,0000	0,0000	0,0001	0,0003	0,0010	10	10
11	0	0,5688	0,3138	0,1673	0,0859	0,0422	0,0198	0,0088	0,0036	0,0014	0,0005	0	11
11	1	0,3293	0,3835	0,3248	0,2362	0,1549	0,0932	0,0518	0,0266	0,0125	0,0054	1	11
11	2	0,0867	0,2131	0,2866	0,2953	0,2581	0,1998	0,1395	0,0887	0,0513	0,0269	2	11
11	3	0,0137	0,0710	0,1517	0,2215	0,2581	0,2568	0,2254	0,1774	0,1259	0,0806	3	11
11	4	0,0014	0,0158	0,0536	0,1107	0,1721	0,2201	0,2428	0,2365	0,2060	0,1611	4	11
11	5	0,0001	0,0025	0,0132	0,0388	0,0803	0,1321	0,1830	0,2207	0,2360	0,2256	5	11
11	6	0,0000	0,0003	0,0023	0,0097	0,0268	0,0566	0,0985	0,1471	0,1931	0,2256	6	11
11	7	0,0000	0,0000	0,0003	0,0017	0,0064	0,0173	0,0379	0,0701	0,1128	0,1611	7	11
11	8	0,0000	0,0000	0,0000	0,0002	0,0011	0,0037	0,0102	0,0234	0,0462	0,0806	8	11
11	9	0,0000	0,0000	0,0000	0,0000	0,0001	0,0005	0,0018	0,0052	0,0126	0,0269	9	11
11	10	0,0000	0,0000	0,0000	0,0000	0,0000	0,0000	0,0002	0,0007	0,0021	0,0054	10	11
11	11	0,0000	0,0000	0,0000	0,0000	0,0000	0,0000	0,0000	0,0000	0,0002	0,0005	11	11
12	0	0,5404	0,2824	0,1422	0,0687	0,0317	0,0138	0,0057	0,0022	0,0008	0,0002	0	12
12	1	0,3413	0,3766	0,3012	0,2062	0,1267	0,0712	0,0368	0,0174	0,0075	0,0029	1	12
12	2	0,0988	0,2301	0,2924	0,2835	0,2323	0,1678	0,1088	0,0639	0,0339	0,0161	2	12
12	3	0,0173	0,0852	0,1720	0,2362	0,2581	0,2397	0,1954	0,1419	0,0923	0,0537	3	12
12	4	0,0021	0,0213	0,0683	0,1329	0,1936	0,2311	0,2367	0,2128	0,1700	0,1208	4	12
12	5	0,0002	0,0038	0,0193	0,0532	0,1032	0,1585	0,2039	0,2270	0,2225	0,1934	5	12
12	6	0,0000	0,0005	0,0040	0,0155	0,0401	0,0792	0,1281	0,1766	0,2124	0,2256	6	12
12	7	0,0000	0,0000	0,0006	0,0033	0,0115	0,0291	0,0591	0,1009	0,1489	0,1934	7	12
12	8	0,0000	0,0000	0,0000	0,0005	0,0024	0,0078	0,0199	0,0420	0,0762	0,1208	8	12
12	9	0,0000	0,0000	0,0000	0,0000	0,0004	0,0015	0,0048	0,0125	0,0277	0,0537	9	12
12	10	0,0000	0,0000	0,0000	0,0000	0,0000	0,0002	0,0008	0,0025	0,0068	0,0161	10	12
12	11	0,0000	0,0000	0,0000	0,0000	0,0000	0,0000	0,0000	0,0003	0,0010	0,0029	11	12
12	12	0,0000	0,0000	0,0000	0,0000	0,0000	0,0000	0,0000	0,0000	0,0000	0,0002	12	12
13	0	0,5133	0,2542	0,1209	0,0550	0,0238	0,0097	0,0037	0,0013	0,0004	0,0001	0	13
13	1	0,3512	0,3672	0,2774	0,1787	0,1029	0,0540	0,0259	0,0113	0,0045	0,0016	1	13
13	2	0,1109	0,2448	0,2937	0,2680	0,2059	0,1388	0,0836	0,0453	0,0220	0,0095	2	13
13	3	0,0214	0,0997	0,1900	0,2457	0,2517	0,2181	0,1651	0,1107	0,0660	0,0349	3	13
13	4	0,0028	0,0277	0,0838	0,1535	0,2097	0,2337	0,2222	0,1845	0,1350	0,0873	4	13
13	5	0,0003	0,0055	0,0266	0,0691	0,1258	0,1803	0,2154	0,2214	0,1989	0,1571	5	13
13	6	0,0000	0,0008	0,0063	0,0230	0,0559	0,1030	0,1546	0,1968	0,2169	0,2095	6	13
13	7	0,0000	0,0000	0,0011	0,0058	0,0186	0,0442	0,0833	0,1312	0,1775	0,2095	7	13
13	8	0,0000	0,0000	0,0001	0,0011	0,0047	0,0142	0,0336	0,0656	0,1089	0,1571	8	13
13	9	0,0000	0,0000	0,0000	0,0001	0,0009	0,0034	0,0101	0,0243	0,0495	0,0873	9	13
13	10	0,0000	0,0000	0,0000	0,0000	0,0001	0,0006	0,0022	0,0065	0,0162	0,0349	10	13
13	11	0,0000	0,0000	0,0000	0,0000	0,0000	0,0000	0,0003	0,0012	0,0036	0,0095	11	13
13	12	0,0000	0,0000	0,0000	0,0000	0,0000	0,0000	0,0000	0,0001	0,0005	0,0016	12	13
13	13	0,0000	0,0000	0,0000	0,0000	0,0000	0,0000	0,0000	0,0000	0,0000	0,0001	13	13
14	0	0,4877	0,2288	0,1028	0,0440	0,0178	0,0068	0,0024	0,0008	0,0002	0,0000	0	14
14	1	0,3593	0,3559	0,2539	0,1539	0,0832	0,0407	0,0181	0,0073	0,0027	0,0009	1	14
14	2	0,1229	0,2570	0,2912	0,2501	0,1802	0,1134	0,0634	0,0317	0,0141	0,0056	2	14
14	3	0,0259	0,1142	0,2056	0,2501	0,2402	0,1943	0,1366	0,0845	0,0462	0,0222	3	14
14	4	0,0037	0,0349	0,0998	0,1720	0,2202	0,2290	0,2022	0,1549	0,1040	0,0611	4	14

TABELLE P Exakte Wahrscheinlichkeiten der Binomialverteilung

n	T	π=0,05	0,10	0,15	0,20	0,25	0,30	0,35	0,40	0,45	π=0,50	T	n
14	5	0,0004	0,0078	0,0352	0,0860	0,1468	0,1963	0,2178	0,2066	0,1701	0,1222	5	14
14	6	0,0000	0,0013	0,0093	0,0322	0,0734	0,1262	0,1759	0,2066	0,2088	0,1833	6	14
14	7	0,0000	0,0002	0,0019	0,0092	0,0280	0,0618	0,1082	0,1574	0,1952	0,2095	7	14
14	8	0,0000	0,0000	0,0003	0,0020	0,0082	0,0232	0,0510	0,0918	0,1398	0,1833	8	14
14	9	0,0000	0,0000	0,0000	0,0003	0,0018	0,0066	0,0183	0,0408	0,0762	0,1222	9	14
14	10	0,0000	0,0000	0,0000	0,0000	0,0003	0,0014	0,0049	0,0136	0,0312	0,0611	10	14
14	11	0,0000	0,0000	0,0000	0,0000	0,0000	0,0002	0,0010	0,0033	0,0093	0,0222	11	14
14	12	0,0000	0,0000	0,0000	0,0000	0,0000	0,0000	0,0001	0,0005	0,0019	0,0056	12	14
14	13	0,0000	0,0000	0,0000	0,0000	0,0000	0,0000	0,0000	0,0000	0,0002	0,0009	13	14
14	14	0,0000	0,0000	0,0000	0,0000	0,0000	0,0000	0,0000	0,0000	0,0000	0,0000	14	14
15	0	0,4633	0,2059	0,0874	0,0352	0,0134	0,0047	0,0016	0,0005	0,0001	0,0000	0	15
15	1	0,3658	0,3432	0,2312	0,1319	0,0668	0,0305	0,0126	0,0047	0,0016	0,0005	1	15
15	2	0,1348	0,2669	0,2856	0,2309	0,1559	0,0916	0,0476	0,0219	0,0090	0,0032	2	15
15	3	0,0307	0,1285	0,2184	0,2501	0,2252	0,1700	0,1110	0,0634	0,0318	0,0139	3	15
15	4	0,0049	0,0428	0,1156	0,1876	0,2252	0,2186	0,1792	0,1268	0,0780	0,0417	4	15
15	5	0,0006	0,0105	0,0449	0,1032	0,1651	0,2061	0,2123	0,1859	0,1404	0,0916	5	15
15	6	0,0000	0,0019	0,0132	0,0430	0,0917	0,1472	0,1906	0,2066	0,1914	0,1527	6	15
15	7	0,0000	0,0003	0,0030	0,0138	0,0393	0,0811	0,1319	0,1771	0,2013	0,1964	7	15
15	8	0,0000	0,0000	0,0005	0,0035	0,0131	0,0348	0,0710	0,1181	0,1647	0,1964	8	15
15	9	0,0000	0,0000	0,0000	0,0007	0,0034	0,0116	0,0298	0,0612	0,1048	0,1527	9	15
15	10	0,0000	0,0000	0,0000	0,0001	0,0007	0,0030	0,0096	0,0245	0,0515	0,0916	10	15
15	11	0,0000	0,0000	0,0000	0,0000	0,0001	0,0006	0,0024	0,0074	0,0191	0,0417	11	15
15	12	0,0000	0,0000	0,0000	0,0000	0,0000	0,0000	0,0004	0,0016	0,0052	0,0139	12	15
15	13	0,0000	0,0000	0,0000	0,0000	0,0000	0,0000	0,0000	0,0003	0,0010	0,0032	13	15
15	14	0,0000	0,0000	0,0000	0,0000	0,0000	0,0000	0,0000	0,0000	0,0001	0,0005	14	15
15	15	0,0000	0,0000	0,0000	0,0000	0,0000	0,0000	0,0000	0,0000	0,0000	0,0000	15	15
16	0	0,4401	0,1853	0,0743	0,0281	0,0100	0,0033	0,0010	0,0003	0,0000	0,0000	0	16
16	1	0,3706	0,3294	0,2097	0,1126	0,0535	0,0228	0,0087	0,0030	0,0009	0,0002	1	16
16	2	0,1463	0,2745	0,2775	0,2111	0,1336	0,0732	0,0353	0,0150	0,0056	0,0018	2	16
16	3	0,0359	0,1423	0,2285	0,2463	0,2079	0,1465	0,0888	0,0468	0,0215	0,0085	3	16
16	4	0,0061	0,0514	0,1311	0,2001	0,2252	0,2040	0,1553	0,1014	0,0572	0,0278	4	16
16	5	0,0008	0,0137	0,0555	0,1201	0,1802	0,2099	0,2008	0,1623	0,1123	0,0667	5	16
16	6	0,0000	0,0028	0,0180	0,0550	0,1101	0,1649	0,1982	0,1983	0,1684	0,1222	6	16
16	7	0,0000	0,0004	0,0045	0,0197	0,0524	0,1010	0,1524	0,1889	0,1969	0,1746	7	16
16	8	0,0000	0,0000	0,0009	0,0055	0,0197	0,0487	0,0923	0,1417	0,1812	0,1964	8	16
16	9	0,0000	0,0000	0,0001	0,0012	0,0058	0,0185	0,0442	0,0840	0,1318	0,1746	9	16
16	10	0,0000	0,0000	0,0000	0,0002	0,0014	0,0056	0,0167	0,0392	0,0755	0,1222	10	16
16	11	0,0000	0,0000	0,0000	0,0000	0,0002	0,0013	0,0049	0,0142	0,0337	0,0667	11	16
16	12	0,0000	0,0000	0,0000	0,0000	0,0000	0,0002	0,0011	0,0040	0,0115	0,0278	12	16
16	13	0,0000	0,0000	0,0000	0,0000	0,0000	0,0000	0,0002	0,0008	0,0029	0,0085	13	16
16	14	0,0000	0,0000	0,0000	0,0000	0,0000	0,0000	0,0000	0,0001	0,0005	0,0018	14	16
16	15	0,0000	0,0000	0,0000	0,0000	0,0000	0,0000	0,0000	0,0000	0,0000	0,0002	15	16
16	16	0,0000	0,0000	0,0000	0,0000	0,0000	0,0000	0,0000	0,0000	0,0000	0,0000	16	16
17	0	0,4181	0,1668	0,0631	0,0225	0,0075	0,0023	0,0007	0,0002	0,0000	0,0000	0	17
17	1	0,3741	0,3150	0,1893	0,0957	0,0426	0,0169	0,0060	0,0019	0,0005	0,0001	1	17
17	2	0,1575	0,2800	0,2673	0,1914	0,1136	0,0581	0,0260	0,0102	0,0035	0,0010	2	17
17	3	0,0415	0,1556	0,2359	0,2393	0,1893	0,1245	0,0701	0,0341	0,0144	0,0052	3	17
17	4	0,0076	0,0605	0,1457	0,2093	0,2209	0,1868	0,1320	0,0796	0,0411	0,0182	4	17
17	5	0,0010	0,0175	0,0668	0,1361	0,1914	0,2081	0,1849	0,1379	0,0875	0,0472	5	17
17	6	0,0001	0,0039	0,0236	0,0680	0,1276	0,1784	0,1991	0,1839	0,1432	0,0944	6	17
17	7	0,0000	0,0007	0,0065	0,0267	0,0668	0,1201	0,1685	0,1927	0,1841	0,1484	7	17
17	8	0,0000	0,0000	0,0014	0,0084	0,0279	0,0644	0,1134	0,1606	0,1883	0,1855	8	17
17	9	0,0000	0,0000	0,0003	0,0021	0,0093	0,0276	0,0611	0,1070	0,1540	0,1855	9	17
17	10	0,0000	0,0000	0,0000	0,0004	0,0025	0,0095	0,0263	0,0571	0,1008	0,1484	10	17
17	11	0,0000	0,0000	0,0000	0,0000	0,0005	0,0026	0,0090	0,0242	0,0525	0,0944	11	17
17	12	0,0000	0,0000	0,0000	0,0000	0,0000	0,0006	0,0024	0,0081	0,0215	0,0472	12	17

TABELLE P Exakte Wahrscheinlichkeiten der Binomialverteilung

n	T	π=0,05	0,10	0,15	0,20	0,25	0,30	0,35	0,40	0,45	π=0,50	T	n
17	13	0,0000	0,0000	0,0000	0,0000	0,0000	0,0000	0,0005	0,0021	0,0068	0,0182	13	17
17	14	0,0000	0,0000	0,0000	0,0000	0,0000	0,0000	0,0000	0,0004	0,0016	0,0052	14	17
17	15	0,0000	0,0000	0,0000	0,0000	0,0000	0,0000	0,0000	0,0000	0,0003	0,0010	15	17
17	16	0,0000	0,0000	0,0000	0,0000	0,0000	0,0000	0,0000	0,0000	0,0000	0,0001	16	17
17	17	0,0000	0,0000	0,0000	0,0000	0,0000	0,0000	0,0000	0,0000	0,0000	0,0000	17	17
18	0	0,3972	0,1501	0,0536	0,0180	0,0056	0,0016	0,0004	0,0001	0,0000	0,0000	0	18
18	1	0,3763	0,3002	0,1704	0,0811	0,0338	0,0126	0,0042	0,0012	0,0003	0,0000	1	18
18	2	0,1683	0,2835	0,2556	0,1723	0,0958	0,0458	0,0190	0,0069	0,0022	0,0006	2	18
18	3	0,0473	0,1680	0,2406	0,2297	0,1704	0,1046	0,0547	0,0246	0,0095	0,0031	3	18
18	4	0,0093	0,0700	0,1592	0,2153	0,2130	0,1681	0,1104	0,0614	0,0291	0,0117	4	18
18	5	0,0014	0,0218	0,0787	0,1507	0,1988	0,2017	0,1664	0,1146	0,0666	0,0327	5	18
18	6	0,0002	0,0052	0,0301	0,0816	0,1436	0,1873	0,1941	0,1655	0,1181	0,0708	6	18
18	7	0,0000	0,0010	0,0091	0,0350	0,0820	0,1376	0,1792	0,1892	0,1657	0,1214	7	18
18	8	0,0000	0,0002	0,0022	0,0120	0,0376	0,0811	0,1327	0,1734	0,1864	0,1669	8	18
18	9	0,0000	0,0000	0,0004	0,0033	0,0139	0,0386	0,0794	0,1284	0,1694	0,1855	9	18
18	10	0,0000	0,0000	0,0000	0,0008	0,0042	0,0149	0,0385	0,0771	0,1248	0,1669	10	18
18	11	0,0000	0,0000	0,0000	0,0001	0,0010	0,0046	0,0151	0,0374	0,0742	0,1214	11	18
18	12	0,0000	0,0000	0,0000	0,0000	0,0002	0,0012	0,0047	0,0145	0,0354	0,0708	12	18
18	13	0,0000	0,0000	0,0000	0,0000	0,0000	0,0002	0,0012	0,0045	0,0134	0,0327	13	18
18	14	0,0000	0,0000	0,0000	0,0000	0,0000	0,0000	0,0002	0,0011	0,0039	0,0117	14	18
18	15	0,0000	0,0000	0,0000	0,0000	0,0000	0,0000	0,0000	0,0002	0,0009	0,0031	15	18
18	16	0,0000	0,0000	0,0000	0,0000	0,0000	0,0000	0,0000	0,0000	0,0001	0,0006	16	18
18	17	0,0000	0,0000	0,0000	0,0000	0,0000	0,0000	0,0000	0,0000	0,0000	0,0000	17	18
18	18	0,0000	0,0000	0,0000	0,0000	0,0000	0,0000	0,0000	0,0000	0,0000	0,0000	18	18
19	0	0,3774	0,1351	0,0456	0,0144	0,0042	0,0011	0,0003	0,0000	0,0000	0,0000	0	19
19	1	0,3774	0,2852	0,1529	0,0685	0,0268	0,0093	0,0029	0,0008	0,0002	0,0000	1	19
19	2	0,1787	0,2852	0,2428	0,1540	0,0803	0,0358	0,0138	0,0046	0,0013	0,0003	2	19
19	3	0,0533	0,1796	0,2428	0,2182	0,1517	0,0869	0,0422	0,0175	0,0062	0,0018	3	19
19	4	0,0112	0,0798	0,1714	0,2182	0,2023	0,1491	0,0909	0,0467	0,0203	0,0074	4	19
19	5	0,0018	0,0266	0,0907	0,1636	0,2023	0,1916	0,1468	0,0933	0,0497	0,0222	5	19
19	6	0,0002	0,0069	0,0374	0,0955	0,1574	0,1916	0,1844	0,1451	0,0949	0,0518	6	19
19	7	0,0000	0,0014	0,0122	0,0443	0,0974	0,1525	0,1844	0,1797	0,1443	0,0961	7	19
19	8	0,0000	0,0002	0,0032	0,0166	0,0487	0,0981	0,1489	0,1797	0,1771	0,1442	8	19
19	9	0,0000	0,0000	0,0007	0,0051	0,0198	0,0514	0,0980	0,1464	0,1771	0,1762	9	19
19	10	0,0000	0,0000	0,0001	0,0013	0,0066	0,0220	0,0528	0,0976	0,1449	0,1762	10	19
19	11	0,0000	0,0000	0,0000	0,0003	0,0018	0,0077	0,0233	0,0532	0,0970	0,1442	11	19
19	12	0,0000	0,0000	0,0000	0,0000	0,0004	0,0022	0,0083	0,0237	0,0529	0,0961	12	19
19	13	0,0000	0,0000	0,0000	0,0000	0,0000	0,0005	0,0024	0,0085	0,0233	0,0518	13	19
19	14	0,0000	0,0000	0,0000	0,0000	0,0000	0,0000	0,0006	0,0024	0,0082	0,0222	14	19
19	15	0,0000	0,0000	0,0000	0,0000	0,0000	0,0000	0,0001	0,0005	0,0022	0,0074	15	19
19	16	0,0000	0,0000	0,0000	0,0000	0,0000	0,0000	0,0000	0,0000	0,0005	0,0018	16	19
19	17	0,0000	0,0000	0,0000	0,0000	0,0000	0,0000	0,0000	0,0000	0,0000	0,0003	17	19
19	18	0,0000	0,0000	0,0000	0,0000	0,0000	0,0000	0,0000	0,0000	0,0000	0,0000	18	19
19	19	0,0000	0,0000	0,0000	0,0000	0,0000	0,0000	0,0000	0,0000	0,0000	0,0000	19	19
20	0	0,3585	0,1216	0,0388	0,0115	0,0032	0,0008	0,0002	0,0000	0,0000	0,0000	0	20
20	1	0,3774	0,2702	0,1368	0,0576	0,0211	0,0068	0,0020	0,0005	0,0001	0,0000	1	20
20	2	0,1887	0,2852	0,2293	0,1369	0,0669	0,0278	0,0100	0,0031	0,0008	0,0002	2	20
20	3	0,0596	0,1901	0,2428	0,2054	0,1339	0,0716	0,0323	0,0123	0,0040	0,0011	3	20
20	4	0,0133	0,0898	0,1821	0,2182	0,1897	0,1304	0,0738	0,0350	0,0139	0,0046	4	20
20	5	0,0022	0,0319	0,1028	0,1746	0,2023	0,1789	0,1272	0,0746	0,0365	0,0148	5	20
20	6	0,0003	0,0089	0,0454	0,1091	0,1686	0,1916	0,1712	0,1244	0,0746	0,0370	6	20
20	7	0,0000	0,0020	0,0160	0,0545	0,1124	0,1643	0,1844	0,1659	0,1221	0,0739	7	20
20	8	0,0000	0,0004	0,0046	0,0222	0,0609	0,1144	0,1614	0,1797	0,1623	0,1201	8	20
20	9	0,0000	0,0000	0,0011	0,0074	0,0271	0,0654	0,1158	0,1597	0,1771	0,1602	9	20
20	10	0,0000	0,0000	0,0002	0,0020	0,0099	0,0308	0,0686	0,1171	0,1593	0,1762	10	20
20	11	0,0000	0,0000	0,0000	0,0005	0,0030	0,0120	0,0336	0,0710	0,1185	0,1602	11	20

TABELLE P Exakte Wahrscheinlichkeiten der Binomialverteilung

n	T	π=0,05	0,10	0,15	0,20	0,25	0,30	0,35	0,40	0,45	π=0,50	T	n
20	12	0,0000	0,0000	0,0000	0,0000	0,0008	0,0039	0,0136	0,0355	0,0727	0,1201	12	20
20	13	0,0000	0,0000	0,0000	0,0000	0,0002	0,0010	0,0045	0,0146	0,0366	0,0739	13	20
20	14	0,0000	0,0000	0,0000	0,0000	0,0000	0,0002	0,0012	0,0049	0,0150	0,0370	14	20
20	15	0,0000	0,0000	0,0000	0,0000	0,0000	0,0000	0,0003	0,0013	0,0049	0,0148	15	20
20	16	0,0000	0,0000	0,0000	0,0000	0,0000	0,0000	0,0000	0,0003	0,0013	0,0046	16	20
20	17	0,0000	0,0000	0,0000	0,0000	0,0000	0,0000	0,0000	0,0000	0,0002	0,0011	17	20
20	18	0,0000	0,0000	0,0000	0,0000	0,0000	0,0000	0,0000	0,0000	0,0000	0,0002	18	20
20	19	0,0000	0,0000	0,0000	0,0000	0,0000	0,0000	0,0000	0,0000	0,0000	0,0000	19	20
20	20	0,0000	0,0000	0,0000	0,0000	0,0000	0,0000	0,0000	0,0000	0,0000	0,0000	20	20
21	0	0,3406	0,1094	0,0329	0,0092	0,0024	0,0006	0,0001	0,0000	0,0000	0,0000	0	21
21	1	0,3764	0,2553	0,1221	0,0484	0,0166	0,0050	0,0013	0,0003	0,0000	0,0000	1	21
21	2	0,1981	0,2837	0,2155	0,1211	0,0555	0,0215	0,0072	0,0020	0,0005	0,0001	2	21
21	3	0,0660	0,1996	0,2408	0,1917	0,1172	0,0585	0,0245	0,0086	0,0026	0,0006	3	21
21	4	0,0156	0,0998	0,1912	0,2156	0,1757	0,1128	0,0593	0,0259	0,0095	0,0029	4	21
21	5	0,0028	0,0377	0,1147	0,1833	0,1992	0,1643	0,1085	0,0588	0,0263	0,0097	5	21
21	6	0,0004	0,0112	0,0540	0,1222	0,1770	0,1878	0,1558	0,1045	0,0574	0,0259	6	21
21	7	0,0000	0,0027	0,0204	0,0655	0,1265	0,1725	0,1798	0,1493	0,1007	0,0554	7	21
21	8	0,0000	0,0005	0,0063	0,0286	0,0738	0,1294	0,1694	0,1742	0,1442	0,0970	8	21
21	9	0,0000	0,0000	0,0016	0,0103	0,0355	0,0801	0,1318	0,1677	0,1704	0,1402	9	21
21	10	0,0000	0,0000	0,0003	0,0031	0,0142	0,0412	0,0851	0,1342	0,1673	0,1682	10	21
21	11	0,0000	0,0000	0,0000	0,0008	0,0047	0,0176	0,0458	0,0895	0,1369	0,1682	11	21
21	12	0,0000	0,0000	0,0000	0,0002	0,0013	0,0063	0,0206	0,0497	0,0933	0,1402	12	21
21	13	0,0000	0,0000	0,0000	0,0000	0,0003	0,0019	0,0077	0,0229	0,0529	0,0970	13	21
21	14	0,0000	0,0000	0,0000	0,0000	0,0000	0,0005	0,0024	0,0087	0,0247	0,0554	14	21
21	15	0,0000	0,0000	0,0000	0,0000	0,0000	0,0000	0,0006	0,0027	0,0094	0,0259	15	21
21	16	0,0000	0,0000	0,0000	0,0000	0,0000	0,0000	0,0001	0,0007	0,0029	0,0097	16	21
21	17	0,0000	0,0000	0,0000	0,0000	0,0000	0,0000	0,0000	0,0001	0,0007	0,0029	17	21
21	18	0,0000	0,0000	0,0000	0,0000	0,0000	0,0000	0,0000	0,0000	0,0001	0,0006	18	21
21	19	0,0000	0,0000	0,0000	0,0000	0,0000	0,0000	0,0000	0,0000	0,0000	0,0001	19	21
21	20	0,0000	0,0000	0,0000	0,0000	0,0000	0,0000	0,0000	0,0000	0,0000	0,0000	20	21
21	21	0,0000	0,0000	0,0000	0,0000	0,0000	0,0000	0,0000	0,0000	0,0000	0,0000	21	21
22	0	0,3235	0,0985	0,0280	0,0074	0,0018	0,0004	0,0000	0,0000	0,0000	0,0000	0	22
22	1	0,3746	0,2407	0,1087	0,0406	0,0131	0,0037	0,0009	0,0002	0,0000	0,0000	1	22
22	2	0,2070	0,2808	0,2015	0,1065	0,0458	0,0166	0,0051	0,0014	0,0003	0,0000	2	22
22	3	0,0726	0,2080	0,2370	0,1775	0,1017	0,0474	0,0184	0,0060	0,0016	0,0004	3	22
22	4	0,0182	0,1098	0,1987	0,2108	0,1611	0,0965	0,0471	0,0190	0,0064	0,0017	4	22
22	5	0,0034	0,0439	0,1262	0,1898	0,1933	0,1489	0,0913	0,0456	0,0187	0,0063	5	22
22	6	0,0005	0,0138	0,0631	0,1344	0,1826	0,1808	0,1393	0,0862	0,0434	0,0178	6	22
22	7	0,0000	0,0035	0,0255	0,0768	0,1391	0,1771	0,1714	0,1314	0,0812	0,0407	7	22
22	8	0,0000	0,0007	0,0084	0,0360	0,0869	0,1423	0,1730	0,1642	0,1246	0,0762	8	22
22	9	0,0000	0,0001	0,0023	0,0140	0,0451	0,0949	0,1449	0,1703	0,1586	0,1186	9	22
22	10	0,0000	0,0000	0,0005	0,0046	0,0195	0,0529	0,1015	0,1476	0,1687	0,1542	10	22
22	11	0,0000	0,0000	0,0001	0,0012	0,0071	0,0247	0,0596	0,1073	0,1506	0,1682	11	22
22	12	0,0000	0,0000	0,0000	0,0003	0,0022	0,0097	0,0294	0,0656	0,1129	0,1542	12	22
22	13	0,0000	0,0000	0,0000	0,0000	0,0006	0,0032	0,0122	0,0336	0,0711	0,1186	13	22
22	14	0,0000	0,0000	0,0000	0,0000	0,0001	0,0009	0,0042	0,0144	0,0374	0,0762	14	22
22	15	0,0000	0,0000	0,0000	0,0000	0,0000	0,0002	0,0012	0,0051	0,0163	0,0407	15	22
22	16	0,0000	0,0000	0,0000	0,0000	0,0000	0,0000	0,0003	0,0015	0,0058	0,0178	16	22
22	17	0,0000	0,0000	0,0000	0,0000	0,0000	0,0000	0,0000	0,0004	0,0017	0,0063	17	22
22	18	0,0000	0,0000	0,0000	0,0000	0,0000	0,0000	0,0000	0,0000	0,0004	0,0017	18	22
22	19	0,0000	0,0000	0,0000	0,0000	0,0000	0,0000	0,0000	0,0000	0,0000	0,0004	19	22
22	20	0,0000	0,0000	0,0000	0,0000	0,0000	0,0000	0,0000	0,0000	0,0000	0,0000	20	22
22	21	0,0000	0,0000	0,0000	0,0000	0,0000	0,0000	0,0000	0,0000	0,0000	0,0000	21	22
22	22	0,0000	0,0000	0,0000	0,0000	0,0000	0,0000	0,0000	0,0000	0,0000	0,0000	22	22

TABELLE P Exakte Wahrscheinlichkeiten der Binomialverteilung

n	T	π=0,05	0,10	0,15	0,20	0,25	0,30	0,35	0,40	0,45	π=0,50	T	n
23	0	0,3074	0,0886	0,0238	0,0059	0,0013	0,0003	0,0000	0,0000	0,0000	0,0000	0	23
23	1	0,3721	0,2265	0,0966	0,0339	0,0103	0,0027	0,0006	0,0001	0,0000	0,0000	1	23
23	2	0,2154	0,2768	0,1875	0,0933	0,0376	0,0127	0,0037	0,0009	0,0002	0,0000	2	23
23	3	0,0794	0,2153	0,2317	0,1633	0,0878	0,0382	0,0138	0,0041	0,0010	0,0002	3	23
23	4	0,0209	0,1196	0,2044	0,2042	0,1463	0,0818	0,0371	0,0138	0,0042	0,0011	4	23
23	5	0,0042	0,0505	0,1371	0,1940	0,1853	0,1332	0,0758	0,0350	0,0132	0,0040	5	23
23	6	0,0007	0,0168	0,0726	0,1455	0,1853	0,1712	0,1225	0,0700	0,0323	0,0120	6	23
23	7	0,0000	0,0045	0,0311	0,0883	0,1500	0,1782	0,1602	0,1133	0,0642	0,0292	7	23
23	8	0,0000	0,0010	0,0110	0,0442	0,1000	0,1527	0,1725	0,1511	0,1051	0,0585	8	23
23	9	0,0000	0,0002	0,0032	0,0184	0,0555	0,1091	0,1548	0,1679	0,1433	0,0974	9	23
23	10	0,0000	0,0000	0,0008	0,0064	0,0259	0,0655	0,1167	0,1567	0,1642	0,1364	10	23
23	11	0,0000	0,0000	0,0002	0,0019	0,0102	0,0332	0,0743	0,1234	0,1587	0,1612	11	23
23	12	0,0000	0,0000	0,0000	0,0005	0,0034	0,0142	0,0400	0,0823	0,1299	0,1612	12	23
23	13	0,0000	0,0000	0,0000	0,0000	0,0010	0,0052	0,0182	0,0464	0,0899	0,1364	13	23
23	14	0,0000	0,0000	0,0000	0,0000	0,0002	0,0016	0,0070	0,0221	0,0525	0,0974	14	23
23	15	0,0000	0,0000	0,0000	0,0000	0,0000	0,0004	0,0023	0,0088	0,0258	0,0584	15	23
23	16	0,0000	0,0000	0,0000	0,0000	0,0000	0,0000	0,0006	0,0029	0,0106	0,0292	16	23
23	17	0,0000	0,0000	0,0000	0,0000	0,0000	0,0000	0,0001	0,0008	0,0036	0,0120	17	23
23	18	0,0000	0,0000	0,0000	0,0000	0,0000	0,0000	0,0000	0,0002	0,0010	0,0040	18	23
23	19	0,0000	0,0000	0,0000	0,0000	0,0000	0,0000	0,0000	0,0000	0,0002	0,0011	19	23
23	20	0,0000	0,0000	0,0000	0,0000	0,0000	0,0000	0,0000	0,0000	0,0000	0,0002	20	23
23	21	0,0000	0,0000	0,0000	0,0000	0,0000	0,0000	0,0000	0,0000	0,0000	0,0000	21	23
23	22	0,0000	0,0000	0,0000	0,0000	0,0000	0,0000	0,0000	0,0000	0,0000	0,0000	22	23
23	23	0,0000	0,0000	0,0000	0,0000	0,0000	0,0000	0,0000	0,0000	0,0000	0,0000	23	23
24	0	0,2920	0,0798	0,0202	0,0047	0,0010	0,0002	0,0000	0,0000	0,0000	0,0000	0	24
24	1	0,3688	0,2127	0,0857	0,0283	0,0080	0,0020	0,0004	0,0000	0,0000	0,0000	1	24
24	2	0,2232	0,2718	0,1739	0,0815	0,0308	0,0097	0,0026	0,0006	0,0001	0,0000	2	24
24	3	0,0862	0,2215	0,2251	0,1493	0,0752	0,0305	0,0102	0,0028	0,0007	0,0001	3	24
24	4	0,0238	0,1292	0,2085	0,1960	0,1316	0,0687	0,0289	0,0099	0,0028	0,0006	4	24
24	5	0,0050	0,0574	0,1472	0,1960	0,1755	0,1177	0,0622	0,0265	0,0091	0,0025	5	24
24	6	0,0008	0,0202	0,0822	0,1552	0,1853	0,1598	0,1061	0,0560	0,0237	0,0080	6	24
24	7	0,0001	0,0058	0,0373	0,0998	0,1588	0,1761	0,1470	0,0960	0,0499	0,0206	7	24
24	8	0,0000	0,0014	0,0140	0,0530	0,1125	0,1604	0,1682	0,1360	0,0867	0,0438	8	24
24	9	0,0000	0,0003	0,0044	0,0236	0,0667	0,1222	0,1610	0,1612	0,1261	0,0779	9	24
24	10	0,0000	0,0000	0,0012	0,0088	0,0333	0,0785	0,1300	0,1612	0,1548	0,1169	10	24
24	11	0,0000	0,0000	0,0003	0,0028	0,0141	0,0428	0,0891	0,1367	0,1612	0,1488	11	24
24	12	0,0000	0,0000	0,0000	0,0008	0,0051	0,0199	0,0520	0,0988	0,1429	0,1612	12	24
24	13	0,0000	0,0000	0,0000	0,0002	0,0016	0,0079	0,0258	0,0608	0,1079	0,1488	13	24
24	14	0,0000	0,0000	0,0000	0,0000	0,0004	0,0026	0,0109	0,0318	0,0694	0,1169	14	24
24	15	0,0000	0,0000	0,0000	0,0000	0,0000	0,0008	0,0039	0,0141	0,0378	0,0779	15	24
24	16	0,0000	0,0000	0,0000	0,0000	0,0000	0,0002	0,0012	0,0053	0,0174	0,0438	16	24
24	17	0,0000	0,0000	0,0000	0,0000	0,0000	0,0000	0,0003	0,0017	0,0067	0,0206	17	24
24	18	0,0000	0,0000	0,0000	0,0000	0,0000	0,0000	0,0000	0,0004	0,0021	0,0080	18	24
24	19	0,0000	0,0000	0,0000	0,0000	0,0000	0,0000	0,0000	0,0000	0,0006	0,0025	19	24
24	20	0,0000	0,0000	0,0000	0,0000	0,0000	0,0000	0,0000	0,0000	0,0001	0,0006	20	24
24	21	0,0000	0,0000	0,0000	0,0000	0,0000	0,0000	0,0000	0,0000	0,0000	0,0001	21	24
24	22	0,0000	0,0000	0,0000	0,0000	0,0000	0,0000	0,0000	0,0000	0,0000	0,0000	22	24
24	23	0,0000	0,0000	0,0000	0,0000	0,0000	0,0000	0,0000	0,0000	0,0000	0,0000	23	24
24	24	0,0000	0,0000	0,0000	0,0000	0,0000	0,0000	0,0000	0,0000	0,0000	0,0000	24	24
25	0	0,2774	0,0718	0,0172	0,0038	0,0008	0,0001	0,0000	0,0000	0,0000	0,0000	0	25
25	1	0,3650	0,1994	0,0759	0,0236	0,0063	0,0014	0,0003	0,0000	0,0000	0,0000	1	25
25	2	0,2305	0,2659	0,1607	0,0708	0,0251	0,0074	0,0018	0,0004	0,0000	0,0000	2	25
25	3	0,0930	0,2265	0,2174	0,1358	0,0641	0,0243	0,0076	0,0019	0,0004	0,0000	3	25
25	4	0,0269	0,1384	0,2110	0,1867	0,1175	0,0572	0,0224	0,0071	0,0018	0,0004	4	25
25	5	0,0060	0,0646	0,1564	0,1960	0,1645	0,1030	0,0506	0,0199	0,0063	0,0016	5	25
25	6	0,0010	0,0239	0,0920	0,1633	0,1828	0,1472	0,0908	0,0442	0,0172	0,0053	6	25
25	7	0,0001	0,0072	0,0441	0,1108	0,1654	0,1712	0,1327	0,0800	0,0381	0,0143	7	25

TABELLE P Exakte Wahrscheinlichkeiten der Binomialverteilung

n	T	π=0,05	0,10	0,15	0,20	0,25	0,30	0,35	0,40	0,45	π=0,50	T	n
25	8	0,0000	0,0018	0,0175	0,0623	0,1241	0,1651	0,1607	0,1200	0,0701	0,0322	8	25
25	9	0,0000	0,0004	0,0058	0,0294	0,0781	0,1336	0,1635	0,1511	0,1084	0,0609	9	25
25	10	0,0000	0,0000	0,0016	0,0118	0,0417	0,0916	0,1409	0,1612	0,1419	0,0974	10	25
25	11	0,0000	0,0000	0,0004	0,0040	0,0189	0,0536	0,1034	0,1465	0,1583	0,1328	11	25
25	12	0,0000	0,0000	0,0000	0,0012	0,0074	0,0268	0,0650	0,1140	0,1511	0,1550	12	25
25	13	0,0000	0,0000	0,0000	0,0003	0,0025	0,0115	0,0350	0,0760	0,1236	0,1550	13	25
25	14	0,0000	0,0000	0,0000	0,0000	0,0007	0,0042	0,0161	0,0434	0,0867	0,1328	14	25
25	15	0,0000	0,0000	0,0000	0,0000	0,0002	0,0013	0,0064	0,0212	0,0520	0,0974	15	25
25	16	0,0000	0,0000	0,0000	0,0000	0,0000	0,0004	0,0021	0,0088	0,0266	0,0609	16	25
25	17	0,0000	0,0000	0,0000	0,0000	0,0000	0,0000	0,0006	0,0031	0,0115	0,0322	17	25
25	18	0,0000	0,0000	0,0000	0,0000	0,0000	0,0000	0,0001	0,0009	0,0042	0,0143	18	25
25	19	0,0000	0,0000	0,0000	0,0000	0,0000	0,0000	0,0000	0,0002	0,0013	0,0053	19	25
25	20	0,0000	0,0000	0,0000	0,0000	0,0000	0,0000	0,0000	0,0000	0,0003	0,0016	20	25
25	21	0,0000	0,0000	0,0000	0,0000	0,0000	0,0000	0,0000	0,0000	0,0000	0,0004	21	25
25	22	0,0000	0,0000	0,0000	0,0000	0,0000	0,0000	0,0000	0,0000	0,0000	0,0000	22	25
25	23	0,0000	0,0000	0,0000	0,0000	0,0000	0,0000	0,0000	0,0000	0,0000	0,0000	23	25
25	24	0,0000	0,0000	0,0000	0,0000	0,0000	0,0000	0,0000	0,0000	0,0000	0,0000	24	25
25	25	0,0000	0,0000	0,0000	0,0000	0,0000	0,0000	0,0000	0,0000	0,0000	0,0000	25	25

TABELLE Q Konfidenzintervalle für den Parameter einer Binomialverteilung (Blyth & Still 1983)

T	n = 1	n = 2	n = 3	T
0	0,00 0,00 0,95 0,99	0,00 0,00 0,78 0,90	0,00 0,00 0,63 0,78	0
1	0,01 0,05 1,00 1,00	0,01 0,03 0,97 0,99	0,00 0,02 0,86 0,94	1
2	. . . .	0,10 0,22 1,00 1,00	0,06 0,14 0,98 1,00	2
3	. . . .	. . . .	0,22 0,37 1,00 1,00	3

T	n = 4	n = 5	n = 6	T
0	0,00 0,00 0,53 0,68	0,00 0,00 0,50 0,60	0,00 0,00 0,41 0,54	0
1	0,00 0,01 0,75 0,86	0,00 0,01 0,66 0,78	0,00 0,01 0,59 0,71	1
2	0,04 0,10 0,90 0,96	0,03 0,08 0,81 0,89	0,03 0,06 0,73 0,83	2
3	0,14 0,25 0,99 1,00	0,11 0,19 0,92 0,97	0,08 0,15 0,85 0,92	3

T	n = 7	n = 8	n = 9	T
0	0,00 0,00 0,38 0,50	0,00 0,00 0,36 0,45	0,00 0,00 0,32 0,43	0
1	0,00 0,01 0,55 0,64	0,00 0,01 0,50 0,59	0,00 0,01 0,44 0,57	1
2	0,02 0,05 0,66 0,76	0,02 0,05 0,64 0,71	0,02 0,04 0,56 0,66	2
3	0,07 0,13 0,77 0,86	0,06 0,11 0,71 0,80	0,05 0,10 0,68 0,75	3
4	0,14 0,23 0,87 0,93	0,12 0,19 0,81 0,88	0,11 0,17 0,75 0,83	4
5	0,24 0,34 0,95 0,98	0,20 0,29 0,89 0,94	0,17 0,25 0,83 0,89	5
6	0,36 0,45 0,99 1,00	0,29 0,36 0,95 0,98	0,25 0,32 0,90 0,95	6

T	n = 10	n = 11	n = 12	T
0	0,00 0,00 0,29 0,38	0,00 0,00 0,26 0,36	0,00 0,00 0,24 0,25	0
1	0,00 0,01 0,44 0,51	0,00 0,00 0,40 0,50	0,00 0,00 0,37 0,45	1
2	0,02 0,04 0,56 0,62	0,01 0,03 0,50 0,59	0,01 0,03 0,46 0,55	2
3	0,05 0,09 0,62 0,70	0,04 0,08 0,60 0,66	0,04 0,07 0,54 0,65	3
4	0,09 0,15 0,70 0,78	0,08 0,14 0,67 0,74	0,08 0,12 0,63 0,70	4
5	0,15 0,22 0,78 0,85	0,13 0,20 0,74 0,81	0,12 0,18 0,71 0,77	5
6	0,22 0,29 0,85 0,91	0,19 0,26 0,80 0,87	0,17 0,24 0,76 0,83	6

T	n = 13	n = 14	n = 15	T
0	0,00 0,00 0,23 0,32	0,00 0,00 0,23 0,30	0,00 0,00 0,22 0,28	0
1	0,00 0,00 0,34 0,43	0,00 0,00 0,32 0,42	0,00 0,00 0,30 0,39	1
2	0,01 0,03 0,43 0,52	0,01 0,03 0,42 0,50	0,01 0,02 0,39 0,46	2
3	0,04 0,07 0,52 0,59	0,03 0,06 0,50 0,58	0,03 0,06 0,47 0,54	3
4	0,07 0,11 0,59 0,68	0,06 0,10 0,58 0,64	0,06 0,10 0,53 0,61	4
5	0,11 0,17 0,66 0,73	0,10 0,15 0,63 0,70	0,09 0,14 0,61 0,67	5
6	0,16 0,22 0,74 0,79	0,15 0,21 0,68 0,75	0,13 0,19 0,67 0,72	6
7	0,21 0,26 0,78 0,84	0,19 0,24 0,76 0,81	0,18 0,22 0,71 0,77	7
8	0,27 0,34 0,83 0,89	0,25 0,32 0,79 0,85	0,23 0,29 0,78 0,82	8
9	0,32 0,41 0,89 0,93	0,30 0,37 0,85 0,90	0,28 0,33 0,81 0,87	9

TABELLE Q Konfidenzintervalle für den Parameter einer Binomialverteilung

T	n = 16				n = 17				n = 18				T
0	0,00	0,00	0,20	0,26	0,00	0,00	0,19	0,26	0,00	0,00	0,18	0,25	0
1	0,00	0,00	0,30	0,36	0,00	0,00	0,28	0,35	0,00	0,00	0,27	0,34	1
2	0,01	0,02	0,37	0,45	0,01	0,02	0,35	0,43	0,01	0,02	0,33	0,41	2
3	0,03	0,05	0,44	0,52	0,03	0,05	0,42	0,50	0,03	0,05	0,41	0,47	3
4	0,06	0,09	0,50	0,58	0,05	0,08	0,49	0,57	0,05	0,08	0,47	0,53	4
5	0,09	0,13	0,56	0,64	0,08	0,12	0,54	0,62	0,08	0,12	0,53	0,59	5
6	0,13	0,18	0,63	0,70	0,12	0,17	0,59	0,66	0,11	0,16	0,59	0,66	6
7	0,17	0,20	0,70	0,74	0,16	0,19	0,65	0,73	0,15	0,18	0,63	0,69	7
8	0,21	0,27	0,73	0,79	0,20	0,25	0,72	0,76	0,18	0,24	0,67	0,75	8
9	0,26	0,30	0,80	0,83	0,24	0,28	0,75	0,80	0,23	0,27	0,73	0,77	9

T	n = 19				n = 20				n = 21				T
0	0,00	0,00	0,17	0,24	0,00	0,00	0,16	0,22	0,00	0,00	0,15	0,21	0
1	0,00	0,00	0,25	0,32	0,00	0,00	0,24	0,31	0,00	0,00	0,23	0,29	1
2	0,01	0,02	0,32	0,39	0,01	0,02	0,32	0,37	0,01	0,02	0,30	0,37	2
3	0,02	0,04	0,39	0,46	0,02	0,04	0,37	0,44	0,02	0,04	0,35	0,42	3
4	0,05	0,08	0,45	0,52	0,04	0,07	0,42	0,50	0,04	0,07	0,40	0,47	4
5	0,07	0,11	0,50	0,56	0,07	0,10	0,47	0,56	0,07	0,10	0,46	0,53	5
6	0,10	0,15	0,55	0,61	0,10	0,14	0,53	0,60	0,09	0,13	0,51	0,58	6
7	0,14	0,17	0,61	0,68	0,13	0,16	0,58	0,64	0,12	0,15	0,55	0,63	7
8	0,17	0,22	0,66	0,71	0,16	0,21	0,63	0,69	0,15	0,20	0,60	0,66	8
9	0,21	0,25	0,69	0,76	0,20	0,24	0,68	0,73	0,19	0,23	0,65	0,71	9
10	0,24	0,31	0,75	0,79	0,22	0,29	0,71	0,78	0,21	0,28	0,70	0,74	10
11	0,29	0,34	0,78	0,83	0,27	0,32	0,76	0,80	0,26	0,30	0,72	0,79	11
12	0,32	0,39	0,83	0,86	0,31	0,37	0,79	0,84	0,29	0,35	0,77	0,81	12

T	n = 22				n = 23				n = 24				T
0	0,00	0,00	0,15	0,20	0,00	0,00	0,14	0,19	0,00	0,00	0,13	0,19	0
1	0,00	0,00	0,22	0,28	0,00	0,00	0,21	0,27	0,00	0,00	0,20	0,26	1
2	0,01	0,02	0,29	0,35	0,01	0,02	0,27	0,33	0,01	0,02	0,26	0,32	2
3	0,02	0,04	0,34	0,40	0,02	0,04	0,32	0,39	0,02	0,03	0,31	0,39	3
4	0,04	0,06	0,39	0,45	0,04	0,06	0,39	0,45	0,04	0,06	0,37	0,43	4
5	0,06	0,09	0,45	0,50	0,06	0,09	0,43	0,50	0,06	0,09	0,41	0,48	5
6	0,09	0,13	0,50	0,55	0,08	0,12	0,48	0,55	0,08	0,11	0,46	0,52	6
7	0,12	0,15	0,55	0,60	0,11	0,14	0,52	0,58	0,11	0,13	0,50	0,57	7
8	0,15	0,19	0,58	0,65	0,14	0,18	0,57	0,62	0,13	0,17	0,54	0,61	8
9	0,18	0,22	0,62	0,68	0,17	0,21	0,61	0,67	0,16	0,20	0,59	0,64	9
10	0,20	0,26	0,66	0,72	0,19	0,25	0,64	0,70	0,19	0,23	0,63	0,68	10
11	0,24	0,29	0,71	0,76	0,23	0,27	0,68	0,73	0,22	0,26	0,66	0,72	11
12	0,28	0,34	0,74	0,80	0,27	0,32	0,73	0,77	0,26	0,31	0,69	0,74	12

TABELLE Q Konfidenzintervalle für den Parameter einer Binomialverteilung

T	n = 25				n = 26				n = 27				T
0	0,00	0,00	0,13	0,18	0,00	0,00	0,12	0,17	0,00	0,00	0,12	0,17	0
1	0,00	0,00	0,19	0,26	0,00	0,00	0,19	0,25	0,00	0,00	0,18	0,24	1
2	0,01	0,01	0,25	0,31	0,01	0,01	0,24	0,30	0,01	0,01	0,23	0,30	2
3	0,02	0,03	0,30	0,37	0,02	0,03	0,30	0,36	0,02	0,03	0,29	0,34	3
4	0,03	0,06	0,36	0,41	0,03	0,05	0,34	0,40	0,03	0,05	0,33	0,38	4
5	0,05	0,08	0,40	0,46	0,05	0,08	0,38	0,44	0,05	0,08	0,37	0,44	5
6	0,08	0,11	0,44	0,50	0,07	0,11	0,42	0,49	0,07	0,10	0,41	0,48	6
7	0,10	0,13	0,48	0,54	0,10	0,12	0,47	0,53	0,09	0,12	0,46	0,52	7
8	0,13	0,16	0,52	0,59	0,12	0,15	0,51	0,56	0,12	0,15	0,50	0,56	8
9	0,16	0,19	0,56	0,63	0,15	0,19	0,54	0,60	0,14	0,18	0,54	0,59	9
10	0,18	0,22	0,60	0,66	0,17	0,21	0,58	0,64	0,17	0,20	0,57	0,62	10
11	0,21	0,25	0,64	0,69	0,19	0,24	0,62	0,68	0,18	0,23	0,60	0,66	11
12	0,25	0,30	0,68	0,74	0,23	0,28	0,66	0,70	0,22	0,27	0,63	0,70	12
13	0,26	0,32	0,70	0,75	0,25	0,30	0,70	0,75	0,24	0,29	0,67	0,72	13
14	0,31	0,36	0,75	0,79	0,30	0,34	0,72	0,77	0,28	0,33	0,71	0,76	14
15	0,34	0,40	0,78	0,82	0,32	0,38	0,76	0,81	0,30	0,37	0,73	0,78	15

T	n = 28				n = 29				n = 30				T
0	0,00	0,00	0,12	0,16	0,00	0,00	0,11	0,16	0,00	0,00	0,11	0,16	0
1	0,00	0,00	0,17	0,23	0,00	0,00	0,17	0,22	0,00	0,00	0,16	0,22	1
2	0,01	0,01	0,23	0,29	0,01	0,01	0,22	0,28	0,01	0,01	0,21	0,27	2
3	0,02	0,03	0,28	0,33	0,02	0,03	0,27	0,32	0,01	0,03	0,26	0,31	3
4	0,03	0,05	0,32	0,38	0,03	0,05	0,31	0,37	0,03	0,05	0,30	0,36	4
5	0,05	0,07	0,36	0,42	0,05	0,07	0,36	0,41	0,04	0,07	0,35	0,39	5
6	0,07	0,10	0,41	0,46	0,07	0,09	0,39	0,44	0,06	0,09	0,38	0,43	6
7	0,09	0,12	0,44	0,50	0,09	0,11	0,43	0,48	0,08	0,11	0,41	0,47	7
8	0,11	0,14	0,48	0,54	0,11	0,14	0,46	0,52	0,10	0,13	0,45	0,51	8
9	0,14	0,17	0,52	0,58	0,13	0,17	0,50	0,56	0,13	0,16	0,48	0,54	9
10	0,16	0,19	0,56	0,62	0,16	0,18	0,54	0,59	0,15	0,18	0,52	0,57	10
11	0,18	0,23	0,59	0,64	0,17	0,22	0,57	0,63	0,16	0,21	0,55	0,61	11
12	0,21	0,26	0,62	0,67	0,21	0,25	0,61	0,65	0,20	0,24	0,59	0,64	12
13	0,23	0,28	0,65	0,71	0,22	0,27	0,64	0,68	0,22	0,26	0,62	0,67	13
14	0,27	0,32	0,68	0,73	0,26	0,31	0,66	0,72	0,25	0,30	0,65	0,69	14
15	0,29	0,35	0,72	0,77	0,28	0,34	0,69	0,74	0,27	0,32	0,68	0,73	15

TABELLE R Kritische Grenzen der Binomialverteilung B(n;0,5) [Schreiber 1988]

n	α (zweiseitig) 0,01	0,05	0,10	0,25	n
3	.	.	.	0	3
4	.	.	.	0	4
5	.	.	0	0	5
6	.	0	0	1	6
7	.	0	0	1	7
8	0	0	1	1	8
9	0	1	1	2	9
10	0	1	1	2	10
11	0	1	2	3	11
12	1	2	2	3	12
13	1	2	3	3	13
14	1	2	3	4	14
15	2	3	3	4	15
16	2	3	4	5	16
17	2	4	4	5	17
18	3	4	5	6	18
19	3	4	5	6	19
20	3	5	5	6	20
21	4	5	6	7	21
22	4	5	6	7	22
23	4	6	7	8	23
24	5	6	7	8	24
25	5	7	7	9	25
26	6	7	8	9	26
27	6	7	8	10	27
28	6	8	9	10	28
29	7	8	9	10	29
30	7	9	10	11	30
31	7	9	10	11	31
32	8	9	10	12	32
33	8	10	11	12	33
34	9	10	11	13	34
35	9	11	12	13	35
36	9	11	12	14	36
37	10	12	13	14	37
38	10	12	13	14	38
39	11	12	13	15	39
40	11	13	14	15	40
41	11	13	14	16	41
42	12	14	15	16	42
43	12	14	15	17	43
44	13	15	16	17	44
45	13	15	16	18	45
46	13	15	16	18	46
47	14	16	17	19	47
48	14	16	17	19	48
49	15	17	18	19	49
50	15	17	18	20	50
51	15	18	19	20	51
n	α (einseitig) 0,005	0,025	0,05	0,125	n

n	α (zweiseitig) 0,01	0,05	0,10	0,25	n
52	16	18	19	21	52
53	16	18	20	21	53
54	17	19	20	22	54
55	17	19	20	22	55
56	17	20	21	23	56
57	18	20	21	23	57
58	18	21	22	24	58
59	19	21	22	24	59
60	19	21	23	25	60
61	20	22	23	25	61
62	20	22	24	25	62
63	20	23	24	26	63
64	21	23	24	26	64
65	21	24	25	27	65
66	22	24	25	27	66
67	22	25	26	28	67
68	22	25	26	28	68
69	23	25	27	29	69
70	23	26	27	29	70
71	24	26	28	30	71
72	24	27	28	30	72
73	25	27	28	31	73
74	25	28	29	31	74
75	25	28	29	32	75
76	26	28	30	32	76
77	26	29	30	32	77
78	27	29	31	33	78
79	27	30	31	33	79
80	28	30	32	34	80
81	28	31	32	34	81
82	28	31	33	35	82
83	29	32	33	35	83
84	29	32	33	36	84
85	30	32	34	36	85
86	30	33	34	37	86
87	31	33	35	37	87
88	31	34	35	38	88
89	31	34	36	38	89
90	32	35	36	39	90
91	32	35	37	39	91
92	33	36	37	39	92
93	33	36	38	40	93
94	34	37	38	40	94
95	34	37	38	41	95
96	34	37	39	41	96
97	35	38	39	42	97
98	35	38	40	42	98
99	36	39	40	43	99
100	36	39	41	43	100
n	α (einseitig) 0,005	0,025	0,05	0,125	n

TABELLE S Exakte Wahrscheinlichkeiten der hypergeometrischen Verteilung (N = 2 - 20) [Schreiber 1988]

N	N_1	n_1	t_1	$P(t_1)$	$P(T_1 \le t_1)$	$P(T_1 > t_1)$
2	1	1	0	0,5000	0,5000	0,5000
2	1	1	1	0,5000	1,0000	0,0000■
3	1	1	0	0,6667	0,6667	0,3333
3	1	1	1	0,3333	1,0000	0,0000■
3	1	2	0	0,3333	0,3333	0,6667
3	1	2	1	0,6667	1,0000	0,0000■
3	2	2	1	0,6667	0,6667	0,3333
3	2	2	2	0,3333	1,0000	0,0000■
4	1	1	0	0,7500	0,7500	0,2500
4	1	1	1	0,2500	1,0000	0,0000■
4	1	2	0	0,5000	0,5000	0,5000
4	1	2	1	0,5000	1,0000	0,0000■
4	2	2	0	0,1667	0,1667	0,8333
4	2	2	1	0,6667	0,8333	0,1667
4	2	2	2	0,1667	1,0000	0,0000■
4	1	3	0	0,2500	0,2500	0,7500
4	1	3	1	0,7500	1,0000	0,0000■
4	2	3	1	0,5000	0,5000	0,5000
4	2	3	2	0,5000	1,0000	0,0000■
4	3	3	2	0,7500	0,7500	0,2500
4	3	3	3	0,2500	1,0000	0,0000■
5	1	1	0	0,8000	0,8000	0,2000
5	1	1	1	0,2000	1,0000	0,0000■
5	1	2	0	0,6000	0,6000	0,4000
5	1	2	1	0,4000	1,0000	0,0000■
5	2	2	0	0,3000	0,3000	0,7000
5	2	2	1	0,6000	0,9000	0,1000
5	2	2	2	0,1000	1,0000	0,0000■
5	1	3	0	0,4000	0,4000	0,6000
5	1	3	1	0,6000	1,0000	0,0000■
5	2	3	0	0,1000	0,1000	0,9000
5	2	3	1	0,6000	0,7000	0,3000
5	2	3	2	0,3000	1,0000	0,0000■
5	3	3	1	0,3000	0,3000	0,7000
5	3	3	2	0,6000	0,9000	0,1000
5	3	3	3	0,1000	1,0000	0,0000■
5	1	4	0	0,2000	0,2000	0,8000
5	1	4	1	0,8000	1,0000	0,0000■
5	2	4	1	0,4000	0,4000	0,6000
5	2	4	2	0,6000	1,0000	0,0000■
5	3	4	2	0,6000	0,6000	0,4000
5	3	4	3	0,4000	1,0000	0,0000■
5	4	4	3	0,8000	0,8000	0,2000
5	4	4	4	0,2000	1,0000	0,0000■
6	1	1	0	0,8333	0,8333	0,1667
6	1	1	1	0,1667	1,0000	0,0000■
6	1	2	0	0,6667	0,6667	0,3333
6	1	2	1	0,3333	1,0000	0,0000■
6	2	2	0	0,4000	0,4000	0,6000
6	2	2	1	0,5333	0,9333	0,0667
6	2	2	2	0,0667	1,0000	0,0000■
6	1	3	0	0,5000	0,5000	0,5000
6	1	3	1	0,5000	1,0000	0,0000■
6	2	3	0	0,2000	0,2000	0,8000
6	2	3	1	0,6000	0,8000	0,2000
6	2	3	2	0,2000	1,0000	0,0000■
6	3	3	0	0,0500	0,0500	0,9500
6	3	3	1	0,4500	0,5000	0,5000
6	3	3	2	0,4500	0,9500	0,0500
6	3	3	3	0,0500	1,0000	0,0000■

N	N_1	n_1	t_1	$P(t_1)$	$P(T_1 \le t_1)$	$P(T_1 > t_1)$
6	1	4	0	0,3333	0,3333	0,6667
6	1	4	1	0,6667	1,0000	0,0000■
6	2	4	0	0,0667	0,0667	0,9333
6	2	4	1	0,5333	0,6000	0,4000
6	2	4	2	0,4000	1,0000	0,0000■
6	3	4	1	0,2000	0,2000	0,8000
6	3	4	2	0,6000	0,8000	0,2000
6	3	4	3	0,2000	1,0000	0,0000■
6	4	4	2	0,4000	0,4000	0,6000
6	4	4	3	0,5333	0,9333	0,0667
6	4	4	4	0,0667	1,0000	0,0000■
6	1	5	0	0,1667	0,1667	0,8333
6	1	5	1	0,8333	1,0000	0,0000■
6	2	5	1	0,3333	0,3333	0,6667
6	2	5	2	0,6667	1,0000	0,0000■
6	3	5	2	0,5000	0,5000	0,5000
6	3	5	3	0,5000	1,0000	0,0000■
6	4	5	3	0,6667	0,6667	0,3333
6	4	5	4	0,3333	1,0000	0,0000■
6	5	5	4	0,8333	0,8333	0,1667
6	5	5	5	0,1667	1,0000	0,0000■
7	1	1	0	0,8571	0,8571	0,1429
7	1	1	1	0,1429	1,0000	0,0000■
7	1	2	0	0,7143	0,7143	0,2857
7	1	2	1	0,2857	1,0000	0,0000■
7	2	2	0	0,4762	0,4762	0,5238
7	2	2	1	0,4762	0,9524	0,0476
7	2	2	2	0,0476	1,0000	0,0000■
7	1	3	0	0,5714	0,5714	0,4286
7	1	3	1	0,4286	1,0000	0,0000■
7	2	3	0	0,2857	0,2857	0,7143
7	2	3	1	0,5714	0,8571	0,1429
7	2	3	2	0,1429	1,0000	0,0000■
7	3	3	0	0,1143	0,1143	0,8857
7	3	3	1	0,5143	0,6286	0,3714
7	3	3	2	0,3429	0,9714	0,0286
7	3	3	3	0,0286	1,0000	0,0000■
7	1	4	0	0,4286	0,4286	0,5714
7	1	4	1	0,5714	1,0000	0,0000■
7	2	4	0	0,1429	0,1429	0,8571
7	2	4	1	0,5714	0,7143	0,2857
7	2	4	2	0,2857	1,0000	0,0000■
7	3	4	0	0,0286	0,0286	0,9714
7	3	4	1	0,3429	0,3714	0,6286
7	3	4	2	0,5143	0,8857	0,1143
7	3	4	3	0,1143	1,0000	0,0000■
7	4	4	1	0,1143	0,1143	0,8857
7	4	4	2	0,5143	0,6286	0,3714
7	4	4	3	0,3429	0,9714	0,0286
7	4	4	4	0,0286	1,0000	0,0000■
7	1	5	0	0,2857	0,2857	0,7143
7	1	5	1	0,7143	1,0000	0,0000■
7	2	5	0	0,0476	0,0476	0,9524
7	2	5	1	0,4762	0,5238	0,4762
7	2	5	2	0,4762	1,0000	0,0000■
7	3	5	1	0,1429	0,1429	0,8571
7	3	5	2	0,5714	0,7143	0,2857
7	3	5	3	0,2857	1,0000	0,0000■
7	4	5	2	0,2857	0,2857	0,7143
7	4	5	3	0,5714	0,8571	0,1429

N	N_1	n_1	t_1	$P(t_1)$	$P(T_1 \le t_1)$	$P(T_1 > t_1)$
7	4	5	4	0,1429	1,0000	0,0000■
7	5	5	3	0,4762	0,4762	0,5238
7	5	5	4	0,4762	0,9524	0,0476
7	5	5	5	0,0476	1,0000	0,0000■
7	1	6	0	0,1429	0,1429	0,8571
7	1	6	1	0,8571	1,0000	0,0000■
7	2	6	1	0,2857	0,2857	0,7143
7	2	6	2	0,7143	1,0000	0,0000■
7	3	6	2	0,4286	0,4286	0,5714
7	3	6	3	0,5714	1,0000	0,0000■
7	4	6	3	0,5714	0,5714	0,4286
7	4	6	4	0,4286	1,0000	0,0000■
7	5	6	4	0,7143	0,7143	0,2857
7	5	6	5	0,2857	1,0000	0,0000■
7	6	6	5	0,8571	0,8571	0,1429
7	6	6	6	0,1429	1,0000	0,0000■
8	1	1	0	0,8750	0,8750	0,1250
8	1	1	1	0,1250	1,0000	0,0000■
8	1	2	0	0,7500	0,7500	0,2500
8	1	2	1	0,2500	1,0000	0,0000■
8	2	2	0	0,5357	0,5357	0,4643
8	2	2	1	0,4286	0,9643	0,0357
8	2	2	2	0,0357	1,0000	0,0000■
8	1	3	0	0,6250	0,6250	0,3750
8	1	3	1	0,3750	1,0000	0,0000■
8	2	3	0	0,3571	0,3571	0,6429
8	2	3	1	0,5357	0,8929	0,1071
8	2	3	2	0,1071	1,0000	0,0000■
8	3	3	0	0,1786	0,1786	0,8214
8	3	3	1	0,5357	0,7143	0,2857
8	3	3	2	0,2679	0,9821	0,0179
8	3	3	3	0,0179	1,0000	0,0000■
8	1	4	0	0,5000	0,5000	0,5000
8	1	4	1	0,5000	1,0000	0,0000■
8	2	4	0	0,2143	0,2143	0,7857
8	2	4	1	0,5714	0,7857	0,2143
8	2	4	2	0,2143	1,0000	0,0000■
8	3	4	0	0,0714	0,0714	0,9286
8	3	4	1	0,4286	0,5000	0,5000
8	3	4	2	0,4286	0,9286	0,0714
8	3	4	3	0,0714	1,0000	0,0000■
8	4	4	0	0,0143	0,0143	0,9857
8	4	4	1	0,2286	0,2429	0,7571
8	4	4	2	0,5143	0,7571	0,2429
8	4	4	3	0,2286	0,9857	0,0143
8	4	4	4	0,0143	1,0000	0,0000■
8	1	5	0	0,3750	0,3750	0,6250
8	1	5	1	0,6250	1,0000	0,0000■
8	2	5	0	0,1071	0,1071	0,8929
8	2	5	1	0,5357	0,6429	0,3571
8	2	5	2	0,3571	1,0000	0,0000■
8	3	5	0	0,0179	0,0179	0,9821
8	3	5	1	0,2679	0,2857	0,7143
8	3	5	2	0,5357	0,8214	0,1786
8	3	5	3	0,1786	1,0000	0,0000■
8	4	5	1	0,0714	0,0714	0,9286
8	4	5	2	0,4286	0,5000	0,5000
8	4	5	3	0,4286	0,9286	0,0714
8	4	5	4	0,0714	1,0000	0,0000■
8	5	5	2	0,1786	0,1786	0,8214

TABELLE S Exakte Wahrscheinlichkeiten der hypergeometrischen Verteilung

N	N_1	n_1	t_1	$P(t_1)$	$P(T_1 \leq t_1)$	$P(T_1 > t_1)$
8	5	5	3	0,5357	0,7143	0,2857
8	5	5	4	0,2679	0,9821	0,0179
8	5	5	5	0,0179	1,0000	0,0000■
8	1	6	0	0,2500	0,2500	0,7500
8	1	6	1	0,7500	1,0000	0,0000■
8	2	6	0	0,0357	0,0357	0,9643
8	2	6	1	0,4286	0,4643	0,5357
8	2	6	2	0,5357	1,0000	0,0000■
8	3	6	1	0,1071	0,1071	0,8929
8	3	6	2	0,5357	0,6429	0,3571
8	3	6	3	0,3571	1,0000	0,0000■
8	4	6	2	0,2143	0,2143	0,7857
8	4	6	3	0,5714	0,7857	0,2143
8	4	6	4	0,2143	1,0000	0,0000■
8	5	6	3	0,3571	0,3571	0,6429
8	5	6	4	0,5357	0,8929	0,1071
8	5	6	5	0,1071	1,0000	0,0000■
8	6	6	4	0,5357	0,5357	0,4643
8	6	6	5	0,4286	0,9643	0,0357
8	6	6	6	0,0357	1,0000	0,0000■
8	1	7	0	0,1250	0,1250	0,8750
8	1	7	1	0,8750	1,0000	0,0000■
8	2	7	1	0,2500	0,2500	0,7500
8	2	7	2	0,7500	1,0000	0,0000■
8	3	7	2	0,3750	0,3750	0,6250
8	3	7	3	0,6250	1,0000	0,0000■
8	4	7	3	0,5000	0,5000	0,5000
8	4	7	4	0,5000	1,0000	0,0000■
8	5	7	4	0,6250	0,6250	0,3750
8	5	7	5	0,3750	1,0000	0,0000■
8	6	7	5	0,7500	0,7500	0,2500
8	6	7	6	0,2500	1,0000	0,0000■
8	7	7	6	0,8750	0,8750	0,1250
8	7	7	7	0,1250	1,0000	0,0000■
9	1	1	0	0,8889	0,8889	0,1111
9	1	1	1	0,1111	1,0000	0,0000■
9	1	2	0	0,7778	0,7778	0,2222
9	1	2	1	0,2222	1,0000	0,0000■
9	2	2	0	0,5833	0,5833	0,4167
9	2	2	1	0,3889	0,9722	0,0278
9	2	2	2	0,0278	1,0000	0,0000■
9	1	3	0	0,6667	0,6667	0,3333
9	1	3	1	0,3333	1,0000	0,0000■
9	2	3	0	0,4167	0,4167	0,5833
9	2	3	1	0,5000	0,9167	0,0833
9	2	3	2	0,0833	1,0000	0,0000■
9	3	3	0	0,2381	0,2381	0,7619
9	3	3	1	0,5357	0,7738	0,2262
9	3	3	2	0,2143	0,9881	0,0119
9	3	3	3	0,0119	1,0000	0,0000■
9	1	4	0	0,5556	0,5556	0,4444
9	1	4	1	0,4444	1,0000	0,0000■
9	2	4	0	0,2778	0,2778	0,7222
9	2	4	1	0,5556	0,8333	0,1667
9	2	4	2	0,1667	1,0000	0,0000■
9	3	4	0	0,1190	0,1190	0,8810
9	3	4	1	0,4762	0,5952	0,4048
9	3	4	2	0,3571	0,9524	0,0476
9	3	4	3	0,0476	1,0000	0,0000■
9	4	4	0	0,0397	0,0397	0,9603
9	4	4	1	0,3175	0,3571	0,6429
9	4	4	2	0,4762	0,8333	0,1667
9	4	4	3	0,1587	0,9921	0,0079
9	4	4	4	0,0079	1,0000	0,0000■
9	1	5	0	0,4444	0,4444	0,5556
9	1	5	1	0,5556	1,0000	0,0000■
9	2	5	0	0,1667	0,1667	0,8333
9	2	5	1	0,5556	0,7222	0,2778
9	2	5	2	0,2778	1,0000	0,0000■
9	3	5	0	0,0476	0,0476	0,9524
9	3	5	1	0,3571	0,4048	0,5952
9	3	5	2	0,4762	0,8810	0,1190
9	3	5	3	0,1190	1,0000	0,0000■
9	4	5	0	0,0079	0,0079	0,9921
9	4	5	1	0,1587	0,1667	0,8333
9	4	5	2	0,4762	0,6429	0,3571
9	4	5	3	0,3175	0,9603	0,0397
9	4	5	4	0,0397	1,0000	0,0000■
9	5	5	1	0,0397	0,0397	0,9603
9	5	5	2	0,3175	0,3571	0,6429
9	5	5	3	0,4762	0,8333	0,1667
9	5	5	4	0,1587	0,9921	0,0079
9	5	5	5	0,0079	1,0000	0,0000■
9	1	6	0	0,3333	0,3333	0,6667
9	1	6	1	0,6667	1,0000	0,0000■
9	2	6	0	0,0833	0,0833	0,9167
9	2	6	1	0,5000	0,5833	0,4167
9	2	6	2	0,4167	1,0000	0,0000■
9	3	6	0	0,0119	0,0119	0,9881
9	3	6	1	0,2143	0,2262	0,7738
9	3	6	2	0,5357	0,7619	0,2381
9	3	6	3	0,2381	1,0000	0,0000■
9	4	6	1	0,0476	0,0476	0,9524
9	4	6	2	0,3571	0,4048	0,5952
9	4	6	3	0,4762	0,8810	0,1190
9	4	6	4	0,1190	1,0000	0,0000■
9	5	6	2	0,1190	0,1190	0,8810
9	5	6	3	0,4762	0,5952	0,4048
9	5	6	4	0,3571	0,9524	0,0476
9	5	6	5	0,0476	1,0000	0,0000■
9	6	6	3	0,2381	0,2381	0,7619
9	6	6	4	0,5357	0,7738	0,2262
9	6	6	5	0,2143	0,9881	0,0119
9	6	6	6	0,0119	1,0000	0,0000■
9	1	7	0	0,2222	0,2222	0,7778
9	1	7	1	0,7778	1,0000	0,0000■
9	2	7	0	0,0278	0,0278	0,9722
9	2	7	1	0,3889	0,4167	0,5833
9	2	7	2	0,5833	1,0000	0,0000■
9	3	7	1	0,0833	0,0833	0,9167
9	3	7	2	0,5000	0,5833	0,4167
9	3	7	3	0,4167	1,0000	0,0000■
9	4	7	2	0,1667	0,1667	0,8333
9	4	7	3	0,5556	0,7222	0,2778
9	4	7	4	0,2778	1,0000	0,0000■
9	5	7	3	0,2778	0,2778	0,7222
9	5	7	4	0,5556	0,8333	0,1667
9	5	7	5	0,1667	1,0000	0,0000■
9	6	7	4	0,4167	0,4167	0,5833
9	6	7	5	0,5000	0,9167	0,0833
9	6	7	6	0,0833	1,0000	0,0000■
9	7	7	5	0,5833	0,5833	0,4167
9	7	7	6	0,3889	0,9722	0,0278
9	7	7	7	0,0278	1,0000	0,0000■
9	1	8	0	0,1111	0,1111	0,8889
9	1	8	1	0,8889	1,0000	0,0000■
9	2	8	1	0,2222	0,2222	0,7778
9	2	8	2	0,7778	1,0000	0,0000■
9	3	8	2	0,3333	0,3333	0,6667
9	3	8	3	0,6667	1,0000	0,0000■
9	4	8	3	0,4444	0,4444	0,5556
9	4	8	4	0,5556	1,0000	0,0000■
9	5	8	4	0,5556	0,5556	0,4444
9	5	8	5	0,4444	1,0000	0,0000■
9	6	8	5	0,6667	0,6667	0,3333
9	6	8	6	0,3333	1,0000	0,0000■
9	7	8	6	0,7778	0,7778	0,2222
9	7	8	7	0,2222	1,0000	0,0000■
9	8	8	7	0,8889	0,8889	0,1111
9	8	8	8	0,1111	1,0000	0,0000■
10	1	1	0	0,9000	0,9000	0,1000
10	1	1	1	0,1000	1,0000	0,0000■
10	1	2	0	0,8000	0,8000	0,2000
10	1	2	1	0,2000	1,0000	0,0000■
10	2	2	0	0,6222	0,6222	0,3778
10	2	2	1	0,3556	0,9778	0,0222
10	2	2	2	0,0222	1,0000	0,0000■
10	1	3	0	0,7000	0,7000	0,3000
10	1	3	1	0,3000	1,0000	0,0000■
10	2	3	0	0,4667	0,4667	0,5333
10	2	3	1	0,4667	0,9333	0,0667
10	2	3	2	0,0667	1,0000	0,0000■
10	3	3	0	0,2917	0,2917	0,7083
10	3	3	1	0,5250	0,8167	0,1833
10	3	3	2	0,1750	0,9917	0,0083
10	3	3	3	0,0083	1,0000	0,0000■
10	1	4	0	0,6000	0,6000	0,4000
10	1	4	1	0,4000	1,0000	0,0000■
10	2	4	0	0,3333	0,3333	0,6667
10	2	4	1	0,5333	0,8667	0,1333
10	2	4	2	0,1333	1,0000	0,0000■
10	3	4	0	0,1667	0,1667	0,8333
10	3	4	1	0,5000	0,6667	0,3333
10	3	4	2	0,3000	0,9667	0,0333
10	3	4	3	0,0333	1,0000	0,0000■
10	4	4	0	0,0714	0,0714	0,9286
10	4	4	1	0,3810	0,4524	0,5476
10	4	4	2	0,4286	0,8810	0,1190
10	4	4	3	0,1143	0,9952	0,0048
10	4	4	4	0,0048	1,0000	0,0000■
10	1	5	0	0,5000	0,5000	0,5000
10	1	5	1	0,5000	1,0000	0,0000■
10	2	5	0	0,2222	0,2222	0,7778
10	2	5	1	0,5556	0,7778	0,2222
10	2	5	2	0,2222	1,0000	0,0000■
10	3	5	0	0,0833	0,0833	0,9167
10	3	5	1	0,4167	0,5000	0,5000
10	3	5	2	0,4167	0,9167	0,0833
10	3	5	3	0,0833	1,0000	0,0000■
10	4	5	0	0,0238	0,0238	0,9762

TABELLE S Exakte Wahrscheinlichkeiten der hypergeometrischen Verteilung

N	N_1	n_1	t_1	$P(t_1)$	$P(T_1 \leq t_1)$	$P(T_1 > t_1)$
10	4	5	1	0,2381	0,2619	0,7381
10	4	5	2	0,4762	0,7381	0,2619
10	4	5	3	0,2381	0,9762	0,0238
10	4	5	4	0,0238	1,0000	0,0000■
10	5	5	0	0,0040	0,0040	0,9960
10	5	5	1	0,0992	0,1032	0,8968
10	5	5	2	0,3968	0,5000	0,5000
10	5	5	3	0,3968	0,8968	0,1032
10	5	5	4	0,0992	0,9960	0,0040
10	5	5	5	0,0040	1,0000	0,0000■
10	1	6	0	0,4000	0,4000	0,6000
10	1	6	1	0,6000	1,0000	0,0000■
10	2	6	0	0,1333	0,1333	0,8667
10	2	6	1	0,5333	0,6667	0,3333
10	2	6	2	0,3333	1,0000	0,0000■
10	3	6	0	0,0333	0,0333	0,9667
10	3	6	1	0,3000	0,3333	0,6667
10	3	6	2	0,5000	0,8333	0,1667
10	3	6	3	0,1667	1,0000	0,0000■
10	4	6	0	0,0048	0,0048	0,9952
10	4	6	1	0,1143	0,1190	0,8810
10	4	6	2	0,4286	0,5476	0,4524
10	4	6	3	0,3810	0,9286	0,0714
10	4	6	4	0,0714	1,0000	0,0000■
10	5	6	1	0,0238	0,0238	0,9762
10	5	6	2	0,2381	0,2619	0,7381
10	5	6	3	0,4762	0,7381	0,2619
10	5	6	4	0,2381	0,9762	0,0238
10	5	6	5	0,0238	1,0000	0,0000■
10	6	6	2	0,0714	0,0714	0,9286
10	6	6	3	0,3810	0,4524	0,5476
10	6	6	4	0,4286	0,8810	0,1190
10	6	6	5	0,1143	0,9952	0,0048
10	6	6	6	0,0048	1,0000	0,0000■
10	1	7	0	0,3000	0,3000	0,7000
10	1	7	1	0,7000	1,0000	0,0000■
10	2	7	0	0,0667	0,0667	0,9333
10	2	7	1	0,4667	0,5333	0,4667
10	2	7	2	0,4667	1,0000	0,0000■
10	3	7	0	0,0083	0,0083	0,9917
10	3	7	1	0,1750	0,1833	0,8167
10	3	7	2	0,5250	0,7083	0,2917
10	3	7	3	0,2917	1,0000	0,0000■
10	4	7	1	0,0333	0,0333	0,9667
10	4	7	2	0,3000	0,3333	0,6667
10	4	7	3	0,5000	0,8333	0,1667
10	4	7	4	0,1667	1,0000	0,0000■
10	5	7	2	0,0833	0,0833	0,9167
10	5	7	3	0,4167	0,5000	0,5000
10	5	7	4	0,4167	0,9167	0,0833
10	5	7	5	0,0833	1,0000	0,0000■
10	6	7	3	0,1667	0,1667	0,8333
10	6	7	4	0,5000	0,6667	0,3333
10	6	7	5	0,3000	0,9667	0,0333
10	6	7	6	0,0333	1,0000	0,0000■
10	7	7	4	0,2917	0,2917	0,7083
10	7	7	5	0,5250	0,8167	0,1833
10	7	7	6	0,1750	0,9917	0,0083
10	7	7	7	0,0083	1,0000	0,0000■
10	1	8	0	0,2000	0,2000	0,8000

N	N_1	n_1	t_1	$P(t_1)$	$P(T_1 \leq t_1)$	$P(T_1 > t_1)$
10	1	8	1	0,8000	1,0000	0,0000■
10	2	8	0	0,0222	0,0222	0,9778
10	2	8	1	0,3556	0,3778	0,6222
10	2	8	2	0,6222	1,0000	0,0000■
10	3	8	1	0,0667	0,0667	0,9333
10	3	8	2	0,4667	0,5333	0,4667
10	3	8	3	0,4667	1,0000	0,0000■
10	4	8	2	0,1333	0,1333	0,8667
10	4	8	3	0,5333	0,6667	0,3333
10	4	8	4	0,3333	1,0000	0,0000■
10	5	8	3	0,2222	0,2222	0,7778
10	5	8	4	0,5556	0,7778	0,2222
10	5	8	5	0,2222	1,0000	0,0000■
10	6	8	4	0,3333	0,3333	0,6667
10	6	8	5	0,5333	0,8667	0,1333
10	6	8	6	0,1333	1,0000	0,0000■
10	7	8	5	0,4667	0,4667	0,5333
10	7	8	6	0,4667	0,9333	0,0667
10	7	8	7	0,0667	1,0000	0,0000■
10	8	8	6	0,6222	0,6222	0,3778
10	8	8	7	0,3556	0,9778	0,0222
10	8	8	8	0,0222	1,0000	0,0000■
10	1	9	0	0,1000	0,1000	0,9000
10	1	9	1	0,9000	1,0000	0,0000■
10	2	9	1	0,2000	0,2000	0,8000
10	2	9	2	0,8000	1,0000	0,0000■
10	3	9	2	0,3000	0,3000	0,7000
10	3	9	3	0,7000	1,0000	0,0000■
10	4	9	3	0,4000	0,4000	0,6000
10	4	9	4	0,6000	1,0000	0,0000■
10	5	9	4	0,5000	0,5000	0,5000
10	5	9	5	0,5000	1,0000	0,0000■
10	6	9	5	0,6000	0,6000	0,4000
10	6	9	6	0,4000	1,0000	0,0000■
10	7	9	6	0,7000	0,7000	0,3000
10	7	9	7	0,3000	1,0000	0,0000■
10	8	9	7	0,8000	0,8000	0,2000
10	8	9	8	0,2000	1,0000	0,0000■
10	9	9	8	0,9000	0,9000	0,1000
10	9	9	9	0,1000	1,0000	0,0000■
11	1	1	0	0,9091	0,9091	0,0909
11	1	1	1	0,0909	1,0000	0,0000■
11	1	2	0	0,8182	0,8182	0,1818
11	1	2	1	0,1818	1,0000	0,0000■
11	2	2	0	0,6545	0,6545	0,3455
11	2	2	1	0,3273	0,9818	0,0182
11	2	2	2	0,0182	1,0000	0,0000■
11	1	3	0	0,7273	0,7273	0,2727
11	1	3	1	0,2727	1,0000	0,0000■
11	2	3	0	0,5091	0,5091	0,4909
11	2	3	1	0,4364	0,9455	0,0545
11	2	3	2	0,0545	1,0000	0,0000■
11	3	3	0	0,3394	0,3394	0,6606
11	3	3	1	0,5091	0,8485	0,1515
11	3	3	2	0,1455	0,9939	0,0061
11	3	3	3	0,0061	1,0000	0,0000■
11	1	4	0	0,6364	0,6364	0,3636
11	1	4	1	0,3636	1,0000	0,0000■
11	2	4	0	0,3818	0,3818	0,6182
11	2	4	1	0,5091	0,8909	0,1091

N	N_1	n_1	t_1	$P(t_1)$	$P(T_1 \leq t_1)$	$P(T_1 > t_1)$
11	2	4	2	0,1091	1,0000	0,0000■
11	3	4	0	0,2121	0,2121	0,7879
11	3	4	1	0,5091	0,7212	0,2788
11	3	4	2	0,2545	0,9758	0,0242
11	3	4	3	0,0242	1,0000	0,0000■
11	4	4	0	0,1061	0,1061	0,8939
11	4	4	1	0,4242	0,5303	0,4697
11	4	4	2	0,3818	0,9121	0,0879
11	4	4	3	0,0848	0,9970	0,0030
11	4	4	4	0,0030	1,0000	0,0000■
11	1	5	0	0,5455	0,5455	0,4545
11	1	5	1	0,4545	1,0000	0,0000■
11	2	5	0	0,2727	0,2727	0,7273
11	2	5	1	0,5455	0,8182	0,1818
11	2	5	2	0,1818	1,0000	0,0000■
11	3	5	0	0,1212	0,1212	0,8788
11	3	5	1	0,4545	0,5758	0,4242
11	3	5	2	0,3636	0,9394	0,0606
11	3	5	3	0,0606	1,0000	0,0000■
11	4	5	0	0,0455	0,0455	0,9545
11	4	5	1	0,3030	0,3485	0,6515
11	4	5	2	0,4545	0,8030	0,1970
11	4	5	3	0,1818	0,9848	0,0152
11	4	5	4	0,0152	1,0000	0,0000■
11	5	5	0	0,0130	0,0130	0,9870
11	5	5	1	0,1623	0,1753	0,8247
11	5	5	2	0,4329	0,6082	0,3918
11	5	5	3	0,3247	0,9329	0,0671
11	5	5	4	0,0649	0,9978	0,0022
11	5	5	5	0,0022	1,0000	0,0000■
11	1	6	0	0,4545	0,4545	0,5455
11	1	6	1	0,5455	1,0000	0,0000■
11	2	6	0	0,1818	0,1818	0,8182
11	2	6	1	0,5455	0,7273	0,2727
11	2	6	2	0,2727	1,0000	0,0000■
11	3	6	0	0,0606	0,0606	0,9394
11	3	6	1	0,3636	0,4242	0,5758
11	3	6	2	0,4545	0,8788	0,1212
11	3	6	3	0,1212	1,0000	0,0000■
11	4	6	0	0,0152	0,0152	0,9848
11	4	6	1	0,1818	0,1970	0,8030
11	4	6	2	0,4545	0,6515	0,3485
11	4	6	3	0,3030	0,9545	0,0455
11	4	6	4	0,0455	1,0000	0,0000■
11	5	6	0	0,0022	0,0022	0,9978
11	5	6	1	0,0649	0,0671	0,9329
11	5	6	2	0,3247	0,3918	0,6082
11	5	6	3	0,4329	0,8247	0,1753
11	5	6	4	0,1623	0,9870	0,0130
11	5	6	5	0,0130	1,0000	0,0000■
11	6	6	1	0,0130	0,0130	0,9870
11	6	6	2	0,1623	0,1753	0,8247
11	6	6	3	0,4329	0,6082	0,3918
11	6	6	4	0,3247	0,9329	0,0671
11	6	6	5	0,0649	0,9978	0,0022
11	6	6	6	0,0022	1,0000	0,0000■
11	1	7	0	0,3636	0,3636	0,6364
11	1	7	1	0,6364	1,0000	0,0000■
11	2	7	0	0,1091	0,1091	0,8909
11	2	7	1	0,5091	0,6182	0,3818

TABELLE S Exakte Wahrscheinlichkeiten der hypergeometrischen Verteilung

N	N_1	n_1	t_1	$P(t_1)$	$P(T_1 \leq t_1)$	$P(T_1 > t_1)$
11	2	7	2	0,3818	1,0000	0,0000■
11	3	7	0	0,0242	0,0242	0,9758
11	3	7	1	0,2545	0,2788	0,7212
11	3	7	2	0,5091	0,7879	0,2121
11	3	7	3	0,2121	1,0000	0,0000■
11	4	7	0	0,0030	0,0030	0,9970
11	4	7	1	0,0848	0,0879	0,9121
11	4	7	2	0,3818	0,4697	0,5303
11	4	7	3	0,4242	0,8939	0,1061
11	4	7	4	0,1061	1,0000	0,0000■
11	5	7	1	0,0152	0,0152	0,9848
11	5	7	2	0,1818	0,1970	0,8030
11	5	7	3	0,4545	0,6515	0,3485
11	5	7	4	0,3030	0,9545	0,0455
11	5	7	5	0,0455	1,0000	0,0000■
11	6	7	2	0,0455	0,0455	0,9545
11	6	7	3	0,3030	0,3485	0,6515
11	6	7	4	0,4545	0,8030	0,1970
11	6	7	5	0,1818	0,9848	0,0152
11	6	7	6	0,0152	1,0000	0,0000■
11	7	7	3	0,1061	0,1061	0,8939
11	7	7	4	0,4242	0,5303	0,4697
11	7	7	5	0,3818	0,9121	0,0879
11	7	7	6	0,0848	0,9970	0,0030
11	7	7	7	0,0030	1,0000	0,0000■
11	1	8	0	0,2727	0,2727	0,7273
11	1	8	1	0,7273	1,0000	0,0000■
11	2	8	0	0,0545	0,0545	0,9455
11	2	8	1	0,4364	0,4909	0,5091
11	2	8	2	0,5091	1,0000	0,0000■
11	3	8	0	0,0061	0,0061	0,9939
11	3	8	1	0,1455	0,1515	0,8485
11	3	8	2	0,5091	0,6606	0,3394
11	3	8	3	0,3394	1,0000	0,0000■
11	4	8	1	0,0242	0,0242	0,9758
11	4	8	2	0,2545	0,2788	0,7212
11	4	8	3	0,5091	0,7879	0,2121
11	4	8	4	0,2121	1,0000	0,0000■
11	5	8	2	0,0606	0,0606	0,9394
11	5	8	3	0,3636	0,4242	0,5758
11	5	8	4	0,4545	0,8788	0,1212
11	5	8	5	0,1212	1,0000	0,0000■
11	6	8	3	0,1212	0,1212	0,8788
11	6	8	4	0,4545	0,5758	0,4242
11	6	8	5	0,3636	0,9394	0,0606
11	6	8	6	0,0606	1,0000	0,0000■
11	7	8	4	0,2121	0,2121	0,7879
11	7	8	5	0,5091	0,7212	0,2788
11	7	8	6	0,2545	0,9758	0,0242
11	7	8	7	0,0242	1,0000	0,0000■
11	8	8	5	0,3394	0,3394	0,6606
11	8	8	6	0,5091	0,8485	0,1515
11	8	8	7	0,1455	0,9939	0,0061
11	8	8	8	0,0061	1,0000	0,0000■
11	1	9	0	0,1818	0,1818	0,8182
11	1	9	1	0,8182	1,0000	0,0000■
11	2	9	0	0,0182	0,0182	0,9818
11	2	9	1	0,3273	0,3455	0,6545
11	2	9	2	0,6545	1,0000	0,0000■
11	3	9	1	0,0545	0,0545	0,9455

N	N_1	n_1	t_1	$P(t_1)$	$P(T_1 \leq t_1)$	$P(T_1 > t_1)$
11	3	9	2	0,4364	0,4909	0,5091
11	3	9	3	0,5091	1,0000	0,0000■
11	4	9	2	0,1091	0,1091	0,8909
11	4	9	3	0,5091	0,6182	0,3818
11	4	9	4	0,3818	1,0000	0,0000■
11	5	9	3	0,1818	0,1818	0,8182
11	5	9	4	0,5455	0,7273	0,2727
11	5	9	5	0,2727	1,0000	0,0000■
11	6	9	4	0,2727	0,2727	0,7273
11	6	9	5	0,5455	0,8182	0,1818
11	6	9	6	0,1818	1,0000	0,0000■
11	7	9	5	0,3818	0,3818	0,6182
11	7	9	6	0,5091	0,8909	0,1091
11	7	9	7	0,1091	1,0000	0,0000■
11	8	9	6	0,5091	0,5091	0,4909
11	8	9	7	0,4364	0,9455	0,0545
11	8	9	8	0,0545	1,0000	0,0000■
11	9	9	7	0,6545	0,6545	0,3455
11	9	9	8	0,3273	0,9818	0,0182
11	9	9	9	0,0182	1,0000	0,0000■
11	1	10	0	0,0909	0,0909	0,9091
11	1	10	1	0,9091	1,0000	0,0000■
11	2	10	1	0,1818	0,1818	0,8182
11	2	10	2	0,8182	1,0000	0,0000■
11	3	10	2	0,2727	0,2727	0,7273
11	3	10	3	0,7273	1,0000	0,0000■
11	4	10	3	0,3636	0,3636	0,6364
11	4	10	4	0,6364	1,0000	0,0000■
11	5	10	4	0,4545	0,4545	0,5455
11	5	10	5	0,5455	1,0000	0,0000■
11	6	10	5	0,5455	0,5455	0,4545
11	6	10	6	0,4545	1,0000	0,0000■
11	7	10	6	0,6364	0,6364	0,3636
11	7	10	7	0,3636	1,0000	0,0000■
11	8	10	7	0,7273	0,7273	0,2727
11	8	10	8	0,2727	1,0000	0,0000■
11	9	10	8	0,8182	0,8182	0,1818
11	9	10	9	0,1818	1,0000	0,0000■
11	10	10	9	0,9091	0,9091	0,0909
11	10	10	10	0,0909	1,0000	0,0000■
12	1	1	0	0,9167	0,9167	0,0833
12	1	1	1	0,0833	1,0000	0,0000■
12	1	2	0	0,8333	0,8333	0,1667
12	1	2	1	0,1667	1,0000	0,0000■
12	2	2	0	0,6818	0,6818	0,3182
12	2	2	1	0,3030	0,9848	0,0152
12	2	2	2	0,0152	1,0000	0,0000■
12	1	3	0	0,7500	0,7500	0,2500
12	1	3	1	0,2500	1,0000	0,0000■
12	2	3	0	0,5455	0,5455	0,4545
12	2	3	1	0,4091	0,9545	0,0455
12	2	3	2	0,0455	1,0000	0,0000■
12	3	3	0	0,3818	0,3818	0,6182
12	3	3	1	0,4909	0,8727	0,1273
12	3	3	2	0,1227	0,9955	0,0045
12	3	3	3	0,0045	1,0000	0,0000■
12	1	4	0	0,6667	0,6667	0,3333
12	1	4	1	0,3333	1,0000	0,0000■
12	2	4	0	0,4242	0,4242	0,5758
12	2	4	1	0,4848	0,9091	0,0909

N	N_1	n_1	t_1	$P(t_1)$	$P(T_1 \leq t_1)$	$P(T_1 > t_1)$
12	2	4	2	0,0909	1,0000	0,0000■
12	3	4	0	0,2545	0,2545	0,7455
12	3	4	1	0,5091	0,7636	0,2364
12	3	4	2	0,2182	0,9818	0,0182
12	3	4	3	0,0182	1,0000	0,0000■
12	4	4	0	0,1414	0,1414	0,8586
12	4	4	1	0,4525	0,5939	0,4061
12	4	4	2	0,3394	0,9333	0,0667
12	4	4	3	0,0646	0,9980	0,0020
12	4	4	4	0,0020	1,0000	0,0000■
12	1	5	0	0,5833	0,5833	0,4167
12	1	5	1	0,4167	1,0000	0,0000■
12	2	5	0	0,3182	0,3182	0,6818
12	2	5	1	0,5303	0,8485	0,1515
12	2	5	2	0,1515	1,0000	0,0000■
12	3	5	0	0,1591	0,1591	0,8409
12	3	5	1	0,4773	0,6364	0,3636
12	3	5	2	0,3182	0,9545	0,0455
12	3	5	3	0,0455	1,0000	0,0000■
12	4	5	0	0,0707	0,0707	0,9293
12	4	5	1	0,3535	0,4242	0,5758
12	4	5	2	0,4242	0,8485	0,1515
12	4	5	3	0,1414	0,9899	0,0101
12	4	5	4	0,0101	1,0000	0,0000■
12	5	5	0	0,0265	0,0265	0,9735
12	5	5	1	0,2210	0,2475	0,7525
12	5	5	2	0,4419	0,6894	0,3106
12	5	5	3	0,2652	0,9545	0,0455
12	5	5	4	0,0442	0,9987	0,0013
12	5	5	5	0,0013	1,0000	0,0000■
12	1	6	0	0,5000	0,5000	0,5000
12	1	6	1	0,5000	1,0000	0,0000■
12	2	6	0	0,2273	0,2273	0,7727
12	2	6	1	0,5455	0,7727	0,2273
12	2	6	2	0,2273	1,0000	0,0000■
12	3	6	0	0,0909	0,0909	0,9091
12	3	6	1	0,4091	0,5000	0,5000
12	3	6	2	0,4091	0,9091	0,0909
12	3	6	3	0,0909	1,0000	0,0000■
12	4	6	0	0,0303	0,0303	0,9697
12	4	6	1	0,2424	0,2727	0,7273
12	4	6	2	0,4545	0,7273	0,2727
12	4	6	3	0,2424	0,9697	0,0303
12	4	6	4	0,0303	1,0000	0,0000■
12	5	6	0	0,0076	0,0076	0,9924
12	5	6	1	0,1136	0,1212	0,8788
12	5	6	2	0,3788	0,5000	0,5000
12	5	6	3	0,3788	0,8788	0,1212
12	5	6	4	0,1136	0,9924	0,0076
12	5	6	5	0,0076	1,0000	0,0000■
12	6	6	0	0,0011	0,0011	0,9989
12	6	6	1	0,0390	0,0400	0,9600
12	6	6	2	0,2435	0,2835	0,7165
12	6	6	3	0,4329	0,7165	0,2835
12	6	6	4	0,2435	0,9600	0,0400
12	6	6	5	0,0390	0,9989	0,0011
12	6	6	6	0,0011	1,0000	0,0000■
12	1	7	0	0,4167	0,4167	0,5833
12	1	7	1	0,5833	1,0000	0,0000■
12	2	7	0	0,1515	0,1515	0,8485

TABELLE S Exakte Wahrscheinlichkeiten der hypergeometrischen Verteilung

N	N_1	n_1	t_1	$P(t_1)$	$P(T_1 \leq t_1)$	$P(T_1 > t_1)$
12	2	7	1	0,5303	0,6818	0,3182
12	2	7	2	0,3182	1,0000	0,0000■
12	3	7	0	0,0455	0,0455	0,9545
12	3	7	1	0,3182	0,3636	0,6364
12	3	7	2	0,4773	0,8409	0,1591
12	3	7	3	0,1591	1,0000	0,0000■
12	4	7	0	0,0101	0,0101	0,9899
12	4	7	1	0,1414	0,1515	0,8485
12	4	7	2	0,4242	0,5758	0,4242
12	4	7	3	0,3535	0,9293	0,0707
12	4	7	4	0,0707	1,0000	0,0000■
12	5	7	0	0,0013	0,0013	0,9987
12	5	7	1	0,0442	0,0455	0,9545
12	5	7	2	0,2652	0,3106	0,6894
12	5	7	3	0,4419	0,7525	0,2475
12	5	7	4	0,2210	0,9735	0,0265
12	5	7	5	0,0265	1,0000	0,0000■
12	6	7	1	0,0076	0,0076	0,9924
12	6	7	2	0,1136	0,1212	0,8788
12	6	7	3	0,3788	0,5000	0,5000
12	6	7	4	0,3788	0,8788	0,1212
12	6	7	5	0,1136	0,9924	0,0076
12	6	7	6	0,0076	1,0000	0,0000■
12	7	7	2	0,0265	0,0265	0,9735
12	7	7	3	0,2210	0,2475	0,7525
12	7	7	4	0,4419	0,6894	0,3106
12	7	7	5	0,2652	0,9545	0,0455
12	7	7	6	0,0442	0,9987	0,0013
12	7	7	7	0,0013	1,0000	0,0000■
12	1	8	0	0,3333	0,3333	0,6667
12	1	8	1	0,6667	1,0000	0,0000■
12	2	8	0	0,0909	0,0909	0,9091
12	2	8	1	0,4848	0,5758	0,4242
12	2	8	2	0,4242	1,0000	0,0000■
12	3	8	0	0,0182	0,0182	0,9818
12	3	8	1	0,2182	0,2364	0,7636
12	3	8	2	0,5091	0,7455	0,2545
12	3	8	3	0,2545	1,0000	0,0000■
12	4	8	0	0,0020	0,0020	0,9980
12	4	8	1	0,0646	0,0667	0,9333
12	4	8	2	0,3394	0,4061	0,5939
12	4	8	3	0,4525	0,8586	0,1414
12	4	8	4	0,1414	1,0000	0,0000■
12	5	8	1	0,0101	0,0101	0,9899
12	5	8	2	0,1414	0,1515	0,8485
12	5	8	3	0,4242	0,5758	0,4242
12	5	8	4	0,3535	0,9293	0,0707
12	5	8	5	0,0707	1,0000	0,0000■
12	6	8	2	0,0303	0,0303	0,9697
12	6	8	3	0,2424	0,2727	0,7273
12	6	8	4	0,4545	0,7273	0,2727
12	6	8	5	0,2424	0,9697	0,0303
12	6	8	6	0,0303	1,0000	0,0000■
12	7	8	3	0,0707	0,0707	0,9293
12	7	8	4	0,3535	0,4242	0,5758
12	7	8	5	0,4242	0,8485	0,1515
12	7	8	6	0,1414	0,9899	0,0101
12	7	8	7	0,0101	1,0000	0,0000■
12	8	8	4	0,1414	0,1414	0,8586
12	8	8	5	0,4525	0,5939	0,4061
12	8	8	6	0,3394	0,9333	0,0667
12	8	8	7	0,0646	0,9980	0,0020
12	8	8	8	0,0020	1,0000	0,0000■
12	1	9	0	0,2500	0,2500	0,7500
12	1	9	1	0,7500	1,0000	0,0000■
12	2	9	0	0,0455	0,0455	0,9545
12	2	9	1	0,4091	0,4545	0,5455
12	2	9	2	0,5455	1,0000	0,0000■
12	3	9	0	0,0045	0,0045	0,9955
12	3	9	1	0,1227	0,1273	0,8727
12	3	9	2	0,4909	0,6182	0,3818
12	3	9	3	0,3818	1,0000	0,0000■
12	4	9	1	0,0182	0,0182	0,9818
12	4	9	2	0,2182	0,2364	0,7636
12	4	9	3	0,5091	0,7455	0,2545
12	4	9	4	0,2545	1,0000	0,0000■
12	5	9	2	0,0455	0,0455	0,9545
12	5	9	3	0,3182	0,3636	0,6364
12	5	9	4	0,4773	0,8409	0,1591
12	5	9	5	0,1591	1,0000	0,0000■
12	6	9	3	0,0909	0,0909	0,9091
12	6	9	4	0,4091	0,5000	0,5000
12	6	9	5	0,4091	0,9091	0,0909
12	6	9	6	0,0909	1,0000	0,0000■
12	7	9	4	0,1591	0,1591	0,8409
12	7	9	5	0,4773	0,6364	0,3636
12	7	9	6	0,3182	0,9545	0,0455
12	7	9	7	0,0455	1,0000	0,0000■
12	8	9	5	0,2545	0,2545	0,7455
12	8	9	6	0,5091	0,7636	0,2364
12	8	9	7	0,2182	0,9818	0,0182
12	8	9	8	0,0182	1,0000	0,0000■
12	9	9	6	0,3818	0,3818	0,6182
12	9	9	7	0,4909	0,8727	0,1273
12	9	9	8	0,1227	0,9955	0,0045
12	9	9	9	0,0045	1,0000	0,0000■
12	1	10	0	0,1667	0,1667	0,8333
12	1	10	1	0,8333	1,0000	0,0000■
12	2	10	0	0,0152	0,0152	0,9848
12	2	10	1	0,3030	0,3182	0,6818
12	2	10	2	0,6818	1,0000	0,0000■
12	3	10	1	0,0455	0,0455	0,9545
12	3	10	2	0,4091	0,4545	0,5455
12	3	10	3	0,5455	1,0000	0,0000■
12	4	10	2	0,0909	0,0909	0,9091
12	4	10	3	0,4848	0,5758	0,4242
12	4	10	4	0,4242	1,0000	0,0000■
12	5	10	3	0,1515	0,1515	0,8485
12	5	10	4	0,5303	0,6818	0,3182
12	5	10	5	0,3182	1,0000	0,0000■
12	6	10	4	0,2273	0,2273	0,7727
12	6	10	5	0,5455	0,7727	0,2273
12	6	10	6	0,2273	1,0000	0,0000■
12	7	10	5	0,3182	0,3182	0,6818
12	7	10	6	0,5303	0,8485	0,1515
12	7	10	7	0,1515	1,0000	0,0000■
12	8	10	6	0,4242	0,4242	0,5758
12	8	10	7	0,4848	0,9091	0,0909
12	8	10	8	0,0909	1,0000	0,0000■
12	9	10	7	0,5455	0,5455	0,4545
12	9	10	8	0,4091	0,9545	0,0455
12	9	10	9	0,0455	1,0000	0,0000■
12	10	10	8	0,6818	0,6818	0,3182
12	10	10	9	0,3030	0,9848	0,0152
12	10	10	10	0,0152	1,0000	0,0000■
12	1	11	0	0,0833	0,0833	0,9167
12	1	11	1	0,9167	1,0000	0,0000■
12	2	11	1	0,1667	0,1667	0,8333
12	2	11	2	0,8333	1,0000	0,0000■
12	3	11	2	0,2500	0,2500	0,7500
12	3	11	3	0,7500	1,0000	0,0000■
12	4	11	3	0,3333	0,3333	0,6667
12	4	11	4	0,6667	1,0000	0,0000■
12	5	11	4	0,4167	0,4167	0,5833
12	5	11	5	0,5833	1,0000	0,0000■
12	6	11	5	0,5000	0,5000	0,5000
12	6	11	6	0,5000	1,0000	0,0000■
12	7	11	6	0,5833	0,5833	0,4167
12	7	11	7	0,4167	1,0000	0,0000■
12	8	11	7	0,6667	0,6667	0,3333
12	8	11	8	0,3333	1,0000	0,0000■
12	9	11	8	0,7500	0,7500	0,2500
12	9	11	9	0,2500	1,0000	0,0000■
12	10	11	9	0,8333	0,8333	0,1667
12	10	11	10	0,1667	1,0000	0,0000■
12	11	11	10	0,9167	0,9167	0,0833
12	11	11	11	0,0833	1,0000	0,0000■
13	1	1	0	0,9231	0,9231	0,0769
13	1	1	1	0,0769	1,0000	0,0000■
13	1	2	0	0,8462	0,8462	0,1538
13	1	2	1	0,1538	1,0000	0,0000■
13	2	2	0	0,7051	0,7051	0,2949
13	2	2	1	0,2821	0,9872	0,0128
13	2	2	2	0,0128	1,0000	0,0000■
13	1	3	0	0,7692	0,7692	0,2308
13	1	3	1	0,2308	1,0000	0,0000■
13	2	3	0	0,5769	0,5769	0,4231
13	2	3	1	0,3846	0,9615	0,0385
13	2	3	2	0,0385	1,0000	0,0000■
13	3	3	0	0,4196	0,4196	0,5804
13	3	3	1	0,4720	0,8916	0,1084
13	3	3	2	0,1049	0,9965	0,0035
13	3	3	3	0,0035	1,0000	0,0000■
13	1	4	0	0,6923	0,6923	0,3077
13	1	4	1	0,3077	1,0000	0,0000■
13	2	4	0	0,4615	0,4615	0,5385
13	2	4	1	0,4615	0,9231	0,0769
13	2	4	2	0,0769	1,0000	0,0000■
13	3	4	0	0,2937	0,2937	0,7063
13	3	4	1	0,5035	0,7972	0,2028
13	3	4	2	0,1888	0,9860	0,0140
13	3	4	3	0,0140	1,0000	0,0000■
13	4	4	0	0,1762	0,1762	0,8238
13	4	4	1	0,4699	0,6462	0,3538
13	4	4	2	0,3021	0,9483	0,0517
13	4	4	3	0,0503	0,9986	0,0014
13	4	4	4	0,0014	1,0000	0,0000■
13	1	5	0	0,6154	0,6154	0,3846
13	1	5	1	0,3846	1,0000	0,0000■
13	2	5	0	0,3590	0,3590	0,6410

TABELLE S Exakte Wahrscheinlichkeiten der hypergeometrischen Verteilung

N	N_1	n_1	t_1	$P(t_1)$	$P(T_1 \le t_1)$	$P(T_1 > t_1)$
13	2	5	1	0,5128	0,8718	0,1282
13	2	5	2	0,1282	1,0000	0,0000■
13	3	5	0	0,1958	0,1958	0,8042
13	3	5	1	0,4895	0,6853	0,3147
13	3	5	2	0,2797	0,9650	0,0350
13	3	5	3	0,0350	1,0000	0,0000■
13	4	5	0	0,0979	0,0979	0,9021
13	4	5	1	0,3916	0,4895	0,5105
13	4	5	2	0,3916	0,8811	0,1189
13	4	5	3	0,1119	0,9930	0,0070
13	4	5	4	0,0070	1,0000	0,0000■
13	5	5	0	0,0435	0,0435	0,9565
13	5	5	1	0,2720	0,3155	0,6845
13	5	5	2	0,4351	0,7506	0,2494
13	5	5	3	0,2176	0,9681	0,0319
13	5	5	4	0,0311	0,9992	0,0008
13	5	5	5	0,0008	1,0000	0,0000■
13	1	6	0	0,5385	0,5385	0,4615
13	1	6	1	0,4615	1,0000	0,0000■
13	2	6	0	0,2692	0,2692	0,7308
13	2	6	1	0,5385	0,8077	0,1923
13	2	6	2	0,1923	1,0000	0,0000■
13	3	6	0	0,1224	0,1224	0,8776
13	3	6	1	0,4406	0,5629	0,4371
13	3	6	2	0,3671	0,9301	0,0699
13	3	6	3	0,0699	1,0000	0,0000■
13	4	6	0	0,0490	0,0490	0,9510
13	4	6	1	0,2937	0,3427	0,6573
13	4	6	2	0,4406	0,7832	0,2168
13	4	6	3	0,1958	0,9790	0,0210
13	4	6	4	0,0210	1,0000	0,0000■
13	5	6	0	0,0163	0,0163	0,9837
13	5	6	1	0,1632	0,1795	0,8205
13	5	6	2	0,4079	0,5874	0,4126
13	5	6	3	0,3263	0,9138	0,0862
13	5	6	4	0,0816	0,9953	0,0047
13	5	6	5	0,0047	1,0000	0,0000■
13	6	6	0	0,0041	0,0041	0,9959
13	6	6	1	0,0734	0,0775	0,9225
13	6	6	2	0,3059	0,3834	0,6166
13	6	6	3	0,4079	0,7914	0,2086
13	6	6	4	0,1836	0,9749	0,0251
13	6	6	5	0,0245	0,9994	0,0006
13	6	6	6	0,0006	1,0000	0,0000■
13	1	7	0	0,4615	0,4615	0,5385
13	1	7	1	0,5385	1,0000	0,0000■
13	2	7	0	0,1923	0,1923	0,8077
13	2	7	1	0,5385	0,7308	0,2692
13	2	7	2	0,2692	1,0000	0,0000■
13	3	7	0	0,0699	0,0699	0,9301
13	3	7	1	0,3671	0,4371	0,5629
13	3	7	2	0,4406	0,8776	0,1224
13	3	7	3	0,1224	1,0000	0,0000■
13	4	7	0	0,0210	0,0210	0,9790
13	4	7	1	0,1958	0,2168	0,7832
13	4	7	2	0,4406	0,6573	0,3427
13	4	7	3	0,2937	0,9510	0,0490
13	4	7	4	0,0490	1,0000	0,0000■
13	5	7	0	0,0047	0,0047	0,9953
13	5	7	1	0,0816	0,0862	0,9138

N	N_1	n_1	t_1	$P(t_1)$	$P(T_1 \le t_1)$	$P(T_1 > t_1)$
13	5	7	2	0,3263	0,4126	0,5874
13	5	7	3	0,4079	0,8205	0,1795
13	5	7	4	0,1632	0,9837	0,0163
13	5	7	5	0,0163	1,0000	0,0000■
13	6	7	0	0,0006	0,0006	0,9994
13	6	7	1	0,0245	0,0251	0,9749
13	6	7	2	0,1836	0,2086	0,7914
13	6	7	3	0,4079	0,6166	0,3834
13	6	7	4	0,3059	0,9225	0,0775
13	6	7	5	0,0734	0,9959	0,0041
13	6	7	6	0,0041	1,0000	0,0000■
13	7	7	1	0,0041	0,0041	0,9959
13	7	7	2	0,0734	0,0775	0,9225
13	7	7	3	0,3059	0,3834	0,6166
13	7	7	4	0,4079	0,7914	0,2086
13	7	7	5	0,1836	0,9749	0,0251
13	7	7	6	0,0245	0,9994	0,0006
13	7	7	7	0,0006	1,0000	0,0000■
13	1	8	0	0,3846	0,3846	0,6154
13	1	8	1	0,6154	1,0000	0,0000■
13	2	8	0	0,1282	0,1282	0,8718
13	2	8	1	0,5128	0,6410	0,3590
13	2	8	2	0,3590	1,0000	0,0000■
13	3	8	0	0,0350	0,0350	0,9650
13	3	8	1	0,2797	0,3147	0,6853
13	3	8	2	0,4895	0,8042	0,1958
13	3	8	3	0,1958	1,0000	0,0000■
13	4	8	0	0,0070	0,0070	0,9930
13	4	8	1	0,1119	0,1189	0,8811
13	4	8	2	0,3916	0,5105	0,4895
13	4	8	3	0,3916	0,9021	0,0979
13	4	8	4	0,0979	1,0000	0,0000■
13	5	8	0	0,0008	0,0008	0,9992
13	5	8	1	0,0311	0,0319	0,9681
13	5	8	2	0,2176	0,2494	0,7506
13	5	8	3	0,4351	0,6845	0,3155
13	5	8	4	0,2720	0,9565	0,0435
13	5	8	5	0,0435	1,0000	0,0000■
13	6	8	1	0,0047	0,0047	0,9953
13	6	8	2	0,0816	0,0862	0,9138
13	6	8	3	0,3263	0,4126	0,5874
13	6	8	4	0,4079	0,8205	0,1795
13	6	8	5	0,1632	0,9837	0,0163
13	6	8	6	0,0163	1,0000	0,0000■
13	7	8	2	0,0163	0,0163	0,9837
13	7	8	3	0,1632	0,1795	0,8205
13	7	8	4	0,4079	0,5874	0,4126
13	7	8	5	0,3263	0,9138	0,0862
13	7	8	6	0,0816	0,9953	0,0047
13	7	8	7	0,0047	1,0000	0,0000■
13	8	8	3	0,0435	0,0435	0,9565
13	8	8	4	0,2720	0,3155	0,6845
13	8	8	5	0,4351	0,7506	0,2494
13	8	8	6	0,2176	0,9681	0,0319
13	8	8	7	0,0311	0,9992	0,0008
13	8	8	8	0,0008	1,0000	0,0000■
13	1	9	0	0,3077	0,3077	0,6923
13	1	9	1	0,6923	1,0000	0,0000■
13	2	9	0	0,0769	0,0769	0,9231
13	2	9	1	0,4615	0,5385	0,4615

N	N_1	n_1	t_1	$P(t_1)$	$P(T_1 \le t_1)$	$P(T_1 > t_1)$
13	2	9	2	0,4615	1,0000	0,0000■
13	3	9	0	0,0140	0,0140	0,9860
13	3	9	1	0,1888	0,2028	0,7972
13	3	9	2	0,5035	0,7063	0,2937
13	3	9	3	0,2937	1,0000	0,0000■
13	4	9	0	0,0014	0,0014	0,9986
13	4	9	1	0,0503	0,0517	0,9483
13	4	9	2	0,3021	0,3538	0,6462
13	4	9	3	0,4699	0,8238	0,1762
13	4	9	4	0,1762	1,0000	0,0000■
13	5	9	1	0,0070	0,0070	0,9930
13	5	9	2	0,1119	0,1189	0,8811
13	5	9	3	0,3916	0,5105	0,4895
13	5	9	4	0,3916	0,9021	0,0979
13	5	9	5	0,0979	1,0000	0,0000■
13	6	9	2	0,0210	0,0210	0,9790
13	6	9	3	0,1958	0,2168	0,7832
13	6	9	4	0,4406	0,6573	0,3427
13	6	9	5	0,2937	0,9510	0,0490
13	6	9	6	0,0490	1,0000	0,0000■
13	7	9	3	0,0490	0,0490	0,9510
13	7	9	4	0,2937	0,3427	0,6573
13	7	9	5	0,4406	0,7832	0,2168
13	7	9	6	0,1958	0,9790	0,0210
13	7	9	7	0,0210	1,0000	0,0000■
13	8	9	4	0,0979	0,0979	0,9021
13	8	9	5	0,3916	0,4895	0,5105
13	8	9	6	0,3916	0,8811	0,1189
13	8	9	7	0,1119	0,9930	0,0070
13	8	9	8	0,0070	1,0000	0,0000■
13	9	9	5	0,1762	0,1762	0,8238
13	9	9	6	0,4699	0,6462	0,3538
13	9	9	7	0,3021	0,9483	0,0517
13	9	9	8	0,0503	0,9986	0,0014
13	9	9	9	0,0014	1,0000	0,0000■
13	1	10	0	0,2308	0,2308	0,7692
13	1	10	1	0,7692	1,0000	0,0000■
13	2	10	0	0,0385	0,0385	0,9615
13	2	10	1	0,3846	0,4231	0,5769
13	2	10	2	0,5769	1,0000	0,0000■
13	3	10	0	0,0035	0,0035	0,9965
13	3	10	1	0,1049	0,1084	0,8916
13	3	10	2	0,4720	0,5804	0,4196
13	3	10	3	0,4196	1,0000	0,0000■
13	4	10	1	0,0140	0,0140	0,9860
13	4	10	2	0,1888	0,2028	0,7972
13	4	10	3	0,5035	0,7063	0,2937
13	4	10	4	0,2937	1,0000	0,0000■
13	5	10	2	0,0350	0,0350	0,9650
13	5	10	3	0,2797	0,3147	0,6853
13	5	10	4	0,4895	0,8042	0,1958
13	5	10	5	0,1958	1,0000	0,0000■
13	6	10	3	0,0699	0,0699	0,9301
13	6	10	4	0,3671	0,4371	0,5629
13	6	10	5	0,4406	0,8776	0,1224
13	6	10	6	0,1224	1,0000	0,0000■
13	7	10	4	0,1224	0,1224	0,8776
13	7	10	5	0,4406	0,5629	0,4371
13	7	10	6	0,3671	0,9301	0,0699
13	7	10	7	0,0699	1,0000	0,0000■

TABELLE S Exakte Wahrscheinlichkeiten der hypergeometrischen Verteilung

N	N_1	n_1	t_1	$P(t_1)$	$P(T_1 \leq t_1)$	$P(T_1 > t_1)$
13	8	10	5	0,1958	0,1958	0,8042
13	8	10	6	0,4895	0,6853	0,3147
13	8	10	7	0,2797	0,9650	0,0350
13	8	10	8	0,0350	1,0000	0,0000■
13	9	10	6	0,2937	0,2937	0,7063
13	9	10	7	0,5035	0,7972	0,2028
13	9	10	8	0,1888	0,9860	0,0140
13	9	10	9	0,0140	1,0000	0,0000■
13	10	10	7	0,4196	0,4196	0,5804
13	10	10	8	0,4720	0,8916	0,1084
13	10	10	9	0,1049	0,9965	0,0035
13	10	10	10	0,0035	1,0000	0,0000■
13	1	11	0	0,1538	0,1538	0,8462
13	1	11	1	0,8462	1,0000	0,0000■
13	2	11	0	0,0128	0,0128	0,9872
13	2	11	1	0,2821	0,2949	0,7051
13	2	11	2	0,7051	1,0000	0,0000■
13	3	11	1	0,0385	0,0385	0,9615
13	3	11	2	0,3846	0,4231	0,5769
13	3	11	3	0,5769	1,0000	0,0000■
13	4	11	2	0,0769	0,0769	0,9231
13	4	11	3	0,4615	0,5385	0,4615
13	4	11	4	0,4615	1,0000	0,0000■
13	5	11	3	0,1282	0,1282	0,8718
13	5	11	4	0,5128	0,6410	0,3590
13	5	11	5	0,3590	1,0000	0,0000■
13	6	11	4	0,1923	0,1923	0,8077
13	6	11	5	0,5385	0,7308	0,2692
13	6	11	6	0,2692	1,0000	0,0000■
13	7	11	5	0,2692	0,2692	0,7308
13	7	11	6	0,5385	0,8077	0,1923
13	7	11	7	0,1923	1,0000	0,0000■
13	8	11	6	0,3590	0,3590	0,6410
13	8	11	7	0,5128	0,8718	0,1282
13	8	11	8	0,1282	1,0000	0,0000■
13	9	11	7	0,4615	0,4615	0,5385
13	9	11	8	0,4615	0,9231	0,0769
13	9	11	9	0,0769	1,0000	0,0000■
13	10	11	8	0,5769	0,5769	0,4231
13	10	11	9	0,3846	0,9615	0,0385
13	10	11	10	0,0385	1,0000	0,0000■
13	11	11	9	0,7051	0,7051	0,2949
13	11	11	10	0,2821	0,9872	0,0128
13	11	11	11	0,0128	1,0000	0,0000■
13	1	12	0	0,0769	0,0769	0,9231
13	1	12	1	0,9231	1,0000	0,0000■
13	2	12	1	0,1538	0,1538	0,8462
13	2	12	2	0,8462	1,0000	0,0000■
13	3	12	2	0,2308	0,2308	0,7692
13	3	12	3	0,7692	1,0000	0,0000■
13	4	12	3	0,3077	0,3077	0,6923
13	4	12	4	0,6923	1,0000	0,0000■
13	5	12	4	0,3846	0,3846	0,6154
13	5	12	5	0,6154	1,0000	0,0000■
13	6	12	5	0,4615	0,4615	0,5385
13	6	12	6	0,5385	1,0000	0,0000■
13	7	12	6	0,5385	0,5385	0,4615
13	7	12	7	0,4615	1,0000	0,0000■
13	8	12	7	0,6154	0,6154	0,3846
13	8	12	8	0,3846	1,0000	0,0000■

N	N_1	n_1	t_1	$P(t_1)$	$P(T_1 \leq t_1)$	$P(T_1 > t_1)$
13	9	12	8	0,6923	0,6923	0,3077
13	9	12	9	0,3077	1,0000	0,0000■
13	10	12	9	0,7692	0,7692	0,2308
13	10	12	10	0,2308	1,0000	0,0000■
13	11	12	10	0,8462	0,8462	0,1538
13	11	12	11	0,1538	1,0000	0,0000■
13	12	12	11	0,9231	0,9231	0,0769
13	12	12	12	0,0769	1,0000	0,0000■
14	1	1	0	0,9286	0,9286	0,0714
14	1	1	1	0,0714	1,0000	0,0000■
14	1	2	0	0,8571	0,8571	0,1429
14	1	2	1	0,1429	1,0000	0,0000■
14	2	2	0	0,7253	0,7253	0,2747
14	2	2	1	0,2637	0,9890	0,0110
14	2	2	2	0,0110	1,0000	0,0000■
14	1	3	0	0,7857	0,7857	0,2143
14	1	3	1	0,2143	1,0000	0,0000■
14	2	3	0	0,6044	0,6044	0,3956
14	2	3	1	0,3626	0,9670	0,0330
14	2	3	2	0,0330	1,0000	0,0000■
14	3	3	0	0,4533	0,4533	0,5467
14	3	3	1	0,4533	0,9066	0,0934
14	3	3	2	0,0907	0,9973	0,0027
14	3	3	3	0,0027	1,0000	0,0000■
14	1	4	0	0,7143	0,7143	0,2857
14	1	4	1	0,2857	1,0000	0,0000■
14	2	4	0	0,4945	0,4945	0,5055
14	2	4	1	0,4396	0,9341	0,0659
14	2	4	2	0,0659	1,0000	0,0000■
14	3	4	0	0,3297	0,3297	0,6703
14	3	4	1	0,4945	0,8242	0,1758
14	3	4	2	0,1648	0,9890	0,0110
14	3	4	3	0,0110	1,0000	0,0000■
14	4	4	0	0,2098	0,2098	0,7902
14	4	4	1	0,4795	0,6893	0,3107
14	4	4	2	0,2697	0,9590	0,0410
14	4	4	3	0,0400	0,9990	0,0010
14	4	4	4	0,0010	1,0000	0,0000■
14	1	5	0	0,6429	0,6429	0,3571
14	1	5	1	0,3571	1,0000	0,0000■
14	2	5	0	0,3956	0,3956	0,6044
14	2	5	1	0,4945	0,8901	0,1099
14	2	5	2	0,1099	1,0000	0,0000■
14	3	5	0	0,2308	0,2308	0,7692
14	3	5	1	0,4945	0,7253	0,2747
14	3	5	2	0,2473	0,9725	0,0275
14	3	5	3	0,0275	1,0000	0,0000■
14	4	5	0	0,1259	0,1259	0,8741
14	4	5	1	0,4196	0,5455	0,4545
14	4	5	2	0,3596	0,9051	0,0949
14	4	5	3	0,0899	0,9950	0,0050
14	4	5	4	0,0050	1,0000	0,0000■
14	5	5	0	0,0629	0,0629	0,9371
14	5	5	1	0,3147	0,3776	0,6224
14	5	5	2	0,4196	0,7972	0,2028
14	5	5	3	0,1798	0,9770	0,0230
14	5	5	4	0,0225	0,9995	0,0005
14	5	5	5	0,0005	1,0000	0,0000■
14	1	6	0	0,5714	0,5714	0,4286
14	1	6	1	0,4286	1,0000	0,0000■

N	N_1	n_1	t_1	$P(t_1)$	$P(T_1 \leq t_1)$	$P(T_1 > t_1)$
14	2	6	0	0,3077	0,3077	0,6923
14	2	6	1	0,5275	0,8352	0,1648
14	2	6	2	0,1648	1,0000	0,0000■
14	3	6	0	0,1538	0,1538	0,8462
14	3	6	1	0,4615	0,6154	0,3846
14	3	6	2	0,3297	0,9451	0,0549
14	3	6	3	0,0549	1,0000	0,0000■
14	4	6	0	0,0699	0,0699	0,9301
14	4	6	1	0,3357	0,4056	0,5944
14	4	6	2	0,4196	0,8252	0,1748
14	4	6	3	0,1598	0,9850	0,0150
14	4	6	4	0,0150	1,0000	0,0000■
14	5	6	0	0,0280	0,0280	0,9720
14	5	6	1	0,2098	0,2378	0,7622
14	5	6	2	0,4196	0,6573	0,3427
14	5	6	3	0,2797	0,9371	0,0629
14	5	6	4	0,0599	0,9970	0,0030
14	5	6	5	0,0030	1,0000	0,0000■
14	6	6	0	0,0093	0,0093	0,9907
14	6	6	1	0,1119	0,1212	0,8788
14	6	6	2	0,3497	0,4709	0,5291
14	6	6	3	0,3730	0,8438	0,1562
14	6	6	4	0,1399	0,9837	0,0163
14	6	6	5	0,0160	0,9997	0,0003
14	6	6	6	0,0003	1,0000	0,0000■
14	1	7	0	0,5000	0,5000	0,5000
14	1	7	1	0,5000	1,0000	0,0000■
14	2	7	0	0,2308	0,2308	0,7692
14	2	7	1	0,5385	0,7692	0,2308
14	2	7	2	0,2308	1,0000	0,0000■
14	3	7	0	0,0962	0,0962	0,9038
14	3	7	1	0,4038	0,5000	0,5000
14	3	7	2	0,4038	0,9038	0,0962
14	3	7	3	0,0962	1,0000	0,0000■
14	4	7	0	0,0350	0,0350	0,9650
14	4	7	1	0,2448	0,2797	0,7203
14	4	7	2	0,4406	0,7203	0,2797
14	4	7	3	0,2448	0,9650	0,0350
14	4	7	4	0,0350	1,0000	0,0000■
14	5	7	0	0,0105	0,0105	0,9895
14	5	7	1	0,1224	0,1329	0,8671
14	5	7	2	0,3671	0,5000	0,5000
14	5	7	3	0,3671	0,8671	0,1329
14	5	7	4	0,1224	0,9895	0,0105
14	5	7	5	0,0105	1,0000	0,0000■
14	6	7	0	0,0023	0,0023	0,9977
14	6	7	1	0,0490	0,0513	0,9487
14	6	7	2	0,2448	0,2960	0,7040
14	6	7	3	0,4079	0,7040	0,2960
14	6	7	4	0,2448	0,9487	0,0513
14	6	7	5	0,0490	0,9977	0,0023
14	6	7	6	0,0023	1,0000	0,0000■
14	7	7	0	0,0003	0,0003	0,9997
14	7	7	1	0,0143	0,0146	0,9854
14	7	7	2	0,1285	0,1431	0,8569
14	7	7	3	0,3569	0,5000	0,5000
14	7	7	4	0,3569	0,8569	0,1431
14	7	7	5	0,1285	0,9854	0,0146
14	7	7	6	0,0143	0,9997	0,0003
14	7	7	7	0,0003	1,0000	0,0000■

TABELLE S Exakte Wahrscheinlichkeiten der hypergeometrischen Verteilung

N	N_1	n_1	t_1	$P(t_1)$	$P(T_1 \leq t_1)$	$P(T_1 > t_1)$
14	1	8	0	0,4286	0,4286	0,5714
14	1	8	1	0,5714	1,0000	0,0000■
14	2	8	0	0,1648	0,1648	0,8352
14	2	8	1	0,5275	0,6923	0,3077
14	2	8	2	0,3077	1,0000	0,0000■
14	3	8	0	0,0549	0,0549	0,9451
14	3	8	1	0,3297	0,3846	0,6154
14	3	8	2	0,4615	0,8462	0,1538
14	3	8	3	0,1538	1,0000	0,0000■
14	4	8	0	0,0150	0,0150	0,9850
14	4	8	1	0,1598	0,1748	0,8252
14	4	8	2	0,4196	0,5944	0,4056
14	4	8	3	0,3357	0,9301	0,0699
14	4	8	4	0,0699	1,0000	0,0000■
14	5	8	0	0,0030	0,0030	0,9970
14	5	8	1	0,0599	0,0629	0,9371
14	5	8	2	0,2797	0,3427	0,6573
14	5	8	3	0,4196	0,7622	0,2378
14	5	8	4	0,2098	0,9720	0,0280
14	5	8	5	0,0280	1,0000	0,0000■
14	6	8	0	0,0003	0,0003	0,9997
14	6	8	1	0,0160	0,0163	0,9837
14	6	8	2	0,1399	0,1562	0,8438
14	6	8	3	0,3730	0,5291	0,4709
14	6	8	4	0,3497	0,8788	0,1212
14	6	8	5	0,1119	0,9907	0,0093
14	6	8	6	0,0093	1,0000	0,0000■
14	7	8	1	0,0023	0,0023	0,9977
14	7	8	2	0,0490	0,0513	0,9487
14	7	8	3	0,2448	0,2960	0,7040
14	7	8	4	0,4079	0,7040	0,2960
14	7	8	5	0,2448	0,9487	0,0513
14	7	8	6	0,0490	0,9977	0,0023
14	7	8	7	0,0023	1,0000	0,0000■
14	8	8	2	0,0093	0,0093	0,9907
14	8	8	3	0,1119	0,1212	0,8788
14	8	8	4	0,3497	0,4709	0,5291
14	8	8	5	0,3730	0,8438	0,1562
14	8	8	6	0,1399	0,9837	0,0163
14	8	8	7	0,0160	0,9997	0,0003
14	8	8	8	0,0003	1,0000	0,0000■
14	1	9	0	0,3571	0,3571	0,6429
14	1	9	1	0,6429	1,0000	0,0000■
14	2	9	0	0,1099	0,1099	0,8901
14	2	9	1	0,4945	0,6044	0,3956
14	2	9	2	0,3956	1,0000	0,0000■
14	3	9	0	0,0275	0,0275	0,9725
14	3	9	1	0,2473	0,2747	0,7253
14	3	9	2	0,4945	0,7692	0,2308
14	3	9	3	0,2308	1,0000	0,0000■
14	4	9	0	0,0050	0,0050	0,9950
14	4	9	1	0,0899	0,0949	0,9051
14	4	9	2	0,3596	0,4545	0,5455
14	4	9	3	0,4196	0,8741	0,1259
14	4	9	4	0,1259	1,0000	0,0000■
14	5	9	0	0,0005	0,0005	0,9995
14	5	9	1	0,0225	0,0230	0,9770
14	5	9	2	0,1798	0,2028	0,7972
14	5	9	3	0,4196	0,6224	0,3776
14	5	9	4	0,3147	0,9371	0,0629
14	5	9	5	0,0629	1,0000	0,0000■
14	6	9	1	0,0030	0,0030	0,9970
14	6	9	2	0,0599	0,0629	0,9371
14	6	9	3	0,2797	0,3427	0,6573
14	6	9	4	0,4196	0,7622	0,2378
14	6	9	5	0,2098	0,9720	0,0280
14	6	9	6	0,0280	1,0000	0,0000■
14	7	9	2	0,0105	0,0105	0,9895
14	7	9	3	0,1224	0,1329	0,8671
14	7	9	4	0,3671	0,5000	0,5000
14	7	9	5	0,3671	0,8671	0,1329
14	7	9	6	0,1224	0,9895	0,0105
14	7	9	7	0,0105	1,0000	0,0000■
14	8	9	3	0,0280	0,0280	0,9720
14	8	9	4	0,2098	0,2378	0,7622
14	8	9	5	0,4196	0,6573	0,3427
14	8	9	6	0,2797	0,9371	0,0629
14	8	9	7	0,0599	0,9970	0,0030
14	8	9	8	0,0030	1,0000	0,0000■
14	9	9	4	0,0629	0,0629	0,9371
14	9	9	5	0,3147	0,3776	0,6224
14	9	9	6	0,4196	0,7972	0,2028
14	9	9	7	0,1798	0,9770	0,0230
14	9	9	8	0,0225	0,9995	0,0005
14	9	9	9	0,0005	1,0000	0,0000■
14	1	10	0	0,2857	0,2857	0,7143
14	1	10	1	0,7143	1,0000	0,0000■
14	2	10	0	0,0659	0,0659	0,9341
14	2	10	1	0,4396	0,5055	0,4945
14	2	10	2	0,4945	1,0000	0,0000■
14	3	10	0	0,0110	0,0110	0,9890
14	3	10	1	0,1648	0,1758	0,8242
14	3	10	2	0,4945	0,6703	0,3297
14	3	10	3	0,3297	1,0000	0,0000■
14	4	10	0	0,0010	0,0010	0,9990
14	4	10	1	0,0400	0,0410	0,9590
14	4	10	2	0,2697	0,3107	0,6893
14	4	10	3	0,4795	0,7902	0,2098
14	4	10	4	0,2098	1,0000	0,0000■
14	5	10	1	0,0050	0,0050	0,9950
14	5	10	2	0,0899	0,0949	0,9051
14	5	10	3	0,3596	0,4545	0,5455
14	5	10	4	0,4196	0,8741	0,1259
14	5	10	5	0,1259	1,0000	0,0000■
14	6	10	2	0,0150	0,0150	0,9850
14	6	10	3	0,1598	0,1748	0,8252
14	6	10	4	0,4196	0,5944	0,4056
14	6	10	5	0,3357	0,9301	0,0699
14	6	10	6	0,0699	1,0000	0,0000■
14	7	10	3	0,0350	0,0350	0,9650
14	7	10	4	0,2448	0,2797	0,7203
14	7	10	5	0,4406	0,7203	0,2797
14	7	10	6	0,2448	0,9650	0,0350
14	7	10	7	0,0350	1,0000	0,0000■
14	8	10	4	0,0699	0,0699	0,9301
14	8	10	5	0,3357	0,4056	0,5944
14	8	10	6	0,4196	0,8252	0,1748
14	8	10	7	0,1598	0,9850	0,0150
14	8	10	8	0,0150	1,0000	0,0000■
14	9	10	5	0,1259	0,1259	0,8741
14	9	10	6	0,4196	0,5455	0,4545
14	9	10	7	0,3596	0,9051	0,0949
14	9	10	8	0,0899	0,9950	0,0050
14	9	10	9	0,0050	1,0000	0,0000■
14	10	10	6	0,2098	0,2098	0,7902
14	10	10	7	0,4795	0,6893	0,3107
14	10	10	8	0,2697	0,9590	0,0410
14	10	10	9	0,0400	0,9990	0,0010
14	10	10	10	0,0010	1,0000	0,0000■
14	1	11	0	0,2143	0,2143	0,7857
14	1	11	1	0,7857	1,0000	0,0000■
14	2	11	0	0,0330	0,0330	0,9670
14	2	11	1	0,3626	0,3956	0,6044
14	2	11	2	0,6044	1,0000	0,0000■
14	3	11	0	0,0027	0,0027	0,9973
14	3	11	1	0,0907	0,0934	0,9066
14	3	11	2	0,4533	0,5467	0,4533
14	3	11	3	0,4533	1,0000	0,0000■
14	4	11	1	0,0110	0,0110	0,9890
14	4	11	2	0,1648	0,1758	0,8242
14	4	11	3	0,4945	0,6703	0,3297
14	4	11	4	0,3297	1,0000	0,0000■
14	5	11	2	0,0275	0,0275	0,9725
14	5	11	3	0,2473	0,2747	0,7253
14	5	11	4	0,4945	0,7692	0,2308
14	5	11	5	0,2308	1,0000	0,0000■
14	6	11	3	0,0549	0,0549	0,9451
14	6	11	4	0,3297	0,3846	0,6154
14	6	11	5	0,4615	0,8462	0,1538
14	6	11	6	0,1538	1,0000	0,0000■
14	7	11	4	0,0962	0,0962	0,9038
14	7	11	5	0,4038	0,5000	0,5000
14	7	11	6	0,4038	0,9038	0,0962
14	7	11	7	0,0962	1,0000	0,0000■
14	8	11	5	0,1538	0,1538	0,8462
14	8	11	6	0,4615	0,6154	0,3846
14	8	11	7	0,3297	0,9451	0,0549
14	8	11	8	0,0549	1,0000	0,0000■
14	9	11	6	0,2308	0,2308	0,7692
14	9	11	7	0,4945	0,7253	0,2747
14	9	11	8	0,2473	0,9725	0,0275
14	9	11	9	0,0275	1,0000	0,0000■
14	10	11	7	0,3297	0,3297	0,6703
14	10	11	8	0,4945	0,8242	0,1758
14	10	11	9	0,1648	0,9890	0,0110
14	10	11	10	0,0110	1,0000	0,0000■
14	11	11	8	0,4533	0,4533	0,5467
14	11	11	9	0,4533	0,9066	0,0934
14	11	11	10	0,0907	0,9973	0,0027
14	11	11	11	0,0027	1,0000	0,0000■
14	1	12	0	0,1429	0,1429	0,8571
14	1	12	1	0,8571	1,0000	0,0000■
14	2	12	0	0,0110	0,0110	0,9890
14	2	12	1	0,2637	0,2747	0,7253
14	2	12	2	0,7253	1,0000	0,0000■
14	3	12	1	0,0330	0,0330	0,9670
14	3	12	2	0,3626	0,3956	0,6044
14	3	12	3	0,6044	1,0000	0,0000■
14	4	12	2	0,0659	0,0659	0,9341
14	4	12	3	0,4396	0,5055	0,4945

TABELLE S Exakte Wahrscheinlichkeiten der hypergeometrischen Verteilung

N	N_1	n_1	t_1	$P(t_1)$	$P(T_1 \leq t_1)$	$P(T_1 > t_1)$
14	4	12	4	0,4945	1,0000	0,0000■
14	5	12	3	0,1099	0,1099	0,8901
14	5	12	4	0,4945	0,6044	0,3956
14	5	12	5	0,3956	1,0000	0,0000■
14	6	12	4	0,1648	0,1648	0,8352
14	6	12	5	0,5275	0,6923	0,3077
14	6	12	6	0,3077	1,0000	0,0000■
14	7	12	5	0,2308	0,2308	0,7692
14	7	12	6	0,5385	0,7692	0,2308
14	7	12	7	0,2308	1,0000	0,0000■
14	8	12	6	0,3077	0,3077	0,6923
14	8	12	7	0,5275	0,8352	0,1648
14	8	12	8	0,1648	1,0000	0,0000■
14	9	12	7	0,3956	0,3956	0,6044
14	9	12	8	0,4945	0,8901	0,1099
14	9	12	9	0,1099	1,0000	0,0000■
14	10	12	8	0,4945	0,4945	0,5055
14	10	12	9	0,4396	0,9341	0,0659
14	10	12	10	0,0659	1,0000	0,0000■
14	11	12	9	0,6044	0,6044	0,3956
14	11	12	10	0,3626	0,9670	0,0330
14	11	12	11	0,0330	1,0000	0,0000■
14	12	12	10	0,7253	0,7253	0,2747
14	12	12	11	0,2637	0,9890	0,0110
14	12	12	12	0,0110	1,0000	0,0000■
14	1	13	0	0,0714	0,0714	0,9286
14	1	13	1	0,9286	1,0000	0,0000■
14	2	13	1	0,1429	0,1429	0,8571
14	2	13	2	0,8571	1,0000	0,0000■
14	3	13	2	0,2143	0,2143	0,7857
14	3	13	3	0,7857	1,0000	0,0000■
14	4	13	3	0,2857	0,2857	0,7143
14	4	13	4	0,7143	1,0000	0,0000■
14	5	13	4	0,3571	0,3571	0,6429
14	5	13	5	0,6429	1,0000	0,0000■
14	6	13	5	0,4286	0,4286	0,5714
14	6	13	6	0,5714	1,0000	0,0000■
14	7	13	6	0,5000	0,5000	0,5000
14	7	13	7	0,5000	1,0000	0,0000■
14	8	13	7	0,5714	0,5714	0,4286
14	8	13	8	0,4286	1,0000	0,0000■
14	9	13	8	0,6429	0,6429	0,3571
14	9	13	9	0,3571	1,0000	0,0000■
14	10	13	9	0,7143	0,7143	0,2857
14	10	13	10	0,2857	1,0000	0,0000■
14	11	13	10	0,7857	0,7857	0,2143
14	11	13	11	0,2143	1,0000	0,0000■
14	12	13	11	0,8571	0,8571	0,1429
14	12	13	12	0,1429	1,0000	0,0000■
14	13	13	12	0,9286	0,9286	0,0714
14	13	13	13	0,0714	1,0000	0,0000■
15	1	1	0	0,9333	0,9333	0,0667
15	1	1	1	0,0667	1,0000	0,0000■
15	1	2	0	0,8667	0,8667	0,1333
15	1	2	1	0,1333	1,0000	0,0000■
15	2	2	0	0,7429	0,7429	0,2571
15	2	2	1	0,2476	0,9905	0,0095
15	2	2	2	0,0095	1,0000	0,0000■
15	1	3	0	0,8000	0,8000	0,2000
15	1	3	1	0,2000	1,0000	0,0000■
15	2	3	0	0,6286	0,6286	0,3714
15	2	3	1	0,3429	0,9714	0,0286
15	2	3	2	0,0286	1,0000	0,0000■
15	3	3	0	0,4835	0,4835	0,5165
15	3	3	1	0,4352	0,9187	0,0813
15	3	3	2	0,0791	0,9978	0,0022
15	3	3	3	0,0022	1,0000	0,0000■
15	1	4	0	0,7333	0,7333	0,2667
15	1	4	1	0,2667	1,0000	0,0000■
15	2	4	0	0,5238	0,5238	0,4762
15	2	4	1	0,4190	0,9429	0,0571
15	2	4	2	0,0571	1,0000	0,0000■
15	3	4	0	0,3626	0,3626	0,6374
15	3	4	1	0,4835	0,8462	0,1538
15	3	4	2	0,1451	0,9912	0,0088
15	3	4	3	0,0088	1,0000	0,0000■
15	4	4	0	0,2418	0,2418	0,7582
15	4	4	1	0,4835	0,7253	0,2747
15	4	4	2	0,2418	0,9670	0,0330
15	4	4	3	0,0322	0,9993	0,0007
15	4	4	4	0,0007	1,0000	0,0000■
15	1	5	0	0,6667	0,6667	0,3333
15	1	5	1	0,3333	1,0000	0,0000■
15	2	5	0	0,4286	0,4286	0,5714
15	2	5	1	0,4762	0,9048	0,0952
15	2	5	2	0,0952	1,0000	0,0000■
15	3	5	0	0,2637	0,2637	0,7363
15	3	5	1	0,4945	0,7582	0,2418
15	3	5	2	0,2198	0,9780	0,0220
15	3	5	3	0,0220	1,0000	0,0000■
15	4	5	0	0,1538	0,1538	0,8462
15	4	5	1	0,4396	0,5934	0,4066
15	4	5	2	0,3297	0,9231	0,0769
15	4	5	3	0,0733	0,9963	0,0037
15	4	5	4	0,0037	1,0000	0,0000■
15	5	5	0	0,0839	0,0839	0,9161
15	5	5	1	0,3497	0,4336	0,5664
15	5	5	2	0,3996	0,8332	0,1668
15	5	5	3	0,1499	0,9830	0,0170
15	5	5	4	0,0167	0,9997	0,0003
15	5	5	5	0,0003	1,0000	0,0000■
15	1	6	0	0,6000	0,6000	0,4000
15	1	6	1	0,4000	1,0000	0,0000■
15	2	6	0	0,3429	0,3429	0,6571
15	2	6	1	0,5143	0,8571	0,1429
15	2	6	2	0,1429	1,0000	0,0000■
15	3	6	0	0,1846	0,1846	0,8154
15	3	6	1	0,4747	0,6593	0,3407
15	3	6	2	0,2967	0,9560	0,0440
15	3	6	3	0,0440	1,0000	0,0000■
15	4	6	0	0,0923	0,0923	0,9077
15	4	6	1	0,3692	0,4615	0,5385
15	4	6	2	0,3956	0,8571	0,1429
15	4	6	3	0,1319	0,9890	0,0110
15	4	6	4	0,0110	1,0000	0,0000■
15	5	6	0	0,0420	0,0420	0,9580
15	5	6	1	0,2517	0,2937	0,7063
15	5	6	2	0,4196	0,7133	0,2867
15	5	6	3	0,2398	0,9530	0,0470
15	5	6	4	0,0450	0,9980	0,0020
15	5	6	5	0,0020	1,0000	0,0000■
15	6	6	0	0,0168	0,0168	0,9832
15	6	6	1	0,1510	0,1678	0,8322
15	6	6	2	0,3776	0,5455	0,4545
15	6	6	3	0,3357	0,8811	0,1189
15	6	6	4	0,1079	0,9890	0,0110
15	6	6	5	0,0108	0,9998	0,0002
15	6	6	6	0,0002	1,0000	0,0000■
15	1	7	0	0,5333	0,5333	0,4667
15	1	7	1	0,4667	1,0000	0,0000■
15	2	7	0	0,2667	0,2667	0,7333
15	2	7	1	0,5333	0,8000	0,2000
15	2	7	2	0,2000	1,0000	0,0000■
15	3	7	0	0,1231	0,1231	0,8769
15	3	7	1	0,4308	0,5538	0,4462
15	3	7	2	0,3692	0,9231	0,0769
15	3	7	3	0,0769	1,0000	0,0000■
15	4	7	0	0,0513	0,0513	0,9487
15	4	7	1	0,2872	0,3385	0,6615
15	4	7	2	0,4308	0,7692	0,2308
15	4	7	3	0,2051	0,9744	0,0256
15	4	7	4	0,0256	1,0000	0,0000■
15	5	7	0	0,0186	0,0186	0,9814
15	5	7	1	0,1632	0,1818	0,8182
15	5	7	2	0,3916	0,5734	0,4266
15	5	7	3	0,3263	0,8998	0,1002
15	5	7	4	0,0932	0,9930	0,0070
15	5	7	5	0,0070	1,0000	0,0000■
15	6	7	0	0,0056	0,0056	0,9944
15	6	7	1	0,0783	0,0839	0,9161
15	6	7	2	0,2937	0,3776	0,6224
15	6	7	3	0,3916	0,7692	0,2308
15	6	7	4	0,1958	0,9650	0,0350
15	6	7	5	0,0336	0,9986	0,0014
15	6	7	6	0,0014	1,0000	0,0000■
15	7	7	0	0,0012	0,0012	0,9988
15	7	7	1	0,0305	0,0317	0,9683
15	7	7	2	0,1828	0,2145	0,7855
15	7	7	3	0,3807	0,5952	0,4048
15	7	7	4	0,3046	0,8998	0,1002
15	7	7	5	0,0914	0,9911	0,0089
15	7	7	6	0,0087	0,9998	0,0002
15	7	7	7	0,0002	1,0000	0,0000■
15	1	8	0	0,4667	0,4667	0,5333
15	1	8	1	0,5333	1,0000	0,0000■
15	2	8	0	0,2000	0,2000	0,8000
15	2	8	1	0,5333	0,7333	0,2667
15	2	8	2	0,2667	1,0000	0,0000■
15	3	8	0	0,0769	0,0769	0,9231
15	3	8	1	0,3692	0,4462	0,5538
15	3	8	2	0,4308	0,8769	0,1231
15	3	8	3	0,1231	1,0000	0,0000■
15	4	8	0	0,0256	0,0256	0,9744
15	4	8	1	0,2051	0,2308	0,7692
15	4	8	2	0,4308	0,6615	0,3385
15	4	8	3	0,2872	0,9487	0,0513
15	4	8	4	0,0513	1,0000	0,0000■
15	5	8	0	0,0070	0,0070	0,9930
15	5	8	1	0,0932	0,1002	0,8998
15	5	8	2	0,3263	0,4266	0,5734

TABELLE S Exakte Wahrscheinlichkeiten der hypergeometrischen Verteilung

N	N_1	n_1	t_1	$P(t_1)$	$P(T_1 \leq t_1)$	$P(T_1 > t_1)$
15	5	8	3	0,3916	0,8182	0,1818
15	5	8	4	0,1632	0,9814	0,0186
15	5	8	5	0,0186	1,0000	0,0000■
15	6	8	0	0,0014	0,0014	0,9986
15	6	8	1	0,0336	0,0350	0,9650
15	6	8	2	0,1958	0,2308	0,7692
15	6	8	3	0,3916	0,6224	0,3776
15	6	8	4	0,2937	0,9161	0,0839
15	6	8	5	0,0783	0,9944	0,0056
15	6	8	6	0,0056	1,0000	0,0000■
15	7	8	0	0,0002	0,0002	0,9998
15	7	8	1	0,0087	0,0089	0,9911
15	7	8	2	0,0914	0,1002	0,8998
15	7	8	3	0,3046	0,4048	0,5952
15	7	8	4	0,3807	0,7855	0,2145
15	7	8	5	0,1828	0,9683	0,0317
15	7	8	6	0,0305	0,9988	0,0012
15	7	8	7	0,0012	1,0000	0,0000■
15	8	8	1	0,0012	0,0012	0,9988
15	8	8	2	0,0305	0,0317	0,9683
15	8	8	3	0,1828	0,2145	0,7855
15	8	8	4	0,3807	0,5952	0,4048
15	8	8	5	0,3046	0,8998	0,1002
15	8	8	6	0,0914	0,9911	0,0089
15	8	8	7	0,0087	0,9998	0,0002
15	8	8	8	0,0002	1,0000	0,0000■
15	1	9	0	0,4000	0,4000	0,6000
15	1	9	1	0,6000	1,0000	0,0000■
15	2	9	0	0,1429	0,1429	0,8571
15	2	9	1	0,5143	0,6571	0,3429
15	2	9	2	0,3429	1,0000	0,0000■
15	3	9	0	0,0440	0,0440	0,9560
15	3	9	1	0,2967	0,3407	0,6593
15	3	9	2	0,4747	0,8154	0,1846
15	3	9	3	0,1846	1,0000	0,0000■
15	4	9	0	0,0110	0,0110	0,9890
15	4	9	1	0,1319	0,1429	0,8571
15	4	9	2	0,3956	0,5385	0,4615
15	4	9	3	0,3692	0,9077	0,0923
15	4	9	4	0,0923	1,0000	0,0000■
15	5	9	0	0,0020	0,0020	0,9980
15	5	9	1	0,0450	0,0470	0,9530
15	5	9	2	0,2398	0,2867	0,7133
15	5	9	3	0,4196	0,7063	0,2937
15	5	9	4	0,2517	0,9580	0,0420
15	5	9	5	0,0420	1,0000	0,0000■
15	6	9	0	0,0002	0,0002	0,9998
15	6	9	1	0,0108	0,0110	0,9890
15	6	9	2	0,1079	0,1189	0,8811
15	6	9	3	0,3357	0,4545	0,5455
15	6	9	4	0,3776	0,8322	0,1678
15	6	9	5	0,1510	0,9832	0,0168
15	6	9	6	0,0168	1,0000	0,0000■
15	7	9	1	0,0014	0,0014	0,9986
15	7	9	2	0,0336	0,0350	0,9650
15	7	9	3	0,1958	0,2308	0,7692
15	7	9	4	0,3916	0,6224	0,3776
15	7	9	5	0,2937	0,9161	0,0839
15	7	9	6	0,0783	0,9944	0,0056
15	7	9	7	0,0056	1,0000	0,0000■
15	8	9	2	0,0056	0,0056	0,9944
15	8	9	3	0,0783	0,0839	0,9161
15	8	9	4	0,2937	0,3776	0,6224
15	8	9	5	0,3916	0,7692	0,2308
15	8	9	6	0,1958	0,9650	0,0350
15	8	9	7	0,0336	0,9986	0,0014
15	8	9	8	0,0014	1,0000	0,0000■
15	9	9	3	0,0168	0,0168	0,9832
15	9	9	4	0,1510	0,1678	0,8322
15	9	9	5	0,3776	0,5455	0,4545
15	9	9	6	0,3357	0,8811	0,1189
15	9	9	7	0,1079	0,9890	0,0110
15	9	9	8	0,0108	0,9998	0,0002
15	9	9	9	0,0002	1,0000	0,0000■
15	1	10	0	0,3333	0,3333	0,6667
15	1	10	1	0,6667	1,0000	0,0000■
15	2	10	0	0,0952	0,0952	0,9048
15	2	10	1	0,4762	0,5714	0,4286
15	2	10	2	0,4286	1,0000	0,0000■
15	3	10	0	0,0220	0,0220	0,9780
15	3	10	1	0,2198	0,2418	0,7582
15	3	10	2	0,4945	0,7363	0,2637
15	3	10	3	0,2637	1,0000	0,0000■
15	4	10	0	0,0037	0,0037	0,9963
15	4	10	1	0,0733	0,0769	0,9231
15	4	10	2	0,3297	0,4066	0,5934
15	4	10	3	0,4396	0,8462	0,1538
15	4	10	4	0,1538	1,0000	0,0000■
15	5	10	0	0,0003	0,0003	0,9997
15	5	10	1	0,0167	0,0170	0,9830
15	5	10	2	0,1499	0,1668	0,8332
15	5	10	3	0,3996	0,5664	0,4336
15	5	10	4	0,3497	0,9161	0,0839
15	5	10	5	0,0839	1,0000	0,0000■
15	6	10	1	0,0020	0,0020	0,9980
15	6	10	2	0,0450	0,0470	0,9530
15	6	10	3	0,2398	0,2867	0,7133
15	6	10	4	0,4196	0,7063	0,2937
15	6	10	5	0,2517	0,9580	0,0420
15	6	10	6	0,0420	1,0000	0,0000■
15	7	10	2	0,0070	0,0070	0,9930
15	7	10	3	0,0932	0,1002	0,8998
15	7	10	4	0,3263	0,4266	0,5734
15	7	10	5	0,3916	0,8182	0,1818
15	7	10	6	0,1632	0,9814	0,0186
15	7	10	7	0,0186	1,0000	0,0000■
15	8	10	3	0,0186	0,0186	0,9814
15	8	10	4	0,1632	0,1818	0,8182
15	8	10	5	0,3916	0,5734	0,4266
15	8	10	6	0,3263	0,8998	0,1002
15	8	10	7	0,0932	0,9930	0,0070
15	8	10	8	0,0070	1,0000	0,0000■
15	9	10	4	0,0420	0,0420	0,9580
15	9	10	5	0,2517	0,2937	0,7063
15	9	10	6	0,4196	0,7133	0,2867
15	9	10	7	0,2398	0,9530	0,0470
15	9	10	8	0,0450	0,9980	0,0020
15	9	10	9	0,0020	1,0000	0,0000■
15	10	10	5	0,0839	0,0839	0,9161
15	10	10	6	0,3497	0,4336	0,5664
15	10	10	7	0,3996	0,8332	0,1668
15	10	10	8	0,1499	0,9830	0,0170
15	10	10	9	0,0167	0,9997	0,0003
15	10	10	10	0,0003	1,0000	0,0000■
15	1	11	0	0,2667	0,2667	0,7333
15	1	11	1	0,7333	1,0000	0,0000■
15	2	11	0	0,0571	0,0571	0,9429
15	2	11	1	0,4190	0,4762	0,5238
15	2	11	2	0,5238	1,0000	0,0000■
15	3	11	0	0,0088	0,0088	0,9912
15	3	11	1	0,1451	0,1538	0,8462
15	3	11	2	0,4835	0,6374	0,3626
15	3	11	3	0,3626	1,0000	0,0000■
15	4	11	0	0,0007	0,0007	0,9993
15	4	11	1	0,0322	0,0330	0,9670
15	4	11	2	0,2418	0,2747	0,7253
15	4	11	3	0,4835	0,7582	0,2418
15	4	11	4	0,2418	1,0000	0,0000■
15	5	11	1	0,0037	0,0037	0,9963
15	5	11	2	0,0733	0,0769	0,9231
15	5	11	3	0,3297	0,4066	0,5934
15	5	11	4	0,4396	0,8462	0,1538
15	5	11	5	0,1538	1,0000	0,0000■
15	6	11	2	0,0110	0,0110	0,9890
15	6	11	3	0,1319	0,1429	0,8571
15	6	11	4	0,3956	0,5385	0,4615
15	6	11	5	0,3692	0,9077	0,0923
15	6	11	6	0,0923	1,0000	0,0000■
15	7	11	3	0,0256	0,0256	0,9744
15	7	11	4	0,2051	0,2308	0,7692
15	7	11	5	0,4308	0,6615	0,3385
15	7	11	6	0,2872	0,9487	0,0513
15	7	11	7	0,0513	1,0000	0,0000■
15	8	11	4	0,0513	0,0513	0,9487
15	8	11	5	0,2872	0,3385	0,6615
15	8	11	6	0,4308	0,7692	0,2308
15	8	11	7	0,2051	0,9744	0,0256
15	8	11	8	0,0256	1,0000	0,0000■
15	9	11	5	0,0923	0,0923	0,9077
15	9	11	6	0,3692	0,4615	0,5385
15	9	11	7	0,3956	0,8571	0,1429
15	9	11	8	0,1319	0,9890	0,0110
15	9	11	9	0,0110	1,0000	0,0000■
15	10	11	6	0,1538	0,1538	0,8462
15	10	11	7	0,4396	0,5934	0,4066
15	10	11	8	0,3297	0,9231	0,0769
15	10	11	9	0,0733	0,9963	0,0037
15	10	11	10	0,0037	1,0000	0,0000■
15	11	11	7	0,2418	0,2418	0,7582
15	11	11	8	0,4835	0,7253	0,2747
15	11	11	9	0,2418	0,9670	0,0330
15	11	11	10	0,0322	0,9993	0,0007
15	11	11	11	0,0007	1,0000	0,0000■
15	1	12	0	0,2000	0,2000	0,8000
15	1	12	1	0,8000	1,0000	0,0000■
15	2	12	0	0,0286	0,0286	0,9714
15	2	12	1	0,3429	0,3714	0,6286
15	2	12	2	0,6286	1,0000	0,0000■
15	3	12	0	0,0022	0,0022	0,9978
15	3	12	1	0,0791	0,0813	0,9187

TABELLE S Exakte Wahrscheinlichkeiten der hypergeometrischen Verteilung

N	N_1	n_1	t_1	$P(t_1)$	$P(T_1 \leq t_1)$	$P(T_1 > t_1)$
15	3	12	2	0,4352	0,5165	0,4835
15	3	12	3	0,4835	1,0000	0,0000■
15	4	12	1	0,0088	0,0088	0,9912
15	4	12	2	0,1451	0,1538	0,8462
15	4	12	3	0,4835	0,6374	0,3626
15	4	12	4	0,3626	1,0000	0,0000■
15	5	12	2	0,0220	0,0220	0,9780
15	5	12	3	0,2198	0,2418	0,7582
15	5	12	4	0,4945	0,7363	0,2637
15	5	12	5	0,2637	1,0000	0,0000■
15	6	12	3	0,0440	0,0440	0,9560
15	6	12	4	0,2967	0,3407	0,6593
15	6	12	5	0,4747	0,8154	0,1846
15	6	12	6	0,1846	1,0000	0,0000■
15	7	12	4	0,0769	0,0769	0,9231
15	7	12	5	0,3692	0,4462	0,5538
15	7	12	6	0,4308	0,8769	0,1231
15	7	12	7	0,1231	1,0000	0,0000■
15	8	12	5	0,1231	0,1231	0,8769
15	8	12	6	0,4308	0,5538	0,4462
15	8	12	7	0,3692	0,9231	0,0769
15	8	12	8	0,0769	1,0000	0,0000■
15	9	12	6	0,1846	0,1846	0,8154
15	9	12	7	0,4747	0,6593	0,3407
15	9	12	8	0,2967	0,9560	0,0440
15	9	12	9	0,0440	1,0000	0,0000■
15	10	12	7	0,2637	0,2637	0,7363
15	10	12	8	0,4945	0,7582	0,2418
15	10	12	9	0,2198	0,9780	0,0220
15	10	12	10	0,0220	1,0000	0,0000■
15	11	12	8	0,3626	0,3626	0,6374
15	11	12	9	0,4835	0,8462	0,1538
15	11	12	10	0,1451	0,9912	0,0088
15	11	12	11	0,0088	1,0000	0,0000■
15	12	12	9	0,4835	0,4835	0,5165
15	12	12	10	0,4352	0,9187	0,0813
15	12	12	11	0,0791	0,9978	0,0022
15	12	12	12	0,0022	1,0000	0,0000■
15	1	13	0	0,1333	0,1333	0,8667
15	1	13	1	0,8667	1,0000	0,0000■
15	2	13	0	0,0095	0,0095	0,9905
15	2	13	1	0,2476	0,2571	0,7429
15	2	13	2	0,7429	1,0000	0,0000■
15	3	13	1	0,0286	0,0286	0,9714
15	3	13	2	0,3429	0,3714	0,6286
15	3	13	3	0,6286	1,0000	0,0000■
15	4	13	2	0,0571	0,0571	0,9429
15	4	13	3	0,4190	0,4762	0,5238
15	4	13	4	0,5238	1,0000	0,0000■
15	5	13	3	0,0952	0,0952	0,9048
15	5	13	4	0,4762	0,5714	0,4286
15	5	13	5	0,4286	1,0000	0,0000■
15	6	13	4	0,1429	0,1429	0,8571
15	6	13	5	0,5143	0,6571	0,3429
15	6	13	6	0,3429	1,0000	0,0000■
15	7	13	5	0,2000	0,2000	0,8000
15	7	13	6	0,5333	0,7333	0,2667
15	7	13	7	0,2667	1,0000	0,0000■
15	8	13	6	0,2667	0,2667	0,7333
15	8	13	7	0,5333	0,8000	0,2000
15	8	13	8	0,2000	1,0000	0,0000■
15	9	13	7	0,3429	0,3429	0,6571
15	9	13	8	0,5143	0,8571	0,1429
15	9	13	9	0,1429	1,0000	0,0000■
15	10	13	8	0,4286	0,4286	0,5714
15	10	13	9	0,4762	0,9048	0,0952
15	10	13	10	0,0952	1,0000	0,0000■
15	11	13	9	0,5238	0,5238	0,4762
15	11	13	10	0,4190	0,9429	0,0571
15	11	13	11	0,0571	1,0000	0,0000■
15	12	13	10	0,6286	0,6286	0,3714
15	12	13	11	0,3429	0,9714	0,0286
15	12	13	12	0,0286	1,0000	0,0000■
15	13	13	11	0,7429	0,7429	0,2571
15	13	13	12	0,2476	0,9905	0,0095
15	13	13	13	0,0095	1,0000	0,0000■
15	1	14	0	0,0667	0,0667	0,9333
15	1	14	1	0,9333	1,0000	0,0000■
15	2	14	1	0,1333	0,1333	0,8667
15	2	14	2	0,8667	1,0000	0,0000■
15	3	14	2	0,2000	0,2000	0,8000
15	3	14	3	0,8000	1,0000	0,0000■
15	4	14	3	0,2667	0,2667	0,7333
15	4	14	4	0,7333	1,0000	0,0000■
15	5	14	4	0,3333	0,3333	0,6667
15	5	14	5	0,6667	1,0000	0,0000■
15	6	14	5	0,4000	0,4000	0,6000
15	6	14	6	0,6000	1,0000	0,0000■
15	7	14	6	0,4667	0,4667	0,5333
15	7	14	7	0,5333	1,0000	0,0000■
15	8	14	7	0,5333	0,5333	0,4667
15	8	14	8	0,4667	1,0000	0,0000■
15	9	14	8	0,6000	0,6000	0,4000
15	9	14	9	0,4000	1,0000	0,0000■
15	10	14	9	0,6667	0,6667	0,3333
15	10	14	10	0,3333	1,0000	0,0000■
15	11	14	10	0,7333	0,7333	0,2667
15	11	14	11	0,2667	1,0000	0,0000■
15	12	14	11	0,8000	0,8000	0,2000
15	12	14	12	0,2000	1,0000	0,0000■
15	13	14	12	0,8667	0,8667	0,1333
15	13	14	13	0,1333	1,0000	0,0000■
15	14	14	13	0,9333	0,9333	0,0667
15	14	14	14	0,0667	1,0000	0,0000■
16	1	1	0	0,9375	0,9375	0,0625
16	1	1	1	0,0625	1,0000	0,0000■
16	1	2	0	0,8750	0,8750	0,1250
16	1	2	1	0,1250	1,0000	0,0000■
16	2	2	0	0,7583	0,7583	0,2417
16	2	2	1	0,2333	0,9917	0,0083
16	2	2	2	0,0083	1,0000	0,0000■
16	1	3	0	0,8125	0,8125	0,1875
16	1	3	1	0,1875	1,0000	0,0000■
16	2	3	0	0,6500	0,6500	0,3500
16	2	3	1	0,3250	0,9750	0,0250
16	2	3	2	0,0250	1,0000	0,0000■
16	3	3	0	0,5107	0,5107	0,4893
16	3	3	1	0,4179	0,9286	0,0714
16	3	3	2	0,0696	0,9982	0,0018
16	3	3	3	0,0018	1,0000	0,0000■
16	1	4	0	0,7500	0,7500	0,2500
16	1	4	1	0,2500	1,0000	0,0000■
16	2	4	0	0,5500	0,5500	0,4500
16	2	4	1	0,4000	0,9500	0,0500
16	2	4	2	0,0500	1,0000	0,0000■
16	3	4	0	0,3929	0,3929	0,6071
16	3	4	1	0,4714	0,8643	0,1357
16	3	4	2	0,1286	0,9929	0,0071
16	3	4	3	0,0071	1,0000	0,0000■
16	4	4	0	0,2720	0,2720	0,7280
16	4	4	1	0,4835	0,7555	0,2445
16	4	4	2	0,2176	0,9731	0,0269
16	4	4	3	0,0264	0,9995	0,0005
16	4	4	4	0,0005	1,0000	0,0000■
16	1	5	0	0,6875	0,6875	0,3125
16	1	5	1	0,3125	1,0000	0,0000■
16	2	5	0	0,4583	0,4583	0,5417
16	2	5	1	0,4583	0,9167	0,0833
16	2	5	2	0,0833	1,0000	0,0000■
16	3	5	0	0,2946	0,2946	0,7054
16	3	5	1	0,4911	0,7857	0,2143
16	3	5	2	0,1964	0,9821	0,0179
16	3	5	3	0,0179	1,0000	0,0000■
16	4	5	0	0,1813	0,1813	0,8187
16	4	5	1	0,4533	0,6346	0,3654
16	4	5	2	0,3022	0,9368	0,0632
16	4	5	3	0,0604	0,9973	0,0027
16	4	5	4	0,0027	1,0000	0,0000■
16	5	5	0	0,1058	0,1058	0,8942
16	5	5	1	0,3777	0,4835	0,5165
16	5	5	2	0,3777	0,8613	0,1387
16	5	5	3	0,1259	0,9872	0,0128
16	5	5	4	0,0126	0,9998	0,0002
16	5	5	5	0,0002	1,0000	0,0000■
16	1	6	0	0,6250	0,6250	0,3750
16	1	6	1	0,3750	1,0000	0,0000■
16	2	6	0	0,3750	0,3750	0,6250
16	2	6	1	0,5000	0,8750	0,1250
16	2	6	2	0,1250	1,0000	0,0000■
16	3	6	0	0,2143	0,2143	0,7857
16	3	6	1	0,4821	0,6964	0,3036
16	3	6	2	0,2679	0,9643	0,0357
16	3	6	3	0,0357	1,0000	0,0000■
16	4	6	0	0,1154	0,1154	0,8846
16	4	6	1	0,3956	0,5110	0,4890
16	4	6	2	0,3709	0,8819	0,1181
16	4	6	3	0,1099	0,9918	0,0082
16	4	6	4	0,0082	1,0000	0,0000■
16	5	6	0	0,0577	0,0577	0,9423
16	5	6	1	0,2885	0,3462	0,6538
16	5	6	2	0,4121	0,7582	0,2418
16	5	6	3	0,2060	0,9643	0,0357
16	5	6	4	0,0343	0,9986	0,0014
16	5	6	5	0,0014	1,0000	0,0000■
16	6	6	0	0,0262	0,0262	0,9738
16	6	6	1	0,1888	0,2150	0,7850
16	6	6	2	0,3934	0,6084	0,3916
16	6	6	3	0,2997	0,9081	0,0919
16	6	6	4	0,0843	0,9924	0,0076
16	6	6	5	0,0075	0,9999	0,0001

TABELLE S Exakte Wahrscheinlichkeiten der hypergeometrischen Verteilung

N	N_1	n_1	t_1	$P(t_1)$	$P(T_1 \le t_1)$	$P(T_1 > t_1)$
16	6	6	6	0,0001	1,0000	0,0000■
16	1	7	0	0,5625	0,5625	0,4375
16	1	7	1	0,4375	1,0000	0,0000■
16	2	7	0	0,3000	0,3000	0,7000
16	2	7	1	0,5250	0,8250	0,1750
16	2	7	2	0,1750	1,0000	0,0000■
16	3	7	0	0,1500	0,1500	0,8500
16	3	7	1	0,4500	0,6000	0,4000
16	3	7	2	0,3375	0,9375	0,0625
16	3	7	3	0,0625	1,0000	0,0000■
16	4	7	0	0,0692	0,0692	0,9308
16	4	7	1	0,3231	0,3923	0,6077
16	4	7	2	0,4154	0,8077	0,1923
16	4	7	3	0,1731	0,9808	0,0192
16	4	7	4	0,0192	1,0000	0,0000■
16	5	7	0	0,0288	0,0288	0,9712
16	5	7	1	0,2019	0,2308	0,7692
16	5	7	2	0,4038	0,6346	0,3654
16	5	7	3	0,2885	0,9231	0,0769
16	5	7	4	0,0721	0,9952	0,0048
16	5	7	5	0,0048	1,0000	0,0000■
16	6	7	0	0,0105	0,0105	0,9895
16	6	7	1	0,1101	0,1206	0,8794
16	6	7	2	0,3304	0,4510	0,5490
16	6	7	3	0,3671	0,8182	0,1818
16	6	7	4	0,1573	0,9755	0,0245
16	6	7	5	0,0236	0,9991	0,0009
16	6	7	6	0,0009	1,0000	0,0000■
16	7	7	0	0,0031	0,0031	0,9969
16	7	7	1	0,0514	0,0545	0,9455
16	7	7	2	0,2313	0,2858	0,7142
16	7	7	3	0,3855	0,6713	0,3287
16	7	7	4	0,2570	0,9283	0,0717
16	7	7	5	0,0661	0,9944	0,0056
16	7	7	6	0,0055	0,9999	0,0000
16	7	7	7	0,0000	1,0000	0,0000■
16	1	8	0	0,5000	0,5000	0,5000
16	1	8	1	0,5000	1,0000	0,0000■
16	2	8	0	0,2333	0,2333	0,7667
16	2	8	1	0,5333	0,7667	0,2333
16	2	8	2	0,2333	1,0000	0,0000■
16	3	8	0	0,1000	0,1000	0,9000
16	3	8	1	0,4000	0,5000	0,5000
16	3	8	2	0,4000	0,9000	0,1000
16	3	8	3	0,1000	1,0000	0,0000■
16	4	8	0	0,0385	0,0385	0,9615
16	4	8	1	0,2462	0,2846	0,7154
16	4	8	2	0,4308	0,7154	0,2846
16	4	8	3	0,2462	0,9615	0,0385
16	4	8	4	0,0385	1,0000	0,0000■
16	5	8	0	0,0128	0,0128	0,9872
16	5	8	1	0,1282	0,1410	0,8590
16	5	8	2	0,3590	0,5000	0,5000
16	5	8	3	0,3590	0,8590	0,1410
16	5	8	4	0,1282	0,9872	0,0128
16	5	8	5	0,0128	1,0000	0,0000■
16	6	8	0	0,0035	0,0035	0,9965
16	6	8	1	0,0559	0,0594	0,9406
16	6	8	2	0,2448	0,3042	0,6958
16	6	8	3	0,3916	0,6958	0,3042
16	6	8	4	0,2448	0,9406	0,0594
16	6	8	5	0,0559	0,9965	0,0035
16	6	8	6	0,0035	1,0000	0,0000■
16	7	8	0	0,0007	0,0007	0,9993
16	7	8	1	0,0196	0,0203	0,9797
16	7	8	2	0,1371	0,1573	0,8427
16	7	8	3	0,3427	0,5000	0,5000
16	7	8	4	0,3427	0,8427	0,1573
16	7	8	5	0,1371	0,9797	0,0203
16	7	8	6	0,0196	0,9993	0,0007
16	7	8	7	0,0007	1,0000	0,0000■
16	8	8	0	0,0000	0,0000	0,9999
16	8	8	1	0,0050	0,0051	0,9949
16	8	8	2	0,0609	0,0660	0,9340
16	8	8	3	0,2437	0,3096	0,6904
16	8	8	4	0,3807	0,6904	0,3096
16	8	8	5	0,2437	0,9340	0,0660
16	8	8	6	0,0609	0,9949	0,0051
16	8	8	7	0,0050	0,9999	0,0000
16	8	8	8	0,0000	1,0000	0,0000■
16	1	9	0	0,4375	0,4375	0,5625
16	1	9	1	0,5625	1,0000	0,0000■
16	2	9	0	0,1750	0,1750	0,8250
16	2	9	1	0,5250	0,7000	0,3000
16	2	9	2	0,3000	1,0000	0,0000■
16	3	9	0	0,0625	0,0625	0,9375
16	3	9	1	0,3375	0,4000	0,6000
16	3	9	2	0,4500	0,8500	0,1500
16	3	9	3	0,1500	1,0000	0,0000■
16	4	9	0	0,0192	0,0192	0,9808
16	4	9	1	0,1731	0,1923	0,8077
16	4	9	2	0,4154	0,6077	0,3923
16	4	9	3	0,3231	0,9308	0,0692
16	4	9	4	0,0692	1,0000	0,0000■
16	5	9	0	0,0048	0,0048	0,9952
16	5	9	1	0,0721	0,0769	0,9231
16	5	9	2	0,2885	0,3654	0,6346
16	5	9	3	0,4038	0,7692	0,2308
16	5	9	4	0,2019	0,9712	0,0288
16	5	9	5	0,0288	1,0000	0,0000■
16	6	9	0	0,0009	0,0009	0,9991
16	6	9	1	0,0236	0,0245	0,9755
16	6	9	2	0,1573	0,1818	0,8182
16	6	9	3	0,3671	0,5490	0,4510
16	6	9	4	0,3304	0,8794	0,1206
16	6	9	5	0,1101	0,9895	0,0105
16	6	9	6	0,0105	1,0000	0,0000■
16	7	9	0	0,0000	0,0000	0,9999
16	7	9	1	0,0055	0,0056	0,9944
16	7	9	2	0,0661	0,0717	0,9283
16	7	9	3	0,2570	0,3287	0,6713
16	7	9	4	0,3855	0,7142	0,2858
16	7	9	5	0,2313	0,9455	0,0545
16	7	9	6	0,0514	0,9969	0,0031
16	7	9	7	0,0031	1,0000	0,0000■
16	8	9	1	0,0007	0,0007	0,9993
16	8	9	2	0,0196	0,0203	0,9797
16	8	9	3	0,1371	0,1573	0,8427
16	8	9	4	0,3427	0,5000	0,5000
16	8	9	5	0,3427	0,8427	0,1573
16	8	9	6	0,1371	0,9797	0,0203
16	8	9	7	0,0196	0,9993	0,0007
16	8	9	8	0,0007	1,0000	0,0000■
16	9	9	2	0,0031	0,0031	0,9969
16	9	9	3	0,0514	0,0545	0,9455
16	9	9	4	0,2313	0,2858	0,7142
16	9	9	5	0,3855	0,6713	0,3287
16	9	9	6	0,2570	0,9283	0,0717
16	9	9	7	0,0661	0,9944	0,0056
16	9	9	8	0,0055	0,9999	0,0000
16	9	9	9	0,0000	1,0000	0,0000■
16	1	10	0	0,3750	0,3750	0,6250
16	1	10	1	0,6250	1,0000	0,0000■
16	2	10	0	0,1250	0,1250	0,8750
16	2	10	1	0,5000	0,6250	0,3750
16	2	10	2	0,3750	1,0000	0,0000■
16	3	10	0	0,0357	0,0357	0,9643
16	3	10	1	0,2679	0,3036	0,6964
16	3	10	2	0,4821	0,7857	0,2143
16	3	10	3	0,2143	1,0000	0,0000■
16	4	10	0	0,0082	0,0082	0,9918
16	4	10	1	0,1099	0,1181	0,8819
16	4	10	2	0,3709	0,4890	0,5110
16	4	10	3	0,3956	0,8846	0,1154
16	4	10	4	0,1154	1,0000	0,0000■
16	5	10	0	0,0014	0,0014	0,9986
16	5	10	1	0,0343	0,0357	0,9643
16	5	10	2	0,2060	0,2418	0,7582
16	5	10	3	0,4121	0,6538	0,3462
16	5	10	4	0,2885	0,9423	0,0577
16	5	10	5	0,0577	1,0000	0,0000■
16	6	10	0	0,0001	0,0001	0,9999
16	6	10	1	0,0075	0,0076	0,9924
16	6	10	2	0,0843	0,0919	0,9081
16	6	10	3	0,2997	0,3916	0,6084
16	6	10	4	0,3934	0,7850	0,2150
16	6	10	5	0,1888	0,9738	0,0262
16	6	10	6	0,0262	1,0000	0,0000■
16	7	10	1	0,0009	0,0009	0,9991
16	7	10	2	0,0236	0,0245	0,9755
16	7	10	3	0,1573	0,1818	0,8182
16	7	10	4	0,3671	0,5490	0,4510
16	7	10	5	0,3304	0,8794	0,1206
16	7	10	6	0,1101	0,9895	0,0105
16	7	10	7	0,0105	1,0000	0,0000■
16	8	10	2	0,0035	0,0035	0,9965
16	8	10	3	0,0559	0,0594	0,9406
16	8	10	4	0,2448	0,3042	0,6958
16	8	10	5	0,3916	0,6958	0,3042
16	8	10	6	0,2448	0,9406	0,0594
16	8	10	7	0,0559	0,9965	0,0035
16	8	10	8	0,0035	1,0000	0,0000■
16	9	10	3	0,0105	0,0105	0,9895
16	9	10	4	0,1101	0,1206	0,8794
16	9	10	5	0,3304	0,4510	0,5490
16	9	10	6	0,3671	0,8182	0,1818
16	9	10	7	0,1573	0,9755	0,0245
16	9	10	8	0,0236	0,9991	0,0009
16	9	10	9	0,0009	1,0000	0,0000■
16	10	10	4	0,0262	0,0262	0,9738

TABELLE S Exakte Wahrscheinlichkeiten der hypergeometrischen Verteilung

N	N_1	n_1	t_1	$P(t_1)$	$P(T_1 \leq t_1)$	$P(T_1 > t_1)$
16	10	10	5	0,1888	0,2150	0,7850
16	10	10	6	0,3934	0,6084	0,3916
16	10	10	7	0,2997	0,9081	0,0919
16	10	10	8	0,0843	0,9924	0,0076
16	10	10	9	0,0075	0,9999	0,0001
16	10	10	10	0,0001	1,0000	0,0000■
16	1	11	0	0,3125	0,3125	0,6875
16	1	11	1	0,6875	1,0000	0,0000■
16	2	11	0	0,0833	0,0833	0,9167
16	2	11	1	0,4583	0,5417	0,4583
16	2	11	2	0,4583	1,0000	0,0000■
16	3	11	0	0,0179	0,0179	0,9821
16	3	11	1	0,1964	0,2143	0,7857
16	3	11	2	0,4911	0,7054	0,2946
16	3	11	3	0,2946	1,0000	0,0000■
16	4	11	0	0,0027	0,0027	0,9973
16	4	11	1	0,0604	0,0632	0,9368
16	4	11	2	0,3022	0,3654	0,6346
16	4	11	3	0,4533	0,8187	0,1813
16	4	11	4	0,1813	1,0000	0,0000■
16	5	11	0	0,0002	0,0002	0,9998
16	5	11	1	0,0126	0,0128	0,9872
16	5	11	2	0,1259	0,1387	0,8613
16	5	11	3	0,3777	0,5165	0,4835
16	5	11	4	0,3777	0,8942	0,1058
16	5	11	5	0,1058	1,0000	0,0000■
16	6	11	1	0,0014	0,0014	0,9986
16	6	11	2	0,0343	0,0357	0,9643
16	6	11	3	0,2060	0,2418	0,7582
16	6	11	4	0,4121	0,6538	0,3462
16	6	11	5	0,2885	0,9423	0,0577
16	6	11	6	0,0577	1,0000	0,0000■
16	7	11	2	0,0048	0,0048	0,9952
16	7	11	3	0,0721	0,0769	0,9231
16	7	11	4	0,2885	0,3654	0,6346
16	7	11	5	0,4038	0,7692	0,2308
16	7	11	6	0,2019	0,9712	0,0288
16	7	11	7	0,0288	1,0000	0,0000■
16	8	11	3	0,0128	0,0128	0,9872
16	8	11	4	0,1282	0,1410	0,8590
16	8	11	5	0,3590	0,5000	0,5000
16	8	11	6	0,3590	0,8590	0,1410
16	8	11	7	0,1282	0,9872	0,0128
16	8	11	8	0,0128	1,0000	0,0000■
16	9	11	4	0,0288	0,0288	0,9712
16	9	11	5	0,2019	0,2308	0,7692
16	9	11	6	0,4038	0,6346	0,3654
16	9	11	7	0,2885	0,9231	0,0769
16	9	11	8	0,0721	0,9952	0,0048
16	9	11	9	0,0048	1,0000	0,0000■
16	10	11	5	0,0577	0,0577	0,9423
16	10	11	6	0,2885	0,3462	0,6538
16	10	11	7	0,4121	0,7582	0,2418
16	10	11	8	0,2060	0,9643	0,0357
16	10	11	9	0,0343	0,9986	0,0014
16	10	11	10	0,0014	1,0000	0,0000■
16	11	11	6	0,1058	0,1058	0,8942
16	11	11	7	0,3777	0,4835	0,5165
16	11	11	8	0,3777	0,8613	0,1387
16	11	11	9	0,1259	0,9872	0,0128
16	11	11	10	0,0126	0,9998	0,0002
16	11	11	11	0,0002	1,0000	0,0000■
16	1	12	0	0,2500	0,2500	0,7500
16	1	12	1	0,7500	1,0000	0,0000■
16	2	12	0	0,0500	0,0500	0,9500
16	2	12	1	0,4000	0,4500	0,5500
16	2	12	2	0,5500	1,0000	0,0000■
16	3	12	0	0,0071	0,0071	0,9929
16	3	12	1	0,1286	0,1357	0,8643
16	3	12	2	0,4714	0,6071	0,3929
16	3	12	3	0,3929	1,0000	0,0000■
16	4	12	0	0,0005	0,0005	0,9995
16	4	12	1	0,0264	0,0269	0,9731
16	4	12	2	0,2176	0,2445	0,7555
16	4	12	3	0,4835	0,7280	0,2720
16	4	12	4	0,2720	1,0000	0,0000■
16	5	12	1	0,0027	0,0027	0,9973
16	5	12	2	0,0604	0,0632	0,9368
16	5	12	3	0,3022	0,3654	0,6346
16	5	12	4	0,4533	0,8187	0,1813
16	5	12	5	0,1813	1,0000	0,0000■
16	6	12	2	0,0082	0,0082	0,9918
16	6	12	3	0,1099	0,1181	0,8819
16	6	12	4	0,3709	0,4890	0,5110
16	6	12	5	0,3956	0,8846	0,1154
16	6	12	6	0,1154	1,0000	0,0000■
16	7	12	3	0,0192	0,0192	0,9808
16	7	12	4	0,1731	0,1923	0,8077
16	7	12	5	0,4154	0,6077	0,3923
16	7	12	6	0,3231	0,9308	0,0692
16	7	12	7	0,0692	1,0000	0,0000■
16	8	12	4	0,0385	0,0385	0,9615
16	8	12	5	0,2462	0,2846	0,7154
16	8	12	6	0,4308	0,7154	0,2846
16	8	12	7	0,2462	0,9615	0,0385
16	8	12	8	0,0385	1,0000	0,0000■
16	9	12	5	0,0692	0,0692	0,9308
16	9	12	6	0,3231	0,3923	0,6077
16	9	12	7	0,4154	0,8077	0,1923
16	9	12	8	0,1731	0,9808	0,0192
16	9	12	9	0,0192	1,0000	0,0000■
16	10	12	6	0,1154	0,1154	0,8846
16	10	12	7	0,3956	0,5110	0,4890
16	10	12	8	0,3709	0,8819	0,1181
16	10	12	9	0,1099	0,9918	0,0082
16	10	12	10	0,0082	1,0000	0,0000■
16	11	12	7	0,1813	0,1813	0,8187
16	11	12	8	0,4533	0,6346	0,3654
16	11	12	9	0,3022	0,9368	0,0632
16	11	12	10	0,0604	0,9973	0,0027
16	11	12	11	0,0027	1,0000	0,0000■
16	12	12	8	0,2720	0,2720	0,7280
16	12	12	9	0,4835	0,7555	0,2445
16	12	12	10	0,2176	0,9731	0,0269
16	12	12	11	0,0264	0,9995	0,0005
16	12	12	12	0,0005	1,0000	0,0000■
16	1	13	0	0,1875	0,1875	0,8125
16	1	13	1	0,8125	1,0000	0,0000■
16	2	13	0	0,0250	0,0250	0,9750
16	2	13	1	0,3250	0,3500	0,6500
16	2	13	2	0,6500	1,0000	0,0000■
16	3	13	0	0,0018	0,0018	0,9982
16	3	13	1	0,0696	0,0714	0,9286
16	3	13	2	0,4179	0,4893	0,5107
16	3	13	3	0,5107	1,0000	0,0000■
16	4	13	1	0,0071	0,0071	0,9929
16	4	13	2	0,1286	0,1357	0,8643
16	4	13	3	0,4714	0,6071	0,3929
16	4	13	4	0,3929	1,0000	0,0000■
16	5	13	2	0,0179	0,0179	0,9821
16	5	13	3	0,1964	0,2143	0,7857
16	5	13	4	0,4911	0,7054	0,2946
16	5	13	5	0,2946	1,0000	0,0000■
16	6	13	3	0,0357	0,0357	0,9643
16	6	13	4	0,2679	0,3036	0,6964
16	6	13	5	0,4821	0,7857	0,2143
16	6	13	6	0,2143	1,0000	0,0000■
16	7	13	4	0,0625	0,0625	0,9375
16	7	13	5	0,3375	0,4000	0,6000
16	7	13	6	0,4500	0,8500	0,1500
16	7	13	7	0,1500	1,0000	0,0000■
16	8	13	5	0,1000	0,1000	0,9000
16	8	13	6	0,4000	0,5000	0,5000
16	8	13	7	0,4000	0,9000	0,1000
16	8	13	8	0,1000	1,0000	0,0000■
16	9	13	6	0,1500	0,1500	0,8500
16	9	13	7	0,4500	0,6000	0,4000
16	9	13	8	0,3375	0,9375	0,0625
16	9	13	9	0,0625	1,0000	0,0000■
16	10	13	7	0,2143	0,2143	0,7857
16	10	13	8	0,4821	0,6964	0,3036
16	10	13	9	0,2679	0,9643	0,0357
16	10	13	10	0,0357	1,0000	0,0000■
16	11	13	8	0,2946	0,2946	0,7054
16	11	13	9	0,4911	0,7857	0,2143
16	11	13	10	0,1964	0,9821	0,0179
16	11	13	11	0,0179	1,0000	0,0000■
16	12	13	9	0,3929	0,3929	0,6071
16	12	13	10	0,4714	0,8643	0,1357
16	12	13	11	0,1286	0,9929	0,0071
16	12	13	12	0,0071	1,0000	0,0000■
16	13	13	10	0,5107	0,5107	0,4893
16	13	13	11	0,4179	0,9286	0,0714
16	13	13	12	0,0696	0,9982	0,0018
16	13	13	13	0,0018	1,0000	0,0000■
16	1	14	0	0,1250	0,1250	0,8750
16	1	14	1	0,8750	1,0000	0,0000■
16	2	14	0	0,0083	0,0083	0,9917
16	2	14	1	0,2333	0,2417	0,7583
16	2	14	2	0,7583	1,0000	0,0000■
16	3	14	1	0,0250	0,0250	0,9750
16	3	14	2	0,3250	0,3500	0,6500
16	3	14	3	0,6500	1,0000	0,0000■
16	4	14	2	0,0500	0,0500	0,9500
16	4	14	3	0,4000	0,4500	0,5500
16	4	14	4	0,5500	1,0000	0,0000■
16	5	14	3	0,0833	0,0833	0,9167
16	5	14	4	0,4583	0,5417	0,4583
16	5	14	5	0,4583	1,0000	0,0000■
16	6	14	4	0,1250	0,1250	0,8750

TABELLE S Exakte Wahrscheinlichkeiten der hypergeometrischen Verteilung

N	N_1	n_1	t_1	$P(t_1)$	$P(T_1 \leq t_1)$	$P(T_1 > t_1)$
16	6	14	5	0,5000	0,6250	0,3750
16	6	14	6	0,3750	1,0000	0,0000■
16	7	14	5	0,1750	0,1750	0,8250
16	7	14	6	0,5250	0,7000	0,3000
16	7	14	7	0,3000	1,0000	0,0000■
16	8	14	6	0,2333	0,2333	0,7667
16	8	14	7	0,5333	0,7667	0,2333
16	8	14	8	0,2333	1,0000	0,0000■
16	9	14	7	0,3000	0,3000	0,7000
16	9	14	8	0,5250	0,8250	0,1750
16	9	14	9	0,1750	1,0000	0,0000■
16	10	14	8	0,3750	0,3750	0,6250
16	10	14	9	0,5000	0,8750	0,1250
16	10	14	10	0,1250	1,0000	0,0000■
16	11	14	9	0,4583	0,4583	0,5417
16	11	14	10	0,4583	0,9167	0,0833
16	11	14	11	0,0833	1,0000	0,0000■
16	12	14	10	0,5500	0,5500	0,4500
16	12	14	11	0,4000	0,9500	0,0500
16	12	14	12	0,0500	1,0000	0,0000■
16	13	14	11	0,6500	0,6500	0,3500
16	13	14	12	0,3250	0,9750	0,0250
16	13	14	13	0,0250	1,0000	0,0000■
16	14	14	12	0,7583	0,7583	0,2417
16	14	14	13	0,2333	0,9917	0,0083
16	14	14	14	0,0083	1,0000	0,0000■
16	1	15	0	0,0625	0,0625	0,9375
16	1	15	1	0,9375	1,0000	0,0000■
16	2	15	1	0,1250	0,1250	0,8750
16	2	15	2	0,8750	1,0000	0,0000■
16	3	15	2	0,1875	0,1875	0,8125
16	3	15	3	0,8125	1,0000	0,0000■
16	4	15	3	0,2500	0,2500	0,7500
16	4	15	4	0,7500	1,0000	0,0000■
16	5	15	4	0,3125	0,3125	0,6875
16	5	15	5	0,6875	1,0000	0,0000■
16	6	15	5	0,3750	0,3750	0,6250
16	6	15	6	0,6250	1,0000	0,0000■
16	7	15	6	0,4375	0,4375	0,5625
16	7	15	7	0,5625	1,0000	0,0000■
16	8	15	7	0,5000	0,5000	0,5000
16	8	15	8	0,5000	1,0000	0,0000■
16	9	15	8	0,5625	0,5625	0,4375
16	9	15	9	0,4375	1,0000	0,0000■
16	10	15	9	0,6250	0,6250	0,3750
16	10	15	10	0,3750	1,0000	0,0000■
16	11	15	10	0,6875	0,6875	0,3125
16	11	15	11	0,3125	1,0000	0,0000■
16	12	15	11	0,7500	0,7500	0,2500
16	12	15	12	0,2500	1,0000	0,0000■
16	13	15	12	0,8125	0,8125	0,1875
16	13	15	13	0,1875	1,0000	0,0000■
16	14	15	13	0,8750	0,8750	0,1250
16	14	15	14	0,1250	1,0000	0,0000■
16	15	15	14	0,9375	0,9375	0,0625
16	15	15	15	0,0625	1,0000	0,0000■
17	1	1	0	0,9412	0,9412	0,0588
17	1	1	1	0,0588	1,0000	0,0000■
17	1	2	0	0,8824	0,8824	0,1176
17	1	2	1	0,1176	1,0000	0,0000■

N	N_1	n_1	t_1	$P(t_1)$	$P(T_1 \leq t_1)$	$P(T_1 > t_1)$
17	2	2	0	0,7721	0,7721	0,2279
17	2	2	1	0,2206	0,9926	0,0074
17	2	2	2	0,0074	1,0000	0,0000■
17	1	3	0	0,8235	0,8235	0,1765
17	1	3	1	0,1765	1,0000	0,0000■
17	2	3	0	0,6691	0,6691	0,3309
17	2	3	1	0,3088	0,9779	0,0221
17	2	3	2	0,0221	1,0000	0,0000■
17	3	3	0	0,5353	0,5353	0,4647
17	3	3	1	0,4015	0,9368	0,0632
17	3	3	2	0,0618	0,9985	0,0015
17	3	3	3	0,0015	1,0000	0,0000■
17	1	4	0	0,7647	0,7647	0,2353
17	1	4	1	0,2353	1,0000	0,0000■
17	2	4	0	0,5735	0,5735	0,4265
17	2	4	1	0,3824	0,9559	0,0441
17	2	4	2	0,0441	1,0000	0,0000■
17	3	4	0	0,4206	0,4206	0,5794
17	3	4	1	0,4588	0,8794	0,1206
17	3	4	2	0,1147	0,9941	0,0059
17	3	4	3	0,0059	1,0000	0,0000■
17	4	4	0	0,3004	0,3004	0,6996
17	4	4	1	0,4807	0,7811	0,2189
17	4	4	2	0,1966	0,9777	0,0223
17	4	4	3	0,0218	0,9996	0,0004
17	4	4	4	0,0004	1,0000	0,0000■
17	1	5	0	0,7059	0,7059	0,2941
17	1	5	1	0,2941	1,0000	0,0000■
17	2	5	0	0,4853	0,4853	0,5147
17	2	5	1	0,4412	0,9265	0,0735
17	2	5	2	0,0735	1,0000	0,0000■
17	3	5	0	0,3235	0,3235	0,6765
17	3	5	1	0,4853	0,8088	0,1912
17	3	5	2	0,1765	0,9853	0,0147
17	3	5	3	0,0147	1,0000	0,0000■
17	4	5	0	0,2080	0,2080	0,7920
17	4	5	1	0,4622	0,6702	0,3298
17	4	5	2	0,2773	0,9475	0,0525
17	4	5	3	0,0504	0,9979	0,0021
17	4	5	4	0,0021	1,0000	0,0000■
17	5	5	0	0,1280	0,1280	0,8720
17	5	5	1	0,4000	0,5280	0,4720
17	5	5	2	0,3555	0,8835	0,1165
17	5	5	3	0,1067	0,9901	0,0099
17	5	5	4	0,0097	0,9998	0,0002
17	5	5	5	0,0002	1,0000	0,0000■
17	1	6	0	0,6471	0,6471	0,3529
17	1	6	1	0,3529	1,0000	0,0000■
17	2	6	0	0,4044	0,4044	0,5956
17	2	6	1	0,4853	0,8897	0,1103
17	2	6	2	0,1103	1,0000	0,0000■
17	3	6	0	0,2426	0,2426	0,7574
17	3	6	1	0,4853	0,7279	0,2721
17	3	6	2	0,2426	0,9706	0,0294
17	3	6	3	0,0294	1,0000	0,0000■
17	4	6	0	0,1387	0,1387	0,8613
17	4	6	1	0,4160	0,5546	0,4454
17	4	6	2	0,3466	0,9013	0,0987
17	4	6	3	0,0924	0,9937	0,0063
17	4	6	4	0,0063	1,0000	0,0000■

N	N_1	n_1	t_1	$P(t_1)$	$P(T_1 \leq t_1)$	$P(T_1 > t_1)$
17	5	6	0	0,0747	0,0747	0,9253
17	5	6	1	0,3200	0,3946	0,6054
17	5	6	2	0,4000	0,7946	0,2054
17	5	6	3	0,1778	0,9724	0,0276
17	5	6	4	0,0267	0,9990	0,0010
17	5	6	5	0,0010	1,0000	0,0000■
17	6	6	0	0,0373	0,0373	0,9627
17	6	6	1	0,2240	0,2613	0,7387
17	6	6	2	0,4000	0,6613	0,3387
17	6	6	3	0,2666	0,9279	0,0721
17	6	6	4	0,0667	0,9946	0,0054
17	6	6	5	0,0053	0,9999	0,0000
17	6	6	6	0,0000	1,0000	0,0000■
17	1	7	0	0,5882	0,5882	0,4118
17	1	7	1	0,4118	1,0000	0,0000■
17	2	7	0	0,3309	0,3309	0,6691
17	2	7	1	0,5147	0,8456	0,1544
17	2	7	2	0,1544	1,0000	0,0000■
17	3	7	0	0,1765	0,1765	0,8235
17	3	7	1	0,4632	0,6397	0,3603
17	3	7	2	0,3088	0,9485	0,0515
17	3	7	3	0,0515	1,0000	0,0000■
17	4	7	0	0,0882	0,0882	0,9118
17	4	7	1	0,3529	0,4412	0,5588
17	4	7	2	0,3971	0,8382	0,1618
17	4	7	3	0,1471	0,9853	0,0147
17	4	7	4	0,0147	1,0000	0,0000■
17	5	7	0	0,0407	0,0407	0,9593
17	5	7	1	0,2376	0,2783	0,7217
17	5	7	2	0,4072	0,6855	0,3145
17	5	7	3	0,2545	0,9400	0,0600
17	5	7	4	0,0566	0,9966	0,0034
17	5	7	5	0,0034	1,0000	0,0000■
17	6	7	0	0,0170	0,0170	0,9830
17	6	7	1	0,1425	0,1595	0,8405
17	6	7	2	0,3563	0,5158	0,4842
17	6	7	3	0,3394	0,8552	0,1448
17	6	7	4	0,1273	0,9825	0,0175
17	6	7	5	0,0170	0,9994	0,0006
17	6	7	6	0,0006	1,0000	0,0000■
17	7	7	0	0,0062	0,0062	0,9938
17	7	7	1	0,0756	0,0818	0,9182
17	7	7	2	0,2721	0,3539	0,6461
17	7	7	3	0,3779	0,7318	0,2682
17	7	7	4	0,2160	0,9478	0,0522
17	7	7	5	0,0486	0,9963	0,0037
17	7	7	6	0,0036	0,9999	0,0000
17	7	7	7	0,0000	1,0000	0,0000■
17	1	8	0	0,5294	0,5294	0,4706
17	1	8	1	0,4706	1,0000	0,0000■
17	2	8	0	0,2647	0,2647	0,7353
17	2	8	1	0,5294	0,7941	0,2059
17	2	8	2	0,2059	1,0000	0,0000■
17	3	8	0	0,1235	0,1235	0,8765
17	3	8	1	0,4235	0,5471	0,4529
17	3	8	2	0,3706	0,9176	0,0824
17	3	8	3	0,0824	1,0000	0,0000■
17	4	8	0	0,0529	0,0529	0,9471
17	4	8	1	0,2824	0,3353	0,6647
17	4	8	2	0,4235	0,7588	0,2412

TABELLE S Exakte Wahrscheinlichkeiten der hypergeometrischen Verteilung

N	N_1	n_1	t_1	$P(t_1)$	$P(T_1 \leq t_1)$	$P(T_1 > t_1)$
17	4	8	3	0,2118	0,9706	0,0294
17	4	8	4	0,0294	1,0000	0,0000■
17	5	8	0	0,0204	0,0204	0,9796
17	5	8	1	0,1629	0,1833	0,8167
17	5	8	2	0,3801	0,5633	0,4367
17	5	8	3	0,3258	0,8891	0,1109
17	5	8	4	0,1018	0,9910	0,0090
17	5	8	5	0,0090	1,0000	0,0000■
17	6	8	0	0,0068	0,0068	0,9932
17	6	8	1	0,0814	0,0882	0,9118
17	6	8	2	0,2851	0,3733	0,6267
17	6	8	3	0,3801	0,7534	0,2466
17	6	8	4	0,2036	0,9570	0,0430
17	6	8	5	0,0407	0,9977	0,0023
17	6	8	6	0,0023	1,0000	0,0000■
17	7	8	0	0,0019	0,0019	0,9981
17	7	8	1	0,0346	0,0364	0,9636
17	7	8	2	0,1814	0,2178	0,7822
17	7	8	3	0,3628	0,5806	0,4194
17	7	8	4	0,3023	0,8830	0,1170
17	7	8	5	0,1037	0,9866	0,0134
17	7	8	6	0,0130	0,9996	0,0004
17	7	8	7	0,0004	1,0000	0,0000■
17	8	8	0	0,0004	0,0004	0,9996
17	8	8	1	0,0118	0,0122	0,9878
17	8	8	2	0,0968	0,1090	0,8910
17	8	8	3	0,2903	0,3992	0,6008
17	8	8	4	0,3628	0,7620	0,2380
17	8	8	5	0,1935	0,9555	0,0445
17	8	8	6	0,0415	0,9970	0,0030
17	8	8	7	0,0030	1,0000	0,0000
17	8	8	8	0,0000	1,0000	0,0000■
17	1	9	0	0,4706	0,4706	0,5294
17	1	9	1	0,5294	1,0000	0,0000■
17	2	9	0	0,2059	0,2059	0,7941
17	2	9	1	0,5294	0,7353	0,2647
17	2	9	2	0,2647	1,0000	0,0000■
17	3	9	0	0,0824	0,0824	0,9176
17	3	9	1	0,3706	0,4529	0,5471
17	3	9	2	0,4235	0,8765	0,1235
17	3	9	3	0,1235	1,0000	0,0000■
17	4	9	0	0,0294	0,0294	0,9706
17	4	9	1	0,2118	0,2412	0,7588
17	4	9	2	0,4235	0,6647	0,3353
17	4	9	3	0,2824	0,9471	0,0529
17	4	9	4	0,0529	1,0000	0,0000■
17	5	9	0	0,0090	0,0090	0,9910
17	5	9	1	0,1018	0,1109	0,8891
17	5	9	2	0,3258	0,4367	0,5633
17	5	9	3	0,3801	0,8167	0,1833
17	5	9	4	0,1629	0,9796	0,0204
17	5	9	5	0,0204	1,0000	0,0000■
17	6	9	0	0,0023	0,0023	0,9977
17	6	9	1	0,0407	0,0430	0,9570
17	6	9	2	0,2036	0,2466	0,7534
17	6	9	3	0,3801	0,6267	0,3733
17	6	9	4	0,2851	0,9118	0,0882
17	6	9	5	0,0814	0,9932	0,0068
17	6	9	6	0,0068	1,0000	0,0000■
17	7	9	0	0,0004	0,0004	0,9996
17	7	9	1	0,0130	0,0134	0,9866
17	7	9	2	0,1037	0,1170	0,8830
17	7	9	3	0,3023	0,4194	0,5806
17	7	9	4	0,3628	0,7822	0,2178
17	7	9	5	0,1814	0,9636	0,0364
17	7	9	6	0,0346	0,9981	0,0019
17	7	9	7	0,0019	1,0000	0,0000■
17	8	9	0	0,0000	0,0000	1,0000
17	8	9	1	0,0030	0,0030	0,9970
17	8	9	2	0,0415	0,0445	0,9555
17	8	9	3	0,1935	0,2380	0,7620
17	8	9	4	0,3628	0,6008	0,3992
17	8	9	5	0,2903	0,8910	0,1090
17	8	9	6	0,0968	0,9878	0,0122
17	8	9	7	0,0118	0,9996	0,0004
17	8	9	8	0,0004	1,0000	0,0000■
17	9	9	1	0,0004	0,0004	0,9996
17	9	9	2	0,0118	0,0122	0,9878
17	9	9	3	0,0968	0,1090	0,8910
17	9	9	4	0,2903	0,3992	0,6008
17	9	9	5	0,3628	0,7620	0,2380
17	9	9	6	0,1935	0,9555	0,0445
17	9	9	7	0,0415	0,9970	0,0030
17	9	9	8	0,0030	1,0000	0,0000
17	9	9	9	0,0000	1,0000	0,0000■
17	1	10	0	0,4118	0,4118	0,5882
17	1	10	1	0,5882	1,0000	0,0000■
17	2	10	0	0,1544	0,1544	0,8456
17	2	10	1	0,5147	0,6691	0,3309
17	2	10	2	0,3309	1,0000	0,0000■
17	3	10	0	0,0515	0,0515	0,9485
17	3	10	1	0,3088	0,3603	0,6397
17	3	10	2	0,4632	0,8235	0,1765
17	3	10	3	0,1765	1,0000	0,0000■
17	4	10	0	0,0147	0,0147	0,9853
17	4	10	1	0,1471	0,1618	0,8382
17	4	10	2	0,3971	0,5588	0,4412
17	4	10	3	0,3529	0,9118	0,0882
17	4	10	4	0,0882	1,0000	0,0000■
17	5	10	0	0,0034	0,0034	0,9966
17	5	10	1	0,0566	0,0600	0,9400
17	5	10	2	0,2545	0,3145	0,6855
17	5	10	3	0,4072	0,7217	0,2783
17	5	10	4	0,2376	0,9593	0,0407
17	5	10	5	0,0407	1,0000	0,0000■
17	6	10	0	0,0006	0,0006	0,9994
17	6	10	1	0,0170	0,0175	0,9825
17	6	10	2	0,1273	0,1448	0,8552
17	6	10	3	0,3394	0,4842	0,5158
17	6	10	4	0,3563	0,8405	0,1595
17	6	10	5	0,1425	0,9830	0,0170
17	6	10	6	0,0170	1,0000	0,0000■
17	7	10	0	0,0000	0,0000	0,9999
17	7	10	1	0,0036	0,0037	0,9963
17	7	10	2	0,0486	0,0522	0,9478
17	7	10	3	0,2160	0,2682	0,7318
17	7	10	4	0,3779	0,6461	0,3539
17	7	10	5	0,2721	0,9182	0,0818
17	7	10	6	0,0756	0,9938	0,0062
17	7	10	7	0,0062	1,0000	0,0000■
17	8	10	1	0,0004	0,0004	0,9996
17	8	10	2	0,0130	0,0134	0,9866
17	8	10	3	0,1037	0,1170	0,8830
17	8	10	4	0,3023	0,4194	0,5806
17	8	10	5	0,3628	0,7822	0,2178
17	8	10	6	0,1814	0,9636	0,0364
17	8	10	7	0,0346	0,9981	0,0019
17	8	10	8	0,0019	1,0000	0,0000■
17	9	10	2	0,0019	0,0019	0,9981
17	9	10	3	0,0346	0,0364	0,9636
17	9	10	4	0,1814	0,2178	0,7822
17	9	10	5	0,3628	0,5806	0,4194
17	9	10	6	0,3023	0,8830	0,1170
17	9	10	7	0,1037	0,9866	0,0134
17	9	10	8	0,0130	0,9996	0,0004
17	9	10	9	0,0004	1,0000	0,0000■
17	10	10	3	0,0062	0,0062	0,9938
17	10	10	4	0,0756	0,0818	0,9182
17	10	10	5	0,2721	0,3539	0,6461
17	10	10	6	0,3779	0,7318	0,2682
17	10	10	7	0,2160	0,9478	0,0522
17	10	10	8	0,0486	0,9963	0,0037
17	10	10	9	0,0036	0,9999	0,0000
17	10	10	10	0,0000	1,0000	0,0000■
17	1	11	0	0,3529	0,3529	0,6471
17	1	11	1	0,6471	1,0000	0,0000■
17	2	11	0	0,1103	0,1103	0,8897
17	2	11	1	0,4853	0,5956	0,4044
17	2	11	2	0,4044	1,0000	0,0000■
17	3	11	0	0,0294	0,0294	0,9706
17	3	11	1	0,2426	0,2721	0,7279
17	3	11	2	0,4853	0,7574	0,2426
17	3	11	3	0,2426	1,0000	0,0000■
17	4	11	0	0,0063	0,0063	0,9937
17	4	11	1	0,0924	0,0987	0,9013
17	4	11	2	0,3466	0,4454	0,5546
17	4	11	3	0,4160	0,8613	0,1387
17	4	11	4	0,1387	1,0000	0,0000■
17	5	11	0	0,0010	0,0010	0,9990
17	5	11	1	0,0267	0,0276	0,9724
17	5	11	2	0,1778	0,2054	0,7946
17	5	11	3	0,4000	0,6054	0,3946
17	5	11	4	0,3200	0,9253	0,0747
17	5	11	5	0,0747	1,0000	0,0000■
17	6	11	0	0,0000	0,0000	0,9999
17	6	11	1	0,0053	0,0054	0,9946
17	6	11	2	0,0667	0,0721	0,9279
17	6	11	3	0,2666	0,3387	0,6613
17	6	11	4	0,4000	0,7387	0,2613
17	6	11	5	0,2240	0,9627	0,0373
17	6	11	6	0,0373	1,0000	0,0000■
17	7	11	1	0,0006	0,0006	0,9994
17	7	11	2	0,0170	0,0175	0,9825
17	7	11	3	0,1273	0,1448	0,8552
17	7	11	4	0,3394	0,4842	0,5158
17	7	11	5	0,3563	0,8405	0,1595
17	7	11	6	0,1425	0,9830	0,0170
17	7	11	7	0,0170	1,0000	0,0000■
17	8	11	2	0,0023	0,0023	0,9977
17	8	11	3	0,0407	0,0430	0,9570

TABELLE S Exakte Wahrscheinlichkeiten der hypergeometrischen Verteilung

N	N_1	n_1	t_1	$P(t_1)$	$P(T_1 \le t_1)$	$P(T_1 > t_1)$
17	8	11	4	0,2036	0,2466	0,7534
17	8	11	5	0,3801	0,6267	0,3733
17	8	11	6	0,2851	0,9118	0,0882
17	8	11	7	0,0814	0,9932	0,0068
17	8	11	8	0,0068	1,0000	0,0000■
17	9	11	3	0,0068	0,0068	0,9932
17	9	11	4	0,0814	0,0882	0,9118
17	9	11	5	0,2851	0,3733	0,6267
17	9	11	6	0,3801	0,7534	0,2466
17	9	11	7	0,2036	0,9570	0,0430
17	9	11	8	0,0407	0,9977	0,0023
17	9	11	9	0,0023	1,0000	0,0000■
17	10	11	4	0,0170	0,0170	0,9830
17	10	11	5	0,1425	0,1595	0,8405
17	10	11	6	0,3563	0,5158	0,4842
17	10	11	7	0,3394	0,8552	0,1448
17	10	11	8	0,1273	0,9825	0,0175
17	10	11	9	0,0170	0,9994	0,0006
17	10	11	10	0,0006	1,0000	0,0000■
17	11	11	5	0,0373	0,0373	0,9627
17	11	11	6	0,2240	0,2613	0,7387
17	11	11	7	0,4000	0,6613	0,3387
17	11	11	8	0,2666	0,9279	0,0721
17	11	11	9	0,0667	0,9946	0,0054
17	11	11	10	0,0053	0,9999	0,0000
17	11	11	11	0,0000	1,0000	0,0000■
17	1	12	0	0,2941	0,2941	0,7059
17	1	12	1	0,7059	1,0000	0,0000■
17	2	12	0	0,0735	0,0735	0,9265
17	2	12	1	0,4412	0,5147	0,4853
17	2	12	2	0,4853	1,0000	0,0000■
17	3	12	0	0,0147	0,0147	0,9853
17	3	12	1	0,1765	0,1912	0,8088
17	3	12	2	0,4853	0,6765	0,3235
17	3	12	3	0,3235	1,0000	0,0000■
17	4	12	0	0,0021	0,0021	0,9979
17	4	12	1	0,0504	0,0525	0,9475
17	4	12	2	0,2773	0,3298	0,6702
17	4	12	3	0,4622	0,7920	0,2080
17	4	12	4	0,2080	1,0000	0,0000■
17	5	12	0	0,0002	0,0002	0,9998
17	5	12	1	0,0097	0,0099	0,9901
17	5	12	2	0,1067	0,1165	0,8835
17	5	12	3	0,3555	0,4720	0,5280
17	5	12	4	0,4000	0,8720	0,1280
17	5	12	5	0,1280	1,0000	0,0000■
17	6	12	1	0,0010	0,0010	0,9990
17	6	12	2	0,0267	0,0276	0,9724
17	6	12	3	0,1778	0,2054	0,7946
17	6	12	4	0,4000	0,6054	0,3946
17	6	12	5	0,3200	0,9253	0,0747
17	6	12	6	0,0747	1,0000	0,0000■
17	7	12	2	0,0034	0,0034	0,9966
17	7	12	3	0,0566	0,0600	0,9400
17	7	12	4	0,2545	0,3145	0,6855
17	7	12	5	0,4072	0,7217	0,2783
17	7	12	6	0,2376	0,9593	0,0407
17	7	12	7	0,0407	1,0000	0,0000■
17	8	12	3	0,0090	0,0090	0,9910
17	8	12	4	0,1018	0,1109	0,8891
17	8	12	5	0,3258	0,4367	0,5633
17	8	12	6	0,3801	0,8167	0,1833
17	8	12	7	0,1629	0,9796	0,0204
17	8	12	8	0,0204	1,0000	0,0000■
17	9	12	4	0,0204	0,0204	0,9796
17	9	12	5	0,1629	0,1833	0,8167
17	9	12	6	0,3801	0,5633	0,4367
17	9	12	7	0,3258	0,8891	0,1109
17	9	12	8	0,1018	0,9910	0,0090
17	9	12	9	0,0090	1,0000	0,0000■
17	10	12	5	0,0407	0,0407	0,9593
17	10	12	6	0,2376	0,2783	0,7217
17	10	12	7	0,4072	0,6855	0,3145
17	10	12	8	0,2545	0,9400	0,0600
17	10	12	9	0,0566	0,9966	0,0034
17	10	12	10	0,0034	1,0000	0,0000■
17	11	12	6	0,0747	0,0747	0,9253
17	11	12	7	0,3200	0,3946	0,6054
17	11	12	8	0,4000	0,7946	0,2054
17	11	12	9	0,1778	0,9724	0,0276
17	11	12	10	0,0267	0,9990	0,0010
17	11	12	11	0,0010	1,0000	0,0000■
17	12	12	7	0,1280	0,1280	0,8720
17	12	12	8	0,4000	0,5280	0,4720
17	12	12	9	0,3555	0,8835	0,1165
17	12	12	10	0,1067	0,9901	0,0099
17	12	12	11	0,0097	0,9998	0,0002
17	12	12	12	0,0002	1,0000	0,0000■
17	1	13	0	0,2353	0,2353	0,7647
17	1	13	1	0,7647	1,0000	0,0000■
17	2	13	0	0,0441	0,0441	0,9559
17	2	13	1	0,3824	0,4265	0,5735
17	2	13	2	0,5735	1,0000	0,0000■
17	3	13	0	0,0059	0,0059	0,9941
17	3	13	1	0,1147	0,1206	0,8794
17	3	13	2	0,4588	0,5794	0,4206
17	3	13	3	0,4206	1,0000	0,0000■
17	4	13	0	0,0004	0,0004	0,9996
17	4	13	1	0,0218	0,0223	0,9777
17	4	13	2	0,1966	0,2189	0,7811
17	4	13	3	0,4807	0,6996	0,3004
17	4	13	4	0,3004	1,0000	0,0000■
17	5	13	1	0,0021	0,0021	0,9979
17	5	13	2	0,0504	0,0525	0,9475
17	5	13	3	0,2773	0,3298	0,6702
17	5	13	4	0,4622	0,7920	0,2080
17	5	13	5	0,2080	1,0000	0,0000■
17	6	13	2	0,0063	0,0063	0,9937
17	6	13	3	0,0924	0,0987	0,9013
17	6	13	4	0,3466	0,4454	0,5546
17	6	13	5	0,4160	0,8613	0,1387
17	6	13	6	0,1387	1,0000	0,0000■
17	7	13	3	0,0147	0,0147	0,9853
17	7	13	4	0,1471	0,1618	0,8382
17	7	13	5	0,3971	0,5588	0,4412
17	7	13	6	0,3529	0,9118	0,0882
17	7	13	7	0,0882	1,0000	0,0000■
17	8	13	4	0,0294	0,0294	0,9706
17	8	13	5	0,2118	0,2412	0,7588
17	8	13	6	0,4235	0,6647	0,3353
17	8	13	7	0,2824	0,9471	0,0529
17	8	13	8	0,0529	1,0000	0,0000■
17	9	13	5	0,0529	0,0529	0,9471
17	9	13	6	0,2824	0,3353	0,6647
17	9	13	7	0,4235	0,7588	0,2412
17	9	13	8	0,2118	0,9706	0,0294
17	9	13	9	0,0294	1,0000	0,0000■
17	10	13	6	0,0882	0,0882	0,9118
17	10	13	.7	0,3529	0,4412	0,5588
17	10	13	8	0,3971	0,8382	0,1618
17	10	13	9	0,1471	0,9853	0,0147
17	10	13	10	0,0147	1,0000	0,0000■
17	11	13	7	0,1387	0,1387	0,8613
17	11	13	8	0,4160	0,5546	0,4454
17	11	13	9	0,3466	0,9013	0,0987
17	11	13	10	0,0924	0,9937	0,0063
17	11	13	11	0,0063	1,0000	0,0000■
17	12	13	8	0,2080	0,2080	0,7920
17	12	13	9	0,4622	0,6702	0,3298
17	12	13	10	0,2773	0,9475	0,0525
17	12	13	11	0,0504	0,9979	0,0021
17	12	13	12	0,0021	1,0000	0,0000■
17	13	13	9	0,3004	0,3004	0,6996
17	13	13	10	0,4807	0,7811	0,2189
17	13	13	11	0,1966	0,9777	0,0223
17	13	13	12	0,0218	0,9996	0,0004
17	13	13	13	0,0004	1,0000	0,0000■
17	1	14	0	0,1765	0,1765	0,8235
17	1	14	1	0,8235	1,0000	0,0000■
17	2	14	0	0,0221	0,0221	0,9779
17	2	14	1	0,3088	0,3309	0,6691
17	2	14	2	0,6691	1,0000	0,0000■
17	3	14	0	0,0015	0,0015	0,9985
17	3	14	1	0,0618	0,0632	0,9368
17	3	14	2	0,4015	0,4647	0,5353
17	3	14	3	0,5353	1,0000	0,0000■
17	4	14	1	0,0059	0,0059	0,9941
17	4	14	2	0,1147	0,1206	0,8794
17	4	14	3	0,4588	0,5794	0,4206
17	4	14	4	0,4206	1,0000	0,0000■
17	5	14	2	0,0147	0,0147	0,9853
17	5	14	3	0,1765	0,1912	0,8088
17	5	14	4	0,4853	0,6765	0,3235
17	5	14	5	0,3235	1,0000	0,0000■
17	6	14	3	0,0294	0,0294	0,9706
17	6	14	4	0,2426	0,2721	0,7279
17	6	14	5	0,4853	0,7574	0,2426
17	6	14	6	0,2426	1,0000	0,0000■
17	7	14	4	0,0515	0,0515	0,9485
17	7	14	5	0,3088	0,3603	0,6397
17	7	14	6	0,4632	0,8235	0,1765
17	7	14	7	0,1765	1,0000	0,0000■
17	8	14	5	0,0824	0,0824	0,9176
17	8	14	6	0,3706	0,4529	0,5471
17	8	14	7	0,4235	0,8765	0,1235
17	8	14	8	0,1235	1,0000	0,0000■
17	9	14	6	0,1235	0,1235	0,8765
17	9	14	7	0,4235	0,5471	0,4529
17	9	14	8	0,3706	0,9176	0,0824
17	9	14	9	0,0824	1,0000	0,0000■

TABELLE S Exakte Wahrscheinlichkeiten der hypergeometrischen Verteilung

N	N_1	n_1	t_1	$P(t_1)$	$P(T_1 \leq t_1)$	$P(T_1 > t_1)$
17	10	14	7	0,1765	0,1765	0,8235
17	10	14	8	0,4632	0,6397	0,3603
17	10	14	9	0,3088	0,9485	0,0515
17	10	14	10	0,0515	1,0000	0,0000■
17	11	14	8	0,2426	0,2426	0,7574
17	11	14	9	0,4853	0,7279	0,2721
17	11	14	10	0,2426	0,9706	0,0294
17	11	14	11	0,0294	1,0000	0,0000■
17	12	14	9	0,3235	0,3235	0,6765
17	12	14	10	0,4853	0,8088	0,1912
17	12	14	11	0,1765	0,9853	0,0147
17	12	14	12	0,0147	1,0000	0,0000■
17	13	14	10	0,4206	0,4206	0,5794
17	13	14	11	0,4588	0,8794	0,1206
17	13	14	12	0,1147	0,9941	0,0059
17	13	14	13	0,0059	1,0000	0,0000■
17	14	14	11	0,5353	0,5353	0,4647
17	14	14	12	0,4015	0,9368	0,0632
17	14	14	13	0,0618	0,9985	0,0015
17	14	14	14	0,0015	1,0000	0,0000■
17	1	15	0	0,1176	0,1176	0,8824
17	1	15	1	0,8824	1,0000	0,0000■
17	2	15	0	0,0074	0,0074	0,9926
17	2	15	1	0,2206	0,2279	0,7721
17	2	15	2	0,7721	1,0000	0,0000■
17	3	15	1	0,0221	0,0221	0,9779
17	3	15	2	0,3088	0,3309	0,6691
17	3	15	3	0,6691	1,0000	0,0000■
17	4	15	2	0,0441	0,0441	0,9559
17	4	15	3	0,3824	0,4265	0,5735
17	4	15	4	0,5735	1,0000	0,0000■
17	5	15	3	0,0735	0,0735	0,9265
17	5	15	4	0,4412	0,5147	0,4853
17	5	15	5	0,4853	1,0000	0,0000■
17	6	15	4	0,1103	0,1103	0,8897
17	6	15	5	0,4853	0,5956	0,4044
17	6	15	6	0,4044	1,0000	0,0000■
17	7	15	5	0,1544	0,1544	0,8456
17	7	15	6	0,5147	0,6691	0,3309
17	7	15	7	0,3309	1,0000	0,0000■
17	8	15	6	0,2059	0,2059	0,7941
17	8	15	7	0,5294	0,7353	0,2647
17	8	15	8	0,2647	1,0000	0,0000■
17	9	15	7	0,2647	0,2647	0,7353
17	9	15	8	0,5294	0,7941	0,2059
17	9	15	9	0,2059	1,0000	0,0000■
17	10	15	8	0,3309	0,3309	0,6691
17	10	15	9	0,5147	0,8456	0,1544
17	10	15	10	0,1544	1,0000	0,0000■
17	11	15	9	0,4044	0,4044	0,5956
17	11	15	10	0,4853	0,8897	0,1103
17	11	15	11	0,1103	1,0000	0,0000■
17	12	15	10	0,4853	0,4853	0,5147
17	12	15	11	0,4412	0,9265	0,0735
17	12	15	12	0,0735	1,0000	0,0000■
17	13	15	11	0,5735	0,5735	0,4265
17	13	15	12	0,3824	0,9559	0,0441
17	13	15	13	0,0441	1,0000	0,0000■
17	14	15	12	0,6691	0,6691	0,3309
17	14	15	13	0,3088	0,9779	0,0221
17	14	15	14	0,0221	1,0000	0,0000■
17	15	15	13	0,7721	0,7721	0,2279
17	15	15	14	0,2206	0,9926	0,0074
17	15	15	15	0,0074	1,0000	0,0000■
17	1	16	0	0,0588	0,0588	0,9412
17	1	16	1	0,9412	1,0000	0,0000■
17	2	16	1	0,1176	0,1176	0,8824
17	2	16	2	0,8824	1,0000	0,0000■
17	3	16	2	0,1765	0,1765	0,8235
17	3	16	3	0,8235	1,0000	0,0000■
17	4	16	3	0,2353	0,2353	0,7647
17	4	16	4	0,7647	1,0000	0,0000■
17	5	16	4	0,2941	0,2941	0,7059
17	5	16	5	0,7059	1,0000	0,0000■
17	6	16	5	0,3529	0,3529	0,6471
17	6	16	6	0,6471	1,0000	0,0000■
17	7	16	6	0,4118	0,4118	0,5882
17	7	16	7	0,5882	1,0000	0,0000■
17	8	16	7	0,4706	0,4706	0,5294
17	8	16	8	0,5294	1,0000	0,0000■
17	9	16	8	0,5294	0,5294	0,4706
17	9	16	9	0,4706	1,0000	0,0000■
17	10	16	9	0,5882	0,5882	0,4118
17	10	16	10	0,4118	1,0000	0,0000■
17	11	16	10	0,6471	0,6471	0,3529
17	11	16	11	0,3529	1,0000	0,0000■
17	12	16	11	0,7059	0,7059	0,2941
17	12	16	12	0,2941	1,0000	0,0000■
17	13	16	12	0,7647	0,7647	0,2353
17	13	16	13	0,2353	1,0000	0,0000■
17	14	16	13	0,8235	0,8235	0,1765
17	14	16	14	0,1765	1,0000	0,0000■
17	15	16	14	0,8824	0,8824	0,1176
17	15	16	15	0,1176	1,0000	0,0000■
17	16	16	15	0,9412	0,9412	0,0588
17	16	16	16	0,0588	1,0000	0,0000■
18	1	1	0	0,9444	0,9444	0,0556
18	1	1	1	0,0556	1,0000	0,0000■
18	1	2	0	0,8889	0,8889	0,1111
18	1	2	1	0,1111	1,0000	0,0000■
18	2	2	0	0,7843	0,7843	0,2157
18	2	2	1	0,2092	0,9935	0,0065
18	2	2	2	0,0065	1,0000	0,0000■
18	1	3	0	0,8333	0,8333	0,1667
18	1	3	1	0,1667	1,0000	0,0000■
18	2	3	0	0,6863	0,6863	0,3137
18	2	3	1	0,2941	0,9804	0,0196
18	2	3	2	0,0196	1,0000	0,0000■
18	3	3	0	0,5576	0,5576	0,4424
18	3	3	1	0,3860	0,9436	0,0564
18	3	3	2	0,0551	0,9988	0,0012
18	3	3	3	0,0012	1,0000	0,0000■
18	1	4	0	0,7778	0,7778	0,2222
18	1	4	1	0,2222	1,0000	0,0000■
18	2	4	0	0,5948	0,5948	0,4052
18	2	4	1	0,3660	0,9608	0,0392
18	2	4	2	0,0392	1,0000	0,0000■
18	3	4	0	0,4461	0,4461	0,5539
18	3	4	1	0,4461	0,8922	0,1078
18	3	4	2	0,1029	0,9951	0,0049
18	3	4	3	0,0049	1,0000	0,0000■
18	4	4	0	0,3271	0,3271	0,6729
18	4	4	1	0,4758	0,8029	0,1971
18	4	4	2	0,1784	0,9814	0,0186
18	4	4	3	0,0183	0,9997	0,0003
18	4	4	4	0,0003	1,0000	0,0000■
18	1	5	0	0,7222	0,7222	0,2778
18	1	5	1	0,2778	1,0000	0,0000■
18	2	5	0	0,5098	0,5098	0,4902
18	2	5	1	0,4248	0,9346	0,0654
18	2	5	2	0,0654	1,0000	0,0000■
18	3	5	0	0,3505	0,3505	0,6495
18	3	5	1	0,4779	0,8284	0,1716
18	3	5	2	0,1593	0,9877	0,0123
18	3	5	3	0,0123	1,0000	0,0000■
18	4	5	0	0,2337	0,2337	0,7663
18	4	5	1	0,4673	0,7010	0,2990
18	4	5	2	0,2549	0,9559	0,0441
18	4	5	3	0,0425	0,9984	0,0016
18	4	5	4	0,0016	1,0000	0,0000■
18	5	5	0	0,1502	0,1502	0,8498
18	5	5	1	0,4173	0,5675	0,4325
18	5	5	2	0,3338	0,9013	0,0987
18	5	5	3	0,0910	0,9923	0,0077
18	5	5	4	0,0076	0,9999	0,0001
18	5	5	5	0,0001	1,0000	0,0000■
18	1	6	0	0,6667	0,6667	0,3333
18	1	6	1	0,3333	1,0000	0,0000■
18	2	6	0	0,4314	0,4314	0,5686
18	2	6	1	0,4706	0,9020	0,0980
18	2	6	2	0,0980	1,0000	0,0000■
18	3	6	0	0,2696	0,2696	0,7304
18	3	6	1	0,4853	0,7549	0,2451
18	3	6	2	0,2206	0,9755	0,0245
18	3	6	3	0,0245	1,0000	0,0000■
18	4	6	0	0,1618	0,1618	0,8382
18	4	6	1	0,4314	0,5931	0,4069
18	4	6	2	0,3235	0,9167	0,0833
18	4	6	3	0,0784	0,9951	0,0049
18	4	6	4	0,0049	1,0000	0,0000■
18	5	6	0	0,0924	0,0924	0,9076
18	5	6	1	0,3466	0,4391	0,5609
18	5	6	2	0,3852	0,8242	0,1758
18	5	6	3	0,1541	0,9783	0,0217
18	5	6	4	0,0210	0,9993	0,0007
18	5	6	5	0,0007	1,0000	0,0000■
18	6	6	0	0,0498	0,0498	0,9502
18	6	6	1	0,2560	0,3058	0,6942
18	6	6	2	0,4000	0,7057	0,2943
18	6	6	3	0,2370	0,9427	0,0573
18	6	6	4	0,0533	0,9961	0,0039
18	6	6	5	0,0039	0,9999	0,0000
18	6	6	6	0,0000	1,0000	0,0000■
18	1	7	0	0,6111	0,6111	0,3889
18	1	7	1	0,3889	1,0000	0,0000■
18	2	7	0	0,3595	0,3595	0,6405
18	2	7	1	0,5033	0,8627	0,1373
18	2	7	2	0,1373	1,0000	0,0000■
18	3	7	0	0,2022	0,2022	0,7978
18	3	7	1	0,4718	0,6740	0,3260

TABELLE S Exakte Wahrscheinlichkeiten der hypergeometrischen Verteilung

N	N_1	n_1	t_1	$P(t_1)$	$P(T_1 \leq t_1)$	$P(T_1 > t_1)$
18	3	7	2	0,2831	0,9571	0,0429
18	3	7	3	0,0429	1,0000	0,0000■
18	4	7	0	0,1078	0,1078	0,8922
18	4	7	1	0,3775	0,4853	0,5147
18	4	7	2	0,3775	0,8627	0,1373
18	4	7	3	0,1258	0,9886	0,0114
18	4	7	4	0,0114	1,0000	0,0000■
18	5	7	0	0,0539	0,0539	0,9461
18	5	7	1	0,2696	0,3235	0,6765
18	5	7	2	0,4044	0,7279	0,2721
18	5	7	3	0,2247	0,9526	0,0474
18	5	7	4	0,0449	0,9975	0,0025
18	5	7	5	0,0025	1,0000	0,0000■
18	6	7	0	0,0249	0,0249	0,9751
18	6	7	1	0,1742	0,1991	0,8009
18	6	7	2	0,3733	0,5724	0,4276
18	6	7	3	0,3111	0,8835	0,1165
18	6	7	4	0,1037	0,9872	0,0128
18	6	7	5	0,0124	0,9996	0,0004
18	6	7	6	0,0004	1,0000	0,0000■
18	7	7	0	0,0104	0,0104	0,9896
18	7	7	1	0,1016	0,1120	0,8880
18	7	7	2	0,3049	0,4169	0,5831
18	7	7	3	0,3629	0,7798	0,2202
18	7	7	4	0,1815	0,9613	0,0387
18	7	7	5	0,0363	0,9975	0,0025
18	7	7	6	0,0024	1,0000	0,0000
18	7	7	7	0,0000	1,0000	0,0000■
18	1	8	0	0,5556	0,5556	0,4444
18	1	8	1	0,4444	1,0000	0,0000■
18	2	8	0	0,2941	0,2941	0,7059
18	2	8	1	0,5229	0,8170	0,1830
18	2	8	2	0,1830	1,0000	0,0000■
18	3	8	0	0,1471	0,1471	0,8529
18	3	8	1	0,4412	0,5882	0,4118
18	3	8	2	0,3431	0,9314	0,0686
18	3	8	3	0,0686	1,0000	0,0000■
18	4	8	0	0,0686	0,0686	0,9314
18	4	8	1	0,3137	0,3824	0,6176
18	4	8	2	0,4118	0,7941	0,2059
18	4	8	3	0,1830	0,9771	0,0229
18	4	8	4	0,0229	1,0000	0,0000■
18	5	8	0	0,0294	0,0294	0,9706
18	5	8	1	0,1961	0,2255	0,7745
18	5	8	2	0,3922	0,6176	0,3824
18	5	8	3	0,2941	0,9118	0,0882
18	5	8	4	0,0817	0,9935	0,0065
18	5	8	5	0,0065	1,0000	0,0000■
18	6	8	0	0,0113	0,0113	0,9887
18	6	8	1	0,1086	0,1199	0,8801
18	6	8	2	0,3167	0,4367	0,5633
18	6	8	3	0,3620	0,7986	0,2014
18	6	8	4	0,1697	0,9683	0,0317
18	6	8	5	0,0302	0,9985	0,0015
18	6	8	6	0,0015	1,0000	0,0000■
18	7	8	0	0,0038	0,0038	0,9962
18	7	8	1	0,0528	0,0566	0,9434
18	7	8	2	0,2217	0,2783	0,7217
18	7	8	3	0,3695	0,6478	0,3522
18	7	8	4	0,2640	0,9118	0,0882

N	N_1	n_1	t_i	$P(t_1)$	$P(T_1 \leq t_1)$	$P(T_1 > t_1)$
18	7	8	5	0,0792	0,9910	0,0090
18	7	8	6	0,0088	0,9997	0,0003
18	7	8	7	0,0003	1,0000	0,0000■
18	8	8	0	0,0010	0,0010	0,9990
18	8	8	1	0,0219	0,0230	0,9770
18	8	8	2	0,1344	0,1573	0,8427
18	8	8	3	0,3225	0,4798	0,5202
18	8	8	4	0,3359	0,8158	0,1842
18	8	8	5	0,1536	0,9694	0,0306
18	8	8	6	0,0288	0,9981	0,0019
18	8	8	7	0,0018	1,0000	0,0000
18	8	8	8	0,0000	1,0000	0,0000■
18	1	9	0	0,5000	0,5000	0,5000
18	1	9	1	0,5000	1,0000	0,0000■
18	2	9	0	0,2353	0,2353	0,7647
18	2	9	1	0,5294	0,7647	0,2353
18	2	9	2	0,2353	1,0000	0,0000■
18	3	9	0	0,1029	0,1029	0,8971
18	3	9	1	0,3971	0,5000	0,5000
18	3	9	2	0,3971	0,8971	0,1029
18	3	9	3	0,1029	1,0000	0,0000■
18	4	9	0	0,0412	0,0412	0,9588
18	4	9	1	0,2471	0,2882	0,7118
18	4	9	2	0,4235	0,7118	0,2882
18	4	9	3	0,2471	0,9588	0,0412
18	4	9	4	0,0412	1,0000	0,0000■
18	5	9	0	0,0147	0,0147	0,9853
18	5	9	1	0,1324	0,1471	0,8529
18	5	9	2	0,3529	0,5000	0,5000
18	5	9	3	0,3529	0,8529	0,1471
18	5	9	4	0,1324	0,9853	0,0147
18	5	9	5	0,0147	1,0000	0,0000■
18	6	9	0	0,0045	0,0045	0,9955
18	6	9	1	0,0611	0,0656	0,9344
18	6	9	2	0,2443	0,3100	0,6900
18	6	9	3	0,3801	0,6900	0,3100
18	6	9	4	0,2443	0,9344	0,0656
18	6	9	5	0,0611	0,9955	0,0045
18	6	9	6	0,0045	1,0000	0,0000■
18	7	9	0	0,0011	0,0011	0,9989
18	7	9	1	0,0238	0,0249	0,9751
18	7	9	2	0,1425	0,1674	0,8326
18	7	9	3	0,3326	0,5000	0,5000
18	7	9	4	0,3326	0,8326	0,1674
18	7	9	5	0,1425	0,9751	0,0249
18	7	9	6	0,0238	0,9989	0,0011
18	7	9	7	0,0011	1,0000	0,0000■
18	8	9	0	0,0002	0,0002	0,9998
18	8	9	1	0,0074	0,0076	0,9924
18	8	9	2	0,0691	0,0767	0,9233
18	8	9	3	0,2419	0,3186	0,6814
18	8	9	4	0,3628	0,6814	0,3186
18	8	9	5	0,2419	0,9233	0,0767
18	8	9	6	0,0691	0,9924	0,0076
18	8	9	7	0,0074	0,9998	0,0002
18	8	9	8	0,0002	1,0000	0,0000■
18	9	9	0	0,0000	0,0000	1,0000
18	9	9	1	0,0017	0,0017	0,9983
18	9	9	2	0,0267	0,0283	0,9717
18	9	9	3	0,1451	0,1735	0,8265

N	N_1	n_1	t_1	$P(t_1)$	$P(T_1 \leq t_1)$	$P(T_1 > t_1)$
18	9	9	4	0,3265	0,5000	0,5000
18	9	9	5	0,3265	0,8265	0,1735
18	9	9	6	0,1451	0,9717	0,0283
18	9	9	7	0,0267	0,9983	0,0017
18	9	9	8	0,0017	1,0000	0,0000
18	9	9	9	0,0000	1,0000	0,0000■
18	1	10	0	0,4444	0,4444	0,5556
18	1	10	1	0,5556	1,0000	0,0000■
18	2	10	0	0,1830	0,1830	0,8170
18	2	10	1	0,5229	0,7059	0,2941
18	2	10	2	0,2941	1,0000	0,0000■
18	3	10	0	0,0686	0,0686	0,9314
18	3	10	1	0,3431	0,4118	0,5882
18	3	10	2	0,4412	0,8529	0,1471
18	3	10	3	0,1471	1,0000	0,0000■
18	4	10	0	0,0229	0,0229	0,9771
18	4	10	1	0,1830	0,2059	0,7941
18	4	10	2	0,4118	0,6176	0,3824
18	4	10	3	0,3137	0,9314	0,0686
18	4	10	4	0,0686	1,0000	0,0000■
18	5	10	0	0,0065	0,0065	0,9935
18	5	10	1	0,0817	0,0882	0,9118
18	5	10	2	0,2941	0,3824	0,6176
18	5	10	3	0,3922	0,7745	0,2255
18	5	10	4	0,1961	0,9706	0,0294
18	5	10	5	0,0294	1,0000	0,0000■
18	6	10	0	0,0015	0,0015	0,9985
18	6	10	1	0,0302	0,0317	0,9683
18	6	10	2	0,1697	0,2014	0,7986
18	6	10	3	0,3620	0,5633	0,4367
18	6	10	4	0,3167	0,8801	0,1199
18	6	10	5	0,1086	0,9887	0,0113
18	6	10	6	0,0113	1,0000	0,0000■
18	7	10	0	0,0003	0,0003	0,9997
18	7	10	1	0,0088	0,0090	0,9910
18	7	10	2	0,0792	0,0882	0,9118
18	7	10	3	0,2640	0,3522	0,6478
18	7	10	4	0,3695	0,7217	0,2783
18	7	10	5	0,2217	0,9434	0,0566
18	7	10	6	0,0528	0,9962	0,0038
18	7	10	7	0,0038	1,0000	0,0000■
18	8	10	0	0,0000	0,0000	1,0000
18	8	10	1	0,0018	0,0019	0,9981
18	8	10	2	0,0288	0,0306	0,9694
18	8	10	3	0,1536	0,1842	0,8158
18	8	10	4	0,3359	0,5202	0,4798
18	8	10	5	0,3225	0,8427	0,1573
18	8	10	6	0,1344	0,9770	0,0230
18	8	10	7	0,0219	0,9990	0,0010
18	8	10	8	0,0010	1,0000	0,0000■
18	9	10	1	0,0002	0,0002	0,9998
18	9	10	2	0,0074	0,0076	0,9924
18	9	10	3	0,0691	0,0767	0,9233
18	9	10	4	0,2419	0,3186	0,6814
18	9	10	5	0,3628	0,6814	0,3186
18	9	10	6	0,2419	0,9233	0,0767
18	9	10	7	0,0691	0,9924	0,0076
18	9	10	8	0,0074	0,9998	0,0002
18	9	10	9	0,0002	1,0000	0,0000■
18	10	10	2	0,0010	0,0010	0,9990

TABELLE S Exakte Wahrscheinlichkeiten der hypergeometrischen Verteilung

N	N_1	n_1	t_1	$P(t_1)$	$P(T_1 \leq t_1)$	$P(T_1 > t_1)$
18	10	10	3	0,0219	0,0230	0,9770
18	10	10	4	0,1344	0,1573	0,8427
18	10	10	5	0,3225	0,4798	0,5202
18	10	10	6	0,3359	0,8158	0,1842
18	10	10	7	0,1536	0,9694	0,0306
18	10	10	8	0,0288	0,9981	0,0019
18	10	10	9	0,0018	1,0000	0,0000
18	10	10	10	0,0000	1,0000	0,0000■
18	1	11	0	0,3889	0,3889	0,6111
18	1	11	1	0,6111	1,0000	0,0000■
18	2	11	0	0,1373	0,1373	0,8627
18	2	11	1	0,5033	0,6405	0,3595
18	2	11	2	0,3595	1,0000	0,0000■
18	3	11	0	0,0429	0,0429	0,9571
18	3	11	1	0,2831	0,3260	0,6740
18	3	11	2	0,4718	0,7978	0,2022
18	3	11	3	0,2022	1,0000	0,0000■
18	4	11	0	0,0114	0,0114	0,9886
18	4	11	1	0,1258	0,1373	0,8627
18	4	11	2	0,3775	0,5147	0,4853
18	4	11	3	0,3775	0,8922	0,1078
18	4	11	4	0,1078	1,0000	0,0000■
18	5	11	0	0,0025	0,0025	0,9975
18	5	11	1	0,0449	0,0474	0,9526
18	5	11	2	0,2247	0,2721	0,7279
18	5	11	3	0,4044	0,6765	0,3235
18	5	11	4	0,2696	0,9461	0,0539
18	5	11	5	0,0539	1,0000	0,0000■
18	6	11	0	0,0004	0,0004	0,9996
18	6	11	1	0,0124	0,0128	0,9872
18	6	11	2	0,1037	0,1165	0,8835
18	6	11	3	0,3111	0,4276	0,5724
18	6	11	4	0,3733	0,8009	0,1991
18	6	11	5	0,1742	0,9751	0,0249
18	6	11	6	0,0249	1,0000	0,0000■
18	7	11	0	0,0000	0,0000	1,0000
18	7	11	1	0,0024	0,0025	0,9975
18	7	11	2	0,0363	0,0387	0,9613
18	7	11	3	0,1815	0,2202	0,7798
18	7	11	4	0,3629	0,5831	0,4169
18	7	11	5	0,3049	0,8880	0,1120
18	7	11	6	0,1016	0,9896	0,0104
18	7	11	7	0,0104	1,0000	0,0000■
18	8	11	1	0,0003	0,0003	0,9997
18	8	11	2	0,0088	0,0090	0,9910
18	8	11	3	0,0792	0,0882	0,9118
18	8	11	4	0,2640	0,3522	0,6478
18	8	11	5	0,3695	0,7217	0,2783
18	8	11	6	0,2217	0,9434	0,0566
18	8	11	7	0,0528	0,9962	0,0038
18	8	11	8	0,0038	1,0000	0,0000■
18	9	11	2	0,0011	0,0011	0,9989
18	9	11	3	0,0238	0,0249	0,9751
18	9	11	4	0,1425	0,1674	0,8326
18	9	11	5	0,3326	0,5000	0,5000
18	9	11	6	0,3326	0,8326	0,1674
18	9	11	7	0,1425	0,9751	0,0249
18	9	11	8	0,0238	0,9989	0,0011
18	9	11	9	0,0011	1,0000	0,0000■
18	10	11	3	0,0038	0,0038	0,9962
18	10	11	4	0,0528	0,0566	0,9434
18	10	11	5	0,2217	0,2783	0,7217
18	10	11	6	0,3695	0,6478	0,3522
18	10	11	7	0,2640	0,9118	0,0882
18	10	11	8	0,0792	0,9910	0,0090
18	10	11	9	0,0088	0,9997	0,0003
18	10	11	10	0,0003	1,0000	0,0000■
18	11	11	4	0,0104	0,0104	0,9896
18	11	11	5	0,1016	0,1120	0,8880
18	11	11	6	0,3049	0,4169	0,5831
18	11	11	7	0,3629	0,7798	0,2202
18	11	11	8	0,1815	0,9613	0,0387
18	11	11	9	0,0363	0,9975	0,0025
18	11	11	10	0,0024	1,0000	0,0000
18	11	11	11	0,0000	1,0000	0,0000■
18	1	12	0	0,3333	0,3333	0,6667
18	1	12	1	0,6667	1,0000	0,0000■
18	2	12	0	0,0980	0,0980	0,9020
18	2	12	1	0,4706	0,5686	0,4314
18	2	12	2	0,4314	1,0000	0,0000■
18	3	12	0	0,0245	0,0245	0,9755
18	3	12	1	0,2206	0,2451	0,7549
18	3	12	2	0,4853	0,7304	0,2696
18	3	12	3	0,2696	1,0000	0,0000■
18	4	12	0	0,0049	0,0049	0,9951
18	4	12	1	0,0784	0,0833	0,9167
18	4	12	2	0,3235	0,4069	0,5931
18	4	12	3	0,4314	0,8382	0,1618
18	4	12	4	0,1618	1,0000	0,0000■
18	5	12	0	0,0007	0,0007	0,9993
18	5	12	1	0,0210	0,0217	0,9783
18	5	12	2	0,1541	0,1758	0,8242
18	5	12	3	0,3852	0,5609	0,4391
18	5	12	4	0,3466	0,9076	0,0924
18	5	12	5	0,0924	1,0000	0,0000■
18	6	12	0	0,0000	0,0000	0,9999
18	6	12	1	0,0039	0,0039	0,9961
18	6	12	2	0,0533	0,0573	0,9427
18	6	12	3	0,2370	0,2943	0,7057
18	6	12	4	0,4000	0,6942	0,3058
18	6	12	5	0,2560	0,9502	0,0498
18	6	12	6	0,0498	1,0000	0,0000■
18	7	12	1	0,0004	0,0004	0,9996
18	7	12	2	0,0124	0,0128	0,9872
18	7	12	3	0,1037	0,1165	0,8835
18	7	12	4	0,3111	0,4276	0,5724
18	7	12	5	0,3733	0,8009	0,1991
18	7	12	6	0,1742	0,9751	0,0249
18	7	12	7	0,0249	1,0000	0,0000■
18	8	12	2	0,0015	0,0015	0,9985
18	8	12	3	0,0302	0,0317	0,9683
18	8	12	4	0,1697	0,2014	0,7986
18	8	12	5	0,3620	0,5633	0,4367
18	8	12	6	0,3167	0,8801	0,1199
18	8	12	7	0,1086	0,9887	0,0113
18	8	12	8	0,0113	1,0000	0,0000■
18	9	12	3	0,0045	0,0045	0,9955
18	9	12	4	0,0611	0,0656	0,9344
18	9	12	5	0,2443	0,3100	0,6900
18	9	12	6	0,3801	0,6900	0,3100
18	9	12	7	0,2443	0,9344	0,0656
18	9	12	8	0,0611	0,9955	0,0045
18	9	12	9	0,0045	1,0000	0,0000■
18	10	12	4	0,0113	0,0113	0,9887
18	10	12	5	0,1086	0,1199	0,8801
18	10	12	6	0,3167	0,4367	0,5633
18	10	12	7	0,3620	0,7986	0,2014
18	10	12	8	0,1697	0,9683	0,0317
18	10	12	9	0,0302	0,9985	0,0015
18	10	12	10	0,0015	1,0000	0,0000■
18	11	12	5	0,0249	0,0249	0,9751
18	11	12	6	0,1742	0,1991	0,8009
18	11	12	7	0,3733	0,5724	0,4276
18	11	12	8	0,3111	0,8835	0,1165
18	11	12	9	0,1037	0,9872	0,0128
18	11	12	10	0,0124	0,9996	0,0004
18	11	12	11	0,0004	1,0000	0,0000■
18	12	12	6	0,0498	0,0498	0,9502
18	12	12	7	0,2560	0,3058	0,6942
18	12	12	8	0,4000	0,7057	0,2943
18	12	12	9	0,2370	0,9427	0,0573
18	12	12	10	0,0533	0,9961	0,0039
18	12	12	11	0,0039	0,9999	0,0000
18	12	12	12	0,0000	1,0000	0,0000■
18	1	13	0	0,2778	0,2778	0,7222
18	1	13	1	0,7222	1,0000	0,0000■
18	2	13	0	0,0654	0,0654	0,9346
18	2	13	1	0,4248	0,4902	0,5098
18	2	13	2	0,5098	1,0000	0,0000■
18	3	13	0	0,0123	0,0123	0,9877
18	3	13	1	0,1593	0,1716	0,8284
18	3	13	2	0,4779	0,6495	0,3505
18	3	13	3	0,3505	1,0000	0,0000■
18	4	13	0	0,0016	0,0016	0,9984
18	4	13	1	0,0425	0,0441	0,9559
18	4	13	2	0,2549	0,2990	0,7010
18	4	13	3	0,4673	0,7663	0,2337
18	4	13	4	0,2337	1,0000	0,0000■
18	5	13	0	0,0001	0,0001	0,9999
18	5	13	1	0,0076	0,0077	0,9923
18	5	13	2	0,0910	0,0987	0,9013
18	5	13	3	0,3338	0,4325	0,5675
18	5	13	4	0,4173	0,8498	0,1502
18	5	13	5	0,1502	1,0000	0,0000■
18	6	13	1	0,0007	0,0007	0,9993
18	6	13	2	0,0210	0,0217	0,9783
18	6	13	3	0,1541	0,1758	0,8242
18	6	13	4	0,3852	0,5609	0,4391
18	6	13	5	0,3466	0,9076	0,0924
18	6	13	6	0,0924	1,0000	0,0000■
18	7	13	2	0,0025	0,0025	0,9975
18	7	13	3	0,0449	0,0474	0,9526
18	7	13	4	0,2247	0,2721	0,7279
18	7	13	5	0,4044	0,6765	0,3235
18	7	13	6	0,2696	0,9461	0,0539
18	7	13	7	0,0539	1,0000	0,0000■
18	8	13	3	0,0065	0,0065	0,9935
18	8	13	4	0,0817	0,0882	0,9118
18	8	13	5	0,2941	0,3824	0,6176
18	8	13	6	0,3922	0,7745	0,2255

TABELLE S Exakte Wahrscheinlichkeiten der hypergeometrischen Verteilung

N	N_1	n_1	t_1	$P(t_1)$	$P(T_1 \leq t_1)$	$P(T_1 > t_1)$
18	8	13	7	0,1961	0,9706	0,0294
18	8	13	8	0,0294	1,0000	0,0000■
18	9	13	4	0,0147	0,0147	0,9853
18	9	13	5	0,1324	0,1471	0,8529
18	9	13	6	0,3529	0,5000	0,5000
18	9	13	7	0,3529	0,8529	0,1471
18	9	13	8	0,1324	0,9853	0,0147
18	9	13	9	0,0147	1,0000	0,0000■
18	10	13	5	0,0294	0,0294	0,9706
18	10	13	6	0,1961	0,2255	0,7745
18	10	13	7	0,3922	0,6176	0,3824
18	10	13	8	0,2941	0,9118	0,0882
18	10	13	9	0,0817	0,9935	0,0065
18	10	13	10	0,0065	1,0000	0,0000■
18	11	13	6	0,0539	0,0539	0,9461
18	11	13	7	0,2696	0,3235	0,6765
18	11	13	8	0,4044	0,7279	0,2721
18	11	13	9	0,2247	0,9526	0,0474
18	11	13	10	0,0449	0,9975	0,0025
18	11	13	11	0,0025	1,0000	0,0000■
18	12	13	7	0,0924	0,0924	0,9076
18	12	13	8	0,3466	0,4391	0,5609
18	12	13	9	0,3852	0,8242	0,1758
18	12	13	10	0,1541	0,9783	0,0217
18	12	13	11	0,0210	0,9993	0,0007
18	12	13	12	0,0007	1,0000	0,0000■
18	13	13	8	0,1502	0,1502	0,8498
18	13	13	9	0,4173	0,5675	0,4325
18	13	13	10	0,3338	0,9013	0,0987
18	13	13	11	0,0910	0,9923	0,0077
18	13	13	12	0,0076	0,9999	0,0001
18	13	13	13	0,0001	1,0000	0,0000■
18	1	14	0	0,2222	0,2222	0,7778
18	1	14	1	0,7778	1,0000	0,0000■
18	2	14	0	0,0392	0,0392	0,9608
18	2	14	1	0,3660	0,4052	0,5948
18	2	14	2	0,5948	1,0000	0,0000■
18	3	14	0	0,0049	0,0049	0,9951
18	3	14	1	0,1029	0,1078	0,8922
18	3	14	2	0,4461	0,5539	0,4461
18	3	14	3	0,4461	1,0000	0,0000■
18	4	14	0	0,0003	0,0003	0,9997
18	4	14	1	0,0183	0,0186	0,9814
18	4	14	2	0,1784	0,1971	0,8029
18	4	14	3	0,4758	0,6729	0,3271
18	4	14	4	0,3271	1,0000	0,0000■
18	5	14	1	0,0016	0,0016	0,9984
18	5	14	2	0,0425	0,0441	0,9559
18	5	14	3	0,2549	0,2990	0,7010
18	5	14	4	0,4673	0,7663	0,2337
18	5	14	5	0,2337	1,0000	0,0000■
18	6	14	2	0,0049	0,0049	0,9951
18	6	14	3	0,0784	0,0833	0,9167
18	6	14	4	0,3235	0,4069	0,5931
18	6	14	5	0,4314	0,8382	0,1618
18	6	14	6	0,1618	1,0000	0,0000■
18	7	14	3	0,0114	0,0114	0,9886
18	7	14	4	0,1258	0,1373	0,8627
18	7	14	5	0,3775	0,5147	0,4853
18	7	14	6	0,3775	0,8922	0,1078
18	7	14	7	0,1078	1,0000	0,0000■
18	8	14	4	0,0229	0,0229	0,9771
18	8	14	5	0,1830	0,2059	0,7941
18	8	14	6	0,4118	0,6176	0,3824
18	8	14	7	0,3137	0,9314	0,0686
18	8	14	8	0,0686	1,0000	0,0000■
18	9	14	5	0,0412	0,0412	0,9588
18	9	14	6	0,2471	0,2882	0,7118
18	9	14	7	0,4235	0,7118	0,2882
18	9	14	8	0,2471	0,9588	0,0412
18	9	14	9	0,0412	1,0000	0,0000■
18	10	14	6	0,0686	0,0686	0,9314
18	10	14	7	0,3137	0,3824	0,6176
18	10	14	8	0,4118	0,7941	0,2059
18	10	14	9	0,1830	0,9771	0,0229
18	10	14	10	0,0229	1,0000	0,0000■
18	11	14	7	0,1078	0,1078	0,8922
18	11	14	8	0,3775	0,4853	0,5147
18	11	14	9	0,3775	0,8627	0,1373
18	11	14	10	0,1258	0,9886	0,0114
18	11	14	11	0,0114	1,0000	0,0000■
18	12	14	8	0,1618	0,1618	0,8382
18	12	14	9	0,4314	0,5931	0,4069
18	12	14	10	0,3235	0,9167	0,0833
18	12	14	11	0,0784	0,9951	0,0049
18	12	14	12	0,0049	1,0000	0,0000■
18	13	14	9	0,2337	0,2337	0,7663
18	13	14	10	0,4673	0,7010	0,2990
18	13	14	11	0,2549	0,9559	0,0441
18	13	14	12	0,0425	0,9984	0,0016
18	13	14	13	0,0016	1,0000	0,0000■
18	14	14	10	0,3271	0,3271	0,6729
18	14	14	11	0,4758	0,8029	0,1971
18	14	14	12	0,1784	0,9814	0,0186
18	14	14	13	0,0183	0,9997	0,0003
18	14	14	14	0,0003	1,0000	0,0000■
18	1	15	0	0,1667	0,1667	0,8333
18	1	15	1	0,8333	1,0000	0,0000■
18	2	15	0	0,0196	0,0196	0,9804
18	2	15	1	0,2941	0,3137	0,6863
18	2	15	2	0,6863	1,0000	0,0000■
18	3	15	0	0,0012	0,0012	0,9988
18	3	15	1	0,0551	0,0564	0,9436
18	3	15	2	0,3860	0,4424	0,5576
18	3	15	3	0,5576	1,0000	0,0000■
18	4	15	1	0,0049	0,0049	0,9951
18	4	15	2	0,1029	0,1078	0,8922
18	4	15	3	0,4461	0,5539	0,4461
18	4	15	4	0,4461	1,0000	0,0000■
18	5	15	2	0,0123	0,0123	0,9877
18	5	15	3	0,1593	0,1716	0,8284
18	5	15	4	0,4779	0,6495	0,3505
18	5	15	5	0,3505	1,0000	0,0000■
18	6	15	3	0,0245	0,0245	0,9755
18	6	15	4	0,2206	0,2451	0,7549
18	6	15	5	0,4853	0,7304	0,2696
18	6	15	6	0,2696	1,0000	0,0000■
18	7	15	4	0,0429	0,0429	0,9571
18	7	15	5	0,2831	0,3260	0,6740
18	7	15	6	0,4718	0,7978	0,2022
18	7	15	7	0,2022	1,0000	0,0000■
18	8	15	5	0,0686	0,0686	0,9314
18	8	15	6	0,3431	0,4118	0,5882
18	8	15	7	0,4412	0,8529	0,1471
18	8	15	8	0,1471	1,0000	0,0000■
18	9	15	6	0,1029	0,1029	0,8971
18	9	15	7	0,3971	0,5000	0,5000
18	9	15	8	0,3971	0,8971	0,1029
18	9	15	9	0,1029	1,0000	0,0000■
18	10	15	7	0,1471	0,1471	0,8529
18	10	15	8	0,4412	0,5882	0,4118
18	10	15	9	0,3431	0,9314	0,0686
18	10	15	10	0,0686	1,0000	0,0000■
18	11	15	8	0,2022	0,2022	0,7978
18	11	15	9	0,4718	0,6740	0,3260
18	11	15	10	0,2831	0,9571	0,0429
18	11	15	11	0,0429	1,0000	0,0000■
18	12	15	9	0,2696	0,2696	0,7304
18	12	15	10	0,4853	0,7549	0,2451
18	12	15	11	0,2206	0,9755	0,0245
18	12	15	12	0,0245	1,0000	0,0000■
18	13	15	10	0,3505	0,3505	0,6495
18	13	15	11	0,4779	0,8284	0,1716
18	13	15	12	0,1593	0,9877	0,0123
18	13	15	13	0,0123	1,0000	0,0000■
18	14	15	11	0,4461	0,4461	0,5539
18	14	15	12	0,4461	0,8922	0,1078
18	14	15	13	0,1029	0,9951	0,0049
18	14	15	14	0,0049	1,0000	0,0000■
18	15	15	12	0,5576	0,5576	0,4424
18	15	15	13	0,3860	0,9436	0,0564
18	15	15	14	0,0551	0,9988	0,0012
18	15	15	15	0,0012	1,0000	0,0000■
18	1	16	0	0,1111	0,1111	0,8889
18	1	16	1	0,8889	1,0000	0,0000■
18	2	16	0	0,0065	0,0065	0,9935
18	2	16	1	0,2092	0,2157	0,7843
18	2	16	2	0,7843	1,0000	0,0000■
18	3	16	1	0,0196	0,0196	0,9804
18	3	16	2	0,2941	0,3137	0,6863
18	3	16	3	0,6863	1,0000	0,0000■
18	4	16	2	0,0392	0,0392	0,9608
18	4	16	3	0,3660	0,4052	0,5948
18	4	16	4	0,5948	1,0000	0,0000■
18	5	16	3	0,0654	0,0654	0,9346
18	5	16	4	0,4248	0,4902	0,5098
18	5	16	5	0,5098	1,0000	0,0000■
18	6	16	4	0,0980	0,0980	0,9020
18	6	16	5	0,4706	0,5686	0,4314
18	6	16	6	0,4314	1,0000	0,0000■
18	7	16	5	0,1373	0,1373	0,8627
18	7	16	6	0,5033	0,6405	0,3595
18	7	16	7	0,3595	1,0000	0,0000■
18	8	16	6	0,1830	0,1830	0,8170
18	8	16	7	0,5229	0,7059	0,2941
18	8	16	8	0,2941	1,0000	0,0000■
18	9	16	7	0,2353	0,2353	0,7647
18	9	16	8	0,5294	0,7647	0,2353
18	9	16	9	0,2353	1,0000	0,0000■
18	10	16	8	0,2941	0,2941	0,7059

TABELLE S Exakte Wahrscheinlichkeiten der hypergeometrischen Verteilung

N	N_1	n_1	t_1	$P(t_1)$	$P(T_1 \le t_1)$	$P(T_1 > t_1)$
18	10	16	9	0,5229	0,8170	0,1830
18	10	16	10	0,1830	1,0000	0,0000■
18	11	16	9	0,3595	0,3595	0,6405
18	11	16	10	0,5033	0,8627	0,1373
18	11	16	11	0,1373	1,0000	0,0000■
18	12	16	10	0,4314	0,4314	0,5686
18	12	16	11	0,4706	0,9020	0,0980
18	12	16	12	0,0980	1,0000	0,0000■
18	13	16	11	0,5098	0,5098	0,4902
18	13	16	12	0,4248	0,9346	0,0654
18	13	16	13	0,0654	1,0000	0,0000■
18	14	16	12	0,5948	0,5948	0,4052
18	14	16	13	0,3660	0,9608	0,0392
18	14	16	14	0,0392	1,0000	0,0000■
18	15	16	13	0,6863	0,6863	0,3137
18	15	16	14	0,2941	0,9804	0,0196
18	15	16	15	0,0196	1,0000	0,0000■
18	16	16	14	0,7843	0,7843	0,2157
18	16	16	15	0,2092	0,9935	0,0065
18	16	16	16	0,0065	1,0000	0,0000■
18	1	17	0	0,0556	0,0556	0,9444
18	1	17	1	0,9444	1,0000	0,0000■
18	2	17	1	0,1111	0,1111	0,8889
18	2	17	2	0,8889	1,0000	0,0000■
18	3	17	2	0,1667	0,1667	0,8333
18	3	17	3	0,8333	1,0000	0,0000■
18	4	17	3	0,2222	0,2222	0,7778
18	4	17	4	0,7778	1,0000	0,0000■
18	5	17	4	0,2778	0,2778	0,7222
18	5	17	5	0,7222	1,0000	0,0000■
18	6	17	5	0,3333	0,3333	0,6667
18	6	17	6	0,6667	1,0000	0,0000■
18	7	17	6	0,3889	0,3889	0,6111
18	7	17	7	0,6111	1,0000	0,0000■
18	8	17	7	0,4444	0,4444	0,5556
18	8	17	8	0,5556	1,0000	0,0000■
18	9	17	8	0,5000	0,5000	0,5000
18	9	17	9	0,5000	1,0000	0,0000■
18	10	17	9	0,5556	0,5556	0,4444
18	10	17	10	0,4444	1,0000	0,0000■
18	11	17	10	0,6111	0,6111	0,3889
18	11	17	11	0,3889	1,0000	0,0000■
18	12	17	11	0,6667	0,6667	0,3333
18	12	17	12	0,3333	1,0000	0,0000■
18	13	17	12	0,7222	0,7222	0,2778
18	13	17	13	0,2778	1,0000	0,0000■
18	14	17	13	0,7778	0,7778	0,2222
18	14	17	14	0,2222	1,0000	0,0000■
18	15	17	14	0,8333	0,8333	0,1667
18	15	17	15	0,1667	1,0000	0,0000■
18	16	17	15	0,8889	0,8889	0,1111
18	16	17	16	0,1111	1,0000	0,0000■
18	17	17	16	0,9444	0,9444	0,0556
18	17	17	17	0,0556	1,0000	0,0000■
19	1	1	0	0,9474	0,9474	0,0526
19	1	1	1	0,0526	1,0000	0,0000■
19	1	2	0	0,8947	0,8947	0,1053
19	1	2	1	0,1053	1,0000	0,0000■
19	2	2	0	0,7953	0,7953	0,2047
19	2	2	1	0,1988	0,9942	0,0058
19	2	2	2	0,0058	1,0000	0,0000■
19	1	3	0	0,8421	0,8421	0,1579
19	1	3	1	0,1579	1,0000	0,0000■
19	2	3	0	0,7018	0,7018	0,2982
19	2	3	1	0,2807	0,9825	0,0175
19	2	3	2	0,0175	1,0000	0,0000■
19	3	3	0	0,5779	0,5779	0,4221
19	3	3	1	0,3715	0,9494	0,0506
19	3	3	2	0,0495	0,9990	0,0010
19	3	3	3	0,0010	1,0000	0,0000■
19	1	4	0	0,7895	0,7895	0,2105
19	1	4	1	0,2105	1,0000	0,0000■
19	2	4	0	0,6140	0,6140	0,3860
19	2	4	1	0,3509	0,9649	0,0351
19	2	4	2	0,0351	1,0000	0,0000■
19	3	4	0	0,4696	0,4696	0,5304
19	3	4	1	0,4334	0,9030	0,0970
19	3	4	2	0,0929	0,9959	0,0041
19	3	4	3	0,0041	1,0000	0,0000■
19	4	4	0	0,3522	0,3522	0,6478
19	4	4	1	0,4696	0,8217	0,1783
19	4	4	2	0,1625	0,9843	0,0157
19	4	4	3	0,0155	0,9997	0,0003
19	4	4	4	0,0003	1,0000	0,0000■
19	1	5	0	0,7368	0,7368	0,2632
19	1	5	1	0,2632	1,0000	0,0000■
19	2	5	0	0,5322	0,5322	0,4678
19	2	5	1	0,4094	0,9415	0,0585
19	2	5	2	0,0585	1,0000	0,0000■
19	3	5	0	0,3756	0,3756	0,6244
19	3	5	1	0,4696	0,8452	0,1548
19	3	5	2	0,1445	0,9897	0,0103
19	3	5	3	0,0103	1,0000	0,0000■
19	4	5	0	0,2583	0,2583	0,7417
19	4	5	1	0,4696	0,7278	0,2722
19	4	5	2	0,2348	0,9626	0,0374
19	4	5	3	0,0361	0,9987	0,0013
19	4	5	4	0,0013	1,0000	0,0000■
19	5	5	0	0,1722	0,1722	0,8278
19	5	5	1	0,4304	0,6026	0,3974
19	5	5	2	0,3130	0,9156	0,0844
19	5	5	3	0,0783	0,9939	0,0061
19	5	5	4	0,0060	0,9999	0,0000
19	5	5	5	0,0000	1,0000	0,0000■
19	1	6	0	0,6842	0,6842	0,3158
19	1	6	1	0,3158	1,0000	0,0000■
19	2	6	0	0,4561	0,4561	0,5439
19	2	6	1	0,4561	0,9123	0,0877
19	2	6	2	0,0877	1,0000	0,0000■
19	3	6	0	0,2951	0,2951	0,7049
19	3	6	1	0,4830	0,7781	0,2219
19	3	6	2	0,2012	0,9794	0,0206
19	3	6	3	0,0206	1,0000	0,0000■
19	4	6	0	0,1845	0,1845	0,8155
19	4	6	1	0,4427	0,6272	0,3728
19	4	6	2	0,3019	0,9291	0,0709
19	4	6	3	0,0671	0,9961	0,0039
19	4	6	4	0,0039	1,0000	0,0000■
19	5	6	0	0,1107	0,1107	0,8893
19	5	6	1	0,3689	0,4796	0,5204
19	5	6	2	0,3689	0,8486	0,1514
19	5	6	3	0,1342	0,9827	0,0173
19	5	6	4	0,0168	0,9995	0,0005
19	5	6	5	0,0005	1,0000	0,0000■
19	6	6	0	0,0632	0,0632	0,9368
19	6	6	1	0,2846	0,3479	0,6521
19	6	6	2	0,3953	0,7431	0,2569
19	6	6	3	0,2108	0,9540	0,0460
19	6	6	4	0,0431	0,9971	0,0029
19	6	6	5	0,0029	1,0000	0,0000
19	6	6	6	0,0000	1,0000	0,0000■
19	1	7	0	0,6316	0,6316	0,3684
19	1	7	1	0,3684	1,0000	0,0000■
19	2	7	0	0,3860	0,3860	0,6140
19	2	7	1	0,4912	0,8772	0,1228
19	2	7	2	0,1228	1,0000	0,0000■
19	3	7	0	0,2270	0,2270	0,7730
19	3	7	1	0,4768	0,7038	0,2962
19	3	7	2	0,2601	0,9639	0,0361
19	3	7	3	0,0361	1,0000	0,0000■
19	4	7	0	0,1277	0,1277	0,8723
19	4	7	1	0,3973	0,5250	0,4750
19	4	7	2	0,3576	0,8826	0,1174
19	4	7	3	0,1084	0,9910	0,0090
19	4	7	4	0,0090	1,0000	0,0000■
19	5	7	0	0,0681	0,0681	0,9319
19	5	7	1	0,2980	0,3661	0,6339
19	5	7	2	0,3973	0,7634	0,2366
19	5	7	3	0,1987	0,9621	0,0379
19	5	7	4	0,0361	0,9982	0,0018
19	5	7	5	0,0018	1,0000	0,0000■
19	6	7	0	0,0341	0,0341	0,9659
19	6	7	1	0,2043	0,2384	0,7616
19	6	7	2	0,3831	0,6215	0,3785
19	6	7	3	0,2838	0,9053	0,0947
19	6	7	4	0,0851	0,9905	0,0095
19	6	7	5	0,0093	0,9997	0,0003
19	6	7	6	0,0003	1,0000	0,0000■
19	7	7	0	0,0157	0,0157	0,9843
19	7	7	1	0,1284	0,1441	0,8559
19	7	7	2	0,3301	0,4742	0,5258
19	7	7	3	0,3438	0,8180	0,1820
19	7	7	4	0,1528	0,9708	0,0292
19	7	7	5	0,0275	0,9983	0,0017
19	7	7	6	0,0017	1,0000	0,0000
19	7	7	7	0,0000	1,0000	0,0000■
19	1	8	0	0,5789	0,5789	0,4211
19	1	8	1	0,4211	1,0000	0,0000■
19	2	8	0	0,3216	0,3216	0,6784
19	2	8	1	0,5146	0,8363	0,1637
19	2	8	2	0,1637	1,0000	0,0000■
19	3	8	0	0,1703	0,1703	0,8297
19	3	8	1	0,4541	0,6244	0,3756
19	3	8	2	0,3179	0,9422	0,0578
19	3	8	3	0,0578	1,0000	0,0000■
19	4	8	0	0,0851	0,0851	0,9149
19	4	8	1	0,3406	0,4257	0,5743
19	4	8	2	0,3973	0,8230	0,1770
19	4	8	3	0,1589	0,9819	0,0181
19	4	8	4	0,0181	1,0000	0,0000■

TABELLE S Exakte Wahrscheinlichkeiten der hypergeometrischen Verteilung

N	N_1	n_1	t_1	$P(t_1)$	$P(T_1 \leq t_1)$	$P(T_1 > t_1)$
19	5	8	0	0,0397	0,0397	0,9603
19	5	8	1	0,2270	0,2668	0,7332
19	5	8	2	0,3973	0,6641	0,3359
19	5	8	3	0,2649	0,9290	0,0710
19	5	8	4	0,0662	0,9952	0,0048
19	5	8	5	0,0048	1,0000	0,0000■
19	6	8	0	0,0170	0,0170	0,9830
19	6	8	1	0,1362	0,1533	0,8467
19	6	8	2	0,3406	0,4938	0,5062
19	6	8	3	0,3406	0,8344	0,1656
19	6	8	4	0,1419	0,9763	0,0237
19	6	8	5	0,0227	0,9990	0,0010
19	6	8	6	0,0010	1,0000	0,0000■
19	7	8	0	0,0065	0,0065	0,9935
19	7	8	1	0,0734	0,0799	0,9201
19	7	8	2	0,2567	0,3366	0,6634
19	7	8	3	0,3668	0,7034	0,2966
19	7	8	4	0,2292	0,9326	0,0674
19	7	8	5	0,0611	0,9937	0,0063
19	7	8	6	0,0061	0,9998	0,0002
19	7	8	7	0,0002	1,0000	0,0000■
19	8	8	0	0,0022	0,0022	0,9978
19	8	8	1	0,0349	0,0371	0,9629
19	8	8	2	0,1712	0,2083	0,7917
19	8	8	3	0,3423	0,5506	0,4494
19	8	8	4	0,3056	0,8562	0,1438
19	8	8	5	0,1223	0,9784	0,0216
19	8	8	6	0,0204	0,9988	0,0012
19	8	8	7	0,0012	1,0000	0,0000
19	8	8	8	0,0000	1,0000	0,0000■
19	1	9	0	0,5263	0,5263	0,4737
19	1	9	1	0,4737	1,0000	0,0000■
19	2	9	0	0,2632	0,2632	0,7368
19	2	9	1	0,5263	0,7895	0,2105
19	2	9	2	0,2105	1,0000	0,0000■
19	3	9	0	0,1238	0,1238	0,8762
19	3	9	1	0,4180	0,5418	0,4582
19	3	9	2	0,3715	0,9133	0,0867
19	3	9	3	0,0867	1,0000	0,0000■
19	4	9	0	0,0542	0,0542	0,9458
19	4	9	1	0,2786	0,3328	0,6672
19	4	9	2	0,4180	0,7508	0,2492
19	4	9	3	0,2167	0,9675	0,0325
19	4	9	4	0,0325	1,0000	0,0000■
19	5	9	0	0,0217	0,0217	0,9783
19	5	9	1	0,1625	0,1842	0,8158
19	5	9	2	0,3715	0,5557	0,4443
19	5	9	3	0,3251	0,8808	0,1192
19	5	9	4	0,1084	0,9892	0,0108
19	5	9	5	0,0108	1,0000	0,0000■
19	6	9	0	0,0077	0,0077	0,9923
19	6	9	1	0,0836	0,0913	0,9087
19	6	9	2	0,2786	0,3700	0,6300
19	6	9	3	0,3715	0,7415	0,2585
19	6	9	4	0,2090	0,9505	0,0495
19	6	9	5	0,0464	0,9969	0,0031
19	6	9	6	0,0031	1,0000	0,0000■
19	7	9	0	0,0024	0,0024	0,9976
19	7	9	1	0,0375	0,0399	0,9601
19	7	9	2	0,1800	0,2199	0,7801

N	N_1	n_1	t_1	$P(t_1)$	$P(T_1 \leq t_1)$	$P(T_1 > t_1)$
19	7	9	3	0,3501	0,5700	0,4300
19	7	9	4	0,3001	0,8701	0,1299
19	7	9	5	0,1125	0,9826	0,0174
19	7	9	6	0,0167	0,9993	0,0007
19	7	9	7	0,0007	1,0000	0,0000■
19	8	9	0	0,0006	0,0006	0,9994
19	8	9	1	0,0143	0,0149	0,9851
19	8	9	2	0,1000	0,1149	0,8851
19	8	9	3	0,2801	0,3950	0,6050
19	8	9	4	0,3501	0,7451	0,2549
19	8	9	5	0,2000	0,9451	0,0549
19	8	9	6	0,0500	0,9951	0,0049
19	8	9	7	0,0048	0,9999	0,0001
19	8	9	8	0,0001	1,0000	0,0000■
19	9	9	0	0,0001	0,0001	0,9999
19	9	9	1	0,0044	0,0045	0,9955
19	9	9	2	0,0468	0,0513	0,9487
19	9	9	3	0,1910	0,2422	0,7578
19	9	9	4	0,3437	0,5859	0,4141
19	9	9	5	0,2864	0,8724	0,1276
19	9	9	6	0,1091	0,9815	0,0185
19	9	9	7	0,0175	0,9990	0,0010
19	9	9	8	0,0010	1,0000	0,0000
19	9	9	9	0,0000	1,0000	0,0000■
19	1	10	0	0,4737	0,4737	0,5263
19	1	10	1	0,5263	1,0000	0,0000■
19	2	10	0	0,2105	0,2105	0,7895
19	2	10	1	0,5263	0,7368	0,2632
19	2	10	2	0,2632	1,0000	0,0000■
19	3	10	0	0,0867	0,0867	0,9133
19	3	10	1	0,3715	0,4582	0,5418
19	3	10	2	0,4180	0,8762	0,1238
19	3	10	3	0,1238	1,0000	0,0000■
19	4	10	0	0,0325	0,0325	0,9675
19	4	10	1	0,2167	0,2492	0,7508
19	4	10	2	0,4180	0,6672	0,3328
19	4	10	3	0,2786	0,9458	0,0542
19	4	10	4	0,0542	1,0000	0,0000■
19	5	10	0	0,0108	0,0108	0,9892
19	5	10	1	0,1084	0,1192	0,8808
19	5	10	2	0,3251	0,4443	0,5557
19	5	10	3	0,3715	0,8158	0,1842
19	5	10	4	0,1625	0,9783	0,0217
19	5	10	5	0,0217	1,0000	0,0000■
19	6	10	0	0,0031	0,0031	0,9969
19	6	10	1	0,0464	0,0495	0,9505
19	6	10	2	0,2090	0,2585	0,7415
19	6	10	3	0,3715	0,6300	0,3700
19	6	10	4	0,2786	0,9087	0,0913
19	6	10	5	0,0836	0,9923	0,0077
19	6	10	6	0,0077	1,0000	0,0000■
19	7	10	0	0,0007	0,0007	0,9993
19	7	10	1	0,0167	0,0174	0,9826
19	7	10	2	0,1125	0,1299	0,8701
19	7	10	3	0,3001	0,4300	0,5700
19	7	10	4	0,3501	0,7801	0,2199
19	7	10	5	0,1800	0,9601	0,0399
19	7	10	6	0,0375	0,9976	0,0024
19	7	10	7	0,0024	1,0000	0,0000■
19	8	10	0	0,0001	0,0001	0,9999

N	N_1	n_1	t_1	$P(t_1)$	$P(T_1 \leq t_1)$	$P(T_1 > t_1)$
19	8	10	1	0,0048	0,0049	0,9951
19	8	10	2	0,0500	0,0549	0,9451
19	8	10	3	0,2000	0,2549	0,7451
19	8	10	4	0,3501	0,6050	0,3950
19	8	10	5	0,2801	0,8851	0,1149
19	8	10	6	0,1000	0,9851	0,0149
19	8	10	7	0,0143	0,9994	0,0006
19	8	10	8	0,0006	1,0000	0,0000■
19	9	10	0	0,0000	0,0000	1,0000
19	9	10	1	0,0010	0,0010	0,9990
19	9	10	2	0,0175	0,0185	0,9815
19	9	10	3	0,1091	0,1276	0,8724
19	9	10	4	0,2864	0,4141	0,5859
19	9	10	5	0,3437	0,7578	0,2422
19	9	10	6	0,1910	0,9487	0,0513
19	9	10	7	0,0468	0,9955	0,0045
19	9	10	8	0,0044	0,9999	0,0001
19	9	10	9	0,0001	1,0000	0,0000■
19	10	10	1	0,0001	0,0001	0,9999
19	10	10	2	0,0044	0,0045	0,9955
19	10	10	3	0,0468	0,0513	0,9487
19	10	10	4	0,1910	0,2422	0,7578
19	10	10	5	0,3437	0,5859	0,4141
19	10	10	6	0,2864	0,8724	0,1276
19	10	10	7	0,1091	0,9815	0,0185
19	10	10	8	0,0175	0,9990	0,0010
19	10	10	9	0,0010	1,0000	0,0000
19	10	10	10	0,0000	1,0000	0,0000■
19	1	11	0	0,4211	0,4211	0,5789
19	1	11	1	0,5789	1,0000	0,0000■
19	2	11	0	0,1637	0,1637	0,8363
19	2	11	1	0,5146	0,6784	0,3216
19	2	11	2	0,3216	1,0000	0,0000■
19	3	11	0	0,0578	0,0578	0,9422
19	3	11	1	0,3179	0,3756	0,6244
19	3	11	2	0,4541	0,8297	0,1703
19	3	11	3	0,1703	1,0000	0,0000■
19	4	11	0	0,0181	0,0181	0,9819
19	4	11	1	0,1589	0,1770	0,8230
19	4	11	2	0,3973	0,5743	0,4257
19	4	11	3	0,3406	0,9149	0,0851
19	4	11	4	0,0851	1,0000	0,0000■
19	5	11	0	0,0048	0,0048	0,9952
19	5	11	1	0,0662	0,0710	0,9290
19	5	11	2	0,2649	0,3359	0,6641
19	5	11	3	0,3973	0,7332	0,2668
19	5	11	4	0,2270	0,9603	0,0397
19	5	11	5	0,0397	1,0000	0,0000■
19	6	11	0	0,0010	0,0010	0,9990
19	6	11	1	0,0227	0,0237	0,9763
19	6	11	2	0,1419	0,1656	0,8344
19	6	11	3	0,3406	0,5062	0,4938
19	6	11	4	0,3406	0,8467	0,1533
19	6	11	5	0,1362	0,9830	0,0170
19	6	11	6	0,0170	1,0000	0,0000■
19	7	11	0	0,0002	0,0002	0,9998
19	7	11	1	0,0061	0,0063	0,9937
19	7	11	2	0,0611	0,0674	0,9326
19	7	11	3	0,2292	0,2966	0,7034
19	7	11	4	0,3668	0,6634	0,3366

TABELLE S Exakte Wahrscheinlichkeiten der hypergeometrischen Verteilung

N	N_1	n_1	t_1	$P(t_1)$	$P(T_1 \leq t_1)$	$P(T_1 > t_1)$
19	7	11	5	0,2567	0,9201	0,0799
19	7	11	6	0,0734	0,9935	0,0065
19	7	11	7	0,0065	1,0000	0,0000■
19	8	11	0	0,0000	0,0000	1,0000
19	8	11	1	0,0012	0,0012	0,9988
19	8	11	2	0,0204	0,0216	0,9784
19	8	11	3	0,1223	0,1438	0,8562
19	8	11	4	0,3056	0,4494	0,5506
19	8	11	5	0,3423	0,7917	0,2083
19	8	11	6	0,1712	0,9629	0,0371
19	8	11	7	0,0349	0,9978	0,0022
19	8	11	8	0,0022	1,0000	0,0000■
19	9	11	1	0,0001	0,0001	0,9999
19	9	11	2	0,0048	0,0049	0,9951
19	9	11	3	0,0500	0,0549	0,9451
19	9	11	4	0,2000	0,2549	0,7451
19	9	11	5	0,3501	0,6050	0,3950
19	9	11	6	0,2801	0,8851	0,1149
19	9	11	7	0,1000	0,9851	0,0149
19	9	11	8	0,0143	0,9994	0,0006
19	9	11	9	0,0006	1,0000	0,0000■
19	10	11	2	0,0006	0,0006	0,9994
19	10	11	3	0,0143	0,0149	0,9851
19	10	11	4	0,1000	0,1149	0,8851
19	10	11	5	0,2801	0,3950	0,6050
19	10	11	6	0,3501	0,7451	0,2549
19	10	11	7	0,2000	0,9451	0,0549
19	10	11	8	0,0500	0,9951	0,0049
19	10	11	9	0,0048	0,9999	0,0001
19	10	11	10	0,0001	1,0000	0,0000■
19	11	11	3	0,0022	0,0022	0,9978
19	11	11	4	0,0349	0,0371	0,9629
19	11	11	5	0,1712	0,2083	0,7917
19	11	11	6	0,3423	0,5506	0,4494
19	11	11	7	0,3056	0,8562	0,1438
19	11	11	8	0,1223	0,9784	0,0216
19	11	11	9	0,0204	0,9988	0,0012
19	11	11	10	0,0012	1,0000	0,0000
19	11	11	11	0,0000	1,0000	0,0000■
19	1	12	0	0,3684	0,3684	0,6316
19	1	12	1	0,6316	1,0000	0,0000■
19	2	12	0	0,1228	0,1228	0,8772
19	2	12	1	0,4912	0,6140	0,3860
19	2	12	2	0,3860	1,0000	0,0000■
19	3	12	0	0,0361	0,0361	0,9639
19	3	12	1	0,2601	0,2962	0,7038
19	3	12	2	0,4768	0,7730	0,2270
19	3	12	3	0,2270	1,0000	0,0000■
19	4	12	0	0,0090	0,0090	0,9910
19	4	12	1	0,1084	0,1174	0,8826
19	4	12	2	0,3576	0,4750	0,5250
19	4	12	3	0,3973	0,8723	0,1277
19	4	12	4	0,1277	1,0000	0,0000■
19	5	12	0	0,0018	0,0018	0,9982
19	5	12	1	0,0361	0,0379	0,9621
19	5	12	2	0,1987	0,2366	0,7634
19	5	12	3	0,3973	0,6339	0,3661
19	5	12	4	0,2980	0,9319	0,0681
19	5	12	5	0,0681	1,0000	0,0000■
19	6	12	0	0,0003	0,0003	0,9997
19	6	12	1	0,0093	0,0095	0,9905
19	6	12	2	0,0851	0,0947	0,9053
19	6	12	3	0,2838	0,3785	0,6215
19	6	12	4	0,3831	0,7616	0,2384
19	6	12	5	0,2043	0,9659	0,0341
19	6	12	6	0,0341	1,0000	0,0000■
19	7	12	0	0,0000	0,0000	1,0000
19	7	12	1	0,0017	0,0017	0,9983
19	7	12	2	0,0275	0,0292	0,9708
19	7	12	3	0,1528	0,1820	0,8180
19	7	12	4	0,3438	0,5258	0,4742
19	7	12	5	0,3301	0,8559	0,1441
19	7	12	6	0,1284	0,9843	0,0157
19	7	12	7	0,0157	1,0000	0,0000■
19	8	12	1	0,0002	0,0002	0,9998
19	8	12	2	0,0061	0,0063	0,9937
19	8	12	3	0,0611	0,0674	0,9326
19	8	12	4	0,2292	0,2966	0,7034
19	8	12	5	0,3668	0,6634	0,3366
19	8	12	6	0,2567	0,9201	0,0799
19	8	12	7	0,0734	0,9935	0,0065
19	8	12	8	0,0065	1,0000	0,0000■
19	9	12	2	0,0007	0,0007	0,9993
19	9	12	3	0,0167	0,0174	0,9826
19	9	12	4	0,1125	0,1299	0,8701
19	9	12	5	0,3001	0,4300	0,5700
19	9	12	6	0,3501	0,7801	0,2199
19	9	12	7	0,1800	0,9601	0,0399
19	9	12	8	0,0375	0,9976	0,0024
19	9	12	9	0,0024	1,0000	0,0000■
19	10	12	3	0,0024	0,0024	0,9976
19	10	12	4	0,0375	0,0399	0,9601
19	10	12	5	0,1800	0,2199	0,7801
19	10	12	6	0,3501	0,5700	0,4300
19	10	12	7	0,3001	0,8701	0,1299
19	10	12	8	0,1125	0,9826	0,0174
19	10	12	9	0,0167	0,9993	0,0007
19	10	12	10	0,0007	1,0000	0,0000■
19	11	12	4	0,0065	0,0065	0,9935
19	11	12	5	0,0734	0,0799	0,9201
19	11	12	6	0,2567	0,3366	0,6634
19	11	12	7	0,3668	0,7034	0,2966
19	11	12	8	0,2292	0,9326	0,0674
19	11	12	9	0,0611	0,9937	0,0063
19	11	12	10	0,0061	0,9998	0,0002
19	11	12	11	0,0002	1,0000	0,0000■
19	12	12	5	0,0157	0,0157	0,9843
19	12	12	6	0,1284	0,1441	0,8559
19	12	12	7	0,3301	0,4742	0,5258
19	12	12	8	0,3438	0,8180	0,1820
19	12	12	9	0,1528	0,9708	0,0292
19	12	12	10	0,0275	0,9983	0,0017
19	12	12	11	0,0017	1,0000	0,0000
19	12	12	12	0,0000	1,0000	0,0000■
19	1	13	0	0,3158	0,3158	0,6842
19	1	13	1	0,6842	1,0000	0,0000■
19	2	13	0	0,0877	0,0877	0,9123
19	2	13	1	0,4561	0,5439	0,4561
19	2	13	2	0,4561	1,0000	0,0000■
19	3	13	0	0,0206	0,0206	0,9794
19	3	13	1	0,2012	0,2219	0,7781
19	3	13	2	0,4830	0,7049	0,2951
19	3	13	3	0,2951	1,0000	0,0000■
19	4	13	0	0,0039	0,0039	0,9961
19	4	13	1	0,0671	0,0709	0,9291
19	4	13	2	0,3019	0,3728	0,6272
19	4	13	3	0,4427	0,8155	0,1845
19	4	13	4	0,1845	1,0000	0,0000■
19	5	13	0	0,0005	0,0005	0,9995
19	5	13	1	0,0168	0,0173	0,9827
19	5	13	2	0,1342	0,1514	0,8486
19	5	13	3	0,3689	0,5204	0,4796
19	5	13	4	0,3689	0,8893	0,1107
19	5	13	5	0,1107	1,0000	0,0000■
19	6	13	0	0,0000	0,0000	1,0000
19	6	13	1	0,0029	0,0029	0,9971
19	6	13	2	0,0431	0,0460	0,9540
19	6	13	3	0,2108	0,2569	0,7431
19	6	13	4	0,3953	0,6521	0,3479
19	6	13	5	0,2846	0,9368	0,0632
19	6	13	6	0,0632	1,0000	0,0000■
19	7	13	1	0,0003	0,0003	0,9997
19	7	13	2	0,0093	0,0095	0,9905
19	7	13	3	0,0851	0,0947	0,9053
19	7	13	4	0,2838	0,3785	0,6215
19	7	13	5	0,3831	0,7616	0,2384
19	7	13	6	0,2043	0,9659	0,0341
19	7	13	7	0,0341	1,0000	0,0000■
19	8	13	2	0,0010	0,0010	0,9990
19	8	13	3	0,0227	0,0237	0,9763
19	8	13	4	0,1419	0,1656	0,8344
19	8	13	5	0,3406	0,5062	0,4938
19	8	13	6	0,3406	0,8467	0,1533
19	8	13	7	0,1362	0,9830	0,0170
19	8	13	8	0,0170	1,0000	0,0000■
19	9	13	3	0,0031	0,0031	0,9969
19	9	13	4	0,0464	0,0495	0,9505
19	9	13	5	0,2090	0,2585	0,7415
19	9	13	6	0,3715	0,6300	0,3700
19	9	13	7	0,2786	0,9087	0,0913
19	9	13	8	0,0836	0,9923	0,0077
19	9	13	9	0,0077	1,0000	0,0000■
19	10	13	4	0,0077	0,0077	0,9923
19	10	13	5	0,0836	0,0913	0,9087
19	10	13	6	0,2786	0,3700	0,6300
19	10	13	7	0,3715	0,7415	0,2585
19	10	13	8	0,2090	0,9505	0,0495
19	10	13	9	0,0464	0,9969	0,0031
19	10	13	10	0,0031	1,0000	0,0000■
19	11	13	5	0,0170	0,0170	0,9830
19	11	13	6	0,1362	0,1533	0,8467
19	11	13	7	0,3406	0,4938	0,5062
19	11	13	8	0,3406	0,8344	0,1656
19	11	13	9	0,1419	0,9763	0,0237
19	11	13	10	0,0227	0,9990	0,0010
19	11	13	11	0,0010	1,0000	0,0000■
19	12	13	6	0,0341	0,0341	0,9659
19	12	13	7	0,2043	0,2384	0,7616
19	12	13	8	0,3831	0,6215	0,3785
19	12	13	9	0,2838	0,9053	0,0947

TABELLE S Exakte Wahrscheinlichkeiten der hypergeometrischen Verteilung

N	N_1	n_1	t_1	$P(t_1)$	$P(T_1 \leq t_1)$	$P(T_1 > t_1)$
19	12	13	10	0,0851	0,9905	0,0095
19	12	13	11	0,0093	0,9997	0,0003
19	12	13	12	0,0003	1,0000	0,0000■
19	13	13	7	0,0632	0,0632	0,9368
19	13	13	8	0,2846	0,3479	0,6521
19	13	13	9	0,3953	0,7431	0,2569
19	13	13	10	0,2108	0,9540	0,0460
19	13	13	11	0,0431	0,9971	0,0029
19	13	13	12	0,0029	1,0000	0,0000
19	13	13	13	0,0000	1,0000	0,0000■
19	1	14	0	0,2632	0,2632	0,7368
19	1	14	1	0,7368	1,0000	0,0000■
19	2	14	0	0,0585	0,0585	0,9415
19	2	14	1	0,4094	0,4678	0,5322
19	2	14	2	0,5322	1,0000	0,0000■
19	3	14	0	0,0103	0,0103	0,9897
19	3	14	1	0,1445	0,1548	0,8452
19	3	14	2	0,4696	0,6244	0,3756
19	3	14	3	0,3756	1,0000	0,0000■
19	4	14	0	0,0013	0,0013	0,9987
19	4	14	1	0,0361	0,0374	0,9626
19	4	14	2	0,2348	0,2722	0,7278
19	4	14	3	0,4696	0,7417	0,2583
19	4	14	4	0,2583	1,0000	0,0000■
19	5	14	0	0,0000	0,0000	0,9999
19	5	14	1	0,0060	0,0061	0,9939
19	5	14	2	0,0783	0,0844	0,9156
19	5	14	3	0,3130	0,3974	0,6026
19	5	14	4	0,4304	0,8278	0,1722
19	5	14	5	0,1722	1,0000	0,0000■
19	6	14	1	0,0005	0,0005	0,9995
19	6	14	2	0,0168	0,0173	0,9827
19	6	14	3	0,1342	0,1514	0,8486
19	6	14	4	0,3689	0,5204	0,4796
19	6	14	5	0,3689	0,8893	0,1107
19	6	14	6	0,1107	1,0000	0,0000■
19	7	14	2	0,0018	0,0018	0,9982
19	7	14	3	0,0361	0,0379	0,9621
19	7	14	4	0,1987	0,2366	0,7634
19	7	14	5	0,3973	0,6339	0,3661
19	7	14	6	0,2980	0,9319	0,0681
19	7	14	7	0,0681	1,0000	0,0000■
19	8	14	3	0,0048	0,0048	0,9952
19	8	14	4	0,0662	0,0710	0,9290
19	8	14	5	0,2649	0,3359	0,6641
19	8	14	6	0,3973	0,7332	0,2668
19	8	14	7	0,2270	0,9603	0,0397
19	8	14	8	0,0397	1,0000	0,0000■
19	9	14	4	0,0108	0,0108	0,9892
19	9	14	5	0,1084	0,1192	0,8808
19	9	14	6	0,3251	0,4443	0,5557
19	9	14	7	0,3715	0,8158	0,1842
19	9	14	8	0,1625	0,9783	0,0217
19	9	14	9	0,0217	1,0000	0,0000■
19	10	14	5	0,0217	0,0217	0,9783
19	10	14	6	0,1625	0,1842	0,8158
19	10	14	7	0,3715	0,5557	0,4443
19	10	14	8	0,3251	0,8808	0,1192
19	10	14	9	0,1084	0,9892	0,0108
19	10	14	10	0,0108	1,0000	0,0000■

N	N_1	n_1	t_1	$P(t_1)$	$P(T_1 \leq t_1)$	$P(T_1 > t_1)$
19	11	14	6	0,0397	0,0397	0,9603
19	11	14	7	0,2270	0,2668	0,7332
19	11	14	8	0,3973	0,6641	0,3359
19	11	14	9	0,2649	0,9290	0,0710
19	11	14	10	0,0662	0,9952	0,0048
19	11	14	11	0,0048	1,0000	0,0000■
19	12	14	7	0,0681	0,0681	0,9319
19	12	14	8	0,2980	0,3661	0,6339
19	12	14	9	0,3973	0,7634	0,2366
19	12	14	10	0,1987	0,9621	0,0379
19	12	14	11	0,0361	0,9982	0,0018
19	12	14	12	0,0018	1,0000	0,0000■
19	13	14	8	0,1107	0,1107	0,8893
19	13	14	9	0,3689	0,4796	0,5204
19	13	14	10	0,3689	0,8486	0,1514
19	13	14	11	0,1342	0,9827	0,0173
19	13	14	12	0,0168	0,9995	0,0005
19	13	14	13	0,0005	1,0000	0,0000■
19	14	14	9	0,1722	0,1722	0,8278
19	14	14	10	0,4304	0,6026	0,3974
19	14	14	11	0,3130	0,9156	0,0844
19	14	14	12	0,0783	0,9939	0,0061
19	14	14	13	0,0060	0,9999	0,0000
19	14	14	14	0,0000	1,0000	0,0000■
19	1	15	0	0,2105	0,2105	0,7895
19	1	15	1	0,7895	1,0000	0,0000■
19	2	15	0	0,0351	0,0351	0,9649
19	2	15	1	0,3509	0,3860	0,6140
19	2	15	2	0,6140	1,0000	0,0000■
19	3	15	0	0,0041	0,0041	0,9959
19	3	15	1	0,0929	0,0970	0,9030
19	3	15	2	0,4334	0,5304	0,4696
19	3	15	3	0,4696	1,0000	0,0000■
19	4	15	0	0,0003	0,0003	0,9997
19	4	15	1	0,0155	0,0157	0,9843
19	4	15	2	0,1625	0,1783	0,8217
19	4	15	3	0,4696	0,6478	0,3522
19	4	15	4	0,3522	1,0000	0,0000■
19	5	15	1	0,0013	0,0013	0,9987
19	5	15	2	0,0361	0,0374	0,9626
19	5	15	3	0,2348	0,2722	0,7278
19	5	15	4	0,4696	0,7417	0,2583
19	5	15	5	0,2583	1,0000	0,0000■
19	6	15	2	0,0039	0,0039	0,9961
19	6	15	3	0,0671	0,0709	0,9291
19	6	15	4	0,3019	0,3728	0,6272
19	6	15	5	0,4427	0,8155	0,1845
19	6	15	6	0,1845	1,0000	0,0000■
19	7	15	3	0,0090	0,0090	0,9910
19	7	15	4	0,1084	0,1174	0,8826
19	7	15	5	0,3576	0,4750	0,5250
19	7	15	6	0,3973	0,8723	0,1277
19	7	15	7	0,1277	1,0000	0,0000■
19	8	15	4	0,0181	0,0181	0,9819
19	8	15	5	0,1589	0,1770	0,8230
19	8	15	6	0,3973	0,5743	0,4257
19	8	15	7	0,3406	0,9149	0,0851
19	8	15	8	0,0851	1,0000	0,0000■
19	9	15	5	0,0325	0,0325	0,9675
19	9	15	6	0,2167	0,2492	0,7508

N	N_1	n_1	t_1	$P(t_1)$	$P(T_1 \leq t_1)$	$P(T_1 > t_1)$
19	9	15	7	0,4180	0,6672	0,3328
19	9	15	8	0,2786	0,9458	0,0542
19	9	15	9	0,0542	1,0000	0,0000■
19	10	15	6	0,0542	0,0542	0,9458
19	10	15	7	0,2786	0,3328	0,6672
19	10	15	8	0,4180	0,7508	0,2492
19	10	15	9	0,2167	0,9675	0,0325
19	10	15	10	0,0325	1,0000	0,0000■
19	11	15	7	0,0851	0,0851	0,9149
19	11	15	8	0,3406	0,4257	0,5743
19	11	15	9	0,3973	0,8230	0,1770
19	11	15	10	0,1589	0,9819	0,0181
19	11	15	11	0,0181	1,0000	0,0000■
19	12	15	8	0,1277	0,1277	0,8723
19	12	15	9	0,3973	0,5250	0,4750
19	12	15	10	0,3576	0,8826	0,1174
19	12	15	11	0,1084	0,9910	0,0090
19	12	15	12	0,0090	1,0000	0,0000■
19	13	15	9	0,1845	0,1845	0,8155
19	13	15	10	0,4427	0,6272	0,3728
19	13	15	11	0,3019	0,9291	0,0709
19	13	15	12	0,0671	0,9961	0,0039
19	13	15	13	0,0039	1,0000	0,0000■
19	14	15	10	0,2583	0,2583	0,7417
19	14	15	11	0,4696	0,7278	0,2722
19	14	15	12	0,2348	0,9626	0,0374
19	14	15	13	0,0361	0,9987	0,0013
19	14	15	14	0,0013	1,0000	0,0000■
19	15	15	11	0,3522	0,3522	0,6478
19	15	15	12	0,4696	0,8217	0,1783
19	15	15	13	0,1625	0,9843	0,0157
19	15	15	14	0,0155	0,9997	0,0003
19	15	15	15	0,0003	1,0000	0,0000■
19	1	16	0	0,1579	0,1579	0,8421
19	1	16	1	0,8421	1,0000	0,0000■
19	2	16	0	0,0175	0,0175	0,9825
19	2	16	1	0,2807	0,2982	0,7018
19	2	16	2	0,7018	1,0000	0,0000■
19	3	16	0	0,0010	0,0010	0,9990
19	3	16	1	0,0495	0,0506	0,9494
19	3	16	2	0,3715	0,4221	0,5779
19	3	16	3	0,5779	1,0000	0,0000■
19	4	16	1	0,0041	0,0041	0,9959
19	4	16	2	0,0929	0,0970	0,9030
19	4	16	3	0,4334	0,5304	0,4696
19	4	16	4	0,4696	1,0000	0,0000■
19	5	16	2	0,0103	0,0103	0,9897
19	5	16	3	0,1445	0,1548	0,8452
19	5	16	4	0,4696	0,6244	0,3756
19	5	16	5	0,3756	1,0000	0,0000■
19	6	16	3	0,0206	0,0206	0,9794
19	6	16	4	0,2012	0,2219	0,7781
19	6	16	5	0,4830	0,7049	0,2951
19	6	16	6	0,2951	1,0000	0,0000■
19	7	16	4	0,0361	0,0361	0,9639
19	7	16	5	0,2601	0,2962	0,7038
19	7	16	6	0,4768	0,7730	0,2270
19	7	16	7	0,2270	1,0000	0,0000■
19	8	16	5	0,0578	0,0578	0,9422
19	8	16	6	0,3179	0,3756	0,6244

TABELLE S Exakte Wahrscheinlichkeiten der hypergeometrischen Verteilung

N	N_1	n_1	t_1	$P(t_1)$	$P(T_1 \leq t_1)$	$P(T_1 > t_1)$
19	8	16	7	0,4541	0,8297	0,1703
19	8	16	8	0,1703	1,0000	0,0000■
19	9	16	6	0,0867	0,0867	0,9133
19	9	16	7	0,3715	0,4582	0,5418
19	9	16	8	0,4180	0,8762	0,1238
19	9	16	9	0,1238	1,0000	0,0000■
19	10	16	7	0,1238	0,1238	0,8762
19	10	16	8	0,4180	0,5418	0,4582
19	10	16	9	0,3715	0,9133	0,0867
19	10	16	10	0,0867	1,0000	0,0000■
19	11	16	8	0,1703	0,1703	0,8297
19	11	16	9	0,4541	0,6244	0,3756
19	11	16	10	0,3179	0,9422	0,0578
19	11	16	11	0,0578	1,0000	0,0000■
19	12	16	9	0,2270	0,2270	0,7730
19	12	16	10	0,4768	0,7038	0,2962
19	12	16	11	0,2601	0,9639	0,0361
19	12	16	12	0,0361	1,0000	0,0000■
19	13	16	10	0,2951	0,2951	0,7049
19	13	16	11	0,4830	0,7781	0,2219
19	13	16	12	0,2012	0,9794	0,0206
19	13	16	13	0,0206	1,0000	0,0000■
19	14	16	11	0,3756	0,3756	0,6244
19	14	16	12	0,4696	0,8452	0,1548
19	14	16	13	0,1445	0,9897	0,0103
19	14	16	14	0,0103	1,0000	0,0000■
19	15	16	12	0,4696	0,4696	0,5304
19	15	16	13	0,4334	0,9030	0,0970
19	15	16	14	0,0929	0,9959	0,0041
19	15	16	15	0,0041	1,0000	0,0000■
19	16	16	13	0,5779	0,5779	0,4221
19	16	16	14	0,3715	0,9494	0,0506
19	16	16	15	0,0495	0,9990	0,0010
19	16	16	16	0,0010	1,0000	0,0000■
19	1	17	0	0,1053	0,1053	0,8947
19	1	17	1	0,8947	1,0000	0,0000■
19	2	17	0	0,0058	0,0058	0,9942
19	2	17	1	0,1988	0,2047	0,7953
19	2	17	2	0,7953	1,0000	0,0000■
19	3	17	1	0,0175	0,0175	0,9825
19	3	17	2	0,2807	0,2982	0,7018
19	3	17	3	0,7018	1,0000	0,0000■
19	4	17	2	0,0351	0,0351	0,9649
19	4	17	3	0,3509	0,3860	0,6140
19	4	17	4	0,6140	1,0000	0,0000■
19	5	17	3	0,0585	0,0585	0,9415
19	5	17	4	0,4094	0,4678	0,5322
19	5	17	5	0,5322	1,0000	0,0000■
19	6	17	4	0,0877	0,0877	0,9123
19	6	17	5	0,4561	0,5439	0,4561
19	6	17	6	0,4561	1,0000	0,0000■
19	7	17	5	0,1228	0,1228	0,8772
19	7	17	6	0,4912	0,6140	0,3860
19	7	17	7	0,3860	1,0000	0,0000■
19	8	17	6	0,1637	0,1637	0,8363
19	8	17	7	0,5146	0,6784	0,3216
19	8	17	8	0,3216	1,0000	0,0000■
19	9	17	7	0,2105	0,2105	0,7895
19	9	17	8	0,5263	0,7368	0,2632
19	9	17	9	0,2632	1,0000	0,0000■

N	N_1	n_1	t_1	$P(t_1)$	$P(T_1 \leq t_1)$	$P(T_1 > t_1)$
19	10	17	8	0,2632	0,2632	0,7368
19	10	17	9	0,5263	0,7895	0,2105
19	10	17	10	0,2105	1,0000	0,0000■
19	11	17	9	0,3216	0,3216	0,6784
19	11	17	10	0,5146	0,8363	0,1637
19	11	17	11	0,1637	1,0000	0,0000■
19	12	17	10	0,3860	0,3860	0,6140
19	12	17	11	0,4912	0,8772	0,1228
19	12	17	12	0,1228	1,0000	0,0000■
19	13	17	11	0,4561	0,4561	0,5439
19	13	17	12	0,4561	0,9123	0,0877
19	13	17	13	0,0877	1,0000	0,0000■
19	14	17	12	0,5322	0,5322	0,4678
19	14	17	13	0,4094	0,9415	0,0585
19	14	17	14	0,0585	1,0000	0,0000■
19	15	17	13	0,6140	0,6140	0,3860
19	15	17	14	0,3509	0,9649	0,0351
19	15	17	15	0,0351	1,0000	0,0000■
19	16	17	14	0,7018	0,7018	0,2982
19	16	17	15	0,2807	0,9825	0,0175
19	16	17	16	0,0175	1,0000	0,0000■
19	17	17	15	0,7953	0,7953	0,2047
19	17	17	16	0,1988	0,9942	0,0058
19	17	17	17	0,0058	1,0000	0,0000■
19	1	18	0	0,0526	0,0526	0,9474
19	1	18	1	0,9474	1,0000	0,0000■
19	2	18	1	0,1053	0,1053	0,8947
19	2	18	2	0,8947	1,0000	0,0000■
19	3	18	2	0,1579	0,1579	0,8421
19	3	18	3	0,8421	1,0000	0,0000■
19	4	18	3	0,2105	0,2105	0,7895
19	4	18	4	0,7895	1,0000	0,0000■
19	5	18	4	0,2632	0,2632	0,7368
19	5	18	5	0,7368	1,0000	0,0000■
19	6	18	5	0,3158	0,3158	0,6842
19	6	18	6	0,6842	1,0000	0,0000■
19	7	18	6	0,3684	0,3684	0,6316
19	7	18	7	0,6316	1,0000	0,0000■
19	8	18	7	0,4211	0,4211	0,5789
19	8	18	8	0,5789	1,0000	0,0000■
19	9	18	8	0,4737	0,4737	0,5263
19	9	18	9	0,5263	1,0000	0,0000■
19	10	18	9	0,5263	0,5263	0,4737
19	10	18	10	0,4737	1,0000	0,0000■
19	11	18	10	0,5789	0,5789	0,4211
19	11	18	11	0,4211	1,0000	0,0000■
19	12	18	11	0,6316	0,6316	0,3684
19	12	18	12	0,3684	1,0000	0,0000■
19	13	18	12	0,6842	0,6842	0,3158
19	13	18	13	0,3158	1,0000	0,0000■
19	14	18	13	0,7368	0,7368	0,2632
19	14	18	14	0,2632	1,0000	0,0000■
19	15	18	14	0,7895	0,7895	0,2105
19	15	18	15	0,2105	1,0000	0,0000■
19	16	18	15	0,8421	0,8421	0,1579
19	16	18	16	0,1579	1,0000	0,0000■
19	17	18	16	0,8947	0,8947	0,1053
19	17	18	17	0,1053	1,0000	0,0000■
19	18	18	17	0,9474	0,9474	0,0526
19	18	18	18	0,0526	1,0000	0,0000■

N	N_1	n_1	t_1	$P(t_1)$	$P(T_1 \leq t_1)$	$P(T_1 > t_1)$
20	1	1	0	0,9500	0,9500	0,0500
20	1	1	1	0,0500	1,0000	0,0000■
20	1	2	0	0,9000	0,9000	0,1000
20	1	2	1	0,1000	1,0000	0,0000■
20	2	2	0	0,8053	0,8053	0,1947
20	2	2	1	0,1895	0,9947	0,0053
20	2	2	2	0,0053	1,0000	0,0000■
20	1	3	0	0,8500	0,8500	0,1500
20	1	3	1	0,1500	1,0000	0,0000■
20	2	3	0	0,7158	0,7158	0,2842
20	2	3	1	0,2684	0,9842	0,0158
20	2	3	2	0,0158	1,0000	0,0000■
20	3	3	0	0,5965	0,5965	0,4035
20	3	3	1	0,3579	0,9544	0,0456
20	3	3	2	0,0447	0,9991	0,0009
20	3	3	3	0,0009	1,0000	0,0000■
20	1	4	0	0,8000	0,8000	0,2000
20	1	4	1	0,2000	1,0000	0,0000■
20	2	4	0	0,6316	0,6316	0,3684
20	2	4	1	0,3368	0,9684	0,0316
20	2	4	2	0,0316	1,0000	0,0000■
20	3	4	0	0,4912	0,4912	0,5088
20	3	4	1	0,4211	0,9123	0,0877
20	3	4	2	0,0842	0,9965	0,0035
20	3	4	3	0,0035	1,0000	0,0000■
20	4	4	0	0,3756	0,3756	0,6244
20	4	4	1	0,4623	0,8380	0,1620
20	4	4	2	0,1486	0,9866	0,0134
20	4	4	3	0,0132	0,9998	0,0002
20	4	4	4	0,0002	1,0000	0,0000■
20	1	5	0	0,7500	0,7500	0,2500
20	1	5	1	0,2500	1,0000	0,0000■
20	2	5	0	0,5526	0,5526	0,4474
20	2	5	1	0,3947	0,9474	0,0526
20	2	5	2	0,0526	1,0000	0,0000■
20	3	5	0	0,3991	0,3991	0,6009
20	3	5	1	0,4605	0,8596	0,1404
20	3	5	2	0,1316	0,9912	0,0088
20	3	5	3	0,0088	1,0000	0,0000■
20	4	5	0	0,2817	0,2817	0,7183
20	4	5	1	0,4696	0,7513	0,2487
20	4	5	2	0,2167	0,9680	0,0320
20	4	5	3	0,0310	0,9990	0,0010
20	4	5	4	0,0010	1,0000	0,0000■
20	5	5	0	0,1937	0,1937	0,8063
20	5	5	1	0,4402	0,6339	0,3661
20	5	5	2	0,2935	0,9274	0,0726
20	5	5	3	0,0677	0,9951	0,0049
20	5	5	4	0,0048	0,9999	0,0000
20	5	5	5	0,0000	1,0000	0,0000■
20	1	6	0	0,7000	0,7000	0,3000
20	1	6	1	0,3000	1,0000	0,0000■
20	2	6	0	0,4789	0,4789	0,5211
20	2	6	1	0,4421	0,9211	0,0789
20	2	6	2	0,0789	1,0000	0,0000■
20	3	6	0	0,3193	0,3193	0,6807
20	3	6	1	0,4789	0,7982	0,2018
20	3	6	2	0,1842	0,9825	0,0175
20	3	6	3	0,0175	1,0000	0,0000■
20	4	6	0	0,2066	0,2066	0,7934

TABELLE S Exakte Wahrscheinlichkeiten der hypergeometrischen Verteilung

N	N_1	n_1	t_1	$P(t_1)$	$P(T_1 \leq t_1)$	$P(T_1 > t_1)$	N	N_1	n_1	t_1	$P(t_1)$	$P(T_1 \leq t_1)$	$P(T_1 > t_1)$	N	N_1	n_1	t_1	$P(t_1)$	$P(T_1 \leq t_1)$	$P(T_1 > t_1)$
20	4	6	1	0,4508	0,6574	0,3426	20	3	8	3	0,0491	1,0000	0,0000■	20	6	9	4	0,1788	0,9621	0,0379
20	4	6	2	0,2817	0,9391	0,0609	20	4	8	0	0,1022	0,1022	0,8978	20	6	9	5	0,0358	0,9978	0,0022
20	4	6	3	0,0578	0,9969	0,0031	20	4	8	1	0,3633	0,4654	0,5346	20	6	9	6	0,0022	1,0000	0,0000■
20	4	6	4	0,0031	1,0000	0,0000■	20	4	8	2	0,3814	0,8469	0,1531	20	7	9	0	0,0043	0,0043	0,9957
20	5	6	0	0,1291	0,1291	0,8709	20	4	8	3	0,1387	0,9856	0,0144	20	7	9	1	0,0536	0,0579	0,9421
20	5	6	1	0,3874	0,5165	0,4835	20	4	8	4	0,0144	1,0000	0,0000■	20	7	9	2	0,2146	0,2724	0,7276
20	5	6	2	0,3522	0,8687	0,1313	20	5	8	0	0,0511	0,0511	0,9489	20	7	9	3	0,3576	0,6300	0,3700
20	5	6	3	0,1174	0,9861	0,0139	20	5	8	1	0,2554	0,3065	0,6935	20	7	9	4	0,2682	0,8982	0,1018
20	5	6	4	0,0135	0,9996	0,0004	20	5	8	2	0,3973	0,7038	0,2962	20	7	9	5	0,0894	0,9876	0,0124
20	5	6	5	0,0004	1,0000	0,0000■	20	5	8	3	0,2384	0,9422	0,0578	20	7	9	6	0,0119	0,9995	0,0005
20	6	6	0	0,0775	0,0775	0,9225	20	5	8	4	0,0542	0,9964	0,0036	20	7	9	7	0,0005	1,0000	0,0000■
20	6	6	1	0,3099	0,3874	0,6126	20	5	8	5	0,0036	1,0000	0,0000■	20	8	9	0	0,0013	0,0013	0,9987
20	6	6	2	0,3874	0,7748	0,2252	20	6	8	0	0,0238	0,0238	0,9762	20	8	9	1	0,0236	0,0249	0,9751
20	6	6	3	0,1878	0,9626	0,0374	20	6	8	1	0,1635	0,1873	0,8127	20	8	9	2	0,1320	0,1569	0,8431
20	6	6	4	0,0352	0,9978	0,0022	20	6	8	2	0,3576	0,5449	0,4551	20	8	9	3	0,3081	0,4650	0,5350
20	6	6	5	0,0022	1,0000	0,0000	20	6	8	3	0,3179	0,8627	0,1373	20	8	9	4	0,3301	0,7951	0,2049
20	6	6	6	0,0000	1,0000	0,0000■	20	6	8	4	0,1192	0,9819	0,0181	20	8	9	5	0,1650	0,9601	0,0399
20	1	7	0	0,6500	0,6500	0,3500	20	6	8	5	0,0173	0,9993	0,0007	20	8	9	6	0,0367	0,9968	0,0032
20	1	7	1	0,3500	1,0000	0,0000■	20	6	8	6	0,0007	1,0000	0,0000■	20	8	9	7	0,0031	0,9999	0,0000
20	2	7	0	0,4105	0,4105	0,5895	20	7	8	0	0,0102	0,0102	0,9898	20	8	9	8	0,0000	1,0000	0,0000■
20	2	7	1	0,4789	0,8895	0,1105	20	7	8	1	0,0954	0,1056	0,8944	20	9	9	0	0,0003	0,0003	0,9997
20	2	7	2	0,1105	1,0000	0,0000■	20	7	8	2	0,2861	0,3916	0,6084	20	9	9	1	0,0088	0,0092	0,9908
20	3	7	0	0,2509	0,2509	0,7491	20	7	8	3	0,3576	0,7492	0,2508	20	9	9	2	0,0707	0,0799	0,9201
20	3	7	1	0,4789	0,7298	0,2702	20	7	8	4	0,1987	0,9479	0,0521	20	9	9	3	0,2311	0,3110	0,6890
20	3	7	2	0,2395	0,9693	0,0307	20	7	8	5	0,0477	0,9956	0,0044	20	9	9	4	0,3466	0,6575	0,3425
20	3	7	3	0,0307	1,0000	0,0000■	20	7	8	6	0,0043	0,9999	0,0001	20	9	9	5	0,2476	0,9051	0,0949
20	4	7	0	0,1476	0,1476	0,8524	20	7	8	7	0,0001	1,0000	0,0000■	20	9	9	6	0,0825	0,9876	0,0124
20	4	7	1	0,4132	0,5608	0,4392	20	8	8	0	0,0039	0,0039	0,9961	20	9	9	7	0,0118	0,9994	0,0006
20	4	7	2	0,3381	0,8989	0,1011	20	8	8	1	0,0503	0,0542	0,9458	20	9	9	8	0,0006	1,0000	0,0000
20	4	7	3	0,0939	0,9928	0,0072	20	8	8	2	0,2054	0,2596	0,7404	20	9	9	9	0,0000	1,0000	0,0000■
20	4	7	4	0,0072	1,0000	0,0000■	20	8	8	3	0,3521	0,6117	0,3883	20	1	10	0	0,5000	0,5000	0,5000
20	5	7	0	0,0830	0,0830	0,9170	20	8	8	4	0,2751	0,8868	0,1132	20	1	10	1	0,5000	1,0000	0,0000■
20	5	7	1	0,3228	0,4058	0,5942	20	8	8	5	0,0978	0,9846	0,0154	20	2	10	0	0,2368	0,2368	0,7632
20	5	7	2	0,3874	0,7932	0,2068	20	8	8	6	0,0147	0,9992	0,0008	20	2	10	1	0,5263	0,7632	0,2368
20	5	7	3	0,1761	0,9693	0,0307	20	8	8	7	0,0008	1,0000	0,0000	20	2	10	2	0,2368	1,0000	0,0000■
20	5	7	4	0,0293	0,9986	0,0014	20	8	8	8	0,0000	1,0000	0,0000■	20	3	10	0	0,1053	0,1053	0,8947
20	5	7	5	0,0014	1,0000	0,0000■	20	1	9	0	0,5500	0,5500	0,4500	20	3	10	1	0,3947	0,5000	0,5000
20	6	7	0	0,0443	0,0443	0,9557	20	1	9	1	0,4500	1,0000	0,0000■	20	3	10	2	0,3947	0,8947	0,1053
20	6	7	1	0,2324	0,2767	0,7233	20	2	9	0	0,2895	0,2895	0,7105	20	3	10	3	0,1053	1,0000	0,0000■
20	6	7	2	0,3874	0,6641	0,3359	20	2	9	1	0,5211	0,8105	0,1895	20	4	10	0	0,0433	0,0433	0,9567
20	6	7	3	0,2583	0,9223	0,0777	20	2	9	2	0,1895	1,0000	0,0000■	20	4	10	1	0,2477	0,2910	0,7090
20	6	7	4	0,0704	0,9928	0,0072	20	3	9	0	0,1447	0,1447	0,8553	20	4	10	2	0,4180	0,7090	0,2910
20	6	7	5	0,0070	0,9998	0,0002	20	3	9	1	0,4342	0,5789	0,4211	20	4	10	3	0,2477	0,9567	0,0433
20	6	7	6	0,0002	1,0000	0,0000■	20	3	9	2	0,3474	0,9263	0,0737	20	4	10	4	0,0433	1,0000	0,0000■
20	7	7	0	0,0221	0,0221	0,9779	20	3	9	3	0,0737	1,0000	0,0000■	20	5	10	0	0,0163	0,0163	0,9837
20	7	7	1	0,1550	0,1771	0,8229	20	4	9	0	0,0681	0,0681	0,9319	20	5	10	1	0,1354	0,1517	0,8483
20	7	7	2	0,3486	0,5257	0,4743	20	4	9	1	0,3065	0,3746	0,6254	20	5	10	2	0,3483	0,5000	0,5000
20	7	7	3	0,3228	0,8486	0,1514	20	4	9	2	0,4087	0,7833	0,2167	20	5	10	3	0,3483	0,8483	0,1517
20	7	7	4	0,1291	0,9777	0,0223	20	4	9	3	0,1907	0,9740	0,0260	20	5	10	4	0,1354	0,9837	0,0163
20	7	7	5	0,0211	0,9988	0,0012	20	4	9	4	0,0260	1,0000	0,0000■	20	5	10	5	0,0163	1,0000	0,0000■
20	7	7	6	0,0012	1,0000	0,0000	20	5	9	0	0,0298	0,0298	0,9702	20	6	10	0	0,0054	0,0054	0,9946
20	7	7	7	0,0000	1,0000	0,0000■	20	5	9	1	0,1916	0,2214	0,7786	20	6	10	1	0,0650	0,0704	0,9296
20	1	8	0	0,6000	0,6000	0,4000	20	5	9	2	0,3831	0,6045	0,3955	20	6	10	2	0,2438	0,3142	0,6858
20	1	8	1	0,4000	1,0000	0,0000■	20	5	9	3	0,2980	0,9025	0,0975	20	6	10	3	0,3715	0,6858	0,3142
20	2	8	0	0,3474	0,3474	0,6526	20	5	9	4	0,0894	0,9919	0,0081	20	6	10	4	0,2438	0,9296	0,0704
20	2	8	1	0,5053	0,8526	0,1474	20	5	9	5	0,0081	1,0000	0,0000■	20	6	10	5	0,0650	0,9946	0,0054
20	2	8	2	0,1474	1,0000	0,0000■	20	6	9	0	0,0119	0,0119	0,9881	20	6	10	6	0,0054	1,0000	0,0000■
20	3	8	0	0,1930	0,1930	0,8070	20	6	9	1	0,1073	0,1192	0,8808	20	7	10	0	0,0015	0,0015	0,9985
20	3	8	1	0,4632	0,6561	0,3439	20	6	9	2	0,3065	0,4257	0,5743	20	7	10	1	0,0271	0,0286	0,9714
20	3	8	2	0,2947	0,9509	0,0491	20	6	9	3	0,3576	0,7833	0,2167	20	7	10	2	0,1463	0,1749	0,8251

TABELLE S Exakte Wahrscheinlichkeiten der hypergeometrischen Verteilung

N	N_1	n_1	t_1	$P(t_1)$	$P(T_1 \leq t_1)$	$P(T_1 > t_1)$
20	7	10	3	0,3251	0,5000	0,5000
20	7	10	4	0,3251	0,8251	0,1749
20	7	10	5	0,1463	0,9714	0,0286
20	7	10	6	0,0271	0,9985	0,0015
20	7	10	7	0,0015	1,0000	0,0000■
20	8	10	0	0,0004	0,0004	0,9996
20	8	10	1	0,0095	0,0099	0,9901
20	8	10	2	0,0750	0,0849	0,9151
20	8	10	3	0,2401	0,3250	0,6750
20	8	10	4	0,3501	0,6750	0,3250
20	8	10	5	0,2401	0,9151	0,0849
20	8	10	6	0,0750	0,9901	0,0099
20	8	10	7	0,0095	0,9996	0,0004
20	8	10	8	0,0004	1,0000	0,0000■
20	9	10	0	0,0000	0,0000	0,9999
20	9	10	1	0,0027	0,0027	0,9973
20	9	10	2	0,0322	0,0349	0,9651
20	9	10	3	0,1500	0,1849	0,8151
20	9	10	4	0,3151	0,5000	0,5000
20	9	10	5	0,3151	0,8151	0,1849
20	9	10	6	0,1500	0,9651	0,0349
20	9	10	7	0,0322	0,9973	0,0027
20	9	10	8	0,0027	0,9999	0,0000
20	9	10	9	0,0000	1,0000	0,0000■
20	10	10	0	0,0000	0,0000	1,0000
20	10	10	1	0,0005	0,0005	0,9995
20	10	10	2	0,0110	0,0115	0,9885
20	10	10	3	0,0779	0,0894	0,9106
20	10	10	4	0,2387	0,3281	0,6719
20	10	10	5	0,3437	0,6719	0,3281
20	10	10	6	0,2387	0,9106	0,0894
20	10	10	7	0,0779	0,9885	0,0115
20	10	10	8	0,0110	0,9995	0,0005
20	10	10	9	0,0005	1,0000	0,0000
20	10	10	10	0,0000	1,0000	0,0000■
20	1	11	0	0,4500	0,4500	0,5500
20	1	11	1	0,5500	1,0000	0,0000■
20	2	11	0	0,1895	0,1895	0,8105
20	2	11	1	0,5211	0,7105	0,2895
20	2	11	2	0,2895	1,0000	0,0000■
20	3	11	0	0,0737	0,0737	0,9263
20	3	11	1	0,3474	0,4211	0,5789
20	3	11	2	0,4342	0,8553	0,1447
20	3	11	3	0,1447	1,0000	0,0000■
20	4	11	0	0,0260	0,0260	0,9740
20	4	11	1	0,1907	0,2167	0,7833
20	4	11	2	0,4087	0,6254	0,3746
20	4	11	3	0,3065	0,9319	0,0681
20	4	11	4	0,0681	1,0000	0,0000■
20	5	11	0	0,0081	0,0081	0,9919
20	5	11	1	0,0894	0,0975	0,9025
20	5	11	2	0,2980	0,3955	0,6045
20	5	11	3	0,3831	0,7786	0,2214
20	5	11	4	0,1916	0,9702	0,0298
20	5	11	5	0,0298	1,0000	0,0000■
20	6	11	0	0,0022	0,0022	0,9978
20	6	11	1	0,0358	0,0379	0,9621
20	6	11	2	0,1788	0,2167	0,7833
20	6	11	3	0,3576	0,5743	0,4257
20	6	11	4	0,3065	0,8808	0,1192
20	6	11	5	0,1073	0,9881	0,0119
20	6	11	6	0,0119	1,0000	0,0000■
20	7	11	0	0,0005	0,0005	0,9995
20	7	11	1	0,0119	0,0124	0,9876
20	7	11	2	0,0894	0,1018	0,8982
20	7	11	3	0,2682	0,3700	0,6300
20	7	11	4	0,3576	0,7276	0,2724
20	7	11	5	0,2146	0,9421	0,0579
20	7	11	6	0,0536	0,9957	0,0043
20	7	11	7	0,0043	1,0000	0,0000■
20	8	11	0	0,0000	0,0000	0,9999
20	8	11	1	0,0031	0,0032	0,9968
20	8	11	2	0,0367	0,0399	0,9601
20	8	11	3	0,1650	0,2049	0,7951
20	8	11	4	0,3301	0,5350	0,4650
20	8	11	5	0,3081	0,8431	0,1569
20	8	11	6	0,1320	0,9751	0,0249
20	8	11	7	0,0236	0,9987	0,0013
20	8	11	8	0,0013	1,0000	0,0000■
20	9	11	0	0,0000	0,0000	1,0000
20	9	11	1	0,0006	0,0006	0,9994
20	9	11	2	0,0118	0,0124	0,9876
20	9	11	3	0,0825	0,0949	0,9051
20	9	11	4	0,2476	0,3425	0,6575
20	9	11	5	0,3466	0,6890	0,3110
20	9	11	6	0,2311	0,9201	0,0799
20	9	11	7	0,0707	0,9908	0,0092
20	9	11	8	0,0088	0,9997	0,0003
20	9	11	9	0,0003	1,0000	0,0000■
20	10	11	1	0,0000	0,0000	0,9999
20	10	11	2	0,0027	0,0027	0,9973
20	10	11	3	0,0322	0,0349	0,9651
20	10	11	4	0,1500	0,1849	0,8151
20	10	11	5	0,3151	0,5000	0,5000
20	10	11	6	0,3151	0,8151	0,1849
20	10	11	7	0,1500	0,9651	0,0349
20	10	11	8	0,0322	0,9973	0,0027
20	10	11	9	0,0027	0,9999	0,0000
20	10	11	10	0,0000	1,0000	0,0000■
20	11	11	2	0,0003	0,0003	0,9997
20	11	11	3	0,0088	0,0092	0,9908
20	11	11	4	0,0707	0,0799	0,9201
20	11	11	5	0,2311	0,3110	0,6890
20	11	11	6	0,3466	0,6575	0,3425
20	11	11	7	0,2476	0,9051	0,0949
20	11	11	8	0,0825	0,9876	0,0124
20	11	11	9	0,0118	0,9994	0,0006
20	11	11	10	0,0006	1,0000	0,0000
20	11	11	11	0,0000	1,0000	0,0000■
20	1	12	0	0,4000	0,4000	0,6000
20	1	12	1	0,6000	1,0000	0,0000■
20	2	12	0	0,1474	0,1474	0,8526
20	2	12	1	0,5053	0,6526	0,3474
20	2	12	2	0,3474	1,0000	0,0000■
20	3	12	0	0,0491	0,0491	0,9509
20	3	12	1	0,2947	0,3439	0,6561
20	3	12	2	0,4632	0,8070	0,1930
20	3	12	3	0,1930	1,0000	0,0000■
20	4	12	0	0,0144	0,0144	0,9856
20	4	12	1	0,1387	0,1531	0,8469
20	4	12	2	0,3814	0,5346	0,4654
20	4	12	3	0,3633	0,8978	0,1022
20	4	12	4	0,1022	1,0000	0,0000■
20	5	12	0	0,0036	0,0036	0,9964
20	5	12	1	0,0542	0,0578	0,9422
20	5	12	2	0,2384	0,2962	0,7038
20	5	12	3	0,3973	0,6935	0,3065
20	5	12	4	0,2554	0,9489	0,0511
20	5	12	5	0,0511	1,0000	0,0000■
20	6	12	0	0,0007	0,0007	0,9993
20	6	12	1	0,0173	0,0181	0,9819
20	6	12	2	0,1192	0,1373	0,8627
20	6	12	3	0,3179	0,4551	0,5449
20	6	12	4	0,3576	0,8127	0,1873
20	6	12	5	0,1635	0,9762	0,0238
20	6	12	6	0,0238	1,0000	0,0000■
20	7	12	0	0,0001	0,0001	0,9999
20	7	12	1	0,0043	0,0044	0,9956
20	7	12	2	0,0477	0,0521	0,9479
20	7	12	3	0,1987	0,2508	0,7492
20	7	12	4	0,3576	0,6084	0,3916
20	7	12	5	0,2861	0,8944	0,1056
20	7	12	6	0,0954	0,9898	0,0102
20	7	12	7	0,0102	1,0000	0,0000■
20	8	12	0	0,0000	0,0000	1,0000
20	8	12	1	0,0008	0,0008	0,9992
20	8	12	2	0,0147	0,0154	0,9846
20	8	12	3	0,0978	0,1132	0,8868
20	8	12	4	0,2751	0,3883	0,6117
20	8	12	5	0,3521	0,7404	0,2596
20	8	12	6	0,2054	0,9458	0,0542
20	8	12	7	0,0503	0,9961	0,0039
20	8	12	8	0,0039	1,0000	0,0000■
20	9	12	1	0,0000	0,0000	0,9999
20	9	12	2	0,0031	0,0032	0,9968
20	9	12	3	0,0367	0,0399	0,9601
20	9	12	4	0,1650	0,2049	0,7951
20	9	12	5	0,3301	0,5350	0,4650
20	9	12	6	0,3081	0,8431	0,1569
20	9	12	7	0,1320	0,9751	0,0249
20	9	12	8	0,0236	0,9987	0,0013
20	9	12	9	0,0013	1,0000	0,0000■
20	10	12	2	0,0004	0,0004	0,9996
20	10	12	3	0,0095	0,0099	0,9901
20	10	12	4	0,0750	0,0849	0,9151
20	10	12	5	0,2401	0,3250	0,6750
20	10	12	6	0,3501	0,6750	0,3250
20	10	12	7	0,2401	0,9151	0,0849
20	10	12	8	0,0750	0,9901	0,0099
20	10	12	9	0,0095	0,9996	0,0004
20	10	12	10	0,0004	1,0000	0,0000■
20	11	12	3	0,0013	0,0013	0,9987
20	11	12	4	0,0236	0,0249	0,9751
20	11	12	5	0,1320	0,1569	0,8431
20	11	12	6	0,3081	0,4650	0,5350
20	11	12	7	0,3301	0,7951	0,2049
20	11	12	8	0,1650	0,9601	0,0399
20	11	12	9	0,0367	0,9968	0,0032
20	11	12	10	0,0031	0,9999	0,0000
20	11	12	11	0,0000	1,0000	0,0000■

TABELLE S Exakte Wahrscheinlichkeiten der hypergeometrischen Verteilung

N	N_1	n_1	t_1	$P(t_1)$	$P(T_1 \leq t_1)$	$P(T_1 > t_1)$
20	12	12	4	0,0039	0,0039	0,9961
20	12	12	5	0,0503	0,0542	0,9458
20	12	12	6	0,2054	0,2596	0,7404
20	12	12	7	0,3521	0,6117	0,3883
20	12	12	8	0,2751	0,8868	0,1132
20	12	12	9	0,0978	0,9846	0,0154
20	12	12	10	0,0147	0,9992	0,0008
20	12	12	11	0,0008	1,0000	0,0000
20	12	12	12	0,0000	1,0000	0,0000■
20	1	13	0	0,3500	0,3500	0,6500
20	1	13	1	0,6500	1,0000	0,0000■
20	2	13	0	0,1105	0,1105	0,8895
20	2	13	1	0,4789	0,5895	0,4105
20	2	13	2	0,4105	1,0000	0,0000■
20	3	13	0	0,0307	0,0307	0,9693
20	3	13	1	0,2395	0,2702	0,7298
20	3	13	2	0,4789	0,7491	0,2509
20	3	13	3	0,2509	1,0000	0,0000■
20	4	13	0	0,0072	0,0072	0,9928
20	4	13	1	0,0939	0,1011	0,8989
20	4	13	2	0,3381	0,4392	0,5608
20	4	13	3	0,4132	0,8524	0,1476
20	4	13	4	0,1476	1,0000	0,0000■
20	5	13	0	0,0014	0,0014	0,9986
20	5	13	1	0,0293	0,0307	0,9693
20	5	13	2	0,1761	0,2068	0,7932
20	5	13	3	0,3874	0,5942	0,4058
20	5	13	4	0,3228	0,9170	0,0830
20	5	13	5	0,0830	1,0000	0,0000■
20	6	13	0	0,0002	0,0002	0,9998
20	6	13	1	0,0070	0,0072	0,9928
20	6	13	2	0,0704	0,0777	0,9223
20	6	13	3	0,2583	0,3359	0,6641
20	6	13	4	0,3874	0,7233	0,2767
20	6	13	5	0,2324	0,9557	0,0443
20	6	13	6	0,0443	1,0000	0,0000■
20	7	13	0	0,0000	0,0000	1,0000
20	7	13	1	0,0012	0,0012	0,9988
20	7	13	2	0,0211	0,0223	0,9777
20	7	13	3	0,1291	0,1514	0,8486
20	7	13	4	0,3228	0,4743	0,5257
20	7	13	5	0,3486	0,8229	0,1771
20	7	13	6	0,1550	0,9779	0,0221
20	7	13	7	0,0221	1,0000	0,0000■
20	8	13	1	0,0001	0,0001	0,9999
20	8	13	2	0,0043	0,0044	0,9956
20	8	13	3	0,0477	0,0521	0,9479
20	8	13	4	0,1987	0,2508	0,7492
20	8	13	5	0,3576	0,6084	0,3916
20	8	13	6	0,2861	0,8944	0,1056
20	8	13	7	0,0954	0,9898	0,0102
20	8	13	8	0,0102	1,0000	0,0000■
20	9	13	2	0,0005	0,0005	0,9995
20	9	13	3	0,0119	0,0124	0,9876
20	9	13	4	0,0894	0,1018	0,8982
20	9	13	5	0,2682	0,3700	0,6300
20	9	13	6	0,3576	0,7276	0,2724
20	9	13	7	0,2146	0,9421	0,0579
20	9	13	8	0,0536	0,9957	0,0043
20	9	13	9	0,0043	1,0000	0,0000■
20	10	13	3	0,0015	0,0015	0,9985
20	10	13	4	0,0271	0,0286	0,9714
20	10	13	5	0,1463	0,1749	0,8251
20	10	13	6	0,3251	0,5000	0,5000
20	10	13	7	0,3251	0,8251	0,1749
20	10	13	8	0,1463	0,9714	0,0286
20	10	13	9	0,0271	0,9985	0,0015
20	10	13	10	0,0015	1,0000	0,0000■
20	11	13	4	0,0043	0,0043	0,9957
20	11	13	5	0,0536	0,0579	0,9421
20	11	13	6	0,2146	0,2724	0,7276
20	11	13	7	0,3576	0,6300	0,3700
20	11	13	8	0,2682	0,8982	0,1018
20	11	13	9	0,0894	0,9876	0,0124
20	11	13	10	0,0119	0,9995	0,0005
20	11	13	11	0,0005	1,0000	0,0000■
20	12	13	5	0,0102	0,0102	0,9898
20	12	13	6	0,0954	0,1056	0,8944
20	12	13	7	0,2861	0,3916	0,6084
20	12	13	8	0,3576	0,7492	0,2508
20	12	13	9	0,1987	0,9479	0,0521
20	12	13	10	0,0477	0,9956	0,0044
20	12	13	11	0,0043	0,9999	0,0001
20	12	13	12	0,0001	1,0000	0,0000■
20	13	13	6	0,0221	0,0221	0,9779
20	13	13	7	0,1550	0,1771	0,8229
20	13	13	8	0,3486	0,5257	0,4743
20	13	13	9	0,3228	0,8486	0,1514
20	13	13	10	0,1291	0,9777	0,0223
20	13	13	11	0,0211	0,9988	0,0012
20	13	13	12	0,0012	1,0000	0,0000
20	13	13	13	0,0000	1,0000	0,0000■
20	1	14	0	0,3000	0,3000	0,7000
20	1	14	1	0,7000	1,0000	0,0000■
20	2	14	0	0,0789	0,0789	0,9211
20	2	14	1	0,4421	0,5211	0,4789
20	2	14	2	0,4789	1,0000	0,0000■
20	3	14	0	0,0175	0,0175	0,9825
20	3	14	1	0,1842	0,2018	0,7982
20	3	14	2	0,4789	0,6807	0,3193
20	3	14	3	0,3193	1,0000	0,0000■
20	4	14	0	0,0031	0,0031	0,9969
20	4	14	1	0,0578	0,0609	0,9391
20	4	14	2	0,2817	0,3426	0,6574
20	4	14	3	0,4508	0,7934	0,2066
20	4	14	4	0,2066	1,0000	0,0000■
20	5	14	0	0,0004	0,0004	0,9996
20	5	14	1	0,0135	0,0139	0,9861
20	5	14	2	0,1174	0,1313	0,8687
20	5	14	3	0,3522	0,4835	0,5165
20	5	14	4	0,3874	0,8709	0,1291
20	5	14	5	0,1291	1,0000	0,0000■
20	6	14	0	0,0000	0,0000	1,0000
20	6	14	1	0,0022	0,0022	0,9978
20	6	14	2	0,0352	0,0374	0,9626
20	6	14	3	0,1878	0,2252	0,7748
20	6	14	4	0,3874	0,6126	0,3874
20	6	14	5	0,3099	0,9225	0,0775
20	6	14	6	0,0775	1,0000	0,0000■
20	7	14	1	0,0002	0,0002	0,9998
20	7	14	2	0,0070	0,0072	0,9928
20	7	14	3	0,0704	0,0777	0,9223
20	7	14	4	0,2583	0,3359	0,6641
20	7	14	5	0,3874	0,7233	0,2767
20	7	14	6	0,2324	0,9557	0,0443
20	7	14	7	0,0443	1,0000	0,0000■
20	8	14	2	0,0007	0,0007	0,9993
20	8	14	3	0,0173	0,0181	0,9819
20	8	14	4	0,1192	0,1373	0,8627
20	8	14	5	0,3179	0,4551	0,5449
20	8	14	6	0,3576	0,8127	0,1873
20	8	14	7	0,1635	0,9762	0,0238
20	8	14	8	0,0238	1,0000	0,0000■
20	9	14	3	0,0022	0,0022	0,9978
20	9	14	4	0,0358	0,0379	0,9621
20	9	14	5	0,1788	0,2167	0,7833
20	9	14	6	0,3576	0,5743	0,4257
20	9	14	7	0,3065	0,8808	0,1192
20	9	14	8	0,1073	0,9881	0,0119
20	9	14	9	0,0119	1,0000	0,0000■
20	10	14	4	0,0054	0,0054	0,9946
20	10	14	5	0,0650	0,0704	0,9296
20	10	14	6	0,2438	0,3142	0,6858
20	10	14	7	0,3715	0,6858	0,3142
20	10	14	8	0,2438	0,9296	0,0704
20	10	14	9	0,0650	0,9946	0,0054
20	10	14	10	0,0054	1,0000	0,0000■
20	11	14	5	0,0119	0,0119	0,9881
20	11	14	6	0,1073	0,1192	0,8808
20	11	14	7	0,3065	0,4257	0,5743
20	11	14	8	0,3576	0,7833	0,2167
20	11	14	9	0,1788	0,9621	0,0379
20	11	14	10	0,0358	0,9978	0,0022
20	11	14	11	0,0022	1,0000	0,0000■
20	12	14	6	0,0238	0,0238	0,9762
20	12	14	7	0,1635	0,1873	0,8127
20	12	14	8	0,3576	0,5449	0,4551
20	12	14	9	0,3179	0,8627	0,1373
20	12	14	10	0,1192	0,9819	0,0181
20	12	14	11	0,0173	0,9993	0,0007
20	12	14	12	0,0007	1,0000	0,0000■
20	13	14	7	0,0443	0,0443	0,9557
20	13	14	8	0,2324	0,2767	0,7233
20	13	14	9	0,3874	0,6641	0,3359
20	13	14	10	0,2583	0,9223	0,0777
20	13	14	11	0,0704	0,9928	0,0072
20	13	14	12	0,0070	0,9998	0,0002
20	13	14	13	0,0002	1,0000	0,0000■
20	14	14	8	0,0775	0,0775	0,9225
20	14	14	9	0,3099	0,3874	0,6126
20	14	14	10	0,3874	0,7748	0,2252
20	14	14	11	0,1878	0,9626	0,0374
20	14	14	12	0,0352	0,9978	0,0022
20	14	14	13	0,0022	1,0000	0,0000
20	14	14	14	0,0000	1,0000	0,0000■
20	1	15	0	0,2500	0,2500	0,7500
20	1	15	1	0,7500	1,0000	0,0000■
20	2	15	0	0,0526	0,0526	0,9474
20	2	15	1	0,3947	0,4474	0,5526
20	2	15	2	0,5526	1,0000	0,0000■

TABELLE S Exakte Wahrscheinlichkeiten der hypergeometrischen Verteilung

N	N_1	n_1	t_1	$P(t_1)$	$P(T_1 \le t_1)$	$P(T_1 > t_1)$	N	N_1	n_1	t_1	$P(t_1)$	$P(T_1 \le t_1)$	$P(T_1 > t_1)$	N	N_1	n_1	t_1	$P(t_1)$	$P(T_1 \le t_1)$	$P(T_1 > t_1)$
20	3	15	0	0,0088	0,0088	0,9912	20	13	15	11	0,1761	0,9693	0,0307	20	11	16	8	0,3065	0,3746	0,6254
20	3	15	1	0,1316	0,1404	0,8596	20	13	15	12	0,0293	0,9986	0,0014	20	11	16	9	0,4087	0,7833	0,2167
20	3	15	2	0,4605	0,6009	0,3991	20	13	15	13	0,0014	1,0000	0,0000■	20	11	16	10	0,1907	0,9740	0,0260
20	3	15	3	0,3991	1,0000	0,0000■	20	14	15	9	0,1291	0,1291	0,8709	20	11	16	11	0,0260	1,0000	0,0000■
20	4	15	0	0,0010	0,0010	0,9990	20	14	15	10	0,3874	0,5165	0,4835	20	12	16	8	0,1022	0,1022	0,8978
20	4	15	1	0,0310	0,0320	0,9680	20	14	15	11	0,3522	0,8687	0,1313	20	12	16	9	0,3633	0,4654	0,5346
20	4	15	2	0,2167	0,2487	0,7513	20	14	15	12	0,1174	0,9861	0,0139	20	12	16	10	0,3814	0,8469	0,1531
20	4	15	3	0,4696	0,7183	0,2817	20	14	15	13	0,0135	0,9996	0,0004	20	12	16	11	0,1387	0,9856	0,0144
20	4	15	4	0,2817	1,0000	0,0000■	20	14	15	14	0,0004	1,0000	0,0000■	20	12	16	12	0,0144	1,0000	0,0000■
20	5	15	0	0,0000	0,0000	0,9999	20	15	15	10	0,1937	0,1937	0,8063	20	13	16	9	0,1476	0,1476	0,8524
20	5	15	1	0,0048	0,0049	0,9951	20	15	15	11	0,4402	0,6339	0,3661	20	13	16	10	0,4132	0,5608	0,4392
20	5	15	2	0,0677	0,0726	0,9274	20	15	15	12	0,2935	0,9274	0,0726	20	13	16	11	0,3381	0,8989	0,1011
20	5	15	3	0,2935	0,3661	0,6339	20	15	15	13	0,0677	0,9951	0,0049	20	13	16	12	0,0939	0,9928	0,0072
20	5	15	4	0,4402	0,8063	0,1937	20	15	15	14	0,0048	0,9999	0,0000	20	13	16	13	0,0072	1,0000	0,0000■
20	5	15	5	0,1937	1,0000	0,0000■	20	15	15	15	0,0000	1,0000	0,0000■	20	14	16	10	0,2066	0,2066	0,7934
20	6	15	1	0,0004	0,0004	0,9996	20	1	16	0	0,2000	0,2000	0,8000	20	14	16	11	0,4508	0,6574	0,3426
20	6	15	2	0,0135	0,0139	0,9861	20	1	16	1	0,8000	1,0000	0,0000■	20	14	16	12	0,2817	0,9391	0,0609
20	6	15	3	0,1174	0,1313	0,8687	20	2	16	0	0,0316	0,0316	0,9684	20	14	16	13	0,0578	0,9969	0,0031
20	6	15	4	0,3522	0,4835	0,5165	20	2	16	1	0,3368	0,3684	0,6316	20	14	16	14	0,0031	1,0000	0,0000■
20	6	15	5	0,3874	0,8709	0,1291	20	2	16	2	0,6316	1,0000	0,0000■	20	15	16	11	0,2817	0,2817	0,7183
20	6	15	6	0,1291	1,0000	0,0000■	20	3	16	0	0,0035	0,0035	0,9965	20	15	16	12	0,4696	0,7513	0,2487
20	7	15	2	0,0014	0,0014	0,9986	20	3	16	1	0,0842	0,0877	0,9123	20	15	16	13	0,2167	0,9680	0,0320
20	7	15	3	0,0293	0,0307	0,9693	20	3	16	2	0,4211	0,5088	0,4912	20	15	16	14	0,0310	0,9990	0,0010
20	7	15	4	0,1761	0,2068	0,7932	20	3	16	3	0,4912	1,0000	0,0000■	20	15	16	15	0,0010	1,0000	0,0000■
20	7	15	5	0,3874	0,5942	0,4058	20	4	16	0	0,0002	0,0002	0,9998	20	16	16	12	0,3756	0,3756	0,6244
20	7	15	6	0,3228	0,9170	0,0830	20	4	16	1	0,0132	0,0134	0,9866	20	16	16	13	0,4623	0,8380	0,1620
20	7	15	7	0,0830	1,0000	0,0000■	20	4	16	2	0,1486	0,1620	0,8380	20	16	16	14	0,1486	0,9866	0,0134
20	8	15	3	0,0036	0,0036	0,9964	20	4	16	3	0,4623	0,6244	0,3756	20	16	16	15	0,0132	0,9998	0,0002
20	8	15	4	0,0542	0,0578	0,9422	20	4	16	4	0,3756	1,0000	0,0000■	20	16	16	16	0,0002	1,0000	0,0000■
20	8	15	5	0,2384	0,2962	0,7038	20	5	16	1	0,0010	0,0010	0,9990	20	1	17	0	0,1500	0,1500	0,8500
20	8	15	6	0,3973	0,6935	0,3065	20	5	16	2	0,0310	0,0320	0,9680	20	1	17	1	0,8500	1,0000	0,0000■
20	8	15	7	0,2554	0,9489	0,0511	20	5	16	3	0,2167	0,2487	0,7513	20	2	17	0	0,0158	0,0158	0,9842
20	8	15	8	0,0511	1,0000	0,0000■	20	5	16	4	0,4696	0,7183	0,2817	20	2	17	1	0,2684	0,2842	0,7158
20	9	15	4	0,0081	0,0081	0,9919	20	5	16	5	0,2817	1,0000	0,0000■	20	2	17	2	0,7158	1,0000	0,0000■
20	9	15	5	0,0894	0,0975	0,9025	20	6	16	2	0,0031	0,0031	0,9969	20	3	17	0	0,0009	0,0009	0,9991
20	9	15	6	0,2980	0,3955	0,6045	20	6	16	3	0,0578	0,0609	0,9391	20	3	17	1	0,0447	0,0456	0,9544
20	9	15	7	0,3831	0,7786	0,2214	20	6	16	4	0,2817	0,3426	0,6574	20	3	17	2	0,3579	0,4035	0,5965
20	9	15	8	0,1916	0,9702	0,0298	20	6	16	5	0,4508	0,7334	0,2066	20	3	17	3	0,5965	1,0000	0,0000■
20	9	15	9	0,0298	1,0000	0,0000■	20	6	16	6	0,2066	1,0000	0,0000■	20	4	17	1	0,0035	0,0035	0,9965
20	10	15	5	0,0163	0,0163	0,9837	20	7	16	3	0,0072	0,0072	0,9928	20	4	17	2	0,0842	0,0877	0,9123
20	10	15	6	0,1354	0,1517	0,8483	20	7	16	4	0,0939	0,1011	0,8989	20	4	17	3	0,4211	0,5088	0,4912
20	10	15	7	0,3483	0,5000	0,5000	20	7	16	5	0,3381	0,4392	0,5608	20	4	17	4	0,4912	1,0000	0,0000■
20	10	15	8	0,3483	0,8483	0,1517	20	7	16	6	0,4132	0,8524	0,1476	20	5	17	2	0,0088	0,0088	0,9912
20	10	15	9	0,1354	0,9837	0,0163	20	7	16	7	0,1476	1,0000	0,0000■	20	5	17	3	0,1316	0,1404	0,8596
20	10	15	10	0,0163	1,0000	0,0000■	20	8	16	4	0,0144	0,0144	0,9856	20	5	17	4	0,4605	0,6009	0,3991
20	11	15	6	0,0298	0,0298	0,9702	20	8	16	5	0,1387	0,1531	0,8469	20	5	17	5	0,3991	1,0000	0,0000■
20	11	15	7	0,1916	0,2214	0,7786	20	8	16	6	0,3814	0,5346	0,4654	20	6	17	3	0,0175	0,0175	0,9825
20	11	15	8	0,3831	0,6045	0,3955	20	8	16	7	0,3633	0,8978	0,1022	20	6	17	4	0,1842	0,2018	0,7982
20	11	15	9	0,2980	0,9025	0,0975	20	8	16	8	0,1022	1,0000	0,0000■	20	6	17	5	0,4789	0,6807	0,3193
20	11	15	10	0,0894	0,9919	0,0081	20	9	16	5	0,0260	0,0260	0,9740	20	6	17	6	0,3193	1,0000	0,0000■
20	11	15	11	0,0081	1,0000	0,0000■	20	9	16	6	0,1907	0,2167	0,7833	20	7	17	4	0,0307	0,0307	0,9693
20	12	15	7	0,0511	0,0511	0,9489	20	9	16	7	0,4087	0,6254	0,3746	20	7	17	5	0,2395	0,2702	0,7298
20	12	15	8	0,2554	0,3065	0,6935	20	9	16	8	0,3065	0,9319	0,0681	20	7	17	6	0,4789	0,7491	0,2509
20	12	15	9	0,3973	0,7038	0,2962	20	9	16	9	0,0681	1,0000	0,0000■	20	7	17	7	0,2509	1,0000	0,0000■
20	12	15	10	0,2384	0,9422	0,0578	20	10	16	6	0,0433	0,0433	0,9567	20	8	17	5	0,0491	0,0491	0,9509
20	12	15	11	0,0542	0,9964	0,0036	20	10	16	7	0,2477	0,2910	0,7090	20	8	17	6	0,2947	0,3439	0,6561
20	12	15	12	0,0036	1,0000	0,0000■	20	10	16	8	0,4180	0,7090	0,2910	20	8	17	7	0,4632	0,8070	0,1930
20	13	15	8	0,0830	0,0830	0,9170	20	10	16	9	0,2477	0,9567	0,0433	20	8	17	8	0,1930	1,0000	0,0000■
20	13	15	9	0,3228	0,4058	0,5942	20	10	16	10	0,0433	1,0000	0,0000■	20	9	17	6	0,0737	0,0737	0,9263
20	13	15	10	0,3874	0,7932	0,2068	20	11	16	7	0,0681	0,0681	0,9319	20	9	17	7	0,3474	0,4211	0,5789

TABELLE S Exakte Wahrscheinlichkeiten der hypergeometrischen Verteilung

N	N_1	n_1	t_1	$P(t_1)$	$P(T_1 \le t_1)$	$P(T_1 > t_1)$
20	9	17	8	0,4342	0,8553	0,1447
20	9	17	9	0,1447	1,0000	0,0000■
20	10	17	7	0,1053	0,1053	0,8947
20	10	17	8	0,3947	0,5000	0,5000
20	10	17	9	0,3947	0,8947	0,1053
20	10	17	10	0,1053	1,0000	0,0000■
20	11	17	8	0,1447	0,1447	0,8553
20	11	17	9	0,4342	0,5789	0,4211
20	11	17	10	0,3474	0,9263	0,0737
20	11	17	11	0,0737	1,0000	0,0000■
20	12	17	9	0,1930	0,1930	0,8070
20	12	17	10	0,4632	0,6561	0,3439
20	12	17	11	0,2947	0,9509	0,0491
20	12	17	12	0,0491	1,0000	0,0000■
20	13	17	10	0,2509	0,2509	0,7491
20	13	17	11	0,4789	0,7298	0,2702
20	13	17	12	0,2395	0,9693	0,0307
20	13	17	13	0,0307	1,0000	0,0000■
20	14	17	11	0,3193	0,3193	0,6807
20	14	17	12	0,4789	0,7982	0,2018
20	14	17	13	0,1842	0,9825	0,0175
20	14	17	14	0,0175	1,0000	0,0000■
20	15	17	12	0,3991	0,3991	0,6009
20	15	17	13	0,4605	0,8596	0,1404
20	15	17	14	0,1316	0,9912	0,0088
20	15	17	15	0,0088	1,0000	0,0000■
20	16	17	13	0,4912	0,4912	0,5088
20	16	17	14	0,4211	0,9123	0,0877
20	16	17	15	0,0842	0,9965	0,0035
20	16	17	16	0,0035	1,0000	0,0000■
20	17	17	14	0,5965	0,5965	0,4035
20	17	17	15	0,3579	0,9544	0,0456
20	17	17	16	0,0447	0,9991	0,0009
20	17	17	17	0,0009	1,0000	0,0000■
20	1	18	0	0,1000	0,1000	0,9000
20	1	18	1	0,9000	1,0000	0,0000■
20	2	18	0	0,0053	0,0053	0,9947
20	2	18	1	0,1895	0,1947	0,8053
20	2	18	2	0,8053	1,0000	0,0000■
20	3	18	1	0,0158	0,0158	0,9842
20	3	18	2	0,2684	0,2842	0,7158
20	3	18	3	0,7158	1,0000	0,0000■

N	N_1	n_1	t_1	$P(t_1)$	$P(T_1 \le t_1)$	$P(T_1 > t_1)$
20	4	18	2	0,0316	0,0316	0,9684
20	4	18	3	0,3368	0,3684	0,6316
20	4	18	4	0,6316	1,0000	0,0000■
20	5	18	3	0,0526	0,0526	0,9474
20	5	18	4	0,3947	0,4474	0,5526
20	5	18	5	0,5526	1,0000	0,0000■
20	6	18	4	0,0789	0,0789	0,9211
20	6	18	5	0,4421	0,5211	0,4789
20	6	18	6	0,4789	1,0000	0,0000■
20	7	18	5	0,1105	0,1105	0,8895
20	7	18	6	0,4789	0,5895	0,4105
20	7	18	7	0,4105	1,0000	0,0000■
20	8	18	6	0,1474	0,1474	0,8526
20	8	18	7	0,5053	0,6526	0,3474
20	8	18	8	0,3474	1,0000	0,0000■
20	9	18	7	0,1895	0,1895	0,8105
20	9	18	8	0,5211	0,7105	0,2895
20	9	18	9	0,2895	1,0000	0,0000■
20	10	18	8	0,2368	0,2368	0,7632
20	10	18	9	0,5263	0,7632	0,2368
20	10	18	10	0,2368	1,0000	0,0000■
20	11	18	9	0,2895	0,2895	0,7105
20	11	18	10	0,5211	0,8105	0,1895
20	11	18	11	0,1895	1,0000	0,0000■
20	12	18	10	0,3474	0,3474	0,6526
20	12	18	11	0,5053	0,8526	0,1474
20	12	18	12	0,1474	1,0000	0,0000■
20	13	18	11	0,4105	0,4105	0,5895
20	13	18	12	0,4789	0,8895	0,1105
20	13	18	13	0,1105	1,0000	0,0000■
20	14	18	12	0,4789	0,4789	0,5211
20	14	18	13	0,4421	0,9211	0,0789
20	14	18	14	0,0789	1,0000	0,0000■
20	15	18	13	0,5526	0,5526	0,4474
20	15	18	14	0,3947	0,9474	0,0526
20	15	18	15	0,0526	1,0000	0,0000■
20	16	18	14	0,6316	0,6316	0,3684
20	16	18	15	0,3368	0,9684	0,0316
20	16	18	16	0,0316	1,0000	0,0000■
20	17	18	15	0,7158	0,7158	0,2842
20	17	18	16	0,2684	0,9842	0,0158
20	17	18	17	0,0158	1,0000	0,0000■

N	N_1	n_1	t_1	$P(t_1)$	$P(T_1 \le t_1)$	$P(T_1 > t_1)$
20	18	18	16	0,8053	0,8053	0,1947
20	18	18	17	0,1895	0,9947	0,0053
20	18	18	18	0,0053	1,0000	0,0000■
20	1	19	0	0,0500	0,0500	0,9500
20	1	19	1	0,9500	1,0000	0,0000■
20	2	19	1	0,1000	0,1000	0,9000
20	2	19	2	0,9000	1,0000	0,0000■
20	3	19	2	0,1500	0,1500	0,8500
20	3	19	3	0,8500	1,0000	0,0000■
20	4	19	3	0,2000	0,2000	0,8000
20	4	19	4	0,8000	1,0000	0,0000■
20	5	19	4	0,2500	0,2500	0,7500
20	5	19	5	0,7500	1,0000	0,0000■
20	6	19	5	0,3000	0,3000	0,7000
20	6	19	6	0,7000	1,0000	0,0000■
20	7	19	6	0,3500	0,3500	0,6500
20	7	19	7	0,6500	1,0000	0,0000■
20	8	19	7	0,4000	0,4000	0,6000
20	8	19	8	0,6000	1,0000	0,0000■
20	9	19	8	0,4500	0,4500	0,5500
20	9	19	9	0,5500	1,0000	0,0000■
20	10	19	9	0,5000	0,5000	0,5000
20	10	19	10	0,5000	1,0000	0,0000■
20	11	19	10	0,5500	0,5500	0,4500
20	11	19	11	0,4500	1,0000	0,0000■
20	12	19	11	0,6000	0,6000	0,4000
20	12	19	12	0,4000	1,0000	0,0000■
20	13	19	12	0,6500	0,6500	0,3500
20	13	19	13	0,3500	1,0000	0,0000■
20	14	19	13	0,7000	0,7000	0,3000
20	14	19	14	0,3000	1,0000	0,0000■
20	15	19	14	0,7500	0,7500	0,2500
20	15	19	15	0,2500	1,0000	0,0000■
20	16	19	15	0,8000	0,8000	0,2000
20	16	19	16	0,2000	1,0000	0,0000■
20	17	19	16	0,8500	0,8500	0,1500
20	17	19	17	0,1500	1,0000	0,0000■
20	18	19	17	0,9000	0,9000	0,1000
20	18	19	18	0,1000	1,0000	0,0000■
20	19	19	18	0,9500	0,9500	0,0500
20	19	19	19	0,0500	1,0000	0,0000■

TABELLE T1 Kritische Werte der Kolmogorow-Statistik (Miller 1956)

n	Einseitiger Fall (α) 0,10	0,05	0,025	0,01	0,005
1	0,90000	0,95000	0,97500	0,99000	0,99500
2	0,68377	0,77639	0,84189	0,90000	0,92929
3	0,56481	0,63604	0,70760	0,78456	0,82900
4	0,49265	0,56522	0,62394	0,68887	0,73424
5	0,44698	0,50945	0,56328	0,62718	0,66853
6	0,41037	0,46799	0,51926	0,57741	0,61661
7	0,38148	0,43607	0,48342	0,53844	0,57581
8	0,35831	0,40962	0,45427	0,50654	0,54179
9	0,33910	0,38746	0,43001	0,47960	0,51332
10	0,32260	0,36866	0,40925	0,45662	0,48893
11	0,30829	0,35242	0,39122	0,43670	0,46770
12	0,29577	0,33815	0,37543	0,41918	0,44905
13	0,28470	0,32549	0,36143	0,40362	0,43247
14	0,27481	0,31417	0,34890	0,38970	0,41762
15	0,26588	0,30397	0,33760	0,37713	0,40420
16	0,25778	0,29472	0,32733	0,36571	0,39201
17	0,25039	0,28627	0,31796	0,35528	0,38086
18	0,24360	0,27851	0,30936	0,34569	0,37062
19	0,23735	0,27136	0,30143	0,33685	0,36117
20	0,23156	0,26473	0,29408	0,32866	0,35241
21	0,22617	0,25858	0,28724	0,32104	0,34427
22	0,22115	0,25283	0,28087	0,31394	0,33666
23	0,21645	0,24746	0,27490	0,30728	0,32954
24	0,21205	0,24242	0,26931	0,30104	0,32286
25	0,20790	0,23768	0,26404	0,29516	0,31657
26	0,20399	0,23320	0,25907	0,28962	0,31064
27	0,20030	0,22898	0,25438	0,28438	0,30502
28	0,19680	0,22497	0,24993	0,27942	0,29971
29	0,19348	0,22117	0,24571	0,27471	0,29466
30	0,19032	0,21756	0,24170	0,27023	0,28987
31	0,18732	0,21412	0,23788	0,26596	0,28530
32	0,18445	0,21085	0,23424	0,26189	0,28094
33	0,18171	0,20771	0,23076	0,25801	0,27677
34	0,17909	0,20472	0,22743	0,25429	0,27279
35	0,17659	0,20185	0,22425	0,25073	0,26897
36	0,17418	0,19910	0,22119	0,24732	0,26532
37	0,17188	0,19646	0,21826	0,24404	0,26180
38	0,16966	0,19392	0,21544	0,24089	0,25843
39	0,16753	0,19148	0,21273	0,23786	0,25518
40	0,16547	0,18913	0,21012	0,23494	0,25205
41	0,16349	0,18687	0,20760	0,23213	0,24904
42	0,16158	0,18468	0,20517	0,22941	0,24613
43	0,15974	0,18257	0,20283	0,22679	0,24332
44	0,15796	0,18053	0,20056	0,22426	0,24060
45	0,15623	0,17856	0,19837	0,22181	0,23798
46	0,15457	0,17665	0,19625	0,21944	0,23544
47	0,15295	0,17481	0,19420	0,21715	0,23298
48	0,15139	0,17302	0,19221	0,21493	0,23059
49	0,14987	0,17128	0,19028	0,21277	0,22828
50	0,14840	0,16959	0,18841	0,21068	0,22604
51	0,14697	0,16796	0,18659	0,20864	0,22386
52	0,14558	0,16637	0,18482	0,20667	0,22174
53	0,14423	0,16483	0,18311	0,20475	0,21968
54	0,14292	0,16332	0,18144	0,20289	0,21768
55	0,14164	0,16186	0,17981	0,20107	0,21574
56	0,14040	0,16044	0,17823	0,19930	0,21384
57	0,13919	0,15906	0,17669	0,19758	0,21199
58	0,13801	0,15771	0,17519	0,19590	0,21019
59	0,13686	0,15639	0,17373	0,19427	0,20844
60	0,13573	0,15511	0,17231	0,19267	0,20673
61	0,13464	0,15385	0,17091	0,19112	0,20506
62	0,13357	0,15263	0,16956	0,18960	0,20343
63	0,13253	0,15144	0,16823	0,18812	0,20184
64	0,13151	0,15027	0,16693	0,18667	0,20029
65	0,13052	0,14913	0,16567	0,18525	0,19877
66	0,12954	0,14802	0,16443	0,18387	0,19729
67	0,12859	0,14693	0,16322	0,18252	0,19584
68	0,12766	0,14587	0,16204	0,18119	0,19442
69	0,12675	0,14483	0,16088	0,17990	0,19303
70	0,12586	0,14381	0,15975	0,17863	0,19167
71	0,12499	0,14281	0,15864	0,17739	0,19034
72	0,12413	0,14183	0,15755	0,17618	0,18903
73	0,12329	0,14087	0,15649	0,17498	0,18776
74	0,12247	0,13993	0,15544	0,17382	0,18650
75	0,12167	0,13901	0,15442	0,17268	0,18528
76	0,12088	0,13811	0,15342	0,17155	0,18408
77	0,12011	0,13723	0,15244	0,17045	0,18290
78	0,11935	0,13636	0,15147	0,16938	0,18174
79	0,11860	0,13551	0,15052	0,16832	0,18060
80	0,11787	0,13467	0,14960	0,16728	0,17949
81	0,11716	0,13385	0,14868	0,16626	0,17840
82	0,11645	0,13305	0,14779	0,16526	0,17732
83	0,11576	0,13226	0,14691	0,16428	0,17627
84	0,11508	0,13148	0,14605	0,16331	0,17523
85	0,11442	0,13072	0,14520	0,16236	0,17421
86	0,11376	0,12997	0,14437	0,16143	0,17321
87	0,11311	0,12923	0,14355	0,16051	0,17223
88	0,11248	0,12850	0,14274	0,15961	0,17126
89	0,11186	0,12779	0,14195	0,15873	0,17031
90	0,11125	0,12709	0,14117	0,15786	0,16938
91	0,11064	0,12640	0,14040	0,15700	0,16846
92	0,11005	0,12572	0,13965	0,15616	0,16755
93	0,10947	0,12506	0,13891	0,15533	0,16666
94	0,10889	0,12440	0,13818	0,15451	0,16579
95	0,10833	0,12375	0,13746	0,15371	0,16493
96	0,10777	0,12312	0,13675	0,15291	0,16408
97	0,10722	0,12249	0,13606	0,15214	0,16324
98	0,10668	0,12187	0,13537	0,15137	0,16242
99	0,10615	0,12126	0,13469	0,15061	0,16161
100	0,10563	0,12067	0,13403	0,14987	0,16081
n	0,20	0,10	0,05	0,02	0,01
	Zweiseitiger Fall (α)				

TABELLE T2 Kritische Werte der Lilliefors-Statistik (Lilliefors 1967)

n	α=0,20	0,15	0,10	0,05	α=0,01	n
4	0,300	0,319	0,352	0,381	0,417	4
5	0,285	0,299	0,315	0,337	0,405	5
6	0,265	0,277	0,294	0,319	0,364	6
7	0,247	0,258	0,276	0,300	0,348	7
8	0,233	0,244	0,261	0,285	0,331	8
9	0,223	0,233	0,249	0,271	0,311	9
10	0,215	0,224	0,239	0,258	0,294	10
11	0,206	0,217	0,230	0,249	0,284	11
12	0,199	0,212	0,223	0,242	0,275	12
13	0,190	0,202	0,214	0,234	0,268	13
14	0,183	0,194	0,207	0,227	0,261	14
15	0,177	0,187	0,201	0,220	0,257	15
16	0,173	0,182	0,195	0,213	0,250	16
17	0,169	0,177	0,189	0,206	0,245	17
18	0,166	0,173	0,184	0,200	0,239	18
19	0,163	0,169	0,179	0,195	0,235	19
20	0,160	0,166	0,174	0,190	0,231	20
25	0,142	0,147	0,158	0,173	0,200	25
30	0,131	0,136	0,144	0,161	0,187	30
>30	$\frac{0,736}{\sqrt{n}}$	$\frac{0,768}{\sqrt{n}}$	$\frac{0,805}{\sqrt{n}}$	$\frac{0,886}{\sqrt{n}}$	$\frac{1,031}{\sqrt{n}}$	30

TABELLE T3 Kritische Werte der Smirnow-Statistik ($n_1 = n_2$) (Birnbaum & Hall 1960)

n	Zweiseitiger Fall (α) 0,20	0,10	0,05	0,02	0,01	n
3	0,6667	0,6667	·	·	·	3
4	0,7500	0,7500	0,7500	·	·	4
5	0,6000	0,6000	0,8000	0,8000	0,8000	5
6	0,5000	0,6667	0,6667	0,8333	0,8333	6
7	0,5714	0,5714	0,7143	0,7143	0,7143	7
8	0,5000	0,5000	0,6250	0,6250	0,7500	8
9	0,4444	0,5556	0,5556	0,6667	0,6667	9
10	0,4000	0,5000	0,6000	0,6000	0,7000	10
11	0,4545	0,4545	0,5455	0,6364	0,6364	11
12	0,4167	0,4167	0,5000	0,5833	0,5833	12
13	0,3846	0,4615	0,4615	0,5385	0,6154	13
14	0,3571	0,4286	0,5000	0,5000	0,5714	14
15	0,3333	0,4000	0,4667	0,5333	0 5333	15
16	0,3750	0,3750	0,4375	0,5000	0,5625	16
17	0,3529	0,4118	0 4118	0,4706	0,5294	17
18	0,3333	0,3889	0,4444	0,5000	0,4737	18
19	0,3158	0,3684	0,4211	0,4737	0,4737	19
20	0,3000	0,3500	0,4000	0,4500	0,5000	20
21	0,2857	0,3333	0,3810	0,4286	0,4762	21
22	0,3182	0,3636	0,3636	0,4545	0,4545	22
23	0,3043	0,3478	0,3913	0,4348	0,4348	23
24	0,2917	0,3333	0,3750	0,4167	0,4583	24
25	0,2800	0,3200	0,3600	0,4000	0,4400	25
26	0,2692	0,3077	0,3462	0,3846	0,4231	26
27	0,2593	0,2963	0,3333	0,4074	0,4074	27
28	0,2857	0,3214	0,3571	0,3929	0,4286	28
29	0,2759	0,3103	0,3448	0,3793	0,4138	29
30	0,2667	0,3000	0,3333	0,3667	0,4000	30
31	0,2581	0,2903	0,3226	0,3548	0,3871	31
32	0,2500	0,2813	0,3125	0,3750	0,3750	32
34	0,2353	0,2941	0,3235	0,3529	0,3824	34
36	0,2500	0,2778	0,3056	0,3333	0,3611	36
38	0,2368	0,2632	0,2895	0,3421	0,3684	38
40	0,2250	0,2500	0,3000	0,3250	0,3500	40
n	0,10	0,05	0,025	0,01	0,005 Einseitiger Fall (α)	n

TABELLE T4 Kritische Werte der Smirnow-Statistik ($n_1 \neq n_2$) [Massey 1952]

		Zweiseitiger Fall (α)						
n_1	n_2	0,20	0,10	0,05	0,02	0,01	n_1	n_2
1	9	0,9444	.	.	.	.	1	9
1	10	0,9000	.	.	.	.	1	10
2	3	0,8333	.	.	.	.	2	3
2	4	0,7500	.	.	.	.	2	4
2	5	0,8000	0,8000	.	.	.	2	5
2	6	0,8333	0,8333	.	.	.	2	6
2	7	0,7143	0,8571	.	.	.	2	7
2	8	0,7500	0,8750	0,8750	.	.	2	8
2	9	0,7778	0,8889	0,8889	.	.	2	9
2	10	0,7000	0,8000	0,9000	.	.	2	10
3	4	0,7500	0,7500	.	.	.	3	4
3	5	0,6667	0,8000	0,8000	.	.	3	5
3	6	0,6667	0,6667	0,8333	.	.	3	6
3	7	0,6667	0,7143	0,8571	0,8571	.	3	7
3	8	0,6250	0,7500	0,7500	0,8750	.	3	8
3	9	0,6667	0,6667	0,7778	0,8889	0,8889	3	9
3	10	0,6000	0,7000	0,8000	0,9000	0,9000	3	10
3	12	0,5833	0,6667	0,7500	0,8333	0,9167	3	12
4	5	0,6000	0,7500	0,8000	0,8000		4	5
4	6	0,5833	0,6667	0,7500	0,8333	0,8333	4	6
4	7	0,6071	0,7143	0,7500	0,8571	0,8571	4	7
4	8	0,6250	0,6250	0,7500	0,8750	0,8750	4	8
4	9	0,5556	0,6667	0,7500	0,7778	0,8889	4	9
4	10	0,5500	0,6500	0,7000	0,8000	0,8000	4	10
4	12	0,5833	0,6667	0,6667	0,7500	0,8333	4	12
4	16	0,5625	0,6250	0,6875	0,7500	0,8125	4	16
5	6	0,6000	0,6667	0,6667	0,8333	0,8333	5	6
5	7	0,5714	0,6571	0,7143	0,8286	0,8571	5	7
5	8	0,5500	0,6250	0,6750	0,8000	0,8000	5	8
5	9	0,5556	0,6000	0,6889	0,7778	0,8000	5	9
5	10	0,5000	0,6000	0,7000	0,7000	0,8000	5	10
5	15	0,5333	0,6000	0,6667	0,7333	0,7333	5	15
5	20	0,5000	0,5500	0,6000	0,7000	0,7500	5	20
6	7	0,5476	0,5714	0,6905	0,7143	0,8333	6	7
6	8	0,5000	0,5833	0,6667	0,7500	0,7500	6	8
6	9	0,5000	0,5556	0,6667	0,7222	0,7778	6	9
6	10	0,5000	0,5667	0,6333	0,7000	0,7333	6	10
6	12	0,5000	0,5833	0,5833	0,6667	0,7500	6	12
6	18	0,4444	0,5556	0,6111	0,6667	0,7222	6	18
6	24	0,4583	0,5000	0,5833	0,6250	0,6667	6	24
n_1	n_2	0,10	0,05	0,025	0,01	0,005	n_1	n_2
		Einseitiger Fall (α)						

TABELLE T4 Kritische Werte der Smirnow-Statistik ($n_1 \neq n_2$)

n_1	n_2	Zweiseitiger Fall (α) 0,20	0,10	0,05	0,02	0,01	n_1	n_2
7	8	0,4821	0,5893	0,6250	0,7321	0,7500	7	8
7	9	0,4921	0,5556	0,6349	0,7143	0,7460	7	9
7	10	0,4714	0,5571	0,6143	0,7000	0,7143	7	10
7	14	0,4286	0,5000	0,5714	0,6429	0,7143	7	14
7	28	0,4286	0,4643	0,5357	0,6071	0,6429	7	28
8	9	0,4444	0,5417	0,6250	0,6667	0,7500	8	9
8	10	0,4750	0,5250	0,5750	0,6750	0,7000	8	10
8	12	0,4583	0,5000	0,5833	0,6250	0,6667	8	12
8	16	0,4375	0,5000	0,5625	0,6250	0,6250	8	16
8	32	0,4063	0,4375	0,5000	0,5625	0,5938	8	32
9	10	0,4667	0,5000	0,5778	0,6667	0,6889	9	10
9	12	0,4444	0,5000	0,5556	0,6111	0,6667	9	12
9	15	0,4222	0,4889	0,5333	0,6000	0,6444	9	15
9	18	0,3889	0,4444	0,5000	0,5556	0,6111	9	18
9	36	0,3611	0,4167	0,4722	0,5278	0,5556	9	36
10	15	0,4000	0,4667	0,5000	0,5667	0,6333	10	15
10	20	0,4000	0,4500	0,5000	0,5500	0,6000	10	20
10	40	0,3500	0,4000	0,4500	0,5000		10	40
12	20	0,3375	0,3875	0,4250	0,4750	0,5125	12	20
15	15	0,3833	0,4500	0,5000	0,5500	0,5833	15	15
15	16	0,3750	0,4375	0,4792	0,5417	0,5833	15	16
15	18	0,3611	0,4167	0,4722	0,5278	0,5556	15	18
15	20	0,3667	0,4167	0,4667	0,5167	0,5667	15	20
16	20	0,3500	0,4000	0,4333	0,4833	0,5167	16	20
n_1	n_2	0,10	0,05	0,025	0,01	0,005	n_1	n_2
		Einseitiger Fall (α)						

TABELLE U Kritische untere Grenzen der Wilcoxon-Rangsummenstatistik (Verdooren 1963)

$n_1 = 1$							
n_2	0,001	0,005	0,010	0,025	0,050	0,100	2μ
2	·	·	·	·	·	·	4
3	·	·	·	·	·	·	5
4	·	·	·	·	·	·	6
5	·	·	·	·	·	·	7
6	·	·	·	·	·	·	8
7	·	·	·	·	·	·	9
8	·	·	·	·	·	·	10
9	·	·	·	·	·	1	11
10	·	·	·	·	·	1	12
11	·	·	·	·	·	1	13
12	·	·	·	·	·	1	14
13	·	·	·	·	·	1	15
14	·	·	·	·	·	1	16
15	·	·	·	·	·	1	17
16	·	·	·	·	·	1	18
17	·	·	·	·	·	1	19
18	·	·	·	·	·	1	20
19	·	·	·	·	1	2	21
20	·	·	·	·	1	2	22
21	·	·	·	·	1	2	23
22	·	·	·	·	1	2	24
23	·	·	·	·	1	2	25
24	·	·	·	·	1	2	26
25	·	·	·	·	1	2	27

$n_1 = 2$							
n_2	0,001	0,005	0,010	0,025	0,050	0,100	2μ
2	·	·	·	·	·	·	10
3	·	·	·	·	·	3	12
4	·	·	·	·	·	3	14
5	·	·	·	·	3	4	16
6	·	·	·	·	3	4	18
7	·	·	·	·	3	4	20
8	·	·	·	3	4	5	22
9	·	·	·	3	4	5	24
10	·	·	·	3	4	6	26
11	·	·	·	3	4	6	28
12	·	·	·	4	5	7	30
13	·	·	3	4	5	7	32
14	·	·	3	4	6	8	34
15	·	·	3	4	6	8	36
16	·	·	3	4	6	8	38
17	·	·	3	5	6	9	40
18	·	·	3	5	7	9	42
19	·	3	4	5	7	10	44
20	·	3	4	5	7	10	46
21	·	3	4	6	8	11	48
22	·	3	4	6	8	11	50
23	·	3	4	6	8	12	52
24	·	3	4	6	9	12	54
25	·	3	4	6	9	12	56

$n_1 = 3$							
n_2	0,001	0,005	0,010	0,025	0,050	0,100	2μ
3	·	·	·	·	6	7	21
4	·	·	·	·	6	7	24
5	·	·	·	6	7	8	27
6	·	·	·	7	8	9	30
7	·	·	6	7	8	10	33
8	·	·	6	8	9	11	36
9	·	6	7	8	10	11	39
10	·	6	7	9	10	12	42
11	·	6	7	9	11	13	45
12	·	7	8	10	11	14	48
13	·	7	8	10	12	15	51
14	·	7	8	11	13	16	54
15	·	8	9	11	13	16	57
16	·	8	9	12	14	17	60
17	6	8	10	12	15	18	63
18	6	8	10	13	15	19	66
19	6	9	10	13	16	20	69
20	6	9	11	14	17	21	72
21	7	9	11	14	17	21	75
22	7	10	12	15	18	22	78
23	7	10	12	15	19	23	81
34	7	10	12	16	19	24	84
25	7	11	13	16	20	25	87

$n_1 = 4$							
n_2	0,001	0,005	0,010	0,025	0,050	0,100	2μ
3	·	·	·	·	·	·	·
4	·	·	·	10	11	13	36
5	·	·	10	11	12	14	40
6	·	10	11	12	13	15	44
7	·	10	11	13	14	16	48
8	·	11	12	14	15	17	52
9	·	11	13	14	16	19	56
10	10	12	13	15	17	20	60
11	10	12	14	16	18	21	64
12	10	13	15	17	19	22	68
13	11	13	15	18	20	23	72
14	11	14	16	19	21	25	76
15	11	15	17	20	22	26	80
16	12	15	17	21	24	27	84
17	12	16	18	21	25	28	88
18	13	16	19	22	26	30	92
19	13	17	19	23	27	31	96
20	13	18	20	24	28	32	100
21	14	18	21	25	29	33	104
22	14	19	21	26	30	35	108
23	14	19	22	27	31	36	112
24	15	20	23	27	32	38	116
25	15	20	23	28	33	38	120

TABELLE U Kritische untere Grenzen der Wilcoxon-Rangsummenstatistik

$n_1 = 5$

n_2	0,001	0,005	0,010	0,025	0,050	0,100	2μ
5	·	15	16	17	19	20	55
6	·	16	17	18	20	22	60
7	·	16	18	20	21	23	65
8	15	17	19	21	23	25	70
9	16	18	20	22	24	27	75
10	16	19	21	23	26	28	80
11	17	20	22	24	27	30	85
12	17	21	23	26	28	32	90
13	18	22	24	27	30	33	95
14	18	22	25	28	31	35	100
15	19	23	26	29	33	37	105
16	20	24	27	30	34	38	110
17	20	25	28	32	35	40	115
18	21	26	29	33	37	42	120
19	22	27	30	34	38	43	125
20	22	28	31	35	40	45	130
21	23	29	32	37	41	47	135
22	23	29	33	38	43	48	140
23	24	30	34	39	44	50	145
24	25	31	35	40	45	51	150
25	25	32	36	42	47	53	155

$n_1 = 6$

n_2	0,001	0,005	0,010	0,025	0,050	0,100	2μ
5	·	·	·	·	·	·	·
6		23	24	26	28	30	78
7	21	24	25	27	29	32	84
8	22	25	27	29	31	34	90
9	23	26	28	31	33	36	96
10	24	27	29	32	35	38	102
11	25	28	30	34	37	40	108
12	25	30	32	35	38	42	114
13	26	31	33	37	40	44	120
14	27	32	34	38	42	46	126
15	28	33	36	40	44	48	132
16	29	34	37	42	46	50	138
17	30	36	39	43	47	52	144
18	31	37	40	45	49	55	150
19	32	38	41	46	51	57	156
20	33	39	43	48	53	59	162
21	33	40	44	50	55	61	168
22	34	42	45	51	57	63	174
23	35	43	47	53	58	65	180
24	36	44	48	54	60	67	186
25	37	45	50	56	62	69	192

$n_1 = 7$

n_2	0,001	0,005	0,010	0,025	0,050	0,100	2μ
7	29	32	34	36	39	41	105
8	30	34	35	38	41	44	112
9	31	35	37	40	43	46	119
10	33	37	39	42	45	49	126
11	34	38	40	44	47	51	133
12	35	40	42	46	49	54	140
13	36	41	44	48	52	56	147
14	37	43	45	50	54	59	154
15	38	44	47	52	56	61	161
16	39	46	49	54	58	64	168
17	41	47	51	56	61	66	175
18	42	49	52	58	63	69	182
19	43	50	54	60	65	71	189
20	44	52	56	62	67	74	196
21	46	53	58	64	69	76	203
22	47	55	59	66	72	79	210
23	48	57	61	68	74	81	217
24	49	58	63	70	76	84	224
25	50	60	64	72	78	86	231

$n_1 = 8$

n_2	0,001	0,005	0,010	0,025	0,050	0,100	2μ
7	·	·	·	·	·	·	·
8	40	43	45	49	51	55	136
9	41	45	47	51	54	58	144
10	42	47	49	53	56	60	152
11	44	49	51	55	59	63	160
12	45	51	53	58	62	66	168
13	47	53	56	60	64	69	176
14	48	54	58	62	67	72	184
15	50	56	60	65	69	75	192
16	51	58	62	67	72	78	200
17	53	60	64	70	75	81	208
18	54	62	66	72	77	84	216
19	56	64	68	74	80	87	224
20	57	66	70	77	83	90	232
21	59	68	72	79	85	92	240
22	60	70	74	81	88	95	248
23	62	71	76	84	90	98	256
24	64	73	78	86	93	101	264
25	65	75	81	89	96	104	272

TABELLE U Kritische untere Grenzen der Wilcoxon-Rangsummenstatistik

	$n_1 = 9$						
n_2	0,001	0,005	0,010	0,025	0,050	0,100	2μ
9	52	56	59	62	66	70	171
10	53	58	61	65	69	73	180
11	55	61	63	68	72	76	189
12	57	63	66	71	75	80	198
13	59	65	68	73	78	83	207
14	60	67	71	76	81	86	216
15	62	69	73	79	84	90	225
16	64	72	76	82	87	93	234
17	66	74	78	84	90	97	243
18	68	76	81	87	93	100	252
19	70	78	83	90	96	103	261
20	71	81	85	93	99	107	270
21	73	83	88	95	102	110	279
22	75	85	90	98	105	113	288
23	77	88	93	101	108	117	297
24	79	90	95	104	111	120	306
25	81	92	98	107	114	123	315

	$n_1 = 10$						
n_2	0,001	0,005	0,010	0,025	0,050	0,100	2μ
9	.	.	.	.	.	.	.
10	65	71	74	78	82	87	210
11	67	73	77	81	86	91	220
12	69	76	79	84	89	94	230
13	72	79	82	88	92	98	240
14	74	81	85	91	96	102	250
15	76	84	88	94	99	106	260
16	78	86	91	97	103	109	270
17	80	89	93	100	106	113	280
18	82	92	96	103	110	117	290
19	84	94	99	107	113	121	300
20	87	97	102	110	117	125	310
21	89	99	105	113	120	128	320
22	91	102	108	116	123	132	330
23	93	105	110	119	127	136	340
24	95	107	113	122	130	140	350
25	98	110	116	126	134	144	360

	$n_1 = 11$						
n_2	0,001	0,005	0,010	0,025	0,050	0,100	2μ
11	81	87	91	96	100	106	253
12	83	90	94	99	104	110	264
13	86	93	97	103	108	114	275
14	88	96	100	106	112	118	286
15	90	99	103	110	116	123	297
16	93	102	107	113	120	127	308
17	95	105	110	117	123	131	319
18	98	108	113	121	127	135	330
19	100	111	116	124	131	139	341
20	103	114	119	128	135	144	352
21	106	117	123	131	139	148	363
22	108	120	126	135	143	152	374
23	111	123	129	139	147	156	385
24	113	126	132	142	151	161	396
25	116	129	136	146	155	165	407

	$n_1 = 12$						
n_2	0,001	0,005	0,010	0,025	0,050	0,100	2μ
12	.	.	.	.	.	.	.
12	98	105	109	115	120	127	300
13	101	109	113	119	125	131	312
14	103	112	116	123	129	136	324
15	106	115	120	127	133	141	336
16	109	119	124	131	138	145	348
17	112	122	127	135	142	150	360
18	115	125	131	139	146	155	372
19	118	129	134	143	150	159	384
20	120	132	138	147	155	164	396
21	123	136	142	151	159	169	408
22	126	139	145	155	163	173	420
23	129	142	149	159	168	178	432
24	132	146	153	163	172	183	444
25	135	149	156	167	176	187	456

	$n_1 = 13$						
n_2	0,001	0,005	0,010	0,025	0,050	0,100	2μ
13	117	125	130	136	142	149	351
14	120	129	134	141	147	154	364
15	123	133	138	145	152	159	377
16	126	136	142	150	156	165	390
17	129	140	146	154	161	170	403
18	133	144	150	158	166	175	416
19	136	148	154	163	171	180	429
20	139	151	158	167	175	185	442
21	142	155	162	171	180	190	455
22	145	159	166	176	185	195	468
23	149	163	170	180	189	200	481
24	152	166	174	185	194	205	494
25	155	170	178	189	199	211	507

	$n_1 = 14$						
n_2	0,001	0,005	0,010	0,025	0,050	0,100	2μ
13	.	.	.	.	.	.	.
14	137	147	152	160	166	174	406
15	141	151	156	164	171	179	420
16	144	155	161	169	176	185	434
17	148	159	165	174	182	190	448
18	151	163	170	179	187	196	462
19	155	168	174	183	192	202	476
20	159	172	178	188	197	207	490
21	162	176	183	193	202	213	504
22	166	180	187	198	207	218	518
23	169	184	192	203	212	224	532
24	173	188	196	207	218	229	546
25	177	192	200	212	223	235	560

TABELLE U Kritische untere Grenzen der Wilcoxon-Rangsummenstatistik

$n_1 = 15$

n_2	0,001	0,005	0,010	0,025	0,050	0,100	2μ
15	160	171	176	184	192	200	465
16	163	175	181	190	197	206	480
17	167	180	186	195	203	212	495
18	171	184	190	200	208	218	510
19	175	189	195	205	214	224	525
20	179	193	200	210	220	230	540
21	183	198	205	216	225	236	555
22	187	202	210	221	231	242	570
23	191	207	214	226	236	248	585
24	195	211	219	231	242	254	600
25	199	216	224	237	248	260	615

$n_1 = 16$

n_2	0,001	0,005	0,010	0,025	0,050	0,100	2μ
15	.	.	.	.	.	.	.
16	184	196	202	211	219	229	528
17	188	201	207	217	225	235	544
18	192	206	212	222	231	242	560
19	196	210	218	228	237	248	576
20	201	215	223	234	243	255	592
21	205	220	228	239	249	261	608
22	209	225	233	245	255	267	624
23	214	230	238	251	261	274	640
24	218	235	244	256	267	280	656
25	222	240	249	262	273	287	672

$n_1 = 17$

n_2	0,001	0,005	0,010	0,025	0,050	0,100	2μ
17	210	223	230	240	249	259	595
18	214	228	235	246	255	266	612
19	219	234	241	252	262	273	629
20	223	239	246	258	268	280	646
21	228	244	252	264	274	287	663
22	233	249	258	270	281	294	680
23	238	255	263	276	287	300	697
24	242	260	269	282	294	307	714
25	247	265	275	288	300	314	731

$n_1 = 18$

n_2	0,001	0,005	0,010	0,025	0,050	0,100	2μ
17	.	.	.	.	.	.	.
18	237	252	259	270	280	291	666
19	242	258	265	277	287	299	684
20	247	263	271	283	294	306	702
21	252	269	277	290	301	313	720
22	257	275	283	296	307	321	738
23	262	280	289	303	314	328	756
24	267	286	295	309	321	335	774
25	273	292	301	316	328	343	792

$n_1 = 19$

n_2	0,001	0,005	0,010	0,025	0,050	0,100	2μ
19	267	283	291	303	313	325	741
20	272	289	297	309	320	333	760
21	277	295	303	316	328	341	779
22	283	301	310	323	335	349	798
23	288	307	316	330	342	357	817
24	294	313	323	337	350	364	836
25	299	319	329	344	357	372	855

$n_1 = 20$

n_2	0,001	0,005	0,010	0,025	0,050	0,100	2μ
19	.	.	.	.	.	.	.
20	298	315	324	337	348	361	820
21	304	322	331	344	356	370	840
22	309	328	337	351	364	378	860
23	315	335	344	359	371	386	880
24	321	341	351	366	379	394	900
25	327	348	358	373	387	403	920

$n_1 = 21$

n_2	0,001	0,005	0,010	0,025	0,050	0,100	2μ
21	331	349	359	373	385	399	903
22	337	356	366	381	393	408	924
23	343	363	373	388	401	417	945
24	349	370	381	396	410	425	966
25	356	377	388	404	418	434	987

$n_1 = 22$

n_2	0,001	0,005	0,010	0,025	0,050	0,100	2μ
21	.	.	.	.	.	.	.
22	365	386	396	411	424	439	990
23	372	393	403	419	432	448	1012
24	379	400	411	427	441	457	1034
25	385	408	419	435	450	467	1056

TABELLE U Kritische untere Grenzen der Wilcoxon-Rangsummenstatistik

	$n_1 = 23$						
n_2	0,001	0,005	0,010	0,025	0,050	0,100	2μ
23	402	424	434	451	465	481	1081
24	409	431	443	459	474	491	1104
25	416	439	451	468	483	500	1127

	$n_1 = 24$						
n_2	0,001	0,005	0,010	0,025	0,050	0,100	2μ
23	.	.	.	.	.	.	.
24	440	464	475	492	507	525	1176
25	448	472	484	501	517	535	1200

	$n_1 = 25$						
n_2	0,001	0,005	0,010	0,025	0,050	0,100	2μ
25	480	505	517	536	552	570	1275

TABELLE V Normalränge (Owen 1962)

k	N=1	2	3	4	5	6	7	8	9	N=10	k
1	0,00	0,56	0,85	1,03	1,16	1,27	1,35	1,42	1,49	1,54	1
2	.	.	0,00	0,30	0,50	0,64	0,76	0,85	0,93	1,00	2
3	.	.	.	.	0,00	0,20	0,35	0,47	0,57	0,66	3
4	.	.	.	.	.	.	0,00	0,15	0,27	0,38	4
5	.	.	.	.	.	.	.	.	0,00	0,12	5

k	N=11	12	13	14	15	16	17	18	19	N=20	k
1	1,59	1,63	1,67	1,70	1,74	1,77	1,79	1,82	1,84	1,87	1
2	1,06	1,12	1,16	1,21	1,25	1,28	1,32	1,35	1,38	1,41	2
3	0,73	0,79	0,85	0,90	0,95	0,99	1,03	1,07	1,10	1,13	3
4	0,46	0,54	0,60	0,66	0,71	0,76	0,81	0,85	0,89	0,92	4
5	0,22	0,31	0,39	0,46	0,52	0,57	0,62	0,66	0,71	0,75	5
6	0,00	0,10	0,19	0,27	0,34	0,40	0,45	0,50	0,55	0,59	6
7	.	.	0,00	0,09	0,17	0,23	0,30	0,35	0,40	0,45	7
8	.	.	.	.	0,00	0,08	0,15	0,21	0,26	0,31	8
9	.	.	.	.	.	.	0,00	0,07	0,13	0,19	9
10	.	.	.	.	.	.	.	.	0,00	0,06	10

k	N=21	22	23	24	25	26	27	28	29	N=30	k
1	1,89	1,91	1,93	1,95	1,97	1,98	2,00	2,01	2,03	2,04	1
2	1,43	1,46	1,48	1,50	1,52	1,54	1,56	1,58	1,60	1,62	2
3	1,16	1,19	1,21	1,24	1,26	1,29	1,31	1,33	1,35	1,36	3
4	0,95	0,98	1,01	1,04	1,07	1,09	1,11	1,14	1,16	1,18	4
5	0,78	0,82	0,85	0,88	0,91	0,93	0,96	0,98	1,00	1,03	5
6	0,63	0,67	0,70	0,73	0,76	0,79	0,82	0,85	0,87	0,89	6
7	0,49	0,53	0,57	0,60	0,64	0,67	0,70	0,73	0,75	0,78	7
8	0,36	0,41	0,45	0,48	0,52	0,55	0,58	0,61	0,64	0,67	8
9	0,24	0,29	0,33	0,37	0,41	0,44	0,48	0,51	0,54	0,57	9
10	0,12	0,17	0,22	0,26	0,30	0,34	0,38	0,41	0,44	0,47	10
11	0,00	0,06	0,11	0,16	0,20	0,24	0,28	0,32	0,35	0,38	11
12	.	.	0,00	0,05	0,10	0,14	0,19	0,22	0,26	0,29	12
13	.	.	.	.	0,00	0,05	0,09	0,13	0,17	0,21	13
14	.	.	.	.	.	.	0,00	0,04	0,09	0,12	14
15	.	.	.	.	.	.	.	.	0,00	0,04	15

Quadratsummen (QS) der tabellierten Werte für N = 2-50

N	QS	N	QS	N	QS	N	QS	N	QS	N	QS	N	QS
2	0,6366	9	6,9539	16	13,7498	23	20,6361	30	27,5583	37	34,5006	44	41,4535
3	1,4324	10	7,9149	17	14,7300	24	21,6225	31	28,5497	38	35,4920	45	42,4479
4	2,2957	11	8,8789	18	15,7109	25	22,6107	32	29,5396	39	36,4856	46	43,4427
5	3,1952	12	9,8475	19	16,6944	26	23,5992	33	30,5308	40	37,4792	47	44,4380
6	4,1166	13	10,8199	20	17,6782	27	24,5882	34	31,5232	41	38,4731	48	45,4321
7	5,0530	14	11,7947	21	18,6633	28	25,5776	35	32,5141	42	39,4660	49	46,4264
8	5,9994	15	12,7710	22	19,6493	29	26,5668	36	33,5068	43	40,4605	50	47,4221

TABELLE V Normalränge

k	N=31	32	33	34	35	36	37	38	39	N=40	k
1	2,06	2,07	2,08	2,09	2,11	2,12	2,13	2,14	2,15	2,16	1
2	1,63	1,65	1,66	1,68	1,69	1,70	1,72	1,73	1,74	1,75	2
3	1,38	1,40	1,42	1,43	1,45	1,46	1,48	1,49	1,50	1,52	3
4	1,20	1,22	1,23	1,25	1,27	1,28	1,30	1,32	1,33	1,34	4
5	1,05	1,07	1,09	1,11	1,12	1,14	1,16	1,17	1,19	1,20	5
6	0,92	0,94	0,96	0,98	1,00	1,02	1,03	1,05	1,07	1,08	6
7	0,80	0,82	0,85	0,87	0,89	0,91	0,92	0,94	0,96	0,98	7
8	0,69	0,72	0,74	0,76	0,79	0,81	0,83	0,85	0,86	0,88	8
9	0,60	0,62	0,65	0,67	0,69	0,71	0,73	0,75	0,77	0,79	9
10	0,50	0,53	0,56	0,58	0,60	0,63	0,65	0,67	0,69	0,71	10
11	0,41	0,44	0,47	0,50	0,52	0,54	0,57	0,59	0,61	0,63	11
12	0,33	0,36	0,39	0,41	0,44	0,47	0,49	0,51	0,54	0,56	12
13	0,24	0,28	0,31	0,34	0,36	0,39	0,42	0,44	0,46	0,49	13
14	0,16	0,20	0,23	0,26	0,29	0,32	0,34	0,37	0,39	0,42	14
15	0,08	0,12	0,15	0,18	0,22	0,24	0,27	0,30	0,33	0,35	15
16	0,00	0,04	0,08	0,11	0,14	0,17	0,20	0,23	0,26	0,28	16
17	.	.	0,00	0,04	0,07	0,10	0,14	0,16	0,19	0,22	17
18	.	.	.	.	0,00	0,03	0,07	0,10	0,13	0,16	18
19	.	.	.	.	.	.	0,00	0,03	0,06	0,09	19
20	.	.	.	.	.	.	.	.	0,00	0,03	20

k	N=41	42	43	44	45	46	47	48	49	N=50	k
1	2,17	2,18	2,19	2,20	2,21	2,22	2,22	2,23	2,24	2,25	1
2	1,76	1,78	1,79	1,80	1,81	1,81	1,83	1,84	1,85	1,85	2
3	1,53	1,54	1,55	1,57	1,58	1,59	1,60	1,61	1,62	1,63	3
4	1,36	1,37	1,38	1,40	1,41	1,42	1,43	1,44	1,45	1,46	4
5	1,22	1,23	1,25	1,26	1,27	1,28	1,30	1,31	1,32	1,33	5
6	1,10	1,11	1,13	1,14	1,16	1,17	1,18	1,19	1,21	1,22	6
7	0,99	1,01	1,02	1,04	1,05	1,07	1,08	1,09	1,11	1,12	7
8	0,90	0,91	0,93	0,95	0,96	0,98	0,99	1,00	1,02	1,03	8
9	0,81	0,83	0,84	0,86	0,88	0,89	0,91	0,92	0,94	0,95	9
10	0,73	0,75	0,76	0,78	0,80	0,81	0,83	0,84	0,86	0,87	10
11	0,65	0,67	0,69	0,71	0,72	0,74	0,76	0,77	0,79	0,80	11
12	0,58	0,60	0,62	0,64	0,65	0,67	0,69	0,70	0,72	0,74	12
13	0,51	0,53	0,55	0,57	0,59	0,60	0,62	0,64	0,66	0,67	13
14	0,44	0,46	0,48	0,50	0,52	0,54	0,56	0,58	0,59	0,61	14
15	0,37	0,40	0,42	0,44	0,46	0,48	0,50	0,52	0,53	0,55	15
16	0,31	0,33	0,36	0,38	0,40	0,42	0,44	0,46	0,48	0,49	16
17	0,25	0,27	0,29	0,32	0,34	0,36	0,38	0,40	0,42	0,44	17
18	0,18	0,21	0,23	0,26	0,28	0,30	0,32	0,34	0,36	0,38	18
19	0,12	0,15	0,17	0,20	0,22	0,25	0,27	0,29	0,31	0,33	19
20	0,06	0,09	0,12	0,14	0,17	0,19	0,21	0,24	0,26	0,28	20
21	0,00	0,03	0,06	0,09	0,11	0,14	0,16	0,18	0,21	0,23	21
22	.	.	0,00	0,03	0,06	0,08	0,11	0,13	0,15	0,18	22
23	.	.	.	.	0,00	0,03	0,05	0,08	0,10	0,13	23
24	.	.	.	.	.	.	0,00	0,03	0,05	0,07	24
25	.	.	.	.	.	.	.	.	0,00	0,02	25

TABELLE W **Exakte kumulierte Wahrscheinlichkeiten für ausgewählte Werte der Kruskal-Wallis-H-Statistik (Kruskal & Wallis 1952)**

Stichpr. Umfänge n_1	n_2	n_3	h	$P(H \geq h)$
2	1	1	2,7000	0,500
2	2	1	3,6000	0,200
2	2	2	4,5714	0,067
			3,7143	0,200
3	1	1	3,2000	0,300
3	2	1	4,2857	0,100
			3,8571	0,133
3	2	2	5,3572	0,029
			4,7143	0,048
			4,5000	0,067
			4,4643	0,105
3	3	1	5,1429	0,043
			4,5714	0,100
			4,0000	0,129
3	3	2	6,2500	0,011
			5,3611	0,032
			5,1389	0,061
			4,5556	0,100
			4,2500	0,121
3	3	3	7,2000	0,004
			6,4889	0,011
			5,6889	0,029
			5,6000	0,050
			5,0667	0,086
			4,6222	0,100
4	1	1	3,5714	0,200
4	2	1	4,8214	0,057
			4,5000	0,076
			4,0179	0,114
4	2	2	6,0000	0,014
			5,3333	0,033
			5,1250	0,052
			4,4583	0,100
			4,1667	0,105
4	3	1	5,8333	0,021
			5,2083	0,050
			5,0000	0,057
			4,0556	0,093
			3,8889	0,129
4	3	2	6,4444	0,008
			6,3000	0,011
			5,4444	0,046
			5,4000	0,051
			4,5111	0,098
			4,4444	0,102
4	3	3	6,7455	0,010
			6,7091	0,013
			5,7909	0,046
			5,7273	0,050
			4,7091	0,092
			4,7000	0,101
4	4	1	6,6667	0,010
			6,1667	0,022
			4,9667	0,048
			4,8667	0,054
			4,1667	0,082
			4,0667	0,102
4	4	2	7,0364	0,006
			6,8727	0,011
			5,4545	0,046
			5,2364	0,052
			4,5545	0,098
			4,4455	0,103
4	4	3	7,1439	0,010
			7,1364	0,011
			5,5985	0,049
			5,5758	0,051
			4,5455	0,099
			4,4773	0,102
4	4	4	7,6538	0,008
			7,5385	0,011
			5,6923	0,049
			5,6538	0,054
			4,6539	0,097
			4,5001	0,104
5	1	1	3,8571	0,143
5	2	1	5,2500	0,036
			5,0000	0,048
			4,4500	0,071
			4,2000	0,095
			4,0500	0,119
5	2	2	6,5333	0,008
			6,1333	0,013
			5,1600	0,034
			5,0400	0,056
			4,3733	0,090
			4,2933	0,122
5	3	1	6,4000	0,012
			4,9600	0,048
			4,8711	0,052
			4,0178	0,095
			3,8400	0,123
5	3	2	6,9091	0,009
			6,8218	0,010
			5,2509	0,049
			5,1055	0,052
			4,6509	0,091
			4,4945	0,101
5	3	3	7,0788	0,009
			6,9818	0,011
			5,6485	0,049
			5,5152	0,051
			4,5333	0,097
			4,4121	0,109
5	4	1	6,9545	0,008
			6,8400	0,011
			4,9855	0,044
			4,8600	0,056
			3,9873	0,098
			3,9600	0,102
5	4	2	7,2045	0,009
			7,1182	0,010
			5,2727	0,049
			5,2682	0,050
			4,5409	0,098
			4,5182	0,101
5	4	3	7,4449	0,010
			7,3949	0,011
			5,6564	0,049
			5,6308	0,050
			4,5487	0,099
			4,5231	0,103
5	4	4	7,7604	0,009
			7,7440	0,011
			5,6571	0,049
			5,6176	0,050
			4,6187	0,100
			4,5527	0,102
5	5	1	7,3091	0,009
			6,8364	0,011
			5,1273	0,046
			4,9091	0,053
			4,1091	0,086
			4,0364	0,105
5	5	2	7,3385	0,010
			7,2692	0,010
			5,3385	0,047
			5,2462	0,051
			4,6231	0,097
			4,5077	0,100
5	5	3	7,5780	0,010
			7,5429	0,010
			5,7055	0,046
			5,6264	0,051
			4,5451	0,100
			4,5363	0,102
5	5	4	7,8229	0,010
			7,7914	0,010
			5,6657	0,049
			5,6429	0,050
			4,5229	0,099
			4,5200	0,101
5	5	5	8,0000	0,009
			7,9800	0,010
			5,7800	0,049
			5,6600	0,051
			4,5600	0,100
			4,5000	0,102

TABELLE W Exakte kumulierte Wahrscheinlichkeiten für ausgewählte Werte der Kruskal-Wallis-H-Statistik (Mosteller & Rourke 1973)

Stichproben Umfänge n_1 n_2 n_3 n_4	h	$P(H \geq h)$
2 1 1 1	0,80	1,000
	2,20	0,900
	3,20	0,700
	3,80	0,400
3 1 1 1	1,00	1,000
	1,38	0,900
	2,52	0,800
	3,67	0,500
	4,43	0,200
2 2 1 1	0,14	1,000
	0,86	0,956
	1,29	0,911
	2,43	0,711
	3,57	0,467
	4,29	0,267
	4,71	0,133
4 1 1 1	0,43	1,000
	1,12	0,971
	1,50	0,914
	1,98	0,771
	3,00	0,543
	4,12	0,286
	4,93	0,114
3 2 1 1	0,32	0,981
	0,61	0,962
	1,18	0,886
	2,04	0,743
	3,18	0,476
	4,18	0,210
	5,14	0,086
	5,46	0,057
2 2 2 1	0,21	0,990
	0,54	0,952
	0,86	0,895
	1,93	0,752
	3,11	0,476
	4,50	0,257
	5,04	0,124
	5,68	0,038
5 1 1 1	0,53	1,000
	0,80	0,964
	1,47	0,893
	2,13	0,750
	3,13	0,536
	4,13	0,286
	5,33	0,071

Stichproben Umfänge n_1 n_2 n_3 n_4	h	$P(H \geq h)$
4 2 1 1	0,21	0,993
	0,67	0,945
	1,21	0,900
	1,92	0,748
	2,88	0,502
	4,21	0,243
	5,25	0,090
	5,83	0,043
	6,08	0,029
3 3 1 1	0,44	0,989
	0,78	0,946
	1,00	0,896
	1,89	0,771
	3,11	0,489
	4,11	0,289
	5,33	0,096
	5,89	0,064
	6,33	0,021
3 2 2 1	0,22	0,988
	0,50	0,955
	0,81	0,900
	1,81	0,760
	2,89	0,500
	4,25	9,255
	5,39	0,110
	5,81	0,057
	6,50	0,014
2 2 2 2	0,17	0,990
	0,50	0,952
	0,83	0,886
	1,50	0,771
	3,00	0,495
	4,50	0,267
	5,50	0,114
	6,17	0,038
	6,67	0,010
6 1 1 1	0,69	0,988
	0,89	0,940
	1,22	0,905
	2,22	0,738
	3,00	0,488
	4,07	0,250
	4,89	0,119
	5,67	0,048

Stichproben Umfänge n_1 n_2 n_3 n_4	h	$P(H \geq h)$
5 2 1 1	0,20	0,992
	0,69	0,943
	0,96	0,903
	1,91	0,746
	2,83	0,499
	4,04	0,258
	5,11	0,106
	5,76	0,056
	6,60	0,016
4 3 1 1	0,27	0,990
	0,70	0,950
	0,97	0,907
	1,78	0,744
	2,84	0,506
	4,08	0,250
	5,07	0,095
	6,18	0,049
	7,07	0,010
4 2 2 1	0,13	0,990
	0,47	0,952
	0,83	0,898
	1,70	0,755
	2,80	0,511
	4,20	0,252
	5,53	0,098
	6,00	0,057
	7,00	0,010
3 3 2 1	0,18	0,992
	0,62	0,950
	0,82	0,901
	1,69	0,753
	2,84	0,500
	4,18	0,250
	5,62	0,101
	6,16	0,056
	7,04	0,011
3 2 2 2	0,13	0,987
	0,40	0,948
	0,73	0,900
	1,51	0,749
	2,80	0,506
	4,38	0,248
	5,64	0,100
	6,33	0,048
	7,13	0,008

TABELLE X1 **Exakte kumulierte Wahrscheinlichkeiten der Wilcoxon-Vorzeichen-Rangstatistik ($n \leq 11$) [Owen 1962]**

R	n=3	4	5	6	7	8	9	10	n=11	R
0	0,125	0,062	0,031	0,016	0,008	0,004	0,002	0,001	0,000	0
1	0,250	0,125	0,062	0,031	0,016	0,008	0,004	0,002	0,001	1
2	0,375	0,188	0,094	0,047	0,023	0,012	0,006	0,003	0,001	2
3	0,625	0,312	0,156	0,078	0,039	0,020	0,010	0,005	0,002	3
4	0,750	0,438	0,219	0,109	0,055	0,027	0,014	0,007	0,003	4
5	0,875	0,562	0,312	0,156	0,078	0,039	0,020	0,010	0,005	5
6	1.000	0,688	0,406	0,219	0,109	0,055	0,027	0,014	0,007	6
7	.	0,812	0,500	0,281	0,148	0,074	0,037	0,019	0,009	7
8	.	0,875	0,594	0,344	0,188	0,098	0,049	0,024	0,012	8
9	.	0,938	0,688	0,422	0,234	0,125	0,064	0,032	0,016	9
10	.	1.000	0,781	0,500	0,289	0,156	0,082	0,042	0,021	10
11	.	.	0,844	0,578	0,344	0,191	0,102	0,053	0,027	11
12	.	.	0,906	0,656	0,406	0,230	0,125	0,065	0,034	12
13	.	.	0,938	0,719	0,469	0,273	0,150	0,080	0,042	13
14	.	.	0,969	0,781	0,531	0,320	0,180	0,097	0,051	14
15	.	.	1.000	0,844	0,594	0,371	0,213	0,116	0,062	15
16	.	.	.	0,891	0,656	0,422	0,248	0,138	0,074	16
17	.	.	.	0,922	0,711	0,473	0,285	0,161	0,087	17
18	.	.	.	0,953	0,766	0,527	0,326	0,188	0,103	18
19	.	.	.	0,969	0,812	0,578	0,367	0,216	0,120	19
20	.	.	.	0,984	0,852	0,629	0,410	0,246	0,139	20
21	.	.	.	1.000	0,891	0,680	0,455	0,278	0,160	21
22	.	.	.	.	0,922	0,727	0,500	0,312	0,183	22
23	.	.	.	.	0,945	0,770	0,545	0,348	0,207	23
24	.	.	.	.	0,961	0,809	0,590	0,385	0,232	24
25	.	.	.	.	0,977	0,844	0,633	0,423	0,260	25
26	.	.	.	.	0,984	0,875	0,674	0,461	0,289	26
27	.	.	.	.	0,992	0,902	0,715	0,500	0,319	27
28	.	.	.	.	1.000	0,926	0,752	0,539	0,350	28
29	.	.	.	.	.	0,945	0,787	0,577	0,382	29
30	.	.	.	.	.	0,961	0,820	0,615	0,416	30
31	.	.	.	.	.	0,973	0,850	0,652	0,449	31
32	.	.	.	.	.	0,980	0,875	0,688	0,483	32
33	.	.	.	.	.	0,988	0,898	0,722	0,517	33
34	.	.	.	.	.	0,992	0,918	0,754	0,551	34
35	.	.	.	.	.	0,996	0,936	0,784	0,584	35
36	.	.	.	.	.	1.000	0,951	0,812	0,618	36
37	.	.	.	.	.	.	0,963	0,839	0,650	37
38	.	.	.	.	.	.	0,973	0,862	0,681	38
39	.	.	.	.	.	.	0,980	0,884	0,711	39
40	.	.	.	.	.	.	0,986	0,903	0,740	40
41	.	.	.	.	.	.	0,990	0,920	0,768	41
42	.	.	.	.	.	.	0,994	0,535	0,793	42
43	.	.	.	.	.	.	0,996	0,947	0,817	43
44	.	.	.	.	.	.	0,998	0,958	0,840	44

TABELLE XI Exakte kumulierte Wahrscheinlichkeiten der Wilcoxon-Vorzeichen-Rangstatistik ($n \leq 11$)

R	n=3	4	5	6	7	8	9	10	n=11	R
45	.	.	.	.	.	.	1.000	0,968	0,861	45
46	.	.	.	.	.	.	.	0,976	0,880	46
47	.	.	.	.	.	.	.	0,981	0,897	47
48	.	.	.	.	.	.	.	0,986	0,913	48
49	.	.	.	.	.	.	.	0,990	0,926	49
50	.	.	.	.	.	.	.	0,993	0,938	50
51	.	.	.	.	.	.	.	0,995	0,949	51
52	.	.	.	.	.	.	.	0,997	0,958	52
53	.	.	.	.	.	.	.	0,998	0,966	53
54	.	.	.	.	.	.	.	0,999	0,973	54
55	.	.	.	.	.	.	.	1.000	0,979	55
56	.	.	.	.	.	.	.	.	0,984	56
57	.	.	.	.	.	.	.	.	0,988	57
58	.	.	.	.	.	.	.	.	0,991	58
59	.	.	.	.	.	.	.	.	0,993	59
60	.	.	.	.	.	.	.	.	0,995	60
61	.	.	.	.	.	.	.	.	0,997	61
62	.	.	.	.	.	.	.	.	0,998	62
63	.	.	.	.	.	.	.	.	0,999	63
64	.	.	.	.	.	.	.	.	0,999	64
65	.	.	.	.	.	.	.	.	1.000	65
66	.	.	.	.	.	.	.	.	1.000	66

TABELLE X1 Exakte kumulierte Wahrscheinlichkeiten der Wilcoxon-Vorzeichen-Rangstatistik (n ≥ 12)

R	n=12	13	14	15	16	17	18	19	n=20	R
0	0,000	0,000	0,000	0,000	0,000	0,000	0,000	0,000	0,000	0
1	0,000	0,000	0,000	0,000	0,000	0,000	0,000	0,000	0,000	1
2	0,001	0,000	0,000	0,000	0,000	0,000	0,000	0,000	0,000	2
3	0,001	0,001	0,000	0,000	0,000	0,000	0,000	0,000	0,000	3
4	0,002	0,001	0,000	0,000	0,000	0,000	0,000	0,000	0,000	4
5	0,002	0,001	0,001	0,000	0,000	0,000	0,000	0,000	0,000	5
6	0,003	0,002	0,001	0,000	0,000	0,000	0,000	0,000	0,000	6
7	0,005	0,002	0,001	0,001	0,000	0,000	0,000	0,000	0,000	7
8	0,006	0,003	0,002	0,001	0,000	0,000	0,000	0,000	0,000	8
9	0,008	0,004	0,002	0,001	0,001	0,000	0,000	0,000	0,000	9
10	0,010	0,005	0,003	0,001	0,001	0,000	0,000	0,000	0,000	10
11	0,013	0,007	0,003	0,002	0,001	0,000	0,000	0,000	0,000	11
12	0,017	0,009	0,004	0,002	0,001	0,001	0,000	0,000	0,000	12
13	0,021	0,011	0,005	0,003	0,001	0,001	0,000	0,000	0,000	13
14	0,026	0,013	0,007	0,003	0,002	0,001	0,000	0,000	0,000	14
15	0,032	0,016	0,008	0,004	0,002	0,001	0,001	0,000	0,000	15
16	0,039	0,020	0,010	0,005	0,003	0,001	0,001	0,000	0,000	16
17	0,046	0,024	0,012	0,006	0,003	0,002	0,001	0,000	0,000	17
18	0,055	0,029	0,015	0,008	0,004	0,002	0,001	0,000	0,000	18
19	0,065	0,034	0,018	0,009	0,005	0,002	0,001	0,001	0,000	19
20	0,076	0,040	0,021	0,011	0,005	0,003	0,001	0,001	0,000	20
21	0,088	0,047	0,025	0,013	0,007	0,003	0,002	0,001	0,000	21
22	0,102	0,055	0,029	0,015	0,008	0,004	0,002	0,001	0,001	22
23	0,117	0,064	0,034	0,018	0,009	0,005	0,002	0,001	0,001	23
24	0,133	0,073	0,039	0,021	0,011	0,005	0,003	0,001	0,001	24
25	0,151	0,084	0,045	0,024	0,012	0,006	0,003	0,002	0,001	25
26	0,170	0,095	0,052	0,028	0,014	0,007	0,004	0,002	0,001	26
27	0,190	0,108	0,059	0,032	0,017	0,009	0,004	0,002	0,001	27
28	0,212	0,122	0,068	0,036	0,019	0,010	0,005	0,003	0,001	28
29	0,235	0,137	0,077	0,042	0,022	0,012	0,006	0,003	0,002	29
30	0,259	0,153	0,086	0,047	0,025	0,013	0,007	0,004	0,002	30
31	0,285	0,170	0,097	0,053	0,029	0,015	0,008	0,004	0,002	31
32	0,311	0,188	0,108	0,060	0,033	0,017	0,009	0,005	0,002	32
33	0,339	0,207	0,121	0,068	0,037	0,020	0,010	0,005	0,003	33
34	0,367	0,227	0,134	0,076	0,042	0,022	0,012	0,006	0,003	34
35	0,396	0,249	0,148	0,084	0,047	0,025	0,013	0,007	0,004	35
36	0,425	0,271	0,163	0,094	0,052	0,028	0,015	0,008	0,004	36
37	0,455	0,294	0,179	0,104	0,058	0,032	0,017	0,009	0,005	37
38	0,485	0,318	0,195	0,115	0,065	0,036	0,019	0,010	0,005	38
39	0,515	0,342	0,213	0,126	0,072	0,040	0,022	0,011	0,006	39
40	0,545	0,368	0,232	0,138	0,080	0,044	0,024	0,013	0,007	40
41	0,575	0,393	0,251	0,151	0,088	0,049	0,027	0,014	0,008	41
42	0,604	0,420	0,271	0,165	0,096	0,054	0,030	0,016	0,009	42
43	0,633	0,446	0,292	0,180	0,106	0,060	0,033	0,018	0,010	43
44	0,661	0,473	0,313	0,195	0,116	0,066	0,037	0,020	0,011	44

TABELLE X1 Exakte kumulierte Wahrscheinlichkeiten der Wilcoxon-Vorzeichen-Rangstatistik (n ≥ 12)

R	n=12	13	14	15	16	17	18	19	n=20	R
45	0,689	0,500	0,335	0,211	0,126	0,073	0,041	0,022	0,012	45
46	0,715	0,527	0,357	0,227	0,137	0,080	0,045	0,025	0,013	46
47	0,741	0,554	0,380	0,244	0,149	0,087	0,049	0,027	0,015	47
48	0,765	0,580	0,404	0,262	0,161	0,095	0,054	0,030	0,016	48
49	0,788	0,607	0,428	0,281	0,174	0,103	0,059	0,033	0,018	49
50	0,810	0,632	0,452	0,300	0,188	0,112	0,065	0,036	0,020	50
51	0,830	0,658	0,476	0,319	0,202	0,122	0,071	0,040	0,022	51
52	0,849	0,682	0,500	0,339	0,217	0,132	0,077	0,044	0,024	52
53	0,867	0,706	0,524	0,360	0,232	0,142	0,084	0,048	0,027	53
54	0,883	0,729	0,548	0,381	0,248	0,153	0,091	0,052	0,029	54
55	0,898	0,751	0,572	0,402	0,264	0,164	0,098	0,057	0,032	55
56	0,912	0,773	0,596	0,423	0,281	0,176	0,106	0,062	0,035	56
57	0,924	0,793	0,620	0,445	0,298	0,189	0,114	0,067	0,038	57
58	0,935	0,812	0,643	0,467	0,316	0,202	0,123	0,072	0,041	58
59	0,945	0,830	0,665	0,489	0,334	0,215	0,132	0,078	0,045	59
60	0,954	0,847	0,687	0,511	0,353	0,229	0,142	0,084	0,049	60
61	0,961	0,863	0,708	0,533	0,372	0,244	0,152	0,091	0,053	61
62	0,968	0,878	0,729	0,555	0,391	0,259	0,162	0,098	0,057	62
63	0,974	0,892	0,749	0,577	0,410	0,274	0,173	0,105	0,062	63
64	0,979	0,905	0,768	0,598	0,430	0,290	0,185	0,113	0,066	64
65	0,983	0,916	0,787	0,619	0,450	0,306	0,196	0,121	0,071	65
66	0,987	0,927	0,805	0,640	0,470	0,322	0,209	0,129	0,077	66
67	0,990	0,936	0,821	0,661	0,490	0,339	0,221	0,138	0,082	67
68	0,992	0,945	0,837	0,681	0,510	0,356	0,234	0,147	0,088	68
69	0,994	0,953	0,852	0,700	0,530	0,373	0,248	0,156	0,095	69
70	0,995	0,960	0,866	0,719	0,550	0,391	0,261	0,166	0,101	70
71	0,997	0,966	0,879	0,738	0,570	0,409	0,275	0,176	0,108	71
72	0,998	0,971	0,892	0,756	0,590	0,427	0,290	0,187	0,115	72
73	0,998	0,976	0,903	0,773	0,609	0,445	0,305	0,198	0,123	73
74	0,999	0,980	0,914	0,789	0,628	0,463	0,320	0,209	0,131	74
75	0,999	0,984	0,923	0,805	0,647	0,482	0,335	0,221	0,139	75
76	1.000	0,987	0,932	0,820	0,666	0,500	0,351	0,233	0,147	76
77	1.000	0,989	0,941	0,835	0,684	0,518	0,367	0,245	0,156	77
78	1.000	0,991	0,948	0,849	0,702	0,537	0,383	0,258	0,165	78
79	·	0,993	0,955	0,862	0,719	0,555	0,399	0,271	0,174	79
80	·	0,995	0,961	0,874	0,736	0,573	0,416	0,284	0,184	80
81	·	0,996	0,966	0,885	0,752	0,591	0,433	0,297	0,194	81
82	·	0,997	0,971	0,896	0,768	0,609	0,449	0,311	0,205	82
83	·	0,998	0,975	0,906	0,783	0,627	0,466	0,325	0,215	83
84	·	0,998	0,979	0,916	0,798	0,644	0,483	0,340	0,226	84
85	·	0,999	0,982	0,924	0,812	0,661	0,500	0,354	0,237	85
86	·	0,999	0,985	0,932	0,826	0,678	0,517	0,369	0,249	86
87	·	0,999	0,988	0,940	0,839	0,694	0,534	0,384	0,261	87
88	·	1.000	0,990	0,947	0,851	0,710	0,551	0,399	0,273	88
89	·	1.000	0,992	0,953	0,863	0,726	0,567	0,414	0,285	89
90	·	1.000	0,993	0,958	0,874	0,741	0,584	0,430	0,298	90

TABELLE X2 Kritische Grenzen für den Vorzeichen-Rangtest von Wilcoxon (McConack 1965)

n	Zweiseitiger Fall (a)									n
n	0,15	0,10	0,05	0,04	0,03	0,02	0,01	0,005	0,001	n
4	0	.	.	.	.	.	.	.	.	4
5	1	0	.	.	.	.	.	.	.	5
6	2	2	0	0	.	.	.	.	.	6
7	4	3	2	1	0	0	.	.	.	7
8	7	5	3	3	2	1	0	.	.	8
9	9	8	5	5	4	3	1	0	.	9
10	12	10	8	7	6	5	3	1	.	10
11	16	13	10	9	8	7	5	3	0	11
12	19	17	13	12	11	9	7	5	1	12
13	24	21	17	16	14	12	9	7	2	13
14	28	25	21	19	18	15	12	9	4	14
15	33	30	25	23	21	19	15	12	6	15
16	39	35	29	28	26	23	19	15	8	16
17	45	41	34	33	30	27	23	19	11	17
18	51	47	40	38	35	32	27	23	14	18
19	58	53	46	43	41	37	32	27	18	19
20	65	60	52	50	47	43	37	32	21	20
21	73	67	58	56	53	49	42	37	25	21
22	81	75	65	63	59	55	48	42	30	22
23	89	83	73	70	66	62	54	48	35	23
24	98	91	81	78	74	69	61	54	40	24
25	108	100	89	86	82	76	68	60	45	25
26	118	110	98	94	90	84	75	67	51	26
27	128	119	107	103	99	92	83	74	57	27
28	138	130	116	112	108	101	91	82	64	28
29	150	140	126	122	117	110	100	90	71	29
30	161	151	137	132	127	120	109	98	78	30
31	173	163	147	143	137	130	118	107	86	31
32	186	175	159	154	148	140	128	116	94	32
33	199	187	170	165	159	151	138	126	102	33
34	212	200	182	177	171	162	148	136	111	34
35	226	213	195	189	182	173	159	146	120	35
36	240	227	208	202	195	185	171	157	130	36
37	255	241	221	215	208	198	182	168	140	37
38	270	256	235	229	221	211	194	180	150	38
39	285	271	249	243	235	224	207	192	161	39
40	302	286	264	257	249	238	220	204	172	40
n	0,075	0,05	0,025	0,02	0,015	0,01	0,005	0,0025	0,0005	n
	Einseitiger Fall (a)									

TABELLE X2 Kritische Grenzen für den Vorzeichen-Rangtest von Wilcoxon

n	Zweiseitiger Fall (a)									n
	0,15	0,10	0,05	0,04	0,03	0,02	0,01	0,005	0,001	
41	318	302	279	272	263	252	233	217	183	41
42	335	319	294	287	278	266	247	230	195	42
43	352	336	310	303	293	281	261	244	207	43
44	370	353	327	319	309	296	276	258	220	44
45	389	371	343	335	325	312	291	272	233	45
46	407	389	361	352	342	328	307	287	246	46
47	427	407	378	370	359	345	322	302	260	47
48	446	426	396	388	377	362	339	318	274	48
49	466	446	415	406	394	379	355	334	289	49
50	487	466	434	425	413	397	373	350	304	50
51	508	486	453	444	432	416	390	367	319	51
52	530	507	473	463	451	434	408	384	335	52
53	551	529	494	483	471	454	427	402	351	53
54	574	550	514	504	491	473	445	420	368	54
55	597	573	536	525	511	493	465	439	385	55
56	620	595	557	546	532	514	484	457	402	56
57	644	618	579	568	554	535	504	477	420	57
58	668	642	602	590	575	556	525	497	438	58
59	693	666	625	613	598	578	546	517	457	59
60	718	690	648	636	620	600	567	537	476	60
61	744	715	672	659	644	623	589	558	495	61
62	770	741	697	683	667	646	611	580	515	62
63	796	767	721	708	691	669	634	602	535	63
64	823	793	747	733	716	693	657	624	556	64
65	851	820	772	758	741	718	681	647	577	65
66	879	847	798	784	766	742	705	670	599	66
67	907	875	825	810	792	768	729	694	621	67
68	936	903	852	837	818	793	754	718	643	68
69	965	931	879	864	845	819	779	742	666	69
70	995	960	907	891	872	846	805	767	689	70
71	1025	990	936	919	900	873	831	792	712	71
72	1056	1020	964	948	928	901	858	818	736	72
73	1087	1050	994	977	956	928	884	844	761	73
74	1119	1081	1023	1006	985	957	912	871	786	74
75	1151	1112	1053	1036	1014	986	940	898	811	75
n	0,075	0,05	0,025	0,02	0,015	0,01	0,005	0,0025	0,0005	n
	Einseitiger Fall (a)									

TABELLE X2 Kritische Grenzen für den Vorzeichen-Rangtest von Wilcoxon

n	Zweiseitiger Fall (a)									n
n	0,15	0,10	0,05	0,04	0,03	0,02	0,01	0,005	0,001	n
76	1183	1144	1084	1066	1044	1015	968	925	836	76
77	1216	1176	1115	1097	1075	1044	997	953	862	77
78	1250	1209	1147	1128	1105	1075	1026	981	889	78
79	1284	1242	1179	1160	1136	1105	1056	1010	916	79
80	1318	1276	1211	1192	1168	1136	1086	1039	943	80
81	1353	1310	1244	1224	1200	1168	1116	1069	971	81
82	1389	1345	1277	1257	1233	1200	1147	1099	999	82
83	1424	1380	1311	1291	1266	1232	1178	1129	1028	83
84	1461	1415	1345	1325	1299	1265	1210	1160	1057	84
85	1497	1451	1380	1359	1333	1298	1242	1191	1086	85
86	1535	1487	1415	1394	1367	1332	1275	1223	1116	86
87	1572	1524	1451	1429	1402	1366	1308	1255	1146	87
88	1610	1561	1487	1464	1437	1400	1342	1288	1177	88
89	1649	1599	1523	1501	1473	1435	1376	1321	1208	89
90	1688	1638	1560	1537	1509	1471	1410	1355	1240	90
91	1728	1676	1597	1574	1545	1507	1445	1389	1271	91
92	1768	1715	1635	1612	1582	1543	1480	1423	1304	92
93	1808	1755	1674	1650	1620	1580	1516	1458	1337	93
94	1849	1795	1712	1688	1658	1617	1552	1493	1370	94
95	1891	1836	1752	1727	1696	1655	1589	1529	1404	95
96	1932	1877	1791	1766	1735	1693	1626	1565	1438	96
97	1975	1918	1832	1806	1774	1731	1664	1601	1472	97
98	2018	1960	1872	1846	1814	1770	1702	1638	1507	98
99	2061	2003	1913	1887	1854	1810	1740	1676	1543	99
100	2105	2045	1955	1928	1894	1850	1779	1714	1578	100
n	0,075	0,05	0,025	0,02	0,015	0,01	0,005	0,0025	0,0005	n
	Einseitiger Fall (a)									

TABELLE Y Exakte kumulierte Wahrscheinlichkeiten der Friedman-Statistik (Owen 1962; Michaelis 1971)

J = 3 ; n = 2

FR = a	P(FR≥a)
≤3,000	≥0,500
4,000	0,167

J = 3 ; n = 3

FR = a	P(FR≥a)
≤2,667	≥0,361
4,667	0,194
6,000	0,028

J = 3 ; n = 4

FR = a	P(FR≥a)
≤2,000	≥0,431
3,500	0,273
4,500	0,125
6,000	0,069
6,500	0,042
8,000	<0,0005

J = 3 ; n = 5

FR = a	P(FR≥a)
≤2,800	≥0,367
3,600	0,182
4,800	0,124
5,200	0,093
6,400	0,039
7,600	0,024
8,400	0,001
10,000	<0,0005

J = 3 ; n = 6

FR = a	P(FR≥a)
≤2,330	≥0,430
3,000	0,252
4,000	0,184
4,330	0,142
5,330	0,072
6,330	0,052
7,000	0,029
8,330	0,012
9,000	0,001
9,330	0,001
≥10,330	<0,0005

J = 3 ; n = 7

FR = a	P(FR≥a)
≤2,571	≥0,305
3,429	0,237
3,714	0,192
4,571	0,112
5,429	0,085
6,000	0,051
7,143	0,027
7,714	0,021
8,000	0,016
8,857	0,001
≥10,286	<0,0005

J = 3 ; n = 8

FR = a	P(FR≥a)
≤2,250	≥0,355
3,000	0,285
3,250	0,236
4,000	0,149
4,750	0,120
5,250	0,079
6,250	0,047
6,750	0,038
7,000	0,030
7,750	0,018
9,000	0,001
9,250	0,001
≥9,750	<0,0005

J = 3 ; n = 9

FR = a	P(FR≥a)
≤2,667	≥0,328
2,889	0,278
3,556	0,187
4,222	0,154
4,667	0,107
5,556	0,069
6,000	0,057
6,222	0,048
6,889	0,031
8,000	0,019
8,222	0,016
8,667	0,010
9,556	0,001
≥10,667	<0,0005

J = 3 ; n = 10

FR = a	P(FR≥a)
≤2,600	≥0,316
3,200	0,222
3,800	0,187
4,200	0,135
5,000	0,092
5,400	0,078
5,600	0,066
6,200	0,046
7,200	0,030
7,400	0,026
7,800	0,018
8,600	0,012
9,600	0,001
9,800	0,001
≥10,400	<0,0005

J = 3 ; n = 11

FR = a	P(FR≥a)
≤2,364	≥0,351
2,909	0,256
3,455	0,219
3,818	0,163
4,545	0,116
4,909	0,100
5,091	0,087
5,636	0,062
6,545	0,043
6,727	0,037
7,091	0,027
7,818	0,019
8,727	0,013
8,909	0,011
9,455	0,001
≥10,364	<0,0005

J = 3 ; n = 12

FR = a	P(FR≥a)
≤2,167	≥0,383
2,667	0,287
3,167	0,249
3,500	0,191
4,167	0,141
4,500	0,123
4,667	0,108

J = 3 ; n = 12

FR = a	P(FR≥a)
5,167	0,080
6,000	0,058
6,167	0,050
6,500	0,038
7,167	0,028
8,000	0,019
8,167	0,017
8,667	0,011
9,500	0,001
≥10,167	<0,0005

J = 3 ; n = 13

FR = a	P(FR≥a)
≤2,462	≥0,316
2,923	0,278
3,231	0,217
3,846	0,165
4,154	0,145
4,308	0,129
4,769	0,098
5,538	0,073
5,629	0,064
6,000	0,050
6,615	0,038
7,385	0,027
7,538	0,025
8,000	0,016
8,769	0,012
9,385	0,001
9,692	0,001
9,848	0,001
≥10,308	<0,0005

J = 3 ; n = 14

FR = a	P(FR≥a)
≤2,717	≥0,305
3,000	0,242
3,571	0,188
3,857	0,167
4,000	0,150
4,429	0,117
5,143	0,089
5,286	0,079
5,571	0,063

TABELLE Y Exakte kumulierte Wahrscheinlichkeiten der Friedman-Statistik

J = 3 ; n = 14

FR = a	P(FR≥a)
6,143	0,049
6,857	0,036
7,000	0,033
7,429	0,023
8,143	0,018
8,714	0,011
9,000	0,010
9,143	0,001
9,571	0,001
≥10,429	<0,0005

J = 4 ; n = 15

FR = a	P(FR≥a)
≤2,533	≥0,330
2,800	0,267
3,333	0,211
3,600	0,189
3,733	0,170
4,133	0,136
4,800	0,106
4,933	0,096
5,200	0,077
5,733	0,059
6,400	0,047
6,533	0,043
6,933	0,030
7,600	0,022
8,133	0,018
8,400	0,015
8,533	0,011
8,933	0,010
9,733	0,001
≥10,000	<0,0005

J = 4 ; n = 5

FR = a	P(FR≥a)
≤3,960	≥0,301
4,200	0,266
4,440	0,232
4,920	0,213
5,160	0,162
5,400	0,151
5,880	0,119
6,120	0,102
6,360	0,089
6,840	0,071
7,080	0,067
7,320	0,057
7,800	0,049
8,040	0,033
8,280	0,032
8,760	0,024
9,000	0,021
9,240	0,015
9,720	0,011
9,960	0,001
10,200	0,001
10,680	0,001
≥10,920	<0,0005

J = 4 ; n = 6

FR = a	P(FR≥a)
≤3,800	≥0,321
4,000	0,274
4,200	0,259
4,400	0,232
4,600	0,221
4,800	0,193
5,000	0,190
5,200	0,162
5,400	0,154
5,600	0,127
5,800	0,113
6,200	0,109
6,400	0,088
6,600	0,087
6,800	0,073
7,000	0,067
7,200	0,063
7,400	0,058
7,600	0,043
7,800	0,041
8,000	0,036
8,200	0,033
8,400	0,031
8,600	0,027
8,800	0,021
9,000	0,021
9,400	0,017
9,600	0,015
9,800	0,015
10,000	0,011
10,200	0,001
10,400	0,001
10,600	0,001
10,800	0,001
11,000	0,001
≥11,400	<0,0005

J = 4 ; n = 7

FR = a	P(FR≥a)
≤3,686	≥0,306
3,857	0,300
4,200	0,264
4,371	0,239
4,543	0,216
4,886	0,188
5,057	0,182
5,229	0,163
5,571	0,150
5,743	0,122
5,914	0,118
6,257	0,101
6,429	0,093
6,600	0,081
6,943	0,073
7,114	0,062
7,286	0,058
7,629	0,051
7,800	0,040
7,971	0,037
8,314	0,034
8,486	0,032
8,657	0,030
9,000	0,024
9,171	0,021
9,343	0,018
9,686	0,016
9,857	0,014
10,029	0,013
10,371	0,001
10,543	0,001
10,714	0,001
11,057	0,001
11,229	0,001
≥11,400	<0,0005

J = 4 ; n = 8

FR = a	P(FR≥a)
≤3,750	≥0,325
3,900	0,297
4,050	0,283
4,200	0,247
4,350	0,231
4,650	0,217
4,800	0,185
4,950	0,182
5,100	0,162
5,250	0,155
5,400	0,153
5,550	0,144
5,700	0,122
5,850	0,120
6,000	0,112
6,150	0,106
6,300	0,098
6,450	0,091
6,750	0,077
7,050	0,067
7,200	0,062
7,350	0,061
7,500	0,052
7,650	0,049
7,800	0,046
7,950	0,043
8,100	0,038
8,250	0,037
8,550	0,031
8,700	0,028
8,850	0,026
9,000	0,023
9,150	0,021
9,450	0,019
9,600	0,015
9,750	0,015
9,900	0,013
10,050	0,013
10,200	0,011
10,350	0,010
10,500	0,001
10,650	0,001
10,800	0,001
10,950	0,001
11,100	0,001
11,250	0,001
11,400	0,001
11,550	0,001
≥11,850	≤0,0005

TABELLE Y Exakte kumulierte Wahrscheinlichkeiten der Friedman-Statistik

FR = a	P(FR≥a)	FR = a	P(FR≥a)	FR = a	P(FR≥a)	FR = a	P(FR≥a)
J = 5 ; n = 4		J = 5 ; n = 4		J = 6 ; n = 3		J = 6 ; n = 3	
≤5,000	≥0,317	9,600	0,028	≤6,238	≥0,319	10,619	0,028
5,200	0,286	9,800	0,025	6,429	0,287	10,810	0,025
5,400	0,275	10,000	0,021	6,619	0,276	11,000	0,019
5,600	0,249	10,200	0,019	6,810	0,249	11,190	0,018
5,800	0,227	10,400	0,017	7,000	0,232	11,381	0,014
6,000	0,205	10,600	0,014	7,190	0,214	11,571	0,012
6,200	0,197	10,800	0,011	7,381	0,201	11,762	0,010
6,400	0,178	11,000	0,010	7,571	0,177	11,952	0,008
6,600	0,161	11,200	0,008	7,762	0,168	12,143	0,006
6,800	0,143	11,400	0,007	7,952	0,146	12,333	0,005
7,000	0,136	11,600	0,006	8,143	0,134	12,524	0,004
7,200	0,121	11,800	0,005	8,333	0,122	12,714	0,003
7,400	0,113	12,000	0,004	8,524	0,122	12,905	0,002
7,600	0,096	12,200	0,004	8,714	0,096	13,095	0,002
7,800	0,086	12,400	0,003	8,905	0,090	13,286	0,001
8,000	0,080	12,600	0,002	9,095	0,077	13,476	0,001
8,200	0,072	12,800	0,002	9,286	0,070	≥13,667	≤0,0005
8,400	0,063	13,000	0,001	9,476	0,062		
8,600	0,060	13,200	0,001	9,667	0,056		
8,800	0,049	13,400	0,001	9,857	0,046		
9,000	0,043	13,600	0,001	10,048	0,043		
9,200	0,038	≥13,800	≤0,0005	10,238	0,036		
9,400	0,035			10,429	0,032		

TABELLE Z1 Stichprobenumfänge, die beim T-Test zur Erreichung einer bestimmten Power benötigt werden (Cohen 1988, S.55)

α = 0,05 (zweiseitig)

Power	δ 0,10	0,20	0,30	0,40	0,50	0,60	0,70	0,80	1,00	1,20	1,40
0,50	769	193	86	49	32	22	17	13	9	7	5
0,60	981	246	110	62	40	28	21	16	11	8	6
0,70	1235	310	138	78	50	35	26	20	13	10	7
0,75	1389	348	155	88	57	40	29	23	15	11	8
0,80	1571	393	175	99	64	45	33	26	17	12	9
0,85	1797	450	201	113	73	51	38	29	19	14	10
0,90	2102	526	234	132	85	59	44	34	22	16	12
0,95	2600	651	290	163	105	73	54	42	27	19	14
0,99	3675	920	409	231	148	103	76	58	38	27	20

α = 0,01 (zweiseitig)

Power	δ 0,10	0,20	0,30	0,40	0,50	0,60	0,70	0,80	1,00	1,20	1,40
0,50	1329	333	149	85	55	39	29	22	15	11	9
0,60	1603	402	180	102	66	46	34	27	18	13	10
0,70	1924	482	215	122	79	55	41	32	21	15	12
0,75	2108	528	236	134	86	60	45	35	23	17	13
0,80	2338	586	259	148	95	67	49	38	25	18	14
0,85	2611	654	292	165	106	74	55	43	28	20	15
0,90	2978	746	332	188	120	84	62	48	31	22	17
0,95	3564	892	398	224	144	101	74	57	37	26	20
0,99	4808	1203	536	302	194	136	100	77	50	35	26

TABELLE Z2 Stichprobenumfänge, die bei der Varianzanalyse zur Erreichung einer bestimmten Power benötigt werden (Cohen 1988, S.381-385)

α = 0,05		ϕ_f											
FG_Z	Power	0,05	0,10	0,15	0,20	0,25	0,30	0,35	0,40	0,50	0,60	0,70	0,80
	0,50	769	193	86	49	32	22	17	13	9	7	5	4
	0,70	1235	310	138	78	50	35	26	20	13	10	7	6
[1]	0,80	1571	393	175	99	64	45	33	26	17	12	9	7
	0,90	2102	526	234	132	85	59	44	34	22	16	12	9
	0,95	2600	651	290	163	105	73	54	42	27	19	14	11
	0,99	3675	920	409	231	148	103	76	58	38	27	20	15
	0,50	662	166	74	42	27	19	15	11	8	6	5	4
	0,70	1028	258	115	65	42	29	22	17	11	8	6	5
[2]	0,80	1286	322	144	81	52	36	27	21	14	10	8	6
	0,90	1682	421	188	106	68	48	35	27	18	13	10	8
	0,95	2060	515	230	130	83	58	43	33	22	15	12	9
	0,99	2855	714	318	179	115	80	59	46	29	21	16	12
	0,50	577	145	65	37	24	16	13	10	7	5	4	3
	0,70	881	221	99	56	36	25	19	15	10	7	6	5
[3]	0,80	1096	274	123	69	45	31	23	18	12	9	7	5
	0,90	1415	354	158	89	58	40	30	23	15	11	8	7
	0,95	1718	430	192	108	70	49	36	28	18	13	10	8
	0,99	2353	589	262	148	95	66	49	38	24	17	13	10
	0,50	514	129	58	33	21	15	11	9	6	5	4	3
	0,70	776	195	87	49	32	22	17	13	9	6	5	4
[4]	0,80	956	240	107	61	39	27	20	16	10	8	6	5
	0,90	1231	309	138	78	50	35	26	20	13	10	7	6
	0,95	1486	372	166	94	60	42	31	24	16	11	9	7
	0,99	2021	506	225	127	82	57	42	33	21	15	11	9
	0,50	467	117	53	30	19	14	10	8	6	4	3	3
	0,70	698	175	78	44	29	20	15	12	8	6	5	4
[5]	0,80	856	215	96	54	35	25	18	14	9	7	5	4
	0,90	1098	275	123	69	45	31	23	18	12	9	7	5
	0,95	1320	331	148	83	54	38	28	22	14	10	8	6
	0,99	1783	447	199	112	72	50	37	29	19	13	10	8
FG_Z	Power	0,05	0,10	0,15	0,20	0,25	0,30	0,35	0,40	0,50	0,60	0,70	0,80

TABELLE Z2 Stichprobenumfänge, die bei der Varianzanalyse zur Erreichung einer bestimmten Power benötigt werden

α = 0,01		ϕ_f											
FG_Z	Power	0,05	0,10	0,15	0,20	0,25	0,30	0,35	0,40	0,50	0,60	0,70	0,80
	0,50	1329	333	149	85	55	39	29	22	15	11	9	7
	0,70	1924	482	215	122	79	55	41	32	21	15	12	9
[1]	0,80	2338	586	259	148	95	67	49	38	25	18	14	11
	0,90	2978	746	332	188	120	84	62	48	31	22	17	13
	0,95	3564	892	398	224	144	101	74	57	37	26	20	16
	0,99	4808	1203	536	302	194	136	100	77	50	35	26	21
	0,50	1093	275	123	70	45	32	24	19	13	9	7	6
	0,70	1543	387	173	98	63	44	33	26	17	12	10	8
[2]	0,80	1851	464	207	117	76	53	39	30	20	14	11	9
	0,90	2325	582	260	147	95	66	49	38	25	18	14	11
	0,95	2756	690	308	174	112	78	58	45	29	21	16	12
	0,99	3658	916	408	230	148	103	76	59	38	27	20	16
	0,50	933	234	105	59	38	27	20	16	11	8	6	5
	0,70	1299	326	146	83	53	37	28	22	14	10	8	7
[3]	0,80	1548	388	175	98	63	44	33	25	17	12	9	8
	0,90	1927	483	215	122	78	55	41	31	21	15	11	9
	0,95	2270	568	253	143	92	64	48	37	24	17	13	10
	0,99	2986	747	333	188	121	84	62	48	31	22	17	13
	0,50	820	206	92	52	34	24	18	14	10	7	6	5
	0,70	1128	283	127	72	46	33	24	19	13	9	7	6
[4]	0,80	1341	336	150	85	55	38	29	22	15	11	8	7
	0,90	1661	416	186	105	68	47	35	27	18	13	10	8
	0,95	1948	488	218	123	79	55	41	32	21	15	11	9
	0,99	2546	640	286	160	103	76	53	41	27	19	14	11
	0,50	737	185	82	47	30	22	16	13	9	6	5	4
	0,70	1009	253	113	64	41	29	22	17	11	8	6	5
[5]	0,80	1193	299	134	76	49	34	26	20	13	10	7	6
	0,90	1469	368	164	93	60	42	31	24	16	12	9	7
	0,95	1719	431	192	109	70	49	36	28	18	13	10	8
	0,99	2235	560	249	141	91	63	47	36	24	17	13	10
FG_Z	Power	0,05	0,10	0,15	0,20	0,25	0,30	0,35	0,40	0,50	0,60	0,70	0,80

Literaturverzeichnis

Alf, E. & Abrahams, N. (1971). A significance test for biserial r. Educational and Psychological Measurement, 31, 637-640.

Amthauer, R. (1973). Intelligenz-Struktur-Test: I-S-T 70. Handanweisung (4. Aufl.). Göttingen: Hogrefe.

Andel, J. (1967). Local asymptotic power and efficiency of tests of Kolmogorov-Smirnov type. Annals of Mathematical Statistics, 38, 1705-1725.

Anderson, N.H. (1961). Scales and statistics: Parametric and nonparametric. Psychological Bulletin, 58, 305-316.

Andrews, F.C. (1954). Asymptotic behavior of some rank tests for analysis of variance. Annals of Mathematical Statistics, 25, 724-736.

Appelbaum, M.I. & Cramer, E.M. (1974). Some problems in the nonorthogonal analysis of variance. Psychological Bulletin, 81, 335-343.

Arbinger, R. (1980). Entwicklung und Veränderung kognitiver Strukturen. Frankfurt: Lang.

Arbinger, R. (1988). Textverständnis und Lösen mathematischer Sachaufgaben. Heilpädagogische Forschung, 14, 106-112.

Arbinger, R. & Kubsda, J. (1987). Situativer Kontext und Verarbeitungstiefe als Bedingungen für Behaltensleistungen im Vorschulalter. Psychologie in Erziehung und Unterricht, 34, 196-204.

Aspin, A.A. (1949). Tables for use in comparisons whose accuracy involves two variances, separately estimated. Biometrika, 36, 290-293.

Bailey, B.J.R. (1977). Tables of the Bonferroni t statistic. Journal of the American Statistical Association, 72, 469-478.

Baker, F.B. (1965). An investigation of the sampling distributions of item discrimination indices. Psychometrika, 30, 165-178.

Bandura, A. (1965). Influence of models' reinforcement contingencies on the acquisition of imitative responses. Journal of Personality and Social Psychology, 1, 589-595.

Barnard, G.A. (1947). Significance tests for 2x2 tables. Biometrika, 34, 123-138.

Barnard, G.A. (1979). In contradiction to J. Berkson's dispraise: Conditional tests can be more effficient. Journal of Statistical Planning and Inference, 3, 181-187.

Bartlett, M.S. (1937). Properties of sufficiency and statistical tests. Proceedings of the Royal Society, Series A, 160, 268-282.

Basler, H. (1970). Grundbegriffe der Wahrscheinlichkeitsrechnung und statistischen Methodenlehre (2. Aufl.). Würzburg: Physica.

Basu, D. (1979). Discussion of Joseph Berkson's paper "In dispraise of the exact test". Journal of Statistical Planning and Inference, 3, 189-192.

Bell, C.B. & Doksum, K.A. (1965). Some new distribution-free statistics. Annals of Mathematical Statistics, 36, 203-214.

Benard, A. & Elteren, P. van (1953). A generalization of the method of m rankings. Proceedings Koninklijke Nederlandse Akademie van Wetenschappen, Series A, 56, 358-369.

Berkson, J. (1978). In dispraise of the exakt test. Journal of Statistical Planning and Inference, 2, 27-42.

Best, D.J. (1973). Extended tables for Kendall's tau. Biometrika, 60, 429-430.

Bhapkar, V.P. (1970). On Cochran's Q-Test and its modification. In Patil, G.P. (Ed.), Random counts in scientific work. University Park: Pennsylvania University Press.

Bhapkar, V.P. & Deshpandé, J.V. (1968). Some nonparametric tests for multisample problems. Technometrics, 10, 578-585.

Bhapkar, V.P. & Somes, G.W. (1977). Distribution of Q when testing equality of matched proportions. Journal of the American Statistical Association, 72, 658-661.

Binder, A. (1959). Condiderations of the place of assumptions in correlational analysis. American Psychologist, 14, 504-510.

Birnbaum, Z.W. & Hall, R.A. (1960). Small sample distributions for multi-sample statistics of the Smirnov type. Annals of Mathematical Statistics, 31, 710-720.

Bishop, Y.M.M., Fienberg, S.E. & Holland, P.W. (1975). Discrete multivariate analysis: Theory and practice. Cambridge: MIT Press.

Blair, R.C. (1981). A reaction to "Consequences of failure to meet assumptions underlying the fixed effects analysis of variance and covariance". Review of Educational Research, 51, 499-507.

Blair, R.C. & Higgins, J.J. (1985). Comparison of the power of the paired samples t test to that of Wilcoxon's signed-ranks test under various population shapes. Psychological Bulletin, 97, 119-128.

Blair, R.C., Higgins, J.J. & Smitley, D.S. (1980). On the relative power of the U and t tests. British Journal of Mathematical and Statistical Psychology, 33, 114-120.

Blyth, C.R. & Hutchinson, D.W. (1960). Table of Neyman-shortest unbiased confidence intervals for the binomial parameter. Biometrika, 47, 381-391.

Blyth, C.R. & Still, H.A. (1983). Binomial confidence intervals. Journal of the American Statistical Association, 78, 108-116.

Boehnke, K. (1984). F- and H-test assumption revisited. Educational and Psychological Measurement, 44, 609-617.

Bolles, R.C. (1962). The difference between statistical hypotheses and scientific hypotheses. Psychological Reports, 11, 639-645.

Bollinger, G., Herrmann, A. & Möntmann, V. (1983). BMDP Statistikprogramme für die Bio-, Human- und Sozialwissenschaften. Stuttgart: G. Fischer.

Boneau, C.A. (1960). The effects of violations of assumptions underlying the t test. Psychological Bulletin, 57, 49-64.

Boomsma, A. (1977). Comparing approximations of confidence intervals for the product-moment correlation coefficient. Statistica Neerlandica, 31, 179-185.

Bortz, J. (1979). Lehrbuch der Statistik für Sozialwissenschaftler (Korr. Nachdruck). Heidelberg: Springer

Bortz, J. (1985). Lehrbuch der Statistik für Sozialwissenschaftler (2. Aufl.). Heidelberg: Springer.

Bowker, A.H. (1948). A test for symmetry in contingency tables. Journal of the American Statistical Association, 43, 572-574.

Box, G.E.P. (1949). A general distribution theory for a class of likelihood criteria. Biometrika, 36, 317-346.

Box, G.E.P. (1953). Non-normality and tests on variances. Biometrika, 40, 318-335.

Bradley, J.V. (1968). Distribution-free statistical tests. Englewood Cliffs: Prentice Hall.

Bradley, J.V. (1971). A large-scale sampling study of the central limit effect. Journal of Quality Technology, 3, 51-68.

Bradley, J.V. (1973). The central limit effect for a variety of populations and the influence of population moments. Journal of Quality Technology, 5, 171-177.

Bradley, J.V. (1978). Robustness? British Journal of Mathematical and Statistical Psychology, 31, 144-152.

Bradley, J.V. (1980a). Nonrobustness in one-sample Z and t tests: A large-scale sampling study. Bulletin of the Psychonomic Society, 15, 29-32.

Bradley, J.V. (1980b). Nonrobustness in classical tests on means and variances: A large-scale sampling study. Bulletin of the Psychonomic Society, 15, 275-278.

Bradley, J.V. (1980c). Nonrobustness in Z, t, and F tests at large sample sizes. Bulletin of the Psychonomic Society, 16, 333-336.

Bradley, J.V. (1984). The complexity of nonrobustness effects. Bulletin of the Psychonomic Society, 22, 250-253.

Bratcher, T.L., Moran, M.A. & Zimmer, W.J. (1970). Tables of sample size in the analysis of variance. Journal of Quality Technology, 2, 156-164.

Braver, S.L. (1975). On splitting the tails unequally: A new perspective on one- versus two-tailed tests. Educational and Psychological Measurement, 35, 283-301.

Bredenkamp, J. (1969). Über Maße der praktischen Signifikanz. Zeitschrift für Psychologie, 177, 310-317.

Bredenkamp, J. (1982). Verfahren zur Ermittlung des Typs einer statistischen Wechselwirkung. Psychologische Beiträge, 24, 56-75.

Brown, M.B. & Forsythe, A.B. (1974a). The small sample behavior of some statistics which test the equality of several means. Technometrics, 16, 129-132.

Brown, M.B. & Forsythe, A.B. (1974b). The ANOVA and multiple comparisons for data with heterogeneous variances. Biometrics, 30, 719-724.

Brown, M.B. & Forsythe, A.B. (1974c). Robust tests for the equality of variances. Journal of the American Statistical Association, 69, 364-367.

Brown, R.A. (1974). Robustness of the studentized range statistic. Biometrika, 61, 171-175.

Brownlee, K.A. (1960). Statistical theory and methodology in science and engineering. New York: Wiley.

Bühler, W.J. (1967). The treatment of ties in the Wilcoxon test. Annals of Mathematical Statistics, 38, 519-522.

Büning, H. & Trenkler, G. (1978). Nichtparametrische statistische Methoden. Berlin: de Gruyter.

Burke, C.J. (1953). A brief note on one-tailed tests. Psychological Bulletin, 50, 384-387.

Burr, E.J. (1960). The distribution of Kendall's score S for a pair of tied rankings. Biometrika, 47, 151-171.

Camp, C.J. & Maxwell, S.E. (1983). A comparison of various strength of association measures commonly used in gerontological research. Journal of Gerontology, 38, 3-7.

Capon, J. (1965). On the asymptotic efficiency of the Kolmogorov-Smirnov test. Journal of the American Statistical Association, 60, 843-853.

Carroll, R.M. & Nordholm, L.A. (1975). Sampling characteristrics of Kelley's epsilon squared and Hay's omega squared. Educational and Psychological Measurement, 35, 541-554.

Castellan, N.J. (1965). On partitioning of contingency tables. Psychological Bulletin, 64, 330-338.

Chao, L.L. (1969). Statistics: Methods and analyses. New York: McGraw-Hill.

Charter, R.A. & Larsen, B.S. (1983). Fisher's Z to R. Educational and Psychological Measurement, 43, 41-42.

Chase, G.R. (1972). The chi-square test when parameters are estimated independently of the sample. Journal of the American Statistical Association, 67, 609-611.

Chase, L.C. & Tucker, R.K. (1976). Statistical power: Derivation, development, and data-analytic implications. Psychological Record, 26, 473-486.

Chernoff, H. & Lehmann, E.L. (1954). The use of maximum likelihood estimates in chi-square tests for goodness of fit. Annals of Mathematical Statistics, 25, 579-586.

Church, J.D. & Wike, E.L. (1976). The robustness of homogeneity of variance tests for asymmetric distributions: A Monte Carlo study. Bulletin of the Psychonomic Society, 7, 417-420.

Clauß, G. & Ebner, H. (1985). Statistik für Soziologen, Pädagogen, Psychologen und Mediziner (5. Aufl.). Thun: Deutsch.

Clopper, C.J. & Pearson, E.S. (1934). The use of confidence or fiducial limits illustrated in the case of the binomial. Biometrika, 26, 404-413.

Cochran, W.G. (1941). The distribution of the largest of a set of estimated variances as a fraction of their total. Annals of Eugenics, 11, 47-52.

Cochran, W.G. (1950). The comparison of percentages in matched samples. Biometrika, 37, 256-266.

Cochran, W.G. (1952). The chi-square test of goodness of fit. Annals of Mathematical Statistics, 23, 315-345.

Cochran, W.G. (1954). Some methods for strengthening the common chi-square tests. Biometrics, 10, 417-451.

Cochran, W.G. (1972). Stichprobenverfahren. Berlin: de Gruyter.

Cohen, A. (1986). Comparing variances of correlated variables. Psychometrika, 51, 379-391.

Cohen, J. (1973a). Eta-squared and partial eta-squared in fixed factor ANOVA designs. Educational and Psychological Measurement, 33, 107-112.

Cohen, J. (1973b). Statistical power analysis and research results. American Educational Research Journal, 10, 225-230.

Cohen, J. (1988). Statistical power analysis for the behavioral sciences. (2nd ed.). Hillsdale: Erlbaum.

Conover, W.J. (1972). A Kolmogorov goodness-of-fit test for discontinuous distributions. Journal of the American Statistical Association, 67, 591-596.

Conover, W.J. (1974). Some reasons for not using the Yates continuity correction on 2x2 contingency tables. Journal of the American Statistical Association, 69, 374-376.

Conover, W.J. (1980). Practical nonparametric statistics. 2nd ed. New York: Wiley.

Conover, W.J., Johnson, M.E. & Johnson, M.M. (1981). A comparative study of tests for homogeneity of variances, with applications to the outer continental shelf bidding data. Technometrics, 23, 351-361.

Cowles, M. & Davis, C. (1982). On the origins of the .05 level of statistical significance. American Psychologist, 37, 553-558.

Cox, D.R. & Stuart, A. (1955). Some quick sign tests for trend in location and dispersion. Biometrika, 42, 80-95.

Cramer, E.M. & Appelbaum, M.I. (1980). Nonorthogonal analysis of variance - once again. Psychological Bulletin, 87, 51-57.

Cramér, H. (1946). Mathematical methods of statistics. Princeton: Princeton University Press.

Cressie, N.A.C., Sheffield, L.J. & Whitford, H.J. (1984). Use of the one sample t-test in the real world. Journal of Chronic Diseases, 37, 107-114.

Cressie, N.A.C. & Whitford, H.J. (1986). How to use the two sample t-test. Biometrical Journal, 28, 131-148.

Croarkin, M.C. (1962). Graphs for determining the power of Student's t-test. Journal of Research of the National Bureau of Standards. B. Mathematics and Mathematical Physics, 66B, 59-70.

Cross, E.M. & Chaffin, W.W. (1982). Use of the binomial theorem in interpreting results of multiple tests of significance. Educational and Psychological Measurement, 42, 25-34.

Crow, E.L. (1956). Confidence intervals for a proportion. Biometrika, 43, 423-435.

Cureton, E.E. (1956). Rank-biserial correlation. Psychometrika, 21, 287-290.

Cureton, E.E. (1967). The normal approximation to the signed-rank sampling distribution when zero differences are present. Journal of the American Statistical Association, 62, 1068-1069.

Cureton, E.E. (1968a). Unbiased estimation of the standard deviation. American Statistician, 22 (#1), 22.

Cureton, E.E. (1968b). Rank-biserial correlation when ties are present. Educational and Psychological Measurement, 28, 77-79.

Dahiya, R.C. & Gurland, J. (1972). Pearson chi-squared test of fit with random intervals. Biometrika, 59, 147-153.

Dahiya, R.C. & Gurland, J. (1973). How many classes in the Pearson chi-square test? Journal of the American Statistical Association, 68, 707-712.

David, F.N. (1954). Tables of the ordinates and probability integral of the distribution of the correlation coefficient in small samples (2nd ed.). Cambridge: Cambridge University Press.

David, H.A. (1952). Upper 5 and 1% points of the maximum F-ratio. Biometrika, 39, 422-424.

David, H.T. (1958). A three-sample Kolmogorov-Smirnov test. Annals of Mathematical Statistics, 29, 842-851.

Davis, C. & Gaito, J. (1984). Multiple comparison procedures within experimental research. Canadian Psychology, 25, 1-13.

De Soete, G. (1982). A note on the use of critical levels and p-values for informative inference. Psychologische Beiträge, 24, 296-301.

Diehl, J.M. (1978). Varianzanalyse (2. Aufl.). Frankfurt: Verlag Fachbuchhandlung für Psychologie.

Diehl, J.M. (1985). Kurzfristige Auswirkungen von Fernseh-Nahrungsmittelwerbung auf Jugendliche in Abhängigkeit von Alter, Geschlecht und Produktklasse. Aktuelle Ernährungsmedizin, 10, 246-256.

Diehl, J.M. & Arbinger, R. (1989). Beiheft zur "Einführung in die Inferenzstatistik". Gießen: Fachbereich 06 Psychologie der Universität Gießen (Abteilung Methodik).

Diehl, J.M. & Kohr, H.U. (1982). Deskriptive Statistik (4. Aufl.). Frankfurt: Verlag Fachbuchhandlung für Psychologie.

Diem, K. & Lentner, C. (1977). Documenta Geigy: Wissenschaftliche Tabellen (7. Aufl.). Wehr: Geigy.

Dixon, W.J. (1954). Power under normality of several nonparametric tests. Annals of Mathematical Statistics, 25, 610-614.

Dixon, W.J., Brown, M.B., Engelman, L., Frane, J.W., Hill, M.A., Jennrich, R.I. & Toporek, J.D. (1985). BMDP Statistical Software (1985 Printing). Berkeley: University of California Press.

Dodd, D.H. & Schultz, R.F. (1973). Computational procedures for estimating magnitude of effect for some analysis of variance designs. Psychological Bulletin, 79, 391-395.

Donaldson, T.S. (1968). Robustness of the F-test to errors of both kinds and the correlation between the numerator and denominator of the F-ratio. Journal of the American Statistical Association, 63, 660-676.

Dooling, D.J. & Danks, J.H. (1975). Going beyond tests of significance: Is psychology ready? Bulletin of the Psychonomic Society, 5, 15-17.

Dozzi, M. & Riedwyl, H. (1984). Small sample properties of asymptotic tests for two binomial proportions. Biometrical Journal, 26, 505-516.

Dunn, O.J. (1964). Multiple comparisons using rank sums. Technometrics, 6, 241-252.

Dunn, O.J. & Clark, V. (1969). Correlation coefficients measured on the same individuals. Journal of the American Statistical Association, 64, 366-377.

Durbin, J. (1951). Incomplete blocks in ranking experiments. British Journal of Statistical Psychology, 4, 85-90.

Dwass, M. (1960). Some k-sample rank-order tests. In Olkin, I., Ghurye, S.G., Hoeffding, W., Madow, W.G. & Mann, H.B. (Eds.), Contributions to probability and statistics (pp. 198-202). Stanford: Stanford University Press.

Edgell, S.E. & Noon, S.M. (1984). Effect of violation of normality on the t test of the correlation coefficient. Psychological Bulletin, 95, 576-583.

Edgington, E.S. (1980). Randomization tests. New York: Dekker.

Edwards, A.L. (1971). Probability and statistics. New York: Holt, Rinehart & Winston.

Edwards, A.L. (1973). Versuchsplanung in der psychologischen Forschung (2. Aufl.). Weinheim: Beltz.

Eisenhart, C., Hastay, M.W. & Wallis, W.A. (1947). Techniques of statistical analysis. New York: McGraw-Hill.

Ekbohm, G. (1976). On testing the equality of several means with small samples. Biometrische Zeitschrift, 18, 547-553.

Epstein, B. (1955). Comparison of some non-parametric tests against normal alternatives with an application to life testing. Journal of the American Statistical Association, 50, 894-900.

Everitt, B.S. (1977). The analysis of contingency tables. London: Chapman & Hall.

Eysenck, H.J. (1960). The concept of statistical significance and the controversy about one-tailed tests. Psychological Review, 67, 269-271.

Fahrenberg, J., Selg, H. & Hampel, R. (1978). Das Freiburger Persönlichkeitsinventar FPI (3. Aufl.). Göttingen: Verlag für Psychologie.

Feir-Walsh, B.J. & Toothaker, L.E. (1974). An empirical comparison of the ANOVA F-test, normal scores test and Kruskal-Wallis test under violations of assumptions. Educational and Psychological Measurement, 34, 789-799.

Feldt, L.S. & Mahmoud, M.W. (1958). Power function charts for specification of sample size in analysis of variance. Psychometrika, 23, 201-210.

Finney, D.J., Latscha, R., Bennett, B.M., Hsu, B.M. & Pearson, E.S. (1963). Tables for testing significance in a 2x2 contingency table. London: Cambridge University Press.

Fisher, R.A. (1915). Frequency distribution of the values of the correlation coefficient in samples from an indefinitely large population. Biometrika, 10, 507-521.

Fisher, R.A. (1921). On the "probable error" of a coefficient of correlation deduced from a small sample. Metron, 1, 3-32.

Fisher, R.A. (1924). The distribution of the partial correlation coefficient. Metron, 3, 329-333.

Fisher, R.A. (1925). Applications of "Student's" distribution. Metron, 5 (#3), 90-104.

Fisher, R.A. (1935a). The logic of inductive inference [With discussion]. Journal of the Royal Statistical Society, 98, 39-82.

Fisher, R.A. (1935b). The design of experiments. Edinburgh: Oliver & Boyd.

Fisher, R.A. (1958). Statistical methods for research workers (13th ed.). Edinburgh: Oliver & Boyd.

Fisz, M. (1971). Wahrscheinlichkeitsrechnung und mathematische Statistik. Berlin: VEB Deutscher Verlag der Wissenschaften.

Fleiss, J.L. (1969). Estimating the magnitude of experimental effects. Psychological Bulletin, 72, 273-276.

Fleiss, J.L. (1973). Statistical methods for rates and proportions. New York: Wiley.

Fleiss, J.L. & Everitt, B.S. (1971). Comparing the marginal totals of square contingency tables. British Journal of Mathematical and Statistical Psychology, 24, 117-123.

Fowler, R.L. (1985). Point estimates and confidence intervals in measures of association. Psychological Bulletin, 98, 160-165.

Fowler, R.L. (1987). Power and robustness in product-moment correlation. Applied Psychological Measurement, 11, 419-428.

Franks, B.D. & Huck, S.W (1986). Why does everyone use the .05 significance level? Research Quarterly for Exercise and Sport, 57, 245-249.

Freeman, G.H. & Halton, J.H. (1951). Note on an exact treatment of contingency, goodness of fit and other problems of significance. Biometrika, 38, 141-149.

Fricke, R. (1977). Über die Bedeutung von Teststärkeanalysen in der empirischen Unterrichtsforschung. Zeitschrift für empirische Pädagogik, 1, 2-27.

Friedman, H. (1968). Magnitude of experimental effect and a table for its rapid determination. Psychological Bulletin, 70, 245-251.

Friedman, M. (1937). The use of ranks to avoid the assumptions of normality implied in the analysis of variance. Journal of the American Statistical Association, 32, 675-701.

Gabriel, K.R. & Lachenbruch, P.A. (1969). Non-parametric ANOVA in small samples: A Monte Carlo study of the adequacy of the asymptotic approximation. Biometrics, 25, 593-596.

Gaito, J. (1977). Directional and nondirectional alternative hypotheses. Bulletin of the Psychonomic Society, 9, 371-372.

Gaito, J. (1978). Multiple cpmparisons within ANOVA using orthogonal or nonorthogonal components. Educational and Psychological Measurement, 38, 901-904.

Gaito, J. (1980). Measurement scales and statistics: Resurgence of an old misconception. Psychological Bulletin, 87, 564-567.

Games, P.A. (1971). Multiple comparisons of means. American Educational Research Journal, 8, 531-565.

Games, P.A. (1978). A three-factor model encompassing many possible statistical tests on independent groups. Psychological Bulletin, 85, 168-182.

Games, P.A. & Howell, J.F. (1976). Pairwise multiple comparison procedures with unequal n's and/or variances: A Monte Carlo study. Journal of Educational Statistics, 1, 113-125.

Games, P.A., Keselman, H.J. & Clinch, J.J. (1979). Tests for homogeneity of variance in factorial designs. Psychological Bulletin, 86, 978-984.

Games, P.A., Keselman, H.J. & Rogan, J.C. (1983). A review of simultaneous pairwise multiple comparisons. Statistica Neerlandica, 37, 53-58.

Games, P.A. & Lucas, P.A. (1966). Power of the analysis of variance of independent groups on non-normal and normally transformed data. Educational and Psychological Measurement, 26, 311-327.

Games, P.A., Winkler, H.B. & Probert, D.A. (1972). Robust tests for homogeneity of variance. Educational and Psychological Measurement, 32, 887-909.

Gardner, M.J. & Altman, D.G. (1986). Confidence intervals rather than P-values: Estimation rather than hypothesis testing. British Medical Journal, 292, 746-750.

Gardner, P.L. (1975). Scales and statistics. Review of Educational Research, 45, 43-57.

Gartside, P.S. (1972). A study of methods for comparing several variances. Journal of the American Statistical Association, 67, 342-346.

Gibbons, J.D. & Pratt, J.W. (1975). P-values: Interpretation and methodology. American Statistician, 29, 20-25.

Glass, G.V. (1966). Note on rank biserial correlation. Educational and Psychological Measurement, 26, 623-631.

Glass, G.V. & Hakstian, A.R. (1969). Measures of association in comparative experiments: Their development and interpretation. American Educational Research Journal, 6, 403-414.

Glass, G.V., Peckham, P.D. & Sanders, J.R. (1972). Consequences of failure to meet assumptions underlying the fixed effects analysis of variance and covariance. Review of Educational Research, 42, 237-288.

Glass, G.V. & Stanley, J.C. (1970). Statistical methods in education and psychology. Englewood Cliffs: Prentice-Hall.

Gocka, E.F. (1973). Alternate tests for comparing independent groups. Psychological Reports, 32, 683-692.

Goldfried, M.R. (1959). One-tailed tests and "unexpected" results. Psychological Review, 66, 79-80.

Goodman, L.A. (1954). Kolmogorov-Smirnov tests for psychological research. Psychological Bulletin, 51, 160-168.

Goodman, L.A. (1964). Simultaneous confidence limits for cross-product ratios in contingency tables. Journal of the Royal Statistical Society, Series B, 26, 86-102.

Goodman, L.A. (1964). Simultaneous confidence intervals for contrasts among multinomial populations. Annals of Mathematical Statistics, 35, 716-725.

Goodman, L.A. & Kruskal, W.H. (1954). Measures of association for cross classifications. Journal of the American Statistical Association, 49, 732-764.

Goodman, L.A. & Kruskal, W.H. (1963). Measures of association for cross classifications. III: Approximate sampling theory. Journal of the American Statistical Association, 58, 310-364.

Greenhouse, S.W. & Geisser, S. (1959). On methods in the analysis of profile data. Psychometrika, 24, 95-112.

Grizzle, J.E. (1967). Continuity correction in the chi-square-test for 2x2 tables. American Statistician, 21, 28-32.

Guilford, J.P. (1965). Fundamental statistics in psychology and education (4th ed.). New York: McGraw-Hill.

Guilford, J.P. & Lyons, T.C. (1942). On determining the reliability and significance of a tetrachoric coefficient of correlation. Psychometrika, 7, 243-249.

Gumbel, E.J. (1943). On the reliability of the classical chi-square test. Annals of Mathematical Statistics, 14, 253-263.

Gurland, J. & Tripathi, R.C. (1971). A simple approximation for unbiased estimation of the standard deviation. American Statistician, 25 (#4), 30-32.

Guttman, L. (1941). An outline of the statistical theory of prediction (Supplementary Study B-1). In Horst, P. et al. (Eds.), The prediction of personal adjustment (pp. 253-318). New York: Social Science Research Council (Bulletin 48).

Häußler, P., Hoffmann, L., Rost, J. & Lauterbach, R. (1986). Zum Stand physikalischer Bildung Erwachsener. Eine Erhebung unter Berücksichtigung des Zusammenhangs mit dem Bildungsgang. Kiel: Institut für die Pädagogik der Naturwissenschaften.

Hager, W. (1983). Über univariate parametrische Maße der wissenschaftlichen Signifikanz. Zeitschrift für Psychologie, 191, 295-309.

Hager, W., Lübbeke, B. & Hübner, R. (1983). Verletzung der Annahmen bei Zwei-Stichproben-Lokationstests: Eine Übersicht über empirische Resultate. Zeitschrift für experimentelle und angewandte Psychologie, 30, 347-386.

Hager, W. & Möller, H. (1986). Tables and procedures for the determination of power and sample sizes in univariate and multivariate analyses of variance and regression. Biometrical Journal, 28, 647-663.

Hager, W. & Westermann, R. (1983). Zur Wahl und Prüfung statistischer Hypothesen in pychologischen Untersuchungen. Zeitschrift für experimentelle und angewandte Psychologie, 30, 67-94.

Hager, W. & Westermann, R. (1983). Planung und Auswertung von Experimenten. In Bredenkamp, J. & Feger, H. (Hrsg.), Hypothesenprüfung (Enzyklopädie der Psychologie, Themenbereich B, Serie I, Bd. 5) (S. 24-238). Göttingen: Hogrefe.

Hall, S.M., Tunstall, C.D., Ginsberg, D., Benowitz, N.L. & Jones, R.T. (1987). Nicotine gum and behavioral treatment: A placebo controlled trial. Journal of Consulting and Clinical Psychology, 55, 603-605.

Hamer, R.M. & Hosking, J.D. (1977). The nonorthogonal analysis of variance. Representative Research in Social Psychology, 8, 71-87.

Hampel, R. & Klinkhammer, F. (1978). Verfälschungstendenzen beim Freiburger Persönlichkeitsinventar in einer Bewerbungssituation. Psychologie und Praxis, 22, 58-69.

Han, C.P. (1968). Testing the homogeneity of a set of correlated variances. Biometrika, 55, 317-326.

Hand, J., McCarter, R.E. & Hand, M.R. (1985). The procedures and justification of a two-tailed directional test of significance. Psychological Reports, 56, 495-498.

Harris, P. (1985). Testing for variance homogeneity of correlated variables. Biometrika, 72, 103-107.

Harter, H.L. (1960). Tables of range and studentized range. Annals of Mathematical Statistics, 31, 1122-1147.

Hartley, H.O. (1950). The maximum F-ratio as a short-cut test for heterogeneity of variance. Biometrika, 37, 308-312.

Hartung, J., Elpelt, B. & Klösener, K.H. (1987). Statistik. Lehr- und Handbuch der angewandten Statistik (6. Aufl.). München: Oldenburg.

Harvard University (Staff of the Computation Laboratory). (1955). Tables of the cumulative binomial distribution. Cambridge: Harvard University Press.

Havlicek, L.L. & Peterson, N.L. (1974). Robustness of the t test: A guide for researchers on effect of violations of assumptions. Psychological Reports, 34, 1095-1114.

Havlicek, L.L. & Peterson, N.L. (1977). Effect of the violation of assumptions upon significance levels of the Pearson r. Psychological Bulletin, 84, 373-377.

Hays, W.L. (1973). Statistics for the social sciences (2nd ed.). New York: Holt, Rinehart & Winston.

Hendrickson, G.F. & Collins, J.R. (1970). Note correcting the results in "Olkin's new formula for the significance of r_{13} vs. r_{23} compared with Hotelling's method". American Educational Research Journal, 7, 639-641.

Herr, D.G. & Gaebelein, J. (1978). Nonorthogonal two-way analysis of variance. Psychological Bulletin, 85, 207-216.

Hertzog, C. & Rovine, M. (1985). Repeated-measures analysis of variance in developmental research: Selected issues. Child Development, 56, 787-809.

Hinkle, D.E . & Oliver, J.D. (1983). How large should the sample be? A question with no simple answer? Or... . Educational and Psychological Measurement, 43, 1051-1060.

Hodges, J.L. & Lehmann, E.L. (1956). The efficiency of some nonparametric competitors of the t-test. Annals of Mathematical Statistics, 27, 324-335.

Hodges, J.L. & Lehmann, E.L. (1963). Estimates of location based on rank tests. Annals of Mathematical Statistics, 34, 598-611.

Hodges, J.L. & Lehmann, E.L. (1968). A compact table for power of the t-test. Annals of Mathematical Statistics, 39, 1629-1637.

Hoeffding, W. (1951). "Optimum" nonparametric tests. In Neyman, J. (Ed.), Proceedings of the 2nd Berkeley Symposium on Mathematical Statistics and Probability (S. 83-92). Berkeley: University of California Press.

Holtzman, W.H. (1950). The unbiased estimate of the population variance and standard deviation. American Journal of Psychology, 63, 615-617.

Hotelling, H. (1940). The selection of variates for use in prediction with some comments on the general problem of nuisance parameters. Annals of Mathematical Statistics, 11, 271-283.

Hotelling, H. & Pabst, M.R. (1936). Rank correlation and tests of significance involving no assumption of normality. Annals of Mathematical Statistics, 7, 29-43.

Howell, D.C. & McConaughy, S.H. (1982). Nonorthogonal analysis of variance: Putting the question before the answer. Educational and Psychological Measurement, 42, 9-24.

Hübner, R. & Hager, W. (1984). Sind nonparametrische Tests parametrischen bei "beliebigen Verteilungen" vorzuziehen? Zeitschrift für experimentelle und angewandte Psychologie, 31, 214-231.

Huynh, H. & Feldt, L.S. (1976). Estimation of the Box correction for degrees of freedom from sample data in randomized block and split-plot designs. Journal of Educational Statistics, 1, 69-82.

Idele, S.I. (1979). The law of large numbers: Some issues of interpretation and application for beginners. Statistician, 28, 209-217.

Irwin, J.O. (1935). Tests of significance for differences between percentages based on small numbers. Metron, 12, 83-94.

Irwin, J.O. (1949). A note on the subdivision of chi-square into components. Biometrika, 36, 130-134.

Jaccard, J. & Ackerman, L. (1985). Repeated measures analysis of means in clinical research. Journal of Consulting and Clinical Psychology, 53, 426-428.

Jaccard, J., Becker, M.A. & Wood, G. (1984). Pairwise multiple comparison procedures: A review. Psychological Bulletin, 96, 589-596.

Johnson, J. & Gallimore, R. (1976). Statistical variance as an index of cultural differences. Journal of Social Psychology, 99, 141-142.

Johnson, P.O. & Jackson, R.W.B. (1959). Modern statistical methods: Descriptive and inductive. Chicago: Rand McNally.

Jones, L.V. (1952). Tests of hypotheses: One-sided vs. two-sided alternatives. Psychological Bulletin, 49, 43-46.

Jugendwerk der Deutschen Shell (Hrsg.) (1985). Jugendliche und Erwachsene '85. Generationen im Vergleich. 5 Bände. Opladen: Leske & Budrich.

Kaarsemaker, L. & Wijngaarden, A. van (1953). Tables for use in rank correlation. Statistica Neerlandica, 7, 41-54.

Kaiser, H.F. (1960). Directional statistical decisions. Psychological Review, 67, 160-167.

Kanji, G.K. (1976). Effect of non-normality on the power in analysis of variance: A simulation study. International Journal of Mathematical Education in Science and Technology, 7, 155-160.

Kastenbaum, M.A. (1960). A note on the additive partitioning of chi-square in contingency tables. Biometrics, 16, 416-422.

Kastenbaum, M.A., Hoel, D.G. & Bowman, K.O. (1970). Sample size requirements: One-way analysis of variance. Biometrika, 57, 421-430.

Kellerer, H. (1953). Theorie und Technik des Stichprobenverfahrens (2. Aufl.). München: Deutsche Statistische Gesellschaft.

Kelley, T.L. (1935). An unbiased correlation ratio measure. Proceedings of the National Academy of Sciences, 21, 554-559.

Kempthorne, O. (1979). In dispraise of the exact test: Reactions. Journal of Statistical Planning and Inference, 3, 199-213.

Kendall, M.G. (1948). Rank correlation methods. London: Griffin.

Kendall, M.G. (1970). Rank correlation methods (4th ed.). London: Griffin.

Kendall, M.G. & Smith, B.B (1939). The problem of m rankings. Annals of Mathematical Statistics, 10, 275-287.

Keppel, G. (1973). Design and analysis: A researcher's handbook. Englewood Cliffs: Prentice-Hall.

Keselman, H.J. (1975). A Monte Carlo investigation of three estimates of treatment magnitude: Epsilon squared, eta squared, and omega squared. Canadian Psychological Review, 16, 44-48.

Keselman, H.J., Games, P.A. & Rogan, J.C. (1979). An addendum to "A comparison of the Modified-Tukey and Scheffé methods of multiple comparisons for pairwise contrasts". Journal of the American Statistical Association, 74, 626-627.

Keselman, H.J., Games, P.A. & Rogan, J.C. (1980). Type I and type II errors in simultaneous and two-stage multiple comparison procedures. Psychological Bulletin, 88, 356-358.

Keselman, H.J. & Murray, R. (1974). Tukey-tests for pairwise contrasts following the analysis of variance: Is there a Type IV error? Psychological Bulletin, 81, 608-609.

Keselman, H.J. & Rogan, J.C. (1977). The Tukey multiple comparison test: 1953-1976. Psychological Bulletin, 84, 1050-1056.

Keselman, H.J. & Rogan, J.C. (1978). A comparison of the Modified-Tukey and Scheffé methods of multiple comparisons for pairwise contrasts. Journal of the American Statistical Association, 73, 47-52.

Keselman, H.J. & Rogan, J.C. (1980). Repeated measures F tests and psychophysiological research: Controlling the number of false positives. Psychophysiology, 17, 499-503.

Keselman, H.J., Rogan, J.C. & Games, P.A. (1981). Robust tests of repeated measures means in educational and psychological research. Educational and Psychological Measurement, 41, 163-173.

Keselman, H.J., Rogan, J.C., Mendoza, J.L. & Breen, L.J. (1980). Testing the validity conditions of repeated measures F tests. Psychological Bulletin, 87, 479-481.

Keselman, H.J. & Toothaker, L.E. (1974). Comparison of Tukey's T-method and Scheffé's S-method for various numbers of all possible differences of averages contrasts under violation of assumptions. Educational and Psychological Measurement, 34, 511-519.

Kiefer, J. (1959). K-sample analogues of the Kolmogorov-Smirnov and Cramér-von Mises test. Annals of Mathematical Statistics, 30, 420-447.

Kimball, A.W. (1954). Short-cut formulas for the exact partition of chi-square in contingency tables. Biometrics, 10, 452-458.

Kimmel, H.D. (1957). Three criteria for the use of one-tailed tests. Psychological Bulletin, 54, 351-353.

Kirk, R.E. (1982). Experimental design: Procedures for the behavioral sciences (2nd ed.). Belmont: Brooks/Cole.

Klotz, J.H. (1962). Nonparametric tests for scale. Annals of Mathematical Statistics, 33, 498-512.

Klotz, J.H. (1964). On the normal scores two-sample rank test. Journal of the American Statistical Association, 59, 652-664.

Klotz, J.H. (1967). Asymptotic efficiency of the two-sample Kolmogorov-Smirnov test. Journal of the American Statistical Association, 62, 932-938.

Klotz, J.H. & Teng, J. (1977). One-way layout for counts and the exact enumeration of the Kruskal-Wallis H distribution with ties. Journal of the American Statistical Association, 72, 165-169.

Knoke, J.D. (1985). The method of unweighted means in unbalanced analysis of variance. Biometrical Journal, 6, 645-652.

Kohr, R.L. & Games, P.A. (1974). Robustness of the analysis of variance, the Welch procedure and a Box procedure to heterogeneous variances. Journal of Experimental Education, 43, 61-69.

Kolmogorov, A.N. (1933). Sulla determinazione empirica di una legge di distribuzione. Giornale dell'Instituto Italiano degli Attuari, 4, 83-91.

Kowalski, C.J. (1972). On the effects of non-normality on the distribution of the sample product-moment correlation coefficient. Applied Statistics, 21, 1-12.

Kramer, C.Y. (1956). Extension of multiple range tests to group means with unequal numbers of replications. Biometrics, 12, 307-310.

Krauth, J. & Lienert, G.A. (1973). KFA - Konfigurationsfrequenzanalyse. Freiburg: Alber.

Kreyszig, E. (1974). Statistische Methoden und ihre Anwendungen (4. Aufl.). Göttingen: Vandenhoeck & Ruprecht.

Kristof, W. (1980). Ein Verfahren zur Prüfung der Homogenität mehrerer unabhängiger Stichprobenkorrelationskoeffizienten. Psychologie und Praxis, 24, 185-189.

Kruskal, W.H. (1952). A nonparametric test for the several sample problem. Annals of Mathematical Statistics, 23, 525-540.

Kruskal, W.H. & Wallis, W.A. (1952). Use of ranks in one-criterion variance analysis. Journal of the American Statistical Association, 47, 583-621.

Labovitz, S. (1968). Criteria for selecting a significance level: A note on the sacredness of .05. American Sociologist, 3, 220-222.

Lancaster, H.O. (1950). The exact partition of chi-square and its application to the problem of pooling small expectations. Biometrika, 37, 267-270.

Lancaster, H.O. (1951). Complex contingency tables treated by partition of chi-square. Journal of the Royal Statistical Society, Series B, 13, 242-249.

Lane, D.M. & Dunlap, W.P. (1978). Estimating effect size: Bias resulting from the significance criterion in editorial decisions. British Journal of Mathematical and Statistical Psychology, 31, 107-112.

Lange, I. (1966). Der Einfluß von Rollenverteilung und Funktionszuweisung auf die Gruppenleistung beim Problemlösen. Jena: Friedrich-Schiller-Universität.

Lee, A.F.S. & Gurland, J. (1977). One-sample t-test when sampling from a mixture of normal distributions. Annals of Statistics, 5, 803-807.

Lehmann, E .L. & D'Abrera, H.J.M. (1975). Nonparametrics. Statistical methods based on ranks. San Francisco: Holden Day.

Leigh, J.H. & Kinnear, T.C. (1980). On interaction classification. Educational and Psychological Measurement, 40, 841-843.

Levene, H. (1960). Robust tests for equality of variances. In Olkin, I., Ghurye, S.G., Hoeffding, W., Madow, W.G., Mann, H.B. (Eds.), Contributions to probability and statistics (pp. 278-292). Stanford: Stanford University Press.

Levy, K.J. (1975a). Some multiple range tests for variances. Educational and Psychological Measurement, 35, 599-604.

Levy, K.J. (1975b). An empirical comparison of several multiple range tests for variances. Journal of the American Statistical Association, 70, 180-183.

Levy, K.J. (1976a). A procedure for testing the equality of p correlated variances. British Journal of Mathematical and Statistical Psychology, 29, 89-93.

Levy, K.J. (1976b). A multiple range procedure for independent correlations. Educational and Psychological Measurement, 36, 27-31.

Levy, K.J. (1977a). Non-normality and testing that a correlation equals zero. Educational and Psychological Measurement, 37, 691-694.

Levy, K.J. (1977b). Pairwise comparisons involving unequal sample sizes associated with correlations, proportions or variances. British Journal of Mathematical and Statistical Psychology, 30, 137-139.

Levy, K.J. (1978). An empirical comparison of the ANOVA F-Test with alternatives which are more robust against heterogeneity of variance. Journal of Statistical Computation and Simulation, 8, 49-57.

Lewontin, R.C. & Felsenstein, J. (1965). The robustness of homogeneity tests in 2xn tables. Biometrics, 21, 19-33.

Liebermann, G.J. & Owen, D.B. (1961). Tables of the hypergeometric probability distribution. Stanford: Stanford University Press.

Lienert, G.A. (1962). Über die Anwendung von Variablen-Transformationen in der Psychologie. Biometrische Zeitschrift, 4, 145-181.

Lienert, G.A. (1969). Die 'Konfigurationsfrequenzanalyse' als Klassifikationsmethode in der klinischen Psychologie. In Irle, M. (Hrsg.), Bericht über den

26 Kongreß der Deutschen Gesellschaft für Psychologie in Tübingen 1968 (S.244-253). Göttingen: Hogrefe.

Lienert, G.A. (1975). Verteilungsfreie Methoden in der Biostatistik. Tafelband. Meisenheim: Hain.

Lienert, G.A. (1978). Verteilungsfreie Methoden in der Biostatistik. Band 2 (2. Aufl.). Meisenheim: Hain.

Lienert, G.A. (1986). Verteilungsfreie Methoden in der Biostatistik. Band 1 (3. Aufl.). Meisenheim: Hain.

Lienert, G.A. (Hrsg.) (1988). Angewandte Konfigurationsfrequenzanalyse. Ein Reader zur typologischen Forschung in Psychologie und Medizin. Frankfurt: Athenäum.

Lienert, G.A. & Raatz, U. (1971). Das Rangkorrelationsverhältnis Eta_H^2 als nicht-lineares Abhängigkeitsmaß. Biometrische Zeitschrift, 13, 407-415.

Light, R.J. & Margolin, B.H. (1971). An analysis of variance for categorical data. Journal of the American Statistical Association, 66, 534-544.

Lilliefors, W.H. (1967). On the Kolmogorov-Smirnov test for normality with mean and variance unknown. Journal of the American Statistical Association, 62, 399-402.

Lilliefors, W.H. (1969). On the Kolmogorov-Smirnov test for the exponential distribution with mean unknown. Journal of the American Statistical Association, 64, 387-389.

Lord, F.M. (1953). On the statistical treatment of football numbers. American Psychologist, 8, 750-751.

Lunney, G.H. (1969). Individual size for multiple t-Tests. American Educational Research Journal, 6, 701-703.

Madansky, A. (1963). Test of homogeneity for correlated samples. Journal of the American Statistical Association, 58, 97-119.

Mann, H.B. & Wald, A. (1942). On the choice of the number of intervals in the application of the chi square test. Annals of Mathematical Statistics, 13, 306-317.

Mann, H.B. & Whitney, D.R. (1947). On a test of whether one of two random variables is stochastically larger than the other. Annals of Mathematical Statistics, 18, 50-60.

Marascuilo, L.A. & McSweeney, M. (1967). Nonparametric post hoc comparisons for trend. Psychological Bulletin, 67, 401-412.

Marascuilo, L.A. & McSweeney, M. (1977). Nonparametric and distribution-free methods for the social sciences. Monterey: Brooks/Cole.

Massey, F.J. (1951). The distribution of the maximum deviation between two sample cumulative step functions. Annals of Mathematical Statistics, 22, 125-128.

Massey, F.J. (1952). Distribution table for the deviation between two sample cumulatives. Annals of Mathematical Statistics, 23, 435-441.

Mauchly, J.W. (1940). Significance test for sphericity of n-variate normal populations. Annals of Mathematical Statistics, 11, 204-209.

Maxwell, A.E. (1961). Analysing qualitative data. London: Methuen.

Maxwell, S.E. (1980). Pairwise multiple comparisons in repeated measures designs. Journal of Educational Statistics, 5, 269-287.

Maxwell, S.E. & Arvey, R.D. (1982). Small sample profile analysis with many variables. Psychological Bulletin, 92, 778-785.

Maxwell, S.E., Camp, C.J. & Arvey, R.D. (1981). Measures of strength of association: A comparative examination. Journal of Applied Psychology, 66, 525-534.

Maxwell, S.E. & Delaney, H.D. (1985). Measurement and statistics: An examination of construct validity. Psychological Bulletin, 97, 85-93.

McCall, R.B. & Appelbaum, M.I. (1973). Bias in the analysis of repeated-measures designs: Some alternative approaches. Child Development, 44, 401-415.

McConack, R.L. (1965). Extended tables of the Wilcoxon matched pair signed rank test. Journal of the American Statistical Association, 60, 864-871.

McGuigan, F.J. & Diehl, J.M. (1979). Einführung in die experimentelle Psychologie. Frankfurt: Verlag Fachbuchhandlung für Psychologie.

McNamara, W.J. & Dunlap, J.W. (1934). A graphical method for computing the standard error of biserial r. Journal of Experimental Education, 2, 274-277.

McNemar, Q. (1947). Note on the sampling error of the difference between correlated proportions or percentages. Psychometrika, 12, 153-157.

McSweeney, M. & Katz, B.M. (1978). Nonparametric statistics: Use and nonuse. Perceptual and Motor Skills, 46, 1023-1032.

McSweeney, M. & Penfield, D.A. (1969). The normal scores test for the c-sample problem. Journal of Mathematical and Statistical Psychology, 22, 177-192.

Meyer-Bahlburg, H.F.L. (1969). Spearmans rho als punktbiserialer Rangkorrelationskoeffizient. Biometrische Zeitschrift, 11, 60-66.

Michaelis, J. (1971). Schwellenwerte des Friedman-Tests. Biometrische Zeitschrift, 13, 118-129.

Michell, J. (1986). Measurement scales and statistics: A clash of paradigms. Psychological Bulletin, 100, 398-407.

Micozzi, M.S., Albanes, D., Jones, D.Y. & Chumlea, W.C. (1986). Correlations of body mass indices with weight, stature, and body composition in men and women in NHANES I and II. American Journal of Clinical Nutrition, 44, 725-731.

Miller, L.H. (1956). Table of percentage points of Kolmogorov statistics. Journal of the American Statistical Association, 51, 111-121.

Miller, R.G. (1981). Simultaneous statistical inference. New York: Springer.

Milligan, G.W., Wong, D.S. & Thompson, P.A. (1987). Robustness properties of nonorthogonal analysis of variance. Psychological Bulletin, 101, 464-470.

Minium, E.W. (1970). Statistical reasoning in psychology and education. New York: Wiley.

Mitchell, C. & Hartmann, D.P. (1981). A cautionary note on the use of omega squared to evaluate the effectiveness of behavioral treatments. Behavioral Assessment, 3, 93-100.

Mitzel, H.C. & Games, P.A. (1981). Circularity and multiple comparisons in repeated measures designs. British Journal of Mathematical and Statistical Psychology, 34, 253-259.

Mix, R. (1986). Klassische Konfidenzintervalle statt klassischer Signifikanztests? Psychologische Beiträge, 28, 397-399.

Mood, A.M. (1954). On the asymptotic efficiency of certain nonparametric two-sample tests. Annals of Mathematical Statistics, 25, 514-522.

Morgan, W.A. (1939). A test for the significance of the difference between the two variances in a sample from a normal bivariate population. Biometrika, 31, 13-19.

Moses, L.E. Non-parametric statistics for psychological research. Psychological Bulletin, 49, 122-143.

Mosteller, F. & Rourke, R.E.K. (1973). Sturdy statistics. Nonparametric and order statistics. Reading: Addison-Wesley.

Müller, R. (1966). Diagnostischer Rechtschreibtest DRT 3. Weinheim: Beltz.

Natrella, M.G. (1960). The relation between confidence intervals and tests of significance. American Statistician, 14 (#1), 20-22.

Neill, J.J. & Dunn, O.J. (1975). Equality of dependent correlation coefficients. Biometrics, 31, 531-543.

Nelson, L.S. (1985). Sample size tables for analysis of variance. Journal of Quality Technology, 17, 167-169.

Neter, J., Wasserman, W. & Whitmore, G.A. (1978). Applied statistics. Boston: Allyn & Bacon.

Neyman, J. (1935). On the problem of confidence intervals. Annals of Mathematical Statistics, 6, 111-116.

Neyman, J. & Pearson, E.S. (1933a). On the problem of the most efficient tests of statistical hypotheses. Philosophical Transactions of the Royal Society of London, Series A, 231, 289-337.

Neyman, J. & Pearson, E.S. (1933b). The testing of statistical hypotheses in relation to probabilities a priori. Proceedings of the Cambridge Philosophical Society, 29, 492-510.

Nijsse, M. (1988). Testing the significance of Kendall's tau and Spearsman's r_s. Psychological Bulletin, 103, 235-237.

Noether, G.E. (1963). Note on the Kolmogorov statistic in the discrete case. Metrika, 7, 115-116.

Noether, G.E. (1967). Elements of nonparametric statistics. New York: Wiley.

Norris, R.C. & Hjelm, H.F. (1961). Nonnormality and product moment correlation. Journal of Experimental Education, 29, 261-270.

O'Brien, R.G. (1978). Robust techniques for testing heterogeneity of variance effects in factorial designs. Psychometrika, 43, 327-342.

O'Brien, R.G. (1981). A simple test for variance effects in experimental designs. Psychological Bulletin, 89, 570-574.

O'Brien, R.G. & Kaiser, M.K. (1985). MANOVA method for analyzing repeated measures designs: An extensive primer. Psychological Bulletin, 97, 316-333.

O'Grady, K.E. (1982). Measures of explained variance: Cautions and limitations. Psychological Bulletin, 92, 766-777.

Olejnik, S.F. (1987). Conditional ANOVA for mean differences when population variances are unknown. Journal of Experimental Education, 55, 141-148.

Olejnik, S.F. (1988). Variance heterogeneity: An outcome to explain or a nuisance factor to control. Journal of Experimental Education, 56, 193-197.

Olkin, I. (1967). Correlations revisited. In Stanley, J.C. (Ed.), Improving experimental design and statistical analysis (pp. 102-128). Chicago: Rand McNally.

Olkin, I. & Pratt, J.W. (1958). Unbiased estimation of certain correlation coefficients. Annals of Mathematical Statistics, 29, 201-211.

Otten, A. (1973). Note on Spearman rank correlation coefficient. Journal of the American Statistical Association, 68, 585.

Overall, J.E. (1980). Continuity corrections for Fisher's exact probability test. Journal of Educational Statistics, 5, 177-190.

Overall, J.E., Lee, D.M. & Hornick, C.W. (1981). Comparison of two strategies for analysis of variance in nonorthogonal designs. Psychological Bulletin, 90, 367-375.

Overall, J.E. & Spiegel, D.K. (1969). Concerning least squares analysis of experimental data. Psychological Bulletin, 72, 311-322.

Overall, J.E., Spiegel, D.K. & Cohen, J. (1975). Equivalence of orthogonal and nonorthogonal analysis of variance. Psychological Bulletin, 82, 182-186.

Overall, J.E. & Starbuck, R.R. (1983). F-test alternatives to Fisher's exact test and to the chi-square test of homogeneity in 2x2 tables. Journal of Educational Statistics, 8, 59-73.

Owen, D.B. (1962). Handbook of statistical tables. Reading: Addison-Wesley.

Owen, D.B. (1965). The power of Student's t-Test. Journal of the American Statistical Association, 60, 320-333.

Pachares, J. (1960). Tables of confidence limits for the binomial distribution. Journal of the American Statistical Association, 55, 521-533.

Pearson, E.S. (1947). The choice of statistical tests illustrated on the interpretation of data classed in a 2x2 table. Biometrika, 34, 139-167.

Pearson, E.S. & Hartley, H.O. (1951). Charts of the power function for analysis of variance tests, derived from the noncentral F-distribution. Biometrika, 38, 112-130.

Pearson, E.S. & Please, N.W. (1975). Relation between the shape of population distribution and the robustness of four simple test statistics. Biometrika, 62, 223-241.

Pearson, K. (1900). On the criterion that a given system of deviations from the probable in the case of a correlated system of variables is such that it can be resonably supposed to have arisen from random sampling. Philosophical Magazine Series 5, 50, 157-172.

Pearson, K. (1904). Mathematical contributions to the theory of evolution. XIII. On the theory of contingency and its relation to association and normal correlation. London: Drapers' Company Research Memoirs (Biometric Series I).

Penfield, D.A. & McSweeney, M. (1968). The normal scores test for the two-sample problem. Psychological Bulletin, 69, 183-191.

Petrinovich, L.F. & Hardyck, C.D. (1969). Error rates for multiple comparison methods: Some evidence concerning the frequency of erroneous conclusions. Psychological Bulletin, 71, 43-54.

Pettitt, A.N. & Stephens, M.A. (1977). The Kolmogorov-Smirnov goodness-of-fit statistic with discrete and grouped data. Technometrics, 19, 205-210.

Pitman, E.J.G. (1937a). Significance tests which may be applied to samples from any populations. Journal of the Royal Statistical Society (Supplement), 4, 119-130.

Pitman, E.J.G. (1937b). Significance tests which may be applied to samples from any populations. II. The correlation coefficient test. Journal of the Royal Statistical Society (Supplement), 4, 225-232.

Pitman, E.J.G. (1939). A note on normal correlation. Biometrika, 31, 9-12.

Plackett, R.L. (1964). The continuity correction in 2x2 tables. Biometrika, 5, 327-337.

Posten, H.O. (1978). The robustness of the two-sample t-test over the Pearson system. Journal of Statistical Computation and Simulation, 6, 295-311.

Posten, H.O., Yeh, H.C. & Owen, D.B. (1982). Robustness of the two-sample t-test under violations of the homogeneity of variance assumption. Communication in Statistics - Theory and Methods, 11, 109-126.

Pratt, J.W. (1959). Remarks on zeros and ties in the Wilcoxon signed rank procedures. Journal of the American Statistical Association, 54, 655-667.

Price, D.D. & Barber, J. (1987). An analysis of factors that contribute to the efficacy of hypnotic analgesia. Journal of Abnormal Psychology, 96, 46-51.

Putter, J. (1955). The treatment of ties in some nonparametric tests. Annals of Mathematical Statistics, 26, 368-386.

Quade, D. (1965). On the asymptotic power of the one-sample Kolmogorov-Smirnov tests. Annals of Mathematical Statistics, 36, 1000-1018.

Ramachandramurty, P.V. (1966). On the Pitman efficiency of one-sided Kolmogorov and Smirnov tests for normal alternatives. Annals of Mathematical Statistics, 37, 940-944.

Ramsey, P.H. (1980). Exact type 1 error rates for robustness of Student's t test with unequal variances. Journal of Educational Statistics, 5, 337-349.

Ramsey, P.H. & Ramsey, P.P. (1988). Evaluating the normal approximation to the binomial test. Journal of Educational Statistics, 13, 173-183.

Ramseyer, G.C. & Tcheng, T. (1973). The robustness of the studentized range statistic to violations of the normality and homogeneity of variance assumptions. American Educational Research Journal, 10, 235-240.

Rasch, D. (Hrsg.) (1988). Biometrisches Wörterbuch (3. Ausg.). Frankfurt: H. Deutsch.

Rasmussen, J.L. (1987). Estimating correlation coefficients: Bootstrap and parametric approaches. Psychological Bulletin, 101, 136-139.

Raudenbush, S.W. & Bryk, A.S. (1987). Examining correlates of diversity. Journal of Educational Statistics, 12, 241-269.

Reed, J.F. & Stark, D.B. (1988). Robust alternatives to traditional analysis of variance: Welch W*, James $J*_{I}$, James $J*_{II}$, Brown-Forsythe BF*. Computer Methods and Programs in Biomedicine, 26, 233-237.

Renner, B.R. & Ball, D.W. (1983). The effects of unequal covariances on the Tukey WSD test. Educational and Psychological Measurement, 43, 27-34.

Robillard, P. (1972). Kendall's S distribution with ties in one ranking. Journal of the American Statistical Association, 67, 453-455.

Rogan, J.C. & Keselman, H.J. (1977). Is the ANOVA F-test robust to variance heterogeneity when sample sizes are equal?: An investigation via a coefficient of variation. American Educational Research Journal, 14, 493-498.

Rogan, J.C., Keselman, H.J. & Mendoza, J.L. (1979). Analysis of repeated measurements. British Journal of Mathematical and Statistical Psychology, 32, 269-286.

Rotton, J. & Schönemann, P.H. (1978). Power tables for analysis of variance. Educational and Psychological Measurement, 38, 213-229.

Rozeboom, W.W. (1960). The fallacy of the null-hypothesis significance test. Psychological Bulletin, 57, 416-428.

Ryan, T.A. (1960). Significance tests for multiple comparison of proportions, variances, and other statistics. Psychological Bulletin, 57, 318-328.

Sachs, L. (1986). Alternatives to the chi-square tests of homogeneity in 2x2 tables and to Fisher's exact test. Biometrical Journal, 28, 975-979.

Scheffé, H. (1970). Practical solutions to the Behrens-Fisher problem. Journal of the American Statistical Association, 65, 1501-1508.

Schorr, B. (1974). On the choice of the class intervals in the application of the chi-square test. Mathematische Operationsforschung und Statistik, 5, 357-377.

Schreiber, W.H. (1988). BINOM + HYPER: Programme zur Berechnung exakter binomialer und hypergeometrischer Wahrscheinlichkeiten. Landau: Zentrum für empirische pädagogische Forschung.

Schubö, W & Uehlinger, H.-M. (1984). $SPSS^{X}$ Handbuch der Programmversion 2. Stuttgart: G. Fischer.

Schulz, W. (1976). Sample size determination for the estimation of the variance when the underlying distribution is not normal. Biometrische Zeitschrift, 18, 535-546.

Shapiro, S.S., Wilk, M.B. & Chen, H.J. (1968). A comparative study of various tests for normality. Journal of the American Statistical Association, 63, 1343-1372.

Siegel, S. (1976). Nichtparametrische statistische Methoden. Frankfurt: Verlag Fachbuchhandlung für Psychologie.

Siegel, S. & Tukey, J. (1960). A nonparametric sum of ranks procedure for relative spread in unpaired samples. Journal of the American Statistical Association, 55, 429-445.

Sievers, W. (1987). Elemente der Statistik. Mit sozialwissenschaftlichen Beispielen. Göttingen: Beratungsstelle für empirische Methoden und Statistik in den Erziehungswissenschaften.

Silitto, G.P. (1947). The distribution of Kendall's tau coefficient in rankings containing ties. Biometrika, 34, 36-44.

Skipper, J.K., Guenther, A.L. & Nass, G. (1967). The sacredness of .05: A note concerning the uses of statistical levels of significance in social science. American Sociologist, 2, 16-18.

Slakter, M.J. (1965). A comparison of Pearson chi-square and Kolmogorov goodness-of-fit tests with respect to validity. Journal of the American Statistical Association, 60, 854-858.

Slakter, M.J. (1966). Comparative validity of the chi-square and two modified chi-square goodness-of-fit tests for small but equal expected frequencies. Biometrika, 53, 619-623.

Slakter, M.J. (1966). Corrections. Journal of the American Statistical Association, 61, 1249.

Slakter, M.J. (1968). Accuracy of an approximation to power of chi-square goodness of fit test with small but equal expected frequencies. Journal of the American Statistical Association, 63, 912-918.

Smirnov, N.V. (1939). On the estimation of the discrepancy between empirical curves of distribution for two independent samples. Bulletin Mathématique de l'Université de Moscou, 2, 3-16. (Zitiert nach Smirnov 1948).

Smirnov, N.V. (1948). Table for estimating goodness of fit of the empirical distributions. Annals of Mathematical Statistics, 19, 279-281.

Soper, H.E. (1914). On the probable error of the bi-serial expression for the correlation coefficient. Biometrika, 10, 384-390.

Spector, P.E. (1980). Handling nonorthogonal analysis of variance. A review of techniques. Evaluation Review, 4, 843-855.

Spector, P.E., Voissem, N.H. & Cone, W.i. (1981). A Monte Carlo study of three approaches to nonorthogonal analysis of variance. Journal of Applied Psychology, 66, 535-540.

Speed, F.M., Hocking, R.R. & Hackney, O.P. (1978). Methods of analysis of linear models with unbalanced data. Journal of the American Statistical Association, 73, 105-112.

Speed, F.M. & Monlezun, C.J. (1979). Exact F tests for the method of unweighted means in a 2^k experiment. American Statistician, 33, 15-18.

SPSS Inc. (1986). $SPSS^x$ user's guide (2nd ed.). Chicago: SPSS Inc.

Starmer, C.F., Grizzle, J.E. & Sen, P.K. (1974). Comment. Journal of the American Statistical Association, 69, 376-378.

Steel, R.G.D. (1960). A rank sum test for comparing all pairs of treatments. Technometrics, 2, 197-207.

Steiger, J.H. (1980). Tests for comparing elements of a correlation matrix. Psychological Bulletin, 87, 245-251.

Steinhorst, R.K. & Miller, C.D. (1969). Diproportionality of cell frequencies in psychological and educational experiments involving multiple classification. Educational and Psychological Measurement, 29, 799-811.

Sterne, T.E. (1954). Some remarks on confidence of fiducial limits. Biometrika, 41, 275-278.

Stoline, M.R. (1981). The status of multiple comparisons: Simultaneous estimation of all paiwise comparisons in one-way ANOVA designs. American Statistician, 35, 134-141.

Strittmatter, P. (1977). Schüler-Enquete: "Streß in der Schule". Bericht einer Voruntersuchung. Saarbrücken: Ministerium für Kultur, Bildung und Sport des Saarlandes.

Stuart, A. (1955). A test for homogeneity of the marginal distributions in a two-way classification. Biometrika, 42, 412-416.

Stuart, A. (1957). The comparison of frequencies in matched samples. British Journal of Statistical Psychology, 10, 29-32.

Student (1908). The probable error of a mean. Biometrika, 6, 1-25.

Subrahmaniam, K., Subrahmaniam, K. & Messeri, J.Y. (1975). On the robustness of some tests of significance in sampling from a compound normal population. Journal of the American Statistical Association, 70, 435-438.

Susskind, E.C. & Howland, E.W. (1980). Measuring effect magnitude in repeated measures ANOVA designs: Implications for gerontological research. Journal of Gerontology, 35, 867-876.

Swaminathan, H. & DeFriesse, F. (1979). Detecting significant contrasts in analysis of variance. Educational and Psychological Measurement, 39, 39-44.

Tamhane, A.C. (1979). A comparison of procedures for multiple comparisons of means with unequal variances. Journal of the American Statistical Association, 74, 471-480.

Tan, W.Y. (1982). Sampling distributions and robustness of t, F and variance-ratio in two samples and ANOVA models with respect to departure from normality. Communications in Statistics - Theory and Methods, 11, 2485-2511.

Tan, W.Y. & Tabatabai, M.A. (1986). Some Monte Carlo studies on the comparison of several means under heteroscedasticity and robustness with respect to departure from normality. Biometrical Journal, 28, 801-814.

Tate, M.W. & Brown, S.M. (1970). Note on the Cochran Q test. Journal of the American Statistical Association, 65, 155-160.

Tate, M.W. & Hyer, L.A. (1973). Inaccuracy of the chi-square test of goodness of fit when expected frequencies are small. Journal of the American Statistical Association, 68, 836-841.

Terpstra, T.J. (1954). A nonparametric test for the problem of k samples. Proceedings Koninklijke Nederlandse Akademie van Wetenschappen, Series A, 57, 505-512.

Terry, M.E. (1952). Some rank-order tests, which are most powerful against specific parametric alternatives. Annals of Mathematical Statistics, 23, 346-366.

Thöni, H. (1977). Testing the difference between two coefficients of correlation. Biometrical Journal, 19, 355-359.

Tietjen, G.L. & Beckman, R.J. (1972). Tables for use of the maximum F-ratio in multiple comparison procedures. Journal of the American Statistical Association, 67, 581-583.

Tiku, M.L. (1967). Tables of the power of the F-test. Journal of the American Statistical Association, 62, 525-539.

Tiku, M.L. (1972). More tables of the power of the F-test. Journal of the American Statistical Association, 67, 709-710.

Tolson, H. (1980). An adjunct to statistical significance: Omega squared. Research Quarterly for Exercise and Sport, 51, 580-584.

Townsend, J.T. & Ashby, F.G. (1984). Measurement scales and statistics: The misconception misconceived. Psychological Bulletin, 96, 394-401.

Trickett, W.H., Welch, B.L. & James, G.S. (1956). Further critical values for the two-mean problem. Biometrika, 43, 203-205.

Tukey, J.W. (1949a). One degree of freedom for nonadditivity. Biometrics, 5, 232-242.

Tukey, J.W. (1949b). The simplest signed-rank tests. Statistical Research Group, Report No. 17. Princeton: Princeton University.

Tukey, J.W. (1953). The problem of multiple comparisons. Princeton: Princeton University. (Zitiert nach Keselman & Rogan 1977).

Upton, G.J.G. A comparison of alternative tests for the 2x2 comparative trial. Journal of the Royal Statistical Society, Series A, 145, 86-105.

Ury, H. (1967). In response to Noether's letter, "Needed - a new name". The American Statistician, 21, 53.

Vaughan, G.M. & Corballis, M.C. (1969). Beyond tests of significance: Estimating strength of effects in selected ANOVA designs. Psychological Bulletin, 72, 204-213.

Verdooren, L.R. (1963). Extended tables of critical values for Wilcoxon's test statistic. Biometrika, 50, 177-186.

Waerden, B.L. van der (1953). Order tests for the two-sample problem and their power. Proceedings Koninklijke Nederlandse Akademie van Wetenschappen, Series A, 56, 303-316.

Walker, H.M. & Lev, J. (1953). Statistical inference. New York: Holt, Rinehart & Winston.

Wang, M.D. (1982). Estimation of omega squared for a one-way, fixed-effects model when sample sizes are disproportionate. Educational and Psychological Measurement, 42, 167-179.

Wang, Y.Y. (1971). Probabilities of the type I errors of the Welch tests for the Behrens-Fisher problem. Journal of the American Statistical Association, 66, 605-608.

Weiß, R.H. (1971). Grundintelligenztest CFT 3 Skala 3. Handanweisung für die Durchführung, Auswertung und Interpretation. Braunschweig: Westermann.

Welch, B.L. (1947). The generalization of "Student's" problem when several different population variances are involved. Biometrika, 34, 28-35.

Welch, B.L. (1949). Further note on Mrs. Aspin's tables and on certain approximations to the tabled function. Biometrika, 36, 293-296.

Welch, B.L. (1951). On the comparison of several mean values: an alternative approach. Biometrika, 38, 330-336.

Welkowitz, J., Ewen, R.B. & Cohen, J. (1982). Introductory statistics for the behavioral sciences (3rd ed.). New York: Academic Press.

Westermann, R. & Hager, W. (1982). Entscheidung über statistische und wissenschaftliche Hypothesen: Zur Differenzierung und Systematisierung der Beziehungen. Zeitschrift für Sozialpsychologie, 13, 13-21.

Westermann, R. & Hager, W. (1984). Zur Verwendung von Effektgrößen in der theorie-testenden Sozialforschung. Zeitschrift für Sozialpsychologie, 15, 159-166.

Whitney, D.R. (1951). A bivariate extension of the U statistic. Annals of Mathematical Statistics, 22, 274-282.

Wike, E.L. & Church, J.D. (1982a). Nonrobustness in F tests: 1. A replication and extension of Bradley's study. Bulletin of the Psychonomic Society, 20, 165-167.

Wike, E.L. & Church, J.D. (1982b). Nonrobustness in F tests: 2. Further extensions of Bradley's study. Bulletin of the Psychonomic Society, 20, 168-170.

Wilcox, R.R. (1987). New designs in analysis of variance. Annual Review of Psychology, 38, 29-60.

Wilcoxon, F. (1945). Individual comparisons by ranking methods. Biometrics, 1, 80-83.

Wilcoxon, F. (1946). Individual comparisons of grouped data by ranking methods. Journal of Economic Entomology, 39, 269-270.

Wilcoxon, F. (1947). Probability tables for individual comparisons by ranking methods. Biometrics, 3, 119-122.

Williams, C.A. (1950). On the choice of the number and width of classes for the chi-square test of goodness of fit. Journal of the American Statistical Association, 45, 77-86.

Williams, E.J. (1959). The comparison of regression variables. Journal of the Royal Statistical Society, Series B, 21, 396-399.

Williams, J.D. (1972). Two way fixed effects analysis of variance with disproportionate cell frequencies. Multivariate Behavioral Research, 7, 67-83.

Willson, V.L. (1976). Critical values of the rank-biserial correlation coefficient. Educational and Psychological Measurement, 36, 297-300.

Winer, B.J. (1971). Statistical principles in experimental design (2nd ed.). New York: McGraw-Hill.

Wolf, B. & Brandt, W. (1982). Über Maße der praktischen Signifikanz bei Varianz- und Regressionsanalysen. Zeitschrift für empirische Pädagogik, 6, 57-73.

Wolfowitz, J. (1942). Additive partition functions and a class of statistical hypotheses. Annals of Mathematical Statistics, 13, 247-279.

Yamane, T. (1976). Statistik: Ein einführendes Lehrbuch. Band 1. Frankfurt: Fischer Taschenbuch Verlag.

Yates, F. (1934a). The analysis of multiple classifications with unequal numbers in the different classes. Journal of the American Statistical Association, 29, 51-66.

Yates, F. (1934b). Contingency tables involving small numbers and the chi-square test. Journal of the Royal Statistical Society, Series B, Supplement, 1, 217-235.

Yu, C.S. (1971). Pitman efficiencies of Kolmogorov-Smirnov tests. Annals of Mathematical Statistics, 42, 1595-1605.

Yu, M.C. & Dunn, O.J. (1982). Robust tests for the equality of two correlation coefficients: A Monte Carlo study. Educational and Psychological Measurement, 42, 987-1004.

Yule, G.U. (1900). On the association of attributes in statistics. Philosophical Transactions of the Royal Society, Series A, 194, 257-319.

Yule, G.U. (1912). On the methods of measuring association between two attributes [With discussions]. Journal of the Royal Statistical Society, 75, 579-652.

Zar, J.H. (1972). Significance testing of the Spearman rank correlation coefficient. Journal of the American Statistical Association, 67, 578-580.

Zeller, R.A. & Levine, Z.H. (1974). The effects of violating the normality assumption underlying r. Sociological Methods & Research, 2, 511-519.

Zimmerman, D.W. (1986). Tests of significance of correlation coefficients in the absence of bivariate normal populations. Journal of Experimental Education, 54, 223-227.

Zimmerman, D.W. (1987). Comparative power of student t test and Mann-Whitney U test for unequal sample sizes and variances. Journal of Experimental Education, 55, 171-174.

Zwick, R. & Marascuilo, L.A. (1984). Selection of pairwise multiple comparison procedures for parametric and nonparametric analysis of variance models. Psychological Bulletin, 95, 148-155.

Zwick, R., Neuhoff, V., Marascuilo, L.A. & Levin, J.R. (1982). Statistical tests for correlated proportions: Some extensions. Psychological Bulletin, 92, 258-271.

Symbolverzeichnis [a/A - z/Z]

Symbolverzeichnis [α/A - ω/Ω]

Sachverzeichnis

Abkürzungen: unSt = unabhängige Stichproben ; abSt = abhängige Stichproben